FRIEDRICH
TABELLENBUCH
ELEKTROTECHNIK
ELEKTRONIK

- Für die Berufsausbildung in Schule und Betrieb (Berufsgrundbildung, Berufsschule, Berufsfachschule, Berufsaufbauschule, Fachoberschule, Berufliches Gymnasium).

- Für die Weiterbildung in Schule (Fachschule, Akademie, Fachhochschule) und Betrieb.

- Für den Werkstattgebrauch in allen Bereichen der Elektrotechnik/Elektronik.

FRIEDRICHs FACH- UND TABELLENBÜCHER

Begründet von Direktor Wilhelm Friedrich
Herausgegeben von Prof. Dr. Antonius Lipsmeier
und Oberingenieur Adolf Teml

FRIEDRICH
TABELLENBUCH
ELEKTROTECHNIK
ELEKTRONIK

- **Technologie (Fachkunde)**
- **Technische Mathematik (Fachrechnen)**
- **Technisches Zeichnen**

Neu bearbeitet und erweitert von
OStR Dipl.-Ing. Horst Rohlfing und StD Dipl.-Ing. Harry Schmidt

498.–511. Auflage
456 Seiten

Dümmlerbuch 5302

FERD. DÜMMLERS VERLAG · BONN

DIN-Normen und VDE-Vorschriften

Eine Haftung bezüglich der Vollständigkeit oder dem jüngsten Stand der in diesem Buch zitierten DIN-Normen oder VDE-Vorschriften kann naturgemäß nicht übernommen werden. Verbindlich sind nur die jeweils neuesten Ausgaben der Normblätter des Deutschen Normenausschusses, zu beziehen beim Beuth-Verlag, Burggrafenstraße 4–10, 1000 Berlin 30, und Kamekestraße 8, 5000 Köln 1, bzw. die neuesten VDE-Vorschriften, zu beziehen beim VDE-Verlag, Bismarckstraße 33, 1000 Berlin 12.

Haftungsausschluß

Ferner wird verlagsseits wie seitens der Herausgeber und Autoren keine Haftung für etwaige Schadensfälle irgendwelcher Art übernommen, die sich aus etwaigen Fehlern oder mißverständlichen Formulierungen in Text und Bild u.a. ergeben könnten.

Bildquellenverzeichnis

Folgenden Firmen danken wir für die Überlassung von Bild- bzw. Tabellenunterlagen:

AEG, Belecke 3-56
AEG, Oldenburg 7-20, 7-21, 8-13
E. Bauer, Esslingen-Neckar 7-9
Brown, Boveri & Cie AG, Mannheim 3-54, 7-33
Distributions-Verlag, Mainz 9-5–9-11
Fischer und Porter GmbH, Göttingen 9-23, 9-24
Futaba, Düsseldorf 3-45
Hartmann und Braun, Frankfurt 4-43, 9-23
R. Hirschmann, Esslingen 3-48
Hottinger Baldwin Meßtechnik GmbH, Darmstadt 9-25
H. Kleinhuis GmbH & Co KG, Lüdenscheid 12-8
Intermetall, Halbleiterwerk der Deutsche ITT Industries GmbH, Freiburg i. Br. 3-2, 3-6, 3-13
Klöckner-Moeller, Bonn 4-30, 7-24, 7-25
Loher GmbH, Elektromotorenwerke, Ruhstorf/Rott 7-12, 7-13
Osram GmbH, Berlin 8-2, 8-3
Philips GmbH, Hamburg 8-4, 9-25
Radium Elektrizitäts-Ges. m.b.H., Wipperfürth 8-2–8-4
SDS-Relais AG, Deisenhofen 6-38
Siemens AG, Erlangen 3-20, 3-47, 6-8, 6-11, 6-12, 6-13, 6-28, 7-17, 7-26, 7-27, 7-28, 8-9, 9-22
Sonnenschein GmbH, Berlin 6-32
Valvo, Hamburg 3-39
Varta AG, Hannover 6-32, 6-36
Wickmann-Werke GmbH, Witten 6-29

ISBN 3-427-**5302**2-1   Dümmlerbuch 5302

Das Werk und seine Teile sind urheberrechtlich geschützt. Jede Verwertung in anderen als den gesetzlich zugelassenen Fällen bedarf deshalb der vorherigen schriftlichen Einwilligung des Verlages.

© **1986 Ferd. Dümmlers Verlag, 5300 Bonn 1, Kaiserstraße 31–37 (Dümmlerhaus)**
Diese Ausgabe des FRIEDRICH darf weder direkt noch indirekt in die Deutsche Demokratische Republik geliefert oder verbracht werden.

Satz: E. Gundlach KG, Bielefeld, K. Triltsch KG, Würzburg

Printed in Germany by E. Gundlach KG, Bielefeld

Vorwort zur 498.–511. Auflage Elektrotechnik/Elektronik

1. Diese Auflage des FRIEDRICH wurde grundlegend bearbeitet:

- Äußeres Zeichen der Neubearbeitung ist die Gestaltung der Seiten durch zweifarbigen Druck. Das erleichtert dem Benutzer die Arbeit mit dem Tabellenbuch durch überschaubareren Seitenaufbau. Ferner wurde das Wort „Elektronik", das bisher schon auf den Titelblättern der Vorauflagen stand, nunmehr auch auf den Umschlag aufgenommen.
- Weiterhin bleiben Elektrotechnik und Elektronik in einem Band zusammengefaßt, da Bereiche der Elektronik zunehmend auch in der Elektrotechnik Anwendung finden.
- Erweiterung des Umfanges um 64 Seiten auf nunmehr 456 Seiten: dies geschah vor allem durch Aufnahme neuer Inhalte und ausführlichere Darstellung einiger Themen, vgl. nachfolgenden Punkt 2.
- Ausführlicheres Inhaltsverzeichnis. Wegen der Erweiterung des Stoffes sowie der stärkeren Unterteilung der Kapitel wurde es möglich, das bisher auf den Umschlaginnenseiten etwas gedrängt untergebrachte Inhaltsverzeichnis in viel übersichtlicherer Form auf den Seiten VIII–XVI unterzubringen.
- Weitere Verbesserung der Nachschlagehilfen siehe unter Punkt 4.

2. Im einzelnen wurden folgende Kapitel wesentlich verbessert:

Alle Kapitel wurden auf den jüngsten Stand der Technik und Normung gebracht. Auf übersichtliche Darstellung der Inhalte wurde größter Wert gelegt. Kürzungen, Straffungen und Umstellungen waren ebenso nötig wie Erweiterungen und Aufnahme neuer Themen, um dem Anspruch, ein aktuelles Nachschlagewerk zu sein, gerecht zu werden.

Neben den bewährten Inhalten treten folgende neue Abschnitte hinzu:

- **Kap. 1 (Mathematische Grundlagen und Tabellen):** „Rechnen mit dem Taschenrechner"; dafür Wegfall der Zahlentafeln.
- **Kap. 2 (Physikalische Grundlagen):** 2.6. „Schall".
- **Kap. 3 (Elektronische Bauelemente und Grundschaltungen):** Erweiterung (insges. 9 Seiten) in 3.1. „Diode" um die Unterpunkte „Glättung und Siebung", „Kenn- und Grenzwerte nach DIN 41782", „Reihen- und Parallelschaltung von Dioden"; neu aufgenommen ist Kap. 3.5. „Gehäuse von Halbleiterbauelementen"; grundlegend bearbeitet und erweitert wurde das Kap. 3.10. „Optoelektronik", neu sind darin die Teile „Typische Werte von Fotosensoren", „Vakuum-Fluoreszenz-Anzeige", „Plasma-Anzeige", „Elektrolumineszenz-Anzeige" und „Typische Werte von Digitalanzeigen". Zusätzlich aufgenommen sind die Kap. 3.12. „Lichtwellenleiter" und 3.16. „Selbstgeführte Stromrichter mit schnellen Thyristoren".
- **Kap. 4 (Steuerungs- und Regelungstechnik):** Umfangserweiterung um 18 Seiten: neu sind u. a. die Kap. 4.2.13. „Spezifikationen digitaler Schaltkreisfamilien", 4.3. „Informationsverarbeitung", 4.4.1. „Begriffe der Steuerungstechnik", 4.4.4. „Speicherprogrammierte Steuerungen", 4.5.4. „Regler", 4.5.5. „Einstellung der Regler-Kennwerte (Optimierung)" und 4.5.6. „Benennung und Einteilung von Reglern nach DIN 19225".
- **Kap. 5 (Schaltzeichen und Symbole nach DIN):** Erweitert (8 Seiten) um die Kap. 5.7. „Schaltz. nach DIN 40717, Elektroinstallation", 5.9. „Grafische Symbole für Übersichtsschaltpläne nach DIN 40700 Teil 10", 5.15. „Schaltz. nach DIN 40900 Teil 12, Binäre Elemente", 5.16. „Schaltzeichen digitaler Schaltglieder nach DIN 40700 und ASA", 5.18. „Schaltz. nach DIN 40900 Teil 13, Analoge Informationsverarbeitung", 5.19. „Schaltz. nach DIN ISO 1219, Fluidtechnische Systeme und Geräte", 5.20. „Bildzeichen der Elektrotechnik nach DIN 40100, Betätigungsvorgänge, Schaltzustände, Funktion", 5.33. „Regeln für Stromlaufpläne nach DIN 40713 Teil 3".

- **Kap. 6 (Bauelemente der Elektrotechnik):** Stark erweitert bzw. neu aufgenommen wurden „Schichtfestwiderstände", „Kondensatoren", „Galvanische Primärelemente", „Galvanische Sekundärelemente" und „Relais". Insgesamt 6 Seiten Mehrumfang.
- **Kap. 7 (Elektrische Maschinen):** Bearbeitet und um 5 Seiten erweitert aufgrund neuer Normen, z. B. VDE 0530, DIN IEC, 34 Teil 7, DIN 57 530 Teil 8, VDE 0532. Neu: „Betriebsverhalten von Kleinmotoren", „Hauptgruppen elektronisch gesteuerter Kleinantriebe", „Ein- und Mehrquadrantenantriebe" und „Gleichstromantriebe".
- **Kap. 8 (Elektrische Anlagen):** 8.1. „Beleuchtungstechnik" wurde erweitert um die Teile „Richtwerte für Beleuchtung von Arbeitsstätten im Innenraum nach DIN 5035", „Richtlinien zur Straßenbeleuchtung nach DIN 5044", „Montageanweisungen für Leuchten bis 1000 V nach DIN VDE 0710", „Leuchten und Beleuchtungsanlagen nach DIN VDE 0100 Teil 559" und „Mechanische Schutzarten für Leuchten nach VDE 0710". Neu aufgenommen ist im Kap. 8.3. „Warmwasserbereitung" und Kap. 8.5. „Antennenanlagen".
- **Kap. 9 (Meßtechnik):** Neu sind die Kapitel 9.16. „Temperaturmessung", 9.17. „Durchflußmessung" und 9.18. „Dehnungsmeßstreifen". 7 Seiten zusätzlich.
- **Kap. 10 (Drähte, Leitungen, Kabel):** Neu dazugekommen sind einige Kapitel über Leitungen und Kabel für die Fernmeldetechnik. 3 Seiten Mehrumfang.
- **Kap. 11 (Werkstoffe und Werkstoffnormung):** Im Abschnitt „Eisen und Stahl" wurden hinzugenommen „Einteilung und Benennung der Stahlsorten" und „Gewährleistungsumfang", außerdem „Kupfer für Bleche und Bänder der Elektrotechnik". Das Kapitel „Kunststoffe" wurde abermals wesentlich erweitert.
- **Kap. 12 (Schutzbestimmungen):** Völlig neu bearbeitet und um 5 Seiten erweitert entsprechend den VDE-Vorschriften von 7.85.
- **Kap. 13 (Technisches Zeichnen/Maschinennormteile):** Auf aktuellen Normungsstand gebracht.

Diese Aufzählung gibt nur die wichtigsten und größeren Veränderungen wieder. Die Beibehaltung des gewohnten und so bewährten Seitenbildes verdeckt die zahlreichen kleinen, aber oft so wichtigen Verbesserungen, die nur bei genauem Vergleich der Auflagen sichtbar werden.

Insgesamt ergibt die grundlegende Neubearbeitung des FRIEDRICH ein Nachschlagewerk, das der Neuordnung der Aus- und Weiterbildung in *allen* Bereichen der Elektrotechnik *und* Elektronik Rechnung trägt und Schüler, Lehrer und Praktiker gleichermaßen anspricht.

3. Besondere Vorzüge der Tabellenbücher von FRIEDRICH

So kann man wohl mit Recht erneut von einem **neuen** FRIEDRICH TABELLENBUCH ELEKTROTECHNIK/ELEKTRONIK sprechen, das – wie seine bewährten Vorauflagen – ein zuverlässiges Arbeitsmittel und Nachschlagewerk für die Berufsaus- und -weiterbildung sowie für die Berufsausübung werden möge.

Dazu werden sicherlich die folgenden Merkmale beitragen, die sinngemäß auch für die TABELLENBÜCHER METALLTECHNIK und BAU- und HOLZTECHNIK gelten:
- Konzentrierte Stoffülle;
- Kompakte, übersichtliche Stoffdarbietung;
- Berücksichtigung der Prinzipien Berufsfeldbezug und Kurssystem (Baukastensystem);
- Verwendbarkeit auf unterschiedlichen Berufsebenen (Facharbeiter, Meister, Techniker, Ingenieur);
- Verwendbarkeit in unterschiedlichen Schulformen und -stufen (Berufsgrundschuljahr, Berufsschule, Berufsfachschule, Höhere Berufsfachschule, Fachschule, Fachoberschule, Fachhochschule).

4. Zum noch leichteren Gebrauch des FRIEDRICH

wurden die ohnehin reichlich vorhandenen Nachschlagehilfen erneut verbessert:

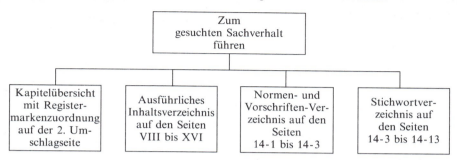

Unterstützende Nachschlagehilfen:
- Erheblich verbesserte Dezimalklassifikation;
- kapitelweise Seitenzählung;
- verbesserte Registermarken für Großkapitel;
- Zweifarbendruck;
- Seitenverweise;
- alle Normen und Bestimmungen mit Ausgabedatum sowie direkte Zuordnung zum Sachzusammenhang.

5. FRIEDRICH und Kammer-Prüfungen

Bemerkenswert ist die zunehmende Tendenz, den FRIEDRICH auch bei Prüfungen der Industrie- und Handels- und Handwerkskammern zuzulassen. Dem liegt die bei Prüfern (Lehrern und Ausbildern) wachsende Überzeugung zugrunde, daß es nicht alleiniges Ziel der Berufsausbildung ist, ein möglichst breites sicheres Detailwissen zu vermitteln.

Vielmehr wird in zunehmendem Maße die Fähigkeit und Motivierung des Auszubildenden, sich allein, also ohne personelle Hilfestellung, in neue Aufgaben schnell einzuarbeiten, als mindestens gleichwertiges Hauptlernziel der Ausbildung betrachtet. Daß gerade etwas umfangreichere Nachschlagewerke (im Gegensatz zu dürftigen Formelsammlungen) hierzu einen besonderen Beitrag leisten können, ist unbestritten. Deshalb drängen auch immer mehr Lehrer und Ausbilder darauf, das in der Schule und Praxis verwandte und vertraute Tabellenbuch auch bei den Prüfungen der Kammern zuzulassen.

Eine unzulässige Hilfestellung wird darin um so weniger gesehen, wenn man – wie zuvor dargelegt – bedenkt, daß in Prüfungen nicht so sehr das abfragbare Einzelwissen als vielmehr die Fähigkeit, sich in den vielseitigen Aufgaben des Berufsfeldes ohne fremde Hilfe zurechtzufinden, bewertet werden sollte.

6. Dank an Mitarbeiter, Benutzer und Leser

Die Verfasser und Herausgeber würden sich freuen, wenn die zahlreichen Benutzer in Schule, Hochschule und Praxis wie bisher Vorschläge für die weitere Verbesserung dieses Standardwerkes unterbreiten könnten. Diese Vorschläge sollen bei späteren Auflagen nach Möglichkeit berücksichtigt werden, damit sie möglichst vielen Benutzern zugute kommen.

Braunschweig, Hagen, Lage, Minden im Frühjahr 1986   Herausgeber und Verfasser

INHALT

Seiten

1 Mathematische Grundlagen und Tabellen — 1-1 bis 1-14

- 1.1. Zeichen und Begriffe — 1-1
    - 1.1.1. Mathematische Zeichen nach DIN 1302 — 1-1
    - 1.1.2. Zeichen und Begriffe der Mengenlehre nach DIN 5473 — 1-1
    - 1.1.3. Zeichen der mathematischen Logik nach DIN 5474 — 1-2
- 1.2. Grundrechnungsarten — 1-2
- 1.3. Arithmetik/Algebra — 1-3
    - 1.3.1. Addition — 1-3
    - 1.3.2. Subtraktion — 1-3
    - 1.3.3. Addition und Subtraktion — 1-3
    - 1.3.4. Betrag einer Zahl — 1-3
    - 1.3.5. Klammern — 1-3
    - 1.3.6. Multiplikation — 1-3
    - 1.3.7. Division — 1-3
    - 1.3.8. Potenzieren — 1-3
    - 1.3.9. Radizieren — 1-4
    - 1.3.10. Logarithmieren — 1-4
    - 1.3.11. Gleichungen ersten Grades mit einer Unbekannten — 1-4
    - 1.3.12. Gleichungen ersten Grades mit zwei Unbekannten — 1-4
    - 1.3.13. Gleichungen zweiten Grades — 1-4
    - 1.3.14. Imaginäre und komplexe Zahlen — 1-5
- 1.4. Winkelfunktionen — 1-6
    - 1.4.1. Winkeleinheiten nach DIN 1315 — 1-6
    - 1.4.2. Die trigonometrischen Funktionen — 1-6
    - 1.4.3. Vorzeichen der Funktionen in den vier Quadranten — 1-6
    - 1.4.4. Funktionskurven und Funktionswerte bestimmter Winkel — 1-7
    - 1.4.5. Beziehung zwischen den Winkelfunktionen für gleiche Winkel — 1-7
    - 1.4.6. Die Berechnung rechtwinkliger Dreiecke — 1-7
    - 1.4.7. Formeln für das schiefwinklige Dreieck — 1-8
    - 1.4.8. Die Berechnung schiefwinkliger Dreiecke — 1-8
- 1.5. Länge, Fläche, Volumen und Masse — 1-9
    - 1.5.1. Formeln für die Flächenberechnung — 1-9
    - 1.5.2. Formeln für die Körperberechnung — 1-10
    - 1.5.3. Pythagoreischer Lehrsatz — 1-11
    - 1.5.4. Dichte — 1-11
- 1.6. Rechnen mit dem Taschenrechner — 1-12
    - 1.6.1. Das Bedienungsfeld — 1-12
    - 1.6.2. Grundrechenarten (Berechnungsbeispiele) — 1-12
    - 1.6.3. Speichern einer Zahl und Speicherabruf — 1-13
    - 1.6.4. Quadratwurzel — 1-14
    - 1.6.5. Trigonometrische Funktionen sin, cos, tan — 1-14

2 Physikalische Grundlagen — 2-1 bis 2-44

- 2.1. Einheiten und Zeichen — 2-1
    - 2.1.1. Das internationale Einheitensystem — 2-1
    - 2.1.2. Formelzeichen nach DIN 1304 — 2-2
    - 2.1.3. Formelzeichen der Nachrichtentechnik nach DIN 1344 — 2-3
    - 2.1.4. Indizes nach DIN 1304 — 2-3
    - 2.1.5. Das griechische Alphabet — 2-3
    - 2.1.6. Römische Ziffern — 2-3
    - 2.1.7. Konstanten der Physik — 2-3
- 2.2. Mechanik — 2-4
    - 2.2.1. Bewegungslehre (Kinematik) — 2-4
    - 2.2.2. Kraft — 2-5

2.2.3. Einfache Maschinen	2-6
2.2.4. Arbeit	2-8
2.2.5. Leistung	2-8
2.2.6. Wirkungsgrad	2-8
2.2.7. Fördermenge der Kolbenpumpe	2-8
2.2.8. Gleitreibung	2-9
2.2.9. Rollreibung	2-9
2.3. Festigkeitslehre	2-10
2.3.1. Zugfestigkeit	2-10
2.3.2. Druckfestigkeit	2-10
2.3.3. Schub- oder Scherfestigkeit	2-10
2.3.4. Biegefestigkeit	2-11
2.3.5. Verdrehfestigkeit	2-14
2.3.6. Zusammengesetzte Festigkeit	2-14
2.3.7. Einfluß der Wärme auf Festigkeit	2-14
2.4. Wärmetechnische Grundlagen	2-15
2.4.1. Temperatur	2-15
2.4.2. Wärmemenge	2-15
2.4.3. Ausdehnung durch Wärme	2-16
2.4.4. Wärmeübertragung	2-16
2.4.5. Unterer Heizwert	2-17
2.5. Hydrostatik	2-17
2.6. Schall	2-18
2.6.1. Allgemeine Begriffe DIN 4109	2-18
2.6.2. Schallgeschwindigkeit	2-19
2.6.3. A-Schallpegel für bekannte Geräusche	2-19
2.6.4. Lärmschutz am Arbeitsplatz	2-19
2.6.5. Luftschallschutzmaße von Trennwänden	2-19
2.6.6. Luftschallschutzmaße von gebräuchlichen Wohnungstrennwänden	2-19
2.6.7. Zul. Geräuschpegel (TA Lärm)	2-19
2.7. Strom und Spannung	2-20
2.7.1. Genormte Stromwerte	2-20
2.7.2. Genormte Spannungswerte	2-20
2.7.3. Elektrochemische Spannungsreihe	2-21
2.7.4. Zeitabhängige Ströme (Spannungen) nach DIN 5488	2-21
2.8. Elektrotechnische Grundlagen (Seite 2-22 bis 2-44)	2-22

3 Elektronische Bauelemente und Grundschaltungen   3-1 bis 3-56

3.1. Diode	3-1
3.1.1. Dioden zum Gleichrichten und Schalten	3-1
3.1.2. Berechnungsgrundlagen für Gleichrichterschaltungen	3-2
3.1.3. Glättung und Siebung	3-3
3.1.4. Spannungsvervielfachung	3-3
3.1.5. Kenn- und Grenzwerte (Auswahl) nach DIN 41 782	3-4
3.1.6. Reihen- und Parallelschaltung von Dioden	3-4
3.1.7. Spezialdioden	3-4
3.1.8. Kapazitäts-(Variations-)Dioden	3-5
3.1.9. Dioden zur Spannungsstabilisierung und -begrenzung	3-6
3.1.10. Tunneldiode	3-7
3.2. Transistor	3-8
3.2.1. Aufbau und Wirkungsweise, Zählrichtungen	3-8
3.2.2. Kennlinien und Kenngrößen	3-9
3.2.3. Grenzwerte	3-12
3.2.4. Wärmeableitung bei Halbleiterbauelementen	3-13
3.2.5. Arbeitspunkteinstellung und Stabilisierung	3-14
3.2.6. Vierpolkenngrößen und Ersatzschaltungen	3-16
3.2.7. Transistor-Grundschaltungen	3-18
3.2.8. Kopplungsarten	3-20

3.3.	Rückkopplung	3-21
	3.3.1. Gegenkopplungs-Grundschaltungen	3-22
	3.3.2. Sinus-Oszillatoren	3-23
	3.3.3. Sperrschwinger	3-24
3.4.	Transistor als Schalter	3-24
	3.4.1. Kippschaltungen	3-26
3.5.	Gehäuse von Halbleiterbauelementen	3-27
3.6.	Differenz- und Operationsverstärker	3-28
3.7.	Feldeffekt-Transistoren	3-32
3.8.	Elektronenröhren	3-36
3.9.	Gasgefüllte Röhren	3-38
3.10.	Optoelektronik	3-39
	3.10.1. Fotozelle	3-39
	3.10.2. Fotovervielfacher	3-39
	3.10.3. Fotoelement	3-40
	3.10.4. Fotodiode	3-41
	3.10.5. Fototransistor	3-41
	3.10.6. Fotowiderstand	3-42
	3.10.7. Solarzelle	3-42
	3.10.8. Typische Werte von Fotosensoren	3-43
	3.10.9. Lumineszenzdiode	3-44
	3.10.10. Flüssigkristallanzeige	3-44
	3.10.11. Vakuum-Fluoreszenz-Anzeige	3-45
	3.10.12. Plasma-Anzeige	3-45
	3.10.13. Elektrolumineszenz-Anzeige	3-45
	3.10.14. Typische Werte von Digitalanzeigen	3-46
	3.10.15. Optokoppler	3-46
3.11.	Magnetfeldabhängige Bauelemente	3-47
	3.11.1. Hallgenerator	3-47
	3.11.2. Feldplatte	3-47
3.12.	Lichtwellenleiter	3-48
3.13.	Trigger-Bauelemente	3-50
	3.13.1. Zweirichtungsdiode (Diac)	3-50
	3.13.2. Zweirichtungs-Thyristordiode	3-50
	3.13.3. Rückwärts sperrende Thyristordiode (Vierschichtdiode)	3-50
	3.13.4. Zweizonentransistor (Unijunktion-Transistor, Doppelbasisdiode)	3-50
	3.13.5. Programmierbarer Unijunktion-Transistor	3-51
3.14.	Thyristor	3-52
	3.14.1 Rückwärts sperrender Thyristor	3-52
	3.14.2. Rückwärts leitender Thyristor (RLT)	3-55
	3.14.3. Abschaltthyristor (GTO)	3-55
	3.14.4. Triac	3-55
3.15.	Selbstgeführte Stromrichter mit schnellen Thyristoren	3-56

4　Steuerungs- und Regelungstechnik　　　4-1 bis 4-48

4.1.	Begriffe nach DIN 19 226	4-1
4.2.	Digitaltechnik	4-1
	4.2.1. Rechnen mit Dualzahlen	4-1
	4.2.2. Elementare Verknüpfungen	4-2
	4.2.3. Schaltalgebra (Boolesche Algebra)	4-3
	4.2.4. Entwurf kombinatorischer Schaltungen	4-4
	4.2.5. Schaltungsvereinfachung (Minimierung)	4-5
	4.2.6. Zuordnung elektrischer Pegel und logischer Zeichen	4-7
	4.2.7. Begriffe binärer Codierung	4-7
	4.2.8. Binäre Codes	4-8
	4.2.9. ASCII-Code	4-9
	4.2.10. Kippglieder	4-10
	4.2.11. Digitale Halbleiterspeicher	4-12

4.2.12. Zähler und Register	4-13
4.2.13. Spezifikationen digitaler Schaltkreisfamilien	4-14
4.3. Informationsverarbeitung	4-16
4.3.1. Sinnbilder und ihre Anwendung nach DIN 66 001	4-16
4.3.2. Sinnbilder für Struktogramme nach Nassi-Shneiderman DIN 66 261	4-18
4.3.3. Regeln und Symbole für Funktionspläne nach DIN 40 719 Teil 6	4-20
4.3.4. Begriffe nach DIN 44 300	4-23
4.4. Steuerungstechnik	4-24
4.4.1. Begriffe der Steuerungstechnik (Auszug) nach DIN 19 237	4-24
4.4.2. Kennfarben für Leuchtmelder und Druckknöpfe nach DIN IEC 73	4-25
4.4.3. Darstellung der Funktion einer elektrischen Steuerung	4-25
4.4.4. Speicherprogrammierte Steuerungen	4-29
4.4.5. Kennzeichnung von elektrischen Betriebsmitteln nach DIN 40 719	4-34
4.4.6. Anschlußbezeichnungen, Kennzahlen, Kennbuchstaben für Niederspannungs-Schaltgeräte	4-35
4.4.7. Anschlußbezeichnungen, Kennzahlen, Kennbuchstaben für bestimmte Hilfsschütze nach DIN EN 50 011	4-36
4.5. Regelungstechnik	4-37
4.5.1. Grundbegriffe der Regelungstechnik	4-37
4.5.2. Zeitverhalten von Regelkreisgliedern	4-38
4.5.3. Regelstrecken	4-42
4.5.4. Regler	4-44
4.5.5. Einstellung der Regler-Kennwerte (Optimierung)	4-46
4.5.6. Benennung und Einteilung von Reglern nach DIN 19 225	4-48

5 Schaltzeichen und Symbole nach DIN 5-1 bis 5-42

5.1. Schaltzeichen nach DIN 40 700 Teil 4 (Kennzeichen für Strom- und Spannungsarten, Impulsarten, modulierte Pulse)	5-1
5.2. Schaltzeichen nach DIN 40 711 (Leitungen und Leitungsverbindungen)	5-2
5.3. Schaltzeichen nach DIN 40 712 (Kennzeichen für Veränderbarkeit, Einstellbarkeit, Widerstände, Wicklungen)	5-2
5.4. Schaltzeichen nach DIN 40 712 (Kondensatoren, Dauermagnete, Batterien, Erdung, Abschirmung, Widerstände)	5-3
5.5. Schaltzeichen nach DIN 40 703 und 40 713 (Zusatzschaltzeichen zum Darstellen mechanischer und elektrischer Funktionen/Schaltgeräte, Auslöser, Schaltglieder, Sicherungen/Elektromechanische Antriebe und Auslöser)	5-3
5.6. Schaltzeichen nach DIN 40 700 Teil 1 (Wähler, Nummernschalter, Unterbrecher)	5-5
5.7. Schaltzeichen nach DIN 40 717 (Elektroinstallation)	5-6
5.8. Schaltzeichen nach DIN 40 700 Teil 2 und Teil 8 (Elektronen- und Ionenröhren/ Bild-Signal-Wandlerröhren, Bildaufnahmeröhren, Oszilloskopröhren/ Halbleiterbauelemente)	5-8
5.9. Grafische Symbole für Übersichtsschaltpläne nach DIN 40 700 Teil 10	5-10
5.10. Schaltzeichen nach DIN 40 700 Teil 5 und Teil 23 (Gefahrenmeldeeinrichtungen, Uhren und el. Zeitdienstgeräte)	5-13
5.11. Schaltzeichen nach DIN 40 700 Teil 25 (Frequenzen, Bänder, Modulationsarten, Frequenzpläne)	5-14
5.12. Schaltzeichen nach DIN 40 700 Teil 7 (Magnetköpfe)	5-14
5.13. Schaltzeichen nach DIN 40 700 Teil 3 (Antennen)	5-15
5.14. Schaltzeichen nach DIN 40 700 Teil 9 (Elektroakustische Übertragungsgeräte)	5-15
5.15. Schaltzeichen nach DIN 40 900 Teil 12 (Binäre Elemente)	5-16
5.16. Schaltzeichen digitaler Schaltglieder (Auswahl) nach DIN 40 700 (11.63 und 7.76), ASA	5-25
5.17. Schaltzeichen nach DIN 40 700 Teil 21 (Digitale Magnetschaltkreise)	5-25
5.18. Schaltzeichen nach DIN 40 900 Teil 13 (Analoge Informationsverarbeitung)	5-26
5.19. Schaltzeichen nach DIN ISO 1219 (Fluidtechnische Systeme und Geräte)	5-27
5.20. Bildzeichen der Elektrotechnik (Auswahl) nach DIN 40 100 (Betätigungsvorgänge, Schaltzustände, Funktion)	5-29
5.21. Schaltzeichen nach DIN 40 700 Teil 16 (Fernwirkgeräte und Fernwirkanlagen)	5-30
5.22. Schaltzeichen nach DIN 40 700 Teil 20 (Anlasser)	5-30
5.23. Schaltzeichen nach DIN 40 713 Beiblatt 3 (Beispiele der Schutztechnik)	5-31

5.24.	Schaltzeichen nach DIN 40 706 (Stromrichter)	5-31
5.25.	Schaltzeichen nach DIN 40 714 Teil 1 (Transformatoren und Drosselspulen) Teil 2 und Teil 3 (Stromwandler, Spannungswandler, Transduktoren)	5-33
5.26.	Schaltzeichen nach DIN 40 715 (Elektrische Maschinen)	5-34
5.27.	Schaltzeichen nach DIN 40 710 (Kennzeichen für Schaltungsarten von Wicklungen)	5-37
5.28.	Schaltzeichen nach DIN 40 708 (Meldegeräte (Empfänger))	5-37
5.29.	Schaltzeichen nach DIN 40 716 Teil 1 und Teil 5 (Meßinstrumente, Meßgeräte, Zähler, Meß-, Anzeige- und Registrierwerke)	5-38
5.30.	Schaltzeichen nach DIN 40 716 Teil 6 (Meßgrößenumformer)	5-39
5.31.	Schaltzeichen nach DIN 40 716 Teil 4 (Beispiele für Zähler und Schaltuhren)	5-39
5.32.	Schaltzeichen nach DIN 40 704 Teil 1 (Industrielle Anwendung der Elektrowärme, Elektrochemie und Elektrostatik)	5-40
5.33.	Regeln für Stromlaufpläne nach DIN 40 719 Teil 3	5-41

6 Bauelemente der Elektrotechnik — 6-1 bis 6-38

6.1.	Widerstände	6-3
6.2.	Drehwiderstände	6-6
6.3.	Widerstands-Nomogramm	6-7
6.4.	Heißleiter	6-8
6.5.	Kaltleiter	6-10
6.6.	Spannungsabhängige Widerstände	6-11
	6.6.1. VDR-Widerstände	6-11
	6.6.2. Metalloxid-Varistoren	6-11
6.7.	Kondensatoren	6-14
6.8.	Kleintransformatoren	6-20
6.9.	Sicherungen	6-26
	6.9.1. Strombelastbarkeit isolierter Leitungen und nicht im Erdreich verlegter Kabel bei Umgebungstemperaturen von 30 °C und Zuordnung von Leitungsschutzsicherungen und -schaltern nach DIN VDE 0100 Teil 523 u. 430	6-26
	6.9.2. Niederspannungssicherungen nach DIN VDE 0636 Teil 1	6-27
	6.9.3. Kennfarben für Leitungsschutzsicherungen nach DIN VDE 0636 Teil 3	6-27
	6.9.4. Nennstromverhältnis für Selektivität nach DIN VDE 0636 Teil 2a	6-27
	6.9.5. Mittlere Strom-Zeit-Kennlinie für DIAZED-Schmelzeinsätze	6-28
	6.9.6. Geräteschutzsicherung	6-29
	6.9.7. Leitungsschutzschalter	6-29
6.10.	Galvanische Primärelemente	6-30
	6.10.1. Ausführungen von galvanischen Primärelementen	6-30
	6.10.2. Galvanische Primärelemente und -batterien nach DIN 40 855	6-31
	6.10.3. Primärbatterien	6-32
6.11.	Galvanische Sekundärelemente	6-33
	6.11.1. Galvanische Sekundärelemente nach DIN VDE 0510	6-33
	6.11.2. Bleiakkumulatoren	6-34
	6.11.3. Nickel/Cadmium (Eisen)-Akkumulatoren	6-35
6.12.	Relais	6-37
	6.12.1. Kontaktarten nach DIN 41 020	6-37
	6.12.2. Relaiszeiten (Zeitverhalten)	6-38
	6.12.3. Anschlußbezeichnungen an Schaltrelais nach DIN 46 199 Teil 4	6-38
	6.12.4. Technische Daten einiger wichtiger Relaistypen	6-38

7 Elektrische Maschinen — 7-1 bis 7-34

7.1.	Dreiphasenwechselstrom (Drehstrom)	7-1
7.2.	Leistungsschilder nach DIN 42 961	7-2
7.3.	Betriebsarten nach VDE 0530	7-2
7.4.	IP-Schutzarten für umlaufende elektrische Maschinen nach DIN IEC 34 Teil 5	7-4
7.5.	Ermittlung der Übertemperaturen von Wicklungen nach VDE 0530	7-4
7.6.	Grenz-Übertemperaturen in K von indirekt mit Luft gekühlten Maschinen nach VDE 0530	7-5
7.7.	Toleranzen elektrischer Maschinen nach VDE 0530	7-5

7.8. Anschlußbezeichnungen und Drehsinn von umlaufenden elektrischen Maschinen nach DIN 57 530 Teil 8	7-6
7.9. Bauformen und Aufstellung von umlaufenden elektrischen Maschinen Code I DIN IEC Teil 7	7-7
7.10. Drehstrommotoren	7-8
7.11. Polumschaltbare Drehstrom-Asynchronmotoren	7-9
7.12. Drehstrom-Normmotor mit Käfigläufer, Bauform IM B3	7-10
7.13. Schützschaltungen	7-11
7.14. Typische Betriebswerte oberflächengekühlter Drehstrommotoren mit Käfigläufer	7-12
7.15. Drehstrom-Selbstanlasser	7-14
7.16. Motorschutzeinrichtungen	7-15
7.17. Anlasser für Elektromotoren nach DIN 46062	7-16
7.18. Einphasenbetrieb von Asynchronmotoren	7-18
7.19. Schrittmotor	7-19
7.20. Betriebsverhalten von Kleinmotoren	7-20
7.21. Hauptgruppen elektronisch gesteuerter Kleinantriebe	7-21
7.22. Gleichstrommotoren	7-22
7.23. Gleichstromgeneratoren	7-23
7.24. Ein- und Mehrquadrantenantriebe	7-24
7.25. Gleichstromantriebe	7-25
7.26. Drehfrequenzveränderbare Gleichstromantriebe mit Gleichstrom-Nebenschlußmotor	7-26
7.27. Drehfrequenzveränderbare Drehstromantriebe	7-27
7.28. Drehfrequenzveränderbare Drehstromantriebe mit Käfigläufer-Induktionsmotor	7-28
7.29. Gebrauchskategorien für Last-, Motor- und Hilfsstromschalter nach VDE 0660	7-29
7.30. Leistungstransformatoren	7-30
7.30.1. Aufbau der Transformatoren	7-30
7.30.2. Wicklungen und Schaltgruppen nach VDE 0532	7-30
7.30.3. Gebräuchliche Schaltgruppen für Drehstromtransformatoren nach VDE 0532 Teil 4	7-31
7.30.4. Einphasentransformatoren	7-31
7.30.5. Bauarten, Kühlung und Begriffe nach VDE 0532 Teil 1	7-32
7.30.6. Parallelbetrieb von Transformatoren	7-33

8 Elektrische Anlagen   8-1 bis 8-34

8.1. Beleuchtungstechnik	8-1
8.1.1. Größen, Einheiten und Begriffe der Lichttechnik	8-1
8.1.2. Lichtquellen und Leuchten	8-2
8.1.3. Beleuchtung im Innenraum	8-5
8.1.4. Beleuchtung im Freien	8-11
8.1.5. Installationsschaltungen	8-16
8.1.6. Schaltungen für Leuchtstofflampen	8-19
8.1.7. Schaltungen für Quecksilberdampf-, Halogen-, Metalldampf-, Natriumdampf-Niederdruck- und Natriumdampf-Hochdrucklampen	8-20
8.1.8. Montageanweisung für Leuchten bis 1000 V für begrenzte Oberflächentemperaturen nach DIN VDE 0710 Teil 5	8-21
8.1.9. Leuchten und Beleuchtungsanlagen nach DIN VDE 0100 Teil 559	8-21
8.1.10. Mechanische Schutzarten für Leuchten nach VDE 0710 Teil 1	8-21
8.2. Leitungsberechnung	8-22
8.3. Elektrowärme	8-27
8.3.1. Warmwasserbereitung	8-27
8.3.2. Raumheizung	8-28
8.4. Blitzschutz an Gebäuden	8-29
8.5. Antennenanlagen	8-31
8.5.1. Empfangsbereiche und Antennenformen	8-31
8.5.2. Hinweise zur Antennenmontage	8-31
8.5.3. Windlastberechnung	8-31
8.6. Funkentstörung	8-33
8.6.1. Störungsarten	8-33
8.6.2. Entstörmittel	8-33
8.6.3. Entstörschaltungen	8-34

9 Meßtechnik 9-1 bis 9-26

9.1.	Symbole für Meßgeräte nach DIN 43 780	9-1
9.2.	Meßwerke	9-2
9.3.	Grundbegriffe der Meßtechnik nach DIN 1319	9-4
9.4.	Analoge Weg- und Winkelmessung, Prinzipienübersicht	9-5
9.5.	Analoge Geschwindigkeitsmessung, Prinzipienübersicht	9-7
9.6.	Analoge Beschleunigungsmessung, Prinzipienübersicht	9-8
9.7.	Analoge Kraftmessung, Prinzipienübersicht	9-9
9.8.	Anloge Druckmessung, Prinzipienübersicht	9-10
9.9.	Anschlußbezeichnungen für Schalttafel-Meßgeräte zur Leistungs- und Leistungsfaktormessung nach DIN 43 807	9-11
9.10.	Leistungs- und Leistungsfaktor-Messung	9-12
9.11.	Elektrizitätszähler	9-13
9.12.	Schaltungsnummern für Elektrizitätszähler und Zusatzeinrichtungen nach DIN 43 856	9-13
9.13.	Zählerschaltungen nach DIN 43 856	9-14
9.14.	Meßbrücken (Abgleichverfahren)	9-15
9.15.	Elektronenstrahl-Oszilloskop	9-16
9.16.	Temperaturmessung	9-19
	9.16.1. Begriffe für Thermometer (Auswahl) nach DIN 16 160	9-19
	9.16.2. Thermometer mit Thermoelement	9-19
	9.16.3. Widerstandsthermometer	9-21
9.17.	Durchflußmessung	9-22
9.18.	Dehnungsmeßstreifen	9-25

10 Drähte, Leitungen, Kabel 10-1 bis 10-28

10.1.	Runddrähte aus Kupfer	10-1
	10.1.1. Zulässige Belastung lackisolierter Wickeldrähte nach DIN 46 435	10-1
	10.1.2. Runddrähte aus Kupfer, lackisoliert, nach DIN 46 435	10-2
	10.1.3. Runddrähte aus Kupfer, lackisoliert und umsponnen, nach DIN 46 436 Teil 2	10-2
	10.1.4. Runddrähte aus Kupfer (genau gezogen) nach DIN 46 431	10-3
10.2.	Sammelschienen	10-3
10.3.	Drähte für Leitungsseile	10-4
	10.3.1. Drähte für Leitungsseile nach DIN 48 200 Teil 1 und 5	10-4
	10.3.2. Drähte für Fernmeldefreileitungen nach DIN 48 300	10-4
10.4.	Leitungsseile	10-5
10.5.	Freileitungen	10-6
	10.5.1. Grenzspannweiten für Leitungsseile für gleichhohe Aufhängepunkte nach VDE 0211	10-6
	10.5.2. Dauerstrombelastbarkeit für Freileitungen nach DIN 48 201 Teil 1 – 7	10-6
	10.5.3. Mindestdurchhang von Kupferfreileitungen	10-6
10.6.	Drähte aus Widerstandslegierungen	10-7
	10.6.1. Runddrähte aus Widerstandslegierungen, blank, nach DIN 46 461	10-7
	10.6.2. Strombelastbarkeit blanker Widerstandsdrähte	10-8
	10.6.3. Wickeldrähte, Runddrähte aus Nickel-Widerstandslegierungen, blank, nach DIN 46 463	10-9
10.7.	Kennzeichnung blanker und isolierter Leitungen	10-10
	10.7.1. Farben und Farbkurzzeichen für Kabel und isolierte Leitungen n. DIN 47 002	10-10
	10.7.2. Kennzeichnung isolierter und blanker Leiter nach DIN 40 705	10-10
	10.7.3. Aderkennzeichnung von isolierten Starkstromleitungen nach VDE 0293	10-10
10.8.	Isolierte Starkstromleitungen	10-11
	10.8.1. Isolierte Starkstromleitungen nach VDE 0250	10-11
	10.8.2. Aufbau der harmonisierten Typenkurzzeichen	10-13
	10.8.3. PVC-isolierte Starkstromleitungen nach DIN VDE 0281	10-13
	10.8.4. Gummi-isolierte Starkstromleitungen nach DIN VDE 0282	10-14
	10.8.5. Mindest-Leiterquerschnitt für Leitungen nach DIN VDE 0100 Teil 523	10-14
	10.8.6. Kleinste zulässige Biegeradien nach DIN VDE 0298 Teil 3	10-14
10.9.	Starkstromkabel	10-15
	10.9.1. Kennzeichnung der Adern in Kabel nach DIN VDE 0293	10-15

10.9.2.	Allgemeines für Kabel bis 18/30 kV nach DIN VDE 0298 Teil 1	10-15
10.9.3.	Mantelfarben von Außenhüllen aus PVC oder Gummi nach VDE 0206	10-16
10.9.4.	Zulässige Biegeradien mit U_0/U bis 18/30 kV nach DIN 57 298 Teil 1	10-16
10.9.5.	Aufbau und Verwendung	10-16
10.9.6.	Strombelastbarkeit nach DIN VDE 0298 Teil 2	10-18
10.10.	Leitungen und Kabel der Nachrichtentechnik	10-23
10.10.1.	Kennfarben für Drähte in Gestellen und Geräten der Nachrichtentechnik nach DIN 40 720	10-23
10.10.2.	Kennzeichnung von Fernmeldeschnüren nach DIN 47 100	10-23
10.10.3.	Kurzzeichen für die Bezeichnung von Installationsleitungen und Kabeln für Fernmeldeanlagen	10-23
10.10.4.	Verwendung von Kabeln und isolierten Leitungen für Fernmeldeanlagen nach DIN VDE 0891 Teil 1	10-24
10.10.5.	Kennzeichnung der Verseilelemente nach DIN VDE 0815	10-24
10.10.6.	Kennzeichnung der Adern für Schaltkabel für Fernmeldeanlagen nach VDE 0813	10-25
10.10.7.	Installationsleitungen für Fernmelde- und Informationsverarbeitungsanlagen nach DIN VDE 0815	10-26
10.10.8.	Schaltkabel für Fernmeldeanlagen nach VDE 0813	10-26
10.10.9.	Schaltdrähte und Schaltlitzen für Fernmeldeanlagen nach VDE 0812	10-27
10.10.10.	Außenkabel für Fernmeldeanlagen nach DIN VDE 0816, Auszug	10-27

11 Werkstoffe und Werkstoffnormung   11-1 bis 11-28

11.1.	Chemische Elemente und ihre Verbindungen	11-1
11.2.	Physikalische Eigenschaften von Metallen	11-3
11.2.1.	Reine Metalle	11-3
11.2.2.	Legierungen	11-3
11.2.3.	Kontaktwerkstoffe	11-4
11.3.	Stahl und Eisen/Werkstoffnormung	11-5
11.3.1.	Roheisen, Gußeisen, Stahl	11-5
11.3.2.	Eisen- und Stahlsorten (Einteilung, Benennung)	11-6
11.3.3.	Gußeisen- und Tempergußsorten	11-8
11.3.4.	Stahlsorten	11-9
11.3.5.	Bleche und Profilstäbe; Massen für Flach- und Bandstahl, Stahlbleche	11-12
11.3.6.	Magnetische Werkstoffe für Übertrager nach DIN 41 301	11-13
11.3.7.	Dauermagnetwerkstoffe nach DIN 17 410	11-13
11.4.	Nichteisenmetalle/Werkstoffnormung	11-14
11.4.1.	Nichteisenmetalle und ihre Legierungen	11-14
11.4.2.	Widerstandslegierungen nach DIN 17 471	11-17
11.4.3.	Lote	11-18
11.5.	Kunststoffe	11-19
11.5.1.	Einteilung, Herstellung, Verarbeitung	11-19
11.5.2.	Kunststoffarten	11-20
11.5.3.	Kurzzeichen für Kunststoffe	11-21
11.5.4.	Mechanische Eigenschaften von Kunststoffen	11-23
11.5.5.	Kunststoff-Formmassetypen nach DIN 7708	11-23
11.5.6.	Schichtpreßstoffe nach DIN 7735 Teil 2	11-24
11.5.7.	Schnittgeschwindigkeiten und Vorschub beim Bearbeiten von Kunststoffen	11-24
11.6.	Isolierstoffe	11-25
11.6.1.	Preßspan nach DIN 7733	11-25
11.6.2.	Vulkanfiber nach DIN 7737	11-25
11.6.3.	Selbstklebende Isolierbänder nach DIN 40 631 und DIN 40 633 Teil 1	11-25
11.6.4.	Isolierfolien nach DIN 40 643	11-25
11.6.5.	Isolierschläuche nach DIN 40 620 und 40 621	11-26
11.6.6.	Eigenschaften elektrischer Isolierstoffe	11-26
11.7.	Schmierstoffe und Isolieröle	11-27
11.7.1.	Flüssige Schmierstoffe nach DIN 51 502	11-27
11.7.2.	Schmierfette (Kennfarbe Weiß) nach DIN 51 502	11-27

11.7.3.	Anforderungen an neue Isolieröle für Transformatoren, Wandler, Schaltgeräte nach DIN VDE 0370 Teil 1	11-28
11.7.4.	Anforderungen an gebrauchte Isolieröle (Betriebsöle) in Transformatoren, Wandlern und Schaltgeräten nach DIN VDE 0370 Teil 2	11-28
11.7.5.	Eigenschaften von Schmierstoffen	11-28

12 Schutzbestimmungen 12-1 bis 12-16

12.1.	Schutzmaßnahmen nach DIN VDE 0100	12-1
12.1.1.	Gliederung von DIN VDE 0100	12-1
12.1.2.	Gefährliche Körperströme	12-1
12.1.3.	Allgemeingültige internationale und nationale Begriffe nach DIN VDE 0100 Teil 200	12-2
12.1.4.	Schutz sowohl gegen direktes als auch bei indirektem Berühren Teil 410	12-4
12.1.5.	Schutz gegen direktes Berühren Teil 410	12-5
12.1.6.	Schutz bei indirektem Berühren Teil 410	12-6
12.1.7.	Räume mit Badewanne oder Dusche nach DIN VDE 0100 Teil 701	12-10
12.1.8.	Erdung nach DIN VDE 0100 Teil 540	12-12
12.1.9.	Schutzleiter nach DIN VDE 0100 Teil 540	12-13
12.1.10.	Potentialausgleichsleiter und PEN-Leiter nach DIN VDE 0100 Teil 540	12-14
12.2.	Schutzmaßnahmen nach DIN VDE 0105	12-14
12.2.1.	Der Einsatz von Arbeitskräften nach DIN VDE 0105 Teil 1	12-14
12.2.2.	Die „5 Sicherheitsregeln" nach DIN VDE 0105 Teil 1	12-15
12.3.	Netzformen nach DIN VDE 0100 Teil 310	12-16

13 Technisches Zeichnen/Maschinennormteile 13-1 bis 13-20

13.1.	Technisches Zeichnen	13-1
13.1.1.	Blattgrößen nach DIN 823	13-1
13.1.2.	Schriftzeichen nach DIN 6776 Teil 1	13-1
13.1.3.	Maßstäbe nach DIN 823	13-1
13.1.4.	Angabe der Oberflächenbeschaffenheit in Zeichnungen nach DIN ISO 1302	13-1
13.1.5.	Linien nach DIN 15 Teil 1 und 2	13-2
13.1.6.	Darstellungen in Zeichnungen, Ansichten und Schnitten nach DIN 6	13-3
13.1.7.	Maßeintragung in Zeichnungen, Regeln, nach DIN 406 Teil 2	13-5
13.1.8.	Schweiß- und Lötverbindungen nach DIN 1912 Teil 5	13-8
13.1.9.	Darstellung und vereinfachte Darstellung für Zahnräder nach DIN 37	13-9
13.1.10.	Schraffuren zur Kennzeichnung von Werkstoffen auf Zeichnungen nach DIN 201	13-9
13.2.	Maschinennormteile	13-10
13.2.1.	Gewinde	13-10
13.2.2.	Schrauben und Muttern	13-12
13.2.3.	Passungen	13-17
13.2.4.	Keilriemen	13-20

14 Anhang 14-1 bis 14-13

14.1.	Verzeichnis der behandelten Normen und Vorschriften	14-1
14.2.	Stichwortverzeichnis	14-3

1. Mathematische Grundlagen und Tabellen

1.1. Zeichen und Begriffe

1.1.1. Mathematische Zeichen nach DIN 1302 (8.80)

Zeichen	Bedeutung	Zeichen	Bedeutung	Zeichen	Bedeutung
$+$	plus	$\binom{x}{s}$	x über s, $\binom{x}{s} = \frac{(x)_s}{s!}$	$\frac{df(x)}{dx} = f'$	$df(x)$ nach dx, f Strich, Ableitung von f
$-$	minus				
$\cdot$	mal	$[x]$	größte ganze Zahl kleiner oder gleich x	$\int_a^b f(x)\,dx$	Integral über $f(x)\,dx$ von a bis b
$:/-$	durch				
$=$	gleich	$\parallel$	parallel zu	$\lvert z \rvert$	Betrag von z
$\neq$	ungleich	$\perp$	orthogonal zu	z^* oder $\bar{z}$	Konjugierte von z
$=_{\text{def}}$	definitionsgemäß gleich	$\uparrow\uparrow$	gleichsinnig parallel	Re z	Realteil von z
$\approx$	ungefähr gleich	$\uparrow\downarrow$	gegensinnig parallel	Im z	Imaginärteil von z
$\triangleq$	entspricht	$\triangle(ABC)$	Dreieck ABC	i oder j	Imaginäre Einheit, $i^2 = j^2 = -1$
$<$	kleiner als	$\cong$	kongruent zu	exp	Exponentialfunktion $\exp x = e^x$
$>$	größer als	$\sim$	proportional zu	log	Logarithmus
$\leq$	kleiner oder gleich	$\star(g, h)$	Winkel zwischen g und h	lg	dekadischer Logarithmus
$\geq$	größer oder gleich	$\overline{AB}$	Strecke von A nach B	lb	binärer Logarithmus
$\ll$	klein gegen	$d(A, B)$	Abstand von A und B	ln	natürlicher Logarithmus
$\gg$	groß gegen	$\bigcirc(P, r)$	Kreis um P mit Radius r	sin	Sinus
∞	unendlich			cos	Cosinus
π	pi, $\pi = 3{,}14159\ldots$	$\sum_{i=1}^{n} x_i$	Summe über x_i von $i=1$ bis n	tan	Tangens
e	$e = 2{,}71828\ldots$			cot	Cotangens
$\sqrt{}$	Quadratwurzel aus	$\prod_{i=1}^{n} x_i$	Produkt über x_i von i gleich 1 bis n	Arcsin	Arcussinus
$\sqrt[n]{}$	n-te Wurzel aus			Arccos	Arcuscosinus
x^n	x hoch n, n-te Potenz von x	lim	Limes (Grenzwert)	Arctan	Arcustangens
$n!$	n Fakultät, $n! = 1 \cdot 2 \cdot 3 \cdots n$	$f \simeq g$	f ist asymptotisch gleich g	Arccot	Arcuscotangens
$(x)_s$	s unter x, $(x)_s = x \cdot (x-1) \cdots (x+1-s)$	$f(x)$	Funktion der Veränderlichen x	sinh	Hyperbelsinus
		Δf	Delta f, Differenz zweier Werte	cosh	Hyperbelcosinus
				tanh	Hyperbeltangens
				coth	Hyperbelcotangens
				$\ldots$	und so weiter bis

1.1.2. Zeichen und Begriffe der Mengenlehre nach DIN 5473 (6.76)

Zeichen		Bedeutung	Zeichen		Bedeutung
$\in$	$x \in M$	x ist Element von M	$\{,\mid\}$	$\{x, y \mid \varphi\}$	die Relation zwischen x, y mit φ
$\notin$	$x \notin M$	x ist nicht Element von M	$\times$	$A \times B$	A Kreuz B (kartesisches Produkt von A und B)
	$x_1, \ldots, x_n \in A$	$x_1, \ldots, x_n$ sind Elemente von A			
$\{\mid\}$	$\{x \mid \varphi\}$	die Menge (Klasse) aller x mit φ	id$_A$		Identitätsrelation auf A (enthält die Paare $\langle x, x \rangle$ mit $x \in A$)
	$\{x \mid x < 6\} \mathbb{N}$	Menge aller x, für die gilt: x ist eine natürliche Zahl und x ist kleiner als 6	f, g		Variable für Funktionen
			D	$D(f)$	Definitionsbereich von f
$\{,\ldots,\}$	$\{x_1, \ldots, x_n\}$	die Menge mit den Elementen $x_1, \ldots, x_n$	W	$W(f)$	Wertebereich von f
			$\mid$	$f\mid A$	Einschränkung von f auf A
	$\{1,2,3,4\} = A$	Menge A wird gebildet aus den Elementen 1, 2, 3, 4		$f(x)$ oder xf	f von x, Bild von x unter f (Funktionswert an der Stelle x)
$\emptyset$		leere Menge (enthält kein Element)	$\odot$	$f \odot g$	erst f, dann g
$\subseteq$ oder $\subset$	$A \subseteq B$	A ist Teilmenge von B	$\bigcirc$	$f \bigcirc g$	f nach g
$\subset$	$A \subset B$	A sub B	$:\to$	$f: A \to B$	f ist Abbildung von A in B
$\subsetneq$	$A \subsetneq B$	A ist echt enthalten in B (also A ist nicht gleich B)	$:\twoheadrightarrow$	$f: A \twoheadrightarrow B$	f ist Abbildung von A auf B
$\cap$	$A \cap B$	A geschnitten mit B (die Elemente, die A und B gemeinsam sind)	$:\rightarrowtail$	$f: A \rightarrowtail B$	f ist umkehrbare Abbildung von A in B
$\cup$	$A \cup B$	A vereinigt mit B (die Elemente, die in wenigstens einer der Mengen A, B liegen)	$:\rightarrowtail\!\!\!\!\rightarrow$	$f: A \rightarrowtail\!\!\!\!\rightarrow B$	f ist umkehrbare Abbildung von A auf B
$\setminus$ oder $\mathbf{C}$	$A \setminus B$ oder $\mathbf{C}_A B$	A ohne B (enthält die nicht in B liegenden Elemente von A) Differenzmenge von A und B	$\mathbb{N}$ oder $\mathbf{N}$		Menge der natürlichen Zahlen
oder $-$	$A - B$	relatives Komplement von B bez. A	$\mathbb{Z}$ oder $\mathbf{Z}$		Menge der ganzen Zahlen
$\triangle$	$A \triangle B$	symmetrische Differenz von A und B	$\mathbb{Q}$ oder $\mathbf{Q}$		Menge der rationalen Zahlen
$\mathbf{C}$ oder $-$	$\mathbf{C}A$ oder $-A$	Komplement von A	$\mathbb{R}$ oder $\mathbf{R}$		Menge der reellen Zahlen
			$\mathbb{C}$ oder $\mathbf{C}$		Menge der komplexen Zahlen
$\langle\rangle$ oder $(,)$	$\langle x, y \rangle$ oder (x, y)	Paar von x und y parallel (geordnetes Paar)	$\mathbb{N}^*, \mathbb{Z}^*, \mathbb{Q}^*, \mathbb{R}^*, \mathbb{C}^*$		Menge der von Null verschiedenen Zahlen der Mengen $\mathbb{N}, \mathbb{Z}, \mathbb{Q}, \mathbb{R}, \mathbb{C}$
			$\mathbb{Z}_+, \mathbb{Q}_+, \mathbb{R}_+$		Mengen der nicht negativen Zahlen der Mengen $\mathbb{Z}, \mathbb{Q}, \mathbb{R}$
			$\mathbb{Z}_+^*, \mathbb{Q}_+^*, \mathbb{R}_+^*$		Menge der positiven Zahlen der Mengen $\mathbb{Z}, \mathbb{Q}, \mathbb{R}$

1.1. Zeichen und Begriffe

1.1.3. Zeichen der mathematischen Logik nach DIN 5474 (9.73)

Zeichen	Verwendung	Sprechweise	Benennung	Zeichen	Verwendung	Sprechweise	Benennung
$\neg$ oder $^-$	$\neg a$ oder $\bar{a}$	nicht a	Negation	$\{\mid\}$	$\{a\mid b\}$	Menge aller a mit b	Mengenbildungsoperator
$\wedge$	$(a \wedge b)$	a und b	Konjunktion				
$\vee$	$(a \vee b)$	a oder b	Adjunktion / Disjunktion	$<\mapsto>$	$<a \mapsto t>$	Funktion, die a den Wert t zuordnet	Funktionsbildungsoperator
$\rightarrow$ oder $\Rightarrow$	$(a \rightarrow b)$ oder $(a \Rightarrow b)$	a Pfeil b	Subjunktion / Implikation	ι	ιab	Das a mit b	Kennzeichnungsoperator
$\leftrightarrow$ oder $\Leftrightarrow$	$(a \leftrightarrow b)$ oder $(a \Leftrightarrow b)$	a Doppelpfeil b	Bisubjunktion / Äquijunktion / Äquivalenz	$\bigwedge$ oder $\forall$	$\bigwedge ab$ oder $\forall ab$	für alle ab	Allquantor
				$\bigvee$ oder $\exists$	$\bigvee ab$ oder $\exists ab$	es gibt ein a mit b	Existenzquantor

1.2. Grundrechnungsarten

Addieren (zusammenzählen)
$$4 + 19 = 23$$
1. Summand plus 2. Summand gleich Summenwert

Summe

Multiplizieren (malnehmen)
$$7 \cdot 3 = 21$$
Multiplikator mal Multiplikand gleich Produktwert
1. Faktor mal 2. Faktor gleich Produktwert

Produkt

Subtrahieren (abziehen)
$$39 - 14 = 25$$
Minuend minus Subtrahend gleich Differenzwert

Differenz

Dividieren (teilen)
$$15 : 3 = 5$$
Dividend durch Divisor gleich Quotientwert
(Zähler) (Nenner)

Quotient (Bruch)

Bruchrechnen

Arten von Brüchen

Echter Bruch	Unechter Bruch	Gemischte Zahl	Gleichnamige Brüche	Ungleichnamige Brüche
$\frac{3}{7}$	$\frac{8}{7}$	$2\frac{3}{7}$	$\frac{1}{7}, \frac{3}{7}, \frac{6}{7}$	$\frac{2}{5}, \frac{3}{7}, \frac{7}{9}$
Zähler kleiner als Nenner	Zähler größer als Nenner	Ganze Zahl und Bruch	Nenner alle gleich	Nenner alle ungleich

Umwandlung einer gemischten Zahl in einen unechten Bruch:
$$2\frac{3}{7} = \frac{2 \cdot 7}{7} + \frac{3}{7} = \frac{14}{7} + \frac{3}{7} = \frac{17}{7}$$

Umwandlung eines echten Bruchs in einen Dezimalbruch:
$$\frac{9}{11} = 9 : 11 = 0{,}818181...$$

Umwandlung eines Dezimalbruchs in einen echten Bruch und kürzen:
$$0{,}875 = \frac{875}{1000} = \frac{7 \cdot 125}{8 \cdot 125} = \frac{7}{8}$$

Erweitern eines Bruchs mit 6:
$$\frac{8}{17} = \frac{8 \cdot 6}{17 \cdot 6} = \frac{48}{102}$$

Addieren und Subtrahieren der Brüche

Ungleichnamige Brüche müssen zunächst gleichnamig gemacht werden (Hauptnenner bilden):
$$\frac{2}{3} + \frac{1}{4} - \frac{1}{2} = \frac{8}{12} + \frac{3}{12} - \frac{6}{12} = \frac{5}{12}$$

Gleichnamige Brüche: Zähler addieren oder subtrahieren
$$\frac{1}{5} + \frac{2}{5} + \frac{3}{5} = \frac{6}{5} = 1\frac{1}{5}$$
$$\frac{7}{8} - \frac{3}{8} - \frac{1}{8} + \frac{2}{8} = \frac{5}{8}$$

Multiplizieren und Dividieren der Brüche

Bruch durch ganze Zahl dividieren:
$$\frac{8}{9} : 4 = \frac{8}{4 \cdot 9} = \frac{8}{36} = \frac{2}{9}$$
Nenner mal ganze Zahl

Ganze Zahl mit Bruch multiplizieren:
$$\frac{5}{6} \cdot 3 = \frac{5 \cdot 3}{6} = \frac{15}{6} = 2\frac{1}{2}$$
Zähler mal ganze Zahl

Bruch durch Bruch dividieren:
$$\frac{3}{8} : \frac{4}{5} = \frac{3}{8} \cdot \frac{5}{4} = \frac{15}{32}$$
Zählerbruch mal Kehrwert des Nennerbruchs

Bruch mit Bruch multiplizieren:
$$\frac{2}{3} \cdot \frac{4}{11} = \frac{2 \cdot 4}{3 \cdot 11} = \frac{8}{33}$$
Zähler mal Zähler, Nenner mal Nenner

Prozentrechnen

„Prozent" (%) heißt „von Hundert". Das Prozentrechnen gibt an, wieviel eine Teilmenge im Verhältnis zur Gesamtmenge ausmacht. Die Gesamtmenge wird dabei immer gleich Hundert gesetzt, so daß die Teilmenge als „Teile von Hundert" (Prozentsatz) erscheint.

$\frac{1}{100}$ des Grundwertes = 1 Prozent = 1%

5 DM sind 2,5% von 200 DM
Prozentwert — Prozentsatz — Grundwert

$$\text{Prozentsatz} = \frac{100 \cdot \text{Prozentwert}}{\text{Grundwert}}$$

Beispiel: Auf einer Leitung gehen von der Spannung 220 V bis zum Verbraucher 1,5% verloren. Wieviel V sind das?

Lösung: $100\% \triangleq 220$ V

$1\% \triangleq \frac{220 \text{ V}}{100}$

$1{,}5\% \triangleq \frac{220 \text{ V} \cdot 1{,}5}{100} = 3{,}3$ V

1.3. Arithmetik/Algebra

1.3.1. Addition

Kommutativgesetz: In einer Summe dürfen die Summanden vertauscht werden.	$a + c + b = a + b + c$
Assoziativgesetz: Die Summanden lassen sich zu Teilsummen zusammenfassen.	$(a + b) + c = a + (b + c)$
Gleichartige Zahlen werden addiert, indem die Beizahlen addiert werden	$5a + 3a = (5 + 3) \cdot a = 8a$
In einer Summe lassen sich immer nur gleichartige Summanden addieren	$3a + 2b + 5a + 4b$ $= 3a + 5a + 2b + 4b$ $= 8a + 6b$
Aus einer wiederholten Addition der gleichen Zahl wird die Multiplikation.	$a + a + a = 3a$

1.3.2. Subtraktion

Gleichartige Zahlen werden subtrahiert, indem die Beizahlen voneinander subtrahiert werden.	$6a - 4a = (6 - 4) \cdot a$ $= 2a$
Nur gleichartige Zahlen lassen sich voneinander subtrahieren.	$6a - 2b - 3a = 3a - 2b$

1.3.3. Addition und Subtraktion

Sind Rechenzeichen und Vorzeichen gleich, so wird der absolute Betrag der Zahl addiert.	$(+6a) + (+4a)$ $= 6a + 4a = 10a$ $(+6a) - (-4a)$ $= 6a + 4a = 10a$
Sind Rechenzeichen und Vorzeichen ungleich, so wird der absolute Betrag der Zahl subtrahiert.	$(+6a) + (-4a)$ $= 6a - 4a = 2a$ $(+6a) - (+4a)$ $= 6a - 4a = 2a$

1.3.4. Betrag einer Zahl

Schreibweise:			**Beispiele:**	
$|a|$	$|a| = a$	für $a > 0$	$|6| = |+6| = 6$	
Betrag von a	$|a| = 0$	für $a = 0$	$|-6| = -(-6) = 6$	
oder a absolut	$|a| = -a$	für $a < 0$		

1.3.5. Klammern

Eine Klammer, vor der das Zeichen + steht, darf man fortlassen.	$a + (b - c) = a + b - c$
Steht vor einer Klammer das Zeichen −, so kehren sich beim Fortlassen alle Vorzeichen in der Klammer um.	$a - (b - c) = a - b + c$
Bei mehreren Klammern von innen nach außen auflösen.	$a - [b + (c - d)]$ $= a - [b + c - d]$ $= a - b - c + d$

1.3.6. Multiplikation

Kommutativgesetz: In einem Produkt lassen sich die Faktoren vertauschen.	$b \cdot c \cdot a = a \cdot b \cdot c$ $= abc$
Assoziativgesetz: Beim Multiplizieren dürfen Faktoren vertauscht und zu Teilprodukten zusammengefaßt werden.	$6a \cdot 3b = 6 \cdot a \cdot 3 \cdot b$ $= 6 \cdot 3 \cdot a \cdot b$ $= 18 \cdot a \cdot b = 18ab$
Das Produkt zweier Zahlen mit gleichem Vorzeichen ist positiv, das Produkt zweier Zahlen mit verschiedenen Vorzeichen ist negativ.	$(+a) \cdot (+b) = +(ab)$ $(-a) \cdot (-b) = +(ab)$ $(+a) \cdot (-b) = -(ab)$ $(-a) \cdot (+b) = -(ab)$

Distributivgesetz:

Eine Summe wird mit einem Faktor multipliziert, indem jedes Glied der Summe mit dem Faktor multipliziert wird.	$a(b - c) = a \cdot b - a \cdot c$ $= ab - ac$
Algebraische Summen werden miteinander multipliziert, indem jedes Glied der einen Summe mit jedem Glied der anderen Summe multipliziert wird.	$(a + b)(c + d)$ $= ac + ad + bc + bd$ $(a + b)(c - d)$ $= ac - ad + bc - bd$ $(a - b)(c + d)$ $= ac + ad - bc - bd$ $(a - b)(c - d)$ $= ac - ad - bc + bd$
Haben mehrere Glieder einer Summe einen gemeinsamen Faktor, so läßt sich dieser ausklammern.	$ax + bx - cx$ $= x(a + b - c)$
Binomische Formeln	$(a + b)^2 = (a + b)(a + b) = a^2 + 2ab + b^2$ $(a - b)^2 = (a - b)(a - b) = a^2 - 2ab + b^2$ $(a + b)(a - b) = a^2 - b^2$

1.3.7. Division

Der Quotient zweier Zahlen mit gleichem Vorzeichen ist positiv, der Quotient zweier Zahlen mit ungleichen Vorzeichen ist negativ.	$+a/+b = +(a/b)$ $-a/-b = +(a/b)$ $-a/+b = -(a/b)$ $+a/-b = -(a/b)$
Eine Summe wird durch eine Zahl dividiert, indem jeder Summand durch die Zahl dividiert wird.	$\dfrac{a+b}{c} = \dfrac{a}{c} + \dfrac{b}{c}$

1.3.8. Potenzieren

Ein Produkt aus gleichen Faktoren kann als Potenz geschrieben werden. a Basis oder Grundzahl n Exponent oder Hochzahl a^n Potenz c Potenzwert	$a \cdot a \cdot a = a^3$ $a^n = c$
Addieren und Subtrahieren lassen sich nur Potenzen mit gleichen Basen und Exponenten.	$3a^3 + 2a^2 + 6a^3 - 4a^2$ $= 3a^3 + 6a^3 + 2a^2 - 4a^2$ $= 9a^3 - 2a^2$
Potenzen mit gleichen Basen werden multipliziert, indem die Exponenten addiert werden.	$a^m \cdot a^n = a^{m+n}$ Umkehrung: $a^{m+n} = a^m \cdot a^n$
Potenzen mit gleichen Exponenten werden miteinander multipliziert, indem das Produkt der Basis mit dem gemeinsamen Exponenten potenziert wird.	$a^n \cdot b^n = (ab)^n$ Umkehrung: $(ab)^n = a^n \cdot b^n$
Potenzen mit gleichen Basen werden dividiert, indem die Basis mit der Differenz der Exponenten potenziert wird.	$\dfrac{a^m}{a^n} = a^{m-n}$ Umkehrung: $a^{m-n} = \dfrac{a^m}{a^n}$
Potenzen mit gleichen Exponenten werden dividiert, indem der Quotient der Basen mit dem gemeinsamen Exponenten potenziert wird.	$\dfrac{a^n}{b^n} = \left(\dfrac{a}{b}\right)^n$ Umkehrung: $\left(\dfrac{a}{b}\right)^n = \dfrac{a^n}{b^n}$
Eine Potenz mit negativem Exponenten ist gleich dem reziproken Wert derselben Potenz mit positivem Exponenten.	$a^{-b} = \dfrac{1}{a^b}$
Eine Potenz wird potenziert, indem die Basis mit dem Produkt der Exponenten potenziert wird.	$(a^m)^n = a^{m \cdot n}$ $(a^m)^n = (a^n)^m$
Jede Potenz mit Exp. 0 ist 1	$a^0 = 1$; $b^0 = 1$; $5^0 = 1$

1.3. Arithmetik/Algebra

1.3.9. Radizieren

Die Wurzelrechnung ist eine Umkehr der Potenzrechnung.
- a Radikand (Basis)
- n Wurzelexponent
- x Wurzelwert

$\sqrt[n]{a} = x$
Umkehrung:
$x^n = a$

Ein Produkt wird radiziert, indem jeder Faktor radiziert wird und die Wurzelwerte miteinander multipliziert werden.

$\sqrt[n]{a \cdot b} = \sqrt[n]{a} \cdot \sqrt[n]{b}$

Ein Faktor vor dem Wurzelzeichen wird unter der Wurzel mit dem Wurzelexponenten potenziert.

$a \cdot \sqrt[n]{b} = \sqrt[n]{a^n \cdot b}$

Ein Bruch wird radiziert, indem die Wurzel des Zählers durch die Wurzel des Nenners dividiert wird.

$\sqrt[n]{\dfrac{a}{b}} = \dfrac{\sqrt[n]{a}}{\sqrt[n]{b}}$

Eine Potenz wird radiziert, indem die Wurzel aus der Basis gezogen wird und der Wurzelwert mit dem Exponenten der Basis potenziert wird.

$\sqrt[n]{a^x} = (\sqrt[n]{a})^x$

Jede Wurzel läßt sich in eine Potenz mit Bruchzahlen als Exponenten umwandeln. Der Wurzelexponent steht im Nenner des Potenzexponenten.

$\sqrt[n]{a^x} = a^{\frac{x}{n}}$

Eine Wurzel wird radiziert, indem die Wurzelexponenten multipliziert werden und mit dem neuen Exponenten aus der Basis die Wurzel gezogen wird.

$\sqrt[n]{\sqrt[x]{a}} = \sqrt[n \cdot x]{a}$
$\sqrt[n]{\sqrt[x]{a}} = \sqrt[x]{\sqrt[n]{a}}$

1.3.10. Logarithmieren

Das Logarithmieren ist die zweite Umkehrung der Potenzrechnung.
- a Basis
- b Numerus
- n Logarithmus

$\log_a b = n$
Lies: log b zur Basis a gleich n
Umkehrung:
$a^n = b$

Logarithmensysteme:[1]

Basis	Bezeichnung	Kennzeichen
e = 2,71828 …	natürliche Logarithmen	ln
2	binäre Logarithmen	lb
10	dekadische Logarithmen	lg

lg 1000	= 3,	da 10^3 =	1000
lg 100	= 2,	da 10^2 =	100
lg 10	= 1,	da 10^1 =	10
lg 1	= 0,	da 10^0 =	1
lg 0,1	= −1,	da 10^{-1} =	0,1
lg 0,01	= −2,	da 10^{-2} =	0,01
lg 0,001	= −3,	da 10^{-3} =	0,001 usw.

Rechenregeln:

Rechnungsart	wird zurückgeführt auf	Regel
Multiplizieren	Addieren	$\lg(a \cdot b) = \lg a + \lg b$
Dividieren	Subtrahieren	$\lg \dfrac{a}{b} = \lg a - \lg b$
Potenzieren	Multiplizieren	$\lg a^n = n \cdot \lg a$
Radizieren	Dividieren	$\lg \sqrt[n]{a} = \dfrac{1}{n} \cdot \lg a$

[1]) Umrechnungen
ln n ≈ 2,3026 lg n bzw. lg n ≈ 0,4343 ln n
lb n ≈ 3,3219 lg n bzw. lg n ≈ 0,3010 lb n
lb n ≈ 1,4427 ln n bzw. ln n ≈ 0,6932 lb n

1.3.11. Gleichungen ersten Grades mit einer Unbekannten

Eine Verbindung von zwei gleichen Größen durch ein Gleichheitszeichen nennt man Gleichung.
Regel: Alles, was auf der einen Seite einer Gleichung mit (+) oder (·) steht, kann man auf die andere Seite mit (−) bzw. (/) bringen und umgekehrt.
Beispiele:
$x + 5 = 10$; $x = 10 − 5$; $x = 5$; $x − 8 = 3$; $x = 3 + 8$; $x = 11$.
$x \cdot 9 = 36$; $x = 36/9$; $x = 4$; $x/6 = 7$; $x = 7 \cdot 6$; $x = 42$.

1.3.12. Gleichungen ersten Grades mit zwei Unbekannten

Zwei Unbekannte lassen sich nur dann eindeutig bestimmen, wenn zwei verschiedene Gleichungen gegeben sind. Bei der Auflösung stellt man aus ihnen eine dritte Gleichung mit nur einer Unbekannten her.

Die Einsetzungsmethode
I $3x + 2y = 18$
II $4x + y = 19$. Aus dieser Gleichung folgt:
$y = 19 − 4x$. Diesen Wert von y setzt man in die Gleichung I ein und erhält:
$3x + 2(19 − 4x) = 18$; hieraus errechnet man $x = 4$ und setzt x in Gleichung I oder II ein:
$4 \cdot 4 + y = 19$; $y = 19 − 16$; $y = 3$.

Die Gleichsetzungsmethode
I $3x + 2y = 18$ Löst man beide Gleichungen nach y auf,
II $4x + y = 19$ so erhält man zwei neue Gleichungen:
$y = (18 − 3x)/2$
$y = 19 − 4x$
Sind zwei Größen einer dritten gleich, so sind sie untereinander gleich. Mithin wird:
$(18 − 3x)/2 = 19 − 4x$ $18 − 3x = (19 − 4x)\,2$
$18 − 3x = 38 − 8x$ $8x − 3x = 38 − 18$
Hieraus berechnet sich $x = 4$. Durch Einsetzen finden wir wieder $y = 3$.

Die Additions- bzw. Subtraktionsmethode
I $3x + 2y = 18$.
II $4x + y = 19$. Diese Gleichung erweitere ich mit 2 und ziehe von ihr die Gleichung I ab.

$\begin{array}{r}8x + 2y = 38 \\ -\ 3x + 2y = 18 \\ \hline 5x\quad\quad = 20; \; x = 4.\end{array}$

Durch Einsetzen in Gleichung I oder II finden wir wieder $y = 3$.

1.3.13. Gleichungen zweiten Grades

Bei gemischt-quadratischen Gleichungen kommt die Unbekannte mit 1. und 2. Potenz vor (x und x^2).
Beispiel: $x^2 + ax = − b$. Man bringt sie auf die Normalform $x^2 + ax + b = 0$ und löst sie nach der Formel

$$x = -\dfrac{a}{2} \pm \sqrt{\left(\dfrac{a}{2}\right)^2 - b}$$

Für a und b sind die gegebenen Zahlenwerte einzusetzen.
Beispiel: $2x^2 + x + 13 = x^2 − 5x + 40$;
$2x^2 − x^2 + x + 5x = 40 − 13$
Normalform: $x^2 + 6x − 27 = 0$ ($a = 6$, $b = − 27$)

eingesetzt: $x_1 = -\dfrac{6}{2} + \sqrt{\left(\dfrac{6}{2}\right)^2 + 27}$; $x_1 = − 3 + \sqrt{9 + 27}$

$x_1 = − 3 + \sqrt{36} = − 3 + 6 = 3$; $x_1 = 3$
$x_2 = − 3 − \sqrt{36} = − 3 − 6 = − 9$; $x_2 = − 9$

Lösung mit Hilfe der quadratischen Ergänzung.
$x^2 + 6x = 27$ Bekanntes Glied zur rechten Seite.
$x^2 + 6x + 3^2 = 27 + 9$ Die quadratische Ergänzung ist 3^2. Sie wird auf beiden Seiten
$(x + 3)^2 = 36$ Quadrat des halben Faktors von x,
$x + 3 = \pm \sqrt{36}$ hier 3^2. Sie wird auf beiden Seiten
$x_1 = − 3 + 6 = 3$ addiert, so daß die Wurzel gezogen
$x_2 = − 3 − 6 = − 9$ werden kann und x nur noch in 1. Potenz steht.

1.3. Arithmetik/Algebra

1.3.14. Imaginäre und komplexe Zahlen

Alle reellen Zahlen (positive und negative Zahlen) haben nie ein negatives Quadrat. Um auch aus negativen Zahlen Quadratwurzeln ziehen zu können, z. B. $\sqrt{-1}$, muß man die **imaginären Zahlen** einführen. $\sqrt{-1}$ heißt die **imaginäre Einheit** i (oder j)[1]); sie ist definiert durch die Gleichung:

$$i^2 = -1$$

Damit wird beispielsweise:
$\sqrt{-|b|} = i\sqrt{|b|}$; $\sqrt{-9} = i\sqrt{9} = \pm i\,3$

Beim Multiplizieren und Dividieren von imaginären Zahlen ist zu beachten, daß

$i = \sqrt{-1}$
$i^2 = -1$
$i^3 = i^2 \cdot i = -i$
$i^4 = i^2 \cdot i^2 = 1$
$i^5 = i^4 \cdot i = i$ usw.

$\frac{1}{i} = \frac{i^4}{i} = i^3 = -i$

$\frac{1}{i^2} = \frac{i^4}{i^2} = i^2 = -1$

$\frac{1}{i^3} = \frac{i^4}{i^3} = i$ usw.

allgemein gilt: (n ganz)
$i^{4n} = +1$; $i^{4n+1} = +i$; $i^{4n+2} = -1$; $i^{4n+3} = -i$

Komplexe Zahlen setzen sich aus einer reellen Zahl und einer rein imaginären Zahl zusammen, beispielsweise $z = a \pm ib$, wobei a und b reell sind. a heißt Realteil von z, Schreibweise: Re $z = a$; b heißt Imaginärteil von z, Schreibweise: Im $z = b$.
Ist $z = a + ib = 0$, so ist $a = 0$ und $b = 0$.
Ist $a + ib = c + id$, so ist $a = c$ und $b = d$, denn zwei komplexe Zahlen sind nur dann gleich, wenn Realteile und Imaginärteile gleich sind.

Formen komplexer Zahlen

algebraische Form	$z = a + i\,b$
trigonometrische Form	$z = r \cdot (\cos \varphi + i \cdot \sin \varphi)$
Exponentialform	$z = r \cdot e^{i\varphi}$

r heißt der **absolute Betrag oder Modul** der komplexen Zahl:
$r = \sqrt{a^2 + b^2}$
φ ist die **Abweichung oder das Argument** der komplexen Zahl:
$\varphi = \operatorname{Arctan} \frac{b}{a}$
$\tan \varphi = \frac{b}{a}$; $\cos \varphi = \frac{a}{r}$; $\sin \varphi = \frac{b}{r}$

Zwei komplexe Zahlen nennt man **konjugiert komplex**, wenn ihre Realteile gleich sind und die Imaginärteile sich nur durch das Vorzeichen unterscheiden.

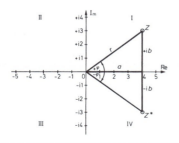

$z = a + i\,b = r \cdot (\cos \varphi + i \cdot \sin \varphi) = r \cdot e^{i\varphi}$
$z^* = a - i\,b = r \cdot (\cos \varphi - i \cdot \sin \varphi) = r \cdot e^{-i\varphi}$

Geometrische Darstellung komplexer Zahlen

Komplexe Zahlen lassen sich durch Punkte in der Gauß'schen Zahlenebene wiedergeben. Die Zahl $z = a + i\,b = 4 + i\,3$ wird durch den Punkt mit der Abszisse $a = 4$ und der Ordinate $i\,b = i\,3$ dargestellt (siehe Abb.). Die dazu konjugiert komplexe Zahl $z^* = a - j\,b = 4 - i\,3$ entsprechend durch den Punkt $(4, -i\,3)$.

Vorzeichen der Komponenten und Größe des Winkels

Quadrant	I	II	III	IV
Re z	positiv	negativ	negativ	positiv
Im z	positiv	positiv	negativ	negativ
Winkel φ	$0° < \varphi < 90°$	$90° < \varphi < 180°$	$180° < \varphi < 270°$	$270° < \varphi < 360°$

Addition und Subtraktion

Komplexe Zahlen werden addiert bzw. subtrahiert, indem sowohl die Realteile als auch die Imaginärteile addiert bzw. subtrahiert werden.
$(a + i\,b) + (c + i\,d) = (a + c) + i\,(b + d)$
$(4 + i\,3) - (6 - i\,4) = -2 + i\,7$
Sonderfälle:
1. $(a + i\,b) + (a - i\,b) = 2a$
Die Summe konjugiert komplexer Zahlen ist reell.
2. $(a + i\,b) - (a - i\,b) = 2i\,b$
Die Differenz konjugiert komplexer Zahlen ist rein imaginär.

Multiplikation

1. Die Multiplikation komplexer Zahlen besteht aus der Multiplikation mit ihren Gliedern.
$(a + i\,b) \cdot (c + i\,d) = ac + i\,ad + i\,bc - bd = (ac - bd) + i\,(bc + ad)$
2. Zwei komplexe Zahlen werden multipliziert, indem ihre Beträge multipliziert und ihre Argumente addiert werden.
$z_1 \cdot z_2 = r_1 \cdot e^{i\,\varphi_1} \cdot r_2 \cdot e^{i\,\varphi_2} = r_1 \cdot r_2 \cdot e^{i\,(\varphi_1 + \varphi_2)}$
Sonderfall: $(a + i\,b) \cdot (a - i\,b) = a^2 + b^2$
Das Produkt konjugiert komplexer Zahlen ist reell.

Division

1. Komplexe Zahlen werden dividiert, indem man durch Erweitern mit der konjugiert komplexen Zahl den Divisor reell macht und dann wie üblich dividiert.
$\frac{a + i\,b}{c + i\,d} = \frac{(a + i\,b)(c - i\,d)}{(c + i\,d)(c - i\,d)} = \frac{ac + i\,bc - i\,ad + bd}{c^2 + d^2} = \frac{ac + bd}{c^2 + d^2} + i\,\frac{bc - ad}{c^2 + d^2}$

2. Komplexe Zahlen werden dividiert, indem ihre Beträge dividiert und ihre Argumente subtrahiert werden.
$\frac{z_1}{z_2} = \frac{r_1 \cdot e^{i\,\varphi_1}}{r_2 \cdot e^{i\,\varphi_2}} = \frac{r_1}{r_2} \cdot e^{i\,(\varphi_1 - \varphi_2)}$

Potenzieren

Beim Potenzieren einer komplexen Zahl wird der Betrag in die n-te Potenz erhoben und das Argument mit n multipliziert.
$z^n = (r \cdot e^{i\,\varphi})^n = r^n \cdot e^{i\,n\,\varphi}$

Radizieren

Beim Radizieren einer komplexen Zahl wird aus dem Betrag die Wurzel gezogen und das Argument durch den Wurzelexponenten dividiert.
$\sqrt[n]{z} = \sqrt[n]{r \cdot e^{i\,\varphi}} = \sqrt[n]{r} \cdot e^{i\,\frac{\varphi}{n}}$

---

[1]) In der Elektrotechnik schreibt man j, um Verwechselungen mit der Stromstärke i zu vermeiden.

1.4. Winkelfunktionen

1.4.1. Winkeleinheiten nach DIN 1315 (3.74)

1. Radiant (Bogenmaß)

Die Winkeleinheit Radiant (rad, aber in bestimmten Fällen auch ohne Einheit) ergibt sich, wenn die Größe eines Zentriwinkels in einem beliebigen Kreis durch das Verhältnis der zugehörigen Kreisbogenlänge zum Kreisradius angegeben wird. Für einen Vollwinkel (pla) gilt:

$$1 \text{ pla} = 2\pi \text{ rad}$$

2. Grad (Altgrad)

Der Grad (°) ist der 360ste Teil eines Vollwinkels:

$$1° = \frac{1}{360} \text{ pla} = \frac{\pi}{180} \text{ rad}$$

Der Grad wird unterteilt in Minute (′) und Sekunde (″)

$$1° = 60′ = 3600″$$

3. Gon (Neugrad)

Das Gon (gon) ist der 400ste Teil eines Vollwinkels:

$$1 \text{ gon} = \frac{1}{400} \text{ pla} = \frac{\pi}{200} \text{ rad}$$

Das Gon wird unterteilt durch Vorsätze:

$$1 \text{ cgon} = \frac{1}{100} \text{ gon} = 0{,}01 \text{ gon}$$

$$1 \text{ mgon} = \frac{1}{1000} \text{ gon} = 0{,}001 \text{ gon}$$

Umrechnungstabelle für Winkeleinheiten

	rad	pla	gon	mgon	°	′	″
1 rad	1	0,159	63,66	$63{,}66 \cdot 10^3$	57,296	$3{,}438 \cdot 10^3$	$206{,}26 \cdot 10^3$
1 pla	6,283	1	400	$400 \cdot 10^3$	360	$21{,}6 \cdot 10^3$	$1{,}296 \cdot 10^6$
1 gon	$15{,}7 \cdot 10^{-3}$	$2{,}5 \cdot 10^{-3}$	1	1000	0,9	54	3240
1°	$17{,}45 \cdot 10^{-3}$	$2{,}778 \cdot 10^{-3}$	1,111	1111,11	1	60	3600
1′	$290{,}89 \cdot 10^{-6}$	$46{,}2 \cdot 10^{-6}$	$18{,}52 \cdot 10^{-3}$	18,52	$16{,}67 \cdot 10^{-3}$	1	60
1″	$4{,}848 \cdot 10^{-6}$	$700 \cdot 10^{-9}$	$308{,}6 \cdot 10^{-6}$	$308{,}6 \cdot 10^{-3}$	$277{,}8 \cdot 10^{-6}$	$16{,}67 \cdot 10^{-3}$	1

1.4.2. Die trigonometrischen Funktionen

$\gamma = 1\llcorner = 90°$.
c ist die Hypotenuse,
a und b sind die Katheten.

Im rechtwinkligen Dreieck ist:

1. der Sinus eines Winkels $= \dfrac{\text{Gegenkathete}}{\text{Hypotenuse}}$

$$\sin \alpha = \frac{a}{c}; \sin \beta = \frac{b}{c};$$

2. der Cosinus eines Winkels $= \dfrac{\text{Ankathete}}{\text{Hypotenuse}}$

$$\cos \alpha = \frac{b}{c}; \cos \beta = \frac{a}{c};$$

3. der Tangens eines Winkels $= \dfrac{\text{Gegenkathete}}{\text{Ankathete}}$

$$\tan \alpha = \frac{a}{b}; \tan \beta = \frac{b}{a};$$

4. der Cotangens eines Winkels $= \dfrac{\text{Ankathete}}{\text{Gegenkathete}}$

$$\cot \alpha = \frac{b}{a}; \cot \beta = \frac{a}{b}.$$

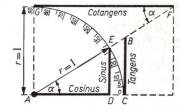

Im Dreieck ADE: $\sin \alpha = \dfrac{DE}{r} = \dfrac{DE}{1} = DE$

$\cos \alpha = \dfrac{AD}{r} = \dfrac{AD}{1} = AD$

Im Dreieck ACB: $\tan \alpha = \dfrac{BC}{r} = \dfrac{BC}{1} = BC$

Im Dreieck AFG: $\cot \alpha = \dfrac{FG}{r} = \dfrac{FG}{1} = FG$

1.4.3. Vorzeichen der Funktionen in den vier Quadranten

Quadrant	Größe des Winkels	sin	cos	tan	cot
I	von 0° bis 90°	+	+	+	+
II	von 90° bis 180°	+	−	−	−
III	von 180° bis 270°	−	−	+	+
IV	von 270° bis 360°	−	+	−	−

1.4. Winkelfunktionen

1.4.4. Funktionskurven und Funktionswerte bestimmter Winkel

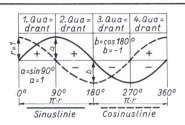

	$-\alpha$	$360° \cdot n + \alpha$	$180° \cdot n + \alpha$
sin	$-\sin \alpha$	$\sin \alpha$	
cos	$\cos \alpha$	$\cos \alpha$	
tan	$-\tan \alpha$		$\tan \alpha$
cot	$-\cot \alpha$		$\cot \alpha$

n = ganzzahlig

Die trigonometrischen Funktionswerte wichtiger Winkelgrößen

	0°	30°	45°	60°	90°	180°	270°	360°
sin	0	½	½$\sqrt{2}$	½$\sqrt{3}$	1	0	-1	0
cos	1	½$\sqrt{3}$	½$\sqrt{2}$	½	0	-1	0	1
tan	0	⅓$\sqrt{3}$	1	$\sqrt{3}$	$\pm\infty$	0	$\pm\infty$	0
cot	$\pm\infty$	$\sqrt{3}$	1	⅓$\sqrt{3}$	0	$\pm\infty$	0	$\pm\infty$

Beziehung der Winkelfunktionen in den Quadranten

	$90° \pm \alpha$	$180° \pm \alpha$	$270° \pm \alpha$	$360° \pm \alpha$
sin	$\cos \alpha$	$\mp \sin \alpha$	$-\cos \alpha$	$\pm \sin \alpha$
cos	$\mp \sin \alpha$	$-\cos \alpha$	$\pm \sin \alpha$	$\cos \alpha$
tan	$\mp \cot \alpha$	$\pm \tan \alpha$	$\mp \cot \alpha$	$\pm \tan \alpha$
cot	$\mp \tan \alpha$	$\pm \cot \alpha$	$\mp \tan \alpha$	$\pm \cot \alpha$

1.4.5. Beziehung zwischen den Winkelfunktionen für gleiche Winkel

$\tan \alpha = \dfrac{\sin \alpha}{\cos \alpha}$; $\cot \alpha = \dfrac{\cos \alpha}{\sin \alpha}$; $\sin^2 \alpha + \cos^2 \alpha = 1$; $\tan \alpha \cot \alpha = 1$

	$\sin \alpha$	$\cos \alpha$	$\tan \alpha$	$\cot \alpha$
$\sin \alpha$	–	$\sqrt{1 - \cos^2 \alpha}$	$\tan \alpha / \sqrt{1 + \tan^2 \alpha}$	$1 / \sqrt{1 + \cot^2 \alpha}$
$\cos \alpha$	$\sqrt{1 - \sin^2 \alpha}$	–	$1 / \sqrt{1 + \tan^2 \alpha}$	$\cot \alpha / \sqrt{1 + \cot^2 \alpha}$
$\tan \alpha$	$\sin \alpha / \sqrt{1 - \sin^2 \alpha}$	$\sqrt{1 - \cos^2 \alpha} / \cos \alpha$	–	$1 / \cot \alpha$
$\cot \alpha$	$\sqrt{1 - \sin^2 \alpha} / \sin \alpha$	$\cos \alpha / \sqrt{1 - \cos^2 \alpha}$	$1 / \tan \alpha$	–

1.4.6. Die Berechnung rechtwinkliger Dreiecke

Gegeben	Ermittlung der anderen Größen
a, α	$\beta = 90° - \alpha$, $b = a \cdot \cot \alpha$, $c = \dfrac{a}{\sin \alpha}$
b, α	$\beta = 90° - \alpha$, $a = b \cdot \tan \alpha$, $c = \dfrac{b}{\cos \alpha}$
c, α	$\beta = 90° - \alpha$, $a = c \cdot \sin \alpha$, $b = c \cdot \cos \alpha$
a, b	$\tan \alpha = \dfrac{a}{b}$, $c = \dfrac{a}{\sin \alpha}$, $\beta = 90° - \alpha$
a, c	$\sin \alpha = \dfrac{a}{c}$, $b = c \cdot \cos \alpha$, $\beta = 90° - \alpha$
b, c	$\cos \alpha = \dfrac{b}{c}$, $a = c \cdot \sin \alpha$, $\beta = 90° - \alpha$

Beispiel:
Ein Kegel mit $D = 100$ mm, $d = 60$ mm und $l = 90$ mm soll gedreht werden. Wie groß ist der Einstellwinkel α zu wählen?

Lösung: $c = \dfrac{D - d}{2} = \dfrac{100 \text{ mm} - 60 \text{ mm}}{2} = 20$ mm

$\tan \alpha = \dfrac{c}{l} = \dfrac{20 \text{ mm}}{90 \text{ mm}} = 0{,}2222$

$\alpha = 12° 30' = 12{,}5°$

1.4. Winkelfunktionen

1.4.7. Formeln für das schiefwinklige Dreieck

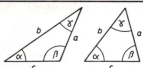

Im schiefwinkligen Dreieck lauten:

1. der Sinussatz:
$$\frac{a}{\sin \alpha} = \frac{b}{\sin \beta} = \frac{c}{\sin \gamma};$$

2. der Cosinussatz:
$$a^2 = b^2 + c^2 - 2bc \cdot \cos \alpha,$$
$$b^2 = a^2 + c^2 - 2ac \cdot \cos \beta,$$
$$c^2 = a^2 + b^2 - 2ab \cdot \cos \gamma;$$
Bei $\alpha > 90°$ Vorzeichen beachten. Siehe S. 1-6.

3. der Tangenssatz:
$$\frac{a+b}{a-b} = \frac{\tan \frac{1}{2}(\alpha + \beta)}{\tan \frac{1}{2}(\alpha - \beta)};$$

4. die Mollweideschen Formeln:
$$(a+b)/c = \cos \frac{\alpha - \beta}{2} / \sin \frac{\gamma}{2},$$
$$(a-b)/c = \sin \frac{\alpha - \beta}{2} / \cos \frac{\gamma}{2}.$$

s = halbe Seitensumme = $\frac{a+b+c}{2}$, A = Fläche

$$A = \frac{a \cdot b \cdot \sin \gamma}{2} = \frac{a \cdot c \cdot \sin \beta}{2} = \frac{b \cdot c \cdot \sin \alpha}{2}$$

$$A = \sqrt{s(s-a)(s-b)(s-c)}$$

$$\sin \frac{\alpha}{2} = \sqrt{\frac{(s-b)(s-c)}{bc}}$$

$$\cos \frac{\alpha}{2} = \sqrt{\frac{s(s-a)}{bc}}$$

$$\tan \frac{\alpha}{2} = \sqrt{\frac{(s-b)(s-c)}{s(s-a)}}$$

$$\tan \alpha = \frac{a \sin \beta}{c - a \cos \beta}$$

$a = b \cos \gamma + c \cos \beta$, $b = c \cos \alpha + a \cos \gamma$
$c = a \cos \beta + b \cos \alpha$

R = Radius des Umkreises
$$R = \frac{a}{2 \sin \alpha} = \frac{b}{2 \sin \beta} = \frac{c}{2 \sin \gamma}$$

ϱ = Radius des Inkreises
$$\varrho = \sqrt{\frac{(s-a)(s-b)(s-c)}{s}} = s \cdot \tan \frac{\alpha}{2} \tan \frac{\beta}{2} \tan \frac{\gamma}{2}$$

1.4.8. Die Berechnung schiefwinkliger Dreiecke

Gegeben	Ermittlung der anderen Größen		
3 Seiten a, b, c	$\cos \beta = \frac{a^2 + c^2 - b^2}{2ac}$ $\sin \alpha = \frac{a \sin \beta}{b}$ $\gamma = 180° - (\alpha + \beta)$ $A = \frac{ab \sin \gamma}{2}$		
2 Seiten und der eingeschlossene Winkel a, c, β $a < c$	$b = \sqrt{a^2 + c^2 - 2ac \cos \beta}$ $\sin \alpha = \frac{a \sin \beta}{b}$ $\gamma = 180° - (\alpha + \beta)$ Wegen $a < c$ ist α spitz $A = \frac{ab \sin \gamma}{2}$		
2 Seiten und ein Gegenwinkel b, c, β	$\sin \gamma = \frac{c \sin \beta}{b}$ $\alpha = 180° - (\beta + \gamma)$ $a = \frac{c \sin \alpha}{\sin \gamma}$ $A = \frac{ab \sin \gamma}{2}$	a) Wenn $c \sin \beta < b$, ergeben sich zwei Werte für γ. b) Ist $c \sin \beta = b$, so ist $\gamma = 90°$. c) Ist $c \sin \beta > b$, keine Lösung.	
1 Seite und zwei Winkel c, α, β	$\gamma = 180° - (\alpha + \beta)$ $a = \frac{c \sin \alpha}{\sin \gamma}$ $b = \frac{c \sin \beta}{\sin \gamma}$ $A = \frac{ab \sin \gamma}{2}$		

Beispiel:
Zwei Orte A und B liegen $c = 6,9$ km voneinander entfernt. Man peilt eine Turmspitze C an, in A unter dem Winkel $\alpha = 63°42' = 63,7°$, in B unter dem Winkel $\beta = 40°12' = 40,2°$.

Gesucht: a, h und Strecke BD
Lösung: Im schiefwinkligen Dreieck ABC ist
$\gamma = 180° - (\alpha + \beta) = 180° - (63,7° + 40,2°)$
$\gamma = 180° - 103,9° = 76,1°$

$$a = \frac{c \sin \alpha}{\sin \gamma} = \frac{6,9 \text{ km} \cdot \sin 63,7°}{\sin 76,1°} = \frac{6,9 \text{ km} \cdot 0,89649}{0,97072}$$

$a = 6,372$ km

Im rechtwinkligen Dreieck BCD ist

$h = a \sin \beta = 6,372$ km $\cdot \sin 40,2°$

$h = 6,372$ km $\cdot 0,64546 = 4,113$ km

Für die Errechnung von Strecke BD bieten sich zwei Wege an:

$BD = \sqrt{a^2 - h^2}$ $BD = \sqrt{6,372^2 - 4,113^2}$ km $BD = \sqrt{23,6856}$ km $BD = 4,867$ km	$\cos \beta = \frac{BD}{a}$ $BD = a \cos \beta$ $BD = 6,372$ km $\cdot \cos 40,2°$ $BD = 6,372$ km $\cdot 0,7638$ $BD = 4,867$ km

1.5. Länge, Fläche, Volumen und Masse

Länge

1 Meter (m) = 100 Zentimeter (cm) = 1000 Millimeter (mm) = 1 000 000 Mikrometer (μm).
1 m = 10 Dezimeter (dm).
1 Kilometer (km) = 1 000 m.
1 deutsche Meile (geographische Meile) = 7,420 km (meistens gerechnet = 7,5 km).
1 Seemeile = 10 Kabellängen = 1852 m.
1 englische Meile = 1760 Yards = 1609 m.
1 Yard = 3 engl. Fuß = 36 engl. Zoll (″) = 91,44 cm.
1 engl. Zoll = 25,4 mm (genau 25,399956 mm).

Umrechnung englische Zoll in mm

engl. Zoll	$\frac{1}{64}$	$\frac{1}{32}$	$\frac{1}{16}$	$\frac{1}{8}$	$\frac{3}{16}$	$\frac{1}{4}$
mm	0,397	0,794	1,587	3,175	4,762	6,350
engl. Zoll	$\frac{3}{8}$	$\frac{1}{2}$	$\frac{5}{8}$	$\frac{3}{4}$	$\frac{7}{8}$	1″
mm	9,525	12,700	15,875	19,050	22,225	25,400

Fläche

1 Quadratmeter (m²) = 100 Quadratdezimeter (dm²) = 10000 Quadratzentimeter (cm²) = 1 000 000 Quadratmillimeter (mm²).
1 Quadratkilometer (km²) = 100 Hektar (ha) = 10000 Ar (a) = 1 000 000 Quadratmeter (m²).

Volumen

1 Kubikmeter (m³) = 1000 Kubikdezimeter (dm³).
1 m³ = 1 000 000 Kubikzentimeter (cm³) = 1 000 000 000 Kubikmillimeter (mm³).
1 dm³ = 1 Liter (l).
1 Hektoliter (hl) = 100 l.

Masse

1 cm³ Wasser (von 4 °C) hat eine Masse von 1 Gramm (g).
1 dm³ Wasser hat eine Masse von 1 kg = 1000 g.
1 m³ Wasser hat eine Masse von 1 Tonne (t) = 1000 kg.
1 engl. Pfund = 0,4536 kg.
1 kg = 2,2046 engl. Pfund.

1.5.1. Formeln für die Flächenberechnung

Quadrat

$A = a \cdot a = a^2$
$D = 1,4142 \cdot a$
$a = \sqrt{A}$

Rechteck, Rhombus, Parallelogramm

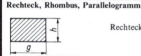

Rechteck — Fläche: $A = g \cdot h$

Rhombus — Grundlinie: $g = \frac{A}{h}$

Parallelogramm — Höhe: $h = \frac{A}{g}$

Trapez

$A = \frac{a+b}{2} \cdot h$

$h = \frac{2A}{a+b}$

$a = \frac{2A}{h} - b$

$b = \frac{2A}{h} - a$

Dreieck

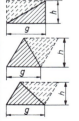

$A = \frac{g \cdot h}{2}$

Das Dreieck ist die Hälfte eines Rechtecks, Rhombus, Parallelogramms

$h = \frac{2A}{g}$

$g = \frac{2A}{h}$

Vieleck

Zerlegung in Dreiecke:
$A = A_1 + A_2 + A_3$
$A = \frac{a \cdot h_1 + a \cdot h_2 + b \cdot h_3}{2}$

Kreis

d = Kreisdurchmesser (Kreis-⌀)
r = Radius = Halbmesser
Umfang: $U = \pi \cdot d = \pi \cdot 2r$

$A = \frac{\pi \cdot d^2}{4}$

oder $A = \pi \cdot r^2$

$\pi = 3,14159265\ldots \approx 3,14$

Kreisring

$s = R - r$
$A = \pi(R^2 - r^2)$
oder $A = \pi(d + s) \cdot s$
oder $A = \frac{\pi \cdot D^2}{4} - \frac{\pi \cdot d^2}{4}$

Kreisausschnitt

Bogenlänge $b = \frac{\pi \cdot r \cdot \beta}{180}$ $\beta = \frac{180\,b}{\pi \cdot r}$

$A = \frac{b \cdot r}{2}$

Kreisabschnitt

$A = 0,5\,b \cdot r - 0,5\,s\,(r - h)$

oder $A \approx \frac{h}{6s}(3h^2 + 4s^2)$

$r = \frac{h}{s} + \frac{s^2}{8h}$ $s = 2\sqrt{h(2r - h)}$

$h = r - \sqrt{r^2 - 0,25\,s^2}$

Ellipse

$A = \frac{\pi \cdot d \cdot D}{4}$

$D = \frac{4 \cdot A}{\pi \cdot d}$ $d = \frac{4 \cdot A}{\pi \cdot D}$

$U \approx \pi \cdot \frac{D + d}{2}$

Genauere Formel: $U = \pi \cdot \sqrt{2 \cdot (R^2 + r^2)}$

1.5. Länge, Fläche, Volumen und Masse

1.5.2. Formeln für die Körperberechnung

Würfel (Kubus)

Rauminhalt:
$V = a \cdot a \cdot a = a^3$
Kantenlänge: $a = \sqrt[3]{V}$
Raumdiagonale $D = a\sqrt{3}$

Prisma

$V = $ Grundfläche $\times$ Höhe
$V = a \cdot b \cdot h \qquad V = A \cdot h$
$h = \dfrac{V}{A} \quad a = \dfrac{V}{b \cdot h} \quad b = \dfrac{V}{a \cdot h}$
$D = \sqrt{a^2 + b^2 + h^2}$

Pyramide

$V = \dfrac{a \cdot b \cdot h}{3} = \dfrac{A \cdot h}{3}$

$h_b = \sqrt{h^2 + \dfrac{a^2}{4}}$

$L = \sqrt{h_b^2 + \dfrac{b^2}{4}}$

h_a und $h_b = $ Flächenhöhen
$L = $ Kantenlänge

Pyramidenstumpf

Rauminhalt genau:
$V = \dfrac{h}{3}(A + A_1 + \sqrt{A \cdot A_1})$

A und A_1 sind die Grundflächen.

In der Praxis gebrauchte (angenäherte) Formel:
$V \approx h \dfrac{A + A_1}{2}$
Gültig für $A_1 : A = 0{,}35$ oder größer.

Ponton

Das Ponton hat im Gegensatz zum Pyramidenstumpf verschieden geneigte Seitenflächen; die Grundflächen sind nicht ähnlich.

$V = \dfrac{h}{6}(2ab + ad + bc + 2cd)$

Kegel

 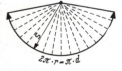

Mantelfäche $A_M = \dfrac{\pi \cdot d \cdot s}{2} \qquad V = \dfrac{A \cdot h}{3}$

Kegelstumpf

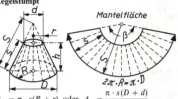

$A_M = \pi \cdot s(R + r)$ oder $A_M = \dfrac{\pi \cdot s(D + d)}{2}$

$V = \dfrac{\pi \cdot h}{3}(R \cdot r + R^2 + r^2)$

oder $V = \dfrac{\pi \cdot h}{12}(D \cdot d + D^2 + d^2)$

D und d sind die Durchmesser der Grundkreise.
$\beta = D \cdot 180 / S$

Zylinder

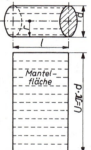

Die Mantelfläche ist ein Rechteck
$A_M = \pi \cdot d \cdot l$

Rauminhalt:
$V = \pi \cdot r^2 \cdot l$

oder $V = \dfrac{\pi \cdot d^2}{4} \cdot l$

$= 0{,}785 \cdot d^2 \cdot l$

Hohlzylinder

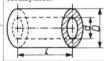

$V = \pi(R^2 - r^2)\, l$
$V = \pi(d + s) \cdot s \cdot l$
$V = \left(\dfrac{\pi \cdot D^2}{4} - \dfrac{\pi \cdot d^2}{4}\right) l$

Zylindrischer Ring

Mantelfläche:
$A_M = \pi \cdot d \cdot \pi \cdot D$

Rauminhalt:
$V = \dfrac{\pi \cdot d^2}{4}\, \pi \cdot D$

Kugel

Mantelfläche: $A_M = \pi \cdot d^2$

$V = \dfrac{4}{3}\pi r^3 = \dfrac{\pi \cdot d^3}{6}$

$V = 4{,}189\, r^3 = 0{,}5236\, d^3$

1.5. Länge, Fläche, Volumen und Masse

1.5.3. Pythagoreischer Lehrsatz

In jedem rechtwinkligen Dreieck ist das Hypotenusenquadrat gleich der Summe der beiden Kathetenquadrate:
$c^2 = a^2 + b^2$ $c = \sqrt{a^2 + b^2}$
Beispiel für $a = 3$, $b = 4$, $c = 5$: $5^2 = 4^2 + 3^2$ $25 = 16 + 9$
Höhensatz: Höhenquadrat ist gleich dem Rechteck aus den Abschnitten der Hypotenuse: $h^2 = d \cdot e$; $h = \sqrt{d \cdot e}$
Kathetensatz: Kathetenquadrat gleich dem Rechteck aus der Hypotenuse und der Projektion der Kathete auf die Hypotenuse: $a^2 = c \cdot d$ $a = \sqrt{c \cdot d}$

Nutzanwendung: Mit Hilfe einer geschlossenen Schnur, die in Längen 3:4:5 durch Knoten geteilt ist, kann man einen rechten Winkel bilden.

Anwendung beim Anreißen

Die Entfernung $c = 260$ mm soll eingehalten werden.
Gemessen: $a = 208$ mm, $b = 156$ mm.

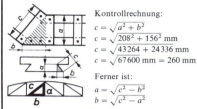

Kontrollrechnung:
$c = \sqrt{a^2 + b^2}$
$c = \sqrt{208^2 + 156^2}$ mm
$c = \sqrt{43264 + 24336}$ mm
$c = \sqrt{67600}$ mm $= 260$ mm

Ferner ist:
$a = \sqrt{c^2 - b^2}$
$b = \sqrt{c^2 - a^2}$

1.5.4. Dichte[1]

Die Dichte ϱ eines Stoffes ist der Quotient $m:V$ aus Masse m und Volumen V. Der Zahlenwert der Dichte gibt an, welche Masse 1 cm³ des Körpers in g, 1 dm³ in kg und 1 m³ in t hat.

1. Feste Körper:

Aluminium	2,7	
Aluminiumbronze	7,7	
Anthrazit	1,4···1,7	
Antimon	6,7	
Asbest, natürl.	2,1···2,8	
Asbestpappe	1,2	
Asphalt	1,1···1,4	

Bausteine (i. Mittel)
Basalt 3,0
Beton 2,2
Dolomit 2,9
Feldsteine 2,6
Granit 2,8
Kalksteine 2,6
Sandsteine 2,6
Schamottesteine 1,9
Syenit 2,7
Tuffstein 2,0
Ziegel, Klinker 1,9
   ", Mauer 1,8
Bimsstein, natürl. 0,4···0,9

Blei 11,3
Bleibronze 9,5
Brauneisenstein . 3,4···4,0
Braunkohle ..... 1,2···1,5
Bronze 8,5
Calciumcarbid 2,26
Chrom 7,1
Diamant 3,5
Eis bei 0°C 0,9
Erde .... 1,3···2,0
Flußstahl 7,85
Gips, gebrannt 1,81
Glas, Fenster 2,5
   ", Draht- 2,6
   ", Kristall- 2,9
Gold 19,3
Graphit 2,2

Gummi (i. Mittel) ... 1,45
Gußeisen 7,25
Guttapercha 1,02

Hölzer

	(i. M.) trocken 12%	frisch
Ahorn	0,66	0,95
Birke	0,65	0,96
Buchsbaum	0,95	—
Ebenholz	1,26	—
Eiche	0,69	1,04
Erle (Else)	0,53	0,82
Esche	0,69	0,80
Fichte (Rot-tanne)	0,45	0,8
Hickory	0,81	—
Kiefer	0,56	0,8
Linde	0,53	0,74
Nußbaum	0,68	0,92
Obstbaum	0,65	1,0
Pappel	0,45	0,85
Pockholz	1,23	—
Rotbuche	0,72	1,0
Tanne	0,45	1,0
Ulme (Rüster)	0,68	0,96
Weide	0,56	0,85
Weißbuche	0,83	1,05

Kalk, gelöscht 1,2
Kalkmörtel (i. Mittel) 1,7
Kautschuk 0,94
Kies, naß 2,0
   ", trocken 1,8
Kochsalz 2,15
Koks .... 1,6···1,9
   ", lose i. Stck. .. 0,5
Kork .... 0,25···0,35
Kreide .... 1,8···2,6
Kupfer 8,9
Leder 0,86
Lehm, frisch 2,1

Lehm, trocken 1,5
Magnesium-Gußleg. ... 1,8
Marmor (i. Mittel) .. 2,8

Mauerwerk (i. Mittel)
Bruchstein, Granit .. 2,8
Klinker 1,9
Mauerziegel 1,8
Sandstein 2,6
Stahlbeton 2,4
Stampfbeton 2,2

Messing (i. Mittel) . 8,5
Neusilber 8,7
Nickel 8,9
Phosphorbronze (i. M.) 8,6
Papier .... 0,7···1,2
Pech .... 1,25···1,33
Platin 21,4
Porzellan 2,45
Preßkohle (i. Mittel) 1,25
Roheisen, weiß (i. M.) 7,4
   ", grau 7,2
Roteisenstein (i. M.) 4,7
Sand, naß 2,0
   ", erdfeucht 1,8
Schamotte .... 1,9···2,1
Schiefer 2,8
Schlacke (Hochofen) 2,5···3,0
Schmirgel 4,0
Schnee, lose, trocken 0,125
   ", naß bis 0,95
Schweißstahl 7,85
Schwerspat 4,25
Silber 10,5
Spateisenstein 3,8
Stahl (i. Mittel) ... 7,85
Steinkohle, Stück 1,2···1,5
   geschichtet (i. M.) 0,9
Ton, trocken 1,8
   ", naß 2,1

Torf 0,6
Vulkanfiber ..... 1,1···1,5
Weißmetall (i. Mittel) 7,1
Wismut (Bismut) 9,8
Wolfram 19,3
Zementmörtel .... 1,8···2,3
Zink 7,1
Zinkblende ...... 3,9···4,2
Zinn 7,3

2. Flüssige Körper bei 15 °C:
Alkohol 0,79
Benzin .... 0,68···0,81
Benzol .... 0,87···0,89
Ether 0,73
Glycerin .... 1,13···1,26
Leinöl, gekocht 0,94
Meerwasser 1,03
Mineralschmieröl 0,9···0,92
Petroleum (i. Mittel) 0,8
Quecksilber 13,558

3. Gase und Dämpfe in kg/m³ bei 0°C und 1013 mbar
Acetylen 1,171
Ammoniak 0,771
Generatorgas 1,14
Gichtgas 1,28
Kohlenstoffdioxid ... 1,25
Kohlenstoffmonooxid . 1,977
Luft 1,29
Luftgas 1,19
Propan 2,019
Sauerstoff 1,429
Stadtgas 0,549
Stickstoffoxid 1,34
Stickstoff 1,25
Wasserdampf 0,768
Wasserstoffgas 0,09

1 m³ geschichtet hat im Mittel eine Masse in kg: Braunkohle = 750, Eis = 900, Erde = 1700, Formsand = 1200, Getreide = 680, Heu und Stroh = 150, Holz = 400···650, Holzkohle = 200, gebrannter Kalk = 1000, Koks = 400···500, Preßkohle = 1000, Steinkohle = 900···950, Torf (lufttrocken) = 325···410, Portlandzement (eingelaufen) ≈ 1200 kg, (eingerüttelt) ≈ 1900 kg.

---
[1] Weitere Angaben siehe auch Seite 11-3 (reine Metalle, Legierungen), Seite 11-4 (Kontaktwerkstoffe), Seite 11-26 (Isolierstoffe), Seite 11-28 (Schmierstoffe).

1.6. Rechnen mit dem Taschenrechner

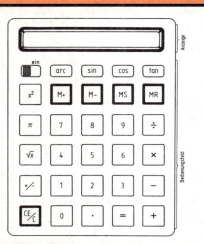

⌈MS⌉ = **Speichertaste**
Diese Taste weist den Rechner an, die angezeigte Zahl zu speichern.

⌈RM⌉ od. ⌈MR⌉ = **Speicherabruftaste**
Diese Taste weist den Rechner an, die gespeicherte Zahl anzuzeigen. Der Speicherinhalt wird dadurch nicht verändert.

⌈π⌉ = **Kreiszahl Pi**
Diese Taste bringt die Kreiszahl π = 3,1415927 in die Anzeige.

⌈√x⌉ = **Quadratwurzel**
Diese Taste weist den Rechner an, die Quadratwurzel aus der in der Anzeige stehenden Zahl zu ziehen.

⌈+/−⌉ = **Vorzeichenwechsel**
Diese Taste weist den Rechner an, das Vorzeichen der angezeigten Zahl (Rechenergebnis) zu vertauschen.

⌈0⌉ ... ⌈9⌉ = **Zifferntasten** zur Eingabe von Zahlen.

⌈÷⌉ = **Divisionsbefehl**

⌈×⌉ = **Multiplikationsbefehl**

⌈−⌉ = **Subtraktionsbefehl**

⌈+⌉ = **Additionsbefehl**

⌈=⌉ = **Ergebnistaste**
Diese Taste weist den Rechner an, das Endergebnis der eingetasteten Rechnung anzuzeigen. Alle früher eingegebenen Zahlen und Rechenvorgänge sind damit abgeschlossen.

⌈.⌉ = **Dezimalpunkt**
Diese Taste markiert die Lage des Kommas.

⌈CE/C⌉ = **Löschtaste**
Diese Taste löscht bei einmaligem Bedienen die vorausgegangene Zahleneingabe. Zweimaliges Bedienen hat die Löschung aller Arbeitsspeicher zur Folge.

1.6.1. Das Bedienungsfeld

Das Bedienungsfeld besteht aus Druckpunkttasten sowie einem Ein/Aus-Schalter. Die Bedeutung der Tasten wird in der folgenden Übersicht erläutert. Die Übersicht hilft, die gesuchte Funktion schnell zu finden.

⌈arc⌉ = **Abruf der Winkel-Umkehrfunktionen.**
Drückt man die Taste ⌈arc⌉ vor einer Winkelfunktionstaste (z. B. sin), so erscheint in der Anzeige die Winkel-Umkehrfunktion (z. B. Arcsin, Arccos, Arctan).

⌈sin⌉ = Diese Taste veranlaßt die Berechnung des **Sinus** des in der Anzeige stehenden Winkels.
Mit der Tastkombination ⌈arc⌉ ⌈sin⌉ ermittelt man den Arcussinus.

⌈cos⌉ = Diese Taste veranlaßt die Berechnung des **Cosinus** des in der Anzeige stehenden Winkels.
Mit der Tastkombination ⌈arc⌉ ⌈cos⌉ ermittelt man den Arcuscosinus.

⌈tan⌉ = Diese Taste veranlaßt die Berechnung des **Tangens** des in der Anzeige stehenden Winkels.
Mit der Tastkombination ⌈arc⌉ ⌈tan⌉ ermittelt man den Arcustangens.

⌈x^2⌉ = **Quadrattaste;** diese Taste weist den Rechner an, die in der Anzeige stehende Zahl zu quadrieren.

⌈M+⌉ ⌈M−⌉ = **Speicher-Additions-** bzw. **Speicher-Subtraktionstaste.**
Diese Tasten weisen den Rechner an, die in der Anzeige stehende Zahl zum bisherigen Speicherinhalt zu addieren (M+) bzw. zu subtrahieren (M−).
Besitzt ein Taschenrechner keine ⌈M−⌉ Taste, so ist die Vorzeichenwechseltaste vor der ⌈M+⌉ Taste zu drücken. Die positive Zahl in der Anzeige wird vom Speicherinhalt abgezogen.

1.6.2. Grundrechenarten (Berechnungsbeispiele)

Addition und Subtraktion

1. Beispiel
4,372 + 2,635 + 12 + 5,623 = ?

Eingabe	Taste	Anzeige
4,372	+	4,372
2,635	+	7,007
12	+	19,007
5,623	=	24,63

Für den Anfänger ist es empfehlenswert, dieses und die folgenden Beispiele mit dem eigenen Rechner nachzurechnen. Vor Beginn jeder Rechnung sollte man die Taste ⌈CE/C⌉ zweimal drücken, um sicher zu sein, daß der Arbeitsspeicher tatsächlich gelöscht ist.

1.6. Rechnen mit dem Taschenrechner

2. Beispiel $220,45 - 34,15 - 12,20 - 16,10 = ?$

Eingabe	Taste	Anzeige
220,45	−	220,45
34,15	−	186,3
12,20	−	174,1
16,10	=	158,0

3. Beispiel $145,20 - 35,12 - 120,28 = ?$

Eingabe	Taste	Anzeige
145,20	−	145,2
35,12	−	110,08
120,28	=	− 10,2

Das Vorzeichen links der Mantisse zeigt das negative Ergebnis an.

Die Tasten $+$ und $-$ schließen die vorausgegangene Rechnung ab. Das Zwischenergebnis steht in der Anzeige. Die Taste $+$ zum Beispiel hat hier die gleiche Funktion wie die Tastenkombination $=$ $+$. Das sieht man am nächsten Beispiel:

4. Beispiel $3 - 7 + 8 = ?$

Eingabe	Taste	Anzeige
3	−	3
7	+	− 4

Die $+$ Taste hat die Rechnung $3 - 7$ abgeschlossen und das Zwischenergebnis, -4, in die Anzeige gebracht. Die $=$ Taste braucht nicht gedrückt zu werden.

8	=	4

Multiplikation und Division

Die Grundrechenarten Multiplikation und Division werden von den neueren Taschenrechnern entsprechend den Regeln der Algebra vorrangig vor Addition und Subtraktion ausgeführt.

Die Tasten $\times$ und $\div$ veranlassen also nur dann die Ermittlung des Ergebnisses einer vorausgegangenen Rechnung, wenn es sich dabei um Multiplikation oder Division handelt. Geht dem Befehl $\times$ bzw. $\div$ eine Addition oder Subtraktion voraus, so wartet der Rechner mit der Anzeige von Zwischenergebnissen automatisch auf weitere Daten.

1. Beispiel $5,25 \cdot 3,26 \cdot 7,34 = ?$

Eingabe	Taste	Anzeige
5,25	×	5,25
3,26	×	17,115
7,34	=	125,6241

2. Beispiel $224,44 : 0,6 = ?$

Eingabe	Taste	Anzeige
224,44	÷	224,44
,6	=	374,06667

Die Null bei 0,6 muß nicht unbedingt eingetastet werden.

3. Beispiel $346,42 \cdot 3,6 : 24,4 = ?$

Eingabe	Taste	Anzeige
346,42	×	346,42
3,6	÷	1247,112

Da ein Multiplikationsbefehl vorausgeht, wird das Zwischenergebnis (1247,112) errechnet und angezeigt. Es ist nicht notwendig, die Taste $=$ zu drücken.

24,4	=	51,111148

4. Beispiel $14 + 6 \cdot 4 = ?$

Eingabe	Taste	Anzeige
14	+	14
6	×	6

Wegen Vorranges der Multiplikation darf das Zwischenergebnis noch nicht in der Anzeige erscheinen.

4	=	38

Der Rechner hat also Punktrechnung vor Strichrechnung berücksichtigt.

Achtung! Nicht alle Rechner berücksichtigen diese algebraische Regel.

5. Beispiel $24,4 \cdot (-4) \cdot 3 = ?$

Eingabe	Taste	Anzeige
24,4	×	24,4
4	+/−	− 4
	×	− 97,6
3	=	−292,8

1.6.3. Speichern einer Zahl und Speicherabruf

Die Notwendigkeit des Speicherns einer Zahl läßt sich an folgender Rechenaufgabe verdeutlichen:

Ein Grundstück von 12136 m² soll in Bauplätze von 600-700 m² aufgeteilt werden. Wie groß werden die Bauplätze, wenn man das Gesamtgrundstück in 17, 18, 19 oder 20 Einzelbauplätze parzellieren würde?

Rechengang:
$12136 : 17 = ?$ → 713,88 m²
$12136 : 18 = ?$ → 674,22 m²
$12136 : 19 = ?$ → 638,74 m²
$12136 : 20 = ?$ → 606,80 m²

Um nicht bei der Ausrechnung jedesmal neu die Zahl 12136 eintasten zu müssen, kann man diese Zahl speichern und den Rechengang wie folgt durchführen:

Eingabe	Taste	Anzeige	Speicher
12136	MS	12136	12136
÷ 17	=	713,88235	12136
	MR	12136	12136
÷ 18	=	674,22222	12136
	MR	12136	12136
÷ 19	=	638,73684	12136
	MR	12136	12136
÷ 20	=	606,8	12136

Eine Zahl (hier 12136) wird mit Hilfe der Taste MS gespeichert. In der Folge kann man den Speicher überschreiben, er muß nicht gelöscht werden.

Mit Hilfe der Taste MR kann man die Zahl aus dem Speicher (hier 12136) jederzeit wieder in die Anzeige rufen. Die augenblicklich in der Anzeige stehende Zahl wird durch die MR Taste überschrieben und geht damit verloren.

Löschen des Speichers

Will man den Speicher löschen und die dabei gleichzeitig bei vielen Taschenrechnern in der Anzeige aufleuchtende Marke M entfernen, schaltet man den Rechner kurz aus oder drückt die Tastenfolge MR +/− M•

1-13

1.6. Rechnen mit dem Taschenrechner

Speicher-Addition und Subtraktion

Drückt man die Tasten [M+] bzw. [M-], so addiert bzw. subtrahiert man die angezeigte Zahl zum Wert im Speicher. Bei Taschenrechnern, die keine [M-] Taste haben, wird die Subtraktion mit Hilfe der Tastenfolge [+/-] [M+] vorgenommen.

Beispiel: $\sqrt{5^2 + 6^2 - 3^2} = ?$

Eingabe	Anzeige	Speicher
5 [x²] [MS] →	25	25
6 [x²] [M+] →	36	61
3 [x²] [M-] od. [+/-] [M+] →	– 9	52
[MR] →	52	52
[√x] →	7,2111026	52

1.6.4. Quadratwurzel

1. Beispiel $\sqrt{4564,26} = ?$

Eingabe	Taste	Anzeige
4564,26	[√x] →	67,559307

2. Beispiel $12 + \sqrt{25} \cdot 3 = ?$

Eingabe	Taste	Anzeige
12	[+] →	12
25	[√x] →	5
[×] 3	[=] →	27

Diese Rechenart ist jedoch nur mit einem „wissenschaftlichen" Rechner möglich, da er in der Kettenrechnung Punktrechnung vor Strichrechnung berücksichtigt.

Bei einem „einfachen" Taschenrechner muß die Eingabe wie folgt vorgenommen werden:

Eingabe	Taste	Anzeige
25	[√x] →	5
[×] 3	[=] →	15
[+] 12	[=] →	27

3. Beispiel $(12 + \sqrt{25}) \cdot 3 = ?$

Eingabe	Taste	Anzeige
12	[+] →	12
25	[√x] →	5
	[=] →	17
[×] 3	[=] →	51

„Wissenschaftliche" Taschenrechner besitzen Klammertasten [(] [)].

Wenn diese am Taschenrechner vorhanden sind, ist die Zahleneingabe zu obigem Beispiel wie folgt vorzunehmen:

Eingabe	Taste	Anzeige
[(] 12	[+] →	12
25	[√x] →	5
	[)] →	17
[×] 3	[=] →	51

Die Berechnung von $\sqrt{25}$ erfolgt hier in einem gesonderten Rechenwerk. Die Information 12 + bleibt im Rechner gespeichert.

Durch den Druck auf die Taste [)] wird der Inhalt der Klammer berechnet.

1.6.5. Trigonometrische Funktionen sin, cos, tan

Sinus (sin x)

1. Beispiel: sin 30° = ?
(Winkeleinheit Grad[1]) DEG)

Eingabe	Taste	Anzeige
30	[sin] →	0,5

2. Beispiel: sin 60° = ?

Eingabe	Taste	Anzeige
60	[sin] →	8,6602-01

Cosinus (cos x)

Beispiel: $2 + \cos(\frac{\pi}{4}) = ?$ (Winkeleinheit Radiant[1]) RAD)

Eingabe	Taste	Anzeige
2	[+] →	2
	[(] [π] [÷] →	3,1415927
4	[)] →	0,7853981
	[cos] →	0,7071067
	[=] →	2,7071068

Besitzt der Taschenrechner keine [(] [)] Tasten, so ist wie folgt zu verfahren:

Eingabe	Taste	Anzeige
	[π] →	3,1415927
[÷] 4	[=] →	0,7853981
	[cos] →	0,7071067
[+] 2	[=] →	2,7071068

Tangens (tan x)

Beispiel: tan 45,32° = ?
(Winkeleinheit Grad[1]) DEG)

Eingabe	Taste	Anzeige
45,32	[tan] →	1,011233

Arcussinus (Arcsin x)

Beispiel: Arcsin (– 0,6) = ?
(Winkeleinheit Grad)

Eingabe	Taste	Anzeige
0,6	[+/-] →	– 0,6
	[arc] [sin] →	– 36,869897

Arcuscosinus (Arccos x)

Beispiel: Arccos 0,5 = ?
(Winkeleinheit Grad)

Eingabe	Taste	Anzeige
0,5	[arc] [cos] →	60

Arcustangens (Arctan x)

Beispiel: $5,45 + (\text{Arctan } 1)^2 = ?$
(Winkeleinheit Radiant[1]) RAD)

Eingabe	Taste	Anzeige
5,45	[+] →	5,45
1	[arc] [tan] →	0,7853981
	[x²] →	0,6168502
	[=] →	6,0668503

---

[1]) Siehe Seite 1-6.

2. Physikalische Grundlagen

2.1. Einheiten und Zeichen

2.1.1. Das internationale Einheitensystem

Die **SI-Einheiten** (Système International d'Unités) wurden auf der 11. Generalkonferenz für Maß und Gewicht (1960) angenommen. Die **Basiseinheiten** sind definierte Einheiten der voneinander unabhängigen Basisgrößen als Grundlage des SI-Systems.

Basisgröße	Basiseinheit	
	Name	Zeichen
Länge	das Meter	m
Masse	das Kilogramm	kg
Zeit	die Sekunde	s
elektrische Stromstärke	das Ampere	A
Temperatur	das Kelvin	K
Lichtstärke	die Candela	cd
Stoffmenge [1]	das Mol	mol

Definition der Grundeinheiten

1. **Meter**: 1 m ist die Länge der Strecke, die Licht im Vakuum während des Intervalles von 1/299 792 458 Sekunden durchläuft.

2. **Kilogramm**: 1 kg ist die Masse des in Paris aufbewahrten Internationalen Kilogrammprototyps (ein Platin-Iridium-Zylinder).

3. **Sekunde**: 1 s ist das 9 192 631 770fache der Periodendauer der Strahlung des Nuklids Caesium ^{133}Cs.

4. **Ampere**: 1 A ist die Stärke eines Gleichstromes, der zwei lange, gerade und im Abstand von 1 m parallel verlaufende Leiter mit sehr kleinem kreisförmigen Querschnitt durchfließt und zwischen diesen die Kraft $0.2 \cdot 10^{-6}$ N je Meter ihrer Länge erzeugt.

5. **Kelvin**: 1 K ist der 273,16te Teil der Temperaturdifferenz zwischen dem absoluten Nullpunkt und dem Tripelpunkt des Wassers. (Beim Tripelpunkt sind Dampf, Flüssigkeit und fester Stoff im Gleichgewicht.)

6. **Candela**: 1 cd ist die Lichtstärke, mit der $^{1}/_{6} \cdot 10^{-5}$ m^2 Oberfläche eines schwarzen Strahlers bei der Temperatur des erstarrenden Platins (2046,2 K) bei 1,013 bar senkrecht zu seiner Oberfläche leuchtet.

7. **Mol**: 1 mol ist die Stoffmenge eines Systems bestimmter Zusammensetzung, das aus ebenso vielen Teilchen besteht, wie Atome in $12 \cdot 10^{-3}$ kg des Nuklids Kohlenstoff ^{12}C enthalten sind.

Vorsätze vor Einheiten n. DIN 1301 T 1 (12.85)

da	Deka	$= 10^1$	= zehnfacher	Wert
h	Hekto	$= 10^2$	= hundertfacher	„
k	Kilo	$= 10^3$	= tausendfacher	„
M	Mega (Meg)	$= 10^6$	= millionfacher	„
G	Giga	$= 10^9$	= milliardenfacher	„
T	Tera	$= 10^{12}$	= billionenfacher	„
P	Peta	$= 10^{15}$		
E	Exa	$= 10^{18}$		
d	Dezi	$= 10^{-1}$	= zehnter	Teil
c	Zenti	$= 10^{-2}$	= hundertster	„
m	Milli	$= 10^{-3}$	= tausendster	„
μ	Mikro	$= 10^{-6}$	= millionster	„
n	Nano	$= 10^{-9}$	= milliardster	„
p	Piko	$= 10^{-12}$	= billionster	„
f	Femto	$= 10^{-15}$		
a	Atto	$= 10^{-18}$		

Beispiel: 1 mA = 0,001 A; 1 MW = 1 000 000 W

Einheiten nach DIN 1301 Teil 2 (2.78)

Zeichen	Einheit	Bemerkungen
rad	Radiant	1 rad = 1 m/m
sr	Steradiant	1 sr = 1 m^2/m^2
m	Meter	
m^2	Quadratmeter	
m^3	Kubikmeter	
s	Sekunde	
Hz	Hertz	1 Hz = 1 s^{-1}
kg	Kilogramm	
N	Newton	1 N = 1 kg · m/s^2
Pa	Pascal	1 Pa = 1 N/m^2
J	Joule	1 J = 1 N · m = 1 W · s
W	Watt	1 W = 1 J/s
C	Coulomb	1 C = 1 A · s
V	Volt	1 V = 1 J/C
F	Farad	1 F = 1 C/V
A	Ampere	
Wb	Weber	1 Wb = 1 V · s
T	Tesla	1 T = 1 Wb/m^2
H	Henry	1 H = 1 Wb/A
Ω	Ohm	1 Ω = 1 V/A
S	Siemens	1 S = 1 Ω^{-1}
K	Kelvin	
°C	Grad Celcius	1 °C = 1 K [2]
mol	Mol	
cd	Candela	
lm	Lumen	1 lm = 1 cd · sr
lx	Lux	1 lx = 1 lm/m^2
Bq	Becquerel	1 Bq = 1 s^{-1}
Gy	Gray	1 Gy = 1 J/kg

Einheiten außerhalb des SI nach DIN 1301 Teil 1 (12.85)

Zeichen	Einheit	Bemerkungen
gon [3]	Gon	1 gon = (π/200) rad
l	Liter	1 l = 1 dm^3
min	Minute	1 min = 60 s
h	Stunde	1 h = 60 min
d	Tag	1 d = 24 h
a	Gemeinjahr	1 a = 365 d = 8760 h
t	Tonne	1 t = 10^3 kg = 1 Mg
bar	Bar	1 bar = 10^5 Pa
a	Ar	1 a = 10^2 m^2
ha	Hektar	1 ha = 10^4 m^2
eV	Elektronvolt	1 eV = 1,602189 · 10^{-19} J
u	atomare Masseneinheit	1 u = 1,6605655 · 10^{-27} kg
Kt [4]	metrisches Karat	1 Kt = 0,2 g

Nicht mehr zugelassene Einheiten nach DIN 1301 Teil 3 (10.79)

Zeichen	Einheit	Bemerkungen
Å	Ångström	1 Å = 10^{-10} m
g	Neugrad	1 g = 1 gon
c	Neuminute	1 c = π/2 · 10^{-4} rad
cc	Neusekunde	1 cc = π/2 · 10^{-6} rad
dyn	Dyn	1 dyn = 10^{-5} N
p	Pond	1 p ≈ 9,81 · 10^{-3} N
atm	physikalische Atmosphäre	1 atm = 101 325 Pa = 1,01325 bar
at	technische Atmosphäre	1 at = 98066,5 Pa = 0,980665 bar
Torr	Torr	1 Torr = 1,333 mbar
erg	Erg	1 erg = 10^{-7} J
cal	Kalorie	1 cal = 4,1868 J
PS	Pferdestärke	1 PS = 735,498 W
°K	Grad Kelvin	1 °K = 1 K
grd	Grad	1 grd = 1 K
sb	Stilb	1 sb = 10^4 cd/m^2

[1] Nach DIN 1301 gilt mol als SI-Basiseinheit
[2] Als Temperaturdifferenz
[3] Siehe auch S. 1-6
[4] Nicht international genormt

2.1. Einheiten und Zeichen

2.1.2. Formelzeichen nach DIN 1304 (2.78)

Nr.	Zeichen	Bedeutung	Nr.	Zeichen	Bedeutung
1.1	α, β, γ	ebener Winkel	4.13	ε	Permittivität (Dielektrizitätskonstante)
1.3	Ω, ω	Raumwinkel			
1.5	l	Länge	4.14	ε_0	elektrische Feldkonstante
1.6	b	Breite	4.14	ε_r	Permittivitätszahl (Dielektrizitätszahl)
1.7	h	Höhe, Tiefe			
1.8	H	Höhe über Normal-Null	4.17	I	elektrische Stromstärke
1.9	δ	Dicke, Schichtdicke	4.18	J, S	elektrische Stromdichte
1.10	r	Halbmesser, Radius	4.20	Θ	elektrische Durchflutung
1.11	d	Durchmesser	4.21	V	magnetische Spannung
1.12	s	Weglänge, Kurvenlänge	4.22	H	magnetische Feldstärke, magnetische Erregung
1.13	λ	Wellenlänge			
1.14	A, s	Flächeninhalt, Oberfläche	4.23	Φ	magnetischer Fluß
1.15	S, q	Querschnitt, Querschnittsfläche	4.25	B	magnetische Flußdichte, magnetische Induktion
1.16	V, τ	Volumen, Rauminhalt			
2.1	t	Zeit, Zeitspanne, Dauer	4.27	L, L_{mn}	Induktivität, Selbstinduktivität, gegenseitige Induktivität
2.2	T	Periodendauer, Schwingungsdauer	4.28	μ	Permeabilität
2.3	τ, T	Zeitkonstante	4.29	μ_0	magnetische Feldkonstante
2.4	f, v	Frequenz, Periodenfrequenz	4.30	μ_r	Permeabilitätszahl
2.7	ω	Kreisfrequenz, Winkelfrequenz	4.36	Λ	magn. Leitwert, Permeanz
2.14	n	Drehzahl, Umdrehungsfrequenz	4.37	R	elektrischer Widerstand, Wirkwiderstand, Resistanz
2.15	ω, Ω	Winkelgeschwindigkeit			
2.16	α	Winkelbeschleunigung	4.38	G	elektrischer Leitwert, Wirkleitwert, Konduktanz
2.17	λ	Wellenlänge			
2.20	α	Dämpfungskoeffizient, (-belag)	4.39	ϱ	spezifischer elektr. Widerstand
2.21	β	Phasenkoeffizient, (-belag)	4.40	$\gamma, \sigma, \varkappa$	elektrische Leitfähigkeit
2.22	γ	Ausbreitungskoeffizient	4.41	X	Blindwiderstand, Reaktanz
2.23	v, u	Geschwindigkeit	4.42	B	Blindleitwert, Suszeptanz
2.24	c	Ausbreitungsgeschwindigkeit einer Welle	4.43	Z	Impedanz (komplex)
			4.44	$|Z|$	Scheinwiderstand
2.25	a	Beschleunigung	4.45	Y	Admittanz (komplex)
2.26	g	örtliche Fallbeschleunigung	4.46	$|Y|$	Scheinleitwert
			4.47	Z, Γ	Wellenwiderstand
3.1	m	Masse	4.51	P, P_p	Wirkleistung
3.4	ϱ, ϱ_m	Dichte, volumenbezogene Masse	4.52	Q, P_q	Blindleistung
3.6	v	spezifisches Volumen	4.53	S, P_s	Scheinleistung
3.9	J	Trägheitsmoment	4.55	φ	Phasenverschiebungswinkel
3.10	F	Kraft	4.56	δ	Verlustwinkel
3.11	G, F_G	Gewichtskraft	4.57	λ	Leistungsfaktor
3.13	M	Drehmoment	4.58	d	Verlustfaktor
3.14	T	Torsionsmoment	4.60	k	Klirrfaktor
3.16	p, I	Bewegungsgröße, Impuls	4.61	F	Formfaktor
3.17	L	Drall, Drehimpuls	4.62	m	Anzahl der Phasen
3.18	p	Druck	4.63	p	Anzahl der Polpaare
3.19	p_{abs}	absoluter Druck	4.64	N, w	Windungszahl
3.20	p_{amb}	umgebender Atmosphärendruck	4.65	n	Windungszahlverhältnis
3.21	p_e	atmosphärische Druckdifferenz, Überdruck	5.1	T, Θ	thermodynamische Temperatur
3.22	σ	Normalspannung (Zug, Druck)	5.2	$\Delta T = \Delta t = \Delta \vartheta$	Temperaturdifferenz
3.23	τ	Schubspannung	5.3	t, ϑ	Celsius-Temperatur
3.24	ε	Dehnung, rel. Längenänderung	5.4	α, α_1	Längenausdehnungskoeffizient
3.27	γ	Schiebung	5.5	α_V, γ	Volumenausdehnungskoeffizient
3.28	E	Elastizitätsmodul	5.7	Q	Wärme, Wärmemenge
3.29	G	Schubmodul	5.8	Φ, Q	Wärmestrom
3.30	K	Kompressionsmodul	5.13	λ	Wärmeleitfähigkeit
3.32	μ, f	Reibungszahl	5.14	α, h	Wärmeübergangskoeffizient
3.36	H	Flächenmoment 1. Grades	5.15	k	Wärmedurchgangskoeffizient
3.37	W	Widerstandsmoment	5.16	a	Temperaturleitfähigkeit
3.38	I	Flächenmoment 2. Grades	5.17	C	Wärmekapazität
3.39	W, A	Arbeit	5.18	c	spezifische Wärmekapazität
3.40	E, W	Energie			
3.45	P	Leistung	6.1	A_r	relative Atommasse
3.47	η	Wirkungsgrad	6.2	M_r	relative Molekülmasse
			6.5	Z	Ordnungszahl eines Elementes
4.1	Q	elektrische Ladung, Elektrizitätsmenge	7.1	I, I_v	Lichtstärke
			7.2	Φ, Φ_v	Lichtstrom
4.2	e	Elementarladung	7.3	η	Lichtausbeute
4.9	φ	elektrisches Potential	7.4	Q, Q_v	Lichtmenge
4.10	U	elektrische Spannung	7.5	L, L_v	Leuchtdichte
4.11	E	elektrische Feldstärke	7.7	E, E_v	Beleuchtungsstärke
4.12	C	elektrische Kapazität	7.8	H, H_v	Belichtung

2.1. Einheiten und Zeichen

2.1.3. Formelzeichen der Nachrichtentechnik nach DIN 1344 (12.73)

Zeichen	Bedeutung	SI-Einheit
T, H	Übertragungsfaktor (komplex)	1
A, a	Dämpfungsmaß	1
B, b	Phasenmaß	1
$B, \Delta f$	Frequenzbandbreite	Hz
f_0, f_r	Resonanzfrequenz	Hz
f_C, f_g	Grenzfrequenz	Hz
$n, ü$	Übersetzungsverhältnis (Trafo)	1
C'	Kapazitätsbelag	F/m
L'	Induktivitätsbelag	H/m
R'	Widerstandsbelag	Ω/m
G'	Ableitungsbelag	S/m
Z_0, Z_L, Z_W	Wellenwiderstand	Ω
γ	Ausbreitungskoeffizient	1/m
α	Dämpfungskoeffizient	1/m
β	Phasenkoeffizient	1/m

2.1.4. Indizes nach DIN 1304 (2.78)

Index	Bedeutung	Index	Bedeutung
0	Leerlauf, fester Bezugswert	max	maximal
1	primär, Eingang, Anfangszustand	min	minimal
2	sekundär, Ausgang, Endzustand	N	Nennwert
		par	parallel (∥)
		rel	relativ
		ser	Reihe, Serie
a	außen	t	Augenblickswert, Zeitabhängigkeit
eff	effektiv	v	Verlust
el	elektrisch	δ	Luftspalt
h	Haupt-	σ	Streuung
k	Kurzschluß		

2.1.5. Das griechische Alphabet

$A\ \alpha$ Alpha	$B\ \beta$ Beta	$\Gamma\ \gamma$ Gamma	$\Delta\ \delta$ Delta	$E\ \varepsilon$ Epsilon
$Z\ \zeta$ Zeta	$H\ \eta$ Eta	$\Theta\ \vartheta$ Theta	$I\ \iota$ Iota	$K\ \varkappa$ Kappa
$\Lambda\ \lambda$ Lambda	$M\ \mu$ My	$N\ \nu$ Ny	$\Xi\ \zeta$ Xi	$O\ o$ Omikron
$\Pi\ \pi$ Pi	$P\ \varrho$ Rho	$\Sigma\ \sigma$ Sigma	$T\ \tau$ Tau	$Y\ \upsilon$ Ypsilon
$\Phi\ \varphi$ Phi	$X\ \chi$ Chi	$\Psi\ \psi$ Psi	$\Omega\ \omega$ Omega	

2.1.6. Römische Ziffern

I = 1	VI = 6	XX = 20	
II = 2	VII = 7	XXX = 30	
III = 3	VIII = 8	XL = 40	
IV = 4	IX = 9	L = 50	
V = 5	X = 10	LX = 60	
LXX = 70	CC = 200	DCC = 700	
LXXX = 80	CCC = 300	DCCC = 800	
XC = 90	CD = 400	CM = 900	
XCIX = 99	D = 500	CMXC = 990	
C = 100	DC = 600	CMXCIX = 999	
M = 1000			
MCC = 1200			
MCD = 1400	253 = CCLIII		
MDCC = 1700	1986 = MCMLXXXVI		
MM = 2000			

2.1.7. Konstanten der Physik

Größe und Formelzeichen		Zahlenwert und Einheit
Atomare Einheitsmasse	m_a	$1{,}6605 \cdot 10^{-27}$ kg
Avogadro-Konstante (Loschmidt-Konstante)	N_A	$6{,}0221 \cdot 10^{26}\ \dfrac{1}{\text{kmol}}$
Bohrsches Magneton	μ_B	$9{,}274 \cdot 10^{-24}\ \dfrac{\text{J}}{\text{T}}$
Bohr-Radius	a_0	$5{,}2917 \cdot 10^{-11}$ m
Boltzmann-Konstante	k	$1{,}38054 \cdot 10^{-34}\ \dfrac{\text{J}}{\text{K}}$
Comptonwellenlänge des Elektrons	λ_C	$2{,}4263 \cdot 10^{-12}$ m
des Neutrons	$\lambda_{C,n}$	$1{,}3196 \cdot 10^{-15}$ m
des Protons	$\lambda_{C,p}$	$1{,}3214 \cdot 10^{-15}$ m
Elektrische Feldkonstante	$\varepsilon_0 = \dfrac{1}{\mu_0 \cdot c_0^2}$	$8{,}8541 \cdot 10^{-12}\ \dfrac{\text{F}}{\text{m}}$
Elektronenradius	r_0	$2{,}8179 \cdot 10^{-15}$ m
Elementarladung	e	$1{,}602 \cdot 10^{-19}$ C
Fallbeschleunigung (Normwert)	g_n	$9{,}80665\ \dfrac{\text{m}}{\text{s}^2}$
Faraday-Konstante	F	$9{,}6486 \cdot 10^7\ \dfrac{\text{C}}{\text{kmol}}$
Gravitationskonstante	f	$6{,}67 \cdot 10^{-11}\ \dfrac{\text{m}^3}{\text{kg} \cdot \text{s}^2}$
Kernmagneton	μ_n	$5{,}05 \cdot 10^{-27}\ \dfrac{\text{J}}{\text{T}}$
Lichtgeschwindigkeit im Vakuum	c_0	$2{,}99792458 \cdot 10^8\ \dfrac{\text{m}}{\text{s}}$
Magnetische Feldkonstante	μ_0	$4\pi \cdot 10^{-7}\ \dfrac{\text{Vs}}{\text{Am}}$
		$1{,}256637 \cdot 10^{-7}\ \dfrac{\text{Vs}}{\text{Am}}$
Magnetisches Flußquant	$\Phi_0 = \dfrac{h}{2e}$	$2{,}0678 \cdot 10^{-15}$ Tm²
Magnetisches Moment des Elektrons	μ_e	$9{,}284 \cdot 10^{-24}\ \dfrac{\text{J}}{\text{T}}$
des Protons	μ_p	$1{,}4106 \cdot 10^{-26}\ \dfrac{\text{J}}{\text{T}}$
Massenverhältnis Proton/Elektron	$\dfrac{m_p}{m_e}$	1836,1
Molare Gaskonstante	R_0	$8{,}317\ \dfrac{\text{J}}{\text{mol} \cdot \text{K}}$
Molares Normvolumen des idealen Gases	V_0	$22{,}413\ \dfrac{\text{m}^3}{\text{kmol}}$
Nullpunkt der Kelvin-Temperaturskala		$-273{,}16$ °C
Plancksches Wirkungsquantum	h	$6{,}6256 \cdot 10^{-34}$ Js
Ruhemasse des Elektrons	m_e	$9{,}1095 \cdot 10^{-31}$ kg
des Neutrons	m_n	$1{,}6749 \cdot 10^{-27}$ kg
des Protons	m_p	$1{,}6726 \cdot 10^{-27}$ kg
Rydberg-Konstante	R_∞	$1{,}0973 \cdot 10^7\ \dfrac{1}{\text{m}}$
Sommerfeldsche Feinstrukturkonstante	α	$7{,}2973 \cdot 10^{-3}$
spezifische Elementarladung	$\dfrac{e}{m_e}$	$1{,}7588 \cdot 10^{11}\ \dfrac{\text{C}}{\text{kg}}$
Stefan-Boltzmann-Konstante	σ	$5{,}669 \cdot 10^{-8}\ \dfrac{\text{W}}{\text{m}^2 \cdot \text{K}^4}$
1. Strahlungskonstante	$c_1 = 8\pi hc$	$4{,}99257 \cdot 10^{-24}$ mJ
2. Strahlungskonstante	$c_2 = \dfrac{hc}{k}$	$1{,}4388 \cdot 10^{-2}$ mK
Wellenwiderstand des Vakuums	$\Gamma_0 = \sqrt{\dfrac{\mu_0}{\varepsilon_0}}$	$376{,}7304$ Ω
Zirkulationsquant	$\dfrac{h}{2m_e}$	$3{,}6369 \cdot 10^{-4}\ \dfrac{\text{Js}}{\text{kg}}$

2.2. Mechanik

2.2.1. Bewegungslehre (Kinematik)

Geradlinig gleichförmige Bewegung

$v = \dfrac{s}{t}$

v Geschwindigkeit in m/s (km/h)
s Weg in m (km)
t Zeit in s (h)

Umrechnung: v (in km/h) $= 3{,}6 \cdot v$ (in m/s)

Geschwindigkeit-Zeit-Diagramm

Beispiel: Ein Pkw durchfährt 100 m in 6,8 s, $v = ?$ km/h
Lösung:
$v = \dfrac{s}{t} = \dfrac{100 \text{ m}}{6{,}8 \text{ s}} = 14{,}7$ m/s
$v = 3{,}6 \cdot 14{,}7$ km/h
$v = 52{,}92$ km/h

Ungleichförmige Bewegung

$\bar{v} = \dfrac{s_2 - s_1}{t_2 - t_1}$

$\bar{v} = \dfrac{\Delta s}{\Delta t}$

$\bar{v}$ mittlere Geschwindigkeit in m/s
Δs zurückgelegter Weg in m
Δt Zeitabschnitt in s

Weg-Zeit-Diagramm

Wird der Zeitabschnitt Δt immer kleiner und der Null angenähert, so nähert sich die mittlere Geschwindigkeit $\bar{v}$ dem Wert der Momentangeschwindigkeit.

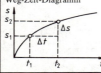

Durchschnittliche Geschwindigkeiten

	km/h	m/s		km/h	m/s
Schnecke	0,0072	0,002	Rauchschwalbe	320	90
Fußgänger	5	1,4	Schall in Luft von 0 °C	1195	332
Dauerlauf	10	2,8			
Radfahren	20	5,5	Schall im Wasser	5280	1467
Regentropfen	22	6			
Kurzstreckenläufer	36	10	Punkt am Äquator	1670	464
Brieftaube	72	20	Gewehrgeschoß	3130	870
Adler bis	85	24	Wasserstoffmoleküle bei 0 °C	6625	1840
Rennpferd bis	90	25			
Orkan bis	300	83	Erde auf Bahn um die Sonne	$1{,}1 \cdot 10^5$ km/h, $3 \cdot 10^4$ m/s	

Gleichmäßig beschleunigte Bewegung
Körper zur Zeit $t = 0$ in Ruhe

$v = a \cdot t$

$s = \dfrac{v \cdot t}{2}$

$s = \dfrac{1}{2} \cdot a \cdot t^2$

v Geschwindigkeit in m/s
a Beschleunigung in m/s²
t Zeit in s
s Weg in m

Beispiel:
Ein Zug erreicht in 2 min eine Geschwindigkeit von 100 km/h, durchschnittliche Beschleunigung $a = ?$ m/s², Weg während der Anfahrt $s = ?$ m

Geschwindigkeit-Zeit-Diagramm

Lösung:
$a = \dfrac{v}{t} = \dfrac{100\,000 \text{ m}}{3600 \text{ s} \cdot 120 \text{ s}} = 0{,}23$ m/s²

$s = \dfrac{v \cdot t}{2} = \dfrac{100\,000 \text{ m} \cdot 120 \text{ s}}{3600 \text{ s} \cdot 2} = 1\,666{,}7$ m

Mittlere Beschleunigungen

	m/s²		m/s²
Anfahren Personenzug	0,15	Raketenstart	30
Anfahren U-Bahn	0,60	Tennisball bei Aufprall auf Mauer	10^5
Anfahren Kraftwagen	1–3		
Bremsen Kraftwagen	1–6	Geschoß beim Abschuß	$6 \cdot 10^5$
Personenaufzug	5		

Freier Fall

$v = g \cdot t$

$s = \dfrac{1}{2} \cdot g \cdot t^2$

$v = \sqrt{2 \cdot g \cdot s}$

v Geschwindigkeit in m/s
g Fallbeschleunigung $(g = 9{,}81$ m/s²)[1]
t Zeit in s
s Weg in m

Beispiel: Ein Stein fällt aus 100 m Höhe, Zeit $t = ?$ s bis zum Aufschlagen auf den Boden (ohne Luftreibung)
Lösung:
$t = \sqrt{\dfrac{2 \cdot s}{g}} = \sqrt{\dfrac{2 \cdot 100 \text{ m}}{9{,}81 \text{ m/s}^2}} = 4{,}51$ s

Bewegung auf geneigter Ebene

$v = g \cdot t \cdot \sin \alpha$

$s = \dfrac{1}{2} \cdot g \cdot t^2 \cdot \sin \alpha$

$v = \sqrt{2 \cdot g \cdot s \cdot \sin \alpha}$

v Geschwindigkeit in m/s
g Fallbeschleunigung $= 9{,}81$ m/s²
t Zeit in s
s Weg in m
α Neigungswinkel

Beispiel: Ein Eisenbahnwagen beginnt auf einer geneigten Ebene mit $\alpha = 1°$ zu rollen,
$v = ?$ km/h nach 40 s

Lösung: $v = g \cdot t \cdot \sin \alpha = 9{,}81$ m/s² $\cdot 40$ s $\cdot \sin 1°$
$v = 6{,}65$ m/s $= 24{,}65$ km/h

Gleichmäßige Kreisbewegung

Die Winkelgeschwindigkeit ω ist der Quotient aus dem in einem beliebigen Zeitintervall Δt von dem Kreisradius r überstrichenen Winkel $\Delta \varphi$ (im Bogenmaß) und dem Zeitintervall Δt.

$\omega = \dfrac{\Delta \varphi}{\Delta t}$

Die Einheit der Winkelgeschwindigkeit ω ist rad/s (Radiant durch Sekunde), zulässig aber auch 1/s.
1 rad/s entspricht 57,295°/s

$v = r \cdot \omega = \dfrac{d}{2} \cdot \omega$

$\omega = 2\pi \cdot n$

$f = \dfrac{n}{t}$

$f = \dfrac{1}{T}$

v Umfangsgeschwindigkeit in m/s
r Radius in m
d Durchmesser in m
ω Winkelgeschwindigkeit in 1/s
n Drehzahl (Umdrehungsfrequenz) in 1/s
f Frequenz in Hz
t Zeit in s
T Umlaufzeit in s

Beispiel: $n = 3000$ Umdrehungen je min $= 50$ 1/s, $d = 0{,}2$ m, $\omega = ?$ 1/s, $v = ?$ m/s
Lösung: $\omega = 2\pi \cdot n = 2\pi \cdot 50$ 1/s $= 314$ 1/s
$v = \dfrac{d}{2} \cdot \omega = \dfrac{0{,}2 \text{ m}}{2} \cdot 314$ 1/s $= 31{,}4$ m/s

---

[1] $g \approx 9{,}78$ m/s² am Äquator, $g \approx 9{,}83$ m/s² an den Polen (in Meereshöhe)

2.2. Mechanik

2.2.2. Kraft

Um einem Körper mit der Masse m die Beschleunigung a zu erteilen, muß eine Kraft F wirken.

$F = m \cdot a$ m Masse des Körpers in kg
           a Beschleunigung in m/s²

Die Kraft, mit der ein Körper von der Erde angezogen wird, nennt man Gewichtskraft G.

$G = m \cdot g$ G Gewichtskraft in N
            g Fallbeschleunigung
             (auf der Erde 9,81 m/s²)

Die Einheit der Kraft heißt Newton (N).
1 N = 1 kg · m/s²

Die Kraft ist ein Vektor und durch eine Pfeilstrecke darstellbar. Der Größe (Betrag) der Kraft entspricht die Länge des Pfeiles, z. B. 100 N ≙ 1 cm. Die Wirkungsrichtung der Kraft zeigt die Pfeilspitze an.

Die mit der Kraftrichtung zusammenfallende Gerade heißt die Wirkungslinie der Kraft. Auf ihr kann der Angriffspunkt A der Kraft beliebig verschoben werden.

Zusammensetzung von Kräften

Kräfte in gleicher Richtung wirkend		$F = F_1 + F_2$
Kräfte in entgegengesetzter Richtung wirkend		$F = F_1 - F_2$
Kräfte rechtwinklig zueinander wirkend		$F = \sqrt{F_1^2 + F_2^2}$
Kräfte unter einem beliebigen Winkel α wirkend		F zeichnerisch durch die Wahl eines Kräftemaßstabs (z. B. 1 cm ≙ 10 N) im Parallelogramm der Kräfte ermitteln

Kräfte an der schiefen Ebene (ohne Reibung)

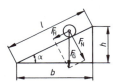

F_G Gewichtskraft in N
F_N Normalkraft in N (senkrecht auf Ebene)
F_H Hangabtriebskraft in N (parallel zur Ebene)
l Länge in m
h Höhe in m
b Breite in m

$$F_H = F_G \cdot \sin \alpha = F_G \cdot \frac{h}{l}$$

$$F_N = F_G \cdot \cos \alpha = F_G \cdot \frac{b}{l}$$

Beispiel: $F_G = 105\,000$ N; $h = 1$ m; $l = 21$ m; $F_H = ?$

Lösung: $F_H = \dfrac{F_G \cdot h}{l} = \dfrac{105\,000 \text{ N} \cdot 1 \text{ m}}{21 \text{ m}} = 5000$ N

Kräfte an der eingängigen Schraube (ohne Reibung)

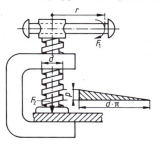

$$F_2 = \frac{F_1 \cdot 2\pi \cdot r}{p}$$

Jeder Schraubengang stellt eine gewundene schiefe Ebene dar.

Beispiel: Gegeben sei $F_1 = 200$ N, $r = 240$ mm, $p = 8$ mm. Gesucht sei $F_2 = ?$ N.

Lösung: $F_2 = \dfrac{F_1 \cdot 2\pi r}{p}$

$F_2 = \dfrac{200 \text{ N} \cdot 2 \cdot \pi \cdot 240 \text{ mm}}{8 \text{ mm}} = 12\,000 \,\pi\, \text{N} \approx 37\,700$ N

Hebelgesetz

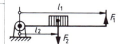

$M_{1i} = F_1 \cdot l_1$
$M_{re} = F_2 \cdot l_2$

Einseitiger Hebel

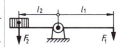

Bei Gleichgewicht:
$M_{1i} = M_{re}$
$F_1 \cdot l_1 = F_2 \cdot l_2$

Zweiseitiger Hebel

M_{1i} Drehmoment (linksdrehend) in Nm
M_{re} Drehmoment (rechtsdrehend) in Nm
F_1, F_2 Kräfte in N
l_1, l_2 Hebelarmlängen in m
Hebelarmlänge = Länge des Lotes vom Drehpunkt auf die Wirkungslinie der Kraft.

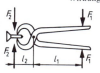

Beispiel: In welcher Entfernung l_1 muß beim Abkneifen des Nagels die Kraft $F_1 = 200$ N drücken, wenn der Nagel dem Abkneifen einen Widerstand von $F_2 = 1600$ N entgegensetzt? $l_2 = 25$ mm.

Lösung: $l_1 = \dfrac{F_2 \cdot l_2}{F_1} = \dfrac{1600 \text{ N} \cdot 25 \text{ mm}}{200 \text{ N}} = 200$ mm

2.2. Mechanik

2.2.3. Einfache Maschinen

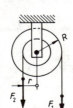

Seil- und Kettentrommel

$M_{li} = M_{re}$
$F_2 \cdot r = F_1 \cdot R$
$F_2 = F_1 \cdot \dfrac{R}{r}$

M_{li} Drehmoment (linksdrehend) in Nm
M_{re} Drehmoment (rechtsdrehend) in Nm
F_1, F_2 Kräfte in N
R, r Rollenhalbmesser in m

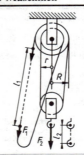

Differentialflaschenzug

$F_1 = F_2 \cdot \dfrac{R - r}{2 \cdot R}$

$l_2 = l_1 \cdot \dfrac{R - r}{2 \cdot R}$

F_1, F_2 Kräfte in N
l_1, l_2 Seilwege in m
R, r Halbmesser in m

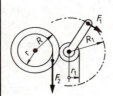

Vorgelege mit Kurbel

$F_2 = F_1 \cdot \dfrac{R \cdot R_1}{r \cdot r_1}$

F_1, F_2 Kräfte in N
R, R_1, r, r_1 Halbmesser in m

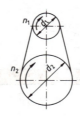

Riementrieb (einfache Übersetzung)

$\dfrac{n_1}{n_2} = \dfrac{d_2}{d_1}$

$i = \dfrac{n_1}{n_2} = \dfrac{d_2}{d_1}$

$i = \dfrac{M_2}{M_1}$

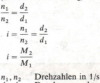

n_1, n_2 Drehzahlen in 1/s
d_1, d_2 Durchmesser der Scheiben in m
i Übersetzungsverhältnis
M_1, M_2 Drehmomente in Nm

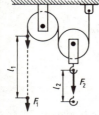

Lose Rolle

$F_1 \cdot l_1 = F_2 \cdot l_2$
$F_2 = 2 \cdot F_1$
$l_1 = 2 \cdot l_2$

F_1, F_2 Kräfte in N
l_1, l_2 Seilwege in m

Riementrieb (doppelte Übersetzung)

$n_2 = n_3$

$i_1 = \dfrac{n_1}{n_2} = \dfrac{d_2}{d_1}$

$i_2 = \dfrac{n_3}{n_4} = \dfrac{d_4}{d_3}$

$i_{ges} = \dfrac{n_1}{n_4}$

$i_{ges} = i_1 \cdot i_2$

$i_{ges} = \dfrac{d_2 \cdot d_4}{d_1 \cdot d_3}$

n_1, n_2, n_3, n_4 Drehzahlen in 1/s
i_1, i_2 Einzelübersetzungsverhältnisse
i_{ges} Gesamtübersetzungsverhältnis
d_1, d_2 Scheibendurchmesser
d_3, d_4 in m

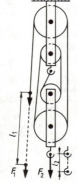

Faktorenflaschenzug

$F_1 = \dfrac{F_2}{n}$

$l_2 = \dfrac{l_1}{n}$

F_1, F_2 Kräfte in N
l_1, l_2 Seilwege in m
n Rollenzahl

Beispiel: $d_1 = 100$ mm, $d_2 = 300$ mm, $d_3 = 150$ mm, $d_4 = 400$ mm, $i_1 = ?$, $i_2 = ?$, $i_{ges} = ?$

Lösung:
$i_1 = \dfrac{d_2}{d_1} = \dfrac{300 \text{ mm}}{100 \text{ mm}} = 3$

$i_2 = \dfrac{d_4}{d_3} = \dfrac{400 \text{ mm}}{150 \text{ mm}} = 2{,}67$

$i_{ges} = i_1 \cdot i_2 = 3 \cdot 2{,}67 = 8$

$i_{ges} = \dfrac{d_2 \cdot d_4}{d_1 \cdot d_3} = \dfrac{300 \text{ mm} \cdot 400 \text{ mm}}{100 \text{ mm} \cdot 150 \text{ mm}} = 8$

2.2. Mechanik

Zahnradtrieb
(einfache Übersetzung)

$$i = \frac{d_{02}}{d_{01}} = \frac{\omega_1}{\omega_2} = \frac{n_1}{n_2} = \frac{z_2}{z_1}$$

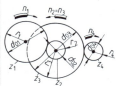

i Übersetzungsverhältnis
d_{01}, d_{02} Teilkreisdurchmesser in mm
ω_1, ω_2 Winkelgeschwindigkeiten in 1/s
n_1, n_2 Drehzahlen (Drehfrequenzen) in 1/s
z_1, z_2 Zähnezahlen

Beispiel: $d_{01} = 504$ mm, $z_1 = 84$, $d_{02} = 168$ mm, $z_2 = ?$
Lösung:
$$z_2 = \frac{d_{02} \cdot z_1}{d_{01}} = \frac{168 \text{ mm} \cdot 84}{504 \text{ mm}} = 28$$

Zahnradtrieb
(Doppelübersetzung)

$$i_1 = \frac{n_1}{n_2} = \frac{d_{02}}{d_{01}} \quad\Big|\quad i_2 = \frac{n_3}{n_4} = \frac{d_{04}}{d_{03}}$$

$$i = i_1 \cdot i_2 = \frac{d_{02}}{d_{01}} \cdot \frac{d_{04}}{d_{03}} = \frac{z_2}{z_1} \cdot \frac{z_4}{z_3}$$

$n_1 = \dfrac{z_2 \cdot z_4 \cdot n_4}{z_1 \cdot z_3}$ $z_1 = \dfrac{n_4 \cdot z_2 \cdot z_4}{z_3 \cdot n_1}$ $z_3 = \dfrac{n_4 \cdot z_2 \cdot z_4}{z_1 \cdot n_1}$

$n_4 = \dfrac{z_1 \cdot z_3 \cdot n_1}{z_2 \cdot z_4}$ $z_2 = \dfrac{n_1 \cdot z_1 \cdot z_3}{z_4 \cdot n_4}$ $z_4 = \dfrac{n_1 \cdot z_1 \cdot z_3}{z_2 \cdot n_4}$

Größte Umfangsgeschwindigkeit für Zahnräder

Gußeisen, Stahl ...... 5 m/s   Sondermessing .... 9 m/s
Phosphorbronze ...... 8 m/s   Rohhaut mit Eisen .. 11 m/s

Schnecke und Schneckenrad

z_2 = Zähnezahl des Schneckenrades,
z_1 = Gangzahl der Schnecke, ein- oder mehrgängig,
n_1 = Drehfrequenz der treibenden Welle.
n_2 = Drehfrequenz der getriebenen Welle.

Der Schneckenantrieb wird besonders für große Übersetzungen gewählt. Größte Übersetzung $\approx 1:50$.
Das Übersetzungsverhältnis eines Schneckengetriebes ist:

$\dfrac{n_1}{n_2} = \dfrac{z_2}{z_1}$ $z_2 = \dfrac{n_1 \cdot z_1}{n_2}$

		Schnecke	Schneckenrad
Modul	m		
Eingriffswinkel	α	üblich 15° oder 20°	
Achsteilung	p	$\pi \cdot m$	$\pi \cdot m$
Teilkreis-$\varnothing$	d_o	$> 2\,\text{m} \cdot (1{,}4 + 2\sqrt{z_1})$	$z_2 \cdot p : \pi = m \cdot z_2$
Kopfkreis-$\varnothing$	d_a	$d_1 + 2\,m$	$d_2 + 2\,m$
Fußkreis-$\varnothing$	d_f	$d_1 - 2\,m \cdot 1{,}16$	$d_{a2} - 2\,m \cdot 2{,}16$
Steigung	p	$z_1 \cdot p = \pi \cdot z_1 \cdot m$	—
Schneckenlänge	l	$> 2(1 + \sqrt{z_2}) \cdot m$	—

Zahnrad

z = Zähnezahl

p = Teilung
l = Zahnlücke
s = Zahndicke

Für rohe Zähne:
$l = \dfrac{21}{40} p$
$s = \dfrac{19}{40} p$

Für bearbeitete Zähne:
$l = \dfrac{41}{80} p$
$s = \dfrac{39}{80} p$

	Modul-Teilung	mm-Teilung
Zahnhöhe	$h = \dfrac{13}{6} \cdot m = 2{,}167 \cdot m$	$h = 0{,}7 \cdot p$
Zahnkopfhöhe	$h_a = \dfrac{6}{6} \cdot m = 1 \cdot m$	$h_a = 0{,}3 \cdot p$
Zahnfußhöhe	$h_f = \dfrac{7}{6} \cdot m = 1{,}167 \cdot m$	$h_f = 0{,}4 \cdot p$

$d_a = (z + 2) \cdot m = d + 2\,m$
Teilkreis-$\varnothing$ d_0 = Zähnezahl × Modul

$$\text{Modul } m = \frac{\text{Teilung}}{\pi} = \frac{p}{\pi} \quad\Big|\quad m = \frac{d_a}{z + 2}$$

Bei $p = 6\pi$ nennt man 6 den Modul.

Beispiel: gegeben $d_0 = 90$ mm; $z = 15$
gesucht p, l, s, h, h_a, h_f in mm

Modul-Teilung	mm-Teilung
$p = \dfrac{\pi \cdot d_0}{z} = \dfrac{\pi \cdot 90}{15} = 6\pi$	$p = 6\pi\,\text{mm} = 18{,}85$ mm
$l = \dfrac{21}{40} \cdot 6\pi = 3{,}15\pi$	$l = 3{,}15\pi\,\text{mm} = 9{,}90$ mm
$s = \dfrac{19}{40} \cdot 6\pi = 2{,}85\pi$	$s = 2{,}85\pi\,\text{mm} = 8{,}95$ mm
$h_f = 0{,}167 \cdot 6$ mm = 7 mm	$h_f = 0{,}4 \cdot 18{,}85$ mm $\approx 7{,}5$ mm
$h_a = 1 \cdot 6$ mm = 6 mm	$h_a = 0{,}3 \cdot 18{,}85$ mm $\approx 5{,}7$ mm
$h = 2{,}167 \cdot 6$ mm = 13 mm	$h = 0{,}7 \cdot 18{,}85$ mm $\approx 13{,}2$ mm

Armzahl $= \dfrac{1}{7} \sqrt{d_0}$ (d_0 in mm)

Zahnbreite = 2 bis $3\,p \approx 6$ bis $10 \times$ Modul,
für hohe Drehfrequenzen 3 bis $5\,p$ (bis 15 m)

Kranzdicke $e = 1{,}6 \times$ Modul   bei Stahlguß
Nabendurchmesser $= 2 \times$ und Bronze
Bohrung + 5 mm   etwas schwächer

Modulreihe für Zahnräder nach DIN 780 T 1 u. 2 (5.77)
Maße in mm

Reihe 1	Teilung p	Reihe 2	Teilung p	Reihe 1	Teilung p	Reihe 2	Teilung p
0,2	0,628	1,5	4,712			5,5	17,279
0,25	0,785		5,498	6	18,850		
0,3	0,942	2	6,283			7	21,991
0,4	1,257		2,25	7,069	8	25,133	
0,5	1,571	3	9,425			9	28,274
0,6	1,885		3,5	10,996	10	31,416	
0,8	2,513	4	12,566	12	37,599		
1	3,142		4,5	14,137	16	50,265	
1,25	3,927	5	15,708	20	62,832		

2.2. Mechanik

2.2.4. Arbeit

$W = F \cdot s$

- W Arbeit in Nm (1 Nm = 1 J = 1 Ws)
- F Kraft (in Richtung des Weges wirkend) in N
- s Weg in m

Hubarbeit (potentielle Energie)

$W = m \cdot g \cdot h$

- m Masse in kg
- g Fallbeschleunigung (9,81 m/s²)
- h Hubhöhe in m

Beschleunigungsarbeit (kinetische Energie)

$W = \frac{1}{2} \cdot m \cdot v^2$

- v Geschwindigkeit in m/s

Beispiel 1: $F = 2000$ N, $s = 1,5$ m, $W = ?$ Nm
Lösung: $W = F \cdot s = 2000$ N $\cdot$ 1,5 m = 3000 Nm

Beispiel 2: $m = 75$ kg, $v = 30$ km/h, $W = ?$ Nm
Lösung: $W = \frac{1}{2} \cdot m \cdot v^2 = \frac{1}{2} \cdot 75 \text{ kg} \cdot \left(\frac{30 \text{ m}}{3,6 \text{ s}}\right)^2$
$W = 2604$ Nm

2.2.5. Leistung

$P = \frac{W}{t}$

- P Leistung in Nm/s (1 Nm/s = 1 J/s = 1 W)
- W Arbeit in Nm

$P = \frac{F \cdot s}{t}$

- t Zeit in s
- F Kraft in N
- s Weg in m

$P = F \cdot v$

- v Geschwindigkeit in m/s

$P = M \cdot \omega$

- M Moment in Nm
- ω Winkelgeschwindigkeit in 1/s

$P = \frac{M \cdot n}{9550}$

- P Leistung in kW
- M Moment in Nm
- n Drehzahl in 1/min

Beispiel 1: Ein Kran hebt in 25 s eine Last von 90 kN auf eine Höhe von 4 m. Welche Leistung entwickelt der Hubmotor ohne Reibungsverluste?

Lösung: $P = \frac{F \cdot s}{t} = \frac{90000 \text{ N} \cdot 4 \text{ m}}{25 \text{ s}} = 14400$ W

Beispiel 2: Eine Welle hat bei einer Drehzahl von 180 1/min eine Leistung von 15 kW zu übertragen. Wie groß ist das Drehmoment?

Lösung: $M = \frac{9550 \cdot P}{n} = \frac{9550 \cdot 15 \text{ Nm}}{180} = 795,8$ Nm

Beispiel 3: Bremsdynamometer (Pronysche Zaumbremse)

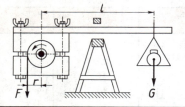

Zur Ermittlung der Nutzleistung eines Motors wird ein Bremsdynamometer von $l = 2,25$ m Hebellänge mit $G = 81$ N bei der Drehzahl $n = 30$ 1/s belastet, $P = ?$ kW.

Lösung: $P = M \cdot \omega = G \cdot l \cdot 2\pi \cdot n$
$P = 81$ N $\cdot$ 2,25 m $\cdot$ 2π $\cdot$ 30 1/s
$P = 34\,353$ Nm/s = 34,35 kW

2.2.6. Wirkungsgrad

Einzelmaschine

$\eta = \frac{P_{ab}}{P_{zu}}$

- η Wirkungsgrad
- P_{ab} abgegebene Leistung
- P_{zu} zugeführte Leistung

Zusammenschaltung (z. B. Motor und Pumpe)

$\eta_{ges} = \eta_1 \cdot \eta_2$

- η_{ges} Gesamtwirkungsgrad
- η_1 Wirkungsgrad Maschine 1 (z.B. Motor)
- η_2 Wirkungsgrad Maschine 2 (z.B. Pumpe)

Beispiel 1: $P_{ab} = 6,4$ kW, $P_{zu} = 7,6$ kW, $\eta = ?$

Lösung: $\eta = \frac{P_{ab}}{P_{zu}} = \frac{6,4 \text{ kW}}{7,6 \text{ kW}} = 0,842$

$\eta = 84,2\%$

Beispiel 2: Ein Motor mit dem Wirkungsgrad $\eta_1 = 80\%$ treibt eine Pumpe mit dem Wirkungsgrad $\eta_2 = 75\%$ an, $\eta_{ges} = ?\%$.

Lösung: $\eta_{ges} = \eta_1 \cdot \eta_2 = 0,8 \cdot 0,75 = 0,6$
$\eta_{ges} = 60\%$

Beispiel 3: Eine Pumpe fördert in einer Sekunde $Q = 0,15$ m³ Wasser bei einer Förderhöhe $h = 38$ m, Wirkungsgrad der Pumpe $\eta = 85\%$. Antriebsleistung $P = ?$ kW.

Lösung: $P_{zu} = \frac{P_{ab}}{\eta} = \frac{F \cdot h}{t \cdot \eta} = \frac{m \cdot g \cdot h}{t \cdot \eta}$

$P_{zu} = \frac{Q \cdot \varrho \cdot g \cdot h}{t \cdot \eta}$

$P_{zu} = \frac{0,15 \text{ m}^3 \cdot 1 \text{ kg} \cdot 9,81 \text{ m} \cdot 38 \text{ m}}{1 \text{ s} \cdot 0,85 \text{ dm}^3 \text{ s}^2}$

$P_{zu} = 65\,784$ W = 65,8 kW

2.2.7. Fördermenge der Kolbenpumpe

Bei einfachwirkenden Pumpen und $\eta = 0,82$

$Q = \frac{d^2 \cdot s \cdot n}{25\,000}$

Bei doppeltwirkenden Pumpen und $\eta = 0,85$

$Q = \frac{d^2 \cdot s \cdot n}{13\,000}$

- Q Fördermenge in m³/h
- d Kolbendurchmesser in cm
- s Kolbenhub in cm
- n Doppelhubzahl oder Drehfrequenz in 1/min

Wirkungsgrade η in %

Kolbenpumpen	80 ··· 90;	im Mittel 85
Flügelpumpen	70 ··· 80;	im Mittel 75
Rotationspumpen	60 ··· 75;	im Mittel 70
Zahnradpumpen	80 ··· 95;	im Mittel 90
Kreiselpumpen	67 ··· 75;	im Mittel 72

Beispiel: einfachwirkende Pumpe, $\eta = 0,82$, $d = 10$ cm, $s = 8$ cm, $n = 200$ 1/min, $Q = ?$ m³/h

Lösung: $Q = \frac{d^2 \cdot s \cdot n}{25\,000} = \frac{10^2 \cdot 8 \cdot 200}{25\,000} = 6,4$ m³/h

Die **größte Saughöhe** bei Pumpen beträgt praktisch etwa 6 bis 7 m.

2.2. Mechanik

2.2.8. Gleitreibung

Zur Überwindung des Widerstandes, der durch die Reibung zweier Körper aneinander entsteht, benötigt man eine Kraft, die sog. **Reibungskraft**. Diese ist bei Beginn der Bewegung am größten (Reibung der Ruhe); sie nimmt mit zunehmender Geschwindigkeit der aufeinander gleitenden Körper ab.

$F = \mu \cdot F_N$
$W = \mu \cdot F_N \cdot s$

F Reibungskraft in N
F_N Normalkraft (senkrecht zur Fläche) in N
W Reibungsarbeit in Nm
μ Reibungszahl
s Weg in m

Reibungszahlen

Werkstoffpaarung	μ trocken	μ geschmiert
Grußeisen auf Gußeisen		0,15
Stahl auf Stahl	0,15	0,11
Stahl auf Bronze	0,18	0,1
Gußeisen auf Bronze		0,12
Stahl auf Gußeisen	0,18	
Holz auf Holz	0,2 $\cdots$ 0,4	
Holz auf Metall	0,4 $\cdots$ 0,5	
Gummiriemen auf Grauguß	0,4 $\cdots$ 0,5	
Bremsbelag auf Stahl	0,5 $\cdots$ 0,6	

Gleitlager

$M = \mu \cdot F_N \cdot r$
$P = \mu \cdot F_N \cdot r \cdot 2\pi \cdot n$

M Reibungsmoment in Nm
μ Reibungszahl
F_N Normalkraft in N
r Hebelarmlänge (Radius) in m
n Drehfrequenz in 1/s
P Verlustleistung in W

2.2.9. Rollreibung

$F = \dfrac{F_N \cdot f}{r}$
$M = F_N \cdot f$
$P = F_N \cdot f \cdot 2\pi \cdot n$
$P = F \cdot r \cdot 2\pi \cdot n$

F Reibungskraft in N
f Reibungszahl der Rollreibung in cm
r Halbmesser in cm
P Verlustleistung in N cm/s
F_N Normalkraft in N
M Reibungsmoment in N cm
n Drehfrequenz in 1/s

Rollreibungszahlen für Stahl auf Stahl bei verschiedenen Geschwindigkeiten

v in km/h	10	25	50	75	100
f in cm	0,01	0,02	0,03	0,04	0,05

Beispiel: Stahlrad von $r = 40$ cm belastet mit $F_N = 5$ kN, $v = 100$ km/h, $F = ?$ N, $P = ?$ W

Lösung: $F = \dfrac{F_N \cdot f}{r} = \dfrac{5000 \text{ N} \cdot 0{,}05 \text{ cm}}{40 \text{ cm}} = 6{,}25$ N

$P = F \cdot v = 6{,}25 \text{ N} \cdot \dfrac{100 \text{ m}}{3{,}6 \text{ s}} = 173{,}6$ W

Kugel- und Rollenlager

$F = \mu_i \cdot F_N$
$P = \mu_i \cdot F_N \cdot 2\pi \cdot r_1 \cdot n$

F Reibkraft in N
μ_i ideelle Reibungszahl
r_1 Abstand von Mitte Welle bis Mitte Kugel oder Rolle
F_N Normalkraft in N
n Drehfrequenz in 1/s

In Gleit- und Kugellagern ist μ abhängig von der Belastung und Umfangsgeschwindigkeit der Welle. Für überschlägige Rechnung kann gesetzt werden:

Stahl in Weißmetall oder Bronze	gut geschmiert	$\mu = 0{,}02 \cdots 0{,}06$
	schlecht geschm.	$\mu = 0{,}08 \cdots 0{,}1$
Zapfen in Gußeisenlagern im Freien	Fettschmierung	$\mu = 0{,}1$
Kugel- u. Rollenlag.	gut geschmiert	$\mu_i = 0{,}001 \cdots 0{,}003$

Beispiel: Ein Lager ist bei $n = 180$ 1/min mit $F_N = 2$ kN belastet. Welche Leistung geht durch Reibung verloren a) bei einem Gleitlager, b) bei einem Kugellager?

Lösung: a) Gleitlager mit $\mu = 0{,}04$, Wellendurchmesser $d = 6$ cm

$P = \mu \cdot F_N \cdot r \cdot 2\pi \cdot n$
$P = 0{,}04 \cdot 2000 \text{ N} \cdot 0{,}03 \text{ m} \cdot 2\pi \cdot \dfrac{180}{60} \dfrac{1}{\text{s}} = 45{,}2$ W

b) Kugellager mit $\mu_i = 0{,}003$, Kugeldurchmesser $d = 1$ cm, Abstand von Mitte Welle bis Mitte Kugel $r_1 = 4$ cm

$P = \mu_i \cdot F_N \cdot 2\pi \cdot r_1 \cdot n$
$P = 0{,}003 \cdot 2000 \text{ N} \cdot 2\pi \cdot 0{,}04 \text{ cm} \cdot \dfrac{180}{60} \dfrac{1}{\text{s}} = 4{,}5$ W

Fahrzeuge

$F = \dfrac{M_g + M_r}{r}$

F Fortbewegungskraft in der Ebene in N
M_g Gleitreibungsmoment (in der Nabe) in Nm
M_r Rollreibungsmoment (des Rades) in Nm
r Radhalbmesser in m

Für überschlägige Berechnung

$F = \mu_1 \cdot F_N$

Werte μ_1 der Gesamttreibung für Straßenfahrzeuge und Eisenbahnen

	μ_1
Eisenbahngeleise (geringe Geschwindigkeit)	0,0025
Gute Asphaltstraße	0,010
Gutes Steinpflaster	0,018
Schlechtes Steinpflaster (Kopfsteinpflaster)	0,040
Gute Schotter-Landstraße	0,030
Schlechte, ausgefahrene Schotter-Landstraße (bei Regen)	0,050
Trockener, fester u. guter Erdweg	0,050
Gewöhnlicher Erdweg	0,100
Sandweg (loser Sand)	0,150
Gummibereifung auf Asphalt	0,021 $\cdots$ 0,031

Gesamttreibung eines Kahnes auf ruhigem Wasser bei geringer Geschwindigkeit etwa $\mu_1 = 0{,}0004$.

2.3. Festigkeitslehre

Die Festigkeit der Werkstoffe beruht auf der Kohäsionskraft (inneren Bindungskraft), welche die Moleküle des Stoffes (Stein, Mörtel, Stahl usw.) zusammenhält. Durch Einwirken äußerer Kräfte (Druck, Zug, Biegung, Abscherung, Drehung) auf einen Bauteil oder ein Werkstück (Mauer, Zugstange, Balken, Niet, Welle) entstehen innere Spannungen im Werkstück, welche die Bindungskraft der Moleküle schwächen oder zerstören.

Zug-, Druck- und Biegespannungen wirken senkrecht (normal) zum **gefährdeten Querschnitt** des Werkstücks. Man bezeichnet sie mit σ_z (sprich Sigma-Zug), σ_d (Sigma-Druck), σ_b (Sigma-Biegung).

Schub-, Scher-, Drehungs- oder Torsionsspannungen wirken im oder parallel zum gefährdeten Querschnitt. Man bezeichnet sie mit τ (sprich Tau) und nennt sie **Schub- oder Tangentialspannungen**.

Mit **Elastizität** bezeichnet man das Bestreben eines durch eine Kraft (Belastung) vorübergehend verformten (gebogenen) Körpers (Stab, Welle, Brücke), nach Aufhören der Kraftwirkung wieder in seine frühere Form und Lage zurückzukehren. Überschreitet die Beanspruchung die **Elastizitätsgrenze** des Werkstoffes, so kehren die Teilchen des Körpers nicht in ihre vorherige Form und Lage zurück; es tritt **dauernde Formänderung** ein.

Bau- und Maschinenteile dürfen weder bis zur Elastizitäts- noch bis zur **Bruchgrenze** beansprucht werden. Die **Bruchfestigkeiten** der einzelnen Baustoffe sind sehr verschieden groß und durch Versuche ermittelt worden. Das Verhältnis von zulässiger Beanspruchung zur Bruchbeanspruchung eines Werkstoffes nennt man **Sicherheitsbeiwert v**. Beträgt bei einem Werkstoff die Bruchbeanspruchung 400 N/mm², die zulässige Beanspruchung 80 N/mm² des Werkstoffquerschnittes, so ist dem nach der Sicherheitsbeiwert $v = 80:400 = 1:5$; die Sicherheit ist 5fach.

Bei Bauten (Gebäuden, Brücken) befinden sich die auftretenden Kräfte im Gleichgewicht, z.B. Mauergewicht = Gegendruck des Fundaments (Stützdruck). Die Teile sind **statisch** beansprucht.

Im Maschinenbau dagegen (z.B. Kolbenstange) wirken wechselnde Kräfte in Bewegung. Die Teile werden **dynamisch** beansprucht. Bei dynamischer Beanspruchung ist nur eine geringere Beanspruchung σ bzw. τ zulässig; die Sicherheit muß also größer sein als bei statischer Beanspruchung.

2.3.1. Zugfestigkeit

Die äußeren Kräfte wirken in der Längsrichtung des Körpers und suchen ihn zu strecken oder zu zerreißen; es treten **Zugspannungen** auf. Zum Beispiel: Zugstange, Seil, Kette.

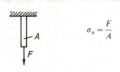

$$\sigma_z = \frac{F}{A}$$

σ_z Zugspannung in N/mm²
F Kraft in N
A Querschnitt in mm²

Beispiel: Die runde Zugstange eines Dachbinders aus Baustahl mit $\sigma_z = 140$ N/mm² hat $F = 150$ kN zu übertragen. Welcher Durchmesser d ist erforderlich?

Lösung:
$$A = \frac{F}{\sigma_z} = \frac{150\,000 \text{ N}}{140 \text{ N/mm}^2} = 1071{,}4 \text{ mm}^2$$

$$d = \sqrt{\frac{4 \cdot A}{\pi}} = \sqrt{\frac{4 \cdot 1071{,}4 \text{ mm}^2}{\pi}} = 36{,}9 \text{ mm}$$

2.3.2. Druckfestigkeit

Die äußeren Kräfte wirken in der Längsrichtung des Körpers und suchen ihn zu zerdrücken; es treten **Druckspannungen** auf (Fundament, Pfeiler, Säule, Pfosten, Tragfüße).

$$\sigma_d = \frac{F}{A}$$

σ_d Druckspannung in N/mm²
F Kraft in N
A Querschnitt in mm²

Beispiel 1: $F = 100$ kN, $\sigma_d = 510$ N/mm², $A = ?$ mm²
Lösung:
$$A = \frac{F}{\sigma_d} = \frac{100\,000 \text{ N}}{510 \text{ N/mm}^2} = 196 \text{ mm}^2$$

Beispiel 2: Eine Hohlsäule mit einem Außendurchmesser von $D = 100$ mm und einem Innendurchmesser von $d = 80$ mm trägt $F = 85$ kN. Welche Druckbeanspruchung tritt auf?

Lösung:
$$\sigma_d = \frac{F}{A} = \frac{F}{\frac{\pi}{4}(D^2 - d^2)} = \frac{85\,000 \text{ N}}{\frac{\pi}{4}(100^2 - 80^2) \text{ mm}^2}$$

$\sigma_d = 30{,}06$ N/mm²

2.3.3. Schub- oder Scherfestigkeit

Die äußeren Kräfte haben das Bestreben, zwei benachbarte Querschnitte eines Körpers gegeneinander zu verschieben. Es treten Schub- oder Scherspannungen auf.

$$\tau_a = \frac{F}{A}$$

τ_a Schub- oder Scherspannung in N/mm²
F Kraft in N
A Querschnitt in mm²

Beispiel 1: $F = 6000$ N, $A = 500$ mm², $\tau_a = ?$ N/mm²
Lösung:
$$\tau_a = \frac{F}{A} = \frac{6000 \text{ N}}{500 \text{ mm}^2} = 12 \text{ N/mm}^2$$

Beispiel 2: Aus einem Blech von $t = 8$ mm Dicke mit $\tau_a = 380$ N/mm² sollen Löcher von $d = 20$ mm Durchmesser ausgestanzt werden. Welche Kraft ist erforderlich?

Lösung: Die abzuscherende Fläche ist ein Zylindermantel.
$A = d \cdot \pi \cdot t = 20 \text{ mm} \cdot \pi \cdot 8 \text{ mm} = 502{,}7 \text{ mm}^2$
$F = \tau_a \cdot A = 380 \text{ N/mm}^2 \cdot 507{,}2 \text{ mm}^2 = 191 \text{ kN}$

2.3. Festigkeitslehre

Niet- und Schraubenverbindungen

Es gibt ein-, zwei- und mehrschnittige Verbindungen (s. nebenst. Abb.). Einschnittige Verbindungen eignen sich nur für die Übertragung kleinerer Kräfte. Bei der Berechnung ist außer der Abscherung noch der Lochleibungsdruck zu berücksichtigen. Für die Nietanzahl ist der kleinere Wert maßgebend.

Die Tragfähigkeit F_a auf Abscheren und F_1 auf Lochleibungsdruck beträgt:

$$F_{a1} = \frac{\pi \cdot d^2 \cdot \tau_{a\,zul}}{4} \text{ (einschnittig)}$$

$$F_{a2} = 2\,\frac{\pi \cdot d^2 \cdot \tau_{a\,zul}}{4} \text{ (zweischnittig)}$$

$$F_1 = d \cdot \sigma_{l\,zul}$$

F_{a1}, F_{a2}, F_1 Kräfte in N
d Nietdurchmesser in mm
$\tau_{a\,zul}$ zulässige Scherspannung in N/mm²
s Blechdicke in mm
$\sigma_{l\,zul}$ zulässige Normalspannung in N/mm²

Im allgemeinen sind einschnittige Verbindungen auf Abscheren und zweischnittige auf Lochleibungsdruck zu berechnen. Bei Kraftniete mind. 2 Stück vorsehen.

Beispiel: Ein Stück Flachstahl ist durch 4 Niete an ein Blech angeschlossen. Zu übertragende Zugkraft $F = 4200$ N. $\tau_a = 140$ N/mm².
Gesucht: Nietdurchmesser d.

Lösung: $A = \frac{F}{\tau_a} = \frac{4200\,\text{N}}{140\,\text{N/mm}^2}$
$= 30$ mm² für 4 Niete, demnach für 1 Niet $= 30$ mm² : 4 $= 7{,}5$ mm². Der erforderliche Nietdurchmesser ist 10 mm, Nietlochdurchmesser $= 11$ mm.

2.3.4. Biegefestigkeit

Druckspannung
Zugspannung

Die Kraft F erzeugt in dem Körper ein **Biegemoment**. In seinem oberen Teil entstehen Druckspannungen, in seinem unteren Zugspannungen.

Berechnung der Auflagerkräfte

Wird ein auf 2 Stützen ruhender Träger oder Balken durch eine oder mehrere Kräfte ungleichmäßig beansprucht, so werden sich diese Kräfte auf die beiden Auflager A und B entsprechend verteilen.

Bei einer Einzelkraft ergibt sich folgende Berechnung:

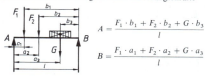

$$A = \frac{F \cdot b}{l} \quad \text{oder} \quad B = \frac{F \cdot a}{l}$$

Beispiel: $F = 30$ kN;
$l = 5{,}00$ m;
$a = 2{,}00$ m;
$b = 3{,}00$ m.

Lösung: $A = \frac{F \cdot b}{l} = \frac{30\,\text{kN} \cdot 300\,\text{cm}}{500\,\text{cm}} = 18$ kN

$$B = \frac{F \cdot a}{l} = \frac{30\,\text{kN} \cdot 2\,\text{m}}{5\,\text{m}} = 12\,\text{kN}$$

Berechnung des größten Biegemoments M_{max}

Das größte Moment befindet sich im Angriffspunkt der Last F.

$M_{max} = A \cdot a$. Für A wird $\frac{F \cdot b}{l}$ eingesetzt.

$$M_{max} = \frac{F \cdot b \cdot a}{l} = \frac{30\,\text{kN} \cdot 3\,\text{m} \cdot 2\,\text{m}}{5\,\text{m}} = 36\,\text{kNm}$$

Berechnung des größten Widerstandsmomentes W

Gegeben: zulässige Biegebeanspruchung
$\sigma_B = 140$ N/mm² (Baustahl)

Grundformel: $W = \frac{M_{max}}{\sigma_B} = \frac{3600\,\text{kN cm}}{14\,\text{kN/cm}^2} = 257\,\text{cm}^3$.

Gewählt wird I 220 mit $W_x = 278$ cm³ (s. S. 2-13).

Bei mehreren Kräften ergeben sich die Auflagerkräfte

$$A = \frac{F_1 \cdot b_1 + F_2 \cdot b_2 + G \cdot b_3}{l}$$

$$B = \frac{F_1 \cdot a_1 + F_2 \cdot a_2 + G \cdot a_3}{l}$$

Bemerkung: Bei kürzeren Streckenlasten (G) wird eine gleich große Einzellast in der Mitte der Streckenlast angreifend angenommen.

Zeichnerische Ermittlung von A, B und der Lage des gefährdeten Querschnitts.

Gegeben: $F_1 = 2000$ N; $F_2 = 4650$ N; $F_2 = 2300$ N;
$a_1 = 2$ m; $a_2 = 4{,}50$ m; $a_3 = 8{,}70$ m; $l = 12$ m.

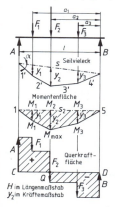

Lösung: Zeichne den Träger im Maßstab 1:500, die Kräfte im Kräftemaßstab 1 mm ≙ 500 N. Vom beliebigen Polpunkt 0 ziehe 1, 2, 3, 4 im beliebigen Polabstand H (Kräfteviereck). Durch Parallelverschiebung von 1, 2, 3, 4 in Lage 1′, 2′, 3′, 4′ mit Schlußlinie s erhält man d. Seilvieleck. Überträgt man Richtung $s \parallel s_1$ in das Kräftevieleck, so teilt s_1 die Kraft $F_1 + F_2 + F_3$ in Auflagerkräfte A und B (je 1 mm ≙ 500 N). Legt man s_3 als Schlußlinie waagerecht, so erhält man die **Momentenfläche**. Die **Querkraftfläche** zeigt die Verteilung aller senkrecht zur Längsachse des Trägers wirkenden Kräfte (Querkräfte). Der gefährdete Querschnitt liegt dort, wo die Querkraft gleich Null ist, bzw. ihr Vorzeichen ändert (Punkt Q).

Rechnerisch: $M_{max} = H \cdot y_2 \cdot$ (H im Längenmaßstab, y_2 im Kräftemaßstab).

2.3. Festigkeitslehre

Belastungsfälle (Biegefestigkeit [1])

Belastungsfall	Auflagerkräfte A und B / Widerstandsmomente W / Durchbiegung f	Belastungsfall	Auflagerkräfte A und B / Widerstandsmomente W / Durchbiegung f
1.	$A = F$; $W = \dfrac{F \cdot l}{\sigma_b}$; $f = \dfrac{F \cdot l^3}{3E \cdot I}$	10.	$F = \dfrac{W \cdot \sigma_b}{a}$; $W = \dfrac{F \cdot a}{\sigma_b}$; $f = \dfrac{F \cdot a(8a^2 + 12ab + 3b^2)}{24 E \cdot I}$; $A = B = F$
2.	$A = F$; $W = \dfrac{F \cdot a}{\sigma_b}$; $f = \dfrac{F \cdot a^3}{3E \cdot I}$	11.	$A = \dfrac{F_1 \cdot e + F_2 \cdot c}{l}$; $W_1 = \dfrac{A \cdot a}{\sigma_b}$; $B = \dfrac{F_1 \cdot a + F_2 \cdot d}{l}$; $W_2 = \dfrac{B \cdot c}{\sigma_b}$; $f = \dfrac{(F_1 \cdot a + F_2 \cdot c) \cdot (x)}{48 \cdot E \cdot I}$; Das größte W ist zu berücksichtigen ; $(x) = (8ac + 6ab + 6bc + 3b^2)$
3.	$A = F$; $W = \dfrac{F \cdot l}{2 \sigma_b}$; $f = \dfrac{F \cdot l^3}{8 E \cdot I}$	12.	$A = B = F_1$; $W = \dfrac{F_1 \cdot a}{\sigma_b}$
4.	$A = F + F_1 + F_2$; $W = \dfrac{F \cdot l + F_1 \cdot l_1 + F_2 \cdot l_2}{\sigma_b}$; $f = \dfrac{F \cdot l^3 + F_1 \cdot l_1^2 \cdot l + F_2 \cdot l_2^2 \cdot l}{3 E \cdot I}$	13.	$A = B = \dfrac{F}{2} + F_1$; $W = \dfrac{F \cdot l + 8 F_1 \cdot a}{8 \cdot \sigma_b}$
5.	$A = B = \dfrac{F}{2}$; $W = \dfrac{F \cdot l}{4 \sigma_b}$; $f = \dfrac{F \cdot l^3}{48 E \cdot I}$	14.	$A = \dfrac{F_1 \cdot (0{,}5a + b + c) + F_2 \cdot 0{,}5c}{l}$; $B = \dfrac{F_1 \cdot 0{,}5a + F_2 \cdot (a + b + 0{,}5c)}{l}$; $W_1 = \dfrac{A^2 \cdot a}{2 \cdot F_1 \cdot \sigma_b}$; $W_2 = \dfrac{B^2 \cdot c}{2 \cdot F_2 \cdot \sigma_b}$
6.	$A = B = \dfrac{F}{2}$; $W = \dfrac{F \cdot l}{8 \sigma_b}$; $f = \dfrac{5 F \cdot l^3}{384 E \cdot I}$		
7.	Eingespannter Träger: $A = B = \dfrac{F}{2}$; $W = \dfrac{F \cdot l}{12 \sigma_b}$; $f = \dfrac{F \cdot l^3}{384 E \cdot I}$	15.	Treppen-Wangenträger: $A = B = \dfrac{F}{2}$ bis 30° Steigung ; $W = \dfrac{F \cdot l}{8 \cdot \sigma_b}$ (angenähert)
8.	$A = B = \dfrac{F}{2}$; $W = \dfrac{F \cdot (2l - m)}{8 \cdot \sigma_b}$; $f = \dfrac{F \cdot l^3}{\left(48 + \dfrac{29 m}{l}\right) \cdot E \cdot I}$	16. Kranleistträger a unveränderlich; x veränderlich zwischen 0 u. ½ l	Auflagerkräfte für $x = \dfrac{a}{4}$; $A = F_1 \cdot \dfrac{2l + a}{2l}$; $B = F_1 \cdot \dfrac{2l - a}{2l}$; $M_{max} = \dfrac{F_1}{8 l} \cdot (2l - a)^2$
9.	$A = \dfrac{F \cdot b}{l}$; $B = \dfrac{F \cdot a}{l}$; $W = \dfrac{F \cdot a \cdot b}{l \cdot \sigma_b}$; $f = \dfrac{F \cdot a^2 \cdot b^2}{3 E \cdot I \cdot l}$		

f Durchbiegung in cm
l Stützweite in cm (bei $l > 7$ m ist f nachzurechnen: gefordert $f < l/500$)
W Widerstandsmoment in cm³
σ_b zulässige Spannung in N/mm²
M_b Biegemoment in Ncm
F, F_1, F_2 Einzellasten und gleichmäßig verteilte Lasten (Streckenlasten) in N
A, B Auflagerkräfte in N
I Trägheitsmoment in cm⁴ (s. S. 2-13)
E Elastizitätsmodul in N/mm² (s. S. 2-13)

Beispiel: Ein I-Träger ($\sigma_b = 80$ N/mm²) ist mit $F = 10$ kN belastet als Freiträger mit 3 m Ausladung (Abb. 1).
Gesucht: Profilgröße des I-Stahls und Durchbiegung f.

Lösung: $W = \dfrac{F \cdot l}{\sigma_b} = \dfrac{10 \text{ kN} \cdot 300 \text{ cm}}{8 \text{ kN/cm}^2} = 375 \text{ cm}^3$.

Es wird gewählt I 260 mit $W_x = 442$ cm³.

$f = \dfrac{F \cdot l^3}{3 \cdot E \cdot I} = \dfrac{10 \text{ kN} \cdot 300^3 \text{ cm}^3}{3 \cdot 21\,000 \text{ kN/cm}^2 \cdot 5740 \text{ cm}^4}$

$f = 0{,}747$ cm $\approx 7{,}5$ mm

Trägheitsmoment I und Elastizitätsmodul E siehe Seite 2-13.

---

[1]) Bei Stahlträgern $l > 7$ m wird der Nachweis der Durchbiegung $f < 0{,}002 \, l$ gefordert.

2.3. Festigkeitslehre

Warmgewalzte schmale I-Träger nach DIN 1025 (10.63)

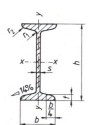

Bezeichnungsbeispiel: **I 240 DIN 1025, St 360**

bedeutet:
- I-Träger
- $h = 240$ mm
- Profilgrößen nach DIN 1025
- Stahlsorte St 360 gemäß DIN 17100

Es bedeuten:

I Trägheitsmoment
W Widerstandsmoment   } bezogen auf die zugehörige Biegeachse
$i = \sqrt{I/A}$ Trägheitshalbmesser

Kurz-zeichen I	Abmessungen						Quer-schnitt	Masse	Für die Biegeachse					
									$x - x$			$y - y$		
	h mm	b mm	s mm	t mm	r_1 mm	r_2 mm	A cm²	m kg/m	I_x cm⁴	W_x cm³	i_x cm	I_y cm⁴	W_y cm³	i_y cm
80	80	42	3,9	5,9	3,9	2,3	7,57	5,94	77,8	19,5	3,20	6,29	3,00	0,91
100	100	50	4,5	6,8	4,5	2,7	10,6	8,34	171	34,2	4,01	12,2	4,88	1,07
120	120	58	5,1	7,7	5,1	3,1	14,2	11,1	328	54,7	4,81	21,5	7,41	1,23
140	140	66	5,7	8,6	5,7	3,4	18,2	14,3	573	81,9	5,61	35,2	10,7	1,40
160	160	74	6,3	9,5	6,3	3,8	22,8	17,9	935	117	6,40	54,7	14,8	1,55
180	180	82	6,9	10,4	6,9	4,1	27,9	21,9	1450	161	7,20	81,3	19,8	1,71
200	200	90	7,5	11,3	7,5	4,5	33,4	26,2	2140	214	8,00	117	26,0	1,87
220	220	98	8,1	12,2	8,1	4,9	39,5	31,1	3060	278	8,80	162	33,1	2,02
240	240	106	8,7	13,1	8,7	5,2	46,1	36,2	4250	354	9,59	221	41,7	2,20
260	260	113	9,4	14,1	9,4	5,6	53,3	41,9	5740	442	10,4	288	51,0	2,32
280	280	119	10,1	15,2	10,1	6,1	61,0	47,9	7590	542	11,1	364	61,2	2,45
300	300	125	10,8	16,2	10,8	6,5	69,0	54,2	9800	653	11,9	451	72,2	2,56
320	320	131	11,5	17,3	11,5	6,9	77,7	61,0	12510	782	12,7	555	84,7	2,67
340	340	137	12,2	18,3	12,2	7,3	86,7	68,0	15700	923	13,5	674	98,4	2,80
360	360	143	13,0	19,5	13,0	7,8	97,0	76,1	19610	1090	14,2	818	114	2,90
380	380	149	13,7	20,5	13,7	8,2	107	84,0	24010	1260	15,0	975	131	3,02
400	400	155	14,4	21,6	14,4	8,6	118	92,4	29210	1460	15,7	1160	149	3,13
425	425	163	15,3	23,0	15,3	9,2	132	104	36970	1740	16,7	1440	176	3,30
450	450	170	16,2	24,3	16,2	9,7	147	115	45850	2040	17,7	1730	203	3,43
475	475	178	17,1	25,6	17,1	10,3	163	128	56480	2380	18,6	2090	235	3,60
500	500	185	18,0	27,0	18,0	10,8	179	141	68740	2750	19,6	2480	268	3,72
550	550	200	19,0	30,0	19,0	11,9	212	166	99180	3610	21,6	3490	349	4,02
600	600	215	21,6	32,4	21,6	13,0	254	199	139000	4630	23,4	4670	434	4,30

I-Träger werden in Längen zwischen 4000 mm und 15000 mm hergestellt.

Elastizitätsmodul bei Raumtemperatur

Werkstoff	E N/mm²	Werkstoff	E N/mm²
Gußeisen		Kupfer	
GG-10	~ 75 000	E-Cu geglüht	~ 115 000
GG-25	~ 120 000	E-Cu gezogen	~ 125 000
Temperguß			
GTW, GTS	~ 170 000	Bronze	~ 116 000
Stahl		Holz	
C-, Cr-, Si-, Mn-Stahl	210 000	Eiche, Buche	
Ni-Stahl		parallel zur Faser	12 500
Ni $\geq$ 5%	203 000 ··· 205 000	senkrecht zur Faser	600
Ni $\geq$ 25%	180 000	Europäische Nadelhölzer	
Magnesiumlegierungen MgAl	40 000 ··· 45 000	parallel zur Faser	10 000
Aluminiumlegierungen		senkrecht zur Faser	300
Rein-Al	70 000	Brettschichtholz, verleimt	
AlSiMg	68 000 ··· 72 000	parallel zur Faser	11 000
AlCuMg	72 000 ··· 74 000	senkrecht zur Faser	300

2.3. Festigkeitslehre

2.3.5. Verdrehfestigkeit

Versucht man einen Stab a um seine Längsachse zu verdrehen, so entsteht in ihm eine **Drehbeanspruchung**.
Beispiele: Kurbelwelle, Vorgelegewelle, Spindeln usw.

$T = F \cdot r$

$\tau_t = \dfrac{T}{W}$

T Torsionsmoment in Ncm
F Kraft in N
r Hebelarmlänge in cm
τ_t Schubspannung (Verdrehspannung) in N/cm²
W Widerstandsmoment in cm³

Beispiel: Welle mit $n = 200 \text{ 1/min}$, $P = 15 \text{ kW}$, $\tau_{t\,zul} = 1200 \text{ N/cm}^2$, Wellendurchmesser $d = ?$ cm

Lösung: $T = \dfrac{P}{\omega} = \dfrac{P}{2\pi \cdot n} = \dfrac{15000 \text{ W} \cdot 60 \text{ s}}{2\pi \cdot 200} = 716 \text{ Nm}$

Nach untenstehender Tabelle ist für einen runden Querschnitt

$T = \dfrac{d^3 \cdot \tau_{t\,zul}}{5}$

$d = \sqrt[3]{\dfrac{5 \cdot T}{\tau_{t\,zul}}} = \sqrt[3]{\dfrac{5 \cdot 71\,600 \text{ Ncm}}{1200 \text{ N/cm}^2}} = 6{,}68 \text{ cm}$

2.3.6. Zusammengesetzte Festigkeit

Durch Addition können nur Normalbeanspruchungen (Zug, Druck, Biegung) oder nur Schubbeanspruchungen (Abscherung, Verdrehung) zusammengesetzt werden. Die zusammengesetzte Spannung σ_i bzw. τ_i ist also bei **Zug und Biegung** $\sigma_i = \sigma_z + \sigma_b$ bei **Abscherung und Verdrehung** $\tau_i = \tau_a + \tau_t$.

Zur genaueren Ermittlung eines auf **Drehung und Biegung** beanspruchten Stabquerschnittes dient folgende Formel: Das gesamte Moment [1] ist

$$M_i = 0{,}35\, M_b + 0{,}65 \sqrt{M_b^2 + \left[\dfrac{\sigma_b}{1{,}3\, \tau_t} \cdot T\right]^2}$$

Ist M_i berechnet, so erhält man das erforderliche Widerstandsmoment $W = \dfrac{M_i}{\sigma_b}$. Aus W ist mit Hilfe der folgenden Tabelle der Querschnitt zu ermitteln.

Trägheitsmomente I, Widerstandsmomente W und zulässige Torsionsmomente T

Querschnitt	I in cm⁴	W in cm³	T in Ncm	Querschnitt	I in cm⁴	W in cm³	T in Ncm
Rechteck $b \times h$	$\dfrac{b \cdot h^3}{12}$	$\dfrac{b \cdot h^2}{6}$	$\left(\dfrac{26 b}{125} + \dfrac{h}{52}\right) \cdot h \cdot b \cdot \tau_{t\,zul}$ bei $h:b < 5:1$	Kreis d	$\dfrac{d^4}{145}$	$\dfrac{d^3}{42}$	$\dfrac{d^3 \cdot \tau_{t\,zul}}{10}$
Quadrat h	$\dfrac{h^4}{12}$	$\dfrac{h^3}{6}$	$0{,}209\, h^3 \cdot \tau_{t\,zul}$	Kreis d	$\dfrac{d^4}{20}$	$\dfrac{d^3}{10}$	$\dfrac{d^3 \cdot \tau_{t\,zul}}{5}$
Quadrat (gedreht)	$\dfrac{h^4}{12}$	$\dfrac{2 \cdot h^3}{17}$	$0{,}209\, h^3 \cdot \tau_{t\,zul}$ od. $0{,}118\, h^3$	Hohlkreis D, d	$\dfrac{D^4 - d^4}{20}$	$\dfrac{D^4 - d^4}{10 \cdot D}$	$\dfrac{(D^4 - d^4)\, \tau_{t\,zul}}{5D}$
Sechseck s	$\dfrac{13 \cdot s^4}{24}$ od. $0{,}542\, s^4$	$\dfrac{5 \cdot s^3}{8}$ od. $0{,}625\, s^3$	$\dfrac{5 \cdot s^3 \cdot \tau_{t\,zul}}{4}$	Ellipse D, d	$\dfrac{D^3 \cdot d}{20}$	$\dfrac{D^2 \cdot d}{10}$	$\dfrac{D \cdot d^2 \cdot \tau_{t\,zul}}{5}$
Sechseck (gedreht)	$\dfrac{13 \cdot s^4}{24}$ od. $0{,}542\, s^4$	$\dfrac{13 \cdot s^3}{24}$ od. $0{,}542\, s^3$	$\dfrac{5 \cdot s^3 \cdot \tau_{t\,zul}}{4}$	Hohlrechteck	$\dfrac{b}{12}(H^3 - h^3)$	$\dfrac{b(H^3 - h^3)}{6H}$	
I-/T-Profil	$I = \dfrac{BH^3 + bh^3}{12}$	$W = \dfrac{BH^3 + bh^3}{6H}$		U-Profil	$I = \dfrac{BH^3 - bh^3}{12}$	$W = \dfrac{BH^3 - bh^3}{6H}$	

2.3.7. Einfluß der Wärme auf Festigkeit

Stahl erwärmt auf

−20 °C	+20 °C	100 °C	200 °C	300 °C	400 °C	500 °C	600 °C
\multicolumn{8}{c}{Zugfestigkeit (Bruchfestigkeit) σ_z in N/mm²}							
410	385	395	510	475	330	190	107

Gußeisen, erwärmt auf 300 bis 350 °C, erleidet Gefügeumwandlung; wird ersetzt durch Stahlguß.

Kupfer erwärmt auf 120 °C: zulässig $\sigma_z = 22 \text{ N/mm}^2$. Für je 20 °C höher ist σ_z 1 N/mm² niedriger zu wählen.

Beispiel: In überhitztem Dampf von 300 °C darf Kupfer mit $\dfrac{300 - 120}{20} \cdot 1 \text{ N} = 9 \text{ N}$ weniger, also mit $(22 - 9) \text{ N/mm}^2 = 13 \text{ N/mm}^2$, belastet werden.

---

[1] oder nach der Theorie der Hauptschubspannungen: $M_i = \sqrt{M_b^3 + \left[\dfrac{\sigma_b}{1{,}3\, \tau_t} \cdot T\right]^2}$

2.4. Wärmetechnische Grundlagen

2.4.1. Temperatur

Den Wärmezustand eines Stoffes kennzeichnet die Temperatur (T, t, ϑ). Einheiten der Temperatur sind Kelvin (K) und Grad Celsius (°C), in Ländern mit englischem Maßsystem auch Grad Fahrenheit (°F).

Umrechnungen:

$T = 273 + t_C$ T Temperatur in K
$t_C = \frac{5}{9} \cdot (t_F - 32)$ t_C Temperatur in °C
$t_F = \frac{9}{5} \cdot t_C + 32$ t_F Temperatur in °F

1. Beispiel: 2. Beispiel: $t_F = 77\,°F$ $t_C = ?\,°C$
$t_C = 20\,°C$ $T = ?\,K$ Lösung: $t_C = \frac{5}{9} \cdot (t_F - 32)$

Lösung:
$T = 273 + t_C$
$T = 273 + 20\,°C$ $t_C = \frac{5}{9} \cdot (77\,°F - 32)$
$T = 293\,K$ $t_C = \frac{5}{9} \cdot 45\,°C$
   $t_C = 25\,°C$

Temperaturmessung [1]

Meßgerät bzw. -verfahren	Anwendungs- bereich °C	Grundprinzip
Pentanthermometer	$-190 \cdots +20$	Wärme dehnt Flüssigkeit, deren Stand in einem engen Rohr zeigt Temperatur
Alkoholthermometer	$-110 \cdots +50$	
Quecksilberthermometer	$-30 \cdots 750$	
Bimetallthermometer	$-30 \cdots 400$	Unterschiedliche Längenausdehnung bei Erwärmung verschied. Metalle
Stabausdehnungsthermometer	bis ≈ 1000	
Elektrische Widerstandsthermometer	bis 750	ΔT bewirkt ΔR und damit ΔI
Thermoelemente	$-200 \cdots 1600$	Kontaktspann.
Strahlungspyrometer	$-40 \cdots 1300$	Wärmestrahlung wirkt auf Fotoelemente
Temperaturmeßfarben	$-40 \cdots 1350$	Farbumschlag zeigt Temp. an
Temperaturkennkörper Segerkegel	$+100 \cdots 1600$ bis 2000	Metall- bzw. Keramikkörper schmelzen bei best. Temp.

Thermoelement-Spannungen in μV bei 0 °C
Bezugstemperatur nach DIN IEC 584 T 1 (1.84)

Meßtemperatur °C	Typ R	Typ J	Typ K	Typ T	Typ E
-100		-4632	-3553	-3378	-5237
-50	-226	-2431	-1889	-1819	-2787
0	0	0	0	0	0
100	647	5268	4095	4277	6317
200	1468	10777	8137	9286	13419
300	2400	16325	12207	14860	21033
400	3407	21846	16395	20869	28943
500	4471	27388	20640		36999
600	5582	33096	24902		45085
700	6741	39130	29128		53110
800	7949	45498	33277		61022
1000	10503	57942	41269		76358
1300	14624		52398		
1600	18842				

Typ R: Platin-13% Rhodium/Platin; **Typ J:** Eisen/Kupfer-Nickel; **Typ K:** Nickel-Chrom/Nickel; **Typ T:** Kupfer/Kupfer-Nickel; **Typ E:** Nickel-Chrom/Kupfer-Nickel.[2]

2.4.2. Wärmemenge

Ein Maß für die in einem Körper enthaltene Wärme (Energie) ist die **Wärmemenge** Q. Ihre Einheit ist das Joule (J). 4186,8 J ist die Wärmemenge, die 1 Liter Wasser um 1 K erwärmt (genau von 14,5 °C auf 15,5 °C).

Die **spezifische Wärmekapazität** c ist die Wärmemenge, die 1 kg eines Stoffes um 1 K erwärmt. Einheit von c ist J/(kg · K).

Die **spezifische Schmelzwärme** L_f ist die Wärmemenge, die 1 kg eines Stoffes bei Schmelztemperatur vom festen in den flüssigen Zustand überführt; sie wird beim Erstarren des Stoffes wieder frei. Einheit von L_f ist J/kg.

Die **spezifische Verdampfungswärme** L_V ist die Wärmemenge, die 1 kg eines Stoffes bei Verdampfungstemperatur vom flüssigen in den dampfförmigen Zustand überführt wird; sie wird beim Verflüssigen (Kondensieren) des Stoffes wieder frei. Einheit von L_V ist J/kg.

$Q = m \cdot c \cdot \Delta t$

Q Wärmemenge in J
m Masse, Stoffmenge in kg
c spezifische Wärmekapazität in J/(kg · K)
Δt Temperaturunterschied in K

Beispiel:
$\Delta t = 200\,K$
$m = 50\,kg$
$c = 389,3\,J/(kg \cdot K)$
$Q = ?\,J$

Lösung: $Q = m \cdot c \cdot \Delta t = 50\,kg \cdot 389,3\,\frac{J}{kg \cdot K} \cdot 200\,K$

$Q = 3,893 \cdot 10^6\,J$

Mischtemperatur von Flüssigkeiten

$$t = \frac{m_1 \cdot c_1 \cdot t_1 + m_2 \cdot c_2 \cdot t_2}{m_1 \cdot c_1 + m_2 \cdot c_2}$$

Beispiel:
$m_1 = 0,5\,kg$ Alkohol
$t_1 = 10\,°C$
$m_2 = 1\,kg$ Wasser
$t_2 = 30\,°C$

m_1 Menge Stoff 1 in kg
m_2 Menge Stoff 2 in kg
t_1 Temperatur Stoff 1 vor dem Mischen
t_2 Temperatur Stoff 2 vor dem Mischen
c_1 spezifische Wärmekapazität von Stoff 1
c_2 spezifische Wärmekapazität von Stoff 2
t Temperatur nach dem Mischen

spezifische Wärmekapazitäten können der Tabelle (S. 2-16) entnommen werden

Lösung:

$$t = \frac{0,5\,kg \cdot 2,428\,\frac{kJ}{kg\,K} \cdot 10\,K + 1\,kg \cdot 4,187\,\frac{kJ}{kg\,K} \cdot 30\,K}{0,5\,kg \cdot 2,428\,\frac{kJ}{kg\,K} + 1\,kg \cdot 4,187\,\frac{kJ}{kg\,K}}$$

$$t = \frac{12,14\,kJ + 125,6\,kJ}{1,214\,\frac{kJ}{K} + 4,187\,\frac{kJ}{K}} = \frac{137,7\,kJ}{5,4\,kJ}\,K$$

$t = 25,5\,°C$

Erwärmen eines Stoffes und Überführen vom festen in den dampfförmigen Zustand

$Q = m \cdot c \cdot \Delta t + m \cdot L_f + m \cdot L_V$

Q Wärmemenge in J
m Stoffmasse in kg
c spez. Wärmekapazität
L_f Schmelzwärme
L_V Verdampfungswärme
Δt Temperaturunterschied

Beispiel:
1 kg Eis von 0 °C in Wasserdampf von 100 °C umwandeln (bei 1013 mbar)

Lösung:
$$Q = 1\,kg \cdot 4,18\,\frac{kJ}{kg\,K} \cdot 100\,K + 1\,kg \cdot 333,7\,\frac{kJ}{kg} + 1\,kg \cdot 2258\,\frac{kJ}{kg}$$

$Q = 418\,kJ + 333,7\,kJ + 2258\,kJ$
$Q = 3,01 \cdot 10^6\,J$

---

[1] Siehe dazu auch S. 9-19 bis 9-21.
[2] **Typ S:** Platin-10% Rhodium/Platin und **Typ B:** Platin-30% Rhodium/Platin-6% Rhodium siehe DIN IEC 584 Teil 1.

2.4. Wärmetechnische Grundlagen

Wärmeeigenschaften von Stoffen
(spezifische Wärmekapazität c, Schmelzwärme L_f, Verdampfungswärme L_v bei 1013 mbar)

Stoff	c $\frac{kJ}{kg \cdot K}$	Schmelzpunkt °C	L_f $\frac{kJ}{kg}$	Siedepunkt °C	L_v $\frac{kJ}{kg}$
Aluminium	0,896	658	355,9	2200	11723
Blei	0,130	327	23,86	1700	921,1
Eisen (rein)	0,440	1530	272,1	2800	6364
Gold	0,130	1060	66,99	2700	1758
Graphit	0,712	≈3600	16750	4200	50242
Konstantan	0,410	≈1280			
Kupfer	0,381	1080	209,3	2400	4647
Messing	0,389	≈ 900	167,5		
Nickel	0,452	1450	293,1	3000	6196
Platin	0,134	1770	113,0	3800	2512
Silber	0,234	961	104,7	2000	2177
Silizium	0,741	1410	141,5	2350	14068
Wolfram	0,134	3380	191,8	6000	4815
Zinn	0,230	232	58,62	2300	2596
Alkohol	2,428	−114	104,7	78,3	858
Benzol	1,738	5,5	127,3	80,1	389
Maschinenöl	1,675				
Quecksilber	0,138	− 38,9	11,72	356,7	301
Schwefelsäure	1,382	10,5	108,9	338	511
Wasser	4,187	0,0	333,7	100,0	2258
Ammoniak	2,060	− 77,7	339,1	− 33,4	1369
Kohlenstoffdioxid	0,825	− 56	184,2	− 78,5	574
Luft	1,001			−194	197
Stickstoff	1,043	−210	25,96	−195,8	199
Wasserstoff	14,24	−259,2	58,62	−252,8	461

2.4.3. Ausdehnung durch Wärme

Der **Längen-Ausdehnungskoeffizient** α gibt die Längenzunahme der Längeneinheit eines Körpers bei 1 K Temperaturerhöhung an. Einheit von α ist 1/K.

Der **Volumen-Ausdehnungskoeffizient** γ gibt die Volumenzunahme der Volumeneinheit eines Körpers bei 1 K Temperaturerhöhung an. Einheit von γ ist 1/K.

Längenausdehnung:

$\Delta l = l_0 \cdot \alpha \cdot \Delta t$ Δl Längenzunahme in m
                            l_0 Länge (Kaltzustand) in m

Beispiel:
$l_0 = 12$ m; $\Delta t = 50$ K;
$\alpha = 23{,}8 \cdot 10^{-6} \frac{1}{K}$;
$\Delta l = ?$ m

α Längen-Ausdehnungskoeffizient in 1/K
Δt Temperaturzunahme in K

Lösung: $\Delta l = l_0 \cdot \alpha \cdot \Delta t = 12 \text{ m} \cdot 23{,}8 \cdot 10^{-6} \frac{1}{K} \cdot 50 \text{ K}$
$\Delta l = 0{,}01428$ m = 14,28 mm

Volumenausdehnung:

$\Delta V = V_0 \cdot \gamma \cdot \Delta t$

ΔV Volumenzunahme in m³
V_0 Volumen in kaltem Zustand in m³
γ Volumen-Ausdehnungskoeffizient in 1/K
Δt Temperaturzunahme in K

Beispiel:
$V_0 = 0{,}75$ m³;
$\Delta t = 90$ K;
$\gamma = 0{,}0011$ 1/K;
$\Delta V = ?$ m³

Lösung: $\Delta V = V_0 \cdot \gamma \cdot \Delta t = 0{,}75 \text{ m}^3 \cdot 0{,}0011 \frac{1}{K} \cdot 90 \text{ K}$
$\Delta V = 0{,}07425$ m³

Längen-Ausdehnungskoeffizient α (für 0···100 °C)
Volumen-Ausdehnungskoeffizient γ (bei 18 °C)

Stoff	α in 1/K	Stoff	γ in 1/K
Aluminium	$23{,}8 \cdot 10^{-6}$	Alkohol	$1{,}10 \cdot 10^{-3}$
Blei	$29{,}0 \cdot 10^{-6}$	Benzol	$1{,}06 \cdot 10^{-3}$
Bronze	$17{,}5 \cdot 10^{-6}$	Glyzerin	$0{,}50 \cdot 10^{-3}$
Chrom	$8{,}5 \cdot 10^{-6}$	Petroleum	$0{,}99 \cdot 10^{-3}$
Eisen (rein)	$12{,}3 \cdot 10^{-6}$	Quecksilber	$0{,}18 \cdot 10^{-3}$
Glas (ca.)	$6{,}5 \cdot 10^{-6}$	Schwefelsäure	$0{,}57 \cdot 10^{-3}$
Gold	$14{,}2 \cdot 10^{-6}$	Terpentin	$9{,}70 \cdot 10^{-3}$
Graphit	$7{,}9 \cdot 10^{-6}$	Toluol	$1{,}08 \cdot 10^{-3}$
Konstantan	$15{,}2 \cdot 10^{-6}$	Wasser	$0{,}18 \cdot 10^{-3}$
Kupfer	$16{,}5 \cdot 10^{-6}$		
Manganin	$17{,}5 \cdot 10^{-6}$	Für feste Stoffe ist $\gamma \approx 3 \cdot \alpha$	
Messing	$18{,}4 \cdot 10^{-6}$		
Neusilber	$18{,}4 \cdot 10^{-6}$		
Nickel	$13{,}0 \cdot 10^{-6}$		
Silber	$19{,}5 \cdot 10^{-6}$	Für alle Gase ist $\gamma \approx 1/273$ $\gamma \approx 0{,}00366$	
Silizium	$7{,}6 \cdot 10^{-6}$		
Wolfram	$4{,}5 \cdot 10^{-6}$		

2.4.4. Wärmeübertragung

Wärmestrom Φ heißt die Wärmemenge, die innerhalb einer Zeiteinheit durch eine senkrecht zur Strömungsrichtung liegenden Fläche strömt. Einheit des Wärmestromes ist W.

Wärmeleitung ist die Wanderung des Wärmestromes innerhalb eines Körpers. Die **Wärmeleitfähigkeit** λ gibt den Wärmestrom an, der durch einen Querschnitt von 1 m² eines 1 m langen Körpers strömt, wenn der Temperaturunterschied 1 K beträgt.

Wärmeübergang ist der Wärmeaustausch zwischen einem festen Körper und einer Flüssigkeit oder Gas. Der **Wärmeübergangskoeffizient** α ist der Wärmestrom, der von einer Fläche von 1 m² bei einem Temperaturgefälle von 1 K abgegeben wird.

Wärmedurchgang heißt der Wärmeaustausch zweier Flüssigkeiten oder Gase durch eine Trennwand hindurch. Der **Wärmedurchgangskoeffizient** k ist der Wärmestrom, der durch eine Fläche von 1 m² bei einem Temperaturgefälle von 1 K hindurchtritt.

$\Phi = \dfrac{Q}{t}$

Φ Wärmestrom in J/h
Q Wärmemenge in J
t Zeit in h

Wärmeleitung:

$\Phi = \lambda \cdot \dfrac{S}{\delta} \cdot \Delta t$

λ Wärmeleitfähigkeit in $\dfrac{J}{m \cdot h \cdot K}$
S Fläche der Wärmeleitung in m²
δ Dicke in m
Δt Temperaturunterschied in K

Beispiel: $\lambda = 753{,}6$ kJ/m · h · K; $S = 5$ cm²;
$\delta = 2{,}5$ cm; $\Delta t = 50$ K; $\Phi = ?$ J/h

Lösung: $\Phi = \lambda \cdot \dfrac{S}{\delta} \cdot \Delta t = 753{,}6 \dfrac{kJ}{m \cdot h \cdot K} \cdot \dfrac{5 \text{ cm}^2}{2{,}5 \text{ cm}} \cdot 50 \text{ K}$

$\Phi = 75360 \dfrac{kJ \cdot cm}{m \cdot h} = 753{,}6$ kJ/h

Wärmeübergang:

$\Phi = \alpha \cdot S \cdot \Delta t$ α Wärmeübergangskoeffizient in J/m² · h · K

Die Wärmeübergangszahl α ist nicht in Tabellen angebbar. Sie muß für jeden Fall ermittelt werden.

Wärmedurchgang:

$\Phi = k \cdot S \cdot \Delta t$ k Wärmedurchgangskoeffizient in J/m² · h · K

Auch k muß für jeden Fall ermittelt werden.

2.4. Wärmetechnische Grundlagen

Wärmeleitfähigkeit λ in $\dfrac{kJ}{m \cdot h \cdot K}$ (bei Temperatur)

Stoff	λ b. 20 °C	Stoff	λ b. 20 °C
Aluminium	754	Alkohol	0,67
Blei	126	Benzol	0,544
Bronze	92···209	Glyzerin	1,005
Eisen, rein	264	Transfor-	
Gold	1118	matorenöl	0,461
Grauguß	209	Toluol	0,544
Konstantan	81,6		
Kupfer	1382	Bakelit	0,837
Manganin	78,7	Hartgewebe	1,26
Messing	293···419	Hartpapier	1,047
Neusilber	89,6	Kunsthorn	0,628
Nickel	318	Plexiglas	0,628
Platin	255	Polyamide	1,26
Quecksilber	33,5	Preßstoffe, Typ	
Silber	1507	11, 12, 16, 30, 54	1,13
Stahl	126	Typ 74	1,34
Wolfram	603	PVC	0,586
Zink	419		
Zinn	234		λ b. 0 °C
Asphalt	2,51	Ammoniak	0,0783
Eichenholz		Acetylen	0,0737
radial	0,628	Chlor	0,00285
axial	1,34	Kohlenstoffdioxid	0,0515
Fensterglas	4,187	Luft	0,0875
Graphit	502	Wasserstoff	0,443
Porzellan	2,93···6,7		
Putzmörtel	3,35	Glasfaser	0,1172
Ziegelstein	1,67	Steinwolle	0,126

λ hängt bei festen Stoffen wenig, bei Gasen und Flüssigkeiten stark von der Temperatur ab.

2.4.5. Unterer Heizwert

Es erzeugen im Mittel	kJ in 1 kg	in 1 m³
Anthrazit	33 500	–
Braunkohlen, deutsche	14 200	–
Braunkohlenbriketts	20 100	–
Holz, lufttrocken	14 600	–
Holz, völlig trocken	18 600	–
Holzkohlen	33 100	–
Koks	28 500	–
Steinkohlen, Ruhr-	31 400	–
Steinkohlen, Saar-	29 700	–
Steinkohlenbriketts	32 500	–
Torf (lufttrocken)	14 600	–
Alkohol	29 700	–
Benzin	46 000	–
Benzol	41 800	–
Naphthalin	40 600	–
Petroleum	43 900	–
Spiritus 95%	28 200	–
Teeröl	41 600	–
Acetylen	48 700	56 900
Gichtgas	3 220	3 970
Stadtgas	28 200	15 500
Erdgas (trocken)	41 800	29 300
Wasserstoff	119 600	10 760
Kohlenstoff zu Kohlenstoffdioxid	33 800	–
Kohlenst. zu Kohlenstoffmonooxid	10 300	–
Kohlenstoffmonooxid zu Kohlenstoffdioxid	10 100	12 600

2.5. Hydrostatik

Der **Druck** p ist die Kraft, die senkrecht auf eine Flächeneinheit wirkt. Einheit des Druckes ist das Pascal (Pa). $1\,\text{Pa} = 1\,\text{N/m}^2$.

$p = \dfrac{F}{A}$ p Druck in Pa
F Kraft in N
A Fläche in m²

Beispiel: $F = 40\,\text{N}$; $A = 2\,\text{m}^2$; $p = ?$ Pa

Lösung: $p = \dfrac{F}{A} = \dfrac{40\,\text{N}}{2\,\text{m}^2} = 20\,\text{N/m}^2 = 20\,\text{Pa}$

Der **hydrostatische Druck** ist der in einer Flüssigkeit auf eine horizontale Fläche durch das Gewicht der Flüssigkeitssäule oberhalb der Fläche ausgeübte Druck.

$p = h \cdot \varrho \cdot g$
p hydrostatischer Druck in N/m²
h Druckhöhe, Höhe der Flüssigkeitssäule in m
ϱ Dichte der Flüssigkeit in kg/m³
g Fallbeschleunigung 9,81 m/s²

Beispiel: $\varrho = 790\,\text{kg/m}^3$; $h = 0,5\,\text{m}$; $p = ?\,\text{N/m}^2$

Lösung: $p = h \cdot \varrho \cdot g = 0,5\,\text{m} \cdot 790\,\text{kg/m}^3 \cdot 9,81\,\text{m/s}^2$
$p = 3875\,\text{N/m}^2$

Einen **Auftrieb** erfährt ein in eine Flüssigkeit eingetauchter Körper. Auftrieb und Gewicht der durch den Körper verdrängten Flüssigkeit sind gleich.

$F = V \cdot \varrho \cdot g$
F Auftrieb in N
V Volumen des Eintauchkörpers in m³
ϱ Dichte der Flüssigkeit in kg/m³

Beispiel: Welchen Auftrieb erfährt eine Stahlkugel beim Eintauchen in Wasser, wenn $V = 0,0005\,\text{m}^3$, $\varrho = 1000\,\text{kg/m}^3$ ist?

Lösung: $F = V \cdot \varrho \cdot g$
$F = 0,0005\,\text{m}^3 \cdot 1000\,\text{kg/m}^3 \cdot 9,81\,\text{m/s}^2$
$F = 4,905\,\text{kg} \cdot \text{m/s}^2 = 4,905\,\text{N}$

Ein auf eine abgeschlossene Flüssigkeit wirkender Druck pflanzt sich nach allen Richtungen unverändert fort. Anwendung: **hydraulische Presse**.

$\dfrac{F_1}{F_2} = \dfrac{A_1}{A_2}$

F_1, F_2 Kolbenkräfte
A_1, A_2 Kolbenflächen

Vergleich von Druckeinheiten

Einheit	Pa	bar	mbar
1 Pa = 1 N/m²	1	10^{-5}	10^{-2}
1 bar	10^5	1	10^3
1 mbar	10^2	10^{-3}	1

Ein Vorgang oder eine Erscheinung hängt häufig vom Unterschied zu einem im Raum herrschenden Druckes gegen einen Bezugsdruck ab. Der Bezugsdruck ist oftmals der jeweilige Atmosphärendruck p_{amb}. Die atmosphärische Druckdifferenz (Überdruck) p_e ist die Differenz aus absolutem Druck p_{abs} und Bezugsdruck p_{amb} (p_e positiv, wenn $p_{abs} > p_{amb}$).

2.6. Schall

2.6.1. Allgemeine Begriffe nach DIN 4109 (9.62) und Entwurf (2.79)

Schall breitet sich durch mechanische Schwingungen und Wellen in festen Körpern und Gasen aus, insbesondere innerhalb der vom menschlichen Ohr wahrgenommenen hörbaren Schwingungsgrenzen von 16–20000 Hz.

Luftschall = Schallwellen, die durch abwechselnde Verdichtung und Verdünnung der Luft(moleküle) hervorgerufen werden.

Körperschall entsteht, wenn feste Körper abwechselnd gestaucht und gedehnt werden und sich dadurch Schallwellen in festen Stoffen ausbreiten, z. B.: Bohren eines Dübel-Loches in eine Massivdecke.

Trittschall entsteht durch Körperschallanregung einer Decke oder eines Fußbodens, z. B.: Begehen einer Decke, Abrücken eines Schrankes usw. Trittschall wird bei starker Intensität als Luftschall außerhalb des Anregungsraumes abgestrahlt.

Frequenz oder Schwingungszahl ist die Anzahl der Schwingungen pro Sekunde.

$$1 \text{ Hertz (Hz)} = 1 \text{ Schwingung/Sekunde}$$

Lärm ist ein hörbarer Schall, der eine gewollte Stille stört und damit zur Beeinträchtigung des menschlichen Wohlbefindens führen kann.

Schalldruck ist der das Schallfeld hervorrufende Wechseldruck, der mit einem Mikrophon gemessen werden kann. Er zeigt die Intensität des Schalls auf unser Ohr an. Der schwächste noch vom menschlichen Ohr wahrgenommene Schalldruck beträgt

$$J_0 = 10^{-12} \text{ Watt/m}^2.$$

Schallpegel ist ein logarithmisches Maß für den gemessenen Schalldruck, bezogen auf einen Ton mit der Frequenz von 1000 Hz.

Einheit des Schallpegels: Dezibel (dB).

Lautstärke: Die Lautstärke ist ein Maß für das menschliche Hörempfinden. So werden tiefe Töne vom menschlichen Ohr weniger laut als hohe wahrgenommen. Die subjektiv empfundene Lautstärke wird als A-bewerteter Schallpegel bezeichnet.

Einheit: Dezibel A [dB (A)]

Schallschluckung (Schallabsorbtion) und **Schallrückwurf** (-reflektion) sind vom Aufbau und den Eigenschaften der Begrenzungsflächen eines Raumes abhängig, in welchem Luftschall erzeugt wird. Dabei müssen die Begriffe „Schalldämmung" und „Schallabsorbtion" bei Behandlung von Fragen des Schallschutzes sauber voneinander getrennt werden, wie dies die folgende Abb. verdeutlicht:

Unterschied zwischen Schalldämmung und Schallabsorbtion
Luftschalldämmung   Schallabsorbtion
(Wieviel Schall gelangt   (Wieviel Schall wird
in den Nebenraum?)   in den Raum zurückgeworfen?)

Luftschallschutzmaß *(LSM)*

Der Luft- und Trittschallschutz von Wänden und Decken wird durch das „Luftschallschutzmaß" bzw. „Trittschallschutzmaß" gekennzeichnet.

In DIN 4109 wurde zur Bewertung der Luftschalldämmung folgende Sollkurve für das Luftschallschutzmaß festgelegt:

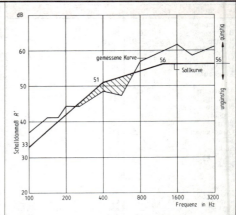

Sollkurve für das Luftschallschutzmaß. Die Sollwerte dürfen im Mittel nur um 2 dB (schraffierter Bereich) unterschritten werden.

Wie aus obiger Abb. ersichtlich, steigt die Sollkurve mit zunehmender Frequenz zunächst stark und dann langsamer an; dies läßt sich in gleicher Weise mit der zunehmenden Empfindlichkeit des menschlichen Ohres vergleichen. Überträgt man diese Erfahrung auf den Bausektor, so kann die Dämmung einer Wand bei tiefen Frequenzen gering sein, weil der Mensch auf tiefe Frequenzen weniger empfindlich reagiert.

Das **Luftschallschutz-Maß** *(LSM)* stellt denjenigen Wert in dB dar, um den die Sollwerte der Sollkurve in positiver Richtung (nach oben) oder in negativer Richtung (nach unten) verschoben werden müssen, damit die mittlere Unterschreitung der verschobenen Sollwerte durch eine Meßkurve gerade 2 dB beträgt; oder vereinfacht ausgedrückt: Die Abweichung von der Sollkurve ist das Luftschallschutzmaß.

Trittschallschutzmaß *(TSM)*

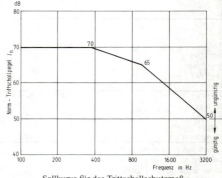

Sollkurve für das Trittschallschutzmaß

2.6. Schall

Ähnlich wie bei der Luftschalldämmung wird die Trittschalldämmung durch Vergleich mit den Werten der Sollkurve für das Trittschallschutzmaß ermittelt. Die Trittschalldämmung einer Massivdecke ist um so besser, je weiter die gemessenen Schallpegelwerte unter denen der Sollkurve liegen. Die Abweichung der Ist-Kurve von der Sollkurve ist das Trittschallschutzmaß.

Dezibel (dB) = logarithmisches Vergleichsmaß für Schallintensitäten.

Luftschalldämm-Maß *(R)*

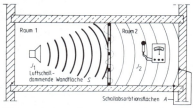

Darstellung der Luftschalldämmung von Decken und Wänden.

Im Raum 1 wird ein Schallpegelwert von J_1, im Raum 2 von J_2 gemessen. Rechnerisch kann man die Schallpegeldifferenz nach folgender Formel berechnen:

$$J_1 - J_2 = 10 \lg \frac{S}{A}$$

Das Schalldämm-Maß *(R)* wird in erster Linie durch die Schallpegeldifferenz bestimmt. Diese wiederum hängt ab:
- von der Größe der Trennwandfläche S,
- von dem Absorptionsvermögen A des leisen Raumes 2.

Unter dem Schalldämm-Maß *(R)* versteht man das Verhältnis der auf eine Wand auftreffenden Schallenergie J_1 zu der von ihrer Rückseite in den Nachbarraum durchgelassenen Energie J_2, angegeben in logarithmischem Maße:

$$R = 10 \lg \frac{J_1}{J_2}$$

2.6.2. Schallgeschwindigkeit

Medium	m/s
Luft – bei 0 °C	331,6
– bei 15 °C	340,6
Wasser	1480
Mauerwerk	3500 ··· 4000
Holz	3500 ··· 5000
Stahl	4800 ··· 5000
Glas	5100 ··· 5500

2.6.3. A-Schallpegel für bekannte Geräusche dB (A)

Verständliches Flüstern in 1 m Entfernung	15 – 30
Zerreißen von Papier in 1 m Entfernung	40 – 50
Normales Sprechen in 1 m Entfernung	50 – 65
Rundfunkmusik, Zimmerlautstärke	50 – 80
Pkw-Fahrgeräusch	78 – 82
Lautes Rufen, Kinderschreien	70 – 90
Verkehrslärm in lauter Straße	75 – 95
Nachtgrundpegel in Wohngebieten	30 – 40
Düsenflugzeug beim Start, 100 m entfernt	105 – 115

2.6.4. Lärmschutz am Arbeitsplatz

Dauerlärm/Art der Arbeit	dB (A)
Dauerlärm, der bei den meisten Menschen zum Gehörschaden führt	≥ 90
Dauerlärm, bei dem der Arbeitgeber dem Arbeitnehmer persönliche Schallschutzmittel zur Verfügung stellen muß	≥ 85
Nach der Arbeitsstätten-Verordnung des Bundesarbeitsministers (3.75) ist in geschlossenen Räumen folgender Dauerlärmpegel unzulässig:	
bei überwiegend geistiger Beanspruchung	> 55
bei einfachen Büro- und ähnlichen Arbeiten	> 70
bei sonstigen Arbeiten	> 85

2.6.5. Luftschallschutzmaße *(LSM)* von Trennwänden im verputzten und unverputzten Zustand

	unverputzt dB	verputzt dB
24 cm Hochlochziegel	– 2	2
25 cm Schüttbeton	– 41	1
24 cm Hohlblocksteine aus Bimsbeton	– 36	– 3
20 cm Gasbetonplatten, geschoßhoch	– 7	– 5

2.6.6. Luftschallschutzmaße *(LSM)* gebräuchlicher, einschaliger Wohnungstrennwände, die beidseitig verputzt sind

Wandausführung	Flächengewicht kg/m²	Luftschallschutzmaß dB
24 cm Kalksandsteine	510	3
24 cm Vollziegel	460	3
24 cm Hochlochziegel	350	1
24 cm Hohlblocksteine aus Ziegelsplitt	330	– 1
24 cm Hohlblocksteine aus Bimsbeton	280	– 3
12 cm Normalbeton	330	0
12 cm Normalbeton, beidseitig 2,5 cm Gipsplatten anbetoniert	360	2

2.6.7. Zul. Geräuschpegel (TA Lärm)

Gebietseinteilung	tags dB (A)	nachts dB (A)
nur Industrie	70	70
vorwieg. Gewerbe	65	50
Mischgebiet	60	45
vorwieg. Wohnungen	55	40
nur Wohnungen	50	35
Kurgebiete	45	35
Baulich verbunden, Innen-Messung	40	30

Wirkpegel: nach bestimmtem Meßverfahren gemessener Geräuschpegel

Beurteilungspegel = Wirkpegel – Zeitkorrektur

Durchschnittliche tägliche Betriebsdauer in Stunden in der Zeit von		Zeitkorrektur
7 bis 20 Uhr	20 bis 7 Uhr	dB (A)
über 2,5	bis 2	10
über 2,5 bis 8	über 2 bis 6	5
über 8	über 6	0

Der Beurteilungspegel soll den zul. Geräuschpegel nicht überschreiten; nachts soll kein Meßwert den zul. Geräuschpegel um 20 dB (A) überschreiten.

2.7. Strom und Spannung

2.7.1. Genormte Stromwerte

Nennströme in A nach DIN 40 003 (3.69)

Schaltgeräte für Anlagen bis 1 kV					
Schalter, Anlasser, Steller, Steckvorrichtungen	6 40 160 1000 4000	10 63 200 1600 6300	16 80 250 2000 8000	20 100 400 2500	32 125 630 3150
NH-Sicherungs- unterteile	32 400	63 630	100 800	160 1000	250 1250
NH-Sicherungs- einsätze	2 12 40 125 400 1250	4 16 50 160 500	6 20 63 200 630	8 25 80 250 800	10 32 100 315 1000

Wechselstrom-Schaltgeräte für Anlagen über 1 kV						
Schalter, Durch- führungen	unter 60 kV	400 3150	630 4000	1250 6300	1600	2500
	über 60 kV	630 3150	800 4000	1250	1600	2000
Sicherungsunterteile (bis 30 N)		200	400			
Sicherungseinsätze bis 30/36 kV		6 63	10 100	16 160	25 200	40 250
Primärauslöser		6 63 315	10 100 400	16 160 500	25 200 630	40 250

Ströme für Elektrizitätszähler (Angabe in A)

Wirkverbrauchszähler der Klasse 1 nach VDE 0418 (5.68)

	direkt angeschlossen		über Meßwandler	
	Nennstr.	Grenzstr.	Nennstr.	Grenzstr.
Wechsel- strom	**10**	30 **40** 60	1 5	2 10
Dreh- strom	**10** 15	30 **40** 60 60	1 5	2 10
Gleich- strom	5 10			

Die fettgedruckten Werte sind zu bevorzugen.
Der **Nennstrom** ist der Strom, für welchen elektrische Betriebsmittel bemessen sind.
Der **Grenzstrom** ist der Dauerstrom, mit dem ein Elektrizitätszähler belastet werden kann, ohne daß eine zu starke Erwärmung oder ein Überschreiten der Fehlergrenzen auftritt. Der Grenzstrom soll das 1,25fache des Nennstromes oder auch ganze Vielfache davon betragen. Die ganzen Vielfachen sind dann hinter dem Nennstrom in Klammern anzugeben, beispielsweise 10 (40) A.

Wechselstrom-Wirkverbrauchszähler[1] **der Klasse 2**
nach DIN VDE 0418 (7.82)

Nennströme: 5 – 10 – 15 – 20 – 30 – 40 – 50 A
Grenzstrom: ganzzahliges Vielfaches des Nennstromes
Nennspannungen: 127 – 220 – 240 – 380 – 415 – 480 V

[1] für direkten Anschluß

2.7.2. Genormte Spannungswerte

Nennspannungen unter 100 V
nach VDE 0175 und DIN 40 001 (4.57)

Als **Nennspannung** einer Anlage oder ihrer Teile gilt die Spannung, die für ein Netz oder für ein Betriebsmittel angegeben ist. Auf sie werden bestimmte Betriebseigenschaften bezogen.

Die Spannung am Stromerzeuger ist stets um den äußeren **Spannungsfall** in den Leitungen und um den Betrag etwaiger Spannungsschwankungen oder gegebenenfalls einer Spannungsregelung größer als die Nennspannung. Beispielsweise ist es üblich, Klingeltransformatoren am Stromerzeuger für 3, 5 und 8 V herzustellen. Diese Spannungen sind um den äußeren Spannungsfall von 1 bis 2 V größer als die genormten Nennspannungen der zugehörigen Stromverbraucher.

Bei Anlagen für Fernmeldung, Eisenbahnsicherung und ähnliche Verwendungszwecke, die mit stark veränderlicher Spannung arbeiten, kann im Einzelfall von den genormten Nennspannungen abgewichen werden. Über die Größe der zahlenmäßigen Abweichung lassen sich allgemeine Angaben nicht machen, jedoch soll sie nur in der Größenordnung von Einern bis wenigen Zehnern von Prozenten liegen.

Die Nennspannung von aus **Akkumulatoren** gespeisten Stromverbrauchern ist gleich der Nennspannung des Akkumulators oder der Akkumulatorenbatterie. Als Nennspannung einer Bleiakkumulatorzelle sind 2 V, einer Stahlakkumulatorzelle 1,2 V festgelegt.

Nennspannungen in V für Gleich- und Wechselströme

Vorzugsreihe	2	4	6	12	24
	40[2]	60	80		

Reihen für besondere Anwendungsgebiete					
Beleuchtung, gespeist aus Trockenelementen	1,5	2,5	3,5		
dgl. aus Akkumulatoren, Generatoren, Transform.	2 12	2,5 24	4 40	6 60	8 80
Verbraucher, gespeist aus Klingeltransformatoren	2	4	6		
Elektrisches Spielzeug	2	4	6	20	24
Gewerbl. Kleinmotoren	12	24	40	60	80
Elektrowagen, -karren und Flurfördermittel	24	40	80		
Grubenlokomotiven	60	72	80	96	
Elektrowärmegeräte	12	24	40		
Elektromedizinische Geräte	2 8	2,5 12	3,5	4	6
Fernmelde- und Fern- steueranlagen	1,5 20 80	2 24	4 40	6 48	12 60
Schutz- und Regelanlagen	24	60			

[2] als Wechselspannung auch 42 V

2.7. Strom und Spannung

Nennspannungen von 100 V bis 380 kV nach DIN 40 002 (4.73)

Gleichstrom	V	110 220 440 **600** 750
	kV	1,2 **1,5** 3
Wechselstrom 50 Hz	V	100¹⁾ 125 220²⁾ 380³⁾ 500 660
	kV	1 3 **6** **10** 15 **20** 25 **30** 60 **110** **220** **380**
Einphasenwechselstrom 16⅔ Hz	V	100¹⁾ **200** 220
	kV	**1** 15 110

Vorzugswerte fettgedruckt. ¹) Nur für Spannungswandler. ²) Als Dreieckspannung kein Vorzugswert. ³) Dreieckspannung im Dreiphasensystem. Zulässige Abweichungen sind in den DIN-Normen und VDE-Bestimmungen angegeben, unter anderem für Maschinen, Transformatoren, Kondensatoren, Schaltgeräte.

2.7.3. Elektrochemische Spannungsreihe

Normalpotentiale gegenüber Wasserstoffelektrode		
Element	Übergang	Potential in V
Fluor	$2F^- \to F_{2\,(gas)}$	+ 2,85
Gold	$Au \to Au^+$	+ 1,50
Gold	$Au \to Au^{+++}$	+ 1,38
Chlor	$2Cl^- \to Cl_{2\,(gas)}$	+ 1,36
Brom	$2Br^- \to Br_{2\,(gas)}$	+ 1,08
Platin	$Pt \to Pt^{++++}$	+ 0,87
Quecksilber	$Hg \to Hg^{++}$	+ 0,86
Silber	$Ag \to Ag^+$	+ 0,80
Kohlenstoff	$C \to C^{++}$	+ 0,75
Kupfer	$Cu \to Cu^+$	+ 0,51
Kupfer	$Cu \to Cu^{++}$	+ 0,35
Arsen	$As \to As^{+++}$	+ 0,30
Bismut	$Bi \to Bi^{+++}$	+ 0,23
Antimon	$Sb \to Sb^{+++}$	+ 0,20
Wasserstoff	$H_2 \to 2H^+$	0,00
Blei	$Pb \to Pb^{++}$	− 0,13
Zinn	$Sn \to Sn^{++}$	− 0,14
Nickel	$Ni \to Ni^{++}$	− 0,25
Cobalt	$Co \to Co^{++}$	− 0,26
Cadmium	$Cd \to Cd^{++}$	− 0,40
Eisen	$Fe \to Fe^{++}$	− 0,44
Chrom	$Cr \to Cr^{++}$	− 0,56
Zink	$Zn \to Zn^{++}$	− 0,76
Mangan	$Mn \to Mn^{++}$	− 1,05
Aluminium	$Al \to Al^{+++}$	− 1,30
Magnesium	$Mg \to Mg^{++}$	− 2,38
Natrium	$Na \to Na^+$	− 2,71
Calcium	$Ca \to Ca^{++}$	− 2,87
Kalium	$K \to K^+$	− 2,92
Lithium	$Li \to Li^+$	− 3,02

Bei Berührung zweier Metalle in Gegenwart eines Elektrolyten findet eine Zersetzung desjenigen Metalles statt, welches in der elektrochemischen Spannungsreihe einen niedrigeren Platz hat.

2.7.4. Zeitabhängige Ströme (Spannungen) nach DIN 5488 (1.69)

1. Gleichstrom

Der Augenblickswert des Stromes ist zeitlich konstant.

2. Wechselstrom

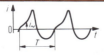

Strom mit periodischem Zeitverlauf und arithmetischem Mittelwert Null.

3. Sinusstrom

Sinusförmiger Zeitverlauf.

4. Mischstrom

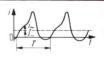

Überlagerung von Gleich- und Wechselstrom.

5. Drehstrom

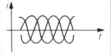

Drei Sinusströme gleicher Frequenz, Amplitude und Betragsunterschiede der Nullphasenwinkel.

6. Amplitudenmoduliert

Stromamplitude ändert sich zeitlich mit dem modulierenden Vorgang. Trägerfrequenz ist konstant.

7. Frequenzmoduliert

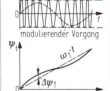

Frequenz ändert sich zeitlich mit dem modulierenden Vorgang. Amplitude ist konstant.

8. Phasenmoduliert

Phasenabweichung des modulierten vom unmodulierten Strom ändert sich mit dem modulierenden Vorgang.

9. Pulsstrom

Periodischer Strom aus einer Folge gleicher Impulse.

10. Amplitudenmoduliert

Höchstwert der Stromimpulse ändert sich zeitlich.

11. Frequenzmoduliert

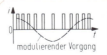

Die Verschiebung der Impulse aus der Ruhelage ändert sich mit dem modulierenden Vorgang.

12. Phasenmoduliert

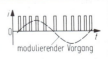

Die Verschiebung der Impulse aus der Ruhelage ändert sich mit dem modulierenden Vorgang.

2.8. Elektrotechnische Grundlagen

Stromdichte

$J = \dfrac{I}{S}$ bzw. $S = \dfrac{I}{A}$
J, S Stromdichte in A/mm²
I Strom in A
S, A Leiterquerschnitt in mm²

Beispiel: $I = 6\,A$; $S = 1,5\,mm^2$; $J = ?\,A/mm^2$

Lösung: $J = \dfrac{I}{S} = \dfrac{6\,A}{1,5\,mm^2} = 4\,A/mm^2$

Ohmsches Gesetz

$I = \dfrac{U}{R}$

I Strom in A
U Spannung in V
R Widerstand in Ω

$1\,\Omega = \dfrac{1\,V}{1\,A}$

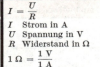

Beispiel: $U = 220\,V$; $R = 50\,\Omega$; $I = ?\,A$

Lösung: $I = \dfrac{U}{R} = \dfrac{220\,V}{50\,\Omega} = 4,4\,A$

Leitwert und Widerstand

$G = \dfrac{1}{R}$ $\quad G$ Leitwert in S $\quad 1\,S \cdot 1\,\Omega = 1$
$\quad R$ Widerstand in Ω

Beispiel: $R = 10\,\Omega$; $G = ?\,S$

Lösung: $G = \dfrac{1}{R} = \dfrac{1}{10\,\Omega} = 0,1\,S$

Leitfähigkeit und spezifischer Widerstand

$\gamma = \dfrac{1}{\varrho}$
γ Leitfähigkeit in $\dfrac{m}{\Omega\,mm^2} = \dfrac{S\,m}{mm^2}$
ϱ spezifischer Widerstand in $\dfrac{\Omega\,mm^2}{m}$

Folgende Einheiten sind ebenfalls gebräuchlich:

für γ:
$1\,\dfrac{S\,m}{mm^2} = 10^6\,\dfrac{S}{m} = 10^4\,\dfrac{S}{cm}$

für ϱ:
$1\,\dfrac{\Omega\,mm^2}{m} = 10^{-6}\,\Omega\,m = 10^{-4}\,\Omega\,cm$

Beispiel: $\varrho = 0,0172\,\dfrac{\Omega\,mm^2}{m}$; $\gamma = ?\,\dfrac{S\,m}{mm^2}$

Lösung: $\gamma = \dfrac{1}{\varrho} = \dfrac{1\,m}{0,0172\,\Omega\,mm^2} = 58\,\dfrac{S\,m}{mm^2}$

Widerstand eines Leiters

$R = \dfrac{l}{\gamma \cdot S}$
R Widerstand in Ω
l Leiterlänge in m
γ Leitfähigkeit in m/Ω mm²
$R = \dfrac{\varrho \cdot l}{S}$
S Leiterquerschnitt in mm²
ϱ spezif. Widerstand in Ω mm²/m

Beispiel: $l = 84\,m$; $\gamma = 58\,m/\Omega\,mm^2$; $S = 1,5\,mm^2$; $R = ?\,\Omega$

Lösung: $R = \dfrac{l}{\gamma \cdot S} = \dfrac{84\,m}{58\,\dfrac{m}{\Omega\,mm^2} \cdot 1,5\,mm^2} = 0,966\,\Omega$

Widerstand und Temperatur

$\Delta R = \alpha \cdot R_k \cdot \Delta t$
ΔR Widerstandsänderung in Ω
α Temperaturbeiwert in 1/K
R_k Kaltwiderstand in Ω
$R_w = R_k (1 + \alpha \cdot \Delta t)$
R_w Warmwiderstand in Ω
Δt Temperaturänderung in K

Leitfähigkeit γ, spezifischer Widerstand ϱ, Temperaturbeiwert α (bei 20 °C)

Stoff	γ in $\dfrac{m}{\Omega\,mm^2}$	ϱ in $\dfrac{\Omega\,mm^2}{m}$	α in $\dfrac{1}{K}$
a) Metalle			
Aluminium	36	0,0278	0,00403
Bismut	0,83	1,2	0,0042
Blei	4,84	0,2066	0,0039
Cadmium	13	0,0769	0,0039
Eisendraht	6,7···10	0,15···0,1	0,0065
Gold	43,5	0,023	0,0037
Kupfer [1]	58	0,01724	0,00393
Magnesium	22	0,045	0,0039
Nickel	14,5	0,069	0,0060
Platin	9,35	0,107	0,0031
Quecksilber	1,04	0,962	0,0009
Silber	61	0,0164	0,0038
Tantal	7,4	0,135	0,0033
Wolfram	18,2	0,055	0,0044
Zink	16,5	0,061	0,0039
Zinn	8,3	0,12	0,0045
b) Legierungen			
Aldrey (AlMgSi)	30,0	0,033	0,0036
Bronze I	48	0,02083	0,0040
Bronze II	36	0,02778	0,0040
Bronze III	18	0,05556	0,0040
Konstantan (WM 50)	2,0	0,50	±0,00001
Manganin	2,32	0,43	0,00001
Messing	15,9	0,063	0,0016
Neusilber (WM 30)	3,33	0,30	0,00035
Nickel-Chrom	0,92	1,09	0,00004
Nickelin (WM 43)	2,32	0,43	0,00023
Platinrhodium	5,0	0,20	0,0017
Stahldraht (WM 13)	7,7	0,13	0,0048
Wood-Metall	1,85	0,54	0,0024
c) Sonstige Leiter			
Graphit	0,046	22	−0,0013
Kohlenstifte homog.	0,015	65	
Retortengraphit	0,014	70	−0,0004

d) Flüssigkeiten (Mittelwerte bei 18 °C)

	%[2]	$\gamma\left(\dfrac{S \cdot cm}{cm^2}\right)$	$\varrho\left(\dfrac{\Omega \cdot cm^2}{cm}\right)$	$\alpha\left(\dfrac{1}{K}\right)$
Kalilauge	5	0,24	4,2	−0,02
KOH	10	0,38	2,6	−0,02
	20	0,42	2,4	−0,02
Kochsalzlösung	5	0,067	14,5	−0,02
NaCl	10	0,121	8,27	−0,02
	20	0,195	5,12	−0,02
Kupfersulfat	5	0,019	52,5	−0,02
CuSO₄	10	0,032	31,3	−0,02
	20	0,046	21,7	−0,02
Natronlauge	5	0,198	5,1	−0,02
NaOH	10	0,314	3,19	−0,02
	20	0,337	2,97	−0,02
Salmiak	5	0,092	10,9	−0,02
NH₄Cl	10	0,178	5,61	−0,02
	20	0,335	2,98	−0,02
Salzsäure	5	0,394	2,54	−0,02
HCl	10	0,630	1,59	−0,02
	20	0,762	1,31	−0,02
Schwefelsäure	5	0,193	5,18	−0,02
H₂SO₄	10	0,366	2,74	−0,02
	20	0,601	1,67	−0,02
Zinksulfat	5	0,019	52,5	−0,02
ZnSO₄	10	0,032	31,3	−0,02
	20	0,047	21,7	−0,02

[2]) Gehalt der Lösung in Gewichtsprozenten

[1]) Kupfer der Sorte E-Cu 58 mit einer Reinheit von mind. 99,90 %.

2.8. Elektrotechnische Grundlagen

1. Beispiel:
$R_k = 20\,\Omega$; $a = 0{,}0045$ 1/K; $\Delta t = 100$ K; $R_w = ?\,\Omega$
Lösung: $R_w = R_k (1 + a \cdot \Delta t)$
$R_w = 20\,\Omega\,(1 + 0{,}0045\,\dfrac{1}{K} \cdot 100\,\text{K}) = 29\,\Omega$

2. Beispiel:
$R_k = 20\,\Omega$; $a = -0{,}0045$ 1/K; $\Delta t = 100$ K; $R_w = ?\,\Omega$
Lösung: $R_w = R_k (1 + a \cdot \Delta t)$
$R_w = 20\,\Omega\,(1 - 0{,}0045\,\dfrac{1}{K} \cdot 100\,\text{K}) = 11\,\Omega$

In den vorstehenden Tabellenangaben ist für die festen Stoffe der Temperaturbeiwert α_{20} für eine Temperatur von 20 °C aufgeführt. Damit kann nur von einer Kalttemperatur $t_k = 20$ °C ausgegangen werden. Bei anderen Temperaturen können die folgenden Beziehungen verwendet werden:

$R_w = R_k \cdot \dfrac{\tau + t_w}{\tau + t_k}$
$\tau = \dfrac{1}{\alpha_{20}} - 20\,\text{K}$
$\Delta t = \dfrac{R_w - R_k}{R_k}(\tau + t_k)$

R_w Warmwiderstand in Ω
R_k Kaltwiderstand in Ω
τ Temperaturziffer in K
t_w Temperatur der warmen Wicklung in °C
t_k Temperatur der kalten Wicklung in °C
Δt Übertemperatur in °C

Werte der Temperaturziffer: τKupfer $= 235$ K
τAlumin. $= 245$ K

Reihenschaltung von Widerständen

$U = U_1 + U_2 + U_3 + \ldots$
$R = R_1 + R_2 + R_3 + \ldots$
$I = \dfrac{U}{R} = \dfrac{U_1}{R_1} = \dfrac{U_2}{R_2} = \dfrac{U_3}{R_3}$

U Gesamtspannung in V
U_1, U_2 Teilspannungen in V
R Gesamtwiderstand in Ω
R_1, R_2 Teilwiderstände in Ω

Beispiel: $R_1 = 5\,\Omega$; $R_2 = 15\,\Omega$; $R_3 = 30\,\Omega$; $U = 100$ V; $R = ?\,\Omega$; $U_1 = ?$ V
Lösung: $R = R_1 + R_2 + R_3 =$
$\quad 5\,\Omega + 15\,\Omega + 30\,\Omega = 50\,\Omega$
$\dfrac{U_1}{R_1} = \dfrac{U}{R} \rightarrow U_1 = \dfrac{R_1}{R} \cdot U = \dfrac{5\,\Omega}{50\,\Omega} \cdot 100$ V
$U_1 = 10$ V

Spannungsfall

$U_v = R_{Ltg} \cdot I$
$U_v = \dfrac{2 \cdot l}{\gamma \cdot S} \cdot I$
$u_v = \dfrac{U_v \cdot 100}{U}$

U_v Spannungsfall in V
R_{Ltg} Leitungswiderstand in Ω
I Strom in A
l einfache Leiterlänge in m
γ Leitfähigkeit des Leitungswerkstoffes in $\dfrac{S \cdot m}{mm^2}$
S Leitungsquerschnitt in mm²
u_v Spannungsfall in %
U Nennspannung in V

Beispiel: $l = 112$ m; $\gamma = 58\,\dfrac{S \cdot m}{mm^2}$; $I = 12$ A; $S = 6$ mm²; $U_v = ?$ V

Lösung: $U_v = \dfrac{2 \cdot l \cdot I}{\gamma \cdot S} = \dfrac{2 \cdot 112\,\text{m} \cdot 12\,\text{A}}{58\,\dfrac{S\,m}{mm^2} \cdot 6\,mm^2} = 7{,}72$ V

Parallelschaltung von Widerständen

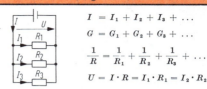

$I = I_1 + I_2 + I_3 + \ldots$
$G = G_1 + G_2 + G_3 + \ldots$
$\dfrac{1}{R} = \dfrac{1}{R_1} + \dfrac{1}{R_2} + \dfrac{1}{R_3} + \ldots$
$U = I \cdot R = I_1 \cdot R_1 = I_2 \cdot R_2$

I Gesamtstrom in A
I_1, I_2 Teilströme in A
R Gesamtwiderstand in Ω
G Gesamtleitwert in S
G_1, G_2 Einzelleitwerte
R_1, R_2 Einzelwiderstände in Ω

Beispiel: $R_1 = 10\,\Omega$; $R_2 = 20\,\Omega$; $R_3 = 25\,\Omega$; $I_1 = 1$ A; $R = ?\,\Omega$; $I_2 = ?$ A

Lösung: $G = G_1 + G_2 + G_3 = \dfrac{1}{10}$ S $+ \dfrac{1}{20}$ S $+ \dfrac{1}{25}$ S
$G = \dfrac{19}{100}$ S
$R = \dfrac{1}{G} = \dfrac{100}{19}\,\Omega = 5{,}26\,\Omega$
$I_1 \cdot R_1 = I_2 \cdot R_2 \rightarrow I_2 = \dfrac{R_1}{R_2} \cdot I_1 = \dfrac{10\,\Omega}{20\,\Omega} \cdot 1\,\text{A} = 0{,}5\,\text{A}$

1. Sonderfall: 2 Widerstände parallel

Beispiel: $R_1 = 15\,\Omega$; $R_2 = 30\,\Omega$
$R = \dfrac{R_1 \cdot R_2}{R_1 + R_2}$ Lösung: $R = \dfrac{R_1 \cdot R_2}{R_1 + R_2} = \dfrac{15\,\Omega \cdot 30\,\Omega}{45\,\Omega}$
$R = 10\,\Omega$

2. Sonderfall: n gleiche Widerstände R_n parallel

Beispiel: $R_n = 220\,\Omega$; $n = 11$
$R = \dfrac{R_n}{n}$ Lösung: $R = \dfrac{R_n}{n} = \dfrac{220\,\Omega}{11} = 20\,\Omega$

Reihen- und Parallelschaltung von Widerständen mit unterschiedlichen Temperaturbeiwerten

Reihenschaltung

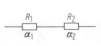

a Gesamttemperaturbeiwert in 1/K
a_1, a_2 Temperaturbeiwerte der Einzelwiderstände in 1/K
R_1, R_2 Einzelwiderstände in Ω
R Gesamtwiderstand in Ω

$a = \dfrac{a_1 \cdot R_1 + a_2 \cdot R_2}{R_1 + R_2}$
$R = R_1 + R_2$

Beispiel: $a_1 = 0{,}0043\,\dfrac{1}{K}$; $R_1 = 100\,\Omega$
$a_2 = -0{,}0013\,\dfrac{1}{K}$; $R_2 = 220\,\Omega$; $a = ?\,\dfrac{1}{K}$

Lösung: $a = \dfrac{a_1 \cdot R_1 + a_2 \cdot R_2}{R_1 + R_2} =$
$\dfrac{0{,}0043\,\dfrac{1}{K} \cdot 100\,\Omega - 0{,}0013\,\dfrac{1}{K} \cdot 220\,\Omega}{100\,\Omega + 220\,\Omega}$
$a = \dfrac{0{,}43 - 0{,}286}{320}\,\dfrac{1}{K} = 0{,}00045\,\dfrac{1}{K}$

Die Reihenschaltung aus R_1 und R_2 verhält sich also wie ein Widerstand von 320 Ω mit dem Temperaturbeiwert 0,00045 1/K.

2.8. Elektrotechnische Grundlagen

Parallelschaltung

$$a = R \frac{a_1 \cdot R_2 + a_2 \cdot R_1}{R_1 \cdot R_2}$$

a Gesamttemperaturbeiwert in $\frac{1}{K}$
R Gesamtwiderstand in Ω
a_1, a_2 Temperaturbeiwerte der Einzelwiderstände in $\frac{1}{K}$
R_1, R_2 Einzelwiderstände in Ω

Beispiel: $a_1 = 0{,}004 \frac{1}{K}$; $R_1 = 80\,\Omega$; $a_2 = -0{,}001 \frac{1}{K}$; $R_2 = 20\,\Omega$; $a = ? \frac{1}{K}$

Lösung: $R = \frac{R_1 \cdot R_2}{R_1 + R_2} = \frac{80\,\Omega \cdot 20\,\Omega}{80\,\Omega + 20\,\Omega} = 16\,\Omega$

$a = R \frac{a_1 \cdot R_2 + a_2 \cdot R_1}{R_1 \cdot R_2} =$

$16\,\Omega \frac{0{,}004 \frac{1}{K} 20\,\Omega - 0{,}001 \frac{1}{K} 80\,\Omega}{80\,\Omega \cdot 20\,\Omega}$

$a = 16 \frac{0{,}08 - 0{,}08}{1600} \frac{1}{K} = 0 \frac{1}{K}$

Die Widerstandskombination ist temperaturunabhängig.

1. Kirchhoffscher Satz (Knotenpunktregel)

In jedem Stromverzweigungspunkt (Knotenpunkt) ist die Summe (Σ) aller zufließenden Ströme gleich der Summe aller abfließenden Ströme.

$\Sigma I_{zu} = \Sigma I_{ab}$

Beispiel:

$I_1 = 3\,A$; $I_2 = 6\,A$;
$I_3 = 2\,A$; $I_4 = 1{,}5\,A$;
$I_5 = ?\,A$

Lösung:
$I_1 + I_5 = I_2 + I_3 + I_4$
$I_5 = I_2 + I_3 + I_4 - I_1$
$I_5 = 6\,A + 2\,A + 1{,}5\,A - 3\,A$
$I_5 = 9{,}5\,A - 3\,A$
$I_5 = 6{,}5\,A$

2. Kirchhoffscher Satz (Maschenregel)

In jedem geschlossenen Stromkreis ist die Summe der erzeugten Spannungen gleich der Summe aller verbrauchten Spannungen.

$\Sigma U_{erz} = \Sigma U_{verb}$

Beispiel:

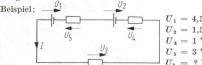

$U_1 = 4{,}5\,V$
$U_2 = 1{,}5\,V$
$U_4 = 1\,V$
$U_5 = 3\,V$
$U_3 = ?\,V$

Lösung: $U_1 + U_2 = U_3 + U_4 + U_5$
$U_3 = U_1 + U_2 - U_4 - U_5 = 4{,}5\,V + 1{,}5\,V - 3\,V - 1\,V$
$U_3 = 2\,V$

Im Beispiel ist die erzeugte Spannung $U_1 + U_2$ (Summenreihenschaltung). Wird z. B. U_2 umgepolt (Gegenreihenschaltung), ist die in der Masche erzeugte Spannung $U_1 - U_2$.

Meßbereichserweiterung

Spannungsmesser

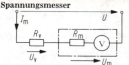

$R_V = \frac{U - U_m}{I_m}$

$n = \frac{U}{U_m}$

$R_V = R_m \cdot (n-1)$

U_m Meßbereichsendwert vor der Erweiterung in V
U Meßbereichsendwert nach der Erweiterung in V
I_m Strom für Vollausschlag in A
R_m Widerstand des Meßwerkes in Ω
R_V Vorwiderstand in Ω
n Meßbereichserweiterungsfaktor

Beispiel: Meßwerk mit Vollausschlag bei 20 mA und 50 Ω Widerstand soll zur Spannungsmessung bis 300 V verwendet werden. $R_V = ?\,\Omega$

Lösung: $U_m = I_m \cdot R_m = 0{,}02\,A \cdot 50\,\Omega = 1\,V$

$R_V = \frac{U - U_m}{I_m} = \frac{300\,V - 1\,V}{0{,}02\,A} = 14\,950\,\Omega$

Strommesser

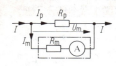

$R_p = \frac{U_m}{I - I_m}$

$R_p = \frac{R_m \cdot I_m}{I - I_m}$

$n = \frac{I}{I_m}$

$R_p = \frac{R_m}{n-1}$

R_p Nebenwiderstand (Shunt) in Ω
U_m Spannung am Meßwerk bei Vollausschlag in V
I Meßbereichsendwert nach der Erweiterung in A
I_m Meßbereichsendwert vor der Erweiterung in A
R_m Widerstand des Meßwerkes in Ω
n Meßbereichserweiterungsfaktor

Beispiel: Ein Meßgerät mit $R_m = 50\,\Omega$ und 1 A Meßbereichsendwert soll auf 6 A erweitert werden. $R_p = ?\,\Omega$

Lösung: $R_p = \frac{R_m \cdot I_m}{I - I_m} = \frac{50\,\Omega \cdot 1\,A}{6\,A - 1\,A} = 10\,\Omega$

Spannungsteiler

Unbelasteter Spannungsteiler

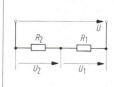

$\frac{U_1}{R_1} = \frac{U_2}{R_2}$

$U_2 = \frac{R_2}{R_1 + R_2} \cdot U$

U_1, U_2 Teilspannungen in V
R_1, R_2 Teilwiderstände in Ω
U Gesamtspannung in V

Beispiel: $U = 100\,V$; $R_1 + R_2 = 330\,\Omega$; $U_2 = 30\,V$; $R_2 = ?\,\Omega$

Lösung: $R_2 = \frac{U_2}{U}(R_1 + R_2) = \frac{30\,V}{100\,V} \cdot 330\,\Omega = 99\,\Omega$

2.8. Elektrotechnische Grundlagen

Belasteter Spannungsteiler

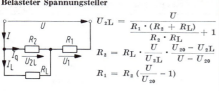

$$U_{2L} = \frac{U}{\frac{R_1 \cdot (R_2 + R_L)}{R_2 \cdot R_L} + 1}$$

$$R_2 = R_L \cdot \frac{U}{U_{2L}} \cdot \frac{U_{20} - U_{2L}}{U - U_{20}}$$

$$R_1 = R_2 \left(\frac{U}{U_{20}} - 1\right)$$

U_{2L} Teilspannung bei Belastung mit R_L in V
U Gesamtspannung in V
R_1, R_2 Teilwiderstände in Ω
R_L Belastungswiderstand in Ω
U_{20} Teilspannung ohne Belastung (Leerlauf) in V
I_L Laststrom in A
I_q Querstrom in A

Beispiel: Spannungsteiler an $U = 100$ V liegend hat im Leerlauf eine Spannung $U_{20} = 30$ V. Bei Belastung mit $R_L = 70\ \Omega$ darf die Spannung auf $U_{2L} = 25$ V absinken. $R_1 = ?\ \Omega$; $R_2 = ?\ \Omega$.

Lösung: $R_2 = R_L \cdot \dfrac{U}{U_{2L}} \cdot \dfrac{U_{20} - U_{2L}}{U - U_{20}}$

$R_2 = 70\ \Omega \cdot \dfrac{100\ \text{V}}{25\ \text{V}} \cdot \dfrac{30\ \text{V} - 25\ \text{V}}{100\ \text{V} - 30\ \text{V}} = 20\ \Omega$

$R_1 = R_2 \left(\dfrac{U}{U_{20}} - 1\right) = 20\ \Omega \cdot \left(\dfrac{100\ \text{V}}{30\ \text{V}} - 1\right)$

$R_1 = 46{,}67\ \Omega$

Kennlinien eines Spannungsteilers

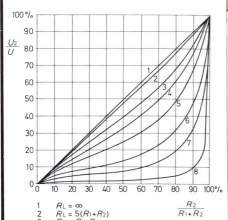

1   $R_L = \infty$ $\dfrac{R_2}{R_1 + R_2}$
2   $R_L = 5(R_1 + R_2)$
3   $R_L = R_1 + R_2$
4   $R_L = 0{,}5(R_1 + R_2)$
5   $R_L = 0{,}25(R_1 + R_2)$
6   $R_L = 0{,}1(R_1 + R_2)$
7   $R_L = 0{,}05(R_1 + R_2)$
8   $R_L = 0{,}01(R_1 + R_2)$

Die Ausgangsspannung weicht weniger von der Leerlaufspannung ab, wenn der Lastwiderstand gegenüber dem Teilerwiderstand groß ist.

Brückenschaltung[1])

Wheatstonesche Brücke

Für den Abgleich ($I_{12} = 0$) gilt:

$$\frac{R_X}{R_N} = \frac{R_3}{R_4}$$

R_X unbekannter Widerstand in Ω
R_N Vergleichswiderstand in Ω
R_3, R_4 Brückenwiderstände in Ω

Schleifdrahtbrücke

Für den Abgleich ($I_{12} = 0$) gilt:

$$\frac{R_X}{R_N} = \frac{l_3}{l_4}$$

l_3, l_4 Längen des Widerstandsdrahtes bis zum Abgriff in m

Beispiel: $R_N = 100\ \Omega$; $l_3 = 60$ cm; $l_4 = 40$ cm; $R_X = ?\ \Omega$

Lösung: $R_X = R_N \cdot \dfrac{l_3}{l_4} = 100\ \Omega \cdot \dfrac{60\ \text{cm}}{40\ \text{cm}} = 150\ \Omega$

Stern-Dreieck-Umwandlung

$R_{10} = \dfrac{R_{12} \cdot R_{13}}{R_{12} + R_{13} + R_{23}}$ $R_{12} = \dfrac{R_{10} \cdot R_{20}}{R_{30}} + R_{10} + R_{20}$

$R_{20} = \dfrac{R_{12} \cdot R_{23}}{R_{12} + R_{13} + R_{23}}$ $R_{23} = \dfrac{R_{20} \cdot R_{30}}{R_{10}} + R_{20} + R_{30}$

$R_{30} = \dfrac{R_{13} \cdot R_{23}}{R_{12} + R_{13} + R_{23}}$ $R_{13} = \dfrac{R_{10} \cdot R_{30}}{R_{20}} + R_{10} + R_{30}$

Beispiel:

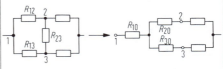

$R_{12} = 20\ \Omega$; $R_{23} = 30\ \Omega$; $R_{13} = 50\ \Omega$

[1]) Siehe auch S. 3-30

2.8. Elektrotechnische Grundlagen

Lösung: $R_{10} = \dfrac{R_{12} \cdot R_{13}}{R_{12} + R_{13} + R_{23}}$

$R_{10} = \dfrac{20\,\Omega \cdot 50\,\Omega}{20\,\Omega + 30\,\Omega + 50\,\Omega} = 10\,\Omega$

$R_{20} = \dfrac{30\,\Omega \cdot 20\,\Omega}{100\,\Omega} = 6\,\Omega$

$R_{30} = \dfrac{30\,\Omega \cdot 50\,\Omega}{100\,\Omega} = 15\,\Omega$

Spannungserzeuger

Belasteter Spannungserzeuger

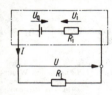

$U = U_q - I \cdot R_i$

$I = \dfrac{U_q}{R_i + R_L}$

$U_0 = U_q$

$I_K = \dfrac{U_q}{R_i}$

$R_i = \dfrac{U_q}{I_K}$

$R_i = \dfrac{\Delta U}{\Delta I}$

U Klemmenspannung in V
U_q Quellenspannung in V
U_0 Leerlaufspannung in V
I_K Kurzschlußstrom in A
ΔI Stromänderung in A
ΔU durch ΔI verursachte Klemmenspannungsänderung in V
I Strom in A
R_i innerer Widerstand in Ω
R_L Lastwiderstand in Ω

Beispiel: Ein mit 30 A belasteter Spannungserzeuger hat eine Klemmenspannung von 60 V. Bei 20 A ist die Klemmenspannung 62 V.
$R_i = ?\,\Omega;\quad U_q = ?\,V$.

Lösung: $R_i = \dfrac{\Delta U}{\Delta I} = \dfrac{62\,V - 60\,V}{30\,A - 20\,A} = \dfrac{2\,V}{10\,A} = 0{,}2\,\Omega$

$U_q = U + I \cdot R_i = 60\,V + 30\,A \cdot 0{,}2\,\Omega = 66\,V$

Die größtmögliche Leistungsentnahme aus einem Spannungserzeuger ergibt sich bei **Leistungsanpassung**. Es muß dabei der Lastwiderstand gleich dem Innenwiderstand sein: $R_L = R_i$

Die maximale Leistung am Lastwiderstand wird dann:

$P_{max} = \dfrac{U_0^2}{4 \cdot R_i}$

Reihenschaltung

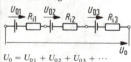

U_0 Gesamtleerlaufspannung
U_{01}, U_{02} Einzelleerlaufspannungen
R_i Gesamtinnenwiderstand
R_{i1}, R_{i2} Einzelinnenwiderstände

$U_0 = U_{01} + U_{02} + U_{03} + \cdots$
$R_i = R_{i1} + R_{i2} + R_{i3} + \cdots$

Parallelschaltung

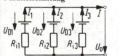

$I = I_1 + I_2 + I_3 + \cdots$

$\dfrac{1}{R_i} = \dfrac{1}{R_{i1}} + \dfrac{1}{R_{i2}} + \dfrac{1}{R_{i3}} + \cdots$

I Gesamtstrom
R_i Gesamtinnenwiderstand

Bei **unterschiedlichen Leerlaufspannungen** der einzelnen Spannungserzeuger fließen in der Parallelschaltung auch im Leerlauf Ausgleichsströme.

Ersatzspannungsquelle/-stromquelle

Netze, die mehrere Spannungserzeuger ($U_{01}, U_{02}, \ldots$), Schaltglieder mit festen Widerständen ($R_1, R_2, \ldots$) und einen veränderlichen Lastwiderstand R_L enthalten; lassen sich durch die Ersatzspannungsquelle bzw. Ersatzstromquelle berechnen.

Ersatzspannungsquelle

Schaltung mit Ersatzspannung U'_0, Innenwiderstand R'_i. U'_0 erhält man durch Messung oder Berechnung der Spannung an den Klemmen für $R_L = \infty$; R'_i erhält man, indem man sich den Spannungserzeuger kurzgeschlossen denkt und den Widerstand an den Klemmen (R_L nicht angeschlossen) bestimmt.

Ersatzstromquelle

Schaltung mit Ersatzstrom I', Innenwiderstand R'_i. I' erhält man, indem man die Klemmen kurzschließt (Kurzschlußstrom), R'_i ist so groß wie bei der Ersatzspannungsquelle.

Beispiel:

$U_{01} = 12\,V$
$R_{i1} = 3\,\Omega$
$U_{02} = 6\,V$
$R_{i2} = 1\,\Omega$
$R_L = 15\,\Omega$
$U_{R_L} = ?\,V$
$I = ?\,A$

1. Lösung: Ersatzspannungsquelle

Berechnung von U'_0

$U_{01} - I \cdot R_{i1} = U_{02} + I \cdot R_{i2}$
$U_{01} - U_{02} = I(R_{i1} + R_{i2})$

$I = \dfrac{U_{01} - U_{02}}{R_{i1} + R_{i2}} = \dfrac{12\,V - 6\,V}{3\,\Omega + 1\,\Omega} = 1{,}5\,A$

$U'_0 = U_{02} + I \cdot R_{i2} = 6\,V + 1{,}5\,A \cdot 1\,\Omega$
$\quad = 7{,}5\,V$

Berechnung von R'_i

$R'_i = \dfrac{R_{i1} \cdot R_{i2}}{R_{i1} + R_{i2}} = \dfrac{3\,\Omega \cdot 1\,\Omega}{3\,\Omega + 1\,\Omega} = 0{,}75\,\Omega$

$I = \dfrac{U'_0}{R'_i + R_L} = \dfrac{7{,}5\,V}{0{,}75\,\Omega + 15\,\Omega}$

$I = 0{,}476\,A$

$U_{R_L} = I \cdot R_L = 0{,}476\,A \cdot 15\,\Omega$

$U_{R_L} = 7{,}14\,V$

2. Lösung: Ersatzstromquelle

Berechnung von I'

$I' = \dfrac{U_{01}}{R_{i1}} + \dfrac{U_{02}}{R_{i2}} = \dfrac{12\,V}{3\,\Omega} + \dfrac{6\,V}{1\,\Omega}$

$I' = 4\,A + 6\,A = 10\,A$

Berechnung von R'_i

siehe Ersatzspannungsquelle
$R'_i = 0{,}75\,\Omega$

$R_{ers} = \dfrac{R'_i \cdot R_L}{R'_i + R_L} = \dfrac{0{,}75\,\Omega \cdot 15\,\Omega}{0{,}75\,\Omega + 15\,\Omega}$

$R_{ers} = 0{,}714\,\Omega$

$U_{R_L} = I' \cdot R_{ers} = 10\,A \cdot 0{,}714\,\Omega$

$U_{R_L} = 7{,}14\,V$

$I = \dfrac{U_{R_L}}{R_L} = \dfrac{7{,}14\,V}{15\,\Omega} = 0{,}476\,A$

2.8. Elektrotechnische Grundlagen

Elektrisches Feld

Elektrische Feldstärke
Die **Richtung der Feldstärke** ist festgelegt durch die Richtung der Kraft auf eine positive Ladung im elektrischen Feld.

$$E = \frac{F}{Q} = \frac{U}{l}$$

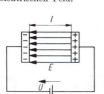

E elektr. Feldstärke in V/m
U Spannung zwischen geladenen Körpern in V
l Abstand der Körper in m
F Kraft auf einen geladenen Körper in N
Q Ladung des Körpers in As

Beispiel: Zwei parallele Metallplatten mit dem gegenseitigen Abstand 2 cm liegen an 1000 V. Zwischen den Platten befindet sich eine Ladung von $2 \cdot 10^{-10}$ As.
$E = ?$ V/m; $F = ?$ N
Lösung: $E = \frac{U}{l} = \frac{1000 \text{ V}}{0{,}02 \text{ m}} = 5 \cdot 10^4$ V/m
$F = Q \cdot E = 2 \cdot 10^{-10}$ As $\cdot 5 \cdot 10^4$ V/m $= 10^{-5}$ N

Elektrische Durchschlagsfestigkeit
Die elektrische Durchschlagsfestigkeit ist die in einem homogenen elektrischen Feld Durchschlag bewirkende Feldstärke in kV/cm oder kV/mm. Zur Berechnung der Feldstärke wird bei einer sinusförmigen Wechselspannung der Effektivwert verwendet. Durchschlagsfestigkeiten siehe Seite 11-26.

Elektrische Verschiebung

$$D = \frac{Q}{A} = \varepsilon \cdot E = \varepsilon_0 \cdot \varepsilon_r \cdot E$$

$\varepsilon_0 = 0{,}885149 \cdot 10^{-11}$ F/m
D elektrische Verschiebung in As/m²
Q elektrische Ladung in As
A Fläche in m²
ε Dielektrizitätskonstante in As/Vm = F/m
ε_0 elektrische Feldkonstante in F/m
ε_r Dielektrizitätszahl (ohne Einheit)
Dielektrizitätszahlen siehe Seite 11-26.

Kapazitäten von Kondensatoren

Plattenkondensator

$$C = \varepsilon_0 \cdot \varepsilon_r \cdot \frac{A}{s}$$

C Kapazität in F
ε_r Dielektrizitätszahl des Stoffes zwischen den parallelen Platten
A Fläche einer Platte in m²
s Abstand der Platten in m

Zylinderkondensator

$$C = \varepsilon_0 \cdot \varepsilon_r \cdot \frac{2 \cdot \pi \cdot l}{\ln \frac{r_a}{r_i}}$$

l Länge der koaxialen Zylinder in m
r_a Innenradius des äußeren Zylinders in mm
r_i Außenradius des inneren Zylinders in mm
ln natürlicher Logarithmus
ε_r Dielektrizitätszahl des Stoffes zwischen den Zylindern

Kugelkondensator

$$C = \varepsilon_0 \cdot \varepsilon_r \cdot 4\pi \cdot \frac{r_i \cdot r_a}{r_a - r_i}$$

r_i Außenradius der inneren Kugel in m
r_a Innenradius der äußeren Kugel in m
ε_r Dielektrizitätszahl des Stoffes zwischen den Kugeln

Parallele Zylinder mit gleichen Radien

Für den Fall $h \gg r$:

$$C = \frac{\pi \cdot \varepsilon_0 \cdot \varepsilon_r \cdot l}{\ln \frac{b-r}{r}}$$

l Länge des Zylinders in m
h Abstand Zylindermittellinie/Ebene in m
r Zylinderradius in m
ε_r Dielektrizitätszahl des Stoffes zwischen Zylinder und Ebene

Zylinder gegenüber Ebene

Für den Fall $h \gg r$:

$$C = \frac{2 \cdot \pi \cdot \varepsilon_0 \cdot \varepsilon_r \cdot l}{\ln \frac{2 \cdot h}{r}}$$

l Länge des Zylinders in m
h Abstand Zylindermittellinie/Ebene in m
r Zylinderradius in m
ε_r Dielektrizitätszahl des Stoffes zwischen Zylinder und Ebene

Ladung von Kondensatoren

$$Q = I \cdot t$$
$$Q = C \cdot U$$

Q Ladung in As
I Strom in A
t Zeit in s
C Kapazität in F (F = $\frac{\text{As}}{\text{V}}$)
U Spannung in V

Beispiel: Zwei elektrische Leiter mit $r = 1$ cm, $l = 100$ m verlaufen mit 0,5 m Abstand durch Luft. Gegenseitige Spannung 200 V.
$C = ?$ pF, $Q = ?$ As
Lösung: $C = \frac{\pi \cdot \varepsilon_0 \cdot \varepsilon_r \cdot l}{\ln \frac{b-r}{r}} =$

$= \frac{3{,}14 \cdot 0{,}885 \cdot 10^{-11} \cdot 0{,}5 \text{ F}}{\ln \frac{0{,}5 - 0{,}01}{0{,}01}}$

$C = \frac{13{,}9 \cdot 10^{-12} \text{ F}}{3{,}89} = 3{,}57$ pF

$Q = C \cdot U = 3{,}57 \cdot 10^{-12}$ F $\cdot 200$ V
$= 7{,}14 \cdot 10^{-10}$ As

Parallelschaltung von Kondensatoren

$$Q = Q_1 + Q_2 + Q_3 + \cdots$$
$$C = C_1 + C_2 + C_3 + \cdots$$
$$U = \frac{Q}{C} = \frac{Q_1}{C_1} = \frac{Q_2}{C_2} = \cdots$$

Q Gesamtladung in As
Q_1, Q_2 Einzelladungen in As
C Gesamtkapazität in F
C_1, C_2 Einzelkapazitäten in F
U Spannung in V

2.8. Elektrotechnische Grundlagen

Beispiel: $C_1 = 2\,\mu F$; $C_2 = 4\,\mu F$; $C_3 = 500\,nF$; $C = ?\,\mu F$

Lösung: $C = C_1 + C_2 + C_3 = 2\,\mu F + 4\,\mu F + 0{,}5\,\mu F = 6{,}5\,\mu F$

Reihenschaltung von Kondensatoren

$$U = U_1 + U_2 + U_3 + \cdots$$
$$\frac{1}{C} = \frac{1}{C_1} + \frac{1}{C_2} + \frac{1}{C_3} + \cdots$$
$$Q = C \cdot U = C_1 \cdot U_1 = C_2 \cdot U_2$$

U Gesamtspannung in V
U_1, U_2 Einzelspannungen in V
C Gesamtkapazität in F
C_1, C_2 Einzelkapazitäten in F
Q Ladung in As

Für den speziellen Fall der Reihenschaltung aus zwei Kondensatoren:
$$C = \frac{C_1 \cdot C_2}{C_1 + C_2}$$

Beispiel: $C_1 = 2\,\mu F$; $C_2 = 4\,\mu F$; $C_3 = 500\,nF$; $C = ?\,\mu F$

Lösung: $C = \dfrac{1}{\dfrac{1}{C_1} + \dfrac{1}{C_2} + \dfrac{1}{C_3}} = \dfrac{1}{\dfrac{1}{2} + \dfrac{1}{4} + \dfrac{1}{0{,}5}}\,\mu F$

$C = 0{,}364\,\mu F$

Kapazitätsänderung von Kondensatoren bei Erwärmung

$\Delta C = \alpha \cdot C_K \cdot \Delta t$
$C_W = C_K \cdot (1 + \alpha \cdot \Delta t)$

ΔC Kapazitätsänderung in F
α Temperaturkoeffizient in 1/K
C_K Kapazität im kalten Zustand in F
Δt Temperaturänderung in K
C_W Kapazität im warmen Zustand in F

Reihenschaltung:
$$\alpha = \frac{\alpha_2 \cdot C_1 + \alpha_1 \cdot C_2}{C_1 + C_2}$$

α Gesamttemperaturkoeffizient in 1/K
α_1, α_2 Temperaturkoeffizienten der Einzelkapazitäten in 1/K

Parallelschaltung:
$$\alpha = \frac{\alpha_1 \cdot C_1 + \alpha_2 \cdot C_2}{C_1 + C_2}$$

C_1, C_2 Einzelkapazitäten in F

Der Temperatureinfluß läßt sich durch die Verwendung von Kondensatoren mit positivem und Kondensatoren mit negativem Temperaturkoeffizienten in einer Schaltung kompensieren. Dabei sind die folgenden Gleichungen anzuwenden:

Reihenschaltung:
$$C_2 = \frac{C \cdot (\alpha_1 - \alpha_2)}{\alpha_1}$$
$$C_1 = \frac{C_2 \cdot C}{C_2 - C}$$

C Gesamtkapazität in F
C_1, C_2 Einzelkapazitäten in F
α_1, α_2 Temperaturkoeffizienten in 1/K

Parallelschaltung:
$$C_2 = \frac{C \cdot \alpha_1}{\alpha_1 - \alpha_2}$$
$$C_1 = C - C_2$$

Beispiel:
$C = 227\,pF$; $\alpha_1 = +30 \cdot 10^{-6}\,1/K$; $\alpha_2 = -70 \cdot 10^{-6}\,1/K$;
$C_1 = ?\,pF$; $C_2 = ?\,pF$ in Parallelschaltung

Lösung:
$$C_2 = \frac{C \cdot \alpha_1}{\alpha_1 - \alpha_2} = \frac{227\,pF \cdot 30 \cdot 10^{-6}\,1/K}{[30 - (-70)] \cdot 10^{-6}\,1/K} = 68{,}1\,pF$$
$C_1 = C - C_2 = 227\,pF - 68{,}1\,pF = 158{,}9\,pF$

Energie eines geladenen Kondensators

$$W_{el} = \frac{1}{2} \cdot C \cdot U^2$$

W_{el} elektrisch gespeicherte Energie in Ws
C Kapazität in F
U Spannung in V

Magnetisches Feld

Durchflutung

$\Theta = N \cdot I$

Θ Durchflutung in A (= magnetische Spannung)
N Windungszahl
I Strom in A

Beispiel: $N = 300$; $I = 2\,A$; $\Theta = ?\,A$
Lösung: $\Theta = N \cdot I = 300 \cdot 2\,A = 600\,A$

Magnetische Feldstärke (magnetische Erregung)

$$H = \frac{N \cdot I}{l}$$

H magnetische Feldstärke in A/m
N Windungszahl
I Strom in A
l mittlere Feldlinienlänge in m

Beispiel: $N = 300$; $I = 2\,A$; $l = 10\,cm$; $H = ?\,A/m$

Lösung: $H = \dfrac{N \cdot I}{l} = \dfrac{300 \cdot 2\,A}{0{,}1\,m} = 6000\,A/m$

Magnetischer Fluß und magnetische Flußdichte

Der magnetische Fluß ist die Summe aller gedachten Feldlinien.

Die magnetische Flußdichte ist die Anzahl der Feldlinien, die senkrecht durch eine Flächeneinheit hindurchtreten.

$$B = \frac{\Phi}{S}$$

B magn. Flußdichte in T
$\quad 1\,T = 1\,Tesla = 1\,Vs/m^2$
Φ magn. Fluß in Wb
$\quad 1\,Wb = 1\,Weber = 1\,Vs$
S Fläche in m^2

Beispiel: $\Phi = 8 \cdot 10^{-4}\,Vs$; $S = 20\,cm^2$; $B = ?\,Vs/m^2$

Lösung: $B = \dfrac{\Phi}{S} = \dfrac{8 \cdot 10^{-4}\,Vs}{20 \cdot 10^{-4}\,m^2} = 0{,}4\,Vs/m^2 = 0{,}4\,T$

Magnetische Feldstärke, Flußdichte, Permeabilität

$B = \mu \cdot H$
$B = \mu_0 \cdot \mu_r \cdot H$
$\mu = \mu_0 \cdot \mu_r$
$\mu_0 = 1{,}2566 \cdot 10^{-6}\,\dfrac{Vs}{Am}$

B magnetische Flußdichte in T
H Feldstärke in A/m
μ Permeabilität in $\dfrac{Vs}{Am}$
μ_0 magn. Feldkonstante
μ_r Permeabilitätszahl
in Luft: $B = \mu_0 \cdot H$
μ_0 konstant, $\mu_r \approx 1$.
in Eisen: $B = \mu \cdot H$
μ nicht konstant.
Zusammenhang zwischen magnetischer Feldstärke und Flußdichte wird in Magnetisierungskurven direkt angegeben.

2.8. Elektrotechnische Grundlagen

Magnetisierungskurven

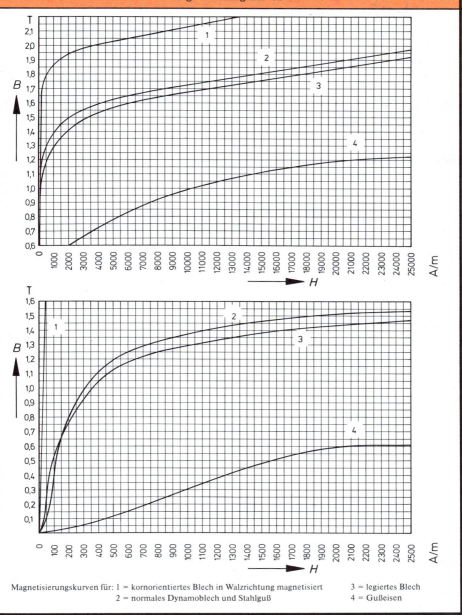

Magnetisierungskurven für: 1 = kornorientiertes Blech in Walzrichtung magnetisiert
2 = normales Dynamoblech und Stahlguß
3 = legiertes Blech
4 = Gußeisen

2.8. Elektrotechnische Grundlagen

Hysteresiskurve

- N Neukurve
- B_r magn. Remanenz (Restmagnetismus)
- H_c Koerzitivfeldstärke

Die von der Hysteresiskurve eingeschlossene Fläche entspricht den Ummagnetisierungsverlusten.

Anforderungen an Magnetwerkstoffe

Für Elektromagnete Werkstoffe mit geringer Remanenz, geringer Koerzitivfeldstärke (kleine Ummagnetisierungsverluste) und großer Permeabilitätszahl.

Für Dauermagnete Werkstoffe mit großer Remanenz und großer Koerzitivfeldstärke.

Entmagnetisieren

Einbringen des magnetischen Gegenstandes in das Magnetfeld einer vom Wechselstrom durchflossenen Spule; dann entweder den Strom verringern oder den Gegenstand langsam aus dem Spulenfeld entfernen.

Magnetischer Widerstand und Leitwert

$$R_m = \frac{\Theta}{\Phi} = \frac{l}{\mu \cdot S}$$

$$\Lambda = \frac{1}{R_m} = \frac{\mu \cdot S}{l}$$

$$\Phi = \Theta \cdot \Lambda$$

- R_m magnetischer Widerstand in $\frac{A}{Wb}$
- Θ Durchflutung in A
- Φ magn. Fluß in Wb
- l mittlere Feldlinienlänge in m
- μ Permeabilität in $\frac{Wb}{A \cdot m}$
- S Fläche in m²
- Λ magnetischer Leitwert in $\frac{Wb}{A}$

Beispiel: Geschlossener Eisenkreis mit $\Theta = 720$ A;
$l = 20$ cm; $S = 6$ cm²;
$\mu = \mu_0 \cdot \mu_r = 1,5 \cdot 10^{-3} \frac{Wb}{Am}$;
$\Lambda = ? \frac{Wb}{A}$; $\Phi = ?$ Wb

Lösung: $\Lambda = \frac{\mu \cdot S}{l} = \frac{1,5 \cdot 10^{-3} \frac{Wb}{Am} \cdot 6 \cdot 10^{-4} m^2}{0,2 \, m}$

$\Lambda = 4,5 \cdot 10^{-6} \frac{Wb}{A}$

$\Phi = \Theta \cdot \Lambda = 720 \, A \cdot 4,5 \cdot 10^{-6} \frac{Wb}{A}$

$\Phi = 3,24 \cdot 10^{-3}$ Wb

Magnetischer Kreis mit Luftspalt

$R_{m\,ges} = R_{m\,Fe} + R_{m\,Luft}$

$V_{ges} = V_{Fe} + V_{Luft}$

$\Theta = H_{Fe} \cdot l_{Fe} + H_{Luft} \cdot l_{Luft}$

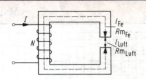

- $R_{m\,ges}$ gesamter magn. Widerstand in $\frac{A}{Wb}$
- $R_{m\,Fe}$; $R_{m\,Luft}$ magn. Einzelwiderstände in $\frac{A}{Wb}$
- V_{ges} magn. Gesamtspannung in A
- V_{Fe}; V_{Luft} magn. Teilspannungen in A
- Θ Durchflutung (Wicklung) in A
- H_{Fe}; H_{Luft} magn. Feldstärken in $\frac{A}{m}$
- l_{Fe}; l_{Luft} mittlere Feldlinienlängen in m

Beispiel:

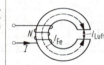

$l_{Fe} = 20$ cm
$l_{Luft} = 2$ mm
$B_{Fe} = B_{Luft} = 0,3 \frac{Wb}{m^2}$
$\mu_{Fe} = 0,3 \cdot 10^{-3} \frac{Wb}{A \cdot m}$
$I = ?$ A

Lösung: $H_{Luft} = \frac{B}{\mu_0} = \frac{0,3 \, Wb/m^2}{1,256 \, Wb/Am} \cdot 10^6$

$H_{Luft} = 2,39 \cdot 10^5 \frac{A}{m}$

$H_{Fe} = \frac{B}{\mu} = \frac{0,3 \, Wb/m^2}{0,3 \, Wb/Am} \cdot 10^3 = 10^3 \frac{A}{m}$

$\Theta = H_{Fe} \cdot l_{Fe} + H_{Luft} \cdot l_{Luft}$

$\Theta = 10^3 \frac{A}{m} \cdot 0,2 \, m + 2,39 \cdot 10^5 \frac{A}{m} \cdot 2 \cdot 10^{-3} \, m$

$\Theta = 200 \, A + 478 \, A = 678 \, A$

$I = \frac{\Theta}{N} = \frac{678 \, A}{200} = 3,39 \, A$

Kraft im Magnetfeld

$$F = \frac{B^2 \cdot S}{2 \cdot \mu_0}$$

- F Kraft in N
- μ_0 magn. Feldkonstante
- B magn. Flußdichte in T
- S Fläche in m²

Beispiel: $B = 1,5$ T; $S = 1$ cm²; $F = ?$ N

Lösung: $F = \frac{B^2 \cdot S}{2 \cdot \mu_0} = \frac{1,5^2 \frac{Wb^2}{m^4} \cdot 10^{-4} \, m^2}{2 \cdot 1,256 \cdot 10^{-6} \frac{Wb}{A \cdot m}}$

$F = \frac{225 \, Ws}{2,512 \, m} = 89,5 \, N$

2.8. Elektrotechnische Grundlagen

Induktion der Bewegung

$U = B \cdot l \cdot v \cdot z$

wenn $v \perp B$

U Spannung in V
l wirksame Leiterlänge in m
v Geschwindigkeit in $\frac{m}{s}$
z Leiterzahl
B magn. Flußdichte in T

Beispiel: $B = 1\,\text{T}$; $l = 10\,\text{cm}$; $v = 1\,\frac{m}{s}$; $z = 5$
$U = ?\,\text{V}$

Lösung: $U = B \cdot l \cdot v \cdot z = 1\,\frac{Vs}{m^2} \cdot 0{,}1\,\text{m} \cdot 1\,\frac{m}{s} \cdot 5$

$U = 0{,}5\,\text{V}$

Linke-Hand-Regel (Motorregel)

Hält man die linke Hand so, daß die Feldlinien (vom Nordpol kommend) auf die Handfläche der Hand auftreffen und zeigen die ausgestreckten Finger in Stromrichtung, dann gibt der abgespreizte Daumen die Bewegungsrichtung des Leiters an.

Kraft auf parallele Stromleiter

Parallele Leiter mit gleicher Stromrichtung ziehen sich an; parallele Leiter mit entgegengesetzter Stromrichtung stoßen sich ab.

$F = \frac{\mu_0}{2\pi} \cdot \frac{l}{b} \cdot I_1 \cdot I_2$

F Kraft in N
μ_0 magn. Feldkonstante
l Leiterlänge in m
b Leiterabstand in m
$I_1; I_2$ Leiterstrom in A

Beispiel: $l = 10\,\text{m}$; $b = 1\,\text{cm}$; $I_1 = I_2 = 30\,\text{A}$
$F = ?\,\text{N}$

Lösung: $F = \frac{\mu_0}{2\pi} \cdot \frac{l}{b} \cdot I_1 \cdot I_2$

$F = \frac{1{,}256 \cdot 10^{-6}\,\frac{Vs}{Am}}{2\pi} \cdot \frac{10\,\text{m}}{0{,}01\,\text{m}} \cdot 30^2\,\text{A}^2$

$F = 0{,}18\,\text{N}$

Kraft auf stromdurchflossenen Leiter

$F = B \cdot I \cdot l \cdot z$

wenn $B \perp l$

F Kraft in N
B magn. Flußdichte in T
l wirksame Leiterlänge in m
z Leiterzahl

Beispiel: $B = 1\,\text{T}$; $I = 1\,\text{A}$; $l = 10\,\text{cm}$; $z = 5$
$F = ?\,\text{N}$

Lösung: $F = B \cdot I \cdot l \cdot z = 1\,\frac{Vs}{m^2} \cdot 1\,\text{A} \cdot 0{,}1\,\text{m} \cdot 5$

$F = 0{,}5\,\frac{Ws}{m} = 0{,}5\,\text{N}$

Rechte-Hand-Regel (Generatorregel)

Hält man die rechte Hand so, daß die Feldlinien (vom Nordpol kommend) auf die Innenfläche der Hand auftreffen und zeigt der abgespreizte Daumen in die Bewegungsrichtung, so geben die ausgestreckten Finger die Richtung des Induktionsstromes an.

Induktionsgesetz

$U = -N\,\frac{\Delta \Phi}{\Delta t}$

U induzierte Spannung in V
N Windungszahl
$\frac{\Delta \Phi}{\Delta t}$ zeitliche Veränderung des magn. Flusses in $\frac{Wb}{s}$

Beispiele: $N = 3000$; $\Phi_1 = 2 \cdot 10^{-4}\,\text{Vs}$; $\Phi_2 = 4 \cdot 10^{-4}\,\text{Vs}$;
$t_1 = 0{,}1\,\text{s}$; $t_2 = 0{,}2\,\text{s}$; $U = ?\,\text{V}$

Lösung:

$U = -N\,\frac{\Delta \Phi}{\Delta t} = -N\,\frac{\Phi_2 - \Phi_1}{t_2 - t_1}$

$U = -3000\,\frac{(4 \cdot 10^{-4} - 2 \cdot 10^{-4})\,\text{Vs}}{(0{,}2 - 0{,}1)\,\text{s}}$

$U = -3000 \cdot \frac{2 \cdot 10^{-4}}{0{,}1}\,\text{V}$

$U = -6\,\text{V}$

Selbstinduktionsspannung

$U = -L \cdot \frac{\Delta I}{\Delta t}$

U Selbstinduktionsspannung in V
L Induktivität in H
$\frac{\Delta I}{\Delta t}$ zeitliche Änderung des Stromes in $\frac{A}{s}$

Beispiel: $L = 2\,\text{H}$; $\frac{\Delta I}{\Delta t} = 4\,\frac{A}{s}$; $U = ?\,\text{V}$

Lösung: $U = -L \cdot \frac{\Delta I}{\Delta t} = -2\,\text{H} \cdot 4\,\frac{A}{s} = -8\,\text{V}$

Selbstinduktivität von Spulen

$L = N^2 \cdot \frac{\mu_0 \cdot \mu_r \cdot S}{l}$

$L = N^2 \cdot \Lambda$

L Selbstinduktivität in H $\left(1\,\text{H} = \frac{Wb}{A}\right)$
N Windungszahl
Λ magn. Leitwert in $\frac{Wb}{A}$

Beispiel: $N = 100$; $\mu_r = 2000$; $S = 3\,\text{cm}^2$;
$l = 15\,\text{cm}$; $L = ?\,\text{H}$

Lösung: $L = N^2 \cdot \frac{\mu_0 \cdot \mu_r \cdot S}{l}$

$= 10^4\,\frac{1{,}256 \cdot 2 \cdot 3 \cdot 10^{-7}\,\text{Vsm}^2}{0{,}15\,\text{m Am}}$

$L = 50{,}2 \cdot 10^{-3}\,\frac{Vs}{A} = 50{,}2\,\text{mH}$

2.8. Elektrotechnische Grundlagen

Selbstinduktivitäten

Konzentrisches Kabel

$L = 0{,}2 \cdot 10^{-6} \cdot l \cdot \ln\left(\dfrac{R}{r}\right)$

L Induktivität in H
l Leiterlänge in m

Doppelleitung

$L = 0{,}4 \cdot 10^{-6} \cdot l \cdot \ln\left(\dfrac{b}{r}\right)$

L Induktivität in H
l Leiterlänge in m

Leiter gegen Masse

$L = 0{,}2 \cdot 10^{-6} \cdot l \cdot \ln\left(\dfrac{2h}{r}\right)$

L Induktivität in H
l Leiterlänge in m

Einlagige Spule

$L = 10^{-6} \cdot N^2 \cdot \dfrac{D^2}{l}$

L Induktivität in H
N Windungszahl
D Windungsdurchmesser in m
l Spulenlänge in m

Mehrlagige Spule

$L \approx 10^{-6} \cdot N^2 \cdot D \cdot \left[\dfrac{D}{2(l+h)}\right]^n$

$n = 0{,}75$ für $0 < \dfrac{D}{2(l+h)} < 1$

$n = 0{,}5$ für $1 \leq \dfrac{D}{2(l+h)} < 3$

L Induktivität in H
N Windungszahl
D Durchmesser in m
l Spulenlänge in m

Beispiel: Doppelleitung mit $l = 20$ m; $b = 1$ cm; $r = 1{,}38$ mm; $L = ?$ μH

Lösung: $L = 0{,}4 \cdot 10^{-6} \cdot l \cdot \ln\left(\dfrac{b}{r}\right)$

$L = 0{,}4 \cdot 10^{-6} \cdot 20 \cdot \ln\left(\dfrac{10\ \text{mm}}{1{,}38\ \text{mm}}\right)$

$L = 15{,}8 \cdot 10^{-6}$ H $= 15{,}8$ μH

Energie einer stromdurchflossenen Spule

$W_{mag} = \dfrac{1}{2} \cdot L \cdot I^2$

W_{mag} magn. gespeicherte Energie in Ws
L Selbstinduktivität in H
I Strom in A

Beispiel: $L = 2$ H; $I = 5$ A; $W_{mag} = ?$ Ws

Lösung: $W_{mag} = \dfrac{1}{2} \cdot L \cdot I^2 = \dfrac{1}{2} \cdot 2\ \text{H} \cdot 5^2\ \text{A}^2$

$= 25\ \dfrac{\text{Vs}}{\text{A}} \text{A}^2 = 25$ Ws

Magnetisch nicht gekoppelte Spulen

Reihenschaltung

$L = L_1 + L_2 + L_3 + \cdots$

L Gesamtinduktivität in H
L_1, L_2, L_3 Einzelinduktivitäten in H

Beispiel: $L_1 = 2$ H, $L_2 = 3$ H, $L_3 = 5$ H, $L = ?$ H

Lösung: $L = L_1 + L_2 + L_3 = 2$ H $+ 3$ H $+ 5$ H
$L = 10$ H

Parallelschaltung

$\dfrac{1}{L} = \dfrac{1}{L_1} + \dfrac{1}{L_2} + \dfrac{1}{L_3} + \cdots$

L Gesamtinduktivität in H
L_1, L_2, L_3 Einzelinduktivitäten in H

Beispiel: $L_1 = 2$ H, $L_2 = 5$ H, $L_3 = 10$ H, $L = ?$ H

Lösung: $\dfrac{1}{L} = \dfrac{1}{L_1} + \dfrac{1}{L_2} + \dfrac{1}{L_3} = \dfrac{1}{2\ \text{H}} + \dfrac{1}{5\ \text{H}} + \dfrac{1}{10\ \text{H}}$

$L = \dfrac{10\ \text{H}}{8} = 1{,}25$ H

Magnetisch gekoppelte Spulen

	gleicher Wicklungssinn	entgegengesetzter Wicklungssinn
Reihenschaltung	$L = L_1 + L_2 + 2M$	$L = L_1 + L_2 - 2M$
Parallelschaltung	$L = \dfrac{L_1 \cdot L_2 - M^2}{L_1 + L_2 - 2M}$	$L = \dfrac{L_1 \cdot L_2 - M^2}{L_1 + L_2 + 2M}$

$M = k \cdot \sqrt{L_1 \cdot L_2}$

M Gegeninduktivität in H
k Kopplungsgrad (0 ⋯ 1 je nach Kopplung)
L_1 Selbstinduktivität der Spule 1
L_2 Selbstinduktivität der Spule 2

Kondensator und Spule im Gleichstromkreis

Kondensator im Gleichstromkreis

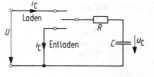

$\tau = R \cdot C$

τ Zeitkonstante in s
R Widerstand in Ω
C Kapazität in F $= \dfrac{\text{As}}{\text{V}}$

$I_0 = \dfrac{U}{R}$

I_0 Strom im Einschaltaugenblick in A
U angelegte Gleichspannung in V

2.8. Elektrotechnische Grundlagen

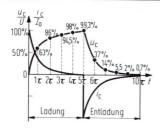

$$\tau = \frac{L}{R}$$

$$I_0 = \frac{U}{R}$$

- τ Zeitkonstante in s
- L Induktivität in H = $\frac{Vs}{A}$
- R Widerstand in Ω
- I_0 Strom nach dem Ausgleichsvorgang in A
- U angelegte Gleichspannung in V

Ladung:
$$i_C = \frac{U}{R} \cdot e^{-\frac{t}{\tau}}$$
$$u_C = U \cdot (1 - e^{-\frac{t}{\tau}})$$

Entladung:
$$i_C = \frac{U}{R} \cdot e^{-\frac{t}{\tau}}$$
$$u_C = U \cdot e^{-\frac{t}{\tau}}$$

- i_C Strom in A
- e natürliche Zahl (2,71828 ...)
- u_C Kondensatorspannung in V
- t Zeit in s

Beispiel: $R = 10 \text{ k}\Omega$; $C = 4,7 \text{ nF}$; $U = 10 \text{ V}$; $u_C = ?$ V nach $t = 141$ μs Ladung

Lösung:
$$u_C = U \cdot (1 - e^{-\frac{t}{\tau}}) = 10 \text{ V} (1 - e^{-\frac{141 \mu s}{47 \mu s}})$$
$$u_C = 10 \text{ V} \cdot (1 - e^{-3}) = 10 \text{ V} \cdot (1 - \frac{1}{e^3})$$
$$u_C = 10 \text{ V} \cdot (1 - \frac{1}{20}) = 10 \text{ V} \cdot 0,95 = 9,5 \text{ V}$$

Anschalten:
$$i_L = \frac{U}{R} \cdot (1 - e^{-\frac{t}{\tau}})$$
$$u_L = U \cdot e^{-\frac{t}{\tau}}$$

Abschalten:
$$i_L = \frac{U}{R} \cdot e^{-\frac{t}{\tau}}$$
$$u_L = U \cdot e^{-\frac{t}{\tau}}$$

- i_L Strom in A
- u_L Spulenspannung in V
- e natürl. Zahl (2,71828...)
- t Zeit in s

Beispiel: $L = 1 \text{ H}, R = 1 \text{ k}\Omega, U = 100 \text{ V}, i_L = ?$ A
$t = 2$ ms nach dem Abschalten

Lösung:
$$\tau = \frac{L}{R} = \frac{1 \frac{Vs}{A}}{1000 \frac{V}{A}} = 10^{-3} \text{ s} = 1 \text{ ms}$$

$$I_0 = \frac{U}{R} = \frac{100 \text{ V}}{1000 \Omega} = 0,1 \text{ A}$$

$$i_L = I_0 e^{-\frac{t}{\tau}} = 0,1 \text{A} \cdot e^{-\frac{2ms}{1ms}} = 0,1 \text{A} \, e^{-2}$$

$$i_L = 0,1 \text{ A} \, \frac{1}{e^2} = \frac{0,1 \text{ A}}{7,389} = 13,6 \text{ mA}$$

Spule im Gleichstromkreis

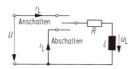

Die Spule wird beim Abschalten von einem Verbraucher zu einer Spannungsquelle, die versucht, den Strom in gleicher Richtung weiter fließen zu lassen. Dabei hat sich die Polung der Spannung an der Spule umgekehrt.

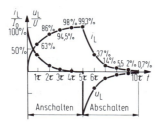

Wechselstrom

Grundbegriffe

$$f = \frac{1}{T}$$

- f Frequenz in Hz
- T Periodendauer in s

Beispiel: $T = 20$ ms; $f = ?$ Hz

Lösung: $f = \frac{1}{T} = \frac{1}{20 \text{ ms}} = \frac{10^3}{20} \cdot \frac{1}{s} = 50$ Hz

Effektivwert: Der Effektivwert I eines Wechselstromes ist der sich aus den Augenblickswerten i ergebende Dauerwert, der in einem ohmschen Widerstand die gleiche Wärmearbeit erzeugt wie ein Gleichstrom der gleichen Höhe.

Gleichrichtwert: Der Gleichrichtwert (arithmetische Mittelwert) $\bar{i}$ eines Wechselstromes ist der gleichbleibende Wert, von dem aus die Summe aller größeren Augenblickswerte gleich der Summe aller kleineren Augenblickswerte ist.

Scheitelfaktor: Der Scheitelfaktor eines Wechselstromes ist das Verhältnis des Scheitelwertes $\hat{i}$ (größter Augenblickswert) zum Effektivwert.

Formfaktor: Der Formfaktor ist das Verhältnis des Effektivwertes zum Gleichrichtwert.

2.8. Elektrotechnische Grundlagen

Kurvenform	Scheitelfaktor $\frac{\hat{\imath}}{I}$	Formfaktor $\frac{I}{\bar{\imath}}$
Sinus	$\sqrt{2} = 1{,}41$	1,11
Rechteck	1,00	1,00
Dreieck	$\sqrt{3} = 1{,}73$	1,15
Halbkreis	1,22	1,04

Beispiel: Sinusspannung mit $\hat{u} = 10$ V Scheitelwert
a) $U = ?$ V b) $\bar{u} = ?$ V

Lösung: a) $U = \dfrac{\hat{u}}{1{,}41} = \dfrac{10 \text{ V}}{1{,}41} = 7{,}07$ V

b) $\bar{u} = \dfrac{U}{1{,}11} = \dfrac{7{,}07 \text{ V}}{1{,}11} = 6{,}37$ V

Frequenz und Drehzahl

$f = p \cdot n$

f Frequenz in Hz
p Polpaarzahl
n Drehzahl in $\dfrac{1}{\text{s}}$

Beispiel: Generator mit 4 Pole und 1500 Umdrehungen pro Minute; $f = ?$ Hz

Lösung: $f = p \cdot n = \dfrac{4}{2} \cdot 1500 \dfrac{1}{\text{min}} \cdot \dfrac{1 \text{ min}}{60 \text{ s}} = 50$ Hz

Sinusförmige Wechselstromgrößen

Kreisfrequenz

$\omega = 2\pi \cdot f$

ω Kreisfrequenz in $\dfrac{1}{\text{s}}$
f Frequenz in Hz

Beispiel: $f = 50$ Hz; $\omega = ?\dfrac{1}{\text{s}}$

Lösung: $\omega = 2\pi \cdot f = 6{,}28 \cdot 50 \dfrac{1}{\text{s}} = 314 \dfrac{1}{\text{s}}$

Zeigerdarstellung

Bestandteile:
1. Zeiger: Die Zeigerlänge entspricht dem Scheitelwert (in symbolischen Darstellungen auch dem Effektivwert).
2. Winkelgeschwindigkeit ω: Der Zeiger rotiert mit der Winkelgeschwindigkeit (Kreisfrequenz) entgegen dem Uhrzeigerdrehsinn.
3. Zeitlinie ZL:

$u = \hat{u} \cdot \sin(\omega \cdot t)$

Die Projektion des Zeigers auf die Zeitlinie ergibt den Augenblickswert der Sinusgröße.

Grundsatz: In einem Zeigerdiagramm können nur Zeiger von Größen gleicher Frequenz dargestellt werden.

Zusammenschaltung sinusförmiger Wechselspannungen und -ströme

Sinusförmige Wechselspannungen oder -ströme gleicher Frequenz werden addiert bzw. subtrahiert, indem im Zeigerdiagramm die zugehörigen Zeiger **geometrisch** addiert bzw. subtrahiert werden.

Beispiel: Zwei dem Betrage nach gleiche Spannungen $U = 2$ V mit einem gegenseitigen Phasenverschiebungswinkel von 60° sollen
a) addiert und b) subtrahiert werden.
Gesamtspannung $= ?$ V

Lösung: a)

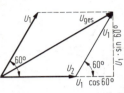

1. **Zeichnerisch:**
Wahl eines Maßstabes $M = 1 \dfrac{\text{V}}{\text{cm}}$, dann mit einem Winkel von 60° zueinander die beiden Spannungszeiger zeichnen (je 2 cm lang) und diese geometrisch zusammensetzen (Prinzip: Kräfteparallelogramm). Ergebnis: $U_{\text{ges}} = 3{,}45$ V

2. **Rechnerisch:**
$U^2_{\text{ges}} = (U_2 + U_1 \cdot \cos 60°)^2 + (U_1 \cdot \sin 60°)^2$
$U^2_{\text{ges}} = (2 \text{ V} + 2 \text{ V} \cdot 0{,}5)^2 + (2 \text{ V} \cdot 0{,}866)^2$
$U_{\text{ges}} = \sqrt{3^2 \text{ V}^2 + 1{,}73^2 \text{ V}^2} = \sqrt{12 \text{ V}^2} = 3{,}46$ V

Lösung: b)

1. **Zeichnerisch:**
Bei der Subtraktion $U_1 - U_2$ wird lediglich die Addition $U_1 + (-U_2)$ ausgeführt. Dazu muß dann die Richtung von U_2 um 180° gedreht werden.
Ergebnis: $U_{\text{ges}} = 2$ V

2. **Rechnerisch:**
$U^2_{\text{ges}} = (U_2 - U_1 \cdot \cos 60°)^2 + (U_1 \cdot \sin 60°)^2$
$U^2_{\text{ges}} = (2 \text{ V} - 2 \text{ V} \cdot 0{,}5)^2 + (2 \text{ V} \cdot 0{,}866)^2$
$U_{\text{ges}} = \sqrt{1^2 \text{ V}^2 + 1{,}73^2 \text{ V}^2} = \sqrt{1 \text{ V}^2 + 3 \text{ V}^2} = \sqrt{4 \text{ V}^2} = 2$ V

Transformator

$\ddot{u} = \dfrac{N_1}{N_2}$

$\dfrac{U_1}{U_2} \approx \dfrac{N_1}{N_2}$

$\dfrac{I_2}{I_1} \approx \dfrac{N_1}{N_2}$

Übertrager:

$\ddot{u}^2 = \dfrac{Z_1}{Z_2}$

$\ddot{u}$ Übersetzungsverhältnis
U_1 Eingangsspannung in V
U_2 Ausgangsspannung in V
I_1 Eingangsstrom in A
I_2 Ausgangsstrom in A
N_1 Windungszahl der Eingangswicklung
N_2 Windungszahl der Ausgangswicklung
Z_1 eingangsseitiger Wechselstromwiderstand in Ω
Z_2 ausgangsseitiger Wechselstromwiderstand in Ω

Beispiel 1: $U_1 = 220$ V; $N_1 = 2000$; $I_1 = 0{,}5$ A; $N_2 = 100$; $\ddot{u} = ?$; $U_2 = ?$ V; $I_2 = ?$ A

Lösung: $\ddot{u} = \dfrac{N_1}{N_2} = \dfrac{2000}{100} = \dfrac{20}{1} = 20:1$

$U_2 = \dfrac{1}{\ddot{u}} \cdot U_1 = \dfrac{1}{20} \cdot 220$ V $= 11$ V

$I_2 = \ddot{u} \cdot I_1 = 20 \cdot 0{,}5$ A $= 10$ A

Beispiel 2: Der Ausgangswiderstand einer Verstärkerstufe von 162 Ω ist anzupassen an den Lautsprecherwiderstand von 4,5 Ω. Mit welchem Übersetzungsverhältnis ist der Übertrager auszustatten?

Lösung: $\ddot{u} = \sqrt{\dfrac{Z_1}{Z_2}} = \sqrt{\dfrac{162 \text{ Ω}}{4{,}5 \text{ Ω}}} = \sqrt{36} = 6:1$

2.8. Elektrotechnische Grundlagen

Transformatorenhauptgleichung

$U_0 = 4{,}44 \cdot \hat{B} \cdot S \cdot f \cdot N$

- U_0 Leerlaufspannung (Effektivwert) in V
- $\hat{B}$ magn. Flußdichte (Scheitelwert) in T
- S Eisenquerschnitt in m²
- f Frequenz in Hz
- N Windungszahl

Beispiel: $\hat{B} = 1{,}3$ T; $S = 6$ cm²; $f = 50$ Hz; $N = 1272$; $U_0 = ?$ V

Lösung: $U_0 = 4{,}44 \cdot \hat{B} \cdot S \cdot f \cdot N$

$U_0 = 4{,}44 \cdot 1{,}3 \dfrac{\text{Vs}}{\text{m}^2} \cdot 6 \cdot 10^{-4}\,\text{m}^2 \cdot 50\,\dfrac{1}{\text{s}} \cdot 1272$

$U_0 = 220$ V

Kurzschlußspannung

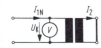

Die Kurzschlußspannung U_K ist die Spannung mit Nennfrequenz, die bei kurzgeschlossener Ausgangswicklung an die Eingangswicklung gelegt werden muß, um in der Eingangswicklung den Nennstrom zu erhalten. Sie wird in Prozenten der Nenn-Eingangsspannung angegeben.

$u_K = \dfrac{U_K}{U_N} \cdot 100\%$

- u_K Kurzschlußspannung in %
- U_K Kurzschlußspannung in V
- U_N Nennspannung in V

Beispiel: $U_N = 220$ V; gemessen $U_K = 19{,}8$ V; $u_K = ?\%$

Lösung: $u_K = \dfrac{U_K}{U_N} \cdot 100\% = \dfrac{19{,}8\,\text{V}}{220\,\text{V}} \cdot 100\% = 9\%$

Dauerkurzschlußstrom

$I_{Kd} = \dfrac{I_N}{u_K} \cdot 100\%$

- I_{Kd} Dauerkurzschlußstrom in A
- I_N Nennstrom in A
- u_K Kurzschlußspannung in %

Beispiel: $u_K = 9\%$; $I_N = 10$ A; $I_{Kd} = ?$ A

Lösung: $I_{Kd} = \dfrac{I_N}{u_K} \cdot 100\% = \dfrac{10\,\text{A}}{9\%} \cdot 100\% = 111$ A

Wechselstromwiderstände

Ohmscher Widerstand (Wirkwiderstand)

$R = \dfrac{U_R}{I_R}$

- R Wirkwiderstand in Ω
- U_R Spannung in V
- I_R Strom in A

Beispiel: $U_R = 220$ V; $I_R = 0{,}5$ A; $R = ?$ Ω

Lösung: $R = \dfrac{U_R}{I_R} = \dfrac{220\,\text{V}}{0{,}5\,\text{A}} = 440$ Ω

Induktiver Blindwiderstand

$X_L = \dfrac{U_L}{I_L}$

$X_L = \omega \cdot L$

- X_L induktiver Blindwiderstand in Ω
- U_L Spannung in V
- I_L Strom in A
- L Induktivität in H $= \dfrac{\text{Vs}}{\text{A}}$
- ω Kreisfrequenz in $\dfrac{1}{\text{s}}$

Beispiel: $U_L = 220$ V; $f = 50$ Hz; $I_L = 1$ A; $L = ?$ H

Lösung: $X_L = \dfrac{U_L}{I_L} = \dfrac{220\,\text{V}}{1\,\text{A}} = 220$ Ω

$L = \dfrac{X_L}{\omega} = \dfrac{X_L}{2\pi \cdot f} = \dfrac{220\,\Omega}{6{,}28 \cdot 50\,\dfrac{1}{\text{s}}} = 0{,}7$ H

Kapazitiver Blindwiderstand

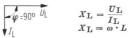

$X_C = \dfrac{U_C}{I_C}$

$X_C = \dfrac{1}{\omega \cdot C}$

- X_C kapazitiver Blindwiderstand in Ω
- U_C Spannung in V
- I_C Strom in A
- C Kapazität in F $= \dfrac{\text{As}}{\text{V}}$
- ω Kreisfrequenz in $\dfrac{1}{\text{s}}$

Beispiel: $U_C = 110$ V; $f = 50$ Hz; $I_C = 1$ A; $C = ?$ F

Lösung: $C = \dfrac{I_C}{U_C \cdot \omega} = \dfrac{1\,\text{A}}{110\,\text{V} \cdot 2\pi \cdot 50\,\dfrac{1}{\text{s}}} =$

$= 29 \cdot 10^{-6}$ F

Verluste in Spulen und Kondensatoren

1. Induktivitäten

Eine Induktivität (Spule) weist folgende Verluste auf:

a) Kupferverluste in der Kupferwicklung, deren Widerstand wegen des Hauteffektes mit der Frequenz ansteigt,

b) Wirbelstrom- und Hystereseverluste im Ferritkern.

Die Folge der Verluste ist, daß der Wechselstromwiderstand einer Spule kein reiner Blindwiderstand ist, sondern aus der Reihenschaltung einer Induktivität und eines Wirkwiderstandes besteht.

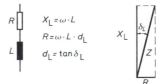

$X_L = \omega \cdot L$

$R = \omega \cdot L \cdot d_L$

$d_L = \tan \delta_L$

Zwischen X_L und Z entsteht der Verlustwinkel δ_L.

$\tan \delta_L = \dfrac{R}{\omega \cdot L}$

Die Größe $\tan \delta_L$ heißt auch Verlustfaktor d_L.

Bei kleinen Verlusten ist δ_L klein und da der Tangenswert eines kleinen Winkels ungefähr gleich seinem Bogen ist, kann man auch schreiben

$\tan \delta_L \approx \delta_L \approx d_L = \dfrac{R}{\omega \cdot L}$

Damit wird

$R = \omega \cdot L \cdot d_L$

2.8. Elektrotechnische Grundlagen

Den Kehrwert des Verlustfaktors d_L bezeichnet man als Spulengüte Q_L.

$$Q_L = \frac{1}{d_L}$$

Für Spulen mit bestimmten Kernen sind Kurven des Verlaufs der Güte über der Frequenz angegeben, z.B. im folgenden Schaubild für Siemens-Schalenkerne N 28 ($A_L = 315\,nH$).

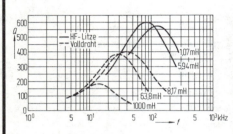

2. Kondensatoren

Im Kondensator treten Verluste auf, weil
a) die Metallfolien und Zuleitungen einen **elektrischen Widerstand** aufweisen,
b) das Dielektrikum eine gewisse **Leitfähigkeit** besitzt und
c) durch die **Umpolarisation** der Molekulardipole im Dielektrikum eine Erwärmung auftritt. Die Folge der Verluste ist, daß auch der Kondensator kein reiner Blindwiderstand ist, sondern aus der Parallelschaltung eines idealen Kondensators und eines Wirkwiderstandes besteht.

$B_C = \omega \cdot C$
$R = \dfrac{1}{\omega \cdot C \cdot d_C}$
$d_C = \tan \delta_C$

$G = \dfrac{1}{R}$

Zwischen X_C und Y entsteht der Verlustwinkel δ_C.

$$\tan \delta_C = \frac{1}{R \cdot \omega \cdot C}$$

Die Größe $\tan \delta_C$ bildet den Verlustfaktor d_C. Bei kleinen Verlusten, also kleinem δ_C, gilt

$$\tan \delta_C \approx \delta_C \approx d_C \approx \frac{1}{R \cdot \omega \cdot C}$$

Daraus bestimmt sich der Parallelwiderstand zu

$$R = \frac{1}{\omega \cdot C \cdot d_C}$$

Der Kehrwert des Verlustfaktors d_C wird als Güte Q_C bezeichnet.

$$Q_C = \frac{1}{d_C}$$

3. Verlustfaktor bei Reihen- und Parallelschaltungen

Schaltung	Verlustfaktor
L_1, $\tan\delta_1$ L_2, $\tan\delta_2$ (Reihe)	$\tan\delta = \dfrac{L_1 \cdot \tan\delta_1 + L_2 \cdot \tan\delta_2}{L_1 + L_2}$
C_1, $\tan\delta_1$ C_2, $\tan\delta_2$ (Reihe)	$\tan\delta = \dfrac{\dfrac{\tan\delta_1}{C_1} + \dfrac{\tan\delta_2}{C_2}}{\dfrac{1}{C_1} + \dfrac{1}{C_2}}$
L_1, $\tan\delta_1$ L_2, $\tan\delta_2$ (Parallel)	$\tan\delta = \dfrac{\dfrac{\tan\delta_1}{L_1} + \dfrac{\tan\delta_2}{L_2}}{\dfrac{1}{L_1} + \dfrac{1}{L_2}}$
C_1, $\tan\delta_1$ C_2, $\tan\delta_2$ (Parallel)	$\tan\delta = \dfrac{C_1 \cdot \tan\delta_1 + C_2 \cdot \tan\delta_2}{C_1 + C_2}$

Beispiel 1: Bei 100 kHz besitzt eine Spule von 2 mH eine Güte von 200. Wie groß ist der Widerstand R?

Lösung:
$$d_L = \frac{1}{Q_L} = \frac{1}{200} = 0{,}005$$
$$R = \omega \cdot L \cdot d_L = 100 \cdot 10^3\,\text{Hz} \cdot 2 \cdot 10^{-3}\,\text{H} \cdot 0{,}005$$
$$R = 1\,\Omega$$

Beispiel 2: Ein Kondensator von 4700 pF mit $d_1 = 0{,}6 \cdot 10^{-3}$ und ein Kondensator von 270 pF mit $d_2 = 0{,}3 \cdot 10^{-3}$ sind parallel geschaltet. Wie groß sind der Gesamtverlustfaktor und der Parallelverlustwiderstand bei 100 kHz?

Lösung:
$$d = \frac{C_1 \cdot d_1 + C_2 \cdot d_2}{C_1 + C_2}$$
$$d = \frac{4700\,\text{pF} \cdot 0{,}6 \cdot 10^{-3} + 270\,\text{pF} \cdot 0{,}3 \cdot 10^{-3}}{4700\,\text{pF} + 270\,\text{pF}}$$
$$d = \frac{2{,}82 + 0{,}081}{4{,}97 \cdot 10^3} = \frac{2{,}901}{4{,}97} \cdot 10^{-3}$$
$$d = 0{,}584 \cdot 10^{-3}$$
$$R = \frac{1}{\omega \cdot C \cdot d_C} = \frac{10^{-5} \cdot 10^{12} \cdot 10^3}{6{,}28\,\text{Hz} \cdot 4970\,\text{F} \cdot 0{,}584}$$
$$R = \frac{10^7\,\text{V}}{18{,}228\,\text{A}} = 548{,}6\,\text{k}\Omega$$

2.8. Elektrotechnische Grundlagen

Reihenschaltungen an Wechselspannung

Reihenschaltung von R und L

$$U = \sqrt{U^2_R + U^2_L} = Z \cdot I$$
$$Z = \sqrt{R^2 + X^2_L}$$

Reihenschaltung von R und C

$$U = \sqrt{U^2_R + U^2_C} = Z \cdot I$$
$$Z = \sqrt{R^2 + X^2_C}$$

Reihenschaltung von R, L und C

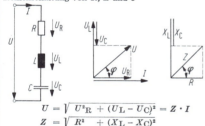

$$U = \sqrt{U^2_R + (U_L - U_C)^2} = Z \cdot I$$
$$Z = \sqrt{R^2 + (X_L - X_C)^2}$$

U Gesamtspannung in V
U_R; U_L; U_C Einzelspannungen in V
I Strom in A
Z Scheinwiderstand in Ω
R Wirkwiderstand (ohmscher Widerstand) in Ω
X_L induktiver Blindwiderstand in Ω
X_C kapazitiver Blindwiderstand in Ω

Beispiel: $R = 6\,\Omega$; $X_L = 12\,\Omega$; $X_C = 4\,\Omega$; $I = 2\,A$;
$Z = ?\,\Omega$; $U = ?\,V$; $U_R, U_L, U_C = ?\,V$;
$\varphi = ?\,°$

Lösung:
$Z = \sqrt{R^2 + (X_L - X_C)^2}$
$Z = \sqrt{6^2\,\Omega^2 + (12-4)^2\,\Omega^2}$
$Z = \sqrt{36\,\Omega^2 + 64\,\Omega^2}$
$Z = \sqrt{100\,\Omega^2} = 10\,\Omega$
$U = Z \cdot I = 10\,\Omega \cdot 2\,A = 20\,V$
$U_R = R \cdot I = 6\,\Omega \cdot 2\,A = 12\,V$
$U_L = X_L \cdot I = 12\,\Omega \cdot 2\,A = 24\,V$
$U_C = X_C \cdot I = 4\,\Omega \cdot 2\,A = 8\,V$
$\cos\varphi = \dfrac{U_R}{U} = \dfrac{12\,V}{20\,V} = 0{,}6$
$\varphi = 53{,}13°$

Parallelschaltungen an Wechselspannung

Parallelschaltung von R und L

$$I = \sqrt{I^2_R + I^2_L} \qquad Y = \sqrt{G^2 + B^2_L}$$
$$I = U \cdot Y \qquad Z = \dfrac{1}{\sqrt{\left(\dfrac{1}{R}\right)^2 + \left(\dfrac{1}{X_L}\right)^2}}$$

Parallelschaltung von R und C

$$I = \sqrt{I^2_R + I^2_C} \qquad Y = \sqrt{G^2 + B^2_C}$$
$$I = U \cdot Y \qquad Z = \dfrac{1}{\sqrt{\left(\dfrac{1}{R}\right)^2 + \left(\dfrac{1}{X_C}\right)^2}}$$

Parallelschaltung von R, L und C

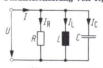

$$I = \sqrt{I^2_R + (I_C - I_L)^2}$$
$$I = U \cdot Y$$
$$Y = \sqrt{G^2 + (B_C - B_L)^2}$$
$$Z = \dfrac{1}{\sqrt{\left(\dfrac{1}{R}\right)^2 + \left(\dfrac{1}{X_C} - \dfrac{1}{X_L}\right)^2}}$$

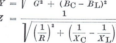

I Gesamtstrom in A
I_R, I_L, I_C Einzelströme in A
U Spannung in V
Y Scheinleitwert in S
G Wirkleitwert in S
B_L, B_C Blindleitwerte in S
Z Scheinwiderstand in Ω
R Wirkwiderstand in Ω
X_L, X_C Blindwiderstände in Ω

Beispiel: $R = 10\,\Omega$; $X_C = 20\,\Omega$; $U = 20\,V$;
$I = ?\,A$; $Z = ?\,\Omega$

Lösung: $I_R = \dfrac{U}{R} = \dfrac{20\,V}{10\,\Omega} = 2\,A$
$I_C = \dfrac{U}{X_C} = \dfrac{20\,V}{20\,\Omega} = 1\,A$
$I = \sqrt{I^2_R + I^2_C} = \sqrt{2^2\,A^2 + 1^2\,A^2}$
$I = \sqrt{5\,A^2} = 2{,}24\,A$
$Z = \dfrac{U}{I} = \dfrac{20\,V}{2{,}24\,A} = 8{,}94\,\Omega$

2.8. Elektrotechnische Grundlagen

Hoch- und Tiefpässe

RC- bzw. RL-Hochpässe	RC- bzw. RL-Tiefpässe
Schaltung 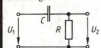 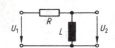	Schaltung 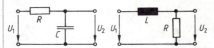
Frequenzverhalten 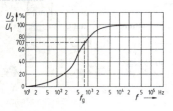	Frequenzverhalten 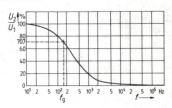
Phasenlage zwischen Eingangs- und Ausgangsspannung 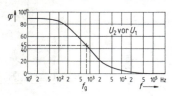	Phasenlage zwischen Eingangs- und Ausgangsspannung 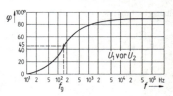
Spannungsverhältnis $\dfrac{U_2}{U_1} = \dfrac{R}{\sqrt{R^2 + X_C^2}}$ $\qquad \dfrac{U_2}{U_1} = \dfrac{X_L}{\sqrt{R^2 + X_L^2}}$	Spannungsverhältnis $\dfrac{U_2}{U_1} = \dfrac{X_C}{\sqrt{R^2 + X_C^2}}$ $\qquad \dfrac{U_2}{U_1} = \dfrac{R}{\sqrt{R^2 + X_L^2}}$
Grenzfrequenzen $f_g = \dfrac{1}{2\pi \cdot R \cdot C}$ $\qquad f_g = \dfrac{R}{2\pi \cdot L}$	Grenzfrequenzen $f_g = \dfrac{1}{2\pi \cdot R \cdot C}$ $\qquad f_g = \dfrac{R}{2\pi \cdot L}$
Verhalten bei Rechtecksignalen unterschiedlicher Impulsdauer 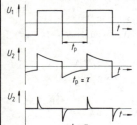 t_p Impulsdauer τ Zeitkonstante $\tau = R \cdot C$ $\tau = \dfrac{L}{R}$ Ein Hochpaß wirkt als Differenzierglied, wenn $t_p \gg \tau$.	Verhalten bei Rechtecksignalen unterschiedlicher Impulsdauer 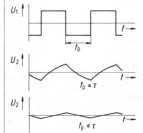 t_p Impulsdauer τ Zeitkonstante $\tau = R \cdot C$ $\tau = \dfrac{L}{R}$ Ein Tiefpaß wirkt als Integrierglied, wenn $t_p \ll \tau$.

2.8. Elektrotechnische Grundlagen

Schwingkreise

Reihenschwingkreis

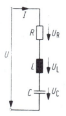

Schaltbild

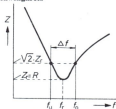

Abhängigkeit des Scheinwiderstands von der Frequenz

Resonanzbedingung
$$X_L = X_C$$
$$\omega \cdot L = \frac{1}{\omega \cdot C}$$

Operatorendiagramm bei Resonanz

Resonanzkreisfrequenz $\omega_r = \dfrac{1}{\sqrt{L \cdot C}}$

Resonanzfrequenz $f_r = \dfrac{1}{2\pi \cdot \sqrt{L \cdot C}}$

Güte des Kreises $Q = \dfrac{\omega_r \cdot L}{R} = \dfrac{1}{R} \cdot \sqrt{\dfrac{L}{C}}$

Spannung an L und C bei Resonanz
$$U_{Lr} = U_{Cr} = Q \cdot U$$
(U = Klemmenspannung am Schwingkreis)

Zusammenhänge
1. Die Güte des Schwingkreises ist um so größer, je größer die Induktivität und je kleiner die Kapazität ist.
2. Die Güte wird kleiner, wenn R größer wird. (In Schaltungen muß auch der Innenwiderstand der Spannungsquelle und der Widerstand der angeschlossenen Belastung mit berücksichtigt werden.)
3. Im Resonanzfall kann an der Induktivität und an der Kapazität ein Vielfaches der angelegten Wechselspannung U auftreten.

Dämpfungsfaktor $d = \dfrac{1}{Q} = \dfrac{R}{\omega_r \cdot L}$

Scheinwiderstand bei Resonanz $Z_r = R$

Scheinwiderstand bei beliebiger Frequenz
$$Z = \sqrt{R^2 + (X_L - X_C)^2}$$

Phasenverschiebung zwischen Spannung und Strom
$$\tan\varphi = \dfrac{\omega \cdot L - \dfrac{1}{\omega \cdot C}}{R}$$

Bandbreite $\Delta f = f_o - f_u = \dfrac{f_r}{Q} = f_r \cdot d$

Parallelschwingkreis

Schaltbild

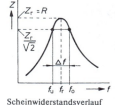

Scheinwiderstandsverlauf

$G = \dfrac{1}{R}$ $\quad \dfrac{1}{\omega \cdot L}$
$Y = \dfrac{1}{Z}$ $\quad \omega \cdot C$

Operatorendiagramm bei Resonanz

Bei der Berechnung müssen der Wirkwiderstand R_{sp} und die Induktivität L_{sp} der Schwingkreisspule (die in Reihe liegen!) in R und L der Parallelschaltung umgerechnet werden. Es gilt angenähert:

$$L = L_{sp} \qquad R = \dfrac{L_{sp}}{C \cdot R_{sp}}$$

Resonanzfrequenz $f_r = \dfrac{1}{2\pi \cdot \sqrt{L \cdot C}}$

Güte des Kreises $Q = \dfrac{R}{\omega_r \cdot L} = R \cdot \sqrt{\dfrac{C}{L}}$

Strom in L und C bei Resonanz
$$I_{Lr} = I_{Cr} = Q \cdot I$$

Zusammenhänge
1. Die Güte des Schwingkreises ist um so größer, je kleiner die Induktivität und je größer die Kapazität ist.
2. Die Güte wird kleiner, wenn R kleiner wird.
3. Im Resonanzfall kann in der Induktivität und in der Kapazität ein Vielfaches des dem Kreis zufließenden Stromes auftreten.

Dämpfungsfaktor $d = \dfrac{1}{Q} = \dfrac{\omega_r \cdot L}{R}$

Scheinleitwert bei beliebiger Frequenz
$$Y = \sqrt{\dfrac{1}{R^2} + \left(\dfrac{1}{X_L} - \dfrac{1}{X_C}\right)^2}$$

Bandbreite $\Delta f = f_o - f_u = \dfrac{f_r}{Q} = f_r \cdot d$

Beispiel: Parallelschwingkreis: $R = 2\,M\Omega$; $C = 10\,pF$; $L = 50\,mH$; $f_r, \Delta f = ?\,Hz$

Lösung: $f_r = \dfrac{1}{2\pi \cdot \sqrt{L \cdot C}}$

$f_r = \dfrac{1}{6{,}28 \cdot \sqrt{50 \cdot 10^{-14}\,s^2}} = 226\,kHz$

$Q = R \cdot \sqrt{\dfrac{C}{L}}$

$Q = 2 \cdot 10^6\,\Omega \sqrt{\dfrac{10 \cdot 10^{-12}\,F}{50 \cdot 10^{-3}\,H}} = 28{,}28$

$\Delta f = \dfrac{f_r}{Q} = \dfrac{226\,kHz}{28{,}28} = 8\,kHz$

2.8. Elektrotechnische Grundlagen

Elektrische Leistung | Elektrische Arbeit

1. Für Gleichstrom

$P = U \cdot I$
$P = I^2 \cdot R$
$P = \dfrac{U^2}{R}$

P Leistung in W
U Spannung in V
I Strom in A
R Widerstand in Ω

Beispiel: An welche Spannung darf ein Widerstand mit der Aufschrift 10 kΩ/2 W noch angeschlossen werden?

Lösung: $P = \dfrac{U^2}{R} \;\rightarrow\; U = \sqrt{P \cdot R}$

$U = \sqrt{2\ \text{W} \cdot 10\,000\ \Omega} = \sqrt{20\,000\ \text{V}^2} = 141{,}42\ \text{V}$

2. Für sinusförmigen Wechselstrom

$S = U \cdot I$ S Scheinleistung in VA[1]
$P = U \cdot I \cdot \cos\varphi = S \cdot \cos\varphi$ P Wirkleistung in W[2]
$Q = U \cdot I \cdot \sin\varphi = S \cdot \sin\varphi$ Q Blindleistung in var[3]
$\lambda = \cos\varphi = \dfrac{P}{S}$ $\lambda, \cos\varphi$ Leistungsfaktor
$\sin\varphi = \dfrac{Q}{S}$ $\sin\varphi$ Blindfaktor

Zusammenhang zwischen S, P und Q im

Leistungsdreieck

$S = \sqrt{P^2 + Q^2}$
$\cos\varphi = \dfrac{P}{S}$
$\sin\varphi = \dfrac{Q}{S}$
$\tan\varphi = \dfrac{Q}{P}$

Beispiel: $U = 220\ \text{V}$; $I = 22{,}75\ \text{A}$; $P = 4\ \text{kW}$;
$S = ?\ \text{VA}$; $\cos\varphi = ?$; $Q = ?\ \text{var}$

Lösung: $S = U \cdot I = 220\ \text{V} \cdot 22{,}75\ \text{A} = 5000\ \text{VA}$

$\cos\varphi = \dfrac{P}{S} = \dfrac{4000\ \text{W}}{5000\ \text{VA}} = 0{,}8$

$Q = \sqrt{S^2 - P^2} = \sqrt{5^2 - 4^2}\ \text{kvar} = 3\ \text{kvar}$

3. Für Drehstrom bei symmetrischer Belastung

$S_{\text{St}} = U_{\text{St}} \cdot I_{\text{St}}$ S_{St} Scheinleistung eines Stranges in VA
$S = 3 \cdot U_{\text{St}} \cdot I_{\text{St}}$ U_{St} Strangspannung in V
                         I_{St} Strangstrom in A
$S = 1{,}73 \cdot U \cdot I$ S Gesamtscheinleistung der drei verketteten Stränge in VA
$P = 1{,}73 \cdot U \cdot I \cdot \cos\varphi$
$Q = 1{,}73 \cdot U \cdot I \cdot \sin\varphi$ U Leiterspannung in V
                         I Leiterstrom in A
                         P Wirkleistung in W
$\lambda = \cos\varphi = \dfrac{P}{S}$ Q Blindleistung in var
                         $\lambda, \cos\varphi$ Leistungsfaktor
$P_\triangle = 3 \cdot P_Y$

Bei gleicher Leiterspannung ist die aufgenommene Leistung $P_\triangle$ bei einem Verbraucher in Dreieckschaltung das Dreifache der Leistung P_Y in der Sternschaltung.

Elektrische Arbeit

$W = P \cdot t$

W elektrische Arbeit in Ws
P elektrische Leistung in W
t Zeit in s

Umrechnungen:
3 600 Ws (Wattsekunden) = 1 Wh (Wattstunde)
1 000 Wh (Wattstunden) = 1 kWh (Kilowattstunde)

Beispiel: $P = 1{,}5\ \text{kW}$; $t = 14\ \text{h}$; $W = ?\ \text{kWh}$
Lösung: $W = P \cdot t = 1{,}5\ \text{kW} \cdot 14\ \text{h} = 21\ \text{kWh}$
Arbeitskosten: 1 kWh kostet 0,16 DM
21 kWh kosten 0,16 DM · 21 = 3,36 DM

Leistungsmessung mit Uhr und Zähler

$P = \dfrac{n}{C_Z \cdot t}$

n Zählerscheibenumdrehungen
t Umdrehungen entsprechende Zeit
C_Z Zählerkonstante in $\dfrac{\text{Umdr.}}{\text{kWh}}$ (vom Leistungsschild)

Beispiel: $C_Z = 600\ \dfrac{\text{Umdr.}}{\text{kWh}}$; $t = 45\ \text{s}$; $n = 12$;
$P = ?\ \text{kW}$

Lösung: $P = \dfrac{n}{C_Z \cdot t} = \dfrac{\text{kWh} \cdot 12 \cdot 3600\ \text{s}}{600 \cdot 45\ \text{s} \cdot 1\ \text{h}} = 1{,}6\ \text{kW}$

Wirkungsgrad

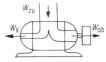

$\eta = \dfrac{W_{\text{ab}}}{W_{\text{zu}}}$

im stationären Zustand auch:

$\eta = \dfrac{P_{\text{ab}}}{P_{\text{zu}}}$

η Wirkungsgrad
$W_{\text{ab}}, W_{\text{zu}}$ abgegebene bzw. zugeführte Arbeit in kWh
$P_{\text{ab}}, P_{\text{zu}}$ abgegebene bzw. zugeführte Leistung in kW

Beispiel: $P_{\text{zu}} = 1{,}5\ \text{kW}$; $P_{\text{ab}} = 1{,}2\ \text{kW}$; $\eta = ?$

Lösung: $\eta = \dfrac{P_{\text{ab}}}{P_{\text{zu}}} = \dfrac{1{,}2\ \text{kW}}{1{,}5\ \text{kW}} = 0{,}8$

Elektrische Arbeit und Wärme

Einer elektrischen Arbeit von **1 Ws entspricht** eine Wärmearbeit (Stromwärme) von **1 J**; der elektrischen Arbeit von **1 kWh entspricht** die Stromwärme von $3{,}6 \cdot 10^6$ J.

Durch die bei der Energieumwandlung in Wärmegeräten entstehenden Verluste ist die Nutzwärme kleiner als die Stromwärme:

$Q_N = Q_S \cdot \eta_W$

Q_N Nutzwärme in J
Q_S Stromwärme in J
η_W Wärmewirkungsgrad

Beispiel: $Q_N = 100\ \text{kJ}$; $\eta_W = 0{,}9$; $W = ?\ \text{Wh}$

Lösung: $Q_S = \dfrac{Q_N}{\eta_W} = \dfrac{100\ \text{kJ}}{0{,}9} = 111\ \text{kJ}$

$W = \dfrac{1\ \text{kWh}}{3600\ \text{kJ}} \cdot 111\ \text{kJ} = 0{,}0308\ \text{kWh}$

$W = 30{,}8\ \text{Wh}$

---

[1]) VA = Voltampere   [2]) W = Watt   [3]) var = Voltampere reaktiv

2.8. Elektrotechnische Grundlagen

Pegelrechnung

Übertragungssysteme stellen einen Vierpol dar, denn sie bestehen aus 2 Eingangs- und 2 Ausgangspolen. An den Eingangsklemmen wird die Leistung P_1 zugeführt, an den Ausgangsklemmen kann die Leistung P_2 abgenommen werden. Ist das Verhältnis P_2/P_1 größer als 1, spricht man von einem aktiven Vierpol (Verstärkung), ist P_2/P_1 kleiner als 1, spricht man von einem passiven Vierpol (Dämpfung). Neben den Leistungen lassen sich auch die Spannungen und Ströme ins Verhältnis setzen und dadurch ebenfalls Dämpfungen oder Verstärkungen ausdrücken.

Die Berechnung der Gesamtdämpfung bzw. Gesamtverstärkung einer Übertragungsstrecke wird durch das Rechnen mit Hilfe von Logarithmen vereinfacht, da damit Multiplikationen auf Additionen zurückgeführt werden. So ist der **relative Pegel** einer Leistung P_2, einer Spannung U_2 oder eines Stromes I_2 am Ausgang eines Übertragungssystems das logarithmierte Verhältnis mit den entsprechenden Werten P_1, U_1 oder I_1 am Eingang:

Leistungspegel: $\quad p = 10 \cdot \lg \dfrac{P_2}{P_1}$ in Dezibel (dB)

oder $\quad p = \dfrac{1}{2} \cdot \ln \dfrac{P_2}{P_1}$ in Neper (Np)

Spannungspegel: $\quad p_U = 20 \cdot \lg \dfrac{U_2}{U_1}$ in dB

oder $\quad p_U = \ln \dfrac{U_2}{U_1}$ in Np

Strompegel: $\quad p_I = 20 \cdot \lg \dfrac{I_2}{I_1}$ in dB

oder $\quad p_I = \ln \dfrac{I_2}{I_1}$ in Np

Umrechnungen: $\quad$ 1 Dezibel $= \dfrac{1}{10}$ Bel = 0,115 Neper

1 Neper = 8,686 Dezibel

Beispiel: 2 Verstärker mit $v_{1U} = 20$ und $v_{2U} = 40$ sind in Reihe geschaltet; $v_{ges} = ?$

Lösung mit untenstehender Tafel (siehe Pfeile):
$v_1 U = 20 \approx 26\ \text{dB} \approx 3{,}0\ \text{Np}$
$v_2 U = 40 \approx 32\ \text{dB} \approx 3{,}7\ \text{Np}$
$v_{ges} \quad\quad 58\ \text{dB} \approx 6{,}7\ \text{Np} \approx 800$

Der **absolute Pegel** einer Leistung P_X, einer Spannung U_X oder eines Stromes I_X an einem Punkt im Übertragungssystem ist das logarithmierte Verhältnis mit $P_r = 1$ mW, $U_r = 0{,}775$ V oder $I_r = 1{,}29$ mA.

Leistungspegel: $\quad p_a = \dfrac{1}{2} \cdot \ln \dfrac{P_X}{P_r}$ in Np

$\quad p_a = 10 \cdot \lg \dfrac{P_X}{P_r}$ in dB

Spannungspegel: $\quad p_{aU} = \ln \dfrac{U_X}{U_r}$ in Np

$\quad p_{aU} = 20 \cdot \lg \dfrac{U_X}{U_r}$ in dB

Strompegel: $\quad p_{aI} = \ln \dfrac{I_X}{I_r}$ in Np

$\quad p_{aI} = 20 \cdot \lg \dfrac{I_X}{I_r}$ in dB

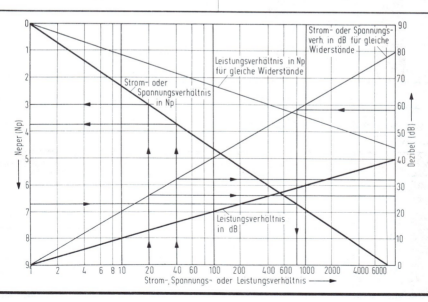

2.8. Elektrotechnische Grundlagen

Umwandlung von dB in ein Spannungsverhältnis

Faktor bei −dB	dB	Faktor bei +dB	Faktor bei −dB	dB	Faktor bei +dB
1,0	0	1,0	0,089	21	11,2
0,944	0,5	1,059	0,079	22	12,6
0,891	1	1,122	0,071	23	14,1
0,841	1,5	1,189	0,063	24	15,9
0,793	2	1,26	0,056	25	17,8
0,75	2,5	1,333	0,050	26	20,0
0,708	3	1,413	0,045	27	22,4
0,668	3,5	1,497	0,039	28	25,1
0,63	4	1,585	0,035	29	28,2
0,595	4,5	1,68	0,0316	30	31,6
0,56	5	1,78	0,028	31	35,5
0,53	5,5	1,88	0,025	32	39,8
0,50	6	2,0	0,022	33	44,7
0,471	6,5	2,12	0,02	34	50,1
0,446	7	2,24	0,018	35	56,2
0,42	7,5	2,37	0,016	36	63,1
0,398	8	2,51	0,014	37	70,8
0,38	8,5	2,66	0,0125	38	79,4
0,35	9	2,82	0,011	39	89,1
0,333	9,5	3,00	0,010	40	100,0
0,316	10	3,16	0,0056	45	178
0,28	11	3,55	0,0032	50	316
0,25	12	4,00	0,0018	55	562
0,22	13	4,47	0,0010	60	1000,0
0,199	14	5,01	0,00056	65	1780
0,175	15	5,62	0,00032	70	3160
0,156	16	6,31	0,00018	75	5620
0,14	17	7,08	0,00010	80	10000
0,125	18	7,94	0,000056	85	17800
0,11	19	8,91	0,000032	90	31600
0,10	20	10,0	0,00001	100	100000

Umwandlung von dB in ein Leistungsverhältnis

Faktor bei −dB	dB	Faktor bei +dB	Faktor bei −dB	dB	Faktor bei +dB
1,0	0	1,0	0,079	11	12,6
0,891	0,5	1,122	0,063	12	15,9
0,793	1	1,26	0,050	13	20,0
0,708	1,5	1,413	0,039	14	25,1
0,63	2	1,585	0,0316	15	31,6
0,56	2,5	1,78	0,025	16	39,8
0,50	3	2,0	0,02	17	50,1
0,445	3,5	2,24	0,016	18	63,1
0,398	4	2,51	0,0125	19	79,4
0,35	4,5	2,82	0,010	20	100,0
0,316	5	3,16	0,0079	21	126
0,28	5,5	3,55	0,0063	22	159
0,25	6	4,0	0,005	23	200
0,22	6,5	4,47	0,0039	24	251
0,199	7	5,01	0,0032	25	316
0,175	7,5	5,62	0,001	30	1000
0,156	8	6,31	0,00032	35	3160
0,14	8,5	7,08	0,00010	40	10000
0,125	9	7,94	0,000032	45	31600
0,11	9,5	8,91	0,00001	50	100000
0,10	10	10,0	0,000001	60	1000000

Errechnung von Zwischenwerten

1. Beispiel: Welchem Faktor entspricht eine Spannungsverstärkung von + 42,5 dB?

Lösung: 40 dB ≙ 100
          2,5 dB ≙ 1,33

42,5 dB ≙ 100 · 1,33 = 133
also: $U_2 = 133 \cdot U_1$

2. Beispiel: Welchem Faktor entspricht eine Leistungsverstärkung von − 32 dB?

Lösung: − 32 dB ≙ 0,001 · 0,63 = 0,00063

Umrechnung vom absoluten Pegel dBµV in Spannungswerte

Bei Pegelangaben in dBµV (gesprochen: dB über µV) beträgt die Bezugsspannung $U_0 = 1$ µV an 60 Ω und der Pegel errechnet sich zu $20 \cdot \lg U/U_0$.

Bei gleicher Leistung ist die Spannung an 240 Ω doppelt so groß wie an 60 Ω. Für 240 Ω sind also die Werte der folgenden Tabelle zu verdoppeln.

dBµV	0	1	2	3	4	5	6	7	8	9	
	1,0	1,12	1,26	1,41	1,59	1,78	2,0	2,24	2,51	2,82	
10	3,16	3,55	3,98	4,47	5,01	5,62	6,31	7,08	7,94	8,91	µV
20	10	11,2	12,6	14,1	15,9	17,8	20,0	22,4	25,1	28,2	
30	31,6	35,5	39,8	44,7	50,1	56,2	63,1	70,8	79,4	89,1	
40	0,1	0,112	0,126	0,141	0,159	0,178	0,2	0,224	0,251	0,282	
50	0,316	0,355	0,398	0,447	0,501	0,562	0,631	0,708	0,794	0,891	
60	1,0	1,12	1,26	1,41	1,59	1,78	2,0	2,24	2,51	2,82	mV
70	3,16	3,55	3,98	4,47	5,01	5,62	6,31	7,08	7,94	8,91	
80	10	11,2	12,6	14,1	15,9	17,8	20,0	22,4	25,1	28,2	

2.8. Elektrotechnische Grundlagen

Komplexe Darstellung des Wechselstromes

Wechselströme und -spannungen können durch Sinusfunktionen der Form $i = \hat{i} \cdot \sin(\omega t)$ bzw. $u = \hat{u} \cdot \sin(\omega t + \varphi)$ angegeben werden. Sie lassen sich durch ein Zeigerdiagramm (s. S. 2-34) darstellen. Die mathematische Behandlung des Zeigerdiagramms erfolgt mit Hilfe der komplexen Rechnung (s. S. 1-5); wobei das Zeigerdiagramm auf die Gauß'sche Zahlenebene übertragen wird.

Formelzeichen zur komplexen Darstellung von sinusförmig zeitabhängigen Größen

Kennzeichnung der komplexen Eigenschaften	Beispiele		
	Wechsel-spannung	Wechsel-strom	Wechsel-fluß
Formelbuchstaben in Frakturschrift	$\mathfrak{u}$	$\mathfrak{J}$	
Formelbuchstaben unterstreichen	$\underline{U}$	$\underline{I}$	$\underline{\Phi}$
hinter dem Formelbuchstaben hochgesetzter spitzer Winkel	$U\angle$	$I\angle$	$\Phi\angle$

Mit diesen Symbolzeichen schreibt man einfach

$\underline{u}$ statt $\hat{u} \cdot \sin(\omega t)$ oder

$\underline{i}$ statt $\hat{i} \cdot \sin(\omega t)$.

Als Zeiger in der Gauß'schen Zahlenebene lauten ihre **komplexen Effektivwerte** in der Exponentialform

$\underline{U} = U \cdot e^{j\omega t} = U \angle \omega t$ bzw.

$\underline{I} = I \cdot e^{j\omega t} = I \angle \omega t$.

Konjugiert komplexe Werte (s. S. 1-5) werden durch einen hochgestellten Stern hinter dem Formelbuchstaben gekennzeichnet. Als Beispiel der konjugiert komplexe Zeiger eines elektrischen Wechselstromes durch I^*.

Durch das Einschließen des Formelzeichens in senkrechte Striche oder durch den lateinischen Formelbuchstaben allein wird der **Betrag einer komplexen Größe** (s. S. 1-5) gekennzeichnet. Beispielsweise der Betrag eines Wechselstromes durch $|\underline{I}|$ oder I.

Komplexer Scheinwiderstand $\underline{Z}$, komplexer Scheinleitwert $\underline{Y}$, Beträge Z und Y sowie Phasenverschiebungswinkel φ verschiedener Schaltungen

$\underline{Z} = R \quad Z = R$
$\underline{Y} = G \quad Y = G$
$\varphi = 0°$

$\underline{Z} = jX_L = j\omega L \quad Z = \omega L$
$\underline{Y} = -jB_L = \dfrac{1}{j\omega L} = -j\dfrac{1}{\omega L}$
$Y = \dfrac{1}{\omega L}$
$\varphi = -90°$

$\underline{Z} = -jX_C = \dfrac{1}{j\omega C} = -j\dfrac{1}{\omega C}$
$Z = \dfrac{1}{\omega C}$
$\underline{Y} = jB_C = j\omega C \quad Y = \omega C$
$\varphi = +90°$

$\underline{Z} = R + j\omega L \quad Z = \sqrt{R^2 + (\omega L)^2}$
$\underline{Y} = \dfrac{R}{R^2 + (\omega L)^2} - j\dfrac{\omega L}{R^2 + (\omega L)^2}$
$\tan\varphi = \dfrac{\omega L}{R}$

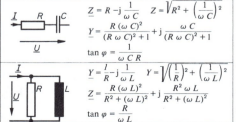

$\underline{Z} = R - j\dfrac{1}{\omega C} \quad Z = \sqrt{R^2 + \left(\dfrac{1}{\omega C}\right)^2}$
$\underline{Y} = \dfrac{R(\omega C)^2}{(R\omega C)^2 + 1} + j\dfrac{\omega C}{(R\omega C)^2 + 1}$
$\tan\varphi = \dfrac{1}{\omega C R}$

$\underline{Y} = \dfrac{1}{R} - j\dfrac{1}{\omega L} \quad Y = \sqrt{\left(\dfrac{1}{R}\right)^2 + \left(\dfrac{1}{\omega L}\right)^2}$
$\underline{Z} = \dfrac{R(\omega L)^2}{R^2 + (\omega L)^2} + j\dfrac{R^2 \omega L}{R^2 + (\omega L)^2}$
$\tan\varphi = \dfrac{R}{\omega L}$

$\underline{Y} = \dfrac{1}{R} + j\omega C \quad Y = \sqrt{\left(\dfrac{1}{R}\right)^2 + (\omega C)^2}$
$\underline{Z} = \dfrac{R}{1 + (R\omega C)^2} - j\dfrac{R^2 \omega C}{1 + (R\omega C)^2}$
$\tan\varphi = \omega C R$

$\underline{Z} = \left[R_2 + \dfrac{R_1(\omega L)^2}{R_1^2 + (\omega L)^2}\right] + j\dfrac{R_1^2 \omega L}{R_1^2 + (\omega L)^2}$

$Z = \sqrt{\left[R_2 + \dfrac{R_1(\omega L)^2}{R_1^2 + (\omega L)^2}\right]^2 + \left[\dfrac{R_1^2 \omega L}{R_1^2 + (\omega L)^2}\right]^2}$

$\tan\varphi = \dfrac{R_1^2 \omega L}{R_2[R_1^2 + (\omega L)^2] + R_1(\omega L)^2}$

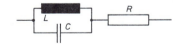

$\underline{Z} = R + j\dfrac{\omega L}{1 - \omega^2 L C}$

$Z = \sqrt{R^2 + \left[\dfrac{\omega L}{1 - \omega^2 L C}\right]^2}$

$\tan\varphi = \dfrac{\omega L}{R(1 - \omega^2 L C)}$

2.8. Elektrotechnische Grundlagen

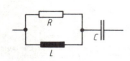

$$\underline{Z} = \frac{R \cdot (\omega L)^2}{R^2 + (\omega L)^2} + j\left[\frac{R^2 \cdot (\omega L)}{R^2 + (\omega L)^2} - \frac{1}{\omega C}\right]$$

$$Z = \sqrt{\left[\frac{R \cdot (\omega L)^2}{R^2 + (\omega L)^2}\right]^2 + \left[\frac{R^2 \cdot (\omega L)}{R^2 + (\omega L)^2} - \frac{1}{\omega C}\right]^2}$$

$$\tan\varphi = \frac{R^2 \cdot (\omega L) - \dfrac{R^2 + (\omega L)^2}{\omega C}}{R \cdot (\omega L)^2}$$

Gleichwertige Reihen- und Parallelschaltungen

Für eine bestimmte Frequenz ist eine Reihenschaltung durch eine gleichwertige Parallelschaltung ersetzbar und umgekehrt.

Umrechnung einer Reihenschaltung in eine Parallelschaltung

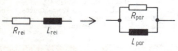

$$R_{par} = \frac{R_{rei}^2 + (\omega L_{rei})^2}{R_{rei}}$$

$$L_{par} = \frac{R_{rei}^2 + (\omega L_{rei})^2}{\omega^2 L_{rei}}$$

$$R_{par} = \frac{R_{rei}^2 + \left(\dfrac{1}{\omega C_{rei}}\right)^2}{R_{rei}}$$

$$C_{par} = \frac{\dfrac{1}{\omega^2 C_{rei}}}{R_{rei}^2 + \left(\dfrac{1}{\omega C_{rei}}\right)^2}$$

Beispiel: Eine Reihenschaltung aus $R = 2\,\Omega$ und $L = 0,191\,H$ liegt an einer Wechselspannung mit $f = 50\,Hz$. Welcher Widerstand R_{par} und welche Induktivität L_{par} ergeben den gleichen Scheinwiderstand?

Lösung:

$$R_{par} = \frac{R_{rei}^2 + (\omega L_{rei})^2}{R_{rei}}$$

$$R_{par} = \frac{(2\,\Omega)^2 + (2\pi \cdot 50\,Hz \cdot 0,191\,H)^2}{2\,\Omega}$$

$$R_{par} = 1802\,\Omega$$

$$L_{par} = \frac{R_{rei}^2 + (\omega L_{rei})^2}{\omega^2 L_{rei}}$$

$$L_{par} = \frac{(2\,\Omega)^2 + (2\pi \cdot 50\,Hz \cdot 0,191\,H)^2}{(2\pi \cdot 50\,Hz)^2 \cdot 0,191\,H}$$

$$L_{par} = 0,1912\,H$$

Umrechnung einer Parallelschaltung in eine Reihenschaltung

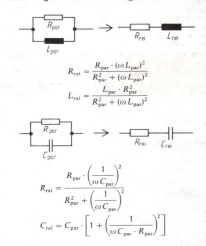

$$R_{rei} = \frac{R_{par} \cdot (\omega L_{par})^2}{R_{par}^2 + (\omega L_{par})^2}$$

$$L_{rei} = \frac{L_{par} \cdot R_{par}^2}{R_{par}^2 + (\omega L_{par})^2}$$

$$R_{rei} = \frac{R_{par} \cdot \left(\dfrac{1}{\omega C_{par}}\right)^2}{R_{par}^2 + \left(\dfrac{1}{\omega C_{par}}\right)^2}$$

$$C_{rei} = C_{par} \cdot \left[1 + \left(\dfrac{1}{\omega C_{par} \cdot R_{par}}\right)^2\right]$$

Beispiel: Eine Parallelschaltung aus $R = 3,9\,k\Omega$ und $C = 1\,nF$ liegt an einer Spannung mit $f = 25\,kHz$. Welcher Widerstand R_{rei} und welche Kapazität C_{rei} ergeben den gleichen Scheinwiderstand?

Lösung:

$$R_{rei} = \frac{R_{par} \cdot \left(\dfrac{1}{\omega C_{par}}\right)^2}{R_{par}^2 + \left(\dfrac{1}{\omega C_{par}}\right)^2}$$

$$R_{rei} = \frac{3,9\,k\Omega \cdot \left(\dfrac{1}{2\pi \cdot 25\,kHz \cdot 1\,nF}\right)^2}{(3,9\,k\Omega)^2 + \left(\dfrac{1}{2\pi \cdot 25\,kHz \cdot 1\,nF}\right)^2}$$

$$R_{rei} = 2835,7\,\Omega$$

$$C_{rei} = C_{par} \cdot \left[1 + \left(\dfrac{1}{\omega C_{par} \cdot R_{par}}\right)^2\right]$$

$$C_{rei} = 1\,nF \cdot \left[1 + \left(\dfrac{1}{2\pi \cdot 25\,kHz \cdot 1\,nF \cdot 3,9\,k\Omega}\right)^2\right]$$

$$C_{rei} = 3,665\,nF$$

3. Elektronische Bauelemente und Grundschaltungen

3.1. Diode

3.1.1. Dioden zum Gleichrichten und Schalten

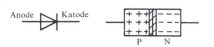

Schaltzeichen und Aufbauschema

Bei direktem Kontakt einer P-Zone und einer N-Zone in einem Einkristall bildet sich infolge Rekombination von Ladungsträgern in der Grenzschicht beider Zonen eine Sperrschicht.

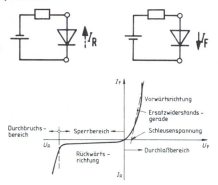

Strom-Spannungs-Kennlinie

Ventilwirkung der Diode

Wird die Anode gegenüber der Katode negativ gepolt, so verbreitert sich die Sperrschicht (Raumladungszone). Bei Raumtemperatur fließt nur ein geringer Sperrstrom I_R im µA-Bereich bei Germanium- und im nA-Bereich bei Silizium-Dioden. Mit dem Erreichen der Durchbruchspannung $U_{(BR)}$ steigt der Strom I_R jedoch infolge des einsetzenden Lawinendurchbruchs schlagartig an und führt bei einer normalen Gleichrichterdiode zur Zerstörung.

Bei positiver Polung der Anode gegenüber der Katode verringert sich die Sperrschichtbreite, bis bei Erreichen der Schleusenspannung, auch Diffusionsspannung genannt, der Durchlaßstrom I_F einsetzt, der bei weiterer Spannungserhöhung exponentiell ansteigt.

Die Durchlaßkennlinie kann näherungsweise mit der Schleusenspannung U_{TD} und dem Ersatzwiderstand $r_T = \Delta U_F / \Delta I_F$ beschrieben werden. Während die Schleusenspannung nahezu ausschließlich vom Ausgangsmaterial abhängt (bei Germanium ca. 0,2 V bis 0,4 V und Silizium ca. 0,6 V bis 0,8 V), ist der durch den Ersatzwiderstand beschriebene Anstieg der Kennlinie von der Dotierung, Sperrschichtfläche und Länge der beiden Halbleiterzonen sowie der Lebensdauer der Ladungsträger abhängig.

Dynamische Eigenschaften

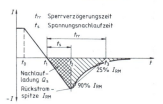

t_{rr} Sperrverzögerungszeit
t_s Spannungsnachlaufzeit

Leistungsdioden zeigen beim Übergang vom Durchlaßzustand in den Sperrzustand ein kapazitives Verhalten. Während der Sperrverzugszeit t_{rr} fließt bis zu einigen µs ein Strom in Rückwärtsrichtung, bis die freien Ladungsträger in der Sperrschicht (Träger-Staueffekt, TSE) ausgeräumt sind. Das plötzliche Abreißen des Stromes bei der Rückstromspitze kann infolge der Induktivitäten des Stromkreises zu Spannungsspitzen führen. Damit diese Spannungsspitzen bedämpft werden und die Diode nicht zerstört wird, muß bei kleinen Gleichrichterleistungen ein Kondensator und bei großen Gleichrichterleistungen ein RC-Reihenglied (TSE-Beschaltung) parallel zur Diode geschaltet werden. Die Werte für C und gegebenenfalls R sind im Datenblatt angegeben. Nur in einphasigen Gleichrichterschaltungen mit reiner Widerstandslast kann auf die TSE-Beschaltung verzichtet werden.

Temperatureinfluß

Ein wesentliches Merkmal ist die Temperaturabhängigkeit des Sperr- und Durchlaßverhaltens.

Der Sperrstrom steigt exponentiell mit der Temperatur an. Bei einem Anstieg der Sperrschichttemperatur von ca. 10 K bei einer Germanium-Diode und ca. 7 K bei einer Silizium-Diode verdoppelt sich der Sperrstrom. Folglich steigt der Sperrstrom bei einem Anstieg der Sperrschichttemperatur von 25 °C auf 200 °C auf das 10^4-fache an. Bemerkenswert ist eine Verschiebung der Durchbruchspannung bei Erwärmung zu höheren Werten um ca. 0,1 %/K.

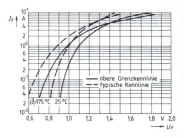

Die Schleusenspannung verringert sich mit zunehmender Sperrschichttemperatur bei Silizium-Dioden um ca. 1,3 mV/K. Der Anstieg der Durchlaßkennlinie wird mit zunehmender Sperrschichttemperatur etwas flacher, so daß die Durchlaßspannung bei kleineren Durchlaßströmen niedriger und bei größeren Durchlaßströmen größer wird. Folglich ist die Temperaturabhängigkeit bei einem bestimmten, bauelementetypabhängigen Stromwert Null.

Die Datenblätter enthalten neben den typischen Durchlaßkennlinien bei verschiedenen Sperrschichttemperaturen Kennlinien mit dem oberen Streuwert der Durchlaßspannung.

3.1. Diode

3.1.2. Berechnungsgrundlagen für Gleichrichterschaltungen

Bezeichnung	Einpuls-Mittelpunktschaltung M1U		Zweipuls-Mittelpunktschaltung M2U		Zweipuls-Brückenschaltung B2U		Dreipuls-Mittelpunktschaltung M3U		Sechspuls-Brückenschaltung B6U				
Belastung	R / L	mit U_G	R / L	mit U_G	R / L	mit U_G	R / L	mit U_G	R / L	mit U_G	R / L	mit U_G	
	\multicolumn{12}{l}{Erforderliche Kennwerte der einzelnen Diode}	
$U_{RRM}/U_{gl} >$	3,45	2,65	3,45	2,5	1,73	1,25	2,3	2,41	1,15	1,15	1,15	1,15	
$U_{RRM}/U_{iEFF} >$	1,56	3,12	3,12	3,12	1,56	1,56	2,7	3,12	1,56	1,56	1,56	1,56	
$I_{FAVM}/I_{gl} >$	1,0		0,5		0,5		0,33		0,33		0,33		
	\multicolumn{12}{l}{Charakteristische Werte der Schaltung}	
U_{iEFF}/U_{gl}	2,22	0,85	1,11	0,8	1,11	0,8	0,86	0,77	0,74	0,74	0,74	0,74	
I_{iEFF}/I_{gl}	1,57	2,1	0,78 (0,71)	1,11	1,11 (1,0)	1,57	0,58	0,75	0,82	0,82	0,82	0,82	
$P_t/U_{gl} \cdot I_{gl} >$	3,1	1,73	1,48 (1,34)	1,48	1,24 (1,11)	1,24	1,35	1,57	1,05	1,05	1,05	1,05	
$U_{BrummEFF}/U_{gl}$	1,21	bis 0,05	0,48	bis 0,05	0,48	bis 0,05	0,18	bis 0,05	0,042	bis 0,05	0,042	bis 0,05	
f_{Brumm}/f_t	1		2	2	2	2	3	3	6	6	6	6	

mit: U_{gl} = Arithmetischer Mittelwert der Gleichspannung
I_{gl} = Arithmetischer Mittelwert des Gleichstromes
P_t = Typenleistung des Transformators
I_{FAVM} = Dauergrenzstrom

U_{RRM} = periodische Spitzensperrspannung
Die in Industrienetzen zulässige Überspannung von 10% ist in den Tabellenwerten bereits berücksichtigt.

Die Werte sind für Widerstandsbelastung und induktive Belastung sind meist gleich. Ergeben sich mit Glättungsdrossel

$$L > 0,2 \frac{U_{Br}}{I_{gl} \cdot f_{Br}}$$

Abweichungen, so sind diese in Klammern getrennt aufgeführt.

Bei Belastung mit Gegenspannung, z.B. Belastung mit Kondensatoren, Akkumulatoren und Gleichstrommotoren, gelten die unter U_G aufgeführten Werte.

3.1. Diode

3.1.3. Glättung und Siebung

Glättung

Bei Belastung sinkt die Ausgangsspannung ab. Der Gleichspannung ist eine nichtsinusförmige Wechselspannung (Brummspannung) überlagert.

Einpuls-Mittelpunktschaltung

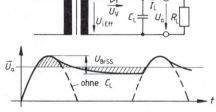

Leerlauf-Ausgangsspannung: $U_{ao} = \sqrt{2}\, U_{iEff} - U_V$

Brummspannung: $U_{BrSS} \approx \dfrac{I_L}{C_L \cdot f}$

Periodischer Spitzenstrom: $I_{DS} \leq \dfrac{U_{ao}}{\sqrt{R_i \cdot R_L}}$

Einschaltspitzenstrom: $I_{DE} \leq \dfrac{U_{iEff} \cdot \sqrt{2}}{R_i}$

Zweipuls-Brückenschaltung

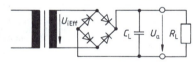

Leerlauf-Ausgangsspannung: $U_{ao} = \sqrt{2} \cdot U_{iEff} - 2 U_V$

Brummspannung: $U_{BrSS} \approx \dfrac{I_L}{2 \cdot C_L \cdot f}$

Periodischer Spitzenstrom: $I_{DS} \leq \dfrac{U_{ao}}{\sqrt{2 \cdot R_i \cdot R_L}}$

Einschaltspitzenstrom: $I_{DE} \leq \dfrac{U_{iEff} \cdot \sqrt{2}}{R_i}$

Siebung

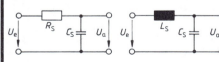

$X_C \ll R_S \ll R_L$ $\qquad$ $X_C \ll X_L \ll R_L$

Glättungsfaktor:

$G = \dfrac{\Delta U_a}{\Delta U_e} \approx \omega_{Br} \cdot R_S \cdot C_S$ $\qquad$ $G = \dfrac{\Delta U_a}{\Delta U_e} \approx \omega_{Br}^2 \cdot L_S \cdot C_S$

3.1.4. Spannungsvervielfachung

Spannungsvervielfacher werden zur Erzeugung hoher Gleichspannungen für geringe Belastungen (großer R_L) eingesetzt.

Spannungsverdopplung nach Delon
(auch Greinacher-Schaltung genannt)

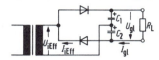

Leerlaufausgangsspannung: $U_{gl} = 2{,}82\, U_{iEff}$

Mit $C_1 = C_2 = \dfrac{0{,}4\, I_{gl}}{U_{Br} \cdot f_{Br}}$ erhält man:

$U_{gl} = 2{,}5\, U_{iEff}$
$U_{BrSS} = 0{,}05\, U_{gl}$ $\qquad$ $U_{RRM} > 3{,}12\, U_{iEff}$
$f_{Br} = 2 f_i$ $\qquad$ $I_{iEff} = 0{,}71\, I_{gl}$

Spannungsverdopplung nach Villard
(auch Einstufige Kaskade genannt)

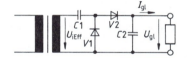

Leerlaufausgangsspannung: $U_{gl} = 2{,}82\, U_{iEff}$

$U_{BrSS} \approx \dfrac{I_{gl}}{C_L \cdot f}$

$U_{RRM} = 2{,}82\, U_{iEff}$

Spannungsvervielfachung nach Villard
(auch Kaskaden- oder Siemens-Schaltung genannt)

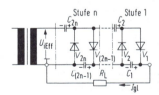

Leerlaufausgangsspannung: $U_{gl} = n \cdot 2{,}82\, U_{iEff}$

$U_{BrSS} = \dfrac{I_{gl}}{f}\left(\dfrac{1}{C_3} + \dfrac{1}{C_4} + \cdots + \dfrac{1}{C_{2n}}\right)$

$U_{RRM} > 3{,}12\, U_{iEff}$

Diodenstrom: Stufe 1: $I_{FAV} = I_{gl}$
$\qquad\qquad$ Stufe 2: $I_{FAV} = 2 \cdot I_{gl}$
$\qquad\qquad$ Stufe n: $I_{FAV} = n \cdot I_{gl}$

3.1. Diode

3.1.5. Kenn- und Grenzwerte (Auswahl) nach DIN 41 782 (6.69)

Stoßspitzenspannung (U_{RSM})
Der höchste Augenblickswert einer nichtperiodischen Rückwärtsspannung, z. B. bei Schaltvorgängen.

Periodische Spitzensperrspannung (U_{RRM})
Höchster Augenblickswert der Rückwärtsspannung, einschließlich aller periodischen, jedoch ausschließlich aller nichtperiodischen überlagerten Spitzen, die durch Schalt- oder Übergangsvorgänge bedingt sind.

Scheitelsperrspannung (U_{RWM})
Höchstwert einer periodischen Rückwärtsspannung in Form von Sinus-Halbschwingungen mit Netzfrequenz (üblich 50 Hz oder 60 Hz).

Dauergrenzstrom (I_{FAV})
Der Mittelwert des höchsten dauernd zulässigen Durchlaßstromes, abhängig von der Stromkurvenform, dem Stromflußwinkel und den Kühlungsbedingungen (häufig in Kennlinienform angegeben).

Durchlaßstrom-Effektivwert (I_{FRMS})
Höchstwert, der auch bei bester Kühlung nicht überschritten werden darf und für beliebige Kurvenformen und Stromflußwinkel gilt.

Stoßstrom-Grenzwert (I_{FSM})
Der höchste zulässige Augenblickswert eines einzelnen Stromimpulses in Form einer Sinushalbschwingung bei 50 Hz oder 60 Hz ohne nachfolgende Beanspruchung in Rückwärtsrichtung.

Grenzlastintegral ($\int i^2 \, dt$)
Höchstzulässiger Wert des Integrals über dem Quadrat des Durchlaßstromes (meist für 10 ms bei verschiedenen Sperrschichttemperaturen). Das Grenzlastintegral dient meist zur Bemessung der Schutzeinrichtungen.

Anmerkung: In den IEC-Normen wird als Formelzeichen für die Spannung V (anstelle von U) verwendet.

3.1.6. Reihen- und Parallelschaltung von Dioden

Reihenschaltung
Reicht die zulässige Scheitelsperrspannung einer Diode nicht aus, so können mehrere Dioden in Reihe geschaltet werden. Um eine gleichmäßige Spannungsaufteilung im Sperrzustand zu erreichen, sind zusätzliche Schaltungsmaßnahmen erforderlich:
- ausgesuchte Dioden mit gleicher Rückwärtskennlinie,
- paralleler Widerstand ($U_{RM}/I_R > R \geqslant U_F/I_F$) zu jeder Diode,
- parallele induktivitätsarme Kapazität zu jeder Diode,
- Temperaturausgleich durch Montage aller Dioden auf einem gemeinsamen Kühlkörper.

Parallelschaltung
Um eine gleichmäßige Stromaufteilung zu erzielen, können folgende Maßnahmen angewendet werden:
- ausgesuchte Dioden mit gleicher Vorwärtskennlinie,
- Einfügen eines Widerstandes oder einer Drossel in Reihe zu jeder Diode,
- Temperaturausgleich durch Montage aller Dioden auf einem gemeinsamen Kühlkörper.

Anmerkung: Hinsichtlich ins einzelne gehender Informationen sind die Herstellerangaben zu beachten.

3.1.7. Spezialdioden

Spitzendioden
Auf ein N-dotiertes Germaniumkristall wird ein zugespitzter Molybdaen-, Wolfram-, Bronze- oder Golddraht gesetzt und die Metallspitze mit einem Formierungsstromstoß einlegiert. Die damit erzielten Sperrschichtkapazitäten <1 pF ermöglichen die Gleichrichtung kleiner Wechselströme (I_F <50 mA) bis zum GHz-Bereich. Handelsüblich sind Sperrspannungen <110 V.

Flächendioden
Die Herstellung entsprechend großer Sperrschichtflächen mit dem Legierungs- und Diffusionsverfahren ermöglicht zur Zeit Dauergleichströme bis zu 100 A bei Germanium-Dioden und 500 A bei Silizium-Dioden.

Schottky-Dioden
(Hot carrier Diode oder auch beam-lead-Schottkydiode genannt.)
Ähnlich einer Spitzenkontaktdiode erfolgt die Sperrschichtbildung hier zwischen einem N-dotierten Siliziumkristall und einer Metallelektrode. Kennzeichen des nach dem Planarverfahren hergestellten Metall-Halbleiterüberganges sind die gegenüber Silizium-Dioden niedrige Schwellspannung (0,3 V ... 0,4 V), ein sehr scharfer Kennlinienknick in Durchlaß- und Sperrichtung, ein streng exponentieller Kennlinienverlauf, niedrige Sperrströme, geringes Rauschen und extrem schnelle Schaltzeiten (Gleichrichtung von Wechselspannungen bis zu 50 GHz). Gegenüber der Spitzenkontaktdiode zeichnet sie sich durch eine größere Impulsbelastbarkeit, geringere Stoßempfindlichkeit und kleinere Fertigungstoleranzen aus.

Lawinen-Gleichrichterdiode
Im Gegensatz zu normalen Dioden darf die Durchbruchspannung $U_{(BR)}$ mit nichtperiodischen Verlustleistungsimpulsen überschritten werden, ohne daß damit die Lawinen-Gleichrichterdiode (Si-Gleichrichterdiode mit kontrolliertem Durchbruchverhalten) zerstört wird.

Die PIN-Diode
Die P- und N-Zone dieser Si-Planardiode sind durch eine schmale, nahezu eigenleitende (intrinsic) Zone hochohmigen Siliziums getrennt. Im Gleichstromverhalten sind sie den Sperrschichtvaractoren ähnlich, weisen aber höhere zulässige Sperrspannungen (30 V ... 1000 V) auf. Von 1 MHz bis in den GHz-Bereich stellen sie einen um mehrere Zehnerpotenzen stromgesteuerten HF-Widerstand dar.

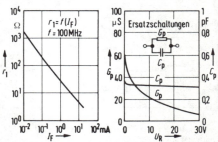

Der Gleichrichter- und Vervielfachereffekt entfallen wegen des bewußt ausgenutzten Trägheitseffektes der Ladungsträger.

3.1. Diode

3.1.8. Kapazitäts-(Variations-)Dioden

Schaltzeichen

Die durch eine Sperrschicht getrennten, gut leitenden P- und N-Zonen einer Diode bilden einen Kondensator. Durch Erhöhen einer angelegten Sperrspannung wird die Sperrschicht breiter und die Kapazität demzufolge kleiner. Für die Abhängigkeit der Kapazität von der Sperrspannung gilt die Beziehung

$$C_j = \frac{K}{(U_R + \Phi)^\gamma}$$ mit
K Konstante
U_R Sperrspannung
Φ Kontaktpotential

Der ebenfalls spannungsabhängige Exponent kann mit dem Herstellungsverfahren in weiten Grenzen (0,15 ... 0,75) beeinflußt werden.

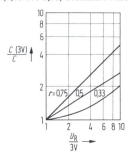

Kapazitäts-Variation verschiedener Kapazitätsdioden mit unterschiedlichem Exponenten n für eine bestimmte Spannungsvariation.

Der Kapazitätsdiode können folgende Ersatzschaltungen zugeordnet werden:

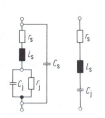

L_S Serieninduktivität (1 nH ... 10 nH)

C_S Gehäusekapazität

C_j Sperrschichtkapazität (5 pF ... 500 pF bei $U_R = 2$ V)

r_S Serienwiderstand (0,5 Ω ... 5 Ω)

r_j Sperrschichtwiderstand (10^6 Ω ... 10^{10} Ω)

Die parasitäre Gehäusekapazität C_S kann meist, der Sperrschichtwiderstand r_j häufig vernachlässigt werden. Wesentlich für den Einsatz der Kapazitätsdiode in Schaltungen ist neben dem Kapazitätshub C_{max}/C_{min}, der häufig auf zwei feste Sperrspannungen bezogen wird, der Gütefaktor $Q = X_C/R$. Entsprechend beider Ersatzschaltungen beträgt dieser

$$Q = \frac{1}{\omega C_j r_j + \frac{1}{\omega C_j r_j}} \qquad Q = \frac{1}{\omega C_j r_s}$$

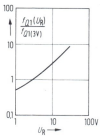

Spannungsabhängigkeit Grenzfrequenz der Relativwerte

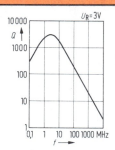

Gütefaktor in Abhängigkeit von der Frequenz
$Q = f(f)$

Als Vergleichswert wurde die Grenzfrequenz f_c definiert als die Frequenz, bei der $Q = 1$ ist.
Folglich ist:

$$r_s = \frac{1}{2\pi f_c C_j} \quad \text{bzw.} \quad f_c = \frac{1}{2\pi C_j r_s}$$

Infolge der Spannungsabhängigkeit von C_j und R_S ist auch f_C spannungsabhängig.

Die Induktivität ist im wesentlichen durch die Anschlußdrähte bedingt und ergibt zusammen mit der Sperrschichtkapazität eine Serienresonanzfrequenz.

$$f_o = \frac{1}{2\pi \sqrt{L_S C_j}}$$

Sperrschichtkapazität, Serien- und Sperrschichtwiderstand sind temperaturabhängig. Der Erhöhung der Sperrschichttemperatur um 1 K entspricht etwa die Kapazitätsänderung bei einer Sperrspannungsverringerung um 2 mV. r_j verringert sich um etwa 6 %; U, r_s um etwa 1 % bei Erhöhung der Umgebungstemperatur um 1 K.

Parallel-Resonanzkreis mit Kapazitätsdiode

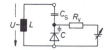

C_S verhindert den Kurzschluß der Abstimmungsspannung durch L. Um die Gesamtkapazität wenig zu beeinflussen, muß $C_S \gg C$ gewählt werden. R_V darf trotz Verringerung des Gütefaktors nicht zu groß sein (ca. 30 kΩ ... 100 kΩ), damit die Sperrstromänderung infolge Temperaturänderung gering bleibt. Der relativ geringe Temperaturkoeffizient der Sperrschichtkapazität kann durch entsprechende Wahl des Temperaturverhaltens der Serienkapazität oder entsprechendes Temperaturverhalten der Abstimmungsspannung kompensiert werden.

Varactor-Diode

Varactor-Dioden sind Kapazitätsdioden mit großer Nichtlinearität der Spannungsabhängigkeit der Sperrschichtkapazität. Sie werden als Oberwellengenerator in Frequenzvervielfacherschaltungen eingesetzt. Dabei wird eine aus dem verzerrten sinusförmigen Eingangssignal entstandene Oberwelle herausgefiltert.

3.1. Diode

3.1.9. Dioden zur Spannungsstabilisierung und -begrenzung

Die Z-Diode

Schaltzeichen

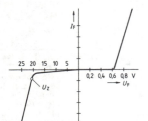

Im Durchlaßbereich zeigen Z-Dioden und Silizium-Gleichrichterdioden gleiches Verhalten. In Sperrichtung fließt bei einem Anstieg des Spannungswertes bis zum Erreichen der Durchbruchspannung nur ein geringer Sperrstrom im nA-Bereich. Wird der Durchbruchspannungswert U_Z – auch Z-Spannung genannt – überschritten (im Gegensatz zur Gleichrichterdiode zulässig), so steigt der Strom bei nur geringer Erhöhung der Spannung steil an. Damit eine Zerstörung der Z-Diode verhindert wird, muß der Strom oberhalb des Knickpunktes wie im Durchlaßbereich durch äußere Schaltungsmaßnahmen begrenzt werden; der zulässige Strom in Sperrrichtung ist erheblich niedriger als in Durchlaßrichtung.

Die Z-Spannung läßt sich durch die Dotierung in weiten Grenzen (1,8 V ⋯ 200 V) beeinflussen. Unterhalb 5 V ist das Sperrverhalten der Z-Diode auf den Zener-Effekt, oberhalb von 5 V auf den Lawineneffekt (Avalanche-Effekt) zurückzuführen.

Mit Silizium-Z-Dioden lassen sich Potentiale verschieben, Vergleichsspannungen stabilisieren und Spannungen begrenzen. Da sie hierzu im Sperrbereich, auch Stabilisierungs- oder Z-Bereich genannt, betrieben werden, beziehen sich die angegebenen Kennlinien und Daten der Hersteller vorwiegend auf diesen Bereich.

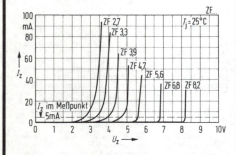

Der Zener-Effekt ist mit einem negativen, der Lawineneffekt mit einem positiven Temperaturkoeffizienten behaftet. Im Übergangsbereich von 5 V bis 6 V ist die Z-Spannung deshalb nahezu temperaturunabhängig.

Der inhärente differentielle Widerstand r_{zi} ist von der Z-Spannung abhängig und nimmt logarithmisch mit dem Strom I_Z ab. r_{zi} zeigt ein ausgeprägtes Minimum zwischen $U_Z = 7$ V und $U_Z = 8$ V (steilste Durchbruchkennlinie).

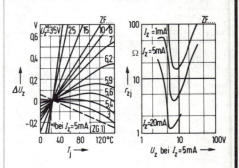

Der differentielle Widerstand wird größer, wenn I_Z so langsam ansteigt, daß auch die Kristalltemperatur entsprechend ansteigen kann.

Um bei einer Änderung der Kristalltemperatur infolge langsamer Änderung von I_Z die Durchbruchkennlinie hinreichend zu beschreiben, muß der thermische differentielle Widerstand zusätzlich berücksichtigt werden.

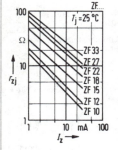
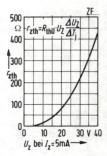

Der inhärente differentielle Widerstand r_{zj} und der thermische differentielle Widerstand r_{zth} zusammen ergeben den mitlaufenden differentiellen Widerstand $r_{zu} = r_{zj} + r_{zth}$.

Für die meisten Berechnungen ist die vereinfachte Ersatzschaltung ausreichend.

U_{Z0} ist die Durchbruchspannung, extrapoliert für $I_Z = 0$

Vereinfachte Ersatzschaltung

3.1. Diode

Spannungsstabilisierung mit Z-Dioden

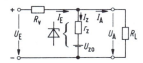

Steigt z.B. die Eingangsspannung U_E an, so nimmt der Strom der Z-Diode bei einem vergleichsweise geringen Spannungsanstieg zu. Die Folge ist eine Zunahme des Stromes I_E und des Spannungsfalls an R_V mit $I_E \cdot R_V$, so daß die Ausgangsspannung U_A nur geringfügig ansteigt.

Maße für die so erreichte Stabilisierung sind der Glättungsfaktor G und der Stabilisierungsfaktor S.

$$G = \frac{\Delta U_E}{\Delta U_A} = \frac{R_v}{r_{zu}} + 1$$

$$S = \frac{\frac{\Delta U_E}{U_E}}{\frac{\Delta U_A}{U_A}} = \left(\frac{R_v}{r_{zu}} + 1\right) \frac{U_A}{U_E}$$

R_V ist so zu bemessen, daß die zulässige Verlustleistung der Z-Diode nicht überschritten wird.

$$\frac{U_{Emax} - U_A}{I_{Zmax} + I_{Amin}} < R_V < \frac{U_{Emin} - U_A}{I_{Zmin} + I_{Amax}}$$

Für I_{Zmin} sollten 5 % bis 10 % von I_{Zmax} gewählt werden.

Reihenschaltung von Z-Dioden

Wird bei Z-Spannungen über 10 V ein niedriger Temperaturkoeffizient und kleiner differentieller Widerstand r_z gefordert, so kann die Reihenschaltung mehrerer Z-Dioden mit Z-Spannungen von 5 V ... 6 V gegenüber einer Z-Diode höherer Z-Spannung vorteilhaft sein.

Referenzelemente

Referenzelemente enthalten eine Z-Diode, deren positiver Temperaturkoeffizient mit in Reihe geschalteten Silizium-Dioden kompensiert wird.

Selen-Überspannungsbegrenzer (U-Dioden)

Die Selen-Überspannungsbegrenzer ermöglichen einen wirtschaftlichen Überspannungsschutz von Spulen und Einkristallhalbleitern. Sie bestehen im wesentlichen aus Selengleichrichterplatten, die gegenüber den normalen Selengleichrichterplatten oberhalb einer bestimmten Sperrspannung in ihrer Sperrkennlinie einen Bereich mit niedrigem differentiellen Widerstand aufweisen. Sie werden wie Z-Dioden in Sperrichtung betrieben; die Schaltzeichen sind gleich. Entsprechend den zulässigen Plattenspannungen sind die erhältlichen Nennanschlußspannungen in Stufen von 20 V Gleichspannung oder 25 V Wechselspannung gestaffelt.

3.1.10. Tunneldiode

Tunneldioden (Esaki-Dioden) sind legierte Kleinflächendioden mit extrem hoch dotierten Halbleiterzonen. Zunächst steigt die Strom-Spannungskennlinie im Durchlaßbereich steil an und geht nach Durchlaufen des Höckerstromes in den Bereich negativ differentiellen Widerstands über. Nach einem flach verlaufenden Talstrom geht die Kennlinie in die bei Dioden übliche Durchlaßkennlinie über. Die Tunneldiode hat keine Sperreigenschaft.

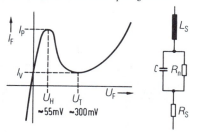

Es bedeuten (typische Werte):

R_n = Widerstand im steilsten Kennlinienpunkt des negativen Bereichs (10 Ω ··· 150 Ω)
R_s = Serienwiderstand (1 Ω ··· 3 Ω)
C_{min} = Sperrschichtkapazität bei I_V (2 pF ··· 60 pF)
L_s = Serieninduktivität (0,7 nH ··· 1,5 nH)
I_P = Höckerstrom (0,5 mA ··· 30 mA)
I_V = Talstrom
Strom- oder Sprungverhältnis I_P/I_V (4 ··· 8)

Die Tunneldiode findet als schneller Schalter und in Verstärker- und Oszillatorschaltungen bis in den GHz-Bereich Anwendung. Entsprechend der Ersatzschaltung für den Bereich des negativen Kennlinienverlaufs liegt die Grenzfrequenz bei

$$f_g = \frac{1}{2\pi \cdot R_n \cdot C_{min}} \cdot \sqrt{\frac{R_n}{R_s} - 1}$$

Backwarddiode

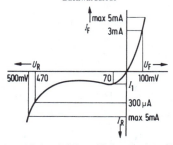

Backwarddioden sind Tunneldioden mit einem Höckerstrom $I_P < 300$ μA und einem negativ differentiellen Widerstand > 1 kΩ. Der Tunneleffekt bewirkt in der konventionellen Sperrichtung einen wesentlich größeren Stromanstieg als in der Durchlaßrichtung. Bei vertauschten Vorzeichenverhältnissen können diese Dioden wie normale Dioden als Gleichrichter (zulässige Sperrspannung etwa 500 mV), Detektordioden oder Mischer eingesetzt werden.

3.2. Transistor

3.2.1. Aufbau und Wirkungsweise, Zählrichtungen

Aufbau und Wirkungsweise

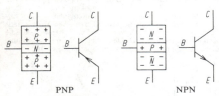

PNP　　　　　　　NPN

Aufbau und Schaltzeichen

Der bipolare Transistor, meist nur Transistor genannt, ist ein einkristallines Germanium- oder Silizium-Halbleiterbauelement mit drei aufeinanderfolgenden Zonen wechselnden Leitungstyps. Entsprechend dieser Folge gibt es NPN- und PNP-Typen. Die mittlere Zone bzw. Elektrode wird als Basis (B), die beiden äußeren werden als Emitter (E) und Kollektor (C) bezeichnet.

Vergleicht man den Aufbau mit zwei gegeneinandergeschalteten Dioden, so wird normalerweise die Emitter-Basis-Diode in Durchlaßrichtung (der Emitterpfeil kennzeichnet die technische Stromrichtung) und die Basis-Kollektor-Diode in Sperrichtung betrieben.

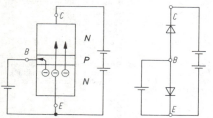

Liegt nur die Spannung U_{CE} an, so ist die Kollektor-Basis-Diode in Sperrichtung gepolt und es fließt nur ein geringer Reststrom.

Liegt zusätzlich die Spannung U_{BE} an, so fließen vom Emitter (emittere = aussenden) Elektronen in die Basiszone. Weil diese äußerst dünn (wenige μm) und nur schwach dotiert ist, können nur wenige Elektronen (0,2 % ⋯ 5 %) rekombinieren; der übrige Teil driftet in die Kollektorzone (collecta = Sammlung) und wird von der Kollektorspannung abgesaugt.

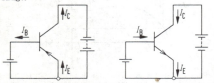

Beim PNP-Transistor müssen die Spannungen lediglich umgepolt werden. An die Stelle der Elektronen treten Löcher.

Das Hauptmerkmal eines Transistors ist die Steuerung des Kollektorstromes mit einem relativ kleinen Basisstrom. Das Stromverhältnis I_C zu I_B wird deshalb als statische Stromverstärkung bezeichnet

$$B = \frac{I_C}{I_B}$$

Sie beträgt bei Leistungstransistoren ($I_C>1$ A) etwa 10 ⋯ 40, bei Transistoren mit $I_C<1$ A ungefähr 50 ⋯ 800.

Zählrichtungen und Bezeichnungen für Ströme und Spannungen

Unabhängig vom Transistortyp und der tatsächlichen Stromrichtung weisen die Zählpfeile in Richtung auf das Bauelement. Weil dieses mit einem Knotenpunkt vergleichbar ist, muß die Summe aller Ströme Null sein. Der Zahlenwert ist positiv (ohne zusätzliches Vorzeichen), wenn die Bewegungsrichtung positiver Ladungsträger (konventionelle oder technische Stromrichtung) mit der willkürlich festgelegten Zählpfeilrichtung übereinstimmt oder negative Ladungsträger dazu entgegengesetzt fließen; andernfalls erhält der Zahlenwert des Stromes ein Minuszeichen. Gleichwertig dazu kann auch das Formelzeichen für diese Größe mit einem Minuszeichen versehen werden.

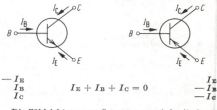

$-I_E$		I_E
I_B	$I_E + I_B + I_C = 0$	$-I_B$
I_C		$-I_C$

Die Zählrichtung von Spannungen wird mit einem Zählpfeil oder einem Doppelindex angegeben. Der Zahlenwert ist positiv bzw. ohne Vorzeichen, wenn das Potential am Zählpfeilschaft bzw. dem mit dem ersten Indexzeichen bezeichneten Meßpunkt positiver (höher) ist als das Potential an der Pfeilspitze bzw. dem mit dem zweiten Indexzeichen bezeichneten Bezugspunkt. Andernfalls wird der Zahlenwert oder das Formelzeichen für diese Spannung mit einem Minuszeichen versehen.

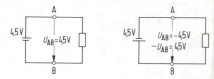

Die Spannungen am Transistor sind wie folgt festgelegt:

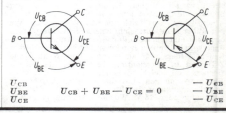

U_{CB}		$-U_{CB}$
U_{BE}	$U_{CB} + U_{BE} - U_{CE} = 0$	$-U_{BE}$
U_{CE}		$-U_{CE}$

3-8

3.2. Transistor

3.2.2. Kennlinien und Kenngrößen

Die von den Herstellerfirmen angegebenen statischen Kennlinien sind unter vereinfachten Voraussetzungen mit Kennlinienschreibern im Impulsbetrieb (nahezu konstante Sperrschichttemperatur) aufgenommen. Sie stellen meist nur Mittelwerte ohne Berücksichtigung der Alterung dar und sind meist in Emitterschaltung aufgenommen.

Die Eingangskennlinie $I_B = f(U_{BE})$

Da die Basis-Emitter-Diode in Durchlaßrichtung betrieben wird, ist die Eingangskennlinie je nach Halbleitermaterial einer Ge- oder Si-Diodenkennlinie mit 0,2 V ⋯ 0,4 V bzw. 0,5 V ⋯ 0,9 V Schleusenspannung ähnlich.

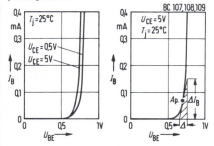

Eingangskennlinie (Emitterschaltung)

Durch Erhöhen der Kollektor-Emitter-Spannung wird die Eingangskennlinie nur um wenige mV zu niedrigeren Basis-Emitterspannungen verschoben. Das Verhältnis der Basis-Emitterspannungsänderung zu der sie verursachenden Kollektor-Emitterspannungsänderung bei konstantem Basisstrom wird als Spannungsrückwirkung μ bezeichnet.

$$\mu = \frac{\Delta U_{BE}}{\Delta U_{CE}} \text{ mit } I_B = \text{konstant}$$

Sie ist bei $U_{CE} > 1$ V mit Werten von $10^{-4} \cdots 10^{-6}$ so gering, daß sie meist vernachlässigt werden kann. Die Datenblätter enthalten deshalb nur die Eingangskennlinie für eine Kollektor-Emitterspannung, meist $U_{CE} = 5$ V.

Die Basis-Emitterstrecke belastet eine Signalspannungsquelle mit dem differentiellen Eingangswiderstand r_{BE}.

$$r_{BE} = \frac{\Delta U_{BE}}{\Delta I_B} \text{ mit } U_{CE} = \text{konstant}$$

Da r_{BE} der Kehrwert der Kennliniensteigung ist, wird deutlich, daß r_{BE} bei Vergrößerung des Basisstromes abnimmt.

Wie bei Dioden nimmt auch die Basis-Emitterspannung bei Erwärmung um 1 K bei konstantem Basisstrom um 2 mV ⋯ 3 mV ab.

Das Ausgangskennlinienfeld $I_C = f(U_{CE})$

Das Ausgangskennlinienfeld zeigt den Zusammenhang zwischen dem Kollektorstrom I_C und der Kollektor-Emitterspannung U_{CE}. Parameter ist meist der Basisstrom I_B.

Die Kennlinien mit U_{BE} als Parameter verlaufen gegenüber den Kennlinien mit I_B als Parameter flacher. Dagegen weichen die Kennlinienabstände ΔU_{BE} für gleiche Basis-Emitterspannungsunterschiede ΔU_{BE} stärker voneinander ab als die Kennlinienabstände für gleiche Basisstromunterschiede ΔI_B. Deshalb liefert ein eingeprägtes Basisstromsignal geringere Kollektorstromverzerrungen als ein eingeprägtes Basis-Emitterspannungssignal.

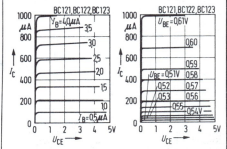

Ausgangskennlinien (Emitterschaltung)

Wird bei konstantem Basisstrom I_B die Kollektor-Emitterspannung U_{CE} gesteigert, so wächst der Kollektorstrom I_C zunächst steil an. Bei $U_{CB} = 0$ (d.h. $U_{CE} = U_{BE}$), auch als Kollektor-Emitter-Restspannung, U_{CEsat} oder Kniespannung bezeichnet, tritt eine Sättigung ein; eine weitere Steigerung von U_{CE} hat nur noch wenig Einfluß auf I_C.

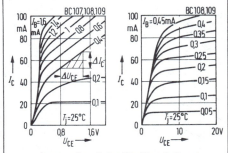

Ausgangskennlinien (Emitterschaltung)

Aus dem Ausgangskennlinienfeld lassen sich der dynamische Leerlaufausgangswiderstand $r_{CE} = 1/h_{22e}$, die statische Stromverstärkung (Gleichstromverstärkung) B und die dynamische Kurzschluß-Stromverstärkung (Wechselstromverstärkung) $\beta = h_{21e}$ ableiten:

$$r_{CE} = \frac{\Delta U_{CE}}{\Delta I_C} \text{ mit } I_B = \text{konstant}$$

$$B = \frac{I_C}{I_B} \text{ mit } U_{CE} = \text{konstant}$$

$$\beta = \frac{\Delta I_C}{\Delta I_B} \text{ mit } U_{CE} = \text{konstant}$$

Aus dem Ausgangskennlinienfeld mit U_{BE} als Parameter kann die Steilheit S ermittelt werden.

$$S = \frac{\Delta I_C}{\Delta U_{BE}} \text{ mit } U_{CE} = \text{konstant}$$

Eine überschlägige Bestimmung ermöglicht die Beziehung $S \approx I_C/U_T = 40 \text{ V}^{-1} \cdot I_C$ mit der Naturkonstanten U_T. Diese beträgt bei 25°C ungefähr 26 mV.

3.2. Transistor

Steuerkennlinien

Die Steuerkennlinien zeigen die Abhängigkeit des Kollektorstromes I_C (U_{CE} = konstant) von der Steuergröße. Da zwischen einer Strom- und Spannungssteuerung zu unterscheiden ist, enthalten die technischen Unterlagen z.T. eine Strom- und eine Spannungssteuerkennlinie.

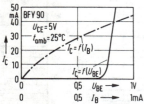

Die Abhängigkeit der Steuerkennlinien von der Kollektor-Emitterspannung ist bei $U_{CE} > U_{BE}$ sehr gering und bleibt in den technischen Unterlagen meist unberücksichtigt.

Falls die Steuerkennlinien nicht angegeben sind, können sie aus dem entsprechenden Ausgangskennlinienfeld mit I_B oder U_{BE} als Parameter abgeleitet werden.

Stromverstärkung und Steilheit

Die statische Stromverstärkung $B = I_C/I_B$ unterliegt sehr großen Exemplarstreuungen (z.B. 80 ... 250) und hängt von der Höhe des Kollektorstromes ab. Die Lage des Maximums hängt vom Transistortyp ab. Meist stimmen die statische Stromverstärkung B und die dynamische Stromverstärkung $\beta = i_C/i_B$ weitgehend überein.

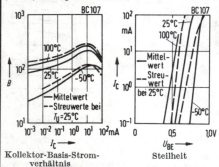

Kollektor-Basis-Stromverhältnis   Steilheit

$B = f(I_C)$ wird häufig in normierter Form angegeben. Die Stromverstärkung wird dabei für einen bestimmten Arbeitspunkt (hier $T_j = 25°C$ und $I_C = 2\,mA$) willkürlich 1 gesetzt. Für alle anderen Kollektorstromwerte ist dem Diagramm der Umrechnungsfaktor zu entnehmen; z.B. beträgt $B_n = 1,4$ bei $I_C = 10\,mA$. Mit einem im Datenblatt für $I_C = 2\,mA$ angegebenen Mittelwert $B = 180$ erhält man bei $I_C = 10\,mA$: $B = 180 \cdot B_n = 180 \cdot 1,4 = 252$.

Bei höheren Frequenzen nimmt die Wechselstromverstärkung ab. Die Frequenz, bei der sie auf $1/\sqrt{2}$ (um 3 dB) des Wertes bei 1 kHz abgesunken ist, wird Grenzfrequenz f_g genannt; die Frequenz, bei der die Stromverstärkung nur noch 1 beträgt, wird als Transitfrequenz f_T oder auch β-1-Grenzfrequenz bezeichnet.

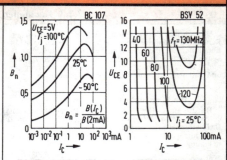

Die Transitfrequenz ist vom Kollektorstrom und der Kollektor-Emitterspannung abhängig und muß deshalb für den gewählten Arbeitspunkt dem Diagramm entnommen werden.

Transistorrauschen

Die thermischen Schwingungen der Atome und Moleküle verursachen in einem Widerstand unregelmäßige Bewegungen der freien Elektronen. Die durch sie hervorgerufenen Spannungen werden bei genügend großer Verstärkung und elektroakustischer Umwandlung als Rauschen empfunden und deshalb als Rauschspannung bezeichnet. Da die in einem Widerstand entstandene Rauschleistung $P_r = 4\,k\,T\,\Delta f$ (darin ist k die Boltzmannkonstante, T die absolute Temperatur und Δf die Bandbreite) unabhängig von der Höhe des Widerstandes ist, ist die Leerlaufrauschspannung U_{ro} proportional $\sqrt{R}$

$$U_{ro} = \sqrt{P_r \cdot R}$$

Wird der Widerstand an eine äußere Spannungsquelle angeschlossen, so nimmt sein Rauschen zu. Bei Leistungsanpassung wird $1/4$ der Rauschleistung an den angeschlossenen Verbraucher abgegeben.

Um beim Transistor auf einfache Aussagen zu kommen, nimmt man den Transistor als rauschfrei an und verlagert das Entstehen des Rauschens gedanklich in den Innenwiderstand R_g der Signalquelle, so daß dessen Rauschleistung zunimmt. Der Faktor, mit dem man die Rauschleistung des Generatorinnenwiderstandes P_{rRg} multiplizieren muß, um am Ausgang des idealen (rauschfreien) Transistors die tatsächliche Rauschleistung P_r zu erhalten, bezeichnet man als Rauschzahl F.

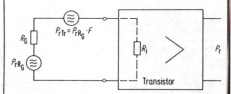

Der optimale Eingangswiderstand hängt nicht von der Anpassungsbedingung $R_G = R_i$ ab, weil damit der Verstärker nur die höchste Rauschleistung zugeführt wird und die Rauschzahl eine Funktion des Kollektorstromes und Generatorinnenwiderstandes ist. Der Transistorhersteller gibt deshalb in den Datenblättern entsprechende Diagramme an. Häufig wird darin anstelle der Rauschzahl F das Rauschmaß $F' = 10\,dB\,lg F$ angegeben.

3.2. Transistor

Zu beachten ist, daß die Rauschzahl bzw. das Rauschmaß immer nur eine Funktion des ohmschen Anteils des Generatorwiderstandes ist.

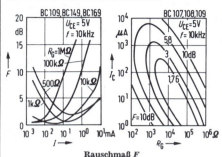

Rauschmaß F

Bei großen Generatorinnenwiderständen sind kleine Kollektorströme, bei kleinen Innenwiderständen dagegen größere vorteilhaft.

Das Rauschmaß ist frequenzabhängig. Zunächst fällt es mit zunehmender Frequenz ab, bleibt dann bis etwa f_T/h_{21e} konstant, um anschließend wieder anzusteigen.

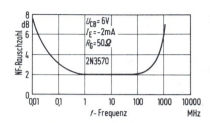

Um das Rauschen eines Verstärkers gering zu halten, sollte für die Eingangsstufe ein rauscharmer Transistor gewählt werden, der Kollektorstrom klein (meist <1 mA), die Verstärkung der Eingangsstufe groß und die Bandbreite Δf nicht breiter als erforderlich sein.

Das Verhältnis der Nutzleistung P_N zur Rauschleistung P_r wird als Rauschabstand bezeichnet und in dB angegeben.

Restströme und Sperrspannungen

Restströme sind Sperrströme der Basis-Kollektor- oder Basis-Emitter-Diode des gesperrten Transistors. Sie werden von Verunreinigungen der Kristalloberfläche und durch Wärmeeinwirkung (Eigenleitung) hervorgerufen und bestimmen das Temperaturverhalten des Transistors. Entsprechend den Sperrströmen von Dioden verdoppeln sich die Restströme bei einer ungefähren Sperrschichttemperaturerhöhung um 10 K bei Ge-Transistoren und 7 K bei Si-Transistoren. Gegenüber Si-Transistoren sind die Restströme von Ge-Transistoren bei $t_{amb} = 25\,°C$ ungefähr $10^3...10^4$ mal so groß.

Zur Kennzeichnung der Restströme und Sperrspannungen werden drei Indexbuchstaben verwendet. Der dritte Buchstabe gibt Aufschluß über die Verbindung des dritten, vorher nicht genannten Anschlusses mit dem an zweiter Stelle genannten Anschluß:

- O Der nicht genannte Anschluß ist offen
- R Zwischen beiden liegt ein Widerstand
- S Beide sind miteinander kurzgeschlossen
- V Zwischen beiden liegt eine Vorspannung in Sperrichtung

Die Stromverstärkung B und der Kollektorstrom werden maßgeblich vom Kollektor-Basis-Reststrom I_{CBO} beeinflußt. Er ist dem Basisstrom entgegengerichtet,

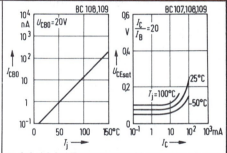

so daß sich bei Erwärmung und konstantem Kollektorstrom der Basisstrom verringert oder bei konstantem Basisstrom statt dessen der Kollektorstrom ansteigt.

Der höchste aller Restströme ist der Reststrom I_{CEO}, weil er aus dem Kollektor kommend über die Basis-Emitter-Diode abfließt und so einen Basisstrom vortäuscht $I_{CEO} \approx I_{CBO} \cdot B$. Der kleinste Kollektor-Emitter-Reststrom wird durch Anlegen einer kleinen Sperrspannung (etwa 1 V...2 V) an die Basis-Emitter-Diode erreicht $I_{CEV} \approx I_{CBO}$.

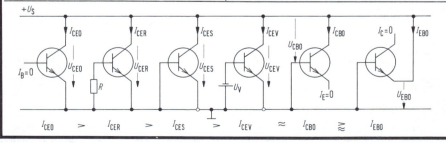

$I_{CEO} > I_{CER} > I_{CES} > I_{CEV} \approx I_{CBO} \gtrless I_{EBO}$

3.2. Transistor

3.2.3. Grenzwerte

Die vom Hersteller angegebenen **Grenzwerte** sind in der Regel absolute Grenzwerte. Werden sie überschritten, so kann das Bauelement zerstört oder die Funktion nachteilig beeinflußt werden.

Ein häufiger Ausfall von Transistoren ist auf das Überschreiten der zulässigen **Verlustleistung** P_{tot} zurückzuführen. Darunter versteht man die im Transistor in Wärme umgesetzte Leistung.

$$P_V = U_{BE} \cdot I_B + U_{CE} \cdot I_C$$
$$U_{BE} < U_{CE}; \; I_B \ll I_C$$

$$P_V \approx U_{CE} \cdot I_C$$

Meist wird im Datenblatt die höchstzulässige Verlustleistung für eine bestimmte Umgebungstemperatur t_U (z. B. $\leq 45\,°C$) ohne zusätzlichen Kühlkörper angegeben. Dabei geht der Hersteller von der höchstzulässigen Sperrschichttemperatur (bei Ge-Transistoren $80\,°C \cdots 100\,°C$ und Si-Transistoren $170\,°C \cdots 200\,°C$) aus. Diese sollte jedoch nicht voll ausgenutzt werden, weil damit die Lebensdauer des Transistors herabgesetzt wird.

$$P_{tot} = \frac{t_j - t_U}{R_{th\,U}}$$

Damit kann für verschiedene Kollektor-Emitterspannungswerte U_{CE} jeweils der höchstzulässige Kollektorstrom berechnet werden.

$$I_C = \frac{P_{tot}}{U_{CE}}$$

Werden diese Werte in das Ausgangskennlinienfeld mit linearen Skalen eingetragen und miteinander verbunden, so erhält man die **Verlustleistungshyperbel**.

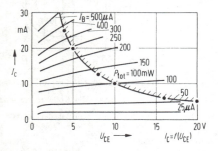

Geht man allein von der zulässigen Verlustleistung aus, so erhält man bei kleinen Kollektor-Emitterspannungen große Kollektorströme und bei kleinen Kollektorströmen große Kollektor-Emitterspannungen. Unabhängig davon müssen deshalb zusätzlich die im Datenblatt angegebenen Grenzwerte für den Kollektorstrom und die Kollektor-Emitterspannung eingehalten werden. Sie begrenzen die Leistungshyperbel an den Enden.

Die Grenze der zulässigen Kollektor-Emitterspannung, auch **Durchbruchspannung** genannt, hängt wesentlich von den Anschlußbedingungen zwischen Basis und Emitter ab. Der prinzipielle Kennlinienverlauf $I_C = f(U_C)$ bei Raumtemperatur zeigt, daß die Kollektor-Emitterdurchbruchspannung um so höher ist, je kleiner der äußere Widerstand zwischen Basis und Emitter ist. Durch Anlegen einer Sperrspannung an die Basis-Emitter-Diode $\geq 2\,V$ kann die Durchbruchspannung häufig bis auf den Wert der zulässigen Kollektor-Basissperrspannung U_{CBO} gesteigert werden, die z. T. doppelt so hoch ist. Dabei ist zu beachten, daß die relativ kleine zulässige Emitter-Basissperrspannung U_{EBO}, oft $\leq 5\,V$, nicht überschritten wird.

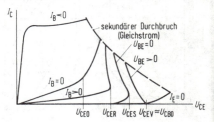

Wird die Durchbruchspannung erreicht, so ist die elektrische Feldstärke in der Basis-Kollektor-Sperrschicht so groß geworden, daß es zum **Lawinendurchbruch** (1. Durchbruch) kommt und der Transistor zerstört wird.

Zu einem sogenannten **2. Durchbruch** (second break down) kann es kommen, wenn bei leitender Basis-Emitter-Diode hohe Kollektor-Emitterspannungen zu einer Einschnürung des leitenden Kanals führen oder im Sperrmoment der Basis-Emitter-Diode noch Kollektorstrom fließt. Dabei kommt es zu örtlichen Überhitzungen in der Basis, die den Transistor zerstören. Besteht diese Gefahr innerhalb der übrigen Grenzen, so gibt der Transistorhersteller eine zusätzliche Begrenzung des Arbeitsbereiches an, deren Einhaltung einen zweiten Durchbruch ausschließt. Entsprechende Angaben, vielfach mit logarithmischen Skalen, sind meist nur für Leistungstransistoren zu finden und zu beachten.

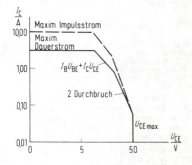

Thermische Stabilitätskriterien

Um die zulässige Sperrschichttemperatur nicht zu überschreiten, muß die im Halbleiterkristall in Wärme umgesetzte Verlustleistung an das Kühlmittel, meist Luft, abgeführt werden.

Führt ein Anstieg der Sperrschichttemperatur über eine Vergrößerung des Stromes zu einer Erhöhung der Verlustleistung, so steigt die Sperrschichttemperatur, wieder verbunden mit einem Stromanstieg und einer Erhöhung der Verlustleistung, weiter an (thermische Mitkopplung). Diese thermische Instabilität wird verhindert, wenn folgende Bedingungen erfüllt sind:

1. $P_{zu} = P_{ab}$ 2. $\dfrac{\Delta P_{zu}}{\Delta t} \leq \dfrac{\Delta P_{ab}}{\Delta t}$

3.2. Transistor

3.2.4. Wärmeableitung bei Halbleiterbauelementen

Überschlägige Berechnungen der zulässigen Verlustleistung sind anhand der Wärme-Ersatzschaltung möglich.

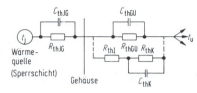

Wärme-Ersatzschaltung
Nach DIN 41 785 T 2 (9.71) bedeuten:

t_j ($t_{(VJ)}$; $t_{(vj)}$; $\vartheta_{(VJ)}$; $\vartheta_{(vj)}$)	Ersatzsperrschichttemperatur
t_U (t_{amb}; ϑ_U)	Umgebungstemperatur
R_{thJG} (R_{thJC}; R_{thG})	Wärmewiderstand zwischen Sperrschicht und Gehäuse (innerer Wärmewiderstand)
R_{thGU} (R_{thCA})	Wärmewiderstand zwischen Bauelementgehäuse und Umgebung (äußerer Wärmewiderstand)
R_{thJU} (R_{thJA}; R_{thU})	Wärmewiderstand zwischen Sperrschicht und Umgebung ($R_{thJU} = R_{thJG} + R_{thGU}$)
R_{thK} (R_{thKA}; R_{thKU})	Wärmewiderstand des Kühlkörpers
R_{thGK} (nicht DIN)	Wärmeübergangswiderstand vom Gehäuse zum Kühlkörper (z. B. Isolierscheibe)
C_{th}	Wärmekapazität
P_{tot}	Gesamtverlustleistung

Ändert sich die Verlustleistung nicht oder nur langsam, bzw. kann mit einer mittleren Verlustleistung gerechnet werden, so bleiben die Wärmekapazitäten unberücksichtigt.

$$P_{tot} = \frac{t_j - t_U}{R_{thJU}}$$

Der Wärmewiderstand zwischen Bauelementgehäuse und Umgebung kann mittels Kühlblech oder Kühlkörper erheblich verringert werden.

$$R_{thJU} = R_{thJG} + R_{thGK} + R_{thK}$$

Bei impulsweise auftretender Verlustleistung wirken sich die Wärmekapazitäten aus. Für $T \ll \tau_{thJ}$ ($\tau_{thJ} = R_{thJG} \cdot C_{thJG}$ innere Wärmezeitkonstante) kann näherungsweise mit einem Verlustleistungs-Mittelwert und einer mittleren Sperrschichttemperatur t_J mittel gerechnet werden.

$$\frac{t_{J\,mittel} - t_U}{P_{V\,max}} = \frac{t_P}{T}(R_{thJG} + R_{thK})$$

Die Wärmewiderstandswerte für Kühlbleche aus Cu, Al und Fe können den folgenden Diagrammen entnommen werden. Diese gelten für senkrecht stehende, annähernd quadratische Kühlbleche aus blankem Blech mit in der Mitte montiertem Bauelement in ruhender Luft und ohne zusätzliche Wärmeeinstrahlung. Die ermittelte Kantenlänge S kann bei Schwärzung der Oberfläche mit dem Faktor 0,85 und muß bei waagerechter Anordnung mit dem Faktor 1,15 multipliziert werden.

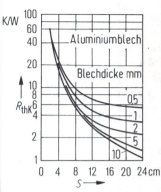

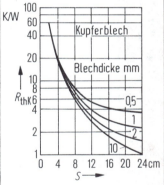

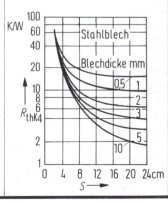

3.2. Transistor

3.2.5. Arbeitspunkteinstellung und Stabilisierung

Schaltung	(Schaltbild 1)	(Schaltbild 2)	(Schaltbild 3)	(Schaltbild 4)	(Schaltbild 5)	(Schaltbild 6)
Bemessung	$R_B = \dfrac{(U_S - U_{BE})\,B}{I_C}$	$R_B = \dfrac{(U_{CE} - U_{BE})\,B}{I_C}$	$R_B = \dfrac{(U_S - U_{BE})\,B}{(n+1)\,I_C}$ $R_q = \dfrac{U_{BE} \cdot B}{n \cdot I_C}$ $n = \dfrac{I_q}{I_B}$	$R_B = \dfrac{(U_S - U_{BE} - U_E)\,B}{(n+1)\,I_C}$ $R_q = \dfrac{(U_{BE} + U_E)\,B}{n \cdot I_C}$ $R_E = \dfrac{U_E}{I_C + I_B}$ $n = \dfrac{I_q}{I_B}$ $C_E = 200\,\dfrac{S}{f_u}\;(-3\,dB)$	$R_B = \dfrac{(U_S - U_{BE})\,B}{(n+1)\,I_C}$ $R_q = \dfrac{U_{BE} \cdot B}{n \cdot I_C} - \dfrac{R_p \cdot R_\vartheta}{R_p + R_\vartheta}$ $R_p \approx \dfrac{1}{\sqrt{\dfrac{0{,}9 \cdot \alpha_T \cdot n \cdot I_B}{R_{th\,JG}} - R_\vartheta}}$ $R_\vartheta \approx R_{ein}\;\;\;n = \dfrac{I_q}{I_B}$	$R_B = \dfrac{(U_S - U_{BE})\,B}{(n+1)\,I_C}$ $R_q = \dfrac{(U_{BE} - U_V)\,B}{n \cdot I_C}$ $n = \dfrac{I_q}{I_B}$
Stabilisierung des Arbeitspunktes	Exemplarstreuungen der Stromverst. B, Toleranz von R_B, Betriebsspannungs- und Temperaturänderungen wirken sich voll auf I_C aus.	Gute Stabilisierung des Arbeitspunktes gegen Exemplarstreuungen von Temperatur- und Betriebsspannungsänderungen bei geringster Belastung der Betriebsspannungsquelle. Verstärkungsrückgang infolge Gegenkopplung.	Exemplarstreuungen der Stromverst. B und Temperaturverhalten von I_{CBO} bei $I_q > I_B$ ohne wesentlichen Einfluß auf I_C. Exemplarstreuungen und Temperaturverhalten der Spannung U_{BE} wirken sich auf I_C aus. Großer Einfluß der Toleranzen von R_B und Betriebsspannungsänderungen auf I_C.	Sehr gute Stabilisierung des Arbeitspunktes gegen Exemplarstreuungen von B und U_{BE}, gegen Änderungen der Temperatur und gegen Toleranzen von R_B und R_q. Verringerung des Aussteuerungsbereiches um U_E. C_E überbrückt R_E für Wechselspannungen.	Sehr gute Arbeitspunktstabilisierung bis zu hohen Temperaturen. Vorteilhafte Anwendung in Endstufen mittlerer und großer Leistung, weil R_E dort zu viel Leistung beansprucht. Transistor und Heißleiter sind thermisch zu koppeln. R_q und R_p linearisieren den Heißleitereinfluß.	Sehr gute Stabilisierung des Arbeitspunktes gegen große Schwankungen der Betriebsspannung, gute Stabilisierung gegen Temperaturschwankungen.
Wirkungsweise	—	Bei Anstieg des Kollektorstromes nimmt der Spannungsfall an R_C zu und folglich die Basis-Emitter-Spannung ab.	—	Bei Anstieg des Kollektorstromes nimmt der Spannungsfall an R_E zu und als Folge die Basis-Emitter-Spannung ab.	Bei Erwärmung nimmt die Leitfähigkeit von $R\vartheta$ zu und damit die Basis-Emitter-Spannung ab.	Die Spannungsänderung der Diode ist bei großer Stromänderung infolge hoher Betriebsspannungsschwankungen nur gering.

3.2. Transistor

Arbeitspunkteinstellung

Der Arbeitspunkt A wird durch Wahl des Kollektorruhestromes (kein Eingangssignal) und der Kollektor-Emitterspannung U_{CE} bestimmt. Können die Blindwiderstände innerhalb des zu übertragenden Frequenzbandes vernachlässigt werden, so liegt der Arbeitspunkt auf einer Geraden, deren Lage durch den Kollektor- und Emitterwiderstand bestimmt ist. Diese Arbeitsgerade schneidet die Spannungsachse ($I_C = 0$) bei $U_{CE} = U_S$ und die Stromachse ($U_{CE} = 0$) bei $I_C = U_S / (R_C + R_E)$.

Aus der Lage des Arbeitspunktes A lassen sich der Basisstrom I_B und über die Stromsteuerkennlinie ($I_C = f[I_B]$) und die Eingangskennlinie ($I_B = f[U_{BE}]$) die zugehörige Basis-Emitterspannung ermitteln.

Aus der maximal zulässigen Transistorverlustleistung P_{tot} läßt sich für verschiedene Kollektor-Emitter-Spannungen der maximal zulässige Kollektorstrom $I_C = P_{tot} / U_{CE}$ berechnen und als Grenzlinie, auch Verlustleistungshyperbel genannt, in das Ausgangskennlinienfeld einzeichnen.

Damit sich der Arbeitspunkt bei Änderungen der Sperrschichttemperatur auf der Arbeitsgeraden nicht verschiebt, müssen Stabilisierungsmaßnahmen getroffen werden.

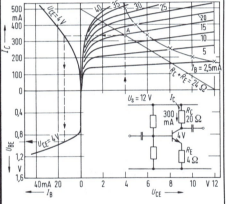

voll ausgesteuert werden kann. Wird der Arbeitspunkt so verschoben, daß gerade noch ein Kollektorruhestrom fließt, so liegt **B-Betrieb** vor; hierbei kann immer nur eine Halbwelle verstärkt werden. Wegen des stark gekrümmten Anfangsbereiches der Eingangskennlinie wird der Kollektorruhestrom meist etwas höher eingestellt, so daß **AB-Betrieb** vorliegt.

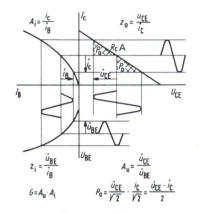

Kleinsignalverstärkung

Sind die Ausgangssignalgrößen klein gegenüber dem auf der Arbeitsgeraden verfügbaren Arbeitsbereich, so werden die Kennwerte einer Transistorstufe anhand der Kleinsignalparameter, auch Vierpolparameter genannt, berechnet.

Die h-Parameter werden vom Transistorhersteller meist für NF-Transistoren in Emitterschaltung und die y-Parameter für HF-Transistoren in Basis- oder Emitterschaltung angegeben. Soll der Transistor nicht in der vorgesehenen Schaltungsart betrieben werden, so sind sie entsprechend umzurechnen. Dazu genügen meist die auf Seite 3-17 angegebenen Näherungsformeln, weil die vom Hersteller angegebenen Werte nur Mittelwerte sind und oft um mehr als $\pm 50\%$ streuen können.

Alle Vierpolparameter sind arbeitspunktabhängig. Die in den Datenblättern angegebenen Werte gelten nur für einen bestimmten Arbeitspunkt und müssen für andere Arbeitspunkte mit den in Diagrammform angegebenen Korrekturfaktoren umgerechnet werden.

Großsignalverstärkung

Sind die Eingangs- und Ausgangssignalspannungen und -ströme nicht mehr klein gegenüber den verfügbaren Arbeitsspannungs- und Arbeitsstrombereichen, so sind die Verstärkung und die abgegebene Wechselstromleistung anhand der Transistorkennlinien zu ermitteln.

Bei voller Aussteuerung wird das Ausgangssignal nach unten durch den Sperrbereich ($I_B = 0$) und nach oben durch den Sättigungsbereich ($U_{CB} = 0$) begrenzt. Um zu große Verzerrungen infolge des gekrümmten Anfangsbereiches der Eingangskennlinie zu vermeiden, darf der Transistor nicht bis zum Sperrbereich ausgesteuert werden. Bei Leistungstransistoren lassen sich mittels Spannungssteuerung ($R_{Gen.} \ll R_1$) die durch Krümmung der Stromsteuerkennlinie entstehenden Verzerrungen durch die Krümmung der Eingangskennlinie weitgehend kompensieren.

Bei **A-Betrieb** wird der Arbeitspunkt so eingestellt, daß der Transistor symmetrisch nach beiden Seiten

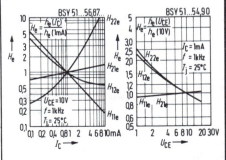

3.2. Transistor

3.2.6. Vierpolkenngrößen und Ersatzschaltungen

Ein Vierpol ist eine Schaltung mit zwei Eingangsklemmen und zwei Ausgangsklemmen. Er ist passiv, wenn er höchstens genausoviel Signal-Wirkleistung abgibt wie er Signal-Wirkleistung aufnimmt; er ist aktiv, wenn er mehr Signal-Wirkleistung abgeben kann, als er aufnimmt.

Vier voneinander unabhängige Größen, darunter mindestens eine Energiequelle, reichen aus, um das Verhalten eines Vierpols hinreichend zu beschreiben.

Die eingezeichneten Strom- und Spannungspfeile werden positiv gezählt. Ein Minuszeichen vor einem Spannungs- oder Stromzeichen entspricht einer Richtungsumkehr.

Ersatzschaltungen erleichtern oft die Betrachtungsweise und Berechnung von Schaltungen. Einfache Transistor-Ersatzschaltungen konnten nur durch Eingrenzung des Anwendungsbereiches entwickelt werden, so daß es viele solcher Ersatzschaltungen gibt, von denen die h-Parameter – und y-Parameter-Ersatzschaltung besondere Bedeutung erlangt haben.

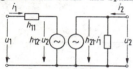

h-Parameter-Ersatzschaltung

$$u_1 = h_{11} \cdot i_1 + h_{12} \cdot u_2$$
$$i_2 = h_{21} \cdot i_1 + h_{22} \cdot u_2$$

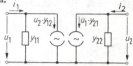

y-Parameter-Ersatzschaltung

$$i_1 = y_{11} \cdot u_1 + y_{12} \cdot u_2$$
$$i_2 = y_{21} \cdot u_1 + y_{22} \cdot u_2$$

Kurzschluß-Eingangswiderstand

$$h_{11} = \frac{u_1}{i_1} \quad \text{bei } u_2 = 0$$

Kurzschluß-Eingangsleitwert

$$y_{11} = \frac{i_1}{u_1} \quad \text{bei } u_2 = 0$$

Leerlauf-Spannungsrückwirkung

$$h_{12} = \frac{u_1}{u_2} \quad \text{bei } i_1 = 0$$

Kurzschluß-Rückwärtssteilheit

$$y_{12} = \frac{i_1}{u_2} \quad \text{bei } u_1 = 0$$

Kurzschluß-Stromverstärkung

$$h_{21} = \frac{i_2}{i_1} \quad \text{bei } u_2 = 0$$

Kurzschluß-Vorwärtssteilheit

$$y_{21} = \frac{i_2}{u_1} \quad \text{bei } u_2 = 0$$

Leerlauf-Ausgangsleitwert

$$h_{22} = \frac{i_2}{u_2} \quad \text{bei } i_1 = 0$$

Kurzschluß-Ausgangsleitwert

$$y_{22} = \frac{i_2}{u_2} \quad \text{bei } u_1 = 0$$

Zusammenhang zwischen h- und y-Parametern

$$h_{11} = \frac{1}{y_{11}} \qquad h_{12} = -\frac{y_{12}}{y_{11}}$$

$$h_{21} = \frac{y_{21}}{y_{11}} \qquad h_{22} = \frac{\Delta y}{y_{11}}$$

$$\Delta h = \frac{y_{22}}{y_{11}}$$

$$y_{11} = \frac{1}{h_{11}} \qquad y_{12} = -\frac{h_{12}}{h_{11}}$$

$$y_{21} = \frac{h_{21}}{h_{11}} \qquad y_{22} = \frac{\Delta h}{h_{11}}$$

$$\Delta y = \frac{h_{22}}{h_{11}}$$

3.2. Transistor

Zusammenhang zwischen den h-Parametern in E-, B- und C-Schaltung

geg.: h_e	ges.: h_b	ges.: h_c
h_{11e}	$h_{11b} = \dfrac{h_{11e}}{1 + \Delta h_e + h_{21e} - h_{12e}}$	$h_{11c} = h_{11e}$
h_{12e}	$h_{12b} = \dfrac{\Delta h_e - h_{12e}}{1 + \Delta h_e + h_{21e} - h_{12e}}$	$h_{12c} = 1 - h_{12e}$
h_{21e}	$h_{21b} = \dfrac{-\Delta h_e + h_{21e}}{1 + \Delta h_e + h_{21e} - h_{12e}}$	$h_{21c} = -(1 + h_{21e})$
h_{22e}	$h_{22b} = \dfrac{h_{22e}}{1 + \Delta h_e + h_{21e} - h_{12e}}$	$h_{22c} = h_{22e}$

geg.: h_b	ges.: h_e	ges.: h_c
h_{11b}	$h_{11e} = \dfrac{h_{11b}}{1 + \Delta h_b + h_{21b} - h_{12b}}$	$h_{11c} = \dfrac{h_{11b}}{1 + \Delta h_b + h_{21b} - h_{12b}}$
h_{12b}	$h_{12e} = \dfrac{\Delta h_b - h_{12b}}{1 + \Delta h_b + h_{21b} - h_{12b}}$	$h_{12c} = \dfrac{1 + h_{21b}}{1 + \Delta h_b + h_{21b} - h_{12b}}$
h_{21b}	$h_{21e} = \dfrac{-(h_{21b} + \Delta h_b)}{1 + \Delta h_b + h_{21b} - h_{12b}}$	$h_{21c} = \dfrac{h_{21b} - 1}{1 + \Delta h_b + h_{21b} - h_{12b}}$
h_{22b}	$h_{22e} = \dfrac{h_{22b}}{1 + \Delta h_b + h_{21b} - h_{12b}}$	$h_{22c} = \dfrac{h_{22b}}{1 + \Delta h_b + h_{21b} - h_{12b}}$

mit $\Delta h_e = h_{11e} \cdot h_{22e} - h_{12e} \cdot h_{21e}$ und $\Delta h_b = h_{11b} \cdot h_{22b} - h_{12b} \cdot h_{21b}$

Zusammenhang zwischen den y-Parametern in E-, B- und C-Schaltung

geg.: y_e	ges.: y_b	ges.: y_c
y_{11e}	$y_{11b} = y_{11e} + y_{12e} + y_{21e} + y_{22e}$	$y_{11c} = y_{11e}$
y_{12e}	$y_{12b} = -(y_{12e} + y_{22e})$	$y_{12c} = -(y_{11e} + y_{12e})$
y_{21e}	$y_{21b} = -(y_{21e} + y_{22e})$	$y_{21c} = -(y_{11e} + y_{21e})$
y_{22e}	$y_{22b} = y_{22e}$	$y_{22c} = y_{11e} + y_{12e} + y_{21e} + y_{22e}$

Berechnung einer Transistorstufe

Eingangswiderstand
$$z_i = \frac{u_1}{i_1} \qquad z_i = \frac{h_{11} + R_L \cdot \Delta h}{1 + R_L \cdot h_{22}} \qquad z_i = \frac{1 + R_L \cdot y_{22}}{y_{11} + R_L \cdot \Delta y}$$

Ausgangswiderstand
$$z_o = \frac{u_2}{i_2} \qquad z_o = \frac{h_{11} + R_G}{\Delta h + R_G \cdot h_{22}} \qquad z_o = \frac{1 + R_G \cdot y_{11}}{y_{22} + R_G \cdot \Delta y}$$

Stromverstärkung
$$A_i = \frac{i_2}{i_1} \qquad A_i = \frac{h_{21}}{1 + R_L \cdot h_{22}} \qquad A_i = \frac{y_{21}}{y_{11} + R_L \cdot \Delta y}$$

Spannungsverstärkung
$$A_u = \frac{u_2}{u_1} \qquad A_u = \frac{R_L \cdot h_{21}}{h_{11} + R_L \cdot \Delta h} \qquad A_u = \frac{-R_L \cdot y_{21}}{1 + R_L \cdot y_{22}}$$

Leistungsverstärkung
$$G = \frac{u_2 \cdot i_2}{u_1 \cdot i_1} \qquad G = \frac{R_L \cdot h_{21}^2}{(1 + R_L \cdot h_{22})(h_{11} + R_L \cdot \Delta h)} \qquad G = \frac{R_L \cdot y_{21}^2}{(1 + R_L \cdot y_{22})(y_{11} + R_L \cdot \Delta y)}$$

mit $\Delta h = h_{11} \cdot h_{22} - h_{12} \cdot h_{21}$ \qquad mit $\Delta y = y_{11} \cdot y_{22} - y_{12} \cdot y_{21}$

3.2. Transistor

3.2.7. Transistor-Grundschaltungen

HF-Ersatzschaltung nach Giacoletto

Im Gegensatz zu den Vierpolkoeffizienten sind die Elemente der physikalischen Ersatzschaltung, die bis zu Frequenzen von $f < fa/2$ meist ausreichend genau ist, über einen größeren Frequenzbereich weitgehend frequenzunabhängig.

$r_{bb'}$	Basisbahnwiderstand
$g_{b'e}$	Leitwert zwischen B' und E
$g_{b'c}$	Leitwert zwischen B' und C
g_{ce}	Leitwert zwischen C und E
g_m	Koeffizient der gesteuerten Einströmung (innere Steilheit)
$u_{b'e}$	Spannung zwischen B' und E
$C_{b'e}$	Kapazität zwischen B' und E
$C_{b'c}$	Kapazität zwischen B' und C
C_{ce}	Kollektor-Emitter-Kapazität
fa	Grenzfrequenz der Kurzschluß-Stromverstärkung in Basisschaltung

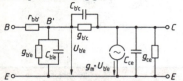

Transistor-Grundschaltungen
(in Klammern typische Werte)

Bezeichnung	Emitterschaltung	Kollektorschaltung	Basisschaltung
Schaltung Anm.: $r_{BE} = h_{11}$ $\frac{1}{r_{CE}} = h_{22}$ $\beta = h_{21}$	(R1, R_C, R2, R_E, C_E)	(R1, R_Gen, R_E)	(R1, R_C, R_E, R2, C_B)
Spannungsverstärkung	$A_u = \beta \frac{R_c // r_{CE}}{r_{BE}}$ $(100 \cdots 10000)$	$A_u = 1 - \frac{r_{BE}}{\beta(R_E // r_{CE}) + r_{BE}}$ (< 1)	$A_u = \beta \frac{R_c // r_{CE}}{r_{BE}}$ $(100 \cdots 10000)$
Stromverstärkung ohne Berücksichtigung von R_1 und R_2	$A_i = \beta \frac{r_{CE}}{r_{CE} + R_c}$ $(10 \cdots 500)$	$A_i = \beta \frac{r_{CE}}{R_E + r_{CE}}$ $(10 \cdots 500)$	$A_i = \frac{\beta}{1 + \beta}$ (< 1)
Leistungsverstärkung	$G = A_u \cdot A_I$ $(1000 \cdots 100000)$	$G = A_u \cdot A_I$ $(10 \cdots 500)$	$G = A_u \cdot A_I$ $(100 \cdots 10000)$
Eingangswiderstand	$r_1 = r_{BE} // (R_1 // R_2)$ $(10\,\Omega \cdots 5\,k\Omega)$	$r_1 = (r_{BE} + \beta R_E) // R_1$ $(500\,\Omega \cdots 5\,M\Omega)$	$r_1 = \frac{r_{BE}}{\beta} // R_E$ $(< 1\,\Omega \cdots 1\,k\Omega)$
Ausgangswiderstand	$r_2 = R_c // r_{CE}$ $(10\,\Omega \cdots 500\,k\Omega)$	$r_2 = R_E // \frac{r_{BE} + R_{Gen}}{\beta}$ $(10\,\Omega \cdots 1\,k\Omega)$	$r_2 = R_c // r_{CE}$ $(100\,k\Omega \cdots 10\,M\Omega)$
Phasenlage von u_1 u. u_2	180°	0°	0°

Die Bezeichnung der drei Transistor-Grundschaltungen entspricht jeweils dem an konstantem Potential liegenden Transistoranschluß.

Die Emitterschaltung hat bei gleichem Lastwiderstand die höchste Leistungsverstärkung. Der Eingangswiderstand liegt zwischen der der Basis- und dem der Kollektorschaltung. Der Ausgangswiderstand nimmt mit zunehmendem Generatorwiderstand ab, während er bei der Basis- und Kollektorschaltung ansteigt.

Die Basisschaltung zeigt die kleinste Rückwirkung des Ausgangs auf den Eingang. Gegenüber der Emitterschaltung sind die Einflüsse der Exemplarstreuungen, Alterung, Temperatur- und Versorgungsspannungsschwankungen auf die Verstärkung sehr viel kleiner. Die um den Faktor β höhere Grenzfrequenz zeichnet die Basisschaltung für HF-Anwendungen aus.

Die Kollektorschaltung findet wegen des hohen Eingangswiderstandes und niedrigen Ausgangswiderstandes vorwiegend als Impedanzwandler Anwendung.

3.2. Transistor

Emitterschaltung mit Stromgegenkopplung

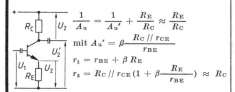

$$\frac{1}{A_u} = \frac{1}{A_u{'}} + \frac{R_E}{R_C} \approx \frac{R_E}{R_C}$$

mit $A_u{'} = \beta \dfrac{R_C // r_{CE}}{r_{BE}}$

$r_1 = r_{BE} + \beta R_E$

$r_2 = R_C // r_{CE}(1 + \beta \dfrac{R_E}{r_{BE}}) \approx R_C$

Sind R_C und R_E gleich groß, so können am Kollektor und Emitter gleichgroße, gegenphasige Wechselspannungen ausgekoppelt werden (Phasenumkehrstufe).

Emitterschaltung mit Spannungsgegenkopplung

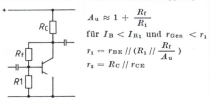

$A_u \approx 1 + \dfrac{R_f}{R_1}$

für $I_B < I_{R1}$ und $r_{Gen} < r_1$

$r_1 = r_{BE} // (R_1 // \dfrac{R_f}{A_u})$

$r_2 = R_C // r_{CE}$

Bootstrap-Schaltung

Mit Bootstrap bezeichnet man die dynamische Vergrößerung eines Widerstandes. Sie wird angewendet, um die Herabsetzung des hohen Eingangswiderstandes der Kollektorschaltung durch die Spannungsteilerwiderstände R_1 und R_2 zu vermeiden.

$r_1 = (r_{BE} + \beta R_E) // R_3 \dfrac{\beta (R_E // r_{CE})}{r_{BE}}$

Da das Ausgangssignal gleichphasig und nahezu amplitudengleich zum Eingangssignal ist und C_3 für das Ausgangssignal als Kurzschluß wirkt, fällt an R_3 nur die Differenz der Eingangs- und Ausgangssignalspannung ab. Parallel zum Eingangswiderstand $r_{BE} + \beta R_E$ liegt nun der um $\beta (R_E // r_{CE}) / r_{BE}$ herauftransformierte Widerstand R_3.

Darlington-Schaltung

$\beta_{ges} \approx \beta_1 \cdot \beta_2$

$r_1 = r_{BE1} + \beta_1 r_{BE2}$

$r_2 = r_{CE2} // \dfrac{2 r_{CE1}}{\beta_2}$

Bei der Zusammensetzung zweier Transistoren nach Darlington wirkt der Eingangswiderstand r_{BE} des Transistors V_2 als Emitterwiderstand von Transistor V_1. Der Verbundtransistor verhält sich deshalb wie ein einzelner NPN-Transistor mit hohem Eingangswiderstand und hoher Stromverstärkung. Entsprechend können weitere Transistoren zusammengeschaltet werden.

Ähnliche Werte ergibt die Zusammenschaltung eines NPN- und eines PNP-Transistors zu einer Komplementär-Darlington-Schaltung, hier mit NPN-Verhalten, auch White-Folger genannt.

$\beta_{ges} \approx \beta_1 \cdot \beta_2$

$r_1 = r_{BE1}$

$r_2 = r_{CE2} // \dfrac{r_{CE1}}{\beta_2}$

Kaskode-Schaltung

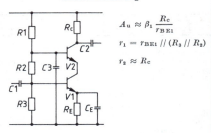

$A_u \approx \beta_1 \dfrac{R_C}{r_{BE1}}$

$r_1 = r_{BE1} // (R_3 // R_2)$

$r_2 \approx R_C$

Die Zusammenschaltung der Emitterschaltung mit V_1 und der Basisschaltung mit V_2 verbindet den relativ hohen Eingangswiderstand der Emitterschaltung mit der sehr kleinen Eingangskapazität der Basisschaltung.

Mit V_2 wird das Kollektorpotential von V_1 nahezu konstant gehalten, so daß die Spannungsverstärkung von V_1 und damit die Rückwirkung vom Ausgang auf den Eingang über die Kollektor-Basis-Kapazität von V_1 sehr klein ist.

Gegentakt-Schaltung

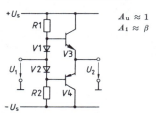

$A_u \approx 1$

$A_i \approx \beta$

Jeder Transistor der komplementären Kollektorschaltung verstärkt nur eine Halbwelle. Mit Dioden, Widerständen oder einem zusätzlichen Transistor wird der Arbeitspunkt so eingestellt und stabilisiert, daß nur ein geringer Ruhestrom fließt (AB-Betrieb) und damit die Ruheverluste und Übernahmeverzerrungen gering bleiben.

3.2. Transistor

Konstantstromquellen

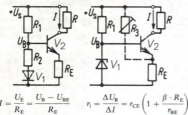
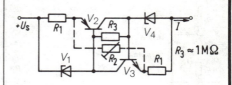

$$I = \frac{U_E}{R_E} = \frac{U_B - U_{BE}}{R_E} \qquad r_i = \frac{\Delta U_R}{\Delta I} = r_{CE}\left(1 + \frac{\beta \cdot R_E}{r_{BE}}\right)$$

Der Transistor vergleicht den vom Ausgangsstrom I an R_E erzeugten Spannungsfall mit dem Basispotential U_B und wirkt gleichzeitig als Stellglied. Der Temperatureinfluß auf die Basis-Emitter-Spannung kann mit einer oder mehreren Dioden in Reihe zu R_2 kompensiert werden. Wird R_2 durch eine Z-Diode ersetzt, so bleiben Betriebsspannungsschwankungen ohne wesentlichen Einfluß auf den Ausgangsstrom I:
$\Delta I_E = (r_Z/R_2 \cdot R_E)\, \Delta U_S$.

Mit $R_3 = R_1 \cdot R_E/r_Z$ kann der Stromstabilisierungsfaktor auf unendlich abgeglichen werden ($\Delta I_Z = \Delta I_E$).

Werden zwei Konstantstromquellen mit Komplementär-Transistoren zusammengeschaltet, so bleibt der Strom I auch bei großen Schwankungen der Versorgungsspannung und dem Spannungsfall an anderen Widerständen im Stromkreis konstant. Mit R_2 kann ein unendlich großer Stromstabilisierungsfaktor oder ein negativer differentieller Widerstand eingestellt werden.

3.2.8. Kopplungsarten

In mehrstufigen Verstärkern müssen meist Stufen mit unterschiedlichen Ausgangs- und Eingangsruhepotentialen mit geringem Aufwand verbunden werden, ohne das zu übertragende Signal stark abzuschwächen oder die Arbeitspunkte zu verschieben.

Gleichstromkopplung

Die Gleichstromkopplung, auch galvanische oder direkte Kopplung genannt, ist frequenzunabhängig und ermöglicht die Verstärkung von Gleich- und Wechselgrößen.

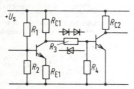

Die Kopplung über Spannungsteiler setzt die Verstärkung im gleichen Maße herab wie die Gleichspannung. Dieser Nachteil wird durch Anwendung von zusätzlichen Transistoren, Dioden oder Z-Dioden vermieden. Am einfachsten lassen sich jedoch Potentialunterschiede mit Komplementär-Transistoren (Aufeinanderfolge von NPN- und PNP-Transistoren) überbrücken.

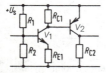

Kleine Verschiebungen des Kollektorpotentials infolge einer Änderung der Sperrschichttemperatur werden von den folgenden Stufen ebenfalls verstärkt. Deshalb sind zusätzliche Schaltungsmaßnahmen zur Arbeitspunktstabilisierung, meist Gegenkopplungs- oder Gegentaktschaltungen, erforderlich.

RC-Kopplung

Die Arbeitspunktverschiebungen infolge Temperatureinfluß bleiben ohne Auswirkung auf die folgende Stufe, so daß der Aufwand für die Temperaturkompensation vergleichsweise gering ist.

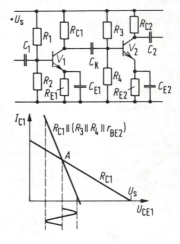

Für die Signalspannung wirkt der Koppelkondensator C_K nahezu als Kurzschluß, so daß der Eingangswiderstand der zweiten Stufe ($R_3 // R_4 // r_{BE2}$) zum Ausgangswiderstand der zweiten Stufe (R_{C1}) parallel geschaltet ist. Die dynamische Arbeitskennlinie verläuft deshalb sehr viel steiler als die

3.2. Transistor

Arbeitsgerade für R_{C_1}. Damit der Aussteuerbereich für beide Halbwellen gleich groß wird, ist der Arbeitspunkt A mit der I_{B_1}-Einstellung von der Mitte der durch R_{C_1} bestimmten Arbeitsgeraden nach links zu verschieben.

Niedrige untere Grenzfrequenzen erfordern große Koppelkondensatoren. Für einen Verstärkungsabfall von 3 dB gilt: $C = 1 / 2 \pi f_u (R_{C_1} + R_{12})$.

Der Verstärkungsverlust infolge Fehlanpassung des Eingangswiderstandes der folgenden Stufe an den Ausgangswiderstand der vorhergehenden Stufe erfordert häufig zusätzliche Stufen.

Übertrager-Kopplung

Unterschiedliche Eingangs- und Ausgangswiderstände können optimal angepaßt werden.

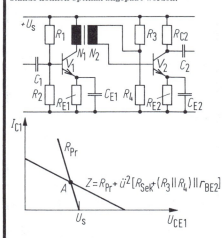

An Gleichspannung ist nur der Wirkwiderstand der Primärwicklung wirksam, so daß die Widerstandsgerade mit R_{Pr} sehr steil verläuft. Für das zu verstärkende Signal wird der Eingangswiderstand der zweiten Stufe auf die Primärseite transformiert, so daß die dynamische Arbeitskennlinie nur noch mit der Steigung $1/z$ durch den mit I_{B_1} eingestellten Arbeitspunkt A verläuft. Bei der Auswahl des Transistors V_1 ist zu berücksichtigen, daß die Kollektor-Emitter-Spannung bei Vollaussteuerung größer als die Speisespannung U_S sein kann.

Von Nachteil sind Größe, Gewicht und Preis des Übertragers. Bei einem zulässigen Verstärkungsabfall von 3 dB wird das übertragbare Frequenzband begrenzt von den Frequenzen.

$$f_u = \frac{1}{2 \pi L_{Prim} \cdot (N_1 / N_2)^2 \cdot 1/R_L + h_{22}}$$

$$f_o = \frac{1/h_{22} + (N_1/N_2)^2 \cdot R_L}{2 \pi L_{Streu}}$$

Durch Parallelschalten von Kondensatoren zur Primär- und Sekundärwicklung, auch Bandfilterkopplung genannt, kann eine sehr kleine Bandbreite bzw. hohe Selektivität erreicht werden. Ungeeignet ist die Übertrager-Kopplung zur Verbindung von zwei Basisstufen, zwei Kollektorstufen oder einer Emitter- und Basisstufe.

3.3. Rückkopplung

Mit Rückkopplung bzw. Rückführung wird das Zurückführen eines Bruchteils des Ausgangssignals einer Verstärkerschaltung auf deren Eingang bezeichnet.

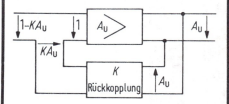

Eine am Verstärkereingang anliegende normierte Spannung 1 hat eine um den Verstärkungsfaktor A_U größere Ausgangsspannung zur Folge. Davon wird über eine Rückkopplungsschaltung der K-fache Teil der Ausgangsspannung KA_u auf den Eingang zurückgeführt, so daß am Eingang der Verstärkerschaltung die Spannung $1-KA_u$ anliegt. K wird als Rückkopplungsgrad, KA_u als Schleifenverstärkung und $1-KA_u$ als Rückkopplungsfaktor bezeichnet.

Der Einfluß der Rückkopplung auf das Verhalten der Verstärkerschaltung hängt wesentlich von der Phasenlage des zurückgeführten Signals gegenüber dem Eingangssignal ab. Deshalb wird zwischen negativer Rückkopplung oder Gegenkopplung bei Gegenphasigkeit und positiver Rückkopplung bzw. Mitkopplung bei Gleichphasigkeit beider Signale unterschieden.

Gegenkopplung

Die Gegenkopplung bewirkt eine weitgehende Verringerung des Einflusses von Betriebsspannungsschwankungen, Temperaturänderungen sowie unterschiedlicher Stromverstärkungsfaktoren bzw. Röhrensteilheiten infolge Exemplarstreuungen und Alterung auf die Verstärkung. Damit verbunden sind eine Abnahme der Verzerrungen und des Übertragungswertes und eine Änderung des Eingangs- und Ausgangswiderstandes.

Eine Spannungsgegenkopplung liegt vor, wenn die rückgeführte Spannung proportional zur Ausgangsspannung ist; ist die rückgeführte Spannung proportional zum Ausgangsstrom, so liegt eine Stromgegenkopplung vor. Bei der Seriengegenkopplung liegt das zurückgeführte Signal in Reihe zum Eingangssignal, bei der Parallelgegenkopplung parallel dazu. Die Einflüsse zweier Gegenkopplungsarten lassen sich in einer gemischten Gegenkopplung miteinander verbinden. Soll die Gegenkopplung frequenzabhängig sein, so sind entsprechende Kapazitäten oder Induktivitäten in den Rückkopplungszweig einzufügen.

Mitkopplung

Die Mitkopplung wird zur Entdämpfung von Filterschaltungen und zur Schwingungserzeugung eingesetzt.

Damit eine Verstärkerschaltung schwingt, müssen Eingangs- und Ausgangssignal phasengleich (Phasenbedingung) und die Schleifenverstärkung $KA_u = 1$ (Amplitudenbedingung) sein. Dann ist $1-KA_u = 0$; der Ausgangszustand wird ohne ein von außen zugeführtes Signal aufrecht erhalten. Ein frequenzabhängiges Rückkopplungsnetzwerk erfüllt diese Bedingungen nur bei einer bestimmten Frequenz, mit der die Schaltung, meist Oszillator genannt, dann schwingt.

3.3. Rückkopplung

3.3.1. Gegenkopplungs-Grundschaltungen

Bezeichnung	Spannungs-Serien-Gegenkopplung	Strom-Serien-Gegenkopplung	Spannungs-Parallel-Gegenkopplung	Strom-Parallel-Gegenkopplung
Schaltungsprinzip	(Schaltbild mit A_u, R_1, R_2, R_L, 180°)	(Schaltbild mit A_u, R_f, R_L, 180°)	(Schaltbild mit A_u, R_f, R_L, 180°)	(Schaltbild mit A_u, R_2, R_1, R_L, 180°)
Eingangsgröße	Spannung	Spannung	Strom	Strom
Ausgangsgröße	Spannung	Strom	Spannung	Strom
Übertragungswert	$A'_u = \dfrac{u_2}{u_1} = \dfrac{A_u R_1 R_2}{A_u R_1 R_2 + R_1(R_o + R_1 + R_2) + R_2(R_o + R_1 + R_2) + R_o R_2}$ $A'_u \approx \dfrac{R_1 + R_2}{R_2}$ (wird kleiner)	$G'_u = \dfrac{i_2}{u_1} = \dfrac{A_u R_1 + R_f}{R_f R_1 A_u + R_1(R_o + R_f + R_L) + R_f(R_o + R_L)}$ $G'_u \approx \dfrac{1}{R_f}$ (wird kleiner)	$R'_{fu} = \dfrac{u_2}{i_1} = \dfrac{R_f(A_u R_f + R_o)}{R_f(A_u + 1) + R_o + R_f}$ $R'_{fu} \approx R_f$ (wird kleiner)	$A'_i = \dfrac{i_2}{i_1} = \dfrac{R_1[A_u(R_1 + R_2) + R_2]}{A_u R_1(R_o + R_L) + R_1(R_1 + R_2) + R_1(R_1 + R_2)}$ $A'_i \approx \dfrac{R_1 + R_2}{R_1}$ (wird kleiner)
Eingangswiderstand	$R'_1 = R_1 + \dfrac{R_1 R_2(R_o + R_1 + R_2) + R_2(R_o + R_1)}{R_o + R_1 + R_2}$ (wird größer)	$R'_1 = R_1 + \dfrac{R_f(R_1 A_u + R_o + R_L)}{R_o + R_f + R_L}$ (wird größer)	$R'_1 = \dfrac{R_f(R_o + R_f)}{R_f(1 + A_u) + R_o + R_f}$ (wird kleiner)	$R'_1 = \dfrac{R_1}{1 + \dfrac{R_1[R_1(A_u+1) + R_o + R_L]}{R_2(R_o R_1 + R_1 + R_L) + R_1 R_1(R_o + R_L)}}$ (wird kleiner)
Ausgangswiderstand	$R'_o = \dfrac{R_o[R_1(R_1 + R_2) + R_1 R_2]}{R_1 R_2(A_u + 1) + (R_o + R_1)(R_1 + R_2)}$ (wird kleiner)	$R'_o = R_o + \dfrac{R_1 R_f(A_u + 1)}{R_1 + R_f}$ (wird größer)	$R'_o = \dfrac{R_o(R_1 + R_f)}{R_f(1 + A_u) + R_o + R_f}$ (wird kleiner)	$R'_o = \dfrac{R_o(R_1 + R_2) + R_1 R_1(R_o + R_2)}{R_1 + R_1 + R_2}$ (wird größer)

3.3. Rückkopplung

3.3.2. Sinus-Oszillatoren

RC-Oszillatoren

Im NF-Bereich werden RC-Oszillatoren gegenüber LC-Oszillatoren bevorzugt, weil große Induktivitäten Streufelder, große Abmessungen und ein hohes Gewicht zur Folge haben. Dagegen müssen meist aufwendigere Schaltungsmaßnahmen getroffen werden, um eine konstante Verstärkung zu sichern, weil sonst das Ausgangssignal stark verzerrt wird.

Oszillator mit RC-Phasenschieber

Um das Ausgangssignal gegenüber dem Eingangssignal um 180° zu verschieben, sind mindestens drei RC-Glieder erforderlich. Weitere RC-Glieder führen zu einer größeren Frequenzstabilität. Meist wird die Tiefpaßschaltung bevorzugt, weil diese die Oberwellen bedämpft.

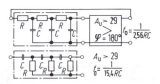

viergliedriger Tiefpaß: $A_u \approx 18{,}5 \quad f_0 \approx \dfrac{1}{5{,}23\,RC}$

viergliedriger Hochpaß: $A_u \approx 18{,}5 \quad f_0 \approx \dfrac{1}{7{,}54\,RC}$

Soll die Frequenz über einen größeren Bereich verstellbar sein, so müssen alle Kondensatoren oder Widerstände des RC-Netzwerkes gleichzeitig und gleichmäßig verstellt werden. Nachteilig sind die kritische Amplitudenstabilisierung, große Verzerrungen bei zu großer Rückkopplung und eine geringe Frequenzkonstanz dieser Schaltung.

Oszillator mit Wien-Glied

Bei Verstärkern ohne Phasendrehung (gerade Stufenzahl) kann die frequenzabhängige Mitkopplung mit einem Wien-Glied bewirkt werden.

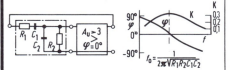

RC-Oszillator mit Wien-Robinson-Brücke

Die Frequenzstabilität läßt sich durch Hinzufügen des Spannungsteilers mit R_1 und R_2 zum Wien-Glied wesentlich erhöhen.

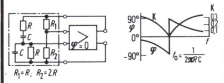

$R_1 = R; \ R_2 = 2R$

Im Resonanzfall ($\varphi = 0$) ist die Diagonalspannung der abgeglichenen Wien-Robinson-Brücke ($R_1 = 2R_2$) gleich Null. Durch geringfügiges Ändern des Spannungsteilerverhältnisses R_1/R_2 kann die Diagonalspannung u_1 an die Verstärkung des Verstärkers angepaßt werden. Im Bereich von 1 Hz – 1 MHz sind Klirrfaktorwerte unter 0,1% erreichbar. Der Einsatz eines Heißleiters anstelle von R_1 oder eines Kaltleiters anstelle von R_2 ermöglicht eine einfache Stabilisierung der Signalamplitude.

Vergleichbare Werte sind mit einem Doppel-T-Netzwerk erreichbar, dessen Ausgangsspannung im Gegensatz zur Wien-Robinson-Brücke auch gegen Masse abgegriffen werden kann.

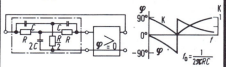

LC-Oszillatoren

Wegen des relativ hohen Ausgangswiderstandes der Emitter- und Basisschaltung werden LC-Oszillatoren meist mit Parallelschwingkreisen (hoher Resonanzwiderstand) betrieben.

Meißner-Schaltung

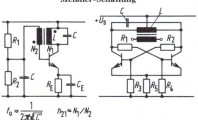

$f_0 \approx \dfrac{1}{2\pi\sqrt{LC}} \quad h_{21} \approx N_1/N_2$

Um die Phasenbedingung $\varphi = 0$ zu erfüllen, wird das zurückgeführte Signal zusätzlich durch entsprechende Polung der Sekundärwicklung um 180° gedreht. Höhere Leistungen und ein kleinerer Oberwellenanteil werden durch Zusammenschaltung zweier Meißner-Schaltungen zu einer Meißner-Gegentaktschaltung erzielt.

Dreipunktschaltung

Kapazitiv (Colpits-Schaltung)   **Induktiv** (Hartley-Schaltung)

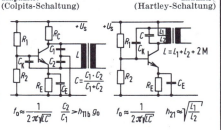

$f_0 \approx \dfrac{1}{2\pi\sqrt{LC}} \quad \dfrac{C_2}{C_1} > h_{11b}\,g_0$

$C = \dfrac{C_1 \cdot C_2}{C_1 + C_2}$

$f_0 \approx \dfrac{1}{2\pi\sqrt{LC}} \quad h_{21} \approx \sqrt{\dfrac{L_1}{L_2}}$

$L = L_1 + L_2 + 2M$

Zur Erzeugung sehr hoher Frequenzen werden alle drei Schaltungen meist in Basis-Schaltung ausgeführt.

3.3. Rückkopplung

3.3.3. Sperrschwinger

Der Sperrschwinger erzeugt Impulse mit kurzer Dauer, großer Amplitude und steilen Flanken. Je nach Schaltung arbeitet er astabil oder monostabil.

Beim Einschalten der Speisespannung beginnt Transistor V_1 über R_B aufzusteuern. Der einsetzende Kollektorstrom steuert V_1 über die induktive Mitkopplung schlagartig auf; zugleich lädt der induzierte Basisstrom den Kondensator auf. Nimmt der Kollektorstrom nicht mehr zu, so wird keine Sekundärspannung mehr induziert und der Transistor vom aufgeladenen Kondensator gesperrt, bis dieser über den Widerstand R_B wieder umgeladen ist.

Ein Impuls am Triggereingang S leitet das Durchsteuern des Transistors V_2 ein. Infolge der Mitkopplung steuert V_2 durch, bis der Transistor übersteuert oder der Magnetkern gesättigt ist. Durch die Mitkopplung wird auch der Sperrvorgang beschleunigt. Gefährdet das zurückgekoppelte Signal die Triggerquelle, so ist der Triggereingang mittels Dioden zu entkoppeln.

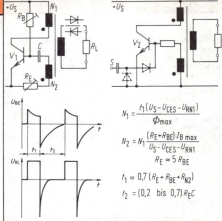

$$N_1 = \frac{t_1(U_S - U_{CES} - U_{RN1})}{\Phi_{max}}$$

$$N_2 = N_1 \frac{(R_E + R_{BE}) I_{B\,max}}{U_S - U_{CES} - U_{RN1}}$$

$$R_E \approx 5\, R_{BE}$$

$$t_1 \approx 0{,}7\,(R_E + R_{BE} + R_{N2})$$

$$t_2 = (0{,}2 \text{ bis } 0{,}7)\, R_E C$$

3.4. Transistor als Schalter

Während im Verstärkerbetrieb eine lineare Abhängigkeit der Ausgangsspannung von der Eingangsspannung angestrebt wird und die Ausgangsspannung deshalb die Aussteuerungsgrenzen nicht erreichen darf, sind diese für den Schalterbetrieb bedeutsam.

Punkt X: Fließt kein Basisstrom, so wird der Arbeitswiderstand R_C nur noch von dem Reststrom (je nach Transistortyp, Sperrschichttemperatur und Kollektor-Emitter-Spannung 10 nA bis 1 mA) durchflossen; der Transistor ist gesperrt (s. S. 3-11).

Punkt Y: Die Erhöhung des Basisstromes über $I_B = 0$ hinaus hat eine B-fache Zunahme des Kollektorstromes zur Folge, bis im Punkt Y eine Sättigung eintritt; der Transistor ist durchgesteuert ($U_{CE\,sat} = U_{BE}$). Eine weitere Erhöhung des Basisstromes bewirkt eine Abnahme der Restspannung $U_{CE\,sat}$ und der Gleichstromverstärkung B, ohne daß der Kollektorstrom noch wesentlich zunimmt; der Transistor ist übersteuert.

räumstrom I_{BY}^* und dem Basisstrom I_{BY}, der den Transistor gerade bis zur Übersteuerungsgrenze $U_{CB} = 0$ durchsteuert) $a = I_{BX}^*/I_{BY}$ verringert die Ausschaltzeit.

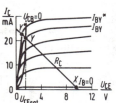

t_d delay time t_s storage time
      Verzögerungszeit   Speicherzeit
t_r rise time t_f fall time
      Anstiegszeit   Abfallzeit

Die Schaltzeiten hängen von der Einschaltzeitkonstanten τ und der Speicherzeitkonstanten τ_s des Transistortyps und der Beschaltung ab.

Die folgenden Diagramme zeigen typische Abhängigkeiten der Schaltzeiten von der Schaltungsauslegung.

Schaltzeiten

Ein großer Übersteuerungsfaktor (das Verhältnis zwischen dem Basisstrom I_{BY}^* im übersteuerten Zustand und dem Basisstrom I_{BY}, der erforderlich ist, um den Transistor bis zur Übersteuerungsgrenze $U_{CB} = 0$ durchzusteuern) $ü = I_{BY}^*/I_{BY}$ gewährleistet ein sicheres Durchsteuern des Transistors und verringert die Restspannung $U_{CE\,sat}$ und die Einschaltzeit t_{ein}, erhöht aber die Ausschaltzeit t_{aus}. Ein großer Ausräumfaktor (das Verhältnis zwischen dem Aus-

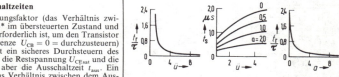

3.4. Transistor als Schalter

Die hohe Übersteuerung zur Erzielung kurzer Einschaltzeiten läßt sich durch Überbrücken des Basiswiderstandes mit einem Kondensator von einigen hundert pF auf den Einschaltvorgang begrenzen. Beim Abschalten sorgt die Entladung des Kondensators für ein schnelles Ausräumen der Basisladung, so daß auch der Ausschaltvorgang beschleunigt wird.

Hohe Impulsbelastungen des Transistors entstehen beim Ein- und Ausschalten von Wirkwiderständen, durch den Ladestrom beim Einschalten von Kapazitäten und durch die Induktionsspannung beim Ausschalten von Induktivitäten.

Die beim Abschalten von Induktivitäten auftretende Kollektor-Emitter-Spannung kann die Speisespannung U_S um ein Vielfaches überschreiten. Damit die Durchbruchspannung des Transistors nicht überschritten wird, muß die Induktionsspannung durch Parallelschalten eines RC-Gliedes, einer Freilaufdiode oder anderer Bauelemente zur Spule auf zulässige Spannungswerte begrenzt werden.

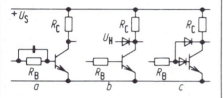

Soll unabhängig vom Stromverstärkungsfaktor B und ohne R_B-Abgleich eine Übersteuerung des Transistors verhindert werden, so muß mit einer Abfangdiode der Kollektor-Emitter-Spannungshub begrenzt werden, um eine Polaritätsänderung der Spannung U_{CB} auszuschließen.

Eine zusätzliche Hilfsspannung U_H läßt sich z.B. mit einer zweiten Diode einsparen. Häufig reicht auch eine Begrenzung der Übersteuerung durch Parallelschalten einer Diode zur Kollektor-Basis-Diode des Transistors aus.

Die Verlustleistung

Bei Schalterbetrieb darf die zulässige statische Verlustleistung des Transistors kurzzeitig um ein Vielfaches überschritten werden, wenn die während des Umschaltvorgangs entstehende Wärmemenge von den Wärmekapazitäten aufgenommen werden kann, ohne daß dabei die zulässige Sperrschichttemperatur überschritten wird.

Berechnung einer Schaltstufe

Der wichtigste Grundbaustein der meisten digitalen Schaltungen ist die Umkehrstufe (Inverter). Ihre Betriebssicherheit hängt weitgehend von der Bemessung der Widerstände R_K und R_B ab. Deshalb ist bei der Berechnung dieser Widerstände von der ungünstigsten Kombination aller Einflußgrößen (worst-case-Berechnung) auszugehen. So soll z.B. der Transistor V_2 noch bei kleinster Speisespannung, maximaler Hilfsspannung und kleinster Stromverstärkung unter Berücksichtigung der Exemplarstreuungen und zu erwartender Alterung sicher durchsteuern.

Leitbedingung

$$R_B \geq \frac{\overline{U}_H + \overline{U}_{BE2y}}{\underline{I}_1 - \overline{I}_{B2y}}$$

$$R_B \geq \frac{\overline{U}_H + \overline{U}_{BE2y}}{\dfrac{\underline{U}_S - \overline{U}_{BE2y}}{\overline{R}_{C1} + R_K} - \dfrac{\underline{U}_S - \underline{U}_{CE2y}}{\underline{B}_2 \cdot \overline{R}_{C2}}}$$

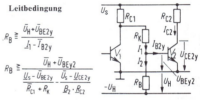

Sperrbedingung

$$R_B \leq \frac{\underline{U}_H - \overline{U}_{EB2x}}{\overline{I}_1 + \overline{I}_{CBO2}}$$

$$R_B \leq \frac{\underline{U}_H - \overline{U}_{EB2x}}{\dfrac{\overline{U}_{CE1y} + \overline{U}_{EB2x}}{R_K} + \overline{I}_{CBO2}}$$

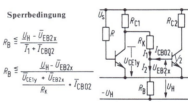

Die graphische Darstellung erleichtert die Auswertung beider Gleichungen.

Liegt das durch die Toleranzen der Widerstände gebildete Rechteck innerhalb des schraffierten Bereiches, so werden die Leit- und Sperrbedingungen sicher eingehalten.

Anm.: Querstriche über den Formelzeichen kennzeichnen Höchstwerte, Querstriche unter den Formelzeichen kennzeichnen Kleinstwerte.

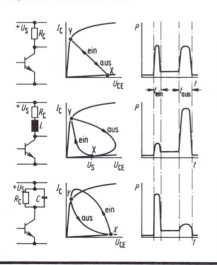

3.4. Transistor als Schalter
3.4.1. Kippschaltungen

Bezeichnung	monostabiler Multivibrator	astabiler Multivibrator	bistabiler Multivibrator	Schmitt-Trigger
Schaltung	(Schaltbild)	(Schaltbild)	(Schaltbild)	(Schaltbild)
Eingangs-spannung(en)	U_E		U_{E1}, U_{E2}	ein/aus U_E, U_H
Basis-spannungen	U_{BE1}, U_S, $t \approx 0{,}7 RC$; U_{BE2}	U_{BE1}, U_S; U_{BE2}, U_S; $0{,}7 R_{B1} C_1$, $0{,}7 R_{B2} C_2$	U_{BE1}; U_{BE2}	U_{BE1}; U_{BE2}
Ausgangs-spannungen	U_S, U_{CE1}; U_S, U_{CE2}	U_S, U_{CE1}; U_S, U_{CE2}	U_S, U_{CE1}; U_S, U_{CE2}	U_S, U_{CE1}; U_S, U_{CE2}

Berechnung

monostabiler Multivibrator:

$$R_{C1} \approx \frac{U_S}{I_{C1}}$$

$$R_{C2} \approx \frac{U_S}{I_{C2}}$$

$$R_{B2} \leq 0{,}8\, \underline{B}_{V2}\, R_{C2}$$

a) $R_{B1} \geq \dfrac{\overline{U}_E + \overline{U}_{BE1}}{\dfrac{U_S - \overline{U}_{BE1}}{\overline{R}_{C1} + R_K} - \dfrac{\overline{U}_S - \underline{U}_{CES1}}{\underline{B}\, \overline{R}_{C1}}}$

b) $R_{B1} \leq \dfrac{U_E - \overline{U}_{EB1}^*}{\dfrac{\overline{U}_{CE2} + \overline{U}_{EB1}^*}{R_K} + \overline{I}_{CBO}}$

$t_{Aus2} \approx 0{,}7\, R_{B2}\, C$

astabiler Multivibrator:

$$R_{C1} \approx \frac{U_S}{I_{C1}}$$

$$R_{C2} \approx \frac{U_S}{I_{C2}}$$

$$R_{B1} \leq 0{,}8\, \underline{B}_{V1}\, R_{C1}$$

$$R_{B2} \leq 0{,}8\, \underline{B}_{V2}\, R_{C2}$$

$$t_{Aus1} \approx 0{,}7\, R_{B1}\, C_1$$

$$t_{Aus2} \approx 0{,}7\, R_{B2}\, C_2$$

$$f \approx \frac{1}{t_{Aus1} + t_{Aus2}}$$

bistabiler Multivibrator:

$$R_{C1} \approx \frac{U_S - U_E}{I_{C1}}$$

$$R_{C2} \approx \frac{U_S - U_E}{I_{C2}}$$

$$R_E \approx \frac{U_E}{I_C}$$

$(0{,}5\,\text{V} < U_E < 1{,}5\,\text{V})$

a) $R_{B1} \geq \dfrac{\overline{U}_E + \overline{U}_{BE1}}{\dfrac{U_S - \overline{U}_{BE1}}{\overline{R}_{C1} + R_{K1}} - \dfrac{\overline{U}_S - \underline{U}_{CES1}}{\underline{B}_1\, \overline{R}_{C1}}}$

b) $R_{B1} \leq \dfrac{U_E - \overline{U}_{EB1}^*}{\dfrac{\overline{U}_{CE2} + \overline{U}_{EB1}^*}{R_{K1}} + \overline{I}_{CBO}}$

$$C_E \geq \frac{t_{Umsch.}}{R_E}$$

$$C_{K1} \leq \frac{R_{K1} + R_{B1}}{5\, f\, R_{K1}\, R_{B1}}$$

Schmitt-Trigger:

$$R_{C2} \leq \frac{U_S - U_{C2\,min}}{I_L}$$

$$R_{C1} = R_{C2}$$

$$R_K < R_{C1}\, \underline{B}_2$$

a) $R_B \geq \dfrac{\overline{U}_{RE} + \overline{U}_{BE2}}{\dfrac{U_S - \overline{U}_{RE} - \overline{U}_{BE2}}{\overline{R}_C + R_K} - \dfrac{\overline{U}_S - \underline{U}_{CE2}}{\underline{B}_2 \cdot \overline{R}_C}}$

b) $R_B \leq \dfrac{\underline{U}_{RE} - \overline{U}_{EB2}^*}{\dfrac{\overline{U}_{CE2} + \overline{U}_{EB}^*}{R_K} + \overline{I}_{CBO}}$

$$R_E \geq \frac{R_B \cdot R_G\,(R_{C1} + R_K)}{\underline{B}_1\, R_B\, [R_{C1}\, \underline{B}_2 - R_K] - \underline{B}_2\, R_G \cdot (R_{C1} + R_B + R_K)}$$

$$U_{Hy} \leq \frac{U_S}{R_{C2} + R_E} \cdot \frac{R_B\, R_{C1}\, R_E}{R_E\,(R_B\, R_{C1}\, R_K) + R_B \cdot R_{C1}}$$

Anm.: Querstriche über den Formelzeichen kennzeichnen Maximalwerte, Querstriche unter den Formelzeichen kennzeichnen Minimumwerte.
 * kennzeichnet den Sperrzustand ($I_E = 0$). a) Bedingung für den Ein-Zustand, b) für den Sperrzustand.

3.5. Gehäuse von Halbleiterbauelementen
mit typischen Wärmewiderstandswerten

Glasgehäuse DO-35
$R_{thJU} \leq 800 \text{ K/W}$

Glasgehäuse DO-7
$R_{thJU} \leq 800 \text{ K/W}$

Metallgehäuse DO-13
$R_{thJU} \leq 100 \text{ K/W}$

TO-92 DIN 41868 Typ 10 D 3
$R_{thJU} = 200 \cdots 500 \text{ K/W}$

TO-18 DIN 41868 Typ 18 A 3
$R_{thJG} \leq 200 \text{ K/W}$
$R_{thGU} \approx 300 \text{ K/W}$

TO-15 DIN 41868 Typ 5 C 3
$R_{thJG} = 25 \cdots 60 \text{ K/W}$
$R_{thGU} \approx 170 \text{ K/W}$

SOT-9
$R_{thJG} = 4 \cdots 13 \text{ K/W}$

TO-3 DIN 41872 Typ 3 A 2
$R_{thJG} = 1 \cdots 6 \text{ K/W}$

SOT-25

TO-202
$R_{thJG} = 8 \cdots 13 \text{ K/W}$
$R_{thGU} \approx 60 \text{ K/W}$

TO-126 DIN 41869 Typ 12 A 3
$R_{thJG} = 3 \cdots 10 \text{ K/W}$
$R_{thGU} \approx 95 \text{ K/W}$

TO-220 DIN 41869 Typ 14 A 3
$R_{thJG} = 1 \cdots 4 \text{ K/W}$
$R_{thGU} \approx 70 \text{ K/W}$

Anmerkung: Die genauen Wärmewiderstandswerte sind abhängig vom jeweiligen Halbleitertyp und müssen dem Datenblatt entnommen werden.

3.6. Differenz- und Operationsverstärker

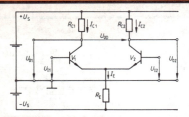

Gleiche Eingangssignale $\Delta U_{I1} = \Delta U_{I2}$ (Gleichtakt-Signal) bewirken bei vollkommener Symmetrie der Schaltung gleiche Kollektorstromänderungen; während sich die Ausgangssignale ΔU_{O1} und ΔU_{O2} im Verhältnis $R_C/2R_E$ ändern, bleibt die Differenz-Ausgangsspannung U_{OD} unbeeinflußt. Wird dagegen z. B. U_{I1} positiver als U_{I2}, so steuert Transistor V_1 weiter auf, der Spannungsfall an R_E wird größer und Transistor V_2 steuert weiter zu; U_{O1} wird um $\Delta U_{O1} \approx (U_{I1} - U_{I2}) \cdot \beta \cdot R_C/2 r_{BE}$ negativer, U_{O2} um $\Delta U_{O2} = (U_{I1} - U_{I2}) \cdot \beta \cdot R_C/2 r_{BE}$ positiver. Der Differenzverstärker verstärkt also nur Differenzsignale, während Gleichtaktsignale abgeschwächt werden. Gleiche Änderungen der Basis-Emitter-Spannungen von Transistor V_1 und V_2 infolge von Temperaturänderungen und Speisespannungsschwankungen wirken wie Gleichtaktspannungen.

Differenz-Leerlaufspannungsverstärkung

$$A_{UDO} = \frac{\Delta U_{O1}}{\Delta U_{ID}} = -\frac{\Delta U_{O2}}{\Delta U_{ID}} = \beta \frac{R_C/r_{CE}}{2 r_{BE}}$$

mit $U_{ID} = U_{I1} - U_{I2}$

Gleichtakt-Leerlaufspannungsverstärkung

$$A_{UCO} = \frac{\Delta U_{O1}}{\Delta U_{IC}} = \frac{\Delta U_{O2}}{\Delta U_{IC}} = \frac{R_C}{2 R_E}$$

mit $U_{IC} = U_{I1} = U_{I2}$

Differenz-Eingangswiderstand $\qquad r_{ID} = 2 r_{BE}$
Gleichtakt-Eingangswiderstand $\qquad r_{CO} = \beta R_E$
Ausgangswiderstand $\qquad r_O = R_C$

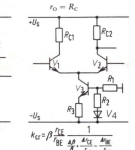

$$A_{UDO} \approx \frac{R_C + R_C'}{R_E} \qquad k_{CF} = \beta \frac{r_{CE}}{r_{BE}} \cdot \frac{1}{\frac{\Delta \beta}{\beta} + \frac{\Delta r_{CE}}{r_{CE}} - \frac{\Delta r_{BE}}{r_{BE}}}$$

Durch Stromgegenkopplung wird die Differenzverstärkung weitgehend unabhängig vom Stromverstärkungsfaktor der Transistoren.

Die durch unterschiedliche Basis-Emitter-Spannungen hervorgerufene Eingangsfehlspannung läßt sich z. B. mit P_2 oder, wenn die dadurch hervorgerufene Stromgegenkopplung vermieden werden soll, mit P_1 auf Null abgleichen.

Mit einer Konstantstromquelle anstelle des gemeinsamen Emitter-Widerstandes wird die Gleichtaktunterdrückung nur noch von den Streuungen der Transistordaten abhängig. Mit Doppeltransistoren sind Werte bis zu 100 dB erreichbar.

Schaltzeichen

Üblich ist eine einpolige Darstellung ohne Berücksichtigung der Masseanschlüsse und Speisespannungen. Eventuell erforderliche externe Kompensationsglieder zum Erreichen einer stabilen Arbeitsweise werden seitlich eingezeichnet.

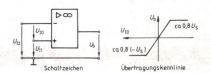

Schaltzeichen — Übertragungskennlinie

Ein Signal an dem mit ($-$) gekennzeichneten invertierenden Eingang erzeugt ein Ausgangssignal entgegengesetzter Polarität; ein Signal an dem mit ($+$) gekennzeichneten, nicht invertierenden Eingang hat ein Ausgangssignal gleicher Polarität zur Folge.

Der Operationsverstärker

Der Operationsverstärker ist eine in sich geschlossene Anordnung mit einem Differenzverstärker als Eingangsstufe und einer typischen Spannungsverstärkung und Gleichtaktunterdrückung von 80 dB bis 100 dB (10^4 bis 10^5). Mittels Gegenkopplung kann das Übertragungsverhalten dem jeweiligen Verwendungszweck angepaßt werden, so daß ein vielseitiger Einsatz gewährleistet ist.

Schaltzeichen und Begriffe entsprechen denen des Differenzverstärkers.

Die Ersatzschaltung

Zur Untersuchung der meisten Anwendungen gibt die folgende vereinfachte Ersatzschaltung hinreichend Aufschluß.

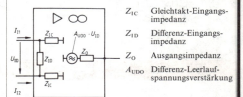

Z_{IC} — Gleichtakt-Eingangsimpedanz
Z_{ID} — Differenz-Eingangsimpedanz
Z_O — Ausgangsimpedanz
A_{UDO} — Differenz-Leerlaufspannungsverstärkung

Das Frequenzverhalten

Infolge der internen Transistor- und Schaltungskapazitäten kann sich die Gegenkopplung bei hohen Frequenzen in eine Mitkopplung verwandeln und zum Schwingen des Verstärkers führen. Deshalb muß sichergestellt sein, daß die Gesamtverstärkung kleiner als 1 wird, bevor die Gesamtphasenverschiebung der Schleifenverstärkung 360° beträgt. Um diese Bedingung auch bei stärkster Gegenkopplung mit ohmschen Widerständen zu gewährleisten, muß dem Verstärker ein Leerlaufspannungsfall von 6 dB/Oktave bzw. 20 dB/Dekade ab der 3 dB-Grenzfrequenz aufgezwungen werden. Damit wird eine Phasensicherheit von 90° erreicht. Hierzu sind bei Operationsverstärkern in integrierter Technik Kompensationspunkte herausgeführt, die entsprechend den Herstellerangaben, meist mit einem RC-Glied, zu beschalten sind; bei einigen Typen erfolgt die Kompensation bereits intern.

3.6. Differenz- und Operationsverstärker

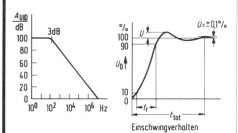

Einschwingverhalten

Über das Großsignalverhalten des gegengekoppelten Operationsverstärkers gibt das Einschwingverhalten Aufschluß. Bei einem Leerlaufspannungsfall von 20 dB/Dekade hat ein idealer Rechtecksprung am Eingang ein aperiodisches Einschwingen des Ausgangssignals zur Folge.

Spannungs-Komparatoren

Spannungs-Komparatoren sind spezielle Operationsverstärker mit einer kleineren Leerlaufspannungsverstärkung (10^3 bis 10^4) und einer sehr kurzen Ansprechzeit (meist < 1 V/μs). Sie werden nicht gegengekoppelt und zum Spannungsvergleich eingesetzt. Übersteigt die Eingangsspannung den Wert der Vergleichsspannung, so ändert der Ausgang seinen Zustand in definierten Grenzen.

Transconductance-Verstärker

Mit Ausnahme der extrem hohen Ausgangsimpedanz entsprechen die übrigen Daten des Transconductance-Verstärkers weitgehend denen eines idealen Operationsverstärkers. Anstelle der Spannungsverstärkung wird die Vorwärtssteilheit angegeben.

Gyrator

Der Gyrator ist ein Impedanzwandler, dessen Ausgangsstrom der Eingangsspannung und dessen Ausgangsspannung dem Eingangsstrom proportional ist. Wird der Ausgang mit einem Kondensator abgeschlossen, so verhält sich der Eingang infolge der Phasenverschiebung wie eine Induktivität.

Begriffe nach DIN 41860 (1.73)

Ruhepunkt
(quiescent point)
Gleichstrombetriebszustand des Verstärkers bei fehlenden Eingangssignalen.

Gleichtakt-Signal-Eingangsspannung U_{IC}
(common-mode input voltage)
Die Spannung zwischen den (gegebenenfalls über gleichgroße Widerstände) miteinander verbundenen Anschlüssen des Differenzeingangs und einem auf einem festen Potential (Bezugspotential) liegenden Anschluß.

$$U_{IC} = \frac{U_{I1} + U_{I2}}{2}$$

Differenz-Signal-Eingangsspannung U_{ID}
(differential input voltage)
Die Differenz der beiden Signal-Eingangsspannungen.

$$U_{ID} = U_{I1} - U_{I2}$$

Eingangsfehlspannung, Eingangs-Offset-Spannung U_{IO}
(input offset voltage)
Diejenige Differenz-Signal-Eingangsspannung, die an den Eingängen angelegt werden muß, damit die Ausgangsspannung oder der Ausgangsstrom den Wert des Ruhepunktes einnimmt.

$$U_{IO} = U_{ID} \quad \text{für} \quad U_Q = 0$$

**Mittlerer Temperaturkoeffizient
der Eingangsfehlspannung** α_{UIO}
(mean temperature coefficient of input offset voltage)
Der Quotient aus der Änderung der Eingangsfehlspannung und derjenigen Temperaturänderung, welche die Änderung der Eingangsfehlspannung hervorruft. Alle anderen Betriebsbedingungen werden konstant gehalten.

$$\alpha_{UIO} = \frac{\Delta U_{IO}}{\Delta \vartheta}$$

Äquivalente Eingangsdrift
(equivalent input voltage/current drift)
Die erforderliche Änderung der Eingangsruhespannung bzw. des Eingangsruhestroms, um eine durch Umweltbedingungen (z. B. Änderung der Versorgungsspannung, der Zeit oder der Temperatur) hervorgerufene Änderung der Ausgangsruhespannung bzw. des Ausgangsruhestroms zu kompensieren.

Eingangsruhestrom I_{IB}
(quiescent input current, bias current)
Eingangsgleichstrom im Ruhepunkt.

Mittelwert von Eingangsruheströmen
(average bias current)

$$\frac{I_{IB1} + I_{IB2}}{2}$$

Eingangsfehlstrom, Eingangs-Offset-Strom I_{IO}
(input offset current)
Die erforderliche Differenz der Eingangsgleichströme, damit die Ausgangsspannung oder der Ausgangsstrom den Wert des Ruhepunktes annimmt.

**Mittlerer Temperaturkoeffizient
des Eingangsfehlstroms** α_{IIO}
(mean temperature coefficient of input offset current)
Der Quotient aus der Änderung des Eingangsfehlstroms und der Temperaturänderung, welche die Änderung des Eingangsfehlstroms hervorruft. Alle anderen Betriebsbedingungen werden konstant gehalten.

$$\alpha_{IIO} = \frac{\Delta I_{IO}}{\Delta \vartheta}$$

Differenz-Spannungsverstärkung A_{UD}
(differential-mode voltage amplification)

$$A_{UD} = \frac{U_0}{U_{ID}} \quad \text{bei bestimmten Bedingungen}$$

Gleichtakt-Spannungsverstärkung A_{UC}
(common-mode voltage amplification)

$$A_{UC} = \frac{U_0}{U_{IC}} \quad \text{bei bestimmten Bedingungen}$$

Gleichtaktspannungsunterdrückung k_{CMR}
(common-mode rejection ratio)

$$k_{CMR} = \frac{A_{UD}}{A_{UC}} \quad \text{bei bestimmten, gleichen Bedingungen}$$

Mittlere Flankensteilheit der Ausgangsspannung S_{VO}
(average rate of change of the output voltage)
$S_{VO} = \Delta U_Q / \Delta t$ für eine sprungförmige Änderung des Wertes der Eingangssignalgröße und einer bestimmten (festzulegenden) großen Änderung der Ausgangsspannung.

3.6. Differenz- und Operationsverstärker

$U_A = -U_E \dfrac{R_f}{R_1}$
Invertierender Verstärker

$U_A = U_E \left(1 + \dfrac{R_f}{R_1}\right)$
Nicht-invertierender Verstärker (Elektrometer-Verstärker)

$U_A = U_E \left(1 + \dfrac{R_f}{R_1}\right)$
Verstärker mit erdfreiem Eingang

$U_A = U_E$
Impedanzwandler

$I = \dfrac{U_E}{R_1}\left(1 + \dfrac{R_f}{R_2}\right)$
Spannungs-Strom-Wandler (erdfreie Last)

$I = \dfrac{U_E}{R_1}$
Spannungs-Strom-Wandler (geerdete Last)

$U_A = -U_z \dfrac{R_f}{R_1}$
Konstantspannungsquelle

$I_L = \dfrac{U_z}{R_1}$
Konstantstromquelle

$U_A = -U_0 \dfrac{1}{2}\left(\dfrac{R_f}{R_x} - 1\right)$
Aktive Brückenschaltung (Extrem linear und stabil)

$U_A = U_0 \cdot \dfrac{n}{2} \dfrac{R_x - R_f}{R_x + R_f}$
Brückenverstärker

$U_A = -U_0 \cdot \dfrac{n}{\frac{1}{n} + 2} \cdot \left(1 - \dfrac{R_f}{R_x}\right)$
Brückenverstärker

$U_A = U_0 \cdot \dfrac{1 + n}{2} \dfrac{R_x - R_1}{R_x + R_1}$
Brückenverstärker

$U_A = -R_f\left(\dfrac{U_1}{R_1} + \dfrac{U_2}{R_2} + \dfrac{U_3}{R_3}\right)$
Summierer

$U_A = R_f\left(\dfrac{U_1}{R_1} + \dfrac{U_2}{R_2} - \dfrac{U_3}{R_1} - \dfrac{U_4}{R_2}\right)$
Summierer-Subtrahierer

$f_u = \dfrac{1}{2\pi R_1 C}; \quad R \cdot C_1 \le R_1 \cdot C$

$U_A = RC \dfrac{dU_E}{dt}$
Differenzierer
Stabilitätserhöhung

$f_u = \dfrac{1}{2\pi R_1 C}$

$U_A = -\dfrac{1}{RC} \int_0^t U_E \, dt$
Integrierer
Stabilitätserhöhung

$U_A = -U_E \dfrac{R_f}{R_1}$
Linearer Einweggleichrichter

Präzisions-Zweiweg-Mittelwertgleichrichter

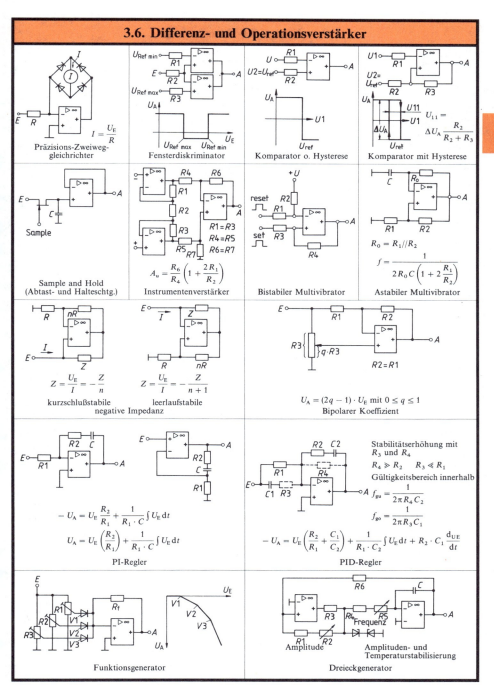

3.7. Feldeffekt-Transistoren

Beim Feldeffekt-Transistor, kurz FET genannt, wird der nur aus Majoritätsträgern bestehende Strom (unipolarer Transistor) mit einem elektrischen Feld nahezu leistungslos gesteuert. Entsprechend dem Aufbau werden drei Gruppen unterschieden. Beim Sperrschicht-Feldeffekt-Transistor (Junction Gate Field Effekt Transistor, JGFET) sind Kanal und Steuerelektrode mit einem in Sperrichtung gepolten PN-Übergang (Übergangswiderstand $10^6\Omega$ bis $10^8\Omega$) voneinander getrennt. Die Abkürzung MOS (Metal Oxide Semiconductor) weist auf eine Metall-Oxid-Halbleiter-Folge hin. Die Isolierschicht-Feldeffekt-Transistoren werden wiederum in zwei Versionen hergestellt. Der Verarmungstyp (depletion-type) ist bei der Steuerspannung $U_{GS} = 0$ wie der Sperrschicht-Feldeffekt-Transistor leitend (selbstleitend) und sperrt erst, wenn eine genügend große Steuerspannung (Abschnürspannung bzw. pinch off voltage U_P oder Schwellenspannung bzw. threshold voltage U_{Th} genannt) die zu steuernde Strecke an Ladungsträgern verarmt. Der Anreicherungstyp (enhancement type) ist bei der Steuerspannung $U_{GS} = 0$ gesperrt (selbstsperrend); der leitfähige Kanal muß erst von der Steuerspannung durch Anreicherung mit Ladungsträgern aufgebaut werden. Alle drei FET-Gruppen werden als PNP- und NPN-Typ hergestellt.

Die Steilheit $S = \Delta I_D / \Delta U_{GS}$ von Feldeffekt-Transistoren ist $10^2 \cdots 10^3$ mal kleiner als die Steilheit $S = \Delta I_C / \Delta U_{BE}$ von bipolaren Transistoren.

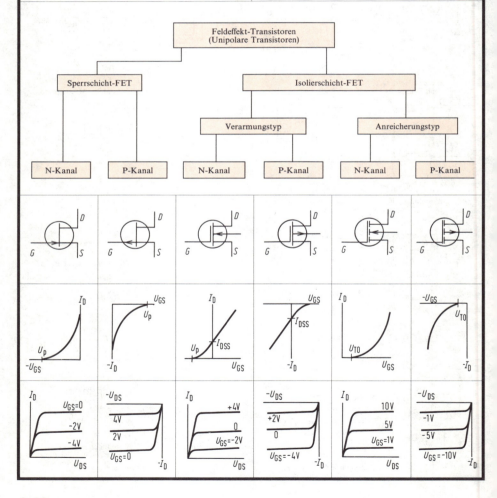

3.7. Feldeffekt-Transistoren

Wirkungsweise und Grundschaltungen

N-Kanal Sperrschicht-FET	N-Kanal Verarmungs-FET	N-Kanal Anreicherungs-FET
Source S Gate D Drain (Quelle) (Gatt) (Senke) (Emitter) G (Kollektor)	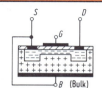 (Bulk)	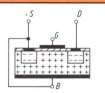
In das P-dotierte Kristall ist ein N-dotierter Kanal eindiffundiert. Drain und Source sind bei einer kleinen Spannung U_{DS} und ohne Einwirken einer äußeren Gate-Spannung leitend verbunden.	Die stark N-dotierten Drain- und Source-Zonen sind über einen schwach N-dotierten Kanal leitend verbunden.	Ohne äußere Gate-Spannung ist kein Kanal zwischen Drain und Source vorhanden. Der große Abstand des NP- und PN-(=NPN)Überganges verhindert den Transistoreffekt.
Durch Anlegen der Spannung $-U_{GS}$ wird der PN-Übergang zwischen Kanal und Gate (Substrat) in Sperrrichtung vorgespannt. Die Sperrschicht weitet sich überwiegend in den schwächer dotierten N-Kanal aus, der dadurch weniger leitend bzw. bei genügend großer Spannung $-U_{GS}$ abgeschnürt und damit nichtleitend wird.	Bei Anlegen einer negativen Gate-Spannung werden die negativen Ladungsträger im Bereich der Gate-Elektrode abgedrängt. Das Einschnüren des Kanals führt zu einer Verringerung des Drainstromes. Umgekehrt wird der Kanal bei Anlegen einer positiven Gate-Spannung verbreitert und der Drainstrom bei gleicher Spannung U_{DS} größer.	Wird eine positive Gate-Spannung angelegt, so werden infolge der Kondensatorwirkung zwischen Gateelektrode und Substrat Elektronen an die Oberfläche des Substrats bewegt, so daß zwischen den N-leitenden Drain- und Sourcezonen ein leitender Kanal entsteht. Das Vergrößern der Gatespannung führt zu einer weiteren Anreicherung des Kanals - mit Ladungsträgern.

FET-Grundschaltungen

Bezeichnung	Sourceschaltung	Drainschaltung	Gateschaltung
Schaltung Anmerkung: $g_m = S_i = y_{21} - y_{12}$			
Spannungsverstärkung	$A_u \approx \dfrac{R_D}{1/S + R_s}$	$A_u \approx \dfrac{R_s}{1/S + R_s}$	$A_u \approx \dfrac{R_D}{1/S + R_s}$
Eingangswiderstand	$z_i \approx R_1 \| R_2$	$z_i \approx R_1 \| R_2$	$z_i \approx R_s + \dfrac{1}{g_m}$
Ausgangswiderstand	$z_o \approx R_D$	$z_o \approx R_s \| \dfrac{1}{S}$	$z_o \approx R_D$
Phasenlage von u_1 u. u_2	180°	0°	0°

3.7. Feldeffekt-Transistoren

Arbeitspunkteinstellung und -stabilisierung

Bei Verstärkeranwendungen werden Feldeffekt-Transistoren im Abschnürbereich betrieben.

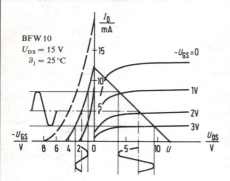

BFW 10
$U_{DS} = 15\,V$
$\vartheta_j = 25\,°C$

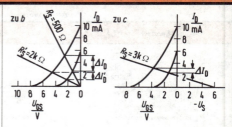

Bei der Arbeitspunkteinstellung mit fester Vorspannung (a) wirkt sich der Streubereich der Steuerkennlinie voll auf den Drainruhestrom aus. Der mit der Temperatur exponentiell ansteigende Gatereststrom verursacht an dem mit Rücksicht auf den Eingangswiderstand hochohmig gewählten Gatewiderstand R_G einen zunehmenden Spannungsfall, so daß der Drainstrom ansteigt. Diese Schaltung ist deshalb meist unbrauchbar.

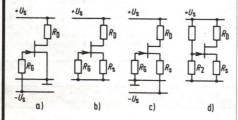

a)   b)   c)   d)

Eine zweite Speisespannungsquelle wird entbehrlich, wenn eine „automatische" Gatevorspannungserzeugung mittels Sourcewiderstand R_S nach Schaltung (b) gewählt wird. Gleichzeitig wird damit der Einfluß von Exemplarstreuungen und Temperaturänderungen auf den Drainruhestrom infolge der Stromgegenkopplung verringert. Für Wechselspannungen kann die Gegenkopplung durch Überbrücken von R_S mit einem Kondensator unterdrückt werden. Der die Gate-Elektrode vor statischer Aufladung schützende Widerstand R_G darf höchstens so groß wie der statische Eingangswiderstand r_{GS} sein und muß den maximal möglichen Gatereststrom I_{GSS} noch sicher ableiten.

Der Einfluß von Exemplarstreuungen und Temperaturänderungen ist um so kleiner, je größer R_S gewählt wird (Verringerung der Steigung $1/R_S$). Die damit verbundene Verringerung des Aussteuerbereiches läßt sich durch Kombination von fester und mittels Sourcewiderstand erzeugter Vorspannung nach Schaltung (c) vermeiden.

Die gleiche Wirkung wird mit nur einer Spannungsquelle erreicht, wenn nach Schaltung (d) mit einem Spannungsteiler ein entsprechendes Source-Potential, hier 6 V, eingestellt wird. Während R_3 etwa 2 bis 3 mal kleiner als R_G in Schaltung (c) gewählt wird, gilt für R_1 die Beziehung:

$$R_1 = \frac{R_2\,(U_S - U_{GS} - U_{RS})}{U_{GS} + U_{RS} - I_{GSS} R_2}$$

Der Eingangswiderstand ist infolge des Spannungsteilers kleiner als in Schaltung (c).

Bei der Arbeitspunkteinstellung von Verarmungs-MOS-FETs kann der gegenüber JG-FETs etwa um den Faktor 10^3 kleinere Gate-Reststrom vernachlässigt werden. Bei Anreicherungs-MOS-FETs müssen Gate- und Sourcespannung gleiche Polarität haben. Die Arbeitspunkteinstellung erfolgt mit einer zweiten Spannungsquelle, einem Gate-Spannungsteiler oder mittels Drain-Gate-Gegenkopplung (Widerstand zwischen Drain und Gate) ähnlich wie bei bipolaren Transistoren.

FET als steuerbarer Widerstand

Im Bereich kleiner Drain-Source-Spannungen zeigt der Feldeffekt-Transistor zu beiden Seiten des Nullpunktes das Verhalten eines spannungsgesteuerten linearen Widerstandes.

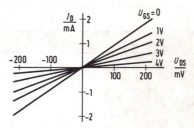

Der Stellbereich mit $r_{ds} = U_P/2I_{DSS}(1 - U_{GS}/U_P)$ reicht je nach Transistortyp von ca. 100 Ω bis maximal 100 kΩ bis 100 MΩ. Der infolge Kennlinienkrümmung verursachte Klirrfaktor (bis zu 10%) kann durch Gegenkopplung erheblich verringert werden.

Feldeffekt-Diode

Der Aufbau der Feldeffekt-Diode entspricht dem des Feldeffekt-Transistors. Gate und Source sind intern verbunden und nur gemeinsam herausgeführt.

Wird die Feldeffekt-Diode so gepolt, daß der PN-Übergang zwischen Gate und Kanal gesperrt ist, dann verhält sie sich wie ein Feldeffekt-Transistor

3.7. Feldeffekt-Transistoren

mit der Gatespannung $U_{GS} = 0$. Der Strom steigt zunächst steil an und bleibt beim Überschreiten der Drainsättigungsspannung $U_{DS(sat)}$ bis zur Durchbruchspannung nahezu konstant. Handelsüblich sind Dioden mit Sättigungsströmen bis zu einigen mA und Durchbruchspannungen bis zu 100 V.

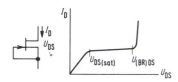

Feldeffekt-Transitor-Tetrode

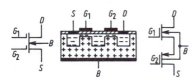

Substrat und Kanal von MOS-FET bilden einen PN-Übergang, so daß der Substratanschluß B (Bulk) auch als weitere Steuerelektrode verwendet werden kann. So kann z. B. mit der Substratspannung die Schwellenspannung U_{TO} erhöht werden. Bessere Steuereigenschaften erhält man mit in Serie geschalteten MOS-FET oder mit Doppelgate-MOS-FET, auch Feldeffekt-Transistor-Tetrode genannt.

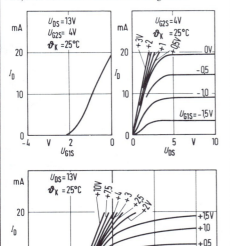

Leistungs-MOSFET

Es gibt mehrere Grundtypen von Leistungs-MOSFETs. Vorwiegend kommen N- und P-Kanal-Anreicherungstypen zum Einsatz. Diese sind ohne Gate-Source-Spannung gesperrt und werden erst leitend, wenn eine Schwellenspannung von 1 V bis 3 V überschritten wird.

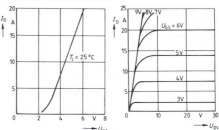

Die Leitfähigkeit von Leistungs-MOSFETs wird von der Gate-Source-Spannung bestimmt. Ein Steuerstrom ist nur erforderlich, um die Eingangskapazität auf die gewünschte Steuerspannung aufzuladen. Bei hohen Schaltfrequenzen müssen deshalb auch die Verluste für die Ansteuerung (Gate-Ladung $\cdot U_{GS} \cdot f$) berücksichtigt werden. Typisch sind Gate-Ladungen von $30 \cdot 10^{-9}$ As bei $U_{GS} = 10$ V.

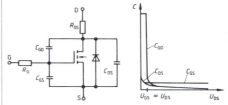

Typische Werte der Elemente des Ersatzschaltbildes sind:

R_G: 10 Ω bis 20 Ω
R_{DS}: 0,03 Ω bis 2 Ω im durchgeschalteten Zustand
C_{GS}: 50 pF bis 500 pF
C_{GD}: 50 pF bis 500 pF bei $U_{DS} > U_{GS}$; bis zu 4,5 nF bei $U_{GS} = U_{DS}$
C_{DS}: 100 pF bis 500 pF bei $U_{DS} > U_{GS}$; bis zu 1 nF bei $U_{DS} < U_{GS}$

Nahezu alle Leistungs-MOSFETs weisen parallel zur Drain-Source-Strecke eine bipolare Diode auf. Da eine Nutzung dieser Diode nicht vorgesehen ist, sind die zugehörigen Kennwerte in den Datenblättern nicht aufgeführt. Bei N-Kanal-Typen entspricht das Verhalten einer mit 0,5 A bis 1 A belastbaren Si-Diode; bei P-Kanal-Typen ergibt sich in Durchlaßrichtung ein Spannungsfall von einigen Volt.

Die wichtigsten Vorteile von Leistungs-MOSFETs gegenüber bipolaren Transistoren sind:

– sehr kurze Schaltzeiten (ca. 4 ns)
– kein zweiter Durchbruch
– ein positiver Temperaturkoeffizient
– eine geringe Steuerleistung
– einfache Parallelschaltung mehrerer Leistungs-MOSFETs ohne zusätzliche Schaltungsmaßnahmen im Leistungszweig.

MOSFETs sind handelsüblich mit maximalen Durchlaßströmen bis zu 10 A bei Sperrspannungen bis zu 1 000 V und Durchlaßströmen bis zu 50 A bei Sperrspannungen bis zu 100 V.

3.8. Elektronenröhren

Emission

Wird einem Metall durch Wärme, Bestrahlung mit Licht oder Radioaktivität, Ionenbeschuß oder einem elektrischen Feld genügend Energie – Austrittsarbeit genannt – zugeführt, so verlassen Elektronen das Metall und bilden an der Metalloberfläche eine Elektronenwolke. Bei direkter Heizung wird das Elektronen emittierende Metall, Katode genannt, direkt vom Heizstrom durchflossen; bei indirekter Heizung sind Heizwendel und Katode gegeneinander elektrisch isoliert.

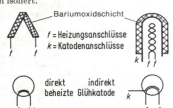

Diode

Mit einem gegenüber der Katode positiven Potential an der Anode, die der Katode in einem evakuierten Kolben gegenüberliegt, kann die Elektronenwolke abgesaugt werden.

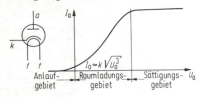

Die Zweielektrodenröhre, Diode genannt, wird als Gleichrichter eingesetzt. Eine zweite Anode im gleichen Kolben (Doppeldiode) vereinfacht den Aufbau von Zweiweg-Gleichrichterschaltungen.

Triode

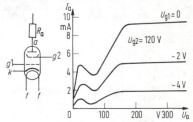

Mit einer kleinen, gegenüber der Katode negativen Spannung am nahe der Katode angeordneten Gitter kann der Elektronenstrom nahezu leistungslos gesteuert werden.

Tetrode

Die Erhöhung des Anodenstromes bewirkt infolge des größeren Spannungsfalls an R_a einen Rückgang der Anodenspannung und damit eine Verringerung der Steuerwirkung. Ein weitmaschiges Schirmgitter $g2$ zwischen Steuergitter und Anode hebt weitgehend die Rückwirkung der Anodenspannung auf den Steuervorgang auf und verringert wesentlich die Kapazität zwischen Steuergitter und Anode.

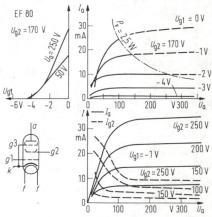

Das Schirmgitter liegt meist an einer konstanten positiven Spannung, die ungefähr halb so groß wie die Anodenspannung ist.

Bei Anodenspannungen $U_{g2} > U_a > 50\,V$ treffen die Elektronen mit so großer Energie auf die Anode, daß Sekundärelektronen aus der Anode herausgeschlagen und vom positiveren Schirmgitter angezogen werden. Diese Verringerung des Anodenstromes führt zu einer Einsattelung der $I_a - U_a$-Kennlinie.

Pentode

Ein zusätzliches weit gewickeltes und mit der Katode verbundenes Bremsgitter zwischen Schirmgitter und Anode zwingt die Sekundärelektronen zur Umkehr.

Damit der Elektronenstrom nicht vom Schirmgitter aufgefangen wird und dieses verbrennt, darf der Anodenstromkreis während des Betriebs nicht unterbrochen werden.

Röhren-Kennwerte

Steilheit: $S = \Delta I_a / \Delta U_g$ bei U_a = konstant
Durchgriff: $D = \Delta U_g / \Delta U_a$ bei I_a = konstant
Innenwiderstand: $R_i = \Delta U_a / \Delta I_a$ bei U_g = konstant

Bei Mehrgitterröhren werden die übrigen Spannungen als konstant vorausgesetzt.

3.8. Elektronenröhren

Typenbezeichnung

Erster Buchstabe: Heizungsart
- A 4 V   H 150 mA
- B 180 mA   K 2 V
- C 200 mA   P 300 mA
- D = 1,4 V   U 100 mA
- E 6,3 V   V 50 mA
- G 5 V   X 600 mA

Folgende Buchstaben: Elektrodensystem
- A Diode
- B Doppeldiode mit gemeinsamer Katode
- C Triode (ausgenommen Endtriode)
- D Endtriode
- E Tetrode (ausgenommen Endtetrode)
- F Pentode (ausgenommen Endpentode)
- H Hexode
- K Oktode
- L Leistungspentode
- M Abstimmanzeigeröhre
- Y Einweggleichrichterröhre
- Z Zweiweggleichrichterröhre

Erste Ziffer: Sockelart
- 2 Dekal (10 Stifte)
- 3 Oktal (8 Stifte)
- 5 Magnoval (9 Stifte; vergr. Novalsockel)
- 8 Noval (z.T. auch 18; 9 Stifte)
- 9 Miniatur (7 Stifte)

Letzte Ziffer bei HF-Pentoden: Kennlinienform
geradzahlig   lineare Steuerkennlinie
ungeradzahlig Regelkennlinie, ausgen. Endröhren

Bei professionellen Röhren (höhere Lebensdauer) folgen auf den ersten Buchstaben zunächst die Ziffern.

Arbeitspunkteinstellung

Wie beim Transistor (s. S. 3-14) liegt der Arbeitspunkt der Röhre bei reiner Widerstandslast auf einer Geraden. Der Anodenruhestrom wird mit einer negativen Gittervorspannung oder zur Einsparung einer zweiten Spannungsquelle durch ein positives Vorspannen der Katode gegenüber dem Steuergitter mit dem Spannungsfall an R_k (automatische Gittervorspannungserzeugung) eingestellt. Ein Anstieg des Anodenstromes bewirkt zugleich eine Zunahme der Gittervorspannung, die dem Stromanstieg entgegenwirkt und den Arbeitspunkt stabilisiert. Wechselstrommäßig schließt der Kondensator C_k den Widerstand R_k kurz, damit keine Gegenkopplung entsteht. Der Gitterableitwiderstand R_g (meist 1 MΩ) verhindert ein undefiniertes negatives Aufladen des Gitters.

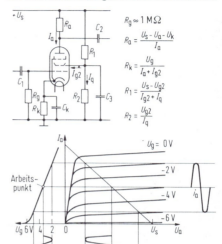

$R_g \approx 1\,M\Omega$

$R_a = \dfrac{U_s - U_a - U_k}{I_a}$

$R_k = \dfrac{U_g}{I_a + I_{g2}}$

$R_1 = \dfrac{U_s - U_{g2}}{I_{g2} + I_q}$

$R_2 = \dfrac{U_{g2}}{I_q}$

Soll die Schirmgitterspannung weitgehend unabhängig vom Schirmgitterstrom oder Schwankungen der Vorspannung des Steuergitters sein, so muß der Querstrom des Spannungsteilers mit R_1 und R_2 5 bis 10 mal höher als der Schirmgitterstrom I_{g2} sein. Zur Erzeugung einer gleitenden Schirmgitterspannung, die eine Linearisierung der $\Delta I_a / \Delta U_g$-Kennlinie (Steilheit) und einen Verstärkungsverlust bewirkt, kann R_2 entfallen.

Bezeichnung	Katodenbasisschaltung	Anodenbasisschaltung	Gitterbasisschaltung
Schaltung			
Spannungsverstärkung	$A_u = S\dfrac{R_i \cdot R_a}{R_i + R_a}$	$A_u < 1$	$A_u = S\dfrac{R_i \cdot R_a}{R_i + R_a}$
Eingangswiderstand	$r_1 \approx R_g$	$r_1 \approx R_g$	$r_1 \approx R_k$
Ausgangswiderstand	$r_2 \approx \dfrac{R_i \cdot R_a}{R_i + R_a}$	$r_2 \approx \dfrac{1}{S}$	$r_2 \approx S \cdot R_a$
Phasenlage von u_1 u. u_2	180°	0°	0°

3.9. Gasgefüllte Röhren

⊖ mit dem Punkt wird auf die Gasfüllung hingewiesen

Der $I = f(U)$-Kennlinienverlauf gasgefüllter Dioden hängt ab von der Art und dem Druck des Gases, dem Material, der Form, dem Abstand und den Abmessungen der Elektroden und der Art und Intensität von außen einwirkender Ionisation.

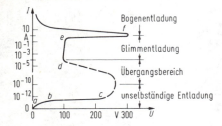

Der typische Verlauf der Strom-Spannungs-Kennlinie zeigt zunächst bis zum Punkt a ein Ansteigen des Stromes mit der Spannung, hervorgerufen von der z. B. durch Wärme, Licht oder radioaktive Strahlung verursachten Ionisation. Bei einem weiteren Spannungsanstieg bleibt der Strom bis zum Punkt b nahezu konstant, weil alle freien Elektronen zur Anode bzw. alle Ionen zur Katode gelangen. Eine größere Änderung des Stromes in diesem Bereich ergibt sich nur in Abhängigkeit von der von außen hervorgerufenen Ionisation. Erst bei einem Anstieg der Spannung über b hinaus steigt der Strom wieder stärker an. Die durch die äußere Ionisation frei gewordenen Elektronen sind nun so energiereich, daß sie beim Zusammenstoß mit neutralen Gasatomen diese ionisieren.

Erst eine Erhöhung der Spannung über c hinaus macht die Entladung unabhängig von einer weiteren äußeren Ionisation. Der Strom steigt bei gleichzeitigem Spannungsrückgang schlagartig an und muß durch einen Widerstand begrenzt werden. Ursache dafür ist die einsetzende Sekundäremission. Die Energie der Ionen reicht nun aus, um Elektronen aus der Katode herauszuschlagen, die wiederum neutrale Gasatome ionisieren oder diese anregen. Bei einem angeregten Atom reicht die Energie des auftreffenden Elektrons nicht aus, um ein Elektron aus der äußeren Schale herauszulösen. Das angeregte Elektron fällt in die alte Bahn zurück und gibt die aufgenommene Stoßenergie in Form eines Lichtblitzes frei. Infolge des sehr viel größeren Potentialgefälles entsteht in der Nähe der Katode eine Glimmschicht, deren Querschnitt proportional mit dem Strom zunimmt, bis die ganze Katodenoberfläche bedeckt ist. Wird der Strom darüberhinaus erhöht, so steigt die Spannung an, bis die Katode schließlich so heiß wird, daß die thermische Emission einsetzt und ein Lichtbogen mit sehr hoher Leitfähigkeit (Plasma) entsteht; die Spannung geht auf wenige Volt zurück. Ohne Begrenzung des Stromes wird die Röhre thermisch zerstört.

Die unselbständige Entladung findet z. B. Anwendung bei der Ionisationskammer (Detektor zur Messung radioaktiver Strahlen) und der Fotozelle, die Glimmladung bei Glimmstabilisatoren und Ziffernanzeigeröhren und die Bogenentladung, meist Röhren mit Glühkatode, beim Thyratron und Ignitron.

Glimmtrioden

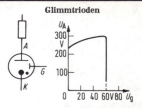

Die Glimmtriode wird mit einer positiven Steuerspannung von 60 V bis 100 V an der Zündelektrode gegenüber der unbeheizten Katode gezündet. Damit die Röhre nicht von selbst zündet, muß die Anodenspannung kleiner als die Zündspannung der Anoden-Katodenstrecke (hier 350 V) sein. Nach dem Zünden wird der Strom nur noch vom Anodenwiderstand begrenzt; an der Röhre liegt dann nur noch die Brennspannung von etwa 40 V bis 60 V an. Gelöscht wird die Röhre nur durch Unterschreiten der Brennspannung während der Entionisierungszeit (10 µs bis 100 µs).

Entsprechend dem Zünddiagramm ist die Zündspannung innerhalb eines großen Bereiches unabhängig von der Anodenspannung. Je nach Polung und Höhe der Anoden- und Gitterspannung kann die Glimmladung zwischen Anode und Katode, Anode und Gitter oder Gitter und Katode einsetzen. Damit die Röhre nicht beschädigt wird, sollte sie nur im ersten Quadranten (Anoden- und Gitterpotential positiv gegenüber der Katode) betrieben werden. Wegen des kleinen Zündstromes (< 100 µA) gegenüber dem relativ großen zulässigen Anodenstrom (< 100 mA) werden Glimmtrioden vorwiegend als elektronische Schalter eingesetzt.

Thyratron und Ignitron

Das Thyratron, auch Stromtor genannt, ist eine gasgefüllte Entladungsröhre mit großflächiger Glühkatode und Anode. Der Zündeinsatz kann mit einer kleinen negativen Gitterspannung gegenüber der Katode gesteuert werden; nach der Zündung verliert das Gitter seine Steuerwirkung. Erst nach Unterbrechung des Anodenstromes oder Unterschreiten der Brennspannung und nach Ablauf der Entionisierungszeit (ca. 0,1 ms bis 1 ms) wird das Steuergitter wieder wirksam.

Typisch sind: Heizspannungen von 2,5 V bis 6,3 V; Heizströme von 0,2 A bis 40 A; zulässige Spitzenspannungen in Durchlaß- und Sperrichtung zwischen 300 V und 20 kV; zulässige mittlere Anodenströme von 20 mA bis 50 A bei Integrationszeiten von 15 s bis 30 s; höchstzulässige Impulsbelastungen von 1 A bis 5000 A und Brennspannungen von 5 V bis 15 V. Hauptanwendungsgebiet des Thyratrons ist der Einsatz als gesteuerter Gleichrichter.

Die Zündung des Ignitrons wird mit einem Impuls von ca. 30 A und 0,1 ms Dauer bzw. einer Zündspannung von etwa + 200 V an dem in die unbeheizte Quecksilberkatode eintauchenden Zündstift eingeleitet. Zulässig sind Sperrspannungen bis zu 2,5 kV$_{eff}$ und mittlere Anodenströme bis zu 2500 A. Die große Verlustleistung und der gedrängte Aufbau setzen meist eine Wasserkühlung voraus. Das Ignitron findet vorwiegend zur Steuerung von Schweißströmen Anwendung.

3.10. Optoelektronik

3.10.1. Fotozelle

3.10.2. Fotovervielfacher

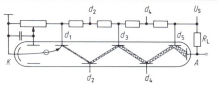

Trifft ein Lichtquant mit genügend großer Energie auf die meist mit Caesium bedampfte Katode, so wird ein freies Elektron erzeugt, das von der gegenüberliegenden, positiv vorgespannten Anode aufgefangen wird (äußerer Fotoeffekt). Bei der Vakuum-Fotozelle besteht oberhalb der Sättigungsspannung strenge Proportionalität zwischen Fotostrom und Lichtstrom.

In einem Fotovervielfacher sind eine Vakuum-Fotozelle und ein Sekundärelektronen-Vervielfacher kombiniert. Die vom Licht aus der Katode ausgelösten und vom elektrischen Feld beschleunigten Elektronen lösen beim Auftreffen auf die folgende Elektrode ein Vielfaches an Sekundärelektronen aus, die ebenfalls beschleunigt werden und wiederum ein Vielfaches an Sekundärelektronen aus der nächsten Elektrode auslösen. Dieser Vorgang wiederholt sich (z.B. 10- bis 14mal) entsprechend der Anzahl der Elektroden (Dynoden genannt) zwischen Anode und Katode, so daß eine Verstärkung um mehrere Zehnerpotenzen erreicht wird.

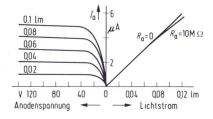

Empfindlichkeit und Dunkelstrom sind von der Speisespannung abhängig. Soll die Verstärkungsschwankung eines zehnstufigen Fotovervielfachers kleiner als 1% sein, so ist eine Spannungsstabilisierung von 1‰ erforderlich. Der Querstrom des Spannungsteilers soll etwa 100mal größer als der Anodengleichstrom sein. Die Gesamtspannung beträgt 1000 V ⋯ 3000 V.

Bei der gasgefüllten Fotozelle treffen die vom Licht aus der Katode ausgelösten Elektronen auf dem Wege zur Anode auf Gasmoleküle und vermehren durch die ausgelöste Ionisation die Zahl der Ladungsträger. Die ungefähr dreifache Empfindlichkeit ist mit dem Verlust der Proportionalität und der Abhängigkeit von der Anodenspannung verbunden.

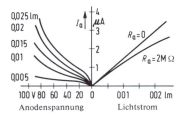

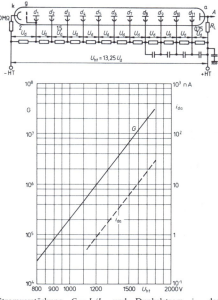

Stromverstärkung $G = I_a/I_k$ und Dunkelstrom i_{da} des 11stufigen Fotovervielfachers XP 2982

I_a Signalstrom der Anode
I_k Signalstrom der Katode

Bei einem Anodenstrom von ca. 30 µA verringert sich die Verstärkung nach ca. 5000 Betriebsstunden um den Faktor 2.

Um eine schnelle Ermüdung und Alterung der Vakuum-Fotozelle zu vermeiden, sollten hohe Stromdichten und hohe Beleuchtungsstärken ohne anliegende Anodenspannung vermieden werden. Gasgefüllte Fotozellen altern erheblich schneller, insbesondere bei hohen Anodenspannungen.

Bei gleichen Bedingungen ist die Empfindlichkeit einer gasgefüllten Fotozelle um ca. den Faktor 3 höher als die Empfindlichkeit der Vakuum-Fotozelle. Nachteilig ist die Abhängigkeit der Empfindlichkeit von der Anodenspannung und die nichtlineare Abhängigkeit des Stromes vom einfallenden Lichtstrom.

3.10. Optoelektronik

3.10.3. Fotoelement

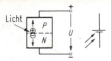

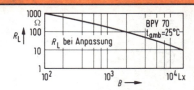

Der Aufbau entspricht einer Diode, deren Sperrschicht dicht unter der Oberfläche im Bereich der Eindringtiefe der Lichtstrahlung liegt. Die in der Nähe des PN-Überganges durch Lichteinwirkung entstehenden freien Elektronen werden in der N-leitenden Zone und die Defektelektronen in der P-leitenden Zone angesammelt. Es entsteht eine von außen durch Lichteinwirkung hervorgerufene Potentialdifferenz, auch Fotospannung U_L (Leerlaufspannung) genannt. Wird der PN-Übergang dagegen in Sperrichtung vorgespannt, so erhöhen die durch Lichteinwirkung entstehenden Ladungsträger den Sperrstrom.

Die zeitliche Änderung des elektrischen Signals bei Änderung der Beleuchtungsstärke kann anhand der Ersatzschaltung bestimmt werden.

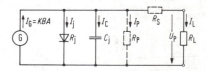

mit K Konstante
B Beleuchtungsstärke
A Aktive Fläche des Fotoelements
R_j Sperrschichtwiderstand
C_j Sperrschichtkapazität (ca. 100 pF/mm²)
R_p parasitärer Nebenwiderstand
R_s Serienwiderstand
(R_p und R_s sind meist vernachlässigbar)

Für $R_L < R_j$ (Tendenz zum Kurzschlußbetrieb) steigt die Fotospannung bei sprungartiger Änderung der Beleuchtungsstärke nach einer e-Funktion mit $\tau = R_L \cdot C_j$ an (R_j ist gegenüber R_L vernachlässigbar):

$$U_P = I_K \cdot R_L \left(1 - e^{-\frac{1}{R_L \cdot C_j}}\right)$$

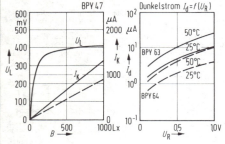

Mit $R_L > R_j$ (Tendenz zum Leerlaufbetrieb) steigt die Fotospannung bei sprungartiger Änderung der Beleuchtungsstärke entsprechend der Aufladung eines Kondensators mit einem eingeprägten Strom innerhalb der Anstiegszeit t_r linear auf 80% der Leerlaufspannung an:

$$t_r = \frac{U_P \cdot C_j}{I_K}$$

Bei sprungartiger Beendigung der Beleuchtung fällt die Fotospannung in beiden Fällen entsprechend einer Kondensatorentladung mit $\tau = R_K \cdot C_j$ nach einer e-Funktion ab.

Silizium-Fotoelemente sind als groß- und kleinflächige Elemente verfügbar:

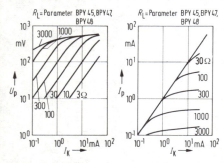

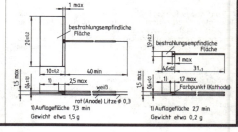

Fotoelemente liefern eine logarithmisch ansteigende Leerlaufspannung und bei ganzflächiger Beleuchtung einen linear ansteigenden Kurzschlußstrom in Abhängigkeit von der Beleuchtungsstärke B. Der Temperatureinfluß mit ungefähr -2 mV/K auf die Leerlaufspannung und 0,1%/K auf den Kurzschlußstrom ist sehr gering.

3.10. Optoelektronik

3.10.4. Fotodiode

Fotodioden entsprechen in ihrem Aufbau kleinflächigen Fotoelementen, werden jedoch in Sperrrichtung an einer von außen angelegten Spannung betrieben. Die zulässige Sperrspannung muß wesentlich höher, der Reststrom im unbeleuchteten Zustand kleiner als beim Fotoelement sein. Verbunden damit ist jedoch eine geringere Fotoempfindlichkeit.

Die folgenden Diagramme zeigen das typische Verhalten einer Germanium-Fotodiode.

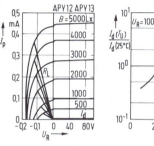
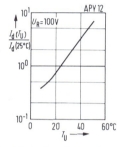

Die Temperaturabhängigkeit des Sperrstromes begrenzt den zulässigen Arbeitstemperaturbereich auf + 50 °C.

Die Ansprechträgheit gegenüber Lichtwechselfrequenzen ist unabhängig von der Lichtwellenlänge und abhängig von der Sperrschichtkapazität und dem Lastwiderstand ($\tau = C_j \cdot R_L$). Da mit zunehmender Sperrspannung die Sperrschichtkapazität abnimmt, erhöht sich zugleich die Grenzfrequenz. Erreichbar sind Werte bis zu 50 MHz.

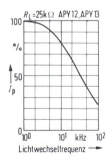

Der Fotostrom der Silizium-Fotodioden ist der Beleuchtungsstärke proportional. Sie eignen sich daher gut für quantitative Lichtmessungen. Bis zu einer 100fachen Verringerung der Ansprechzeit, einer wesentlich höheren Ansprechempfindlichkeit (ca. 0,5 µA/µW) und niedrigeren Rauschzahl wird bei der Anwendung des Schottky-Barrier-Effektes bei den **Schottky-Barrier-Fotodioden**. Eine weitere Verringerung der Ansprechzeit um den Faktor 10 bei nahezu gleicher Empfindlichkeit wird bei den **Avalanche-Fotodioden** erreicht.

3.10.5. Fototransistor

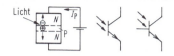

Der Fototransistor enthält zwei Sperrschichten, von denen die Kollektorsperrschicht strahlungsempfindlich ist. Die Wirkungsweise entspricht einer Fotodiode, deren Fotoempfindlichkeit um den Verstärkungsfaktor (ca. 100 bis 1 000) vergrößert wird. Das Kennlinienfeld entspricht dem $I_e = f(U_{CE})$-Kennlinienfeld normaler Transistoren, mit dem Unterschied, daß an die Stelle des Basisstroms die Beleuchtungsstärke als Parameter tritt.

Ist der Basisanschluß nicht herausgeführt, so ist auch die Bezeichnung Foto-Duodiode üblich. Symmetrisch aufgebaute Foto-Duodioden können beliebig gepolt werden. Ist der Basisanschluß herausgeführt, so kann durch dessen Beschaltung der Arbeitspunkt eingestellt werden. Dies führt zu einer Herabsetzung der Fotoempfindlichkeit und einer Erhöhung der Ansprechgeschwindigkeit.

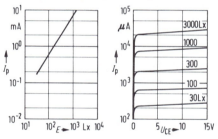

Die Schaltgeschwindigkeit von Fototransistoren ist kleiner als die von Fotodioden und Fotoelementen. Sie ist um so niedriger, je kleiner der Lastwiderstand und je größer die Amplitude des Lichtimpulses ist. Erreicht werden Ansprechzeiten von 2 µs bis 100 µs.

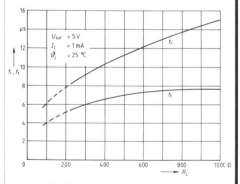

Beim Darlington-Fototransistor ist ein Fototransistor mit einem zweiten Transistor direkt verbunden und in einem Gehäuse zusammengefaßt.

3.10. Optoelektronik

3.10.6. Fotowiderstand

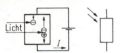

Fotowiderstände bestehen aus Mischkristallen; sie haben keine Sperrschicht und können im Gleich- und Wechselstromkreis eingesetzt werden. Je nach Basismaterial, meist polykristallines Silizium, und Dotierung reicht die Fotoempfindlichkeit vom Ultravioletten bis zum Infrarotbereich.

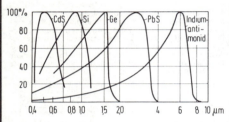

Fotowiderstände zeichnen sich durch die höchste Lichtempfindlichkeit unter den fotoelektronischen Halbleiterbauelementen aus. Ihre Widerstandsänderung in Abhängigkeit von der Beleuchtungsstärke reicht von etwa $10^2\,\Omega$ bis zu $10^8\,\Omega$.

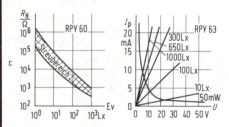

Der Temperaturkoeffizient ist mit $< 1\,\%/K$ gering. Nachteilig ist die relativ große Trägheit gegenüber Helligkeitsänderungen mit Zeitkonstanten bis zu 1 ms. Das Ansteigen des Hellwiderstandes und Verringern des Dunkelwiderstandes mit zunehmendem Alter kann durch künstliche Alterung verringert werden.

Die maximal zulässige Temperatur für die üblicherweise eingesetzten CdS-Fotowiderstände ist mit ca. 70 °C niedrig. Die höchstzulässige Verlustleistung bei einer Umgebungstemperatur von 40 °C beträgt deshalb nur 50 mW bis 200 mW. Die maximal zulässige Betriebsspannung beträgt je nach Typ 50 V bis 350 V.

Wird der Fotowiderstand über einen Serienwiderstand R_S betrieben, so erreicht die am Fotowiderstand auftretende Verlustleistung ihren maximalen Wert, wenn der Fotowiderstandswert gleich R_S ist. Daraus folgt:

$$R_S \geq \frac{U_{ges}^2}{4 \cdot P_{max}}$$

3.10.7. Solarzelle

Solarzellen sind großflächige (häufig 100 mm Durchmesser) Fotoelemente zur direkten Umwandlung von Sonnenlicht in elektrische Energie. Vorwiegend wird einkristallines Silizium als Basismaterial verwendet. Während in Laborversuchen Wirkungsgrade von 19 % erreicht werden, liegt der Wirkungsgrad der in Serie gefertigten Solarzellen bei 10 % bis 12 %. Die Fertigungskosten betragen zur Zeit ca. 10 DM/W.

Wie beim Fotoelement (s. S. 3-40) steigt die Leerlaufspannung U_0 anfangs mit zunehmender Bestrahlung steil an und erreicht bei ca. 0,6 V die Sättigungsspannung. Der Kurzschlußstrom I_K verläuft proportional zur Bestrahlungsstärke und erreicht bei Zellen mit 100 mm Durchmesser über 2 A.

Wegen der niedrigen Spannung einer Solarzelle werden meist mehrere Zellen in Reihe geschaltet. Die Parallelschaltung mehrerer Zellen, auch bei unterschiedlicher Beleuchtung der einzelnen Zellen, ist zulässig, ohne daß schädliche Folgen auftreten können.

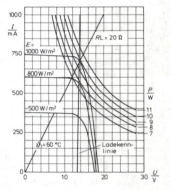

Das Diagramm zeigt die Abhängigkeit des Stromes von der Spannung einer Solarbatterie mit einer Serienschaltung von 34 Zellen bei verschiedenen Bestrahlungsstärken. Die maximale Leistungsabgabe, z. B. an einen Akkumulator, erfolgt im Kennlinienknick; der optimale Arbeitspunkt ist abhängig von der Beleuchtungsstärke und von der Temperatur der Solarzelle.

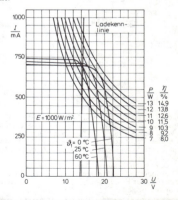

3.10. Optoelektronik

3.10.8. Typische Werte von Fotosensoren

Bauelement	Lichtempfind-liche Fläche in cm²	Empfindlichkeit bei Farbtemperatur 2850 K in nA/lx	maximaler Fotostrom in mA	zulässige Betriebsspannung in V	Belastbarkeit in mW	Grenzfrequenz in kHz
Vakuum-Fotozelle	1 ··· 6	1 ··· 5	$5 \cdot 10^{-3}$	50 ··· 150	250	10^5
Gasgef.-Fotozelle	1 ··· 10	0,1 ··· 1	$5 \cdot 10^{-3}$	90	250	10
Fotovervielfacher	1 ··· 100	$10^7 \cdots 5 \cdot 10^9$	1 ··· 2	1000 ··· 3000	500	10^5
Ge-Fotodiode	10^{-2}	40 ··· 220	0,5 ··· 2	10 ··· 100	50	50
Si-Fotodiode	$(1 \cdots 20) \, 10^{-2}$	4 ··· 100	10	10 ··· 50	··· 100	10^3
Si-Fototransistor	10^{-2}	$(0,5 \cdots 5) \, 10^3$	0,1 ··· 10	10 ··· 30	··· 300	1
CdS-Fotowiderstand	0,01 ··· 3	$10^4 \cdots 10^7$		0,1 ··· 400	$10^2 \cdots 10^2$	wenige Hz
Si-Fotoelement	0,01 ··· 2	$20 \cdots 2 \cdot 10^3$	0,1 ··· 50	1	5 ··· 50	0,3 ··· 0,5

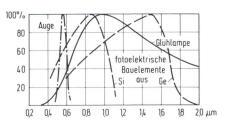

Relative Empfindlichkeit im Vergleich zur spektralen Emission einer Glühlampe (2850 K)

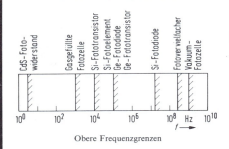

Obere Frequenzgrenzen

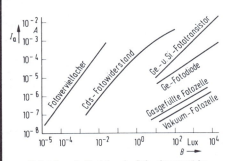

Hellströme als Funktion der Beleuchtungsstärke

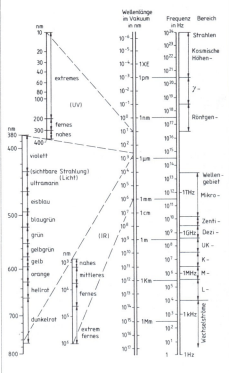

Elektromagnetische Strahlung

Der auf Violett folgende unsichtbare, kurzwellige Bereich des Frequenzspektrums wird Ultraviolett, auch kurz UV, genannt und hat eine starke chemische und biologische Wirkung. Der jenseits von Rot liegende unsichtbare Bereich des Spektrums äußert sich vorwiegend als Wärmestrahlung und wird als Infrarot bzw. kurz IR bezeichnet.

3.10. Optoelektronik

3.10.9. Lumineszenzdiode

Lichtemittierende Dioden (engl. Light Emitting Diode), auch Leuchtdioden oder kurz LED genannt, geben bei Betrieb in Durchlaßrichtung je nach Dotierung und Technologie Licht im Infrarotbereich oder im sichtbaren Bereich in den Farben rot, orange, gelb, grün oder blau ab.

Der Durchlaßspannungswert ist wesentlich höher als bei einer Si-Diode; typisch hierfür sind folgende Werte:

GaAs	infrarot	900 nm	typ. 1,3 V
GaAsP	rot	650 nm	typ. 1,7 V
GaAsP	orange	610 nm	typ. 2,0 V
GaAsP	gelb	590 nm	typ. 2,5 V
GaP	grün	560 nm	typ. 2,5 V
SiC	blau	480 nm	typ. 4,0 V

Die höchstzulässige Sperrspannung beträgt meist 3 V (blau 1 V).

Ein wesentliches Beurteilungskriterium für LEDs ist die abgegebene Lichtstärke bei einem bestimmten Durchlaßstrom, wobei meist 20 mA als Vergleichswert zugrunde gelegt werden. Handelsüblich sind 1 mcd/20 mA bis 500 mcd/20 mA bei roten LEDs und 1 mcd/20 mA bis 12 mcd/20 mA bei grünen LEDs. Der erreichbare Wirkungsgrad liegt je nach Technologie zwischen 1% und 10%.

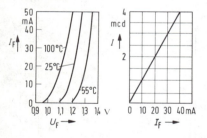

Die Lichtstärke hängt angenähert proportional vom Durchlaßstrom ab. Deshalb werden Leuchtdioden mit einem eingeprägten Strom betrieben, z. B. über einen Vorwiderstand. Da die Durchlaßspannung einem großen Streubereich unterliegt, muß eine ausreichend hohe Gesamtspannung gewählt werden. Um die starke Abnahme der Lichtstärke mit wachsender Sperrschichttemperatur zu verringern, kann dem Serienwiderstand ein Parallelwiderstand hinzugefügt werden.

mit I_L Strahlungsstärke
R_d diff. Widerstand der LED

3.10.10. Flüssigkristallanzeige

Einige organische Substanzen weisen beim Übergang vom festen Zustand in den flüssigen Zustand eine Zwischenphase auf. Dieser Übergangsbereich wird zu niedrigeren Temperaturen vom Schmelzpunkt und zu höheren Temperaturen vom Klärpunkt begrenzt. Innerhalb dieses Übergangsbereiches sind die Moleküle einerseits beweglich wie bei einer Flüssigkeit, anderseits aber nach bestimmten Regeln geordnet wie bei einem Kristall. Dieses Verhalten hat zu der Bezeichnung Flüssigkristall (engl. Liquid Crystal Device) oder kurz LCD geführt.

Eine Flüssigkristallzelle ist mit einem Kondensator vergleichbar, dessen Dielektrikum aus Flüssigkristallen besteht. Die Innenflächen der durchsichtigen Platten mit einem Abstand von 10 µm bis 100 µm tragen einen elektrisch leitenden Überzug, der ebenfalls lichtdurchlässig ist.

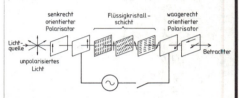

Fällt bei Anwendung des Drehzelleneffektes ungerichtetes Licht auf eine LCD-Anzeige, so kann nur das parallel zum Frontpolarisator orientierte Licht diesen passieren. Liegt keine Spannung an den Elektroden, so wird die Polarisationsebene des Lichts durch die Flüssigkristallschicht um 90° gedreht. Folglich kann das Licht den gegenüberliegenden ebenfalls um 90° gedrehten Polarisator ungehindert passieren. Bei anliegender Spannung richten sich die Moleküle der Flüssigkristallschicht senkrecht zu den Glasplatten aus, so daß das zunächst polarisierte Licht nicht mehr gedreht wird und den gegenüberliegenden Polarisator nicht mehr passieren kann.

Je nach Orientierung der Polarisationsfilter zueinander lassen sich transmissive, reflektive oder transflektive Anzeigen herstellen. Bei der reflektiven Ausführung sind die Polarisatoren senkrecht zueinander orientiert. Der hintere Polarisator ist mit einem Reflektor versehen. Bei der transflektiven Ausführung ist der Reflektor etwas lichtdurchlässig und ermöglicht die Beleuchtung mit einer Leuchtfolie oder einer zusätzlichen Lichtquelle.

Bei der transmissiven Anzeige sind die Polarisatoren parallel zueinander orientiert. Die angesteuerten Segmente werden lichtdurchlässig. Es ist eine ständige rückwärtige Beleuchtung erforderlich.

Flüssigkristallanzeigen müssen grundsätzlich mit Wechselspannung betrieben werden. Da bei Gleichspannung elektrolytische Vorgänge eintreten, muß auch bei Impulsansteuerung ein Gleichspannungsanteil vermieden werden.

Flüssigkristallanzeigen zeichnen sich durch die niedrige Betriebsspannung (3 V ··· 15 V), den geringen Leistungsbedarf (50 µW/cm² ··· 1 mW/cm²) und die preiswerte Herstellung großflächiger, elektrisch steuerbarer Anzeigen aus. Von Nachteil sind die relativ lange Ansprechzeit bis zu einigen 100 ms und die große Temperaturabhängigkeit der Ansprechzeit.

3.10. Optoelektronik

3.10.11. Vakuum-Fluoreszenz-Anzeige

Die Elemente einer Vakuum-Fluoreszenz-Anzeige (engl. Vakuum-Fluoreszenz-Display, kurz VFD) sind wie eine direkt geheizte Triode aufgebaut. Liegt gegenüber der Katode ein positives Potential (üblich sind je nach Röhrentyp 6 V bis 150 V) gleichzeitig an der Anode und an der netzförmigen Steuerelektrode (Gitter), so werden die aus der ca. 650 °C heißen Katode (Heizspannung 1 V bis 3 V Wechselspannung) austretenden Elektronen beschleunigt. Die Anode besteht aus einer leitfähigen Fluoreszenzschicht, so daß beim Auftreffen der Elektronen Licht im sichtbaren Bereich entsteht. Ist das Potential der Steuerelektrode bei abgeschalteter Anode je nach Röhrentyp 3 V bis 6 V negativer als das Katodenpotential, so wird die Leuchtwirkung der Anode unterbunden.

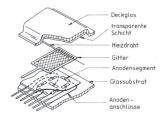

Die Anodensegmente lassen sich in vielfältiger Form, z. B. im Siebdruckverfahren, herstellen. Entsprechend der Zusammensetzung der fluoreszierenden Substanz leuchten die aktivierten Anodensegemente blau, grün, gelb, orange, rotbraun oder in einem Zwischenfarbton. Die Helligkeit geht nach 50000 bis 80000 Betriebsstunden auf die Hälfte zurück. Die erforderliche Leistung beträgt pro Stelle je nach Anzahl und Größe der aktivierten Segmente zwischen 5 mW und 100 mW.

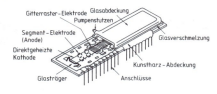

Anzeigen mit wenigen Stellen werden statisch angesteuert. Hierbei haben die Steuerelektroden aller Stellen einen gemeinsamen Anschluß, so daß sie dieselbe Spannung führen. Alle Anodensegmente sind einzeln herausgeführt und erfordern einen eigenen Decoder-Treiber.

Anzeigen mit mehr als sechs Stellen werden meist dynamisch angesteuert (Multiplexverfahren). Die Steuerelektrode jeder Stelle hat einen eigenen Anschluß. Dagegen liegen die einander entsprechenden Anodensegmente aller Anzeigestellen an einem gemeinsamen Anschluß.

Vakuum-Fluoreszenz-Anzeigen zeichnen sich aus durch
– eine niedrige Bauhöhe von 6 mm bis 12 mm
– hohe Leuchtstärkewerte
– einen großen Ablesewinkel
– eine hohe Lebensdauer
– Darstellung verschiedener Farben
– vielfältige Ausführungsformen
– eine hohe Auflösung (Punktdurchmesser bis < 1 mm)

3.10.12. Plasma-Anzeige

Plasma-Anzeigen funktionieren nach dem Prinzip der Gasentladungsröhre (s. S. 3-38). Zwei Glasplatten sind in einem Abstand von ca. 80 µm parallel zueinander angeordnet und am Rand miteinander verschweißt. Der Zwischenraum ist mit einem Gas, z. B. Neon, gefüllt. Auf die Innenflächen der beiden Glasplatten sind dünne Elektroden matrixförmig angebracht. Wird je eine x- und eine y-Elektrode angesteuert, so daß am Kreuzungspunkt eine Potentialdifferenz von ca. 250 V entsteht, so bildet sich zwischen den beiden Elektroden punktförmig ein leuchtendes Plasma.

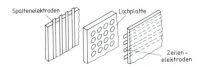

Die Gasentladung setzt beim Erreichen der Zündspannung ein und bricht beim Erreichen der Löschspannung ab. Neben dem sichtbaren Licht entsteht auch ultraviolette Strahlung. Wird diese zur Anregung eines auf die Innenfläche der beiden aufgebrachten Fluoreszenzmaterials ausgenutzt, so wird eine Farbe entsprechend dem Fluoreszenzmaterial bewirkt.

Entsprechend der Auslösung der Gasentladung durch Gleich- oder Wechselspannung werden Plasma-Anzeigen des DC- und AC-Typs unterschieden. Der AC-Typ hat gegenüber dem DC-Typ den Vorteil einer flimmerfreien Anzeige.

Plasma-Anzeigen zeichnen sich aus durch
– eine verzerrungsfreie Darstellung
– gleichmäßige Helligkeit
– einen großen Ablesewinkel
– eine hohe Auflösung bis ca. 0,3 mm
– große zulässige Bildflächen, z. B. 440 mm × 440 mm

3.10.13. Elektrolumineszenz-Anzeige

Der Aufbau einer Elektrolumineszenz-Anzeige hat Ähnlichkeit mit einer Plasma-Anzeige. Auf die gegenüberliegenden Glasplatten sind innenseitig die um 90° versetzten streifenförmigen Elektroden aufgebracht. Die Elektroden sind mit einer durchsichtigen Isolierschicht abgedeckt. Zwischen den beiden Isolierschichten befindet sich eine in der Größenordnung von µm dicke mit Mangan dotierte Zinksulfidschicht. Bei einer Feldstärke in der Größenordnung 10^6 V/cm beginnt die ZnSMn-Schicht am angesteuerten Matrixpunkt gelborange zu leuchten.

Die Ansteuerung erfolgt mit einer sinusförmigen Wechselspannung, z. B. mit $U_{eff} = 140$ V und $f = 1$ kHz. Handelsüblich sind effektive Anzeigeflächen mit z. B. 96 mm × 192 mm und 512 × 256 Bildelementen. Ein Leuchtdichteabfall von 50 % tritt erst nach mehr als 50000 Betriebsstunden ein.

3.10. Optoelektronik

3.10.14. Typische Werte von Digitalanzeigen

	LED	LCD	Vakuum-Fluoreszenz	Plasma Anzeige	Elektro-Lumineszenz
Betriebsspannung in V	$2 \cdots 10$	$2 \cdots 20$	$10 \cdots 30$	$80 \cdots 150$	$120 \cdots 240$
Leistungsaufnahme in mW/cm²	$10 \cdots 100$	$2 \cdot 10^{-3}$	$10 \cdots 50$	$50 \cdots 120$	$10 \cdots 20$
Ansprechzeit in µs	10	10^5 (25 °C)	10	10	100
Leuchtdichte in cd/m²	2000	$10 \cdots 100$	700	$200 \cdots 2000$	100
Betriebstemperatur in °C	$-30 \cdots 85$	$-25 \cdots 85$	$-20 \cdots 70$	$-30 \cdots 90$	$-30 \cdots 60$
Ablesewinkel	$> 120°$	$> 90°$	$> 120°$	$> 120°$	$> 120°$
Lebensdauer in Betriebsstunden	$5 \cdot 10^5$	$5 \cdot 10^4$	$5 \cdot 10^4$	$5 \cdot 10^4$	$5 \cdot 10^4$
Farbe	rot, gelb, grün, blau	abhängig von Lichtquelle und Filter	grün, gelb, orange, rot, rot-braun	orange, gelb, rot	rot, orange-gelb, blau
max. Bildfläche in mm × mm	7-, 14- und 16-Segmentanz.	240 × 210	bis 40 Stellen	440 × 440	
max. Bildpunkte (horiz. × vert.)	5 × 8	640 × 400	je 5 × 15	1024 × 1024	640 × 200

3.10.15. Optokoppler

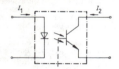

Optoelektronische Koppler, kurz Optokoppler genannt, übertragen elektrische Signale durch Umwandlung des elektrischen Signals in ein optisches Signal, das dann ohne galvanische Verbindung in einem zweiten fotoelektronischen Bauelement wieder in ein elektrisches Signal umgewandelt wird. Die Isolationsstrecke kann aus Luft, Glas, Kunststoff oder einem Lichtleiter bestehen.

Wichtige Kenngrößen sind:

– das Stromübertragungsverhältnis $CTR = I_2/I_1$, angegeben in Prozenten;

– die Grenzfrequenz, bei der der AC-CTR-Wert auf 50 % des DC-CTR-Wertes abgesunken ist;

– die maximal zulässige Isolationsspannung U_{is} zwischen einem Emitter- und einem Detektoranschluß (1 kV $\cdots$ 25 kV);

– der Isolationswiderstand R_{is} zwischen Emitter und Detektor ($10^{11}\,\Omega \cdots 10^{13}\,\Omega$);

– die Isolationskapazität C_{is} zwischen Emitter und Detektor (0,2 pF $\cdots$ 4 pF).

Beispiele mit typischen *CTR*-Werten:

50 % ··· 600 %	50 % ··· 600 %	20 % ··· 600 %	10 % ··· 20 %	$I_{FT} \leq 10$ mA
20 % ··· 600 %	50 % ··· 600 %	500 %	50 % ··· 600 %	$I_{FT} \leq 10$ mA
1000 %	100 % ··· 500 %	1000 %	500 %	$I_{FT} \leq 10$ mA

3.11. Magnetfeldabhängige Bauelemente

3.11.1. Hallgenerator

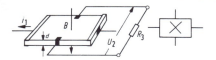

Wird ein langgestrecktes Plättchen aus geeignetem Material in Längsrichtung von einem Strom durchflossen und gleichzeitig senkrecht zur Fläche von einem Magnetfeld durchsetzt, so entsteht zwischen den seitlichen Anschlüssen eine Leerlaufhallspannung.

$$U_{20} = \frac{R_h}{d} \cdot i \cdot B$$

R_h ist eine Materialkonstante.

Typisch sind Leerlaufhallspannungen von 85 mV (In As; $I_{1n} = 100$ mA) bis 1000 mV (InSb; $I_{1n} = 15$ mA) bei $B = 1$ T. Der Nennsteuerstrom I_{1n} ist so festgelegt, daß beim Betrieb des Hallgenerators in ruhender Luft die Halbleiterschicht eine Übertemperatur von 10 °C bis 15 °C annimmt; üblich sind Werte zwischen 10 mA und 150 mA.

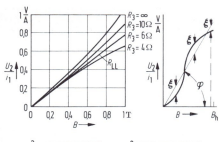

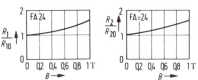

Die Linearität zwischen der auf die Steuerstromeinheit bezogenen Hallspannung und dem Steuerfeld hängt vom Lastwiderstand ab. Der Abschlußwiderstand R_{LL} für die optimale Linearität muß für jedes Exemplar experimentell ermittelt werden. Die maximale Abweichung der auf die Steuerstromeinheit bezogenen Hallspannung von der Geraden mit dem Anstieg K_{1ln} auf den Meßbereichsendwert wird als Linearisierungsfehler bezeichnet, wobei

$$F_{1ln} = \frac{\xi \max}{K_{1ln} \cdot B_h} \quad \text{und } K_{1ln} = \tan\varphi \text{ ist.}$$

Der steuerseitige Innenwiderstand R_1 und der hallseitige Innenwiderstand R_2 hängen vom Steuerfeld B ab ($R_1 = R_{10}$ und $R_2 = R_{20}$ bei $B = 0$ und $T_U = 25$ °C). Der mittlere Temperaturkoeffizient von u_{20} beträgt je nach Material etwa – 0,04 %/K bis 0,1 %/K; der von R_{10} und R_{20} etwa 0,2 %/K.

3.11.2. Feldplatte

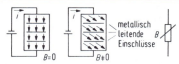

Feldplatten sind magnetisch steuerbare Halbleiterwiderstände aus Indiumantimonid, deren Strombahnen unter dem Einfluß eines Magnetfeldes um den Hallwinkel gedreht werden. Die folgenden Diagramme zeigen den relativen Feldplattenwiderstand verschiedener Halbleitermaterialien in Abhängigkeit von der magnetischen Induktion B und der Temperatur.

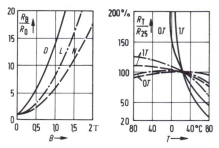

Typisch sind Grundwiderstände R_0 (bei 25 °C und $B = 0$) zwischen 10 Ω und 500 Ω.

Feldplatten werden vorzugsweise zur Positionserfassung, z. B. der Position eines Druckkopfes, eingesetzt. Das Ausgangssignal entsteht durch Ansteuerung mit einem Magneten oder einem Weicheisenteil, wobei der Luftspalt oder Weg variiert wird.

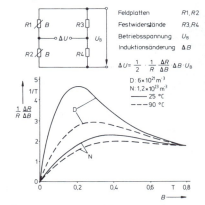

Wegen des relativ großen Temperaturkoeffizienten werden Feldplatten häufig als Differentialanordnung verwendet. Die auf beide Platten einwirkenden Induktionsänderungen ΔB haben unterschiedliche Vorzeichen, wenn z. B. ein Dauermagnet verschoben wird.

3.12. Lichtwellenleiter

Die Lichtwellenausbreitung in einem Lichtwellenleiter (LWL) erfolgt durch Brechung und Totalreflektion.

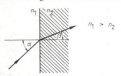

Beim Übergang einer Lichtwelle von einem Medium mit der Ausbreitungsgeschwindigkeit c_1 in ein Medium mit der Ausbreitungsgeschwindigkeit c_2 erfährt die Lichtwelle an einer ebenen Grenzfläche der beiden lichtdurchlässigen Medien eine Richtungsänderung. Nach dem Snelliusschen Brechungsgesetz gilt:

$$\frac{\sin \alpha}{\sin \beta} = \frac{c_1}{c_2} = \frac{n_2}{n_1}$$

Die Phasenbrechzahlen n_1 und n_2 zweier Medien verhalten sich umgekehrt wie die Ausbreitungsgeschwindigkeiten c_1 und c_2 der Welle. Die Phasenbrechzahl n ist der Faktor, um den die Lichtgeschwindigkeit in einem optisch dichteren Medium, z. B. Glas, kleiner ist als im Vakuum.

Beim Übergang einer Lichtwelle von einem optisch dichteren Medium mit der Phasenbrechzahl n_1 zu einem optisch weniger dichten Medium mit der Phasenbrechzahl n_2 wird bei

$$\varphi_1 \geq \text{Arc} \sin(n_2/n_1)$$

die Welle an der Grenzfläche beider Medien nicht mehr gebrochen, sondern total reflektiert.

Im wesentlichen werden drei Arten von Lichtwellenleitern unterschieden:

Multimode-Stufenindex-Faser

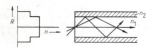

Die Phasenbrechzahl des Kerns ist größer als die Phasenbrechzahl des Mantels. An der Grenzfläche zwischen Kern und Mantel kommt es zu Totalreflexionen, solange ein bestimmter Einfallswinkel (Akzeptanzwinkel φ_A) des Lichts in die Faser nicht überschritten wird.

Abhängig vom Einfallswinkel der einzelnen Lichtwellen, genannt Moden, ergeben sich Laufzeitunterschiede (Modendispersion). Ein am Eingang des Lichtwellenleiters eingekoppelter Lichtimpuls erscheint folglich am Ausgang verbreitert.

Multimode-Gradienten-Faser

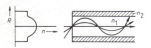

Die Phasenbrechzahl nimmt von der Fasermitte bis zum Mantel kontinuierlich ab. Die zu einem Lichtimpuls gehörenden Lichtwellen (Moden) mit unterschiedlichen Einfallswinkeln haben deshalb infolge des Phasenbrechzahlprofils trotz unterschiedlich langer Wege nahezu die gleiche Laufzeit. Dadurch ergibt sich gegenüber der Multimode-Stufenindex-Faser ein wesentlich größeres Bandbreiten-Entfernungs-Produkt.

Monomode-Stufenindex-Faser

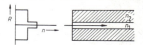

Der Kerndurchmesser beträgt nur wenige Lichtwellenlängen. Es kann sich nur noch ein Wellenmode bzw. achsparalleles Licht ausbreiten. Verbunden damit ist ein sehr großes Bandbreiten-Entfernungs-Produkt.

Vorteile des Lichtwellenleitereinsatzes

– Unempfindlichkeit gegen elektromagnetische und kapazitive Beeinflussungen;
– Potentialtrennung zwischen Sender und Empfänger;
– Vermeidung von Erdschleifen;
– Kein Übersprechen und Abhören;
– Eigensicherheit, d. h. keine Brand- und Explosionsgefahr;
– Kurzschlußfreiheit;
– Geringe Dämpfung;
– Keine Korrosion;
– Kleine Abmessungen und geringes Gewicht;
– Unbegrenzte Materialverfügbarkeit.

Prinzipielle Fehlerquellen und typische Dämpfungsverluste	
Kerndurchmesser	$\frac{\Delta R}{R} \leq 0,1$ $R = \frac{R_1 + R_2}{2}$ $a_R \leq 0,7$ dB
Numerische Apertur	$\frac{\Delta A_N}{A_N} \leq 0,05$ $a_{AN} \leq 0,4$ dB
Zylindrizität	$\frac{C}{R} \leq 0,05$ $a_C \leq 0,1$ dB
Fresnelverluste	$0,3$ dB $\leq a_F \leq 0,38$ dB
Stirnflächenabstand	$0,5 \leq \frac{s}{R} \leq 1,0$ $0,2$ dB $\leq a_s \leq 0,45$ dB
Achsenversatz	$0,1 \leq \frac{\varepsilon}{R} \leq 0,2$ $0,25$ dB $\leq a_\varepsilon \leq 0,65$ dB
Kippwinkel	$0,5° \leq \varphi \leq 2°$ $0,05$ dB $\leq a_\varphi \leq 0,5$ dB
Fehlwinkel	$0,2° \leq \gamma \leq 2,0$ $0,01$ dB $\leq a_\gamma \leq 0,2$ dB
Oberfläche	$0,2 \leq \frac{r}{\lambda} \leq 2,0$ $0,01$ dB $\leq a_r \leq 0,3$ dB

3.12. Lichtwellenleiter

	Phasenbrechzahl	Geometrischer Aufbau	Wellenausbreitung (Moden) und Impulsausbreitung
Multimode-Stufenindex-Lichtwellenleiter	Typische Werte: $n_M = 1{,}517$ $n_K = 1{,}527$	typ. d_K/d_M: 100 μm/140 μm 100 μm/200 μm 200 μm/300 μm 400 μm/500 μm	$B \cdot 1 = 30 \cdots 100$ MHz·km Dispersion $10 \cdots 150$ ns/km
Multimode-Gradientenindex-Lichtwellenleiter	$n(r) = n_1 \left[1 - \dfrac{n_1 - n_2}{n_1} \left(\dfrac{2r}{d_M} \right)^2 \right]$ Typische Werte: $n_2 = 1{,}54$ $n_1 = 1{,}562$	typ. d_K/d_M: 45 μm/130 μm 50 μm/125 μm 63 μm/130 μm	$B \cdot 1 < 1$ GHz·km Dispersion $1 \cdots 5$ ns/km
Monomode-Stufenindex-Lichtwellenleiter	Typische Werte: $n_M = 1{,}457$ $n_K = 1{,}471$	typ. d_K/d_M: 5 μm/ 40 μm 6 μm/ 60 μm 5 μm/100 μm 5 μm/125 μm	$B \cdot 1 = 10 \cdots 50$ GHz·km Dispersion $4 \cdots 100$ ps/km

Absorptions-Verluste
Schwächung der optischen Leistung innerhalb des Lichtwellenleiters durch Absorption an Störstellen und Verunreinigungen sowie der Intrinsic-Verluste (entstehen bei Anregung von Elektronen von niedrigerem zu höherem Energieniveau).

Bandbreite-Reichweite-Produkt
Übertragbarer Frequenzbereich einer Leitung von 1 km. Die Leistung am oberen Bandende ist auf die Hälfte abgefallen (3-dB-Grenzfrequenz).

Biege-Radius
Kleinster Radius, um den eine Faser ohne Schaden gebogen werden darf.

Dämpfung
Die Verminderung der optischen Signalleistung zwischen zwei Querschnittsflächen

$$A = -10 \lg \dfrac{P_2}{P_1} \quad \text{in dB} \quad \text{mit} \quad P_2 < P_1$$

Dispersion
Die Streuung der Signallaufzeit in einem Lichtwellenleiter. Sie setzt sich aus verschiedenen Anteilen zusammen: Modendispersion, Materialdispersion und Wellenleiterdispersion.

Elektrolumineszenz
Direkte Umwandlung elektrischer Energie in Licht.

Impuls-Verbreiterung
Die Differenz zwischen der Halbwertsdauer des empfangenen Impulses und der Halbwertsdauer des gesendeten Impulses: $\Delta T_H = T_{H2} - T_{H1}$.

Kohärente Strahlung
Lichtbündel von gleicher Wellenlänge und Schwingungsart; zwischen zwei beliebigen Punkten im Strahlungsfeld besteht über die Dauer der Strahlung eine feste Phasenbeziehung.

Laser
Eine kohärente Lichtquelle, die eine sehr geringe spektrale Bandbreite (≈ 2 nm) besitzt.

Numerische Apertur
Sinus des maximal möglichen Einkopplungswinkels eines Lichtwellenleiters. Der theoretische Wert ergibt sich aus $A_N = \sqrt{n_1^2 - n_2^2}$, wobei n_1 die Phasenbrechzahl im Kern und n_2 die Phasenbrechzahl im Mantel ist.

3.13. Trigger-Bauelemente

3.13.1. Zweirichtungsdiode (Diac)

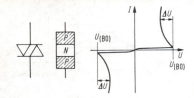

Die Zweirichtungsdiode, auch Diac oder symmetrische Triggerdiode genannt, findet als Triggerelement zur Ansteuerung von Thyristortrioden Verwendung.

Bevor die Kippspannung $U_{(BO)}$ erreicht wird, fließt nur ein kleiner Reststrom (< 50 µA). Bei Durchbruchsspannungen von 20 V ... 40 V, unabhängig von der Polung, schaltet die Zweirichtungsdiode durch und sperrt erst wieder nach einem Spannungsrückgang um > ΔU (etwa 5 V ... 10 V). Bei einer maximalen Verlustleistung < 300 mW sind periodische Spitzenströme bis zu 2 A (z. B. 30 µs, 120 Hz) zulässig.

3.13.2. Zweirichtungs-Thyristordiode

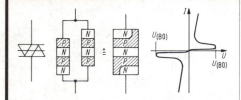

Die Zweirichtungs-Thyristordiode ist ein symmetrisch aufgebauter Wechselstromschalter, dessen Schaltverhalten dem der Zweirichtungsdiode ähnlich ist. Die Kippspannung $U_{(BO)}$ mit maximal 10 V und die Durchlaßspannung U_F mit ungefähr 1,7 V ... 2 V sind kleiner als die der Zweirichtungsdiode. Der Haltestrom beträgt 0,5 mA ... 5 mA, der zulässige Durchlaßstrom 100 mA ... 300 mA.

3.13.3. Rückwärts sperrende Thyristordiode (Vierschichtdiode)

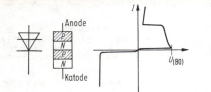

Das elektrische Verhalten der Vierschichtdiode entspricht weitgehend dem elektrischen Verhalten der rückwärts sperrenden Thyristortriode. Während das Sperrverhalten identisch ist, kann das Durchlaßverhalten mit dem sogenannten Überkopfzünden, im Gegensatz zum Thyristor zulässig, verglichen werden.

Wird die Kippspannung $U_{(BO)}$ überschritten, so setzt ein plötzlicher Stromfluß ein, während die Spannung auf den üblichen Wert der Schleusenspannung einer Si-Diode zurückgeht. Erst wenn der Haltestrom unterschritten wird, tritt der Sperrzustand wieder ein.

Typisch sind Kippspannungen zwischen 5 V und 20 V, Halteströme < 20 mA und zulässige Verlustleistungen < 1 W.

3.13.4. Zweizonentransistor (Unijunktion-Transistor, Doppelbasisdiode)

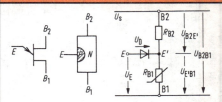

Der als Interbasiswiderstand R_{BB} bezeichnete N-leitende Widerstand mit den Anschlüssen B_1 und B_2 wird von dem P-leitenden Emitter in die Widerstände R_{B1} und R_{B2} aufgeteilt. Entsprechend der inneren Spannungsaufteilung wird das Teilerverhältnis R_{B1}/R_{B2} als inneres Spannungsverhältnis η_i definiert.

$$\eta_i = \frac{R_{B1}}{R_{B2}}$$

Ist $U_E < U_D + U_{E'B1}$, bleibt die von dem PN-Übergang gebildete Diode gesperrt. Wird $U_E = U_D + U_{E'B1}$, so fließt ein positiver Reststrom bis bei $U_E > U_D + U_{E'B1}$. Löcher in den N-leitenden Widerstand R_{B1} injiziert werden und diesen mit zunehmendem Emitterstrom verringern.

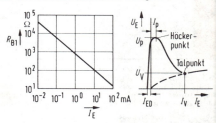

Bei genügend großem Emitterstrom bestimmt nur noch die Diode die Abhängigkeit der Emitterspannung vom Emitterstrom.

Der UJT ist auch als Komplementär-UJT mit P-leitendem Interbasiswiderstand und N-dotiertem Emitter erhältlich.

Schaltungsbeispiel

Der oft vorteilhafte Schaltungseinsatz des UJT wird am Beispiel eines einfachen RC-Generators deutlich.

Der Kondensator lädt sich über R_V auf. Nach $t = R_V \cdot C \cdot \ln(1/1-\eta)$ erreicht U_C die Höckerspannung U_P. Der innere Basiswiderstand R_{B1} verringert sich sprungartig und C wird über $E-B_1-R_1$ entladen. Der Entladestromstoß kann an R_1 (meist

3.13. Trigger-Bauelemente

≈ 50 Ω) als Zündimpuls abgegriffen werden. Unterschreitet U_C die Talspannung, so sperrt der UJT und C lädt sich erneut auf.

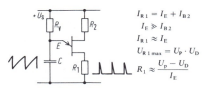

$I_{R1} = I_E + I_{B2}$
$I_E \gg I_{B2}$
$I_{R1} \approx I_E$
$U_{R1\,max} = U_P \cdot U_D$
$R_1 \approx \dfrac{U_P - U_D}{I_E}$

R_2 dient zur Temperaturstabilisierung der Höckerspannung. Während das Teilerverhältnis η von dem Temperaturkoeffizienten ≈ + 0,008/K des Interbasiswertes R_{B1B2} nicht beeinflußt wird, verringert sich die Schleusenspannung der Diode um ≈ 2 mV/K. Eine nahezu temperaturunabhängige Höckerspannung wird mit

$$R_2 = \dfrac{0{,}7 \cdot \dfrac{R_{BB}}{\Omega}}{\eta \cdot \dfrac{U_{BB}}{V}}$$

erreicht.

3.13.5. Programmierbarer Unijunction-Transistor

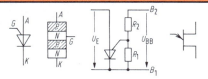

Der programmierbare Unijunction-Transistor, kurz PUT genannt, entspricht im Aufbau einem anodenseitig steuerbaren Thyristor und bei Beschaltung mit R_1 und R_2 in der Wirkungsweise einem Unijunction-Transistor. Mit den von außen zugeschalteten Widerständen R_1 und R_2 sind einstellbar (programmierbar):

Interbasiswiderstand	$R_{BB} = R_1 + R_2$
Teilerverhältnis	$\eta = \dfrac{R_1}{R_1 + R_2}$
Höckerstrom	I_P
Talstrom	I_V

Das Teilerverhältnis η ist von 0 bis 1 einstellbar. Höckerstrom und Talstrom sind bei niederohmigen Widerständen groß, bei hochohmigen Widerständen klein. Parameter der diesbezüglichen Datenblattangaben ist der Ersatzwiderstand $R_G = R_1 \cdot R_2 / R_1 + R_2$.

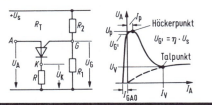

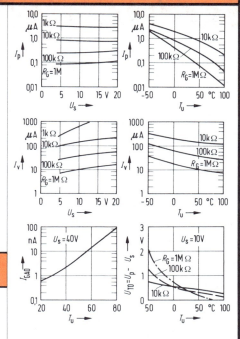

Temperaturkompensation

Um den Temperaturkoeffizienten des Diodenstromes aufzuheben, muß in den Schaltungen a, b und c $R_3 \gg R_2$ sein. Die Frequenzabweichung des nicht kompensierten RC-Oszillators d beträgt bis zu 2% innerhalb des zulässigen Temperaturbereichs. Schaltung f ermöglicht eine von der Speisespannung U_S unabhängige Temperaturkompensation.

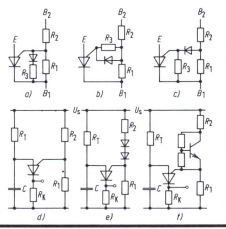

3.14. Thyristor

3.14.1. Rückwärts sperrender Thyristor

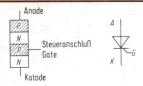

Thyristoren sind Si-Einkristall-Halbleiter-Bauelemente mit drei Sperrschichten und drei stabilen Betriebszuständen.

Wird an die beiden Hauptanschlüsse eine Spannung in Rückwärtsrichtung (Anode negativ und Katode positiv) angelegt, so verhält sich der Thyristor ähnlich einem gesperrten Siliziumgleichrichter.

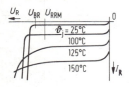

Werden bei offenem Steueranschluß die Hauptanschlüsse in Vorwärtsrichtung gepolt, so ist die mittlere Sperrschicht in Sperrichtung gepolt; die Strom-Spannungs-Kennlinie verläuft ähnlich wie die eines in Sperrichtung betriebenen Gleichrichters.

Der sehr geringe, nahezu spannungsunabhängige Sperrstrom steigt exponentiell mit der Temperatur an, die Durchbruchspannung wird geringfügig größer und der Kennlinienknick verläuft etwas abgerundeter als im kalten Zustand. Das Erreichen der Durchbruchspannung U_{BR} führt zur Zerstörung des Thyristors.

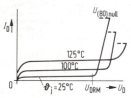

Wird die positive Spitzensperrspannung U_{DRM} überschritten, so steigt der Sperrstrom bei weiterer Spannungserhöhung lawinenartig an, bis mit Erreichen der Nullkippspannung $U_{(B0)}$ (Steuerstrom Null) der Thyristor zündet und leitend wird. Bei diesem sogenannten Überkopfzünden wird der mittlere PN-Übergang zunächst an einer punktförmigen Stelle leitend, über die der ganze Strom fließt. Ist die Stromanstiegsgeschwindigkeit größer als ungefähr $1/10$ des bei normaler Zündung zulässigen Wertes, so kann der Thyristor thermisch zerstört werden.

Werden Thyristoren direkt am Netz oder über einen Transformator am Netz betrieben, so müssen die Eigenschaften des speisenden Netzes sowie der Schaltung hinsichtlich kurzzeitiger Überspannungen, z.B. beim Schalten induktiver Verbraucher, berücksichtigt werden. Deshalb muß die höchstzulässige periodische Spitzensperrspannung U_{RRM} bzw. U_{DRM} des Thyristors um den Faktor 1,5 bis 2,5 höher gewählt werden als der im Normalfall am Thyristor auftretende Scheitelwert der Sperrspannung.

Durch Anlegen einer gegenüber der Katode positiven Spannung an den Steueranschluß werden Ladungsträger in die innere P-Zone injiziert. Dies führt zu einer Verringerung der Zündspannung.

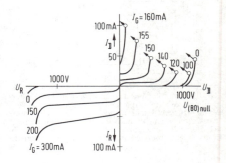

Ein positiver Steuerstrom bei negativer Sperrspannung (Rückwärtsrichtung) führt zu einer starken Erhöhung des negativen Sperrstromes. Dadurch bedingte örtliche Übererwärmungen in den Sperrschichten können zur Zerstörung führen.

Zündspannung und Zündstrom unterliegen großen Exemplarstreuungen, so daß die Zünddiagramme einen großen Streubereich zeigen. Ein sicheres Zünden aller Exemplare gleichen Typs innerhalb des zulässigen Temperaturbereichs ist nur oberhalb der oberen Zündspannung U_{GT} bzw. des oberen Zündstromes I_{GT} gewährleistet.

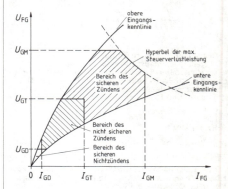

I_{GD}: höchster nicht zündender Steuerstrom
I_{GT}: Zündstrom
I_{GM}: höchstzulässiger Vorwärts-Spitzensteuerstrom
U_{GD}: höchste nicht zündende Steuerspannung
U_{GT}: Zündspannung
U_{GM}: höchstzulässige Vorwärts-Spitzensteuerspannung

Zündstrom I_{GT} und Zündspannung U_{GT} werden für eine treibende Spannung im Hauptstromkreis von 6 V, einen ohmschen Hauptstromkreis und eine Ersatzsperrschichttemperatur von 25 °C angegeben.

3.14. Thyristor

Um trotz großer Exemplarstreuungen definierte Zündwerte und -zeiten zu gewährleisten, wird von der Abhängigkeit der Kippspannung vom Steuerstrom (Vertikalsteuerung durch Variation der Höhe der Zündspannung) nur selten Gebrauch gemacht und der Zündung durch einen Zündimpuls (Horizontalsteuerung) der Vorzug gegeben.

in Abhängigkeit von der Impulsdauer zu beachten. Beträgt die mittlere Steuerleistung mehr als 5% der Gesamtverlustleistung, so muß sie in die Gesamtverlustleistung einbezogen werden. Die anschließende Durchschaltzeit t_{gr} hängt nahezu ausschließlich von den Eigenschaften des Lastkreises ab.

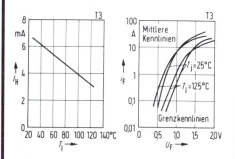

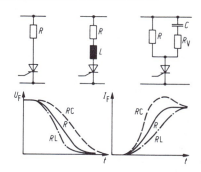

Ein gezündeter Thyristor verbleibt im Durchlaßzustand, wenn der Einraststrom T_L überschritten und der Haltestrom I_H nicht unterschritten wird. Der Einraststrom ist der kleinste Durchlaßstrom, bei dem der Thyristor unmittelbar nach dem Zünden und dem Abklingen des Zündimpulses noch im Durchlaßzustand bleibt. Der Haltestrom ist der kleinste Durchlaßstrom, bei dem der Thyristor noch im Durchlaßzustand bleibt, wenn kein Gatestrom fließt und der Durchlaßstrom abnimmt.

Die Durchlaßkennlinie eines Thyristors verläuft ähnlich wie bei einer Si-Diode.

Bei kapazitiver Belastung muß die Ladestromspitze mittels Vorwiderstand begrenzt werden, damit der höchstzulässige Stoßstrom I_{FSM} des Thyristors nicht überschritten wird.

Die Zündung setzt punktuell in unmittelbarer Nähe des Steueranschlusses ein und breitet sich anschließend über die ganze Fläche aus. Damit die höchstzulässige Stromdichte während des Durchschaltvorganges nicht überschritten und eine thermische Zerstörung verhindert wird, gibt der Hersteller eine höchstzulässige Stromsteilheit di/dt an. Kann dieser Wert für R- oder RC-Last nicht eingehalten werden, so ist die Stromanstiegsgeschwindigkeit mit zusätzlichen Schaltungsmaßnahmen, z. B. eine Reiheninduktivität, zu begrenzen.

Dynamisches Verhalten

Das dynamische Verhalten des Thyristors kennzeichnet das Übergangsverhalten von einem Betriebszustand in den anderen. Es ist abhängig von den Eigenschaften des Thyristors, von der Form, Höhe und Dauer des Steuerimpulses und vom Aufbau des Lastkreises.

Wird der Haltestrom unterschritten, so geht der Thyristor in den Sperrzustand über. Das Anlegen einer positiven Sperrspannung vor Ablauf der Freiwerdezeit t_q hat jedoch ein erneutes Zünden zur Folge, weil die einzelnen Zonen und PN-Übergänge noch mit Ladungsträgern überschwemmt sind.

Der Ausschaltvorgang läßt sich durch kurzzeitige Spannungsumkehr (negatives Anodenpotential gegenüber der Katode), z. B. mittels Löschkondensator, erheblich beschleunigen. Das folgende Diagramm zeigt den entsprechenden Strom-Spannungsverlauf beim Abschalten einer Wirklast.

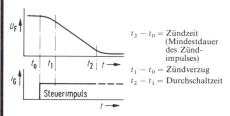

$t_2 - t_0$ = Zündzeit (Mindestdauer des Zündimpulses)
$t_1 - t_0$ = Zündverzug
$t_2 - t_1$ = Durchschaltzeit

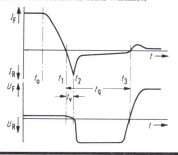

Wird zum Zeitpunkt t_0 der Zündvorgang mit einem steilen Steuerimpuls eingeleitet, so vergeht zunächst die Zündverzugszeit t_{gd}, bis die Spannung U_F auf 90% der ursprünglichen positiven Sperrspannung abgefallen ist. Sie kann erheblich verringert werden, wenn der Steuerimpuls wesentlich über die oberen Zündwerte des Zünddiagramms hinausgeht. Dabei ist die zulässige Impulssteuerleistung

3.14. Thyristor

Der Spannungsumkehr zum Zeitpunkt t_0 folgt eine Stromabnahme. Infolge des steilen Stromrückganges sind zum Zeitpunkt t_1 noch nicht alle während des Durchlaßbetriebes gespeicherten Ladungsträger ausgeräumt (Trägerstaueffekt, Trägerspeichereffekt bzw. auch nur TSE genannt), so daß bis zum Zeitpunkt t_2 ein Stromanstieg in negativer Richtung die Folge ist. Erst wenn nach Ablauf der Sperrverzugszeit t_v die beiden äußeren Sperrschichten von freien Ladungsträgern geräumt sind, fällt an den Hauptanschlüssen eine negative Sperrspannung ab; der Rückstrom geht schnell auf den statischen Sperrstrom zurück. Die Freiwerdezeit t_q ist dagegen erst abgeschlossen, wenn auch die in der mittleren Sperrschicht noch gespeicherte Restladung durch Rekombination abgebaut ist. Erst dann kann wieder eine positive Sperrspannung angelegt werden, ohne daß der Thyristor bei fehlendem Steuerstrom zündet.

Die Freiwerdezeit ist um so kleiner, je niedriger die Sperrschichttemperatur, je kleiner der Durchlaßstrom, je kleiner der Stromrückgang (di/dt) am Ende der Durchlaßzeit, je kleiner die vorhergehende Stromflußdauer, je höher die während des Ausschaltvorganges anliegende negative Sperrspannung und je kleiner die positive Sperrspannung bzw. deren Anstieg du/dt ist.

Das schlagartige Abreißen des Rückstromes zum Zeitpunkt t_2 führt beim Vorhandensein von Induktivitäten im Lastkreis zu hohen Überspannungen $u_{Rü}$. Damit der Thyristor nicht zerstört wird, müssen diese Überspannung durch Parallelschalten eines induktivitätsarmen RC-Gliedes bedämpft werden. Die erforderlichen Werte werden meist vom Thyristorhersteller angegeben. Die optimalen Werte müssen jedoch für jede Anwendung durch Messen bestimmt werden.

Schnelle Änderungen der positiven Sperrspannung verursachen in der Kapazität der mittleren Sperrschicht einen Verschiebungsstrom $i_C = C \cdot du/dt$, der zur Zündung des Thyristors führen kann. Wie der Anstiegsgeschwindigkeit des Laststromes ist deshalb auch dem Spannungsanstieg du/dt an den Hauptanschlüssen eine zulässige Grenze gesetzt. Die durch den Spannungsanstieg scheinbare Herabsetzung der Kippspannung (Rateeffekt) kann durch eine kleine Reiheninduktivität oder die TSE-Beschaltung (Trägerstaueffekt) verringert werden.

Bemessung des Gate-Kreises

Ist $I_{G\,min}$ der empfohlene Mindestgateimpuls, so ist unter Berücksichtigung der Exemplarstreuungen $U_{G\,max}$ für den ungünstigsten Fall zugrunde zu legen.

Ist der Thyristor defekt, so kann das Gate mit der Katode kurzgeschlossen sein. Um dabei das Steuergerät nicht zu beschädigen, darf der für das Steuergerät höchstzulässige Gatekurzschlußstrom I_{GK} nicht überschritten werden. Dabei ist zu beachten, daß bei den Thyristoren mit dem kleinsten Gatespannungsfall der Gatestrom die zulässige Grenze nicht überschreitet. Bei $I_{G\,min} = I_{GK}/2$ ist diese Bedingung in der Regel erfüllt.

Kurzschlußschutz

Ein Kurzschluß in einem Stromrichtergerät kann entstehen durch:

1. Kurzschluß im Lastkreis einschließlich der Verbindungsleitungen zum Stromrichter
2. Kurzschluß im Stromrichter, z. B. bei Ausfall eines Thyristors
3. Kurzschluß durch fehlerhaftes Zünden eines Thyristors oder infolge eines Wechselrichterkippens.

Da die Siliziumscheibe eines Thyristors nur eine sehr geringe Wärmekapazität hat und bei einem Kurzschluß innerhalb weniger ms zerstört werden kann, müssen superflinke Sicherungen verwendet werden. Der Gesamt-$I^2 t$-Wert (Schmelz- und Lösch-$I^2 t$-Wert) der Sicherung muß kleiner als der des Grenzlastintegrals des zu schützenden Thyristors sein.

Typische Werte

Zulässige Spitzensperrspannungen U_{RRM} bis zu 4000 V; Dauergrenzströme I_{TAVM} bis zu 1000 A und zulässige Stoßströme I_{TSM} bis zu 15 000 A; Zündspannungen $U_{GT} = 2$ V bis 3 V; Zündströme $I_{GT} = 10$ mA ($I_{TAVM} = 0,8$ A) bis 500 mA ($I_{TAVM} = 1000$ A); krit. Stromsteilheiten $di/dt = 1,5$ A/µs bis 150 A/µs und krit. Spannungssteilheiten $du/dt = 20$ V/µs bis 1000 V/µs bei einem Spannungsanstieg auf 67% von U_{DRM} und Freiwerdezeiten $t_q = 10$ µs bis 50 µs.

Der Thyristor im Wechselstromkreis

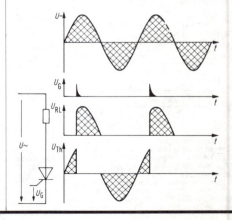

$U = I_{GK} \cdot R$

$I_{GK} \cdot R = U_{G\,max} + I_{G\,min} \cdot R$

$R(I_{GK} - I_{G\,min}) = U_{G\,max}$

$R = \dfrac{U_{G\,max}}{I_{GK} - I_{G\,min}}$

$U = I_{GK} \cdot \dfrac{U_{G\,max}}{I_{GK} - I_{G\,min}}$

$U = \dfrac{U_{G\,max}}{1 - \dfrac{I_{G\,min}}{I_{GK}}}$

3.14. Thyristor

3.14.2. Rückwärts leitender Thyristor (RLT)

Beim rückwärts leitenden Thyristor ist zusätzlich zu einem rückwärts sperrenden Thyristor eine antiparallel geschaltete schnelle Diode in die Siliziumscheibe monolitisch integriert. Die Kennlinie in Rückwärtsrichtung ist deshalb ähnlich der des Durchlaßzustandes in Vorwärtsrichtung.

Rückwärts leitende Thyristoren werden vorzugsweise für Serien-Schwingkreis-Umrichter zur Erzielung hoher Ausgangsleistungen bei Resonanzfrequenzen bis 50 kHz eingesetzt. Gegenüber dem Einsatz von rückwärts sperrenden Thyristoren wird die Zahl der benötigten Halbleiter halbiert, so daß auch die Streu- und Verkabelungsinduktivitäten zum Teil entfallen.

Beim **asymmetrisch sperrenden Thyristor (ASCR)** besteht der Unterschied zum symmetrisch sperrenden Thyristor im zusätzlichen Einbau einer hochdotierten n-Zone. Dadurch wird die Rückwärts-Sperrfähigkeit auf ca. 30 V begrenzt. Die Ausschaltzeit ist jedoch ähnlich kurz wie beim rückwärts leitenden Thyristor.

3.14.3. Abschaltthyristor (GTO)

Der Abschaltthyristor (gate-turn-off-Thyristor) kann wie der konventionelle rückwärts sperrende Thyristor durch einen Vorwärts-Steuerstrom eingeschaltet und durch Absenken des Hauptstromes unter den Haltestrom gesperrt werden. Darüber hinaus kann der Abschaltthyristor durch einen Rückwärts-Steuerstrom abgeschaltet werden.

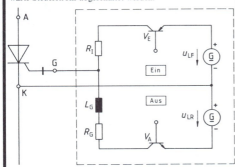

Der Steuergenerator muß einen Vorwärts-Steuerstrom für das Einschalten und den für das Abschalten erforderlichen Rückwärts-Steuerstrom zur Verfügung stellen. Für das Einschalten ist eine Leerlaufspannung $u_{LF} = 8$ V bis 24 V üblich. Der Vorwärts-Steuerstrom sollte das 4fache bis 8fache des oberen Zündstroms, seine Mindestdauer das Zweifache des Zündverzugs betragen. Erfolgt nach vorübergehendem Betrieb im Bereich des Haltestroms oder des Einraststroms wieder ein Anstieg des Durchlaßstroms, so muß auch während des stationären Durchlaßzustandes ein Vorwärts-Steuerstrom in Höhe des oberen Zündstromes fließen, damit alle Teilflächen der verschachtelten Elementstruktur wieder leitend werden.

Die Ausschaltstromverstärkung beträgt ca. 3 bis 5, so daß zum Abschalten wenige μs ein sehr hoher Rückwärts-Steuerstrom fließen muß. Nach erfolgtem Abschalten sollte zum sicheren Sperren zwischen Gate und Kathode dauernd eine negative Spannung von ca. 2 V anliegen.

3.14.4. Triac

Seinem Aufbau nach ist der Triac eine in einem Si-Kristall integrierte Antiparallelschaltung zweier Thyristoren mit gemeinsamem Steueranschluß. Die beiden Hauptanschlüsse werden als Anode 1 und Anode 2 bezeichnet.

Der Triac kann unabhängig von der Polung der Hauptanschlüsse mit positiven und negativen Impulsen zwischen der Anode 2 und dem Steueranschluß gezündet werden.

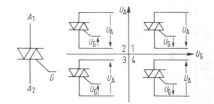

Die Zündwerte in den vier Quadranten können geringfügig voneinander abweichen. Meist ist die Empfindlichkeit im 1. und 3. Quadranten am größten und ungefähr gleich groß. Am höchsten sind die erforderlichen Zündwerte im 4. Quadranten, so daß der Betrieb in diesem Quadranten vermieden werden soll, insbesondere wenn es auf eine hohe zulässige Stromsteilheit di/dt ankommt. Der gezündete Triac erlischt, wenn der Durchlaßstrom mindestens über die Freiwerdezeit t_q unter den Haltestrom abgesunken ist.

Hinsichtlich der zulässigen Strom- und Spannungssteilheiten und den dafür erforderlichen Schaltungsmaßnahmen gelten die gleichen Überlegungen wie beim Thyristor.

Schaltungsbeispiel (Dimmer)

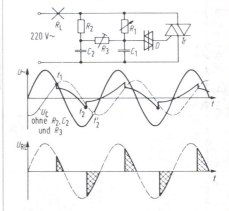

Erreicht U_C die Durchbruchspannung des Diac, so entlädt sich C_1 über die Steuerstrecke des Triac und zündet diesen; C_1 wird teilweise entladen, so daß der zweite Zündeinsatz früher folgt. Die Einengung des Steuerbereiches (Hysterese) wird durch Hinzufügen von R_2, C_2 und R_3 verringert.

3.15. Selbstgeführte Stromrichter mit schnellen Thyristoren

Merkmale	Halbleiter	Symmetrisch sperrender Thyristor SCR	Asymmetrisch sperrend. Thyristor ASCR	Rückwärts leitender Thyristor RLT	Abschaltthyristor GTO
Schaltzeichen					
Wechselrichterzweig von U-Umrichtern (Prinzipschaltbild)					
Strom- und Spannungsbeanspruchung des Hauptthyristors T_H (schematisch über der Zeit)	Hauptstrom				
	Hauptspannng.				
	Steuerstrom				
Steuergenerator – Aufwand an Bauteilen – Funktion		gering einfach	gering einfach	gering einfach	groß schwierig
Kommutierungsmittel – Aufwand C, L, T_K – K.-Verlustleistung		groß groß	mittelgroß klein	mittelgroß klein	entfällt fehlt
Baugröße/Gewicht		100%	80%	75%	60%
Geräusche (elektromagnetisch verursacht)		sehr laut	laut	laut	leise

4. Steuerungs- und Regelungstechnik

4.1. Begriffe nach DIN 19226 (5.68)

In einer **Steuerung** werden Eingangsgrößen entgegengenommen und entsprechend dem Aufbau der Steuerung verknüpft. Die von den Verknüpfungselementen erzeugten Stellbefehle werden an die Stellglieder der Steuerstrecke weitergegeben.

Kennzeichen des **Steuerns** ist der offene Wirkungsablauf in jedem Übertragungsglied oder in der Steuerkette. Die Ausgangsgrößen werden von den Eingangsgrößen und von den Störgrößen beeinflußt.

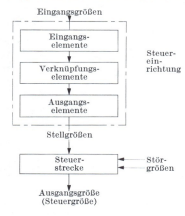

Kennzeichen des **Regelns** ist ein geschlossener Wirkungsablauf. Die zu regelnde Größe x (Regelgröße) wird fortlaufend erfaßt (Istwert), mit einer Führungsgröße w (Sollwert) verglichen und abhängig vom Ergebnis dieses Vergleichs die Stellgröße y abgeleitet.
Infolge des geschlossenen Wirkungsablaufs werden die Störgrößen z_n weitgehend ausgeregelt.

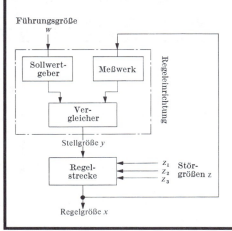

4.2. Digitaltechnik

In Steuerschaltungen erfolgt die Signalerzeugung und -verknüpfung nahezu ausschließlich durch Schaltelemente mit zwei Betriebszuständen, z. B.

Bezeichnung	0	1
Schalter	geöffnet	geschlossen
Transistor	gesperrt	leitend

Infolge des binären (zweiwertigen) Verhaltens dieser Bauelemente können Steuerschaltungen mit Hilfe mathematischer Verfahren (Schaltalgebra) entwickelt werden. Hierzu werden die Schaltelemente mit Buchstaben, die von der Bezeichnung im fertigen Stromlaufplan abweichen können, und die beiden Schaltzustände mit 0 und 1 gekennzeichnet, wobei meist mit 0 der nichtleitende und mit 1 der leitende Zustand bezeichnet wird.

4.2.1. Rechnen mit Dualzahlen

Entsprechend dem Aufbau des Dekadischen Zahlensystems mit zehn Ziffern (0...9) und der Basis 10
z. B. $3651 = 3 \cdot 10^3 + 6 \cdot 10^2 + 5 \cdot 10^1 + 1 \cdot 10^0$
ist das **Duale** Zahlensystem mit zwei (binär) Ziffern auf die Basis 2 aufgebaut,
z. B. $1011 = 1 \cdot 2^3 + 0 \cdot 2^2 + 1 \cdot 2^1 + 1 \cdot 2^0$

Umwandlung einer Dezimalzahl in eine Dualzahl

a) Subtraktionsregel
Von der Dezimalzahl werden, beginnend mit der größtmöglichen Zweierpotenz, solange Zweierpotenzen abgezogen, bis kein Rest mehr übrig bleibt, z. B.:

$$\begin{array}{rl} & 87 \\ 2^6 = 64 & -64 \qquad 1 \\ & \overline{23} \\ 2^5 = 32 & \qquad\qquad 0 \\ 2^4 = 16 & -16 \qquad 1 \\ & \overline{7} \\ 2^3 = 8 & \qquad\qquad 0 \\ 2^2 = 4 & -4 \qquad 1 \\ & \overline{3} \\ 2^1 = 2 & -2 \qquad 1 \\ & \overline{1} \\ 2^0 = 1 & -1 \qquad 1 \\ & \overline{0} \\ & 87 \triangleq 1010111 \end{array}$$

b) Divisionsregel
Die Dezimalzahl wird so lange durch 2 geteilt, bis ein Rest von 0 oder 1 übrigbleibt. Die Restziffern, von unten nach oben gelesen, ergeben die Dualzahl, z. B.:

$$\frac{35}{2} = 17 \qquad \text{Rest } 1$$
$$\frac{17}{2} = 8 \qquad \text{Rest } 1$$
$$\frac{8}{2} = 4 \qquad \text{Rest } 0$$
$$\frac{4}{2} = 2 \qquad \text{Rest } 0$$
$$\frac{2}{2} = 1 \qquad \text{Rest } 0$$
$$35 \triangleq 100011$$

4.2. Digitaltechnik

Addition zweier Dualzahlen

```
Postulate:       Beispiel:              Beispiel:
0 + 0 = 0         1 1 0 1                1 1 1 0 1
1 + 0 = 1    +     1 1 0             +     1 1 0 1
0 + 1 = 1        1 1 0 0      Übertr. 1 1 1 0 1
1 + 1 = 10     = 1 0 0 1 1           = 1 0 1 0 1 0
```

Subtraktion zweier Dualzahlen

```
Postulate:        Beispiel:              Beispiel:
0 — 0 = 0          1 1 0 1 1              1 0 1 0 0
1 — 1 = 0             ↳10                   ↳10 ↳10
10 — 1 = 1                                         ↳10
1 — 0 = 1    —         1 1 0           —         1 0 0 1
                 = 1 0 1 0 1             = 1 0 1 1
```

Multiplikation zweier Dualzahlen

```
Postulate:       Beispiel:              Beispiel:
0 · 0 = 0       1 1 0 · 1 0 1         1 1 0 1 · 1 0 1 1
1 · 0 = 0       1 1 0                  1 1 0 1
0 · 1 = 0         0 0 0                  0 0 0 0
1 · 1 = 1           1 1 0                  1 1 0 1
                    0 0 0 0                  1 1 0 1
              = 1 1 1 1 0           1 1 1 1 0 0 0
                                    = 1 0 0 0 1 1 1 1
```

Division zweier Dualzahlen

```
Postulate:         Beispiel:
0 : 0 = 0          1 0 0 0 1 1 : 1 0 1 = 1 1 1
0 : 1 = 0           ↳10
                     ↳10
                      ↳10
1 : 0 unzulässig      1 0 1
1 : 1 = 1              0 1 1 1
                        1 0 1
                        0 1 0 1
                          1 0 1
                          0
```

4.2.2. Elementare Verknüpfungen

Alle Schaltungsverknüpfungen können mit den Grundfunktionen UND, ODER und NICHT realisiert werden.

UND-Verknüpfung (Konjunktion)
Damit das Ausgangssignal den 1-Zustand annimmt, muß an allen Eingängen gleichzeitig ein 1-Signal anliegen.

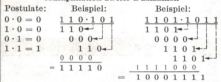

a	b	Y
0	0	0
0	1	0
1	0	0
1	1	1

$Y = a \cdot b$

Relais Y ist angezogen (1), wenn die Kontakte a und b geschlossen (1) sind.

ODER-Verknüpfung (Disjunktion)
Am Ausgang liegt ein 1-Signal, wenn an mindestens einem Eingang ein 1-Signal anliegt.

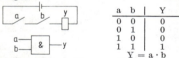

a	b	Y
0	0	0
0	1	1
1	0	1
1	1	1

$Y = a + b$

Relais Y ist angezogen (1), wenn Kontakt a angezogen (1) oder Kontakt b angezogen (1) ist.

NICHT-Verknüpfung (Negation)
Die NICHT-Verknüpfung bewirkt eine Signalumkehr.

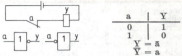

a	Y
0	1
1	0

$Y = \bar{a}$
$\bar{Y} = a$

Relais Y ist angezogen (1), wenn Kontakt a nicht betätigt (0) ist.

Universalverknüpfungen
Besondere Bedeutung haben die negierte UND-Verknüpfung (NAND = Not AND) und die negierte ODER-Verknüpfung (NOR = Not OR) erlangt. Mit jeder dieser beiden logischen Verknüpfungen können auch alle übrigen logischen Verknüpfungen und Speicherschaltungen realisiert werden.

NAND-Verknüpfung
Die NAND-Verknüpfung besteht aus der Kombination der UND- und der NICHT-Verknüpfung.

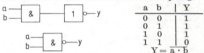

a	b	Y
0	0	1
0	1	1
1	0	1
1	1	0

$Y = \overline{a \cdot b}$

Liegt an allen Eingängen ein 1-Signal an, so ist das Ausgangssignal 0. Bei allen anderen Signalkombinationen steht am Ausgang ein 0-Signal an.

NOR-Verknüpfung
Die NOR-Verknüpfung besteht aus der Kombination der ODER- und der NICHT-Verknüpfung.

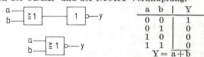

a	b	Y
0	0	1
0	1	0
1	0	0
1	1	0

$Y = \overline{a + b}$

Liegt an mindestens einem Eingang ein 1-Signal an, so steht am Ausgang ein 0-Signal an. Liegt an allen Eingängen ein 0-Signal, so ist das Ausgangssignal 1.

Elementare Verknüpfung	NAND	NOR
UND $y = a \cdot b$		
ODER $y = a + b$		
NICHT $y = \bar{a}$		

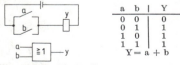

4.2. Digitaltechnik

4.2.3. Schaltalgebra (Boolesche Algebra)

Die Variablen der allgemeinen Algebra können von unendlich vielen Werten jeden beliebigen Wert annehmen. In der Schaltalgebra kann eine Variable dagegen nur zwei Werte, die Werte 0 und 1, annehmen.

Verknüpfungszeichen

Entsprechend DIN 5474 „Zeichen der mathematischen Logik" sind in DIN 66000 den Schaltfunktionen folgende mathematische Zeichen zugeordnet:

Operation	UND	ODER	NICHT
	∧	∨	¬
Ersatzweise	·	+	⎺

Das Zeichen ¬ (der waagerechte Strich steht in halber Höhe eines Buchstabens) beziehungsweise ⎺ (Überstreichung des gesamten negierten Ausdrucks) bindet stärker als die Zeichen ∧ und ∨. Da die Zeichen ∧ und ∨ unter sich gleich stark binden, sind einzelne Terme einzuklammern.

Die Schreibweise schaltalgebraischer Funktionen wird jedoch sehr viel einfacher und übersichtlicher, wenn die ersatzweise zulässigen Zeichen ·, + und ⎺ verwendet werden und im Gegensatz zu DIN 66000 in Anlehnung an die Algebra das UND-Verknüpfungszeichen stärker als das ODER-Verknüpfungszeichen bindet. Dann können auch in der Schaltalgebra die Regeln der Algebra (z. B. Punktrechnung geht vor Strichrechnung) angewendet werden. Eine Ausnahme bildet lediglich die Eingangskonfiguration mehrerer 1-Signale der ODER-Verknüpfung:

$$1 + 1 + \ldots + 1 = 1$$

Postulate

$$0 \cdot 0 = 0 \qquad 0 + 0 = 0$$
$$0 \cdot 1 = 0 \qquad 0 + 1 = 1$$
$$1 \cdot 0 = 0 \qquad 1 + 0 = 1$$
$$1 \cdot 1 = 1 \qquad 1 + 1 = 1$$

Beispiel:

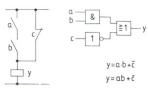

$$y = a \cdot b + \bar{c}$$
$$y = ab + \bar{c}$$

Klammernschreibweise

Für die Anwendung der Klammernschreibweise in der Schaltalgebra gelten die gleichen Regeln wie in der Algebra (s. S. 1-3).

Beispiel: $y = ab + ac \equiv y = a(b+c)$

Vereinfachungsregeln

Theoreme für eine Variable

1. $a \cdot 0 = 0$
2. $a \cdot 1 = a$
3. $a + 0 = a$
4. $a + 1 = 1$
5. $a \cdot a = a$
6. $a \cdot \bar{a} = 0$
7. $\bar{a} \cdot \bar{a} = \bar{a}$
8. $a + a = a$
9. $a + \bar{a} = 1$
10. $\bar{a} + \bar{a} = \bar{a}$

Theoreme für zwei Variable

1. $a(a+b) = a$
2. $a(\bar{a}+b) = ab$
3. $a + ab = a$
4. $a + \bar{a}b = a + b$
5. $ab + \bar{a}b = b$
6. $(a+b)(a+\bar{b}) = a$

4.2. Digitaltechnik

Theoreme für drei Variable

1. [Schaltung] $\equiv$ [Schaltung]
$a \cdot b + a \cdot c = a(b+c)$

2. [Schaltung] $\equiv$ [Schaltung]
$(a+b)(a+c) = a + bc$

3. [Schaltung] $\equiv$ [Schaltung]
$(a+b)(\bar{a}+c) = ac + \bar{a}b$

De Morgansche Theoreme

1. $\overline{a \cdot b} = \bar{a} + \bar{b}$
   $\overline{a \cdot b \cdot c \dots n} = \bar{a} + \bar{b} + \bar{c} + \dots + \bar{n}$
2. $\overline{a + b} = \bar{a} \cdot \bar{b}$
   $\overline{a + b + c + \dots + n} = \bar{a} \cdot \bar{b} \cdot \bar{c} \dots \bar{n}$

Diese beiden Theoreme sind insbesondere für die Realisierung von Schaltfunktionen mit NAND- und NOR-Gliedern wichtig.

Beispiel:
Die folgende Schaltung soll in eine gleichwertige Schaltung mit NAND- bzw. NOR-Gliedern umgewandelt werden.

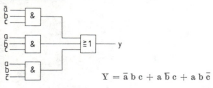

$Y = \bar{a}\,b\,c + a\,\bar{b}\,c + a\,b\,\bar{c}$

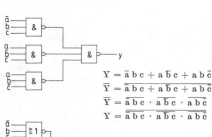

$Y = \bar{a}\,b\,c + a\,\bar{b}\,c + a\,b\,\bar{c}$
$\overline{Y} = \overline{\bar{a}\,b\,c + a\,\bar{b}\,c + a\,b\,\bar{c}}$
$\overline{Y} = \overline{\bar{a}\,b\,c} \cdot \overline{a\,\bar{b}\,c} \cdot \overline{a\,b\,\bar{c}}$
$Y = \overline{\overline{\bar{a}\,b\,c} \cdot \overline{a\,\bar{b}\,c} \cdot \overline{a\,b\,\bar{c}}}$

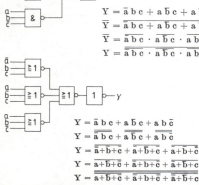

$Y = \bar{a}\,b\,c + a\,\bar{b}\,c + a\,b\,\bar{c}$
$Y = \overline{\overline{\bar{a}\,b\,c} + \overline{a\,\bar{b}\,c} + \overline{a\,b\,\bar{c}}}$
$Y = \overline{\overline{\bar{a}+\bar{b}+\bar{c}} + \overline{\bar{a}+b+\bar{c}} + \overline{\bar{a}+\bar{b}+c}}$
$Y = \overline{\overline{a+\bar{b}+\bar{c}} + \overline{\bar{a}+b+\bar{c}} + \overline{\bar{a}+\bar{b}+c}}$
$Y = \overline{\overline{a+\bar{b}+\bar{c}} + \overline{\bar{a}+b+\bar{c}} + \overline{\bar{a}+\bar{b}+c}}$

4.2.4. Entwurf kombinatorischer Schaltungen

Die Ausgangswerte kombinatorischer Schaltungen sind in jedem Zeitpunkt eine Funktion der Eingangsvariablen. Der systematische Entwurf dieser Schaltungen umfaßt in der Regel die Schritte:
1. Problemerfassung in einer Wahrheitstabelle
2. Aufstellung der Funktionsgleichung(en)
3. Schaltungsvereinfachung (Minimierung)
4. Schaltungsrealisierung

In der Wahrheitstabelle wird jeder möglichen Eingangskonfiguration die zugehörige Ausgangskonfiguration so zugeordnet, daß:
a) jede Spalte die binären Werte eines Eingangs oder eines Ausgangs enthält,
b) jede Zeile eine Eingangskonfiguration mit der zugehörigen Ausgangskonfiguration enthält.

Die 2^n Eingangskonfigurationen einer Schaltung mit n Eingangsvariablen werden nach aufsteigenden Dualzahlen von 0 bis $2^n - 1$ angeordnet.

Beispiel:
Ein 1-Bit Volladdierer muß aus zwei einstelligen Dualzahlen a und b und einem evtl. vorhandenen Übertrag ü aus der vorhergehenden Stelle die Summe S und ggf. den Übertrag Ü für die nächste Stelle bilden.

ü	b	a	S	Ü
0	0	0	0	0
0	0	1	1	0
0	1	0	1	0
0	1	1	0	1
1	0	0	1	0
1	0	1	0	1
1	1	0	0	1
1	1	1	1	1

Funktionsgleichung

Auf der Grundlage der Wahrheitstabelle lassen sich zwei Funktionsgleichungen ableiten, die die geforderte Verknüpfung der Eingangsvariablen gewährleisten: die disjunktive und die konjunktive Normalform. Hierzu wird die Wahrheitstabelle um je eine Spalte zur Bildung der Minterme und Maxterme erweitert. Minterme sind die konjunktive (UND-) Verknüpfung, Maxterme die disjunktive (ODER-) Verknüpfung aller Eingangsvariablen einer Eingangskonfiguration. Die disjunktive Normalform entsteht durch disjunktive (ODER-) Verknüpfung aller Minterme mit dem Funktionswert 1, die konjunktive Normalform durch konjunktive (UND-) Verknüpfung aller Maxterme mit dem Funktionswert 0.

Beispiel:
Es soll die Funktionsgleichung für die Übertragsbildung eines 1-Bit Volladdierers gebildet werden.

a	b	ü	Ü	Minterme	Maxterme
0	0	0	0	$\bar{a} \cdot \bar{b} \cdot \bar{ü}$	$a + b + ü$
0	0	1	0	$\bar{a} \cdot \bar{b} \cdot ü$	$a + b + \bar{ü}$
0	1	0	0	$\bar{a} \cdot b \cdot \bar{ü}$	$a + \bar{b} + ü$
0	1	1	1	$\bar{a} \cdot b \cdot ü$	$a + \bar{b} + \bar{ü}$
1	0	0	0	$a \cdot \bar{b} \cdot \bar{ü}$	$\bar{a} + b + ü$
1	0	1	1	$a \cdot \bar{b} \cdot ü$	$\bar{a} + b + \bar{ü}$
1	1	0	1	$a \cdot b \cdot \bar{ü}$	$\bar{a} + \bar{b} + ü$
1	1	1	1	$a \cdot b \cdot ü$	$\bar{a} + \bar{b} + \bar{ü}$

Disjunktive Normalform:
$Ü = \bar{a} \cdot b \cdot ü + a \cdot \bar{b} \cdot ü + a \cdot b \cdot \bar{ü} + a \cdot b \cdot ü$
Konjunktive Normalform:
$Ü = (a + b + ü) \cdot (a + b + \bar{ü}) \cdot (a + \bar{b} + ü) + (\bar{a} + b + ü)$

4.2. Digitaltechnik

4.2.5. Schaltungsvereinfachung (Minimierung)

Meist können die Normalformen durch Anwendung der Schaltalgebra (S. 4-3) oder tabellarischer Verfahren noch wesentlich vereinfacht und damit der Schaltungsaufwand verringert werden. Wegen der größeren Übersichtlichkeit und einfacheren Handhabung der disjunktiven Normalform gegenüber der konjunktiven Normalform wird bei der Minimierung in der Regel von der disjunktiven Normalform ausgegangen.

Algebraische Vereinfachung

Die schaltalgebraische Vereinfachung beruht im wesentlichen auf der Anwendung der Vereinfachungsregeln von S. 4-4, wie das folgende Beispiel zeigt:

Beispiel:
$$\text{Ü} = \bar{a} \cdot b \cdot \bar{u} + a \cdot \bar{b} \cdot \bar{u} + a \cdot b \cdot \bar{u} + a \cdot b \cdot \bar{u}$$
$$\text{Ü} = \bar{a} \cdot b \cdot \bar{u} + a \cdot b \cdot \bar{b} + a \cdot b \cdot \bar{u} + a \cdot b \cdot \bar{u} +$$
$$\quad a \cdot b \cdot \bar{u} + a \cdot b \cdot \bar{u}$$
$$\text{Ü} = \bar{a} \cdot b \cdot \bar{u} + a \cdot b \cdot \bar{u} + a \cdot \bar{b} \cdot \bar{u} + a \cdot b \cdot \bar{u} +$$
$$\quad a \cdot b \cdot \bar{u} + a \cdot b \cdot \bar{u}$$
$$\text{Ü} = b \cdot \bar{u} \cdot (\bar{a}+a) + a \cdot \bar{u} \cdot (\bar{b}+b) + a \cdot b \cdot (\bar{u}+\bar{u})$$
$$\text{Ü} = b \cdot \bar{u} \cdot (1) + a \cdot \bar{u} \cdot (1) + a \cdot b \cdot (1)$$
$$\text{Ü} = b \cdot \bar{u} + a \cdot \bar{u} + a \cdot b$$

Nach dieser Vereinfachung sind nur noch drei UND-Glieder mit je zwei Eingängen und ein ODER-Glied mit drei Eingängen erforderlich. Soll die Schaltung mit Relais realisiert werden, so ist eine weitere Vereinfachung sinnvoll:
$$\text{Ü} = \bar{u} (a + b) + a \cdot b$$

Vereinfachung mittels Karnaugh-Tafel

Wie das vorhergehende Beispiel zeigt, setzt das rein mathematische Vereinfachungsverfahren intuitives Vorgehen voraus, was bei umfangreicheren Normalformen oft zu erheblichen Schwierigkeiten führt. Deshalb wurden systematische Verfahren entwickelt, von denen die Methode nach Karnaugh und Veitch am gebräuchlichsten ist. Eine Karnaugh-Veitch-Tafel, kurz K-V-Tafel genannt, enthält für jeden Minterm ein quadratisches Feld, insgesamt also 2^n Felder (n = Anzahl der Eingangsvariablen). Diese Felder werden bei einer geraden Anzahl von Eingangsvariablen schachbrettartig so angeordnet, daß zwei nebeneinanderliegende Felder einer Zeile oder einer Spalte sich immer nur im Binärwert einer Eingangsvariablen unterscheiden. Bei einer ungeraden Anzahl von Eingangsvariablen erhält der senkrechte oder waagerechte Rand eine Eingangsvariable weniger als der andere Rand.

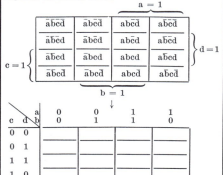

In die einzelnen Felder wird der Binärwert der Ausgangsvariablen (Funktionswert des entsprechenden Minterms) eingetragen, wobei die Eintragung von Nullen auch entfallen kann.

a	b	ü	Ü
0	0	0	0
0	0	1	0
0	1	0	0
0	1	1	1
1	0	0	0
1	0	1	1
1	1	0	1
1	1	1	1

$\rightarrow$

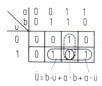

Zwei Felder, die sich nur im Binärwert einer Eingangsvariablen unterscheiden, werden als benachbart oder Nachbarfelder bezeichnet. In diesem Sinne sind auch die Randfelder einer Zeile oder einer Spalte benachbart.

Steht in zwei benachbarten Feldern eine 1, so ist die Ausgangsvariable unabhängig von der Eingangsvariablen, die in dem einen Feld negiert, im anderen nicht negiert ist. Übrig bleibt ein UND-Ausdruck der beiden Feldern gemeinsamen Eingangsvariablen.

Die Übersichtlichkeit wird größer, wenn benachbarte Felder mit einer 1 durch Umrandung zu einer sogenannten Zweierschleife, auch Zweierblock genannt, zusammengefaßt werden. Dabei darf ggf. jedes Feld in mehrere Schleifen einbezogen werden.

$$\text{Ü} = b \cdot \bar{u} + a \cdot b + a \cdot \bar{u}$$

Können vier oder acht Nachbarfelder zu einer Schleife zusammengefaßt werden, so ist die Ausgangsvariable innerhalb dieser Schleifen von zwei bzw. drei Eingangsvariablen unabhängig.

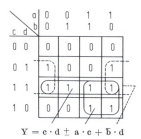

$$Y = c \cdot d + a \cdot c + \bar{b} \cdot d$$

Eine K-V-Tafel für fünf Eingangsvariable läßt sich durch spiegelbildliches Aneinanderlegen zweier K-V-Tafeln für vier Eingangsvariable bilden. In einer so gebildeten Tafel unterscheiden sich symmetrisch zu den Anlegekanten (im folgenden Beispiel als Doppellinie gezeichnet) liegende Felder nur im Binärwert einer Eingangsvariablen und sind folglich ebenfalls Nachbarfelder.

4.2. Digitaltechnik

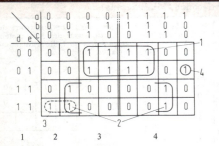

$Y = b \cdot \overline{d} + \overline{b} \cdot c \cdot d + a \cdot \overline{b} \cdot d \cdot e + a \cdot \overline{b} \cdot \overline{c} \cdot \overline{d} \cdot e$
$Y = b \cdot \overline{d} + \overline{b} \cdot d (c + \overline{a} \cdot e) + a \cdot \overline{b} \cdot \overline{c} \cdot \overline{d} \cdot e$
$Y = b \cdot \overline{d} + \overline{b} \cdot d (c + \overline{a} \cdot e) + a \cdot \overline{c} \cdot \overline{d} \cdot e$

Eine K-V-Tafel für sechs Eingangsvariable entsteht durch senkrechtes spiegelbildliches Aneinanderlegen zweier K-V-Tafeln für fünf Eingangsvariable.

Komplexe Schaltungen mit mehr als sechs Eingangsvariablen werden zweckmäßigerweise in Teilschaltungen mit einer kleineren Anzahl von Eingangsvariablen zerlegt, weil Nachbarfelder in Tafeln mit mehr als sechs Eingangsvariablen z. T. noch schwer zu erkennen sind.

Entsprechend den 1-Feldern bei der Minterm-Methode lassen sich bei der **Maxterm-Methode** alle benachbarten 0-Felder zusammenfassen. Dabei werden die Eingangsvariablen einzelner Felder oder Schleifen durch ODER-Funktion und die Felder und Schleifen untereinander mittels UND-Funktion verknüpft. Zusätzlich ist eine Negation der Eingangsvariablen erforderlich, weil Maxterme erfaßt werden.

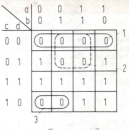

$Y = (c + d) \cdot (\overline{b} + c) \cdot (a + \overline{c} + d)$

Berücksichtigung von Redundanzen

Häufig können bestimmte Eingangskonfigurationen, z. B. gleichzeitige Betätigung mehrerer Stockwerksendschalter eines Fahrstuhls, nicht auftreten. Solche überflüssigen (redundanten) Verknüpfungen werden durch ein Kreuz im entsprechenden Feld der K-V-Tafel (don't care position) eingetragen und sind bei der Schleifenbildung zwecks Minimierung frei verfügbar, z. B.:

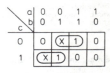

$Y = b \cdot \overline{c} + \overline{a} \cdot c$

Lfd. Nr.	Eingangsvariable					Relaisschaltung	Sinnbild	Schaltfunktion (Boole'sche Gleichungen)	Benennung der Verknüpfung
	a	0	1	0	1				
	b	0	0	1	1				
0	c	0	0	0	0			$c = 0$	Nullfunktion / Konstanz
1	c	0	0	0	1			$c = a \cdot b = a \wedge b$	UND-Verknüpfung / Konjunktion
2	c	0	0	1	0			$c = \overline{a} \cdot b$	Inhibition / Sperrgatter
3	c	0	0	1	1			$c = b$	Identität
4	c	0	1	0	0			$c = a \cdot \overline{b}$	Inhibition / Sperrgatter
5	c	0	1	0	1			$c = a$	Identität
6	c	0	1	1	0			$c = (a \cdot \overline{b}) + (\overline{a} \cdot b)$	Antivalenz / Exclusives ODER
7	c	0	1	1	1			$c = a + b = a \vee b$	ODER-Verknüpfung / Disjunktion
8	c	1	0	0	0			$c = \overline{a} \cdot \overline{b} = \overline{a + b}$	NOR-Verknüpfung / Peirce-Funktion
9	c	1	0	0	1			$c = \overline{(a \cdot b)} + (a \cdot b)$	Äquivalenz
10	c	1	0	1	0			$c = \overline{a}$	Negation / Komplement
11	c	1	0	1	1			$c = \overline{a} + b$	Implikation
12	c	1	1	0	0			$c = \overline{b} = \neg b$	Negation / Komplement
13	c	1	1	0	1			$c = a + \overline{b}$	Implikation
14	c	1	1	1	0			$c = \overline{a} + \overline{b} = \overline{a \cdot b}$	NAND-Verknüpfg. / Sheffer Funktion
15	c	1	1	1	1			$c = 1$	Einsfunktion / Konstanz

Die 16 logischen Verknüpfungen zwischen 2 Binärvariablen

4.2. Digitaltechnik

4.2.6. Zuordnung elektrischer Pegel und logischer Zeichen

Nach DIN 41 785 wird der von den zwei Spannungsbereichen digitaler Schaltungen näher an $-\infty$ liegende Spannungsbereich mit L (Low) und der näher an $+\infty$ liegende Spannungsbereich mit H (High) bezeichnet. Die Zuordnung der Logik-Zeichen 0 und 1 zu den mit L und H bezeichneten Spannungsbereichen ist nicht zwingend vorgeschrieben und bleibt dem Anwender überlassen. Je nach Zuordnung kann z. B. eine Schaltung die UND- oder die ODER-Bedingung erfüllen:

				$L \hat{=} 0; H \hat{=} 1$			$L \hat{=} 1; H \hat{=} 0$		
a	b	Y	a	b	Y	a	b	Y
L	L	L	0	0	0	1	1	1
L	H	L	0	1	0	1	0	1
H	L	L	1	0	0	0	1	1
H	H	H	1	1	1	0	0	0

der ungeraden Prüfbit-Erzeugung (**Odd-Parity**) wird das Prüfbit so ergänzt, daß eine ungerade Zahl von Einsen entsteht; bei einer geraden Prüfbit-Erzeugung (**Even-Parity**) wird das Prüfbit so ergänzt, daß eine gerade Zahl von Einsen entsteht.

Stark redundante Codes sind z. B. der 2-aus-5-Code und der 1-aus-10-Code:

Dezimal-ziffer	2-aus-5-Code					1-aus-10-Code									
						9	8	7	6	5	4	3	2	1	0
0	0	0	0	1	1	0	0	0	0	0	0	0	0	0	1
1	0	0	1	0	1	0	0	0	0	0	0	0	0	1	0
2	0	0	1	1	0	0	0	0	0	0	0	0	1	0	0
3	0	1	0	0	1	0	0	0	0	0	0	1	0	0	0
4	0	1	0	1	0	0	0	0	0	0	1	0	0	0	0
5	0	1	1	0	0	0	0	0	0	1	0	0	0	0	0
6	1	0	0	0	1	0	0	0	1	0	0	0	0	0	0
7	1	0	0	1	0	0	0	1	0	0	0	0	0	0	0
8	1	0	1	0	0	0	1	0	0	0	0	0	0	0	0
9	1	1	0	0	0	1	0	0	0	0	0	0	0	0	0

4.2.7. Begriffe binärer Codierung

Um Informationen mit vertretbarem technischen Aufwand schnell und sicher übertragen und verarbeiten zu können, müssen z. B. die Buchstaben des allgemeinen Alphabets und die Dezimalziffern in eine maschinengerechte Sprache übersetzt (codiert) werden. Nach DIN 44 300 Teil 2 ist ein **Code** die eindeutige Zuordnung der Elemente (Zeichen) eines endlichen Zeichenvorrats zu denjenigen eines zweiten Zeichenvorrats nach einer bestimmten Vorschrift. Werden den zu verschlüsselnden Zeichen Folgen aus den Binärzeichen 0 und 1 zugeordnet, so erhält man einen **binären Code**. Eine Folge aus mehreren Binärzeichen (auch Bit genannt, wenn der Unterschied nicht hervorgehoben wird), die im Sinne einer solchen Zuordnung eine Einheit bilden (z. B. 1001 $\hat{=}$ 9), werden als **Wort** bezeichnet. Für 8-Bit-Wörter ist auch die Bezeichnung Byte üblich.

In der digitalen Rechentechnik werden vorzugsweise vierstellige Codes, auch 4-Bit-Codes oder **tetradische Codes** genannt, verwendet. Bei den **BCD-Codes** (Binär-Codierte-Dezimalziffer) wird jeder Binärstelle ein Wert zugeordnet, so daß für jedes 4-Bit-Wort, auch **Tetrade** genannt, die entsprechende Dezimalziffer aus der Summe der Einzelwertigkeiten berechnet werden kann.

Die **Redundanz** R ist ein Maß für Zeichen und Wörter, die zur direkten Informationsübermittlung nicht notwendig sind:

$$R = n - H$$

Hierin ist n die Anzahl der Binärstellen des Codes, auch **Entscheidungsgehalt** genannt, und H der duale Logarithmus der zu codierenden Menge der Nachrichtenelemente, der sogenannte mittlere Informationsgehalt. Da z. B. aus einem 4-Bit-Zeichenvorrat insgesamt sechzehn 4-Bit-Wörter gebildet werden können, sind bei der Codierung der zehn Dezimalziffern sechs Tetraden, die sogenannten **Pseudotetraden**, überflüssig:

$$R = 4 - \operatorname{ld} 10$$
$$= 4 - 3{,}3$$
$$= 0{,}7 \text{ Bit}$$

Durch Erweiterung der Stellenzahl über die zur direkten Codierung der Information erforderliche Stellenzahl hinaus (Redundanz) kann ein Code hinsichtlich Übertragungsfehler überprüfbar und ggf. korrigierbar aufgebaut werden. Im einfachsten Fall wird jedes Code-Wort um ein **Prüfbit** ergänzt. Bei

Läßt sich, wie z. B. beim Aiken-Code, innerhalb einer Codetabelle eine Symmetrielinie finden, unterhalb der das Komplement der oberen Hälfte abgebildet ist, so wird der Code als **symmetrischer Code** bezeichnet. Fehlen in einem Code die besonders fehleranfälligen Codewörter 0000 und 1111, so wird der Code als **markierter Code** bezeichnet.

Bei den **einschrittigen Codes**, auch progressive Codes genannt, ändert sich bei jedem Ziffernschritt nur ein Bit. Sie werden vorzugsweise bei Codelinealen und Codescheiben zur Umsetzung der Position eines Maschinenteils in ein Bitmuster angewendet. Infolge der Einschrittigkeit werden unzulässige Bitmuster beim Übergang von einem Schritt zum nächsten Schritt vermieden, wenn z. B. nicht alle Lesestellen exakt ausgerichtet sind.

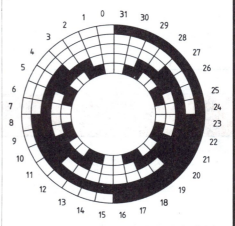

Der Gray-Code läßt sich auf einfache Weise in einen gewichteten binären Code, auch **bewerteter Code** genannt, umsetzen. Bei einem **gewichteten Code** wird die zu einem Codewort zugehörige Dezimalzahl durch Addition der Stellengewichte, z. B. der Zweierpotenzen, aller logisch 1 führenden Stellen ermittelt.

4.2. Digitaltechnik

4.2.8. Binäre Codes

Bewertete tetradische Codes

Dezimalziffer Wertigk.	Reiner Binär-Code 8 4 2 1	Aiken-Code 2 4 2 1	White-Code 5 2 1 1	Jump-at-2-Code 2 4 2 1	Jump-at-8-Code 2 4 2 1	4-2-2-1 Code 4 2 2 1	5-2-2-1 Code 5 2 2 1	5-3-1-1 Code 5 3 1 1	5-4-2-1 Code 5 4 2 1
0	0000	0000	0000	0000	0000	0000	0000	0000	0000
1	0001	0001	0001	0001	0001	0001	0001	0001	0001
2	0010	0010	0100	1000	0010	0010	0010	0011	0010
3	0011	0011	0101	1001	0011	0011	0011	0100	0011
4	0100	0100	0111	1010	0100	0110	0110	0101	0100
5	0101	1011	1000	1011	0101	0111	1000	1000	1000
6	0110	1100	1001	1100	0110	1100	1001	1001	1001
7	0111	1101	1100	1101	0111	1101	1010	1011	1010
8	1000	1110	1101	1110	1110	1110	1011	1100	1011
9	1001	1111	1111	1111	1111	1111	1110	1101	1100

Einschrittige tetradische Codes

Dezimalziffer Binärst.	Gray-Code 4 3 2 1	Glixon-Code 4 3 2 1	Petherick-Code 4 3 2 1	Gillham-Code 4 3 2 1	Reflekt. Exzeß-3-Code 4 3 2 1	O'Brien-Code 1 4 3 2 1	O'Brien-Code 2 4 3 2 1	Tompkins-Code 1 4 3 2 1	Tompkins-Code 2 4 3 2 1
0	0000	0000	0101	0000	0010	0000	0001	0000	0010
1	0001	0001	0001	0001	0110	0001	0011	0001	0011
2	0011	0011	0011	0011	0111	0011	0010	0011	0111
3	0010	0010	0010	0010	0101	0010	0110	0010	0101
4	0110	0110	0110	0110	0100	0110	0100	0110	0100
5	0111	0111	1110	0100	1100	1110	1100	1110	1100
6	0101	0101	1010	1100	1101	1010	1110	1111	1101
7	0100	0100	1011	1110	1111	1011	1010	1101	1001
8	1100	1100	1001	1010	1110	1001	1011	1100	1011
9	1101	1000	1101	1011	1010	1000	1001	1000	1010

Pentadische Codes

Dezimalziffer Binärst.	Walking-Code 5 4 3 2 1	Libaw-Craig-Code 5 4 3 2 1	Nuding-Code 5 4 3 2 1	Lorenz-Code 5 4 3 2 1	Zahlensicherungs-Code 5 4 3 2 1	7-4-2-1-0 Code 5 4 3 2 1	8-4-2-1-0 Code 5 4 3 2 1
0	00011	00000	00010	10011	01011	11000	10100
1	00101	00001	00101	10101	11100	00011	00011
2	00110	00011	01000	11001	11010	00101	00101
3	01010	00111	01011	00111	11001	00110	00110
4	01100	01111	01110	01111	10110	01001	01001
5	10100	11111	10001	01101	10101	01010	01010
6	11000	11110	10100	01110	10011	01100	01100
7	01001	11100	10111	10110	00111	10001	11000
8	10001	11000	11010	11010	01010	10010	10001
9	10010	10000	11001	11100	01001	10100	10010

4.2. Digitaltechnik

4.2.9. ASCII-Code

In der Datenverarbeitung hat der ASCII-Code (American Standard Code for Information Interchange = amerikanischer Standard-Code für den Informationsaustausch) die größte Bedeutung erlangt.

Sieben Bit dienen der Codierung von 128 Zeichen. Das 6. und 7. Bit ermöglichen eine Unterscheidung von Steuerbefehlen sowie alphanumerischen Zeichen und Sonderzeichen.

Es werden drei Arten von Steuerbefehlen unterschieden: Übertragungs-Steuerbefehle CC (Comunication Control), Format-Steuerbefehle FE (Format Effektor) und Trennbefehle IS (Information Seperator).

Das 8. Bit kann als Prüfbit ergänzt werden. Jedes Codewort wird auf eine gerade Anzahl von Stellen mit der Wertigkeit 1 (even parity) oder eine ungerade Anzahl von Stellen mit der Wertigkeit 1 (odd parity) gebracht.

HEX				MSD	P = 1	8	9	A	B	C	D	E	F
					P = 0	0	1	2	3	4	5	6	7
					8	P	P	P	P	P	P	P	P
			BIT		7	0	0	0	0	1	1	1	1
					6	0	0	1	1	0	0	1	1
LSD	4	3	2	1	5	0	1	0	1	0	1	0	1
0	0	0	0	0		NUL	DLE	SP	0	@	P	`	p
1	0	0	0	1		SOH	DC1	!	1	A	Q	a	q
2	0	0	1	0		STX	DC2	"	2	B	R	b	r
3	0	0	1	1		ETX	DC3	#	3	C	S	c	s
4	0	1	0	0		EOT	DC4	$	4	D	T	d	t
5	0	1	0	1		ENQ	NAK	%	5	E	U	e	u
6	0	1	1	0		ACK	SYN	&	6	F	V	f	v
7	0	1	1	1		BEL	ETB	'	7	G	W	g	w
8	1	0	0	0		BS	CAN	(	8	H	X	h	x
9	1	0	0	1		HT	EM	)	9	I	Y	i	y
A	1	0	1	0		LF	SUB	*	:	J	Z	j	z
B	1	0	1	1		VT	ESC	+	;	K	[	k	{
C	1	1	0	0		FF	FS	,	<	L	\	l	|
D	1	1	0	1		CR	GS	-	=	M	]	m	}
E	1	1	1	0		SO	RS	.	>	N	×	n	~
F	1	1	1	1		SI	US	/	?	O	−	o	DEL

Befehl	Art des Befehls	Bezeichnung	Bedeutung
ACK	CC	acknowlegde	Bestätigung an den Sender
BEL	CC	bell	Klingel, zum Teil auch Rückmeldung
BS	FE	back space	Rückschritt; Empfänger meldet dem Sender, daß eine Zeile nicht richtig empfagen wurde
CAN	CC	cancel	Widerruf; Meldung, daß Empfänger noch keine neuen Daten aufnehmen kann
CR	FE	carriage return	Wagenrücklauf
DC	CC	device control	Gerätesteuersignal DC1 bis DC4 für die Ansteuerung vier verschiedener Geräte
DEL		delete	Auslöschen fehlerhaft gesendeter Zeichen
DLE	CC	data link escape	Empfänger meldet Verlust von Daten bei der Übertragung
EM	CC	end of medium	z. B. Meldung des Senderausfalls
ENQ	CC	enquiry	Suchbefehl; Anfrage „wer da?"
EOT	CC	end of transmission	Ende der Übertragung
ESC	CC	escape	Empfänger unterbricht den Sender
ETB	CC	end of transmission block	Ende eines Übertragungsblocks
ETX	CC	end of text	Ende des Textes
FF	FE	form feed	Formularvorschub für neues Formular
FS	IS	file separator	Block-Trennzeichen
GS	IS	group separator	Gruppen-Trennzeichen
HT	FE	horizontal tabulation	horizontale Tabellierung; Überspringen von Leerschritten
LF	FE	line feed	Zeilenvorschub
NAK	CC	negative acknowledge	Fehlermeldung; das Aussenden von Daten wird blockiert
NL	CC	null (idle)	Null; Empfänger wird auf Empfang geschaltet
RS	IS	record separator	Trennzeichen; ähnlich FS- und GS-Signal
SI	FE	shift in	Einrücken; Wagen geht in arretierte Ruhestellung
SO	FE	shift out	Ausrücken; Wagen geht in seine Startstellung
SOM	CC	start of message	Beginn der Nachricht
SP	FE	space	Zwischenraum
SS	CC	start of special	Unterbrechung der Datenübermittlung und Ausspeicherung der Daten, z. B. bei Ausfall eines Gerätes
STX	CC	start of text	Beginn des Textes
SYN	CC	synchronous idle	Herstellen einer Synchronisation zwischen Empfänger und Sender
US	IS	unit separator	Trennzeichen für eine Einheit; ähnlich FS-, GS- und RS-Signal
VT	FE	vertical tabulation	vertikale Tabellierung; Überspringen der Zwischenräume
@		at-sign	„Klammeraffe"; Auf- und Abruf bestimmter Funktionen

4.2. Digitaltechnik

4.2.10. Kippglieder

In sequentiellen Schaltungen wird der Binärwert der Ausgangsvariablen nach (t_{n+1}) einer Änderung des Binärwertes der Eingangsvariablen zusätzlich vom inneren Zustand der Schaltung vor (t_n) der Änderung bestimmt.

Wesentlicher Bestandteil sequentieller Schaltungen sind bistabile Elemente, auch Flipflops, bistabile Kippglieder, Impulsspeicher, bistabile Kippstufen oder bistabile Multivibratoren genannt.

RS-Kippglied

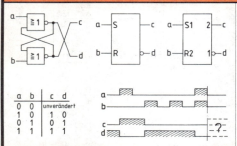

Das RS-Kippglied, auch Basiskippglied oder asynchrones Kippglied genannt, spricht unmittelbar auf Eingangssignalwechsel an. Es entsteht z. B. durch Zusammenschalten zweier NOR-Glieder.

Das RS-Kippglied wird mit einem 1-Signal am Setzeingang S gesetzt und mit einem 1-Signal am Rücksetzeingang R zurückgesetzt. Liegt an beiden Eingängen ein 0-Signal, so bleibt der Ausgangszustand erhalten.

Liegt an beiden Eingängen gleichzeitig ein 1-Signal, so entsteht ein pseudostabiler Ausgangszustand. Der gleichzeitige Rückgang der Eingangssignale a und b von 1 nach 0 erzeugt ein nicht vorhersehbares stabiles und komplementäres Ausgangsmuster. Die Beschriftung des rechten Schaltzeichens ist ein Hinweis auf diesen pseudostabilen Ausgangszustand.

R̄S̄-Kippglied

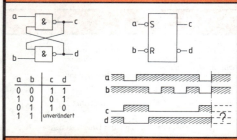

Im Gegensatz zum NOR-Kippglied wird das NAND-Kippglied mit 0-Signalen eingestellt. Der Ausgangszustand ist nur stabil, wenn beide Eingangsvariable entgegengesetzte Werte oder den Wert 1 annehmen.

Entsprechend den Eingangsbezeichnungen R und S wird das NOR-Kippglied auch als RS(L)-Kippglied und das NAND-Kippglied als R̄S̄(H)-Kippglied bezeichnet. Die Querstriche über den Eingangsbezeichnungen weisen auf die aktiven Eingangspegel L, die Pegelangabe in der Klammer auf die pseudostabilen Ausgangspegel bei gleichzeitigem Anlegen des aktiven Pegels an beide Eingänge hin.

Kippglied mit dominierendem Eingang

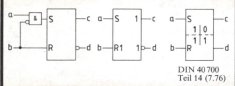

DIN 40 700 Teil 14 (7.76)

Setzen und Rücksetzen erfolgen wie bei einem RS-Kippglied. Befinden sich jedoch beide Eingänge gleichzeitig im internen 1-Zustand, so nimmt das Kippglied den internen 0-Zustand an.

Kippglied mit Grundstellung

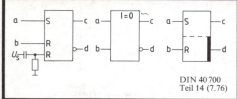

DIN 40 700 Teil 14 (7.76)

Nimmt ein Kippglied durch interne Schaltungsmaßnahmen oder durch einen Richtimpuls beim Einschalten der Versorgungsspannung einen bestimmten internen Zustand an – hier 0 –, so kann dies durch eine entsprechende Eintragung im Schaltzeichen gekennzeichnet werden.

Anmerkung: Die beiden R-Eingänge sind durch ODER verknüpft.

4.2. Digitaltechnik

Einzustandsgesteuertes Kippglied
(latch)

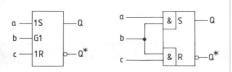

Antivalente Signale an den Eingängen 1 S und 1 R, jetzt Vorbereitungseingänge genannt, können nur wirksam werden, wenn am Eingang G 1 (Gate = Tor) gleichzeitig ein 1-Signal anliegt.

Entsprechend den Eingangsbezeichnungen und wirksamen Pegeln wird dieses Kippglied auch als $R_G S_G(L)$-Kippglied bezeichnet. Andere Varianten einzustandsgesteuerter Kippglieder sind z. B. das $R_{\overline{G}}S_{\overline{G}}(L)$-, das $\overline{R}_{\overline{G}}\overline{S}_G(H)$- und das $\overline{R}_{\overline{G}}\overline{S}_{\overline{G}}(H)$-Kippglied.

Anmerkung: Anstelle der Bezeichnung G ist auch die Bezeichnung C (Clock = Uhr = Takt) zulässig.

Zweizustandsgesteuertes Kippglied
(pulse-triggered bistable)

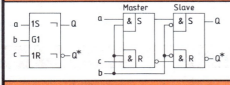

Hat die Eingangsvariable b den Wert 1, so übernimmt das Master-Kippglied die Werte der Eingangsvariablen a und c. Nimmt die Eingangsvariable b anschließend den Wert 0 an, so übernimmt das Slave-Kippglied die Information des Master-Kippgliedes.

Anmerkung: Anstelle der Bezeichnung G ist auch die Bezeichnung C (Clock = Uhr = Takt) zulässig.

Flankengesteuerte Kippglieder

In Zähler- und Registerschaltungen muß ein Kippglied häufig bereits am Eingang eine neue Information übernehmen, während am Ausgang noch die alte Information ausgelesen wird.

Dies setzt eine Zwischenspeicherung voraus, die beim einflankengesteuerten Kippglied dynamisch und beim zweiflankengesteuerten Kippglied statisch erfolgt.

Einflankengesteuertes Kippglied
(edge-triggered bistable)

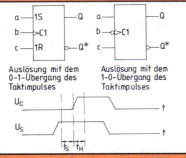

Die Vorbereitungseingänge 1 S und 1 R sind nur während der auslösenden Flanke (meist der 1-0-Übergang, auch negative Flanke genannt) des Taktimpulses am Eingang C wirksam. Damit es zu keinem Fehlverhalten des Kippgliedes kommt, darf die Information an den Vorbereitungseingängen 1 S und 1 R während der Setzzeit (set up time) t_S und der Haltezeit (hold time) t_H nicht geändert werden; außerdem muß das Taktsignal mindestens während der Haltezeit t_H den Wert 1 beibehalten.

Die Flankensteilheit des einflankengesteuerten Kippgliedes, auch $R_T S_T$-Kippglied genannt, darf einen Mindestwert nicht unterschreiten.

Zweiflankengesteuertes Kippglied
(data-lock-out bistable)

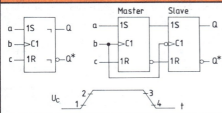

Das zweiflankengesteuerte Kippglied kann man mit beliebig langsam ansteigenden und abfallenden Taktimpulsflanken betreiben. Es benötigt keine Setzzeit t_S vor dem Eintreffen des Taktimpulses und keine Haltezeit t_H nach der Informationsübernahme in das Master-Kippglied. Es kann jedoch solange über die Vorbereitungseingänge S und R gestört werden, wie am Takteingang C ein 1-Signal anliegt.

4.2. Digitaltechnik

D-Kippglied

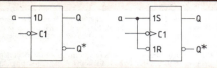

Die Signalkombination $S = R = 1$ führt bei einem RS-Kippglied zu einem nicht vorhersehbaren Speicherverhalten. Dieser Fall wird ausgeschlossen, wenn dem Eingang R zwangsläufig die Negation des Signals an S zugeführt wird.

D-Kippglieder sind als zustandsgesteuerte, ein- und zweiflankengesteuerte Kippglieder handelsüblich.

JK-Kippglied

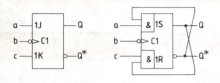

Infolge der inneren Rückführung öffnet der Taktimpuls immer nur das UND-Glied, dessen zweiter Eingang vom Ausgang her ein 1-Signal erhält. Liegt an beiden Vorbereitungseingängen J und K gleichzeitig ein 1-Signal an, so wirkt das JK-Kippglied wie ein Binärteiler, d. h., daß jede wirksame Taktflanke einen Wechsel der Ausgangssignale zur Folge hat. Bei allen anderen Eingangskonfigurationen wirkt es wie ein einflankengesteuertes RS-Kippglied.

Das JK-Kippglied ist auch zweiflankengesteuert erhältlich.

4.2.11. Digitale Halbleiterspeicher

Schreib-Lese-Speicher; RAM

(**R**andom-**A**ccess-**M**emory). Über die Adreßeingänge A_0 bis A_3 kann wahlweise auf die einzelnen Zeilen des wortweise (4-Bit-Worte) organisierten RAMs zugegriffen werden. Zum Einschreiben eines an den Dateneingängen D_1 bis D_4 anliegenden Wortes müssen am CE-Eingang (**C**hip **E**nable = Sperreingang) und am W/$\overline{\text{R}}$-Eingang (**W**rite = schreiben; **R**ead = lesen) 1-Signale anliegen. Liegt dagegen am CE-Eingang ein 1-Signal an und am W/$\overline{\text{R}}$-Eingang ein 0-Signal, so kann das über die Eingänge A_0 bis A_3 adressierte Wort an den Ausgängen Q_1 bis Q_4 zerstörungsfrei ausgelesen werden. Bei Ausfall der Betriebsspannung geht die in den Kippgliedern gespeicherte Information des RAMs verloren.

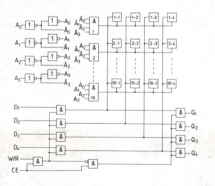

Die zu speichernde Information wird bei statischen RAMs (SRAM) in Kippglieder und bei dynamischen RAMs (DRAM) als Kondensatorladung festgehalten.

Vorteilhaft ist der geringere Schaltungsaufwand der dynamischen RAMs gegenüber dem der statischen RAMs, so daß ein höherer Integrationsgrad möglich ist. Nachteilig ist die erforderliche periodische Regenerierung (refresh) der gespeicherten Ladungen infolge der unvermeidbaren Leckströme.

Nur-Lese-Speicher; ROM

(**R**ead-**O**nly-**M**emory = Nurlesespeicher). Der Speicherinhalt wird vom Halbleiterhersteller entsprechend den Kundenangaben „eingeschrieben". Der Zugriff zum Speicherinhalt entspricht dem der RAMs. Der Speicherinhalt ist nullspannungssicher (bleibt bei Ausfall der Versorgungsspannung erhalten) und kann nachträglich nicht mehr verändert werden.

Programmierbare Nur-Lese-Speicher

Der Speicherinhalt aller programmierbaren Nur-Lesespeicher ist nullspannungssicher.

Bei einem **PROM** (**P**rogrammable **R**ead **O**nly **M**emory) wird der Speicherinhalt vom Anwender mittels eines Programmiergerätes programmiert. Dabei wird z. B. eine Brücke in einem Diodenzweig zwischen Zeilen- und Spaltenleitung mit einem Stromimpuls aufgetrennt, so daß nur eine einmalige Programmierung ist.

Beim **EPROM** (**E**rasable PROM) werden beim Programmieren als Information elektrische Ladungen gespeichert, die nur in sehr langen Zeiträumen (z. B. 10 Jahre) abfließen können. Mit Hilfe einer UV-Lichtquelle hoher Intensität kann die gesamte gespeicherte Information wieder gelöscht werden, so daß anschließend eine erneute Programmierung möglich ist. Die Zugriffszeit beträgt 200 bis 500 ns.

Ein **EAROM** (**E**lectrical **A**lterable ROM) ist ein elektrisch programmierbarer und löschbarer Festwertspeicher mit meist kleiner Speicherkapazität, Lesezeiten im Mikrosekunden- und Schreibzeiten im Millisekundenbereich.

Ein **EEPROM** (**E**lectrical **E**rasable ROM), auch **E²PROM** genannt, kann elektrisch programmiert und gelöscht werden. Die Speicherkapazität beträgt bis zu 64 KBit. Die Zugriffszeit liegt im µs-Bereich, die Lösch- und Schreibzeit im ms-Bereich.

Im Gegensatz zu ROMs ist bei den **PLA**s (**P**rogrammable **L**ogic **A**rray) von den 2^n Eingangskonfigurationen der n Eingangsvariablen nur ein geringer Teil verfügbar, so daß der Adreßraum wesentlich größer als die Zahl der nutzbaren Worte ist.

FPLAs (**F**ield **P**rogrammable **L**ogic **A**rray) gestatten die einmalige elektrische Programmierung sowohl der Adressen als auch der unter diesen Adressen abrufbaren Worte.

4.2. Digitaltechnik

4.2.12. Zähler und Register

Asynchrone Schaltungstechnik

In einer asynchronen Schaltung wird nur ein Teil der Kippglieder vom Zähltakt gesteuert, während die anderen Kippglieder seriell (nacheinander) von einem davorliegenden Kippglied angesteuert werden.

Um einen asynchronen 2^n-Teiler zu erhalten, werden n Kippglieder so hintereinander geschaltet, daß der Ausgang jeweils mit dem Eingang des folgenden Kippgliedes verbunden ist.

Synchrone Schaltungstechnik

In synchronen Schaltungen sind die Takteingänge aller Kippglieder verbunden, so daß die Umschaltung aller an einem Schaltvorgang beteiligten Kippglieder synchron (gleichzeitig) erfolgt. Die Kippgliedverzögerungszeit tritt nur noch einmal auf, so daß die zulässige Betriebsfrequenz höher ist. Die Störsicherheit ist größer als bei asynchronen Schaltungen, weil die Vorbereitungseingänge nur kurzzeitig von der wirksamen Taktflanke freigegeben werden.

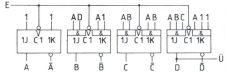

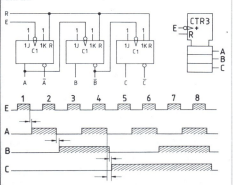

Der Schaltungsaufwand asynchroner Schaltungen ist gegenüber synchronen Schaltungen geringer.

Diesem Vorteil stehen erhebliche Nachteile gegenüber. So werden z. B. nach dem 8. Zählimpuls des asynchronen 2^3-Teilers die Ausgangskonfigurationen ABC, $\bar{A}BC$ und $\bar{A}\bar{B}C$ durchlaufen, bis sich der definierte Ausgangszustand $\bar{A}\bar{B}\bar{C}$ einstellt. Der Zählerstand darf erst decodiert werden, wenn alle Umschaltvorgänge abgelaufen sind; bei n Kippgliedern also zum Teil nach n Kippgliedschaltzeiten, was zu einer Herabsetzung der zulässigen Betriebsfrequenz führt.

Um den Schaltungsaufwand, insbesondere der Decodierung zu begrenzen, werden Zähler meist nach dem Dezimalsystem organisiert, wobei die einzelnen Dekaden binär codiert (BCD = **B**inär **C**odierte **D**ezimalziffer) sind.

Der Ausgang D liefert auch den Übertrag für die nächste Dekade.

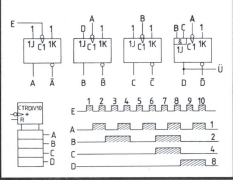

Bei Vernachlässigung der Kippgliedschaltzeiten stimmt das Impulsdiagramm des synchronen BCD-Zählers mit 8421-Code mit dem Impulsdiagramm des asynchronen BCD-Zählers mit 8421-Code überein.

Das **Schieberegister** ist eine Kettenschaltung, in der das gemeinsame Taktsignal die in den Kippgliedern gespeicherte Information je nach Zusammenschaltung um eine Stelle nach links oder rechts verschiebt.

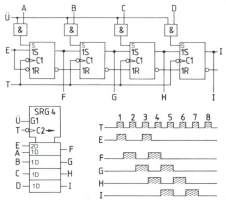

Ein 4-Bit-Wort kann mit 4 Taktimpulsen seriell (nacheinander) über den Eingang E in ein 4-Bit-Schieberegister hineingeschoben und anschließend an den Ausgängen F bis I parallel (gleichzeitig) abgefragt werden. Mit 4 weiteren Taktimpulsen wird das gespeicherte Wort zum Ausgang I seriell hinausgeschoben. Ein an die Eingänge A bis D parallel angelegtes 4-Bit-Wort kann jedoch auch mit einem Impuls am Eingang Ü parallel übernommen werden.

Wird der Ausgang I mit dem Eingang E verbunden, so erhält man ein **Ringschieberegister**. Eine einmal eingespeicherte Information kann ringförmig (endlos) weitergeschoben werden.

4.2. Digitaltechnik

4.2.13. Spezifikationen digitaler Schaltkreisfamilien

TTL (Transistor-Transistor-Logik)

Dies ist die am weitesten verbreitete Schaltkreisfamilie. Ein invers betriebener Transistor mit Vielfachemitter ermöglicht eine UND-Verknüpfung mit nur einem Transistor.

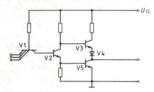

NAND-Glied in TTL-Technik

Befinden sich alle Eingangspegel im H-Zustand, so ist V1 invers leitend. V2 ist ebenfalls leitend, so daß V3 den Ausgang niederohmig mit Masse verbindet. Die Diode verhindert, daß bei diesem Betriebszustand auch Transistor V5 leitend wird.

Im Umschaltaugenblick sind kurzfristig beide Endstufentransistoren leitend, so daß nur R_4 die Stromaufnahme begrenzt. Um die Einwirkung der entstehenden Stromimpulse auf andere Schaltkreise zu verhindern, sind niederohmige Masse- und Betriebsspannungsleitungen sowie ein induktivitätsarmer Stützkondensator unmittelbar am IC zwischen den Spannungsversorgungsleitungen Voraussetzung.

S-TTL (Schottky-TTL)

Der Schaltungsaufbau entspricht weitgehend dem Schaltungsaufbau der TTL-Technik. Die Basis-Kollektor-Strecke der bipolaren Transistoren ist mit einer integrierten Schottky-Diode überbrückt, so daß die Basis-Kollektor-Spannung eines leitenden Transistors statt ca. 0,7 V nur noch ca. 0,4 V beträgt und die Übersteuerung begrenzt wird. Daraus ergeben sich sehr viel kürzere Signal-Laufzeiten bei etwa gleicher Verlustleistung je Gatter.

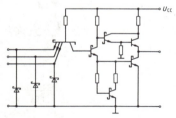

NAND-Glied in LS-TTL-Technik

LS-TTL (Low-Power Schottky TTL)

Der Schaltungsaufbau entspricht dem Schaltungsaufbau der Schottky-TTL-Familie. Durch Erhöhung der Widerstandswerte wird eine verringerte Leistungsaufnahme bei einer höheren Signal-Laufzeit erreicht.

AS-TTL und ALS-TTL

Fortschrittlichere (**Advanced**) Herstellungsverfahren mit reduzierten Chipgeometrien sowie neue Schaltungskonfigurationen haben zu geringeren Sperrschicht- und Diffusionskapazitäten geführt. Damit wurde ein günstiger Kompromiß zwischen Verlustleistung und Geschwindigkeit unter Beibehaltung der vollen Kompatibilität zur S-TTL- und LS-TTL-Schaltungsfamilie erreicht.

Metal Gate CMOS
(Complementary Metal Oxide Semiconductor)

Typisch für diese Schaltungsfamilie ist der Inverter am Ausgang mit zwei in Reihe geschalteten komplementären, selbstsperrenden Feldeffekt-Transistoren.

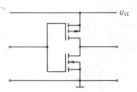

Wird an den Eingang eine positive Spannung (H-Pegel) angelegt, so entsteht unter dem Einfluß des elektrischen Feldes im unteren Transistor längs der Isolierschicht eine n-leitende Zone zwischen Drain und Source – der n-leitende Kanal. Am Ausgang ergibt sich annähernd Massepotential (L-Pegel). Bei einem L-Pegel am Eingang wird der p-Kanal des oberen Transistors leitend und am Ausgang erscheint ein der Versorgungsspannung entsprechender H-Pegel.

Diodennetzwerke schützen die hochohmigen Eingänge und Ausgänge gegen elektrostatische Aufladungen und begrenzen die entstehenden Überspannungen auf die zulässigen Versorgungsspannungswerte U_{CC} und $-0,5$ V.

Gegenüber bipolaren Schaltkreisfamilien ergeben sich folgende Vorteile:
– großer Versorgungsspannungsbereich,
– hohe Störsicherheit (ca. $0,5 \cdot U_{CC}$),
– geringe Ruheverlustleistung,
– großer zulässiger Umgebungstemperaturbereich.

Dem stehen drei Nachteile gegenüber:
– niedrige Schaltgeschwindigkeit,
– geringe Ausgangs-Treiberleistung,
– frequenzabhängige Arbeitsverlustleistung.

Gegenüber nur einem Inverter bei der ungepufferten Reihe enthält die gepufferte (Buffered) Reihe 4000 B drei unmittelbar aufeinanderfolgende Inverter am Ausgang. Daraus resultieren:
– eine rechteckförmige Übertragungskennlinie mit belastungsunabhängiger, konstanter Ausgangsimpedanz,
– ein noch höherer Störabstand,
– eine ungefähre Verdopplung der Signal-Laufzeiten,
– ein kurzes Schwingen des Ausgangssignals beim Signalwechsel, wenn die Anstiegs- oder Abfallzeit des Eingangssignals > 1 ms ist.

Silicon Gate CMOS (High Speed CMOS)

Erheblich reduzierte Chipgeometrien und der Ersatz der Metal-Gate-Technologie durch die Silizium-Gate-Technologie mit kleineren parasitären Kapazitäten erlauben Arbeitsfrequenzen entsprechend der LS-Technologie bei einer sehr viel kleineren Verlustleistung.

Anmerkung: Da die CMOS-Familien eine höhere Eingangsspannung U_{TH} benötigen als die Ausgangsspannung U_{OH} der TTL-Familien beträgt, ist keine volle Kompatibilität zu den TTL-Familien gegeben.

4.2. Digitaltechnik

Technologie / Logik-Familie			Standard TTL 74···	Schottky TTL 74 S ···	Low-Power Schottky TTL 74 LS ···	Advanced Schottky TTL 74 AS ···	Advanced Low-Power Schottky TTL 74 ALS ···	Metal Gate CMOS 4000	Silicon Gate CMOS 74 HC ···
V_{CC}	min	V	4,75	4,75	4,75	4,75	4,75	3,0	2,0
	nominal	V	5,0	5,0	5,0	5,0	5,0	5,0 10,0	5,0
	max	V	5,5	5,25	5,5	5,25	5,5	15,0	6,0
Verlustleistung je Gatter									
statisch		mW	10	19	2	8,5	1	10^{-3}	$2,5 \cdot 10^{-6}$
bei 100 kHz		mW	10	19	2	8,5	1	0,1	0,17
t_{Pd} (bei $C_L = 15$ pF)		ns	10	3	10	1,7	4	60 30	10
$f_{Takt\,max}$ (bei $C_L = 15$ pF)		MHz	35	125	40	200	70	8 16	40
Fan Out (LS-Lasten)									
Standard Ausgänge			40	50	20	50	20	4	10
High Current Ausgänge			120	160	60	120/160	60/120	—	15
V_{IH}	min	V	2,0	2,0	2,0	2,0	2,0	4,0 8,0	3,15
V_{IL}	max	V	0,8	0,8	0,8	0,8	0,8	1,0 2,0	0,8
V_{OH}	min	V	2,4	2,7	2,7	2,7	2,7	4,5 9,0	4,5
V_{OL}	max	V	0,4	0,5	0,5	0,5	0,5	0,05	0,1
I_{IH}	max	µA	40	50	20	50	20	1	±1
I_{IL}	max	µA	−1600	−2000	−400	−500	−100	−1	±1
I_{OS} ($V_0 = 0{,}4$ V) min									
Standard Ausgänge		mA	16	20	8	20	8	1,6	4
High Current Ausgänge		mA	48	64	24	48/64	24/48	—	6

V_{CC} (Supply Voltage)
Versorgungsspannung, bezogen auf Massepotential (Ground)

V_{IL} (Low-Level Input Voltage)
Eingangsspannung bei L-Pegel

V_{IH} (High-Level Input Voltage)
Eingangsspannung bei H-Pegel

V_{OL} (Low-Level Output Voltage)
Ausgangsspannung bei L-Pegel

V_{OH} (High-Level Output Voltage)
Ausgangsspannung bei H-Pegel

I_{IL} (Low-Level Input Current)
Eingangsstrom je Eingang bei L-Pegel

I_{IH} (High-Level Input Current)
Eingangsstrom je Eingang bei H-Pegel

I_{OL} (Low-Level Output Current)
Ausgangsstrom je Ausgang bei L-Pegel

I_{OH} (High-Level Output Current)
Ausgangsstrom je Ausgang bei H-Pegel

I_{OS} (Output short-circuit Current)
Kurzschlußstrom eines Ausgangs im H-Zustand

t_P (Propagation delay time)
Die Signal-Laufzeit t_{PLH} gibt die Impulsverzögerungszeit zwischen Eingangs- und Ausgangsspannung an, wenn das Ausgangssignal von L nach H wechselt. Entsprechendes gilt für die Signal-Laufzeit t_{PHL}, bei der das Ausgangssignal von H nach L wechselt. Für die mittlere Signal-Laufzeit t_{Pd} gilt:

$$t_{Pd} = \frac{t_{PLH} + t_{PHL}}{2}$$

Die Impulsverzögerungszeiten werden zwischen den festgelegten Bezugspunkten der Eingangs-Flanke 0,5 ($V_{IL} + V_{IH}$) und der Ausgangs-Flanke 0,5 ($V_{OL} + V_{OH}$) gemessen.

Die Signal-Übergangszeiten der Impulsflanken werden zwischen den 10%- und 90%-Punkten ermittelt.

Eingangslastfaktor (Fan-In)

Der Eingangslastfaktor, auch Einheitslast genannt, ist die Belastung eines Ausgangs mit einem Eingang einer logischen Schaltung innerhalb einer Schaltungsfamilie.

Eingangslastfaktoren von 2 und höher kommen hauptsächlich bei Kippgliedern und höher integrierten Bausteinen vor.

Ausgangslastfaktor (Fan-Out)

Der Ausgangslastfaktor gibt an, mit wieviel Eingangslastfaktoren innerhalb einer Schaltungsfamilie ein Ausgang maximal belastet werden darf.

Statische Störsicherheit

Die statische Störsicherheit gibt den zulässigen Spannungshub an, der den logischen Zustand eines Schaltgliedes noch nicht ändert.

Dynamische Störsicherheit

Die dynamische Störsicherheit kennzeichnet das Verhalten der Schaltglieder gegenüber Störimpulsen, deren Dauer im Vergleich zur Signal-Laufzeit klein ist. Bei einer Impulsdauer $b < 0{,}5\ t_p$ darf die Störamplitude größer sein als der statische Störabstand.

Anmerkung:
Diese Tabelle enthält nur die charakteristischen Werte der Bausteinfamilien bei einer Umgebungstemperatur von 25 °C. Die Werte für bestimmte Schaltkreise und Bausteinfamilien bestimmter Hersteller können hiervon abweichen und sind den entsprechenden Unterlagen zu entnehmen.

4.3. Informationsverarbeitung

4.3.1. Sinnbilder und ihre Anwendung nach DIN 66001 (12.83)

Darstellungsarten

Ein **Datenflußplan** (DF) stellt Verarbeitungen und Daten sowie die Verbindungen zwischen beiden dar. Die Verbindungen stellen die Zugriffsmöglichkeiten von Verarbeitungen auf Daten dar.

Ein **Programmablaufplan** (PA) stellt die Verarbeitungsfolgen (ohne Daten) in einem Programm dar.

Ein **Programmnetz** (PN) ist die Vereinigung von einem oder mehreren Programmablaufplänen mit einem oder mehreren Datenflußplänen.

Ein **Datennetz** (DN) zeigt Daten mit ihren Verbindungen als mögliche Zugriffswege auf. Verarbeitungen werden nicht dargestellt.

Eine **Programmhierarchie** (PH) stellt die Über- und Unterordnung von Verarbeitungen (ohne Daten und Verarbeitungsreihenfolgen) dar.

Eine **Datenhierarchie** (DH) stellt die Zusammenfassung bzw. Unterteilung von Daten dar. Die Verbindungen zeigen in Verbindungsrichtung, welche Daten andere Daten enthalten. Die Unterteilung muß nicht vollständig sein und gibt keine Reihenfolge der Anordnung an. Verarbeitungen und Zugriffswege werden nicht dargestellt.

Ein **Konfigurationsplan** (KP) stellt Verarbeitungseinheiten und Datenträgereinheiten (ohne Verarbeitung und Daten) mit ihren Verbindungen dar. Die Verbindungen zeigen die Datenübertragungswege.

Regeln

– Bei den „Verbindungen" gilt die Vorzugsrichtung von links nach rechts und von oben nach unten. Abweichungen sind durch Pfeilspitzen (Form beliebig) zu kennzeichnen.

– Im Konfigurationsplan gelten Verbindungen als beidseitig gerichtet (Ein- und Ausgabe). Einseitig gerichtete Verbindungen (nur Eingabe oder Ausgabe) können durch Pfeilspitzen hervorgehoben werden.

– Wird eine Teildarstellung verfeinert, so kann diese zur Verdeutlichung mit einer durchbrochenen Linie umrahmt werden.

– Sich kreuzende Verbindungslinien sollen vermieden werden; sie stellen keine Zusammenführung dar.

– Zur Darstellung von Daten auf Benutzerstationen bzw. von Benutzerstationen können die Sinnbilder für die unterschiedlichen Formen der manuellen, optischen oder akustischen Ein- und Ausgabe durch direktes Aneinanderzeichnen der Sinnbilder ohne Verbindungslinie verknüpft werden.

– Die Innenbeschriftung soll besonders bei Sinnbildern, die auf weitere Abläufe hinweisen, bei Teilen von Sinnbildern und bei Sinnbildern, die in unmittelbarem Zusammenhang zu weiteren Sinnbildern stehen, die eindeutige Zuordnung erkennen lassen.

– Die Beschriftung eines Sinnbildes erfolgt unabhängig von der Richtung der Verbindungslinien von links nach rechts und zeilenweise von oben nach unten.

– Um eine Beziehung zu anderen Teilen einer Dokumentation herzustellen, darf oben links am Sinnbild eine Beschriftung (z.B. die Marke oder Adresse in der zugehörigen Programmliste) angebracht werden.

Datenflußplan (Bsp.: Wohnungsvermittlungssystem)

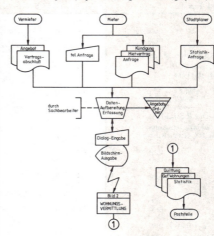

Programmablaufplan

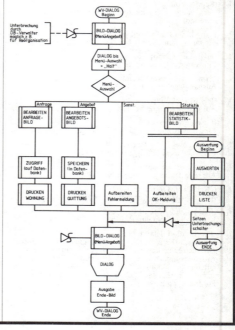

4.3. Informationsverarbeitung

Sinnbild	Benennung u. Bemerkung	Sinnbild	Benennung u. Bemerkung	Sinnbild	Benennung u. Bemerkung
	Verarbeitungen, Verarbeitungseinheiten Verarbeitung, allgem. (einschließlich Ein- und Ausgabe) Verarbeitungseinheit, allgemein		**Daten** Daten, allgemein Datenträgereinheit, allgemein		Maschinell erzeugte optische oder akustische Daten, Optische oder akustische Ausgabeeinheit
	Manuelle Verarbeitung (einschließlich Ein- und Ausgabe), Manuelle Verarbeitungsstelle		Maschinell zu verarbeitende Daten, Datenträgereinheit für maschinell verarbeitbare Daten		Manuelle opt. oder akust. Eingabedaten, Eingabeeinheit
	Verzweigung, Auswahleinheit (z. B. Schalter)		Manuell zu verarbeitende Daten, Manuelle Ablage		**Verbindungen** Verbindung: Verarbeitungsfolge, Zugriffsmöglichkeit, Zugriffsweg, Über-/ Unterordnung, Zusammenfassung/Untertlg.
	Schleifenbegrenzung Anfang		Daten auf Schriftstück (z. B. auf Belegen, Mikrofilm), Ein-/Ausgabeeinheit für Schriftstücke (z. B. Drucker)		Verbindung zur Darstellung der Datenübertragung, Datenübertragungsweg
	Schleifenbegrenzung Ende		Daten auf Karte (z. B. Lochkarte, Magnetkarte), Lochkarteneinheit		**Darstellungshilfen** Grenzstelle (zur Umwelt) (z. B. Beginn oder Ende einer Folge)
	Synchronisierung paralleler Verarbeitungen, Synchronisiereinheit		Daten auf Lochstreifen (Lochstreifeneinheit)		Verbindungsstelle (Unterbrechung und Fortsetzung einer Verbindung an anderer Stelle erhalten die gleiche Innenbeschriftung)
	Sprung mit Rückkehr		Daten auf Speicher mit nur sequentiellem Zugriff, Datenträgereinheit mit nur sequentiellem Zugriff		
	Sprung ohne Rückkehr				Verfeinerung
	Unterbrechung einer anderen Verarbeitung		Daten auf Speicher mit auch direktem Zugriff, Datenträgereinheit mit auch direktem Zugriff		Bemerkung: Mit diesem Sinnbild kann erläuternder Text jedem anderen Sinnbild zugeordnet werden (die durchbrochene Linie darf durch eine Vollinie ersetzt werden)
	Steuerung der Verarbeitungsfolge von außen		Daten im Zentralspeicher, Zentralspeicher		

Anordnung mehrerer Ausgänge		Zusammenführung von Verbindungslinien

Hinweis auf Detaillierung	Hinweis auf Dokumentation an anderer Stelle	Verknüpfung von Sinnbildern (Beispiele)
Mit einer eindeutigen Referenz im oberen Teil kann auf eine detailliertere Darstellung in derselben Dokumentation hingewiesen werden.	Mit einer eindeutigen Innenbeschriftung kann auf eine an anderer Stelle aufgeführte Dokumentation verwiesen werden.	für Fernschreiber / für Benutzerstation

4.3. Informationsverarbeitung

4.3.2. Sinnbilder für Struktogramme nach Nassi-Shneiderman DIN 66261 (11.85)

Struktogramm DIN 66261	Programmablaufplan DIN 66001 – PA	Struktogramm DIN 66261	Programmablaufplan DIN 66001 – PA
Verarbeitung		Wiederholung mit vorausgehender Bedingungsprüfung	
Block (ermöglicht die Zusammenfassung mehrerer Verarbeitungen unter einem Namen)		Wiederholung mit nachfolgender Bedingungsprüfung	
Folge		Wiederholung ohne Bedingungsprüfung	

Struktogramm DIN 66261	Ersatzdarstellung	Programmablaufplan DIN 66001 – PA
bedingte Verarbeitung		
einfache Alternative		

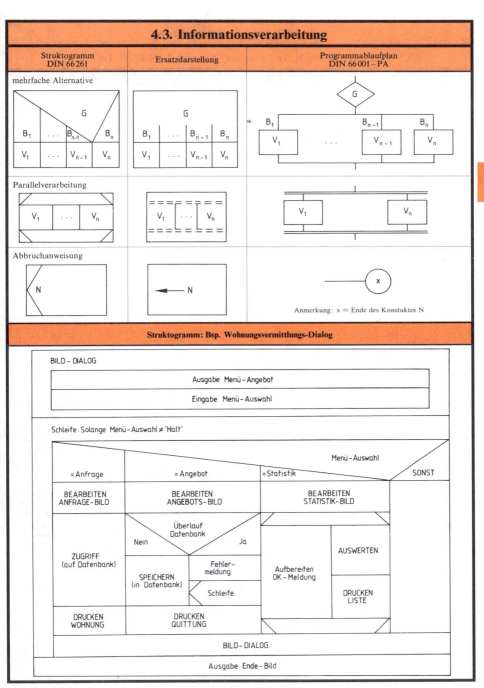

4.3. Informationsverarbeitung

4.3.3. Regeln und Symbole für Funktionspläne nach DIN 40719 Teil 6 (3.77)

Graphisches Symbol	Benennung und Bemerkung	Graphisches Symbol	Benennung und Bemerkung
	Grundform für Funktionssymbol (beliebiges Seitenverhältnis)	A) / B)	**Schritt** In Feld A) steht die frei wählbare Schritt-Nr. In Feld B) kann Text stehen.
	Wirkungslinie allgemein		Ein Schritt wird speichernd gesetzt, wenn alle Eingangsvariablen den Wert 1 haben (UND-Verknüpfung). Er wird gelöscht durch den Setz-vorgang des nachfolgenden Schrittes, außerdem durch Befehle oder in Sonderfällen auch über einen mit R gekennzeichneten Löscheingang.
	speziell, z.B. Wirkung über den Prozeß, Überlaufbedingung		
	zeichnerische Zusammenfassung von Wirkungslinien, vereinfachte und ausführliche Darstellung.		
	Abbruchstelle einer Wirkungslinie, desgleichen wahlweise (Die Zusammengehörigkeit von Abbruchstellen muß eindeutig erkennbar bzw. gekennzeichnet sein.)	E1 E2 E3 / 17 — A / R / A ; E1 E2 E3 & ≥1 S 1 — A / R ② ③ ≥1 R1	
		① Setzen über Befehl ② Löschen über Befehl ③ Löschen durch Setzvorgang des nächsten Schrittes	
	Eingänge sind vorzugsweise oben oder links anzuordnen, andernfalls durch Pfeile zu kennzeichnen.		
	Eine Eingangsseite darf über eine oder beide Ecken hinaus verlängert werden.		**Verzweigung** von Wirkungslinien, allgemein
		14 / =1 / 115 215	**ODER-Verzweigung (1 aus n)** Wirkungslinien zwischen den Schrittsymbolen zur Darstellung von Ablaufketten, bei denen nur einer der Zweige durchlaufen wird. Der vorhergehende Schritt wird gelöscht, wenn der 1. Schritt in einem folgenden Zweig gesetzt wird.
	Ausgänge sind vorzugsweise unten oder rechts anzuordnen, andernfalls durch Pfeile zu kennzeichnen.	21 / & / 122 222	**UND-Verzweigung** Wirkungslinien zwischen den Schrittsymbolen zur Darstellung von Ablaufketten, bei denen alle Zweige durchlaufen werden. Der vorhergehende Schritt wird gelöscht, wenn der 1. Schritt in allen folgenden Zweigen gesetzt worden ist.
	Verknüpfungen (Bsp.: UND-Verknüpfung) Ein- und Ausgänge liegen an gegenüberliegenden Seiten des Symbols. Pfeile zur Kennzeichnung von Ein- und Ausgängen sind nicht erforderlich.		
xxxx	**Benennung von Variablen** An den xxxx gekennzeichneten Stellen steht die Benennung; sie bezeichnet den Zustand, bei dem die Variable den Wert 1 hat. Negierung einer Benennung	Es bedeuten: D verzögert NSD nicht gespeichert und verzögert SD gespeichert und verzögert F Freigabe R Löscheingang	RC Rückmeldung S gespeichert SH gespeichert, auch bei Energieausfall T zeitliche begrenzt ST gespeichert und zeitlich begrenzt

4-20

4.3. Informationsverarbeitung

Befehl der Steuerung, allgemein

Ein Befehl wirkt mit Hilfe von Stellgliedern auf den Prozeß ein oder löst Funktionen innerhalb der Steuerung aus. Als Befehl wird hier die Anweisung für eine Zustandsänderung verstanden.

Feld A) enthält die Kennzeichnung für die Befehlsart: D, S, SD, NS, NSD, SH, T oder ST (Bedeutung s. S. 4-20 und 4-22).

Feld B) gibt die Wirkung des Befehls an. Ist die Wirkung des nicht ausgegebenen Befehls nicht eindeutig, so kann diese in Klammern angegeben werden.

Feld C) enthält die Kennzeichnung für die Abbruchstelle eines Befehlsausgangs. Ist keine Abbruchstelle vorhanden, so kann dieses Feld entfallen.

Feld B) soll mindestens doppelt so groß sein, wie das größere der Felder A) und C).

Ein Stellglied darf von einem Schritt nur einmal angesprochen werden. Beziehen sich mehrere, von verschiedenen Schritten ausgegebene Befehle auf dasselbe Stellglied, so gilt der Befehl, dessen Schritt zuletzt gesetzt wurde.

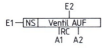

Die Unterteilung in Felder erfolgt nur zur Unterscheidung der verschiedenen Angaben. Ein- und Ausgänge dürfen deshalb an beliebigen Stellen des Symbols angeordnet werden.

Ein Befehl kann mehrere Eingänge mit z.T. unterschiedlichen Wirkungen haben. Buchstaben kennzeichnen spezielle Wirkungen der Eingänge:
- F Freigabe
- R Löscheingang
- RC Rückmeldung

Die Kennzeichnung RC wird an die Wirkungslinie oder in das Feld C) eingetragen.

Ausgänge der Befehle werden als Wirkungslinie dargestellt oder als laufende Nummer in das Feld C) eingetragen. Die laufende Nummer wird je Schritt neu angefangen.

Die Variablen nicht zusätzlich bezeichneter Ausgänge haben den Wert 1, wenn die Steuerung den Befehl zur Betätigung des Stellgliedes ausgibt. Die Variablen an den mit RC bezeichneten Ausgängen sind dagegen Rückmeldungen vom Stellglied. Sie haben den Wert 1, solange sich das Stellglied in der Stellung befindet, die der in Feld B) beschriebenen Wirkung des Befehls entspricht.

Die Anordnung von Befehlen

ausführliche
Darstellung

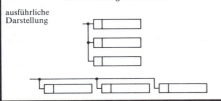

vereinfachte Darstellung

Werden den Befehlen und Bedingungen Kommentare und Hinweise zugeordnet, so ist die Anordnung untereinander vorteilhaft. Werden Freigabe- oder Löscheingänge für die Befehle benutzt, so ist die Anordnung nebeneinander zu bevorzugen.

Die lückenlose Befehlsanordnung bei vereinfachter Darstellung setzt voraus, daß diese Befehle einen gemeinsamen Eingang haben. Die übrigen Ein- und Ausgänge gelten jeweils nur für einen Befehl.

Darstellungsvereinfachung durch Abbruchstellen

Gestattet die Anordnung der Befehle nicht eine einfache Führung der Wirkungslinien, so kann ein Funktionsplan durch Abbruchstellen übersichtlicher gestaltet werden. Sind als Fortschaltbedingungen des nächsten Schrittes die Rückmeldungen von Befehlsausgängen vorangegangener Schritte darzustellen, so gelten folgende Regeln:

a) Bei Befehlsanordnung nebeneinander sind Abbruchstellen zu vermeiden.

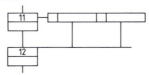

b) Bei Befehlsanordnung untereinander sind die Abbruchstellen durch die Nummer (Ziffern oder Buchstaben) der Befehle zu kennzeichnen.

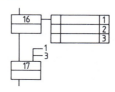

c) Überspringt die Abbruchstelle einen oder mehrere Schritte, so ist der Nummer des Befehlsausgangs die Schritt-Nr. voranzustellen.

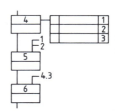

4.3. Informationsverarbeitung

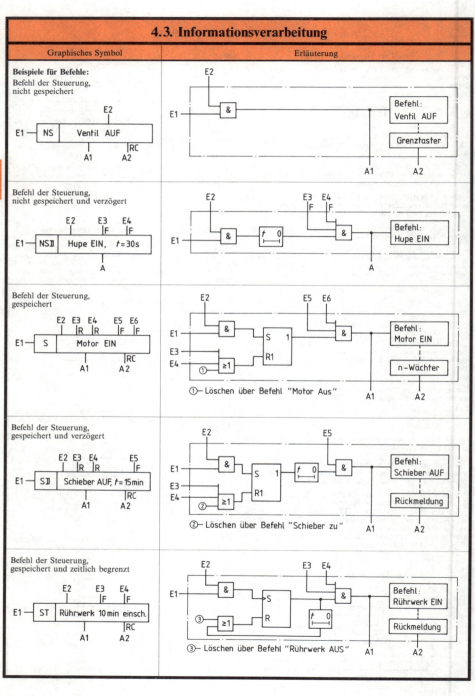

4.3. Informationsverarbeitung

4.3.4. Begriffe nach DIN 44 300 (3.72)

Adresse: Ein bestimmtes Wort zur Kennzeichnung eines Speicherplatzes, eines zusammenhängenden Speicherbereiches oder einer Funktionseinheit.

Akkumulator: Ein Speicherelement in einem Rechenwerk, das für Rechenoperationen benutzt wird. Vor der Rechenoperation enthält der Akkumulator einen Operanden, nach durchgeführter Operation das Ergebnis.

alphanumerisch: Bezeichnung für einen Zeichenvorrat, der mindestens aus den Dezimalziffern und Buchstaben besteht.

Anweisung: Eine in einer beliebigen Sprache abgefaßte Arbeitsvorschrift, die im gegebenen Zusammenhang wie auch im Sinne der benutzten Sprache abgeschlossen ist.

Assemblierer: Ein Übersetzer, der in einer maschinenorientierten Sprache abgefaßte Quellanweisungen in Zielanweisungen der zugehörigen Maschinensprache umwandelt (assembliert).

Ausgabewerk: Eine Funktionseinheit, die das Übertragen von Daten von der Zentraleinheit in Ausgabeeinheiten oder periphere Speicher steuert und dabei die Daten gegebenenfalls modifiziert.

Befehl: Eine Anweisung, die sich in der benutzten Sprache nicht mehr in Teile zerlegen läßt, die selbst Anweisungen sind.

Betriebssystem: Die Programme eines digitalen Rechensystems, die zusammen mit den Eigenschaften der Rechenanlage die Grundlage der möglichen Betriebsarten des digitalen Rechensystems bilden und insbesondere die Abwicklung von Programmen steuern und überwachen.

binär: genau zweier Werte fähig; die Eigenschaft bezeichnend, eines von zwei Binärzeichen (Ø und 1) als Wert anzunehmen.

Bit: a) Kurzform für Binärzeichen; auch für Dualziffer, wenn es auf den Unterschied nicht ankommt (das Bit, die Bits).
b) Sondereinheit für die Anzahl der Binärentscheidungen (Kurzzeichen bit).

Byte: n-Bit-Zeichen, bei dem n fest vorgegeben ist. Anm.: n ist meistens gleich 8.

Code: Eine Vorschrift für die eindeutige Zuordnung (Codierung) der Zeichen eines Zeichenvorrats zu denjenigen eines anderen Zeichenvorrats (Bildmenge).

Daten: Zeichen oder kontinuierliche Funktionen, die zum Zweck der Verarbeitung Information auf Grund bekannter oder unterstellter Abmachungen darstellen.

dual: Zahlensystem, dessen Zeichenvorrat nur aus 2 Zeichen (Ø und 1) besteht.

Eingabewerk: Funktionseinheit, die das Übertragen von Daten von Eingabeeinheiten oder peripheren Speichern in die Zentraleinheit steuert und dabei die Daten gegebenenfalls modifiziert.

Festpunktschreibweise: Stellenschreibweise, bei der die Anzahl der Stellen für den ganzen Teil des Betrages der Zahl und die Anzahl der Stellen für dessen gebrochenen Teil vereinbart oder unterstellt werden (d. h. die Stellung des Kommas ist fest vereinbart).

Gleitpunktschreibweise: Eine Schreibweise für Zahlen Z durch Zahlenpaare X und Y mit der Bedeutung $Z = X \cdot C^Y$, wobei C eine natürliche Zahl > 1 ist.

Interpretierer: Eine Funktionseinheit, die eine Anweisung analysiert und deren Ausführung bewirkt, bevor sie die nächstfolgende Anweisung behandelt (interpretiert).

Kompilierer: Ein Übersetzer, der in einer problemorientierten Programmiersprache abgefaßte Quellanweisungen in Zielanweisungen einer maschinenorientierten Programmiersprache umwandelt (kompiliert).

Leitwerk: Eine Funktionseinheit, die
- die Reihenfolge steuert, in der die Befehle eines Programms ausgeführt werden,
- diese Befehle entschlüsselt und dabei gegebenenfalls modifiziert und
- die für ihre Ausführung erforderlichen digitalen Signale abgibt.

Maschinensprache: Eine maschinenorientierte Programmiersprache, die zum Abfassen von Arbeitsvorschriften nur Befehle zuläßt, die Befehlswörter einer bestimmten digitalen Rechenanlage sind.

Nachricht: Zeichen oder kontinuierliche Funktionen, die aufgrund von bekannten oder unterstellten Abmachungen und vorrangig zum Zwecke einer vom Sender zum Empfänger gerichteten Übermittlung Informationen darstellen und im Rahmen einer solchen Übermittlung als Einheit betrachtet werden.

Operandenteil: Der Teil eines Befehlswortes, der für Operanden oder für Angaben zum Auffinden von Operanden oder Befehlswörtern vorgesehen ist.

Operationscode: Ein Code zur Darstellung des Operationsteils von Befehlswörtern.

Operationsteil: Der Teil eines Befehlswortes, der die auszuführende Operation angibt.

periphere Einheit: Eine Funktionseinheit, die nicht zur Zentraleinheit gehört.

Prozessor: Eine Funktionseinheit innerhalb eines digitalen Rechensystems, die Rechenwerk und Leitwerk umfaßt.

Rechenwerk: Eine Funktionseinheit innerhalb eines digitalen Rechensystems, die Rechenoperationen ausführt.

Schaltnetz: Ein Schaltwerk, dessen Wert am Ausgang zu irgendeinem Zeitpunkt nur vom Wert am Eingang zu diesem Zeitpunkt abhängt.

Schaltwerk: Eine Funktionseinheit zum Verarbeiten von Schaltvariablen, wobei der Wert am Ausgang zu einem bestimmten Zeitpunkt abhängt von den Werten am Eingang zu diesem und endlich vielen vorangegangenen Zeitpunkten.

Signal: Die physikalische Darstellung von Nachrichten oder Daten.

Software: Programm für Rechensysteme, die zusammen mit deren Eigenschaften zusätzliche Betriebsarten oder Anwendungsarten ermöglichen.

Wort: Eine Folge von Zeichen, die in einem bestimmten Zusammenhang als eine Einheit betrachtet wird.

Zentraleinheit, Rechner: Eine Funktionseinheit innerhalb eines digitalen Rechensystems, die Prozessoren, Eingabewerke, Ausgabewerke und Zentralspeicher umfaßt.

4.4. Steuerungstechnik

4.4.1. Begriffe der Steuerungstechnik (Auszug) nach DIN 19237 (2.80)

Eine Steuerungseinrichtung läßt sich in die Funktionsblöcke Signaleingabe, Signalverarbeitung und Signalausgabe unterteilen.

Signaleingabe

Der Signaleingabe werden Bedienungssignale (z. B. von Tastern und Schaltern) und Rückmeldesignale (z. B. von Sensoren und Grenzwertschaltern) zugeführt. **Eingabeglieder** können die Eingabesignale z. B. entstören, umformen, umsetzen, potentialtrennen und an die Signalpegel der Signalverarbeitung anpassen. Man unterscheidet **Analog-Eingabeeinheiten** für analoge Eingabesignale, **Binär-Eingabeeinheiten** für binäre (zweiwertige, nicht zahlenwertmäßig dargestellte Informationen) Eingabesignale und **Digital-Eingabeeinheiten** für digitale (vorwiegend zahlenmäßig dargestellte Informationen) Eingabesignale.

Signalverarbeitung

Die Signalverarbeitung leitet aus den Eingabesignalen im Sinne von Verknüpfungs-, Zeit- und/oder Speicherfunktionen die Ausgabesignale ab. Die Gesamtheit aller Anweisungen und Vereinbarungen für die Signalverarbeitung, durch die eine zu steuernde Anlage (Prozeß) aufgabengemäß beeinflußt wird, ergibt das **Programm** der Steuerung.

Entsprechend der Programmverwirklichung ergibt sich folgende Einteilung:

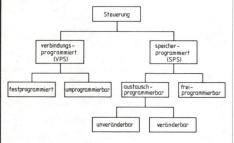

Bei einer **verbindungsprogrammierten Steuerung** (VPS) ist das Programm durch die Art der Funktionsglieder und deren Verbindung vorgegeben. VPS können elektrisch, elektronisch, pneumatisch oder hydraulisch realisiert sein. Bei **festprogrammierten Steuerungen** sind Programmänderungen nicht vorgesehen; das Programm ist z. B. durch feste Draht-, Schlauch- oder Leiterplattenverbindungen vorgegeben. **Umprogrammierbare Steuerungen** ermöglichen dagegen Programmänderungen in einfacher Weise, z. B. durch Umstecken von Leitungen, Auswechseln von Lochkarten oder Ändern von Diodenmatrizen.

Bei **speicherprogrammierten Steuerungen** (SPS) ist das Programm in digitaler Form in einem Programmspeicher gespeichert. **Freiprogrammierbare Steuerungen** enthalten als Programmspeicher einen Schreib-Lese-Speicher (RAM), dessen gesamter Inhalt ohne mechanischen Eingriff in die Steuerungseinrichtung, d. h. ohne Herausnahme des Speichers, in beliebig kleinem Umfang verändert werden kann. **Austauschprogrammierbare Steuerungen** ermöglichen Programmänderungen nur durch Austausch des Programmspeichers. Man unterscheidet **austauschprogrammierbare Steuerungen mit veränderbarem Speicher**, deren Inhalt nach der Herstellung programmiert und mehrmalig verändert werden kann (z. B. mit UV-Licht löschbare Nur-Lese-Halbleiterspeicher) sowie **austauschprogrammierbare Steuerungen mit unveränderbarem Speicher**, deren Inhalt nur einmal programmiert werden kann (z. B. mit ROM oder PROM als Speicher).

Entsprechend der Signalverarbeitung werden unterschieden:

synchrone Steuerungen, bei denen die Signalverarbeitung synchron zu einem Taktsignal erfolgt;

asynchrone Steuerungen, die ohne Taktsignal arbeiten und deren Signaländerungen nur durch Änderungen der Eingangssignale ausgelöst werden;

Verknüpfungs-Steuerungen, deren Signalzustände der Ausgangssignale den Signalzuständen der Eingangssignale im Sinne boolescher Verknüpfungen zugeordnet sind;

Ablaufsteuerungen, bei denen das Weiterschalten von einem Schritt auf den programmgemäß folgenden abhängig von Weiterschaltbedingungen erfolgt;

zeitgeführte Ablaufsteuerungen, deren Weiterschaltbedingungen nur von der Zeit abhängig sind;

prozeßabhängige Ablaufsteuerungen, deren Weiterschaltbedingungen nur von Signalen der gesteuerten Anlage (Prozeß) abhängig sind.

Signalausgabe

Der Signalverarbeitung ist die Signalausgabe nachgeschaltet. Die Ausgabeeinheit besteht aus **Ausgabegliedern**, die die Ausgabesignale bzw. Ausgabedaten aufbereiten und ausgeben. Entsprechend der Signalform werden **Analog-Ausgabeeinheiten**, **Binär-Ausgabeeinheiten** und **Digital-Ausgabeeinheiten** unterschieden.

Gerätetechnische Begriffe

Kontaktlose Steuerung: Steuerung, deren Signalverarbeitung ohne mechanisch wirkende Schaltglieder erfolgt.

Störfestigkeit: Grenzwert eines Störsignals (Signal, das ungewollt durch kapazitive, induktive oder galvanische Kopplung auf den Leitungen auftritt) bis zu dem die Geräte und Schaltglieder einer Steuerung in ihrer Funktion noch nicht beeinträchtigt werden.

Zerstörfestigkeit: Grenzwert eines Störsignals, bis zu dem die Geräte und Schaltglieder einer Steuerung noch nicht zerstört werden.

Verarbeitungstiefe: Die Anzahl der signalverarbeitenden Grundfunktionen n_s (Verknüpfungs-, Zeit- und Speicherfunktionen) einer Steuerungseinrichtung, bezogen auf die Summe der Eingänge n_E und Ausgänge n_A.

$$V = \frac{n_s}{n_E + n_A}$$

4.4. Steuerungstechnik

4.4.2. Kennfarben für Leuchtmelder und Druckknöpfe nach DIN IEC 73 (2.78)

Farbe	Leuchtmelder			Druckknöpfe	
	Bedeutung	Erläuterung	Typische Anwendung	Bedeutung	Typische Anwendung
ROT	Gefahr oder Alarm	Warnung vor möglicher Gefahr oder Zuständen, die ein sofortiges Eingreifen erfordern	– Ausfall des Schmiersystems – Gefahr durch zugängliche spannungsführende oder sich bewegende Teile	Handeln im Gefahrenfall STOP (HALT)	– Not-Halt – Brandbekämpfung – Stoppen von Motoren und Maschinenteilen – Ausschalten eines Schaltgerätes – Rückstellknopf, kombiniert mit Stopfunktion
GELB	Vorsicht	Veränderung oder bevorstehende Änderung der Bedingungen	– Temperatur, abweichend von Normalwert – Überlast mit begrenzt zulässiger Dauer	Eingriff	– Eingriff, um abnormale Bedingungen zu unterdrücken oder unerwünschte Änderungen zu vermeiden
GRÜN	Sicherheit	Anzeige sicherer Betriebsverhältnisse oder Freigabe des weiteren Betriebsablaufes	– Kühlmittel läuft – Maschine fertig zum Start – Autom. Steuerung eingeschaltet	START oder EIN	– alles einschalten – Starten von Motoren und Maschinenteilen – Einschalten eines Schaltgerätes
BLAU	spezielle Information	darf jede beliebige Bedeutung haben, nicht jedoch die der Farben ROT, GELB, GRÜN	– Anzeige für Fernsteuerung – Wahlschalter in Einrichtstellung	jede beliebige Bedeutung, die nicht durch die Farben ROT, GELB, GRÜN abgedeckt ist	
WEISS	allgemeine Information	jede beliebige Bedeutung, z.B. wenn Zweifel bezüglich der Anwendung von ROT, GELB und GRÜN bestehen und z.B. als Bestätigung		keiner besonderen Bedeutung zugeordnet (auch GRAU u. SCHWARZ zul.)	kann für jede Bedeutung angewendet werden, mit Ausnahme von STOP- oder AUS-Drucktasten

4.4.3. Darstellung der Funktion einer elektrischen Steuerung

Entwurf, Inbetriebnahme, Wartung und Störungssuche setzen eine sorgfältige Dokumentation einer Steuerung als Verständigungsmittel voraus. Die Zuordnung der Schaltungsunterlagen, entsprechend den verschiedenen Normen und Richtlinien, ist im Einzelfall von der Art und Größe einer Anlage abhängig.

Technologieschema

Das Technologieschema zeigt in vereinfachter Form schematisch die zum Verständnis der Funktion wesentlichen Bestandteile einer Maschine oder Anlage sowie die Anordnung der dafür erforderlichen Eingangs- und Ausgangselemente einer Steuerung.
Das folgende Beispiel zeigt das Technologieschema der Aufzugssteuerung einer Mischanlage:

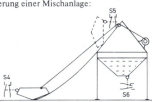

Verbale Funktionsbeschreibung

Die verbale (sprachliche) Funktionsbeschreibung ergänzt das Technologieschema:
1. Eine Seilwinde bewegt den Kübel auf- oder abwärts.
2. Die Aufwärts-Bewegung wird von Hand mit dem Taster S2 eingeleitet (kein Tippbetrieb).
3. Die Umschaltung von „Aufwärts" zu „Stillstand" erfolgt automatisch mit dem oberen Grenztaster S5 oder von Hand mit dem Taster S1.
4. Die Umschaltung von „Stillstand" zu „Abwärts" soll durch Betätigen des Taster S3 oder, wenn der Kübel in der oberen Endlage steht, automatisch nach einer einstellbaren Zeit t erfolgen.
5. Die Abschaltung der Abwärts-Bewegung muß sofort automatisch bei Betätigung des Grenztasters S4 oder des Tasters S1 erfolgen.
6. Die Aufwärts-Bewegung darf nur eingeleitet werden können, wenn die Abwärts-Bewegung nicht eingeschaltet ist oder eingeschaltet wurde.
7. Die Aufwärts-Bewegung darf nicht beginnen bzw. muß sofort gestoppt werden, wenn die Tür des Silos (S6) geöffnet ist.

Übersichtsschaltplan

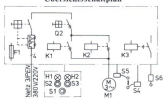

Der Übersichtsschaltplan (block diagram) ist die vereinfachte, meist einpolige Darstellung der Schaltung, wobei nur die wesentlichen Teile berücksichtigt werden. Er zeigt die Gliederung und Arbeitsweise einer elektrischen Einrichtung.

4.4. Steuerungstechnik

Stromlaufplan in aufgelöster Darstellung

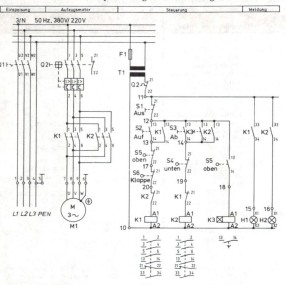

Schaltplan

Ein Schaltplan (diagram) zeigt, wie die verschiedenen elektrischen Betriebsmittel miteinander in Beziehung stehen. Dabei werden die Betriebsmittel durch Schaltzeichen, gelegentlich auch durch Abbildungen oder vereinfachte Konstruktionszeichen, dargestellt.

Stromlaufplan

Ein Stromlaufplan (circuit diagram) ist die ausführliche Darstellung einer Schaltung in ihren Einzelteilen.

Stromlaufplan in aufgelöster Darstellung

Stromlaufpläne werden meist in aufgelöster Darstellung gezeichnet, so daß jeder Stromweg leicht zu verfolgen ist. Alle belegten Schaltglieder eines elektrischen Betriebsmittels erhalten die gleiche Bezeichnung. Hauptstromkreis, Steuerstromkreis und Meldestromkreis werden getrennt, meist von links nach rechts, gezeichnet.

Stromlaufplan in zusammenhängender Darstellung

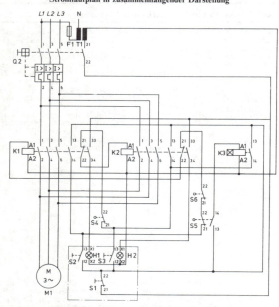

Stromlaufplan in zusammenhängender Darstellung

Alle Schaltglieder eines elektrischen Betriebsmittels werden zusammenhängend gezeichnet. Da Haupt- und Hilfsstromkreise in einem Bild erscheinen, wird der Überblick über die Funktion der Schaltung wesentlich erschwert.

4.4. Steuerungstechnik

Stromlaufplan in aufgelöster Darstellung

Der Stromlaufplan in aufgelöster Darstellung zeigt die Realisierung der Aufzugssteuerung in kontaktloser Technik:

Im Gegensatz zum Stromlaufplan in aufgelöster Darstellung werden im Stromlaufplan in halbzusammenhängender Darstellung die Schaltzeichen für die verschiedenen Teile eines elektrischen Betriebsmittels so angeordnet, daß die mechanischen Verbindungen zwischen den zusammengehörenden Teilen eingezeichnet werden können.

Zugunsten einer klaren Führung der elektrischen Verbindungslinien dürfen die mechanischen Wirkverbindungslinien auch geknickt und verzweigt dargestellt werden.

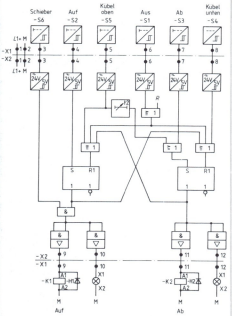

Anschlußpläne
nach DIN 40 719 T 9 (4.79)

In einem Anschlußplan sind die Anschlußstellen einer elektrischen Einrichtung und die daran angeschlossenen inneren und äußeren leitenden Verbindungen dargestellt.

Die Anschlußstellen werden als Quadrate, Rechtecke, Punkte oder Kreise dargestellt. Die Anschlußstellen werden mit Ziffern und/oder Buchstaben gekennzeichnet; die Kennzeichnung muß mit der Bezeichnung der Anschlußstellen im Stromlaufplan übereinstimmen.

Zum Auffinden des Gegenanschlusses und zur Leitungsverfolgung sind die Verbindungslinien an den Anschlußstellen zu kennzeichnen, z. B. durch Zielbezeichnungen, Leitungsnummern oder Signalbezeichnungen.

Das zu verwendende Leitungsmaterial soll im Anschlußplan oder in einer dazugehörigen Unterlage angegeben werden.

Die Abbildung zeigt die Klemmleiste für den Stromlaufplan der Aufzugssteuerung mit Zielbezeichnung der inneren und äußeren Verbindungen; die Ziele sind entsprechend DIN 40 719 T 2 (s. S. 4-34) gekennzeichnet.

Stromlaufplan in halbzusammenhängender Darstellung

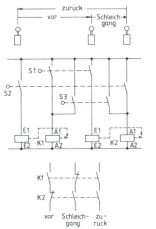

4.4. Steuerungstechnik

Schaltfolgediagramm

Das Schaltfolgediagramm nach DIN 40719 T 11 (8.78) stellt die funktionelle Folge der Schaltzustände von Betriebsmitteln (Relais) dar und wird vorzugsweise bei Relaisschaltungen als Ergänzung des Stromlaufplanes zur Veranschaulichung der Aufeinanderfolge der einzelnen Schaltvorgänge angewendet. Die Darstellung ist meist nicht zeitproportional.

In der ersten Zeile (Kopfzeile) des Schaltfolgediagramms sind die einzelnen Betriebsmittel und gegebenenfalls Signale angegeben. Die erste Spalte enthält die laufenden Nummern; die folgenden die Bezeichnung der Schaltvorgänge und ihre Gliederung, ausgehend von der äußeren Ursache zur Einleitung des Funktionsablaufs bis zu dessen Ergebnis bzw. Wirkung nach außen.

Das folgende Beispiel zeigt das Schaltfolgediagramm der Aufzugssteuerung (s. S. 4-25):

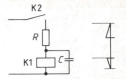

Zusätzliche Striche mit einer Neigung von ca. 30° gegen die Senkrechte werden verwendet, wenn die **Angabe der Stromrichtung** erforderlich ist, z. B. bei Gegenerregung:

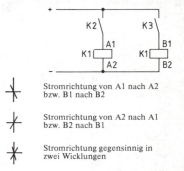

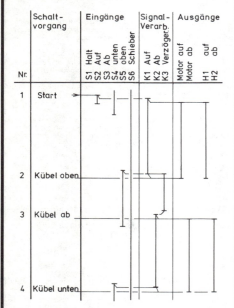

Eine durchgehende Linie kennzeichnet den Erregerstrom, der das Relais bzw. Schütz in Arbeitsstellung bringt oder hält bzw. bei einer Ausschaltverzögerung den Schaltzustand „Ein" mit Angabe der Verzögerungszeit. Bei Kontakten kennzeichnet eine durchgehende Linie die Arbeitsstellung; keine Linie entspricht der Ruhestellung bzw. Darstellung des Kontaktes im Stromlaufplan.

Eine gestrichelte Linie kennzeichnet einen Erregerstrom, der das Relais nicht in Arbeitsstellung bringt oder hält bzw. bei einer Einschaltverzögerung den Schaltzustand „Aus" mit Angabe der Verzögerungszeit.

Beginn und Ende eines Schaltvorganges werden mit einem Querstrich gekennzeichnet.

Verzögerte Ansprech- und Rückfallzeiten können mit einem Dreieck dargestellt werden, wobei die Länge des Dreiecks der Verzögerungszeit entsprechen kann:

Stromrichtung von A1 nach A2 bzw. B1 nach B2

Stromrichtung von A2 nach A1 bzw. B2 nach B1

Stromrichtung gegensinnig in zwei Wicklungen

Bei **bistabilen Relais**, z. B. Telegrafenrelais, gibt der Schrägstrich den Zusammenhang zwischen dem Stromfluß in der Wicklung und der daraus resultierenden Stellung der Kontakte bzw. des Ankers an:

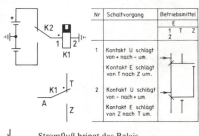

Stromfluß bringt das Relais in Ruhestellung

Stromfluß bringt das Relais in die Arbeitsstellung

Die Stromrichtungen in zwei Wicklungen sind gegensinnig

Zeitablaufdiagramme

Zeitablaufdiagramme nach DIN 40719 T 11 (8.78) werden vorzugsweise zur Darstellung des Funktionsablaufes in taktgesteuerten, digitalen Schaltungen verwendet.

Jede Funktion wird entsprechend dem gewählten Zeitmaßstab waagerecht aufgetragen. Die Zeitachsen werden für jede Teilfunktion bzw. jeden Takt untereinander dargestellt (Beispiele s. S. 4-13).

4.4. Steuerungstechnik

4.4.4. Speicherprogrammierte Steuerungen

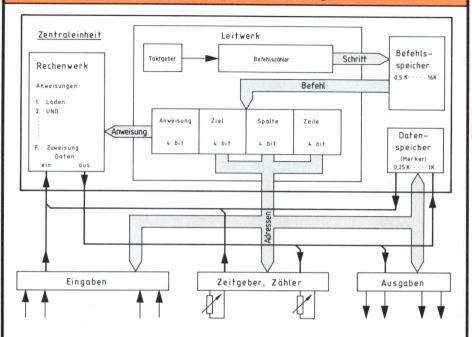

Der interne Aufbau eines speicherprogrammierten Steuerungsgerätes entspricht weitgehend dem internen Aufbau eines Computers.

Das Programm – die Gesamtheit aller Anweisungen und Vereinbarungen für die Signalverarbeitung – wird mittels einer Programmiereinheit in den Befehlsspeicher eingegeben und dort nullspannungsgesichert gespeichert.

Nach dem Einschalten der Betriebsspannung wird zunächst ein Neutralisierungszyklus durchlaufen, in dem die Ausgangsmerker und nicht nullspannungsgesicherten Merker auf 0 gesetzt werden. Anschließend wird der Befehlszähler zurückgesetzt.

Das vom Befehlszähler adressierte 16-Bit-Wort des Befehlsspeichers enthält eine vollständige Steuerungsanweisung. Die ersten 4 Bit enthalten den Operationsteil, die folgenden 12 Bit den Operandenteil. Der Operationsteil beschreibt die auszuführende Operation, z. B. eine logische Verknüpfung, während der Operandenteil die Adresse des Datenbits beschreibt, mit dem die Operation ausgeführt werden soll.

Enthält der Operationsteil einen Lade- oder Verknüpfungsbefehl, so wird der im Operationsteil adressierte Ausgangsmerker (parallel zu jedem Ausgang ist im Datenspeicher ein Merker angelegt) oder Eingang einer Eingabegruppe über den Datenbus (1 Bit) nach seinem Signalzustand abgefragt. Im Rechenwerk erfolgt die Speicherung oder Verknüpfung mit dem Inhalt des Resultatregisters, auch Akkumulator genannt; das Verknüpfungsergebnis wird anschließend im Akkumulator gespeichert. Enthält der Operationsteil dagegen z. B. einen Setzbefehl, so wird der im Operandenteil adressierte Ausgangsmerker und Ausgang eines Zeitgebers oder einer Ausgabegruppe über den Datenbus (1 Bit) eingeschaltet, wenn im Akkumulator ein 1-Signal gespeichert ist. Nach der Ausführung des Befehls wird der Inhalt des Befehlszählers um 1 erhöht und der nächste Befehl abgearbeitet.

Nach der Bearbeitung der letzten im Befehlsspeicher stehenden Anweisung oder der Anweisung PE (Programmende) wird der Befehlszähler zurückgesetzt, so daß sich die Bearbeitung der Anweisungsfolge ständig wiederholt. Die Zeit für eine einmalige Bearbeitung aller Anweisungen wird Zykluszeit genannt; sie beträgt je nach Fabrikat 1 ms bis 50 ms je 1 K (= 1024) Anweisungen.

Vielfach wird die Zykluszeit mit einer sogenannten Watch-Dog-Schaltung überwacht. Wird ein Bearbeitungszyklus nicht innerhalb einer bestimmten Zeit beendet, weil z. B. ein Programm- oder Gerätefehler vorliegt, so werden die Programmbearbeitung gestoppt und alle Ausgänge der SPS zurückgesetzt. Die Watch-Dog-Schaltung spricht ebenfalls an, wenn bei zugeschalteter Programmiereinheit die Betriebsart „RUN" verlassen wird.

Große SPS-Geräte verfügen neben der beschriebenen Bit-Verarbeitung zusätzlich über eine Wortverarbeitung, z. B. für Vergleiche und mathematische Operationen.

4.4. Steuerungstechnik

Bestimmungen zur elektrischen Ausrüstung von Industriemaschinen (Auszug) nach DIN IEC 44(CO)48/VDE 0113 E (6.80)

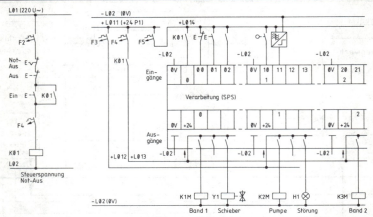

Elektronische Werkzeugmaschinensteuerung mit Sicherheitskreis (NOT-AUS) in Schütztechnik

Hauptschalter

Die elektrische Ausrüstung der Maschine muß mit Einrichtungen ausgestattet sein:
a) zum Stillsetzen der Maschine im Gefahrenfall und – falls notwendig – zur Drehrichtungsumkehr;
b) zum Abtrennen der elektrischen Ausrüstung von der Netzspannung.

Wenn für die NOT-AUS-Einrichtung die gleichen Stromkreise ausgeschaltet werden dürfen, darf für beide Funktionen ein Gerät verwendet werden.

NOT-AUS-Einrichtung

Wenn Gefahren für Personen oder Schäden an der Maschine entstehen können, müssen zu ihrer Verhinderung durch Betätigen der NOT-AUS-Einrichtung gefährliche Teile der Maschine oder die ganze Maschine so schnell wie möglich stillgesetzt werden. Hierzu ist eine der beiden folgenden Methoden anzuwenden:
a) Ein NOT-AUS-Schalter, der die Speisung der entsprechenden Stromkreise unterbricht. Ein solcher Schalter darf handbetätigt ein- oder fernbetätigt durch das Ausschalten eines entsprechenden Steuerstromkreises auszuschalten sein.
b) Eine Anordnung in den Steuerstromkreisen, die durch einen Befehl alle Stromverbraucher durch Entregen unmittelbar abschaltet, die zu einer Gefährdung führen können.

Die Betätigung der NOT-AUS-Einrichtung darf weder den Bedienenden noch die Maschine gefährden und darf nicht solche Hilfseinrichtungen abschalten, die auch im Notfall weiterarbeiten müssen, wie z. B. die Erregung von Spannplatten.

Das Rückstellen (Entriegeln) der NOT-AUS-Einrichtung darf nicht den Wiederanlauf der Maschine oder ihrer Teile bewirken.

NOT-AUS-Schalter müssen vom Standplatz des Bedienenden aus gut sichtbar und leicht erreichbar sein.

Anschluß von Signalgebern

Hinsichtlich der Drahtbruchsicherheit wird gefordert:
a) Das Starten wird durch Einschalten des entsprechenden Stromkreises oder, im Falle digitaler elektronischer Bauelemente, durch 1-Signal ausgeführt.
b) Das Stillsetzen wird durch Ausschalten des entsprechenden Stromkreises oder, im Falle digitaler elektronischer Bauelemente, durch 0-Signal ausgeführt.
c) Der Halt-Befehl hat Vorrang vor dem zugeordneten Startbefehl.

Hinsichtlich des Schutzes gegen unbeabsichtigten Anlauf durch Erdschluß wird gefordert:

Erdschlüsse in Steuerstromkreisen dürfen weder zum unbeabsichtigten Anlauf oder zu gefährlichen Bewegungen einer Maschine führen, noch deren Stillsetzung verhindern. Um diese Forderung zu erfüllen, sollen die Steuerstromkreise einseitig mit dem Schutzleitersystem verbunden und Spulen und Hilfsschalter wie folgt angeordnet sein.

Anschluß von Spulen und Hilfsschaltgliedern

In Steuerstromkreisen muß eine Anschlußstelle von Betätigungsspulen direkt an den Schutzleiter angeschlossen sein. Alle Schaltglieder von Steuergeräten, die auf diese Spule wirken, müssen zwischen dem anderen Anschluß der Spule und dem nicht mit dem Schutzleiter verbundenen Leiter des Steuerstromkreises angeschlossen sein.

Ausnahmen, z. B. für Hilfsschalter von Überstromrelais und bei Verwendung von Schleifleitungen und Vielfachsteckern, sind nur unter bestimmten Voraussetzungen zulässig.

Steuertransformator

Für die Speisung von elektronischen Steuer- und Meldestromkreisen müssen Steuertransformatoren vorgesehen werden.

4.4. Steuerungstechnik

Programmierung von SPS nach DIN 19 239 (5.83)

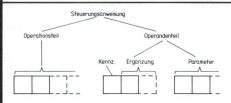

Kennzeichen von Operanden			
E	Eingang	T	Zeitglied
A	Ausgang	Z	Zähler
M	Merker	P	Programmbaustein
K	Konstante	F	Funktionsbaustein

Das Programm einer speicherprogrammierten Steuerung besteht aus einer Folge von Steuerungsanweisungen. Eine Steuerungsanweisung enthält den Operationsteil und den Operandenteil. Der Operandenteil kann auch entfallen oder durch eine Adresse ersetzt werden. Operandenkennzeichen können durch Ergänzungen näher erläutert werden.

Der Operationsteil kann bis zu vier Zeichen, das Operandenkennzeichen mit Ergänzungen bis zu drei Zeichen und der Parameterteil beliebig viele Zeichen enthalten. Teile der Steuerungsanweisung können durch Leerzeichen (blanks) getrennt werden.

Die Norm legt weder den Mindest- noch den Höchstumfang aller in speicherprogrammierten Steuerungen verwendeten Operationen und Operanden fest. Eine speicherprogrammierte Steuerung kann deshalb Teilmengen der Norm beherrschen oder auch den aufgeführten Umfang überschreiten.

Ergänzungen zu Operandenkennzeichen			
T	Tetrade (4 Bit)	A	Analog
B	Byte: 8 Bit	I	Impuls
W	Wort: 2 Byte	E	Einschalt-Verzögerung
D	Doppelwort	A	Ausschalt-Verzögerung

Beispiel:
Programmierung einer Stern-Dreieck-Anlasserschaltung nach Kontaktplan

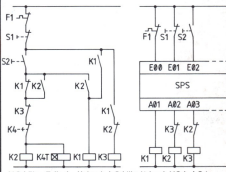

Operationen	
L	Laden: Beginn einer Anweisungsfolge. Der Signalzustand des abgefragten Eingangs, Ausgangs oder Merkers wird in den Accu übernommen.
NOP	Nulloperation; Programmschritt, bei dem der Signalzustand des Accus nicht beeinflußt wird.
U	UND-Verknüpfung des Accu-Signalzustandes mit dem Signalzustand des nachfolgenden Operanden.
O	ODER-Verknüpfung des Accu-Signalzustandes mit dem Signalzustand des nachfolgenden Operanden.
N	Der abgefragte Signalzustand wird vor dem Speichern oder Verknüpfen umgekehrt. Anwendung im Zusammenhang mit den Operationen Laden (LN), UND (UN), ODER (ON), Zuweisung (= N).
=	Zuweisung; Setzen eines Ausgangs, Merkers oder Timers mit dem Signalzustand des Accus.
S	Speicherndes Setzen eines Ausgangs oder Merkers, wenn der Signalzustand des Accus „1" ist.
R	Speicherndes Rücksetzen eines Ausgangs oder Merkers, wenn der Signalzustand des Accus „1" ist.
PE	Programm-Ende; anschließend läuft das Programm erneut ab der Startadresse 000 ab.
SP	Ein unbedingter Sprung wird zur angegebenen Adresse (Sprungziel), unabhängig vom Signalzustand des Accus, ausgeführt.
SPB	Ein bedingter Sprung wird zur angegebenen Adresse nur ausgeführt, wenn der Signalzustand des Accus „1" ist.
BA	Baustein-Aufruf; Aufruf einer signalverarbeitenden Baugruppe oder eines „Programmbausteins".
BE	Baustein Ende.

0,0,0	L	E,0,0		0,1,5	=	A,0,2	
0,0,1	U	E,0,1		0,1,6	=	T,0,0	
0,0,2	=	M,0,0		0,1,7	L	E,0,2	
0,0,3	L	A,0,1		0,2,0	U	A,0,2	
0,0,4	U	A,0,2		0,2,1	O	A,0,1	
0,0,5	O	E,0,2		0,2,2	U	M,0,0	
0,0,6	U	M,0,0		0,2,3	=	A,0,1	
0,0,7	=	A,0,1		0,2,4	L	M,0,0	
0,1,0	L,N	A,0,1		0,2,5	U	A,0,1	
0,1,1	O	A,0,2		0,2,6	U,N	A,0,2	
0,1,2	U	M,0,1		0,2,7	=	A,0,3	
0,1,3	U,N	A,0,3		0,3,0	P,E		
0,1,4	U,N	T,0,0					

Anmerkung:
1) Die Realisierung einer Stern-Dreieck-Anlasserschaltung mit einer SPS ist nur im Rahmen einer größeren Anlagensteuerung sinnvoll.
2) Je nach Fabrikat erfolgt die Adressierung der Anweisungen und Parameter dezimal, sedezimal (Ziffernvorrat 0 ··· 9, A ··· F) oder oktal (Ziffernvorrat 0 ··· 7) wie im Beispiel.
3) Stromlaufplan des Leistungsteils s. S. 7-11.

4.4. Steuerungstechnik

Benennung	Zeichen[1] d e Z2	Kontaktplan-Darstellung[2]	Nachbildung der Kontaktplan-Darstellg. [2][3]	Funktionsplan-Darstellung[2]	Anweisungsliste[2]
UND	U A &	K1, K2, K3 (Reihenschaltung)	E01 E02 A03 ⊣├─⊣├─( )	E01, E02 & A03	0.0.0 L E.0.1 0.0.1 U E.0.2 0.0.2 = A.0.3 0.0.3 P.E.
ODER	O O /	K1 ∥ K2, K3	E01 A03 ⊣├──( ) E02 ⊣├	E01, E02 ≥1 A03	0.0.0 L E.0.1 0.0.1 O E.0.2 0.0.2 = A.0.3 0.0.3 P.E.
Exklusiv-ODER	XO XO	K1 K1̄ / K2̄ K2	E01 E02 A03 ⊣├─⊣/├─( ) E01 E02 ⊣/├─⊣├	E01, E02 =1 A03	0.0.0 L E.0.1 0.0.1 XO E.0.2 0.0.2 = A.0.3 0.0.3 P.E.
NICHT/Negation	N N	K1, K0̄, K2, K0/K3	E01 E02 A03 ⊣├─⊣├─(/)	E01, E02 & A03 (neg. Ausgang)	0.0.0 L E.0.1 0.0.1 U E.0.2 0.0.2 =N A.0.3 0.0.3 P.E.
Merker	M M	K1 K3, K2 K4, K5	E01 E02 A05 ⊣/├─⊣├─( ) E03 E04 ⊣├─⊣/├	E01, E02 & → 1 A05 E03, E04 &	0.0.0 L N E.0.1 0.0.1 U E.0.2 0.0.2 = M.0.0 0.0.3 L E.0.3 0.0.4 U N E.0.4 0.0.5 U M.0.0 0.0.6 = A.0.5 0.0.7 P.E.

Anmerkung:

[1] Die aus der englischen Sprache (e) abgeleiteten mnemotechnischen Kurzbezeichnungen sind nur Empfehlungen. Die Zeichen unter Z2 sind an die mathematische Schreibweise angelehnt.
[2] Bei den Beispielen wurde immer davon ausgegangen, daß alle Eingabeglieder Schließer sind.
[3] Die Nachbildung der Kontaktplan-Darstellung wird ausschließlich zur Darstellung von Programmen, nicht jedoch als Schaltzeichen in Schaltungsunterlagen verwendet.

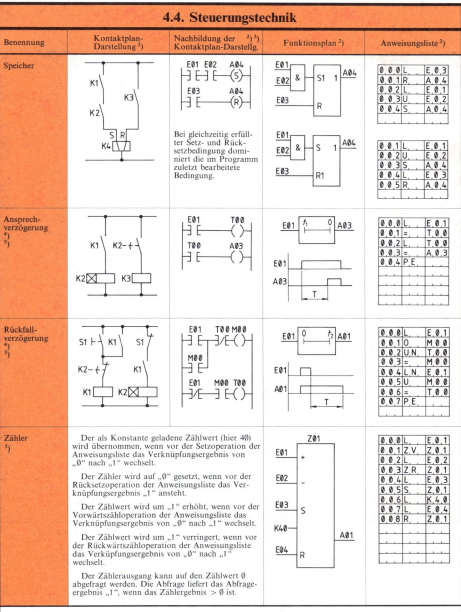

4.4. Steuerungstechnik

4.4.5. Kennzeichnung von elektrischen Betriebsmitteln nach DIN 40 719 T 2 (6.78)

Kennbuchstabe 6.78	Kennbuchstabe 9.57	Art des Betriebsmittels	Beispiele
A		Baugruppen	Gerätekombinationen und Teilbaugruppen, die eine konstruktive Einheit bilden, anderen Buchstaben aber nicht eindeutig zugeordnet werden können; z. B. Einschübe, Einsätze, Rahmen, Steckkarten
B	f	Umsetzer von nichtel. Größen auf el. Größen und umgekehrt	Meßumformer für Temperatur, Licht, Drehfrequenz u. a.; Näherungsinitiatoren, Weg- und Winkelumsetzer
C	k	Kondensatoren	
D		Binäre Elemente, Verzögerungseinrichtungen Speichereinrichtungen	Einrichtungen und integrierte Schaltkreise der digitalen Steuerungs-, Regelungs- und Rechentechnik; z. B. UND-Glieder, digitale Zähler, Plattenspeicher
E		Verschiedenes	an anderer Stelle dieser Tabelle nicht aufgeführte Einrichtungen, z. B. Heizungen, Beleuchtungen
F	e	Schutzeinrichtungen	Sicherungen, Schutzrelais, Überspannungsableiter, Druckwächter, Windfahnenrelais, Buchholzschutz
G	m	Stromversorgungen, Generatoren	Stromversorgungseinrichtungen, Generatoren, Batterien, Ladegeräte, Oszillatoren, Taktgeneratoren
H	h	Meldeeinrichtungen	Leucht- und Hörmelder, Zeitfolgemelder
K	c, d	Schütze, Relais	Leitungs- und Hilfsschütze; Hilfsrelais, Blinkrelais
L	k	Induktivitäten	Drosselspulen, Frequenzsperren
M	m	Motoren	
N	p	Verstärker, Regler	Einrichtungen der analogen Steuerungs-, Regelungs- und Rechentechnik; Operationsverstärker
P	g	Meßgeräte, Prüfeinrichtungen	analog und digital anzeigende und registrierende Meßeinrichtungen, Datensichtgeräte, Simulatoren
Q		Starkstrom-Schaltgeräte	Leistungsschalter und -trenner, Motorschutzschalter, Installationsschalter, Stern-Dreieck-Schalter
S	a, b	Schalter, Wähler	Taster, Grenztaster, Befehlsgeräte, Wählscheiben
T	m	Transformatoren	Spannungs- und Stromwandler, Netz- und Trenntransform.
U		Modulatoren, Umsetzer von el. Größen in andere el. Größen	Spannungs-Frequenz-Wandler, Code-Umsetzer, Parallel-Serien-Umsetzer, Opto-Koppler, Fernwirkgeräte
V	p	Halbleiter, Röhren	Transistoren, Thyristoren, Röhren, Thyratrons
W		Übertragungswege, Leitungen, Antennen	Schaltdrähte, Sammelschienen, Kabel, Hohlleiter, Dipole, Lichtleiter
X		Klemmen, Stecker, Steckdosen	
Y		el. betätigte mechan. Einr.	Bremsen, Kupplungen, Ventile
Z		Filter, Entzerrer, Begrenzer, Anschlüsse	Hoch-, Tief- und Bandpässe; Funkenstör- und Funkenlöscheinrichtungen; Frequenzweichen

Kennzeichnung allgemeiner Funktionen

Kennbuchst.	Allgemeine Funktion	Kennbuchst.	Allgemeine Funktion	Kennbuchst.	Allgemeine Funktion
A	Hilfsfunktion, Aus	J	Integration	S	speichern, aufzeichnen
B	Bewegungsrichtung	K	Tastbetrieb	T	Zeitmessung, verzögern
C	Zählung	L	Leiterkennzeichnung	V	Geschwindigkeit (bremsen, beschleunigen)
D	Differenzierung	M	Hauptfunktion		
E	Funktion Ein	N	Messung	W	addieren
F	Schutz	P	proportional	X	multiplizieren
G	Prüfung	Q	Zustand (Start, Stop, Begrenzung)	Y	analog
H	Meldung			Z	digital
		R	rückstellen, löschen		

Vorzeichen: = Anlage − Funktion   Beispiel: −K3M   − Funktion 3 Zählnummer
+ Ort : Anschluß   K Schütz M Hauptfunktion

4.4. Steuerungstechnik

4.4.6. Anschlußbezeichnungen, Kennzahlen, Kennbuchstaben für Niederspannungs-Schaltgeräte

Allgemeine Regeln nach DIN EN 50 005 (7.77)

Der Geltungsbereich umfaßt Niederspannungsschaltgeräte bis 1000 V Wechselspannung und 1200 V Gleichspannung.

Die Festlegungen gelten für den Auslieferungszustand; lediglich die Ordnungsziffer kann vom Gerätehersteller oder Anwender festgelegt werden.

Die Anschlußbezeichnungen müssen eindeutig sein; das heißt, jede Bezeichnung darf nur einmal am gleichen Betriebsmittel vorkommen. Sie müssen die Zugehörigkeit der Anschlüsse eines Stromkreis-Elementes in einer Strombahn erkennen lassen.

Sollen Eingangs- und Ausgangsanschlüsse eines Stromkreis-Elementes unterschieden werden, so erhält der Eingang die niedrigere Zahl.

Spulen und Leuchtmelder

Die Bezeichnung erfolgt stets alphanumerisch:

A1, A2 Spule eines Antriebes
B1, B2 2. Wicklung eines Antriebes
C1, C2 Arbeitsstromauslöser
D1, D2 Unterspannungsauslöser
E1, E2 Verriegelungsmagnete
X1, X2 Leuchtmelder

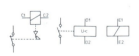

Schaltglieder bei Schaltern mit zwei Schaltstellungen

Hauptstromkreise

Die Anschlüsse von Hauptschaltgliedern werden mit einziffrigen Zahlen bezeichnet. Zu jedem mit einer ungeraden Zahl bezeichneten Anschluß gehört der Anschluß mit der unmittelbar folgenden geraden Zahl.

Hilfsstromkreise

Die Anschlüsse von Hilfsschaltgliedern werden mit zweiziffrigen Zahlen bezeichnet, wobei die Ziffer an der Einerstelle die Funktion kennzeichnet und die Ziffer an der Zehnerstelle eine Ordnungsziffer ist.

Öffner erhalten die Funktionsziffern 1 und 2, Schließer die Funktionsziffern 3 und 4. Bei Wechslern erhält der Drehpunkt eine ungerade Ziffer; die zweite ungerade Ziffer entfällt.

Bei Hilfsschaltgliedern mit speziellen Funktionen, z. B. zeitverzögerte Hilfsschaltglieder, wird der Öffner mit 5 und 6, der Schließer mit 7 und 8 bezeichnet.

Gleiche Ordnungsziffern kennzeichnen die zusammengehörigen Anschlüsse eines Schaltgliedes. Alle Schaltglieder eines Betriebsmittels mit gleicher Funktion müssen unterschiedliche Ordnungsziffern haben.

Überlast-Schutzeinrichtungen

Die Anschlüsse der Hauptstrombahnen werden wie die Anschlüsse von Hauptschaltgliedern bezeichnet. Die Anschlüsse der Hilfsschaltglieder werden wie die Anschlüsse von Spezialschaltgliedern, jedoch mit der Ordnungsziffer 9, bezeichnet.

Kennzahlen

Schaltgeräten mit einer festen Anzahl von Hilfsschaltgliedern können zweiziffrige Kennzahlen zugeordnet werden. Die Ziffer der Einerstelle gibt die Anzahl der Öffner, die Ziffer der Zehnerstelle die Anzahl der Schließer an.

Beispiel:
Gerät mit 3 Schließern und 1 Öffner

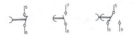

Hilfsschaltglieder von bestimmten Schützen nach DIN EN 50 012 (2.77)

Hilfsschaltglieder von Schützen beliebiger Bauform und Baugröße können eine Kennzahl und eine Anschlußbezeichnung entsprechend DIN EN 50 005 erhalten. Die Anschlußbezeichnungen stimmen mit der Anschlußbezeichnung entsprechender Hilfsschütze mit dem Kennbuchstaben E (EN 50 011) überein.

Folgende Kennziffern sind aufgeführt:
01, 10, 11, 12, 13, 21, 22, 23, 31, 32, 41

Bestimmte Befehlsgeräte nach DIN EN 50 013 (2.77)

Schaltglieder von Befehlsgeräten mit zwei definierten Schaltstellungen können eine Kennzahl und eine Anschlußbezeichnung entsprechend DIN EN 50 005 erhalten. Die Anschlußbezeichnungen stimmen mit der Anschlußbezeichnung entsprechender Hilfsschütze mit dem Kennbuchstaben E (DIN EN 50 011) überein.

Folgende Kennziffern sind aufgeführt:
01, 02, 03, 04, 10, 11, 12, 13, 20, 21, 22, 30, 31

Zusätzlich sind aufgeführt:

4.4. Steuerungstechnik

4.4.7. Anschlußbezeichnungen, Kennzahlen, Kennbuchstaben für bestimmte Hilfsschütze nach DIN EN 50011 (2.77)

Für **Hilfsschütze mit dem Kennbuchstaben E** sind die Reihenfolge der Schließer und Öffner sowie die Kennzahlen festgelegt. Die Ordnungsziffern der Anschlüsse sind mit der Zählfolge von links nach rechts identisch.

Bei mehretagigen Geräten beginnt die Zählfolge mit der Etage, die der Montageebene am nächsten liegt. Das folgende Beispiel zeigt zwei Hilfsschütze verschiedener Bauart, jedoch mit der gleichen Kennziffer 62 E:

Bei Hilfsschützen mit dem Kennbuchstaben Z entspricht die Anschlußbezeichnung der Ausführung E; die Lage der Schaltglieder weicht jedoch ab.

Folgende Kombinationen sind mit dem Buchstaben Y gekennzeichnet:

Weichen Lage und Anschlußbezeichnungen der Schaltglieder von der Ausführung E ab, so erhält das Hilfsschütz den Kennbuchstaben X:

Schaltzeichen der Hilfsschütze mit dem Kennbuchstaben E

4.5. Regelungstechnik

4.5.1. Grundbegriffe der Regelungstechnik

Nach DIN 19 226 ist „das Regeln beziehungsweise die Regelung ein Vorgang, bei dem die zu regelnde Größe (Regelgröße) fortlaufend erfaßt, mit der Führungsgröße verglichen und abhängig vom Ergebnis dieses Vergleichs im Sinne einer Angleichung an die Führungsgröße beeinflußt wird. Der sich dabei ergebende Wirkungsablauf findet in einem geschlossenen Kreis, dem Regelkreis, statt."

so sinkt der Flüssigkeitsstand; der Schwimmer (Meßglied) öffnet über einen Hebel das Eingangsventil (Stellglied) und erhöht damit die zufließende Wassermenge. Mit steigendem Wasserstand verringert die Regeleinrichtung den Zufluß so lange, bis zu- und abfließende Wassermenge wieder im Gleichgewicht sind und der ursprüngliche Wasserstand wieder nahezu erreicht ist.

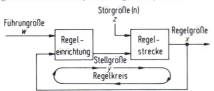

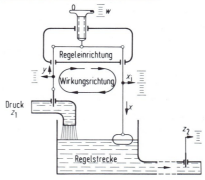

Das Beispiel zeigt eine Wasserstandsregelung. Regelstrecke ist der Wasserbehälter, Regelgröße der Wasserstand. Im Beharrungszustand des Regelkreises sind die Istwerte der Regel- und Stellgröße (Schieberstellung in der Zuleitung) sowie der Störgrößen (Änderung des Wasserdrucks in der Zuleitung und der Abflußmenge) im Gleichgewicht; die Wasserstandshöhe im Behälter ist konstant. Wird z. B. infolge eines Druckabfalls in der Zuleitung die zufließende Wassermenge kleiner als die abfließende,

Regelungstechnische Begriffe und Bezeichnungen

Begriff und Formelzeichen		Definition nach DIN 19 226 (5.68)
Führungsgröße	w	Eine der Regeleinrichtung von außen zugeführte und von der Regelung unbeeinflußte Größe, der die Regelgröße in einer vorgegebenen Abhängigkeit folgen soll.
Führungsbereich	W_h	Bereich, innerhalb dessen die Führungsgröße liegen kann.
Regeleinrichtung		(Auch Einrichtung oder Regler genannt) Die gesamte Einrichtung, die über das Stellglied aufgabengemäß (meist Konstanthaltung der Regelgröße) auf die Strecke einwirkt.
Regelkreis		Alle Glieder des geschlossenen Wirkungsablaufs der Regelung bilden den Regelkreis (Zusammenschaltung von Regelstrecke und Regeleinrichtung).
Regelstrecke		(Auch Strecke genannt) Der gesamte Teil der Anlage, in dem die Regelgröße aufgabengemäß (meist Konstanthaltung) beeinflußt wird.
Regelgröße	x	Größe, die in der Regelstrecke konstant gehalten oder nach einem vorgegebenen Programm beeinflußt werden soll.
Regelbereich	X_h	Bereich, innerhalb dessen die Regelgröße unter Berücksichtigung der zulässigen Grenzen der Störgrößen eingestellt werden kann, ohne die Funktionsfähigkeit der Regelung zu beeinträchtigen.
Istwert der Regelgröße	x_i	Der tatsächliche Wert der Regelgröße im betrachteten Zeitpunkt.
Sollwert der Regelgröße	x_s	Der angestrebte Wert der Regelgröße im betrachteten Zeitpunkt.
Regelabweichung[1])	x_w	Die Differenz zwischen Regelgröße und Führungsgröße $x_w = x - w$. Die negative Regelabweichung wird als Regeldifferenz bezeichnet $x_d = w - x = -x_w$.
Stellgröße	y	Sie überträgt die steuernde Wirkung der Regeleinrichtung auf die Regelstrecke.
Stellbereich	Y_h	Bereich, innerhalb dessen die Stellgröße einstellbar ist.
Stellglied		Am Eingang der Strecke liegendes Glied, das dort den Masse- oder Energiestrom entsprechend der Stellgröße beeinflußt.
Störgröße	z	Von außen auf den Regelkreis einwirkende Störungen, die die Regelgröße ungewollt beeinträchtigen.
Störbereich	Z_h	Bereich, innerhalb dessen die Störgröße liegen darf, ohne daß die Funktionsfähigkeit der Regelung beeinträchtigt wird.

[1]) Anmerkung: nach DIN 19 221 (2.81) wird anstelle der Regelabweichung die Regeldifferenz $e = w - x$ verwendet.

4.5. Regelungstechnik

4.5.2. Zeitverhalten von Regelkreisgliedern

Um das oft komplizierte Zusammenwirken von Regelstrecke und Regeleinrichtung zu verstehen und zu optimieren, ist es sinnvoll, den Regelkreis längs des Wirkungsweges in gleichberechtigte, rückwirkungsfreie Glieder – wobei Regelstrecke und Regeleinrichtung ebenfalls aus solchen Gliedern zusammengesetzt sein können – zu unterteilen.

Ein solches Regelkreisglied kann im einfachsten Fall durch ein Rechteck, Block genannt, mit einem Eingangssignal u und einem Ausgangssignal v dargestellt werden.

Folgende Verfahren sind zur Beschreibung der zeitlichen Abhängigkeit des Ausgangssignals v vom Eingangssignal u, auch Signalübertragungsverhalten oder kurz Übertragungsverhalten genannt, üblich:

Sprungantwort oder Übergangsfunktion

Die Sprungantwort ist der zeitliche Verlauf der Ausgangsgröße v nach einer sprungartigen Änderung der Eingangsgröße u.

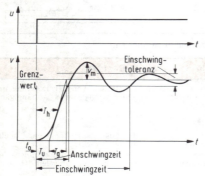

Hat die Sprungantwort für alle $t \geq t_0$ das gleiche Vorzeichen und strebt sie für $t \to \infty$ gegen einen von Null verschiedenen endlichen Grenzwert, so lassen sich folgende Kennwerte bestimmen:

Die **Verzugszeit** T_u, bestimmt durch den Punkt t_0 und den Schnittpunkt der ersten Wendetangente mit der Zeitachse;

die **Ausgleichszeit** T_g, bestimmt durch die Schnittpunkte der ersten Wendetangente mit der Zeitachse und der Abszissenparallele durch den Grenzwert;

die **Halbwertszeit** T_h; sie endet, wenn die Sprungantwort erstmalig den halben Grenzwert erreicht;

die **Anschwingzeit** vergeht vom Zeitpunkt t_0 an bis die Sprungantwort erstmalig eine der Grenzen der Einschwingtoleranz überschreitet;

die **Einschwingzeit** ist beendet, wenn die Sprungantwort letztmalig eine der Grenzen der Einschwingtoleranz überschreitet;

die **Einschwingtoleranz** ist die Differenz der zulässigen größten und kleinsten Abweichung der Sprungantwort vom Grenzwert;

die **Überschwingweite** V_m gibt die maximale Abweichung der Sprungantwort vom Grenzwert nach dem erstmaligen Überschreiten einer der Grenzen der Einschwingtoleranz an.

Wird die Sprungantwort auf die Sprunghöhe der Eingangsgröße bezogen, so entsteht die bezogene Sprungantwort, Übergangsfunktion $h(t) = v(t)/u(t)$ genannt.

Die Sprungantwort bzw. Übergangsfunktion läßt sich meist mit geringem Aufwand experimentell ermitteln.

Impulsantwort oder Gewichtsfunktion

Die Impulsantwort ist der zeitliche Verlauf der Ausgangsgröße bei einem Nadelimpuls (im Idealfall der Differentialquotient des Sprunges eines idealen Rechteckimpulses) als Eingangsgröße.

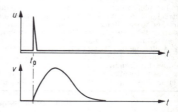

Wird die Impulsantwort auf die Zeitfläche der Eingangsgröße bezogen, so entsteht die bezogene Impulsantwort, Gewichtsfunktion $g(t) = v(t)/u(t)$ genannt.

Anstiegsantwort

Die Anstiegsantwort ist der zeitliche Verlauf der Ausgangsgröße v bei einer Anstiegsfunktion mit bestimmter Änderungsgeschwindigkeit du/dt als Eingangsgröße.

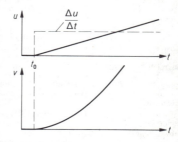

Sinusantwort

Die Sinusantwort ist der zeitliche Verlauf der Ausgangsgröße v bei sinusförmigem Verlauf der Eingangsgröße u.

Der Eingang des zu untersuchenden Regelkreisgliedes wird mit sinusförmigen Signalen verschiedener Frequenz beaufschlagt und die Amplituden sowie deren Phasenlage im eingeschwungenen Zustand zum Eingangssignal in Beziehung gesetzt.

4.5. Regelungstechnik

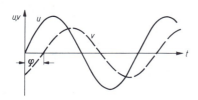

Frequenzgang

Die zusammenfassende Aussage über das Amplitudenverhältnis und die Phasenlage zwischen Ausgangs- und Eingangssignal bei verschiedenen Frequenzen wird als Frequenzgang bezeichnet. Hierfür ist die Zeigerdarstellung in der komplexen Zahlenebene sinnvoll.

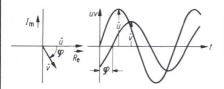

$$F(j\omega) = \frac{\hat{v} \cdot e^{j(\omega t + \varphi)}}{\hat{u} \cdot e^{j\omega t}} = \frac{\hat{v}}{\hat{u}} e^{j\varphi} = \left|\frac{\hat{v}}{\hat{u}}\right| e^{j\varphi} = |F(j\omega)| e^{j\varphi}$$

Die Länge der Zeiger ergibt sich aus dem Amplitudenverhältnis v/u, die Winkelstellung aus der Phasenverschiebung des Ausgangssignals gegenüber dem Eingangssignal als Bezugsgröße. Die komplexe Variable $j\omega$ wird häufig auch mit p abgekürzt geschrieben. Klingt die Schwingung mit dem Dämpfungsfaktor σ ab, so gilt entsprechend $p = j\omega + \sigma$.

Ortskurve des Frequenzganges

Werden Amplitudenverhältnis und Phasenlage für den Frequenzbereich $\omega = 0$ bis $\omega = \infty$ als Zeiger in die Gaußsche Zahlenebene (Polarkoordinaten) eingetragen und die Endpunkte aller Zeiger miteinander verbunden, so erhält man die Ortskurve des Frequenzganges, auch Nyquist-Diagramm genannt.

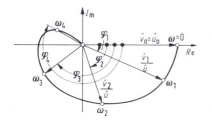

Amplituden und Phasengang

Der Amplitudengang ist das Amplitudenverhältnis $|F(j\omega)| = |\hat{v}/\hat{u}|$ in Abhängigkeit von der Frequenz; der Phasengang ist der Phasenwinkel Arc $F(j\omega) = \varphi$ des Frequenzganges in Abhängigkeit von der Frequenz. Üblich ist die Darstellung im rechtwinkligen Koordinatensystem, wobei die Kreisfrequenz und der Amplitudengang meist im logarithmischen Maßstab oder in normierter Form dargestellt werden. Häufig wird der Amplitudengang auch in Dezibel (dB) aufgetragen.

Als Frequenzkennlinien, auch Bode-Diagramm genannt, werden Amplituden- und Phasengang gemeinsam in Abhängigkeit von dem logarithmisch abgebildeten Wert der Kreisfrequenz ω oder der normierten Kreisfrequenz ω/ω_0 dargestellt.

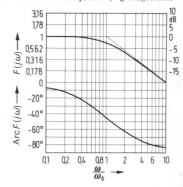

Zusammenschaltung von Regelkreisgliedern

Verzweigt sich eine Wirkungslinie in mehrere weiterlaufende Wirkungslinien, wobei das ursprüngliche Signal nach wie vor nicht beeinflußt wird, so wird die Verzweigungsstelle durch einen Punkt mit einem Durchmesser der dreifachen Strichdicke dargestellt. Ein Kreis mit einem Minuszeichen kennzeichnet die alleinige Vorzeichenumkehr eines Signals.

Addieren sich mehrere Signale an einer Verzweigungs- oder Verbindungsstelle, so kann die Additionsstelle anstelle eines Blocks durch einen Kreis dargestellt werden. Dabei können die Pluszeichen entfallen.

Der wirkungsmäßige Zusammenhang zwischen Ein- und Ausgangssignal kann z. B. mittels Gleichung, Gewichtsfunktion, komplexer Übertragungsfunktion, Frequenzgang oder qualitativer zeichnerischer Darstellung, z. B. der Übergangsfunktion, genauer gekennzeichnet werden.

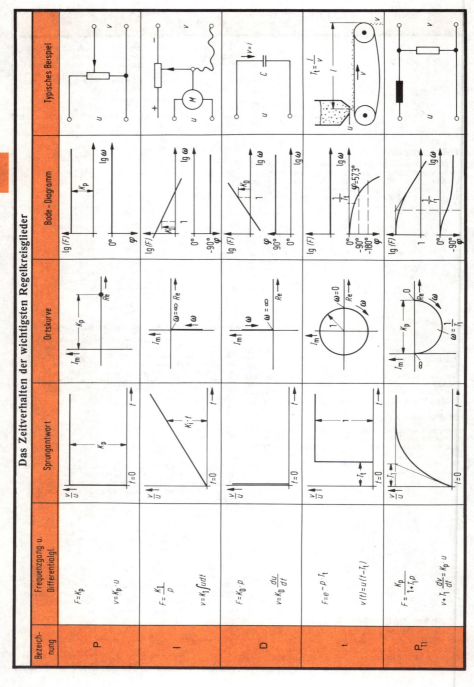

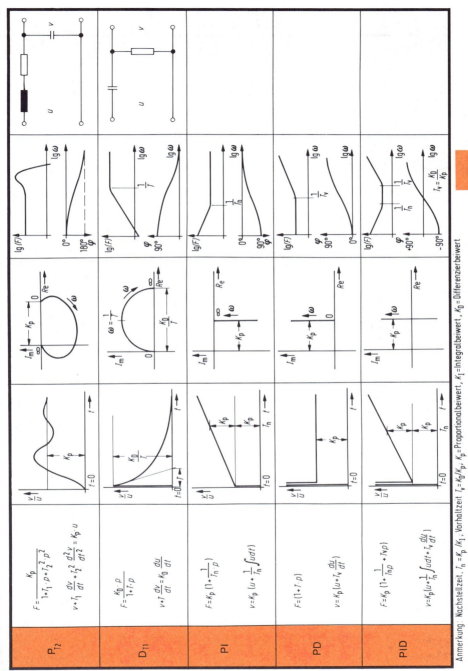

4.5. Regelungstechnik

4.5.3. Regelstrecken

Die Auswahl einer geeigneten Regeleinrichtung und deren optimale Einstellung setzt genaue Angaben über das Beharrungsverhalten und dynamische Verhalten der Regelstrecke voraus. Meist sind diese Kennwerte nur experimentell zu ermitteln und wenig beeinflußbar.

Regelstrecken mit Ausgleich

Bei einer Regelstrecke mit Ausgleich strebt die Regelgröße x nach einer bestimmten Stellgrößenänderung Δy oder Störgrößenänderung Δz einem bestimmten neuen Endwert, Beharrungszustand genannt, zu.

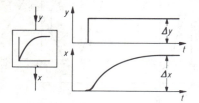

Kennzeichnende Größe ist der Übertragungsbeiwert der Regelstrecke im Beharrungszustand K_S, häufig auch Verstärkung der Regelstrecke genannt, bzw. der reziproke Wert von K_S, Ausgleichswert der Regelstrecke Q genannt, bei konstanten Werten der Störgrößen.

$$K_S = \frac{\Delta x}{\Delta y} \qquad Q = \frac{1}{K_S} = \frac{\Delta y}{\Delta x}$$

Je kleiner K_S bzw. je größer Q ist, um so besser ist die „Selbstregeleigenschaft" der Strecke und um so leichter läßt sie sich regeln.

K_S und Q lassen sich für verschiedene Arbeitspunkte und Störgrößenwerte aus dem Strecken-Kennlinienfeld ermitteln.

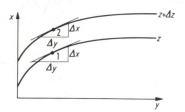

Für die Berechnung werden die meist gekrümmten Kennlinien oder Abschnitte von ihnen näherungsweise durch Geraden (Tangenten) ersetzt.

Kennzeichen einer Regelstrecke mit Ausgleich ist ein endlicher K_S-Wert bzw. $Q > 0$: sie stellt ein P- oder P-T-Glied (siehe Seite 4-40) dar, dessen P-Beiwert K_P identisch mit K_S ist.

Regelstrecken ohne Ausgleich

Regelstrecken mit einem gegen unendlich gehenden Übertragungsbeiwert K_S bzw. einem gegen Null strebenden Ausgleichswert Q, meist auf ein I-Verhalten (siehe Seite 4-40) zurückzuführen, werden als Regelstrecke ohne Ausgleich bezeichnet.

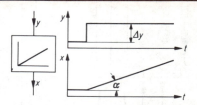

Die Regelgröße wächst nach einer Änderung der Stellgröße oder einer Störgrößenänderung stetig weiter an, ohne einem Endwert zuzustreben. Kenngröße ist der Anlaufwert A bei einer Verstellung des Stellgliedes um den ganzen Stellbereich Y_h: Ist eine Änderung um Y_h nicht möglich, so wird die Stellgröße nur um den Betrag Δy verstellt und entsprechend umgerechnet:

$$A = \frac{1}{\tan \alpha} = \frac{\Delta t}{\Delta x} \qquad A = \frac{\Delta t}{\Delta x} \cdot \frac{\Delta y}{\Delta Y_h}$$

Der Kehrwert des Anlaufwertes gibt die maximale Änderungsgeschwindigkeit der Regelgröße an, die bei einer Verstellung des Stellgliedes um den ganzen Stellbereich Y_h auftritt.

Regelstrecken mit Verzögerung

Die meisten Regelstrecken entsprechen der Reihenschaltung aus P-Systemen (Strecken mit Ausgleich) mit einem oder mehreren T_1-Systemen (Strecken mit Trägheit). Eine Regelstrecke 1. Ordnung entsteht z. B. durch die Reihenschaltung einer Drosselstelle und einem dahinter liegenden Speicher.

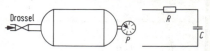

Die Reihenschaltung von n P-T_1-Gliedern führt zu einer Regelstrecke n. Ordnung. Die Sprungantwort gibt Aufschluß über die Regelbarkeit dieser Strecke.

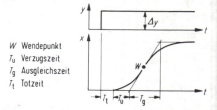

W Wendepunkt
T_u Verzugszeit
T_g Ausgleichszeit
T_t Totzeit

Die Regelbarkeit einer Strecke ist um so besser, je größer das Verhältnis T_g/T_u ist. Als Richtwerte gelten:

$T_g/T_u \gtrapprox 10$ gut regelbar
$T_g/T_u \approx 6$ mäßig regelbar
$T_g/T_u \lessapprox 3$ schwer regelbar

Bei Regelstrecken mit Totzeit reagiert die Regelgröße erst nach Ablauf der Totzeit T_t auf eine Änderung der Stellgröße. Anstelle der Verzugszeit T_u ist die Totzeit T_t bzw. die Summe aus $T_t + T_u$ ein Maß für die Regelbarkeit der Strecke

4.5. Regelungstechnik

Dynamische Kennwerte von Regelstrecken

Regelgröße	T_t	T_s	A
Temperatur			
Kleiner elektrischer Laboratoriumsofen	0,5 min ⋯ 1 min	5 min ⋯ 15 min	1 s/°C
Großer elektrischer Glühofen	1 min ⋯ 3 min	10 min ⋯ 20 min	3 s/°C
Destillations-Kolonne	1 min ⋯ 3 min	5 min ⋯ 15 min	3 s/°C
Raumheizung	1 min ⋯ 5 min	10 min ⋯ 60 min	1 min/°C
Druck			
Dampfkessel (bei Mühlenfeuerung) . .	1 min ⋯ 2 min	2 min ⋯ 5 min	—
Gasrohrleitungen	0	0,1 s	—
Wasserstand			
in Dampfkesseln	0,5 min ⋯ 1 min	—	3 s/cm ⋯ 10 s/cm
Drehzahl			
Dampfturbine	0	—	20 s/1000 U/min
Kleine Elektromotorantriebe.	0	0,2 s ⋯ 10 s	—
Große Elektromotorantriebe.	0	5 s ⋯ 40 s	—
Spannung			
Kleine Generatoren	0	0,5 s ⋯ 5 s	—
Große Generatoren	0	5 s ⋯ 10 s	—

Zur Totzeit der Regelstrecke ist die Totzeit des Meßfühlers zu addieren. Diese kann insbesondere bei Temperaturregelvorgängen nicht vernachlässigt werden. Für Thermometer mit Schutzrohren aus Metall gelten folgende Richtwerte:

Strömender Hochdruckdampf,	
Wasser, Schmelzen.......	2 s ⋯ 60 s
Schwere langsame Flüssigkeiten . .	30 s ⋯ 100 s
Öl, Sattdampf	10 s ⋯ 200 s
Gase und Dämpfe bei Atmosphärendruck und langsamer Geschwindigkeit . . .	100 s ⋯ 1000 s

Wahl einer geeigneten Regeleinrichtung bei gegebener Strecke

Strecke	Regler	P	I	PI	PD	PID
	reine Totzeit	unbrauchbar	etwas schlechter als PI	Führung + Störung	unbrauchbar	unbrauchbar
	Totzeit + Verzögerung 1. Ordnung	unbrauchbar	schlechter als PI	etwas schlechter als PID	unbrauchbar	Führung + Störung
	Totzeit + Verzögerung 2. Ordnung	nicht geeignet	schlecht	schlechter als PID	schlecht	Führung + Störung
	1. Ordnung + sehr kleine Totzeit (Verzugszeit)	Führung	nicht geeignet	Störung	Führung bei Verzugszeit	Störung bei Verzugszeit
	höherer Ordnung	nicht geeignet	schlechter als PID	etwas schlechter als PID	nicht geeignet	Führung + Störung
	ohne Ausgleich mit Verzögerung	Führung	unbrauchbar, Struktur instabil	Störung (ohne Verzögerung)	Führung	Störung

Es ist zu unterscheiden, ob der Einfluß von Störgrößen (Störung) auf die Regelgröße ausgeregelt werden soll oder der Istwert einer Folgeregelung einem laufend veränderten Sollwert nachgeführt werden soll (Führung).

4.5. Regelungstechnik

4.5.4. Regler

Aufgabe des Reglers ist es:
1. die Regelgröße x zu erfassen,
2. diese mit dem Sollwert x_s bzw. der Führungsgröße w zu vergleichen und
3. entsprechend diesem Vergleich eine Stellgröße y zu bilden.

Nach der Wirkungsweise werden stetige und unstetige Regler unterschieden. Beide Gruppen lassen sich in Regler mit und ohne Hilfsenergie unterteilen.

Stetige Regler

Hierbei kann die Stellgröße y innerhalb des Stellbereiches Y_h jeden Wert annehmen. Entsprechend dem Zeitverhalten unterscheidet man die folgenden Typen:

P-Regler

Bei einer Änderung der Regelgröße um die Regeldifferenz e verstellt der proportional wirkende Regler die Stellgröße unverzögert um einen verhältnisgleichen (proportionalen) Betrag. Kenngröße hierfür ist der

Proportionalbeiwert $K_P = \dfrac{y - y_0}{w - x} = \dfrac{y - y_0}{e}$,

wobei y_0 der Wert der Stellgröße bei $w - x = 0$ ist.

x_s Sollwert
Y_h Stellbereich
X_P P-Bereich

Oft wird anstelle des P-Bereiches der auf den Regelbereich X_h bezogene (normierte) P-Bereich X_P/X_h, meist in Bruchteilen oder Prozenten, angegeben.

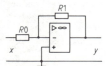

$Z_1 = R_0$
$Z_2 = R_1$
$F_R = \dfrac{R_1}{R_0}$
$K_P = F_R$

I-Regler

Der integral wirkende Regler ordnet einer bestimmten Regeldifferenz e eine bestimmte Stellgeschwindigkeit $\Delta y/\Delta t$ zu, so daß die Änderung der Stellgröße dem Zeitintegral der Regeldifferenz entspricht. Kenngröße ist der

Integralbeiwert $K_I = \dfrac{\Delta y}{\Delta t} \cdot \dfrac{1}{w - x} = \dfrac{\Delta y}{\Delta t} \cdot \dfrac{1}{e}$

oder $K_I = \dfrac{y - y_0}{(w - x)\Delta t} = \dfrac{y - y_0}{e\,\Delta t}$

y_0 ist der Anfangswert der Stellgröße zum Zeitpunkt der Regelgrößenänderung $t = 0$. Häufig wird auch der Kehrwert des Integrierbeiwertes in normierter Form als Integrierzeit T_i angegeben.

$T_I = \dfrac{Y_h}{K_I \cdot X_h}$

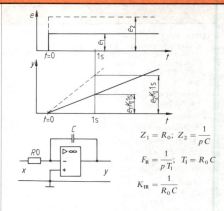

$Z_1 = R_0; \quad Z_2 = \dfrac{1}{pC}$

$F_R = \dfrac{1}{pT_I}; \quad T_I = R_0 C$

$K_{IR} = \dfrac{1}{R_0 C}$

PI-Regler

Eine Änderung der Regelgröße bewirkt eine proportionale Veränderung der Stellgröße, der sich eine Verstellung der Stellgröße mit einer bestimmten Verstellgeschwindigkeit anschließt. Kenngrößen sind der Proportionalbeiwert K_P und der Integrierbeiwert K_I bzw. die Nachstellzeit T_n. Während der Nachstellzeit ruft die I-Wirkung die gleiche Stellgrößenänderung hervor wie der P-Anteil.

$y = e(K_{PR} + K_{IR} \cdot t)$

$K_{PR} = \dfrac{y_P}{x_d}$

$K_{IR} = \dfrac{K_{PR}}{T_n}$

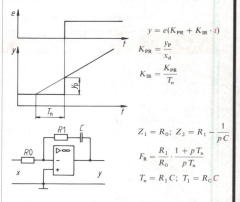

$Z_1 = R_0; \quad Z_2 = R_1 - \dfrac{1}{pC}$

$F_R = \dfrac{R_1}{R_0} \cdot \dfrac{1 + pT_n}{pT_n}$

$T_n = R_1 C; \quad T_I = R_C C$

PD-Regler

Zu dem P-Anteil der Stellgröße wird ein weiterer Anteil entsprechend der Änderungsgeschwindigkeit der Regeldifferenz de/dt addiert. Kenngrößen sind der Proportionalbeiwert K_P und der Differenzierbeiwert K_D bzw. die Vorhaltzeit T_V. Diese Zeit würde ein reiner P-Regler benötigen, um die gleiche Änderung der Stellgröße zu bewirken, die ein PD-Regler sofort bewirkt.

$y - y_0 = K_P \cdot e + K_D \dfrac{\Delta e}{\Delta t}$

$K_P = \dfrac{y - y_0}{e} \qquad K_D = K_P \cdot T_V$

Anm.: Realisierung der Regler mit Operationsverstärker.

4.5. Regelungstechnik

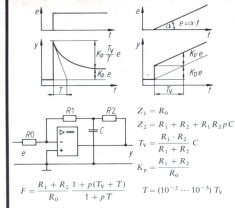

$Z_1 = R_0$
$Z_2 = R_1 + R_2 + R_1 R_2 p C$
$T_V = \dfrac{R_1 \cdot R_2}{R_1 + R_2} C$
$K_p = \dfrac{R_1 + R_2}{R_0}$

$F = \dfrac{R_1 + R_2}{R_0} \dfrac{1 + p(T_V + T)}{1 + p T}$ $T = (10^{-2} \cdots 10^{-3})\, T_V$

PID-Regler

Die Änderung der Stellgröße eines PID-Reglers setzt sich aus einem proportionalen, integralen und differentialen Anteil zusammen:

$$y - y_0 = K_P \cdot e + K_I \cdot e \cdot \Delta t + K_D \dfrac{\Delta e}{\Delta t}$$

Kenngrößen sind K_P, K_I und K_D bzw. K_P, T_n und T_V.

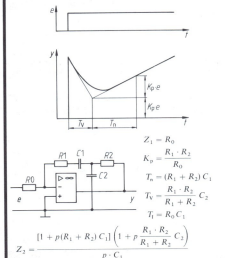

$Z_1 = R_0$
$K_p = \dfrac{R_1 \cdot R_2}{R_0}$
$T_n = (R_1 + R_2)\, C_1$
$T_V = \dfrac{R_1 \cdot R_2}{R_1 + R_2} C_2$
$T_i = R_0 C_1$

$Z_2 = \dfrac{[1 + p(R_1 + R_2)\, C_1]\left(1 + p \dfrac{R_1 \cdot R_2}{R_1 + R_2} C_2\right)}{p \cdot C_1}$

$F = \dfrac{R_1 + R_2}{R} \dfrac{(1 + p T_n)(1 + p T_V)}{p T_n}$

Die Stellgröße ändert sich zunächst um einen von der Änderungsgeschwindigkeit der Eingangsgröße $\Delta e/\Delta t$ abhängigen Betrag (D-Anteil). Nach Ablauf der Vorhaltzeit T_V geht die Stellgröße auf den dem Proportionalbereich entsprechenden Wert zurück und ändert sich dann entsprechend der Nachstellzeit T_n.

Anm.: Die Kennwerte der Strecke werden häufig mit einem S im Index gekennzeichnet.

Unstetige Regler

Im Gegensatz zu stetigen Reglern kann die Stellgröße nur zwei oder mehrere verschiedene Werte annehmen. Die Verwendung von Relais und Schützen als Stellglied ergibt eine hohe Leistungsverstärkung bei geringem materiellen und finanziellem Aufwand.

Zweipunkt-Regler

Das folgende Beispiel zeigt die Regelung einer Strecke erster Ordnung mit Totzeit, gekennzeichnet durch die Zeitkonstante T_S und die Totzeit T_t.

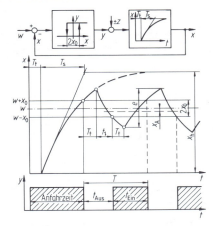

Überschreitet die Regelgröße x den Wert w, so bleibt die Stellgröße y infolge der Hysterese des Reglers ($2x_0$) noch bis zum Punkt A ($w + x_0$) eingeschaltet. Die Regelgröße steigt jedoch zunächst noch weiter an und fällt erst nach Ablauf der Totzeit T_t entsprechend der Zeitkonstanten T ab. Die Stellgröße wird beim Unterschreiten des Wertes $w - x_0$ erneut eingeschaltet, so daß die Regelgröße im eingeschwungenen Zustand dauernd mit der Periodendauer T und der Amplitude x_0 um den Sollwert w pendelt. Der Mittelwert dieser Pendelung weicht vom Sollwert w um die P-Abweichung x_{PA} ab.

Für $X_h = 2w$ (100 % Leistungsüberschuß) gilt angenähert:

$T \approx 4 T_t$ $e \approx \dfrac{T_t}{T_S} X_h$ $x_{PA} = \left(\dfrac{1}{2} - \dfrac{w + x_0}{X_h}\right) e$

Dreipunkt-Regler

Dreipunkt-Regler haben zwei Ausgangssignalstufen. Der Schaltpunktabstand ist einstellbar. Sie werden vorwiegend zur Temperaturregelung eingesetzt.

Bipolare Dreipunktregler geben innerhalb eines kleinen Bereiches um die Regelabweichung 0 kein Ausgangssignal ab. Bei Überschreiten des Bereiches wird je nach Vorzeichen der Regelabweichung ein Signal auf einen der beiden Ausgänge gegeben.

Wird von beiden Reglerausgängen des bipolaren Dreipunkt-Reglers je eine verzögert wirkende Rückführung hinter dem Vergleicher einwirkend angelegt, so entsteht ein Dreipunkt-Schrittregler. Über einen Motorsteller kann so jede Stellung innerhalb des Stellbereiches 0 $\cdots$ 100 % schrittweise angefahren werden.

4.5. Regelungstechnik

4.5.5. Einstellung der Regler-Kennwerte (Optimierung)

Unter Optimierung werden nach DIN 19236 (1.77) Maßnahmen zur Erzeugung einer bestimmten Wirkungsweise eines Systems verstanden, so daß unter den gegebenen Nebenbedingungen und Beschränkungen das Gütekriterium entweder einen möglichst großen oder einen möglichst kleinen Wert annimmt.

Bei einer statischen Optimierung werden nur die zeitlich konstanten Zustände eines Systems bewertet; die Übergangsvorgänge zwischen verschiedenen Systemzuständen finden keine Beachtung. Bei der dynamischen Optimierung wird der Übergang des Systems von einem Anfangszustand in einen Endzustand bewertet.

Im allgemeinen ist ein Regler um so besser eingestellt, je kürzer die Ausregelzeit, je kleiner die Überschwingweite der Regelgröße und je kleiner die bleibende Regelabweichung ist. Aufschluß gibt hierüber der Verlauf der Regelgröße als Funktion der Zeit.

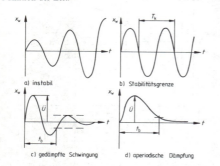

a) instabil
b) Stabilitätsgrenze
c) gedämpfte Schwingung
d) aperiodische Dämpfung

Im ungünstigsten Fall wird die Schwingung der Regelgröße um den Sollwert immer größer; der Regelkreis arbeitet instabil (a). Ursache hierfür ist meist eine zu große **Kreisverstärkung**

$$V_O = |K_{PR} \cdot K_{PS}|$$

bzw. ein zu kleiner **Regelfaktor**

$$R = \frac{1}{1 + |K_{PR} \cdot K_{PS}|} = \frac{1}{1 + V_O}$$

Wird der Proportionalbeiwert des Reglers K_{PR} soweit verringert, daß der Regelkreis stabil zu arbeiten beginnt (Stabilitätsgrenze), so führt die Regelgröße sinusförmige Dauerschwingungen um den Sollwert aus (b). Kenngrößen hierfür sind die kritische Periodendauer T_k und der kritische Proportionalbeiwert K_{PRk} des Reglers. Eine weitere Verringerung des Proportionalbeiwertes K_{PR} führt zu dem erwünschten Verhalten des Regelkreises (c und d). Kennwerte sind die Überschwingweite $\ddot{U}$ der Regelgröße und die Beruhigungszeit t_b bis zum Erreichen der zulässigen Regelabweichung nach einem Einheitssprung der Führungsgröße w oder einer Störgröße z.

Welches Gütekriterium einer Regelung zugrunde gelegt wird, hängt vom Anwendungsfall ab. Nach DIN 19236 (1.77) werden unterschieden:

- **Kriterium des verbrauchsoptimalen Übergangs**
 Hierbei wird der auftretende Leistung oder der Massefluß während des Zustandsübergangs des Systems bewertet.

- **Kriterium des zeitoptimalen Übergangs**
 Für den Übergang eines Systems von einem gegebenen Anfangszustand x_0 in einen gegebenen Endzustand x_E wird die kürzest mögliche Zeit angestrebt.

- **Kriterium der mittleren quadratischen Abweichung**
 Es wird die Abweichung einer zufällig schwankenden Größe $x(t)$ von einer Bezugsgröße $x_r(t)$ bewertet.

$$\frac{1}{2T} \sum_{-T}^{T} [x(t) - x_r(t)]^2 \cdot \Delta t \rightarrow \text{Minimum}$$

- **Kriterium der Betragsregelfläche (IAE-Kriterium)**
 Bewertet wird der Betrag der Regeldifferenz $e(t) = w(t) - x(t)$ minus deren Endwert $e(\infty)$ über die Zeit.

$$\sum_{t_0}^{\infty} |e(t) - e(\infty)| \cdot \Delta t \rightarrow \text{Minimum}$$

- **Kriterium der quadratischen Regelfläche (ISE-Kriterium)**
 Es wird das Quadrat der Regeldifferenz über die Zeit bewertet, so daß große Abweichungen besonders stark bewertet werden.

$$\sum_{t_0}^{\infty} [e(t) - e(\infty)]^2 \Delta t \rightarrow \text{Minimum}$$

- **Kriterium der zeitgewichteten Betragsregelfläche (ITAE-Kriterium)**
 Es wird das Quadrat der Regeldifferenz minus deren Endwert über die Zeit bewertet.

$$\sum_{t_0}^{\infty} |e(t) - e(\infty)| t \Delta t \rightarrow \text{Minimum}$$

Die Auswertung zahlreicher Optimierungsversuche hat zu den folgenden Faustformeln geführt. Ihre Anwendung kann im Einzelfall eine Nachoptimierung erforderlich machen.

Einstellregeln nach Ziegler und Nichols

Dieses Verfahren setzt zunächst keine Regelstreckendaten voraus. Es ist wie folgt vorzugehen:

- Der Regler wird zunächst als reiner P-Regler betrieben ($T_v = 0$, $T_n = \infty$).
- Der Proportionalbeiwert K_{PR} wird langsam so lange erhöht, bis die Regelgröße x gerade Dauerschwingungen mit konstanter Amplitude ausführt (Stabilitätsgrenze). Der hierfür am Regler eingestellte Proportionalbeiwert wird als K_{PRk} bezeichnet.
- Dann wird die kritische Periodendauer T_k der Regelschwingung ermittelt.
- Die Werte für die Reglerparameter sind entsprechend der folgenden Tabelle zu berechnen.
- Der Regler ist nach den errechneten Werten einzustellen.

Regler	Proportionalbeiwert K_{PR}	Nachstellzeit T_n	Vorhaltzeit T_v
P	$0,5 \cdot K_{PRk}$	—	—
PI	$0,45 \cdot K_{PRk}$	$0,85 \cdot T_k$	—
PD	$0,8 \cdot K_{PRk}$	—	$0,12 \cdot T_k$
PID	$0,6 \cdot K_{PRk}$	$0,5 \cdot T_k$	$0,12 \cdot T_k$

Ist aus betrieblichen Gründen das Betreiben des Regelkreises an der Stabilitätsgrenze nicht zulässig, so kommt dieses Optimierungsverfahren nicht in Frage.

Anmerkung: Die Kennwerte der Regler werden oft mit einem R im Index gekennzeichnet.

4.5. Regelungstechnik

Einstellregeln nach Chien, Hrones und Reswik

Hierzu müssen der Übertragungsbeiwert K_S, die Ausgleichszeit T_g und die Verzugszeit T_u der Regelstrecke bekannt sein. Sie können z. B. mittels einer Sprungantwort ermittelt werden. Bei Regelstrecken mit Totzeit T_t ist anstelle der Verzugszeit T_u die Ersatztotzeit aus $T_u + T_t$ zu berücksichtigen.

Bei der Ermittlung der Reglerparameter nach der folgenden Tabelle ist zu unterscheiden, ob ein aperiodischer Regelverlauf oder ein Einschwingen der Regelgröße mit 20% Überschwingen erreicht werden soll und ob ein optimales Störverhalten oder ein optimales Führungsverhalten (Folgeregelung) angestrebt wird.

Regler	aperiodischer Regelverlauf		Regelverlauf mit 20% Überschwingen	
	Störung	Führung	Störung	Führung
P	$K_{PR} \approx 0{,}3 \dfrac{T_g}{T_u}$	$K_{PR} \approx 0{,}3 \dfrac{T_g}{T_u}$	$K_{PR} \approx 0{,}7 \dfrac{T_g}{T_u}$	$K_{PR} \approx 0{,}7 \dfrac{T_g}{T_u}$
PI	$K_{PR} \approx 0{,}6 \dfrac{T_g}{T_u}$ $T_n \approx 4 \cdot T_u$	$K_{PR} \approx 0{,}35 \dfrac{T_g}{T_u}$ $T_n \approx 1{,}2 \cdot T_g$	$K_{PR} \approx 0{,}7 \dfrac{T_g}{T_u}$ $T_n \approx 2{,}3 \cdot T_u$	$K_{PR} \approx 0{,}6 \dfrac{T_g}{T_u}$ $T_n \approx T_g$
PID	$K_{PR} \approx 0{,}95 \dfrac{T_g}{T_u}$ $T_n \approx 2{,}4 \cdot T_u$ $T_v \approx 0{,}42 \cdot T_u$	$K_{PR} \approx 0{,}6 \dfrac{T_g}{T_u}$ $T_n \approx T_g$ $T_v \approx 0{,}5 \cdot T_u$	$K_{PR} \approx 1{,}2 \dfrac{T_g}{T_u}$ $T_n \approx 2 \cdot T_u$ $T_v \approx 0{,}42 \cdot T_u$	$K_{PR} \approx 0{,}95 \dfrac{T_g}{T_u}$ $T_n \approx 1{,}35 \cdot T_g$ $T_v \approx 0{,}47 \cdot T_u$

Reglereinstellung für Strecken ohne Ausgleich

Für Strecken ohne Ausgleich können die Einstellwerte des Reglers der folgenden Tabelle entnommen werden.

Regler	K_{PR}	T_n	T_v	x_p
P	$0{,}5 \dfrac{1}{K_I \cdot T_u}$			$2 \cdot \dfrac{T_u}{T_I} \cdot 100\%$
PD	$0{,}5 \dfrac{1}{K_I \cdot T_u}$		$0{,}5 \cdot T_u$	$2 \cdot \dfrac{T_u}{T_I} \cdot 100\%$
PI	$0{,}42 \dfrac{1}{K_I \cdot T_u}$	$5{,}8 \cdot T_u$		$2{,}4 \cdot \dfrac{T_u}{T_I} \cdot 100\%$
PID	$0{,}4 \dfrac{1}{K_I \cdot T_u}$	$3{,}2 \cdot T_u$	$0{,}8 \cdot T_u$	$2{,}5 \cdot \dfrac{T_u}{T_I} \cdot 100\%$

Die Werte für die Integrierzeit T_I, die Verzugszeit T_u und den Integrierbeiwert K_I können z. B. mittels einer Sprungantwort der Strecke ermittelt werden:

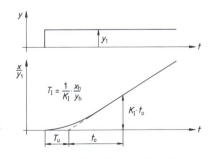

Einfluß des Reglerverhaltens auf den Regelvorgang

P-Regler

P-Regler wirken schnell. Je kleiner der K_P-Wert eingestellt ist, desto schwächer greift der Regler in den Regelvorgang ein und um so gedämpfter verläuft der Regelvorgang. Da der Regler beim Einwirken einer Störgröße eine veränderte Stellgröße aufrecht erhalten muß, tritt eine bleibende Regeldifferenz auf; diese kann maximal so groß werden wie der Proportionalbereich $X_P = 1/K_{PR} \cdot 100\%$. Da ein zu großer K_{PR}-Wert zur Instabilität des Regelvorgangs führt, muß zwischen Stabilität und bleibender Regeldifferenz ein Kompromiß getroffen werden.

PD-Regler

D-Regelglieder sind als Regler ungeeignet, weil sie bei einer statischen Eingangsgröße kein Stellsignal abgeben. Das zusätzliche D-Verhalten ermöglicht jedoch beim PD-Regler gegenüber dem P-Regler eine Vergrößerung des K_{PR}-Wertes und folglich ein schnelleres Eingreifen des Reglers sowie eine Verringerung der bleibenden Regeldifferenz.

I-Regler

Ein reiner I-Regler summiert die Regeldifferenz über die Zeit, so daß das Stellglied so lange nachgestellt wird, bis die Regeldifferenz aufgehoben ist. Das Stellglied nimmt folglich nach dem Ausregeln der Regeldifferenz die ursprüngliche Lage nicht wieder ein, so daß es zum Überschwingen kommt. Darüber hinaus erfolgt der Eingriff relativ langsam. Deshalb werden I-Glieder meist nur in Verbindung als PI- oder PID-Regler eingesetzt.

PI-Regler

Der I-Anteil regelt die bleibende Regeldifferenz des P-Anteils im stationären Zustand aus.

PID-Regler

Gegenüber dem PI-Regler ermöglicht der D-Anteil eine kleinere zulässige Nachstellzeit, so daß die bleibende Regeldifferenz des P-Anteils schneller ausgeregelt wird. Gegenüber dem PD-Regler erlaubt der zusätzliche I-Anteil eine größere zulässige Vorhaltzeit, so daß der PID-Regler während des Entstehens der Regeldifferenz wirkungsvoller eingreift als ein PD-Regler.

4.5. Regelungstechnik

4.5.6. Benennung und Einteilung von Reglern nach DIN 19225 (12.81)

Regler können wie folgt benannt werden:
- allgemein als Regler, z. B. wenn der Regler nur von den übrigen Geräten des Regelkreises unterschieden werden soll oder bei theoretischen Betrachtungen;
- nach den Aufgaben der Regler;
  - nach der Art der Regelgröße, z. B. Temperaturregler, Drehzahlregler, Spannungsregler,
  - nach einer speziellen Regelaufgabe, z. B. Gleichlaufregler, Grenzwertregler oder auch Gleichlauf-Drehzahlregler und Grenzwert-Temperaturregler,
- nach dem geregelten Objekt, z. B. Heizungsregler,
- entsprechend der Führungsgröße, z. B. Folgeregler, Zeitplanregler, Festwertregler, Führungsregler;
- nach den Eigenschaften der Regler, z. B. PI-Regler, stetige Regler, Einzweckregler, elektronische Regler;
- nach der Signalform der Reglereingangs- und Reglerausgangsgrößen. Häufig vorkommende Signalformen zeigt die folgende Abbildung.

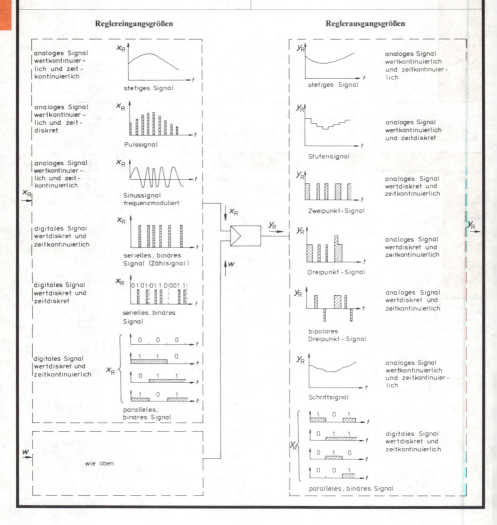

5. Schaltzeichen und Symbole nach DIN

DIN	Gegenstand (Sachgebiet)	Seite	DIN	Gegenstand (Sachgebiet)	Seite
ISO 1219	Fluidtechnische Systeme und Geräte	5–22	40704	Elektrowärme, Elektrochemie und Elektrostatik	5–27
40100	Bildzeichen für Schaltzustände und Funktion	5–24	40706	Stromrichter	5–26
			40708	Meldegeräte	5–33
40700 Teil 1	Wähler, Nummernschalter, Unterbrecher	5– 5	40710	Schaltungsarten von Wicklungen	5–33
2	Elektronen- und Ionenröhren	5– 8	40711	Leitungen, Leitungsverbindungen	5– 2
3	Antennen	5–15	40712	Veränderbarkeit, Einstellbarkeit, Widerstände, Wicklungen, Kondensatoren, Dauermagnete, Batterien, Erdung, Abschirmung, Widerstände	5– 2
4	Strom-, Spannungs- und Impulsarten, modulierte Pulse	5– 1			
5	Gefahrenmeldeeinrichtungen	5–13			
7	Magnetköpfe	5–14			
8	Halbleiterbauelemente	5–9	40713	Schaltglieder, Sicherungen, Elektromechanische Antriebe und Auslöser	5– 4 / 5– 5
9	Elektroakustische Übertragungsgeräte	5–15			
10	Übersichtsschaltpläne	5–10	Beibl. 3	Schutztechnik	5–26
14	Digitale Informationsverarbeitung (neu) desgl. alt und ASA	5–16 / 5–20	40714 Teil 1	Transformatoren, Drosseln	5–28
			2	Meßwandler	5–29
16	Fernwirkgeräte und -anlagen	5–25	3	Transduktoren	5–27
20	Anlasser	5–24	40715	Elektrische Maschinen	5–30
21	Digitale Magnetschaltkreise	5–20	40716 Teil 1	Meßinstrumente	5–34
23	Uhren, Zeitdienstgeräte	5–13	4	Zähler, Schaltuhren	5–35
25	Frequenzen, Bänder, Modulationsarten	5–14	5	Anzeige- und Registrierwerke	5–34
			6	Meßgrößenumformer	5–35
40703	mechanische und elektrische Funktionen	5– 3	40717	Elektroinstallation	5– 6
Beibl. 1	Schaltgeräte, Auslöser	5– 4	40900 Teil 13	Analoge Informationsverarbeitung	5–21

5.1. Schaltzeichen nach DIN 40700 Teil 4 (7.78)

Kennzeichen für Strom- und Spannungsarten, Impulsarten, modulierte Pulse

Nr.	Kennzeichen	Benennung	Nr.	Kennzeichen	Benennung	Nr.	Kennzeichen	Benennung
		Strom- und Spannungsarten	10	3/N ∼ 50 Hz	Dreiphasen-Wechselstrom mit Mittelleiter 50 Hz	19	2 µs ⊓ 10 kHz	Bsp.: Rechteckimpuls, positiv, Impulsdauer 2 µs, Pulsfrequ. 10 kHz
1	——	Gleichstrom, Gleichspannung	11	2/N ——	Zweileiter-Gleichstrom mit Mittelleiter			**Modulierte Pulse**
2	= = =	desgl., wenn Verwechslungsgefahr besteht			**Impulsarten**	20		Pulsphasenmod. (PPM)
3	∼	Wechselstrom, Wechselspannung	12	⊓	Rechteckimpuls, positiv	21		Pulsfrequenzmodulation (PFM)
4	≈	Tonfrequenter Wechselstrom, desgl. Spannung	13	⊓⊔	Rechteckwechselimpuls	22		Pulsamplitudenmodulation (PAM)
5	≋	Hochfrequenter Wechselstrom, desgl. Spannung	14	⊔	Rechteckimpuls, negativ	23		Pulsabstandmodulation
6	⁓	Allstrom	15	∿	Schwingungsimpuls	24		Pulsdauermodulation (PDM)
7	≂	Mischstrom	16	⌐	Sprungfunktion, positiv	25	⊓⊓² ⁵	Pulscodemodulation (PCM) z. B. 5-Bit-Code
8	1∼ 16²⁄₃ Hz	Einphasen-Wechselstrom 16 ²⁄₃ Hz	17	⌐⌐	Sprungfunktion, negativ	26	⊓⊓⁽⁷⁾₃	Pulscodemodul. z. B. 3-aus-7-Code
9	2∼	Zweiphasen-Wechselstrom	18	△	Dreieckimpuls			

5.2. Schaltzeichen nach DIN 40711 (8.61)

Leitungen und Leitungsverbindungen

Nr.	Schaltzeichen	Bezeichnung	Nr.	Schaltzeichen	Bezeichnung
1		Leitungen (auch Kabel, Linien und Strecke) allgemein	13		Zusammenfassung von Leitungen und Kabeln, vereinfachte Darstellung, Leitung in sich nicht gekreuzt
2		desgl. zusätzlich zu verwenden, wenn Unterscheidung erforderl. Leitung mit Kennzeichnung des Bauzustandes, ausgeführt im Bau geplant			Leitungsbündel, z. B. 5 Ltg. oder mehradrige Ltg.: Mehrleiterkabel desgl., einpolige Darstellung Leitungsbündel mit Kennzeichnung der Richtung der Leitungsführung
3		Bewegbare Leitung			
4		wahlweise, nachträglich gelegt	14		Kreuzung von Leitungen ohne Verbindungen, z.B. mit je 3 Ltg. einpolige Darstellung mehrpolige Darstellung
5		Leitung mit Kennzeichnung des Verwendungszweckes: Schutzleitung für Erdung, Nullung und Schutzschaltung Fremdleitung Ruf- und Klingelleitung Fernsprechleitung Rundfunkleitung	15		Leitungsverbindungen Leitende Verbindung von Leitungen Verbindungsstelle, allgemein
6		Weitere Darstellungsarten z.B.: Notbeleuchtung 2, Blinklichtleitung 2, Nachtschaltleitung usw. Bedeutung im Plan angeben	16		betriebsm. lösbar (Klemme) betriebsm. nicht lösbar
			17		Reihenklemmen: z. B. ersten 3 Klemmen in Reihe
7		Verdrillte Leitung (zweiadrig)	18		mit fester Verbindung
8		Koaxiale Leitung			
9		Hohlleitung für Höchstfrequenz			desgl. lösbar (schaltbar)
10		Geschirmte Leitung: für lange, ein- und mehradrige Leitungen, ungeerdet desgl. jedoch geerdet Erdungspunkt beliebig			Reihentrennklemmen
			19		Beispiel: Klemmenleiste aus Reihenklemmen und Reihentrennklemmen
		Einadrige Leitung, ungeerdet desgl., jedoch geerdet Erdungspunkt beliebig desgl., jedoch mit Festlegung des Erdungspunktes Gemeinsame Schirmung von getrennt dargestellten Leitungen	20		Leitungsdurchführung in Gehäuse- oder Gebäudewand (nur im Bedarfsfalle zeichnen) ohne Klemmen mit nicht lösbaren Klemmen mit lösbaren Klemmen als Kondensator-Durchführung
		Koaxiale Leitung, geschirmt			
11		Leitung mit Kennzeichnung der Leiterzahl, z. B. 3 Leiter			desgl., jedoch für zusätzliche Spannungsanzeige
12		Anzahl v. Kreisen, z.B. 2 Kreise			

5.3. Schaltzeichen nach DIN 40712 (7.71)

Kennzeichen für Veränderbarkeit, Einstellbarkeit, Widerstände, Wicklungen

Nr.	Schaltzeichen	Bezeichnung	Nr.	Schaltzeichen	Bezeichnung
		Kennzeichen für mechanische Einstellbarkeit[1]:	10		Widerstand: allgemein
1		stetig, allgemein	11		wahlweise
2		stetig, linear	12		mit Anzapfungen
3		stetig, nicht linear	13		mit Schleifkontakt
4		stufig	14		rein ohmscher Widerstand
		Kennzeichen für mechan. Einstellbarkeit in Fertigung und Wartung:	15		Scheinwiderstand (beliebiger Phasenwinkel)
5		stetig			
6		stufig			
7		Veränderbarkeit unter Einfluß einer physikalischen Größe:	16		Wicklung (Induktivität): allgemein
			17		wahlweise
8		linear nicht linear	18		mit Anzapfung
			19		mit Kern
9		Zusatz: Änderung des Wertes gleichsinnig gegensinnig mit der physikalischen Größe	20		
			21		mit Kern aus magnetischem Werkstoff und mit Luftspalt
			22		geschirmt

[1]) Offene und ausgefüllte Pfeilspitzen haben gleiche Bedeutung.

5.4. Schaltzeichen nach DIN 40 712 (7.71)

Kondensatoren, Dauermagnete, Batterien, Erdung, Abschirmung, Widerstände

Nr.	Schaltz.	Bezeichnung	Nr.	Schaltz.	Bezeichnung
23		**Kondensator:** allgemein	43		**Veränderbarer Widerstand:**
24		mit Anzapfung	44		mit Motorantrieb
25		mit Darstellung des Außenbelages			
26		gepolt	45		nicht linear
27		Elektrolytkondensator, gepolt			
28		Elektrolytkondensator, ungepolt	52		nicht linear mit Handbetrieb
29		Koaxialer Durchführungskondens.	49		mit 5 Stufen
30/31		**Dauermagnet**	50		stufig, mit bewegbarem Abgriff
32		**Primär-Element**			
		Batterie, Akkumulator (Zelle)	52		nichtlineares Potentiometer mit Handbetätigung
33		**Erdung:** allgemein	57		Temperaturabhängiger Widerstand (Widerstandsänderung gleichsinnig mit der Temperatur)
34		desgl. mit Angabe des Erdungszweckes, z. B. Schutzerdung fremdspannungsarm			
35		Anschlußstelle für Schutzleiter	59		Stufig veränderbare Induktivität
36					
37		**Masse:** allgemein			
38		mit Darstellung des Potentials, z. B. III	60		**Einstellbarer Kondensator:** (Trimmer)
39		**Trennlinie**	61		mit Kennzeichnung des bewegbaren Teils
40		Umrahmung, z. B. zur Abgrenzung von Geräteabschnitten	62		Differential-Kondensator
41		**Abschirmung**			
		Beispiele:	64		Handbetätigter Drehstrom-Anlaßwiderstand mit Hilfsschalter
42		Nebenwiderstand mit Spannungs- und Stromanschlüssen (Shunt)			

5.5. Schaltzeichen nach DIN 40 703 (3.70)

Zusatzschaltzeichen zum Darstellen mechanischer und elektrischer Funktionen

Nr.	Schaltz.	Bezeichnung	Nr.	Schaltz.	Bezeichnung
1		**Bewegungsrichtung:** geradlinig, z. B. nach links	18		**Antrieb durch menschliche Kraft** allgemein, z. B. Fußantrieb
2		geradlinig in beide Richtungen	20		**Nockenantriebe** (und dergleichen): allgemein
3		drehend, z. B. nach rechts			
4		nach beiden Seiten drehend	21		mit Kennzeichnung der Abwicklung eines Nockens, z.B. drei Stellungen
5		**Angabe der Stellung:** Die ausgezogene Linie kennzeichnet die Grundstellung (einschließlich der zugehörigen Kupplungen und Schaltglieder)	22		**Kraftantriebe:** allgemein
			23		z. B. mit Handaufzug
6		desgleichen	24		z. B. mit Kolbenantrieb
7		**Mechanische Wirkverbindungen:** allgemein	25		Schaltschloß mit mechan. Freigabe
8		desgleichen (inbesondere bei zu kleinem Abstand)	26		Raste
9		period. Betätigung, z.B. 10/min	27		**Sperren:** Bewegung in einer Richtung sperrend
			28		in zwei Richtungen sperrend
10		**Verzögerungen:** bei Rechtsbewegung			
11		bei Linksbewegung			**Kupplungen:**
12		bei Bewegung nach rechts und links	29		entkuppelt
			30		gekuppelt
		Handantrieb:	31		Mitnehmer
13		allgemein	32		Rutschkupplung
14		durch Drücken			
15		durch Ziehen			
16		durch Drehen	35		**Bremse:** geschlossen
17		durch Kippen	36		offen
19		abnehmbar, z. B. Steckschlüssel			

5.5. Schaltzeichen nach DIN 40703 (3.70) und 40713 (4.72)

Schaltgeräte, Auslöser, Schaltglieder, Sicherungen

Nr.	Schaltz.	Bezeichnung	Nr.	Schaltz.	Bezeichnung
		DIN 40703 Beibl. 1 Beispiele:	35		**Wischer, Kurzschaltglied:** Kontaktgabe bei Bewegung in beiden Richtungen
1		Beidseitig begrenzte Bewegung	36		Kontaktgabe nur bei Bewegung in Pfeilrichtung
2		Beliebige Bewegung nach beiden Richtungen			**Mehrstellenschalter:**
3		Handantrieb, nur in Stellung 2 steckbar oder abzuziehen	37		z. B. mit 6 Schaltstellungen in Stellung 1 sind Kontakt 1 und 3 überbrückt
4		Handantrieb, in Stellung 2 und 3 einrastend	38		z. B. mit 4 Schaltstellungen in Stellung 1 sind Kontakt 1 und 3 überbrückt
5		Sperre, bei Rechtsbewegung einrastend, von Hand lösbar	39		**Verzögerte Kontaktbetätigung** Öffner, öffnet verzögert
6		Abnehmbarer Handantrieb bei beidseitiger Bewegung einrastend	40		Schließer, schließt verzögert
7		Ventil mit Nockenantrieb und Fühler (Ventil im geschlossenen Zustand dargestellt)	41		Öffner, schließt verzögert
			42		Schließer, öffnet verzögert
8		Doppelkupplung, durch Verschieben des Handrades von Motor-(Stellung 2) auf Handantrieb (Stellung 1) umschaltbar			**Trennschalter:**
			43		Trennschalter, Leerschalter
			44		Sicherungstrennschalter
			45		Lastschalter
9		Fliehkraftkupplung, bei Überschreiten der Drehzahl n selbsttätig auskuppelnd	46		Lasttrennschalter
			47		Leistungsschalter
			48		Leistungstrennschalter
			49		Leistungsschalter mit Kurzunterbrechung
		DIN 40713 Schaltglieder:	50		Leistungsschalter mit getrennter Kurzunterbrechung der einzelnen Pole (hier 3 Pole)
1, 2		a) Schließer, Einschaltglied b) Öffner, Ausschaltglied wahlweise Form 1 oder 2	5		Trennstelle
			6		Schleifkontakt, Stromabnahme
3		Wechsler, Umschaltglied			
4		Zweiwegschließer mit drei Schaltstellungen			**Steckverbinder:**
			13		a: Steckerstift
			14		b: Steckerbuchse
27 28		Schließer und Öffner ohne selbsttätigen Rückgang nach Aufhören der Betätigungskraft (rastend)	15		c: Steckverbindung
			16		d: desgleichen
			17		e ⎫ desgleichen mit Kennz. des
			18		f ⎭ Schutzleiteranschlusses
			19		g: desgl. mit gleichen Steckerteilen
29		Schließer 1 schließt vor 2	20		Klinkenhülse
30		Öffner 1 öffnet vor 2	21		Klinkenfeder
31		Wechsler ohne Unterbrechung, (wahlweise), Folgeumschaltglied			**Sicherungen und Ableiter:**
32			22		Sicherung allgemein
			23		Sicherung mit Kennzeichnung des Netzanschlusses
33		Zwillingsöffner	24		Überspannungsableiter
34		Zwillingsschließer	25		Funkenstrecke
			26		Doppelfunkenstrecke

5.5. Schaltzeichen nach DIN 40713 (4.72)

Elektromechanische Antriebe und Auslöser

Nr.	Schaltzeich.	Bezeichnung	Nr.	Schaltzeich.	Bezeichnung	Nr.	Schaltzeich.	Bezeichnung
10		**Elektromagnetische Geräte** Lasthebemagnet, Spannplatte, Magnetscheider	59		desgl. mit Angabe des ohmschen Widerstandes	73	Form 1 Form 2	Elektromagnetischer Überstromauslöser (Auslösung verzögert)
11		Magnetische Bremse	60		desgl. mit Überstromauslösung	74		Unterstromauslöser
12		Wirbelstrombremse allgemein	61		mit Eigenresonanz, z.B. 20 Hz (auch Schwingmagnete)	75		Rückstromauslöser
						76		Fehlerstromauslöser
		Elektromagnetische Antriebe: allgemein,	62		Thermorelais: **Elektromechanisches Triebsystem:**	77		Elektrothermischer Überstromauslöser
7		z.B. Schütz und Relais	63		mit Anzugsverzögerung	78		Überspannungsauslöser
8		desgleichen mit besonderen Eigenschaften	64		desgleichen mit Abfallverzögerung	79		Unterspannungsauslöser
9		Schaltschloß mit elektromechanischer Freigabe	65		desgl. mit Anzugs- und Abfallverzögerung	80		desgl. mit verzögerter Auslösung
51 52		Elektromechanisches Triebsystem: mit einer wirksamen Wicklung	66		Gepoltes Relais mit Dauermagnet	81		Fehlerspannungsauslöser
			67		Stützrelais	82		Nicht messender Auslöser, z.B. Arbeitsstromauslöser
53		desgleichen mit 2 gleichsinnig wirkenden Wicklungen	68		Remanenzrelais			**Kennzeichnung besonderer Betriebszustände**
			69		Wechselstromrelais	83		Spule erregt
54		desgleichen				84		Schließer mit selbsttätigem Rückgang betätigt
55		desgleichen	70		Elektromechanischer Antrieb ohne selbsttätigen Rückgang nach Aufhören der Betätigungskraft mit 2 Schaltstellungen			
56		desgleichen mit 2 gegensinnig wirkenden Wicklungen	71			85		gepoltes Relais mit 2 Schaltstellungen in Abhängigkeit von der Polarität (* Pluspotential)
57		desgleichen						
58		desgleichen wattmetrisch wirkend	72		desgl. mit 3 Schaltstellungen	86		Remanenzrelais

5.6. Schaltzeichen nach DIN 40700 Teil 1 (4.55)

Wähler, Nummernschalter, Unterbrecher

Nr.	Schaltzeich.	Bezeichnung	Nr.	Schaltzeich.	Bezeichnung	Nr.	Schaltzeich.	Bezeichnung
1		**Wähler allgemein** Drehwähler desgleichen mit Nullstellung mit Abschaltschritt			desgl. mit 2 unterschiedlichen Einstellvorgängen	10		Einstellung durch Markierung gesteuert
2		mit 2 unterschiedl. Einstellvorgängen z.B. 10 Schritte 1. und 20 Schritte 2. Vorgang	5		Motorwähler allgemein., 1 Einstellvorgang	11		Steuerschalter Schaltarm (röm.) Schaltstellung (arabische Ziffern)
			6		Maschinenwähler			
			7		Wähler (Spracharmverbindung erst nach Einstellung)	12		**Nummernschalter**
						13		Zahlengeber allgemein
3		Schaltbahn allgemein desgleichen mit Einzelschritten	8		Relaiswähler allgemein	14		Period. Unterbrecher allgemein
			9		Wähler mit 2 unterschiedlichen Einstellvorgängen bei Vielfachschaltung einiger Leitungen über mehrere Wähler			desgl. mit Relais
4		Schaltbahn mit Richtungsaufteilung für Wähler mit 1 Einstellvorgang						desgl. mit Motorantrieb; Angabe der Öffnungs- und Schließungszeit

5.7. Schaltzeichen nach DIN 40717 (11.83)

Elektroinstallation

Nr.	Schaltz.	Bezeichnung	Nr.	Schaltz.	Bezeichnung	Nr.	Schaltz.	Bezeichnung
		Leitersysteme:			**Einspeisung:**	54		Leitungsschutzschalter
1		Leiter allgem.	31		nach oben führende Leitung	55		Motorschutzschalter, dreipolig
2		Leiter bewegbar	32		nach unten führende Leitung	56		Überstromrelais
3		Leiter geschirmt	33		nach oben und unten durchführende Leit.	57		Not-Aus-Schalter
		Verlegearten:						**Installationsschalter:**
4		L. im Erdreich	34		Leiterverbindung	58		allgemein
5		L. oberirdisch	35		Abzweigdose falls erforderlich	59		desgl. mit Kontrollampe
6		L. auf Isolatoren	36		Dose	60		1/1 Ausschalter einpolig
7		Leiter auf Putz	37		Endverschluß, Endverzweiger (kurze Seite ist die Kabeleinführung)	61		1/2 Ausschalter zweipolig
8		Leiter im Putz				62		1/3 Ausschalter dreipolig
9		L. unter Putz						
10		L. in Inst.-Rohr						
		Leiteranzahl:	38		desgl. wahlweise	63		5/1 Serienschalter einpolig
15		Leitung mit Kennz. der Leiteranzahl	39		Hausanschlußkasten	64		6/1 Wechselschalter einpolig
16		z. B. 3 Leiter	40		Verteiler, Schaltanlage	65		7/1 Kreuzschalter einpolig
		Leiterart:	41		Umrahmung für Geräte, z. B. Gehäuse, Schalttafel	66		Zeitschalter
11	NYM-J 3×1,5	Leitung, z. B. Mantelleitung				67		Taster
12	H07RN-F 3G1,5	bewegbare Leitung z. B. schwere Gummischlauch.	42		Anschlußstelle für Schutzleiter	68		Leuchttaster
						69		Stromstoßschalter
13	NYY-J 1×10re 0,6/1kV	Kunststoffkabel			**Stromversorgungsgeräte:**	70		Näherungseffekt allgemein
14	Cu 20×4	Stromschiene				71		Berührungseffekt allgemein
		Verwendungszweck:	43		Element, Akkumulator, Batterie			
17		Schutzleiter (PE) Nulleiter (PEN) Potentialausgleichsleiter (PL)	44	220/8V	Transformator z.B. 220 V/8 V	72		Näherungsschalter (Ausschalter)
					Umsetzer:	73		Berührungsschalter (Wechselschalt.)
18		Schutzl. wahlweise			allgemein	74		Dimmer (Aussch.)
19		Nulleiter wahlweise	47					**Steckvorrichtungen:**
20		Neutralleiter (N) Mittelleiter (M)	45		Gleichrichtergerät	75		Einf.-Steckdose ohne Schutzkont.
21		desgl. wenn Untersch. erforderlich	46		Wechselrichtergerät	76		Schutzkontaktsteckdose
22		wahlw. Darstellung			**Schaltgeräte:**	77	3/N/PE	desgl. für Drehstrom, fünfpol.
23		Signalleitung	48		Sicherung, allg.			
24		Fernmeldeleitung	49	D II 10A	Schraubsicherg. dreipol., z. B. 10 A, Typ D II	78		Schutzkontaktsteckdose abschaltbar
25		Rundfunkleitung						
26	3 NYJF 1,5	Stegleitung NYJF mit 3 Cu-Leitern 1,5 mm² auf Putz	50	00 25A	Niedersp.-Hochleistungs-Sicherung (NH), z B. 25 A	79		desgl. verriegelt
						80		Schutzkontaktsteckdose dreifach
27	5 NYM-J 1,5	Mantelleitung NYM-J mit 5 Cu-Leitern 1,5 mm² auf Putz verl.	51	3 63A	Sicherungstrennschalter, z. B. 63 A, dreipolig	81		desgl. wahlweise
			52	10A	Schalter, z. B. 10 A, dreipolig	82		Steckdose mit Trenntrafo, z.B für Rasierer
29	3 J-Y 3×0,8	Installationsdraht mit Ø 0,8mm in Elektroinstallationsrohr unter Putz verlegt	53		Fehlerstrom-Schutzschalter, vierpolig	83		Fernmeldesteckdose
						84		Antennensteckdose

5.7. Schaltzeichen nach DIN 40717 (11.83)

Elektroinstallation

Nr.	Schaltz.	Bezeichnung	Nr.	Schaltz.	Bezeichnung	Nr.	Schaltz.	Bezeichnung
		Meß-, Anzeige- und Steuergeräte:			**Elektro-Hausgeräte:**			**Fernmeldezentralen:**
85	(A)	Meßgerät, z.B. Strommesser	120	E	Elektrogerät allgemein	154		allgemein
86		Zähler	121		Küchenmaschine	155		Fernsprech-ZB-Vermittlung
87		Schaltuhr	122		Elektroherd allgemein	156		Fernsprech-Wähl-Vermittlung selbsttätig
88	t	Zeitrelais, z.B. für Treppenhausbel.	123		Mikrowellenherd			
89		Blinkrelais, Blinkschalter	124		Backofen			**Signalgeräte:**
90		Tonfrequenz-Rundsteuerrelais	125		Wärmeplatte	157		Wecker
			126		Friteuse	158		Summer
		Leuchten:	127		Heißwasserspeicher	159		Gong
100	X	Leuchte allgemein	128		Durchlauferhitzer	160		Hupe
101	X 5×60W	Leuchte mit Angabe der Lampenzahl und Leistung	129		Heißwassergerät allgemein	161		Sirene
			130		Infrarotgrill	162	⊗	Meldeleuchte, Signallampe, Lichtsignal
102	X	Leuchte mit Schalter	131		Futterdämpfer			
103	X	L. mit veränderbarer Helligkeit	132		Waschmaschine	163		Ruf- und Abstelltafel
104	X	Sicherheitsleuchte in Dauerschaltung	133		Wäschetrockner	164		Türöffner
			134		Geschirrspülmaschine	165		elektrische Uhr, z.B. Nebenuhr
105	X	Sicherheitsleuchte in Bereitschaftsschaltung	135		Händetrockner, Haartrockner	166		Hauptuhr
106	(X	Scheinwerfer			**Geräte für Klimatisierung:**	167		Signalhauptuhr
107	X	L. mit Überbrückung für Lampenketten	136		Raumheizung allgemein	168		Kartenkontrollgerät, handbet.
108	(X)	Leuchte mit zusätzl. Sicherheitsleuchte in Dauerschaltung	137		Speicherheizgerät	169		Brandmelder mit Laufwerk
			138		Infrarotstrahler	170		Brand-Druckknopf Nebenmelder
			139		Lüfter			
109	(X)	Leuchte mit zusätzl. Sicherheitsleuchte in Bereitschaftsschaltung	140		Klimagerät	171		Temperaturmelder
			141		Kühlgerät	173		Polizeimelder
110	X	Leuchte für Entladungslampe allg.	142	***	Gefriergerät	174		Wächtermelder
						175		Erschütterungsmelder
111	X 3	Leuchte für Entladungslampe mit Ang. der Lampenzahl	143	M	Motor, allgemein	176		Passierschloß für Schaltwege in Sicherheitsanlage
					Fernmeldegeräte:			
112		Leuchte für Leuchtstofflampe allgemein	144	HVt	Hauptverteiler	177		Lichtstrahlmelder, Lichtschranke
113	40W	Leuchtenband, z.B. 3 L. je 40W	145	Vz	Verzweiger auf Putz	178		Brandmelder, selbsttätig
			146	Vz	Verzweiger unter Putz			
114	65W	Leuchtenband z.B. 2 Leuchten je 2×65W			**Fernsprechgerät:**	179	Lx<	Dämmerungsschalter
			147		allgemein			
		Vorschaltgerät:	148		halbamtsberechtigt			**Rundfunk, Fernsehen und Zubehör:**
115		allgemein	149		amtsberechtigt	180	Y	Antenne, allgemein
116		vereinf. Darstellung	150		fernberechtigt	181		Verstärker
117	K	kompensiert	151		Mehrfachfernsprecher, z.B. Haustelefon	182		Lautsprecher
118	K	kompensiert mit Tonfrequenzsperre	152		Wechselsprechstelle	183		Rundfunkgerät
119		Starter, allgemein	153		Gegensprechstelle	184		Fernsehgerät

5-7

5.8. Schaltzeichen nach DIN 40700 Teil 2 (7.69)

Elektronen- und Ionenröhren

Nr.	Bezeichnung	Nr.	Bezeichnung	Nr.	Bezeichnung
1,2	Röhrenkolben: allgemein für Vielelektrodenröhre	35,36 37 38	Fotokatoden abwechselnd als Anode und Katode wirkend	64	Doppeltriode in aufgelöster Darstellung
3,4	desgl. für Mehrfachröhre desgl. mit Gas- oder Dampffüllung	39	Prallanode	65	Pentode
5	desgl. für Katodenstrahlröhre	40	desgl. elektronendurchlässig	66	desgl. mit vereinfachter Darstellung der Gitter
6	desgl. für Super-Ikonoskop	41 42 43 44 45	Gitter Steuergitter Schirmgitter Bremsgitter Quantelungsg. Steuersteg	67	Verbundröhre, Heptode-Triode
7	desgl. mit leitendem Innenbelag		Speicherelektroden: allgemein	68	Abstimmanzeigeröhre
8	mit leitendem Außenbelag	46	mit äußerem Fotoeffekt	69	Glimmlampe
9	desgl. mit leitendem Äquipotentialbelag	47 48	m. Ausnutzung der Sekundäremiss. nur in Pfeilrichtung mit inn. Fotoeffekt	70	Glimmspannungsteiler
				71	Blitzlichtlampe
10	desgl. mit leitendem Innenbelag als stromführende Widerstandsschicht	49		72	Glimm-Tetrode mit Hilfsanode und Gittersteuerung
	Anode:	50	Ablenkplatten: elektrostatisch		
11 12 13 14 15	a allgemein b Glimmzwischen-A. c Leucht-A. d Röntgen-A. allgemein e Röntgen-A. rotierend	51	desgl. mit Dunkelsteuerg. durch hohe Ablenkspanng.	73	Vakuum-Fotozelle
		52	Ablenkzylinderpaar mit radialer Ablenkung	74	Sekundärelektronenvervielfacher: mit Prallanoden
	Elektronenoptik, Elektroden	53 54	Konzentrierung: a mit Dauermagnet b mit Spule	75	desgl. mit Prallgittern
16 17 18 19 20 21 22	allgemein zylindrische Fokussier-E. desgl. mit Gitter Wehnelt-Zylinder Mehrfachblende Quadrupollinse Reflexionselektrode	55	desgl. mit Spule wahlweise	76	desgl. mit Fokussier- und Ablenkelektrode
		57	Ablenkspulen desgl. mit 2 zueinander senkrechten Ablenkfeldern und einer transformatorgek. Wicklung z. B. zur Hochspannungserzeugung	77	Bild-Bild Wandlerröhren Diode
		58		78	Triode
	Katoden:		Beispiele:		Signal-Bild Wandlerröhren
23 24 25 26 27 28 29	a allgemein b kalt oder ionenbeheizt c ionenbeheizt mit Hilfsheizung d direkt geheizt e indirekt geh. f desgl. vereinf.	59 60	Diode, direkt geheizt Duodiode, indirekt geheizt	92	
		61	Glimmgleichrichter	93	Bildwiedergaberöhre
	Quecksilberkat.:	62	Triode, direkt geheizt		
30 31 32 33 34	allgemein mit Zündanode mit Zündstift mit Erregeranode mit kombinierter Zünd- und Erregeranode	63	Verbundröhre: Doppeltriode mit getrennter Katode	79 80	Farbbildwiedergaberöhre

5.8. Schaltzeichen nach DIN 40700 Teil 2 (7.69) und 8 (7.72)

Bildaufnahmeröhren, Oszilloskopröhren, Halbleiterbauelemente

Nr.	Bezeichnung	Nr.	Bezeichnung	Nr.	Bezeichnung
	Teil 2	12	Leit. P-Kanal auf N-Substrat	46	Zweirichtungs-Thyristordiode
81	**Bild-Signal-Wandler-röhren**	13	Isoliertes Gate		Thyristortriode rückw. sperrend:
	Super-Ikonoskop	14	P-Emitter auf einer N-Zone	47	anodenseitig steuerbar
		16	N-Emitter auf einer P-Zone	48	kathodenseitig steuerbar
83	Super-Orthikon	18	Koll. auf einer Halbleiterzone entgegengesetzten Leitungstyps	49	Abschalt-Thyristortriode: anodenseitig steuerbar
		20	Kapazitiver Effekt	50	kathodenseitig steuerbar
		21	Tunnel-Effekt		
		22	Durchbruch-Effekt: in einer Richtung	51	Thyristortetrode rückw. sperrend
84	Vidikon	23	in 2 Richtungen	52	Zweirichtungs-Thyristortriode (TRIAC)
		24	Backward-Effekt		
		25	Magnetfeldabh. Widerstand	53	Thyristortriode rückw. leitend: anodenseitig steuerbar
	Oszilloskop-röhren	26	Hallgenerator		
	Oszilloskop-röhre mit einstufiger Nach-beschleunigung und 2 getrennten Innenbelägen	27	Photowiderstand	54	kathodenseitig steuerbar
87		28	Peltier-Element (warme Seite gestrichelt)	55	**Transistoren** PNP-Transistor
			Dioden	56	NPN-Transistor (Koll. mit Gehäuse verbunden)
90	Zweistrahl-Oszilloskopröhre mit getrennten Systemen und innerer Abschirmung	29	Halbleiter-Gleichrichter-Diode	57	PNP-Phototransistor
		30	Temperatur-abhängige Diode		Zweizonentr. (Unijunction T., Doppelbasisdiode): mit Basis vom P-Typ
		31	Kapazitäts-Diode (Variations-Diode)	58	
	Teil 8	32	Tunnel-Diode		
1	**Halbleiter** Umrahmung (nicht erforderlich)	33	Z-Diode		**Feldeffekt-Transistoren**
2	Halbleiterzone mit 1 Anschluß	34	Gegeneinander ge-schalt. Z-Dioden (Begrenzer)		Sperrschicht FET: mit N-Kanal
3	Halbleiterzone mit 2 Anschlüssen	36	Photodiode	60	mit P-Kanal
4	desgl. wahlweise	37	Lumineszenz-Diode	61	
5	Leitender Kanal v. Verarmungstyp	38	Strahlungsdetektor z.B. für γ-Strahlen	62	Anreicherungs-Isolierschicht-FET (IG-FET): mit P-Kanal auf N-Substrat
6	desgleichen vom Anreicherungstyp	40	Backward-Diode		
7	Gleichrichtender P-N-Übergang	41	Zweirichtungs-diode (DIAC)	63	mit N-Kanal auf P-Substrat
8	Sperrschicht mit elektr. Feld beeinflußbar	35	Photoelektrisches Bauelement allgem.	64	mit P-Kanal und herausgeführtem Substratanschluß
		39	Photoelement		
9	P-Gebiet beein-flußt N-Zone	42	Gleichrichtergerät	66	Verarmungs-IG-FET: mit N-Kanal
10	N-Gebiet beein-flußt P-Zone	43	**Thyristoren** Thyristor allgem.	67	mit P-Kanal
11	Leit. N-Kanal auf P-Substrat	44	Thyristordiode: rückw. sperrend	68	mit 2 Gates und herausgeführtem Substratanschluß
		45	rückw. leitend		

5-9

5.9. Graphische Symbole nach DIN 40700 Teil 10 (1.82) für Übersichtsschaltpläne

Nr.	Bezeichnung	Nr.	Bezeichnung	Nr.	Bezeichnung
	Allgemeine graph. Symbole:	20	Dynamikpressung		**Beispiele für die Fernsprechtechnik:**
1	Schaltungsglieder allgem. Schaltungsgl.	21	Dynamikdehnung		Fernsprecher:
1.1	im Sinne von Stufe, Gerät, Baugruppe, Anlage, elektrische Baueinheit	22	Gleichrichtung	60	allgemein
		23	Verstärkung		
		24	Verzögerung		
1.2	Quadrate und Rechtecke beliebiger Größe und Lage	25	Siebung, Filterg.	61	für Ortsbatterie-Betrieb
		26	Gabelung		
		27	Vorverzerrung, Preemphase	62	für Zentralbatterie-Betrieb
2	Umsetzer, Umformer, Übertragung allgem.	28	Nachverzerrung, Deemphase	63	mit Nummernschalterwahl
3	Modulator, Demodulator, Diskriminator, allgemein		Netzwerk:		
		29	H-Schaltung	64	mit Tastwahl
4	Speicher, allgemein	30	π-Schaltung	65	mit zwei oder mehr Leitungen (Amts- oder Nebenstellenleitung)
		31	T-Schaltung		
5	Gerät mit automatischer Steuerung allgemein	32	Brückenschaltung		
		33	Fernsprechen		
		34	Fernschreiben	66	mit Schalter oder Taste für Sonderfunktionen
6	Zentrale Einrichtung bzw. Schaltstelle allgemein	35	Ton-Übertragung		
		36	Bild-Übertragung		
7	Bedienungsplatz, Vermittlungsplatz, allgemein		Drucken:	67	Münzfernsprecher
		37	Lesen, allgemein		
		38	auf Blatt	68	mit Induktorruf
8	Regler, allgemein Angabe der Regelgr. innerhalb des Dreiecks	39	auf Streifen	69	mit Lautsprecher
		40	auf Karte	70	mit Verstärker
			Lochen:		
9	Einsteller, allgemein Pfeil an bel. Ecke	41	abtasten, allg.	71	batterielos
		42	in Blatt		
		43	in Streifen	72	mit Nummernschalterwahl und Zieltasten
	Symbolelemente:	44	in Karte		
10	Übertragung in einer Richtung	45	Übertragung mit Lochstreifen		
11	Übertragung in zwei Richtungen, nicht gleichzeitig	46	Tastatur, allgem.	73	mit Nummernschalterwahl und Gebührenanzeige
		47	Tastwahl		
12	Übertragung in zwei Richtungen, gleichz.	48	Nummernschalter-wahl	74	mit Bildübertragung
		49	Zieltasten		
13	Senden		Kompaßanzeige:	75	Ortsbatterie-Vermittlung
14	Empfangen	50	allgemein		
15	Senden oder Empfangen, nicht gleichz.	51	mit Magnetnadel	76	Vermittlungszentrale, allgemein
		52	Wasserschall		
16	Senden und Empf. gleichzeitig	53	Radar	77	Wählerzentrale
		54	Hyperbelortung		
17	Größtwertbegrenzung, allgemein	55	Zweiseitenband	78	Bedienungsplatz für Schnurvermittlung
			Einseitenband:		
18	Kleinstwertbegrenz., allgemein	56	oberes Seitenband	79	Schnurvermittlung mit Nummernschalterwahl
		57	unteres Seitenband		
19	Größt- und Kleinstwertbegrenzung allgem. insbesonders symmetrisch	58	Pilotfrequenz, allgemein	80	Bedienungsplatz mit Tastwahl und Zieltasten
		59	Koppelanordnung mit Ein- u. Ausgang		

5.9. Graphische Symbole für Übersichtsschaltpläne nach DIN 40700 Teil 10 (1.82)

Nr.	Symbole	Bezeichnung	Nr.	Symbole	Bezeichnung	Nr.	Symbole	Bezeichnung
		Beispiele für die Fernschreibtechnik:			**Beispiele für Umsetzer:**			**Beispiele für Filter:**
81		Fernschreiber allgemein	102		Frequenzumsetzer	121		Filter, allgemein
82		Blattschreiber mit Tastatur	103		Frequenzvervielfacher	122		Tiefpaß
			104		Frequenzteiler	123		Hochpaß
83		Blattschreiber nur für Empfang	105		Pulsinverter	124		Bandpaß
84		Streifenschreiber mit Tastatur	106		Code-Umsetzer, z. B. 5-Bit-, 7-Bit-Code	125		Bandsperre
85		Lochstreifensender	107		Umsetzer, Zeitanzeige in 5-Bit-Code	126		Weiche mit Darstellung der Durchlaßbereiche
86		Lochstreifenempfänger	108		Frequenzums., Übertragung des oberen Seitenbands	127		Mechanisches Filter
87		Lochstreifenabtaster allgemein	109		Pulswandler, Umsetzer von pulsphasenmodulierten in pulsdauermodulierte Rechteckimpulse	128		Quarzfilter
88		Schaltgerät mit Nummernwahl				129		HF-Sperre
		Beispiele für Verstärker, Empfänger, Sender:	110		**Modulator:** a = modulierendes Eingangssignal b = modulierte Ausgangswelle c = Trägereingang			**Beispiele für Begrenzer:**
		Verstärker:				130		Begrenzer, allgemein
89		allgemein				131		Einrichtung mit linearer Eingangs-Ausgangscharakteristik, kein Ausgangswert bei Eingangssignal unterhalb des Schwellwertes
90		desgleichen wahlweise	112		**Demodulator:** a = modulierte Eingangswelle b = Ausgangssignal c = Trägereingang			
91		regelbar, mit ext. Gleichstromregelung				132		desgleichen mit einstellbarem Schwellwert
					Pulscodemodulator (Ausgang: 7-Bit-Code)			
92		fünfstufig				133		Begrenzer, positive Halbwelle
93		einstellbar			**Beispiele für Stromversorgungsgeräte:**	134		Begrenzer, negative Halbwelle
94		selbsttätig geregelt	114		Gleichstromumrichter			**Beispiele für Entzerrer:**
95		Gegentaktverstärker	115		Gleichrichtergerät	135		Entzerrer, allgemein
96		Vierdrahtverstärker	116		Wechselstromumrichter	136		Amplituden/Frequenz-Entzerrer
97		Zweidrahtverstärker	117		Wechselrichter	137		Phasen/Frequenz-Entzerrer
98		NL-Verstärker (Negative Leitung)	118		Gleichrichter/Wechselrichter (umschaltbar)	138		Laufzeitentzerrer
99		Sender, Geber, allgemein	119		Gleichrichtergerät	139		Amplituden-Regelglied, nicht verzerrend
100		Empfänger allgem.	120	U const	Spannungskonstanthalter			
101		Pilotsender						

5

5.9. Graphische Symbole für Übersichtsschaltpläne nach DIN 40700 Teil 10 (1.82)

Nr.	Bezeichnung	Nr.	Bezeichnung	Nr.	Bezeichnung
	Beispiele für Verzögerungsglieder:	162	Pulsgenerator		**Beispiele für die Meß- und Regelungstechnik:**
	Verzögerungsleitung	163	Sinusgenerator mit veränderbarer Frequenz	193	Aufnehmer mit veränderbarem Widerstand, z.B. mit Dehnungsmeßstreifen
140	allgemein				
141	magnetostriktiv	164	Rauschgenerator		
142	desgl. verzögert um 100 µs	165	Quarzgenerator	194	Magnetoelastischer Aufnehmer
143	koaxial	166	Thermoel. Generator, betrieben durch Verbrennungswärme	195	Induktiver Aufnehmer
144	Festkörper-Verzögerungsglied mit piezoelektrischem Wandler	171	Photoelektr. Stromerzeuger		
146	Künstl. Leitung			196	Meßumformer, z.B. Umformung von Temperatur in elektrischen Strom
	Beispiele für Dämpfungsglieder:		**Beispiele für Speicher:**		
147	Dämpfungsglied	172	Magnetspeicher allgemein	197	Signalumsetzer mit galvanischer Trennung
148	Dämpfungsglied, veränderbar	173	Matrix-, Halbleiter-, Ringkernspeicher		
149	Vorverzerrer, Preemphase	174	Magnetplattenspeicher	198	Analog/Digital-Umsetzer
150	Nachverzerrer, Deemphase	175	Lochstreifenspeicher	199	Gleichspannungs-Pulsphasen-Ums. mit galv. Trennung
151	Dynamikpresser	176	Magnetbandspeicher		
152	Dynamikdehner	177	Lochkartenspeicher	207	Kleinstwertglied. Das Ausgangssignal ist gleich dem kl. (negativsten) aller Eingangssignale
153	Phasenschieber	178	Kondensatorspeicher		
	Beispiele für Gabelschaltungen und Gabelübertrager:		**Beispiele für Kompasse:**		
154	Gabel, Entkoppler	179	Kompaß allgemein	200	Drehzahlregler
155	Nachbildung				
156	Gabel mit Nachbildung	182	Mutter-Kreiselkompaß	201	Stromregler mit PI-Verhalten
157	Gabelübertrager	183	Tochter für Kreiselkompaß		
158	desgleichen unsymmetrisch			202	Verzögerungsglied
	Beispiele für nicht rotierende Generatoren:		**Beispiele für Schallschwinger:**		
		189	Sender	203	Totzeitglied
159	Generator, Oszillator allgemein	190	Empfänger	204	Differenzierer
160	Sinusgenerator, 500 Hz	191	Sender und Empfänger	205	Integrierer
161	Sägezahngenerator, 500 Hz	192	Echolot mit Lichtblitzanzeige	206	Funktionsgeber

5.10. Schaltzeichen nach DIN 40 700 Teil 5 (6.76) und Teil 23 (6.76)

Gefahrenmeldeeinrichtungen, Uhren und el. Zeitdienstgeräte (Auszug)

Nr.	Teil 5	Gefahrenmeldeeinrichtungen	Nr.	Teil 23	Uhren und el. Zeitdienstgeräte
1		Hilferuf			**El. Uhren**
2		Brandmeldung	1		Uhr allgemein, z. B. Nebenuhr
3		Wächtermeldung	2		Hauptuhr
4		Laufwerk, Ablaufwerk	3		Signalnebenuhr
5		Hilferuf mit Sperrung	4		Signalhauptuhr
6		Brandmeldung mit Sperrung			**Kennzeichen**
7		Wächtermeldung mit Sperrung	5		Pendel
8		Laufwerk mit Sperrung	6		Unruh
9		Anzeigevorrichtung	7		Stimmgabel
10		Fernsprechen	8		Quarz
11		Bimetallprinzip	9		Synchronisieren
12		Schmelzlotprinzip	10		Suchzeiger
13		Differentialprinzip	11		Zeitzeicheneingang
14		Ionisationsprinzip			**Impulsangaben an mechan. und el. Wirkverbindungen**
15		Lichtabhängiges Prinzip	12		Mechan. Impuls, Freigabe-Impuls
16		**Beispiele** Polizeimelder	13		El. Polwechselimp. mit Pause
17		Brandmelder	14		El. Polwechselimp. ohne Pause
18		Selbsttätiger Brandmelder	15		El. Gleichimp. mit Pause
19		Selbsttätiger Temperaturmelder m. Bimetallprinzip			**Uhren- und Zeitdienstanlagen**
20		Selbsttätiger Rauchmelder, lichtabh. Prinzip	16		Hauptuhr, sendend
21		Wächtermelder mit Sicherheitsschaltung	17		Nebenuhr, empfangend, mit digit. Anzeige
22		Polizeimelder mit Sperrung und Fernsprecher	18		Nebenuhr, empfangend und sendend, z. B. Überwachungseinrichtung
23		Brandmelder mit Laufwerk und el. Auslösung	19		Synchronuhr, z. B. für 50 Hz
24		Brandmelder mit Laufwerk u. Sperrung, Polizeimelder mit Sperrung	20		Sekunden-Nebenuhr
25		Zentrale einer Brandmeldeanlage für 4 Schleifen in Sicherheitsschaltung, Sirenenanlage für 2 Schleifen	21		Sek.-Min.-Nebenuhr

Nr.	Schaltzeichen	Benennung
22		Synchronsek.-Nebenuhr
23		Such-Nebenuhr
24		Schaltuhr
25		Schalt-Nebenuhr
26		Astronomische Schalt-Nebenuhr
27		Signal-Nebenuhr
28		Weck-Nebenuhr
29		Frequenz-Kontrolluhr mit Hauptuhr
30		Frequenz-Kontrolluhr mit Nebenuhr
31		Zeiterfassungsgerät, handbetätigt, druckend
32		desgl. auf Karte druckend
33		Such-Bedienungs-Einr., handbetätigt
34		Such-Bedienungszentrale f. Nebenstellenanl. mit Wählbetrieb
35		Hauptuhren-Zentrale mit Betriebs- und Reserve-Hauptuhr u. m. 6 Nebenuhr-Linien, mit Leuchtmelder
36		
37		Uhren-Unterzentrale m. Betriebs- u. Reserve-Hauptuhr, m. Hörmelder
38		Uhren-Unterzentrale m. Reserve-Hauptuhr u. m. 3 Nebenuhr-Linien
39		Gleichlaufregler, zeitzeichen-gest.

5-13

5.11. Schaltzeichen nach DIN 40700 Teil 25 (4.76)

Frequenzen, Bänder, Modulationsarten, Frequenzpläne

Nr.	Schaltz.	Benennung	Nr.	Schaltz.	Benennung	Nr.	Schaltz.	Benennung
		Charakteristische Einzelfrequenzen			**Frequenzbänder**	28		Phasenmodulation
			14		Frequenzband, allgemein			
1		Träger, allgemein	15		Begrenztes Frequenzband	29		Amplitudenmod., Zweiseitenbandübertragung
2		Unterdrückter Träger	16		desgl. eingeteilt in Gruppen	30		Amplitudenmod., Restseitenbandübertragung
3		Verminderter Träger	17		Sekundärgruppe	31		Amplitudenmod., Einseitenbandübertragung
4		Pilot, allgemein	18		Frequenzband in Regellage, allg.	32		desgl.
5		Unterdrückter Pilot	19		Frequenzband in Kehrlage, allg.	33		Amplitudenmod., Träger mit 2 getrennt mod. Seitenbändern
6		Primärgruppenpilot	20		Regellage für alle Kanäle bzw. Gruppen im Frequenzbd.			
7		Sekundärgruppenpilot	21					**TF-Technik**
			22		Kehrlage für alle Kanäle bzw. Gruppen im Frequenzbd.	34		Träger mit beiden Seitenbändern
8		Tertiärgruppenpilot	23					
9		Quartärgruppenpilot	24		Gemischte Lage f. alle Kanäle bzw. Gruppen im Frequenzband	35		desgl. ohne Übertr. der tiefen Frequ. des ursprünglichen Modulationssignals
10		2 Pilote für wahlw. Übertrag.	25		Gemischte Lage f. Kanäle bzw. Gruppen im Frequenzbd.	36		desgl. mit Übertr. der tiefen Frequenzen des urspr. Modulationssignals bis nahe Null
11		Zusätzl. Meßfrequenz, allgemein	26		Gemischtes oder unbestimmtes Syst.			
12		Zusätzl. Meßfrequenz, Übertrag. oder Messung nach Bedarf			**Modulations- und Übertragungsart**	37		Einseitenband, unterdr. Träger
						38		Einseitenband, verminderter Tr.
13		Signalfrequenz	27		Frequenzmodulation	39		Einseitenband, unterdr. Träger

5.12. Schaltzeichen nach DIN 40700 Teil 7 (4.74)

Magnetköpfe

Nr.	Schaltz.	Benennung	Nr.	Schaltz.	Benennung	Nr.	Schaltz.	Benennung
		Magnetköpfe						**Kombinierte Magnetköpfe**
1		Magnetkopf allgemein	5		Aufnahmekopf (Sprechkopf)	8		Aufnahme-Wiedergabe-Kopf
2		desgl. wahlweise	6		Wiedergabekopf (Hörkopf)	9		Lösch-Aufnahmekopf
3		magnetisch gekoppelter Zweisystemkopf				10		Wiedergabe-Löschkopf
4		magnet. nicht gekoppelter Zweisystemkopf	7		Löschkopf	11		Lösch-Aufnahme-Wiedergabekopf

5.13. Schaltzeichen nach DIN 40700 Teil 3 (9.69)

Antennen

Nr.	Bezeichnung	Nr.	Bezeichnung	Nr.	Bezeichnung
1	Antennen allgemein	22	Gegengewicht	41	Empfangsant. Strahlungsdiagramm fest in azimut. Richtung, schwenkbar in der Elevation
2	Sendeant.	23	Ferritantenne		
3	Empfangsant.	24	Dipolantenne		
4	Senden und Empfang über dieselbe Ant.: gleichzeitig	25	Schleifendipolantenne		
5	abwechselnd	26	Reflektor- oder Direktorstab für Dipolant.	40	Radarant. mit vertik. und horiz. Strahlungsdiagr. und deren Öffnungswinkeln, vertikale Polarisation
6	Polarisationsrichtung: horizontal	27	Schmetterlingsantenne		
7	vertikal	28	Hornstrahler		
8	zirkular	29	Parabol-Ant., Parabolreflektor		
9	Strahlungsrichtung: fest in azimutaler Richtung	30	spez. Radarant.	42	Radarant. rotierd. mit 2,4 U/Minute und period. in Elevationsrichtg. veränd. Strahlungsdiagr. von 0°-60°-0°/s
10	desgl. variabel	31	desgl. mit Erregung durch Hornstrahler und Speisg. über Hohlleiter		
11	fest in Elevationsrichtung				
12	desgl. variabel	32	Schlitzant. mit Erregung durch Hohlleiter	43	Parabolantenne mit Speisung über Koaxialkabel
13	fest in azimut. und Elevationsrichtung	33	Hornreflektor mit Erregung durch zirkularen Wellenleiter	44	desgl., Ausleuchtung mit Hornstrahler
14	Strahlungsverteilung h = horiz. Richtung	34	Wendelantenne		
15	Peilfunktion		Dielektr. Strahler dipolerregt und horizont. polarisiert	45	Parabolantenne mit Symmetriereinrichtung
16	Rotation des Richtdiagramms	35			
17	Period. Bewegung des Richtdiagramms	36	Symmetriereinrichtung	46	Dipol mit Reflektorstab und 3 Direktorstäben
18	Rahmenantenne	37	Linse für elektromagn. Wellen	47	Schleifen-Dipol mit Reflektorwand
19	desgl. abgeschirmt	38	desgl. dielektr.	48	Dipolgruppe mit m übereinander und n nebeneinander liegenden Dipolen
20	Kreuzrahmenantenne	39	Beispiele: Peilantenne		
21	Rhombus-Ant. mit Abschlußwiderstand			49	Höhenreflektor

5.14. Schaltzeichen nach DIN 40700 Teil 9 (11.61)

Elektroakustische Übertragungsgeräte

Nr.	Bezeichnung	Nr.	Bezeichnung	Nr.	Bezeichnung
1	Mikrophon allgemein	6	Körperschall-Empfänger		Beispiele
2	Fernhörer allgemein	7	Körperschall-Sender	10	Kondensatormikrophon mit Angabe der Charakteristik
3	Lautsprecher allgemein	8	reziproke elektroakust. Wandler für: Wiedergabe Aufnahme Wechselbetr.		Fremderregter elektrodynam. Lautsprecher
	desgl. mit Divergenzgitter				Kristall-Tonabnehmer
4	Tonabnehmer allgemein				Elektrodynam. Tonabnehmer für Stereowiedergabe
	desgl. für Stereowiedergabe	9	Kennzeichen der Arbeitsweise:[1]) a b c d e f g h i	11	System für Wechselsprechverkehr
5	Tonschreiber allgemein			12	Strahlergruppe, z. B. mit 25 W Sprechleistung

[1]) a) elektromagnetisch; b) elektrodynamisch, allgemein; c) desgl. fremderregt; d) desgleichen dauermagneterregt; e) kapazitiv; f) piezoelektrisch; g) elektrothermisch; h) ionenbewegt; i) magnetostriktiv.

5-15

5.15. Schaltzeichen nach DIN 40 900 Teil 12 (7.84)

Binäre Elemente

Aufbau der Symbole

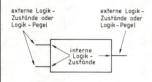

Ein Logik-Pegel bezeichnet die physikalische Eigenschaft, die einen Logik-Zustand einer binären Variablen darstellt. Die Logik-Zustände werden in dieser Norm mit den Ziffern 0 („0-Zustand") und 1 („1-Zustand") gekennzeichnet.

Eine binäre Variable kann beliebigen physikalischen Größen gleichgesetzt werden, für die zwei getrennte Wertebereiche definiert werden können. Diese Wertebereiche werden hier Logik-Pegel genannt und mit H (High) und L (Low) bezeichnet.

Das einzelne Zeichen ∗ bezeichnet mögliche Lagen für Kennzeichen, die sich auf Ein- und Ausgänge beziehen.

Symbol	Beschreibung
	Konturen (Seitenverhältnis beliebig)
	Element-Kontur, als Quadrat dargestellt
	als Rechteck dargestellt
	Steuerblock-Kontur
	Ausgangsblock-Kontur

Kombination von Konturen

Um Platz zu sparen, können bei der Darstellung einer Gruppe zusammengehöriger Elemente die einzelnen Konturen aneinandergefügt oder ineinandergeschachtelt werden.

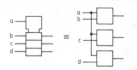

Zwischen den Elementen mit gemeinsamer Konturenlinie in Richtung des Signalflusses gibt es **keine** Logik-Verbindung.

Zwischen den Elementen, deren gemeinsame Konturenlinie senkrecht zur Richtung des Signalflusses verläuft, gibt es mindestens eine Logikverbindung.

Gemeinsame Eingänge oder Ausgänge einer Anordnung von zusammengehörenden Elementen können in einem **Steuerblock** zusammengefaßt werden. Solche Ein- und Ausgänge sind, wenn nötig, zu kennzeichnen.

Sofern nicht anders angegeben, ist das dem Steuerblock am nächsten gelegene Element das niedrigstwertige.

Ein am Steuerblock ohne Kennzahl dargestellter Eingang beeinflußt alle Elemente der Anordnung.

Ist ein am Steuerblock dargestellter Eingang ein steuernder Eingang im Sinne der Abhängigkeitsnotation (s. S. 5-20), so ist er als Eingang nur mit jenen Elementen der Anordnung verbunden, in denen seine Kennzahl erscheint.

Ein gemeinsamer, von allen Elementen der Anordnung abhängiger Ausgang kann als **Ausgangsblock** dargestellt werden. Die Funktion des Ausgangsblocks muß in jedem Fall angegeben werden.

Der Ausgangsblock wird, gegenüber dem Steuerblock, am Ende der Anordnung dargestellt.

Zusätzliche Eingänge des Ausgangsblocks müssen explizit dargestellt werden.

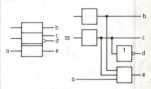

Ein Ausgangsblock darf auch innerhalb eines Steuerblocks dargestellt werden.

Sind mehrere Ausgangsblöcke einer Anordnung darzustellen, so braucht die Doppellinie nur einmal gezeichnet zu werden.

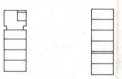

Anordnung mit Steuerblock und Ausgangsblock   Anordnung mit zwei Ausgangsblöcken

Bei einer Anordnung von Elementen mit gleichem Kennzeichen genügt es, die Symbole innerhalb der Kontur nur im ersten Element anzugeben. Voraussetzung ist, daß keine Unklarheit entsteht.

Dies gilt auch für eine Anordnung von gleichen, unterteilten Elementen.

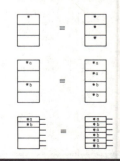

5.15. Schaltzeichen nach DIN 40 900 Teil 12 (7.84)

Binäre Elemente

Symbol	Beschreibung
	Kennzeichen an Ein- und Ausgängen oder Verbindungen
	Negation
	an einem Eingang
	an einem Ausgang
	Die Verbindungslinie kann auch durch den Kreis führen
	Polaritäts-Indikator [1]) (Logik-Polarität) Der interne 1-Zustand korrespondiert mit dem L-Pegel an der Anschlußlinie
	an einem Eingang
	an einem Ausgang
	an einem Eingang bei Signalflußrichtung von rechts nach links
	an einem Ausgang bei Signalflußrichtung von rechts nach links
	Dynamischer Eingang Der äußere Logik-Zustandswechsel bewirkt einen internen flüchtigen 1-Zustand. Zu allen anderen Zeiten ist der interne Logik-Zustand 0
	Wirkung bei äußerem Zustandswechsel von 0 nach 1
	Wirkung bei äußerem Zustandswechsel von 1 nach 0
	Dyn. Eingang mit Polaritätsindikator. Der äußere Übergang vom H- zum L-Pegel bewirkt einen internen flüchtigen 1-Zustand
	Interne Verbindungen
a—b	Interne Verbindung (kann entfallen)
a⊳b	Interne Verbindung mit Negation
a▷b	Interne Verbindung mit dynamischer Wirkung

Symbol	Beschreibung
a⊳b	Interne Verbindung mit Negation und dynamischer Wirkung
	Interner Eingang, virtueller Eingang Dieser Eingang befindet sich immer im internen 1-Zustand, sofern er nicht durch eine Abhängigkeitsbeziehung mit überschreibender oder modifizierender Wirkung gesteuert wird
	Interner Ausgang, virtueller Ausgang Die Wirkung des Ausgangs auf den mit ihm verbundenen internen Eingang muß durch Abhängigkeitsnotation angegeben sein
	Kennzeichen innerhalb der Kontur
	Ausgänge
	Retardierter Ausgang Die Ausgangs-Zustandsänderung tritt erst ein, wenn das die Änderung verursachende Eingangssignal zum anfänglichen Logik-Zustand zurückkehrt
◇	Offener Ausgang, z. B. offener Kollektor Zur Erzeugung eines definierten Logik-Pegels ist eine externe Beschaltung, z. B. mit einem Widerstand erforderlich
	Offener Ausgang, H-Typ Erzeugt im nicht hochohmigen Zustand einen relativ niederohmigen H-Pegel
	Offener Ausgang, L-Typ Erzeugt im nicht hochohmigen Zustand einen relativ niederohmigen L-Pegel
	Passiver Pulldown-Ausgang Im Gegensatz zum offenen H-Typ-Ausgang ist keine zusätzliche externe Beschaltung nötig
	Passiver Pullup-Ausgang Im Gegensatz zum offenen L-Typ-Ausgang ist keine zusätzliche externe Beschaltung nötig

Symbol	Beschreibung
▽	3-state-Ausgang Der Ausgang kann einen dritten externen hochohmigen Zustand annehmen, der keine Logik-Aussage enthält
	Vergleichsausgang eines Assoziativspeichers Der interne 1-Zustand zeigt eine Übereinstimmung an
$\begin{Bmatrix} m_1 \\ \vdots \\ m_k \end{Bmatrix}$ *	Multibit-Ausgang Die Summe der einzelnen Ausgangsgewichte, die sich intern in einem 1-Zustand befinden, ergibt eine Zahl – als ein Ergebnis der Ausführung einer mathematischen Funktion oder – als ein Wert des Inhalts des Elementes. $m_1 \ldots m_k$ sind durch die dezimalen Gewichte oder ggfs. durch die Exponenten der Zweierpotenzen zu ersetzen. * muß ersetzt werden durch eine geeignete Angabe des Ergebnisses der angewandten mathematischen Funktion oder durch CT
Bsp: $\begin{Bmatrix} 0 \\ 2 \\ 4 \\ 6 \end{Bmatrix}$ *	
≡	
$\begin{Bmatrix} 1 \\ 4 \\ 16 \\ 64 \end{Bmatrix}$ *	
CT=9	Inhalts-Ausgang Bei einem bestimmten Inhalt des Elementes, z. B. eines Zählers, (hier 9) befindet sich der Ausgang in seinem internen 1-Zustand
CO	Übertrags-Ausgang Ausgang für einen durchgeschlungenen Übertrag (RIPPLE-CARRY-output)
CG	CARRY-GENERATE-Ausgang (Erzeugung eines Übertrags) eines arithmetischen Elements
CP	CARRY-PROPAGATE-Ausgang (Übertrags-Verzweigung) eines arithmetischen Elements
CI	Anmerkung: Mit den Ausgängen CG und CP läßt sich bei der Kaskadierung von arithmetischen Elementen in Verbindung mit dem CARRY-GENERATE-Eingang und dem CARRY-PROPAGATE-Eingang ein sogenanntes Look-Ahead-Carry-System aufbauen, bei dem die Übertragsbildung parallel erfolgt.
CG	
CP	Sinngemäß gilt dies auch für die BG-(BORROW-GENERATE) und BP-(BORROW-PROPAGATE) Ein- und Ausgänge.

[1]) National soll anstelle des Polaritätsindikators das Negationszeichen verwendet werden.

5.15. Schaltzeichen nach DIN 40 900 Teil 12 (7.84)

Binäre Elemente

Symbol	Beschreibung	Symbol	Beschreibung	Symbol	Beschreibung
⎾⏉	**Eingänge** Eingang mit zwei Schwellwerten, Eingang mit Hysterese	⎾Pm	Operanden-Eingang, dargestellt als Pm-Eingang Der Eingang stellt ein Bit eines Operanden dar, auf dem eine oder mehrere mathem. Operationen angewendet werden. m muß durch das Gewicht in dezimaler Form oder durch den Exponenten der Zweierpotenz ersetzt werden. P und Q sind bevorzugte Buchstaben für Operanden	⎾R	R-Eingang Nimmt dieser Eingang den internen 1-Zustand an, wird im Element eine 0 gespeichert
⎾E	Erweiterungseingang Eingang, der mit dem Ausgang E eines Erweiterungselementes verbunden werden kann.			⎾S	S-Eingang Nimmt dieser Eingang den internen 1-Zustand an, wird im Element eine 1 gespeichert
⎾EN	Freigabe-Eingang (Enable-input) Bei internem 1-Zustand des Eingangs haben alle Ausgänge den normal definierten internen Logik-Zustand. Bei internem 0-Zustand sind alle Ausgänge im externen hochohmigen Zustand	⎾CT=m	Inhalts-Eingang m muß durch Angabe des Inhalts des Elements ersetzt werden, der sich einstellt, wenn den Eingang im internen 1-Zustand befindet	⎾T	T-Eingang Nimmt dieser Eingang den internen 1-Zustand an, wechselt der interne Ausgangszustand in den komplementären Zustand
⎾←m	Schiebeeingang, vorwärts Nimmt der Eingang den internen 1-Zustand an, wird die im Element enthaltene Information um m Stellen vorwärts geschoben.	⎾⫶	Zusammenfassung von Anschlußlinien Für die Herstellung eines einzelnen Logik-Eingangs sind mehrere Anschlüsse erforderlich		**Digitale Verzögerungselemente**
⎾←m	Schiebeeingang, rückwärts Nimmt der Eingang den internen 1-Zustand an, wird die im Element enthaltene Information um m Stellen rückwärts geschoben.	⎾"1"	Feste-Betriebsart-Eingang Der Eingang muß sich im 1-Zustand befinden, wenn das Element die mit dem Symbol dargestellte Funktion ausführen soll		Die Änderung des internen Eingangszustandes von 0 nach 1 bewirkt eine um t_1 verzögerte Änderung des internen Ausgangszustandes von 0 nach 1. Die Änderung des internen Ausgangszustandes von 1 nach 0 erfolgt um t_2 verzögert gegenüber der Änderung des Eingangszustandes von 1 nach 0
⎾+m	Zähleingang, vorwärts Der Zählerstand wird einmal um m erhöht, wenn der Eingang den internen 1-Zustand annimmt.	⊸⎾	Nicht-logische Verbindung Kennzeichnung einer Verbindung ohne Logik-Information		
⎾−m	Zähleingang, rückwärts Der Zählerstand wird einmal um m erniedrigt, wenn der Eingang den internen 1-Zustand annimmt.	⇌⎾	Bidirektionaler Signalfluß		
⎾?	Abfrageeingang eines Assoziativspeichers Der Inhalt des Elements wird abgefragt, wenn der Eingang den internen 1-Zustand annimmt.	⎾D	D-Eingang Der Wert am D-Eingang wird in Abhängigkeit von einem übergeordneten Eingang (z.B. C-Eingang) gespeichert	40ns 5ns	t_1 und t_2 können durch die tatsächlichen Verzögerungszeiten ersetzt werden. Diese können innerhalb oder außerhalb der Kontur angegeben werden
⎾m₁ m₂ * mₖ	Bit-Gruppierung für Multibit-Eingang Die Summe der einzelnen Eingangsgewichte, die sich intern im 1-Zustand befinden, ergibt eine Zahl – mit einer mathemat. Operation ausgeführt wird, – einen Wert, der zum Inhalt des Elementes wird, – eine Kennzahl im Sinne der Ausgangsnotation	⎾J	J-Eingang Setzeingang ≙ S-Eingang mit zusätzlicher Eigenschaft (s. K-Eingang)	100ns	Sind beide Verzögerungszeiten gleich, genügt die Angabe des einen Wertes
		⎾K	K-Eingang Rücksetzeingang ≙ R-Eingang mit zusätzlicher Eigenschaft des Zustandswechsels bei gleichzeitigem 1-Zustand an den Eingängen J und K	10ns 20ns 30ns 40ns 50ns	Verzögerungselement mit Stufen von 10 ns

5.15. Schaltzeichen nach DIN 40 900 Teil 12 (7.84)

Binäre Elemente

Symbol	Beschreibung	Symbol	Beschreibung	Symbol	Beschreibung
	Kombinatorische Elemente Das Funktionskennzeichen des Elements zeigt an, wie viele Eingänge sich im internen 1-Zustand befinden müssen, damit der Ausgang den internen 1-Zustand annimmt	2k	Gerade-Element, Paritäts-Element (EVEN-Element) Der Ausgang befindet sich nur dann im 1-Zustand, wenn sich eine gerade Anzahl von Eingängen im 1-Zustand befindet	*	**Arithmetische Elemente** Das *-Zeichen muß durch eins der folgenden Funktionskennzeichen entsprechend der mathematischen Funktion ersetzt werden
&	UND-Element Der Ausgang befindet sich im 1-Zustand, wenn sich alle Eingänge im 1-Zustand befinden	1	Buffer ohne besondere Verstärkung am Ausgang. Der Ausgang hat den gleichen Zustand wie der Eingang	Σ P−Q CPG Π COMP ALU	Addierer, allgemein Subtrahierer, allgemein Übertragseinheit für parallele Übertragsbildung Multiplizierer, allg. Zahlenkomparator, allgemein Arithmetisch-Logische Einheit Die Wirkungsweise muß durch zusätzliche Angaben zum Funktionskennzeichen erläutert werden
≥1	ODER-Element Der Ausgang befindet sich im 1-Zustand, wenn sich mindestens ein Eingang im 1-Zustand befindet	1	NICHT-Element, Inverter Der Ausgang befindet sich im externen 0-Zustand, wenn sich der Eingang im externen 1-Zustand befindet		
=1	Exklusiv-ODER-Element Der Ausgang befindet sich im 1-Zustand, wenn sich nur einer der beiden Eingänge im 1-Zustand befindet	1	Inverter (bei Anwendung der Logik-Polarität) Der Ausgang hat nur dann L-Pegel, wenn der Eingang auf H-Pegel liegt		**Beispiele**
≥m	Schwellwert-Element Der Ausgang befindet sich nur dann im 1-Zustand, wenn sich mindestens m Eingänge im 1-Zustand befinden	*◇	**Phantom-Verknüpfungen** Direkte Verbindung von besonderen Ausgängen mehrerer Elemente mit dem Effekt einer UND- oder einer ODER-Funktion	Σ ──── CO	Σ ──── Σ ──── CI CO
				Addierer allgemein	Halb-Addierer allgemein · Ein-Bit-Volladd. allgemein
=m	(m aus n)-Element Der Ausgang befindet sich nur dann im 1-Zustand, wenn sich m Eingänge im 1-Zustand befinden	&◇	Phantom-UND-Verknüpfung (wahlweise Darstellung)		
>n/2	Majoritäts-Element Der Ausgang befindet sich nur dann im 1-Zustand, wenn sich die Mehrzahl der Eingänge im 1-Zustand befindet	≥1◇	Phantom-ODER-Verknüpfung (wahlweise Darstellung)	Volladdierer 4 bit (z. B. SN 74 283)	Multiplizierer 4 bit parallel erzeugt die vier niedrigstwertigen Bits des Produkts (z. B. SN 74 285)
=	Äquivalenz-Element Der Ausgang befindet sich nur dann im 1-Zustand, wenn sich alle Eingänge im selben Zustand befinden	&	**Beispiele für kombinatorische Elemente** NAND-Element UND-Element mit negiertem Ausgang		
2k+1	Ungerade-Element, Imparitäts-Element (ODD-Element) Der Ausgang befindet sich nur dann im 1-Zustand, wenn sich eine ungerade Anzahl von Eingängen im 1-Zustand befindet	≥1 &⊓	NOR-Element ODER-Element mit negiertem Ausgang NAND-Schmitt-Trigger NAND mit Hysterese	Arithmetisch-Logische Einheit 4 bit (z. B. 74 181) [T 1] verweist auf ergänzende Unterl.	Zahlenkomparator 4 bit, kaskadierbar (z. B. SN 7485)

5-19

5.15. Schaltzeichen nach DIN 40 900 Teil 12 (7.84)

Binäre Elemente

Abhängigkeitsnotation

Damit bei komplexen Funktionen nicht die entsprechenden Elemente und Verbindungen einzeln dargestellt werden müssen, können die Beziehungen zwischen Eingängen, Ausgängen oder Ein- und Ausgängen mit der Abhängigkeitsnotation angegeben werden. Hierbei wird zwischen „steuern" und „gesteuert" unterschieden:
- Eingänge, die andere Eingänge und Ausgänge steuern, werden mit einem Buchstaben entsprechend der Tabelle und einer nachfolgenden Kennziffer gekennzeichnet.
- Eingänge oder Ausgänge, die durch den steuernden Eingang gesteuert werden, erhalten die gleiche Kennziffer. Ist ein zusätzliches Kennzeichen erforderlich, so ist die Kennziffer voranzustellen.

Haben mehrere Eingänge einen steuernden Einfluß, so müssen die Kennziffern eines jeden steuernden Eingangs in der Kennzeichnung des gesteuerten Ein- oder Ausgangs angegeben werden. Die von links nach rechts gelesene Reihenfolge der durch Kommata getrennten Kennziffern entspricht der Rangfolge ihrer Wirkungen.

Zwei steuernde Eingänge mit unterschiedlichen Buchstaben dürfen nicht dieselbe Kennziffer tragen, ausgenommen der Buchstabe A.

Steuernde Eingänge mit gleichen Buchstaben und gleicher Kennziffer stehen in einer ODER-Beziehung zueinander.

Folgende Abhängigkeitsarten sind festgelegt:
- UND-, ODER- und NEGATIONS-Abhängigkeiten geben Boolesche Beziehungen zwischen Eingängen und/oder Ausgängen an.
- VERBINDUNGS-Abhängigkeit gibt an, daß ein Ausgang seinen Logik-Zustand einem oder mehreren anderen Eingängen und/oder Ausgängen aufzwingt.
- STEUER-Abhängigkeit kennzeichnet einen Zeitsteuer- oder Takteingang und gibt an, welche Eingänge durch ihn gesteuert werden.
- SETZ- und RÜCKSETZ-Abhängigkeiten werden verwendet, um die internen Logik-Zustände in bistabilen Elementen für den Fall R = S = 1 anzugeben.
- FREIGABE-Abhängigkeit gibt an, welche Eingänge und/oder Ausgänge durch einen Freigabe-Eingang gesteuert werden (z. B. welche Ausgänge den hochohmigen Zustand annehmen).
- MODE-Abhängigkeit kennzeichnet einen Eingang, der den Betriebsmodus eines Elements auswählt, und gibt die Eingänge und/oder Ausgänge an, die von diesem Modus abhängen.
- ADRESSEN-Abhängigkeit kennzeichnet die Adressen-Eingänge eines Speichers.

Buch-stabe(n)	Abhängig-keitsart	Wirkung auf gesteuerten Eingang oder Ausgang, wenn sich der steuernde Eingang in folgendem Logik-Zustand befindet:	
		1-Zustand	0-Zustand
A	Adressen	erlaubt Aktion	verhindert Aktion
		Mit den Adresseingängen läßt sich eine Gruppe (Wort) zusammengehöriger Speicherzellen (Bits) auswählen. (Ein- und Ausgänge von Speichern, die von einem Am-Eingang gesteuert werden, werden mit dem Buchstaben A gekennzeichnet. Dieser Buchstabe unterliegt bezüglich der Kennziffer den Regeln der Abhängigkeitsnotation.)	
C	Steuerung	löst Aktion der normal definierten Wirkung eines sequentiellen Elements aus	die durch den Cm-Eingang oder Cm-Ausgang gesteuerten Eingänge eines sequentiellen Elementes haben keine Wirkung
EN	Freigabe	erlaubt Aktion Anmerkung: Die Wirkung dieses Eingangs auf die von ihm gesteuerten Ausgänge ist die gleiche wie die eines EN-Eingangs. Die Wirkung dieses Eingangs auf die von ihm gesteuerten Eingänge ist die gleiche wie die eines M-Eingangs.	– verhindert Aktion gesteuerter Eingänge, – bewirkt den externen hochohmigen Zustand an offenen und 3-state-Ausgängen; der interne Logik-Zustand der 3-state-Ausgänge wird nicht beeinflußt, – bewirkt hochohmigen L-Pegel an passiven Pulldown-Ausgängen und hochohmigen H-Pegel an passiven Pullup-Ausgängen, – bewirkt den 0-Zustand an anderen Ausgängen
G	UND	erlaubt Aktion des normal definierten Logik-Zustands	bewirkt den 0-Zustand
M	Mode	erlaubt Aktion (Modus ausgewählt)	verhindert Aktion (Modus nicht ausgewählt)
N	Negation	negiert den normal definierten Logik-Zustand	erlaubt Aktion des normal definierten Logik-Zustandes
R	Rücksetz	gesteuerter Ausgang eines bistabilen Elements reagiert wie bei S = 0, R = 1	keine Wirkung
S	Setz	gesteuerter Ausgang eines bistabilen Elements reagiert wie bei S = 1, R = 0	keine Wirkung
V	ODER	bewirkt 1-Zustand	erlaubt Aktion des normal definierten Logik-Zustandes
Z	Verbindung	bewirkt 1-Zustand, sofern dieser nicht durch zusätzliche Abhängigkeitsnotation verändert wird	bewirkt 0-Zustand, sofern dieser nicht durch zusätzliche Abhängigkeitsnotation verändert wird

5.15. Schaltzeichen nach DIN 40 900 Teil 12 (7.84)

Binäre Elemente

Beispiele zur Abhängigkeitsnotation

Adressen-Abhängigkeit

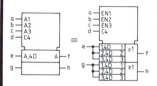

Die Kennzahlen von steuernden Am-Eingängen entsprechen den Adressen der durch diese Eingänge ausgewählten Wörter.

Ein Wort wird ausgewählt, wenn es zugleich von beiden Sätzen der Am-Eingänge ausgewählt wird.

Ein Wort wird ausgewählt, wenn es entweder von einem oder von beiden Sätzen der Am-Eingänge ausgewählt wird.

Wenn a = 1, sind die internen Logik-Zustände der einzelnen Speicherelementausgänge das Ergebnis der ODER-Verknüpfung der komplementären Zustände der entsprechenden Bits der ausgewählten Wörter.

Wenn a = 1, sind die internen Logik-Zustände der einzelnen Speicherelementausgänge das Komplement des Ergebnisses der ODER-Verknüpfung der entsprechenden Bits der ausgewählten Wörter.

Speicherfeld mit 16 Wörtern zu je 4 Bits. Jedes Bit ist durch ein zweizustandsgesteuertes Kippglied realisiert.

Steuer-Abhängigkeit

Cm-Eingang

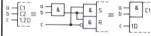

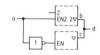

Freigabe-Abhängigkeit

ENm-Eingang

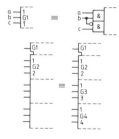

bei a = 0 ist d = c
bei a = 1 ist d = b

UND-Abhängigkeit

Gm-Eingang

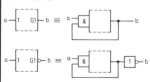

Gm-Ausgang

Mode-Abhängigkeit

Mm-Eingang

Mode 0 (b = 0, c = 0)
Eingänge haben keine Wirkung

Mode 1 (b = 1, c = 0)
Paralleles Laden über Eingänge e und f

Mode 2
(b = 0, c = 1)
Vorwärtsschieben und serielles Laden über den Eingang d

Mode 3
(b = 1, c = 1)
Vorwärtszählen um eine Stelle bei jedem Taktimpuls

Negations-Abhängigkeit

Nm-Eingang

bei a = 0 ist c = b
bei a = 1 ist c = b

ODER-Abhängigkeit

Vm-Eingang

Vm-Ausgang

Verbindungs-Abhängigkeit

Zm-Eingang

Zm-Ausgang

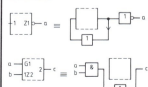

5.15. Schaltzeichen nach DIN 40 900 Teil 12 (7.84)

Binäre Elemente

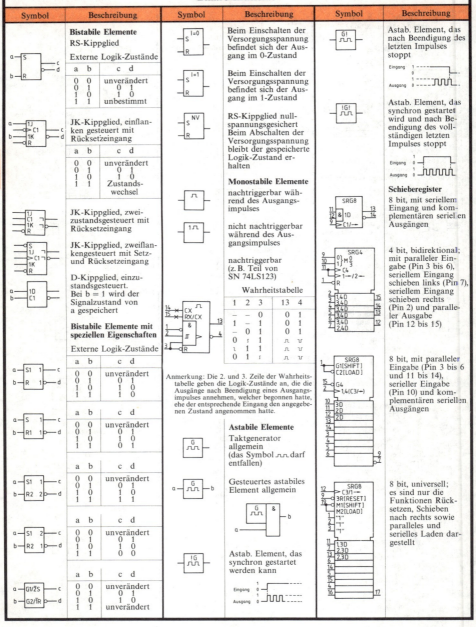

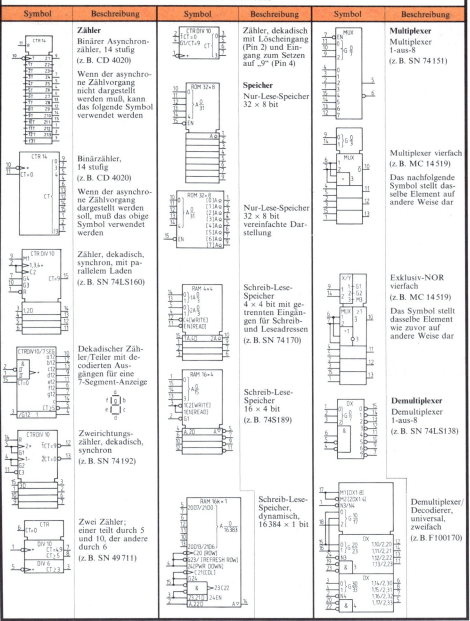

5.15. Schaltzeichen nach DIN 40 900 Teil 12 (7.84)

Binäre Elemente

Codierer, Code-Umsetzer		Symbol	Beschreibung	Symbol	Beschreibung
Abhängig vom Eingangscode ergibt der interne Logik-Zustand der Eingänge eine interne Zahl. Diese interne Zahl wird entsprechend dem Ausgangscode übersetzt und hat den internen Logik-Zustand an den Ausgängen zur Folge.		BCD/Y	Ausgang h befindet sich im 1-Zustand bei $a = 1\ b = 0\ c = 1$ $d = 0$ oder $a = 1\ b = 1\ c = 1$ $d = 0$		**Leistungselemente** Treiber und Empfänger Treiber mit invertierendem offenen Kollektor-Ausgang vom L-Typ (z. B. SN 7406)
Die Beziehung zwischen den internen Logik-Zuständen an den Eingängen und der internen Zahl wird angegeben durch:		X/Y [EX3 GRAY/DEC]	Code-Umsetzer von Exzeß-3-Gray-Code auf 1-aus-10-Code (z. B. SN 7444)		
– Zahlen an den Eingängen, wobei die Summe der Zahlen an den Eingängen mit internem 1-Zustand die interne Zahl ergibt; – Ersetzen von X durch ein entsprechendes Kennzeichen des Eingangscodes und Bezeichnen der Eingänge mit Zeichen, die sich auf diesen Code beziehen.					NAND-Leistungselement (z. B. SN 7437)
Die Bezeichnung zwischen der internen Zahl und dem internen Logik-Zustand an den Ausgängen erfolgt durch:		HPRI/BCD	Code-Umsetzer von 1-aus-9 auf BCD-Code mit Priorität des jeweils höchsten Wertes (z. B. SN 74147)	[4RTX] EN2	Bus-Empfänger/Sender, vierfach (z. B. Am 26S10)
– Bezeichnen jedes Ausgangs mit denjenigen internen Zahlen, die den 1-Zustand des jeweiligen Ausgangs bewirken. Mehrere interne Zahlen eines Ausgangs werden durch Schrägstriche getrennt oder bei einer Zahlenreihe durch die erste und letzte Zahl mit drei Zwischenpunkten dargestellt. – Ersetzen von Y durch eine entsprechende Bezeichnung des Ausgangscodes und Bezeichnen der Ausgänge mit Zeichen, die sich auf diesen Code beziehen.		BCD/BIN & EN	Code-Umsetzer von BCD- auf Binärcode (z. B. 74S484)	EN	Bus-Treiber mit Schwellwert-Eingängen und 3-state-Ausgängen, vierfach (z. B. SN 74S240)
				G1 EN	Verstärker, invertierend, mit 3-state-Ausgängen, sechsfach (z. B. CD 45028)

Symbol	Beschreibung
X/Y	Ausgang e befindet sich im 1-Zustand bei $a = 0\ b = 1\ c = 0$ oder $a = 1\ b = 1\ c = 0$
X/OCT	Ausgang i befindet sich im 1-Zustand bei $a = 0\ b = 1\ c = 1$
DEC/BCD	Die Ausgänge k und m befinden sich im 1-Zustand, wenn der Eingang f sich im 1-Zustand befindet

Symbol	Beschreibung
X/Y [T1]	"T 1" bezieht sich auf eine Tabelle (oder Boolesche Gleichungen)

T 1

Eingänge			Ausgänge		
1	2	3	10	11	12
0	0	0	1	0	0
0	0	1	0	0	0
0	1	0	0	1	0
0	1	1	0	0	0
1	0	0	0	0	0
1	0	1	0	0	0
1	1	0	0	0	1
1	1	1	0	0	0

Signalpegel-Umsetzer (Beispiele)

Symbol	Beschreibung
& G1 TTL/MOS	Pegelumsetzer von TTL- auf MOS-Pegel, zweifach (z. B. SN 75365)
ECL/TTL	Pegelumsetzer von ECL- auf TTL-Pegel (z. B. MC 10125)

Symbol	Beschreibung
G1	Leitungsempfänger, zweifach (z. B. SN 75107)
[8RTX] G1 1EN2 1EN3	Bus-Treiber, bidirektional, 8 bit parallel (z. B. 8286)

5.16. Schaltzeichen digitaler Schaltglieder (Auswahl) nach DIN 40700 (11.63 und 7.76), ASA

Bezeichnung	DIN 40700 7.76	DIN 40700 11.63	ASA	Bezeichnung	DIN 40700 7.76	DIN 40700 11.63	ASA
UND-Glied	&			Dyn. Eingang mit Wirkung bei Signalwechsel von 0 auf 1 von 1 auf 0			
ODER-Glied	≥1			Bistabiles Kippglied	1J – Q / 1K – Q*	J – Q / T / K – Q*	J – CK – Q / K – Q̄
Negation eines Eingangs				Verzögerungsglied allgemein			
eines Ausgangs							
NICHT-Glied	1			verzögert den Übergang von 0 auf 1			
Exklusiv-ODER (Antivalenz)	=1			verzögert den Übergang von 1 auf 0			

Anmerkung: ASA = American Standards Association

5.17. Schaltzeichen nach DIN 40700 Teil 21 (10.69)

Digitale Magnetschaltkreise

Nr.	Schaltzeichen	Bezeichnung	Nr.	Schaltzeichen	Bezeichnung	Nr.	Schaltzeichen	Bezeichnung
		Magnetschaltkreise						
1		**Magnetkern** mit Wicklung und Angabe der Wirkungsrichtung[1])	5	Hauptkreis / Nebenkreis	**Transfluxor** mit einem magnetischen Haupt- und Nebenkreis	4		Magnetkerne in Matrixanordnung (nach 1)
2		Magnetkern mit mehreren Wicklungen, z. B. 5, evtl. mit Angabe der Windungen je Wicklung, z. B. n = 10	6	Hauptkreis / Einstellkreis	Transfluxor mit einem magnetischen Hauptkreis und 2 Nebenkreisen, z. B. Einstell- und Treiberkreis	8		Ringkern in Matrix (vereinfachte konstruktive Abb.)
3		Magnetkern mit 4 Wicklungen und 1 Transistor, z. B. 1 setzende 2 abfragende 3 Rückkopplungs- 4 steuernde Wicklung (z. B. von oben nach unten)		Treiberkreis	Vereinfachte Abb. eines Transfluxors	9		Ringkerne in Matrixanordnung (nach 8)
[1])	[1])	Die Zuordnung der Remanenzlage, z. B. mit 0 und 1 gekennzeichnet, ergibt sich aus der Spiegelung der Stromrichtung an den schräg gezeichneten Wicklungen	7		Transfluxor mit einem magnetischen Hauptkreis, 2 Nebenkreisen und 4 Wicklungen, z. B. 1 Einstellwicklung 2 Blockierwicklung 3 Treiberwicklung 4 Ausgangswicklung (z. B. von oben nach unten)	10		**Dünne magnetische Schichten** in Matrixanordnung (vereinfachte konstruktive Darstellung)

5.18. Schaltzeichen nach DIN 40 900 Teil 13 (1.81)

Analoge Informationsverarbeitung (Auswahl)

Allgemeine Regeln

Beispiel: Element, in welchem

$$u = -f(2x, -y, z)$$

„f" kennzeichnet die Funktion des analogen Elementes; es kann durch ein Zeichen oder ein graphisches Symbol ersetzt werden.

Die Kennzeichnung „$-$" für Invertierung und „$+$" für Nichtinvertierung werden innerhalb des Schaltzeichens unmittelbar neben den betreffenden Eingängen und Ausgängen angegeben.

Direkt anschließend an die Vorzeichenangabe der Eingänge folgt die Angabe der Bewertungsfaktoren. Ist der Bewertungsfaktor $+1$ oder -1, so kann die Ziffer 1 entfallen.

Direkt anschließend an die Vorzeichenangabe der Ausgänge folgt die Angabe der Verstärkungsfaktoren.

Ist der Verstärkungsfaktor 1, so kann die Ziffer 1 entfallen.

Ist die Verstärkung sehr hoch und die Kenntnis des genauen Verstärkungsfaktors unbedeutend, so kann das Zeichen „∞" als Verstärkungsfaktor verwendet werden.

Gibt es für die ganze Schaltung nur einen Verstärkungsfaktor oder einen gemeinsamen Faktor für das Produkt aus Bewertungs- und Verstärkungsfaktoren, so kann der absolute Wert dieses Faktors im Funktionskennzeichen angegeben werden.

Signal- und Funktionskennzeichen

Nr.	Symbol	Benennung
1	$\cap$	Kennzeichnung analoger Signale
2	$\#$	Kennzeichnung digitaler Signale. Anm.: „$m\#$" kennzeichnet eine Anzahl von m aufeinanderfolgenden Bits
3	Σ	Summierend
4	$\int$	Integrierend
5	$\dfrac{d}{dt}$	Differenzierend
6	log	Logarithmierend
7	F	Frequenzkompensation
8	I	Analoger Anfangswert bei einer Integration
9	C	Der Wert 1 der binären Variablen bewirkt die Integration
10	H	Der Wert 1 der binären Variablen bewirkt das Halten des letzten Wertes
11	R	Der Wert 1 der binären Variable setzt den Ausgang zurück auf 0
12	S	Der Wert 1 der binären Variablen setzt den Ausgang auf den Anfangswert
13	U	Versorgungsspannung, wenn spezielle Anforderungen bestehen. Wenn notwendig folgen Wert oder Polarität

Beispiele:

Differenzverstärker mit sehr hoher Verstärkung, Operationsverstärker

Verstärker mit zwei Ausgängen
Der nichtinvertierende Ausgang hat einen Verstärkungsfaktor von 2, der invertierende Ausgang einen Verstärkungsfaktor von 3

Summierender Verstärker
Summierer

$$u = -(0{,}1\,a + 0{,}1\,b + 0{,}2\,c + 1{,}0\,d)$$
$$= -(a + b + 2c + 10\,d)$$

Integrierender Verstärker
Integrierer
Wenn $f=1$, $g=0$ und $h=0$, dann ist

$$u = -80\left[c_{(t=0)} + \int_0^t (2a + 3b)\,dt \right]$$

Anm.: Die Signalkennzeichen $\cap$ und $\#$ können entfallen, wenn dadurch keine Unklarheiten entstehen können.

Multiplizierer mit einem Bewertungsfaktor von -2
$$u = -2ab$$

Koordinatenwandler
Umwandlung von Polarkoordinaten in kartesische Koordinaten
$$u_1 = a \cdot \cos\theta \qquad u_2 = a \cdot \sin\theta$$

Analog-Digital-Umsetzer
Umwandlung eines Signals im Bereich von 4–20 mA am Eingang in einen gewichteten 4-Bit-Code am Ausgang

Analogschalter
Schließer, allgemein
Durchschalten zwischen c und d in beiden Richtungen, wenn $e = 1$

Das Analogsignal wird nur in Pfeilrichtung übertragen

Koeffizientenpotentiometer
Der Wert des Koeffizienten kann neben dem Schaltz. angegeben werden

Komparator, Vergleicher, Grenzsignalglied
$d = 1$ für $a + b + (-c) > 0$
$d = 0$ für $a + b + (-c) + H < 0$
$e = \bar{d}$

5.19. Schaltzeichen nach DIN ISO 1219 (8.78)

Fluidtechnische Systeme und Geräte

Symbol	Bezeichnung	Symbol	Bezeichnung	Symbol	Bezeichnung	Symbol	Bezeichnung
	Hydropumpen mit konstantem Verdrängungs- volumen:		**Pumpe/Motor Einheit** Als Pumpe oder Motor arbeitend		Zylinder mit Dämpfung: – mit einfacher, nicht einstell- barer Dämp- fung		**Durchfluß- wege:** – ein Durch- flußweg – zwei gesperr- te Anschlüsse
	– mit einer Stromrichtung		– in Abhängig- keit von der Stromrichtung				– zwei Durch- flußwege
	– mit zwei Stromrich- tungen		– ohne Ände- rung der Stromrichtung		– mit doppelter, nicht einstell- barer Dämp- fung		– zwei Durch- flußwege und ein gesperr- ter Anschluß
	mit veränderba- rem Verdrän- gungsvolumen:		desgl. mit ver- änderbarem Verdrängungs- volumen		– mit einfacher, einstellbarer Dämpfung		– zwei Durch- flußwege mit Verbindung zueinander
	– mit einer Stromrichtung						– zwei gesperr- te Anschlüs- se, ein Durchfluß- weg in Nebenschluß- schaltung
	– mit zwei Stromrich- tungen		– mit jedweder Stromrichtung		– mit doppelter, einstellbarer Dämpfung		
	Kompressor mit konstantem Verdrängungs- volumen und einer Stromr.		**Kompaktgetriebe** Drehmoment- wandler, Pumpen und/oder Motor mit veränderba- rem Verdrän- gungsvolumen		Teleskop- zylinder: – einfach- wirkend		**Kennzeichnung** Die erste Zahl gibt die Anzahl der Anschlüsse, die zweite Zahl die Anzahl der be- stimmten Schalt- stellungen an
					– doppelt- wirkend		
	Motoren mit konstantem Verdrängungs- volumen und einer Stromr.:				Drucküber- setzer:		
	– hydraulisch		**Zylinder** Einfachwirken- der Zylinder:		– für Druckmit- tel mit gleichen Eigenschaften		-2/2 Wegeventil
	– pneumatisch		– Rückhub durch nicht näher be- stimmte Kraft				-3/2 Wegeventil
							-3/3 Wegeventil
	mit konstantem Verdrängungs- volumen und zwei Stromr.:		oder		– für zwei ver- schiedene Druckmittel		-4/2 Wegeventil
							-4/3 Wegeventil
	– hydraulisch		– Rückhub durch Feder				-5/2 Wegeventil
	– pneumatisch		oder		Druckmittel- wandler, Um- wandlung eines pneumatischen Druckes in einen gleichen hydrau- lischen Druck oder umgekehrt		**Drosselnde Wegeventile** Einheit mit 2 äußeren End- stellungen und einer unendli- chen Anzahl von Zwischen- stellungen mit veränderbarer Drosselwirkung
	mit veränderba- rem Verdrän- gungsvolumen und einer Stromrichtung:		Doppeltwirken- der Zylinder: – mit einfacher Kolbenstange				
	– hydraulisch						
	– pneumatisch		oder		**Steuerventile** Einheit zur Steuerung von Strom oder Druck		desgleichen mit neutraler Mit- telstellung
	mit veränderba- rem Verdrän- gungsvolumen und zwei Strom- richtungen:		– mit zweiseiti- ger Kolben- stange				
			oder				1 drosselnder Querschnitt, z.B. Fühler- ventil mit Taster
	– hydraulisch				Jedes Quadrat entspricht einer Stellung eines Wegeventils		
	– pneumatisch		Differential- zylinder				
	Schwenkmotor:				Vereinfachtes Symbol bei mehrfacher Wie- derholung		2 drosselnde Querschnitte, druckbetätigt gegen eine Rückholfeder
	– hydraulisch						
	– pneumatisch						

5.19. Schaltzeichen nach DIN ISO 1219 (8.78)

Fluidtechnische Systeme und Geräte

Symbol	Bezeichnung	Symbol	Bezeichnung	Symbol	Bezeichnung	Symbol	Bezeichnung
	Rückschlagventil		Druckregelventil oder Druckreduzierventil (Druckminderer):		Stromteilventil		– durch Druckentlastung
	– unbelastet		– ohne Entlastungsöffnung		**Absperrventil** Vereinfachtes Symbol		– desgleichen vorgesteuert
	– federbelastet		– desgl. mit Fernbedienung				– durch unterschiedliche Steuerflächen
	– vorgesteuert, durch Vorsteuerung kann das Schließen oder Öffnen des Ventils verhindert werden		– mit Entlastungsöffnung		**Betätigungsarten** Muskelkraftbetätigung:		– mit internem Steuerkanal
			– mit Entlastungsanschluß und Fernsteuerung		– ohne Angabe der Betätigungsart		Kombinierte Betätigung durch Elektromagnet
	– mit Drosselung (freier Durchfluß in einer Richtung)		Differenzdruckregelventil		– durch Druckknopf		– und Vorsteuer-Wegeventil
			Verhältnisdruckregelventil		– durch Hebel		
	Wechselventil				– durch Pedal		– oder Vorsteuer-Wegeventil
			Stromventile		Mechanische Betätigung:		
	Schnellentlüftungsventil		Drosselventil:		– durch Stößel oder Taster		**Mechanische Bestandteile**
			– vereinfachtes Symbol ohne Angabe der Betätigungsart		– durch Feder		Rotierende Welle
	Druckventile				– durch Rolle		– in einer Richtung
	Druckventil:		– mit Handbetätigung		– durch Rolle, nur in einer Richtung arbeitend		– in beiden Richtungen
	–1 drosselnder Querschnitt normalerweise verschlossen		– mit mechan. Betätigung gegen eine Rückholfeder		Betätigung durch Elektromagnet:		Raste
	– 1 drosselnder Querschnitt normalerweise offen		Stromregelventil:		– mit einer Wicklung		Sperrvorrichtung ( ) Symbol zum Lösen der Sperre
	– 2 drosselnde Querschnitte normalerweise verschlossen		– mit konstantem Ausgangsstrom		– mit zwei gegeneinander wirkenden Wicklungen		Sprungwerk
			oder		– desgleichen mit stufenlos veränderbarem Verhalten		Gelenkverbindung
	Druckbegrenzungsventil (Sicherheitsventil)		– mit konstantem Ausgangsstrom und Entlastungsöffnung zum Behälter		Betätigung durch Elektromotor		– einfach
			oder				– mit Seitenhebel
	desgleichen mit Vorsteuerung		– mit veränderbarem Ausgangsstrom		Betätigung durch Druckbeaufschlagung oder Druckentlastung:		– mit festem Drehpunkt
							Energiequellen
	Druckverhältnisventil		oder		– durch Druckbeaufschlagung		Hydraulik-Druckquelle
							Pneumatik-Druckquelle
	Folgeventil		– desgl. mit Entlastungsöffnung zum Behälter		– desgleichen vorgesteuert		Elektromotor
							Wärmekraftmaschine

5.19. Schaltzeichen nach DIN ISO 1219 (8.78)

Fluidtechnische Systeme und Geräte

Symbol	Bezeichnung	Symbol	Bezeichnung	Symbol	Bezeichnung	Symbol	Bezeichnung
	Durchflußleitungen und Verbindungen		Energieabnahmestelle:		Behälter offen, mit der Atmosphäre verbunden; mit Rohrende:		desgleichen mit Filter
	Arbeits-, Rücklauf- und Zuführleitung		– mit Stopfen				Lufttrockner
			– mit Entnahmeleitung		– über dem Flüssigkeitsspiegel		Öler
	Steuerleitung		Schnell-Kupplungen:				Aufbereitungseinheit
	Abfluß- oder Leckleitung		– verbunden, ohne Rückschlagventil		– unterhalb des Flüssigkeitsspiegels		
	flexible Leitungsverbindung						Wärmeaustauscher
	elektrische Leitung		– verbunden, mit Rückschlagventilen		– von unten im Behälter		Temperaturregler
	Rohrleitungsverbindung		– entkuppelt, mit offenem Ende		Druckbehälter		Kühler
					Hydrospeicher		Vorwärmer
	gekreuzte Rohrleitungen ohne Verbindung		– entkuppelt, durch federloses Rückschlagventil gesperrtes Ende		Filter, Wasserabscheider		Meßinstrumente
					Filter oder Siebe		Manometer
	Entlüftung				Wasserabscheider mit Handbetätigung		Thermometer
	Auslaßöffnung:		Drehverbindung:				
	– ohne Anschlußvorrichtung		– ein Weg		desgleichen mit Filter		Strommesser
			– drei Wege				Volumenmesser
	– mit Gewinde für einen Anschluß		Geräuschdämpfer		Wasserabscheider automatisch entwässernd		Druckschalter (hydraulisch-elektrisch)

5.20. Bildzeichen der Elektrotechnik (Auswahl) nach DIN 40100 (8.78)

Betätigungsvorgänge, Schaltzustände, Funktion

Bildz.	Benennung	Bildz.	Benennung	Bildz.	Benennung	Bildz.	Benennung
	Ein		Abschalten		Handbetätigung		Regeln
	Aus		Vorbereitendes Schalten		Automatischer Ablauf		Verändern einer Größe: allgemein
	Vorbereiten		Start, Ingangsetzen einer Bewegung		Pause		mit markierter Ausgangsstellung
	Ein/Aus, stellend		Schnellstart		Entriegeln		bis zum Maximalwert
	Ein/Aus, tastend		Stop, Anhalten einer Bewegung		Verriegeln		bis zum Minimalwert
	Zuschalten		Schnellstop		Steuern		Nullstellung
							Nullpunktverschiebung
							Mittelstellung

5.21. Schaltzeichen nach DIN 40700 Teil 16 (5.65)

Fernwirkgeräte und Fernwirkanlagen

Nr.	Schaltzeichen	Bezeichnung	Nr.	Schaltzeichen	Bezeichnung	Nr.	Schaltzeichen	Bezeichnung
1.1		**Fernwirkgerät** allgemein	3		**Beispiele für Fernbedienung und Fernüberwachung**	3.7		Fernwirkgerät m. Fernbedienungsgeber und Fernüberwachungsempf., z. B. Binärcod. mit 3 Elementen (Bits)
1.2		Fernwirkzentrale allgem.	3.1		Fernbedienungsgeber			
1.3		Fernwirkgeber allgemein	3.2		Fernüberwachungsgeber	4.1		**Bsp. für Ferneinstellung** Ferneinstellgeber allgemein
1.4		Fernwirkempfänger allgem.	3.3		Fernbedienungsempfänger	4.2		Ferneinstellempfang nach einem Rückvergleichsverfahren
2		**Kennzeichen für Übertragungs- und Auswahlverfahren**	3.4		Fernüberwachungsempfänger			**Fernmessung**
2.1		Parallelverfahren	3.5		Fernwirkgeber mit Serienverfahren, Typ Schrittwahlverfahren	5.1		Fernmeßgeber allgemein
2.2		Serienverfahren				5.2		Fernmeßempfänger allgemein
2.3		Analogverfahren						
2.4		Digitalverfahren				5.4		Fernmeßempfänger für Strommessung nach Analogverfahren. Informationsträger wird von Meßstrom amplitudenmoduliert.
2.5		Schrittwahlverfahren	3.6		Fernwirkgerät mit Fernbedienungsempfang und Fernüberwachungsempfang nach Parallelverfahren 20 Bedienungsinform. n aus m codiert, 50 uncodierte Überwachungsinform.			
2.6		Start-Stop-Verfahren, Synchronwahlverfahren						
2.7		Synchronwahlverfahren mit zykl. Umlauf				5.5		Fernmeßgeber mit A/D-Wandlung für Spannungsmessg.
2.8		Rückvergleichsverfahren						

5.22. Schaltzeichen nach DIN 40700 Teil 20 (5.77)

Anlasser

Nr.	Schaltzeich.	Bezeichnung	Nr.	Schaltzeich.	Bezeichnung	Nr.	Schaltzeich.	Bezeichnung
1		**Anlasser** allgemein	8		mit Selbstauslöser, allgemein	16		für Einphasenmotor mit Hilfsphase, kapazitiv
2		mit 5 Anlaßstufen	9		mit therm. und magnet. Auslösern	17		mit Widerständen
3		veränderbar	10		**Beispiele** für direkte Einschaltung mit Schützen für Mot. mit 2 Drehricht.	18		automatisch, mit Wechselstromeinspeisung
4		für Motoren mit einer Drehrichtung	11		für direkte Einschaltung mit Schützen und Schutzeinrichtung	19		Anlaßeinrichtung mit 3phasigem Schleifringläufermotor, mit Schützen-Ständeranlasser für 2 Drehrichtungen und automatischem Widerstands-Läuferanlasser
5		für Motoren mit 2 Drehrichtungen	12		für Y-Δ-Schaltung			
6		automatisch	13		für Reihen- oder Parallelschaltung			
7		teilautomatisch	14		für polumschaltbaren Motor			
			15		mit Spartransformator			

5.23. Schaltzeichen nach DIN 40713, Beiblatt 3 (1.75)

Beispiele der Schutztechnik (Auswahl)

Einpol. und mehrpol. Darstellung	Einpol. und mehrpol. Darstellung	Einpol. und mehrpol. Darstellung
1) Dreipol. Schalter mit elektrothermischem Überstromauslöser 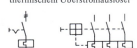 2) Desgleichen wahlweise 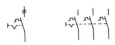 3) Dreipoliges Schütz mit elektrothermischem Überstromrelais  Einpol. Schalter m. elektrotherm. Überstrom-Auslöser bzw. -Relais 4) mit Primärauslös. 5) mit von Hand lösb. Sperre 	6) Einpoliger Schalter mit elektrothermischem Überstrom-Auslöser und Sekundärauslösung 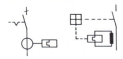 8) Dreipoliger Schalter mit elektromagnetischen Überstromauslösern sowie zweipol. Primär-Auslösung  9) Dreipoliger Leistungsschalter mit elektromagnetischen Überstromauslösern, 3 Primär-Relais mit Arbeitsstromauslösung und Kraftantrieb 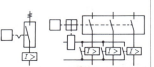	10) Dreipoliger Leistungsschalter mit elektromagnetischen Überstromauslösern (mit dreipol. Sekundär-Relais mit 3 Wicklungen und Ruhestromauslösung) 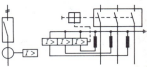 12) Elektrotherm. Überstrom- und elektromagnet. Kurzschlußschutz (mit Handantrieb und Primär-Auslösung) 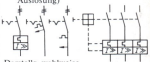 Darstellg. wahlweise 16) Überstromschutz mit stromunabhängiger Verzögerung (mit verzögertem elektromagnetischen Überstromauslöser) 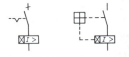

5.24. Schaltzeichen nach DIN 40706 (2.70)

Stromrichter (Bauelemente und Entladungsgefäße)

Nr.	Schaltz.	Bezeichnung	Nr.	Schaltz.	Bezeichnung	Nr.	Schaltz.	Bezeichnung
1		Halbleitergleichrichter	7		mit Kaltkatode, Zündanode, Erregerkatode und Gasfüllung	11		Einanoden-Entladungsgefäß mit Quecksilberkatode und Stiftzündung mit Zündstift (Ignitron)
2		Gas- oder dampfgefülltes Entladungsgefäß mit Glühkatode						
3		Schaltglied für Kontaktstromrichter, allgem.	8		Einanoden-Entladungsgefäß mit Quecksilberkatode und Dauererregung (Quecksilberdampfgefäß); mit Zünd- und Erregeranode	12		desgl. mit Zündstift, Erregeranode und Steuergitter
4		desgl. mit Stromzuführung zum beweglichen Schaltstück						Form 1 Form 2
5		Gasgefülltes Entladungsgefäß mit Kaltkatode und Steuergitter	9		desgl. mit zusätzl. Steuergitter und indirekter Heizung der Hauptanode	13		
6		mit Kaltkatode, Zünd- und Erregeranode	10		desgl. mit kombinierter Zünd-Erregeranode und Steuergitter			Mehranodiges Entladungsgefäß mit Quecksilberdampfgefäß mit 6 Anoden-, 6 Steuergittern, 1 Zündanode, 2 Erregeranoden

* Anm.: Anregungsbereich und Meßgröße, z. B.: $U <$ bei Unterschreiten eines Spannungswertes, $I >$ bei Überschreiten eines eingestellten Wertes im Nennstrombereich und $I \gg$ bei Auftreten eines Kurzschlußstromes.

5.25. Schaltzeichen nach DIN 40714 Teil 1 (4.59)

Transformatoren und Drosselspulen

Nr.	Kurzz.	Schaltz.	Bezeichnung	Nr.	Kurzz.	Schaltzeichen	Bezeichnung
1			Drosselspulen Drosselspule wahlweise	15 502,1	10000 V 100 kVA 50 Hz 231 V	10000 V 100 kVA 50 Hz 231 V	Mehrphasen-Transformatoren Zweiphasen-Transformator verkettet/unverk. 10000/231 V 100 kVA, 50 Hz
2 (500)			Transformator mit 2 getrennten Wicklungen		75 kV	75 kV	
3			Transformator mit 3 getrennten Wicklungen	16 503	5000 kVA 50 Hz Yd 5 15 kV	5000 kVA 50 Hz Yd 5 15 kV	Drehstrom – Transformator Schaltung Yd5 75/15 kV, mit Sternpunktkl. 5000 kVA, 50 Hz
4 (520)			Spartransformator	17	12000 V 500 kVA 50 Hz 400 V	12000 V 500 kVA 50 Hz 400 V	Drehstrom-Transformator Schaltung △/∗ 12000/400 V Strangspannung 500 kVA, 50 Hz
5			Drosselspule stetig verstellbar				
6 (550)			Transformator stufig verstellbar (betriebsmäßig)	18 503,3	12000 V 100 kVA 50 Hz Yz 5 400/231 V	12000 V 100 kVA 50 Hz Yz 5 400/231 V	Drehstrom Transformator Schaltung Yz 5 12000/400/231 V 100 kVA, 50 Hz
7			Transformator, einstellbar, mit Kennzeichnung der (nicht betriebsmäßig) einstellbaren Wicklung	19	100±5×2 kV 20 MVA 50 Hz Yy 0 20 MVA Yy0 15 kV 10 MVA	100±5×2 kV 20 MVA 50 Hz Yy 0 30 kV 20 MVA 15 kV 10 MVA	Drehstrom-Transformator m. 3 Wicklungen in Schaltung Yy 0 dav. eine einstellb. 100±5×2/30/15 kV 20/20/10 MVA, 50 Hz
8 (560)			Spartransformator stetig verstellbar (Drehtransformator)				
9			Drehstrom-Drosselspule in Sternschaltung	21	25 kV 64 MVA 50 Hz 115+13×1,7 kV	25 kV 64 MVA 50 Hz 115×13×1,7 kV	Drehstrom-Quertransformator 25/115+13×1,7 kV 64 MVA, 50 Hz stufig verstellbar, Winkeldifferenz zwisch. Haupt- u. Zusatzspann. 50°
10			Drehstrom-Drosselspule in offener Schaltung stufig verstellbar	22	R S T		2 Drehstrom-Transformatoren mit um 30° gegeneinander phasenverschobenen Sekundärspannungen, Schaltung Yy 6 bzw. Dy 5
11	5000 V 100 kVA 16⅔ Hz 500 V		5000 V 100 kVA 16⅔ Hz 500 V	Einphasen-Transformator 5000/500 V 100 kVA 16⅔ Hz			
12	5000 V 1000 kVA 50 Hz 5% 2×250 V		5000 V 1000 kVA 50 Hz 5% 2×250 V	Einphasen-Transformator mit Mittelleiter 1000 kVA, 50 Hz 5000/2×250 V 5% Kurzschl.-spannung	23 521,1	7500 V 3000 kVA (Ndn) 50 Hz	7500 V 3000 kVA (Ndn) 50 Hz	Einph.-Spartrsfm. 7500/600 V 3000 kVA Durchgangslstg. 50 Hz
13	5 kV 20 MVA 50 Hz 100 kV		5 kV 20 MVA 50 Hz 100 kV	Einphasen-Transformator 5-kV-Wicklung, einpol. geerdet 5/100 kV 20 MVA, 50 Hz	24 523,1	6000 V 7500±10×100 V 1500 kVA (Ndn) 50 Hz 6000 V	6000 V 7500±10×100 V 1500 kVA (Ndn) 50 Hz 6000 V	Drehstr.-Spartrsf. in y-Schaltung, stufig verstellbar 7500±10×100/ 6000 V 1500 kVA Durchgangsleistg. 50 Hz
14	100 kV 20 MVA 50 Hz 7,5% 30 kV 20 MVA 15 kV 10 MVA		100 kV 20 MVA 50 Hz 7,5% 30 kV 20 MVA 15 kV 10 MVA	Einphasen-Transformator m. 3 Wicklung, 100/30/15 kV 20/20/10 MVA 50 Hz, 7,5% Kurzschl.-Spg. zw. 100/30 kV	25	Yy0	110 kV 3×80 MVA 50 Hz Yd 5 3×26,7 MVA Yd 5 220 V	Drehstr.-Transformatorsatz 110/220 kV, 240 MVA, 50 Hz besteh. aus 3 Einphasen-Transfrn. u. 1 Reserve-Transform. je 80 MVA, m. Ausgleichswicklg. von je 26,7 MVA

5.25. Schaltzeichen nach DIN 40714 Teil 2 (5.58) und 3 (3.68)

Stromwandler, Spannungswandler, Transduktoren

Teil 2

Nr.	Bezeichnung
1	**Meßwandler** Stromwandler allgemein mit Darstellung der Primärwicklung
2	Stromwandler mit Anzapfung primärseitig sekundärseitig
3	Stromwandler mit Umschaltbarkeit primärseitig sekundärseitig
4	Stromwandler in Sparschaltung, abwärts u. aufwärts übersetzend
5	Summenstromwandler mit 3 Primärwicklungen
6	Stromwandler mit zwei Kernen
7	Gleichstromwandler
8	**Spannungswandler** allgemein wahlweise
9	Spannungswandler mit Anzapfung, primärseitig, sekundärseitig
10	Spannungswandler mit Umschaltbark. primärseitig sekundärseitig
11	Spannungswandler in Sparschaltung
12	Spannungswandler mit zwei Sekundärwicklungen allgemein wahlweise
13	Kapazitiver Spannungswandler

Teil 3

Nr.	Bezeichnung
1	**Transduktor** allgemein
2	Magnetverstärker allgemein
3	Transduktor-Drossel mit einer Arbeits- und einer Steuerwicklung allgemein [1]
5	wahlweise gekreuzte Darstellung [1]
4	wahlweise IEC-Darstellung
6	Transduktor-Drossel mit einer Arbeitswicklung und mehreren Steuerwicklungen bevorzugte parallele Darstellung
7	wahlweise gekreuzte Darstellung
8	Transduktor-Drossel mit 2 Steuerwicklungen und Kennzeichnung des Wicklungssinns
9	Transduktor-Drossel mit einer Arbeitswicklung. Arbeitspunkteinstellung mit Dauermagneten
	Beispiele
10	Transduktor spannungssteuernd, z.B. aus einer Transduktor-Drossel (wahlweise)
11	
12	Transduktor spannungssteuernd durch Mitkopplung, bistabil durch Übermitkopplung
13	Transduktor stromsteuernd, z.B. aus zwei Transduktor-Drosseln wahlweise gekreuzte Darstellung
14	
19	Transduktor durchflutungsgesteuert, spannungssteuernd, für Wechselstromausgang
20	desgl. mit nachgeschaltetem Gleichrichter, getrennte Gleichrichtung
25	Transduktor durchflutungsgesteuert, stromsteuernd, für Drehstromausgang, mit einem Steuerstromkreis

[1]) Bei paralleler Darstellung von Steuer- und Arbeitswicklung wird Gleichsinnigkeit aller Wicklungen vorausgesetzt. Bei Ausnahmen kann der Wicklungssinn durch Punkte gekennzeichnet werden.

5.26. Schaltzeichen nach DIN 40715 (4.62)

Elektrische Maschinen

Nr.	Kurzz.	Schaltzeichen	Bezeichnung	Nr.	Kurzz.	Schaltzeichen	Bezeichnung
1.1			**Grundarten** Ständer Ständerwicklung (Seitenverh. 1:6 – 1:3)	2.1.3	M 3∼Y		Motor mit Käfigläufer, Ständerwicklung in Sternschaltung
1.2			Ständer mit zwei selbständigen Wicklungen. Schaltkurzz. wird nicht angewendet auf Gleichstrommaschinen	2.1.4	M 3∼III		Motor mit Käfigläufer, alle 6 Wicklungsenden herausgeführt z. B. zur Stern-Dreieckschaltung
1.3		oder	Kompensationswicklung (Seitenverh. 1:2)				
1.4		od.	Wendepolwicklung (Seitenverh. 1:1)	2.1.5	3∼ M 8/4 P		Motor mit Käfigläufer und Polumschalter nach Dahlander
1.5			Dauermagnet				
1.6			Ringerregerwicklung im Ständer bzw. Läufer				
1.7			Läufer, insbes. mit verteilter Wicklung	2.1.6	3∼ M 8/4+6P		Motor mit Käfigläufer und 2 getrennten Wicklungen zur Polumschaltung von 8 auf 4 bzw. 6 Pole
1.11			Käfigläufer (auch Stromverdrängungs- u. Doppelkäfigläufer)				
1.8			Läufer mit konzentrierter Wicklung (ausgeprägte Pole)				**Einphasen-Induktionsmaschinen**
1.9			Läufer mit 2 getrennten, verteilten Wickl.	2.2.1	M 1∼		Motor mit Käfigläufer ohne Anlaufwicklung, nicht selbstanlaufend
1.10			wie 1.9, eine Wicklung konzentr. angeordnet				
1.12			Schleifringläufer mit Kurzschließer und Bürstenabheber	2.2.2	M 1∼		Motor mit Käfigläufer u. induktiv gekoppelter Kurzschluß-Anlaufwicklung im Ständer, selbstanlaufend
1.13			Läufer mit Wicklung, Stromwender und feststehenden Bürsten				
1.15			Zackenrad für Mittelfrequenz- und Reaktionsmasch.				
1.17	G	M	Generator G Motor M, allgemein				
1.18	M⸺G		Motorengenerator	2.2.3	M 1∼		Motor mit Käfigläufer und Anlaufwicklung im Ständer, mit Kondensator
1.19	M̃G		Umformer, insbes. Einankerumformer				
1.20	G	M	Gleichstr.-Generator Gleichstr.-Motor, allg.				
1.21	G 3∼	M 3∼	Drehstrom-Generator bzw. -Motor	2.2.4	M 1∼		Drehstrom-Motor mit Käfigläufer u. Dreieckschaltung im Ständer, einphasig angeschlossen mit Kondensator
1.22	G 1∼	M 1∼	Einphasen-Wechselstrom-Generator bzw. -Motor				
1.24	M⸺M		Gleichstrom-Doppelmotor				
2.1.1	3∼ M 2∼		**Drehstrom-Induktionsmaschinen** Motor mit zweisträngigem Schleifringläufer, Ständerwicklung in Sternschaltung	2.2.5	M 1∼		Motor mit Käfigläufer und Anlaufwicklung im Ständer mit Betriebs- und Anlaßkondensator
2.1.2	3∼△ M		Motor mit dreisträngigem Schleifringläufer, Kurzschließer u. Bürstenabheber m. Handantrieb und Hilfsschalter, Ständerwicklung in Dreieckschaltung	2.2.6	M 1∼ / M 3∼		Motor mit dreisträngigem Schleifringläufer und Anlaufwicklung im Ständer mit ohmschem Widerstand

5.26. Schaltzeichen nach DIN 40715 (4.62)

Elektrische Maschinen

Nr.	Kurzz.	Schaltzeichen	Bezeichnung	Nr.	Kurzz.	Schaltzeichen	Bezeichnung
3.1.1			**Synchronmaschinen** Generator m. Walzenläufer (Turbogenerator), ohne Dämpferkäfig, Ständerwicklung in Sternschaltung mit Sternpunktleiter	4.1.1			**Gleichstrommaschinen** Gleichstrom-Generator
				4.1.2			Generator, Wendepolwicklung einseitig zum Anker
3.1.2			Generator m. Walzenläufer und Dämpferkäfig. Alle Enden der Ständerwicklung herausgeführt	4.1.3			Generator, Wendepolwicklung symmetrisch zum Anker aufgeteilt
3.1.3			Generator mit ausgeprägten Polen (Innenpolmaschine), Ständerwicklung in Dreieckschaltung	4.1.4			Generator, Kompensations- und Wendepolwicklung einseitig zum Anker geschaltet
3.1.4			Motor mit ausgeprägten Polen (Innenpolmaschine) und Anlaufkäfig, Ständerwicklung in Sternschaltung	4.2.1			Gleichstrom-Motor
				4.2.2			Motor, Wendepolwicklung, einseitig zum Anker geschaltet
3.1.7			Generator mit Dauermagneterregung (z. B. Drehzahlgeber)	4.2.3			Motor, Wendepolwicklung symmetrisch zum Anker aufgeteilt
3.2.1			Generator mit ausgeprägten Polen und Dämpferkäfig	4.2.5			Motor, Kompensations- und Wendepolwicklung symmetrisch zum Anker aufgeteilt
3.2.2			Generator mit ausgeprägten Polen im Ständer (Außenpolmaschine) mit Querfelddämpfung	4.3.1			Gleichstrom-Generator, fremderregt
				4.3.2			Generator, fremderregt, mit Reihenschlußerregung
3.2.4			Motor mit Zackenrad und Dämpferkäfig (Reaktions- oder Reluktanzmotor)	4.3.3			Doppelschluß-Generator mit Reihenschlußerregung
3.3.1			**Mittelfrequenzmaschinen** Einphasen-Generator mit Ringerregerspule im Läufer	4.3.4			Doppelschlußmotor mit Reihenschlußerregung
3.3.2			Drehstrom-Generator mit Ringerregerspule im Ständer	4.3.5			Generator mit Fremderregung, Selbsterregung und Gegen-Reihenschlußerregung (Kraemer-Dynamo)
3.3.3			Einphasen-Generator, Bauart nach Schmidt oder Guy, mit mehrpoliger Erregerwicklung im Ständer	4.3.6			Generator mit Dauermagneterregung (z. B. Drehzahlgeber)

5.26. Schaltzeichen nach DIN 40715 (4.62)

Elektrische Maschinen

Nr.	Schalt-kurzz.	Schaltzeichen	Bezeichnung	Nr.	Schalt-kurzz.	Schaltz.	Bezeichnung
4.4.1			Dreileiter-Generator mit Nebenschlußerregung und Spannungsteilerdrossel. Wendepolwicklung symmetrisch zum Anker aufgeteilt	5.3.3			Repulsionsmotor mit einfachem Bürstensatz zur Drehzahleinstellung mittels Bürstenverschiebung
4.4.2			Dreileiter-Generator mit Nebenschlußerregung und Spannungsteiler-Hilfswicklung im Anker, Wendepolwicklung symmetrisch zum Anker aufgeteilt	5.3.4			Repulsionsmotor mit doppeltem Bürstensatz zur Drehzahleinstellung mittels Bürstenverschiebung
4.4.3			Doppelschluß-Generator mit Sengelring, Wendepolwicklung symmetrisch zum Anker aufgeteilt				**Umformer**
				6.1.1			synchroner Einanker-Umformer, 3phasig mit Selbstantrieb
4.4.4			Nebenschluß-Generator m. Spaltpolen und Zwischenbürsten (Ossanna-Erregermaschine)	6.2.1			asynchroner Einanker-Frequenzumformer, 3phasig ohne Selbstantrieb
				6.3.1			hauptstromerregte Maschine
4.4.5			Einf. Querfeldmaschine, fremderregt (Rosenberg-Maschine)	6.3.3			im Läufer fremd erregte Maschine mit Kompensationswicklung
			Kommutatormaschinen				
5.1.1			Nebenschlußmotor mit Läuferspeisung und Drehzahleinstellung mittels Bürstenverschiebung				
5.1.3			Nebenschlußmotor mit Ständerspeisung, Drehzahleinstellung mittels Einfach-Drehtransformators, Hilfswicklung im Motorständer und Bürstenverschiebung				
5.2.1			Reihenschlußmotor, Drehzahleinstellung mittels Bürstenverschiebung				
5.3.1			Reihenschlußmotor (Universalmotor)				
5.3.2			desgl. mit Wendepol- und Kompensationswicklung, Widerstand parallel zum Wendepol				

Diese Norm enthält die Aufbauglieder und Grundarten der Schaltzeichen für elektrische Maschinen sowie Beispiele ihrer Anwendung.

Das allgemeine Zeichen für eine Wicklung ist das ausgefüllte Rechteck, im folgenden kurz „Vollrechteck" genannt, entsprechend DIN 40712 Nr. 6.1. Wahlweise ist entsprechend DIN 40712 Nr. 6.9 statt des Vollrechtecks auch die Bogenlinie zulässig.

Beim Entwerfen von Schaltzeichen für Maschinen sind:

a) Wicklungen vorzugsweise so darzustellen, daß die Richtung des Stromes und die Richtung des von ihm erzeugten magnetischen Feldes übereinstimmen;

b) die Achsen der Wicklungen so anzuordnen, daß deren Lage der in einer zweipoligen Maschine entspricht. In Ausnahmefällen ist Paralleldarstellung der Wicklungen bei Mehrphasen-Wechselstrommaschinen zulässig, wenn Verwechslungen mit anderen Schaltzeichen, z. B. Transformatoren, ausgeschlossen sind;

c) Hauptstromkreise dicker als Hilfs- und Erregerstromkreise zu zeichnen.

Für Klemmenbezeichnungen ist DIN 42401 zu beachten.

Die Umlaufrichtung des Drehfeldes von Drehstrommaschinen wird dadurch bestimmt, daß sich die Drehfeldamplitude stets bei jenem Strang befindet, der gerade sein Strommaximum führt. Daraus folgt die Regel:

Stimmt die Bezeichnung der Stränge (U, V, W) mit der zeitlichen Aufeinanderfolge der Phasen überein, dann dreht das Drehfeld im Sinne der Bezeichnung der Stränge; sind die beiden Umlaufsinne entgegengesetzt gerichtet, dann dreht das Drehfeld dem Umlaufsinn der Bezeichnung der Stränge entgegen.

5.27. Schaltzeichen nach DIN 40710 (7.78)

Kennzeichen für Schaltungsarten von Wicklungen

Nr.	Kennzeichen	Benennung	Nr.	Kennzeichen	Benennung	Nr.	Kennzeichen	Benennung
1		Eine Wicklung	10	△	Dreiphasenwicklg. in Dreieckschaltg.	19		m-Phasen-Polygonschaltg.
2		Zwei getrennte Wicklungen	11		Dreiphasenwicklg. in offener Dreieckschaltung	20		m-Phasen-Sternschaltg.
3		Drei getrennte Wicklungen	12	Y	Dreiphasenwicklg. in Sternschaltung	21		Reihenschaltung
4		m getrennte Wicklungen	13		Dreiphasenwicklg. in Sternschaltung mit herausgef. Mittelpunkt	22		Parallelschaltung
5		Zwei Wicklungen in L-Schaltung	14		Dreiphasenwicklg. in Zickzacksch.	23		Einphasen-Syst. Einzelstrang
6		2 Wicklungen für Vierleiter-System	15		Sechsphasenwicklg. in Doppeldreieck-schaltung	24		Einzelstrang mit Hilfsphase
7	V	2 Wicklungen in V-Schaltung für Dreiphasen-System	16		Sechsphasenwicklg. in Sechsecksch.	25		Drehstromsystem allgemein, offene 3-Phasen-Wicklung
8	X	Vierphasenwicklg. mit herausgef. Mittelpunkt	17		Sechsphasenwicklg. in Sternschaltung	26		Stern-Dreieck-Schaltung
9	T	2 Wicklungen in T-Schaltung für Dreiphasen-System	18		6-Phasen-Gabelsch. mit herausgef. Mittelpunkt	27		Dahlander-schaltung

5.28. Schaltzeichen nach DIN 40708 (6.60)

Meldegeräte (Empfänger)

Nr.	Krz.	Schtz.	Bezeichnung	Nr.	Krz.	Schtz.	Bezeichnung	Nr.	Schaltzeich.	Bezeichnung
1	○		Sichtmelder allgemein	7.1			Zählwerk: mit Leuchtmelder elektromechan. mit Schließer, z. B. Gesprächsz. mit Hilfskontakt			desgl. mit 1 Schl. von Triebsystem betätigt und 1 Wechsler von der Fallklappe bet. Rückstellung nur bei stromlosen Triebsystem
2.1	⊗		Leuchtmelder allgemein:	7.2				11.3		
2.2			mit Glühlampe	8.1			Mehrfachleucht-melder für 7 Meldungen			
2.3			desgl. blinkend				Mehrfachleucht-zeichenmelder, z. B. mit 3 Nrn.	12.1		Leuchtmelder ohne selbstt. Rückgang; desgl. für 10 Meldgn.
			desgl. mit Ver-dunkelungs-schalter	8.2				12.2		
2.4			desgl. mit Glimmlampe	8.3			Mehrfachzeiger-melder mit 1 Ruhe- und 2 Arbeitsstellungen desgl. für 10 Stellgn. ohne selbstt. Rückgang	13		Dreistellen-Zeigermelder, druckluftbe-tätigt mit Hilfsschalter
			Melder mit selbsttätigem Rückgang	8.4						
3.1			Zeigermelder Schauzeichen	9.1			**Quittiermelder** allgemein	14.1		**Wecker** allgemein
3.2			desgl. leuchtend	9.2			desgl. blinkend	14.2		mit Angabe der Stromart
3.3			desgl. schwingend	10.1			Steuer-quittier-schalter allgem.	14.3		Einschlagwecker, Gong
			Melder ohne selbstt. Rückgang					14.4		für Sicherheits-schaltung
4.1			Zeigermelder Fallklappe	10.2			desgl. blinkend	14.5		mit Ablaufwerk
4.2			desgl. leuchtend					14.6		Motorwecker
								14.7		desgl.
5.1			Melder mit Fühleinrichtung	11.1			Fallklappe mit 1 Schließer vom Triebsystem betätigt	14.8		Fortschwellm. mit Sichtmelder
								15.1		Schnarre
5.2			Aufzeichnender Melder	11.2			desgl. von Fall-klappe betätigt mit Rückstellung	15.2		Summer
								16		**Hupe oder Horn**
6			Zählwerk					17		Sirene

5.29. Schaltzeichen nach DIN 40716 Teil 1 (2.70) und 5 (2.77)

Meßinstrumente, Meßgeräte, Zähler, Meß-, Anzeige- und Registrierwerke

Nr.	Schaltzeichen	Bezeichnung	Nr.	Schaltzeichen	Bezeichnung	Nr.	Schaltzeichen	Bezeichnung
		Teil 1			**Beispiele:**	3		Dreheisen- (Weicheisen-) Meßwerk zur Quotientenmessung
1		Meßinstrument, allg. insbes. anzeigend	25		Meßinstrument, allg. ohne Kennzeichnung der Meßgröße			
2		Meßgerät, allg. insbes. registrierend	26		Meßinstrument, allg. ohne Kennzeichnung der Meßgröße, mit beidseitigem Ausschlag	4		Elektrodynamisches, eisengeschirmtes Meßwerk für Leistungsmessung
3		integrierendes Meßgerät, insbes. Elektrizitätszähler	27		Strommesser, mit Angabe der Einheit Ampere			
4		Meßwerk: allgemein	28		Spannungsmesser, mit Angabe der Einheit Millivolt	5		Induktions-Elektrodynamometer-Meßwerk, eisengeschlossen
5		mit einem Spannungspfad	29		Spannungsmesser für Gleich- und Wechselspannung	6		Elektrostatisches Meßwerk mit Drehfeld, z. B. für Drehfeldanz.
6		mit einem Strompfad			mehrfach ausgenutztes Meßinstrument mit			**Anzeigewerke**
7		mit Anzapfung	30		Angabe der Einheiten für Spannung, Strom und Widerstand	7		Skalare Anzeige mit Zeiger und Skale
8		zur Summe- oder Differenzbildung	31		Nullindikator für Wechselstrom	8		Skalare Anzeige mit Lichtzeiger und Darstellung des Meßwerkes u. Strahlenganges
9		zur Produktbildung	32		Synchronoskop			
10		zur Quotientenbildung	33		Strommesser mit großer Trägheit und Schleppzeiger für Größtwertanzeige	9		Vektorielle Anzeige im Koordinatenfeld
11		**Anzeige:** allgemein	34		Meßwerk, trägheitsarm, z. B. Oszillographenschleife	10		Kurvenbildanzeige mit Angabe der voneinander abhängigen Größen
12		mit beidseitigem Ausschlag	35		Zweifach-Linienschreiber zur Aufzeichnung von Wirk- und Blindleistung			**Registrierwerke**
13		durch Vibration				11		Registrierwerk, allgemein
14		digital (numerisch)	36		Dreileiter-Drehstromzähler			Linienschreibwerk für Lichtpunktlinienschreiber mit Darstellung des Strahlenganges, des Meßwerkes u. des Papierantriebes durch einen Federspeicherantrieb mit Handaufzug
15		**Registrierung:** schreibend				12		
16		punktschreibend	37		Widerstandsmeßbrücke			
17		**Trägheit** trägheitsarm	38		Kreuzzeigerinstrument			Sechsfach-Punktschreibwerk mit Darstellung eines Fallbügelmagnetentriebes und eines Synchronmotors zur Umschaltung d. Meßstellen und Farben
18		große Trägheit				13		
19		**Grenzwertanzeige** Größtwertanzeige	39		Meßgerät zur Kurvenbildanzeige der Spannung, Oszilloskop			
20		Kleinstwertanzeige			**Teil 5**			
21		Drehfeldrichtung	1		**Meßwerke** Kreuzspulmeßwerk			
22		Richtung der Meßwertübertragung						Lochwerk mit Darstellung des Locherantriebes und Meßwerkes
23		Kontaktgabe	2		trägheitsarmes Drehspulmeßwerk	14		
24		Uhrzeit						

5.30. Schaltzeichen nach DIN 40716 Teil 6 (3.72)

Meßgrößenumformer

Nr.	Schaltz.	Bezeichnung	Nr.	Schaltz.	Bezeichnung	Nr.	Schaltz.	Bezeichnung
1		Widerstands-Stellungsgeber allgemein	9		galvanische Meßzelle, z.B. PH-Elektroden Leitfähigkeitselektroden	16		Winkelstellungsgeber, Winkelstellungsempfänger (Drehmelder)
2		desgl. mit 3 Abgriffen für Drehbewegung	10					
3		Dehnungsmeßstreifen	11		magneto-elastischer Geber	17		kapazitiver Geber
4		Widerstandsthermometer	12		magnet. Geber mit bewegl. Spule	18		Schwingkondensator
5		Thermoelement (Thermopaar) allgemein	13		indukt. Geber mit Kopplungsänderung allgemein	19		piezoelektrischer Geber
6		desgl. mit Ausgleichsleitung				20		Druckgeber z.B. $l = f(p)$
7		Thermoumformer mit galvanisch getrenntem Heizer	14		induktiver Geber mit Kennzeichnung der bewegten Wicklung	21		Differenzdruckgeber, z.B. $U = f(p_1 - p_2)$
8		Thermoumformer mit galvanisch verbundenem Heizer	15		induktiver Differenzgeber			Umsetzerzeichen mit Kennzeichnung des Meßgrößenumformers

5.31. Schaltzeichen nach DIN 40716 Teil 4 (12.67)

Beispiele für Zähler und Schaltuhren

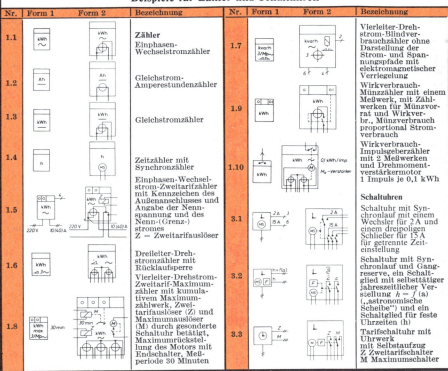

Nr.	Form 1	Form 2	Bezeichnung
1.1			**Zähler** Einphasen-Wechselstromzähler
1.2			Gleichstrom-Amperestundenzähler
1.3			Gleichstromzähler
1.4			Zeitzähler mit Synchronzähler
1.5			Einphasen-Wechselstrom-Zweitarifzähler mit Kennzeichen des Außenanschlusses und Angabe der Nennspannung und des Nenn-(Grenz-)stromes Z = Zweitarifauslöser
1.6			Dreileiter-Drehstromzähler mit Rücklaufsperre
1.8			Vierleiter-Drehstrom-Zweitarif-Maximumzähler mit kumulativem Maximumzählwerk, Zweitarifauslöser (Z) und Maximumauslöser (M) durch gesonderte Schaltuhr betätigt, Maximumrückstellung des Motors mit Endschalter, Meßperiode 30 Minuten
1.7			Vierleiter-Drehstrom-Blindverbrauchszähler ohne Darstellung der Strom- und Spannungspfade mit elektromagnetischer Verriegelung
1.9			Wirkverbrauch-Münzzähler mit einem Meßwerk, mit Zählwerken für Münzvorrat und Wirkvbr., Münzverbrauch proportional Stromverbrauch
1.10			Wirkverbrauch-Impulsgeberzähler mit 2 Meßwerken und Drehmomentverstärkermotor 1 Impuls je 0,1 kWh
3.1			**Schaltuhren** Schaltuhr mit Synchronlauf mit einem Wechsler für 2A und einem dreipoligen Schließer für 15 A für getrennte Zeiteinstellung
3.2			Schaltuhr mit Synchronlauf und Gangreserve, ein Schaltglied mit selbsttätiger jahreszeitlicher Verstellung $h = f(a)$ („astronomische Scheibe") und ein Schaltglied für feste Uhrzeiten (h)
3.3			Tarifschaltuhr mit Uhrwerk mit Selbstaufzug Z Zweitarifschalter M Maximumschalter

5.32. Schaltzeichen nach DIN 40704 Teil 1 (11.77)
Industrielle Anwendung der Elektrowärme (1 bis 36), Elektrochemie (37 bis 38) und Elektrostatik (39 bis 45)

Nr.	Schaltzeichen	Bezeichnung	Nr.	Schaltzeichen	Bezeichnung	Nr.	Schaltzeichen	Bezeichnung
		Erwärmungsgut	19		Tauchelektrode			**Bsp. für Induktionsheizung**
1		allgemein, insbes. gasförmiges Gut	20		Lichtbogen-elektrode	32		Tiegel-Schmelz-ofen
2		festes Gut bei Durchwärmung, z. B. Glühgut			**Bsp. für Widerstandsheizung**	33		Rinnenschmelz-ofen mit Darstellg. des Eisenkerns
3		desgl. bei Oberflächen- oder Teilerwärmung	21		Erwärmg. durch: Stromdurchgang	34		Induktiv beheizter Spritzzylinder für Thermoplaste
4		Schmelzgut	22		Wärmeleitung, z. B. Elektrodensalzbad	35		Induktionsheizg. zur Oberflächen-vergütung
5		flüssiges Gut						
6		Verdampfungsgut	23		Wärmeleitung, z. B. Heizkessel für Flüssigkeiten	36		Dielektrische Erwärmung mit Abschirmung
7		Schüttgut						
		Raum mit Erwärmungsgut	24		Wärmeleitung, z. B. Heizplatte			**Elektrochemie**
8		Raum für Erwärmungsvorgänge	25		Wärmestrahlung, z. B. Trockenofen mit Infrarot-Dunkelstrahler	37		Elektrolysebad
9		Raum mit Erwärmungsgut, allgem.				38		Bad für galvan. Oberflächenbeh. mit 2 Elektroden
10		Erwärmungsgut unter Vakuum	26		Wärmestrahlung und Konvektion, z. B. Gaserhitzer			**Elektrostatik**
11		Erwärmungsgut unter Gas	27		Wärmestrahlung und Konvektion, z. B. Glühofen	39		Elektrode mit Korona
						40		Elektrode ohne Korona
12		Heizraum mit Flüssigkeits-füllung				41		Niederschlags-elektrode
					Bsp. für Lichtbogenheizung			
		Heizglieder	28		Erwärmg. durch Wärmestrahlung u. Stromdurchgang			**Bsp. für Filter**
13		Heizwiderstand				42		Sprüheinrichtung allgemein
14		Heizinduktor	29		Erwärmg. durch Wärmestrahlung	43		Sprüh-einrichtung mit zwei Zonen
15		desgl. für indirekte Erwärmung						
16		Kondensator für dielektr. Erwärmg.	30		125 V 3~50 Hz 1750 KVA	Lichtbogen-schmelzofen mit Angabe der elektr. Kenngrößen	44		Sprüh-einrichtung mit getrennter Auflage-dung und Ab-scheidung
17		Infrarot-Dunkel-strahler						
18		Infrarot-Hell-strahler, z. B. mit 3 Einsätzen	31		Lichtbogenreduk-tionsofen mit abgedecktem Lichtbogen (ein-getauchte Elektr.)	45		Sprüheinr., z. B. zum Lackieren rotierender Teile als Nieder-schlagselektrode

5.33. Regeln für Stromlaufpläne nach DIN 40719 Teil 3 (4.79)

Größe und Linienbreite von Schaltzeichen

In einem Stromlaufplan sind vorzugsweise gleiche Linienbreiten gemäß DIN 6774 (s. S. 13-2) anzuwenden.

Um Stromkreise hervorzuheben bzw. zu unterscheiden, kann für die Verbindungslinien eine unterschiedliche Linienbreite verwendet werden.

Größe und Linienbreite sind für die Bedeutung eines Schaltzeichens nicht ausschlaggebend. In einigen Fällen kann es zweckmäßig sein, Schaltzeichen in verschiedenen Größen zu verwenden, um
- die Wichtigkeit des dargestellten Betriebsmittels hervorzuheben,
- das Hinzufügen von Informationen (Beschriftung) zu erleichtern,
- eine größere Anzahl von Verbindungsstellen darstellen zu können.

Bei der Wahl der Abmessungen einiger Schaltzeichen sind bestimmte Seiten- bzw. Längenverhältnisse zu beachten:

Betriebsmittel	Schaltz.	Abmessungen
Widerstand		$1 : \geq 2$
Wicklung		$1 : \geq 2$
Sicherung		$1 : 3$
Kondensator		$a = 1/5$ bis $1/3$ der Länge l
Elektromech. Antrieb		$1 : 2$
zus. Feld für besondere Eigenschaften		$1 : 1$ bis $1 : 2$
Schaltschloß		$1 : 1$
Primär-Element Batterie		$l_1 = 2 \cdot l_2$

Die in den Normen dargestellten Verbindungslinien an den Schaltzeichen sind im allgemeinen nur beispielhaft und können auch anders angeordnet werden:

In wenigen Fällen verdeutlicht die Anordnung der Verbindungslinien die Bedeutung des Schaltzeichens und darf deshalb nicht geändert werden:

Schützspule

Bei der Darstellung der Verbindungslinien bleibt die Verdrahtungs- bzw. Anschlußfolge unberücksichtigt.

Darstellung der Verbindungsstellen

Anschlußstellen an Betriebsmitteln werden nicht besonders dargestellt. Als Anschlußstelle gilt das Ende der Verbindungslinie am Schaltzeichen oder der Schnittpunkt der Verbindungslinie mit der Umrahmungslinie.

Sonstige Verbindungsstellen, die zu keinem anderen Betriebsmittel gehören, wie z. B. Klemmen auf Klemmleisten, Steckverbinder und Lötverteiler werden einheitlich als Punkt dargestellt.

Bei Trennlinien werden die sonstigen Verbindungsstellen durch deren Anschlußbezeichnungen ergänzt.

Lage der Beschriftung am Schaltzeichen

Bei **vertikalem Verlauf der Stromwege** werden die einem Schaltzeichen zugeordneten Angaben links neben das betreffende Schaltzeichen geschrieben. Die Anschlußkennzeichnung steht unmittelbar außerhalb des Schaltzeichens; bei horizontaler Schreibweise rechts und bei vertikaler Schreibweise links neben der Verbindungslinie.

Bei **horizontalem Verlauf der Stromwege** werden die einem Schaltzeichen zugeordneten Angaben über das Schaltzeichen geschrieben. Die Anschlußkennzeichnung steht unmittelbar außerhalb des Schaltzeichens oberhalb der Verbindungslinie.

Stehen mehrere benachbarte Anschlußbezeichnungen auf gleicher Höhe, so braucht für die Anschlußleiste nur einmal geschrieben werden. Sie gilt dann so lange, bis eine andere Anschlußbezeichnung angegeben ist.

Technische Daten und Erläuterungen

Die Einheitenzeichen (z. B. V, Ω, F) und Vorsätze (z. B. μ und k) sind im allgemeinen einzutragen.

Die Einheitenzeichen an häufig vorkommenden Schaltzeichen können entfallen, wenn die Einheit durch das Schaltzeichen erkennbar ist.

Eingetragen werden können auch technische Daten (z. B. Spannungen und Übersetzungen von Wandlern), Meßwerte in unmittelbarer Nähe des Schaltzeichens der Meßstelle und Einstellwerte (z. B. Skalenwerte von Potentiometern und Zeiten von Zeitrelais).

Fertigungshinweise

Werden keine gesonderten Fertigungsunterlagen erstellt, so kann es zweckmäßig sein, Fertigungshinweise einzutragen, z. B. Angaben zu Material, Verlegungsart von Leitungen und Abschirmung.

6. Bauelemente der Elektrotechnik

Anwendungsklassen und Zuverlässigkeitsangaben für Bauelemente der Nachrichtentechnik und Elektronik nach DIN 40040 (2.73)

Zur Kennzeichnung der Anwendungsklassen und der Zuverlässigkeitsangaben werden **aus Kennbuchstaben gebildete Kurzzeichen** verwendet. Die Kennbuchstaben für die Anwendungsklassen geben den Bereich der klimatischen und mechanischen Beanspruchungen an, für den ein Bauelement ausgelegt ist; dazu kommen Kennbuchstaben für die Zuverlässigkeitsangaben. In folgender Reihenfolge werden die Kennbuchstaben angegeben:

1. Stelle	Untere Grenztemperatur	Klimatische
2. Stelle	Obere Grenztemperatur	Anwendungs-
3. Stelle	Feuchtebeanspruchung	klasse
4. Stelle	Ausfallquotient	Zuverlässig-
5. Stelle	Beanspruchungsdauer	keitsangabe
6. Stelle	Mechan. Beanspruchung	Mechanische
7. Stelle	Luftdruck	Anwendungs-
8. Stelle	Sonderbeanspruchung	klasse

Über Stellen, die durch den **Buchstaben X** gekennzeichnet sind, werden keine Angaben gemacht. Der **Kennbuchstabe Z** weist auf einen in einer Einzelbestimmung zu nennenden Wert hin, der nicht in den folgenden Tabellen enthalten ist. Zwischen Trennstrichen stehen die Kennbuchstaben für die Zuverlässigkeitsangabe.

1. Stelle: Untere Grenztemperatur ϑ_{min}
2. Stelle: Obere Grenztemperatur ϑ_{max}

Die untere Grenztemperatur ist die niedrigste Temperatur, die obere Grenztemperatur die höchste Temperatur bei der das Bauelement noch betrieben werden darf.

1. Kennbuchstabe	ϑ_{min} °C	2. Kennbuchstabe	ϑ_{max} °C	2. Kennbuchstabe	ϑ_{max} °C
A	freigehalten	A	400	N	90
B		B	350	P	85
C		C	300	Q	80
D		D	250	R	75
E	− 65	E	200	S	70
F	− 55	F	180	T	65
G	− 40	G	170	U	60
H	− 25	H	155	V	55
J	− 10	J	140	W	50
K	0	K	125	Y	40
L	+ 5	L	110	Z	Einzelbest.
Z	Einzelbest.	M	100		

3. Stelle: Feuchtebeanspruchung

Feuchte ist die relative Luftfeuchte an einer Stelle der Bauelementeumgebung, festgelegt in der Einzelbestimmung. In der folgenden Tabelle angegebene Höchstwerte für die relative Luftfeuchte gelten bis zu festgelegten Bezugstemperaturen, die je nach Kennbuchstabe zwischen 35 °C (Kennbuchstabe A) bzw 24 °C (Kennbuchstabe H) liegen. Die **Grenzwerte der relativen Luftfeuchte** des Bauelemente-Umgebungsklimas **ermäßigen sich bei höheren Temperaturen**, da die Feuchtebeanspruchung mit der Temperatur ansteigt (genaue Werte siehe Diagramme in DIN 40 040).

3. Kennbuchstabe	Höchstwert der relativen Luftfeuchte in %				Bauelemente in einem Gerät
	Jahresmittel	30[1] Tage im Jahr	60[1] Tage im Jahr	übrige[2] Tage	
A	≤100	—	—	—	an jedem Ort, Bauelemente dauernd naß
C	≤ 95	100	—	100	an jedem Ort, Bauelemente häufig feucht
R	90	100	—	95	im Freien bzw. in wenig feuchten Räumen
D	≤ 80	100	—	90	in mäßig feuchten Außenräumen, im Freien im trockenwarmen Klima
E	≤ 75	95	—	85	im trockenwarmen Klima in Räumen, leichte Betauung zulässig
F	≤ 75	95	—	85	wie E, jedoch Betauung unzulässig
G	≤ 65	—	85	75	in heizbaren Räumen (kaltes Klima), in Räumen im warmen Klima
H	≤ 50	—	75	65	in stark erwärmten Räumen in trockenwarmen Klimagebieten
J	≤ 50				in gasdicht geschl. Behälter, in Räumen mit Klimaanlage
Z	siehe Einzelbestimmung				

4. und 5. Stelle: Zuverlässigkeit

Bei der Angabe der Zuverlässigkeit ist folgende Bezugsbeanspruchung zugrunde gelegt:
Umgebungstemperatur: 40 °C (wenn Einzelbestimmung keine andere Temperatur vorschreibt).
Relative Luftfeuchte: 65% (Jahresmittel entsprechend Feuchteklasse C bei 40 °C).
Mechanische Beanspruchung: Kennbuchstabe W (wenn Einzelbestimmung keine andere Angabe enthält).
Luftdruck: Kennbuchstabe N.

Für die elektrische Beanspruchung, die Bewertung von Betriebspausen, Lager- und Transportzeiten sowie die Ausfallkriterien sind Einzelbestimmungen maßgebend.

4. Kennbuchstabe	Ausfallquotient	4. Kennbuchstabe	Ausfallquotient
D	0,1	P	10 000
E	0,3	Q	30 000
F	1	R	100 000
G	3	S	300 000
H	10	T	1 000 000
J	30	U	3 000 000
K	100	V	10 000 000
L	300	W	30 000 000
M	1 000	Z	siehe Einzelbestimmung
N	3 000		

[1]) Über das Jahr verteilt.
[2]) Gelegentlich unter Einhaltung des Jahresmittels.

6. Bauelemente der Elektrotechnik

Der Buchstabe der 4. Stelle kennzeichnet den **Ausfallquotienten**, angegeben in **Ausfällen** je 10^9 **Bauelementestunden**.

$$\text{Ausfallquotient} = \frac{\text{Ausfallsatz}}{\text{zugeh. Beanspruchungsdauer}}$$

$$\text{Ausfallsatz} = \frac{\text{Anz. ausgefallener Bauelemente}}{\text{Gesamtzahl der Bauelemente}}$$

Der Ausfallsatz gilt innerhalb der angegebenen **Beanspruchungsdauer**.
Der Buchstabe der 5. Stelle kennzeichnet die Beanspruchungsdauer in Stunden. Die Beanspruchungsdauer ist die Summe von Betriebs- und Betriebspausenzeiten, von Prüf-, Meß- und Lagerzeiten beim Bauelementeanwender und von Transportzeiten.

5. Kenn-buchstabe	Beanspruchungs-dauer in h	5. Kenn-buchstabe	Beanspruchungs-dauer in h
Q	300 000	U	3 000
R	100 000	V	1 000
S	30 000	W	300
T	10 000	Z	s. Einz.

6. Stelle: Mechanische Beanspruchung (Grenzwerte)

6. Kenn-buchstabe	Schwingbeanspruchung		Schockbeanspruchung	
	Frequenz von – bis Hz	Beschleunigung m/s²	Beschleunigung m/s²	Zeit ms
Q	10–2000	490,5	981	6
R	10–2000	196,2	981	6
S	10–2000	98,1	490,5	11
T	10–500	98,1	294,3	18
U	10–55	49,05	294,3	18
V	10–55	49,05	147,15	11
W	10–55	19,62	147,15	11
Z	siehe Einzelbestimmung			

Richtdaten zur mechanischen Beanspruchung von Bauelementen in Geräten und Anlagen:

Kenn-buchstabe	Beispiele des Bauelementeeinsatzes
Q	an Verbrennungsmotoren angebaut
R	für Bordelektronik (erschwerte Flugbedingungen)
S	für Bordelektronik (normale Flugbedingungen)
T	in tragbaren Geräten (z. B. Polizeifunkgeräte, Rangierfunkgeräte)
U	in Schiffsanlagen und in Autorundfunkempfängern
V	in ortsfesten Stromerzeugern, in nicht erschütterungsfreien Anlagen
W	in erschütterungsfreien Geräten und Anlagen (in Spezialverpackung)

7. Stelle: Luftdruck

7. Kenn-buchstabe	untere Druckgrenze in mbar (10^2 N/m²)	max. Betriebshöhe über NN in m
N	840	1 000
R	700	2 200
S	600	3 500
T	530	4 300
U	300	8 500
V	85	16 000
W	44	20 000
Y	20	26 000
Z	siehe Einzelbestimmung	

8. Stelle: Sonderbeanspruchung

8. Kenn-buchstabe	Beispiele für Sonderbeanspruchungen
Z	Vereisung, Schnee, Regen, Spritzwasser, Schwallwasser, Strahlwasser, Druckwasser, Meeresluft, Industrieluft, Staub, Sand, Schimmel, Insekten, Strahlung

Kurzzeichenbeispiel

H S F / J U / V N Z

H: untere Grenztemperatur − 25 °C
S: obere Grenztemperatur + 70 °C
F: Feuchtebeanspruchung
Jahresmittel = 75%, Höchstwert für 30 Tage im Jahr 95%, Betauung nicht zulässig
J: Ausfallquotient 30 · 10^{-9} pro Stunde
U: Beanspruchungsdauer 3 000 Stunden
V: Mechanische Beanspruchung
Schwingen 10 bis 55 Hz, 49,05 m/s²
Schocken 147,15 m/s², 11 ms
N: Luftdruck bis 840 mbar und einer Betriebshöhe bis 1 000 m über NN
Z: Sonderbeanspruchung laut Einzelbestimmung

Kurzschreibweise von Datumsangaben auf passiven Bauelementen der Nachrichtentechnik nach DIN 41314 (12.75)

In der Kurzschreibweise von Datumsangaben (z. B. Herstellungsdatum) auf passiven Bauelementen der Nachrichtentechnik ist zuerst das Jahr, dann der Monat angegeben.

Kurzschreibweise für die Jahresangabe

1970	A	1974	E	1978	K	1982	P	1986	U
1971	B	1975	F	1979	L	1983	R	1987	V
1972	C	1976	H	1980	M	1984	S	1988	W
1973	D	1977	J	1981	N	1985	T	1989	X

Kurzschreibweise für die Monatsangabe

Januar	1	April	4	Juli	7	Okt.	O
Febr.	2	Mai	5	August	8	Nov.	N
März	3	Juni	6	Sept.	9	Dez.	D

Beispiel: S 6 entspricht Juni 1984

6.1. Widerstände

Nennwerte-Reihen (E-Reihen) nach DIN 41426 (3.71)

E 6	1,0				1,5			
E 12	1,0		1,2		1,5		1,8	
E 24	1,0	1,1	1,2	1,3	1,5	1,6	1,8	2,0
E 6	2,2				3,3			
E 12	2,2		2,7		3,3		3,9	
E 24	2,2	2,4	2,7	3,0	3,3	3,6	3,9	4,3
E 6	4,7				6,8			
E 12	4,7		5,6		6,8		8,2	
E 24	4,7	5,1	5,6	6,2	6,8	7,5	8,2	9,1

Reihen für Nennwerte mit enger Stufung

E 48	E 96	E 48	E 96	E 48	E 96	E 48	E 96	E 48	E 96
100	100	178	178	316	316	562	562		
	102		182		324		576		
105	105	187	187	332	332	590	590		
	107		191		340		604		
110	110	196	196	348	348	619	619		
	113		200		357		634		
115	115	205	205	365	365	649	649		
	118		210		374		665		
121	121	215	215	383	383	681	681		
	124		221		392		698		
127	127	226	226	402	402	715	715		
	130		232		412		732		
133	133	237	237	422	422	750	750		
	137		243		432		768		
140	140	249	249	442	442	787	787		
	143		255		453		806		
147	147	261	261	464	464	825	825		
	150		267		475		845		
154	154	274	274	487	487	866	866		
	158		280		499		887		
162	162	287	287	511	511	909	909		
	165		294		523		931		
169	169	301	301	536	536	953	953		
	174		309		549		976		

Normzahlreihen nach DIN 323 (8.74)

R 5	1,00			1,60		
R 10	1,00		1,25	1,60		2,00
R 20	1,00	1,12	1,25	1,40	1,60	1,80	2,00	2,24
R 5	2,50			4,00		
R 10	2,50		3,15	4,00		5,00
R 20	2,50	2,80	3,15	3,55	4,00	4,50	5,00	5,60
R 5	6,30					
R 10	6,30		8,00			
R 20	6,30	7,10	8,00	9,00		

Werte im Dezimalbereich unter 1 und über 10 werden von den Werten der Tabelle durch die Multiplikation mit ganzen positiven oder negativen Potenzen von 10 abgeleitet.

Kennzeichnung der Kapazitäts- und Widerstandswerte und deren zulässige Abweichungen nach DIN 40825 (4.73)

Neben dem Farbcode (DIN 41429, siehe Seite 6-4) wird für die Kennzeichnung von Widerständen und Kondensatoren auch ein **Buchstabencode** angewandt. Dabei wird jeder Zahlenwert durch eine Zahlen-Buchstabenkombination ausgedrückt: Die **Ziffern** der Kapazitäts- bzw. Widerstandswerte sind **in Klarschrift** angegeben, das **Komma** ersetzt **ein Buchstabe mit der Bedeutung eines Multiplikators** entsprechend der folgenden Tabelle.

Kennbuchstabe	Multiplikator		Kennbuchstabe	Multiplikator	
p	10^{-12}	Pico	R	10^{0}	—
n	10^{-9}	Nano	K	10^{3}	Kilo
μ	10^{-6}	Mikro	M	10^{6}	Mega
m	10^{-3}	Milli	G	10^{9}	Giga
			T	10^{12}	Tera

Kennzeichnung von zweiziffrigen Werten

Kondensatoren		Widerstände	
Kapazitätswert	Kennzeichnung	Widerstandswert	Kennzeichnung
0,39 pF	p 39	0,39 Ω	R 39
3,9 pF	3 p 9	3,9 Ω	3 R 9
39 pF	39 p	39 Ω	39 R
390 pF	390 p	390 Ω	390 R
0,39 nF	n 39	0,39 kΩ	K 39
3,9 nF	3 n 9	3,9 kΩ	3 K 9
39 nF	39 n	39 kΩ	39 K
390 nF	390 n	390 kΩ	390 K
0,39 μF	μ 39	0,39 MΩ	M 39
3,9 μF	3 μ 9	3,9 MΩ	3 M 9
39 μF	39 μ	39 MΩ	39 M
390 μF	390 μ	390 MΩ	390 M
0,39 μF	m 39	0,39 GΩ	G 39
3900 μF	3 m 9	3,9 GΩ	3 G 9
39000 μF	39 m	39 GΩ	39 G
390000 μF	390 m	390 GΩ	390 G

Kennzeichnung von dreiziffrigen Werten

Kondensatoren		Widerstände	
Kapazitätswert	Kennzeichnung	Widerstandswert	Kennzeichnung
3,96 pF	3 p 96	3,96 Ω	3 R 96
39,6 pF	39 p 6	39,6 Ω	39 R 6
396 pF	396 p	396 Ω	396 R

Kennzeichnung von vierziffrigen Werten

Kondensatoren		Widerstände	
Kapazitätswert	Kennzeichnung	Widerstandswert	Kennzeichnung
0,3961 nF	n 3961	396,1 Ω	396 R 1
3,961 nF	3 n 961	3,961 kΩ	3 K 961
39,61 nF	39 n 61	39,61 kΩ	39 K 61

Zulässige Abweichungen: siehe folgende Seite.

6.1. Widerstände

Fortsetzung DIN 40825

Zulässige Abweichungen:

Die zulässigen Abweichungen in % (bzw. in pF für Kapazitätswerte < 10 pF) werden durch große Buchstaben angegeben.

Buchstabe	zul. Abw.	Buchstabe	zul. Abw.	Buchstabe	zul. Abw.	Buchstabe	zul. Abw.
B	± 0,1	K	± 10	R	+ 30 / − 20	U	+ 80 / 0
C	± 0,25 / ± 0,3[1]	M	± 20				
		N	± 30	Y	+ 50 / 0	Z	+ 80 / − 20
D	± 0,5	W	+ 20 / 0				
F	± 1			T	+ 50 / − 10	V	+ 100 / − 10
G	± 2	Q	+ 30 / − 10				
H	± 2,5			S	+ 50 / − 20		
J	± 5						

[1]) Nur bei KS-Kondensatoren

Beispiele:

6 p 8 D ≙ 6,8 pF ± 0,5 pF
27 pF ≙ 27 pF ± 1%
32 μS ≙ 32 μF + 50% / − 20%
8 R 2 K ≙ 8,2 Ω ± 10%
96 R 7 G ≙ 96,7 Ω ± 2%

Farbkennzeichnung von Widerständen DIN 41429 (12.65)

Die Widerstandswerte und die Toleranz von Widerständen werden durch Farbkennzeichnungen dargestellt. Die Kennzeichnung erfolgt durch umlaufende Farbringe auf dem Widerstandskörper, aber auch durch Punkte oder Striche. Der erste Ring liegt näher an dem einen Ende des Widerstandes als der letzte Ring am anderen Ende.

Farbe	1. Ring 1. Ziffer	2. Ring 2. Ziffer	3. Ring Multiplikator	4. Ring Toleranz in %
schwarz	0	0	10^0	—
braun	1	1	10^1	± 1
rot	2	2	10^2	± 2
orange	3	3	10^3	—
gelb	4	4	10^4	—
grün	5	5	10^5	± 0,5
blau	6	6	10^6	—
violett	7	7	10^7	—
grau	8	8	10^8	—
weiß	9	9	10^9	—
gold	—	—	10^{-1}	± 5
silber	—	—	10^{-2}	± 10
keine	—	—	—	± 20

Als Ziffern gibt man in Farbkennzeichnung in der Regel die Werte einer E-Reihe („internationale Reihe") an.

Beispiel:
gelb : 1. Ziffer = 4
violett : 2. Ziffer = 7
braun : Multiplikator = 10^1
gold : Toleranz = ±5%
R = 470 Ω ±5%

Zementierte Drahtfestwiderstände

DIN	Anschlußart	Anwendung
44191 (7.71)	axiale Drahtanschlüsse	Säure, laugen- und halogenhaltige Löt- und Reinigungsmittel bei der Anwendung vermeiden
44192 (7.71)	Schellenanschlüsse	

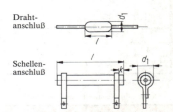

Drahtanschluß / Schellenanschluß

Die **Nennwiderstandswerte** sind der Reihe E 12 (s. S. 6-3) zu entnehmen. Bei der Anlieferung werden Abweichungen von ± 10% bzw. ± 5% des tatsächlichen Wertes zum Nennwert zugelassen.

DIN	Anwendungsklasse	Oberflächentemperatur	Zul. Änderung des Auslieferungswiderstandswertes nach 10000 h
44191	FEG	+ 200 °C	− (3% zuzüglich 0,1 Ω) bis + (6% zuzüglich 0,1 Ω)
	FDG	+ 250 °C	
	FCG	+ 300 °C	
44192	FDG	+ 250 °C	
	FBG	+ 350 °C	

Größe $d_1 \times l$	Belastbarkeit in W für Widerstände nach DIN 44191 bei einer Oberflächentemperatur ϑ_0 von							
	150 °C		200 °C		250 °C		300 °C	
	und einer Umgebungstemperatur ϑ_u von							
	40 °C	70 °C	40 °C	70 °C	40 °C	70 °C	40 °C	70 °C
6,5 × 18	1,3	0,9	2	1,5	—	—	—	—
6,5 × 30	1,6	1,2	2,5	2	—	—	—	—
9 × 40	2,2	1,6	3,5	2,8	5	4,3	—	—
11 × 50	3,2	2,4	5,1	4,2	7,5	6,4	10	8,8

Größe $d_1 \times l$	Belastbarkeit in W für Widerstände nach DIN 44192 bei einer Oberflächentemperatur ϑ_0 von							
	200 °C		250 °C		300 °C		350 °C	
	und einer Umgebungstemperatur ϑ_u von							
	40 °C	70 °C	40 °C	70 °C	40 °C	70 °C	40 °C	70 °C
9 × 45	4,1	3,3	6	5,1	—	—	—	—
13 × 55	6,2	5	8,8	7,5	12	10	15	14
16 × 63	8	6,5	12	10	15	13	21	19
16 × 100	13	11	19	16	26	23	34	31
24 × 100	19	16	28	24	38	34	50	45
24 × 165	34	28	48	41	65	57	86	76
24 × 265	61	50	87	75	120	105	155	140
36 × 330	100	81	150	130	200	175	280	255

6.1. Widerstände

Schicht-Festwiderstände

Schichtmaterial	Kohle			Kohle-gemisch	Metall		Metall-oxid	Metall-glasur
Anforderungen	allgemein	erhöht	erhöht	erhöht	allgemein	erhöht	erhöht	erhöht
DIN	44051 (9.83)	44052 (9.83)	44055 (9.83)	44054 (9.83)	44061 (9.83)	44063 (9.83)	44064 (9.83)	
Anwendungs-klasse	FKF (FHF)	FKF	FKF	FKF	EKF	FHF FZF	FHF	
Widerstandswerte-Reihe	E 24	E 24	E 24	E 24	E 24 E 96	E 24	E 24 E 48	
Widerstandsab-weichung bei Anlieferung	± 2 % ± 5 %	± 2 % ± 5 %	± 1 % ± 2 %	± 2 % ± 10 %	± 0,5 % ± 1 % ± 2 %	± 2 % ± 5 %	± 0,5 % ± 1 % ± 2 %	
Temperaturkoeffi-zient in 10^{-6}/K (zwischen 20 °C und 70 °C)	− 150 bis − 1500			± 1300	B[1]): 0 ± 100 C: 0 ± 50 D: 0 ± 25 E: 0 ± 15	± 250	B[1]): 0 ± 100 C: 0 ± 50	
ΔR_{zul} nach 1000 h Dauerprüfung bei P_{70}	≤ ± (5 % · R + 0,1 Ω) bis 1 MΩ $^{+10}_{-5}$ % · R über 1 MΩ	≤ ± (2 % · R + 0,05 Ω) bis 1 MΩ $^{+4}_{-2}$ % · R über 1 MΩ	≤ ± (1 % · R + 0,05 Ω) bis 1 MΩ $^{+2}_{-1}$ % · R über 1 MΩ	≤ ± ($^{+2}_{-9}$ % · R + 0,1 Ω)	≤ ± ($^{+1}_{-0,5}$ % · R + 0,05 Ω)	≤ ± (2 % · R + 0,1 Ω)	≤ ± (1 % · R + 0,1 Ω)	
ΔR_{zul} nach 8000 h Dauerprüfung bei P_{70}	≤ ($^{+10}_{-5}$ % · R + 0,1 Ω) bis 1 MΩ $^{+20}_{-5}$ % · R über 1 MΩ	≤ ($^{+4}_{-2}$ % · R + 0,05 Ω) bis 1 MΩ $^{+8}_{-2}$ % · R über 1 MΩ	≤ ($^{+2}_{-1}$ % · R + 0,05 Ω) bis 1 MΩ $^{+4}_{-1}$ % · R über 1 MΩ	≤ ($^{+4}_{-15}$ % · R + 0,1 Ω)	≤ ($^{+2}_{-0,5}$ % · R + 0,05 Ω)	≤ ($^{+4}_{-3}$ % · R + 0,1 Ω)	≤ ± (2 % · R + 0,1 Ω)	

[1]) Diese Buchstaben sind der 2. Kennbuchstabe der Baugrößebezeichnung.

Baugröße	Belast-barkeit[1]) W	Höchste Dauerspan-nung[2]) V	Zul. Span-nung gegen Umgebung[3]) V	Wärme-wider-stand K/W	Baugröße	Belast-barkeit[1]) W	Höchste Dauerspan-nung[2]) V	Zul. Span-nung gegen Umgebung[3]) V	Wärme-wider-stand K/W
Kohleschichtwiderstände nach DIN 44051					Metallschichtwiderstände nach DIN 44061				
AC (0204)	0,21	200	210	400	A*) (0204)	0,21	200	210	400
CC (0207)	0,34	250	210	250	C*) (0207)	0,34	250	210	250
DC (0309)	0,4	300	210	210	D*) (0309)	0,4	300	210	210
EC (0411)	0,53	350	250	160	E*) (0411)	0,53	350	250	160
FC (0414)	0,57	350	250	150	F*) (0414)	0,57	350	250	150
HC (0617)	0,71	500	250	120	H*) (0617)	0,71	350	250	120
KC (0922)	1,13	750	250	75	Metalloxidschichtwiderstände nach DIN 44063				
LC (0933)	1,31	750	250	65	CV (0411)	0,66	350	400	160[4])
Kohleschichtwiderstände nach DIN 44052					NV (0414)	0,66	350	400	160[4])
AC (0204)	0,14	150	210	400	DV (0617)	1,0	500	400	105[4])
CC (0207)	0,22	150	210	250	EV (0922)	2,5	500	400	70[4])
DC (0309)	0,26	150	210	210	FV (0933)	3,0	600	400	60[4])
EC (0411)	0,34	250	250	160	Metallglasurwiderstände nach DIN 44064				
FC (0414)	0,37	250	250	150	A*) (0207)	0,5	350	500	170
HC (0617)	0,45	350	250	120	B*) (0309)	0,65	350	750	130
KC (0922)	0,73	500	250	75	C*) (0617)	1,0	500	750	85
LC (0933)	0,85	750	250	65					
Kohleschichtwiderstände nach DIN 44055									
CC (0207)	0,22	150	210	250					
DC (0309)	0,26	150	210	210					
EC (0411)	0,34	250	250	160					
HC (0617)	0,45	350	250	120					
Kohlegemischschichtwiderstände nach DIN 44054									
AC (0207)	0,27	250	500	205					
BC (0309)	0,32	250	750	170					
CC (0411)	0,45	350	750	120					
DC (0615)	1,0	500	1000	85					

*) 2. Kennbuchstabe zur Kennzeichnung des Temperatur-koeffizienten.
[1]) Bei 70 °C und einer Temperatur an der wärmsten Stelle der Oberfläche $\vartheta_0 = 155$ °C (für DIN 44051; 44054 Baugröße DC; 44061; 44064) bzw. $\vartheta_0 = 125$ °C (für DIN 44052; 44055; 44054 Baugröße AC, BC) bzw. $\vartheta_0 = 175$ °C (für DIN 44063 Baugröße CV, NV, DV) bzw. $\vartheta_0 = 220$ °C (für DIN 44063 Baugröße EV, FV).
[2]) Gleichspannung oder effektive Wechselspannung.
[3]) Gleichspannung oder Scheitelwert der Wechselspannung, Prüfspannung 1 min.
[4]) Gilt für $\vartheta_0 = 175$ °C. Bei $\vartheta_0 = 220$ °C gilt für Baugröße EV 65 K/W und für Bau-größe FV 50 K/W.

6.2. Drehwiderstände

Schichtdrehwiderstände nach DIN 41 450 (2.77)

Schichtdrehwiderstände ermöglichen durch die kreisförmige Bewegung eines Schleiferkontaktes eine **stetige Widerstandswertveränderung**. Der Widerstandswerkstoff überdeckt als leitende Schicht ein nichtleitendes Trägermaterial (z. B. Schichtpreßstoff).

Eine einfache Bauart ist der **Trimmwiderstand**.

Beim **Mehrfach-Drehwiderstand** können mehrere Drehwiderstände gemeinsam durch eine Welle oder auch einzeln durch konzentrische Wellen betätigt werden.

Die Schichtdrehwiderstände haben folgende **Anwendungsklassen** nach DIN 40 040 (2.73): JSG, HSF, JSD.

Die Lötanschlüsse der Drehwiderstände sind folgendermaßen bezeichnet:
A Anfangsanschluß   S Schleiferanschluß
E Endanschluß   ⏚ Erdungsanschluß

Anordnung der Lötanschlüsse von der Bedienungsseite aus gesehen:

Schichtdrehwiderstand   Schichtdrehwiderstand
für Drahtanschluß   für gedruckte Schaltung

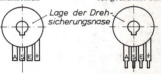

Drehwiderstand zur Leiterplattenbefestigung, Welle parallel zur Leiterplatte:

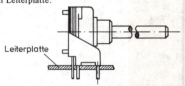

Drehwiderstände können mit einem Drehschalter (d), Schiebeschalter (s), Druckfolgeschalter (f) bzw. Druckrastenschalter (r) zusammengebaut werden. Die Schalter können einpolig (1/1) oder zweipolig (1/2) gebaut werden.

Die Drehwiderstände haben **Nennwiderstandswerte** entsprechend der Reihe E 3 nach DIN 41 426 (siehe Seite 6-3).

Widerstandskurvenformen

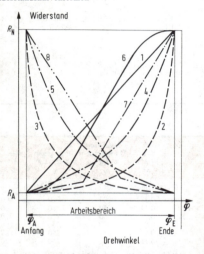

Obige Widerstandskurven geben die Veränderung des Widerstandswertes R in Abhängigkeit vom Wellendrehwinkel φ an.

Nummer	Kurvenform	
1	linear	lin
2	steigend exponentiell	+ e
3	fallend exponentiell	− e
4	gehoben steigend exponentiell	+ lg
5	gehoben fallend exponentiell	− lg
6	S-förmig	S
7	ansteigend mit zwei linearen Teilstrecken	
8	fallend mit zwei linearen Teilstrecken	

Weitere Kurvenformen (11, 12, 13, 41, 51, 61, 91, 92, 93) siehe DIN 41 450.

Schichtdrehwiderstände mit Widerstandsträger aus Schichtpreßstoff

Größe			16	20	25
Belastbarkeit in W	Kurven	1, 11, 12, 13	0,1	0,2	0,3
		2 bis 93	0,05	0,1	0,15
Nennwiderstandsbereiche	Kurven	1, 11, 12, 13	100 Ω bis 4,7 MΩ		
		2, 3, 4, 5, 6, 91, 92, 93	1 kΩ bis 4,7 MΩ		
		41, 51	10 kΩ bis 4,7 MΩ		
Grenzspannung in V	Kurven	1, 11, 12, 13	200	300	400
		2 bis 93	150	200	250

Trimmwiderstände mit keramischen Widerstandsträgern

Größe		10	16
Belastbarkeit in W	Kurve 1	0,5	1
	Kurven 7, 8	0,25	0,5
Nennwiderstandsber.	Kurve 1	100 Ω – 1 MΩ	100 Ω – 2,2 MΩ
	Kurve 7, 8	1 kΩ – 0,47 MΩ	1 kΩ – 1 MΩ
Grenzspannung in V	Kurve 1	150	300
	Kurven 7, 8	100	200

Temperaturbeiwert in K^{-1} (Maximalwerte)
Schichtpreßstoffträger: $-2 \cdot 10^{-3}$ bis $+ 10^{-3}$
Keramikträger: -10^{-3} bis $+ 10^{-3}$

6.3. Widerstands-Nomogramm

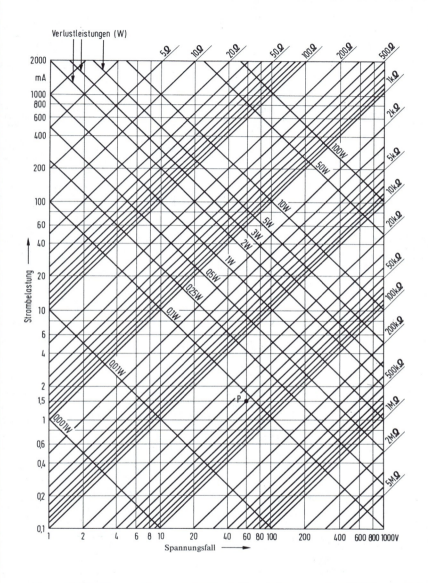

Beispiel: Widerstand an 60 V nimmt 1,5 mA auf. Wie groß sind Widerstandswert und Leistung? Lösung: Waagerechte Linie für $I = 1,5$ mA und senkrechte Linie für $U = 60$ V schneiden sich im Punkt P. Widerstandswert $R = 40$ kΩ ist durch die nach rechts oben ansteigende Widerstandsgerade gegeben, Leistung $P \approx 0,1$ W durch die nach rechts fallende Verlustleistungsgerade.

6.4. Heißleiter

Heißleiter – auch als Thernewide, Newide, Thermistoren und NTC-Widerstände bezeichnet – sind elektrische Widerstände mit stark negativen Temperaturbeiwerten α_T, die bei Zimmertemperatur $-2{,}5$ bis $-5{,}5\%$ je K betragen.

$$R_1 = R_2 \cdot e^{B\left(\frac{1}{T_1} - \frac{1}{T_2}\right)}$$

$$R_1 = R_2 \cdot e^{\alpha_R \cdot \Delta T \cdot \frac{T_2}{T_1}}$$

$$\alpha_R = \frac{-B}{T^2}$$

R_1 Heißleiterwiderstand bei der Temperatur T_1 in K
R_2 Heißleiterwiderstand bei der Bezugstemp. T_2 in K
e nat. Zahl = 2,718
B Materialkonstante in K
α_R Temperaturkoeffizient in 1/K

Beispiel: Heißleiter Typ A 34–2/30
Dieser Heißleiter hat bei 20 °C einen Widerstand $R_{20} = 5000\,\Omega$ und einen B-Wert von 3440 K.
Gesucht: Widerstand bei 100 °C
Lösung:

$$R_1 = R_2 \cdot e^{B\left(\frac{1}{T_1} - \frac{1}{T_2}\right)}$$

$$R_1 = 5000\,\Omega \cdot e^{3440\left(\frac{1}{373} - \frac{1}{293}\right)}$$

$$R_1 = 5000 \cdot 2{,}718^{-2{,}55}\,\Omega = 5000 \cdot \frac{1}{12{,}8}\,\Omega = \mathbf{390\,\Omega}$$

Die B-Werte der Heißleiter lassen sich aus der Messung der Widerstandswerte R_1 (bei der Temperatur T_1) und R_2 (bei der Temperatur T_2) bestimmen:

$$B = 2{,}3 \cdot \frac{\lg R_1 - \lg R_2}{\frac{1}{T_1} - \frac{1}{T_2}}$$

R_1; R_2 Widerstandswerte in Ω
T_1; T_2 Temperaturen in K

Beispiel: $R_1 = 2{,}5\,\text{k}\Omega$; $t_1 = 25\,°C$;
$R_2 = 325\,\Omega$; $t_2 = 85\,°C$
Gesucht: B in K
Lösung:

$$B = 2{,}3 \cdot \frac{\lg R_1 - \lg R_2}{\frac{1}{T_1} - \frac{1}{T_2}} = 2{,}3 \cdot \frac{\lg 2500 - \lg 325}{\frac{1}{298\,K} - \frac{1}{358\,K}}$$

$$B = 2{,}3 \cdot \frac{3{,}3979 - 2{,}5118}{(3{,}356 - 2{,}793) \cdot 10^{-3}}\,K = \mathbf{3620\,K}$$

Soll bei der Anwendung des Heißleiters **für dessen Widerstandswert die Umgebungstemperatur maßgebend** sein, so darf keine wesentliche Eigenerwärmung (Stromwärme) auftreten. Wird eine durch Eigenerwärmung erzeugte Übertemperatur von ΔT über Umgebungstemperatur zugelassen, so müssen folgende Grenzwerte eingehalten werden:

$$I = \sqrt{\frac{G_{th} \cdot \Delta T}{R_{HL}}}$$

$$U = \sqrt{G_{th} \cdot R_{HL} \cdot \Delta T}$$

I Strom in A
U Spannung in V
G_{th} Wärmeleitwert in W/K bzw. mW/°C
R_{HL} Heißleiterwiderstand in Ω
ΔT Differenz zwischen Heißleiter- und Umgebungstemp. in K

Bei geringer elektrischer Belastung hängt also der Heißleiterwiderstand R_{HL} von der Umgebungstemperatur $t_U = t_{HL}$ ab.

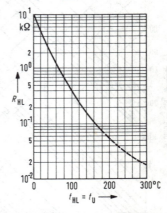

Bei erhöhter elektrischer Leistung erwärmt sich der Heißleiter durch die Stromwärme:

Stationäre Stromspannungskennlinie

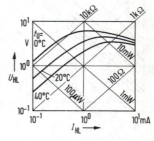

Die **thermische Abkühlzeitkonstante** τ_{th} ist die Zeit, in der sich die Temperatur eines Heißleiters bei Nullast um 63,2 % der Gesamtdifferenz zwischen Anfangs- und Endtemperatur ändert.

Die **Parallelschaltung** vom eigenen Strom erwärmter Heißleiter ist ohne weiteres nicht möglich.

6.4. Heißleiter

Genormte Heißleiter

Bauart	direkt geheizt, Scheibenform, Größe 0505	direkt geheizt, Heißleiterperle, Größe 0206	direkt geheizt, Scheibenform, Größe 0303
DIN	44071 (12.76)	44072 (12.76)	44073 (8.78)
Anwendungsklassen nach DIN 40040	FKF, HKF, HHH	FEE	HKF
Nennwiderstandswerte R_N bei 25 °C = R_{25}	von 10 Ω bis 100 kΩ Reihe E 6	von 1 kΩ bis 1 MΩ Reihe E 6	von 100 Ω bis 100 kΩ Reihe E 6
Zulässige Abweichung des Widerstandswertes	± 10% ± 20%	± 10% ± 20%	± 10% ± 20%
Zulässige Änderung des Widerstandswertes R_{25} für 10000 h bei Temperatur	ϑ_{max} $\vartheta \leq 100\,°C$ ± 15% $\vartheta \leq 85\,°C$ ± 10% $\vartheta \leq 60\,°C$ ± 5%	± 5% ± 3%	± 15% ± 10% ± 5%
Belastbarkeit P in W bei 25 °C	0,6	0,1	0,2
Wärmeleitwert G_{th} in mW/K bei 25 °C	≥ 0,6	> 0,55	≥ 2
Thermische Abkühlzeitkonstante τ_{th} in s	(20 ± 5)	7 (Richtwert)	(15 ± 5)

Mittlere B-Werte und Widerstandswert-Temperatur-Charakteristik

R_{25} in Ω	Mittl. B-Wert K	R_{85}/R_{25} (mittel)	R_{25} in kΩ	Mittl. B-Wert K	R_{85}/R_{25} (mittel)
\multicolumn{6}{c}{Scheibenform, direkt geheizt, nach DIN 44071}
10	2670	0,22	1	3700	0,13
15	2760	0,21	1,5	3790	0,12
22	2850	0,20	2,2	3870	0,11
33	2940	0,19	3,3	3960	0,11
47	3010	0,18	4,7	4040	0,10
68	3100	0,18	6,8	4120	0,10
100	3180	0,17	10	4210	0,09
150	3270	0,16	15	4250	0,09
220	3360	0,15	22	4290	0,09
330	3450	0,14	33	4330	0,09
470	3530	0,14	47	4360	0,09
680	3610	0,13	68	4400	0,08
			100	4440	0,08
\multicolumn{6}{c}{Heißleiterperle, direkt geheizt, nach DIN 44072}
1000	2610	0,23	47	3855	0,11
1500	2805	0,21	68	4005	0,11
2200	2970	0,19	100	4060	0,10
3300	3040	0,18	150	4130	0,10
4700	3550	0,14	220	4230	0,09
6800	3600	0,13	330	4290	0,09
10000	3665	0,13	470	4350	0,09
15000	3625	0,13	680	4400	0,08
22000	3730	0,12	1000	4250	0,09
33000	3830				
\multicolumn{6}{c}{Scheibenform, direkt geheizt, nach DIN 44073}
100	2800	0,21	4,7	3900	0,11
150	3000	0,19	6,8	4000	0,105
220	3000	0,19	10	4000	0,105
330	3150	0,17	15	4100	0,10
470	3150	0,17	22	4100	0,10
680	3300	0,16	33	4150	0,097
1000	3300	0,16	47	4150	0,097
1500	3400	0,15	68	4300	0,09
2200	3400	0,15	100	4300	0,09
3300	3900	0,11			

Bauformen

Heißleiter nach DIN 44071

Form A   Form B

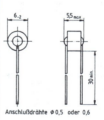

Anschlußdrähte ⌀ 0,5 oder 0,6   Übrige Maße wie Form A

Heißleiter nach DIN 44072

Anschlußdrähte ⌀ 0,2; 0,25 oder 0,3

Heißleiter nach DIN 44073

Form A   Form B

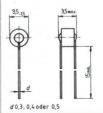 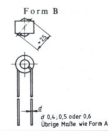

d 0,3; 0,4 oder 0,5 d 0,4; 0,5 oder 0,6   Übrige Maße wie Form A

6.5. Kaltleiter

Kaltleiter (PTC-Widerstände) nach DIN 44080 (10.83)

Widerstandswert-Temperatur-Charakteristik

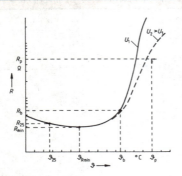

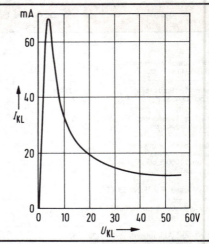

Bei der Temperatur 25 °C (ϑ_N) beträgt der Widerstandswert R_{25} (R_N = Nennwiderstandswert, wenn nicht anders angegeben). Bei der Temperatur $\vartheta_{R\,min}$ erreicht der Kaltleiter seinen kleinsten Nullast-Widerstandswert R_{min}. Bei der Bezugstemperatur $\vartheta_b > \vartheta_{R\,min}$ setzt der annähernd sprungförmige Widerstandswertanstieg ein, dabei liegt der Bezugswiderstandswert R_b vor.

Mit dem Anstieg der Temperatur auf ϑ_p erreicht – bei höchster zugelassener Spannung – im steilen Kennlinienteil der Nullast-Widerstand den Wert R_p (garantierter Mindestwert).

Der Temperaturkoeffizient des Kaltleiters, der in %/K angegeben wird, läßt sich nach der folgenden Formel berechnen:

$$\alpha_R \approx 230 \cdot \lg\left(\frac{R_p}{R_b}\right) \cdot \frac{1}{\vartheta_p - \vartheta_b}$$

Bei 25 °C und in ruhender Luft darf am Kaltleiter im stationären, hochohmigen Zustand dauernd die maximale Betriebsspannung U_{max} (Gleichspannung) liegen. Falls notwendig, ist beim Einschalten der Einschaltstrom durch einen Vorwiderstand zu begrenzen.

Anwendungsmöglichkeiten

1. Der Kaltleiter wird an eine Spannung ≤ 1,5 V gelegt und hat jeweils die Temperatur seiner Umgebung. Hierzu gehört die Verwendung für Temperaturmeß- und -regelaufgaben.
2. Der Kaltleiter wird an höhere Spannungen gelegt und heizt sich elektrisch auf. Unter diesen Bedingungen benutzt man zur Beschreibung des elektrischen Zustands die **stationäre Stromspannungskennlinie** (siehe Bild rechts oben).

Im Bereich der Eigenerwärmung kann der Kaltleiter als Zeitglied, Überlastungsschutz oder Stromstabilisator eingesetzt werden.

Die **Reihenschaltung** vom eigenen Strom erwärmter Kaltleiter ist nicht möglich.

Kaltleiter für thermischen Maschinenschutz nach DIN 44081 (6.80)

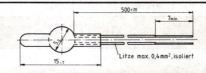

Anwendungsklasse nach DIN 40040 (2.73)	HFF
Maximale Betriebsspannung U_{max}	30 V –
Widerstands-Temperatur-Charakteristik, Grenzwerte bei Nullast (bei $\vartheta < -20$ °C kann $R \geq 250\,\Omega$ sein)	bei $\vartheta_{NAT} - 5\,K: R \leq 550\,\Omega$[1] bei $\vartheta_{NAT} + 5\,K: R \geq 1330\,\Omega$[1] bei $\vartheta_{NAT} + 15\,K: R \geq 4000\,\Omega$[2] im Bereich von -20 °C bis $\vartheta_{NAT} - 20\,K: R \leq 250\,\Omega$[1]
Vorzugswerte für die Nennansprechtemperatur ϑ_{NAT}	90 bis 160 °C in Stufen von je 10 K
Thermische Ansprechzeit t_a	≤ 10 s

Kennzeichnung der Nennansprechtemperatur ϑ_{NAT}

ϑ_{NAT} °C	Farbcodierung	ϑ_{NAT} °C	Farbcodierung
60	weiß/grau	140	weiß/blau
70	weiß/braun	145	weiß/schwarz
80	weiß/weiß	150	schwarz/schwarz
90	grün/grün	155	blau/schwarz
100	rot/rot	160	blau/rot
110	braun/braun	170	weiß/grün
120	grau/grau	180	weiß/rot
130	blau/blau		

[1]) Dabei Meßgleichspannung $U \leq 2,5$ V
[2]) Dabei Meßgleichspannung $U \leq 7,5$ V

6.6. Spannungsabhängige Widerstände

6.6.1. VDR-Widerstände

Spannungsabhängige Widerstände, auch VDR-Widerstände oder Thyrit-Widerstände genannt, bestehen aus Siliciumkarbidkörnern (SiC), die mit einem Bindemittel zusammen gesintert werden. Sie zeigen einen rasch **abnehmenden Widerstandswert, wenn die angelegte Spannung erhöht** wird. Der rechnerische Zusammenhang zwischen Spannung und Strom als zugeschnittene Größengleichung lautet:

$$\frac{U}{V} = C \cdot \left(\frac{I}{A}\right)^\beta$$

U angelegte Spannung
C Formkonstante
I Strom
β Werkstoffkonstante

C kennzeichnet den Widerstand bei einer bestimmten Spannung, β den Anstieg der Spannung mit dem Strom.

Das elektrische Verhalten spannungsabhängiger Widerstände wird üblicherweise durch die **Stromspannungskennlinie** angegeben, die als Beispiel für den Wert $\beta = 0{,}19$ dargestellt ist.

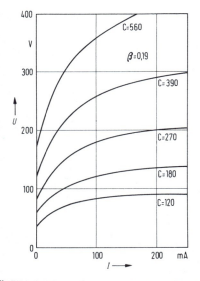

Übliche **Bauformen** spannungsabhängiger Widerstände sind Scheibenform (mit und ohne Mittelloch) oder Stabform. Die **Anwendung** erfolgt als Spannungsbegrenzer zur Verhinderung von Überspannungen (parallel zum gefährdeten Bauteil geschaltet), zur Spannungsstabilisierung sowie zur Funkenlöschung bei Kleinstmotoren.

Kenngrößen und -werte spannungsabhängiger Widerstände

Kenngröße		Kennwerte
Werkstoffkonstante	β	0,14 bis 0,40
Formkonstante	C	14 bis 1100
Maximale Spannung	U	6 bis 25 000 V
Maximaler Strom	I	0,09 bis 100 mA
Max. Verlustleistung	P_{tot}	0,8 bis 4 W

6.6.2. Metalloxid-Varistoren

Metalloxid-Varistoren sind im Aufbau einem kleinen Plattenkondensator vergleichbar, jedoch anstelle des Dielektrikums enthalten sie gesintertes Zinkoxid mit Beimengungen anderer Metalloxide. Sie zeichnen sich durch eine Z-Dioden-ähnliche Charakteristik (siehe Kennlinie) und sehr hohe Belastbarkeit aus. Ihr Widerstand von über 1 MΩ bricht bei Überspannung in weniger als 50 Nanosekunden im Extremfall auf weniger als 1 Ω zusammen. Diese hohe Spannungsabhängigkeit beruht auf dem veränderlichen Kontaktwiderstand zwischen den zusammengesinterten Zinkoxidkristallen.

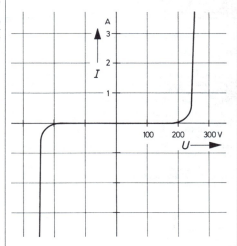

U/I-Kennlinie des Varistors S10K130

Typenbezeichnung der Metalloxid-Varistoren

Beispiel: **SIOV - S10K300**

Bedeutung:
- **SIOV** **SI**emens Metall-**O**xid **V**aristor
- **S** Scheibentypen
- **10** Nenndurchmesser in mm (5, 7, 10, 14, 20 mm)
- **K** Spannungstoleranz der Varistorspannung
  K $\hat{=} \pm 10\%$ S $\hat{=}$ Spezial
  J $\hat{=} \pm 5\%$
- **300** Höchstzulässige sinusförmige Betriebswechselspannung
  U_{eff} max. zul.
  U_{-} max. zul. $\approx \sqrt{2} \cdot U_{\text{eff max. zul.}}$

Typen
- SIOV-S Scheibenvaristoren
- SIOV-B Blockvaristoren mit Kunststoffgehäuse
- SIOV-C Blockvaristoren mit Metallgehäuse
- SIOV-K „Knopf"-Varistor (Fernmelde-Varistor)

6.6. Spannungsabhängige Widerstände

Kenngrößen und -werte von Metalloxid-Varistoren

	Scheibentyp	Blocktyp B	Blocktyp C
Betriebsspannung	16–2000 V	185–1000 V	110–2000 V
Stoßstrom	bis 6500 A	bis 25000 A	bis 40000 A
Energieabsorption	bis 500 Ws	bis 1700 Ws	bis 5000 Ws
Dauerbelastbarkeit	bis 1 W	bis 1,2 W	bis 1,4 W
Betriebstemperaturbereich		–40 bis +85 °C	
Temperaturkoeffizient der Ansprechspannung		$< -0{,}5 \cdot 10^{-3} \frac{1}{K}$	
Ansprechzeit		< 25 ns	
Spannungsfestigkeit		> 2,5 kV	

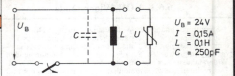

$U_B = 24\,V$
$I = 0{,}15\,A$
$L = 0{,}1\,H$
$C = 250\,pF$

Ein Varistor parallel zur Spule soll den Spannungsanstieg beim Abschalten begrenzen.

1. Nach den Werten für die höchstzulässige Gleichspannung muß mindestens Typ S10K20 genommen werden; denn
$20\,V \cdot \sqrt{2} = 28{,}28\,V$.

2. Der Varistor muß die Energie der Spule absorbieren.
$E = \frac{1}{2} L\,i^2 = \frac{1}{2} \cdot 0{,}1\,H \cdot 0{,}15^2\,A^2 \approx 1{,}2\,mWs$

Aus dem Kennlinienfeld S. 6-13 wird für den S10K20 bei 0,15 A ein Widerstand von
$R_{Var.} \approx \frac{50\,V}{0{,}15\,A} = 333\,\Omega$ ermittelt.

Damit wird die Zeitkonstante überschlagsmäßig
$\tau = \frac{L}{R} = \frac{0{,}1\,H}{333\,\Omega} = 0{,}3\,ms$ (τ nicht konstant!)

Der Varistor übernimmt also die Energie in angenähert 0,3 ms. Da er bei der Belastung mit einer Rechteckwelle von 2 ms bei 10^6 Stoßstrombelastungen 2,5 A maximal aufnehmen kann, ist der Varistor nicht überlastet.

Die zulässige Schalthäufigkeit ergibt sich zu:

$t = \frac{E}{P} = \frac{1{,}2\,mWs}{0{,}05\,W}$ E Energie, die der Varistor aufnehmen muß
$t = 24\,ms$ P Dauerbelastbarkeit (siehe Tabelle)
   t Zeit

3. Dem Kennlinienfeld S. 6-13 ist zu entnehmen, daß die Spannung am Varistor bei 0,15 A auf maximal 50 V ansteigt. Dadurch wird die Spule nicht gefährdet.

Die Auswahl des geeigneten Varistor-Typs

Die Auswahl erfolgt in drei Schritten:

1. Aufsuchen der Varistoren, die für die vorgesehene **Betriebsspannung** geeignet sind. Bei Anwendung als Spannungsbegrenzer wird der Varistor so gewählt, daß seine höchstzulässige Betriebsgleichspannung gleich dem vorgesehenen Spannungsbegrenzungspegel ist.

2. Unter Berücksichtigung der Werte für die höchstzulässige **Dauerbelastung**, die höchstzulässige **Energieabsorption** und dem höchstzulässigen **Spitzenstrom** (die beiden letztgenannten Werte unter Abschätzung der zu erwartenden Häufigkeit und Dauer des Impulses) wird der geeignetste Varistor ermittelt.

3. Der höchstmögliche Spannungsanstieg im Überspannungsfall am ausgewählten Varistor wird ermittelt und mit der Spannungsfestigkeit des zu schützenden Bauteils verglichen.

Berechnungsbeispiel: Abschalten einer Induktivität

Beim Abschalten lädt die Energie der Induktivität den parallel zur Spule liegenden Kondensator (Eigenkapazität der Spule).

$\frac{1}{2} L\,i^2 = \frac{1}{2} C\,u^2 \rightarrow u_{max} = i \cdot \sqrt{\frac{L}{C}}$

$u_{max} = 0{,}15\,A \cdot \sqrt{\frac{0{,}1\,H}{250\,pF}} = 3000\,V$

Varistor-Scheibentypen (Auswahl)

Typ	max. Betriebsspannung V U_{eff}	V $U–$	max. Dauerbelastbarkeit W	max. Energieabsorption bei Rechteckwelle 2 ms Ws Anzahl der Absorptionen				max. Stoßstrom bei Rechteckwelle 2 ms A Anzahl der Stoßbelastgn.				Varistorspannung V
				1	10^2	10^4	10^6	1	10^2	10^4	10^6	
S10K14	14	18	0,05	2,1	0,4	0,29	0,22	20	5	3,4	2,5	22
S10K17	17	22	0,05	2,6	0,5	0,35	0,28	20	5	3,4	2,5	27
S10K20	20	26	0,05	3,2	0,7	0,41	0,33	20	5	3,4	2,5	33
S14K25	25	31	0,1	7,2	1,92	0,91	0,35	40	12	4,8	2,5	39
S14K30	30	38	0,1	8,8	2,35	1,11	0,45	40	12	4,8	2,5	47
S14K50	50	65	0,6	15	3,4	1,8	1,2	55	13	7,5	5	82
S20K95	95	125	1	52	12	5	2	100	25	11	4,5	150
S20K140	140	180	1	70	17	7	2,9	100	25	11	4,5	220
S20K175	175	225	1	90	21	8,6	3,4	100	25	11	4,5	270
S20K250	250	320	1	130	32	13,2	5,2	100	25	11	4,5	390
S20K385	385	505	1	140	45	18	9	70	25	10	4,8	620

6.6. Spannungsabhängige Widerstände

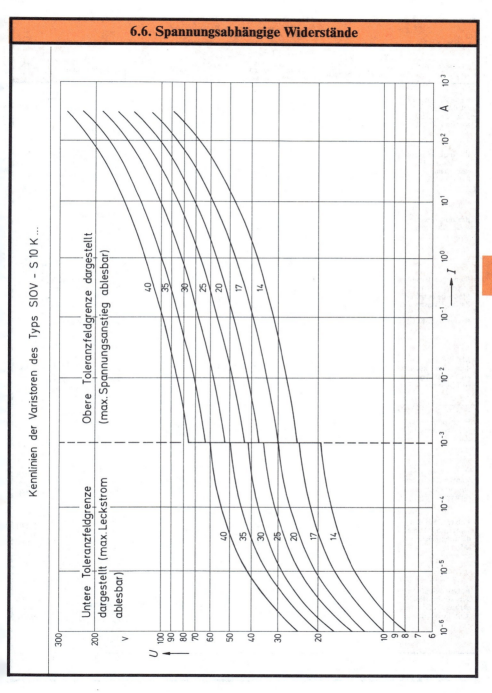

6.7. Kondensatoren

Kondensatorart	Kurzbezeichnung	Kapazitätsbereich	Kapazitätstoleranz in %	Temperaturbereich in °C	Temperaturbeiwert in 1/°C	U_N in V	$\tan \delta$ ≈	Anwendung und Eigenschaften	DIN
Keramik-Kondensatoren mit Dielektrikum aus Keramik Typ 1	P 100 NP 0 N 033 bis N 5600[1])	0,5 pF bis 390 pF	± 5 ± 10 ± 20	− 25 bis + 85	− 5600 bis $+ 100 \cdot 10^{-6}$	30 bis 1000	$1 \cdot 10^{-3}$	Schwingkreis- und Filterkondensatoren. Koppel- und Entkoppelkondensatoren. Kleine Verluste.	41920 (2.65)
Keramik-Kondensatoren mit Dielektrikum aus Keramik Typ 2	D 700 bis D10000[2])	190 pF bis 15000 pF	+ 20 − 20 bis + 50 − 20 bis + 80	− 25 bis + 85	Temperaturabhängigkeit der Kapazität nicht linear	30 bis 1000	$35 \cdot 10^{-3}$	Elektrische Eigenschaften schlechter als bei Typ 1. Geringer Platzbedarf.	
Keramik-Sperrschicht-Kondensatoren		4700 pF bis 1 μF	− 25 bis + 50	− 55 bis + 85		bis 32	$10 \cdot 10^{-3}$	Entkoppelkondensatoren in NF- und Mittelfrequenz-Kreisen. Elektrische Eigenschaften wie bei Keramik-Kondensatoren Typ 2.	
Papierkondensatoren (auch mit Mischdielektrikum Papier/Kunststoff-Folie) Beläge: Alu-Folie	P	100 pF bis 1 μF	± 5 ± 10 ± 20	− 55 bis + 125	$± 500 \cdot 10^{-6}$ (Richtwert)	1250 − 600 ∼	$10 \cdot 10^{-3}$	In der Leistungselektronik der Meß-, Regel- und Steuertechnik. Gute Impulsbelastbarkeit und Belastung mit Wechselspannung.	41140 (9.70)
Metallpapierkondensatoren mit aufgedampften Alu-Belägen	MP	0,1 μF bis 100 μF	± 10 ± 20	− 55 bis + 85	$± 500 \cdot 10^{-6}$ (Richtwert)	bis 6300	$6 \cdot 10^{-3}$	In der Leistungselektronik als Motorkondensatoren zur Drehfelderzeugung, zur Blindstromkompensation und zur Entstörung.	41180 (2.64)
Hochspannungs-MP-Kondensatoren	HO	0,1 μF bis 40 μF	± 20	− 40 bis + 70	$+ 600 \cdot 10^{-6}$	bis 200000	$5 \cdot 10^{-3}$	Belastung mit Wechselspannung möglich. Betriebssicher, da selbstheilend.	
Polyesterkondensatoren (Polyesterfolie mit Alu-Belägen)	KT	47 pF bis 20 μF	± 20	− 40 bis + 100	$+ 500 \cdot 10^{-6}$	1000 − 300 ∼	$6 \cdot 10^{-3}$	In der Elektronik sowie HF-Technik. Koppel- und Entkoppelkondensatoren, Schwingkreise, Filter, Zeitglieder.	41380 Teil 1 (2.78)
Polyesterkondensatoren mit aufgedampften Belägen (M)	MKT	0,1 μF bis 100 μF	± 20	− 40 bis + 100	$+ 500 \cdot 10^{-6}$	160 − 63 ∼		Geringe Verluste, gute Impulsbelastbarkeit, hohe Temperaturbeständigkeit.	44110 Teil 1 (12.77)
Polycarbonatkondensatoren (Polycarbonatfolie mit Alufolie als Belag)	KC	100 pF bis 10 μF	± 10 ± 20	− 55 bis + 125	$+ 100 \cdot 10^{-6}$	1000 −	$4 \cdot 10^{-3}$	Anwendung wie KT- und MKT-Kondensatoren, aber kleinere Verlustfaktoren und bessere Temperaturbeständigkeit; sie können die weniger temperaturbeständigen Styroflex-Kondensatoren ersetzen.	41380 Teil 2 (2.78)

[1]) Die Zahlen bezeichnen den Temperaturbeiwert (P = positiv, N = negativ).
[2]) Die Zahlen bezeichnen die Dielektrizitätskonstante ε.

6.7. Kondensatoren

Kondensatorart	Kurzbezeichnung	Kapazitätsbereich	Kapazitätstoleranz in %	Temperaturbereich in °C	Temperaturbeiwert in 1/°C	U_N in V	tan δ ≈	Anwendung und Eigenschaften	DIN
Polycarbonatkondensatoren mit metallisierter Polycarbonatfolie	MKC	100 pF bis 10 µF	± 10 ± 20	−55 bis +125	$+100 \cdot 10^{-6}$	50 bis 400	$3 \cdot 10^{-3}$	Besonders für RC-Glieder und Zeitkreise geeignet.	44110 Teil 2 (12.77)
Styroflexkondensatoren mit Polystyrolfolie	KS MKS	2 pF bis 10 µF	± 0,5 ± 1 ± 2,5	−55 bis +70	$-(120 \pm 60) \cdot 10^{-6}$	25 bis 650	$0,1 \cdot 10^{-3}$	In HF-Kreisen und Integratoren, da gute HF-Eigenschaften und geringe Verluste. Niedrige Grenztemperatur.	41380 Teil 3 (2.78)
Polypropylenkondensatoren mit Polypropylenfolie	KP	300 pF bis 0,1 µF	± 1 ± 2,5 ± 5	−55 bis +85	$-(180 \pm 80) \cdot 10^{-6}$	630	$0,3 \cdot 10^{-3}$	Wie Styroflexkondensatoren, aber mit einem erweiterten Temperaturbereich.	41380 Teil 4 (2.78)
Metallisierte Polypropylenkondensatoren	MKP	0,01 µF bis 30 µF	± 20	−55 bis +105	$-50 \cdot 10^{-6}$	100 bis 400	$1 \cdot 10^{-3}$	In der Leistungselektronik.	
Lackfolienkondensatoren mit Lackfilm auf Alufolie	MKU (MKL) (MKY)	1 nF bis 100 µF				25 bis 630		In der Industrie-Elektronik zur Siebung, für Filter, Koppelkondensatoren.	
Glimmerkondensatoren (Dielektrikum besteht aus Glimmerplättchen)		10 pF bis 1 µF	± 5	−55 bis +100	$+100 \cdot 10^{-6}$	20000	$2,5 \cdot 10^{-3}$	In Hochspannungskreisen, Sendeschwingkreise. Sehr hohe Spannungsfestigkeit, gute Temperaturbeständigkeit und Kapazitätskonstanz. Geringe Verluste, hoher Preis.	
Aluminium-Elektrolyt-Kondensatoren (Dielektrikum ist Aluminiumoxid)		0,1 µF bis 50000 µF	± 20	−55 bis +85	$\pm 3,5 \cdot 10^{-3}$	6 – bis 450 –	0,1 bis 2	Sieb- und Glättungskondensatoren, in Zeitschaltungen, als Koppelkondensatoren in der NF-Technik. Große Kapazitäten und Verluste.	41316 Teil 1 Teil 2 (5.76)
Tantal-Elektrolyt-Kondensatoren (Dielektrikum ist Tantaloxid)		0,1 µF bis 2500 µF	± 10 ± 20	−55 bis +125	$+1 \cdot 10^{-3}$	6 – bis 600 –	0,02 bis 0,1	Wie Alu-Elkos, jedoch bessere elektrische Eigenschaften, größere Temperaturbeständigkeit. Polare und unipolare Ausführung.	44358 (12.77)
Double Layer Nass-Kondensatoren (Gold Capacitor)		0,1 F bis 3,3 F	−20 bis +80	−25 bis +70		1,8 5,5		Als Speicherschutz für IC-Speicher (Mikro-Computer).	

Kapazitäten für Kondensatoren bis 1000 V nach DIN 41311 (3.71)

Für Kondensatoren bis 1 µF entsprechen die Kapazitäten den Reihen E 6 und E 12, in Ausnahmen auch E 24 (s. S. 6-3).

Nenngleichspannungen für Kondensatoren nach DIN 41312 (6.67)

Für alle Kondensatorarten entsprechen die Nenngleichspannungen den Werten der Reihe R 5, in Ausnahmen auch R 10 (s. S. 6-3).

6.7. Kondensatoren

Kennzeichnung der Anschlüsse für Kondensatoren bis 1000 V nach DIN 41 313 (8.76)

Kondensatorart	Anschluß, Gehäuseart, Bauform	Kennzeichnung bei Kondensatoren mit einer Kapazität	Kennzeichnung bei Kondensatoren mit mehreren Kapazitäten
Papier-, Metallpapier und Kunststofffolien-Kondensatoren	Zylindrische oder quaderförmige Gehäuse mit axialen Draht- oder Lötfahnenanschlüssen	Der Außenbelag (Schirmbelag) ist durch einen Strich am Umfang gekennzeichnet; bei KS-Kondensatoren auch als Farbring, der zugleich die Nennspannung kennzeichnet.[1]	Der Anschluß des Außenbelags (Schirmbelag) ist durch einen Strich gekennzeichnet, der den Teil des Umfangs bedeckt, an dem der betreffende Anschluß herausgeführt ist.
	Zylindrische oder quaderförmige Gehäuse mit einseitigen Draht- oder Lötfahnenanschlüssen	Kennzeichnung des Außenbelags (Schirmbelag) durch einen Strich auf dem Umfang	
	Zylindrische oder quaderförmige Gehäuse	Außenbelag (Schirmbelag) ist durch das Zeichen auf Gehäuse oder Deckel gekennzeichnet.	
Glimmer-Kondensatoren	alle Bauformen	Der Anschluß des Außenbelags (Schirmbelag) ist durch das Zeichen gekennzeichnet.	
Keramik-Kondensatoren	Rohrkondensatoren mit axialen oder radialen Drahtanschlüssen	Der Anschluß des Innenbelags ist durch das dem Temperaturbeiwert-Typ zugeordnete Farbzeichen gekennzeichnet. Typ I A besitzt zusätzlich einen weißen Punkt am Außenbelaganschluß.	
Aluminium-Elektrolyt-Kondensatoren	Zylindrische oder quaderförmige Gehäuse mit einseitigen Anschlüssen	Der Pluspol ist durch Pluszeichen in Zuordnung zur Lage des Pluspols gekennzeichnet.	
	Zylindrische Gehäuse mit axialen Drahtanschlüssen	Der Minuspol ist durch einen Strich auf dem Umfang gekennzeichnet, der Pluspol durch Pluszeichen am Umfang.	Minuspol durch einen Strich auf dem Umfang gekennzeichnet. Pluspole durch Pluszeichen gekennzeichnet. Ladekapazität durch Kennzahl 1 oder Farbe rot gekennzeichnet.
	Unterschiedliche Bauformen mit anderen Anschlüssen (Schraubanschlüsse, Lötfahnen, u. a.)	Der Minuspol ist durch Minuszeichen gekennzeichnet, der Pluspol durch Pluszeichen, durch Kennzahl 1 oder durch Farbe rot gekennzeichnet.	Ladekapazität durch Kennzahl 1 oder Farbe rot gekennzeichnet. Teilkapazitäten durch Symbole (Buchstaben, Zahlen, Farbpunkte) oder andere Zeichen (Dreieck, Viereck, Kreis) gekennzeichnet.
Tantal-Elektrolyt-Kondensatoren	Kunststoffumhüllung mit einseitigen Drahtanschlüssen (Tropfenform)	Pluszeichen in Zuordnung zur Lage des Pluspoles. Längerer Anschlußdraht am Pluspol.	[1] Kennzeichnung der Nennspannung bei KS-Kondensatoren durch folgende Farbringe: blau – 25 V; gelb – 63 V; rot – 160 V; grün – 250 V; violett – 400 V; schwarz – 630 V; braun – 1000 V
	Zylindrisches oder quaderförmiges Gehäuse mit Aufschriften und axialen Drahtanschlüssen	Pluspol durch Pluszeichen gekennzeichnet. Minuspol durch einen Strich auf dem Umfang gekennzeichnet.	
	Zylindrisches oder quaderförmiges Gehäuse mit einseitigen Anschlüssen	Pluspol durch Pluszeichen gekennzeichnet oder durch die Formgebung des Gehäuses (z. B. Orientierungsnase) angegeben.	

6.7. Kondensatoren

Papier- und Papier/Kunststoffolien-Kondensatoren bis 1000 V nach DIN 41140 (9.70)

Anwendungsklassen nach DIN 40040 (1.72)		FKC/ KT	GPC/ KT	HSC/ KT	FMF/ LT	HPF/ LT	HUF/ LT	JUG/ MT
Nennkapazitätswerte bei 20 °C		siehe Seite 6-15 (DIN 41311)						
Vom Nennwert zulässige Abweichung bei Anlieferung	$C_N < 0{,}1$ µF	± 10%, ± 20%						
	$C_N \geq 0{,}1$ µF	± 5%, ± 10%						
Zul. Abweichung vom Anlieferungswert nach Lager- und Betriebszeit		von 5 Jahren ± 4%				von 3 Jahren ± 4%		± 5%
Zul. Änderung zwischen 0 und 60 °C bezogen auf den gemessenen Wert der Kapazität bei 20 °C		± 3% (Richtwert)						
Größtwerte des Verlustfaktors tan δ bei 20 °C	Meßfrequenz: 50 Hz	$8 \cdot 10^{-3}$						$10 \cdot 10^{-3}$
	1000 (800) Hz	$10 \cdot 10^{-3}$						$12 \cdot 10^{-3}$

Mindestwerte des Isolationswiderstandes						
Belag gegen Belag						
Selbstentlade-Zeitkonstante bei Anlieferung	Tränkstoff					
	chloriert	2000 s		2000 s		1000 s
	nicht chloriert	4000 s				
nach Lager- und Betriebszeit	chloriert	von 5 Jahren	250 s	von 3 Jahren	250 s	100 s
	nicht chloriert		500 s			
Isolationswiderstand bei Anlieferung	chloriert	alle Anw.-Kl. 6000 MΩ		6000 MΩ		3000 MΩ
	nicht chloriert	C_N 0,33 µF 12000 MΩ				
nach Lager- und Betriebszeit	chloriert	von 5 Jahren	750 MΩ	von 3 Jahren	750 MΩ	300 MΩ
	nicht chloriert		1500 MΩ			
Belag gegen Gehäuse Isolationswiderstand	bei Anlieferung	12000 MΩ		6000 MΩ		900 MΩ
	nach Lager- und Betriebszeit	von 5 Jahren 1000 MΩ		von 3 Jahren 750 MΩ		100 MΩ

Spannungsbelastbarkeit (Belag gegen Belag)						
Nennspannung U_N	100, 160, 250, 400, 630, 1000 V					
Dauergrenzspg. U_g	höchste Umgebungstemperatur					
	40 °C	60 °C	70 °C	85 °C	100 °C	125 °C
	$1 U_N$	$0{,}8 U_N$	$0{,}7 U_N$	$0{,}6 U_N$	$0{,}5 U_N$	$0{,}4 U_N$
überlagerte Wechselspg. (bzw. Wechselspg. allein)	Frequenz					
	≤ 100 Hz	1000 Hz	10000 Hz			
	≤ $0{,}2 U_g$	≤ $0{,}06 U_g$	$0{,}01 U_g$			

Faktoren zur Umrechnung des bei verschiedenen Temperaturen gemessenen Isolationswiderstandes auf den Wert bei 20 °C

Meßtemperatur °C	15	20	23	27	30	35
Faktor	0,71	1,00	1,23	1,62	2,00	2,83

Anwendungshinweis
Beim Löten eines Kondensators mit axialen Drahtanschlüssen: Mindestabstand Kolben-Kondensatorkörper 3 mm, Obergrenze der Lötdauer 2 Sekunden.

Gepolte Aluminium-Elektrolyt-Kondensatoren bis 450 V (Typ II A) nach DIN 41332 T.1 (4.71)

Bei Aluminium-Elektrolyt-Kondensatoren bestehen die Anoden aus Aluminium. Der Typ II A ist für allgemeine Anforderungen und besitzt **rauhe Anoden**, d. h. durch Aufrauhen vergrößerte Anodenoberflächen. Eingesetzt werden diese Elektrolyt-Kondensatoren vorzugsweise als Glättungs- und Kopplungskondensatoren sowie als Kondensatoren zum Ableiten von Nieder- und Hochfrequenzströmen.

Anwendungsklassen nach DIN 40040 (1.72)

GSF	GPF	HUF	HSF	HPF

Nennkapazitätswerte nach DIN 41311 (s. S. 6-15).

Die Kondensatoren sollten in trockenen Räumen bei Temperaturen von höchstens 40 °C gelagert werden. Mindestens ein Jahr wird spannungslos gelagert ohne Einbußen an der Zuverlässigkeit überstanden. Beim anschließenden sofortigen Anlegen der Kondensatoren an die Nennspannung können in den ersten Minuten bis zu einhundertmal größere Ströme fließen, als der für den Dauerbetrieb geltende Betriebsreststrom I_{rb}. Ein Richtwert für den Betriebsreststrom bei einer Temperatur von 20 °C errechnet sich aus der Beziehung:

$$I_{rb} = \frac{0{,}02\ \mu A}{\mu F \cdot V} \cdot C_N \cdot U_N + 3\ \mu A$$

Richtwerte für die Abhängigkeit des Betriebsreststromes von der Temperatur:

Temperatur °C	0	20	50	60	70	85
Faktor	0,5	1	4	5	6	10

Richtwerte für die Abhängigkeit des Betriebsreststromes von der Betriebsspannung:

Betr.-Spannung (% v. U_N)	20	40	60	80	90	100
Betr.-Reststrom (% v. I_{rb})	8	10	15	30	50	100

Durch geringe Betriebsspannungen wird die Zuverlässigkeit der Kondensatoren verbessert.

Als **Aufschrift** sollten die Kondensatoren die folgenden wichtigsten Angaben erhalten:
a) Nennkapazität in µF (statt „µF" auch „MFD")
b) Nennspannung in V−
c) Polungskennzeichen und Kennzeichnung der Ladekapazität bei Mehrfachkondensatoren (siehe Seite 6-16)
d) Herstellungsmonat und -jahr (auch in Kurzschreibweise siehe Seite 6-2)
e) Anwendungsklasse (siehe Seite 6-1)
f) Zulässige Abweichung bei eingeengter Toleranz.

6.7. Kondensatoren

Eigenschaften

Nennspannung U_N			3 V	6,3 V	10 V	16 V	25 V	35 V	50 V	63 V	100 V	160 V	250 V	350 V	450 V
Bei Anlieferung zulässige Abweichung vom Nennwert			normal: $+100\%$ / -10%						eingeengt: $+50\%$ / -10%				$+50\%$ / -10%		

Ausfallsatz in %/Zeitdauer bei 40 °C Umgebungstemperatur und Nennspannung	Durchmesser in mm	Für je 7 °C Temperaturerhöhung: gleicher Ausfall in halber Zeit. Betrieb unterhalb U_N: höhere Zeitdauer bei gleichem Ausfallsatz
	≤ 5	10%/10 000 h
	> 5 bis ≤ 13	5%/10 000 h | 3%/10 000 h
	> 13 bis ≤ 25	3%/10 000 h
	> 25	5%/10 000 h

Verlustfaktor tan δ (Größtwert)	bis 1000 µF	50 Hz	0,30	0,25	0,20	0,17	0,15	0,13	0,12	0,11	0,10	0,11	0,12	0,13	0,15
		100 Hz	0,45	0,37	0,30	0,25	0,22	0,20	0,18	0,16	0,15	0,16	0,18	0,20	0,22
	über 1000 µF	50 Hz	obenstehende Werte erhöhen sich um 0,01 je 1000 µF
		100 Hz	obenstehende Werte erhöhen sich um 0,02 je 1000 µF

Dauergrenzspannung U_g: $U_g = U_N$ (bei Temperaturen entsprechend der Anwendungsklasse). Falsch gepolt sind höchstens 2 V – ohne Einschränkung der Eigenschaften zulässig. Bei Falschpolung erreicht der Betriebsreststrom ca. 2- bis 3fache Werte gegenüber richtiger Polung.

Zulässige überlagerte Wechselspannung (Effektivwert): Summe aus Gleichspannung und Wechselspannung (Scheitelwert) darf Dauergrenzspannung nicht überschreiten. Überlagerte bzw. reine Wechselspannung darf keine umgekehrte Polarität über 2 V Scheitelwert erzeugen.

Spitzenspannung U_s		
$U_N ≤ 100$ V	1,15 · U_N	
$U_N > 100$ V	1,1 · U_N	

In einer Stunde darf die Spitzenspannung höchstens 5mal bis zu einer Minute Dauer auftreten.

Nennspannung U_N			3 V	6,3 V	10 V	16 V	25 V	35 V	50 V	63 V	100 V	160 V	250 V	350 V	450 V
Richtwerte für den zul. Effektivwert des überlagerten Wechselstromes (für eine Umgebungstemperatur bis 40 °C, nicht für Anwendungsklasse HUF) in mA	Kapazität	Frequ.													
	0,47 µF	50 Hz	—	—	—	—	—	—	—	3	4	—	10	—	—
		100 Hz								6	8		11		
	1 µF	50 Hz	—	—	—	—	—	2	—	8	8	14	—	—	—
		100 Hz						5		12	16	17			
	4,7 µF	50 Hz	—	—	—	10	—	13	—	30	40	40	—	—	—
		100 Hz				19		24		40	45	55			
	10 µF	50 Hz	6	11	—	20	—	25	45	50	60	80	—	—	—
		100 Hz	11	22		30		45	50	55	70	90			
	47 µF	50 Hz	—	60	70	100	110	120	130	150	210	250	300	320	360
		100 Hz		70	80	110	120	130	150	180	240	300	340	360	420
	100 µF	50 Hz	60	110	120	140	160	200	230	280	360	420	480	550	460
		100 Hz	100	130	150	170	190	220	260	340	400	500	600	650	550
	470 µF	50 Hz	250	320	400	500	600	700	850	950	1100	1400	1700	1800	1800
		100 Hz	300	360	460	600	700	800	1000	1100	1300	1500	1800	1900	1900
	1000 µF	50 Hz	460	600	650	850	1100	1200	1500	1700	2000	2300	—	—	—
		100 Hz	550	700	750	1000	1300	1400	1700	2000	2300	2500			
	4700 µF	50 Hz	1600	1900	2300	2700	3200	3700	4100	4800	5800	—	—	—	—
		100 Hz	1800	2100	2600	3100	3600	4000	4500	5400	6400				
	10 000 µF	50 Hz	2600	3000	3600	4200	4700	5300	6200	6800	—	—	—	—	—
		100 Hz	2900	3400	4000	4600	5200	5600	6700	7300					

Verringerung der Wechselstrombelastung bei Temperaturen über 40 °C und maximale Gehäuseoberflächentemperaturen bei Belastung mit nicht eindeutig definierten Strömen und Frequenzen:

Umgebungstemperatur	Anwendungsklassen GPF und HPF vom Tabellenwert zul. Prozentsatz	Oberflächentemperatur	Anwendungsklassen GSF und HSF vom Tabellenwert zul. Prozentsatz	Oberflächentemperatur
40 °C	100%	55 °C	100%	55 °C
50 °C	90%	62 °C	90%	62 °C
60 °C	80%	70 °C	60%	65 °C
70 °C	60%	75 °C	20%	71 °C
80 °C	40%	82 °C	—	—
85 °C	25%	86 °C	—	—

6.7. Kondensatoren

Kondensatorleistung bei Kompensation

Blindleistung: $Q = (\tan \varphi_1 - \tan \varphi_2) \cdot P$

Vor der Kompensation: $\cos \varphi_1$	$\dfrac{Q}{P} = \tan \varphi_1$	Faktor $(\tan \varphi_1 - \tan \varphi_2)$ für angestrebten Leistungsfaktor $\cos \varphi_2$ von:				
		0,80	0,85	0,90	0,95	1,00
0,40	2,29	1,54	1,67	1,81	1,96	2,29
0,41	2,23	1,47	1,61	1,74	1,90	2,23
0,42	2,16	1,41	1,54	1,68	1,83	2,16
0,43	2,10	1,35	1,48	1,61	1,77	2,10
0,44	2,04	1,29	1,42	1,56	1,71	2,04
0,45	1,99	1,24	1,37	1,51	1,66	1,99
0,46	1,93	1,18	1,31	1,45	1,60	1,93
0,47	1,88	1,13	1,26	1,40	1,55	1,88
0,48	1,83	1,08	1,21	1,34	1,50	1,83
0,49	1,78	1,02	1,16	1,29	1,45	1,78
0,50	1,73	0,98	1,11	1,25	1,40	1,73
0,51	1,69	0,94	1,06	1,20	1,36	1,69
0,52	1,64	0,89	1,03	1,16	1,31	1,64
0,53	1,60	0,85	0,98	1,12	1,27	1,60
0,54	1,56	0,81	0,94	1,08	1,23	1,56
0,55	1,52	0,77	0,90	1,03	1,19	1,52
0,56	1,48	0,73	0,86	1,00	1,15	1,48
0,57	1,44	0,69	0,82	0,96	1,11	1,44
0,58	1,41	0,66	0,78	0,92	1,08	1,41
0,59	1,37	0,62	0,75	0,89	1,04	1,37
0,60	1,33	0,58	0,71	0,85	1,01	1,33
0,61	1,30	0,55	0,68	0,82	0,97	1,30
0,62	1,27	0,52	0,65	0,78	0,94	1,27
0,63	1,23	0,48	0,61	0,75	0,90	1,23
0,64	1,20	0,45	0,58	0,72	0,87	1,20
0,65	1,17	0,42	0,55	0,69	0,84	1,17
0,66	1,14	0,39	0,52	0,66	0,81	1,14
0,67	1,11	0,36	0,49	0,62	0,78	1,11
0,68	1,08	0,33	0,46	0,59	0,75	1,08
0,69	1,05	0,30	0,43	0,57	0,72	1,05
0,70	1,02	0,27	0,40	0,54	0,69	1,02
0,71	0,99	0,24	0,37	0,51	0,66	0,99
0,72	0,96	0,21	0,34	0,48	0,64	0,96
0,73	0,94	0,19	0,32	0,45	0,61	0,94
0,74	0,91	0,16	0,29	0,43	0,58	0,91
0,75	0,88	0,13	0,26	0,40	0,55	0,88
0,76	0,86	0,11	0,23	0,37	0,53	0,86
0,77	0,83	0,08	0,21	0,35	0,50	0,83
0,78	0,80	0,05	0,18	0,32	0,47	0,80
0,79	0,78	0,03	0,16	0,29	0,45	0,78
0,80	0,75	—	0,13	0,27	0,42	0,75
0,81	0,72	—	0,10	0,24	0,39	0,72
0,82	0,70	—	0,08	0,22	0,37	0,70
0,83	0,67	—	0,05	0,19	0,34	0,67
0,84	0,65	—	0,02	0,16	0,32	0,65
0,85	0,62	—	—	0,13	0,29	0,62
0,86	0,59	—	—	0,11	0,26	0,59
0,87	0,57	—	—	0,08	0,24	0,57
0,88	0,54	—	—	0,06	0,21	0,54

Zentralkompensation

1. Beispiel: Vor der Kompensation Wirkleistung $P = 217\,\text{kW}$ bei $\cos \varphi_1 = 0{,}46$; angestrebt wird $\cos \varphi_2 = 0{,}85$. Gesucht: Kondensatorleistung
Lösung: Faktor nach Tabelle: 1,31
Kondensatorleistung $Q = 217 \cdot 1{,}31 = 284$ kvar.

2. Beispiel: Vor der Kompensation monatlicher Wirkverbrauch 68 000 kWh, Blindverbrauch 98 000 kvarh, monatliche Betriebsstundenzahl 410 h, angestrebter $\cos \varphi_2 = 0{,}90$.

Lösung:
$$\tan \varphi_1 = \frac{98\,000 \text{ kvarh}}{68\,000 \text{ kWh}} = 1{,}44; \text{ ergibt } \cos \varphi_1 = 0{,}57$$
durchschnittl.
Wirkleistung $P = \dfrac{68\,000 \text{ kWh}}{410 \text{ h}} = 166 \text{ kW}$
nach Tabelle zu $\cos \varphi_2 = 0{,}90$ ein Faktor 0,96
Kondensatorleistung $Q = 166 \cdot 0{,}96 = 159$ kvar.

Einzelkompensation

Regeln für überschlägige Bemessung der Kondensatoren

Für Transformatoren: Kondensatorleistung nur zur Kompensation des Magnetisierungsstromes 10% der Transformatorennennleistung in kVA.

Für Schweißtransformatoren, Punktschweißmaschinen und dgl.: Kondensatorleistung 50% der Transformatorenleistung in kVA; für Schweißtransformatoren Kondensatoren von 4 bis 6 kvar üblich.

Für Drehstrommotoren: Kondensatorleistung 35 bis 50% der Motornennleistung (siehe Tabelle unten).

Motornennleistung kW	Kondensatorleistung kvar	Motornennleistung kW	Kondensatorleistung kvar
1 ··· 1,2	0,6	12 ··· 16	6
1,2 ··· 1,6	0,7	16 ··· 20	7
1,6 ··· 2	0,9	20 ··· 25	9
2 ··· 3	1,2	25 ··· 30	10
3 ··· 4	1,6	30 ··· 40	12
4 ··· 5	2	40 ··· 50	16
5 ··· 7	2,5	50 ··· 60	20
7 ··· 9	3,5	60 ··· 80	25
9 ··· 12	4,5	80 ··· 100	35

Bei in Stern-Dreieck-Schaltung angelassenen Motoren werden die Kondensatoren erst in der Dreieckschaltung zugeschaltet. Auch die Kondensatoren werden im Dreieck verbunden, da bei Sternschaltung die dreifache Kapazität erforderlich ist. Eine zwangsläufige Entladung der Kondensatoren wird durch hochohmige (50 ··· 100 kΩ) Entladewiderstände erreicht.

Motor-Kondensatoren nach DIN 48501 (7.68)

Motor-Kondensatoren werden zum Anlassen und Betrieb von Einphasen-Induktionsmotoren sowie für den Einphasenbetrieb normaler Drehstrommotoren verwendet. **Anlaßkondensatoren** sind nach dem Hochlaufen des Motors abzuschalten. **Betriebskondensatoren** bleiben eingeschaltet, um die Leistung zu erhöhen und Leistungsfaktor und Wirkungsgrad zu verbessern.

Nennwechselspannungen in V

Betriebskondensator	125	220	240	260	280	320
	360	400	450	480	560	

Anlaßkondensator	160	210	240	280	320	330
	360	400				

Nennkapazitäten in µF (bevorzugte Toleranz ± 10%)

	0,1	0,2	0,25	0,3	0,4	0,5	0,6
Betriebskondensatoren	0,8	0,9	1	1,2	1,4	1,6	1,8
	2	2,5	3	3,5	4	4,5	5
	6	7	8	9	10	12	14
	16	18	20	25	30	35	40
	45	50	60	70	80	90	100
Anlaßkondensatoren	5	10	16	20	25	30	40
	50	60	80	100	125	160	200
	250	320	400	500			

6.7. Kondensatoren

Bevorzugte Betriebsarten

Kondensatorart	Betriebsart bei
Papier-Kondensator mit Chlor-Diphenyl gedrückt	Betriebskondensatoren: DB AB 25% ED, SD = 240 Minuten AB 25% ED, SD = 30 Minuten
Elektrolyt-Kondensatoren	Anlaßkondensatoren: AB 1,7% ED, SD = 3 Minuten AB 0,55% ED, SD = 3 Minuten
Papier- und Metallpapier-Kondensatoren mit Öl- oder Wachstränkung	Betriebskondensatoren: DB AB 25% ED, SD = 240 Minuten AB 20% ED, SD = 24 Stunden AB 5% ED, SD = 24 Stunden AB 25% ED, SD = 30 Minuten Anlaßkondensatoren: AB 1,7% ED, SD = 3 Minuten

Belastbarkeit der Motorkondensatoren nach VDE 0560 Teil 8 (5.67)

Bei **Dauerbetrieb (DB)** muß der Kondensator ohne Unterbrechung betrieben werden können.

Bei **Aussetzbetrieb (AB)** muß der Kondensator auch mit einer Spieldauer betrieben werden können, die unbeschränkt größer als die Nennspieldauer (SD) oder nicht kleiner als die halbe Nennspieldauer (SD) ist. Dabei darf bei Betriebskondensatoren der Nennwert der relativen Einschaltdauer (ED) und der Nennwert der absoluten Einschaltdauer bzw. bei Anlaßkondensatoren der Nennwert der relativen Einschaltdauer (ED) und der doppelte Nennwert der absoluten Einschaltdauer nicht überschritten werden.
(Absolute Einschaltdauer = ED · SD)

Überschlägige Bemessung der Kapazität der Betriebskondensatoren

Spannung bei f = 50 Hz	127 V	220 V	380 V
Kapazität je kW Motorleistung	200 µF	70 µF	20 µF

Beim Einphasenbetrieb von Drehstrommotoren mit Motorkondensator sinkt das Anzugsmoment auf ca. 25% des Nennmomentes; die Leistung geht bei Dauerbetrieb auf 80%, bei aussetzendem Betrieb auf 60% der Nennleistung bei Drehstrom zurück.

Kennzeichnung der Anschlüsse von Kondensatoren nach DIN 48505 (7.61)

Stromart	Ungepolte Kondensatoren	Gepolte Kondensatoren
Gleichstrom Stranganfang und Strangende Sternenden Mittelpunkt	A-B, C-D ... A, B, C ... Mp	+ und — bzw. A-B, C-D ... A, B, C ... Mp
Einphasenstrom	U-V	Unterteilt $U_a\text{-}X_a$, $U_b\text{-}X_b$, ... Anzapfungen durch Index-Zahlen angegeben
Zweiphasenstrom verkettet unverkettet	U, XY, V U-X, V-Y	
Dreiphasenstrom (Drehstrom) verkettet unverkettet Mittel- bzw. Sternpunkt	U, V, W U-X, V-Y, W-Z Mp	

6.8. Kleintransformatoren

Berechnung eines Netztransformators

Bei der Berechnung eines Netztransformators wird zunächst aus den Daten der anzuschließenden Verbraucher die Summe der vom Transformator zu liefernden Leistungen ermittelt. Speist dabei eine Wicklung eine Gleichrichterschaltung, so müssen allerdings die **Transformatorenwechselstromgrößen** mit Hilfe der in nachstehender Tabelle wiedergegebenen **Umrechnungsfaktoren** aus den entsprechenden **Gleichstromgrößen** bestimmt werden (E = Einweggleichrichtung, M = Mittelpunktschaltung, B = Brückenschaltung; vergleiche Seite 3-2).

Schaltungsart	E	M	B
Sekundäre Transformatorwechselspannung	2,22	2 · 1,11	1,11
Sekundärer Transformatorstrom	1,57	0,79	1,11
Sekundäre Scheinleistung	3,49	1,75	1,23
Primäre Scheinleistung	2,7	1,23	1,23
Transformatorennennleistung	3,1	1,5	1,23

Mit der errechneten Transformatorennennleistung wird die erforderliche Kerngröße nach der Tabelle auf der nachfolgenden Seite gewählt. Die dort angegebenen Werte für den Wirkungsgrad, die Windungen je Volt und die zulässigen Stromdichten ermöglichen die Berechnung der Windungszahlen und der Drahtdurchmesser.

Berechnungsbeispiel:
Netztransformator; Eingang: 220 V/50 Hz, Ausgang: 60 V; 0,6 A Wechselstrom und 24 V; 4 A Gleichstrom über Gleichrichter-Brückenschaltung. Gesucht: Kerngröße, Windungszahlen, Drahtdurchmesser.

Lösung: **Transformatorennennleistung:**
$P_g = U_g \cdot I_g = 24 \text{ V} \cdot 4 \text{ A} = 96 \text{ W}$
$S_{21} = 1,23 \cdot P_g = 1,23 \cdot 96 \text{ VA} = 118 \text{ VA}$
$S_{22} = U \cdot I = 60 \text{ V} \cdot 0,6 \text{ A} = 36 \text{ VA}$
Summe der Leistungen: $\overline{154 \text{ VA}}$

Der Leistung entspricht **Kerngröße 102b** (s. S. 6-21).

Eingangswicklung: $S_1 = \dfrac{S_2}{\eta} = \dfrac{154 \text{ VA}}{0,89} = 173 \text{ VA}$

$N_1 = 2,34 \dfrac{1}{\text{V}} \cdot 220 \text{ V} = \textbf{493}$

$I_1 = \dfrac{S_1}{U_1} = \dfrac{173 \text{ VA}}{220 \text{ V}} = 0,786 \text{ A}$

$A_1 = \dfrac{I_1}{S_1} = \dfrac{0,786 \text{ A}}{2,3 \text{ A}} \text{ mm}^2 = 0,342 \text{ mm}^2$

$d_1 = 0,66 \text{ mm}$; gewählt $d_1 = \textbf{0,7 mm}$.

1. Ausgangswicklung: $N_{21} = 2,46 \dfrac{1}{\text{V}} \cdot 24 \text{ V} \cdot 1,11 = \textbf{66}$

$A_{21} = \dfrac{4 \text{ A} \cdot 1,11}{2,7 \text{ A}} \text{ mm}^2 = 1,643 \text{ mm}^2$

$d_{21} = 1,45 \text{ mm}$; gewählt $d_{21} = \textbf{1,5 mm}$.

2. Ausgangswicklung: $N_{22} = 2,46 \dfrac{1}{\text{V}} \cdot 60 \text{ V} = \textbf{148}$

$A_{22} = \dfrac{0,6 \text{ A}}{2,7 \text{ A}} \text{ mm}^2 = 0,222 \text{ mm}^2$

$d_{22} = 0,531 \text{ mm}$; gewählt $d_{22} = \textbf{0,55 mm}$.

6.8. Kleintransformatoren

Berechnungstabelle für Kleintransformatoren mit M- bzw. EI-Kernblechen nach DIN 41302 (11.76), der Sorte 1.0873 nach DIN 46400 Teil 1 und Spulenkörpern nach DIN 41303 (5.73) bei 50 Hz und einem Flußdichtescheitelwert von $1{,}2\,\dfrac{Vs}{m^2}$

Übertragbare Leistung bei:													
1 Eingangs- und 1 oder 2 Ausgangswicklungen	VA	4	12	25	50	70	95	120	175	250	320	370	450	550
mehr Wicklungen	VA	3	9	21	40	65	75	100	155	230	290	340	410	510
Kernblech		M 42v	M 55	M 65	M 74	M 85a	M 85b	M 102a	M 102b	EI 130a	EI 130b	EI 150a	EI 150b	EI 150c
Wirkungsgrad ca.		0,6	0,7	0,77	0,83	0,84	0,86	0,88	0,89	0,9	0,91	0,92	0,93	0,94
Primäre Windungszahl je V		23,4	11,4	7,8	5,68	4,51	3,2	3,5	2,34	3,3	2,59	2,59	2,08	1,74
Sekundäre Windungszahl je V		34,8	14,1	9	6,3	4,95	3,5	3,86	2,46	3,51	2,72	2,72	2,18	1,8
Stromdichte innen in $\dfrac{A}{mm^2}$		4,5	3,8	3,3	3	2,9	2,6	2,4	2,3	1,7	1,7	1,5	1,5	1,5
Stromdichte außen in $\dfrac{A}{mm^2}$		5,2	4,3	3,6	3,4	3,3	3	2,8	2,7	2,2	2,1	1,9	1,9	1,8
Nutzbarer Wickelraum Höhe in mm		6,4	7,6	9,1	10,1	9,2	9,2	12,2	12,2	24	24	28	28	28
Nutzbarer Wickelraum Breite in mm		24	31	36	42	46	46	58	58	61	61	68	68	68
Mittlere Windungslängen der: innenliegenden Wicklungshälfte	cm	7,3	9,6	12	14	14,5	17	17	20,6	20	22	23	25	27
außenliegenden Wicklungshälfte	cm	9,8	12,4	15,2	18	18,3	20,8	21,4	25	28	30	33	35	36
Windungslänge außen	cm	11,1	13,8	16,7	20	20,2	23	23,5	27	32	34	37	39	41
Kernbreite	mm	12	17	20	23	29	29	34	34	35	35	40	40	40
Pakethöhe	mm	15	21	27	32	32	45	35	52	36	46	40	50	60
Eisenquerschnitt bei Füllfaktor 0,9	cm^2	1,6	3,3	4,8	6,6	8,3	11,7	10,7	16	11,3	14,5	14,5	18	21,6
Kupfermenge ca.	kg	0,04	0,09	0,16	0,23	0,28	0,3	0,53	0,63	1,6	2,5	2,7	2,7	3
Eisenmenge ca.	kg	0,14	0,3	0,6	0,9	1,3	1,8	2	2,4	3	3,5	4,4	5,2

Kernbleche nach DIN 41 302 Teil 1 (11.76)

M-Schnitt

E J-Schnitt

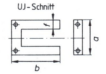
UJ-Schnitt

EE-Schnitt

Schnitt	a mm	b mm	f mm	Fläche cm^2	gebräuchliche Blechdicken
M 42v	42	42	12	11,91	0,05 bis 0,65
M 55	55	55	17	21,72	0,1 bis 0,65
M 65	65	65	20	30,19	0,1 bis 0,65
M 74	74	74	23	39,65	0,15 bis 0,65
M 85	85	85	29	56,14	0,27 bis 0,65
M 102	102	102	34	79,59	0,27 bis 0,65
EI 92	92	62,5	23	43,85	0,27 bis 0,65
EI 106	106	70,5	29	62,06	0,27 bis 0,65
EI 130	130	87,5	35	92,74	0,27 bis 0,65
EI 150	150	100	40	121,8	0,27 bis 0,65
EI 170	170	117,5	45	159,4	0,27 bis 0,65
EI 195	195	152,5	55	240,1	0,27 bis 0,65
EI 231	231	176,5	65	330,1	0,27 bis 0,65

Schnitt	a mm	b mm	f mm	Fläche cm^2	gebräuchliche Blechdicken
UI 114	114	152	38	169,5	0,27 bis 0,65
UI 132	132	176	44	228,5	0,27 bis 0,65
UI 150	150	200	50	296,2	0,27 bis 0,65
UI 168	168	224	56	372,5	0,27 bis 0,65
UI 180	180	240	60	428,2	0,27 bis 0,65
UI 210	210	280	70	580,9	0,27 bis 0,65
EE 16	16	$\dfrac{5}{11}$	4,8	1,84	0,1 bis 0,35
EE 20	20	$\dfrac{6}{14}$	6	2,88	0,1 bis 0,35
EE 25	25	$\dfrac{8}{17}$	7,6	4,54	0,1 bis 0,35
EE 32	32	$\dfrac{10}{22}$	9,6	7,36	0,1 bis 0,35

6.8. Kleintransformatoren

Spulenkörper nach DIN 41 303 (5.73)

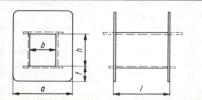
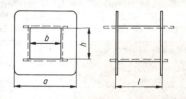

Typ	a Größtmaß in mm	f Größtmaß in mm	l Größtmaß in mm	b Kleinstmaß in mm	h Kleinstmaß in mm	Mindesthöhe für Kern	Typ	a Größtmaß mm	l Größtmaß mm	b Kleinstmaß mm	h Kleinstmaß mm	Mindesthöhe für Kern mm
M 20	12,5	3,5	12	5,5	5,5	5,5	EI 92 a	67,4	50	23,6	24,5	22,9
M 22	12,7	3,8	14	5,2	5,2	5,2	EI 92 b				33,5	31,9
M 30 z a	17,3	5	18,7	7,3	7,3	7,3	EI 106 a	75,4	55	29,6	33,5	31,9
M 30 z b					10,5	10,5	EI 106 b				46,5	44,9
M 30 a	19	5,75	19	7,5	7,5	7,5	EI 130 a	92	69	35,7	37,7	36,1
M 30 b					11,3	11,3	EI 130 b				47,7	46,1
M 42	29	8,1	28	12,6	15,7	14,6	EI 150 a	107	79	40,7	41,7	40,1
M 55	37	9,6	35,5	17,6	21,7	20,6	EI 150 b				51,7	50,1
							EI 150 c				61,7	60,1
M 65	44	11,6	42	20,6	27,7	26,7	EI 170 a	121	94	45,7	56,7	54,5
M 74	50	13,1	48	23,6	33,5	32,4	EI 170 b				66,7	64,5
							EI 170 c				76,7	74,5
M 85 a	54,6	12,4	52	29,6	33,5	31,9	EI 195 a	136	124	56,5	57,7	55,5
M 85 b					46,5	44,9	EI 195 b				70,7	68,5
M 102 a	65	15,1	64	34,6	36,5	34,9	EI 195 c				85,7	83,5
M 102 b					54	52,4						

Elektroblech und -band (nichtkornorientiert) nach DIN 46 400 Teil 1 (3.73)

Sortenangabe Name oder Nummer		Dicke mm	Magnetische Flußdichte in T (Vs/m²) bei Feldstärke in A/m				Ummagnetisierungsverlust in W/kg		Verlustanisotropie maximal[2]) %	Dichte kg/dm³
			2500	5000	10 000	30 000	P 1,0	P 1,5[1])		
a) kaltgewalzt										
V 110-35 A	1.0899	0,35	1,49	1,60	1,71	1,89	1,1	2,7	± 14	7,60
V 130-35 A	1.0898	0,35	1,49	1,60	1,71	1,89	1,3	3,3	± 14	7,65
V 135-50 A	1.0897	0,50	1,49	1,60	1,71	1,89	1,35	3,3	± 14	7,60
V 150-50 A	1.0896	0,50	1,50	1,60	1,71	1,89	1,5	3,5	± 14	7,65
V 170-50 A	1.0895	0,50	1,51	1,61	1,72	1,90	1,7	4,0	± 14	7,65
V 200-50 A	1.0894	0,50	1,52	1,62	1,73	1,94	2,0	4,7	± 14	7,70
V 230-50 A	1.0893	0,50	1,54	1,64	1,75	1,97	2,3	5,3	± 12	7,70
V 260-50 A	1.0892	0,50	1,55	1,65	1,76	1,98	2,6	6,0	± 12	7,75
V 300-50 A	1.0891	0,50	1,56	1,66	1,77	2,00	3,0	6,8	± 12	7,80
V 360-50 A	1.0890	0,50	1,58	1,68	1,78	2,01	3,6	8,1	± 12	7,80
b) warmgewalzt (im Durchlaufofen geglüht)										
V 90-35 B	1.0883	0,35	1,47	1,59	1,70	1,88	0,9	2,3	± 8	7,55
V 100-35 B	1.0882	0,35	1,47	1,59	1,70	1,88	1,0	2,5	± 8	7,55
V 110-35 B	1.0881	0,35	1,47	1,59	1,70	1,88	1,1	2,7	± 8	7,55
V 130-35 B	1.0880	0,35	1,47	1,59	1,70	1,88	1,3	3,3	± 8	7,60
V 110-50 B	1.0879	0,50	1,47	1,59	1,70	1,88	1,1	2,7	± 8	7,55
V 125-50 B	1.0878	0,50	1,47	1,59	1,70	1,88	1,25	3,1	± 8	7,55
V 135-50 B	1.0877	0,50	1,47	1,59	1,70	1,88	1,35	3,3	± 8	7,60
V 150-50 B	1.0876	0,50	1,47	1,59	1,70	1,88	1,5	3,6	± 8	7,60
V 170-50 B	1.0875	0,50	1,48	1,60	1,71	1,89	1,7	4,1	± 8	7,60
V 200-50 B	1.0874	0,50	1,49	1,61	1,72	1,93	2,0	4,8	± 8	7,65
V 230-50 B	1.0873	0,50	1,51	1,63	1,74	1,96	2,3	5,4	± 6	7,65
V 260-50 B	1.0872	0,50	1,53	1,64	1,75	1,97	2,6	6,1	± 6	7,70
V 300-50 B[3])	1.0871	0,50	1,54	1,65	1,76	1,99	3,0	6,9	± 6	7,75
V 360-50 B[3])	1.0870	0,50	1,56	1,77	1,77	2,00	3,6	8,2	± 6	7,80

[1]) Bei Wechselfeldmagnetisierung 50 Hz und 1,0 bzw. 1,5 T Scheitelwert
[2]) Ummagnetisierungsverlustunterschied parallel und senkrecht zur Walzrichtung
[3]) In neuer Norm streichen

6.8. Kleintransformatoren

Berechnungsdaten für Schnittbandkerne der Typenreihen SE, SU, SG, SM nach DIN 41309 Teil 2 (8.73)

Kern-Typ	Eisen-masse m_{Fe}[1]) g	Eisen-weg-länge l_{Fe} cm	quer-schnitt q_{Fe}[1]) cm²	bei $\hat{B}$ = 1,7 T Windg.-spanng. U_{W2} V/Wdg.	Kern-ver-luste P_{Fe} W	Schein-lei-stung P_S VA	Kern-typ	Eisen-masse m_{Fe}[1]) g	Eisen-weg-länge l_{Fe} cm	quer-schnitt q_{Fe}[1]) cm²	bei $\hat{B}$ = 1,7 T Windg.-spanng. U_{W2} V/Wdg	Kern-ver-luste P_{Fe} W	Schein-lei-stung P_S VA
SE 150a	1631	29,7	7,18	0,27	3,59	29,2	SG 27/6	18	6,32	0,372	0,014	0,039	0,64
SE 150b	2040	29,7	8,98	0,34	4,49	36,5	SG 33/8	34,7	7,77	0,582	0,022	0,075	1,06
SE 150c	2454	29,7	10,8	0,41	5,4	43,8	SG 41/9	63	9,53	0,862	0,0326	0,14	1,8
							SG 48/9	73,5	11,13	0,862	0,0326	0,16	1,9
SE 170a	2920	34,7	11	0,41	6,42	50,2	SG 54/13	94	12,78	0,96	0,0363	0,21	2,3
SE 170b	3424	34,7	12,9	0,49	7,53	59							
SE 170c	3955	34,7	14,9	0,56	8,7	68	SG 54/19	141	12,78	1,44	0,0544	0,31	3,4
SE 195a	4529	42,9	13,8	0,52	10	74,5	SG 54/25	187	12,78	1,92	0,0726	0,41	4,5
SE 195b	5579	42,9	17	0,64	12,3	91,8	SG 54/38	281	12,78	2,88	0,109	0,62	6,8
							SG 70/13	145	16,54	1,15	0,0435	0,32	3,1
SE 195c	6826	42,9	20,8	0,79	15	112,2	SG 70/19	218	16,54	1,72	0,065	0,48	4,7
SE 231a	6871	49,9	18	0,68	15,1	109,8	SG 70/25	291	16,54	2,3	0,087	0,71	6,7
SE 231b	8665	49,9	22,7	0,86	19,1	138,8	SG 70/32	363	16,54	2,87	0,108	0,87	8,3
SE 231c	10765	49,9	28,2	1,07	23,7	172	SG 76/19	239	18,14	1,72	0,065	0,53	5
							SG 76/25	319	18,14	2,3	0,087	0,71	6,7
							SG 76/32	398	18,14	2,87	0,108	0,87	8,3
SU 30a	71,5	11,4	0,82	0,031	0,16	1,83	SG 76/38	478	18,14	3,45	0,13	1,05	10
							SG 89/22	432	21,06	2,68	0,101	0,95	8,6
SU 30b	117	11,4	1,34	0,051	0,26	3	SG 89/29	553	21,06	3,45	0,13	1,22	11
SU 39a	163	14,8	1,44	0,054	0,36	3,71	SG 89/38	739	21,06	4,6	0,174	1,63	14,7
SU 39b	254	14,8	2,24	0,085	0,57	5,8	SG 89/51	989	21,06	6,13	0,232	2,18	19,6
SU 48a	303	18,1	2,19	0,083	0,67	6,37	SG 108/19	567	25,86	2,87	0,108	1,24	10,5
SU 48b	480	18,1	3,47	0,13	1,05	10,1	SG 108/29	898	25,86	4,54	0,172	1,87	16,7
							SG 108/38	1138	25,86	5,75	0,217	2,49	21,1
SU 60a	605	22,6	3,5	0,13	1,33	11,7	SG 108/51	1515	25,86	7,66	0,29	3,33	28,2
SU 60b	916	22,6	5,3	0,2	2,03	17,9	SG 127/25	1079	30,68	4,6	0,174	2,36	19,1
SU 75a	1215	28,2	5,63	0,21	2,67	22,1							
SU 75b	1944	28,2	9,01	0,34	4,27	35,4	SG 127/38	1619	30,68	6,9	0,26	3,56	28,7
SU 90a	2078	34	7,99	0,3	4,57	36,5	SG 127/51	2163	30,68	9,23	0,349	4,74	38,4
							SG 127/70	2966	30,68	12,65	0,478	6,54	52,7
SU 90b	3485	34	13,4	0,51	7,67	61,2	SG 165/32	2363	40,23	7,68	0,29	5,13	39,4
SU 102a	3084	38,4	10,5	0,4	6,79	52	SG 165/51	3773	40,23	12,26	0,463	8,22	62,8
SU 102b	4994	38,4	17	0,64	10,9	84,1							
SU 114a	4234	42,8	12,9	0,49	9,31	69,8	SM 30a	9,12	6,6	0,18	0,007	0,02	0,36
SU 114b	6958	42,8	21,2	0,8	15,3	114	SM 30b	14,7	6,6	0,29	0,011	0,033	0,58
							SM 42	54,1	9,8	0,72	0,027	0,12	1,44
SU 132a	6589	49,5	17,4	0,66	14,5	106	SM 55	138	12,4	1,46	0,055	0,31	3,4
SU 132b	10489	49,5	27,7	1,05	23	169	SM 65	250	14,6	2,24	0,085	0,55	5,72
SU 150a	9673	56,2	22,5	0,85	21,3	152							
SU 150b	14575	56,2	33,9	1,28	32,1	229	SM 74	396	16,5	3,14	0,12	0,87	8,62
SU 168a	13543	63	28,1	1,06	29,8	209	SM 85a	561	18,3	4,01	0,15	1,23	11,7
							SM 85b	792	18,3	6,66	0,21	1,75	16,6
SU 168b	21881	63	45,4	1,72	48,2	338	SM 102a	885	22,2	5,21	0,19	1,95	17,3
SU 180a	17066	67,6	33	1,25	37,6	260	SM 102b	1321	22,2	7,78	0,29	2,91	25,8
SU 180b	21358	67,6	41,3	1,5	47	326							
SU 180c	25598	67,6	49,5	1,87	56,3	391	SM 130a	1117	25,9	5,64	0,21	2,46	20,7
SU 210a	26851	78,7	44,6	1,68	59,1	402	SM 130b	1429	25,9	7,21	0,27	3,14	26,6
SU 210b	38471	78,7	63,9	2,41	84,6	576							
SU 210c	50091	78,7	83,2	3,12	109	743							

[1]) In Norm-Spulenkörper werden bei SM, SE und SG (bis auf SG 27/6 bis SG 48/9) normalerweise 2 Kerne eingebaut. Die Werte für m_{Fe} und q_{Fe} sind dann zu verdoppeln.

6.8. Kleintransformatoren

Schnittbandkerne der Typenreihen SM, SE, SU, SG und S 3U nach DIN 41309 Teil 1 (9.73)

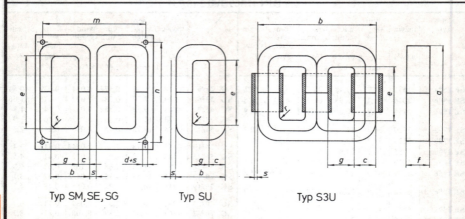

Typ SM, SE, SG   Typ SU   Typ S3U

Alle Maßangaben in mm

Kern-typ	Höhe (Höchstmaße)	Breite	Schenkel	Bohrung	Fensterhöhe (Kleinstmaße)	Fensterbreite	Kerndicke f Typ a	Kerndicke f Typ b	Kerndicke f Typ c	Befestigung m	Befestigung n	Rundung	Spalt	Blechdicke
	a	b	c	d	e	g				m	n	r	s	
SM 30	28,6	14,3	3,5	2	21	7	7	11	–	29	29	1	0,4	bis 0,1
SM 42	43,6	21,8	6	2,8	31	9,5	15,2	–	–	43	43	1,5	0,4	bis 0,35
SM 55	56,3	28,4	8,5	3,6	38,5	11	20,8	–	–	55	55	1,5	0,4	bis 0,35
SM 65	65,6	33,2	9,9	3,6	45	13	27	–	–	64	64	1,5	0,6	bis 0,35
SM 74	74,6	37,7	11,4	3,6	51	14,5	32,5	–	–	72,5	72,5	1,5	0,6	bis 0,35
SM 85	85,6	43,2	14,4	4,8	56	14	32,5	45,5	–	82	82	2	0,6	bis 0,35
SM 102	103	51,9	16,9	4,8	68	17,5	35,5	52,5	–	98	98	2	0,6	bis 0,35
SE 130	108,8	65,3	17,4	6	73	30	37,2	47,2	–	125	104	2	0,6	bis 0,35
SE 150	123,8	75,2	19,8	6	83	35	41,2	51,2	61,2	145	117	2	0,6	bis 0,35
SE 170	145,8	85	22,1	7	100	40	56	66	76	163	137	3	0,7	bis 0,35
SE 195	186,8	98,2	27,3	9	130	42,5	57	70	85	187	177	3	1	bis 0,35
SE 231	216	116,1	32,1	11	149	50,5	63	79	98	222	200	3	1,2	bis 0,35
SU 15	28,7	15	4,9	–	18,5	5	5,4	8,4	–	–	–	1,5	0,2	bis 0,1
SU 24	42,7	24	7,9	–	26,5	8	8,5	13,5	–	–	–	1,5	0,2	bis 0,35
SU 30	52,7	30	9,9	–	32,5	10	10,1	16,1	–	–	–	1,5	0,2	bis 0,35
SU 39	67,9	39,1	12,9	–	41,5	13	13,4	20,4	–	–	–	1,5	0,3	bis 0,35
SU 48	82,9	48	15,8	–	50,5	16	16,5	25,5	–	–	–	1,5	0,3	bis 0,35
SU 60	103,6	60,1	19,8	–	63	20	20,6	30,6	–	–	–	2	0,3	bis 0,35
SU 75	128,6	75	24,7	–	78	25	26,1	41,1	–	–	–	2	0,3	bis 0,35
SU 90	155,8	90	29,6	–	95	30	30,9	50,9	–	–	–	3	0,5	bis 0,35
SU 102	175,4	102,4	33,7	–	106	34	35,4	56,4	–	–	–	3	0,5	bis 0,35
SU 114	195,6	114,4	37,6	–	118	38	39,2	63,2	–	–	–	3	0,6	bis 0,35
SU 132	225,4	132,1	43,4	–	136	44	45,2	71,2	–	–	–	3	0,6	bis 0,35
SU 150	255,6	150,2	49,4	–	154	50	51,2	76,2	–	–	–	3	0,6	bis 0,35
SU 168	286	168,3	55,3	–	172	56	57	91	–	–	–	3	0,6	bis 0,35
SU 180	307,2	181,3	59,7	–	184	60	62	77	92	–	–	3	0,6	bis 0,35
SU 210	357,2	211,2	69,6	–	214	70	71,7	101,7	131,7	–	–	3	0,6	bis 0,35
S 3U 30	53,7	50,9	9,9	–	32,5	10	10,1	16,1	–	–	–	1,5	0,3	0,1; 0,3
S 3U 39	68,9	66	12,9	–	41,5	13	13,4	20,4	–	–	–	1,5	0,3	0,1; 0,3
S 3U 48	83,9	80,8	15,8	–	50,5	16	16,6	25,6	–	–	–	1,5	0,4	0,1; 0,3
S 3U 60	104,6	100,9	19,8	–	63	20	20,6	30,6	–	–	–	2	0,4	0,1; 0,3
S 3U 75	129,7	125,7	24,7	–	78	25	26,1	41,1	–	–	–	2	0,4	0,1; 0,3
S 3U 90	156,8	150,6	29,6	–	95	30	30,9	50,9	–	–	–	3	0,5	0,1; 0,3
S 3U 102	176,4	171,1	33,7	–	106	34	35,4	56,4	–	–	–	3	0,5	0,1; 0,3
S 3U 114	196,2	191	37,6	–	118	38	39,2	63,2	–	–	–	3	0,6	0,1; 0,3
S 3U 132	226,4	220,5	43,4	–	136	44	45,2	71,2	–	–	–	3	0,6	0,1; 0,3
S 3U 150	255,6	249,6	49,4	–	154	50	51,2	76,2	–	–	–	3	0,6	0,1; 0,3
S 3U 168	286	279,6	55,3	–	172	56	57	91	–	–	–	3	0,8	0,1; 0,3
S 3U 180	307,2	301	59,7	–	184	60	62	77	–	–	–	3	0,8	0,1; 0,3
S 3U 210	357,2	350,8	69,6	–	214	70	71,7	101,7	131,7	–	–	3	0,8	0,1; 0,3

6.8. Kleintransformatoren

Schnittbandkerne der Typenreihe SG (Fortsetzung von Seite 6-24)
Alle Maßangaben in mm

Kern-typ	Höhe a	Breite b	Schen-kel c	Boh-rung d	Fenster-höhe e	breite g (Kleinstmaße)	Kerndicke f bei Typ 1	Typ 2	Typ 3	Typ 4	Befesti-gung m	n	Run-dung r	Spalt s
SG 27/6	29,4	21	7,2	–	14,3	6,4	7,2	–	–	–	–	–	1	0,4
SG 33/7	35,7	25,8	8,7	–	17,5	7,9	8,7	–	–	–	–	–	1	0,4
SG 41/9	43,7	30,6	10,3	–	22,2	9,5	10,3	–	–	–	–	–	1	0,4
SG 48/9	50	32,1	10,3	–	28,6	11,1	10,3	–	–	–	–	–	1	0,4
SG 54/	56,4	30,6	8,7	3,6	38,1	12,7	13,5	19,8	26,2	38,9	59	54	1,5	0,4
SG 70/	73	36,9	10,3	3,6	50,8	15,9	13,5	19,8	26,2	32,5	71	70	1,5	0,4
SG 76/	79,4	40,1	10,3	3,6	57,2	19	19,8	26,2	32,5	38,9	77	76	3	0,4
SG 89/	92,1	49,6	13,5	4,8	63,5	22,2	23	29,4	38,9	51,6	95	88	3	0,6
SG 108/	111,1	62,3	16,7	4,8	76,2	28,6	19,8	29,4	38,9	51,6	119	105	3	0,6
SG 127/	130,2	75	19,8	5,8	88,9	34,9	26,2	38,9	51,6	71,4	143	123	3	0,6
SG 165/	169,9	97,2	26,2	7	114,3	44,4	32,5	51,6	–	–	185	159	3	1

Elektrische Daten für Transformatoren mit SM- und SE-Kernen nach DIN 41 300 Teil 1 (11.79)

Elektrische Daten für Transformatoren mit SU-Kernen nach DIN 41 300 Teil 3 (11.79)

Trafo-typ	Sekun-där-lei-stung P_N W	magn. Induk-tion $\hat{B}_N$ T	Strom-dichte S_N $\frac{A}{mm^2}$	Blind-lei-stung P_b VA	Eisen-ver-luste P_{Fe} W	Kupfer-ver-luste P_{Cuw} W	Trafo-Typ	Sekun-där-lei-stung P_N W	magn. Induk-tion $\hat{B}_N$ T	Strom-dichte S_N $\frac{A}{mm^2}$	Blind-lei-stung P_b VA	Eisen-ver-luste P_{Fe} W	Kupfer-ver-luste P_{Cuw} W
SM 42	5,3	1,75	7	3,89	0,246	4,1	SU 30a	3,33	1,79	9,3	3,34	0,172	4,84
SM 55	21,1	1,76	5,3	10,7	0,64	6,4	SU 30b	6,3	1,78	9	4,96	0,275	5,5
SM 65	45,7	1,78	4,4	21,1	1,18	8,7	SU 39a	12,4	1,8	7	8	0,391	7,7
SM 74	84	1,79	3,83	36,4	1,89	11,1	SU 39b	20	1,79	6,7	11,7	0,6	8,4
SM 85a	115	1,78	3,8	47,3	2,64	12,7	SU 48a	30,5	1,81	5,7	16,5	0,74	11,2
SM 85b	159	1,76	3,72	62	3,69	13,7	SU 48b	48,6	1,8	5,5	24,9	1,17	12,4
SM 102a	206	1,79	3,28	82	4,23	16,9	SU 60a	82	1,83	4,44	37,7	1,52	16,7
SM 102b	300	1,78	3,15	112	6,21	18,3	SU 60b	122	1,82	4,27	54	2,28	18,1
SE 130a	387	1,83	2,37	137	5,6	25	SU 75a	200	1,84	3,64	83	3,07	25,2
SE 130b	484	1,83	2,32	174	7,1	25,9	SU 75b	306	1,83	3,43	125	4,87	26,8
SE 150a	590	1,83	2,2	199	8,1	32,2	SU 90a	387	1,85	3,08	153	5,3	33
SE 150b	720	1,83	2,15	249	10,2	32,8	SU 90b	630	1,84	2,96	241	8,9	37,5
SE 150c	860	1,83	2,11	300	12,2	33,8	SU 114a	920	1,86	2,46	346	11	48,8
SE 170a	1130	1,83	1,91	354	14,5	41,6	SU 114b	1440	1,85	2,33	520	17,9	53
SE 170b	1308	1,83	1,87	415	17	42,3	SU 132a	1580	1,87	2,2	570	17,2	63
SE 170c	1490	1,83	1,84	482	19,7	43,3	SU 132b	2370	1,86	2,07	830	27,1	67
SE 195a	1890	1,84	1,71	610	23	53	SU 150b	3380	1,86	1,95	1160	37,7	82
SE 195b	2250	1,83	1,66	680	27,9	54	SU 168a	3620	1,87	1,85	1230	35,5	94
SE 195c	2690	1,83	1,62	840	34,2	55	SU 180a	4560	1,87	1,78	1530	44,9	106
SE 231a	3000	1,84	1,46	940	35,2	63	SU 180b	5500	1,86	1,72	1820	56	108
SE 231b	3710	1,83	1,42	1050	43,2	64	SU 180c	6400	1,86	1,67	2060	66	109
SE 231c	4400	1,81	1,36	1210	54	64	SU 210a	7800	1,87	1,56	2500	71	136
							SU 210b	10500	1,86	1,46	3190	100	136

6.9. Sicherungen

6.9.1. Strombelastbarkeit isolierter Leitungen und nicht im Erdreich verlegter Kabel bei Umgebungstemperaturen von 30 °C und Zuordnung von Leitungsschutzsicherungen und -schaltern nach DIN VDE 0100 Teil 523 und Teil 430 (6.81)

| Nenn-querschnitt | Gruppe 1: Eine oder mehrere in Rohr verlegte einadrige Leitungen | | | | Gruppe 2: Mehraderleitungen, z. B. Mantelleitungen, Rohrdrähte, Bleimantelleitungen, Stegleitungen, bewegliche Leitungen | | | | Gruppe 3: Einadrige Leitungen und Kabel frei in Luft verlegt (Zwischenraum mindestens Leitungsdurchmesser) | | | |
| | Strom in A | | Schutzorgan-Nennstrom A | | Strom in A | | Schutzorgan-Nennstrom A | | Strom in A | | Schutzorgan-Nennstrom A | |
mm^2	Cu	Al	Cu	Al	Cu	Al	Cu	Al	Cu	Al	Cu	Al
0,75	–	–	–	–	12	–	6	–	15	–	10	–
1	11	–	6	–	15	–	10	–	19	–	10	–
1,5	15	–	10	–	18	–	10[1]	–	24	–	20	–
2,5	20	15	16	10	26	20	20	16	32	26	25	20
4	25	20	20	16	34	27	25	20	42	33	35	25
6	33	26	25	20	44	35	35	25	54	42	50	35
10	45	36	35	25	61	48	50	35	73	57	63	50
16	61	48	50	35	82	64	63	50	98	77	80	63
25	83	65	63	50	108	85	80	63	129	103	100	80
35	103	81	80	63	135	105	100	80	158	124	125	100
50	132	103	100	80	168	132	125	100	198	155	160	125
70	165	–	125	–	207	163	160	125	245	193	200	160
95	197	–	160	–	250	197	200	160	292	230	250	200
120	235	–	200	–	292	230	250	200	344	268	315	200
150	–	–	–	–	335	263	250	200	391	310	315	250
185	–	–	–	–	382	301	315	250	448	353	400	315
240	–	–	–	–	453	357	400	315	528	414	400	315
300	–	–	–	–	504	409	400	315	608	479	500	400
400	–	–	–	–	–	–	–	–	726	569	630	500
500	–	–	–	–	–	–	–	–	830	649	630	500

Strombelastbarkeit bei Umgebungstemperaturen über 30 °C bis 55 °C

| Umgebungs-temperatur °C | Zul. Dauerbelastung in % der Werte der oberen Tafel | |
	Gummi-isolierung	Kunststoff-isolierung
über 30 bis 35	91	94
über 35 bis 40	82	87
über 40 bis 45	71	79
über 45 bis 50	58	71
über 50 bis 55	41	61

Strombelastbarkeit wärmebeständiger Leitungen bei Umgebungstemperaturen über 55 °C

| Umgebungstemperatur in °C bei Leitungen mit zul. Leitertemperatur | | Belastbarkeit in % der Tafelwerte |
100 °C	180 °C	
über 55 bis 65	über 55 bis 145	100
über 65 bis 70	über 145 bis 150	92
über 70 bis 75	über 150 bis 155	85
über 75 bis 80	über 155 bis 160	75
über 80 bis 85	über 160 bis 165	65
über 85 bis 90	über 165 bis 170	53
über 90 bis 95	über 170 bis 175	38

Schutz von Leitungen und Kabel gegen zu hohe Erwärmung

Leitungen und Kabel müssen durch Schutzorgane gegen zu hohe Erwärmung geschützt werden, die sowohl durch betriebsmäßige Überlastung als auch durch vollkommenen Kurzschluß auftreten kann.

1. Überlastschutz

Leitungsschutzsicherungen nach DIN VDE 0636 oder Leitungsschutzschalter nach DIN VDE 0641 bei Umgebungstemperaturen bis zu 30 °C den Leiterquerschnitten isolierter Leitungen nach der oberen Tafel zuordnen. Bei höheren Umgebungstemperaturen nebenstehende Tafeln berücksichtigen.

Überstrom-Schutzorgane dürfen an beliebiger Stelle des Stromkreises angebracht werden.

Zwischen Leitungsanfang und nachfolgendem Überstrom-Schutzorgan für diese Leitung dürfen weder Abzweige noch Steckvorrichtungen vorhanden sein.

Verringert sich der Leiterquerschnitt, dann muß auch der verjüngte Querschnitt gegen zu hohe Erwärmung durch Überlast geschützt sein.

2. Kurzschlußschutz

Als Schutzorgane gegen Kurzschluß dürfen Leitungsschutzsicherungen nach DIN VDE 0636 oder Leitungsschutzschalter nach DIN VDE 0641 verwendet werden. Eine Bedingung muß jedoch erfüllt sein: Für LS-Schalter darf die Vorsicherung nicht größer als 63 A sein (bei LS-Schaltern der Selektivitätsklasse 3 nicht größer als 100 A).

[1] Für Leitungen mit 2 belasteten Adern auch noch 16 A

6.9. Sicherungen

6.9.2. Niederspannungssicherungen nach DIN VDE 0636 Teil 1 (8.76)

Funktionsklassen:

Funktionsklasse g: Ganzbereichssicherungen (general purpose fuses), Sicherungseinsätze, die Ströme bis wenigstens zu ihrem Nennstrom dauernd führen und Ströme vom kleinsten Schmelzstrom bis zum Nennausschaltstrom ausschalten können.

Funktionsklasse a: Teilbereichssicherungen (accompanied fuses), Sicherungseinsätze, die Ströme bis wenigstens zu ihrem Nennstrom dauernd führen und Ströme oberhalb eines bestimmten Vielfachen ihres Nennstromes bis zum Nennausschaltstrom ausschalten können.

Schutzobjekte:

L: Kabel- und Leitungsschutz
M: Schaltgeräteschutz
R: Halbleiterschutz
B: Bergbau-Anlagenschutz

Betriebsklassen:

gL: Ganzbereichs-Kabel- und Leitungsschutz
aM: Teilbereichs-Schaltgeräteschutz
aR: Teilbereichs-Halbleiterschutz
gR: Ganzbereichs-Halbleiterschutz
gB: Ganzbereichs-Bergbauanlagenschutz

Nennspannungen

Wechsel-spannung V	220	380	500[1]	660	750	1000
Gleich-spannung V	220	440	500	600	750	1200
	1500	2400	3000			

Fettgedruckte Werte bevorzugt.

Schaltspannungen (Sicherungseinsätze mit $I_N > 10$ A)

Nennspannung U_N V	Höchstwert der Schaltspannung in V
Wechsel- und Gleichspannung	bis 300	2000
	301 bis 660	2500
	661 bis 800	3000
	801 bis 1000	3500
Gleichspannung	1001 bis 1200	3500
	1201 bis 1500	5000

Nennströme in A

2, 4, 6, 10, 16, 20, 25, 35[2]), 50, 63, 80, 100, 125, 160, 200, 250, 315, 400, 500, 630, 800, 1000, 1250.

Strom- und Zeitwerte für das Nichtabschmelzen und das Abschmelzen von Sicherungseinsätzen der Betriebsklassen gL und gB

Nennstrom I_N A	Prüfstrom kleiner	Prüfstrom größer	Prüfdauer h
bis 4	1,5 I_N	2,1 I_N	1
über 4 bis 10	1,5 I_N	1,9 I_N	1
über 10 bis 25	1,4 I_N	1,75 I_N	1
über 25 bis 63	1,3 I_N	1,6 I_N	1
über 63 bis 160	1,3 I_N	1,6 I_N	2
über 160 bis 400	1,3 I_N	1,6 I_N	3
über 400	1,3 I_N	1,6 I_N	4

[1]) 500 V wird in einigen Ländern für Drehstrom-Dreileitersysteme verwendet.
[2]) Auch 32 und 40 A bis zu einer endgültigen internationalen Festlegung.

Bei Belastung mit dem kleinen Prüfstrom darf der Sicherungseinsatz innerhalb der Prüfdauer nicht abschalten; bei Belastung mit dem großen Prüfstrom muß er in dieser Zeit abschalten.

Nennausschaltstrom in kA

Vorzugswerte, je nach Bauart und Betriebsklasse:

Wechselstromkreise	25, 50, 100 (Effektivwert)
Gleichstromkreise	8, 25

Selektivität

Bei Leitungsschutz-Sicherungen für Nennströme ≥ 16 A gilt: Die Zeit/Strom-Bereiche sind so aufeinander abgestimmt, daß Sicherungen, deren Nennströme im Verhältnis 1:1,6 stehen, in bestimmten Bereichen der Betriebsspannung untereinander selektiv abschalten.

6.9.3. Kennfarben für Leitungsschutzsicherungen nach DIN VDE 0636 Teil 3 (4.77)

Nennstrom A	Farbe des Anzeigers	Nennstrom A	Farbe des Anzeigers
2	rosa	25	gelb
4	braun	35	schwarz
6	grün	50	weiß
10	rot	63	kupfer
16	grau	80	silber
20	blau	100	rot

Nennströme für Sicherungen

Größe	Einsätze in A		
	1	2	3
00	6 bis 100	6 bis 100	35 bis 100
0	6 bis 160	6 bis 100	35 bis 160
1	80 bis 250	80 bis 200	80 bis 250
2	125 bis 400	125 bis 315	125 bis 400
3	315 bis 630	315 bis 500	315 bis 630
4	500 bis 1000	500 bis 800	500 bis 1000
4a	500 bis 1250	500 bis 800	500 bis 1250

1: NH-Leitungsschutzsicherungen (500 V ~, 440 V −) nach DIN VDE 0636 T 2 (8.76)
2: NH-Leitungsschutzsicherungen (660 V ~) nach DIN VDE 0636 T 2 (8.76)
3: NH-Schaltgeräteschutzsicherungen (500 und 660 V ~) n. DIN VDE 0636 T 2a (8.78)

6.9.4. Nennstromverhältnis für Selektivität nach DIN VDE 0636 Teil 2a (8.78)

Die Zeit/Strom-Bereiche für Sicherungen der Betriebsklasse aM sind auf die Zeit/Strom-Bereiche für Leitungsschutzsicherungen so abgestimmt, daß aM-Sicherungen in bestimmten Betriebsspannungsbereichen zu vorgeschalteten Leitungsschutzsicherungen selektiv sind, wenn die Nennströme in dem in folgender Tabelle angegebenen Verhältnis stehen.

Nennstrom des aM-Einsatzes	Nennstromverhältnis gL-Einsatz/aM-Einsatz
35	3,6
50 bis 200	3,14
250 bis 500	2,5
630	2

6.9. Sicherungen

6.9.5. Mittlere Strom-Zeit-Kennlinien für DIAZED-Schmelzeinsätze

Die Strom-Zeit-Kennlinien für Schmelzeinsätze können nach DIN VDE 0636 Teil 1 (8.76) innerhalb einer größeren Streufläche verlaufen. Die in den Schaubildern angegebenen Kurven sind mittlere Kennlinien; die auftretenden Streuwerte liegen innerhalb eines Bereiches von $\pm 5\%$ vom Kennlinienwert.

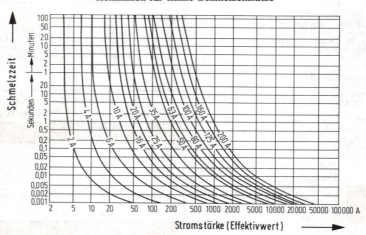

Kennlinien für flinke Schmelzeinsätze

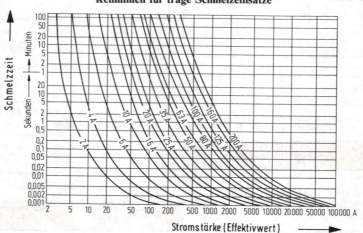

Kennlinien für träge Schmelzeinsätze

6.9. Sicherungen

6.9.6. Geräteschutzsicherungen

6.9.6.1. Zeit/Strom-Charakteristik nach DIN VDE 0820 Teil 1 (5.79)

Symbol	Zeit/Strom-Charakteristik
FF	superflink
F	flink
M	mittelträge
T	träge
TT	superträge

6.9.6.2. G-Sicherungseinsätze nach DIN 41 660, 41 661 und 41 662 (5.79)

Beispiel: F 0,25/250 C
- flink
- 0,25 A
- 250 V
- Schaltvermögen C

			Nennstrom in A				
0,032	0,04	0,05	0,063	0,08	0,1	0,125	
0,16	0,2	0,25	0,315	0,4	0,5	0,63	
0,8	1	1,25	1,6	2	2,5	3,15	
4	5	6,3					

Flink, großes Ausschaltvermögen (DIN 41 660) ab 0,05 A; flink, kleines Ausschaltvermögen (DIN 41 661) und träge, kleines Ausschaltvermögen (DIN 41 662) ab 0,032 A.

Schmelzdauer und Nennausschaltvermögen für G-Sicherungseinsätze
Oberer Wert = min., unterer Wert = max.

DIN		$2{,}1 \cdot I_N$	$2{,}75 \cdot I_N$	$4 \cdot I_N$	$10 \cdot I_N$
41 660		—	10 ms	3 ms	—
		30 min	2 s[1]	300 ms	20 ms
41 661	bis 100 mA	30 min	10 ms 500 ms	3 ms 100 ms	— 20 ms
	über 100 mA	— 30 min	50 ms 2 s	10 ms 300 ms	— 20 ms
41 662	bis 100 mA	2 min	200 ms 10 s	40 ms 3 s	10 ms 300 ms
	über 100 mA	— 2 min	600 ms 10 s	150 ms 3 s	20 ms 300 ms

[1]) 3 s für Nennströme von 4 bis 6,3 A.

DIN	Nennausschaltvermögen
41 660	1500 A
41 661 / 41 662	35 A oder $10 \cdot I_N$ (größerer Wert)

Schaltvermögen

Kennbuchstabe	Schaltvermögen in A bei	
	250 V —	250 V ~
B	12,5	50
C	20	80
D	75	300
E	250	1000
G	750	1500

Farbkennzeichnung

G-Sicherungseinsätze werden auch mit Farbcodierung als Kennzeichnung geliefert. Diese lehnt sich an den Farbcode für Widerstände an (s. S. 6-4). Die Ringe 1 und 2 werden für die ersten beiden Ziffern und Ring 3 für den Multiplikator eingesetzt. Bei Nennströmen mit dreistelliger Ziffernfolge entfällt die dritte Stelle. Der 4. Farbring gibt die Strom/Zeit-Charakteristik an:

superflink (FF)	schwarz	träge (T)	blau
flink (F)	rot	superträge (TT)	grau
mittelträge (M)	gelb		

6.9.7. Leitungsschutzschalter

Leitungsschutzschalter Typ L bis 63 A und 415 V ~ nach DIN VDE 0641 (6.78) und Typ G nach CEE-19 1959

Nennstrom I_N	VDE			CEE
	Prüfstrom		unverzögerte Auslösung	größer[1]) Prüfstrom
	kleiner	großer		
A	A	A	A	A
4	6	8,4		
6	9	11,4	31,5	11,7
8	12	15,2		
10	15	19	52,5	19,5
16	16,8	21		
16	22,4	28	78,4	29,1
20	28	35	98	36,4
25	35	43,75	123	45,5
32	41,5	51,2	145	54
(35)	45,5	56	159	59,2
40	52	64	182	67,6
50	65	80	228	84,5
63	82	100,8	287	106,5

[1]) kleiner Prüfstrom wie bei VDE.

Beim kleinen Prüfstrom darf der LS-Schalter innerhalb einer Stunde nicht auslösen, beim großen Prüfstrom muß er innerhalb einer Stunde auslösen. Bei der unverzögerten Auslösung muß der LS-Schalter innerhalb von 0,1 Sekunden auslösen.

Aufschriften

Nr. 22 - L 16 A
220/380 ~
6000
3

Nr. 22	Kenngröße
L	Auslösecharakteristik
16 A	Nennstrom
220/380	Nennspannungen in V
6000	Nennschaltvermögen
3	Strombegrenzungsklasse

Strombegrenzungsklassen und zul. $I^2 t$-Werte

Schaltvermögen	Durchlaß-$I^2 t$ in A²s			
	LS-Schalt. bis 16 A		LS-Schalt. bis 25 A	
	Strombegrenzungsklasse			
A	2	3	2	3
3000	31 000	15 000	40 000	18 000
6000	100 000	35 000	130 000	45 000
10 000	240 000	70 000	310 000	90 000

6.10. Galvanische Primärelemente

6.10.1. Ausführungen von galvanischen Primärelementen

Element	negative Elektrode	positive Elektrode	Elektrolyt	Nennspannung V	Vorteile/Nachteile	Energiedichte Wh/cm³	Anwendung
Leclanché	Zink Zn	Mangandioxid MnO_2 und Kohle	Ammoniumchlorid NH_4Cl (Salmiak)	1,5	preiswert	0,08 bis 0,15	Taschenlampen, Spielzeug
Zinkchlorid	Zink Zn	Mangandioxid MnO_2	Zinkchlorid $ZnCl_2$	1,5	auslaufsicherer Elektrolyt	0,1 bis 0,25	Uhren, Radios
Alkali-Mangan	Zinkpulvergel	Mangandioxid MnO_2	Kalilauge KOH	1,5	hohe Belastbarkeit, geringe Selbstentladung bei höheren Temperaturen, gutes Tieftemperaturverhalten	0,15 bis 0,4	Kameras, Blitzgeräte, Cassettengeräte
Quecksilberoxid	Zink Zn	Quecksilberoxid HgO	Kalilauge KOH	1,35	gute Spannungskonstanz	0,5 bis 0,6	Fotoapparate, Hörgeräte
Silberoxid	Zink Zn	Silber-I-oxid AgO	Kalilauge KOH	1,55	gute Spannungskonstanz, hohe Spannung und große Energiedichte	0,5 bis 0,6	Uhren, Taschenrechner, Fotoapparate
		Silber-II-oxid Ag_2O				0,4 bis 0,5	
Magnesium	Magnesium	Mangandioxid	Magnesiumperchlorat	1,7	tropenfest, belastungsfest/beim Einschalten Verzögerung bis Sekunden, Magnesium löst sich auch bei unbelasteter Zelle auf	≈ 0,25	für militärische Zwecke
Lithium	Lithium Li	Silberchromat Ag_2CrO_4	$LiClO_4$	3,3		≈ 0,6	Herzschrittmacher
		Thionylchlorid $SOCl_2$	Lithiumtetrachloraluminat $LiAlCl_4$	3,5	hohe Energiedichte, sehr geringe Selbstentladung (1% pro Jahr)/Rückstrom über Zelle darf 10 µA nicht überschreiten	≈ 0,9	militärische Zwecke, CMOS-Speicherschutz
		Schwefeldioxid SO_2	Lithiumbromid LiBr	2,8	gutes Tieftemperaturverhalten, geringe Selbstentladung/hoher Zelleninnendruck	≈ 0,5	militärische Zwecke, LCD-Uhren, Speicherschutz
		Mangandioxid MnO_2	organisch	3	geringe Selbstentladung (kleiner 1% pro Jahr), hohe Lagerfähigkeit (bis 10 Jahre)/Ströme über 10 µA in Laderichtung führen zur internen Gasung (Explosion)	0,4 bis 0,6	Uhren, Rechner, Film- u. Fotogeräte
		Chromdioxid CrOx		3		0,65 bis 1,0	Datenspeicher CMOS-RAM's
		Bismuttrioxid Bi_2O_3		1,5		0,35 bis 0,5	Armbanduhren
Lithium-Papier-Batterie	Lithium Li	Kohlenstoffmonofluorid	organisch	3	sehr flache Bauform (ca. 1,8 mm dick), lange Lagerzeit (über 3 Jahre)	≈ 0,4	Kameras, Rechner, Uhren, Personenrufgeräte
Luftsauerstoff	Zink Zn	Ammoniumchlorid und Aktiv-Kohle	Manganchlorid	1,5	geringe Selbstentladung, hohe Lebensdauer, große Energiedichte	≈ 0,7	Weidezaungeräte, Fernmeldegeräte, Warngeräte

6.10. Galvanische Primärelemente

6.10.2. Galvanische Primärelemente und -batterien nach DIN 40855 (9.67)

Galvanische Primärelemente und -batterien werden mit **Kurzzeichen** versehen, die sich **aus Buchstaben und Ziffern** zusammensetzen. Die Buchstaben kennzeichnen die Form der Zelle: R = Rundzellen, S = Zellen mit quadratischem oder rechteckigem Aufbau, F = Flachzellen. Zellen nach dem Aktivkohleverfahren erhalten ein A vor obigen Buchstaben.

Die Zahl vor den Buchstaben gibt die Anzahl der zu einer Batterie in Reihe geschalteten Einzelzellen (1,5 V) an; die Zahl nach den Buchstaben bezeichnet die Zellengröße. Die hinter einem waagerechten Strich nachgestellte Zahl nennt die Anzahl der parallel geschalteten Zellen.

Beispiel: 6 F 50 – 2
Batterie besteht aus 6 in Reihe geschalteten Zellen, Nennsp. 9 V
Flachzelle der Größe 50 (b = 32 mm, l = 32 mm, h = 3,6 mm)
jeweils 2 Zellen parallel geschaltet

Richtmaße der Einzelzellen (ohne Umhüllung)

Rundzellen   **Quadratische Zellen**   **Flachzellen**

mit oder ohne Sicke

Rundzellen

Kurz-zeichen	d mm	h mm	Kurz-zeichen	d mm	h mm	Kurz-zeichen	d mm	h mm
R 06	10	22	R 7	16	17	R 17	25,5	17
R 03	10	44	R 8	16	50	R 18	25,5	83
R 01	11	14	R 9	16	6	R 20	32	61
R 0	11	19	R 10	20	37	R 22	32	75
R 1	11	30	R 12	20	59	R 25	32	91
R 3	13,5	25	R 14	24	49	R 26	32	105
R 4	13,5	38	R 15	24	70	R 40	64	166
R 6	13,5	50						

Quadratische Zellen

Kurz-zeichen	b mm	h mm	Kurz-zeichen	b mm	h mm
S 2	33 × 33	90	S 8	75 × 75	176
S 4	49 × 49	106	S 10	98 × 98	176
S 6	55 × 55	150	S 12	150 × 150	176

Flachzellen

Kurz-zeichen	b mm	l mm	h mm	Kurz-zeichen	b mm	l mm	h mm
F 15	14,5	14,5	3	F 60	32	32	3,8
F 16	14,5	14,5	4,5	F 70	43	43	5,6
F 20	13,5	24	2,8	F 80	43	43	6,4
F 22	13,5	24	6	F 90	43	43	7,9
F 25	23	23	6	F 92	37	54	5,5
F 30	21	32	3,3	F 92.1	37	46	5,5
F 40	21	32	5,3	F 95	37	54	7,9
F 50	32	32	3,6	F 100	45	60	10,4

Genormte Zellen und Batterien

Runde Ausführungen

Kurz-zeichen	Handels-name	Nenn-spannung V	Größtmaße Durch-messer mm	Größtmaße Höhe mm	Anwendung
R 03	Micro-Zelle	1,5	10,5	44,5	Beleucht. Radio
R 1	Lady-Zelle	1,5	12	30	Radio Hörgeräte
R 3	Halbe Mignon	1,5	14,5	25	Hörgeräte
R 6	Mignon-Zelle	1,5	14,5	50,5	Beleucht. Radio
R 9	Knopf-Zelle	1,5	15,5	6,1	Hörgeräte
R 14	Baby-Zelle	1,5	26	50	Beleucht. Radio
R 20	Mono-Zelle	1,5	34	61,5	Blitzlicht
2 R 10	Duplex-Batterie	3	21,5	74	Beleucht.
10 F 15	Klein-anoden-batterie	15	16	35	Blitzlicht, Röhren-geräte
15 F 15		22,5	16	51	
4 F 16		6	16	20	
R 40 AR 40	Columbia-element	1,5	67	172	Signal-anlagen

Eckige Ausführungen (Auswahl)

Kurz-zeichen	Handels-name	Nenn-spannung V	Größtmaße Länge mm	Größtmaße Breite mm	Größtmaße Höhe mm
3 R 12	Normal-Batterie	4,5	62	22	67
6 F 22	—	9	26,5	17,5	48,5
6 F 25	—	9	25,5	25,5	50
6 F 50-2	—	9	34,5	36	70
6 F 100	Compact-Batterie	9	66	52	81
S 2 AS 2	—	1,5	40	40	110
S 4 AS 4	—	1,5	57	57	125
S 8 AS 8	Post-element	1,5	83	83	200

6.10. Galvanische Primärelemente

6.10.3. Primärbatterien

Bezeichnung nach DIN-IEC/Typ	Nennspannung V	Kapazitätsmittelwerte bei Entladung (20 °C) Belastung[1]	Betriebszeit h	Ah	Innerer Widerstand Ω	Gewicht ca. g
Quecksilberoxid-Zink-Zelle						
NR1	1,4	300/12/0,9	200	0,84	0,8 – 1,2	11
Alkali-Mangan-Zelle						
LR1	1,5	300/12/0,9	175	0,7	0,25– 0,4	10
LRO3	1,5	300/12/0,9	200	0,82	0,16– 0,25	11
LR6	1,5	10k/24/1 40/4/0,9	13400 54	1,75 1,64	0,13– 0,2	23
LR14	1,5	4k/24/1 40/4/0,9	17000 180	6,05 5,55	0,1 – 0,2	65
LR20	1,5	1k/24/1 5/2/1,1	7500 23,5	9,63 5,79	0,07– 0,14	127
6LF22	9	900/4/5,4 180/1/5,4	58 10	0,47 0,39	2 – 3	46
Luftsauerstoff-Zelle						
AS4	1,5	50/24/0,85 10/24/0,85	2300 400	52 38,5	0,24– 0,36	350
AR40	1,5	10/24/0,85 5/24/0,85	800 350	80 58,5	0,1 – 0,15	570
5AR40	7,5	500/24/4,5 50/24/4,25	8500 800	85 80	0,6 – 0,9	2800
6AS4	9	600/24/5,4 120/24/5,1	4500 900	50 45	1,0 – 1,6	2000
6AR40	9	600/24/5,4	8500	85	0,8 – 1,2	3120
Leclanché-Zelle						
R1	1,5	300/12/0,9	97	0,39	0,7 – 1,05	7
RO3	1,5	300/12/0,9	100	0,41	0,4 – 0,6	8,5
R6/SD	1,5	10k/24/1 40/4/0,9	8500 33	1,16 1,02	0,36– 0,54	21
R14/SD	1,5	4k/24/1 40/4/0,9	9000 108	3,1 2,44	0,29– 0,44	49
R20/ST	1,5	1k/24/1	4700	6,17	0,2 – 0,3	95
R20/S	1,5	1k/24/1	5500	7,37	0,17– 0,25	95
R20/SD	1,5	1k/24/1	5700	7,68	0,18– 0,28	104
2R10/S	3	150/4/1,8	60	0,95	0,75– 1,1	40
3R12/S	4,5	225/4/2,7	115	1,97	0,77– 1,16	110
6F22/S	9	900/4/5,4	40	0,32	12 – 18	40
S4	1,5	50/24/0,85	800	19,5	0,2 – 0,3	480
3R20Y	4,5	120/4/2,7	170	5,3	0,6 – 0,9	370
4R25	6	10/HIFT[2]/3,6	530	4	0,74– 1,1	600

Baugröße/Typ	Leerlaufspannung V	Nennspannung V	Kapazität bei Entladung (20 °C) Belastung[3]	Ah	Max. Dauerentladestrom mA	Gewicht ca. g
Lithium-Thionylchlorid-Zelle						
R3	3,7	3,4	18k/3	0,85	15	10
R6	3,7	3,4	18k/3	1,75	42	19
R14	3,7	3,4	3,5k/3	5,2	90	52
R20/TL-2300	3,7	3,4	3,5k/3	10,5	135	100
R20/TL-5131	3,7	3,3	30/2	10,5[4]	120[4]	100

[1] Belastung in $\left(\Omega / \frac{h}{Tag} / \text{bis V}\right)$
[2] HIFT = High Industrial Flashlight Test (4 min/h; 8 h/Tag)
[3] Belastung (Widerstand in Ω/bis V)
[4] bei 150 °C

6.11. Galvanische Sekundärelemente

6.11.1. Galvanische Sekundärelemente nach DIN VDE 0510 (1.77)

6.11.1.1. Arten

System der Zelle oder Batterie	Kurzzeichen	Nennspannung V/Zelle	Gasungsspannung V/Zelle	aktive Masse positiv	aktive Masse negativ	Elektrolyt (Dichteangabe bei 20 °C)
Blei	Pb	2,0	etwa 2,4	PbO_2	Pb	verdünnte Schwefelsäure (1,2 bis 1,28 kg/l)
Nickel/Cadmium	Ni/Cd	1,2	etwa 1,55	NiOOH NiOOH	Cd Cd + Fe	verdünnte Kalilauge (1,17 bis 1,3 kg/l)
Nickel/Eisen	Ni/Fe	1,2	etwa 1,7	NiOOH	Fe	verdünnte Kalilauge (1,17 bis 1,3 kg/l)
Silber/Zink [1]	Ag/Zn	1,5	etwa 2,05	AgO	Zn	verdünnte Kalilauge (1,4 kg/l)

[1] Vorwiegend auf Sondergebieten eingesetzt (z. B. Militär); es gelten besondere Vorschriften.

6.11.1.2. Erhaltungsladeströme

Ladeverfahren/Batterieeinsatz	Batterien auf Wasserfahrzeugen [1]	Batterien in Landanlagen, in Landfahrzeugen
Ladeschlußstrom durch Kennlinie der Ladeeinrichtung festgelegt	der größte Wert von: Ladeschlußstrom der Ladeeinrichtung oder 1/4 des höchsten Stromes der Ladeeinrichtung [3]	Ladeschlußstrom der Ladeeinrichtung
Ladeschlußstrom von Hand eingestellt		
Ladeschlußstrom so begrenzt, daß die Gasungsspannung der Batterie nicht überschritten wird	1/4 des höchsten Stromes der Ladeeinrichtung [3]	Pb: 2 A je 100 Ah Nennkapazität [2] Ni/Cd, Ni/Fe: 4 A je 100 Ah Nennkapazität [2] Ag/Zn: 1 A je 100 Ah Nennkapazität [2]
Erhaltungsladen einer Batterie	1 A je 100 Ah Nennkapazität [2]	
Gelegentliches Aufladen (Gasungsspannung nicht überschritten) Batterien, die im belüfteten Raum in Ruhe stehen	1/3 A je 100 Ah Nennkapazität [2]	
Batterien, die im belüfteten Raum entladen werden (Ladung an anderem Ort)		

[1] Nach Vorschriften des Germanischen Lloyd (Seeschiffe) bzw. DIN 89002 Teil 1 (Binnenschiffe).
[2] Nennkapazität bei ortsfesten Bleibatterien 10stündige Kapazität, bei Fahrzeugbatterien und alkalischen Batterien 5stündige Kapazität, bei wartungsfreien Batterien 20stündige Kapazität.
[3] Ladehöchststrom: Nennstrom des Gleichrichters bzw. der Maschine oder Gleichstromnetzspannung in Volt minus Nennspannung der Batterie in Volt dividiert durch den Ladewiderstand in Ohm.

6.11.1.3. Ladekennlinien

Kurzzeichen für Kennlinien und für das Umschalten zwischen Ladearten und Abschalten:

I   Konstantstrom-Kennlinie
U   Konstantspannungs-Kennlinie
W   Fallende Kennlinie
a   Selbsttätige Ausschaltung
O   Selbsttätiger Kennliniensprung
Zusammengesetzte Kurzzeichen entsprechen dem Ladeverlauf, z. B.: IUWa oder WOWa.

Kennlinie: Ia   Wa   U   IU   WOWa

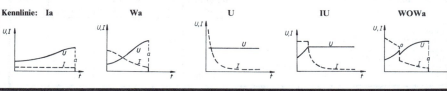

6.11. Galvanische Sekundärelemente

Fortsetzung: Ladekennlinien

Kennlinie	Anwendungsgebiete
I	Blei-Starterbatterien, Nickel/Cadmium(Eisen)-Batterien, nicht gasdichte Batterien und offene Sinter-Batterien.
W	GiS und PzS-Fahrzeugbatterien, Starterbatterien, offene Nickel/Cadmium-Batterien, (nicht GroE).
U	Parallel geschaltete Bleibatterien oder Nickel/Cadmium(Eisen)-Batterien gleicher Zellenanzahl unabhängig von Ladezustand und Kapazität. Gasungsspannung bei Blei- und Silber/Zink-Akkumulatoren nicht überschreiten.
IU	Mehrere parallel geschaltete Fahrzeug-Bleibatterien GiS und PzS, offene Nickel/Cadmium- und Nickel/Eisen-Batterien.
WOW	GiS und PzS-Fahrzeugbatterien, offene Nickel/Cadmium-Batterien.

6.11.2. Bleiakkumulatoren

Bezeichnungen

Zeichen	Beispiel	Bedeutung
Zahl mit Buchstaben V	6 V	Nennspannung
Zahl	4	Zahl der posit. Platten
vorgestellter Buchstabe	0	Platten für ortsfeste Anlagen
Buchstabengruppe	Gro Gi Pz	positive Groß-oberflächenplatte pos. Gitterplatte pos. Panzerplatte
nachgestellter Buchstabe	E S V	Engeinbau Spezialseparation Verschlossene Ausführung
Zahl	72	Kapazität in Ah (meist 10stündige Entladung)
Buchstabe	B	Verbundbatterie
DIN-Norm-Angabe		
kleine Buchstaben	s b	verschweißte Endpole verschraubte Endpole

Beispiel: 8 OPzS 800 DIN 40736 (8.75)
Zelle mit 8 positiven Panzerplatten für ortsfeste Anlagen mit einer Kapazität K_{10} von 800 Ah.

Festgelegte **Nennspannung**: 2 V je Zelle.

Ladespannungen: 2,1 bis 2,75 V je Zelle (positiven Pol der Batterie an den positiven Pol der Gleichstromladeleitung anschließen).

Gasungsspannung: 2,40 bis 2,45 V je Zelle.

Wirkungsgrade
Strommengen-Wirkungsgrad (Ah): 83 bis 90%.
Energie-Wirkungsgrad (Wh): 70 bis 80% (je nach Entladung in 1–20 Stunden).
Ladefaktor (Kehrwert des Strommengen-Wirkungsgrades): 1,1 bis 1,2.

Zulässige Ladestromwerte nach DIN VDE 0510 (1.77)

Die Höhe des **Ladestromes** ist zunächst nicht begrenzt; erst beim Erreichen der Gasungsspannung gelten die folgenden zulässigen **Ladestromhöchstwerte**

Bauart	Nenn-kapazität	Strom in A je 100 Ah Nennkapazität		
		a	b	c
GiS, PzS	K_5	5	8 / 4	2
OPzS	K_{10}	5	7 / 3,5	2
Gro/GroE (ortsfest)	K_{10}	8,5	12 / 6	3
Gro (Fahrzeug)	K_5	10	14 / 7	3
Starter-Batterie	K_{20}	10	12 / 6	2

a = Laden mit konstantem Strom, abschalten bei Volladung (Ia-Kennlinie)
b = Laden mit fallendem Strom und abschalten bei Volladung. Angegeben: Strom bei Gasungsbeginn bei 2,4 V / Zelle / Ladeschlußstrom bei 2,65 V / Zelle (Wa-Kennlinie)
c = Ladeschlußstrom bei 3 Tage Ladedauer

Beim **Entladen** sinkt die Klemmenspannung vom Beginn bis zum Ende der 5stündigen Entladung um 10 bis 15%, dabei soll die festgelegte Entladeschlußspannung nicht unterschritten werden. Entladene Zellen sofort wieder aufladen!

Kapazitäten $K\,1\cdots K\,5$ und **Entladestromstärken** $I\,1\cdots I\,5$ in % der 5stdgen ($K\,5$ bzw. $I\,5 = 100$) bei den **Entladezeiten** $1\cdots 5$ Stunden.

Entladezeit in Stunden		1	2	3	5
Kapazität	%	$K\,1$ 62	$K\,2$ 77	$K\,3$ 87	$K\,5$ 100
Entladestrom	%	$I\,1$ 310	$I\,2$ 190	$I\,3$ 145	$I\,5$ 100

Eigenschaften

Batterieart	Gewicht	Raumbedarf	Preis	Unterhaltungskosten	Lebensdauer Entladungen	
					+ Platten	++ Platten
Gi	gering	gering	niedrig	höher	300···350	600···700
Pz	mittel	mittel	höher	mittel	1000	1000
Gro	hoch	hoch	hoch	gering	1000	2000

Überschlägige Bestimmung des Batteriegewichtes, des Zellenraumes, der Kapazität (bezogen auf die 5stündige kWh-Kapazität) und normale Ladezeit.

Batterieart	Gewicht kg/kWh	Zellenraum dm³/kWh	Kapazität/Zelle kWh	Ladezeit h
bis Gi 800	45···55	17···20	0,14···1,6	7,5
bis Gi 1890	50···70	19···29	0,6···3,7	7,5
bis Pz 1650	59···75	20···29	0,18···3,3	9
bis Gro 1080	93···120	29···38	0,14···2,2	5

6.11. Galvanische Sekundärelemente

6.11.3. Nickel/Cadmium(Eisen)-Akkumulatoren

Bezeichnungen (Zellen und Batterien)

Zeichen	Beispiel	Bedeutung
Erster Buchstabe	D A, AZ, B, BZ, C, CZ, D, DZ	Doppelgefäß (-zelle) Schaltung der Zellen im Träger
Erste Zahl	5	Zellenzahl pro Batterie
Buchstabengruppe	R T TP TN TS TSP FP SP GSZ GSP GNK GHK	positive Röhrchenplatte positive Taschenplatte Taschenplatten in Kunststoffgefäßen (...P) Taschenplatten für Normalentladung Taschenplatten in Stahlgefäßen für Hochstromentladung (Startstrom) Taschenplatten in Kunststoffgefäßen für Hochstromentladung Sinterplatten (F) in Kunststoffgefäßen positive Sinterplatte gasdichte Zelle mit Sinterplatte (Zylinderform) gasdichte Zelle mit Sinterplatte (Prismenform) gasdichte Knopfzelle für Normalentladung gasdichte Knopfzelle für höhere Entladung
Zahl	4,5	Nennkapazität K_5 in Ah
nachgestellter Buchstabe	K H W	Batteriegefäß Kunststoff hoher Elektrolytstand weiter Plattenabstand
DIN-Norm-Angabe		

Nickel/Cadmium-Akkumulatoren nach DIN und IEC

Kennzeichen	DIN	Kennzeichen	IEC-Pub.
T	40771	KPM	623
TP	40771	KPM...P	623
DTN...K	40751		
TS	40771	KPH	623
TSP	40771	KPH...P	623
SP		KSH...P	623
FP		KSX...P	623
GNK	40765	KBL	509
GHK	40768	KBM	509
GSZ	40766	KR...	285−1
GSP	40766	KCH	622

Festgelegte **Nennspannung**: 1,2 V je Zelle.

Ladespannungen:
Nickel-Cadmium-R-Zellen: 1,45 bis 1,85 V/Zelle
Nickel-Cadmium-FN-Zellen: 1,45 bis 1,85 V/Zelle
Nickel-Cadmium-T-Zellen: 1,35 bis 1,80 V/Zelle
Nickel-Eisen-R-Zellen: 1,60 bis 1,85 V/Zelle

Gasungsspannungen:
Nickel-Cadmium-Akkumulator: 1,55 bis 1,60 V/Zelle
Nickel-Eisen-Akkumulator: 1,70 bis 1,75 V/Zelle

Strommengen-Wirkungsgrad (Ah): 71%
Energie-Wirkungsgrad (Wh):   50 bis 60%.

Laden von gasdichten Ni/Cd-Akkumulatoren

Normalladen

Ladenennstrom ist der 10stündige Entladestrom I_{10} (0,1 · C_{10} A), mit dem eine entladene Batterie 14 Stunden lang aufzuladen ist. Es kann aber auch mit kleinerem Strom, z. B. 1/3 · I_{10} in 42 Stunden oder 1/2 · I_{10} in 28 Stunden geladen werden. Gelegentliches Überladen mit dem Nennstrom I_{10} ist zulässig.

Beim Laden mit höheren Strömen gelten die folgenden einzuhaltenden Werte für Zellen mit Sinterelektroden (Buchstabe S in der Bezeichnung):

 9,5 h mit 1,5 · I_{10}
oder 7,0 h mit 2 · I_{10}
oder 4,5 h mit 3 · I_{10}.

Schnelladen

Zellen mit Sinterelektroden sind mit Strömen von 5 bis 10 · I_{10} bei Ladezeiten von 1 bis 2 Stunden und Kapazitäten von ca. 90% Nennkapazität schnelladbar (für manche Typen auch bis zu 20 · I_{10} zulässig).

Bei der Schnelladung wird bis zu einer Zellenspannung von 1,5 bis 1,52 V/Zelle bei 20°C geladen, wobei eine Temperaturkompensation von −4 mV/°C im Temperaturbereich von 0 bis 45°C erforderlich ist; 1,6 V/Zelle darf nicht überschritten werden.

Nach Erreichen der genannten Spannungen muß abgeschaltet werden oder zur Volladung auf einen Nachladestrom von I_{10} umgeschaltet werden.

Am einfachsten durchführbar ist eine Schnelladung nach einer Vorentladung. Dabei wird die Batterie mit 3 bis 4 · I_{10} bis 0,9 V/Zelle restentladen und dann in 1 Stunde mit 10 · I_{10} oder 0,5 Stunden mit 20 · I_{10} zeitabhängig geladen (Ladezeit einhalten!). Als Energiequelle kann z. B. eine 12-V-Starterbatterie verwandt werden, wenn 7 bis 8 Zellen geladen werden sollen.

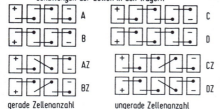

Schaltungen der Zellen in den Trägern

A, B, AZ, BZ — gerade Zellenanzahl
C, D, CZ, DZ — ungerade Zellenanzahl

Beispiel: Bezeichnung einer Zelle mit Taschenplatten (T) im Kunststoffgefäß (P) und einer Nennkapazität von 90 Ah:
Zelle DIN 40771-TP 90.

Masse und Raumbedarf:

Ausführung	R, FN	TN	TK	TS
Wh/kg kg/Wh	26 0,038	23 0,044	21 0,049	17 0,059
Wh/dm³ dm³/Wh	37 0,027	35 0,029	33 0,031	22 0,046

6.11. Galvanische Sekundärelemente

Zylindrische Zellen

Typ-Bezeichnung	150 RS	180 RS	225 RS	501 RS	RSH 1,8	RSH 4
Bezeichnung nach IEC 285-2	KR 15/18	KR 10/44	—	KR 15/51	KR 27/50	KR 35/62
Austauschbar gegen Primärelement (s. S. 6-31)	R 1 Lady	R 03 Micro	R 3 Halbe Mignon	R 6 Mignon	R 14 Baby	R 20 Mono
Nennkapazität $K_{10} = C_{10}$ in Ah	0,15	0,18	0,225	0,5	1,8	4,0
Entlade- und Ladenennstrom $I_{10} = 0,1 \cdot C_{10}$ A in mA	15	18	22,5	50	180	400
Ladezeit in h	14					
Gewicht in g	9	10	11,3	24	67	147
Gleichstromwiderstand in mΩ	105	80	82	35	12	6,5
Wechselstromwiderstand (geladene Zelle bei 1000 Hz) in mΩ	30	25	24	14	8	3,75
Entladestrom $10 \cdot I_{10}$ in A / Entnehmbare Kapazität in Ah / Entladezeit in min	0,15 / 0,135 / 54	0,18 / 0,162 / 54	0,225 / 0,2 / 54	0,5 / 0,45 / 54		
Entladestrom $20 \cdot I_{10}$ in A / Entnehmbare Kapazität in Ah / Entladezeit in min	0,3 / 0,12 / 24	0,36 / 0,144 / 24	0,45 / 0,18 / 24	1 / 0,4 / 24	3,6 / 1,6 / 27	8 / 3,4 / 25,5
Entladestrom $40 \cdot I_{10}$ in A / Entnehmbare Kapazität in Ah / Entladezeit in min					7,2 / 1,53 / 13	16 / 3,2 / 12
Zulässige Belastungen 2 bis 3 min in A / 2 min in A / bis zu 2 s maximal in A	1 / / 2	1,8 / / 3,6	2,2 / / 4,4	5 / / 10	/ 29 / 72	/ 54 / 90

Ni/Cd-Akkumulatoren mit Taschenplatten in Kunststoffgefäßen nach DIN 40771 Teil 1 (12.81)

Bauart T und TP / Bauart TS und TSP

Kurz-zeichen	Nenn-kapazität K_5[1] Ah	Maße für Zellen (max.)				Pole	Gewicht (max.) gefüllt kg
		h_1 mm	h_2 mm	a mm	b mm		
TP 110	110			75	138		7,2
TP 140	140						9,2
TP 165	165						11,5
TP 185	185	375	405			2	12,4
TP 200	200			110	165		13,1
TP 230	230						14,6
TP 275	275			160			17,7
TP 315	315					4	18,4

Poldurchmesser $d = 10$ mm bis TP 55, $d = 20$ mm ab TP 75

TSP 14	14			46	86		1,65
TSP 20	20	240	260				2,1
TSP 30	30			86			3
TSP 40	40					2	3,9
TSP 55	55						5,4
TSP 65	65			60			6
TSP 80	80	330	360	75	138		7
TSP 100	100			105			8,3
TSP 125	125					2 / 4	11,9
TSP 150	150			110			14,3
TSP 185	185	375	405				16,5
TSP 200	200			160	165	4	18
TSP 235	235						21,3

Poldurchmesser $d = 10$ mm bis TSP 40, $d = 20$ mm ab TSP 55

Kurz-zeichen	Nenn-kapazität K_5[1] Ah	Maße für Zellen (max.)				Pole	Gewicht (max.) gefüllt kg
		h_1 mm	h_2 mm	a mm	b mm		
TP 10	10	170	190				1,1
TP 18	18			46			1,7
TP 30	30	240	260		86	2	2,4
TP 40	40			86			2,9
TP 55	55						3,4
TP 75	75	375	405	60			5,4
TP 90	90			75	138		6,2

[1]) Bei (20 ± 2)°C, Entladeschlußspannung 1,1 V/Zelle und Entladenennstrom I_5

6.12. Relais

6.12.1. Kontaktarten nach DIN 41 020 (8.74)

Kontakte werden hinsichtlich der Art und der Betätigungsfolge durch Kurzzeichen bezeichnet. Dabei wird von unbetätigten Kontakten (Ruhestellung) ausgegangen.

Die Kontakte eines Kontaktfedersatzes werden in Betätigungsrichtung fortlaufend bezeichnet, ist keine Betätigungsrichtung angegeben, wird von links nach rechts bezeichnet. Bei zwei Betätigungsrichtungen wird der Ausgangspunkt gekennzeichnet und nach links und rechts bezeichnet.

Wenn aus schaltungstechnischen Gründen erforderlich, werden Folgebetätigungen von Kontakten bezeichnet. Bei zusammengesetzten Kontakten wird gekennzeichnet, welche Kontakte getrennt sind.

Zeichen	Bedeutung
−	Der Kontakt vor diesem Zeichen ist vom Kontakt nach dem Zeichen getrennt.
+	Der Kontakt vor diesem Zeichen ist vom Kontakt nach dem Zeichen getrennt; der in Betätigungsrichtung vor diesem Zeichen stehende Kontakt wird zuerst betätigt.
$\lessgtr$	Die Spitze zeigt auf den zuerst betätigten Kontakt bzw. auf die zuerst betätigte Seite.
( )	Ausgangspunkt der Betätigung bei zwei gleichzeitigen Betätigungsrichtungen.
) (	Ausgangspunkt der Betätigung bei zwei Betätigungsrichtungen, jede für sich allein betätigt.
×	Mittelfeder des Verbundkontaktes wird nach beiden Richtungen betätigt.

Beispiele

Benennung	Kurzzeichen	Kontaktbild	Schaltzeichen
Grundkontakte			
Schließer	1		
Öffner	2		
Verbundkontakte mit einer Betätigungsrichtung			
Zwillingsschließer	11		
Wechsler	12		
Wechsler	21		
Folgewechsler	1 < 2 [1]		

Verbundkontakte mit zwei Betätigungsrichtungen
Beide Betätigungsrichtungen gleichzeitig

1 (22) 1		

Betätigungsrichtung links vor rechts

2 (< 1) 2		

Betätigungsrichtung rechts vor links

1 (2 > 2) 1		

Jede Betätigungsrichtung für sich allein

11) × (11 [2])		

Zusammengesetzte Kontakte, eine Betätigungsrichtung

11 − 1		
11 + 1		

Zusammenges. Kontakte mit zwei Betätigungsrichtungen
Beide Betätigungsrichtungen gleichzeitig

1 (−) 1		

Betätigungsrichtung links vor rechts

1 (<−) 1		

Betätigungsrichtung rechts vor links

1 (−>) 1		

Jede Betätigungsrichtung für sich allein

1) − (1		

[1]) Sprich: Eins vor zwei

[2]) Sprich: Eins, eins, Klammer zu, ×, Klammer auf, eins, eins

6.12. Relais

6.12.2. Relaiszeiten (Zeitverhalten)

Die Vorgänge beim Betätigen eines Relais verlaufen nicht schlagartig. Das Funktionsdiagramm zeigt für einige Kontaktarten unverzögerter Schaltrelais die verschiedenen Zeiten.

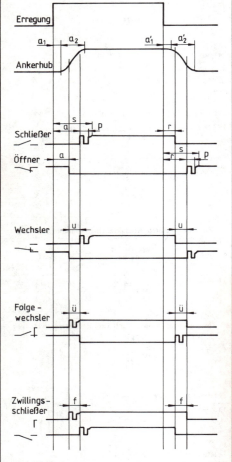

a Ansprechzeit: Zeit zwischen dem Anlegen der Ansprecherregung und dem ersten Schließen eines Schließers oder dem ersten Öffnen eines Öffners bei einem unverzögerten Relais.

a_1, a'_2 **Anlaufzeit:** Zeit zwischen dem Anlegen der Ansprecherregung und dem Beginn der ersten Ankerbewegung.

a_2, a'_2 **Hubzeit:** Zeit vom Beginn der ersten Ankerbewegung bis zum Erreichen der Ankerendlage.

r Rückfallzeit: Zeit zwischen dem Anlegen der Rückfallerregung und dem ersten Öffnen eines Schließers oder dem ersten Schließen eines Öffners bei einem unverzögerten Relais.

p Prellzeit: Zeit vom ersten bis zum letzten Schließen eines Relaiskontaktes.

s Stabilisierungszeit: Zeit zwischen dem Anlegen eines festgelegten Erregungswertes und dem Zeitpunkt, zu dem ein Kontaktkreis festgelegte Anforderungen erfüllt.

u Umschlagzeit: Zeit, während der beide Kontakte eines Wechslers offen sind.

ü Überlappungszeit: Zeit, während der beide Kontakte eines Folgewechslers geschlossen sind.

f Flugzeit: Zeit zwischen dem Schließen des ersten und dem anschließenden Schließen des zweiten Kontaktes in einem Verbundkontakt.

6.12.3. Anschlußbezeichnungen an Schaltrelais nach DIN 46199 Teil 4 (8.70)

Seitenbezeichnungen: „links" und „rechts" gelten bei untenliegender Spule bei Blickrichtung auf die Anschlüsse des Relais.

Platzziffern: Die Kontaktglieder (Schaltglieder) werden – mit 1 beginnend – von links nach rechts gezählt; bei Anordnung der Kontaktglieder in mehreren Ebenen übereinander beginnt die Zählung in der der Anbaufläche am nächsten gelegenen Ebene (im allgemeinen am Joch).

Funktionsziffern: Die Zuordnung der Funktionsziffer ist konstruktionsbedingt.

Spulenanschlüsse: a liegt links, b liegt rechts.

Kennzahl: Anzahl und Art der Kontakte wird durch eine meist dreistellige Kennzahl angegeben. Die erste Ziffer bezeichnet die Anzahl der Schließer, die zweite Ziffer die Anzahl der Öffner und die dritte Ziffer die Anzahl der Wechsler.

Beispiel: Kennzahl 2 0 3

2 Schließer
keinen Öffner
3 Wechsler

6.12.4. Technische Daten einiger wichtiger Relaistypen

	Bistabiles Relais	Stromstoßrelais	Einstellbares Zeitrelais	Reed-Umschaltrelais
Typ	S	VS + S2L2	TS	DRC
Kontaktzahl	4	2	4	2
Bauvolumen cm³	3,5	3,9	12,3	1,7
Schaltleistungsbereich VA	10^{-10} ... 1000	10^{-10} ... 1000	10^{-10} ... 1000	10^{-10} ... 60
Ansprech-(Verzögerungs-)zeit ms	8	8	30 ... 10^5	1
Spannungsfestigkeit Kontakt/Masse V_{eff}	1500	1500	1500	1500
Zahl der integrierten Funktionen	7	7	8	10
Betriebsenergie bei 1 s ED Ws	0,1	0,2	0,24	0,0009
Effizienz bei 10^5 Schaltungen	11400	3850	1350	78000

Der Durchgangs-/Kontaktwiderstand liegt bei den angegebenen Relaistypen bei 40 ... 50/20 ... 30 mΩ.

Die Effizienz η stellt eine Beziehung zwischen Aufwand und Ertrag dar:

$$\eta = \frac{\text{Anzahl der Kontakte} \times \text{Schaltleistung (W)}}{\text{Betriebsenergie (Ws)} \times \text{Bauvolumen (cm}^3\text{)}}$$

In obiger Tabelle ist die Effizienz auf 10^5 Schaltspiele und 95%ige Zuverlässigkeit bezogen.

7. Elektrische Maschinen

7.1. Dreiphasenwechselstrom (Drehstrom)

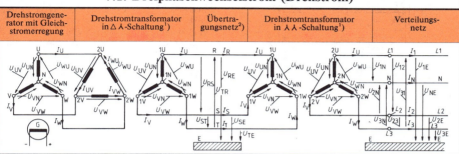

Beispiel einer Drehstromübertragung

Begriffe nach DIN 40 108 (5.78)

Drehstromsystem ist die übliche Bezeichnung für ein dreiphasiges Wechselstromsystem.
Phase ist der augenblickliche Schwingungszustand eines periodischen Schwingungsvorgangs.
Phasenfolge ist in einem Mehrphasensystem die zeitliche Reihenfolge, in der die gleichartigen Augenblickswerte der Spannungen in den einzelnen Strombahnen nacheinander auftreten.
Mittelpunkt, bei einem Mehrphasensystem auch **Sternpunkt** genannt, ist ein Anschlußpunkt, von dem in Anordnung und Wirkung gleichwertige Stränge eines Systems ausgehen.
Außenleiter ist ein Leiter, der an einem Außenpunkt angeschlossen ist, z. B. $L1$, $L2$ und $L3$.
Neutralleiter ist ein Leiter, der an einem Mittelpunkt oder Sternpunkt angeschlossen ist.
Mittelleiter ist ein Neutralleiter, der an einem Mittelpunkt angeschlossen ist.
Nulleiter ist ein unmittelbar geerdeter Leiter, meist der Neutralleiter.
Strang ist die Strombahn in einem Mehrphasensystem, in der Strom einer Phase (in der Bedeutung von Schwingungszustand) fließt.

Außenleiterspannung ist die Spannung zwischen zwei Außenleitern mit zeitlich aufeinanderfolgenden Phasen, z. B. U_{UV}, U_{VW} und U_{WU}.
Dreieckspannung ist der effektive Nennwert der Außenleiterspannung eines Drehstromsystems.
Außenleiter-Mittelleiterspannung ist die Spannung zwischen einem Außenleiter und dem Mittelleiter (Mittelpunkt), z. B. U_{UN}, U_{VN}, U_{WN}.
Sternspannung ist die Spannung zwischen einem Außenleiter und dem Sternpunkt.
Strangspannung ist die Spannung zwischen den Enden eines Stranges, unabhängig davon, in welcher Schaltung die Stränge zusammengeschlossen sind.
Mittelpunktspannung ist die Spannung zwischen einem Mittelpunkt (Mittelleiter) und einem Punkt mit festgelegtem Potential, z. B. der Bezugserde.
Sternpunktspannung ist die Spannung zwischen einem Sternpunkt und einem Punkt mit festgelegtem Potential, z. B. der Bezugserde.
Dreieckstrom ist eine andere Bezeichnung für den Strangstrom in Dreieckschaltung.
Sternstrom ist eine andere Bezeichnung für den Strangstrom bei Mehrphasensystemen in Sternschaltung.

Sternschaltung   Dreieckschaltung
mit symmetrischer Belastung

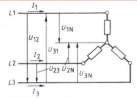 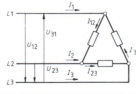

$I = I_{Str}$
$U = U_{Str} \cdot \sqrt{3}$
$S = 3 \cdot U_{Str} \cdot I = \sqrt{3} \cdot U \cdot I$

$P = 3 \cdot U_{Str} \cdot I \cdot \cos\varphi = \sqrt{3} \cdot U \cdot I \cdot \cos\varphi$
$Q = 3 \cdot U_{Str} \cdot I \cdot \sin\varphi = \sqrt{3} \cdot U \cdot I \cdot \sin\varphi$

$I = I_{Str} \cdot \sqrt{3}$
$U = U_{Str}$
$S = 3 \cdot U \cdot I_{Str} = \sqrt{3} \cdot U \cdot I$

$P = 3 \cdot U \cdot I_{Str} \cdot \cos\varphi = \sqrt{3} \cdot U \cdot I \cdot \cos\varphi$
$Q = 3 \cdot U \cdot I_{Str} \cdot \sin\varphi = \sqrt{3} \cdot U \cdot I \cdot \sin\varphi$

mit U Außenleiterspannung U_{12}, U_{23}, U_{31}
U_{Str} Strangspannung U_{1N}, U_{2N}, U_{3N}
I Außenleiterstrom I_1, I_2, I_3
I_{Str} Strangstrom I_{12}, I_{23}, I_{31}

$\sqrt{3}$ Verkettungsfaktor
S Scheinleistung
P Wirkleistung
Q Blindleistung

[1]) Nach DIN 40 108 (5.78); die Spannungszeiger weichen aus Gründen einer übersichtlicheren Darstellung von DIN 40 714 Teil 1 ab.
[2]) Als Beispiel für Bezeichnung in alten Anlagen.

7.2. Leistungsschilder nach DIN 42961 (6.80)

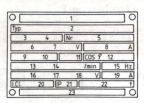

Felder-Erklärung

1 **Hersteller**
2 **Typ**, bei Normmotoren zusätzlich Baugröße
3 **Stromart**
   Schaltz. nach DIN 40700 Teil 4 (s.S. 5-1)
4 **Art der Maschine**
   z.B. Generator   Gen.
   Motor   Mot.
   Blindleistungsmaschine   Bl. M.
   Umformer   U.
5 **Fertigungsnummer** (oder Typ-Kennz.) **und Herstellungsjahr**
6 **Schaltungsart** der Wicklung von Wechselstrommaschinen, Schaltz. n. DIN 40710 (s.S. 5-37)
7 **Nennspannungen**
8 **Nennstrom**
9 **Nennleistung**
10 **Einheit und Leistung**
11 **Nennbetriebsarten**
   Abk. und Bed. entsprechend VDE 0530 (s.S. 7-3)

12 **Leistungsfaktor**
   Bei blindleistungsaufnehmenden Synchron- und Blindleistungsmaschinen ist das Zeichen „u" für untererregt hinzugefügt.
13 **Drehrichtung** nach DIN 57530 (s.S. 7-6)
14 **Nenndrehfrequenz** und wenn notwendig zulässige Überdrehfrequenz bzw. Schleuderdrehfrequenz und im Betrieb höchstzulässige Höchstdrehfrequenz.
15 **Nennfrequenz** bei Wechselstrommaschinen
16 **Erregung** oder Err
   bei Gleichstrommaschinen, Synchronmaschinen oder Einanker-Umformern
17 **Schaltungsart** (Schaltzeichen) der Läuferwicklung, wenn keine Dreiphasenwicklung vorliegt.
18 **Nennerregerspannung**
   bei Gleichstrom- und Synchronmaschinen
19 **Erregerstrom** für Nennbetrieb
   bei Gleichstrom- und Synchronmaschinen
20 **Isolierstoffklasse**
   Kennbuchstaben nach VDE 0530 und 0532 oder Grenz-Übertemperatur.
   Bei unterschiedlicher Ausführung ist zunächst die Isolierstoffklasse der Ständerwicklung und dann - durch Schrägstrich getrennt – die der Läuferwicklung anzugeben.
21 **Schutzart**
   Kennbuchstaben für Berührungs-, Fremdkörper- und Wasserschutz nach DIN IEC 34 T 5 (s.S. 7-4).
22 **Gewicht** (ungefähr) in t bei Maschinen mit einem Gesamtgewicht über 1 t.
23 **Zusätzliche Vermerke**
   z.B. Kühlmittelmenge bei Fremdkühlung, Trägheitsmoment oder Trägheitskonstant, Jahr der Reparatur usw.

7.3. Betriebsarten nach VDE 0530 (12.84)

Kennzeichnung

Unter **Betrieb** versteht man die Festlegung der Belastung für die Maschine einschließlich ihrer zeitlichen Dauer und Reihenfolge sowie gegebenenfalls einschließlich Anlauf, elektrisches Bremsen, Leerlauf und Pausen.

Eine Betriebsart kann durch ein Kennzeichen der folgenden Seite gekennzeichnet werden.

Beispiel: S1 oder DB
   für Maschinen, die für Nenn-Dauerbetrieb, d.h. allgemeine Zwecke, hergestellt sind.

Bei der Betriebsart S2 folgt nach dem Kurzzeichen S2 die Angabe der Betriebsdauer.

Beispiel: S2 30 min

Bei den Betriebsarten S3 und S6 folgt nach dem Kurzzeichen die Angabe der relativen Einschaltdauer und der Spieldauer, falls sie von 10 min abweicht.

Beispiele: S3 30%   S6 40%

Bei den Betriebsarten S4 und S5 werden diese Kurzzeichen erweitert um die Angabe der relativen Einschaltdauer sowie das Trägheitsmoment des Motors (J_M) und das Trägheitsmoment der Last (J_{ext}), beide auf die Motorwelle bezogen.

Beispiel: S4 25% $J_M = 0{,}15\,kg\,m^2$ $J_{ext} = 0{,}8\,kg\,m^2$

Bei der Betriebsart S7 wird das Kurzzeichen erweitert um das Trägheitsmoment des Motors (J_M) und das Trägheitsmoment der Last (J_{ext}), beide auf die Motorwelle bezogen.

Beispiel: S7 $J_M = 0{,}4\,kg\,m^2$ $J_{ext} = 7{,}2\,kg\,m^2$

Bei der Betriebsart S8 wird das Kurzzeichen erweitert um das Trägheitsmoment des Motors (J_M) und das Trägheitsmoment der Last (J_{ext}), beide auf die Motorwelle bezogen, sowie die Last, die Drehfrequenz und die relative Einschaltdauer für jede in Frage kommende Drehfrequenz.

Beispiel: S8 $J_M = 0{,}4\,kg\,m^2$ $J_{ext} = 7{,}2\,kg\,m^2$
   15 kW   740 min^{-1} 30%
   25 kW   980 min^{-1} 40%
   40 kW 1460 min^{-1} 30%

Folgt der Nennleistung keine Kennzeichnung, so gilt Nenn-Dauerbetrieb.

In den Abbildungen verwendete Formelzeichen:

P	Leistung	t_A	Anlaufzeit
P_V	Verluste	t_B	Belastungszeit
n	Drehfrequenz	t_{Br}	Bremszeit
ϑ	Temperatur	t_L	Leerlaufzeit
ϑ_{max}	höchste Temperatur	t_r	relative Einschaltdauer
t	Zeit	t_{St}	Stillstandszeit

7.3. Betriebsarten nach VDE 0530 (12.84)

Dauerbetrieb (S 1)

Ein Betrieb mit konstanter Belastung P, dessen Dauer ausreicht, den thermischen Beharrungszustand zu erreichen.

Kurzzeitbetrieb (S 2)

Die Betriebsdauer mit konstanter Belastung P reicht nicht aus, um den thermischen Beharrungszustand zu erreichen. In der Pause erfolgt Abkühlung, bis Maschinen- und Kühlmitteltemperatur höchstens um 2 K voneinander abweichen.

Aussetzbetrieb (S 3)

Der Betrieb ist eine Folge gleichartiger Spiele mit konstanter Nennlast und Stillstandszeit. Der Anlaufstrom beeinflußt die Erwärmung nicht merklich.

$$t_r = \frac{t_B}{t_B + t_{St}} \cdot 100\%$$

Aussetzbetrieb mit Einfluß des Anlaufvorgangs (S 4)

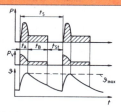

Betriebsart mit einer Folge gleichartiger Spiele aus merklicher Anlaufzeit, Zeit mit konstanter Belastung und Pause.

$$t_r = \frac{t_A + t_B}{t_A + t_B + t_{St}} \cdot 100\%$$

Aussetzbetrieb mit elektrischer Bremsung (S 5)

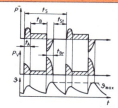

Betriebsart mit einer Folge gleichartiger Spiele aus merklicher Anlaufzeit, Zeit mit konstanter Belastung, Zeit schneller elektrischer Bremsung und Pause.

Ununterbrochener periodischer Betrieb mit Aussetzbelastung (S 6)

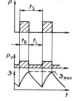

Der Betrieb ist eine Folge gleichartiger Spiele aus Zeit mit konstanter Belastung und Leerlaufzeit. Es tritt keine Pause auf.

$$t_r = \frac{t_B}{t_B + t_L} \cdot 100\%$$

Ununterbrochener periodischer Betrieb mit elektrischer Bremsung (S 7)

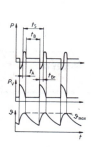

Der Betrieb ist eine Folge gleichartiger Spiele aus merklicher Anlaufzeit, Zeit mit konstanter Belastung und Zeit mit schneller elektrischer Bremsung. Es tritt keine Pause auf.

Ununterbrochener periodischer Betrieb mit Drehfrequenzänderung (S 8)

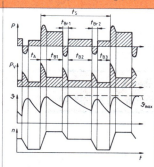

Folge gleichartiger Spiele aus Zeit mit konstanter Belastung und bestimmter Drehfrequenz; anschließend Zeit(en) mit anderer konstanter Drehfrequenz und Belastung.

Ununterbrochener Betrieb mit nichtperiodischer Last- und Drehfrequenzänderung (S 9)

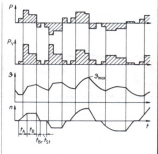

Belastung und Drehfrequenz ändern sich innerhalb des zulässigen Betriebsbereiches nichtperiodisch; häufig auftretende Belastungsspitzen können weit über der Nennleistung liegen.

7.4. IP-Schutzarten für umlaufende elektrische Maschinen nach DIN IEC 34 Teil 5 (11.83)

Erste Kennziffer	Berührungs- und Fremdkörperschutz Schutzgrad	Zweite Kennziffer	Wasserschutz Schutzgrad
0	Kein besonderer Schutz.	0	Kein besonderer Schutz.
1	Schutz gegen Eindringen von festen Fremdkörpern mit einem Durchmesser größer als 50 mm (große Fremdkörper). Schutz gegen zufälliges oder versehentliches Berühren von unter Spannung stehenden Teilen und gegen Annäherung an solche Teile sowie gegen Berühren sich bewegender Teile innerhalb des Gehäuses mit einer großen Körperfläche (z. B. Hand); aber kein Schutz gegen absichtlichen Zugang zu diesen Teilen.	1	Senkrecht fallendes Tropfwasser darf keine schädliche Wirkung haben.
		2	Senkrecht fallendes Tropfwasser darf keine schädliche Wirkung haben, wenn die Maschine um einen Winkel bis 15° gegenüber ihrer normalen Lage gekippt ist.
		3	Sprühwasser, das in einem Winkel bis zu 60° von der Senkrechten fällt, darf keine schädliche Wirkung haben.
2	Schutz gegen Eindringen von festen Fremdkörpern mit einem Durchmesser größer als 12 mm (mittelgroße Fremdkörper). Schutz gegen Berühren von unter Spannung stehenden Teilen und gegen Annähern an solche Teile sowie gegen Berühren sich bewegender Teile innerhalb des Gehäuses mit den Fingern oder ähnlichen Gegenständen nicht länger als 80 mm.	4	Wasser, das aus allen Richtungen gegen die Maschine spritzt, darf keine schädliche Wirkung haben.
		5	Ein Wasserstrahl aus einer Düse, der aus allen Richtungen gegen die Maschine gerichtet wird, darf keine schädliche Wirkung haben.
3	Schutz gegen Eindringen von festen Fremdkörpern mit einem Durchmesser größer als 2,5 mm (kleine Fremdkörper). Schutz gegen Berühren von unter Spannung stehenden Teilen und gegen Annähern an solche Teile sowie gegen Berühren sich bewegender Teile innerhalb des Gehäuses mit Werkzeugen oder Drähten mit einer Dicke größer als 2,5 mm.	6	Wasser durch schwere Seen oder Wasser in starkem Strahl darf nicht in schädlichen Mengen in das Gehäuse eindringen.
		7	Wasser darf nicht in schädlichen Mengen eindringen, wenn die Maschine unter festgelegten Druck- und Zeitbedingungen in Wasser getaucht wird.
		8	Die Maschine ist geeignet zum dauernden Untertauchen in Wasser bei Bedingungen, die durch den Hersteller zu beschreiben sind.
4	Schutz gegen Eindringen von festen Fremdkörpern mit einem Durchmesser größer als 1 mm (kornförmige Fremdkörper). Schutz gegen Berühren von unter Spannung stehenden Teilen und gegen Annähern an solche Teile sowie gegen Berühren sich bewegender Teile innerhalb des Gehäuses mit Drähten oder Bändern mit einer Dicke größer als 1 mm.		
5	Schutz gegen schädliche Staubablagerungen im Innern. Vollständiger Berührungsschutz.		
6[1]	Schutz gegen Eindringen von Staub. Vollständiger Berührungsschutz.		

Kurzzeichen

Das Kurzzeichen für die Schutzart besteht aus den Buchstaben IP und zwei nachfolgenden Ziffern für die Schutzgrade. Beispiel: IP 21

Wenn die Schutzart nur für einen einzelnen Schutzgrad angegeben wird, so ist anstelle der fehlenden Kennziffer der Buchstabe X zu setzen. Beispiel: IP X5 oder IP 2X

Für besondere Anwendungen kann den Kennziffern ein Buchstabe nachgestellt werden. Beispiel: IP 55S.

Der Zusatzbuchstabe gibt an, ob der Schutz gegen schädlichen Wassereintritt bei stillstehender Maschine (S) oder bei laufender Maschine (M) nachgewiesen oder geprüft wurde.

Gegenüber den IP-Schutzarten für elektrische Betriebsmittel nach DIN 40050 (7.80) enthält DIN IEC 34 (11.83) Ergänzungen für die besonderen Belange der umlaufenden elektrischen Maschinen. Hierzu gehören insbesondere der Schutz „... bei Annäherung an unter Spannung stehende oder sich bewegende Teile". Die international am häufigsten verwendeten Schutzarten sind: IP 12, IP 21, IP 22, IP 23, IP 44, IP 54 und IP 55.

7.5. Ermittlung der Übertemperaturen von Wicklungen nach VDE 0530 (12.84)

Zur Ermittlung von Wicklungstemperaturen einer Maschine ist grundsätzlich das Widerstandsverfahren anzuwenden. Die Temperatur wird hierbei aus der Widerstandszunahme berechnet.

Die Übertemperatur $\vartheta_2 - \vartheta_a$ wird für Kupfer-Wicklungen nach folgender Zahlenwertgleichung ermittelt:

$$\frac{\vartheta_2 + 235}{\vartheta_1 + 235} = \frac{R_2}{R_1}$$

Daraus folgt: $\vartheta_2 - \vartheta_a = \frac{R_2 - R_1}{R_1}(235 + \vartheta_1) + \vartheta_1 - \vartheta_a$

Hierin bedeuten:

ϑ_2 Temperatur der Wicklung am Ende der Prüfung in °C

ϑ_1 Temperatur der kalten Wicklung zum Zeitpunkt der Anfangsmessung in °C

ϑ_a Temperatur des Kühlmittels am Ende der Prüfung in °C

R_2 Widerstand der Wicklung am Ende der Prüfung

R_1 Widerstand der Wicklung bei der Temperatur ϑ_1 im kalten Zustand

[1]) Die erste Kennziffer 6 ist nur Bestandteil von DIN 40050.

7.6. Grenz-Übertemperaturen in K von indirekt mit Luft gekühlten Maschinen nach VDE 0530 (12.84)

Ermittlung der Übertemperaturen nach dem Widerstandsverfahren

	Maschinenteil	Isolierung nach Klasse					
		Y	A	E	B	F	H	C
1	Alle Wicklungen, mit Ausnahme von 2, 3 und 4	nicht festgelegt	60	75	80	105	125	nicht festgelegt
2	Wechselstromwicklungen von Maschinen < 600 W (VA) sowie Maschinen mit Eigenkühlung, ohne Lüfter (IC 40) Wechselstromwicklungen der übrigen Maschinen mit P_N < 200 kW (kVA)		65 60	75 75	85 80	110 105	130 125	
3	Feldwicklungen von Vollpolläufer-Synchronmaschinen mit in Nuten eingebetteter Gleichstromwicklung				90	110	135	
4	Einlagige Feldwicklungen mit freiliegender blanker oder lackierter Metalloberfläche und einlagige Kompensationswicklungen		65	80	90	110	135	
5	Eisenkerne und andere Teile, die mit Wicklungen Berührung haben		60	75	80	100	125	
6	Kommutatoren und Schleifringe		60	70	80	90	100	
7	Dauernd kurzgeschlossene nicht isolierte Wicklungen, Eisenkerne und andere Teile, die mit Wicklungen nicht in Berührung sind	Die Grenz-Übertemperaturen dürfen Isolationen und andere benachbarte Teile nicht gefährden						
	Den Isolierstoffklassen zugeordnete Grenztemperaturen in °C	90	105	120	130	155	180	>180

Die Werte gelten für eine maximale Eintrittstemperatur des Kühlmittels von 40 °C und eine Aufstellungshöhe unter 1000 m.

7.7. Toleranzen elektrischer Maschinen nach VDE 0530 (12.84)

Nenngröße	Art der Maschine	zulässige Abweichung			
Drehfrequenz		$\dfrac{P_N}{n/1000}$	< 0,67	≥ 0,67 ... 2,5	≥ 2,5 ... 10	≥ 10
bei Nennlast in betriebswarmem Zustand	Nebenschlußmotor Reihenschlußmotor Doppelschlußmotor		± 15 % ± 20 %	± 10 % ± 15 %	± 7,5 % wie beim Reihenschlußmotor oder nach Vereinbarung	± 5 % ± 7,5 %
	Drehstrom-Kommutatorm. mit Nebenschlußverhalten	− 3 % der synchronen Drehfrequenz bei Höchstdrehfrequenz + 3 % der synchronen Drehfrequenz bei Mindestdrehfrequenz			
Drehfrequenzänderung zwischen Leerlauf und Nennlast	Gleichstrommotoren mit Nebenschluß- oder Doppelschlußverhalten	± 20 % der gewährleisteten Drehfrequenzänderung; mindestens ± 2 % der Nenndrehfrequenz			
Wirkungsgrad	Elektromotoren allgemein	bei indirekter Ermittlung P_N ≤ 50 kW: − 0,15 (1 − η) P_N > 50 kW: − 0,1 (1 − η) bei direkter Messung − 0,15 (1 − η)			
Schlupf	Induktionsmotoren	P_N ≥ 1 kW (kVA): ± 20 % des gewährleisteten Schlupfes P_N < 1 kW (kVA): ± 30 % des gewährleisteten Schlupfes			
cos φ	Induktionsmaschinen	$-\dfrac{1-\cos\varphi}{6}$; mindestens 0,02; höchstens 0,07			
Anzugsstrom	Käfigläufer Synchronmotoren	± 20 % des gewährleisteten Anzugsstromes; keine Begrenzung nach unten			
Anzugsmoment	Induktionsmotoren und Synchronmotoren	− 15 % und + 25 % des gewährleisteten Anzugsmomentes + 25 % bei Vereinbarung			
Kippmoment	Induktionsmotoren Synchronmotoren	− 10 % des gewährleisteten Wertes bei M_K ≥ 1,6 M_N sowie bei Käfigläufern in Sonderausführung und I_A < 4,5 I_N; M_K ≥ 1,5 M_N − 10 % des gewährleisteten Wertes bei M_K ≥ 1,35 M_N bzw. bei Schenkelpolausführung M_K ≥ 1,5 M_N			
Sattelmoment	Induktionsmotoren	− 15 % des gewährleisteten Wertes			
Trägheitsmoment		± 10 % des gewährleisteten Wertes			

7.8. Anschlußbezeichnungen und Drehsinn von umlaufenden elektrischen Maschinen nach DIN 57530 Teil 8 (2.83)

1. Grundregeln für Anschlußbezeichnungen

Ohne Zwischenraum sind Zahlen und lat. Großbuchstaben aneinandergefügt. Jedem Wicklungsstrang ist ein Buchstabe zugeordnet. Eine nachgestellte Zahl kennzeichnet Anfang, Ende und Zwischenanzapfungen.

Der Anfang wird mit einer nachgestellten 1, das Ende mit einer nachgestellten 2 bezeichnet. Anzapfungen sind fortlaufend, beginnend mit 3 bei der dem Anfang nächstgelegenen Anzapfung, mit einer nachgestellten Zahl numeriert.

Wicklungsstränge mit ähnlicher Aufgabe, die räumlich getrennt sind oder verschiedenen Stromsystemen angehören, werden mit dem gleichen Buchstaben bezeichnet und durch eine vorangestellte Zahl unterschieden.

Sind Mißverständnisse ausgeschlossen, so können vorangestellte und/oder nachgestellte Zahlen weggelassen werden.

Für Informationszwecke sind die Bezeichnungen von Wicklungsenden, die nicht als äußere Klemmen oder Anschlußenden für den Netzanschluß bestimmt sind, in Klammern angegeben.

2. Drehsinn

Die Drehrichtung wird durch Blick auf die Stirnseite des einzigen Wellenendes oder bei Maschinen mit zwei Wellenenden auf die des dickeren Wellenendes festgestellt.

Bei Maschinen mit zwei Wellenenden gleicher Dicke oder ohne Wellenenden wird die Drehrichtung festgestellt durch Beobachtung
a) der dem Kommutator oder den Schleifringen abgewendeten Maschinenseite, wenn Kommutator oder Schleifringe nur auf einer Maschinenseite angebracht sind;
b) der Maschinenseite, an der die Schleifringe angebracht sind, wenn Kommutator und Schleifringe auf unterschiedlichen Seiten angebracht sind.

Die Drehrichtung im Uhrzeigersinn gilt als Rechtslauf.

3. Kommutatorlose Wechselstrommaschinen

Wicklung		Kennbuchstabe					
		neu Strang			Stern-	alt Strang		
		1	2	3	punkt	1	2	3
primär	Anfang	U1	V1	W1	N	U	V	W
	Ende	U2	V2	W2		X	Y	Z
sekundär	Anfang	K1	L1	M1	Q	u	v	w
	Ende	K2	L2	M2		x	y	z

Für andersartige Wicklungen dürfen die Buchstaben R, S, T, X, Y und Z verwendet werden.

Für Gleichstrom durchflossene Erregerwicklungen ist der Buchstabe F zu verwenden.

Bei einem System mit mehr als drei Strängen kann die Unterscheidung auch durch die vorangestellte Zahl erfolgen.

Beispiele:
a) b)

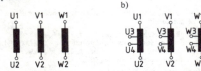

Dreiphasen-Asynchronmotor mit Käfigläufer
a) mit offenen und b) mit angezapften Wicklungen

c)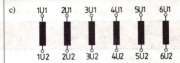

Sechsphasen-Asynchronmotor mit Käfigläufer

d) e)

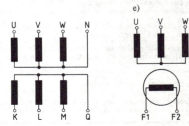

Dreiphasen-Asynchronmotor mit Schleifringläufer

Dreiphasen-Wechselstromgen. mit Gleichstromerr. im Läufer

Entspricht die alphabetische Folge der Buchstaben in den Anschlußbezeichnungen (z. B. U1, V1, W1) der zeitlichen Phasenfolge der Spannungen (L1, L2, L3), so ergibt sich als **Drehsinn** Rechtslauf.

4. Gleichstrommaschinen

Kennbuchstabe		Wicklung
neu	alt	
A1 A2	A B	Ankerwicklung
B1 B2	G H	Wendepolwicklung
C1 C2	G H	Kompensationswicklung
D1 D2	E F	Reihenschluß-Erregerwicklung
E1 E2	C D	Nebenschluß-Erregerwicklung
F1 F2	I K	Fremderregungs-Erregerwicklung
H1 H2	–	Hilfswicklung in der Längsachse
I1 I2	–	Hilfswicklung in der Querachse

Beispiele:
a)

Läuferwicklung mit symm. geschalteter Wendepol- und Kompensationswicklung

b)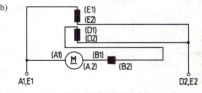

Gleichstrom-Nebenschlußmotor mit Hilfsreihenwicklung und Wendepolwicklung

Werden Läufer- und Erregerwicklung in gleicher Folge der nachgestellten Zahl in der Anschlußbezeichnung (z. B. vom Wicklungsanfang zum Wicklungsende) vom Strom durchflossen, so ergibt sich als Drehsinn Rechtslauf.

7.9. Bauformen und Aufstellung von umlaufenden elektrischen Maschinen
Code I DIN IEC 34 Teil 7 (4.83)

Kurzz.	Bild	Erklärung	Kurzz.	Bild	Erklärung
		2 Lagerschilde, mit Füßen	V 3		Befestigungsflansch oben auf der Antriebsseite; Zugang von der Gehäuseseite
B 3		Aufstellung auf Unterbau			
B 35		Aufstellung auf Unterbau mit zusätzlichem Befestigungsflansch; Zugang von der Gehäuseseite	V 4		Befestigungsflansch oben entgegen der Antriebsseite; Zugang von der Gehäuseseite
B 34		Aufstellung auf Unterbau mit zusätzlichem Befestigungsflansch; kein Zugang von der Gehäuseseite	V 10		Befestigungsflansch unten in Gehäusenähe; Zugang von der Gehäuseseite
B 6		Wandbefestigung; Füße auf Antriebsseite gesehen links; Bauform B 3; Lagerschilde nötigenfalls um 90° gedreht	V 14		Befestigungsflansch oben in Gehäusenähe; Zugang von der Gehäuseseite
B 7		Wandbefestigung; Füße auf Antriebsseite gesehen rechts; Bauform B 3, Lagerschilde nötigenfalls um 90° gedreht	V 16		Befestigungsflansch in Gehäusenähe auf Antriebsseite Befestigungsflansch unten; Zugang von der Gehäuseseite
B 8		Deckenbefestigung; Bauform B 3; Lagerschilde nötigenfalls um 180° gedreht	V 18		Befestigungsflansch unten auf der Antriebsseite; kein Zugang von der Gehäuseseite
B 20		Eingelassen in Unterbau, mit hochgezogenen Füßen	V 19		Befestigungsflansch oben auf der Antriebsseite; kein Zugang von der Gehäuseseite
		2 Lagerschilde, ohne Füße	V 21		Befestigungsflansch unten auf der Antriebsseite; Befestigungsfläche oben; Zugang von der Gehäuseseite
B 5		Befestigungsflansch in Lagernähe; Zugang von der Gehäuseseite	V 30		Einbau in Kanal oder Rohrleitung; 3 oder 4 Nocken an einem Lagerschild, beiden Lagerschilden oder am Gehäuse. Wellenende unten
B 10		Befestigungsflansch in Lagernähe auf Antriebsseite; Zugang von der Gehäuseseite	V 31		Einbau in Kanal oder Rohrleitung; 3 oder 4 Nocken an einem Lagerschild, beiden Lagerschilden oder am Gehäuse. Wellenende oben
B 14		Befestigungsflansch in Lagernähe auf Antriebsseite; kein Zugang von der Gehäuseseite			**2 Lagerschilde, mit Füßen**
B 30		Einbau in Kanal oder Rohrleitung; 3 oder 4 Nocken an einem Lagerschild, beiden Lagerschilden oder am Gehäuse	V 15		Befestigung an der Wand, zusätzlicher Befestigungsflansch oben; Zugang oder kein Zugang von der Gehäuseseite
		1 Lagerschild	V 36		Befestigung an der Wand oder auf Unterbau mit zusätzlichem Befestigungsflansch oben; Zugang von der Gehäuseseite
B 9		Anbau an Gehäusestirnfläche auf Antriebsseite; Bauform B 5 oder B 14 ohne Lagerschild und ohne Wälzlager auf Antriebsseite	V 5		Befestigung an der Wand oder auf Unterbau; freies Wellenende unten
B 15		Aufstellung auf Unterbau; Anbau an Gehäusestirnfläche auf Antriebsseite; Bauform B 3 ohne Lagerschild und ohne Wälzlager auf Antriebsseite	V 6		Befestigung an der Wand oder auf Unterbau; freies Wellenende oben
		2 Lagerschilde, ohne Füße			**1 Lagerschild**
V 1		Flanschanbau unten auf Antriebsseite; Zugang von der Gehäuseseite	V 8		Anbau an Gehäusestirnfläche; Bauform V 1 oder V 18 ohne Lagerschild und ohne Wälzlager auf der Antriebsseite
V 2		Befestigungsflansch unten entgegen der Antriebsseite; Zugang von der Gehäuseseite	V 9		Anbau an Gehäusestirnfläche; Bauform V 3 oder V 19 ohne Lagerschild und ohne Wälzlager auf der Antriebsseite

Anmerkung: Diese Norm betrifft nur umlaufende elektrische Maschinen mit Schildlager und einem freien Wellenende. Die Bezeichnung besteht aus den Buchstaben IM (International Mounting), denen ein Buchstabe (B: waagerechte und V: senkrechte Anordnung) und eine Zahl folgt.

7.10. Drehstrommotoren

Motor	Synchronmotor	Käfigläufermotor	Schleifringläufermotor	DS-Nebenschlußmotor (läufergespeist)
Schaltung Rechtslauf	L1 L2 L3 / U1 V1 W1 / U2 V2 W2 / M, F1 F2	L1 L2 L3 / U1 V1 W1 / U2 V2 W2 / M	L1 L2 L3 / U1 V1 W1 / U2 V2 W2 / M 2~ Läufer zweisträngig K L M	L1 L2 L3 / M 3~
Anschließen Rechtslauf	(F1) (F2) / L+ L− / Ständeranschluß wie beim Käfigläufer	Y: W2 U2 V2 / U1 V1 W1 / L1 L2 L3 △: W2 U2 V2 / U1 V1 W1 / L1 L2 L3	(K)(L)(M) Läufer zweisträngig (K)(L)(M) Läufer zweisträngig Ständeranschluß wie beim Käfigläufermotor	(U1)(V1)(W1) / L1 L2 L3 Zum Teil sind auch Sekundärwicklungs- und Bürstenanschlüsse zum Anschluß von Vorwiderständen herausgeführt.
Linkslauf	Vertauschen zweier Netzzuleitungen gegenüber Anschluß für Rechtslauf			
Drehmoment-Drehfrequenz-Kennlinien (normierte Darstellung)	n/n_s vs M/M_N, konstant bei 1	Tiefnutläufer / Widerstandsläufer	$R_V=$ R_2, $3 \cdot R_2$, $5 \cdot R_2$	bei 3 versch. Bürstenstellungen
Anzugsmoment Nennmoment	0,5 bis 1,2	0,5 bis 2,5	1 bis 3	1,6 bis 2
Anzugsstrom Nennstrom	1,5 bis 4,5	3 bis 7	1,5 bis 2,5	1,2 bis 2
Eigenschaften	Der Synchronmotor läuft über eine Dämpferwicklung ähnlich wie ein Käfigläufermotor an. Nach dem Hochlaufen wird an die bis dahin kurzgeschlossene Läuferwicklung Gleichspannung angelegt, so daß das Polrad in Synchronismus fällt.	Die Drehmoment-Drehfrequenz-Kennlinie läßt sich durch Wahl des Werkstoffes und der Querschnittsform der Läuferstäbe in weiten Grenzen den Erfordernissen der Antriebsmaschine anpassen.	Durch Vorschaltwiderstände im Läuferkreis können Drehmoment und Stromaufnahme beim Anlauf in weiten Grenzen verändert werden. Der Schleifringläufermotor wird vorzugsweise bei Antrieben mit Vollast- und Schweranlauf eingesetzt.	Die stufenlose Drehfrequenzverstellung erfolgt durch Verschieben zweier Bürstensätze auf dem Kommutator. Bei allen eingestellten Drehfrequenzen kann ein nahezu gleichbleibendes Drehmoment abgenommen werden.

7.11. Polumschaltbare Drehstrom-Asynchronmotoren

Eine Wicklung in Dahlanderschaltung

Bei der meist üblichen Dreieck/Doppelstern-Schaltung liegen die Absolutwerte der Nenn-Drehmomente bei der $\curlyvee\curlyvee$-Schaltung niedriger als bei der Dreieckschaltung.

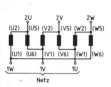

Niedrige Drehfrequenz
Wicklungsschaltung:
Reihen-Dreieck-Schaltung

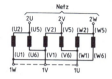

Hohe Drehfrequenz
Wicklungsschaltung:
Parallel-Stern-Schaltung

I

II

Schal-tung	Polzahl	Nenn-Drehmoment bei	
		niedr. Drehfrequ.	hoher Drehfrequ.
△/⋏⋏	4/2	100%	65%
	8/4	100%	75%
	12/6	100%	75%
⋏/⋏⋏	4/2	100%	250%
	8/4	100%	250%
	12/6	100%	250%

Zwei getrennte Wicklungen, zwei Drehfrequenzen

Die Wahl der Auslegung beider Wicklungen ist weitgehend frei, so daß die beiden Nenn-Drehmomente dem Bedarfsfall angepaßt werden können.

Meist wird ein konstantes Drehmoment bei beiden Drehfrequenzen, teilweise auch eine konstante Leistung zugrunde gelegt.

I

II

Schal-tung	Aus-führung	Nenn-Drehmoment bei	
		niedr. Drehfrequ.	hoher Drehfrequ.
⋏/⋏	M = konst.	100%	100%
	P = konst.	100%	$\dfrac{\text{niedr. Polz.}}{\text{hohe Polz.}} = 100\%$

Zwei getrennte Wicklungen, drei Drehfrequenzen

Zwei Drehmoment-Kennlinien werden durch Dahlander-schaltung erzielt, während die dritte Kennlinie frei wählbar ist.

In Anlehnung an die praktischen Bedürfnisse und mit Rücksicht auf die magnetische Ausnutzung der Motortypen sind die folgenden Drehmoment-Abstufungen üblich:

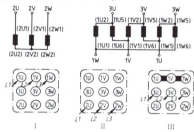

Schaltfolge △/⋏/⋏⋏

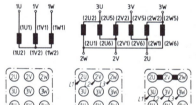

Schaltfolge ⋏/△/⋏⋏

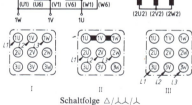

Schaltfolge △/⋏⋏/⋏

Schaltung	Polzahlen	Nenn-Drehmoment bei		
		niedr. Drehfrequ.	mittl. Drehfrequ.	hoher Drehfrequ.
△/⋏/⋏⋏	8/6/4	100%	100%	80%
	12/8/4	100%	100%	90%
⋏/△/⋏⋏	6/4/2	100%	100%	85%
	12/8/4	100%	100%	85%
	12/4/2	100%	100%	70%
△/⋏⋏/⋏	12/6/4	100%	90%	70%
	8/4/2	100%	80%	75%
	12/6/2	100%	90%	70%

7.12. Drehstrom-Normmotor mit Käfigläufer, Bauform IM B3

Anbaumaße und Hüllmaße nach DIN 42672 (4.83) und DIN 42673 (4.83)

Bau- größe	Anbaumaße in mm					Oberflächengekühlt Hüllmaße in mm				Innengekühlt Hüllmaße in mm			
	h	a	b	w_1	s	XA	XB	Y	Z	XA	XB	Y	Z
56	56	71	90	36	M 5	62	104	174	166				
63	63	80	100	40	M 6	73	110	210	181				
71	71	90	112	45	M 6	78	130	224	196				
80	80	100	125	50	M 8	96	154	256	214				
90 S	90	100	140	56	M 8	104	176	286	244				
90 L		125						298					
100 L	100	140	160	63	M10	122	194	342	266				
112 M	112	140	190	70		134	218	372	300				
132 S	132	140	216	89	M10	158	232	406	356				
132 M		178						440					
160 M	160	210	254	108	M12	186	274	542	480	212	304	566	440
160 L		254						562					
180 M	180	241	279	121	M12	206	312	602	554	230	346	616	505
180 L		279						632					
200 M	200	267	318	133	-	-	-	680	600	258	388	680	570
200 L		305			M16	240	382					746	
225 S	225	286	356	149	M16	270	488	764	675	-	-	-	-
225 M		311								288	442	740	640
250 S	250	311	406	168	M20	-	-	-	730	316	490	790	710
250 M		349				300	462	874				820	
280 S	280	368	457	190	M20	332	522	984	792	364	536	920	785
280 M		419						1036				970	
315 S	315	406	508	216	M24	372	576	1050	865	396	586	990	865
315 M		457						1100				1040	

Wellenende und Zuordnung der Leistungen nach DIN 42672 (4.83) und DIN 42673 (4.83)

Bau- größe	Wellenende (Z) nach DIN 42946 Drehfrequ. in U/min		Leistung in kW bei 50 Hz Drehfelddrehfrequenz in U/min				Wellenende (Z) nach DIN 42946 Drehfrequ. in U/min		Leistung in kW bei 50 Hz Drehfelddrehfrequenz in U/min			
	3000	1500	3000	1500	1000	750	3000	1500	3000	1500	1000	750
56	9 × 20		0,09[1])	0,06[1])								
63	11 × 23		0,18[1])	0,12[1])								
71	14 × 30		0,37[1])	0,25[1])								
80	19 × 40		0,75[1])	0,55[1])	0,37[1])							
90 S	24 × 50		1,5	1,1	0,75							
90 L			2,2	1,5	1,1							
100 L	28 × 60		3	2,2[1])	1,5	0,75[1])						
112 M			4	4	2,2	1,5						
132 S	38 × 80		5,5[1])	5,5	3	2,2						
132 M			-	7,5	4[1])	3						
160 M	42 × 110		11[1])	11	7,5	4[1])	48 × 110		15	11	7,5	5,5
160 L			18,5	15	11	7,5			18,5[1])	15[1])	11	7,5
180 M	48 × 110		22	18,5	-	-	55 × 110		30	22	15	11
180 L			-	22	15	11			37	30	18,5	15
200 M	55 × 110		-	-	-	-	60 × 140		45	37	22	18,5
200 L			30[1])	30	18,5[1])	15			55	45	30	22
225 S	55 × 110	60 × 140	-	37	-	18,5	60 × 140	65 × 140	-	-	-	-
225 M			45		30	22			75	55	37	30
250 S	60 × 140	65 × 140	-	-	-	-	65 × 140	75 × 140	90	75	45	37
250 M			55	37	30				100	90	55	45
280 S	65 × 140	75 × 140	75	45	37		65 × 140	80 × 170	-	110	75	55
280 M			90	55	45				132		90	75
315 S	65 × 140	80 × 170	110	75	55		70 × 140	90 × 170	160	110	90	
315 M			132	90	75				200	132	110	

[1]) oder der nächst folgende Leistungswert nach DIN 42973.

7.13. Schützschaltungen

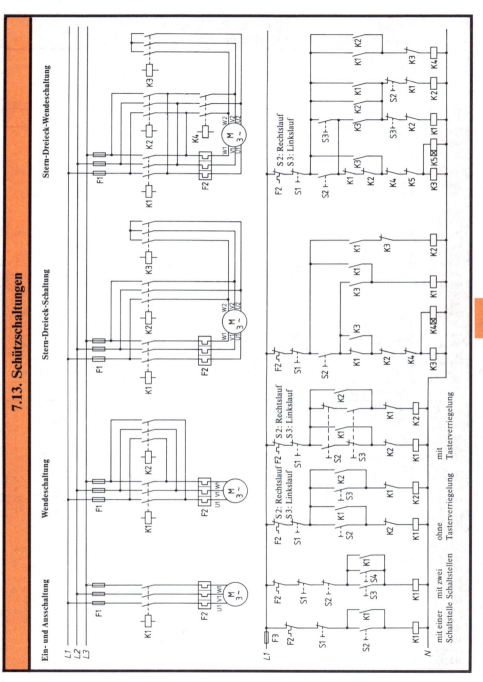

7.14. Typische Betriebswerte oberflächengekühlter Drehstrommotoren mit Käfigläufer

| Typ | Nenn-leistung | Nenn-dreh-frequenz | Nennstrom bei | | | Wir-kungs-grad η | Lei-stungs-faktor | Anzugs-moment | Kipp-moment | Anzugs-strom | Gewicht netto |
| | | | 220 V | 380 V | 500 V | | | \multicolumn{3}{c}{bei direktem Einschalten als Vielfaches des} | |
	kW	1/min	A	A	A	%	cos φ	Nenn-moments	Nenn-moments	Nenn-stroms	ca. kg
Drehfrequenz 3000 1/min											
63 a	0,18	2755	0,94	0,54	0,41	65,5	0,78	2,3	2,3	4,2	4
63 b	0,25	2800	1,3	0,75	0,57	67	0,76	2,8	2,8	4,8	5
71 a	0,37	2750	1,7	0,98	0,75	68	0,84	2,9	2,5	4,8	6
71 b	0,55	2780	2,35	1,36	1,03	73,5	0,84	2,9	2,7	5,5	7
80 a	0,75	2800	3,2	1,86	1,42	72	0,85	2,7	2,3	5,5	9
80 b	1,1	2795	4,6	2,65	2,0	75	0,84	2,9	2,5	5,5	10
90 S	1,5	2825	5,9	3,4	2,6	77	0,87	2,4	2,4	5,2	14
90 L	2,2	2825	8,5	4,9	3,7	80	0,86	2,8	2,9	5,9	18
100 L	3	2885	10,9	6,3	4,8	83	0,87	2,7	3,1	6,6	24
112 M	4	2880	13,5	7,8	5,9	84,5	0,92	2,9	2,6	6,6	41
132 S1	5,5	2915	20	11,5	8,7	83	0,88	2,5	2,4	6,2	56
132 S2	7,5	2920	27,2	15,7	12	84,5	0,86	2,9	2,6	6,4	59
160 M	11	2910	38	22	16,9	86,5	0,88	2,5	2,7	5,8	110
160 M	15	2915	51	29,5	22,5	88	0,88	2,5	2,7	6,0	112
160 L	18,5	2910	61	35,5	27	88	0,90	2,9	2,8	6,4	135
180 M	22	2950	73,5	42,5	32,5	89,5	0,88	2,9	2,6	6,5	155
200 L1	30	2960	97	56	43	90,5	0,90	2,3	2,1	6,8	250
200 L2	37	2955	121	70	53	90,5	0,89	2,3	2,7	6,8	260
225 M	45	2965	143	83	63	92	0,90	2,2	2,4	6,5	340
250 M	55	2970	176	102	78	92,5	0,89	2,1	2,4	6,8	435
280 S	75	2980	235	136	103	94,5	0,89	2,0	2,0	6,8	613
280 M	90	2980	280	162	123	95	0,89	2,2	2,3	7,0	650
315 S	110	2980	342	198	150	93	0,91	1,35	2,8	6,8	785
315 M1	132	2980	415	240	182	93	0,90	1,45	2,9	7,3	880
315 M2	160	2985	492	285	217	95	0,90	1,50	2,2	7,5	960
Drehfrequenz 1500 1/min											
63 a	0,12	1385	0,85	0,49	0,37	61,5	0,64	2,1	2,0	3,2	4
63 b	0,18	1370	1,12	0,65	0,49	62	0,70	2	1,9	3,1	5
71 a	0,25	1390	1,37	0,8	0,61	66	0,72	2,4	2,3	3,7	6
71 b	0,37	1375	1,97	1,14	0,87	69	0,72	2,4	2,3	3,7	7
80 a	0,55	1405	2,7	1,55	1,18	72,5	0,76	2	2,1	4,2	9
80 b	0,75	1410	3,4	1,95	1,48	74,5	0,78	2,1	2,3	4,7	10
90 S	1,1	1410	4,8	2,75	2,1	75	0,81	1,9	2,1	4,7	14
90 L	1,5	1415	6,3	3,6	2,75	77	0,82	2,3	2,6	5,0	18
100 L1	2,2	1405	8,8	5,1	3,9	80	0,82	2,4	2,8	5,5	24
100 L2	3	1400	12,6	7,3	5,6	80	0,79	2,5	2,8	5,6	25
112 M	4	1420	14,9	8,6	6,6	83	0,85	2,3	3,2	5,9	41
132 S	5,5	1440	19,7	11,4	8,7	86	0,85	2,6	3,2	6,2	62
132 M	7,5	1445	27	15,5	11,8	87	0,84	2,6	3,2	7,0	72
160 M	11	1460	39	22,5	17,1	89	0,84	2,5	2,4	6,1	114
160 L	15	1450	52	30	23	89	0,86	2,4	2,3	6,1	135
180 M	18,5	1470	64	37,0	28,0	90	0,86	2,8	2,2	6,1	155
180 L	22	1470	74	43	32,5	91	0,86	2,9	2,2	6,5	175
200 L	30	1470	99	58	43,5	91,5	0,87	2,6	2,3	6,5	252
225 S	37	1475	124	72	54,5	91,5	0,86	2,5	2,3	6,5	320
225 M	45	1470	147	85	65	92,5	0,87	2,6	2,4	6,5	370
250 M	55	1475	178	103	78	93	0,88	2,5	2,2	7,0	450
280 S	75	1485	252	146	111	93	0,84	2,4	2,1	6,8	630
280 M	90	1485	298	173	132	93	0,85	2,4	2,3	6,8	710
315 S	110	1485	343	198	150	93,5	0,9	1,9	2,1	6,6	845
315 M1	132	1485	407	235	179	94,8	0,9	2,0	2,0	7,0	935
315 M2	160	1480	–	281	214	96	0,9	2,2	2,2	7,2	1030

7.14. Typische Betriebswerte oberflächengekühlter Drehstrommotoren mit Käfigläufer

Typ	Nenn-leistung kW	Nenn-drehfrequenz 1/min	Nennstrom bei 220 V A	Nennstrom bei 380 V A	Nennstrom bei 500 V A	Wirkungsgrad η %	Leistungsfaktor $\cos \varphi$	Anzugsmoment Nennmoments	Kippmoment Nennmoments	Anzugsstrom Nennstroms	Gewicht netto ca. kg
Drehfrequenz 1000 1/min											
71 a	0,18	850	1,33	0,77	0,58	55	0,72	1,5	1,6	2,5	6
71 b	0,25	865	1,73	1	0,76	55	0,72	1,8	2,0	2,5	7
80 a	0,37	915	2,1	1,2	0,91	65	0,74	1,6	1,8	3,1	9
80 b	0,55	915	3,1	1,8	1,35	68	0,71	1,8	1,9	3,3	10
90 S	0,75	890	4,15	2,4	1,8	62	0,77	1,7	1,9	3,2	15
90 L	1,1	910	5,8	3,4	2,55	69	0,72	2,0	2,3	3,5	18
100 L	1,5	940	7,8	4,5	3,4	73	0,70	2,1	2,5	4,0	24
112 M	2,2	945	9,9	5,8	4,4	77	0,75	2,0	2,0	4,5	41
132 S	3	960	11,7	6,8	5,2	83	0,80	2,6	2,8	5,8	62
132 M1	4	955	16	9,3	7,0	83	0,80	2,4	2,6	5,7	70
132 M2	5,5	955	21,5	12,4	9,4	84	0,80	2,6	2,8	6,0	75
160 M	7,5	965	28,2	16,3	12,4	86	0,82	2,5	2,9	6,5	114
160 L	11	965	40,6	23,5	17,8	88	0,82	2,3	2,6	6,5	135
180 L	15	965	54	31	23,5	89	0,83	2,0	1,9	5,8	175
200 L1	18,5	970	65	37,5	28,5	90	0,83	2,4	2,0	5,0	260
200 L2	22	970	78	45	34	90	0,83	2,4	2,0	5,0	280
225 M	30	975	105	61	46,5	91	0,83	2,6	2,1	6,2	350
250 M	37	985	133	77	59	91,5	0,80	2,4	2,4	6,0	445
280 S	45	990	145	84	64	92,5	0,88	2,3	2,2	6,7	660
280 M	55	985	176	102	78	93	0,88	2,3	2,2	6,4	730
315 S	75	985	252	146	111	93	0,84	2,4	2,4	6,2	845
315 M1	90	990	301	174	132	94	0,84	2,4	2,3	6,5	935
315 M2	110	990	366	212	161	94	0,84	2,4	2,3	6,8	1030
Drehfrequenz 750 1/min											
71 a	0,09	660	0,9	0,52	0,4	48	0,62	1,8	1,6	2,0	6
71 b	0,12	655	1,2	0,7	0,53	51	0,60	2,2	2,0	2,0	7
80 a	0,18	695	1,45	0,83	0,63	53	0,62	1,8	1,6	2,5	9
80 b	0,25	695	1,73	1	0,76	61	0,62	1,9	1,7	2,5	10
90 S	0,37	690	2,6	1,5	1,14	63	0,60	1,8	1,9	2,7	15
90 L	0,55	690	3,5	2	1,54	66	0,63	1,7	1,6	2,7	18
100 L1	0,75	700	4,3	2,5	1,9	67	0,68	2,0	2,0	3,5	24
100 L2	1,1	690	6,0	3,45	2,6	67	0,72	2,0	2,0	3,9	25
112 M	1,5	700	7,6	4,35	3,3	74	0,72	1,9	2,2	3,7	43
132 S	2,2	715	10,2	5,9	4,5	81	0,70	2,1	2,3	4,2	62
132 M	3	715	13,7	7,9	6,0	82,5	0,70	2,1	2,3	4,5	75
160 M1	4	715	16,8	9,7	7,4	82	0,76	1,7	2,7	4,3	110
160 M2	5,5	725	23,5	13,6	10,3	84	0,74	1,8	2,8	4,8	114
160 L	7,5	720	31	18	13,6	86	0,76	2,45	3,5	5,5	135
180 L	11	720	41,5	24	18,2	86,5	0,81	2,1	1,8	5,5	175
200 L	15	725	56	32,5	24,5	88	0,80	2,5	2,2	5,0	256
225 S	18,5	730	72	41,5	31,5	88,5	0,77	2,6	2,3	5,0	320
225 M	22	725	84	48,5	37	89	0,78	2,6	2,3	5,0	360
250 M	30	735	109	63	48	90,5	0,80	2,3	2,1	5,2	440
280 S	37	740	130	75	57	92,5	0,81	2,2	2,0	5,5	640
280 M	45	740	164	95	72	91	0,79	2,5	2,3	5,9	700
315 S	55	740	188	109	83	93	0,82	2,5	2,3	6,8	830
315 M1	75	740	260	151	115	93	0,81	2,6	2,4	7,0	920
315 M2	90	740	313	181	138	93,5	0,81	2,5	2,4	7,2	1010

7.15. Drehstrom-Selbstanlasser

Direkte Einschaltung
Sie wird stets gewählt, wenn es die Netzverhältnisse und die angetriebene Maschine zulassen. Nach VDEW ist die direkte Einschaltung an 380 V bei Einfach-Käfigläufern auf 2,2 kW und bei Stromverdrängungsläufern auf 4 kW begrenzt.

Dreisträngiger Ständer-Anlaßwiderstand
Die Spannung am Motor kann beliebig reduziert werden. Der Anzugsstrom sinkt proportional mit der Spannung, das Anzugsmoment vermindert sich jedoch quadratisch damit. Einer verhältnismäßig geringen Herabsetzung des Stromes steht eine verhältnismäßig hohe Verminderung des Anzugsmomentes gegenüber. Ständer-Anlaßwiderstände sind deshalb wenig verbreitet und finden nur Anwendung, wenn das Anzugsmoment merklich herabgesetzt werden soll.

Einsträngiger Ständer-Anlasser
Ist eine Herabsetzung des Anzugsstromes nicht erforderlich und nur ein stoßfreier Anlauf erwünscht, so wird die Kusa-Schaltung (**K**urzschlußläufer-**Sa**nftanlaufschaltung) gewählt. Der Anzugsstrom wird dabei nur in dem Wicklungsstrang mit dem vorgeschalteten Widerstand herabgesetzt.

Stern-Dreieck-Anlasser
Diese Schaltung ist das am meisten verbreitete Verfahren, den Einschaltstrom von Drehstrom-Käfigläufermotoren herabzusetzen. Die Motorwicklung ist für die Betriebsspannung in Dreieckschaltung ausgelegt und wird in der Anlaßstufe in Stern geschaltet. Dadurch sinkt die Spannung je Wicklungsstrang auf das $1/\sqrt{3}$-fache der Nennspannung; Anzugsmoment und Anzugsstrom gehen gegenüber der direkten Einschaltung auf ein Drittel zurück.

Nach VDEW (Vereinigung Deutscher Elektrizitätswerke) ist die Stern-Dreieck-Einschaltung an 380 V für Einfach-Käfigläufer auf 4 kW und für Stromverdrängungsläufer auf 7,5 kW begrenzt.

Steuerstromkreis s. S. 7-11
Motorschutz s. S. 7-15

Anlaßtransformator
Der dem Netz entnommene Strom und das Anzugsmoment nehmen quadratisch mit der Motorspannung ab; bei gleicher Abnahme des Anzugsmomentes sinkt der Anzugsstrom wesentlich stärker als beim Ständer-Anlaßwiderstand ab.

Anlaßtransformatoren werden vielfach beim Anlauf von Hochspannungsmotoren eingesetzt. Da das Anlaufgerät nur drei Leitungen zum Motor erfordert, werden häufig auch Unterwasserpumpen in engen Bohrungen über Anlaßtransformatoren angelassen.

Drehstrom-Läuferanlasser
Drehstrom-Läuferanlasser dienen zur Verminderung des Einschaltstromes von Motoren mit Schleifringläufer, wobei gleichzeitig das Anzugsmoment heraufgesetzt wird. Bei entsprechenden Widerstandswerten kann das Anlaufmoment gleich dem Kippmoment gewählt werden.

Sind die Widerstände für Dauerbetrieb ausgelegt, so ist damit auch eine Drehzahlsteuerung durch Schlupfänderung möglich.

Anlasser s. S. 7-16

7.16. Motorschutzeinrichtungen

Schutzeinrichtung	Sicherungen	Motorschutz-schalter	Schütz mit Motorschutz-relais und Sicherungen	Thermistor-schutz und Sicherungen
Ursachen für thermische Überbeanspruchung				
Im Betrieb				
Überlastung im Dauerbetrieb	○	●	●	●
Zu lange Anlauf- und Bremsvorgänge	◐	◐	◐	●
Zu hohe Schalthäufigkeit	○	◐	◐	●
Bei Störung				
Einphasenlauf	○	◐	●	●
Unter- und Überspannungen im Netz	○	●	●	●
Frequenzschwankungen	○	●	●	●
Festbremsen des Läufers	◐	● [1]	● [1]	● [1]
Zuschalten des Motors mit blockiertem Läufer von ständerkritischen Motoren	◐	●	●	●
von läuferkritischen Motoren	○	● [1]	● [1]	◐ [1]
Fremderwärmung, z. B. infolge Lagererwärmung	○	○	○	●
Behinderte Kühlung				
Erhöhte Umgebungstemperatur	○	○	○	●
Behinderung des Kühlmittelflusses	○	○	○	●

[1] Bei läuferkritischen Maschinen ist eine zusätzliche Läufertemperaturüberwachung sinnvoll.

○ kein Schutz ◐ nur bedingter Schutz ● voller Schutz

Motorschutzrelais in selbsttätigen Stern-Dreieck-Schaltern

Anordnung	K1: Netzschütz, K2: Dreiecksch., K3: Sternschütz (K1, K2, K3, F angeordnet)	(F, K1, K2, K3 angeordnet)	(K1, K2, K3, F angeordnet)
Einstellung	0,58 × Motornennstrom	1 × Motornennstrom	0,58 × Motornennstrom
Vorteil	Schutz des Motors auch in Sternschaltung	ermöglicht längere Anlaufzeiten (15 bis 40 s); Schutz gegen Nichtanlauf	ermöglicht sehr lange Anlaufzeiten (> 40 s)
Nachteil	Anlaufzeit < 15 s	nur bedingter Motorschutz in λ-Schaltung	kein Motorschutz in λ-Schaltung
Anwendung	Normalanlauf	erschwerte Anlaufbedingungen	überlanger Anlauf, z. B. Zentrifugen

7.17. Anlasser für Elektromotoren nach DIN 46 062 (11.70)

Anzahl der Vor- und Anlaßstufen, Leistungszuordnung

Anlasser verwendbar bei			Anlaßzeit	Anlaßzahl	Anlaßhäufigkeit bei		Anzahl der	
Vollast-anlauf	Halbblast-anlauf	Schwer-anlauf	t_a	z	Luft-kühlung h	Öl-kühlung h^{-1}	Vor-stufen m_1	Anlaß-stufen m_2
für Motorleistungen bis kW			s mindestens	mindestens	mindestens		mindestens	
2,5 4	5 8	1,7 2,8	6 7	4	6	3	0	3
6,3 10	12,5 20	4,4 7	8 9					
16 25	31 50	11 17	10 12	3	4	2		4
40 63	80 125	28 44	14 16			1		
100 160	200 315	70 110	19 22	2	2	0,8	1	5
250 400	500 800	175 280	25 30			0,7		

Normal gestufte Anlasser haben mindestens die angegebene Anzahl der Vorstufen und Anlaßstufen.

Grob gestufte Anlasser haben wenigstens die halbe Anlaßstufenzahl. Vorstufen werden nicht gefordert.

Fein gestufte Anlasser haben mindestens die doppelte Anlaßstufenzahl und die gleiche Anzahl Vorstufen entsprechend der Tabelle.

Für **Drehstromanlasser** gilt die Mindestanzahl der Anlaßstufen nur bei symmetrischer Abschaltung. Bei Drehstromanlassern mit unsymmetrischer Abschaltung der Widerstandsstufen gilt als Mindestanzahl $m_{2U} = 3 \cdot (m_2 - 1)$. Werden Stufen teils unsymmetrisch, teils symmetrisch abgeschaltet, so ist eine symmetrische Stufe entsprechend Tabelle durch mindestens zwei unsymmetrische Stufen zu ersetzen.

Die Werte für die Anlaßzeit t_a entsprechen gerundet der empirischen Formel $t_a \approx 4\sqrt[3]{P}$, wobei P die Motorleistung in kW ist.

Bei $k_a \approx 1,4 \cdot k/f$ und Einhaltung der angegebenen Mindestzahlen für die Anlaßstufen werden die Spitzenströme begrenzt bei
Vollastanlauf auf das 1,8fache
Halblastanlauf auf das 1,0fache
Schweranlauf auf das 2,5fache
des Nennstromes. Hierbei wird davon ausgegangen, daß die Anlaßkennlinien linear verlaufen und die folgenden Spannungsabfälle im Läufer + Zuleitungen bei Läufernennstrom
bei Motoren bis 10 kW   10 %
bei Motoren bis 63 kW   6 %
bei Motoren bis 400 kW   3,5%
der Läuferstillstandsspannung nicht unterschritten werden.

Für **Gleichstromanlasser** gelten diese Angaben ebenfalls, wenn Motorleistung und Nennspannung richtig ausgelegt sind und der Spannungsabfall im Läufer + Zuleitung auf die Nennspannung bezogen wird.

Genormte Anlasserkennwerte k_a für Drehstrom-Anlasser und zugeordnete Läuferkennwerte

Anlasserkennwerte k_a für Anlasser von Drehstrom-Schleifringläufermotoren

| k_a in Ω | 0,4 | 0,5 | 0,63 | 0,8 | 1 | 1,25 | 1,6 | 2 | 2,5 | 3,2 | 4 | 5 | 6,3 | 8 | 10 | 12,5 | 16 |

Diese Anlasserkennwerte werden den Läuferkennwerten k der Drehstrom-Schleifringläufermotoren nach der Beziehung $k_a \approx 1,4 \cdot k/f$ entsprechend der Anlaßschwere den folgenden Tabellen zugeordnet.

Vollastanlauf $f = 1,4$

| k_a in Ω | 0,63 | 0,8 | 1 | 1,25 | 1,6 | 2 | 2,5 | 3,2 | 4 | 5 | 6,3 | 8 | 10 |
| k in Ω | 0,56 | 0,71 | 0,9 | 1,1 | 1,4 | 1,8 | 2,2 | 2,8 | 3,6 | 4,5 | 5,6 | 7,1 | 9 | 11 |

Halblastanlauf $f = 0,7$

| k_a in Ω | 1 | 1,25 | 1,6 | 2 | 2,5 | 3,2 | 4 | 5 | 6,3 | 8 | 10 | 12,5 | 16 |
| k in Ω | 0,45 | 0,56 | 0,71 | 0,9 | 1,1 | 1,4 | 1,8 | 2,2 | 2,8 | 3,6 | 4,5 | 5,6 | 7,1 | 9 |

Beispiel:
Ein Anlasser mit dem Anlasserkennwert $k_a = 2,5$ Ω wird bei Halblastanlauf für Motoren mit Läuferkennwerten von $k = 1,1$ Ω bis $k = 1,4$ Ω verwendet.

Schweranlauf $f = 2$

| k_a in Ω | 0,4 | 0,5 | 0,63 | 0,8 | 1 | 1,25 | 1,6 | 2 | 2,5 | 3,2 | 4 | 5 | 6,3 |
| k in Ω | 0,45 | 0,63 | 0,8 | 1,0 | 1,25 | 1,6 | 2 | 2,5 | 3,2 | 4 | 5 | 6,3 | 8 | 10 |

7.17. Anlasser für Elektromotoren nach DIN 46 062 (11.70)

Die Norm gilt für Widerstandsanlasser, unabhängig davon, wie das Kurzschließen des Widerstandes vorgenommen wird.

Bei ordnungsgemäßem Anlassen verharrt der Anlasser so lange auf jeder Anlaßstellung, bis der Anlaßstrom bzw. die Motordrehfrequenz sich nicht mehr merklich ändern.

Mit drei Buchstaben wird die **Art des Anlassers** auf dem Leistungsschild gekennzeichnet:
- G Gleichstrom-Anlasser
- D Drehstrom-Anlasser
- L mit Luftkühlung
- O mit Ölkühlung
- g grob gestuft
- n normal gestuft
- f fein gestuft

Beispiel: DLf für Drehstrom-Anlasser mit Luftkühlung, feingestuft

Kenngrößen von Anlassern

Anlaßschwere f

$$f = \frac{I_m}{I_{Nm}} \quad \text{mit} \quad I_m = \frac{1}{2}(I_1 + I_2)$$

$$f \approx \frac{M_m}{M_N} \quad \text{mit} \quad M_N = \frac{P_N \cdot 9{,}55 \cdot 10^3}{n_N}$$

Die Anlaßschwere kann aus dem Motor-Nenndrehmoment und dem mittleren Anlaufmoment berechnet werden oder anhand der Normalwerte für f bestimmt werden; diese betragen

$f = 0{,}7$ für Halblastanlauf
  1,4 bei Vollastanlauf
  2,0 bei Schweranlauf

Diese Werte schließen eine ausreichende Beschleunigungsreserve ein, wenn das Gegenmoment der angetriebenen Arbeitsmaschine während des Anlaufs das 0,5-, 0,4- bzw. 1,4-fache des Motornennmomentes nicht übersteigt.

Bei Lüfterantrieben wird von einer Anlaßschwere $f = 1$ ausgegangen.

Anlaßhäufigkeit h

Die Anlaßhäufigkeit h eines Anlaßgerätes ist die Zahl der in gleichmäßigen Abständen dauernd zulässigen Anlaßvorgänge je Stunde bei betriebswarmem Gerät.

Bei luftgekühlten Widerständen kann man h angenähert aus der Anlaßzahl z berechnen, wobei $z \geq 2$ sein muß:

bei Gußeisenwiderständen $h \approx 5 \cdot z$
bei Drahtwiderständen $h \approx 7{,}5 \cdot z$

Anlaßzeit t_a

Dies ist die Zeitspanne, in der der Anlaßwiderstand (ohne etwaige Vorstufen) oder Teile von ihm Strom führen; sie entspricht der Dauer des Anlaßvorgangs, also der Zeit zwischen Stillstand des Motors und dem Erreichen der Nenndrehfrequenz (Anlaßstufen stromlos).

Anlaßzahl z

Die Anlaßzahl ist die Anzahl der hintereinander zulässigen Anlaßvorgänge vom kalten Zustand des Widerstandseinschaltens aus bis zum Erreichen seiner Grenztemperatur unter den jeweils festgelegten Bedingungen für Anlaßzeit, mittleren Anlaßstrom und bei einer Pause von der doppelten Anlaßzeit zwischen je zwei Anlaßvorgängen.

Die Anlaßzahl wird mindestens gleich zwei gewählt, damit ein zweiter Anlauf ohne größere Wartezeit möglich ist, wenn eine Wiederholung des Anlaßvorgangs erforderlich sein sollte.

Die Anlaßzahl z läßt sich berechnen aus

$$z = \frac{\text{mögliche Anlaßarbeit}}{\text{tatsächliche Anlaßarbeit}} \quad \begin{array}{l}\text{(Betriebswerte)}\\ \text{(berechnete Werte)}\end{array}$$

Anlaßarbeit W

Die Anlaßarbeit ist die bei einem Anlauf vom Anlasser aufzunehmende Leistung je Sekunde in kJ.

Wird die aus dem Netz aufgenommene Anlaßarbeit W zur Hälfte im Widerstandsgerät in Wärme und die andere Hälfte als Beschleunigungsarbeit im Motor umgesetzt, so gilt

$$W = 0{,}5 \cdot P_N \cdot f \cdot t_a$$

Anlasserkennwert k_a

Der Anlasserkennwert gilt für Schleifringläufermotoren und ergibt sich aus dem Läuferkennwert k des anzulassenden Motors und der Anlaßschwere f:

$$k_a \approx 1{,}4 \cdot \frac{k}{f}$$

Der Läuferkennwert eines Schleifringläufermotors wird wie folgt berechnet:

$$k = \frac{\text{Läuferstillstandsspannung}}{\text{Läufernennstrom} \cdot \sqrt{3}}$$

Halblastanlauf $f = 0{,}7$
z. B. Drehmaschinen, Schleifmaschinen, Stanzen, Umformer

Lüfteranlauf $f = 1{,}0$
z. B. Lüfter, Kreiselpumpen

Vollastanlauf $f = 1{,}4$
z. B. Werkzeugmaschinen unter Last, Mühlen

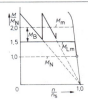

Überlast(Schwer)-Anlauf $f = 2{,}0$
z. B. Kneter, Brecher

I_m	mittlerer Anlaßstrom in A		
I_{Nm}	Nennstrom des Motors in A	bei Drehstrommotoren: Läuferstrom (Effektivwert)	M_m mittleres Anlaßmoment in Nm
I_1	Schaltstrom, unmittelbar vor dem Kurzschließen einer Widerstandsstufe in A		M_N Motornenndrehmoment in Nm
I_2	Spitzenstrom, unmittelbar nach dem Kurzschließen einer Widerstandsstufe in A		M_{Lm} mittleres Lastmoment in Nm
P_N	Nennleistung des Motors in kW		M_B Beschleunigungsmoment in Nm
			n_N Motornenndrehfrequenz in U/min
			n_s synchrone Drehfrequenz in U/min

7.18. Einphasenbetrieb von Asynchronmotoren

	Drehstrom-Käfigläufer in Steinmetz-Schaltung	Kondensatormotor
Schaltung / Drehrichtungsumkehr mittels Umschalter	(Schaltbilder mit U2, V2, W2 / U1, V1, W1, Anschlüsse N, L)	(Schaltbild mit U1, U2, Z1, Z2, n, C_A, C_B, L, N)
Anschließen	Linkslauf: L an Klemme W1 anschließen	Rechtslauf / Linkslauf
Drehmoment-Drehfrequenz-Kennlinien (normierte Darstellung)	n/n_s vs M/M_N Drehstr.: Drehstrombetrieb, Betrieb des gleichen Motors in Steinmetzsch.	n/n_s vs M/M_N: Einphasenmotor, Kondensatormotor mit C_B, mit $C_B + C_A$
Eigenschaften	C in µF vs P in kW Kurven für 110 V, 220 V, 380 V	(siehe Text rechts)

Jeder normale Drehstrom-Käfigläufermotor kann auch als Einphasenmotor betrieben werden. Beim Anlauf werden etwa 10% bis 15% des Anlaufmomentes bei Drehstrombetrieb und im Betrieb ungefähr 80% der Drehstromnennleistung erreicht. Für höhere Anlaufmomente muß während des Hochlaufens ein Anlaßkondensator mit etwa doppelter Kapazität zum Betriebskondensator parallel geschaltet werden.

Beim **Wechselstrommotor mit Anlaufkondensator** ist die Hilfswicklung nur während des Anlaufes eingeschaltet. Beim Hochlauf wird sie in der Nähe des Kippmomentes durch ein strom- oder drehfrequenzabhängiges Relais abgeschaltet, damit keine unzulässige Übertemperatur entsteht.

Beim **Wechselstrommotor mit Betriebskondensator** ist die Hilfswicklung so ausgelegt, daß sie nach dem Hochlaufen zugeschaltet bleibt. Anlauf-, Kipp- und Nennmoment liegen bei gleicher Leistung etwas höher als bei der Steinmetz-Schaltung; der Kondensator ist etwas preisgünstiger.

Beim **Wechselstrommotor mit Anlauf- und Betriebskondensator** wird gleichzeitig ein hohes Anzugsmoment und ein gutes Betriebsverhalten erreicht. Der Anlaßkondensator sollte etwa die dreifache Kapazität des Betriebskondensators haben, dessen Werte vom Motorhersteller angegeben werden.

7.19. Schrittmotor

Schrittmotoren werden als Bindeglied zwischen Mechanik und Elektronik eingesetzt.

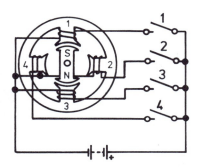

Innerhalb des Stators mit den Wicklungen ist ein Dauermagnet als Rotor drehbar gelagert. Eine Steuerlogik, z. B. ein Ringzähler, setzt die Impulse eines Oszillators in ein Impulsmuster um, mit dem über Leistungsstufen die Wicklungen angesteuert werden. Entsprechend der Polarität der Ständerpole rastet der Läufer so ein, daß der magnetische Widerstand am geringsten ist. Beim folgenden Impuls nimmt der Läufer eine neue Raststellung ein, so daß die Welle sich bei jedem Impuls um einen definierten Winkel schrittweise weiterdreht. Je nach Aufbau und Ansteuerung sind 4 bis 500 Schritte je Umdrehung bei Vollschrittbetrieb handelsüblich.

Bei **Vollschrittbetrieb** wird bei jedem Impuls eine Wicklung abgeschaltet und gleichzeitig eine Wicklung zugeschaltet:

Wicklung (Schalter)	Schritt 1	2	3	4
1	1	0	0	1
2	1	1	0	0
3	0	1	1	0
4	0	0	1	1

Die Schrittzahl je Umdrehung verdoppelt sich, wenn zunächst ein Wicklungsstrang abgeschaltet und erst beim folgenden Impuls ein Wicklungsstrang wieder zugeschaltet wird, so daß abwechselnd ein Wicklungsstrang und zwei Wicklungsstränge eingeschaltet sind:

Wicklung (Schalter)	Schritt 1	2	3	4	5	6	7	8
1	1	0	0	0	0	0	1	1
2	1	1	1	0	0	0	0	0
3	0	0	1	1	1	0	0	0
4	0	0	0	0	1	1	1	0

Da man beim **Halbschrittbetrieb** abwechselnd einen „harten" und einen „weichen" Schritt erhält, ist das Drehmoment je nach Ansteuerung um 15% bis 30% geringer als beim Vollschrittbetrieb. Das Überschwingen eines Schrittes ist jedoch kleiner, so daß Resonanzstellen viel weniger ausgeprägt auftreten.

Wird die Erregung eines Stranges stufenweise verringert bei gleichzeitiger stufenweiser Erhöhung im zweiten Strang, so läßt sich entsprechend der Stufenzahl eine weitere Unterteilung eines Vollschrittes in sogenannte Minischritte erreichen.

Bei der unipolaren Ansteuerung ist auch bei Vollschrittbetrieb immer nur ein Teil der Wicklungen angesteuert. Die Leistungsstufen können jedoch mit vergleichsweise geringem Aufwand realisiert werden. Bei der bipolaren Ansteuerung trägt das ganze Kupfervolumen zum Aufbau des Magnetfeldes bei. Bei gleicher Motorerwärmung sind höhere Start- und Betriebsfrequenzwerte sowie ein höheres Drehmoment erreichbar. Der Aufwand für die Leistungsstufen ist aber wesentlich höher.

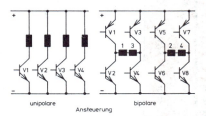

unipolare   bipolare
          Ansteuerung

Wird ein Vorwiderstand in die Wicklungszweige eingefügt, so verringert sich die Zeitkonstante L/R des Stromanstieges. Bei gleichem Strangstrom werden höhere Start- und Betriebsfrequenzen erreicht. Nachteilig ist jedoch eine höhere Verlustleistung.

Soll der Strangstrom bei verschiedenen Schrittfrequenzen konstant bleiben, so muß über die Spannung an die Veränderung der Spulenimpedanz automatisch angepaßt werden. Hohe Schrittfrequenzen und Drehmomente bei optimaler Motorleistung lassen sich deshalb durch Konstantstrom-Betrieb erreichen.

Das folgende Diagramm zeigt den prinzipiellen Verlauf der Kennlinien eines Schrittmotors:

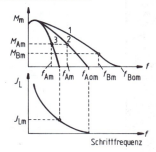

f_{Am} Start-Grenzfrequenz (lastabhängig)
f_{Aom} Maximale Startfrequenz, bei welcher der unbelastete Motor ohne Schrittfehler starten und stoppen kann.
f_{Bm} Betriebsgrenzfrequenz, bei welcher der Motor mit einer bestimmten Last ohne Schrittfehler betrieben werden kann.
f_{Bom} Maximale Betriebsfrequenz des unbelasteten Motors
M_m Maximales Drehmoment des Motors
M_{Am} Start-Grenzmoment für ein bestimmtes Lastträgheitsmoment
M_{Bm} Betriebsgrenzmoment, mit dem der Motor bei einem bestimmten Lastträgheitsmoment und vorgegebener Steuerfrequenz betrieben werden kann.
J_L Lastträgheitsmoment (Summe aller äußeren auf den Läufer reduzierten Massenträgheitsmomente)

7.20. Betriebsverhalten von Kleinmotoren

	Asynchronmotoren			Synchronmotoren	Kommutatormotoren	
Drehstrommotor	Einphasen-Asynchronmotor mit abschaltbarem Hilfsstrang	Betriebs-Kondensatormotor	Spaltpolmotor	Reluktanzmotor	Reihenschlußmotor	Gleichstrommotor mit dauermagnetischem Feld
$n_s = \dfrac{60 f}{p}$ $n < 3000\ \text{min}^{-1}$ ($f = 50\ \text{Hz}$)	$n < 3000\ \text{min}^{-1}$	$n < 3000\ \text{min}^{-1}$ b: $P_2 < 250\ \text{W}$	$n < 3000\ \text{min}^{-1}$ $P_2 < 150\ \text{W}$	$n = 3000\ \text{min}^{-1}$	$n > 3000\ \text{min}^{-1}$	$n \geq 2000\ \text{min}^{-1}$
$\eta = 0{,}5 \cdots 0{,}75$	$\eta = 0{,}5 \cdots 0{,}7$	$\eta = 0{,}5 \cdots 0{,}7$	$\eta = 0{,}1 \cdots 0{,}35$	$\eta = 0{,}3 \cdots 0{,}6$	$\eta = 0{,}5 \cdots 0{,}8$	$\eta = 0{,}6 \cdots 0{,}85$
$\dfrac{M_A}{M_N} = 1 \cdots 3$	$\dfrac{M_A}{M_N} = \begin{cases} 1 \cdots 2\ \text{(a)} \\ 2 \cdots 5\ \text{(b)} \end{cases}$	$\dfrac{M_A}{M_N} = 1 \cdots 2$	$\dfrac{M_A}{M_N} = 0{,}2 \cdots 1$	$\dfrac{M_A}{M_N} = 0{,}5 \cdots 2$	$\dfrac{M_A}{M_N} = 2 \cdots 5$	$\dfrac{M_A}{M_N} = 4 \cdots 6$
$M_A, M_K \sim U^2$	$M_A, M_K \sim U^2$	$M_A, M_K \sim U^2$	$M_A, M_K \sim U^2$	$M_A, M_K \sim U^2$	$M \sim I^2$	$M \sim I, \Phi$

7.21. Hauptgruppen elektronisch gesteuerter Kleinantriebe

Phasenanschnitt			
Einphasen-Asynchronmotoren		Reihenschluß-Kommutatormotoren	
Steller	Regelung (Tacho)	Steller	Regelung (Tacho)
Triac	Triac	Triac oder Thyristor	Triac oder Thyristor
Geringer Drehfrequenzstellbereich nach unten	Großer Drehfrequenzstellbereich nach unten	Großer Drehfrequenzbereich	Großer Drehfrequenzbereich
Arbeitspunkt oft instabil; Anzugsmoment bleibt nicht erhalten	Stabile Arbeitspunkte Anzugsmoment bleibt voll erhalten	Arbeitsdrehfrequenz stark last- und spannungsabhängig	Strombegrenzung
Schaltnetzteile	Schaltlogik	Umrichtergespeiste Antriebe	
Gleichstrom-Permanentmagnetmotoren	Schrittmotoren	Synchronmotoren mit Permanentmagnetläufer	Asynchronmotoren und Hysteresemotoren
Steller bei genügend steifer M_d-n-Kennlinie	Steuerlogik	Regelung (Tacho oder EMK-Messung)	oft Stellerbetrieb
Schalttransistor	Schalttransistoren	Gleichstrom-Zwischenkreis: Schalttransistor Wechselrichter-Teil: Thyristoren oder Transistoren	
Großer stabiler Drehfrequenzbereich	Schrittwinkel meist bauartbedingt	Großer stabiler Drehfrequenzbereich möglich	Großer stabiler Drehfrequenzbereich möglich
Strombegrenzung	max. Schrittfrequenz vom Momentenbedarf und Aussteuerverfahren vorgegeben	Strombegrenzung	Anlauf: Frequenzhochlauf Strombegrenzung

7.22. Gleichstrommotoren

Motor	Nebenschlußmotor	Reihenschlußmotor	Doppelschlußmotor
Stromlaufplan Rechtslauf	L+, L−, L+ Anschlüsse A/1B1, (A1)/(1B2), (A2)/(2B1), 2B2, E, E2, E1	L+, L−, L+ Anschlüsse A/1B1, (A1)/(1B2), (A2)/(2B1), 2B2, E, D2, D1	L+, L−, L+ Anschlüsse A/1B1, (A1)/(1B2), (A2)/(2B1), 2B2, E, E2, E1, D2, D1
Anschließen Rechtslauf	A L− E / 1B1 E2 2B2 E1	A L− / 1B1 D2 2B2 D2	A E L− / E1 E2 / 1B1 D1 2B2 D2
Anschließen Linkslauf	L− A E / 1B1 E2 2B2 E1	A L− / 1B1 D2 2B2 D2	E A L− / E1 E2 / 1B1 D1 2B2 D2
Drehmoment-Drehfrequenz-Kennlinien (normierte Darstellung)	Kurven: $U_A = 100\%$; $\Phi_E = 40\%$ / $U_A = 100\%$; $\Phi_E = 100\%$ / $U_A = 50\%$; $\Phi_E = 100\%$	Kurven: $U = 100\%$ / $U = 75\%$ / $U = 50\%$	Kurven: $U_A = 100\%$; $\Phi_E = 30\%$ / $U_A = 100\%$; $\Phi_E = 100\%$ / $U_A = 50\%$
Eigenschaften	Bleiben Ankerspannung und Erregung konstant, so haben Belastungsänderungen nur wenig Einfluß auf die Drehfrequenz. Durch Feldschwächung läßt sich die Nenndrehfrequenz bis ca. 3:1 überschreiten. Das Unterschreiten der Nenndrehfrequenz bei konstanter Belastung ist nur durch Verringerung der Ankerspannung möglich.	Der Reihenschlußmotor entwickelt ein sehr hohes Anzugsmoment. Völlige Entlastung (Leerlauf) kann zum Durchgehen (Zerstörung) führen. Bei Belastung nimmt die Drehfrequenz schnell ab. Die Drehfrequenzerhöhung über die Nenndrehfrequenz erfolgt mittels Parallelwiderstand zur Feldwicklung.	Das Drehmoment-Drehfrequenz-Verhalten liegt zwischen dem des Nebenschluß- und dem des Reihenschlußmotors. Die Leerlaufdrehfrequenz ist begrenzt. Die Drehfrequenzeinstellung erfolgt wie beim Nebenschlußmotor. Aus Stabilitätsgründen müssen die Erregerwicklungen gleichsinnig durchflossen werden.

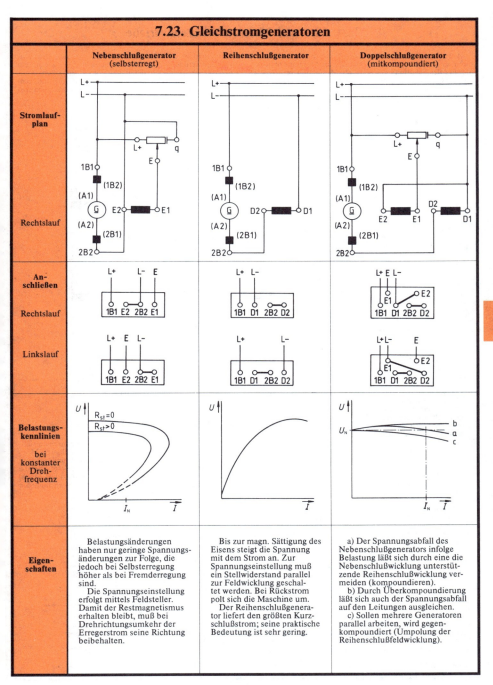

7.24. Ein- und Mehrquadrantenantriebe

Antriebe erfordern vielfach sowohl ein treibendes als auch bremsendes Drehmoment, so daß dieselbe Maschine ohne Änderung der Schaltung zeitweise als Motor und zeitweise als Generator arbeiten muß. Häufig kommen noch beide Drehrichtungen hinzu.

Die möglichen Betriebsarten lassen sich anschaulich im kartesischen Koordinatensystem (hier am Beispiel der Gleichstrommaschine) darstellen. Die Felder zwischen den Koordinaten werden als Quadranten bezeichnet, entgegen dem Uhrzeigersinn gezählt und mit den römischen Ziffern I bis IV gekennzeichnet. Der Drehrichtung Rechtslauf und dem rechtsdrehenden Moment werden positive Vorzeichen zugeordnet.

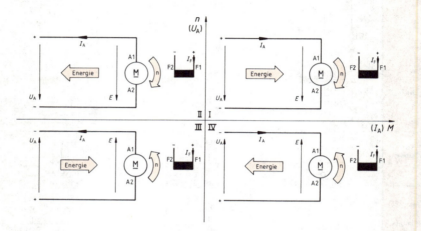

In den Quadranten I und III wirkt die elektrische Maschine als Motor, in den Quadranten II und IV als Generator. Bei Generatorbetrieb wird die in elektrische Energie umgewandelte mechanische Energie über Widerstände in Wärme umgesetzt oder über den als Wechselrichter arbeitenden Stromrichter in das Netz zurückgespeist.

Einquadrantbetrieb

Einquadrantantriebe sind nur für den Motorbetrieb geeignet. Sie arbeiten im I. und/oder III. Quadranten. Werden beide Drehrichtungen benötigt, jedoch kein Bremsbetrieb, so erfolgt bei stehendem Motor ($n = 0$) die Polaritätsumkehr mit Schützen im Anker- oder Feldkreis.

Zweiquadrantbetrieb

Zweiquadrantantriebe arbeiten normalerweise in den Quadranten I und IV oder III und II. Es sind Antriebe mit zwei Drehrichtungen, aber nur einer Drehmomentrichtung. Die Anwendung ist stark begrenzt. Sie ergibt sich zum Beispiel bei Hubwerken, deren schweres Ladegeschirr kein Kraftsenken notwendig macht. Eingesetzt werden hierfür Einfachstromrichter in vollgesteuerter Ausführung.

Vierquadrantantriebe

Vierquadrantantriebe arbeiten mit zwei Drehmomentrichtungen und zwei Drehrichtungen mit der vorteilhaften Möglichkeit der geführten Bremsung und Zwischenbremsung durch Netzrückspeisung. Diese Rückspeisung erfolgt über die Stromrichtungsumkehr; sie kann im Ankerkreis (Abb. oben) oder im Feldkreis (Abb. unten) des Motors vorgenommen werden.

Feldumsteuerung

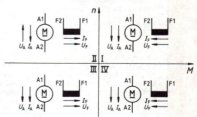

7.25. Gleichstromantriebe

Die Vorteile des Gleichstromnebenschlußmotors gegenüber dem Drehstrom-Asynchronmotor sind die einfache Drehzahlverstellung, eine hohe Dynamik und kostengünstigere Lösungen des Gesamtantriebes. Als Nachteil wirkt sich der Kommutator aus, der die obere Drehfrequenz und Leistung begrenzt und gewartet werden muß. Deshalb spielt der Gleichstromantrieb auch weiterhin bei geregelten Antrieben eine dominierende Rolle.

Physikalische Zusammenhänge der Maschinengrößen:

Induzierte Spannung im Läufer:

$E = -c_1 \cdot \Phi \cdot n$
$ = (U_{dA} - I_A \cdot R_A)$

Drehfrequenz:

$n = \dfrac{U_{dA} - I_A \cdot R_A}{c_1 \cdot \Phi}$

Drehmoment:

$M = c_2 \cdot I_A$

Magnetischer Fluß:

$\Phi \sim I_F$ (Sättigung nicht berücksichtigt)

- U_{dA} Ankerspannung
- I_A Ankerstrom
- R_A Widerstand der vom Ankerstrom durchflossenen Wicklungen
- c_1, c_2 Maschinenkonstanten
- Φ magn. Fluß
- n Motordrehfrequenz
- M Drehmoment
- I_F Feldstrom

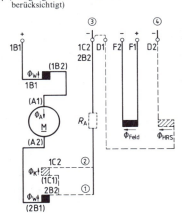

① ohne Kompensationswicklung
② mit Kompensationswicklung
③ ohne Hilfsreihenschlußwicklung
④ mit Hilfsreihenschlußwicklung

- Φ Erregerfeld
- Φ_{HRS} Hilfsreihenschlußfeld
- Φ_K Kompensationsfeld
- Φ_W Wendepolfeld
- E EMK
- R_A Widerstand der vom Ankerstrom durchflossenen Wicklungen

Drehfrequenzverstellung:

- Innerhalb des „Ankerbereiches" ($n = 0 \cdots n_N$) kann die Drehfrequenz durch Verstellen der Ankerspannung U_{dA} verändert werden. Das Drehmoment ist hierbei proportional dem Ankerstrom.
- Durch Schwächen des Erregerfeldes Φ nimmt bei konstanter Ankerspannung die Motordrehfrequenz umgekehrt proportional zur Flußänderung zu. Bei gleichem Ankerstrom nimmt das Drehmoment ab. (Konstante Leistung: $P = M \cdot \omega$.) Diese Beziehungen gelten für den „Feldbereich" ($n = n_N \cdots 2{,}5\,n_N$).
- Bei der sogenannten „Überlaufregelung" wird die Drehfrequenz bis n_N durch Ankerspannungsänderung und über n_N durch Feldschwächung verstellt.

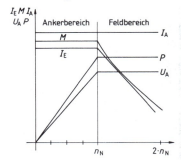

Regelungsarten

Ankerspannungsregelung (Grunddrehzahlbereich):

Als Istwert wird die der Motordrehfrequenz proportionale Ankerspannung erfaßt. Infolge des Spannungsfalls ($I_A \cdot R_A$) bei Belastung des Motors und der temperaturbedingten Erregerstromänderung ergeben sich Drehfrequenzänderungen, die nicht oder nur bedingt ausgeregelt werden können.

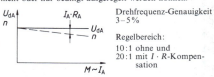

Drehfrequenz-Genauigkeit 3–5 %

Regelbereich:
10:1 ohne und
20:1 mit $I \cdot R$-Kompensation

Drehfrequenzerfassung mit Tachogenerator:

Als Istwert wird mit einem Tachogenerator die Drehfrequenz unmittelbar erfaßt. Der Einfluß der Störgrößen $I_A \cdot R_A$ und der temperaturbedingten Erregerstromänderung werden ausgeregelt.

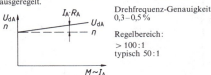

Drehfrequenz-Genauigkeit 0,3–0,5 %

Regelbereich:
> 100:1
typisch 50:1

7.26. Drehfrequenzveränderbare Gleichstromantriebe mit Gleichstrom-Nebenschlußmotor

Antrieb	Leonard-Antrieb	Einquadrant-Antrieb mit Einfachstromrichter[1]	Mehrquadrant-Antrieb mit Einfachstromrichter			Mehrquadrant-Antrieb mit Zweifachstromrichter	
Stellgröße			Ankerspannung des Motors, ggf. auch Feld des Motors				
			Einstellung der Ankerspannung über Stromrichteraussteuerung				
			Drehmomentumschaltung über Kommandostufe mit Schützen		Einstellung der Ankerspannung über Stromrichteraussteuerung		
			im Ankerkreis	im Feldkreis	kreisstromfrei: elektronische Drehmomentumschaltung über Kommandostufe	kreisstromführend: ständig zwei Stromrichter im Eingriff	
Drehfrequenzänderung und Drehmomentumkehr	Einstellung der Ankerspannung über Gleichstromgenerator mit Feldsteuerung						
Typische Betriebsart	2 Drehrichtungen, Treiben und Bremsen	1 Drehrichtung Treiben	2 Drehrichtungen, Treiben und Bremsen	Feldkreisumschaltung	2 Drehrichtungen, Treiben und Bremsen		
Drehmomentfreie Pause bei Drehmomentumkehr, desgl. bei Richtungsumkehr	keine	–	Ankerkreisumschaltung 0,1 bis 0,2 s	0,5 bis 0,2 s	kreisstromfrei: 5 bis 10 ms	kreisstromführend: keine	
			keine	keine	keine	keine	
Typischer Leistungsbereich in kW	1 bis 10000	1 bis 10000	18 bis 10000		18 bis 10000		
Typische Nenndrehfrequenzen in min^{-1}	1000 bis 3000	1000 bis 3000	1000 bis 3000		1000 bis 3000		
Typischer Drehfrequenzstellbereich	keine Beschränkung	1 : 50	keine Beschränkung		keine Beschränkung		
Typische Merkmale	geringer Steuerungsaufwand	geringer Stromrichteraufwand	Leistungsgrenze durch Wendeschütze	keine Beschränkung durch Wendeschütze	regeldynamisch hochwertig		
Anwendungsschwerpunkte	Schnellaufzüge, Werkzeugmaschinen	Verarbeitungsmaschinen	Hebezeuge, Pressen, Zentrifugen, Drehmaschinen, Walzenstraßen		Krane, Walzenstraßen, Papier- und Textilmaschinen, Werkzeugmaschinen		

[1] Auch als konstruktive Einheit aus Stromrichter und Motor (Kompaktantrieb) mit 1,5 bis 65 kW erhältlich

7.27. Drehfrequenzveränderbare Drehstromantriebe

Antrieb	Drehstrom-Nebenschlußmotor	Stromrichterkaskade DS-Schleifringläufermotor	Pulsumrichter Synchronmotor[1])	Stromrichtermotor DS-Synchronmotor
Stellgröße	Steuerspannung durch Bürstenverstellung	Gegenspannung des Umrichters	Ständerfrequenz und Ständerspannung	Ständerspannung
Drehfrequenzänderung und Drehmomentänderung	Zu- und Abführung von Schlupfleistung, Abgriff über Kommutatorbürsten	Einstellung der Läuferspannung und Abführung der Schlupfleistung über einen Umrichter im Läuferkreis	Impuls-Breitenmodulation im motorseitigen Stromrichter	Einstellung der Zwischenkreisspannung, motorseitiger Stromrichter lastgeführt und drehwinkelabhängig gesteuert
Typische Betriebsart	eine Drehrichtung, Treiben und Bremsen	eine Drehrichtung, Treiben	eine Drehrichtung, Treiben	eine Drehrichtung, Treiben
Drehmomentfreie Pause bei Drehmomentumkehr, desgl. bei Richtungsumkehr	keine 0,2 bis 0,5 s	–	keine	keine
Typ. Leistungsbereich in kW	2 bis 65	10 bis 20000	50 bis 300	0,5 bis 10000
Typ. Nenndrehfrequenzen in min^{-1}	1450 bis 2300	600 bis 1500 (3000)	1000 bis 3000	1000 bis 3000
Typ. Drehfrequenzstellbereich	1 : 3 bis 1 : 20	1 : 1,3 bis 1 : 5	1 : 20 bis 1 : ∞	1 : 20 bis 1 : 50
Typische Merkmale	Besonders wirtschaftlich bei kleinem Drehfrequenzstellbereich	Besonders wirtschaftlich bei kleinem Drehfrequenzstellbereich	guter cos φ	Betriebsverhalten wie kommutatorlose Gl.-Maschine
Anwendungsschwerpunkte	Verarbeitungsmaschinen (Textil, Druck, Kunststoff)	Pumpen und Lüfter	Einmotoren- und Gruppenantriebe	Verarbeitungsmaschinen, große Gebläse und Pumpen

[1]) zum Teil auch mit Käfigläufer-Induktionsmotor

7.28. Drehfrequenzveränderbare Drehstromantriebe mit Käfigläufer-Induktionsmotor

Antrieb	Drehstromsteller	Direktumrichter[1]	Zwischenkreisumrichter mit eingeprägter Spannung[1]	Zwischenkreisumrichter mit eingeprägtem Strom
Stellgröße	Ständerspannung	Ständerfrequenz und Ständerspannung	Ständerfrequenz und Ständerspannung	Ständerfrequenz und Ständerstrom
Drehfrequenzänderung und Drehmomentänderung	Einstellung der Schlupfleistung im Läufer durch Flußschwächung (Absenken der Drehmomentkennlinie)	Gegenparallelschaltung mit sinus- oder rechteckförmig gesteuerter Ausgangsspannung	Einstellung der Ständerfrequenz, mitführen der Ständerspannung durch gesteuerten Gleichrichter	Einstellung der Ständerfrequenz, einprägen des Ständerstromes über Zwischenkreisspannung
Typische Betriebsart	eine Drehrichtung, Treiben	zwei Drehrichtungen, Treiben und Bremsen	eine Drehrichtung, Treiben	eine Drehrichtung, Treiben und Bremsen
Drehstromfreie Pause bei Drehmomentumkehr, desgl. bei Richtungsumkehr	0,1 bis 0,2 s	keine	0 bis 10 ms < 1 s	keine
Typ. Leistungsbereich in kW	bis 50	MW-Bereich	8 bis 200	50 bis 400
Typ. Nenndrehfrequ. in min^{-1}	1000 bis 3000	15	1000 bis 3000	1000 bis 3000
Typ. Drehfrequenzstellbereich	1 : 3 bis 1 : 50	1 : ∞	1 : 20	1 : 20
Typische Merkmale	Überdimensionierung des Motors wegen hoher Läuferverlustleistung	Max. Ausgangsfrequenz etwa 0,4fache Netzfrequenz	Hohe Drehfrequenzen (> 3000 min^{-1}) durch entsprechende Umrichterfrequenz	
Anwendungsschwerpunkte	Pumpen und Lüfter kleiner Leistung, Spulmaschinen	Langsamlaufende Antriebe, z. B. Rohrmühlen	Gruppenantrieb, z. B. Kunstfaserherstellung	Einmotorenantrieb, z. B. Pendelmaschinen

[1] zum Teil auch mit DS-Sychronmotor

7.29. Gebrauchskategorien für Last-, Motor- und Hilfsstromschalter nach VDE 0660 bzw. IEC 158

Gebrauchs-kategorie	Stromart	Beispiele für die Anwendung L = Induktivität des Prüfstromkreises R = Ohmscher Widerstand des Prüfstromkreises I = Strom, I_e = Nennbetriebsstrom U = Spannung, U_e = Nennspannung		normale Beanspruchung						gelegentliche Beanspruchung					
				Einschalten			Ausschalten			Einschalten			Ausschalten		
				$\frac{I}{I_e}$	$\frac{U}{U_e}$	$\frac{\cos\varphi}{L/R}$	$\frac{I}{I_e}$	$\frac{U}{U_e}$	$\frac{\cos\varphi}{L/R}$	$\frac{I}{I_e}$	$\frac{U}{U_e}$	$\frac{\cos\varphi}{L/R}$	$\frac{I}{I_e}$	$\frac{U}{U_e}$	$\frac{\cos\varphi}{L/R}$
für Last- und Motorschalter															
AC 1	Wechselstrom	Nicht induktive oder schwach induktive Belastungen, Widerstandsöfen		1	1	0,95	1	1	0,95	1,5	1,1	0,95	1,5	1,1	0,95
AC 2		Anlassen von Schleifläufermotoren	ohne Gegenstrombremsen	2,5	1	0,65	1	0,4	0,65	4	1,1	0,65	4	1,1	0,65
			mit Gegenstrombremsen	2,5	1	0,65	2,5	1	0,65	4	1,1	0,65	4	1,1	0,65
AC 3		Anlassen von Käfigläufermotoren, Ausschalten von Motoren während des Laufes	für Motoren = 16 A	6	1	0,65	1	0,17	0,65	10[4]	1,1	0,65	8	1,1	0,65
			16 A bis 100 A	6	1	0,35	1	0,17	0,35	10[4]	1,1	0,35	8	1,1	0,35
			100 A	6	1	0,35	1	0,17	0,35	8[4]	1,1	0,35	6	1,1	0,35
AC 4		Anlassen von Käfigläufermotoren, Tippen, Gegenstrombremsen, Reversieren	für Motoren = 16 A	6	1	0,65	6	1	0,65	12[4]	1,1	0,65	10	1,1	0,65
			16 A bis 100 A	6	1	0,35	6	1	0,35	12[4]	1,1	0,35	10	1,1	0,35
			100 A	6	1	0,35	6	1	0,35	10[4]	1,1	0,35	8	1,1	0,35
DC 1	Gleichstrom	Nicht induktive oder schwach induktive Belastungen, Widerstandsöfen		1	1	1 ms	1	1	1 ms	1,5	1,1	1 ms	1,5	1,1	1 ms
DC 2		Nebenschlußmotoren	Anlassen, Ausschalten während des Laufes	2,5	1	2 ms	1	0,1	7,5 ms	4	1,1	2,5 ms	4	1,1	2,5 ms
DC 3			Anlassen, Tippen[2], Reversieren[3], Gegenstrombremsen	2,5	1	2 ms	2,5	1	2 ms	4	1,1	2,5 ms	4	1,1	2,5 ms
DC 4		Reihenschlußmotoren	Anlassen, Ausschalten während des Laufes	2,5	1	7,5 ms	1	0,3	10 ms	4	1,1	15 ms	4	1,1	15 ms
DC 5			Anlassen, Tippen[2], Reversieren[3], Gegenstrombremsen	2,5	1	7,5 ms	2,5	1	7,5 ms	4	1,1	15 ms	4	1,1	15 ms
für Hilfsstromschalter für Magnetantriebe															
AC 11	Wechselstrom			10	1	0,7	1	1	0,4	10	1,1	0,7	10	1,1	0,7
DC 11	Gleichstrom	[1]) $P = U_e \times I_e \leq 5$ W $L/R = 15$ ms $P = U_e \times I_e > 5$ W bis 20 W $L/R = 50$ ms $P = U_e \times I_e > 20$ W $L/R = 200$ ms		1	1	[1])	1	1	[1])	1,1	1,1	[1])	1,1	1,1	[1])

[2]) Unter Tippen versteht man die einmalige oder wiederholte kurze Speisung eines Motors, um kleine Bewegungen zu erreichen.
[3]) Unter Reversieren versteht man das Umkehren der Laufrichtung des Motors durch Wechseln der Primäranschlüsse während des Laufes.
[4]) Die Werte entsprechen den Anlaufströmen der Mehrzahl der Motoren. In Sonderfällen können bis zu 30% höhere Ströme auftreten.

7.30. Leistungstransformatoren

7.30.1. Aufbau der Transformatoren

Leistungstransformatoren übertragen elektrische Energie mittels elektromagnetischer Induktion von einem System mit der Wechselspannung U_1 in ein System mit der Wechselspannung U_2.

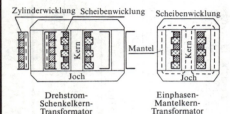

Drehstrom-Schenkelkern-Transformator

Einphasen-Mantelkern-Transformator

Der magnetische Kreis ist aus dünnen kornorientierten Blechen (Kern- und Jochbleche) in Mantel- oder Schenkelform aufgebaut. Meist wird der Dreischenkelkern mit drei in einer Ebene angeordneten bewickelten Schenkeln bevorzugt. Ein erheblicher Gewinn an Wicklungshöhe ist mit dem Fünfschenkelkern durch Reduzierung des Jochquerschnitts auf den $1/\sqrt{3}$fachen Wert des Schenkelquerschnittes zu erzielen. Hierbei sind die beiden außenliegenden Schenkel unbewickelt.

Am häufigsten wird die Zylinderwicklung gewählt. Aus isolationstechnischen Gründen wird die Oberspannungswicklung auf die Unterspannungswicklung gewickelt. Eine Verringerung der Kurzschlußspannung und Kurzschlußkräfte sowie Erhöhung der Leistung wird mit der doppelkonzentrischen Wicklung erreicht; die Unterspannungswicklung wird so in zwei Teile unterteilt, daß die Oberspannungswicklung radial innerhalb der unterteilten Unterspannungswicklung zu liegen erzielt werden. Soll eine besonders geringe Streuung erzielt werden, so wird die aufwendige Scheibenwicklung angewendet; Primär- und Sekundärwicklung werden unterteilt und abwechselnd übereinandergeschichtet.

Leistungstransformatoren werden mit Luft oder Wasser gekühlt. Der Wärmetransport von den Wicklungen zur Kühleinrichtung erfolgt über Öl. Eine ausreichende Ölzirkulation muß sichergestellt sein. Das Öl muß frei sein von Wasser, Salzen, Säuren, Alkali, Schwefel und Beimengungen wie Fasern, Sand usw.

Größere Rippenkessel erhalten ein Ausgleichsgefäß zur Verhütung der Kondenswasserbildung und ein Fahrgestell.

7.30.2. Wicklungen und Schaltgruppen nach VDE 0532 (3.82)

Wicklungen (Teil 1)

Wicklung: Gesamtheit der Windungen, die einem elektrischen Kreis mit einer der dem Transformator zugeordneten Spannung angehören.

Bei einem Mehrphasentransformator wird die Gesamtheit der Wicklungsstränge als Wicklung bezeichnet.

Wicklungsstrang: Die Gesamtheit der zu einer Phase einer mehrphasigen Wicklung gehörenden Windungen.

Primärwicklung oder **Eingangswicklung:** Die Wicklung, die unter Betriebsbedingungen die Wirkleistung aus dem speisenden Netz aufnimmt.

Sekundärwicklung oder **Ausgangswicklung:** Die Wicklung, die Wirkleistung an den Belastungsstromkreis abgibt.

Unterspannungswicklung (US-Wicklung): Die Wicklung für die niedrigste Nennspannung.

Dies kann bei einem Zusatztransformator die Wicklung mit dem höheren Isolationspegel sein.

Mittelspannungswicklung (MS-Wicklung): Die Wicklung eines Mehrwicklungstransformators, deren Nennspannung zwischen denen der Wicklungen mit der niedrigsten und der höchsten Nennspannung liegt.

Oberspannungswicklung (OS-Wicklung): Die Wicklung für die höchste Nennspannung.

Parallelwicklung: Der gemeinsame Teil der Wicklungen eines Spartransformators.

Reihenwicklung: Der Teil der Wicklung eines Spartransformators oder die Wicklung eines Zusatztransformators, die mit einem System in Reihe liegt.

Hilfswicklung: Eine Wicklung, deren zulässige Belastung gegenüber der Nennleistung des Transformators gering ist.

Ausgleichswicklung: Eine Zusatzwicklung in Dreieckschaltung, insbesondere bei Transformatoren in Stern-Stern- oder Stern-Zickzackschaltung, um die Nullimpedanz der Sternwicklung zu verringern.

Schaltgruppe (Teil 4)

Die Schaltgruppenbezeichnung besteht aus einem Großbuchstaben für die Schaltung der Oberspannungswicklung und einem Kleinbuchstaben für die Schaltung der Unterspannungswicklung, gegebenenfalls auch Mittelspannungswicklung, (D bzw. d für Dreieckschaltung, Y bzw. y für Sternschaltung und Z bzw. z für Zickzackschaltung) sowie einer Kennzahl. Bei herausgeführtem Sternpunkt ist hinter dem Schaltungszeichen der Wicklung ein N bzw. n zu ergänzen.

Bei Spartransformatoren mit einem gemeinsamen Teil zweier Wicklungen wird die Wicklung dieses Paares, welche die niedrigere Nennspannung aufweist, mit dem Buchstaben a gekennzeichnet.

Bei Mehrwicklungstransformatoren folgen die Zeichen in der Reihenfolge der abnehmenden Nennspannungen der Wicklungen, z.B. Y, yn0, zn1.

Die Kennzahl, mit 30° multipliziert, gibt die Winkeldifferenz (Phasenverschiebung) zwischen den Zeigern der Unterspannungswicklung und den entsprechenden Zeigern der Oberspannungswicklung (Bezugsgröße) an. Bei beiden Wicklungen wird vom vorhandenen oder einem gedachten Sternpunkt und den entsprechenden Anschlüssen ausgegangen.

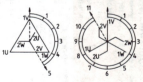

Schaltgruppe Dy5   Schaltgruppe Yz11

Die Kennzahl wird ermittelt, indem das Spannungszeigerbild der OS-Wicklung mit dem Zifferblatt einer Uhr so in Deckung gebracht wird, daß der Zeiger der Klemme 1U auf die Ziffer 12 fällt. An der Klemme 2V1 oder 2V2 der US-Seite ist dann die Kennzahl der Schaltgruppe abzulesen.

7.30. Leistungstransformatoren

7.30.3. Gebräuchliche Schaltgruppen für Drehstromtransformatoren nach VDE 0532 Teil 4 (3.82)

Bezeichnung		Zeigerbild		Schaltungsbild[2])		Über-setzung $N_1:N_2$	Alte Bezeich-nung	Belastbarkeit des Sternpunktes auf der Unterspannungsseite
Kenn-zahl	Schalt-gruppe[1])	OS	US	OS	US			
0	D d 0					$\dfrac{N_1}{N_2}$	A 1	———
	$\overline{Y y 0}$					$\dfrac{N_1}{N_2}$	A 2	mit maximal 10% des Nennstromes belastbar
	D z 0					$\dfrac{2 N_1}{3 N_2}$	A 3	mit Nennstrom belastbar
5	$\overline{D y 5}$					$\dfrac{N_1}{\sqrt{3} N_2}$	C 1	mit Nennstrom belastbar
	Y d 5					$\dfrac{\sqrt{3} N_1}{N_2}$	C 2	———
	Y z 5					$\dfrac{2 N_1}{\sqrt{3} N_2}$	C 3	mit Nennstrom belastbar
6	D d 6					$\dfrac{N_1}{N_2}$	B 1	———
	Y y 6					$\dfrac{N_1}{N_2}$	B 2	mit maximal 10% des Nennstromes belastbar
	D z 6					$\dfrac{2 N_1}{3 N_2}$	B 3	mit Nennstrom belastbar
11	D y 11					$\dfrac{N_1}{\sqrt{3} N_2}$	D 1	mit Nennstrom belastbar
	Y d 11					$\dfrac{\sqrt{3} N_1}{N_2}$	D 2	———
	Y z 11					$\dfrac{2 N_1}{\sqrt{3} N_2}$	D 3	mit Nennstrom belastbar

7.30.4. Einphasentransformatoren

0	I i 0					$\dfrac{N_1}{N_2}$	E	
	I a 0					$\dfrac{N_1}{N_{ges}}$	E	

[1]) Bei herausgeführtem Sternpunkt ist hinter dem Schaltungszeichen der Wicklung N bzw. n zu ergänzen.
[2]) Bei den Wicklungen ist gleicher Wicklungssinn vorausgesetzt, d.h., räumlich gesehen sind in den Schaltungsbildern die Wicklungen nach unten geklappt zu denken. Herausgeführte Sternpunkte werden mit 1 N bzw. 2 N bezeichnet.

7.30. Leistungstransformatoren

7.30.5. Bauarten, Kühlung und Begriffe nach VDE 0532 Teil 1 (3.82)

Bauarten

Leistungstransformator (LT): Die elektrisch getrennten Wicklungen sind parallel zu den zugehörigen Netzen geschaltet. Die gesamte Leistung wird induktiv übertragen.

Spartransformator: Mindestens zwei Wicklungen sind elektrisch leitend hintereinander geschaltet. Die Durchgangsleistung wird teils leitend, teils induktiv übertragen.

Zusatztransformator: Beide Wicklungen sind galvanisch getrennt; eine Wicklung ist mit einem System in Reihe geschaltet, um dessen Spannung zu ändern. Die Primärwicklung liegt parallel zum zugehörigen Netz. Die Zusatzleistung wird rein induktiv übertragen.

Öltransformator: Kern und Wicklungen befinden sich in Öl.
In diesen Bestimmungen werden auch Kühl- und Isolierflüssigkeiten als Öl angesehen. Üblicherweise werden Transformatoren dann nach dem Handelsnamen ihrer Füllung bezeichnet, z. B. Clophentransformator.

Trockentransformator: Weder Kern noch Wicklung befinden sich in einer Kühl- und Isolierflüssigkeit.

Kühlungsarten

Die Kühlungsart wird vom Hersteller durch vier Buchstaben gekennzeichnet. Die ersten beiden Buchstaben geben Kühlmittel und Kühlmittelbewegung für die Wicklung und die letzten beiden Buchstaben Kühlmittel und Kühlmittelbewegung für die äußere Kühlung an. Trockentransformatoren ohne dichtschließendes Schutzgehäuse erhalten lediglich zwei Kurzzeichen für die Wicklungskühlung. Unterschiedliche Kühlungsarten eines Transformators werden mittels Schrägstrich getrennt.

Kühlmittel	Kurzzeichen
Mineralöl	O
Askarel (Clophen)	L
Glas	G
Wasser	W
Luft	A

Kühlmittelbewegung	Kurzzeichen
Natürlich	N
Erzwungen (Öl nicht gerichtet)	F
Erzwungen (Öl gerichtet)	D

Bsp.: OFAF Öltransformator mit erzwungener Öl- und Luftkühlung.
AN Trockentransformator ohne dichtschließendes Schutzgehäuse bei natürlicher Luftbewegung.

Normale Betriebsbedingungen

Höhe über NN kleiner als 1000 m, sofern nichts anderes vereinbart wurde.

Temperatur des Kühlmittels bei luftgekühlten Transformatoren maximal 40 °C. Die Lufttemperatur darf − 25 °C nur kurzzeitig auf − 30 °C unterschreiten, falls nichts anderes festgelegt ist. Darüber hinaus darf bei luftgekühlten Transformatoren die Lufttemperatur eine mittlere Tagestemperatur von 30 °C und eine mittlere Jahrestemperatur von 20 °C nicht überschreiten.

Die Eintrittstemperatur des Kühlwassers darf bei wassergekühlten Transformatoren 25 °C nicht überschreiten.

Begriffe

Nennübersetzung $ü_N$: Das Verhältnis der Nennspannung einer Wicklung zu der niedrigeren oder gleichen Nennspannung einer anderen Wicklung.

Leerlaufstrom I_O: Der über einen Leiteranschluß einer Wicklung fließende Strom, wenn Nennspannung U_N mit der Nennfrequenz f_N anliegt und die anderen Wicklungen unbelastet bleiben.

Die Angabe erfolgt häufig in Prozent des Nennstromes dieser Wicklung. Bei Mehrwicklungstransformatoren bezieht sich dieser Prozentsatz auf die Wicklung mit der höchsten Nennleistung.
Bei Mehrphasentransformatoren werden die Einzelströme oder der arithmetische Mittelwert dieser Leerlaufströme angegeben.

Nennleistung S_N: Die abgegebene Scheinleistung in kVA oder MVA legt einen bestimmten Nennstrom fest, der bei angelegter Nennspannung und festgelegten Bedingungen fließt.

Leerlaufverluste P_O: Die aufgenommene Wirkleistung, wenn an einer Wicklung Nennspannung mit der Nennfrequenz f_N anliegt und die anderen Wicklungen unbelastet bleiben.

Kurzschlußverluste P_K: Die aufgenommene Wirkleistung, wenn eine Wicklung Nennstrom aufnimmt, während die andere Wicklung kurzgeschlossen ist. Die restlichen Wicklungen bleiben gegebenenfalls unbelastet.

Gesamtverluste P_G: $P_G = P_O + P_K$.

Nennkurzschlußspannung U_{kN}: Die mit Nennfrequenz an die Primärseite anzulegende Spannung, damit bei kurzgeschlossener Sekundärseite der Nennstrom I_N fließt. Die Angabe erfolgt meist in Prozent der Nennspannung U_N der Wicklung, an die die Spannung angelegt wird.

$$u_{kN} = 100\% \cdot U_{kN}/U_N$$

Die Kurzschlußspannung setzt sich aus dem mit dem Strom in Phase liegenden Spannungsfall U_R, u_R und die dem Strom um 90° voreilende Streuspannung U_X, u_X zusammen.

In Verteilnetzen werden meist Transformatoren mit $u_{kN} = 4\%$ eingesetzt, um den Spannungsfall klein zu halten.
In Industrienetzen und in Verteilnetzen hoher Leistung sind zur Begrenzung der Kurzschlußbeanspruchung Transformatoren mit $u_{kN} = 6\%$ vorzuziehen.
Noch höher liegen die Nennkurzschlußspannung der Mittel- und Großtransformatoren, um ausreichende Kurzschlußfestigkeit zu erzielen.

Spannungsänderung u_φ: Aus der Nennkurzschlußspannung u_{kN} und den Kurzschlußverlusten P_K kann die Spannungsänderung bei einer beliebigen symmetrischen Belastung S und beliebigem cos φ berechnet werden.

$$u_\varphi = n \cdot u'_\varphi + 0{,}5 \frac{(n \cdot u''_\varphi)^2}{10^2} + 0{,}125 \frac{(n \cdot u''_\varphi)^4}{10^6}$$

mit $n = S/S_N$
$u'_\varphi = u_{RN} \cdot \cos \varphi + u_{XN} \cdot \sin \varphi$
$u''_\varphi = u_{RN} \cdot \sin \varphi − u_{XN} \cdot \cos \varphi$

Bsp.: Es ist die Spannungsänderung u_φ eines 50 kVA, 600 V-Transformators bei Nennlast und cos $\varphi = 0{,}8$ mit $u_R = 2{,}5\%$ und $u_{kN} = 3{,}6\%$ zu berechnen.

Lösung:
$u_X = \sqrt{3{,}6^2 − 2{,}5^2} = 2{,}59 \approx 2{,}6\%$
$u_\varphi = 2{,}5\% \cdot 0{,}8 + 2{,}6\% \cdot 0{,}6 = 3{,}56\%$
$u_\varphi = 2{,}5\% \cdot 0{,}6 − 2{,}6\% \cdot 0{,}8 = − 0{,}58\%$
$u_\varphi = \frac{3{,}56\%}{100} + 0{,}5 \cdot \frac{-0{,}58\%^2}{100} = 3{,}56\%$

7.30. Leistungstransformatoren

7.30.6. Parallelbetrieb von Transformatoren

Zur Vermeidung von gefährlichen Ausgleichsströmen sind für den Parallelbetrieb nach VDE 0532 (3.82) folgende Bedingungen zu erfüllen:
1. Gleiche Kennzahl der Schaltgruppen, d. h. gleiche Phasenlage.
2. Die Übersetzungen sollen innerhalb der zulässigen Toleranzgrenzen gleich sein.
3. Gleiche Nennkurzschlußspannungen innerhalb der zulässigen Toleranzgrenzen. Andernfalls ist die zulässige Gesamtleistung kleiner als die Summe der zulässigen Einzelleistungen.
4. Das Verhältnis der Nennleistungen soll kleiner als 3:1 sein, da sonst die Unterschiede der Verhältnisse u_X/u_R zu groß werden.

Abweichend hiervon können Transformatoren mit der Kennzahl 5 mit Transformatoren der Kennzahl 11 parallel betrieben werden, wenn das folgende Anschlußschema eingehalten wird:

geforderte Kennzahl	vorhandene Kennzahl	Anschluß an die Leiter der OS-Seite			US-Seite		
		1L1	1L2	1L3	2L1	2L2	2L3
	5 (11)	1U	1V	1W	2U	2V	2W
5 (11)	11 (5)	1U	1W	1V	2W	2V	2V
		1W	1V	1U	2V	2U	2W
		1V	1U	1W	2U	2W	2V

Nach Anschluß aller Primärwicklungen und eines Außenleiters auf der Sekundärseite darf zwischen den noch zu verbindenden Ausgangsklemmen und den zugehörigen Anschlußpunkten keine Spannung liegen.

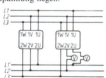

Lastverteilung bei gleichen Nennkurzschlußspannungen

$S_{N\,ges} = S_{N1} + S_{N2} + \cdots$

Die von den einzelnen Transformatoren abgegebene Leistung beträgt

$S_1 = S_{ges} \cdot \dfrac{S_{N1}}{S_{N\,ges}} \qquad S_2 = S_{ges} \cdot \dfrac{S_{N2}}{S_{N\,ges}}$

Beispiel: Es ist die Lastverteilung zweier parallelgeschalteter Transformatoren mit gleicher Nennkurzschlußspannung zu berechnen:

Transformator 1: $S_N = 160$ kVA, $u_{kN} = 4\%$
Transformator 2: $S_N = 250$ kVA, $u_{kN} = 4\%$
Gesamtleistung: $S_{ges} = 300$ kVA, $u_{kN} = 4\%$

Lösung:

$S_1 = 300 \text{ kVA} \cdot \dfrac{160 \text{ kVA}}{410 \text{ kVA}} = 117 \text{ kVA}$

$S_2 = 300 \text{ kVA} \cdot \dfrac{250 \text{ kVA}}{410 \text{ kVA}} = 183 \text{ kVA}$

Lastverteilung bei ungleichen Nennkurzschlußspannungen

Parallelgeschaltete Transformatoren nehmen eine solche Teillast auf, daß alle Transformatoren die gleiche mittlere Kurzschlußspannung haben.

$\dfrac{S_{ges}}{u_k} = \dfrac{S_{N1}}{u_{kN1}} + \dfrac{S_{N2}}{u_{kN2}} + \cdots$

Die resultierende Kurzschlußspannung beträgt

$u_k = \dfrac{S_{N\,ges}}{\dfrac{S_{N1}}{u_{kN1}} + \dfrac{S_{N2}}{u_{kN2}} + \cdots}$

Die von den einzelnen Transformatoren abgegebene Leistung beträgt

$S_1 = S_{N1} \cdot \dfrac{u_k}{u_{kN1}} \cdot \dfrac{S_{ges}}{S_{N\,ges}}$

$S_2 = S_{N2} \cdot \dfrac{u_k}{u_{k2}} \cdot \dfrac{S_{ges}}{S_{N\,ges}}$

Beispiel: Es ist die Leistungsabgabe von drei parallelgeschalteten Transformatoren mit unterschiedlicher Nennkurzschlußspannung zu berechnen:

Transformator 1: $S_{N1} = 100$ kVA, $u_{kN1} = 4,0\%$
Transformator 2: $S_{N2} = 250$ kVA, $u_{kN2} = 4,5\%$
Transformator 3: $S_{N3} = 400$ kVA, $u_{kN3} = 6,0\%$
Gesamtleistung: $S_{ges} = 550$ kVA

Lösung:

$u_k = \dfrac{100 \text{ kVA}}{\dfrac{100 \text{ kVA}}{4,0\%} + \dfrac{250 \text{ kVA}}{4,5\%} + \dfrac{400 \text{ kVA}}{6,0\%}} = 5,1\%$

$S_1 = 100 \text{ kVA} \cdot \dfrac{5,1\%}{4,0\%} \cdot \dfrac{550 \text{ kVA}}{750 \text{ kVA}} = 93,5 \text{ kVA}$

$S_2 = 250 \text{ kVA} \cdot \dfrac{5,1\%}{4,5\%} \cdot \dfrac{550 \text{ kVA}}{750 \text{ kVA}} = 207,8 \text{ kVA}$

$S_3 = 400 \text{ kVA} \cdot \dfrac{5,1\%}{6,0\%} \cdot \dfrac{550 \text{ kVA}}{750 \text{ kVA}} = 249,3 \text{ kVA}$

Verlustarme Parallelarbeit von Transformatoren gleicher Bauart und Leistung

Niederspannungsnetze werden oft über mehrere parallel geschaltete Transformatoren gleicher Bauart und Nennleistung gespeist. Die Zu- und Abschaltung erfolgt meist entsprechend wirtschaftlichen Überlegungen nach der geringsten Verlustleistung aller in Betrieb befindlichen Transformatoren und nicht nach dem jeweiligen Leistungsbedarf.

Die Nennleistung von „n" in Betrieb befindlichen Transformatoren mit der Nennleistung S_N beträgt

$P_{Vn} = n \cdot P_0 + \left(\dfrac{S}{n \cdot S_N}\right)^2 \cdot n \cdot P_k$

Für die Zuschaltung eines weiteren Transformators ist die Gleichheit der Verluste maßgebend:

$P_{Vn} = P_{V(n+1)} \Rightarrow \dfrac{S}{S_N} = \sqrt{\dfrac{P_0}{P_k} \cdot n(n+1)}$

Bei einem Verhältnis $P_0 : P_k = 1:6$ bei Öltransformatoren nach DIN 42503 ergibt sich folgende Gegenüberstellung:

n	S/S_N	$S/n \cdot S_N$
1	0,577	0,577
2	1,000	0,500
3	1,141	0,472
4	1,825	0,457

Die Zuschaltung eines weiteren Transformators sollte etwa bei Halblast der in Betrieb befindlichen Transformatoren erfolgen. Eine hohe Auslastung der Transformatoren ist deshalb im Normalbetrieb nicht wirtschaftlich.

8. Elektrische Anlagen

8.1. Beleuchtungstechnik

8.1.1. Größen, Einheiten und Begriffe der Lichttechnik

Größe und Zeichen	Einheit		Erläuterungen
Lichtstrom Φ	lm (Lumen)		Der von einer Lichtquelle ausgestrahlte oder auf eine Fläche auftreffende photometrisch dem spektralen Hellempfindlichkeitsgrad $V(\lambda)$ nach bewertete Strahlungsfluß. Φ_L = Lichtstrom einer Leuchte; Φ_1 = Lichtstrom der Lampen einer Leuchte; Φ_N = Nutzlichtstrom; Φ_0 = Anfangslichtstrom
Lichtmenge Q	lm h (Lumenstunde)	$Q = \Phi \cdot t$	Produkt aus Lichtstrom und Zeit
Spezifische Lichtausstrahlung M	$\frac{lm}{cm^2}$	$M = \frac{\Phi}{A}$	Quotient aus dem von einer Fläche abgegebenen Lichtstrom und der leuchtenden Fläche
Lichtstärke (Strahlstärke) I	cd (Candela)	$I = \frac{\Phi}{\Omega}$	Quotient aus dem von einer Lichtquelle in einer bestimmten Richtung ausgesandten Lichtstrom und dem durchstrahlten Raumwinkel
Beleuchtungsstärke E	$1 \frac{lm}{m^2} = 1$ lx (Lux)	$E = \frac{\Phi}{A}$	Quotient aus dem auf eine Fläche auftreffenden Lichtstrom und der beleuchteten Fläche
Leuchtdichte (Strahldichte) L	cd/cm^2 bei Selbststrahlern cd/m^2 bei beleuchteten Flächen	$L = \frac{\Phi}{\Omega \cdot A \cdot \cos \varepsilon}$	Quotient aus dem durch eine Fläche in einer bestimmten Richtung durchtretenden Lichtstrom und dem Produkt aus dem durchstrahlten Raumwinkel und der Projektion der Fläche auf eine zur betrachteten Richtung senkrechte Ebene
Belichtung H	lx s	$H = E \cdot t$	Produkt aus Beleuchtungsstärke und Dauer des Beleuchtungsvorgangs
Lichtausbeute η	lm/W	$\eta = \frac{\Phi}{P}$	Verhältnis des abgegebenen Lichtstroms zur aufgewendeten Leistung
Leuchten-Betriebswirkungsgrad η_{LB}	1		Verhältnis des bei einer bestimmten Umgebungstemperatur (normal 25 °C) von einer Leuchte abgegebenen Lichtstromes zu dem vom Lampenhersteller angegebenen Gesamtlichtstrom der Lampen
Optischer Wirkungsgrad η_L	1		Verhältnis des von einer Leuchte abgegebenen Lichtstromes zu dem dabei von den Lampen insgesamt erzeugten Lichtstrom
Raumwirkungsgrad η_R	1	$\eta_R = \frac{\Phi_N}{\Sigma \Phi}$ (η_R auch > 1)	Verhältnis des auf die Nutzfläche A treffenden Lichtstromes Φ_N zu dem von den Leuchten abgegebenen Gesamtlichtstrom $\Sigma \Phi$
Beleuchtungswirkungsgrad η_B	1	$\eta_B = \frac{\Phi_N}{\Sigma \Phi_L}$ $\eta_B = \eta_R \cdot \eta_{LB}$	Verhältnis des auf die Nutzfläche A treffenden Lichtstromes Φ_N zu dem von den Lampen erzeugten Gesamt-Nennlichtstrom $\Sigma \Phi_L$
Reflexionsgrad ρ	1		Verhältnis des von einem Körper zurückgestrahlten Lichtstromes zu dem auffallenden Lichtstrom. Der Reflexionsgrad gilt für gerichtete, gestreute oder gemischte Reflexion
Transmissionsgrad τ	1		Verhältnis des von einem Körper durchgelassenen Lichtstromes zu dem auffallenden Lichtstrom. Der Transmissionsgrad gilt für gerichtete, gestreute oder gemischte Transmission
Absorptionsgrad α	1		Verhältnis des von einem Körper absorbierten Lichtstromes zu dem auffallenden Lichtstrom $\rho + \tau + \alpha = 1$
Gleichmäßigkeit g	1	$g = \frac{E_{min}}{E_{max}}$ bzw. $\frac{E_{min}}{E_m}$	Verhältnis der kleinsten zur größten bzw. mittleren Beleuchtungsstärke auf einer Fläche
Meßebene			Im Innenraum im allgemeinen die Horizontalebene 0,85 m über dem Boden, bei Außenanlagen im allgemeinen die Horizontalebene der Fahrbahn oder maximal 20 cm darüber
Raumwinkel Ω	sr (Steradiant)	$\Omega = \frac{A}{r^2}$	Der Raumwinkel schneidet aus einer Kugel mit dem Radius r die Fläche A aus. Ein voller Raumwinkel beträgt 4π sr
Ausstrahlungswinkel ε	Grad		Bei Leuchten: Winkel zur Senkrechten nach unten als 0°-Achse Bei strahlenden Flächen: Winkel zur Normalen auf die Fläche
Lichtstärkeverteilungskurve (LVK)	cd		Gibt die Lichtstärke I_ε einer Lichtquelle in Abhängigkeit vom Ausstrahlungswinkel ε in einer bestimmten Ebene an. Darstellung in Polarkoordinaten für $\Phi = 1000$ lm

8.1. Beleuchtungstechnik

8.1.2. Lichtquellen und Leuchten

8.1.2.1. Glühlampen

Standardlampen für 220 V

Leistungs-aufnahme W	Licht-strom lm	Abmessungen Durchmesser mm	Länge mm	Sockel
25	230	60	105	
40	430	60	105	
60	730	60	105	
75	960	60	105	E 27
100	1380	60	105	
150	2220	65	118	
200	3150	80	160	
300	5000	90	189	
500	8400	110	240	E 40
1000	18800	130	274	

Lampen der Hauptreihe von 40 W bis 200 W werden mit Doppelwendel geliefert. Sie geben bei gleichem Energieverbrauch je nach Typ bis zu 20% mehr Licht als Einfachwendellampen.

Lampen von 25 W bis 200 W sind mattiert oder klar; Lampen von 300 W bis 1000 W klar. Mattierte Lampen verringern die Blendung und dämpfen die Schattenbildung; klare Lampen geben ein brillantes Licht.

S-Lampen für 220 V (stoßfest mit „Hammerzeichen")

Leistung W	25	40	60	100	200
Sockel			E 27		

25 W – 100 W mattiert, 200 W klar.

T-Lampen für 220 V

T-Lampen sind Allgebrauchslampen mit Temperaturkennzeichen für den Einsatz in schlagwetter- und explosionsgeschützten Hänge- und Handleuchten (nach VDE 0165/0166 und 0170/0171).

Leistung W	25	40	60	100	200	300	500
Sockel			E 27				E 40

25 W – 200 W mattiert, 300 W und 500 W klar.

Niedervoltlampen, 24 V und 42 V, mattiert

Leistung W	25	40	60	100
Sockel		E 27		

Tropfenlampen für 220 V, klar oder mattiert

Leistung W	25	40
Durchmesser mm	45	
Länge mm	80	
Sockel	E 14 oder E 27	

Kerzenlampen für 220 V, klar oder mattiert

Leistung W	25	40	60
Durchmesser mm	35		
Länge mm	100		
Sockel	E 14		

8.1.2.2. Quecksilberdampf-Hochdrucklampen mit Yttrium-Vanadat-Leuchtstoff für 220 V

Brennstellung der Lampen beliebig

Leistungs-aufnahme der Lampe W	Licht-strom lm	Licht-ausbeute lm/W	Leucht-dichte cd/cm²	Leistungs-aufnahme mit Drossel W	Nenn-strom A	Leistungs-faktor cos φ	Kompensations-kondensator für 50 Hz und cos $\varphi \approx 0{,}9$ µF	Sockel
50	2000	40	4	59	0,6	0,43	7	
80	3800	48	5	89	0,8	0,51	7	E 27
125	6300	50	7	137	1,15	0,54	10	
250	13500	54	10	266	2,15	0,56	18	
400	23000	58	11	425	3,25	0,59	25	E 40
700	40000	57	13	735	5,45	0,61	40	
1000	55000	55	15	1045	7,9	0,63	50	

Die vorgeschaltete Sicherung muß für die kurzzeitig auftretenden Stromspitzen und den erhöhten Anlaufstrom (bis zum doppelten Nennstrom) bemessen sein. Es werden träge Schmelzsicherungen/Automaten empfohlen.

Werden in kompensierten Anlagen mehrere Lampen ohne Benutzung des Mittelleiters zwischen den Außenleitern eines Drehstromnetzes betrieben, muß zur Verhinderung von Resonanzerscheinungen bei Ausfall eines Außenleiters automatisch abgeschaltet werden.

8.1.2.3. Halogen-Metalldampflampen

Leistungs-aufnahme der Lampe W	Licht-strom lm	Licht-ausbeute lm/W	Leucht-dichte cd/cm²	Netz-spannung V	Nenn-strom A	Leistungs-faktor cos φ	Kompensations-kondensator für 50 Hz und cos $\varphi \approx 0{,}9$ µF	Sockel
250	19000	76	1100	220	3	0,42	32	E 40
360	28000	78	700	220	3,5	0,5	35	E 40
1000	80000	80	810	220	9,5	0,5	85	E 40
2000	170000	85	920	380	10,3	0,53	50	E 40
3500	300000	86	880	380	18	0,53	90	E 40

8.1. Beleuchtungstechnik

8.1.2.4. Natrium-Dampflampen für 220 V

Leistungs-aufnahme der Lampe W	Licht-strom lm	Licht-aus-beute lm/W	Leucht-dichte cd/cm²	Leistungs-aufnahme mit Drossel W	Nenn-strom A	Kompensationskonden-sator für 50 Hz und cos φ ≈ 0,9 µF	Sockel	Brenn-stellung
Natrium-Niederdrucklampen (monochromatisch gelb)									
35	4800	137	10	56	1,4	20	BY22d	h 110
55	8000	145	10	76	1,4	20	BY22d	h 110
90	13500	150	10	113	2,1	26	BY22d	p 20
135	22500	166	10	175	3,1	45	BY22d	p 20
Natrium-Hochdrucklampen (Lichtfarbe warmweiß, Farbwiedergabestufe 4)									
150	14500	97	300	170	1,8	20	E 40	
250	25500	102	400	275	3	32	E 40	beliebig
400	48000	120	500	450	4,4	50	E 40	
1000	130000	130	600	1090	10,3	100	E 40	

8.1.2.5. Leuchtstofflampen für 220 V

Bezeich-nung	Leistungsaufnahme Lampe W	Leistungsaufnahme mit Drossel W	Nenn-strom A	Licht-strom lm	Licht-ausbeute lm/W	Leucht-dichte cd/cm²	Abmessungen Rohrdurchm. mm	Abmessungen Länge bzw. Ø mm
Lampen in Stabform								
L 4 W/25	4	10	0,17	120	30	0,85	16	136
L 6 W/25	6	12	0,16	240	40	0,95	16	212
L 8 W/25	8	14	0,145	350	43,8	0,95	16	288
L 13 W/25	13	19	0,165	650	50	0,95	16	517
L 10 W/41	10	14	0,17	630	63	0,5	26	470
L 15 W/25	15	25	0,33	720	48	0,75	26	438
L 16 W/25	16	21	0,2	950	60	0,6	26	720
L 30 W/25	30	39	0,365	1800	60	0,9	26	895
L 30 W/21				2400	80			
L 30 W/41				2300	76			
Lampen in Stabform								
NL 20 W/20	20	25	0,37	1150	58	0,65	38	590
NL 20 W/25				1050	53	0,55		
NL 20 W/30				1150	58	0,65		
NL 40 W/20	40	49	0,43	3000	75	0,75	38	1200
NL 40 W/25				2500	63	0,60		
NL 40 W/30				3000	75	0,75		
NL 65 W/20	65	76	0,67	4800	74	1,0	38	1500
NL 65 W/25				4000	62	0,8		
NL 65 W/30				4800	74	1,0		
Lampen in U-Form								
NL 16 W/25U	16	21	0,2	900	56	0,6	26	370
NL 16 W/30U	16	21	0,2	1050	66	0,6	26	370
NL 20 W/25U	20	25	0,37	950	47	0,55	38	310
NL 40 W/25U	40	50	0,43	2400	60	0,6	38	607
NL 40 W/30U	40	50	0,43	2700	68	0,6	38	607
NL 65 W/25U	65	78	0,67	3900	60	0,8	38	765
NL 65 W/30U	65	78	0,67	4500	70	0,95	38	765
Lampen in Ringform								
NL 32 W/25C	32	42	0,45	1700	53	0,75	32	311
NL 32 W/30C	32	42	0,45	2000	63	0,75	32	311
NL 40 W/25C	40	50	0,43	2300	58	0,60	32	413
NL 40 W/30C	40	50	0,43	2900	73	0,75	32	413

8.1. Beleuchtungstechnik

8.1.2.6. Mischlichtlampen mit Leuchtstoff

Leistungs-aufnahme W	Licht-strom lm	Licht-ausbeute lm/W	Leucht-dichte cd/cm²	Sockel
160	3100	19	9	E 27
250	5600	22	11	E 27/E 40
500	14000	28	13	E 40
1000	32500	32,5	17	E 40

Mischlichtlampen werden für zwei Nennspannungen gebaut:
a) für 225 V (220 V bis 229 V),
b) für 235 V (230 V bis 239 V).

8.1.2.7. Niederdruck-Entladungslampe für 220 V

Leistungs-aufnahme W	Licht-strom lm	Licht-ausbeute lm/W	Leistungs-faktor cos φ	Lampen-strom A
9	425	47	0,5	0,08
13	600	46	0,48	0,12
18	900	50	0,48	0,17
25,5	1200	48	0,5	0,224

Niederdruck-Entladungslampen lassen sich fast überall anstelle von Glühlampen einsetzen. Sie sind so hell wie 40, 60, 75 bzw. 100 W Glühlampen. Mittlere Lebensdauer: 5000 h, zul. Umgebungstemperatur −10 ··· +55 °C.

8.1.2.8. Zusammenstellung der Eigenschaften von Lichtquellen

Eigenschaft	Glüh-lampen	Leuchtstoff-lampen	Mischlicht-lampen	Quecksilber-dampfhoch-drucklampen	Metall-Halogendampf-lampen	Niederdruck-Natriumdampf-lampen	Hochdruck-Natriumdampf-lampen
Lichtstrom lm	230 bis 18800	120 bis 8700	1100 bis 32500	2000 bis 120 000	11250 bis 300 000	1800 bis 33 000	3500 bis 130 000
Lichtausbeute lm/W	9,2 bis 18,8	30 bis 85	11 bis 32,5	40 bis 60	76 bis 97	100 bis 183	70 bis 130
Leistungen W	25 bis 1000	4 bis 140	100 bis 1000	50 bis 2000	150 bis 3500	18 bis 180	50 bis 1000
Lichtfarbe		ww, nw, tw	nw	ww, nw	nw	gelb	ww
Farbwiedergabe-stufe	1	1, 2, 3	3	3	2	4	4
Lebensdauer h	1000	7500	2000 bis 5000	9000	2000 bis 6000	9000	9000
Vorschalt-geräte	keine	Drossel-spule	keine	Drossel-spule	Drossel-spule	Streutrafo Hybrid-VG	Drossel-spule
Zünd-vorrichtung	keine	Starter	keine	keine	Zündgerät	Zündgerät	Zündgerät
Anlaufzeit min	keine	keine	sofort/2	4	4	10	4
Wiederzündzeit min	sofort	sofort	5	5	10	sofort	1

Lichtfarben: ww = warmweiß, nw = neutralweiß, tw = tageslichtweiß

8.1.2.9. Einteilung der Leuchten nach DIN 5040 Teil 1 und Teil 2 (2.76)

Leuchten werden entsprechend der Verteilung ihres Lichtstromes in den oberen und unteren Halbraum eingeteilt:

Art der Beleuch-tung	Lichtstromanteil in %		Kenn-buch-stabe
	oberhalb der Horizontalen	unterhalb der Horizontalen	
direkt	0 − 10	90 − 100	A
vorwiegend direkt	über 10 − 40	60 − unter 90	B
direkt-indirekt	über 40 − 60	40 − unter 60	C
vorwiegend indirekt	über 60 − 90	10 − unter 40	D
indirekt	über 90 − 100	0 − unter 10	E

Leuchten werden zusätzlich in bezug auf den direkt auf die Nutzebene und den direkt auf die Decke fallenden Lichtstrom eingeteilt:

1. Kenn-ziffer	Lichtstromanteil in % vom		2. Kenn-ziffer
	unteren	oberen	
	halbräumlichen Lichtstrom		
1	0 − 30	0 − 50	1
2	über 30 − 40	über 50 − 70	2
3	über 40 − 50	über 70 − 90	3
4	über 50 − 60	über 90 − 100	4
5	über 60 − 70		
6	über 70 − 100		

Kurzzeichen für Leuchten setzen sich aus Kennbuchstabe, 1. und 2. Kennziffer zusammen.
Innenleuchte C 41 ist beispielsweise eine Leuchte mit einem unteren halbräumlichen Lichtstromanteil zwischen 40 und 60%, bei der zwischen 50 und 60% des unteren halbräumlichen Lichtstromes direkt auf die Nutzebene und zwischen 0 und 50% des oberen halbräumlichen Lichtstromes direkt auf die Decke gelangen.

8.1. Beleuchtungstechnik

8.1.3. Beleuchtung im Innenraum

8.1.3.1. Allgemeine Anforderungen nach DIN 5035 Teil 1 (10.79)

Nennbeleuchtungsstärken

Die auf einen mittleren Alterungszustand einer Anlage bezogenen Nennwerte der Beleuchtungsstärke sind: 20/50/100/300/500/750/1000/1500/2000 lx.

Beleuchtungsstärken am Arbeitsplatz

Ständig besetzte Arbeitsplätze: mindestens 200 lx. Räume/Raumzonen, in denen sich ständig Personen aufhalten: mindestens 100 lx.

Unabhängig vom Alterungszustand darf der arithmetische Mittelwert der Beleuchtungsstärke den 0,8fachen Wert der Nennbeleuchtungsstärke nicht unterschreiten; zu keiner Zeit darf die Beleuchtungsstärke den 0,6fachen Wert der Nennbeleuchtungsstärke unterschreiten.

(Beleuchtungsstärken siehe Seite 8–6)

Leuchtdichteverteilung im Gesichtsfeld

Für gute Sehbedingungen ist ein ausgewogenes Verhältnis der Leuchtdichten im Gesichtsfeld erforderlich. Für vollkommen gestreut reflektierende (matte) Oberflächen läßt sich die Leuchtdichte von Raumoberflächen berechnen.

$$L = \frac{\varrho}{\pi} \cdot E$$

L Leuchtdichte in cd/m²
ϱ Reflexionsgrad der Oberfläche (siehe Seite 8–7)
E Beleuchtungsstärke auf der Oberfläche mit dem Reflexionsgrad

Anzustreben ist für die horizontale Nutzebene im Raum bzw. in der einer bestimmten Tätigkeit dienenden Raumzone eine Gleichmäßigkeit der Beleuchtungsstärken von etwa 1:1,5.

Die Reflexionsgrade der Umgebung des Arbeitsplatzes sollten so gewählt werden, daß sich zwischen dem Arbeitsfeld und dem Umfeld keine größeren Leuchtdichteverhältnisse als etwa 3:1 ergeben.

Für Oberflächen von Arbeitstischen sind Reflexionsgrade von 0,2 bis 0,5 angebracht.

Ein guter Wirkungsgrad der Beleuchtung und eine ausreichende Aufhellung der Raumbegrenzungsflächen wird im allgemeinen erreicht, wenn der Reflexionsgrad der Decke im Mittel 0,7, der der Wände 0,5 und der des Bodens 0,2 beträgt.

Güteklassen der Blendungsbegrenzung

Güteklasse	Anforderung
1	hoch
2	mittel
3	gering

Geforderte Güteklassen für Beleuchtungsanlagen siehe Seite 8–6.

Reflexblendung durch Lichtreflexe auf dem Sehobjekt kann verringert oder verhindert werden durch:

a) Anordnung von Leuchten und Arbeitsplätzen.
b) Leuchtdichtebegrenzung der Leuchten.
c) Gestaltung der Oberflächen, in denen sich Leuchten spiegeln können (matt oder entspiegelt).
d) Helle Decke und Wände.

Lichtfarbengruppen

Für allgemeine Beleuchtungszwecke verwendete Lichtfarben werden in drei Gruppen eingeteilt:

ähnlichste Farbtemperatur unter 3300 K	warmweiße Lichtfarben (ww)
ähnlichste Farbtemperatur 3300 bis 5000 K	neutralweiße Lichtfarben (nw)
ähnlichste Farbtemperatur über 5000 K	tageslichtweiße Lichtfarben (tw)

Empfohlene Lichtfarben für bestimmte Tätigkeiten siehe unten und Seite 8–6.

Farbwiedergabe

Die Farbwiedergabeeigenschaften werden durch den allgemeinen Farbwiedergabeindex R_a in der folgenden Stufung gekennzeichnet:

Stufe	R_a-Bereich
1	$85 \leq R_a$
2	$70 \leq R_a < 85$
3	$40 \leq R_a < 70$
4	$R_a < 40$

Für Farbkontrollen/Farbprüfungen: $R_a > 90$ und Nennbeleuchtungsstärke mindestens 1000 lx. Weitere Farbwiedergabestufen siehe unten und Seite 8–6.

8.1.3.2. Lichtfarben und Farbwiedergabeeigenschaften von Lampen

Farbwiedergabeeigenschaften	Lichtfarbe		
	tageslichtweiß (tw)	neutralweiß (nw)	warmweiß (ww)
Stufe 1 sehr gut	Leuchtstofflampen der Lichtfarben 11, 19	Leuchtstofflampe der Lichtfarbe 21	Glühlampe Leuchtstofflampen der Lichtfarben 31, 41
	Halogen-Metalldampflampe	Halogen-Metalldampflampe	
Stufe 2 gut		Leuchtstofflampe der Lichtfarbe 25	Mischlichtlampe
		Mischlichtlampe	Halogen-Metalldampflampe
Stufe 3 weniger gut		Leuchtstofflampe der Lichtfarbe 20	Leuchtstofflampe der Lichtfarbe 30
		Halogen-Metalldampflampe	Quecksilberdampf-Hochdrucklampe
		Quecksilberdampf-Hochdrucklampe	
		Mischlichtlampe	
Stufe 4 ungenügend			Natriumdampflampe

8.1. Beleuchtungstechnik

8.1.3.3. Richtwerte für die Beleuchtung von Arbeitsstätten im Innenraum nach DIN 5035 Teil 2 (10.79), Auszug

Die angegebenen Nennbeleuchtungsstärken beziehen sich im allgemeinen auf die horizontale Arbeitsfläche in 0,85 m Höhe über dem Fußboden. Bei Verkehrswegen in Gebäuden beziehen sie sich auf deren Mittellinie in 0,2 m Höhe über dem Fußboden.

Art des Raumes/Art der Tätigkeit	Nennbeleuchtungsstärke in lx	Lichtfarbe	Farbwiedergabeeigenschaft: Stufe	Güteklasse der Blendungsbegrenzung
Verkehrszonen in Abstellräumen	50		3	–
Lagerräume für gleichartiges oder großteiliges Lagergut	50		3	–
Lagerräume mit Suchaufgaben bei ungleichartigem Lagergut	100		3	3
Lagerräume mit Leseaufgabe	200		3	2
Versand	200		3	2
Kantinen	200		2	1
Umkleideräume	100		2	2
Waschräume	100	ww, nw	2	2
Toilettenräume	100		2	2
Sanitätsräume, Räume für Erste Hilfe, ärztl. Betreuung	500		1	1
Maschinenräume	100		3	3
Energieversorgung und -verteilung	100		3	3
Fernschreibstelle, Poststelle	500		2	1
Telefonvermittlung	300		2	1
Verkehrswege in Gebäuden für Personen	50		3	3
für Personen und Fahrzeuge	100		3	3
Treppen, Fahrtreppen, geneigte Verkehrswege	100	ww, nw	3	2
Verladerampen	100		3	3
Autom. Fördereinrichtungen, Transportbänder im Bereich von Verkehrswegen	100		3	3
Büroräume mit Arbeitsplätzen nur in unmittelb. Fensternähe	300		2	1
Büroräume	500		2	1
Großraumbüros – hohe Reflexion	750		2	1
– mittlere Reflexion	1000		2	1
Technisches Zeichen	750	ww, nw	2	1
Sitzungszimmer und Besprechungsräume	300		2	1
Empfangsräume	100		2	1
Räume für Datenverarbeitung	500		2	1
Räume mit Publikumsverkehr	200		2	1
Chemische Industrie, Kunststoff- und Kautschukwaren Verfahrenstechnische Anlagen mit Fernbedienung	50		3	3
Verfahrenstechnische Anlagen mit gelegentlichen manuellen Eingriffen	100		3	3
Ständig besetzte Arbeitsplätze in verfahrenstechn. Anlagen	200	ww, nw	3	3
Meßstände, Steuerbühnen, Warten	300		2	2
Laboratorien, Konfektionierungen	300		2	2
Arbeiten mit erhöhter Sehaufgabe	500		2	1
Farbprüfung	1000	nw, tw	1	1
Hütten-, Stahl- und Walzwerke, Großgießereien Produktionsanlagen ohne manuelle Eingriffe	50		3	3
Produktionsanlagen mit gelegentlichen Eingriffen	100		3	3
Ständig besetzte Arbeitsplätze in Produktionsanlagen	200		3	3
Prüf- und Kontrollplätze	500	ww, nw, tw	2	1
Metallbe- und -verarbeitung Freiform-Schmieden kleiner Teile	200		3	2
Schweißen	300		3	2
Grobe und mittlere Maschinenarbeiten wie Drehen, Fräsen, Hobeln (zul. Abweichung ≥ 0,1 mm)	300		3	2
Feine Maschinenarbeiten (zul. Abweichung < 0,1 mm)	500	ww, nw	3	1
Anreiß- und Kontrollplätze, Meßplätze	750		3	1
Kaltwalzwerke	200		3	2
Draht-, Rohrziehereien, Herstellung von Kaltbandprofilen	300		3	2
Verarbeitung von schweren Blechen (≥ 5 mm)	200		3	2
Verarbeitung von leichten Blechen (< 5 mm)	300		3	2

8.1. Beleuchtungstechnik

Fortsetzung: Richtwerte für die Beleuchtung von Arbeitsstätten im Innenraum

Art des Raumes/Art der Tätigkeit	Nennbeleuchtungsstärke in lx	Lichtfarbe	Farbwiedergabeeigenschaft: Stufe	Güteklasse der Blendungsbegrenzung
Herstellung von Handwerkzeugen und Schneidwaren	500		3	1
Grobmontage	200		3	2
Mittelfeinmontage	300		3	1
Feinmontage	500		3	1
Sandaufbereitung	200	ww, nw	3	3
Gußputzerei, am Kupolofen, am Mischer, Gießhallen, Ausleerstellen, Maschinenformerei	200		3	2
Handformerei, Kernmacherei	300		3	2
Modellbau	500		3	1
Galvanisieren	300		3	2
Spachteln, Anstreichen, Lackieren	300		3	1
Werkzeug-, Lehren- und Vorrichtungsbau, Feinmechanik, Feinstmontage	1000		3	1
Karosserie-Rohbau, Karosserie-Oberflächen-Bearbeitung	500	ww, nw, tw	3	2
Lackiererei-Spritzkabine	750		3	–
Lackiererei-Schleifplätze	750		3	1
Nacharbeit Lackiererei	1000		3	1
Inspektion	750		3	1
Elektrotechnische Industrie				
Kabel- und Leitungsherstellung, Lackieren und Tränken von Spulen, Montage großer Maschinen, einfache Montagearbeiten, Wickeln von Spulen und Ankern mit grobem Draht	300	ww, nw	3	1
Montage von Telefonapparaten, kleine Motoren, Wickeln von Spulen und Ankern mit mittlerem Draht	500		3	1
Montage feiner Geräte, Rundfunk- und Fernsehapparate, Wickeln feiner Drahtspulen, Fertigung von Schmelzsicherungen, Justieren, Prüfen, Eichen	1000	ww, nw, tw	3	1
Montage feinster Teile, elektronische Bauteile	1500		2	1
Schmuck- und Uhrenindustrie				
Herstellung von Schmuckwaren	1000		2	1
Bearbeitung von Edelsteinen	1500	ww, nw, tw	1	1
Optiker- und Uhrmacherwerkstatt	1500		2	1
Holzbe- und -verarbeitung				
Dämpfgruben	100		3	3
Sägegatter	200		3	2
Arbeiten an der Hobelbank, Leimen, Zusammenbau	200		2	2
Auswahl von Furnierhölzern, Polieren, Lackieren, Intarsienarbeit, Modelltischlerei	500	ww, nw	1	1
Arbeiten an Holzbearbeitungsmaschinen, Drechseln, Kehlen, Fugen, Abrichten, Schlitzen, Schneiden, Sägen, Fräsen	500		2	1
Holzveredelung	500		2	1
Fehlerkontrolle	750		1	1
Nahrungs- und Genußmittelindustrie				
Arbeitsplätze im Brauhaus, am Malzboden, für Waschen, Abfüllen in Fässer, Reinigung, Sieben, Schälen, Kochen, Arbeitsplätze in Zuckerfabriken, für Trocknen und Fermentieren von Rohtabak, Gärkeller	200	ww, nw	2	3
Verlesen und Waschen von Produkten; Mahlen, Mischen, Abpacken	300		2	2
Arbeitsplätze und -zonen in Schlachtereien, Metzgereien, Molkereien, Mühlen, auf Filterböden	300		2	2
Schneiden und Auslesen von Gemüse und Obst	300	nw	2	1
Herstellung von Feinkost; Küchen; Herst. von Zigarren	500		2	2
Kontrolle von Gläsern; Produktkontrolle; Garnieren, Dekorieren, Sortieren	500		2	1
Verkaufsräume	300	ww, nw	2	1
Kassenarbeitsplätze	500		2	1
Haarpflege	500	ww, nw, tw	1	1
Kosmetik	750		1	1
Selbstbedienungsgaststätten	300	ww, nw	2	1
Speiseräume	200	ww	1	–
Küche	500	ww, nw	2	2
Sitzungsräume	300	ww, nw	2	1

8.1. Beleuchtungstechnik

8.1.3.4. Beleuchtungskalender (Mitteleuropäische Zeit)

Monat	Beleuchtungszeit Beginn	Ende	Monat	Beleuchtungszeit Beginn	Ende	Monat	Beleuchtungszeit Beginn	Ende
Januar 1.–10.	16^{35}	7^{50}	Mai 1.–10.	19^{55}	4^{15}	September 1.–10.	19^{05}	5^{10}
Januar 11.–20.	16^{50}	7^{45}	Mai 11.–20.	20^{10}	4^{00}	September 11.–20.	18^{45}	5^{25}
Januar 21.–31.	17^{05}	7^{40}	Mai 21.–31.	20^{25}	3^{45}	September 21.–30.	18^{20}	5^{40}
Februar 1.–10.	17^{25}	7^{25}	Juni 1.–10.	20^{35}	3^{35}	Oktober 1.–10.	18^{00}	6^{00}
Februar 11.–20.	17^{40}	7^{05}	Juni 11.–20.	20^{45}	3^{30}	Oktober 11.–20.	17^{35}	6^{15}
Februar 21.–28.	18^{00}	6^{45}	Juni 21.–30.	20^{50}	3^{15}	Oktober 21.–31.	17^{15}	6^{30}
März 1.–10.	18^{15}	6^{30}	Juli 1.–10.	20^{50}	3^{15}	November 1.–10.	16^{55}	6^{50}
März 11.–20.	18^{30}	6^{10}	Juli 11.–20.	20^{40}	3^{45}	November 11.–20.	16^{40}	7^{05}
März 21.–31.	18^{45}	5^{45}	Juli 21.–31.	20^{30}	4^{00}	November 21.–30.	16^{30}	7^{20}
April 1.–10.	19^{05}	5^{20}	August 1.–10.	20^{10}	4^{20}	Dezember 1.–10.	16^{25}	7^{35}
April 11.–20.	19^{20}	5^{00}	August 11.–20.	19^{50}	4^{35}	Dezember 11.–20.	16^{20}	7^{45}
April 21.–30.	19^{40}	4^{35}	August 21.–31.	19^{30}	4^{50}	Dezember 21.–31.	16^{25}	7^{50}

8.1.3.5. Beleuchtungsstunden in den einzelnen Monaten

Monat	Jan.	Febr.	März	April	Mai	Juni	Juli	Aug.	Sept.	Okt.	Nov.	Dez.	Zus. f. 1 Jahr
von Sonnenuntergang													
bis 17 Uhr	6	–	–	–	–	–	–	–	–	–	9	19	34
bis 18 Uhr	36	9	–	–	–	–	–	–	–	12	39	50	146
bis 19 Uhr	67	37	15	–	–	–	–	–	9	43	69	81	321
bis 20 Uhr	98	65	46	19	1	–	–	7	38	74	99	112	559
bis 21 Uhr	129	93	77	49	26	8	11	37	68	105	129	143	875
bis 22 Uhr	160	121	108	79	57	38	42	68	98	136	159	174	1240
bis 23 Uhr	191	149	139	109	88	68	73	99	128	167	189	205	1505
bis 24 Uhr	222	177	170	139	119	98	104	130	159	198	219	236	1970
bis 1 Uhr	253	205	201	169	150	128	135	161	188	229	249	267	2335
bis 2 Uhr	284	233	232	199	181	158	166	192	218	260	279	298	2700
bis 3 Uhr	315	261	263	229	212	188	197	223	248	291	309	329	3065
bis Sonnenaufgang	462	376	360	288	242	203	218	272	321	392	432	475	4041
von 3 Uhr	147	115	97	59	30	15	21	49	73	101	123	146	976
von 4 Uhr	116	87	66	29	2	–	–	18	43	70	83	115	529
von 5 Uhr	85	59	35	3	–	–	–	–	13	39	53	84	371
von 6 Uhr	54	31	7	–	–	–	–	–	–	8	33	53	186
von 7 Uhr bis Sonnenaufgang	23	5	–	–	–	–	–	–	–	–	4	22	54

8.1.3.6. Reflexionsgrade ϱ verschiedener Farben und Materialien für weißes Licht

Farbe	ϱ %
weiß	70–85
steingrau	40–50
dunkelgrau	10–20
schwarz	3–9
creme, hellgelb	50–75
gelbbraun	30–40
dunkelbraun	10–20
rosa	45–55
hellrot	30–50
dunkelrot	10–20
hellgrün	45–65
dunkelgrün	10–20
hellblau	45–55
dunkelblau	5–15

Material	ϱ %
Aluminium	
matt	55–60
poliert	65–75
hartblank gewalzt	75–80
hochglanz eloxiert	80–85

Material		ϱ %
Beton	hell	30–50
	dunkel	15–25
Chrom	poliert	60–70
Email	weiß	75–85
Glas-Silberspiegel		80–90
Granit		15–25
Holz	hell	30–50
	dunkel	10–25
Lack	weiß	80–85
Marmor	weiß	60–70
Messing	matt	50–55
	poliert	60
Mörtel	hell	35–55
	dunkel	20–30
Nickel	poliert	30–65
Sandstein	hell	30–40
	dunkel	15–25
Schallschluckdecke		
	weiß	50–65
Stahl	poliert	55–65
Teerdecke		8–15
Ziegel	hell	30–40
	dunkel	15–25

8.1.3.7. Leuchten-Betriebswirkungsgrade η_{LB}

Art der Lichtverteilung Art der Leuchte	Betriebswirkungsgrad
direkt	
Reflektorleuchten	0,7–0,8
Einbauleuchten mit Raster	0,52–0,62
Einbauleuchten mit Kunststoffglas, weiß	0,45–0,60
vorwiegend direkt	
Leuchten mit Kunststoffglaswannen: weiß	0,50–0,65
glasklar	0,60–0,85
Lamellen-Rasterleuchte in Deckenmontage	0,55–0,75
gleichförmig	
frei strahlende Leuchten	0,84–0,92
Lamellen-Rasterleuchte in Pendelmontage	0,65–0,85
vorwiegend indirekt	0,60–0,80
indirekt	0,60–0,80

8.1.3.8. Temperaturfaktoren des Leuchtenwirkungsgrades von Leuchtstofflampen

Temperatur °C	Temperaturfaktor für Lampe		
	L 40 W	L 65 W	L 100 W, L 120 W
25	1,0	1,0	1,0
35	0,94	0,91	0,94
45	0,88	0,83	0,88
55	0,82	0,74	0,82

8.1. Beleuchtungstechnik

8.1.3.9. Raumwirkungsgrade η_R

Raumgestaltung	Raumindex k	Beleuchtungsart				
		direkt	vorwiegend direkt	gleich-förmig	vorwiegend indirekt	indirekt
Decke hell $\varrho = 0,8$	0,6	0,40	0,30	0,25	0,21	0,14
	0,8	0,51	0,40	0,35	0,28	0,23
Wände mittelhell $\varrho = 0,5$	1,0	0,59	0,48	0,43	0,36	0,30
	1,25	0,67	0,56	0,49	0,43	0,37
Boden mittelhell $\varrho = 0,3$	1,5	0,76	0,63	0,55	0,50	0,43
	2	0,87	0,73	0,66	0,60	0,53
	2,5	0,93	0,80	0,71	0,67	0,61
	3	0,98	0,86	0,77	0,73	0,66
	4	1,05	0,94	0,84	0,80	0,73
	5	1,09	0,98	0,90	0,86	0,79
Decke mittelhell $\varrho = 0,5$	0,6	0,34	0,23	0,19	0,13	0,07
	0,8	0,43	0,30	0,25	0,17	0,10
Wände dunkel $\varrho = 0,3$	1,0	0,51	0,37	0,31	0,22	0,13
	1,25	0,58	0,41	0,35	0,27	0,17
Boden dunkel $\varrho = 0,3$	1,5	0,64	0,44	0,40	0,31	0,20
	2	0,72	0,53	0,46	0,37	0,25
	2,5	0,77	0,59	0,50	0,41	0,29
	3	0,81	0,64	0,53	0,44	0,32
	4	0,87	0,70	0,59	0,49	0,36
	5	0,92	0,73	0,63	0,53	0,40

8.1.3.10. Berechnung von Innenraum-Beleuchtungsanlagen

Ziel der Berechnung ist es, die Zahl der Lampen und Leuchten zu bestimmen, die nötig sind, die nach DIN 5035 Teil 2 (siehe Seiten 8-6 und 8-7) erforderliche mittlere Horizontalbeleuchtungsstärke in der Nutzebene (0,85 m über dem Boden) zu erzeugen. Eine einfache Methode ist das **Wirkungsgradverfahren**. Dabei werden alle auf das Beleuchtungsergebnis einflußnehmenden Faktoren – außer dem Lichtstrom und der Nutzfläche – im Beleuchtungswirkungsgrad η_B zusammengefaßt. Dieser errechnet sich aus dem Leuchten-Betriebswirkungsgrad η_{LB} (siehe Seite 8-8) und dem Raumwirkungsgrad η_R (siehe oben) zu:

$$\eta_B = \eta_{LB} \cdot \eta_R$$

Der Betriebswirkungsgrad η_{LB} der Leuchten wird in den lichttechnischen Laboratorien der Herstellerwerke bei einer Umgebungstemperatur von 25 °C bestimmt. (Umrechnung auf andere Temperaturen siehe Seite 8-8).

Der Raumwirkungsgrad η_R wird durch folgende Faktoren beeinflußt:

1. Lichtstromverteilung der Leuchten;
2. Reflexionsgrade ϱ der Raumbegrenzungsflächen (Angaben für ϱ siehe Seite 8-8);
3. Leuchtenanordnung im Raum;
4. Geometrische Verhältnisse des Raumes, ausgedrückt durch den Raumkoeffizienten k.

Der Raumkoeffizient k wird aus der Länge und der Breite des Raumes (a und b) sowie der Leuchtenhöhe h über der Nutzebene errechnet nach der Beziehung

$$k = \frac{a \cdot b}{h \cdot (a + b)}$$

Eine ganz genaue Bestimmung der Raumwirkungsgrade η_R macht den Einsatz elektronischer Datenverarbeitung erforderlich. Eine ausreichend genaue Berechnung von Beleuchtungsanlagen ist aber mit den Werten der obigen Tabelle möglich: Angegeben ist η_R in Abhängigkeit vom Raumindex k, der Leuchtenart (direkt, vorwiegend direkt usw.) und zwei Kombinationen der Reflexionsgrade ϱ der Raumbegrenzungsflächen (Decke, Wände, Boden).

Um eine geforderte Nennbeleuchtungsstärke E (entsprechend DIN 5035) zu erhalten, ist ein bestimmter Gesamtlichtstrom $\Phi_{ges} = n \cdot \Phi$ erforderlich, der von der Anzahl n der Lampen mit dem Lichtstrom Φ erzeugt wird. Der Gesamtlichtstrom ist dann

$$n \cdot \Phi = \frac{E \cdot A}{\eta_B} \cdot 1,25 \quad \text{und damit}$$

$$n = \frac{1,25 \cdot E \cdot A}{\Phi \cdot \eta_B}$$

Dabei ist $A = a \cdot b$ die Größe der Nutzfläche in m² und 1,25 der Faktor, der den Rückgang des Lichtstromes im Laufe der Betriebszeit berücksichtigt.

8.1. Beleuchtungstechnik

8.1.3.11. Berechnungsbeispiel einer Innenraumbeleuchtung mit Leuchtstofflampen

Art des Raumes				Büro
Maße:	Breite	a	m	4,8
	Länge	b	m	8,2
	Fläche	$A = a \cdot b$	m²	$4,8 \cdot 8,2 = 39,4$
	Raumhöhe	h_R	m	2,8
	Leuchtenhöhe über Nutzebene	h	m	$2,8 - 0,85 = 1,95$
Raumindex		$k = \dfrac{a \cdot b}{h \cdot (a + b)}$		$\dfrac{4,8 \cdot 8,2}{1,95 \cdot (4,8 + 8,2)} = 1,55$
Raumtemperatur		t	°C	unter 25
Reflexionsgrade (ϱ) für Decke/Wände/Boden (Tabelle Seite 8-8)				hell (0,8) / mittelhell (0,5) / mittelhell (0,3)
Raumzweck/Sehaufgabe				Stenogramm, Maschineschreiben
Nennbeleuchtungsstärke (Tabelle Seite 8-6)		E	lx	500
Lichtfarbe (Tabelle Seite 8-6)				nw
Stufe der Farbwiedergabeeigenschaften (Tabelle Seite 8-6)				2
Art der Lichtverteilung (Tabelle Seite 8-4)				vorwiegend direkt
Art der Leuchte (Tabelle Seite 8-4)				Leuchten mit Kunststoffglaswanne, weiß
Leuchten-Betriebswirkungsgrad η_{LB} (Tabelle Seite 8-8)				0,6
Temperaturfaktor (Tabelle Seite 8-8)				1,0 $0,6 \cdot 1,0 = 0,6$ für η_{LB}
Raumwirkungsgrad η_R (Tabelle Seite 8-9)				0,64 (durch Interpolation zwischen $k = 1,5/\eta_R = 0,63$ und $2/0,73$)
Beleuchtungswirkungsgrad $\eta_B = \eta_{LB} \cdot \eta_R$				$0,64 \cdot 0,6 = 0,384$
Lampenart				L 65 W/25
Nennlichtstrom (Tabelle Seite 8-3)		Φ	lm	4000
Lampenzahl		$n = \dfrac{1,25 \cdot E \cdot A}{\Phi \cdot \eta_B}$		$\dfrac{1,25 \cdot 500 \cdot 39,4}{4000 \cdot 0,384} = 16,03 \approx 16$
Leuchtenzahl nach Rechnung				2 Lampen je Leuchte ergeben $\dfrac{16}{2} = 8$
Leuchtenzahl gewählt				8
Kontrolle		$E = \dfrac{n \cdot \Phi \cdot \eta_B}{1,25 \cdot A}$	lx	$\dfrac{8 \cdot 2 \cdot 4000 \cdot 0,384}{1,25 \cdot 39,4} = 499$
Elektrische Leistung (Lampe und Vorschaltgerät)			W	$76 \cdot 16 = 1216$
Leuchtenanordnung				2 unterbrochene Lichtbänder

8.1.3.12. Überschlägige Berechnung von Innenbeleuchtungen

Für angenäherte Berechnungen kann man bei einer **Beleuchtungsstärke von 100 lx** und einem überschlägigen **Beleuchtungswirkungsgrad von 0,3** den Leistungsbedarf pro m² Bodenfläche errechnen. Für Glühlampen mit $\eta \approx 15$ lm/W wird

$$\frac{P}{A} = \frac{100 \text{ lm W}}{0,3 \cdot 15 \text{ lm}} = 22,22 \, \frac{W}{m^2} \approx 22 \, \frac{W}{m^2}$$

Für Leuchtstofflampen mit $\eta \approx 60$ lm/W wird

$$\frac{P}{A} = \frac{100 \text{ lm W}}{0,3 \cdot 60 \text{ lm}} = 5,55 \, \frac{W}{m^2} \approx 5,5 \, \frac{W}{m^2}$$

Für Lichtbänder mit Leuchtstofflampen benötigt man überschlägig für eine mittlere Beleuchtungsstärke von 250 lx bei einer Lichtbandhöhe von 2–3 m über der Nutzungsebene ein Einrohr-Lichtband vom Typ L 40 W/25 für je 3 m Raumbreite oder vom Typ L 65 W/25 für je 4 m Raumbreite.

Beispiel: Büroraum des Beispiels nach 8.1.3.11. (siehe oben)

Lösung: $P = 39,4 \text{ m}^2 \cdot 5,5 \text{ W/m}^2 \approx 220 \text{ W}$

Für 500 lx: $P = 220 \text{ W} \cdot 5 = 1100 \text{ W}$

Anzahl der Leuchtstofflampen mit 65 W:

$$n = \frac{1100 \text{ W}}{65 \text{ W}} = 16,9 \approx 16$$

8.1. Beleuchtungstechnik

8.1.4. Beleuchtung im Freien

8.1.4.1. Berechnung der Beleuchtungsstärke E aus der Lichtstärke I

Sollen die Beleuchtungsstärken E für die gegebene Lichtausstrahlung (Lichtstärkeverteilungskurve) einer Leuchte an mehreren beliebigen Punkten auf der Meßebene ermittelt werden, so gilt folgende Beziehung für $E = f(\varepsilon)$:

$$E = \frac{I_\varepsilon \cdot \cos^3 \varepsilon}{h^2}$$

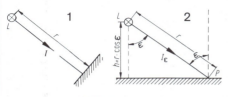

Entfernungsgesetz

Die Beleuchtungsstärke E auf einer senkrecht zur Strahlungsrichtung I im Abstand r von der Lichtquelle L liegenden Fläche wird errechnet nach (Bild 1):

$$E = \frac{I}{r^2}$$

- E Beleuchtungsstärke in lx
- I Lichtstärke in cd
- r Abstand in m

Ist die Fläche so gedreht, daß die Lichtstrahlung I_ε unter dem Winkel ε zur Flächennormalen einfällt, so ist die Beleuchtungsstärke E im Punkt P (Bild 2):

$$E = \frac{I_\varepsilon \cdot \cos \varepsilon}{r^2}$$

- I_ε Lichtstärke der Lichtquelle in Richtung zum Punkt P
- ε Winkel zwischen Strahlrichtung und Flächennormale

Die Lichtstärkewerte I_ε sind für die jeweiligen Ausstrahlungswinkel ε aus der Lichtstärkeverteilungskurve der benutzten Leuchte zu entnehmen. Zu den so ermittelten Beleuchtungsstärken müssen dann noch die von benachbarten Leuchten erzeugten Beleuchtungsstärken anteilmäßig addiert werden. Die Werte für $\cos^3 \varepsilon$ lassen sich der Tabelle auf Seite 8-12 entnehmen.

Für die Straßen- bzw. Streckenbeleuchtung ermittelt man die Lichtstärke I_ε durch die Beziehung $I_\varepsilon = E \cdot h^2 / (2 \cdot \cos^3 \varepsilon)$. Anschließend bestimmt man aus der Lichtstärkeverteilungskurve der gewählten Leuchte die Lichtstärke dieser Leuchte in Richtung ε bei einer Lampe mit einem Lichtstrom von 1000 lm (Lichtstärkeverteilungskurven gelten im allgemeinen für 1000 lm). Durch Division des errechneten Wertes I_ε durch den aus der Lichtstärkeverteilungskurve abgelesenen stellt man fest, den wievielfachen Wert des Lichtstromes von 1000 lm die zu verwendende Lampe aussenden muß. Die Auswahl der Lampe erfolgt dann nach den Tabellen Seite 8-2 bis 8-4.

Im Regelfall soll:

1. die Lichtpunkthöhe h nicht kleiner sein als ein Drittel der Straßenbreite;

2. der Leuchtenabstand c
   a) bei Tiefstrahlern gleich dem 3- bis 4fachen der Lichtpunkthöhe sein,
   b) bei Leuchten für direktes Licht gleich dem 3- bis 4fachen der Lichtpunkthöhe sein (und mehr, wenn nur als Richtungslampen eingesetzt),
   c) bei Schirmbreitstrahlern gleich dem 5- bis 5,5fachen der Lichtpunkthöhe sein.

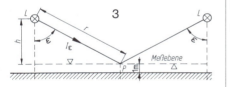

Straßen- und Streckenbeleuchtung

Vorgegeben ist meistens die in der Mitte zwischen zwei Leuchten bestehende Mindestbeleuchtungsstärke E, die von den zwei Leuchten erzeugt wird (Bild 3). Eine Leuchte hat dann nur den Anteil $E/2$ zu liefern:

$$I_\varepsilon = \frac{E \cdot r^2}{2 \cdot \cos \varepsilon}$$

Die Entfernung r ist direkt schwer zu messen. Sie läßt sich aber bestimmen aus

$$r = \frac{h}{\cos \varepsilon}$$

- r Entfernung in m
- h Lichtpunkthöhe über der Meßebene (1 m über dem Boden)
- ε Winkel

Dieser Wert in die Beziehung für I_ε eingesetzt ergibt

$$I_\varepsilon = \frac{E \cdot h^2}{2 \cdot \cos^3 \varepsilon}$$

1. Beispiel: Eine Straße von 22 m Breite soll mit Leuchten für direktes Licht beleuchtet werden; Mindestbeleuchtungsstärke 4 lx.

Lösung:

Lichtpunkthöhe $h > \frac{1}{3}$ der Straßenbreite

$h > \frac{1}{3} \cdot 22\,\text{m} > 7{,}33\,\text{m}$; gewählt $h = 8\,\text{m}$

Der Lampenabstand c darf die 3- bis 4fache Lichtpunkthöhe betragen. Gewählt wird $3 \cdot 8\,\text{m}$, also 24 m. Damit ist $c/2 = 12\,\text{m}$.

Nach der Fluchtlinientafel (Seite 8-12) ergibt sich mit $h = 8\,\text{m}$ und $c/2 = 12\,\text{m}$ ein Winkel von 56°. Der $\cos^3 \varepsilon$ wird nach der Tabelle (Seite 8-12) 0,1749. Damit errechnet sich die benötigte Lichtstärke I_ε zu:

8.1. Beleuchtungstechnik

∢°	cos³ ε	∢°	cos³ ε	∢°	cos³ ε	∢°	cos³ ε
0	1,0000	23	0,7800			68	0,0526
1	0,9995	24	0,7624	46	0,3352	69	0,0460
2	0,9982	25	0,7445	47	0,3172	70	0,0400
3	0,9959			48	0,2996		
4	0,9927	26	0,7261	49	0,2824	71	0,0345
5	0,9886	27	0,7074	50	0,2656	72	0,0295
		28	0,6883			73	0,0250
6	0,9836	29	0,6690	51	0,2492	74	0,0209
7	0,9778	30	0,6495	52	0,2334	75	0,0173
8	0,9711			53	0,2180		
9	0,9635	31	0,6298	54	0,2031	76	0,0142
10	0,9551	32	0,6099	55	0,1887	77	0,0114
		33	0,5899			78	0,00898
11	0,9459	34	0,5698	56	0,1749	79	0,00694
12	0,9358	35	0,5496	57	0,1615	80	0,00524
13	0,9250			58	0,1488		
14	0,9135	36	0,5295	59	0,1366	81	0,00383
15	0,9012	37	0,5094	60	0,1250	82	0,00270
		38	0,4893			83	0,00181
16	0,8882	39	0,4694	61	0,1140	84	0,00114
17	0,8746	40	0,4495	62	0,1035	85	0,00066
18	0,8603			63	0,0936		
19	0,8453	41	0,4299	64	0,0842	86	0,00034
20	0,8298	42	0,4104	65	0,0755	87	0,00014
		43	0,3912			88	0,00004
21	0,8137	44	0,3722	66	0,0673	89	0,00001
22	0,7971	45	0,3535	67	0,0597	90	0,00000

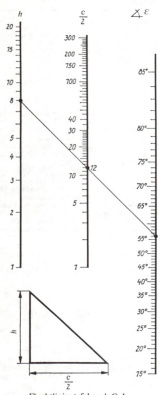

Fluchtlinientafel nach G. Laue

$$I_\varepsilon = \frac{E \cdot h^2}{2 \cdot \cos^3 \varepsilon} = \frac{4 \text{ lx} \cdot 8^2 \text{ m}^2}{2 \cdot 0,1749} \approx 730 \text{ cd}$$

Aus der Lichtstärkeverteilungskurve der verwendeten Leuchte (siehe unten) liest man auf Linie B unter 56° eine Lichtstärke in dieser Richtung von 134 cd ab. Die Lampe muß

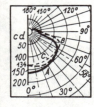

Lichtstärkeverteilung einer Leuchte für direktes Licht mit unten offener Glocke mit einer 1000-lm-Glühlampe

A = Kreiswendel
B = Wellenwendel

also den 730 : 134 = 5,45fachen Lichtstrom der für 1000 lm angegebenen Lichtstärkeverteilungslinie erhalten, also 5450 lm. Gewählt wird eine Quecksilberdampf-Hochdrucklampe von 125 W mit 6300 lm.

Kontrolle: Mit dieser Lampe beträgt die Beleuchtungsstärke

$$E = \frac{2 \cdot I_\varepsilon \cdot 6,3 \cdot \cos^3 \varepsilon}{h^2} = \frac{2 \cdot 134 \cdot 6,3 \cdot 0,1749}{64} \text{ lx}$$

$E = 4,6$ lx, also besser als gefordert.

Die Beleuchtungsstärke senkrecht unter der Leuchte ist:

$$E = \frac{I}{h^2} = \frac{135 \cdot 6,3}{64} \text{ lx} = 13,3 \text{ lx}$$

Der Wert $I = 135$ cd ist aus der Lichtstärkeverteilungskurve Linie B für $\varepsilon = 0°$ abgelesen.

Die Gleichmäßigkeit der Beleuchtung ist 4,6 : 13,3 = 1 : 2,89.

2. Beispiel: Ein Marktplatz von 40 m Breite und 60 m Länge soll beleuchtet werden. Lichtpunkthöhe $h = 10$ m; Beleuchtungsstärke mindestens 4 lx; Lampenabstand $c = 20$ m.

Lösung:
Nach der Fluchtlinientafel ergibt sich für $h = 10$ m und $c/2 = 10$ m ein Winkel $\varepsilon = 45°$. Damit erhält man aus der Tabelle den Wert $\cos^3 \varepsilon = 0,3535$. Die Lichtstärke errechnet sich zu

$$I_\varepsilon = \frac{4 \cdot 10^2}{2 \cdot 0,3535} \text{ cd} = 566 \text{ cd}$$

Aus der Lichtstärkeverteilungskurve liest man unter Linie B unter 45° die Lichtstärke 140 cd ab. Notwendiger Lichtstrom = $\frac{565}{140} \cdot 1000$ lm = 4035 lm. Gewählt Mischlichtlampe von 250 W mit 5600 lm.

8.1. Beleuchtungstechnik

Die Beleuchtungsstärke zwischen zwei Lampen errechnet sich zu

$$E = \frac{2 \cdot 140 \cdot 5{,}6 \cdot 0{,}3535}{10^2} \text{ lx} = 5{,}54 \text{ lx}$$

Beleuchtungsstärke senkrecht unter der Lampe

$$E = \frac{135 \cdot 5{,}6}{100} \text{ lx} = 7{,}56 \text{ lx}$$

Die Gleichmäßigkeit der Beleuchtung ist
$g = 5{,}54 : 7{,}56 = 1 : 1{,}36$ (sehr gut).

8.1.4.2. Berechnung der Beleuchtungsstärke E nach dem Wirkungsgradverfahren

Die mittlere horizontale Beleuchtungsstärke E einer Beleuchtung im Freien – vor allem einer verhältnismäßig langen, geraden Straße – kann auch mit dem bei Innenraumbeleuchtungsanlagen üblichen Wirkungsgradverfahren (siehe Seite 8-9) ermittelt werden. Es gilt:

$$E = \frac{1{,}25 \cdot \Phi \cdot \eta_B}{a \cdot b}$$

E	mittlere horizontale Beleuchtungsstärke in lx
1,25	Faktor, der die Alterung berücksichtigt
Φ	Lichtstrom in lm
a	Abstand zwischen zwei Leuchten in m
b	Breite der Straße in m
η_B	Beleuchtungswirkungsgrad

Der Beleuchtungswirkungsgrad ist das Produkt aus dem Raumwirkungsgrad (eine Funktion der Anlagengeometrie) und dem Betriebswirkungsgrad der Leuchte:

$\eta_B = \eta_R \cdot \eta_{LB}$
- η_B Beleuchtungswirkungsgrad
- η_R Raumwirkungsgrad
- η_{LB} Leuchten-Betriebswirkungsgrad

Der Beleuchtungswirkungsgrad η_B wird üblicherweise als Funktion von b/h angegeben, wobei b = Straßenbreite in m und h = Lichtpunkthöhe in m.

Im folgenden Schaubild gilt Kurve 1 für eine Mastaufsatzleuchte mit schräggestellter Optik und Kurve 2 für eine Seilleuchte mit symmetrischer Optik.

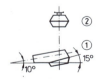

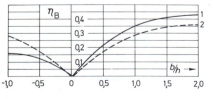

Bei positivem Leuchtenüberhang s, d. h. wenn die Leuchten bis über die Fahrbahn ragen, kann man sich die Fahrbahn entsprechend der folgenden Darstellung in einzelne Streifen b_1, b_2 und b_3 unterteilt denken und kommt

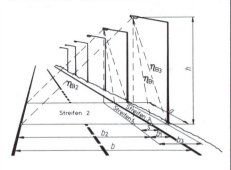

zu einzelnen Werten von η_{B1}, η_{B2} und η_{B3}.
Der gesamte Beleuchtungswirkungsgrad ergibt sich aus der Summe der Streifenwirkungsgrade:

$\eta_{Bges} = \eta_{B1} + \eta_{B2} + \eta_{B3}$

Bei Beleuchtungsberechnungen ist noch darauf zu achten, daß bei Verwendung von Leuchtstofflampen der Lampenlichtstrom stark temperaturabhängig ist (für Deutschland gilt eine Jahresdurchschnittstemperatur von 6 °C).

Beispiel: Einseitige Leuchtenanordnung von Mastansatzleuchten mit schräggestellter Optik für eine Verkehrsstraße von 16 m Breite. Abstand der Leuchten $a = 20$ m; Lichtpunkthöhe $h = 8$ m; positiver Leuchtenüberhang $s = 2$ m; mittlere Beleuchtungsstärke $E = 5$ lx.

Gesucht: notwendige Lampen

Lösung:
Einteilung der Straße in zwei Streifen:

$b_1 = 14$ m und $b_2 = 2$ m $= s$

$\dfrac{b_1}{h} = \dfrac{14 \text{ m}}{8 \text{ m}} = 1{,}75$ $\dfrac{b_2}{h} = \dfrac{2 \text{ m}}{8 \text{ m}} = 0{,}25$

Aus der Darstellung für die Beleuchtungswirkungsgrade für Kurve 1 erhält man:

$\eta_{B1} = 0{,}425$ und $\eta_{B2} = 0{,}11$

Damit gesamter Beleuchtungswirkungsgrad

$\eta_{Bges} = \eta_{B1} + \eta_{B2} = 0{,}425 + 0{,}11 = 0{,}535$

Für den Lichtstrom ergibt sich

$$\Phi = \frac{E \cdot a \cdot b}{1{,}25 \cdot \eta_B} = \frac{5 \text{ lx} \cdot 20 \text{ m} \cdot 16 \text{ m}}{1{,}25 \cdot 0{,}535} = 2393 \text{ lm}$$

Gewählt wird als Lampe eine Quecksilberdampf-Hochdrucklampe von 80 W mit 3800 lm.

8.1. Beleuchtungstechnik

8.1.4.3. Sinnbilder zur Darstellung der Straßenbeleuchtung in Lageplänen nach DIN 49 782 (6.75)

1. Leuchten

	Leuchte, allgemein	Ansatzleuchte	Aufsatzleuchte	Hängeleuchte
elektrisch	✕	✕—	✕	✕
elektrisch, für kolbenförmige Lichtquellen	⌀	⌀—	⌀	⌀
elektrisch, für stabförmige Lichtquellen	▭	▭—	▭	▭
Gas	◇	◇—	◇	◇

2. Lichtmaste

Holzmast	Gittermast	Stahlmast	Betonmast	Aluminiummast	Kunststoffmast
(H)	(Gi)	(S)	(B)	(Al)	(K)

3. Zubehör

Spannseil	Mauerhaken	Anschluß- und Übergangskasten	Schaltstelle

4. Beispiel

Gittermast mit elektrischer Ansatzleuchte

8.1.4.4. Richtlinien zur Straßenbeleuchtung nach DIN 5044 Teil 1 (9.81)

Blendungsbegrenzungsklassen KB

KB	Maximale Lichtstärke für $\gamma = 90°$	für $\gamma = 80°$
1	10 cd/1000 lm höchstens 500 cd	30 cd/1000 lm höchstens 1000 cd
2	50 cd/1000 lm höchstens 1000 cd	100 cd/1000 lm höchstens 2000 cd

Richtwerte für die ortsfeste Beleuchtung von Straßen mit geringer Verkehrsbelastung, die ausnahmsweise nach der Beleuchtungsstärke zu bemessen sind

Straße überwiegend mit	E_n in lx	g_1 [1]	KB
Anliegerfunktion	3	0,1	2
Sammelfunktion	7	0,2	2

Gleichmäßigkeit der Leuchtdichte (s. S. 8-15)

$$U_l = \frac{L_{l,\,min}}{L_{l,\,max}}$$

$L_{l,\,min}$ minimale Leuchtdichte
$L_{l,\,max}$ maximale Leuchtdichte

$$U_o = \frac{L_{min}}{\overline{L}}$$

U_l Längsgleichmäßigkeit
U_o Gesamtgleichmäßigkeit (Regel: $U_o \geq 0{,}4$)
L_{min} minimale Leuchtdichte
$\overline{L}$ mittlere Leuchtdichte

Empfohlene Bereiche für die Abstufung des Lichtstromes im Verlauf einer Adaptionsstrecke

Φ_{Red} reduzierter Lichtstrom
Φ_{Hpt} Lichtstrom der Leuchten der Hauptstrecke

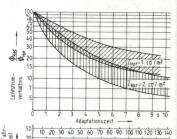

[1]) $g_1 = E_{min}/\overline{E}$

8.1. Beleuchtungstechnik

Richtwerte für die ortsfeste Beleuchtung von Straßen innerhalb bebauter Gebiete[1]
(Abschnitte außerhalb von Knotenpunkten)

a) Straßenquerschnitt ohne Mittelstreifen

Straßenart	Verkehrsstärke bei Dunkelheit in Kfz/(h × Fahrstreifen)														
	600			300			100			100			100 (Anlieger)		
	Überschreitungsdauer in h/Jahr														
	≥ 200			≥ 300			≥ 300			< 300			< 300		
	L_n	U_l	KB	L_n	U_l	KB	L_n	U_l	KB	L_n	U_l	KB	L_n	U_l	KB
Ortsstraßen bebaut, ruhender Verkehr auf/an der Fahrbahn	2	0,7	1	2	0,7	1	1,5	0,6	1	0,5	0,4	2	0,3	0,3	2
bebaut, kein ruhender Verkehr auf/an der Fahrbahn	2	0,7	1	1,5	0,6	1	1	0,6	2	0,5	0,4	2	0,3	0,3	2
anbaufrei, kein ruhender Verkehr auf/an der Fahrbahn	1,5	0,6	1	1,5	0,6	1	1	0,6	2	0,5	0,4	2	0,3	0,3	2
Kraftfahrstraßen (Z. 331 StVO) $v_{zul} >$ 70 km/h	1,5	0,6	1	1	0,6	1	0,5	0,6	2	0,5	0,6	2			
$v_{zul} \leq$ 70 km/h	1	0,6	1	1	0,6	1	0,5	0,5	2	0,5	0,5	2			

b) Straßenquerschnitt mit Mittelstreifen

Straßenart	Verkehrsstärke bei Dunkelheit in Kfz/(h × Fahrstreifen)											
	900			600			200			200		
	Überschreitungsdauer in h/Jahr											
	≥ 200			≥ 300			≥ 300			< 300		
	L_n	U_l	KB	L_n	U_l	KB	L_n	U_l	KB	L_n	U_l	KB
Ortsstraßen bebaut, ruhender Verkehr auf/an Fahrbahn	2	0,7	1	2	0,7	1	1,5	0,6	1	1	0,6	2
bebaut, kein ruhender Verkehr auf/an Fahrbahn	1,5	0,6	1	1,5	0,6	1	1	0,6	2	0,5	0,5	2
anbaufrei, kein ruhender Verkehr auf/an Fahrbahn	1	0,6	1	1	0,6	1	0,5	0,5	2	0,5	0,5	2
Kraftfahrstraßen (Z. 331 StVO) $v_{zul} >$ 70 km/h	1,5	0,6	1	1	0,6	1	0,5	0,6	2	0,5	0,6	2
$v_{zul} \leq$ 70 km/h	1	0,6	1	1	0,6	1	0,5	0,5	2	0,5	0,5	2
Autobahnen (Z. 330 StVO) $v_{zul} >$ 110 km/h	1	0,7	1	1	0,7	1	1	0,7	1	1	0,7	1
$v_{zul} \leq$ 110 km/h	1	0,7	1	0,5	0,6	1	0,5	0,6	1	0,5	0,6	1

Richtwerte für die ortsfeste Beleuchtung von Straßen außerhalb bebauter Gebiete[1]
(Abschnitte außerhalb von Knotenpunkten)

Straßenart	mit Mittelstreifen									ohne Mittelstreifen								
	Verkehrsstärke bei Dunkelheit in Kfz/(h × Fahrstreifen)																	
	900			600			600			600			300			300		
	Überschreitungsdauer in h/Jahr																	
	≥ 200			≥ 300			< 300			≥ 200			≥ 300			< 300		
	L_n	U_l	KB	L_n	U_l	KB	L_n	U_l	KB	L_n	U_l	KB	L_n	U_l	KB	L_n	U_l	KB
Straßen ohne befest. Seitenstreifen, ohne Rad- und Fußwege										1	0,6	1	0,5	0,6	1	0,5	0,5	2
mit befest. Seitenstreifen oder/und Rad- und Fußwege										0,5	0,6	1	0,5	0,6	1	0,5	0,5	2
Kraftfahrstraßen (Z. 331 StVO) $v_{zul} >$ 70 km/h	1,5	0,6	1	1	0,6	1	0,5	0,6	2	1	0,7	1	1	0,7	1	0,5	0,6	2
$v_{zul} \leq$ 70 km/h	1	0,6	1	1	0,5	1	0,5	0,6	2	1	0,6	1	0,5	0,6	1	0,5	0,6	2
Autobahnen (Z. 330 StVO) $v_{zul} >$ 110 km/h	1	0,7	1	1	0,7	1	1	0,7	1									
$v_{zul} \leq$ 110 km/h	1	0,7	1	0,5	0,6	1	0,5	0,6	1									

[1] L_n Nennleuchtdichte in cd/m². Lichtpunktabstände < 30 m: U_l + 0,05; > 40 m: U_l – 0,05.

8.1. Beleuchtungstechnik

8.1.5. Installationsschaltungen

	Stromlaufplan	Installationsplan
Ausschaltung	Schalter 1/1	z.B. Bügelzimmer
Serienschaltung	Schalter 5/1	1 × 100W 1 × 60W z.B. Gästezimmer
Wechselschaltung	Schalter 6/1 Schalter 6/1	z.B. Diele
Kreuzschaltung	Schalter 6/1 Schalter 7/1 Schalter 6/1	z.B. Schlafzimmer

8.1. Beleuchtungstechnik

Ausschaltung mit Steckdose

Kombination aus Kreuzschaltung und Serienschaltung

8.1. Beleuchtungstechnik

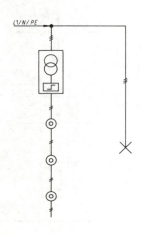
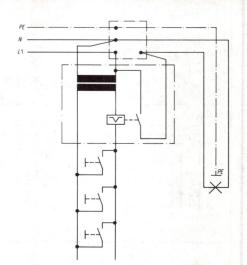

Kreuzschaltung unter Verwendung von Stromstoßschaltern

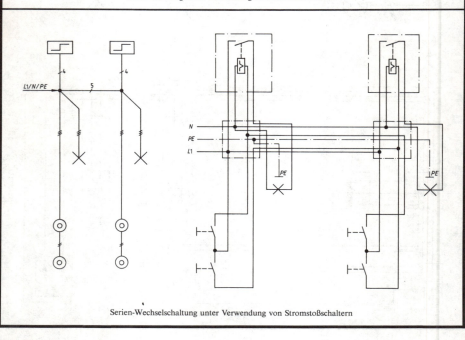

Serien-Wechselschaltung unter Verwendung von Stromstoßschaltern

8.1. Beleuchtungstechnik

8.1.6. Schaltungen für Leuchtstofflampen

8.1.6.1. Mit Elektrodenvorheizung und mit Starter

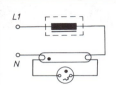

Induktive Schaltung
Das Vorschaltgerät (Drosselspule) liegt in Reihe mit der Lampe und zu ihr parallel der Starter (mit Glimmzünder und Entstörkondensator)
$\cos \varphi \approx 0{,}5$

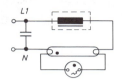

Induktiv-kompensierte Schaltung
Parallel zum Netz wird der Kompensationskondensator angeordnet
$\cos \varphi \approx 0{,}9$

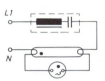

Kapazitive Schaltung
Das Vorschaltgerät besteht aus einem Kondensator und einer Drosselspule in Reihe. Überkompensierte Schaltung
$\cos \varphi \approx 0{,}5$ kapazitiv

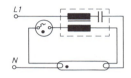

Kapazitive Schaltung
Je Lampe ist ein Spezialvorschaltgerät erforderlich
$\cos \varphi \approx 0{,}5$ kapazitiv

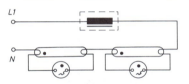

Induktive Tandemschaltung
Schaltung eignet sich für Lampen von 4–40 W, wobei zwei Lampen in Reihe an 220 V~ liegen. Vorschaltgerät: Drosselspule. Zur Kompensation Kondensator parallel zum Netz schalten
$\cos \varphi \approx 0{,}5$

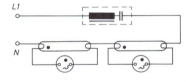

Kapazitive Tandemschaltung
Für Lampen von 4–40 W. Zwei Lampen (z.B. 2×15 W) werden an einem Vorschaltgerät (30 W) betrieben
$\cos \varphi \approx 0{,}5$ kapazitiv

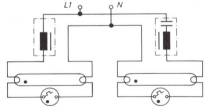

Duo-Schaltung
Bei dieser Schaltung sind stets zwei Lampen zusammengefaßt, entweder in einer zweilampigen oder zwei einlampigen Leuchten. Die eine Lampe wird dabei in induktiver, die andere in kapazitiver Schaltung betrieben. Je Lampe ist ein Vorschaltgerät erforderlich.
(Auch kapazitive und induktive Tandemschaltung können zusammen in Duo-Schaltung betrieben werden)
$\cos \varphi \approx 1$

8.1.6.2. Mit Elektrodenvorheizung und ohne Starter

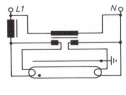

Induktive RS-Schaltung
Transformator heizt Elektroden vor. Zündung nach ca. 1–2 s flackerfrei. Zündhilfe durch Zündnetz über Lampe oder durch Lampen mit Außenzündanstrich (Bezeichnung Sa)

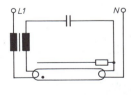

RD-Schaltung
Das Vorschaltgerät aus Drosselspule und Kondensator bildet einen Reihenresonanzkreis (Spannungserhöhung!). Nach ca. 1,5 s zündet die Lampe flackerfrei. Zündhilfe durch Außenzündanstrich,
$\cos \varphi \approx 1$

8.1. Beleuchtungstechnik

8.1.6.3. Kompensationskondensatoren von Leuchtstofflampen für cos $\varphi > 0{,}9$

Lampen-Leistung	Durchmesser bzw. Rohrlänge	Kapazität des Parallelkondensators in µF ± 10% bei induktiver Schaltung an 50 Hz und Netzspannung			Kapazität des Parallelkondensators in µF ± 10% bei Tandem-schaltung an	Kapazität des Reihen-kondensators bei kapazitiver Schaltung in µF ± 4% an
W	mm	220 V	127 V	110 V	220 V/50 Hz	220 V/50 Hz
4		2,0	3,0	3,5	1,5	1,2
6		2,0	3,0	3,5	1,5	1,2
8		2,0	3,0	3,5	1,5	1,3
10		2,0	12,0	16,0	–	1,4
13		2,0	12,0	16,0	–	1,5
14		4,5	8,0	9,0	4,5	3,0
15	⌀ 26	3,5	6,0	6,0	3,5	–
15	⌀ 38	4,5	7,0	8,0	3,5	2,6
16		2,5	12,0	16,0	–	1,7
20	59	4,5	7,0	7,0	3,5	3,0
22	22	5,0	8,0	8,0	4,5	3,3
25	97	3,5	16,0	22,0	–	2,5
30	⌀ 26	4,5	18,0	24,0	–	3,0
30	⌀ 38	4,5	18,0	24,0	–	3,0
32	31	4,5	22,0	30,0	–	3,6
33	74	8,0	12,0	12,0	7,0	–
40	59	12,0	18,0	20,0	10,0	–
40	97	6,0	–	–	–	4,6
40	120	4,5	22,0	30,0	–	3,75
42	104,7	6,0	–	–	–	4,4
65	150	7,0	–	–	–	5,9
80	120	10,0	–	–	–	7,6
80	150	10,0	–	–	–	7,2
90	150	20,0	–	–	–	–
100	120	18,0	–	–	–	≈ 12
100	150	20,0	–	–	–	–
120	150	18,0	–	–	–	≈ 12

8.1.7. Schaltungen für Quecksilberdampf-, Halogen-Metalldampf-, Natriumdampf-Niederdruck- und Natriumdampf-Hochdrucklampen

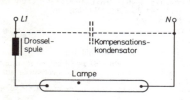

Induktive Schaltung für Quecksilberdampf-Hochdrucklampen

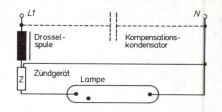

Schaltung mit Zündgerät für Halogen-Metalldampflampe und Natriumdampf-Hochdrucklampe

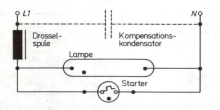

Schaltung mit Starter für Halogen-Metalldampflampe und Quecksilberdampf-Hochdrucklampe

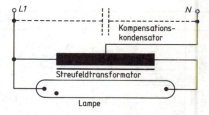

Schaltung mit Streufeld-Transformator für Natriumdampf-Niederdrucklampe

8.1. Beleuchtungstechnik

8.1.8. Montageanweisung für Leuchten bis 1000 V für begrenzte Oberflächentemperaturen nach DIN VDE 0710 Teil 5 (2.83)

Montage	Kennzeichen für die Montageart	
	geeignet	nicht geeignet
1. an der Decke		
2. an der Wand		
3. waagerecht an der Wand		
4. senkrecht an der Wand		
5. an der Decke und waagerecht an der Wand		
6. an der Decke und senkrecht an der Wand		
7. in der waagerechten Ecke, Lampe seitlich		
8. in der waagerechten Ecke, Lampe unterhalb		
9. in der waagerechten Ecke, Lampe seitlich und unterhalb		
10. im U-Profil		
11. am Pendel		

8.1.9. Leuchten und Beleuchtungsanlagen nach DIN VDE 0100 Teil 559 (3.83)

In Abhängigkeit vom Brandverhalten des Montageflächenmaterials sind Leuchten nach den folgenden Tabellen auszuwählen:

a) Leuchten für die Montage auf Gebäudeteilen

Gebäudeteile aus Baustoffen nach DIN 4102 Teil 1	Leuchten für Glühlampen	Leuchten für Entladungslampen[1])
nichtbrennbar	alle Leuchten	alle Leuchten
schwer- oder normalentflammbar		nur Leuchten mit dem Kennzeichen $\triangledown_M$, $\triangledown_M$ oder $\triangledown_F$ $\triangledown_F$

b) Leuchten für die Montage in und an Einrichtungsgegenständen (Möbelleuchten)

Einrichtungsgegenstände aus Werkstoffen	Leuchten für Glühlampen	Leuchten für Entladungslampen[1])
– die in ihrem Brandverhalten nichtbrennbaren Baustoffen im Sinne von DIN 4102 Teil 1 entsprechen (z. B. Metall).	mit dem Zeichen $\triangledown_M$ $\triangledown_M$	mit dem Zeichen $\triangledown_M$ oder $\triangledown_M$ $\triangledown_M$
– die in ihrem Brandverhalten schwer- oder normalentflammbaren Baustoffen im Sinne von DIN 4102 Teil 1 entsprechen (z. B. Holz oder Holzwerkstoffe, auch wenn sie beschichtet, lackiert oder furniert sind).		$\triangledown_M$ $\triangledown_M$
– deren Brandverhalten nicht bekannt ist (gilt auch, wenn sie beschichtet, furniert oder lackiert sind).		mit dem Zeichen $\triangledown_M$ $\triangledown_M$

8.1.10. Mechanische Schutzarten für Leuchten nach VDE 0710 Teil 1 (3.69)

Intern. Schutzartzeichen	Schutzgrade für		Bildzeichen nach VDE 0710 und IEC 162/II
	1. Ziffer Fremdkörperschutz	2. Ziffer Wasserschutz	
IP 20	abgedeckt	kein Schutz	
IP 40	kornförmige Fremdkörper (bis ⌀ 1 mm)	kein Schutz	
IP 50	staubgeschützt	kein Schutz	
IP 60	staubdicht	kein Schutz	
IP 22	abgedeckt	schrägfallendes Tropfwasser	
IP 23	abgedeckt	Regen	
IP 43	kornförmige Fremdkörper (bis ⌀ 1 mm)	Regen	
IP 44	kornförmige Fremdkörper (bis ⌀ 1 mm)	Spritzwasser	
IP 53	staubgeschützt	Regen	
IP 54	staubgeschützt	Spritzwasser	
IP 55	staubgeschützt	Strahlwasser	
IP 65	staubdicht	Strahlwasser	
IP 67	staubdicht	wasserdicht	
IP 68	staubdicht	druckwasserdicht (m. Angabe d. Druckes)	

[1]) Auch Leuchten mit getrennt angeordneten Vorschaltgeräten.

8.2. Leitungsberechnung

Formeln zur Leitungsberechnung

- γ elektrische Leitfähigkeit in m/($\Omega \cdot$ mm^2)
- l einfache Leiterlänge (Speisepunkt bis Verbraucher) in m
- U Nennspannung in V (bei Drehstrom = Außenleiterspannung)
- ΔU Spannungsunterschied (-verlust) in V
- P Wirkleistung in W
- $p_V\%$ Leistungsverlust in % von P
- I Stromstärke in der Leitung in A
- S Querschnitt der Leitung in mm^2
- $\cos \varphi$ Wirkleistungsfaktor

Leitungsart	Spannungsunterschied	Querschnitt	Leistungsverlust	Querschnitt
a) Für Gleichstrom und Wechselstrom mit $\cos \varphi = 1$				
Unverzweigte Leitung	$\Delta U = \dfrac{2 \cdot l \cdot I}{\gamma \cdot S}$	$S = \dfrac{2 \cdot l \cdot I}{\gamma \cdot \Delta U}$	$p_V\% = \dfrac{200 \cdot l \cdot P}{\gamma \cdot S \cdot U^2}$	$S = \dfrac{200 \cdot l \cdot P}{\gamma \cdot U^2 \cdot p_V\%}$
Verzweigte Leitung mit gleichbleibendem Querschnitt	$\Delta U = \dfrac{2 \cdot \Sigma(l \cdot I)}{\gamma \cdot S}$	$S = \dfrac{2 \cdot \Sigma(l \cdot I)}{\gamma \cdot \Delta U}$	$p_V\% = \dfrac{200 \cdot \Sigma(l \cdot P)}{\gamma \cdot S \cdot U^2}$	$S = \dfrac{200 \cdot \Sigma(l \cdot P)}{\gamma \cdot U^2 \cdot p_V\%}$
	$\Sigma(l \cdot I) = l_1 \cdot I_1 + l_2 \cdot I_2 + l_3 \cdot I_3 + \ldots$		$\Sigma(l \cdot P) = l_1 \cdot P_1 + l_2 \cdot P_2 + l_3 \cdot P_3 + \ldots$	
b) Für Einphasenwechselstrom mit induktiver oder kapazitiver Last				
Unverzweigte Leitung	$\Delta U = \dfrac{2 \cdot l \cdot I \cdot \cos \varphi}{\gamma \cdot S}$	$S = \dfrac{2 \cdot l \cdot I \cdot \cos \varphi}{\gamma \cdot \Delta U}$	$p_V\% = \dfrac{200 \cdot l \cdot P}{\gamma \cdot S \cdot U^2 \cdot \cos^2 \varphi}$	$S = \dfrac{200 \cdot l \cdot P}{\gamma \cdot U^2 \cdot \cos^2 \varphi \cdot p_V\%}$
Verzweigte Leitung mit gleichbl. Querschnitt	$\Delta U = \dfrac{2 \cdot \Sigma(l \cdot I \cdot \cos \varphi)}{\gamma \cdot S}$	$S = \dfrac{2 \cdot \Sigma(l \cdot I \cdot \cos \varphi)}{\gamma \cdot \Delta U}$		
	$\Sigma(l \cdot I \cdot \cos \varphi) = l_1 \cdot I_1 \cdot \cos \varphi_1 + l_2 \cdot I_2 \cdot \cos \varphi_2 + l_3 \cdot I_3 \cdot \cos \varphi_3 + \ldots$			
c) Drehstrom mit induktiver oder kapazitiver Last				
Unverzweigte Leitung	$\Delta U = \dfrac{1{,}73 \cdot l \cdot I \cdot \cos \varphi}{\gamma \cdot S}$	$S = \dfrac{1{,}73 \cdot l \cdot I \cdot \cos \varphi}{\gamma \cdot \Delta U}$	$p_V\% = \dfrac{100 \cdot l \cdot P}{\gamma \cdot S \cdot U^2 \cdot \cos^2 \varphi}$	$S = \dfrac{100 \cdot l \cdot P}{\gamma \cdot U^2 \cdot \cos^2 \varphi \cdot p_V\%}$
Verzweigte Leitung mit gleichbl. Querschnitt	$\Delta U = \dfrac{1{,}73 \cdot \Sigma(l \cdot I \cdot \cos \varphi)}{\gamma \cdot S}$	$S = \dfrac{1{,}73 \cdot \Sigma(l \cdot I \cdot \cos \varphi)}{\gamma \cdot \Delta U}$		
	$\Sigma(l \cdot I \cdot \cos \varphi) = l_1 \cdot I_1 \cdot \cos \varphi_1 + l_2 \cdot I_2 \cdot \cos \varphi_2 + l_3 \cdot I_3 \cdot \cos \varphi_3 + \ldots$			

Zwischen der Übergabestelle des EVU und den Meßeinrichtungen darf nach § 12 AVBEltV[1]) ein **Spannungsfall** von 0,5 % auftreten. Bei einem Leistungsbedarf von mehr als 100 kVA sind nach TAB[2]) zulässig: über 100 bis 250 kVA maximaler Spannungsfall 1,00 %, über 250 bis 400 kVA maximaler Spannungsfall 1,25 %, über 400 kVA maximaler Spannungsfall 1,5 %.

Der Spannungsfall in der elektrischen Anlage hinter den Meßeinrichtungen soll nach DIN 18015 Teil 1 (11.84) 3 % nicht überschreiten.

Beachte auch:
Belastbarkeit isolierter Leitungen Seite 6–26 sowie Seite 10–11 bis 10-14 und Strombelastbarkeit von Kabeln Seite 10-13 bis Seite 10-21.

[1]) Verordnung über Allgemeine Bedingungen für die Elektrizitätsversorgung von Tarifkunden (Juni 1979)
[2]) Technische Anschlußbedingungen (1980)

8.2. Leitungsberechnung

Tabelle 1: Produktwerte zur Leitungsberechnung

Quer-schnitt S mm²	Gleichstrom oder Zweileiter-Wechselstrom mit cos φ = 1 Spannungsunterschied (-verlust) ΔU										Wider-stand für l = 1000 m R Ω
	1 V	2 V	3 V	4 V	5 V	6 V	8 V	10 V	12 V	14 V	16 V	
	Streckenlänge × Stromstärke Produktwerte $l \times I$ in Am											
1,5	42,8	86	128	171	214	257	342	428	513	600	684	23,4
2,5	71	143	214	285	356	428	570	713	855	1000	1140	14,0
4	114	228	342	456	570	684	912	1140	1370	1600	1820	8,77
6	171	342	513	684	855	1030	1370	1710	2050	2400	2740	5,85
10	285	570	855	1140	1430	1710	2280	2850	3420	3990	4560	3,51
16	456	912	1370	1820	2280	2740	3650	4560	5470	6380	7300	2,19
25	713	1430	2140	2850	3560	4280	5700	7130	8550	9980	11400	1,40
35	1000	2000	2990	3990	4990	5990	7980	9980	11800	14000	16000	1,00
50	1430	2850	4280	5700	7130	8550	11400	14300	17100	20000	22800	0,702
70	2000	3990	5990	7980	10000	12000	16000	20000	23900	27900	31900	0,501
95	2710	5410	8120	10800	13500	16200	21700	27100	32500	37900	43300	0,370
120	3420	6840	10300	13700	17100	20500	27400	34200	41000	47900	54700	0,292
150	4280	8550	12800	17100	21400	25700	34200	42800	51300	59900	68400	0,234
185	5280	10500	15800	21100	26400	31600	42200	52700	63300	73800	84400	0,190
240	6840	13700	20500	27400	34200	41000	54700	68400	82100	95800	109400	0,146
300	8550	17100	25700	34200	42800	51300	68400	85500	102600	119700	136800	0,117
400	11400	22800	34200	45600	57000	68400	91200	114000	136800	159600	182400	0,0877
500	14300	28500	42800	57000	71300	85500	114000	142500	171000	199500	228000	0,0702

Tabelle 2: Umrechnungstabelle

Stromart und Art der Leitung	Werk-stoff	Querschnitt S in mm²				
		10 16	25 35	50	70	95
Drehstrom		Umrechnungsfaktor				
Induktiv belastete Niederspannungs-Freileitungen[1]) cos φ = 0,8	Kupfer Alum. Aldrey	0,8 1,3 1,5	0,9 1,4 1,6	1,1 1,5 1,7	1,3 1,6 1,8	1,5 1,8 2,1
dgl. Installations-leitungen[2])	Kupfer Alum. Aldrey	0,70 1,13 1,31				
Induktionsfrei belastet cos φ = 1	Kupfer Alum. Aldrey	0,87 1,40 1,63				
Gleichstrom oder **Zweileiter-Wechselstrom**						
Induktionsfrei belastet (alle Leitungen)	Kupfer Alum. Aldrey Stahl	1 1,61 1,87 7,33				

Der Spannungsverlust ΔU hängt von dem Leiterwerkstoff und der Phasenverschiebung cos φ ab. Die Umrechnungsfaktoren der Tabelle 2 berücksichtigen diese Einflüsse: Die nach der Tabelle 1 errechneten Werte des Spannungsverlustes ΔU und des Querschnittes S sind mit den Umrechnungsfaktoren der Tabelle 2 zu multiplizieren, die errechneten Werte der Streckenlängen l und der Stromstärken I durch die Umrechnungsfaktoren zu dividieren.

Drehstromleitungen sind vor allem auf Leistungsverlust durchzurechnen, auf Spannungsverlust nur **Installationsleitungen** von Längen l über 100 m und **Freileitungen**.

Berechnungsbeispiele

1. Der Spannungsverlust in einer induktionsfrei belasteten Zweileiter-Wechselstrom-Cu-Leitung von S = 70 mm² und l = 168 m beträgt ΔU = 12 V. Welcher Strom fließt in der Leitung?

Lösung: Für S = 70 mm² und ΔU = 12 V enthält die Tabelle 1 $l \times I$ = 23900 Am. Dann ist $I = l \cdot I/l$ = 23900 Am/168 m = 142,3 A.

2. Der Spannungsverlust einer Gleichstrom-Al-Leitung darf bei l = 300 m Streckenlänge und I = 32 A Belastung ΔU = 24 V betragen. Berechne S.

Lösung: Da die Tabelle 1 ΔU nur bis 16 V enthält, ΔU aber proportional I ist, rechnet man mit halben Größen I = 16 A und ΔU = 12 V und erhält $l \cdot I$ = 16 A · 330 m = 5280 Am. Die Tabelle 1 enthält den Wert 5470 Am für S = 16 mm². Da die Leitung aus Aluminium besteht, muß noch mit dem Umrechnungsfaktor 1,61 nach Tabelle 2 multipliziert werden: S = 16 mm² · 1,61 = 25,7 mm².

Gewählt wird ein Querschnitt S = 25 mm².

3. In einer Installationsleitung für einen Drehstrommotor mit I = 60 A Stromaufnahme sind bei 380 V Nennspannung 2% Spannungsverlust zulässig. Welcher Querschnitt ist bei l = 40 m Streckenlänge für eine Kupferleitung zu wählen?

Lösung: ΔU = 0,02 · 380 V = 7,6 V ≈ 8 V; $I \cdot l$ = 60 A · 40 m = 2400 Am; der nächstgelegene Wert in Tabelle 1 ist $I \cdot l$ = 2280 Am, wofür man S = 10 mm² findet, der aber bei Rohrverlegung nur mit 45 A belastet werden darf (s. S. 6-26). Es ist daher 16 mm² zu wählen. Für Drehstrom und Kupfer ist dieser Wert nach Tabelle 2 mit 0,70 zu multiplizieren. S = 16 mm² · 0,7 = 11,2 mm². Gewählt wird eine Leitung mit S = 16 mm².

[1]) Niederspannungs-Freileitungen ≈ 450 mm Leiterabstand.
[2]) Installationsleitungen in gemeinsamem Rohr, auf 3fach Rollen oder verseilte Kabel.

8.2. Leitungsberechnung

Höchstzulässige Dauerbelastungen, Leistungs- u. Spannungsverluste je 100 m Streckenlänge[1])

Querschnitt S	Höchstzuläss. Dauerstrom	Sicherung Nennstrom	Gruppe 1 Eine oder mehrere in Rohr verlegte einadrige Leitungen		Gleichstrom Betriebsspannung Volt				Wechselstrom 220 V $\cos \varphi$			Drehstrom Betriebsspannung								
												220 Volt $\cos \varphi$			380 Volt $\cos \varphi$			500 Volt $\cos \varphi$		
					110	220	440	600	1	0,8	0,6	1	0,8	0,6	1	0,8	0,6	1	0,8	0,6
mm²	A	A			**Isolierte Kupferleitungen**															
1	11	6	Höchstbel.[2]) Leistungsverlust ΔP Spannungsverlust ΔU	kW kW % V %	1,21 0,43 35,7 39,3 35,7	2,42 0,43 17,9 39,3 17,9	4,84 0,43 8,93 39,3 8,93	6,60 0,43 6,55 39,3 6,55	2,42 0,43 17,9 39,3 17,9	1,94 0,43 22,2 31,4 14,3	1,45 0,43 29,7 23,6 10,7	4,19 0,65 15,5 34,0 15,5	3,35 0,65 19,4 27,2 12,4	2,51 0,65 25,9 20,4 9,27	7,23 0,65 8,99 34,0 8,95	5,79 0,65 11,2 27,2 7,16	4,34 0,65 15,0 20,4 5,37	9,52 0,65 6,83 34,0 6,80	7,61 0,65 8,54 27,2 5,44	5,71 0,65 11,4 20,4 4,08
1,5	15	10	Höchstbelastg. Leistungsverlust ΔP Spannungsverlust ΔU	kW kW % V %	1,65 0,54 32,5 35,7 32,5	3,30 0,54 16,2 35,7 16,2	6,60 0,54 8,11 35,7 8,11	9,00 0,54 5,95 35,7 5,95	3,30 0,54 16,2 35,7 16,2	2,64 0,54 20,5 28,6 13,0	1,98 0,54 27,3 21,4 9,73	5,71 0,80 14,0 30,9 14,0	4,57 0,80 17,5 24,7 11,2	3,43 0,80 23,3 18,5 8,41	9,86 0,80 8,11 30,9 8,13	7,89 0,80 10,1 24,7 6,50	5,92 0,80 13,5 18,5 4,87	13,0 0,80 6,15 30,9 6,18	10,4 0,80 7,69 24,7 4,94	7,79 0,80 10,3 18,5 3,70
2,5	20	16	Höchstbelastg. Leistungsverlust ΔP Spannungsverlust ΔU	kW kW % V %	2,20 0,57 26,0 28,6 26,0	4,40 0,57 13,0 28,6 13,0	8,80 0,57 6,50 28,6 6,50	12,0 0,57 4,77 28,6 4,77	4,40 0,57 13,0 28,6 13,0	3,52 0,57 16,2 22,9 10,4	2,64 0,57 21,6 17,2 7,82	7,61 0,85 11,2 24,7 11,2	6,09 0,85 14,0 19,8 9,00	4,57 0,85 18,6 14,8 6,73	13,1 0,85 8,10 24,7 6,50	10,5 0,85 10,8 19,8 5,21	7,89 0,85 14,8 14,8 3,89	17,3 0,85 4,91 24,7 4,94	13,8 0,85 6,16 19,8 3,96	10,4 0,85 8,17 14,8 2,96
4	25	20	Höchstbelastg. Leistungsverlust ΔP Spannungsverlust ΔU	kW kW % V %	2,75 0,56 20,3 22,3 20,3	5,50 0,56 10,1 22,3 10,1	11,0 0,56 5,07 22,3 5,07	15,0 0,56 3,72 22,3 3,72	5,50 0,56 10,1 22,3 10,1	4,40 0,56 12,7 17,8 8,09	3,30 0,56 17,0 13,4 6,09	9,52 0,83 8,72 19,3 8,77	7,61 0,83 10,9 15,4 7,00	5,71 0,83 14,5 11,6 5,27	16,4 0,83 5,06 19,3 5,08	13,1 0,83 6,34 15,4 4,05	9,86 0,83 8,81 11,6 3,05	21,6 0,83 3,84 19,3 3,86	17,3 0,83 4,80 15,4 3,08	13,0 0,83 6,38 11,6 2,32
6	33	25	Höchstbelastg. Leistungsverlust ΔP Spannungsverlust ΔU	kW kW % V %	3,63 0,65 17,8 19,6 17,8	7,26 0,65 8,91 19,6 8,91	14,5 0,65 4,45 19,6 4,45	19,8 0,65 3,27 19,6 3,27	7,26 0,65 8,91 19,6 8,91	5,81 0,65 11,2 15,7 7,14	4,36 0,65 14,9 11,8 5,36	12,6 0,96 7,62 16,9 7,68	10,0 0,96 9,60 13,6 6,18	7,54 0,96 12,7 10,2 4,34	21,7 0,96 4,42 16,9 4,45	17,4 0,96 5,52 13,6 3,58	13,0 0,96 7,38 10,2 2,68	28,5 0,96 3,37 16,9 3,38	22,8 0,96 4,21 13,6 2,72	17,1 0,96 5,61 10,2 2,04
10	45	35	Höchstbelastg. Leistungsverlust ΔP Spannungsverlust ΔU	kW kW % V %	4,95 0,72 14,6 16,1 14,6	9,90 0,72 7,32 16,1 7,32	19,8 0,72 3,66 16,1 3,66	27,0 0,72 2,68 16,1 2,68	9,90 0,72 7,32 16,1 7,32	7,92 0,72 9,09 12,9 5,86	5,94 0,72 12,1 9,66 4,39	17,1 1,08 6,32 13,9 6,32	13,7 1,08 7,88 11,1 5,05	10,3 1,08 10,5 8,34 3,79	29,6 1,08 3,65 13,9 3,66	23,7 1,08 4,56 11,1 2,92	17,7 1,08 6,10 8,34 2,19	38,9 1,08 2,78 13,9 2,78	31,1 1,08 3,47 11,1 2,22	23,4 1,08 4,62 8,34 1,67
16	61	50	Höchstbelastg. Leistungsverlust ΔP Spannungsverlust ΔU	kW kW % V %	6,71 0,83 12,4 13,6 12,4	13,4 0,83 6,18 13,6 6,18	26,8 0,83 3,09 13,6 3,09	36,6 0,83 2,27 13,6 2,27	13,4 0,83 6,18 13,6 6,18	10,7 0,83 7,76 10,9 4,95	8,04 0,83 10,3 8,16 3,71	23,2 1,25 5,39 11,8 5,36	18,6 1,25 6,72 9,42 4,28	13,9 1,25 8,99 7,07 3,21	40,1 1,25 3,12 11,8 3,11	32,1 1,25 3,89 9,42 2,48	24,1 1,25 5,19 7,07 1,86	52,8 1,25 2,37 11,8 2,36	42,2 1,25 2,96 9,42 1,88	31,7 1,25 3,94 7,07 1,41
25	83	63	Höchstbelastg. Leistungsverlust ΔP Spannungsverlust ΔU	kW kW % V %	9,13 0,99 10,8 11,9 10,8	18,3 0,99 5,41 11,9 5,41	36,5 0,99 2,70 11,9 2,70	49,8 0,99 1,98 11,9 1,98	18,3 0,99 5,41 11,9 5,41	14,6 0,99 6,78 9,52 4,33	11,0 0,99 9,00 7,14 3,25	31,6 1,48 4,68 10,3 4,68	25,3 1,48 5,85 8,21 3,73	18,9 1,48 7,83 6,16 2,80	54,6 1,48 2,71 10,3 2,71	43,7 1,48 3,39 8,21 2,16	32,7 1,48 4,53 6,16 1,62	71,8 1,48 2,06 10,3 2,06	57,4 1,48 2,58 8,21 1,64	43,1 1,48 3,43 6,16 1,23
35	103	80	Höchstbelastg. Leistungsverlust ΔP Spannungsverlust ΔU	kW kW % V %	11,3 1,08 9,55 10,5 9,55	22,7 1,08 4,77 10,5 4,77	45,3 1,08 2,39 10,5 2,39	61,8 1,08 1,75 10,5 1,75	22,7 1,08 4,77 10,5 4,77	18,2 1,08 5,93 8,40 3,82	13,6 1,08 7,94 6,30 2,86	39,2 1,62 4,13 9,09 4,13	31,4 1,62 5,16 7,27 3,30	23,5 1,62 6,89 5,45 2,48	67,7 1,62 2,39 9,09 2,39	54,2 1,62 3,00 7,27 1,91	40,6 1,62 3,99 5,45 1,43	89,1 1,62 1,82 9,09 1,82	71,3 1,62 2,27 7,27 1,45	53,5 1,62 3,03 5,45 1,09
50	132	100	Höchstbelastg. Leistungsverlust ΔP Spannungsverlust ΔU	kW kW % V %	14,5 1,24 8,57 9,43 8,57	29,0 1,24 4,29 9,43 4,29	58,1 1,24 2,14 9,43 2,14	79,2 1,24 1,57 9,43 1,57	29,0 1,24 4,29 9,43 4,29	23,2 1,24 5,34 7,52 3,42	17,4 1,24 7,13 5,64 2,56	50,2 1,86 3,71 8,16 3,71	40,2 1,86 4,63 6,52 2,96	30,1 1,86 6,18 4,89 2,22	86,8 1,86 2,14 8,16 2,15	69,4 1,86 2,68 6,52 1,72	52,1 1,86 3,57 4,89 1,29	114 1,86 1,63 8,16 1,63	91,3 1,86 2,04 6,52 1,30	68,5 1,86 2,72 4,89 0,98

Beispiel: Cu-Leitungen Gruppe 1 für 33 A Dauerstrom erhalten $S = 6$ mm² Querschnitt und Sicherungen für 25 A Nennstrom. Für $l = 45$ m Streckenlänge und 220 V Betriebsspannung betragen bei

Gleichstrom und Wechselstrom (bei cos $\varphi = 1$)
Höchstdauerleistung = 7,26 kW
Leistungsverlust = 0,45 · 0,65 kW = 0,29 kW
prozentualer Leistungsverl. = 0,45 · 8,9% = 4%
Spannungsverlust = 0,45 · 19,6 V = 8,8 V
prozentualer Spannungsverl. = 0,45 · 8,9% = 4%

Wechselstrom (bei cos $\varphi = 0,6$)
Höchstdauerbelastung = 4,36 kW
prozentualer Leistungsverl. = 0,45 · 14,9% = 6,7%
prozentualer Spannungsverl. = 0,45 · 5,36% = 2,41%

Drehstrom (bei cos $\varphi = 1$)
Höchstdauerbelastung = 12,6 kW
prozentualer Leistungsverl. = 0,45 · 7,62% = 3,43%
prozentualer Spannungsverl. = 0,45 · 7,68% = 3,46%

[1]) Belastbarkeit und Überlastungsschutz s. Seite 6-26.   [2]) Höchstzulässige Dauerbelastung.

8.2. Leitungsberechnung

Höchstzulässige Dauerbelastungen, Leistungs- u. Spannungsverluste je 100 m Streckenlänge

Querschnitt S mm²	Höchstzuläss. Dauerstrom A^1)	Sicherung Nennstrom A	Gruppe 2 Mehraderleitungen, z. B. Mantelleitungen, Rohrdrähte, Bleimantel-Leitungen, Stegleitungen, bewegliche Leitungen		Gleichstrom Betriebsspannung Volt				Wechselstrom 220 Volt			Drehstrom Betriebsspannung							
													220 Volt			380 Volt			500 Volt		
					110	220	440	600	1	0,8	0,6	cos φ 1	0,8	0,6	cos φ 1	0,8	0,6	cos φ 1	0,8	0,6
					Isolierte Kupferleitungen															
0,75	12	6	Höchstbelastg. Leistungsverlust ΔP Spannungsverlust ΔU	kW kW % V %	1,32 0,69 52,3 57,1 51,9	2,64 0,69 26,1 57,1 26,0	5,28 0,69 13,1 57,1 13,0	7,20 0,69 9,58 57,1 9,52	2,64 0,69 26,1 57,1 26,0	2,11 0,69 32,7 45,7 20,8	1,58 0,69 43,7 34,3 15,6	4,57 1,03 22,5 49,4 22,5	3,65 1,03 28,2 39,5 18,0	2,74 1,03 37,6 29,7 13,0	7,89 1,03 13,1 49,4 10,4	6,31 1,03 16,3 39,5 7,82	4,73 1,03 21,8 29,7 9,88	10,4 1,03 9,90 49,4 7,90	8,30 1,03 12,4 39,5 5,94	6,23 1,03 16,5 29,7
1	15	10	Höchstbelastg. Leistungsverlust ΔP Spannungsverlust ΔU	kW kW % V %	1,65 0,80 48,5 53,6 48,7	3,30 0,80 24,2 53,6 24,4	6,60 0,80 12,1 53,6 12,2	9,00 0,80 8,89 53,6 8,93	3,30 0,80 24,2 53,6 24,4	2,64 0,80 30,3 42,9 19,5	1,98 0,80 40,4 32,1 14,6	5,71 1,20 21,0 46,3 21,0	4,57 1,20 26,3 37,1 16,9	3,43 1,20 35,0 27,8 12,6	9,86 1,20 12,2 46,3 12,2	7,89 1,20 15,2 37,1 9,76	5,92 1,20 20,3 27,8 7,32	13,0 1,20 9,23 46,3 9,26	10,4 1,20 11,5 37,1 7,42	7,79 1,20 15,4 27,8 5,56
1,5	18	10²)	Höchstbelastg. Leistungsverlust ΔP Spannungsverlust ΔU	kW kW % V %	1,98 0,77 42,8 42,8 38,9	3,96 0,77 19,4 42,8 19,5	7,92 0,77 9,72 42,8 9,73	10,8 0,77 7,13 42,8 7,13	3,96 0,77 19,4 42,8 19,5	3,17 0,77 24,3 34,3 15,6	2,38 0,77 32,4 25,7 11,7	6,85 1,16 16,9 37,1 16,9	5,48 1,16 21,2 29,6 13,5	4,11 1,16 28,2 22,2 10,1	11,8 1,16 9,83 37,1 9,76	9,47 1,16 12,2 29,6 7,79	7,10 1,16 16,3 22,2 5,84	15,6 1,16 7,44 37,1 7,42	12,5 1,16 9,28 29,6 5,92	9,34 1,16 12,4 22,2 4,44
2,5	26	20	Höchstbelastg. Leistungsverlust ΔP Spannungsverlust ΔU	kW kW % V %	2,86 0,96 28,6 37,1 33,7	5,72 0,96 14,3 37,1 16,9	11,4 0,96 8,42 37,1 8,43	15,6 0,96 6,15 37,1 6,18	5,72 0,96 14,3 37,1 16,9	4,58 0,96 16,8 29,7 13,5	3,43 0,96 21,0 22,3 10,1	9,90 1,44 14,5 32,1 14,6	7,92 1,44 18,2 25,7 11,7	5,94 1,44 24,2 19,3 8,77	17,1 1,44 8,42 32,1 8,45	13,7 1,44 10,5 25,7 6,76	10,3 1,44 14,0 19,3 5,08	22,5 1,44 6,40 32,1 6,42	18,0 1,44 8,00 25,7 5,14	13,5 1,44 10,7 19,3 3,86
4	34	25	Höchstbelastg. Leistungsverlust ΔP Spannungsverlust ΔU	kW kW % V %	3,74 1,03 27,5 30,4 27,6	7,48 1,03 13,8 30,4 13,8	15,0 1,03 6,87 30,4 6,91	20,4 1,03 5,05 30,4 5,07	7,48 1,03 13,8 30,4 13,8	5,98 1,03 17,2 24,3 11,0	4,49 1,03 22,9 18,2 8,27	12,9 1,55 12,0 26,3 12,0	10,4 1,55 14,9 21,0 9,55	7,76 1,55 20,0 15,8 7,18	22,4 1,55 6,92 26,3 6,92	17,9 1,55 8,66 21,0 5,53	13,4 1,55 11,6 15,8 4,16	29,4 1,55 5,27 26,3 5,26	23,5 1,55 6,60 21,0 4,20	17,6 1,55 8,81 15,8 3,16
6	44	35	Höchstbelastg. Leistungsverlust ΔP Spannungsverlust ΔU	kW kW % V %	4,84 1,15 26,2 26,2 23,8	9,68 1,15 11,9 26,2 11,9	19,4 1,15 5,93 26,2 5,95	26,4 1,15 4,36 26,2 4,37	9,68 1,15 11,9 26,2 11,9	7,74 1,15 14,9 21,0 9,55	5,81 1,15 19,8 15,7 7,14	16,7 1,73 10,4 22,7 10,3	13,4 1,73 12,9 18,1 8,23	10,0 1,73 17,3 13,6 6,18	28,9 1,73 5,99 22,7 5,97	23,1 1,73 7,49 18,1 4,76	17,4 1,73 9,94 13,6 3,58	38,1 1,73 4,54 22,7 4,54	30,4 1,73 5,69 18,1 3,62	22,8 1,73 7,59 13,6 2,72
10	61	50	Höchstbelastg. Leistungsverlust ΔP Spannungsverlust ΔU	kW kW % V %	6,71 1,33 19,8 21,8 19,8	13,4 1,33 9,93 21,8 9,91	26,8 1,33 4,96 21,8 4,95	36,6 1,33 3,63 21,8 3,63	13,4 1,33 9,93 21,8 9,91	10,7 1,33 12,4 17,4 7,91	8,04 1,33 16,5 13,1 5,95	23,2 1,98 8,53 18,8 8,55	18,6 1,98 10,6 15,1 6,86	13,9 1,98 14,2 11,3 5,14	40,1 1,98 4,94 18,8 4,95	32,1 1,98 6,17 15,1 3,97	24,1 1,98 8,22 11,3 2,97	52,8 1,98 3,75 18,8 3,76	42,2 1,98 4,69 15,1 3,02	31,7 1,98 6,25 11,3 2,26
16	82	63	Höchstbelastg. Leistungsverlust ΔP Spannungsverlust ΔU	kW kW % V %	9,02 1,50 16,6 18,3 16,6	18,0 1,50 8,33 18,3 8,31	36,1 1,50 4,16 18,3 4,16	49,2 1,50 3,05 18,3 3,05	18,0 1,50 8,33 18,3 8,31	14,4 1,50 10,4 14,6 6,64	10,8 1,50 13,9 11,0 5,00	31,2 2,24 7,18 15,8 7,18	25,0 2,24 8,96 12,7 5,77	18,7 2,24 12,0 9,50 4,32	53,9 2,24 4,16 15,8 4,16	43,1 2,24 5,20 12,7 3,34	32,3 2,24 6,93 9,50 2,50	70,9 2,24 3,16 15,8 3,76	56,7 2,24 3,95 12,7 2,54	42,6 2,24 5,26 9,50 1,90
25	108	80	Höchstbelastg. Leistungsverlust ΔP Spannungsverlust ΔU	kW kW % V %	11,9 1,66 13,9 15,4 14,0	23,8 1,66 6,97 15,4 7,00	47,5 1,66 3,49 15,4 3,50	64,8 1,66 2,56 15,4 2,57	23,8 1,66 6,97 15,4 7,00	19,0 1,66 8,74 12,3 5,59	14,3 1,66 11,6 9,25 4,20	41,1 2,48 6,03 13,3 6,05	32,9 2,48 7,54 10,7 4,86	24,7 2,48 10,0 8,01 3,64	71,0 2,48 3,49 13,3 3,50	56,8 2,48 4,37 10,7 2,82	42,6 2,48 5,82 8,01 2,11	93,4 2,48 2,66 13,3 2,66	74,7 2,48 3,32 10,7 2,14	56,1 2,48 4,42 8,01 1,60
35	135	100	Höchstbelastg. Leistungsverlust ΔP Spannungsverlust ΔU	kW kW % V %	14,9 1,86 12,5 13,8 12,5	29,7 1,86 6,26 13,8 6,27	59,4 1,86 3,13 13,8 3,14	81,0 1,86 2,30 13,8 2,30	29,7 1,86 6,26 13,8 6,27	23,8 1,86 7,82 11,0 5,00	17,8 1,86 10,4 8,26 3,75	51,4 2,78 5,41 11,9 5,41	41,1 2,78 6,76 9,53 4,33	30,8 2,78 9,03 7,15 3,25	88,7 2,78 3,13 11,9 3,13	71,0 2,78 3,92 9,53 2,51	53,2 2,78 4,40 7,15 1,88	117 2,78 2,38 11,9 2,38	93,4 2,78 2,98 9,53 1,91	70,1 2,78 3,97 7,15 1,43
50	168	125	Höchstbelastg. Leistungsverlust ΔP Spannungsverlust ΔU	kW kW % V %	18,5 2,02 10,9 12,0 10,9	37,0 2,02 5,46 12,0 5,45	73,9 2,02 2,73 12,0 2,73	101 2,02 2,00 12,0 2,00	37,0 2,02 5,46 12,0 5,45	29,6 2,02 6,82 9,60 4,36	22,2 2,02 9,10 7,20 3,27	63,9 3,02 4,73 10,4 4,73	51,2 3,02 5,90 8,30 3,77	38,4 3,02 7,86 6,23 2,83	110 3,02 2,75 10,4 2,74	88,4 3,02 3,42 8,30 2,18	66,3 3,02 4,56 6,23 1,64	145 3,02 2,08 10,4 2,08	116 3,02 2,60 8,30 1,66	87,2 3,02 3,46 6,23 1,25

Beispiel: Ein Einphasen-Wechselstrommotor der Nennspannung 220 V belastet eine Cu-Leitung der Gruppe 2 von $l = 45$ m bei $\cos φ = 0,8$ mit 15 kW.
Gesucht: S, $ΔU$, $ΔP$
Lösung: Aus der Tabelle findet man 14,4 kW bei $S = 16$ mm². Für 100 m ist der Leistungsverlust $ΔP = 1,5$ kW oder 10,4 %; für 45 m ist $ΔP = 0,45 \cdot 1,5$ kW $= 0,675$ kW oder $0,45 \cdot 10,4 \% = 4,68 \%$.
Der Spannungsverlust wird $ΔU = 0,45 \cdot 14,6$ V $= 6,57$ V oder $0,45 \cdot 6,64 \% = 3 \%$.

¹) Der höchstzulässige Dauerstrom liegt bei Gruppe 2 rund 30 % höher als bei Gruppe 1.
²) Für Leitungen mit nur 2 belasteten Adern auch noch 16 A.

8.2. Leitungsberechnung

Höchstzulässige Dauerbelastungen, Leistungs- u. Spannungsverluste je 100 m Streckenlänge

S mm²	Höchstzuläss. Dauerstrom A^1)	Sicherung Nennstrom A	Gruppe 3 Einadrige, frei in Luft verlegte Leitungen und Kabel (Zwischenraum mindestens Leitungsdurchmesser)		Gleichstrom Betriebsspannung Volt				Wechselstrom 220 Volt $\cos \varphi$			Drehstrom Betriebsspannung							
													220 Volt $\cos \varphi$			380 Volt $\cos \varphi$			500 Volt $\cos \varphi$		
					110	220	440	600	1	0,8	0,6	1	0,8	0,6	1	0,8	0,6	1	0,8	0,6
									Isolierte Kupferleitungen											
0,75	15	10	Höchstbelastg.	kW	1,65	3,30	6,60	9,00	3,30	2,64	1,98	5,71	4,57	3,43	9,86	7,89	5,92	13,0	10,4	7,79
			Leistungsverlust ΔP	kW	1,07	1,07	1,07	1,07	1,07	1,07	1,07	1,60	1,60	1,60	1,60	1,60	1,60	1,60	1,60	1,60
				%	64,8	32,4	16,2	11,9	32,4	40,5	54,0	28,0	35,0	46,6	16,2	20,3	27,0	12,3	15,4	20,5
			Spannungsverlust ΔU	V	71,4	71,4	71,4	71,4	71,4	57,1	42,9	61,8	49,4	37,1	61,8	49,4	37,1	61,8	49,4	37,1
				%	64,9	32,5	16,2	11,9	32,5	26,0	19,5	12,7	22,5	16,9	16,3	13,0	9,76	12,4	9,88	7,42
1	19	10	Höchstbelastg.	kW	2,09	4,18	8,36	11,4	4,18	3,34	2,51	7,23	5,79	4,34	12,5	9,99	7,49	16,4	13,1	9,86
			Leistungsverlust ΔP	kW	1,29	1,29	1,29	1,29	1,29	1,29	1,29	1,93	1,93	1,93	1,93	1,93	1,93	1,93	1,93	1,93
				%	61,7	30,9	15,4	11,3	30,9	38,6	51,4	26,7	33,3	44,5	15,4	19,3	25,8	11,8	14,7	19,6
			Spannungsverlust ΔU	V	67,9	67,9	67,9	67,9	67,9	54,3	40,7	58,7	47,0	35,2	58,7	47,0	35,2	58,7	47,0	35,2
				%	61,7	30,9	15,4	11,3	30,9	24,7	18,5	26,7	21,4	16,0	15,4	12,4	9,26	11,7	9,40	7,04
1,5	24	20	Höchstbelastg.	kW	2,64	5,28	10,6	14,4	5,28	4,22	3,17	9,13	7,31	5,48	15,8	12,6	9,47	20,8	16,6	12,5
			Leistungsverlust ΔP	kW	1,37	1,37	1,37	1,37	1,37	1,37	1,37	2,05	2,05	2,05	2,05	2,05	2,05	2,05	2,05	2,05
				%	51,9	25,9	12,9	9,51	25,9	32,5	43,2	22,5	28,0	37,4	13,0	16,3	21,6	9,86	12,3	16,4
			Spannungsverlust ΔU	V	57,1	57,1	57,1	57,1	57,1	45,7	34,3	49,4	39,5	29,6	49,4	39,5	29,6	49,4	39,5	29,6
				%	51,9	26,0	13,0	9,52	26,0	20,8	15,6	22,5	18,0	13,5	13,0	10,4	7,80	9,88	7,90	5,92
2,5	△32	25	Höchstbelastg.	kW	3,52	7,04	14,1	19,2	7,04	5,63	4,22	12,2	9,74	7,31	21,0	16,8	12,6	27,7	22,2	16,6
			Leistungsverlust ΔP	kW	1,46	1,46	1,46	1,46	1,46	1,46	1,46	2,19	2,19	2,19	2,19	2,19	2,19	2,19	2,19	2,19
				%	41,5	20,7	10,4	7,60	20,7	25,9	34,6	18,0	22,5	30,0	10,4	13,0	17,4	7,91	9,9	13,2
			Spannungsverlust ΔU	V	45,7	45,7	45,7	45,7	45,7	36,6	27,4	39,5	31,6	23,7	39,5	31,6	23,7	39,5	31,6	23,7
				%	41,5	20,8	10,4	7,62	20,8	16,6	12,5	18,0	14,4	10,8	10,4	8,32	6,24	7,90	6,32	4,74
4	42	35	Höchstbelastg.	kW	4,62	9,24	18,5	25,2	9,24	7,39	5,54	16,0	12,8	9,59	27,6	22,1	16,6	36,3	29,7	21,8
			Leistungsverlust ΔP	kW	1,58	1,58	1,58	1,58	1,58	1,58	1,58	2,35	2,35	2,35	2,35	2,35	2,35	2,35	2,35	2,35
				%	34,2	17,1	8,50	6,27	17,1	21,4	28,5	14,7	18,4	24,5	8,51	10,6	14,2	6,77	8,05	10,8
			Spannungsverlust ΔU	V	37,5	37,5	37,5	37,5	37,5	30,0	22,5	32,4	25,9	19,5	32,4	25,9	19,5	32,4	25,9	19,5
				%	34,1	17,0	8,52	6,25	17,0	13,6	10,2	14,7	11,8	8,86	8,53	6,82	5,13	6,48	5,18	3,90
6	54	50	Höchstbelastg.	kW	5,94	11,9	23,8	32,4	11,9	9,50	7,13	20,6	16,4	12,3	35,5	28,4	21,3	46,7	37,4	28,0
			Leistungsverlust ΔP	kW	1,73	1,73	1,73	1,73	1,73	1,73	1,73	2,60	2,60	2,60	2,60	2,60	2,60	2,60	2,60	2,60
				%	29,1	14,5	7,27	5,34	14,5	18,2	24,3	12,6	15,9	21,1	7,32	9,15	12,2	5,57	6,95	9,29
			Spannungsverlust ΔU	V	32,1	32,1	32,1	32,1	32,1	25,7	19,3	27,8	22,2	16,7	27,8	22,2	16,7	27,8	22,2	16,7
				%	29,2	14,6	7,30	5,35	14,6	11,7	8,77	12,6	10,1	7,59	5,84	4,39	5,56	4,44	3,34	
10	73	63	Höchstbelastg.	kW	8,03	16,1	32,1	43,8	16,1	12,8	9,64	27,8	22,2	16,7	48,0	38,4	28,8	63,1	50,5	37,9
			Leistungsverlust ΔP	kW	1,91	1,91	1,91	1,91	1,91	1,91	1,91	2,84	2,84	2,84	2,84	2,84	2,84	2,84	2,84	2,84
				%	23,8	11,9	5,95	4,36	11,9	14,9	19,8	10,2	12,8	17,0	5,92	7,40	9,86	4,50	5,62	7,49
			Spannungsverlust ΔU	V	26,1	26,1	26,1	26,1	26,1	20,8	15,6	22,5	18,0	13,5	22,5	18,0	13,5	22,5	18,0	13,5
				%	23,7	11,9	5,93	4,35	11,9	9,45	7,09	10,2	8,18	6,14	5,92	4,74	3,55	4,50	3,60	2,70
16	98	80	Höchstbelastg.	kW	10,8	21,6	43,1	58,8	21,6	17,2	12,9	37,3	29,8	22,4	64,4	51,5	38,7	84,8	67,8	50,9
			Leistungsverlust ΔP	kW	2,15	2,15	2,15	2,15	2,15	2,15	2,15	3,20	3,20	3,20	3,20	3,20	3,20	3,20	3,20	3,20
				%	19,9	9,95	4,99	3,66	9,95	12,5	16,7	8,60	10,7	14,3	5,00	6,21	8,27	3,77	4,72	6,29
			Spannungsverlust ΔU	V	21,9	21,9	21,9	21,9	21,9	17,5	13,1	18,9	15,1	11,4	18,9	15,1	11,4	18,9	15,1	11,4
				%	19,9	9,95	4,98	3,65	9,95	7,95	5,95	8,59	6,86	5,18	4,97	3,97	3,00	3,78	3,02	2,28
25	129	100	Höchstbelastg.	kW	14,2	28,4	56,8	77,4	28,4	22,7	17,0	49,1	39,3	29,5	84,8	67,8	50,9	112	89,3	67,0
			Leistungsverlust ΔP	kW	2,37	2,37	2,37	2,37	2,37	2,37	2,37	3,55	3,55	3,55	3,55	3,55	3,55	3,55	3,55	3,55
				%	16,7	8,35	4,17	3,06	8,35	10,4	13,9	7,23	9,03	12,0	4,19	5,24	6,97	3,17	3,98	5,30
			Spannungsverlust ΔU	V	18,4	18,4	18,4	18,4	18,4	14,7	11,1	15,9	12,8	9,56	15,9	12,8	9,56	15,9	12,8	9,56
				%	16,7	8,36	4,18	3,07	8,36	6,68	5,05	7,23	5,82	4,35	4,18	3,37	2,52	3,18	2,56	1,91
35	158	125	Höchstbelastg.	kW	17,4	34,8	69,5	94,8	34,8	27,8	20,9	60,1	48,1	36,1	104	83,1	62,3	137	109	82,0
			Leistungsverlust ΔP	kW	2,54	2,54	2,54	2,54	2,54	2,54	2,54	3,80	3,80	3,80	3,80	3,80	3,80	3,80	3,80	3,80
				%	14,6	7,30	3,65	2,68	7,30	9,14	12,2	6,32	7,90	10,5	3,65	4,57	6,10	2,77	3,49	4,63
			Spannungsverlust ΔU	V	16,1	16,1	16,1	16,1	16,1	12,9	9,67	13,9	11,2	8,36	13,9	11,2	8,36	13,9	11,2	8,36
				%	14,6	7,32	3,66	2,68	7,32	5,86	4,40	6,32	5,09	3,80	3,66	2,95	2,20	2,78	2,24	1,67
50	198	160	Höchstbelastg.	kW	21,8	43,6	87,1	119	43,6	34,8	26,1	75,4	60,3	45,2	130	104	78,1	171	137	103
			Leistungsverlust ΔP	kW	2,79	2,79	2,79	2,79	2,79	2,79	2,79	4,18	4,18	4,18	4,18	4,18	4,18	4,18	4,18	4,18
				%	12,8	6,40	3,20	2,34	6,40	8,02	10,7	5,54	6,93	9,25	3,22	4,02	5,35	2,44	3,05	4,06
			Spannungsverlust ΔU	V	14,1	14,1	14,1	14,1	14,1	11,3	8,48	12,2	9,78	7,34	12,2	9,78	7,34	12,2	9,78	7,34
				%	12,8	6,41	3,20	2,35	6,41	5,14	3,85	5,55	4,45	3,34	3,21	2,57	1,93	2,44	1,96	1,47

Beispiel: Eine nach Gruppe 3 verlegte Aldreyleitung von $l = 500$ m soll 10 kW Drehstrom von 380 V bei $\cos \varphi = 0,8$ übertragen. Berechne S.

Lösung: Wir berechnen zuerst S für Kupfer nach obiger Tab. Für $l = 100$ m wäre die gleichartig wirkende Belastung = $(500 \text{ m} \times 10 \text{ kW}) : 100 \text{ m} = 50$ kW (Tabellenwert 51,5 kW mit $\Delta P = 6,21$%). Für 50 kW ist $\Delta P = (6,21\%) \cdot 50) : 51,5 = 6\%$ bei $\cos \varphi = 0,8$. Für $\Delta P = 5$% wäre $S = (16 \text{ mm}^2 \cdot 6) : 5 = 19,2 \text{ mm}^2$ Cu. Für Aldrey ist S nach Tab. 2, S. 8-23 mit 1,5 zu multiplizieren (19,2 · 1,5 = 28,8); gewählt $S = 35 \text{ mm}^2$.

[1]) Der höchstzulässige Dauerstrom liegt bei Gruppe 3 rund 60% höher als bei Gruppe 1 und rund 23% höher als bei Gruppe 2.

8.3. Elektrowärme

8.3.1. Warmwasserbereitung

Auswahl der Warmwassergeräte für den Bedarf im Wohnbereich

Warmwassergerät	Kochend-wasser-gerät	Warmwasserspeicher offen					Warmwasserspeicher geschlossen			Durchlauf-erhitzer	Durchlauf-speicher		Stand-speicher	Wärme-tauscher-speicher
Nenninhalt Liter	5	5	12	15	30	100	30	100	150		30	100	200···1000	300
Nennleistung kW										18/21/24				
Einzelversorgung														
Küchenspüle	■	■	■											
Waschtisch		■	■	■										
Dusche							■	■		■				
Badewanne								■	■	■				
Badversorgung														
Waschtisch, Dusche					■		■	■		■				
Waschtisch, Dusche, Wanne						■		■	■	■				
Körperduschen, Großwanne										■		■		
Zentrale Wohnungsversorgung														
Küchenspüle, Waschtisch, Dusche						■		■	■	■	■	■	■	■
Küchenspüle, Waschtisch, Wanne									■	■	■	■	■	■

Warmwasserbedarf

Haushalt mit	Wasser von 60 °C pro Person Liter/Tag
niedrigem Bedarf	10 bis 20
mittlerem Bedarf	20 bis 40
hohem Bedarf	40 bis 80

Gewerbe Anwendung	Wasser von 60 °C Liter/Tag	Bezogen auf je
Bäckereien Teigbereitung, Maschinenreinigung	50	1 m² Backfläche
Betriebsreinigung	0,5	1 m² Betriebsfläche
Körperpflege	30	Beschäftigten
Fleischereien Maschinen- und Gerätereinigung	80[1]	1 Schwein/Woche
Betriebsreinigung	1	1 m² Betriebsfläche
Friseurbetriebe Herrensalon Damensalon	40	Naßplatz
bis 8 Naßplätze	100	Naßplatz
9···14 Naßplätze	80	Naßplatz
mehr als 14 Naßplätze	60	Naßplatz
Hotels Zimmer mit Bad und Dusche	120···180	Gast
Zimmer mit Dusche	50···95	Gast
Pensionen, Heime	25···50	Gast
Krankenhäuser	200	Bettplatz
Wohnheime wie Altersheime, Kinderheime	75	Bettplatz

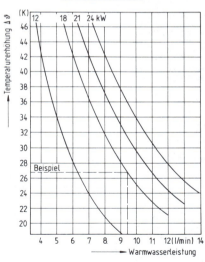

Ermittlung der Warmwasserleistung von Durchlauferhitzern

Beispiel: Ein 18-kW-Durchlauferhitzer soll Wasser mit 37 °C erzeugen; Kaltwassertemperatur 10 °C. Wie groß ist die Warmwasserleistung?

Lösung: $\Delta \vartheta = 37\,°C - 10\,°C = 27\,°C \rightarrow \approx 9{,}3\ \text{l/min}$.

[1]) Warmwasser für 300-Liter-Kochkessel einmal enthalten.

8.3. Elektrowärme

8.3.2. Raumheizung

Grundlage einer Raumheizungsberechnung ist die Errechnung des Wärmedurchgangs durch Wände, Decke, Fußboden usw. Die über eine Fläche abströmende Wärme muß als elektrische Leistung zugeführt werden.

$$P = k \cdot S \cdot (t_2 - t_1)$$

P Leistung in W
k Wärmedurchgangszahl in $W/(K \cdot m^2)$
S Fläche in m^2 (Wand, Decke, Boden …)
t_2 Zimmertemperatur
t_1 Außentemperatur

Tabelle der k-Werte

Fläche	k in $\frac{W}{K \cdot m^2}$
Stein-Außenwand, 11,5 cm	2,8
Stein-Außenwand, 24 cm	2,0
Stein-Außenwand, 36,5 cm	1,2
Stein-Innenwand, 11,5 cm	2,5
Stein-Innenwand, 24 cm	1,7
Stein-Innenwand, 36,5 cm	1,0
Decke (je nach Dicke)	0,60 bis 1,4
Fußboden (je nach Dicke)	0,45 bis 1,1
Innentür	2,3
Einfachfenster	7,0
Verbundfenster	3,5
Doppelfenster	2,7

Für Räume mit mehreren Außenwänden ist noch ein Zuschlag von 10 bis 15% zu machen.

Beispiel: Ein Zimmer von 5 m × 7 m Bodenfläche und 2,6 m Höhe liegt mit der Schmalseite nach außen. Es hat 4 m² Fensterfläche (Einfachfenster) und 4 m² Türfläche. Welche Leistung ist zur Erhaltung einer Innentemperatur von 20 °C nötig, wenn im Freien −15 °C herrschen und die benachbarten Räume nicht geheizt werden?

Lösung: Die Leistung für die einzelnen Flächen ist getrennt zu berechnen.

Außenwand (Stein; 36,5 cm dick)

$P_1 = (2,6\,m \cdot 5\,m - 4\,m^2) \cdot 1,2\,\frac{W}{K \cdot m^2} \cdot 35\,K = 378\,W$

Fenster

$P_2 = 4\,m^2 \cdot 7\,\frac{W}{K \cdot m^2} \cdot [20\,°C - (-15\,°C)] = 980\,W$

Innenwände (Stein; 11,5 cm dick)

$P_3 = [2,6\,(5\,m + 2 \cdot 7\,m) - 4\,m^2] \cdot 2,5\,\frac{W}{K \cdot m^2} \cdot (20\,°C - 0\,°C) = 2270\,W$

Tür

$P_4 = 4\,m^2 \cdot 2,3\,\frac{W}{K \cdot m^2} \cdot (20\,°C - 0\,°C) = 184\,W$

Boden

$P_5 = 5\,m \cdot 7\,m \cdot 0,65\,\frac{W}{K \cdot m^2} (20\,°C - 0\,°C) = 455\,W$

Decke

$P_6 = 5\,m \cdot 7\,m \cdot 1\,\frac{W}{K \cdot m^2} (20\,°C - 0\,°C) = 700\,W$

Gesamtleistung $P = 4967\,W$

Das ergibt je m³: $\frac{4967\,W}{7 \cdot 5 \cdot 2,6\,m^3} = 54,58\,\frac{W}{m^3}$

Für überschlägige Rechnungen nimmt man bei Übergangsheizung 40 W je m³ und für Dauerheizung 60 bis 100 W je m³.

Für die Ermittlung der elektrischen Leistung für Räume bis zu 5 m Höhe kann auch nachstehende Tabelle benutzt werden.

Tabelle des Leistungsbedarfs

Art der Begrenzungsfläche	Erforderliche Leistung in W je m² Begrenzungsfläche bei einem Temperaturunterschied zwischen innen und außen von							
	5K	10K	15K	20K	25K	30K	35K	40K
Wand, Stein 12 cm	15	29	44	58	73	87	102	115
Wand, Stein 24 cm	11	21	31	42	52	63	73	82
Wand, Stein 38 cm	8	15	23	30	38	45	53	60
Wand, Stein 51 cm	7	13	20	26	33	38	45	51
Decke	5	8	13	16	21	24	29	32
Fußboden	4	7	10	14	17	21	24	28
Tür	15	23	35	46	58	70	81	93
Fenster, einfach	40	60	94	125	157	188	219	230
Fenster, doppelt	20	30	44	60	73	87	102	115

Für Außenwände beträgt der Zuschlag 10%.

Beispiel: Ein Zimmer von 4 m × 5 m Grundfläche und 2,6 m Höhe hat zwei doppelverglaste Fenster von je 1,4 m Breite und 1,3 m Höhe und zwei Türen von je 2 m Höhe und 0,9 m Breite. Wanddicke 24 cm. Welche Leistung muß für die Dauerheizung des Zimmers aufgewendet werden, wenn der Temperaturunterschied 25 K beträgt?

Lösung: Größe der Begrenzungsflächen

Fenster: $2 \cdot 1,4\,m \cdot 1,3\,m = 3,64\,m^2$
Türen: $2 \cdot 2\,m \cdot 0,9\,m = 3,6\,m^2$
Decke: $4\,m \cdot 5\,m = 20\,m^2$
Fußboden: $4\,m \cdot 5\,m = 20\,m^2$
Wände: $2 \cdot (4\,m + 5\,m) \cdot 2,6\,m - 7,24\,m^2 = 39,56\,m^2$

Nach Tabelle sind folgende Leistungen erforderlich

Fenster: $3,64\,m^2 \cdot 73\,W/m^2 = 265,72\,W$
Türen: $3,6\,m^2 \cdot 58\,W/m^2 = 208,80\,W$
Decke: $20\,m^2 \cdot 21\,W/m^2 = 420,00\,W$
Fußboden: $20\,m^2 \cdot 17\,W/m^2 = 340,00\,W$
Wände: $39,56\,m^2 \cdot 52\,W/m^2 = 2057,12\,W$

10% Zuschlag für **Außenwand**

$0,1 \cdot (5\,m \cdot 2,6 - 3,64\,m^2) \cdot 52\,\frac{W}{m^2} = 48,67\,W$

Gesamtleistung $P = 3340,31\,W$

Das ergibt je m³: $\frac{3340,31\,W}{52\,m^3} = 64,24\,\frac{W}{m^3}$

8.4. Blitzschutz an Gebäuden
Nach ABB (Allgemeine Blitzschutz-Bestimmungen)

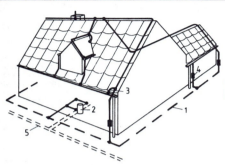

Blitzschutzanlage eines Wohnhauses
1 Erdsammelleitung 2 Überbrückung des Wasserzählers
3 Dachrinnenanschluß 4 Trennstück 5 Wasserleitung

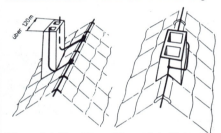

Schornstein in Firstnähe   Schornstein im First

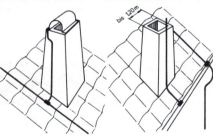

Metallaufsätze an eine   Schornstein in Dach-
Dachleitung anschließen   rinnennähe

Eigennäherung – Gefahr, wenn d kleiner als $\frac{1}{20}\,l$

Auffangeinrichtungen von Blitzschutzanlagen werden beim Errichten an Turm- und Giebelspitzen, entlang dem First, an Schornsteinen, Dunstschloten und sonstigen Dachaufbauten, an Giebelkanten vom First zur Traufe und an Traufkanten bei flachen Dächern und freistehenden baulichen Anlagen angebracht. Kein Punkt der Dachfläche darf mehr als 10 m von einer Auffangvorrichtung entfernt sein.

Leitungen für Blitzschutzanlagen nach DIN 48 801 (1.77)

Bezeichnung	Maße	Werkstoff Ausführung
Rundstahl Rd 8 – St Rd 10 – St nach DIN 177	⌀ 8 mm ⌀ 10 mm	USt 34-1 n. DIN 17 100 verzinkt
Flachzeug Fl 20 – St Fl 30 – St nach DIN 1016	2,5 × 20 3,5 × 30	
Rundstangen aus Al Rd 10 – Al nach DIN 1798	⌀ 10 mm	Al 99,5 n. DIN 1712 Teil 3
Flachstangen aus Al Fl 20 – Al nach DIN 46 433	20 × 4	
Kupferdrähte Rd 8 – Cu nach DIN 1757	⌀ 8 mm	E-Cu F 25 n. DIN 40 500 Teil 3
Flachstangen aus Cu Fl 20 – Cu nach DIN 46 433	20 × 2,5	
Seile aus Kupfer S 50 – Cu nach DIN 48 201	50/7	

Hauptableitungen

Steildächer (First über 1 m höher als Traufkante) Gebäude-		Zahl der Haupt- ableitungen
breite in m	länge in m	
bis 12	bis 20	2
	über 20 bis 40	3
	über 40 bis 60	4
über 12 bis 20	über 20 bis 40 über 40 bis 60	6 8

Flachdächer

bis 20	bis 20	4
über 20 bis 40	über 20 bis 40	8

Näherungen an größere Metallteile

Bei Näherungen können Blitzüberschläge verhindert werden durch Vergrößerung des Abstandes oder durch Verbindung der Blitzschutzanlage an ihrem Fußpunkt mit größeren Metallmassen. Dies sind Wasser- und Gasleitungen, Zentralheizungen, Wendeltreppen, Stahlgerüste von Aufzügen u. ä. Man unterscheidet zwischen Eigennäherung und Fremdnäherung.

Eigennäherung liegt vor, wenn Teile der Blitzschutzanlage nahe beieinander verlegt sind, z. B. wenn die Leitung um einen Mauervorsprung o. ä. herumgeführt wird. Auch bei Dachleitungen der Blitzschutzanlage ist Eigennäherung vorhanden, wenn diese am Ausdehnungsgefäß der Warmwasserheizung vorbeiführen und der Fußpunkt der Heizung mit der Blitzschutzanlage verbunden ist. Der Abstand d darf nicht kleiner als 1/20 l sein!

Nichtleitende Werkstoffe dürfen bei der Berechnung des Mindestabstandes mit dem 5fachen Wert ihrer Dicke eingesetzt werden.

8.4. Blitzschutz an Gebäuden

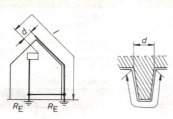

Fremdnäherung
Gefahr, wenn d kleiner
als $\frac{1}{5} R_E$ oder $\frac{1}{20} l$

Gefahr
beseitigt

Beispiel: Liegt zwischen einer Ableitung und der mit ihr am Fußpunkt verbundenen Rohrleitung eine Mauer von 0,3 m Dicke, so gilt für $d = 5 \cdot 0,3 \text{ m} = 1,5 \text{ m}$.

Bei einer Leitungslänge $l = 24$ m erhält man einen Mindestabstand $d = \frac{1}{20} l = \frac{1}{20} \cdot 24 \text{ m} = 1,2 \text{ m}$.

Es liegt keine Eigennäherung vor!

Fremdnäherung liegt vor, wenn die Blitzschutzleitungen in der Nähe größerer Metallmassen verlegt sind und diese nicht mit der Blitzschutzanlage verbunden sind. Hier besteht Überschlagsgefahr, wenn der kleinste Abstand in m dieser Metallmassen kleiner als $\frac{1}{5}$ des Zahlenwertes des Erdungswiderstandes in Ohm ist. **Beispiel:** Bei einem Erdungswiderstand der Blitzschutzanlage von $R_E = 10 \, \Omega$ beträgt der Mindestabstand $d = \frac{1}{5} R_E = \frac{1}{5} \cdot 10 = 2,0 \text{ m}$.

Beispiel: Ein Ausdehnungsgefäß ist durch eine 0,4 m dicke Mauer von der Dachleitung getrennt. Dies entspricht einem Abstand von $d = 5 \cdot 0,4 \text{ m} = 2,0 \text{ m}$.

Es liegt keine Fremdnäherung vor.

Blitzschutz bei Antennenanlagen nach VDE 0855 Teil 1 (7.71)

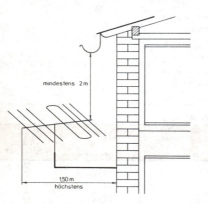

Außerhalb von Gebäuden angebrachte Antennenanlagen müssen mit einem Erder leitend verbunden werden. Ist aus Betriebsgründen eine leitende Verbindung nicht möglich, so darf die Erdungsleitung durch Trennfunkenstrecken unterbrochen werden.

Bei Zimmerantennen, Einbauantennen, Antennen unter der Dachhaut und bei Außenantennen, deren höchster Punkt mind. 2 m unterhalb der Dachrinnen und deren äußerster Punkt nicht mehr als 1,5 m von der Außenwand des Gebäudes abliegt, darf auf eine Erdung verzichtet werden. Als Erdungsleitungen dürfen benutzt werden: Ableitungen von Blitzschutzanlagen, Wasserleitungen, Feuerleitern (Fußpunkt erden), Regenfallrohre u. ä. Erdungsleitung soll auf kurzem Wege zum Erder führen.

Erder sind: Blitzschutzerder, metallene Rohre (z. B. Wasser- und Gasrohrleitungen), die mit in Erde verlegten Rohrnetzen leitfähig verbunden sind, Stahlskelette von Stahlbetonbauten und Schutzerder von Niederspannungsanlagen, Staberder mind. 3 m lang, Banderder mind. 5 m lang.

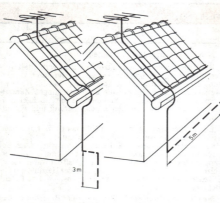

Erdung von Antennenanlagen
Staberder   Banderder

Mindestabmessungen für Erdungsleitungen

Werkstoff	Verlegung	
	außerhalb	innerhalb
	von Gebäuden	
Stahl verzinkt	Draht ⌀ 8 mm Band 20 × 2,5 Seil unzulässig	Draht ⌀ 4,5 mm oder 16 mm²
Kupfer	Draht ⌀ 8 mm Band 20 × 2,5 Seil ⌀ 7 × 3 mm	Draht ⌀ 3,5 mm oder 10 mm²
Aluminium	Draht ⌀ 10 mm Band 25 × 4 Seil unzulässig	Draht ⌀ 4,5 mm oder 16 mm²

Erdungsleitungen mit den Abmessungen der Spalte 3 dürfen bis zu einer Länge von 1 m aus dem Gebäude herausgeführt werden, z. B. zum Anschluß an das Standrohr oder an einen Erder. Der Sicherheitsabstand zwischen leitfähigen Teilen der Antennenanlage und einer elektrischen Anlage mit Spannungen über 65 V bis 1000 V beträgt in Räumen mind. 10 mm und im Freien 20 mm.

8.5. Antennenanlagen

8.5.1. Empfangsbereiche und Antennenformen

Die **Art der Empfangsantenne** ergibt sich aus den verschiedenen Frequenzbereichen im Ton- und Fernsehrundfunkdienst:

Bereich	Frequenzbereich von ··· bis in MHz	geeignete Empfangsantenne
Langwellen	0,15···0,285	unabgestimmte Draht- oder Stabantenne (Länge: 2···15 m)
Mittelwellen	0,525···1,605	
Kurzwellen	3,95···26,1	
VHF Band I (Fernsehen)	47···68	Yagi-Antenne
VHF Band II (UKW-Rundfunk)	87,5···104	Dipol- oder Kreuzdipolantenne, Yagi-Antenne
VHF Band III (Fernsehen)	160···230	Yagi-Antenne
UHF Band IV (Fernsehen)	470···622	Yagi-Antenne, Mehrebenen-Antenne, Flächenantenne
UHF Band V	622···790	
SHF Band VI (Fernsehen)	11700···12700	Parabolantenne

8.5.2. Hinweise zur Antennenmontage

Antennenanlagen auf Dächern dürfen den Zugang zu Schornsteinen und anderen Einrichtungen nicht erschweren. Bestehende Anlagen dürfen nicht gestört werden. Auf Dächern aus Stroh, Reet oder Schilf darf keine Antennenanlage errichtet werden, sondern nur vom Haus abgesetzt oder unter Dach, wobei der Abstand der Antenne und der HF-Kabel zum Dach mindestens 1 m betragen muß.

Keine Antennen in Schornsteinnähe oder an Schornsteinen montieren.

Antennen nicht in die Nähe von Störfeldern (z. B. Fahrstuhlschacht) bringen.

Geeigneten Standort, optimale Ausrichtung und Höhe der Empfangsspannung durch Probemessungen (Antennenmeßgerät) bestimmen.

Ein guter mechanischer Aufbau besteht aus einem solide befestigten stabilen Standrohr mit einer guten Dachabdichtung.

Die UHF-Antenne möglichst hoch anbringen (Windlast!). Der vertikale Abstand zwischen zwei Antennen sollte mindestens 80 cm betragen, der Abstand von der Antenne zum Dach mindestens 1 m.

Der waagerechte Abstand des Standrohres oder eines Antennenträgers und der Abstand zwischen Teilen der Antenne und Starkstromfreileitungen darf 1 m nicht unterschreiten.

Kabelschlaufen beim Einführen des Kabels in das Standrohr ausbilden. Sie verhindern, daß Wasser in das Standrohr eindringt. Nicht benutzte Kabeleinführungen mit Stopfen verschließen.

Das Antennenstandrohr über Dach muß geerdet werden (siehe Seite 8-30).

Senderpolarisation beachten: Die meisten Großsender strahlen ihr elektromagnetisches Feld horizontal polarisiert ab, viele Füllsender (Umsetzer) hingegen vertikal polarisiert. Die Empfangsantenne muß in der gleichen Ebene wie die Senderantenne montiert werden.

Antennenstandrohre dürfen bis zu einer freien Länge von 6 m montiert werden; Mindestwandstärke im Einspannbereich 2 mm. Der Werkstoff der Standrohre muß sicherstellen, daß sie bei Überlastung nicht abbrechen, sondern höchstens abknicken (Gas- und Wasserrohre deshalb nicht geeignet als Standrohre). Die Rohrbefestigung erfolgt verdrehsicher durch zwei Halterungen, deren Abstand zueinander mindestens ein Sechstel der Gesamtlänge betragen muß. Jede Halterung ist mit mindestens zwei 8-mm-Schrauben am Dachgebälk, Mauerwerk oder einer Beton- bzw. Stahlkonstruktion zu befestigen.

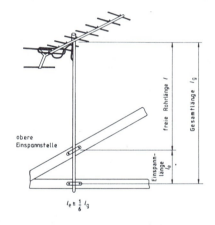

8.5.3. Windlastberechnung

Zur Windlastberechnung festgelegte **Staudruckwerte** q sind:

1. Bei Bauwerken bis zu acht Geschossen (bis ungefähr 20 m über Geländeoberfläche)

   $q = 800$ Pa $= 800$ N/m²,

2. bei höheren Bauwerken

   $q = 1100$ Pa $= 1100$ N/m².

Der **Antennenwindlastwert** ist für Antennen in Katalogen angegeben. Er kann, wenn nur für einen Staudruck angegeben, auf den anderen umgerechnet werden durch das Verhältnis $1100/800 = 1,375$.

Die Windlast W einer Antenne erzeugt mit der Rohrlänge l bis zur oberen Einspannstelle ein Biegemoment M_b, welches vom Standrohr ausgehalten werden muß.

$M_b = l \cdot W$

M_b Biegemoment in Nm
l freie Rohrlänge in m
W Windlast in N

8.5. Antennenanlagen

Befinden sich **mehrere Antennen an einem Standrohr**, errechnet sich das Gesamtbiegemoment M_{bges} zu:

$M_{bges} = l_1 \cdot W_1 + l_2 \cdot W_2 + l_3 \cdot W_3 + ...$

M_{bges} Gesamtbiegemoment in Nm
l_1, l_2, l_3 Rohrlänge (Abstand) in m
W_1, W_2, W_3 Windlast in N

Beispiel: Eine Antennenanlage auf einem Gebäude bis zu 20 m Bauhöhe besteht aus einer LMKU-Antenne mit $W_1 = 80$ N in $l_1 = 4$ m Höhe, einer UHF-Antenne mit $W_2 = 59$ N in $l_2 = 3$ m Höhe und einer VHF-Antenne mit $W_3 = 51$ N in $l_3 = 2$ m Höhe. Wie groß ist das Gesamtbiegemoment M_{bges}?

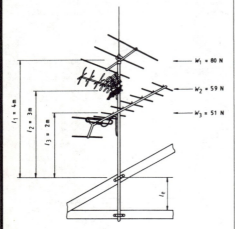

Lösung:
$M_{bges} = l_1 \cdot W_1 + l_2 \cdot W_2 + l_3 \cdot W_3$
$M_{bges} = 4\text{ m} \cdot 80\text{ N} + 3\text{ m} \cdot 59\text{ N} + 2\text{ m} \cdot 51\text{ N}$
$M_{bges} = 320\text{ Nm} + 177\text{ Nm} + 102\text{ Nm}$
$M_{bges} = 599\text{ Nm}$

Das **maximal zugelassene Biegemoment des Standrohres** (Standrohrbelastungsgrenze) errechnet sich wie folgt:

$$M_{bmax} = \frac{\pi}{32} \cdot \sigma \cdot \frac{D^4 - d^4}{D}$$

M_{bmax} maximales Biegemoment des Rohres in Nm
σ zulässige Rohrbeanspruchung in N/m²
D Rohraußendurchmesser in m
d Rohrinnendurchmesser in m

Die tatsächliche Beanspruchung σ darf 90% der für das Rohrmaterial gewährleisteten Streckgrenze sein, die einer bleibenden Rohrverformung von 0,2% entspricht.

Beispiel: Stahl 52-3 hat eine entsprechende Streckgrenze von $354 \cdot 10^6$ N/m². Welchen Wert hat σ?

Lösung:
$\sigma = 0{,}9 \cdot 354 \cdot 10^6$ N/m²
$\sigma = 318{,}6 \cdot 10^6$ N/m²

Beispiel: Ein Standrohr hat $D = 50$ mm und $d = 45$ mm. Wie groß ist M_{bmax}?

Lösung:
$M_{bmax} = \frac{\pi}{32} \cdot \sigma \cdot \frac{D^4 - d^4}{D}$
$M_{bmax} = \frac{\pi}{32} \cdot 318{,}6 \cdot 10^6\, \frac{N}{m^2} \cdot \frac{(0{,}05\text{ m})^4 - (0{,}045\text{ m})^4}{0{,}05\text{ m}}$
$M_{bmax} = 1345$ Nm

Das **Gesamtbiegemoment** M_{bmax} **darf nach VDE 0855 maximal 1650 Nm betragen.** Wird dieser Wert überschritten oder ist die freie Rohrlänge über 6 m, so ist eine statische Festigkeitsberechnung des Standrohres im Konzept des Gesamtgebäudes durch einen Statiker zu erstellen.

Auch ohne Antenne wird ein Standrohr schon vom Wind auf Biegung beansprucht:

$M_{bRohr} = W_{Rohr} \cdot \frac{l}{2}$ M_{bRohr} Biegemoment in Nm
$W_{Rohr} = c \cdot q \cdot D \cdot l$ W_{Rohr} Windlast des Rohres in N
    l freie Rohrlänge in m
    c Faktor (nach VDE ist $c = 1{,}2$)
    q Staudruck (800 oder 1100 N/m²)

Beispiel: $D = 50$ mm, $q = 800$ N/m², $l = 4$ m. Welches Biegemoment tritt durch die Windlast des Rohres auf?

Lösung:
$M_{bRohr} = W_{Rohr} \cdot \frac{l}{2} = c \cdot q \cdot D \cdot \frac{l^2}{2}$
$M_{bRohr} = 1{,}2 \cdot 800\, \frac{N}{m^2} \cdot 0{,}05\text{ m} \cdot \frac{(4\text{ m})^2}{2}$
$M_{bRohr} = 384$ Nm

Vom Gesamtbiegemoment muß das Rohrbiegemoment abgezogen werden, um das durch die Antenne/Antennen zusätzlich **zugelassene Biegemoment** M_z zu erhalten.

$M_z = M_{bmax} - M_{bRohr}$

Beispiel: $M_{bmax} = 1345$ Nm, $M_{bRohr} = 384$ Nm. Wie groß ist M_z?

Lösung: $M_z = 1345$ Nm $- 384$ Nm $= 961$ Nm

Für die im Beispiel gewählte Antennenanlage ist $M_z = 961$ Nm > 599 Nm $= M_{bges}$, damit kann sie in dieser Form aufgebaut werden.

Wird das zulässige Biegemoment überschritten, dann können folgende Maßnahmen zum Ziel führen:

1. Standrohr höherer Belastbarkeit nehmen.
2. Abstand Antenne–Dach bis auf 1 m und der Antennen untereinander auf 80 cm reduzieren.
3. Seitliche Ausleger am Standrohr zur Aufnahme der Antennen anbringen (Biegemoment Ausleger mit berechnen!)
4. Eventuell eine Antenne unter Dach montieren.
5. Die Antennen auf zwei Maste verteilen.

8.6. Funkentstörung

8.6.1. Störungsarten

Von einer Störquelle erzeugte hochfrequente Störschwingungen werden auf den angeschlossenen Leitungen fortgeleitet und als **symmetrische Störspannungen** bezeichnet. **Unsymmetrische Störspannungen** breiten sich bei **Geräten mit Schutzleiteranschluß (Schutzklasse I)** zwischen den Leitungen einerseits und Masse oder berührbarem metallischen Gehäuse andererseits sowie bei **Geräten mit Schutzisolierung (Schutzklasse II)** zwischen den störungsbehafteten Leitungen und nicht berührbaren Metallteilen aus.

Nach VDE 0875 gelten die drei Funkstörgrade G (grob), N (normal) und K (klein), deren zugehörige Grenzwerte für Dauerstörungen aus dem folgenden Diagramm zu entnehmen sind.

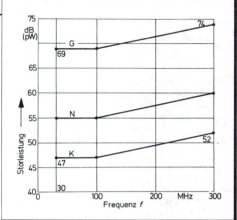

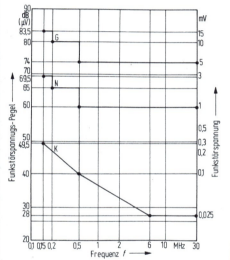

Zum Nachweis der Einhaltung der Funk-Entstörbedingungen müssen Betriebsmittel und Anlagen mit dem **Funkschutzzeichen** (mit Angabe des Störgrades) gekennzeichnet sein.

Störgrad G ist bei Geräten, Maschinen und Anlagen einzuhalten, die in Industriegebieten betrieben werden. Störgrad N ist bei Geräten einzuhalten, die in Wohngebieten betrieben werden. Störgrad K stellt besonders hohe Anforderungen hinsichtlich der Entstörmaßnahmen, z. B. das Entstören elektronischer Geräte in Meßräumen, Studios, Laboratorien u. ä.

Im folgenden Diagramm sind die Grenzen der zulässigen Störleistungen für Dauerstörer je nach Störgrad enthalten.

8.6.2. Entstörmittel

Eine Verminderung der Funkstörspannung auf Leitungen erfolgt durch eine Spannungsteilung zwischen dem HF-Innenwiderstand der Störquelle und dem Entstörkondensators, der gegen die Störquellenmasse bzw. Erde geschaltet wird. Reicht der Innenwiderstand der Störquelle nicht aus, wird eine Entstördrossel in die Leitung geschaltet.

Kondensatoren, die zwischen beide Zuleitungen geschaltet sind und damit die symmetrischen Störspannungen kurzschließen, heißen **X-Kondensatoren**. Sie unterliegen nach VDE 0875 keiner Kapazitätsbeschränkung. Unsymmetrische Störspannungen, die zwischen den Zuleitungen und berührbaren leitenden Teilen auftreten, werden durch **Y-Kondensatoren** gedämpft. Sie sind in ihrem Kapazitätswert nach oben hin begrenzt; denn der durch den Kondensator fließende **Ableitstrom** darf folgende **nach VDE 0875** (6.77) festgelegten **Höchstwerte** nicht überschreiten:

Betriebsmittel-verwendung	Schutzmaß-nahmen	maximaler Ableitstrom, Energieinhalt			
		berührbare Teile		nicht berührb. Teile	
		mA	mWs	mA	mWs
ortsveränderlich (kann unter Spannung stehend bewegt werden)	Schutzklasse I, Schutztrennung	0,75	0,75	–	–
	Schutzklasse II	0,25	0,25	3,5	5
ortsfest, über Steckvorricht. angeschlossen	Schutzklasse I	3,5	5	–	–
ortsfest, fester Anschluß oder Steckvorr.	Schutzklasse II	0,25	0,25	3,5	5
	keine	0,75	0,75	–	–

8.6. Funkentstörung

8.6.3. Entstörschaltungen

Schaltkontakt	z.B. für Klingel, el. Zählwerk	C = 0,1 bis 1 µF R = 20 bis 100 Ω
Geräte der Schutzklasse I (C_K = Koppelkapazität zum Gehäuse)	Netz — C_Y, C_X, L, C_K, Störquelle	ortsveränderliche Geräte C_X = 0,1 µF $C_Y \leq$ 7500 pF ortsfeste Geräte C_X = 0,1 µF $C_Y \leq$ 35000 pF
Geräte der Schutzklasse II (C_K = Koppelkapazität zum Gehäuse)	Netz — C_Y, C_X, L, C_K, Störquelle	C_X = 0,1 µF $C_Y \leq$ 2500 pF
Leuchtröhre mit Hochspannungs- anlage	L, S, C / A Röhrenfassung	C = 0,1 bis 0,5 µF L = 30 bis 50 mH A Röhrenfassung S Sicherung
Thyristorsteuerung	Netz — Last, C_{XY}, C_X, L, Steuerteil, Triac	Hochwertige Entstörung durch Breitband-Vierpol-Kondensator C_{XY} (0,2 F + 2 × 2500 pF)
Motor oder Generator mit Stromwender — ortsbeweglich	größerer Motor: S, C_1, C_1, S, C_2 ; Kleinmotor: C_3, C_2	C_1 = 0,1 bis 2 µF C_2 = 5000 pF C_3 = 0,02 bis 0,1 µF S Sicherung
Motor oder Generator mit Stromwender — ortsfest	S, C_1, C_1, S ; mit L, L, C_1, C_1, C_2	C_1 = 0,5 bis 4 µF C_2 = 5000 pF $L \approx$ 100 mH S Sicherung

9. Meßtechnik

9.1. Symbole für Meßgeräte nach DIN 43 780 (8.76)

Nr.	Kurzzeichen	Benennung	Nr.	Kurzzeichen	Benennung
F 1		**Drehspulmeßwerk** mit Dauermagnet, allgemein	F 22		**Gleichrichter**
F 2		**Drehspul-Quotientenmeßwerk**	F 20		**Elektron. Anordnung** im Meßpfad
F 3		**Drehmagnetmeßwerk**	F 21		in einem Hilfsstromkreis
F 4		**Drehmagnet-Quotientenmeßwerk**	F 27		**Schirmung** elektrostatisch
			F 28		elektromagnetisch
F 5		**Dreheisenmeßwerk**	F 33		**Gebrauchsanleitung beachten**
F 7		**Dreheisen-Quotientenmeßwerk**	F 35		**Allgemeines Zubehör**
F 8		**Elektrodynamisches Meßwerk** (eisenlos)	F 32		**Nullsteller**
F 9		desgl. eisengeschlossen			**Art des zu messenden Stromes**
F 10		**Elektrodynamisches Quotientenmeßwerk** (eisenlos)	B 1		Gleichstrom
			B 2		Wechselstrom
			B 3		Gleich- u. Wechselstrom (Allstr.)
F 11		desgl. eisengeschlossen	B 4		Drehstrom-Meßgerät mit 1 Meßwerk
			B 5		Drehstrom-Meßgerät mit 2 Meßwerken
F 12		**Induktionsmeßwerk**	B 6		Drehstrom-Meßgerät mit 3 Meßwerken
F 13		**Induktions-Quotientenmeßwerk**	C 3		**Sicherheit Prüfspannung** nicht ermittelt
F 14		**Hitzdrahtmeßwerk**	C 1		500 V
F 15		**Bimetallmeßwerk**	C 2		über 500 V, z. B. 2 kV
F 16		**Elektrostatisches Meßwerk**	C 7		Hochspannung am Instrument oder Zubehör
F 17		**Vibrationsmeßwerk**			**Gebrauchslage**
			D 1		senkrecht
		Thermoumformer, nicht isoliert	D 2		waagerecht
F 18		desgl. mit Drehspulmeßwerk	D 3		schräg mit Neigungswinkelangabe
F 19		**Isolierter Thermoumformer**	D 6	45···60···75°	Nenngebrauchsbereich von 45° bis 75°

Ist Symbol F 18, F 19, F 20 und F 22 mit dem Symbol eines Meßgerätes kombiniert, so ist das Bauelement bzw. die Anordnung eingebaut.
Sind die Symbole dagegen mit F 35 kombiniert, so befindet sich das Bauelement bzw. die Anordnung außerhalb des Meßgerätes.
Diese Symbole sind auch Bestandteil von DIN 43 781 und VDE 0410.

9.2. Meßwerke

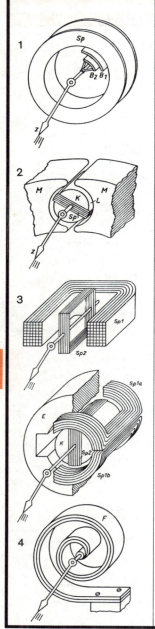

1. Dreheisen-(Weicheisen-)Meßwerk

In der Spule Sp befindet sich ein festliegendes, trapezförmiges Weicheisenblech B_1 und ein drehbar gelagertes Weicheisenblech B_2, das mit dem Zeiger Z verbunden ist. Die bei stromdurchflossener Spule B_1 und B_2 entstehenden gegenüberliegenden gleichnamigen Magnetpole stoßen sich ab. Eine stromlose (nicht gezeichnete) Spiralfeder wirkt als Gegenkraft.

Dreheisen-Meßgeräte messen den Effektivwert. Sie sind mechanisch und elektrisch robust. Die etwa gleichmäßige Skalenteilung beginnt bei 10 bis 20% des Skalenendwertes. Die Anzeige bleibt bis ca. 100 Hz innerhalb der Fehlergrenze. Der Eigenverbrauch ist mit 0,3 bis 5 VA höher als bei Drehspulmeßwerken. Deshalb sind Spannungsmeßbereiche unter 6 V sowie Meßbereichserweiterungen von Strommessern mit Nebenwiderständen nicht sinnvoll.

2. Drehspul-Meßwerk

Die auf ein Aluminiumrähmchen gewickelte, drehbar gelagerte Spule Sp ist fest mit dem Zeiger verbunden. Wird die Drehspule vom Strom durchflossen, so dreht sie sich im Luftspalt L zwischen Dauermagnet M und feststehendem Weicheisenkern K. Zwei gegensinnig gewickelte spiralförmige Stromzuführungsfedern (nicht gezeichnet) erzeugen dabei eine Gegenkraft.

Drehspul-Meßwerke messen den arithmetischen Mittelwert. Die Skalenbeschriftung von Drehspul-Meßwerken mit Gleichrichter erfolgt nach Effektivwerten bei sinusförmigem Strom. Die Messung von nichtsinusförmigen Wechselströmen ergibt Fehlresultate. Die Skalenteilung ist über den gesamten Bereich linear; der Nullpunkt kann an eine beliebige Stelle gelegt werden. Die obere Frequenzgrenze liegt bei 10 kHz bis 20 kHz. Der Eigenverbrauch beträgt wenige mW, der Innenwiderstand 10 kΩ/V bis 100 kΩ/V.

3. Elektrodynamisches Meßwerk

Werden die feststehende Spule Sp 1 und die mit dem Zeiger verbundene drehbar gelagerte Spule Sp 2 von einem Strom durchflossen, so versucht sich das Magnetfeld der Spule Sp 2 entsprechend dem Magnetfeld der Spule Sp 1 auszurichten. Zwei spiralförmige Stromzuführungsfedern (nicht gezeichnet) bilden die Gegenkraft.

Beim eisengeschlossenen Meßwerk ist die feststehende Stromspule in zwei Formspulen Sp 1a und Sp 1b unterteilt, die in dem geblätterten Eisenmantel E eingebettet sind. Die Drehspule Sp 2 enthält einen feststehenden Eisenkern K. Das Drehmoment ist höher als beim eisenlosen Meßwerk.

Elektrodynamische Meßwerke werden vorwiegend zur Leistungsmessung eingesetzt, wobei Spule Sp 1 als Strompfad und Spule Sp 2 als Spannungspfad dient. Bei Wechselstrom wird die Wirkleistung gemessen. Die Skalenteilung ist nahezu linear. Der Eigenverbrauch des Strompfades beträgt ca. 0,3 W, der des Spannungspfades wenige mW. Die obere Frequenzgrenze liegt bei 100 Hz.

Elektrodynamische Meßwerke lassen sich auch zur Strom- und Spannungsmessung einsetzen, wobei die Spulen je nach Meßbereich parallel oder in Reihe geschaltet werden. Die Skalenteilung verläuft hierbei quadratisch.

4. Bimetall-Meßwerk

Die aus zwei Metallen verschiedener Wärmeausdehnung bestehende Bimetall-Spiralfeder F wird durch Stromwärme gestreckt und dreht den Zeiger. Eine entgegengesetzt wirkende, stromlose Bimetall-Kompensationsfeder (nicht gezeichnet) macht die Anzeige unabhängig von der Raumtemperatur.

Infolge der vergleichbaren thermischen Zeitkonstante sind Bimetall-Strommesser besonders zum Überwachen der Belastung von Kabeln und Transformatoren geeignet. Sie sind thermisch träge (Einstellzeit 10 bis 15 Minuten) und zeigen den mittleren Effektivwert an. Kurzzeitige Stromspitzen haben keinen Einfluß auf die Anzeige.

Das gegenüber anderen Meßwerken etwa tausendmal höhere Drehmoment erlaubt die Mitnahme eines Schleppzeigers zur Anzeige eines Höchstwertes.

9.2. Meßwerke

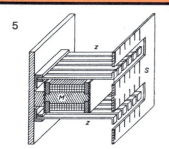

5. Zungenfrequenzmesser

Vor den Polen eines Elektromagnets *M* sind zwei Reihen Stahlzungen *Z* angeordnet. Weiter rechts stehende Zungen haben eine etwas höhere Eigenschwingungszahl als die benachbarten linken Zungen. Wird die Spule von einem Wechselstrom durchflossen, so kommt jene Stahlzunge zum Schwingen, deren Eigenschwingungszahl (Resonanz) der Frequenz des Wechselstromes entspricht.

Zungenfrequenzmesser dienen meist zur Anzeige der Netzfrequenz. Der Eigenverbrauch beträgt 0,5 bis 10 VA.

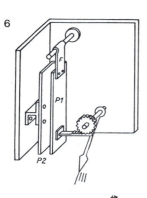

6. Elektrostatisches Meßwerk (Elektrometer)

Bei angeschlossener Spannung wird die bewegliche Platte *P1* von der feststehenden Platte *P2* abgestoßen. Der Ausschlag wird auf den Zeiger übertragen. Die Blattfeder *F* bildet die Gegenkraft.

Das elektrostatische Meßwerk findet vorwiegend zur Hochspannungsmessung Anwendung. Bei Gleichspannungsmessung fließt nur ein geringer Aufladestrom beim Einschalten. Der Strom beträgt bei Netzfrequenz Bruchteile eines Mikroamperes und steigt auf etwa 1 mA bei 10^5 bis 10^6 Hz an.

7. Schreibende Meßgeräte

Linienschreiber: Der von der Spule *Sp* des Meßgerätes bewegte Zeiger *Z* trägt einen Schreibstift *F*, der die Zeigerstellung auf einen Papierstreifen *P* fortlaufend aufträgt. Die Rolle *R*, die den Papierstreifen an dem Schreibstift vorbeibewegt, wird durch ein Uhrwerk (meist mit Selbstaufzug) angetrieben.

Punktschreiber: Die jeweilige Zeigerstellung wird durch einen Fallbügel in gleichen Zeitabständen auf dem gleichmäßig bewegten Papierstreifen punktförmig markiert. Häufig ist mit der Abtastung die Umschaltung eines Meßstellenschalters und des Farbbandes verbunden, so daß bis zu 12 Meßstellen gleichmäßig abgefragt und deren Meßwerte aufgezeichnet werden können.

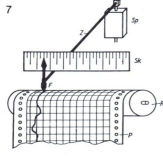

8. Wechselstromzähler

Meßstrom und Meßspannung werden feststehenden Spulen auf Kernen aus lamellierten Blechen zugeführt. Durch die beiden Wechselfelder der gegeneinander versetzten Stromspule *St* und Spannungsspule *Sp* entsteht ein Wanderfeld, das in der Al-Scheibe Induktionswärme erzeugt. Es entsteht ein Drehmoment, das proportional zu $U \cdot I \cdot \cos \varphi$ (Wirkleistung) ist. Das Magnetfeld schließt sich außen über den Rückschlußbügel *Rs*. Der Kern der Stromspule trägt noch eine Kurzschlußwicklung *K*, deren Induktivität durch die Schnalle *S* so abgeglichen wird, daß der Zähler bei dem Leistungsfaktor $\cos \varphi = 0$ des Verbraucherstromes stillsteht. Die Al-Scheibe wird abgebremst durch die zwischen den Polen des Dauermagneten *DM* in ihr erzeugten Wirbelströme. Die Drehfrequenz der Aluminiumscheibe ist verhältnisgleich der dem Netz entnommenen Wirkleistung. Die vom Zählwerk *Z* angezeigte Gesamtzahl der Umdrehungen in der Zeit *t* ist ein Maß für die in dieser Zeit aus dem Netz entnommene Arbeit.

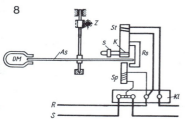

9. Drehstromzähler

Sie stellen eine Kombination von zwei oder drei Wechselstromzählern dar, die auf die gemeinsame Zählerwelle arbeiten und die Leistungen der drei Außenleiter addieren. Die Schaltung erfolgt entsprechend S. 9-14.

Durch entsprechende Schaltung der Spannungsspulen lassen sie sich als Blindverbrauchszähler schalten und messen dann die Blindleistung $U \cdot I \cdot \sin \varphi$.

9.3. Grundbegriffe der Meßtechnik nach DIN 1319 (6.85)

Bezeichnung	Bedeutung
Messen	das experimentelle Ermitteln eines speziellen Wertes einer physikalischen Größe als Vielfaches einer Einheit oder eines Bezugswertes.
Meßgröße	die durch eine Messung erfaßte physikalische Größe (z. B. Strom, Länge).
Meßwert	der gemessene spezielle Wert der Meßgröße; er wird als Produkt aus Zahlenwert und Einheit angegeben (z. B. 4,5 A, 12 m).
Meßprinzip	die bei der Messung zugrundeliegende charakteristische Erscheinung (z. B. die Auswertung der Längenausdehnung bei der Temperaturmessung).
Meßverfahren	die praktische Auswertung eines Meßprinzips; es umfaßt alle für die Gewinnung eines Meßwertes notwendigen experimentellen Maßnahmen.
direkte Meßverfahren	der gesuchte Meßwert einer Meßgröße wird durch unmittelbaren Vergleich mit einem Bezugswert derselben Meßgröße gewonnen, z. B. der Vergleich einer Masse mit Gewichtsstücken.
indirekte Meßverfahren	der gesuchte Meßwert einer Meßgröße wird unter Anwendung von physikalischen Zusammenhängen zu andersartigen physikalischen Größen ermittelt (z. B. der Weg aus der Schleiferverstellung eines Potentiometers).
Meßgerät	liefert oder verkörpert Meßwerte, auch die Verknüpfung mehrerer voneinander unabhängiger Meßwerte.
Meßeinrichtung	besteht aus einem Meßgerät oder mehreren zusammenhängenden Meßgeräten mit zusätzlichen Einrichtungen, die ein Ganzes bilden.
Meßkette	System aus Aufnehmer, in Kette geschalteten Übertragungsgliedern (Meßverstärker, Meßumformer und Meßumsetzer) und Ausgeber.
Meßanlage	umfaßt mehrere voneinander unabhängige Meßeinrichtungen, die in räumlichem oder funktionalem Zusammenhang stehen.
Prüfen	feststellen, ob der Prüfgegenstand vereinbarte, vorgeschriebene oder erwartete Bedingungen erfüllt. Mit dem Prüfen ist immer eine Entscheidung verbunden. Das Prüfen kann subjektiv durch Sinneswahrnehmung oder objektiv mit Meß- oder Prüfgeräten (auch automatisch) erfolgen.
Kalibrieren (Einmessen)	das Feststellen der Meßabweichungen am fertigen Meßgerät (ohne technischen Eingriff am Meßgerät).
Justieren (Abgleichen)	das Einstellen oder Abgleichen eines Meßgerätes, damit die Anzeige so wenig wie möglich vom richtigen Wert oder als richtig geltenden Wert abweicht.
Eichen	das Prüfen und Stempeln eines Meßgerätes von der zuständigen Eichbehörde nach den Eichvorschriften.
Anzeigebereich	der Ausgabebereich bei anzeigenden Meßgeräten bzw. der Bereich aller an einem Meßgerät ablesbaren Werte der Meßgröße.
Unterdrückungsbereich	derjenige Bereich von Meßwerten, oberhalb dessen das Meßgerät erst anzuzeigen beginnt.
Meßbereich	derjenige Bereich von Meßgeräten, in welchem vereinbarte Fehlergrenzen nicht überschritten werden.
Skalenlänge	der Abstand zwischen dem ersten und letzten Teilstrich der Skale, die oft beide besonders hervorgehoben sind.
Skalenteil	Teilstrichabstand als Teilungseinheit, in der die Anzeige ausgegeben werden kann.
Skalenteilungswert	Änderung des Wertes der Meßgröße, die einer Verschiebung der Marke um ein Skalenteil entspricht.
Skalenkonstante/ Gerätekonstante	der Größenwert k, mit dem der Zahlenwert der Anzeige z_A multipliziert werden muß, um den gesuchten Meßwert x zu erhalten. $x = k \cdot z_A$ und $k = x/z_A$
Mehrbereich-Meßgeräte	zu jedem Bereich ist der zugehörige Skalenwert oder die zugehörige Skalenkonstante anzugeben.
Empfindlichkeit	der Quotient einer beobachteten Änderung des Ausgangssignals bzw. der Anzeige durch die sie verursachende (hinreichend kleine) Änderung der Meßgröße als Eingangssignal.
Umkehrspanne	die Differenz der Anzeigen, wenn der festgelegte Meßwert einmal von kleineren Werten her und einmal von größeren Werten her stetig oder schrittweise langsam eingestellt wird.
Ansprechschwelle	der Wert einer erforderlichen geringen Änderung der Meßgröße, welche eine erste eindeutig erkennbare Änderung der Anzeige hervorruft.
Ansprechwert	die Ansprechschwelle am Nullpunkt.
Anlaufwert	der Ansprechwert integrierender Meßgeräte, z. B. von Zählern und Durchflußmeßgeräten.
Meßabweichung	die Differenz zwischen dem Meßwert und einem Bezugswert (unbekannter wahrer Wert), hervorgerufen durch Unvollkommenheit des Meßgerätes und Meßeinrichtung, des Meßverfahrens und Meßobjektes, durch Umwelt- und Beobachtereinflüsse, u. U. auch durch Wahl eines ungeeigneten Meß- und Auswerteverfahrens sowie Nichtbeachten bekannter Störeinflüsse.
Systematische Abweichungen	ergeben sich z. B. auf Grund falscher Justierung des Meßgerätes, Abnutzung und Alterung. Sie haben während der Messung einen konstanten Betrag und ein bestimmtes Vorzeichen. Wird die systematische Abweichung berücksichtigt, so erhält man den **berichtigten Meßwert**; andernfalls ist das Ergebnis **unrichtig**.

9.4. Analoge Weg- und Winkelmessung
Prinzipienübersicht

lfd. Nr.	Physik. Effekt	Änderung von...	Prinzipbild	Ausführungsbeispiele	Richtwerte Meßbereich	Auflösung	Frequenzbereich	Linearität	Empfindlichkeit
1	R Widerstandsänderung	Abgriff	R_{max} ; s_{max} $s(t) \rightarrow R(s)$	Draht-Potentiometer Ringrohr-Potentiometer Kohle-Potentiometer elektrolytischer Geber	0 bis 2000 mm	0,1 bis 10^{-3} mm	0 bis 5 Hz	$\leq 0,2\%$	300 $\Omega/\text{\textperthousand}$
2		Abmessung	DMS $s(t)$ $R(\epsilon)$	DMS Halbleitergeber Freidrahtgeber Metallfilmgeber Flüssigkeitsgeber	-10^{-3} bis $+10^{-2}$ mm	je nach k-Faktor	0 bis 50 kHz	1 bis 20%	3 Ω bei $\epsilon = 10^{-2}$
3		Engewiderstand	$R(\epsilon)$	Engewiderstandsdehnungsgeber			0 bis 10^4 Hz	nicht linear	
4		Temperatur	$R(s)$ $s(t)$ Luft	Bolometer	bis 10^{-1} mm	bis 10^{-3} mm	0 bis 10^2 Hz	1%	10^{-1} A/mm
5	C Kapazitätsänderung	Plattenabstand	$s(t)$	Absolut-Aufnehmer Diff.-Aufnehmer Winkel-Aufnehmer z.B. Wellenschlagmesser	0 bis 1 mm	bis zu <1 nm	0 bis 40 kHz	nicht linear	abh. vom Meßweg
6		Fläche	$s(t)$	Abstands-Aufnehmer Winkel-Aufnehmer Rohrkondensator Diff.-Ausführungen	1 bis 1000 mm	10^{-5} mm	0 bis 10^4 Hz	<0,05 %	50 pF/mm
7		Lage des Diel.	$s(t)$ ϵ_2 ϵ_1	Unwuchtmesser Füllstandsmesser	bis mehrere m		0 bis 10^4 Hz	sehr gut	
8		Dicke des Diel.	ϵ_1 d ϵ_2	Dickenmesser			0 bis 10^4 Hz	nicht linear	
9	L Induktionsänderung	Abgriff	$L(s)$ $s(t)$	Weg-Aufnehmer Winkel-Aufnehmer induktiver Spannungsteiler			0 bis 5 Hz		
10		Luftspalt	$s(t)$ Fe	Queranker-Aufnehmer für Weg- und Winkelmessung Diff.-Ausführung	0 bis 5 mm	0,1 µm	0 bis 10 kHz	schlecht	
11		Lage des Kerns	Fe $s(t)$	Tauchkern-Aufnehmer Diff.-Tauchkern-Aufnehmer	0 bis 2000 mm	10 nm	0 bis 10 kHz	1%	1 V/mV
12		Flußverdrängung	elektr. leitend $s(t)$	Absolut-Aufnehmer Diff.-Aufnehmer Tauchanker-Ausführg. Vibrometer	bis 3 mm	10 µm	0 bis 100 Hz	nicht linear	1 mV/nm
13	M Kopplung	Lage zueinander	$s(t)$ $U_2(s)$ U_1	Längsverschiebung Querverschiebung Drehmelder (einphasig mehrphasig)	360°		0 bis 1 kHz	nicht linear	
14		Lage des Kerns	$U_2(s)$ U_1 $s(t)$	einfache Ausführung Diff.-Ausführung (2 Kamm., 3 Kamm.) Diff.-Winkel-Aufnehm.	0 bis 20 mm	$<10^{-4}$ mm	0 bis 10^4 Hz	1 bis 5‰	250 mV/mm

9.4. Analoge Weg- und Winkelmessung
Prinzipienübersicht

lfd. Nr.	Physik. Effekt	Änderung von…	Prinzipbild	Ausführungs-beispiele	Meß-bereich	Auf-lösung	Frequenz-bereich	Linea-rität	Empfind-lich-keit
							Richtwerte		
15	Kopplung M	Wirbel-strom		einfache Ausführung Diff.-Ausführung	0 bis ±10 mm		0 bis 10^4 Hz	≤±2%	1 V/mm
16		Lage zuein-ander		induktives Potentiometer	0 bis 120°		0 bis 10 Hz	±0,25%	
17	Magnetfeldänderung	B durch anderes B		magn. vorgesp. (FP) nicht vorgesp. (HG) Doppelfeldplatte		10^{-4} mm	MHz mögl.	linear	0,5 Ω/μm
18		Lage der Sonde		Sonden: Hallgenerator, Feldplatte, Magnetdiode — kontinuierlich inhomogenes Feld Eintauchen in homogenes Feld	0 bis 10 mm	10^{-5} mm	MHz mögl.	linear	0,5 Ω/μm
19		B durch Eisen-körper		bewegter Anker, Sonde fest; Sonde am bewegten Anker			MHz mögl.	nicht linear	0,5 Ω/μm
20	„Träger" Licht	Licht-strom		optoelektronischer Bewegungswandler Schattenbild-verfahren	±0,25 μm bis 2 mm	≤ 1 μm	0 bis 10^2 kHz	±1,5%	2 V/mm
21		Lage einer Kante		elektro-optische Bewegungskamera	1 mm bis 20 m	1 μm	0 bis 20 kHz	≤0,2%	
22		Ort der Belich-tung		Photoelement mit Graukeil laterales Photoelement z. B. Photopotentiometer					
23		Laser		Autokollimationslaser Verändern der Resonatorlänge (Frequenzmessung) Laser mit Konverter (Asymmetriemessg.)	10^{-6} mm — 100 m	10^{-8} mm — 10^{-4} mm			
24	Piezo-effekt	Ladung		piezoelektrischer Wegaufnehmer Dehnungsaufnehmer			10 bis 10^6 Hz		100 mV be $\varepsilon = 10^{-6}$
25	Ionisa-tion			Ionisations-wegaufnehmer			0 bis 10^3 Hz		sehr groß
26	„Träger" Schall			Ultraschall-Weg-Aufnehmer	0 bis 2 m	∞		≤ 0,05 %	

9.5. Analoge Geschwindigkeitsmessung
Prinzipienübersicht

lfd. Nr.	Physik. Effekt	Änderung von…	Prinzipbild	Ausführungs- beispiele	Meß- bereich	Auf- lösung	Frequenz- bereich	Linea- rität	Empfind- lich- keit
1	Zeit- messung	Weg ist konstant		Zeitmesser z. B.: Quarzuhr Start-Stopp-Geber z. B.: magn. Impulsg.	bis Über- schall	$100 \frac{mm}{s}$	10^6 Hz	±1%	
2	Weg- messung	Zeit ist konstant	siehe Weg- (Winkel-)Messung		einige $\frac{m}{s}$			≤ 1%	
3	Präzession	Präzessions- moment		Kardanisch aufge- hängter Kreisel $\alpha P \sim \omega M$ Winkelabgriff mit Potentiometer	0,1 bis $2 \frac{m}{s}$		10 Hz	≤ 2%	
4	Wegmess. Differen- zierglied	Differen- zieren des Weges	siehe Wegmessung; Differenzierglieder: RC-Glied, RL-Glied, Rechenverstärker	z. B. Nr. 6 Wegmessung → RC-Glied	$30 \frac{\mu m}{s}$ bis $0,3 \frac{m}{s}$		25 Hz	1%	
5	Beschl.- messung	Integr. der Beschl.	Quarz-Geber DMS-Geber elektrodyn. Geber	seism. Geber Rechenverstärker	$4 \frac{cm}{s}$		1 Hz bis 2 kHz	±2%	
6	elektrodynamischer Effekt	indu- zierte Spannung		Lineargeschwindigkeits- aufnehmer Gleichstromdynamo Drehschwingungsgeber	bis $60 \frac{m}{s}$			≤ 1%	
7		Wirbel- strom → Kraft		siehe Kraftmessung	0,5 bis $10^4 \frac{mm}{s}$			≤ 5%	
8		indu- zierte Spannung		Tauchspulgerät Tauchanker	0,0005 bis $2,5 \frac{m}{s}$		1 kHz	±1%	$100 \frac{mV}{mm/s}$
9		Wirbel- strom → Magn. Feld		Lineargeschwindigkeits- aufnehmer Wirbelstromwinkel- geschwindigkeitsgeber (auch Magnet bewegt)	einige $\frac{m}{s}$	100 Hz	nicht gut		$1 \frac{mV}{m/s}$
10	elektro- magn. Effekt	Indukti- vität		einfache Ausführung Tauchmagnet- aufnehmer	$55 \frac{m}{s}$		45 Hz bis 2 kHz	≤ 1%	$250 \frac{mV}{cm/s}$
11	Kopplung M	Strom- mitnahme		Strommitnahme- aufnehmer für Linear- und Winkel- geschwindigkeiten	1 bis 200 $\frac{m}{s}$		40 Hz bis 10 kHz	≤ 1%	$1 \frac{V}{m/s}$
12	elektro- kinet. Effekt	elektr. Doppel- Schicht		elektrokinetischer Geschwindigkeits- aufnehmer			1 Hz bis 15 kHz		hoch

9.5. Analoge Geschwindigkeitsmessung
Prinzipienübersicht

lfd. Nr.	Physik. Effekt	Änderung von...	Prinzipbild	Ausführungs-beispiele	Meß-bereich	Auf-lösung	Frequenz-bereich	Linea-rität	Empfind-lichkeit
13	Doppler-Effekt	Licht-wellen (Laser)		mit He-Ne-Laser mit Ringlaser (Drehgeschwindigkeit)	0,003 bis 1000 m/s		bis 120 kHz	≤ 0,2%	
14				Geschw.-Messung an Flugzeugen, Schiffen, Autos usw.	$1\frac{m}{s}$ bis $500\frac{m}{s}$	$1\frac{m}{s}$		1%	
15	Wider-stands-änder.	Tempera-tur		Hitzdraht-, Heißfilm- Anemometer Bolometer	$10\frac{mm}{s}$ bis $150\frac{m}{s}$	$0,005\frac{m}{s}$	0,2 Hz bis 1,2 MHz	≤ 2%	hoch
16		Ionen-lauf-bahn		Airflow-Meter	0 bis $100\frac{m}{s}$	$0,005\frac{m}{s}$	0,1 Hz bis 1 kHz	≤ 2%	

9.6. Analoge Beschleunigungsmessung
Prinzipienübersicht

lfd. Nr.	Physik. Effekt	Änderung von...	Prinzipbild	Ausführungs-beispiele	Meß-bereich	Auf-lösung	Frequenz-bereich	Linea-rität	Empfind-lichkeit
1	Widerstands-änderung	Abgriff		Draht-Potentiometer Kohle-Potentiometer elektrolyt. Geber	bis 100 g	hoch	0 bis 5 Hz	±1%	
2		Abmes-sung		DMS, Halbleitergeber Freidrahtgeber Metallfilmgeber Flüssigkeitsgeber	±500 g	hoch	2 bis $1,5 \cdot 10^4$ Hz	±1%	$30\frac{mV}{g}$
3	Induktions-änderung	Luft-spalt		Queranker-Aufnehmer	0 bis 250 g	4 g	0 bis 10^3 Hz	≤ 2%	$80\frac{mV}{V}$
4		Lage des Kerns		Tauchkernaufnehmer	0,5 bis 50 g		45 bis $2 \cdot 10^3$ Hz	±1%	hoch
5	elektro-dynam. Effekt	in-duzierte Spannung		Tauchkernaufnehmer Tauchmagnetaufnehmer	±0,1 bis ±30 g		$2 \cdot 10^1$ bis 10^3 Hz	±3%	
6	Magneto-strik-tion	In-duktion		Integration der Spannung U über der Zeit t	bis $1,6 \cdot 10^3$ g		$7 \cdot 10^3$ Hz		hoch
7	Piezo-Effekt	Ladung		Quarz-Beschleuni-gungsaufnehmer	10^{-6} bis 10^5 g	$3 \cdot 10^{-4}$ g	1 bis $2,5 \cdot 10^4$ Hz		2,5 bis 10^4 $\frac{mV}{g}$
8	Weg-messung	Zeit ist konstant		siehe Wegmessung 2 störspannungsempfindlich				≤ 2%	ab-hängig von f
9	Geschwin-digkeits-messung			siehe Geschwindingkeitsmessung 3				≤ 2%	

9.7. Analoge Kraftmessung
Prinzipienübersicht

lfd. Nr.	Physik. Effekt	Änderung von...	Prinzipbild	Ausführungs-beispiele	Richtwerte Meß-bereich	Auf-lösung	Frequenz-bereich	Linea-rität	Empfind-lichkeit
1	R (Widerstands-änderung)	Ab-messung	$R(\varepsilon)$, $F(t)$	DMS Halbleitergeber Freidrahtgeber Metallfilmgeber Flüssigkeitsgeber	0 bis 10^9 N	bis $2,5 \cdot 10^7$ N	0 bis 50 Hz	$\leq 0,15\%$	$0,4 \frac{mN}{kg}$
2		Enge-wider-stand	Metall / Halbleiter $R(\varepsilon)$, $F(t)$	Engewiderstands-kraftgeber			bis 20 kHz	nicht linear	hoch
3	Kapazi-täts-änderung	Platten-abstand	$F(t)$	Kraftmessung über Wegmessung	0 bis 20 N		0 bis 40 kHz	nicht linear	abh. vom Meß-weg
4	Induktionsänderung	Luft-spalt	$F(t)$, Fe	Queranker-Aufnehmer Kraftmessung über Wegmessung			0 bis 10 kHz	$\leq 3\%$	hoch
5	L	Lage des Kerns	Fe, $F(t)$	Tauchkern-Aufnehmer Kraftmessung über Wegmessung	10^{-4} bis $4 \cdot 10^6$ N	10^{-6} N	0 bis 10 kHz	$\leq 1\%$	$1,0 \frac{mV}{N}$
6		Flußver-drängung	elektr. leitend, $F(t)$	Tauchanker Kraftmessung über Wegmessung	10 bis 10^6 N		0 bis 10 Hz	$<1\%$	hoch
7	Magneto-elastik	Permea-bilität	$F(t)$	Preßduktor	bis $5 \cdot 10^7$ N		bis 3 kHz	$<1\%$	$50 \frac{\mu V}{mV}$
8	Magneto-strik-tion	In-duktion	$F(t)$	mit Spannungs-integration	bis 10^6 N		30 kHz		groß
9	Piezo-effekt	Ladung	$F(t)$, $Q(\varepsilon)$	Quarz-Geber	0 bis $5 \cdot 10^4$ N	10^5 N	10^{-3} bis 10^5 Hz	$<\pm 1\%$	$40 \frac{mV}{N}$
10	Präzession	Präzessions-moment	ω, F, Ω, Ω'	Kreiselwaage $\omega \sim F(t)$	$1,2 \cdot 10^6$ N	hoch		gut	groß
11	Schwing-saite	Schwing-frequenz	U_{Eff}, U_M, l, Δl, $F(t)$	Schwingsaitengeber	0 bis 10^6 N	0,2 N	bis 25 Hz	$\leq 1\%$	groß
12	Leitfä-higkeit	pn-Über-gang	$F(t)$	druckempfindlicher Si-npn-Planar-Transistor	ab 10^{-2}		bis 10^3 Hz	$\pm 0,5\%$	
13	Elektro-dynami-scher Ef. Wirbel-strom Magn. Fel.		$v(t)$, N, S, Fe, $F(t)$	Wirbelstromaufnehmer	bis 10^{-1} N			$\leq 5\%$	

9.8. Analoge Druckmessung
Prinzipienübersicht

lfd. Nr.	Physik. Effekt	Änderung von...	Prinzipbild	Ausführungs- beispiele	Meß- bereich	Auf- lösung	Frequenz- bereich	Linea- rität	Empfind- lichkeit
					\multicolumn{5}{l}{**Richtwerte**}				
1	Widerstandsänderung	Abgriff		Draht-Potentiometer Ringrohr-Potentiometer Kohle-Potentiometer elektronischer Geber	bis $3 \cdot 10^5$ Hz	hoch	0 bis 5 Hz	$<\pm 1\%$	
2		mech. Spann.- zustand		Widerstandsdraht- druckgeber	bis 10^7 N/cm²		0 bis 50 Hz	$\leq \pm 1\%$	gering
3		Abmes- sung		DMS Halbleitergeber Freidrahtgeber Metallfilmgeber Flüssigkeitsgeber	bis $7 \cdot 10^7$ N/cm²		0 bis 100 kHz	$<\pm 1\%$	$50 \frac{mV}{N/cm^2}$
4		Enge- wider- stand		Kohledruckdose	10^2 N/cm²	hoch	0 bis 10^4 Hz	nicht linear	hoch
5	Leitfä- higkeit	pn- Übergang		Si-npn-Planar Transistor	ab 5 N/cm²		bis 10^3 Hz	$\pm 0,5 \%$	hoch
6	Kapazitätsänderung	Platten- abstand		Abstandsgeber	10^{-2} bis 10^4 N/cm²		0 bis $4 \cdot 10^5$ Hz	2%	
7		Fläche		Flächengeber			0 bis 10^4 Hz		
8		Lage des Dielek- trikums					0 bis 10^4 Hz		
9	Induktionsänderung	Luft- spalt		Querankergeber Druckmessung über Wegmessung	bis 10^4 N/cm²		0 bis 10^4 Hz	schlecht	
10		Lage des Kerns		Tauchkerngeber Druckmessung über Wegmessung	0 bis $2 \cdot 10^4$ N/cm²		0 bis $3 \cdot 10^4$ kHz	$<\pm 1\%$	$4 \frac{mV}{N/cm^2}$
11		Flußver- drängung		Flußverdrängungs- geber Druckmessung über Wegmessung	bis 10^4 N/cm²		0 bis 10^4 Hz	nicht linear	
12	Magneto- elastik	Permea- bilität		Magnetoelastischer Geber	bis 10^8 N/cm²		bis 10^4 Hz	$\leq 1\%$	hoch
13	Magneto- strik- tion	In- duktion		Magnetostriktions- geber Integration	bis 10^8 N/cm²		bis $3 \cdot 10^4$ Hz		hoch

9-10

9.8. Analoge Druckmessung
Prinzipienübersicht

lfd. Nr.	Physik. Effekt	Änderung von...	Prinzipbild	Ausführungs-beispiele	Richtwerte Meß-bereich	Auf-lösung	Frequenz-bereich	Linea-rität	Empfind-lichkeit
14	Elektro-dynam. Effekt	indu-zierte Spannung		Tauchspule	bis 10^4 N/cm^2		5 bis 10^4 Hz	±1%	
15	Piezo-effekt	Ladung		Quarz-Druckaufnehmer	1 bis 10^4 N/cm^2	$2 \cdot 10^{-2}$ N	10 bis $2 \cdot 10^5$ Hz	±1%	$0,1 \frac{V}{N/cm^2}$
16	elektro-kinetisch. Effekt	elektr. Doppel-schicht		elektrokinetischer Geber Geschwindigkeits-Geber	10^{-6} bis 10^2 N/cm^2		4 bis $1,5 \cdot 10^4$ Hz		$0,5 \frac{V}{N/cm^2}$
17	Vibrationsgeber	Kapazi-tät		Schwingmembran-aufnehmer	10^{-7} bis 13 N/cm^2		bis 100 Hz	nicht linear	
18	Vibrationsgeber	Frequenz		Schwingsaiten-aufnehmer	bis $3 \cdot 10^4$ N/cm^2	0,2 N	bis 25 Hz	<1%	hoch

9.9. Anschlußbezeichnungen für Schalttafel-Meßgeräte
zur Leistungs- und Leistungsfaktor-Messung **nach DIN 43807** (10.83)

Bezeichnung der Meßgeräte-Anschlußklemmen			
	Bezeichnung der Klemme für		
	Strom von Strom-quelle ankommend	Spannung	Strom zum Ver-braucher abgehend
bei Wechsel- und Drehstrom			
Außenleiter L1	1	2	3
Außenleiter L2	4	5	6
Außenleiter L3	7	8	9
bei Dreileiter-Gleichstrom			
Außenleiter L+	1	2	3
Außenleiter L−	4	5	6
Mittelleiter M	10	11	12
bei Zweileiter-Gleichstrom			
Außenleiter L+	1	2	3
Mittelleiter M	4	5	6
oder			
Außenleiter L−	3	5	1
Mittelleiter M	4	2	6

Anschlüsse für Antriebsmotoren und Zeitschreiberrelais

Antriebsmotor 20, 21
Erstes Zeitschreiberrelais 50, 51
Zweites Zeitschreiberrelais 52, 53

Anschlüsse für Grenzschalter

	Schließer		Öffner	
	Mini-mum	Maxi-mum	Mini-mum	Maxi-mum
einzelne oder parallelliegende Minimum- und Maximumschalter	30	31	40	41
Minimum- und Maximumschalter einpolig verbunden	30	31 33	40	41 43
Minimum- und Maximumschalter getrennt	30 31	32 33	40 41	42 43

Außenliegende Vorwiderstände

Bei Meßgeräten mit nur einem Meßbereich sind die zu verbin-denden Klemmen von Meßgerät und Vorwiderstand mit gro-ßen Buchstaben zu kennzeichnen. Die Buchstaben sind den Klemmenzahlen zuzuordnen, z. B. A und 1, D und 4. Die Buchstaben K und L sind nicht zulässig.

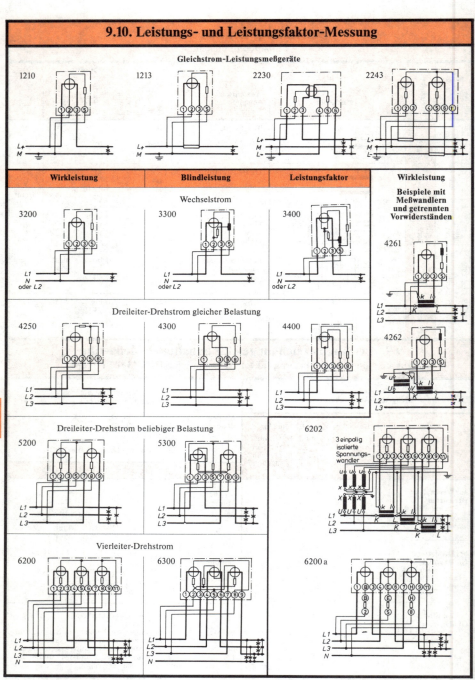

9.11. Elektrizitätszähler

Anschlußklemmen nach DIN 43856 (1.73)

	Nummer	Klemmenart
Zähler	1 bis 12	Strom- und Spannungspfade
	13	Zweitarifauslöser
	14	Maximumauslöser
	15	gemeinsamer Anschluß der Zusatzeinrichtungen
	16	Überbrückung für die Kurzschließschaltung
	17, 18, 19	Maximum-Rückstellung
Tarif-schaltuhren	1, 2	Netzanschluß
	3, 4	Tagesschalter
	3, 4, 5	Tagesumschalter
	6, 7	Maximumschalter
	8, 9	Wochenschalter
Rund-steuer-Empfänger	1, 2	Netzanschluß
	3, 4, 5	erster Umschalter
	6, 7, 8	zweiter Umschalter
	9, 10, 11	dritter Umschalter
	12, 13, 14	vierter Umschalter
		Umschaltkontakt jeweils an 4, 7, 10 und 13

Technische Werte nach DIN 43850 (8.80)

Nennströme

Nennströme in A		Zählerart
10		für Einphasen-Wechselstrom
10	15	für Drehstrom
1	5	für Stromwandler-Anschluß

Grenzströme

Zählerart	für Einphasen-Wechselstrom	für Drehstrom	
Nennstrom I_N in A	10	10	15
Grenzstrom I_G in A	40 oder 60	40 oder 60	60

Überschreitet I_G das 1,25fache von I_N, so ist der Wert von I_G hinter dem Wert von I_N in Klammern anzugeben, z. B. 10(40) A.

Zählerkonstante C_Z in U/kWh
120 150 187,5 240 300 375 480 600 750 960
sowie ihre dekadischen Vielfachen und Teile

Meßperiode für Maximumzähler
5 10 15 (Vorzugswert) 30 oder 60 Minuten

9.12. Schaltungsnummern für Elektrizitätszähler und Zusatzeinrichtungen nach DIN 43856 (1.73)

Zahlenstelle				Zähler-Ausführung
1	2	3	4	
				Grundart des Zählers
1				einpoliger ⎫ Wechselstrom-
2				zweipoliger⎭ Wirkverbrauchzähler
3				Dreileiter- ⎫ Drehstrom-
4				Vierleiter- ⎭ Wirkverbrauchzähler
5				Dreileiter- ⎡ Drehstrom-Blind- ⎡ 60°-Abgleich
6				Dreileiter- ⎨ verbrauchzähler ⎨ 90°-Abgleich
7				Vierleiter- ⎣ mit ⎣ 90°-Abgleich
				Zusatzeinrichtungen
	0			ohne Zusatzeinrichtung
	1			mit Zweitarifeinrichtung
	2			mit Maximumeinrichtung
	3			mit Zweitarif- und Maximumeinrichtung
	4			mit Maximumeinrichtung einschließlich el. Rückstellung
	5			mit Zweitarif- und Maximumeinrichtung einschließlich el. Rückstellung
				Äußerer Anschluß der Grundart
		0		für unmittelbaren Anschluß
		1		für Anschluß an Stromwandler
		2		für Anschluß an Strom- und Spannungswandler
				Schaltungen der Zusatzeinrichtungen
			0	ohne äußeren Anschluß
			1	mit einpoligem inneren Anschluß
			2	mit äußerem Anschluß
			3	mit einpoligem inneren Anschluß und Maximumauslöser in Öffnungsschaltung
			4	mit einpoligem inneren Anschluß und Maximumauslöser in Kurzschließschaltung
			5	mit äußerem Anschluß und Maximumauslöser in Öffnungsschaltung
			6	mit äußerem Anschluß und Maximumauslöser in Kurzschließschaltung

	Ausführung der Tarifschaltuhr
01	mit Tagesschalter
02	mit Maximumschalter
03	mit Tages- und Maximumschalter
04	mit Tages- und Wochenschalter
05	mit Maximum- und Wochenschalter
06	mit Tages-, Wochen- und Maximumschalter
	Ausführung von Rundsteuerempfängern
11	mit einem Umschalter
12	mit zwei Umschaltern
13	mit drei Umschaltern
14	mit vier Umschaltern
	Zusätzliche Bezeichnungen
Z	Zweitarif-Auslöser zum Umschalten der Zählwerke
d	Tagesschalter zum Betätigen der Zweitarif-Auslöser
w	Wochenschalter
M	Maximum-Auslöser
ML	Maximum-Laufwerk
MR	Auslöser für Maximum-Rücksteller
mo	Maximum-Schalter zum Betätigen des Maximum-Auslösers in Öffnungsschaltung
mk	Maximum-Schalter zum Betätigen des Maximum-Auslösers in Kurzschließschaltung
Ⓜ	Antriebsmotor
Ⓔ	Rundsteuerempfänger-Empfangsteil

9.13. Zählerschaltungen nach DIN 43856 (1.73)

Wechselstrom-Wirkverbrauchzähler (unmittelbarer Anschluß)

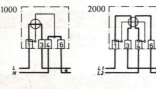
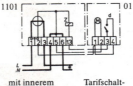
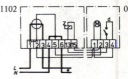

1000 Einpoliger Anschluß

2000 Zweipoliger Anschluß

1101 ... 01 mit innerem Anschluß einer Zweitarifeinr. — Tarifschaltuhr mit Tagesschalter

1102 ... 01 mit äußerem Anschluß einer Zweitarifeinr. — Tarifschaltuhr mit Tagesschalter

Dreileiter-Drehstrom-Wirkverbrauchzähler

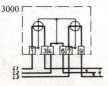
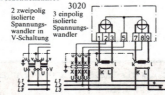
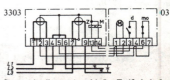

3000 mit unmittelbarem Anschluß

3020 2 zweipolig isolierte Spannungswandler in V-Schaltung / 3 einpolig isolierte Spannungswandler — für Anschluß an Strom- und Spannungswandler

3303 ... 03 für unmittelbaren Anschluß, mit äußerem Anschluß von Zweitarifeinr. u. Maximum-Auslöser in Öffnungssch. — Tarifschaltuhr mit Tages- und Maximumschalt. für Öffnungssch.

Vierleiter-Drehstrom-Wirkverbrauchzähler

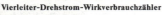
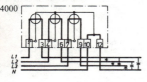
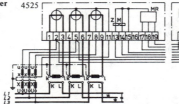

4000 mit unmittelbarem Anschluß

4525 ... 13 für Anschluß an Strom- und Spannungswandler, mit Maximum-Laufwerk und elektrischer Maximum-Rückstellung (äußerer Anschluß) — Rundsteuerempfänger mit einem Umschalter

Drehstrom-Blindverbrauchzähler (für Anschluß an Strom- und Spannungswandler)

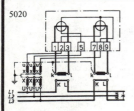
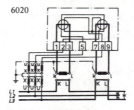
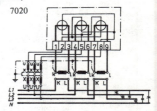

5020 Dreileiter-Anschluß mit 60°-Abgleich

6020 Dreileiter-Anschluß mit 90°-Abgleich

7020 Vierleiter-Anschluß mit 90°-Abgleich

9.14. Meßbrücken (Abgleichverfahren)

	Wheatstone	Thomson	Wien-Maxwell	Schering
Schaltplan				
Brückenabgleich	$R_x = \dfrac{R_2}{R_4} \cdot R_N$	$R_x = \dfrac{R_1}{R_2} \cdot R_N = \dfrac{R_3}{R_4} \cdot R_N$	Ⓐ $C_x = \dfrac{R_4}{R_2} \cdot C$ Ⓑ $L_x = R_2 \cdot R_3 \cdot C$ $Q = R_3 \cdot \omega \cdot C$ $Q = R_4 \cdot \omega \cdot C$	$C_x = C_1 \dfrac{R_3}{R_4} \dfrac{1}{1+(\omega C_4 R_4)^2} \approx C_1 \dfrac{R_3}{R_4}$ $\delta = \omega C_4 R_4$
Meßbereich	0,1 Ω bis 1 MΩ	10^{-6} Ω bis 1 Ω	0,1 pF bis 1000 μF 0,1 μH bis 100 H 8 bis 200 8 bis 100	—
Anwendung	Die Messung von Widerständen erfolgt mittels Brückenabgleich (Diagonalstrom = 0). Zur Einstellung des Brückenabgleichs ist R_N meist feinstufig und $R_2:R_4$ zur Vereinfachung der Rechnung dekadisch einstellbar. Die Verwendbarkeit für kleine Widerstände ist begrenzt, weil Übergangswiderstände und der Widerstand der Zuleitungen in das Meßergebnis eingehen. Wird anstelle R_x ein entsprechender Meßfühler eingefügt, so lassen sich auch andere physikalische Größen, z. B. die Temperatur, nach dem Ausschlagverfahren messen. Für das Ausschlagverfahren gilt: $I_5 = \dfrac{U_0 \cdot (R_N R_2 - R_X R_4)}{(R_X + R_N)(R_2 R_4 + R_5(R_2 + R_4)) + R_X R_N(R_2 + R_4)}$	Die Thomson-Meßbrücke findet zur Messung von niederohmigen Widerständen < 1 Ω Anwendung. Die Spannung des Prüflings R_X wird mit der des Normalwiderstandes R_N verglichen, die beide als Vierpolwiderstände mit Potentialklemmen versehen sind und vom selben Strom durchflossen werden. Die Widerstände R_1 bis R_4 sind gegenüber den Widerständen R_X und R_N sehr hochohmig, so daß die Zuleitungs- und Übergangswiderstände von R_X und R_N vernachlässigbar sind. Zur Erzeugung eines hinreichend hohen Spannungsabfalls an R_X und R_N ist ein Strom von einigen Ampere erforderlich. Meist sind $R_1 = R_3$ und $R_2 = R_4$ gewählt, so daß bei $I_5 = 0$ $R_X \cdot R_N = R_1 : R_2 = R_3 : R_4$ ist.	Werden die Widerstände R_X, R_N, R_2 und R_4 der Wheatstone-Brücke durch vier Scheinwiderstände ersetzt, so ist die Brücke abgeglichen, wenn für die Beträge $Z_X : Z_N = Z_2 : Z_4$ und für die Phasenverschiebungswinkel $\varphi_X + \varphi_4 = \varphi_2 + \varphi_N$ gilt. Deshalb muß sowohl ein Abgleich nach Betrag als auch Phasenlage (Tonminimum im Lautsprecher) erfolgen. Bei der Wien-Brücke (Schalterstellung A) zur Kapazitätsmessung erfolgt der Betragsabgleich mit R_4 und der Phasenabgleich mit R_3. Bei der Maxwell-Brücke (Schalterstellung B) zur Induktivitätsmessung erfolgt der Betragsabgleich mit R_3 und der Phasenabgleich mit R_4.	Die Schering-Brücke dient zur Messung der Kapazität und des Verlustfaktors von Kabeln, Isolatoren und anderen Hochspannungseinrichtungen gegenüber Erde auftreten. Der Prüfling C_X wird unter Hochspannung bis zu 1 MV mit dem verlustfreien Normalkondensator C_N (Luftkondensator) verglichen. Die Meßwiderstände R_3 und R_4 sind klein gegenüber den Wechselstromwiderständen ωC_X und ωC_N, so daß an den Diagonalpunkten nur geringe Spannungen gegenüber Erde auftreten. Die Brücke wird mit R_3 und C_4 so abgeglichen, daß das Nullmeßgerät keinen Ausschlag mehr zeigt.

9.15. Elektronenstrahl – Oszilloskop

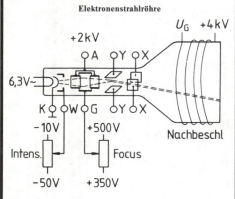

Elektronenstrahlröhre

Die aus der indirekt beheizten Katode austretenden Elektronen werden von der Anodenhochspannung beschleunigt. Während die meisten Elektronen auf die Anode auftreffen und über die Spannungsquelle zur Katode zurückfließen, fliegt ein Teil durch die Öffnung des Anodenblechs zum gegenüberliegenden Bildschirm.

Der Wehnelt-Zylinder W umgibt die Katode. Von der gegenüber der Katode negativen Spannung wird ein Teil der aus der Katode austretenden Elektronen zurückgedrängt; mit der Höhe dieser Spannung läßt sich so die durch den Wehnelt-Zylinder hindurchgelangende Elektronenmenge steuern.

Infolge der gleichnamigen el. Ladung der Elektronen strebt der aus dem Wehnelt-Zylinder austretende Elektronenstrahl auseinander. Mit der Spannung am Zylinder G der aus diesem Zylinder und den zwei Anodenzylindern bestehenden Elektronenoptik läßt sich der Elektronenstrahl so bündeln, daß er als kleiner Punkt auf dem Bildschirm auftrifft.

Die Ablenkung des Elektronenstrahls ist abhängig von der Höhe und Polarität der Spannungen an den beiden Ablenkplattenpaaren X und Y. Der auf dem Schirm auftreffende gebündelte Elektronenstrahl erzeugt einen Leuchtfleck, dessen Farbe und Nachleuchtdauer von dem auf der Innenseite des Schirms aufgebrachten Leuchtschicht abhängt.

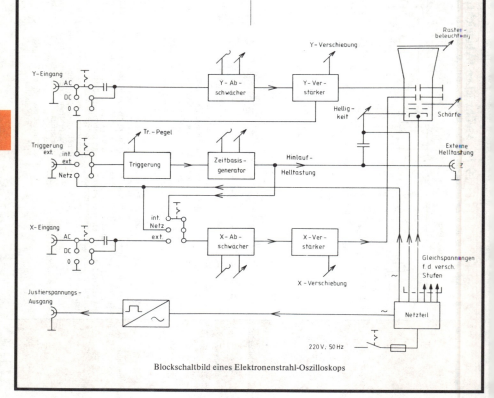

Blockschaltbild eines Elektronenstrahl-Oszilloskops

9.15. Elektronenstrahl-Oszilloskop

Triggerung

Die Zeitablenkung bewirkt eine zeitproportionale Ablenkung des Elektronenstrahls mit Hellsteuerung beim Hinlauf und Dunkeltastung beim Rücklauf. Die Triggerung löst den Anstieg der Ablenkspannung bei einem bestimmten Wert (Triggerpegel) des Meßsignals aus; der Ablenkgenerator bestimmt die Anstiegsgeschwindigkeit und Amplitude, unabhängig vom Meßsignal. Nach dem Rücklauf bleibt der Elektronenstrahl in der Ausgangslage, bis das Meßsignal den Triggerpegel erreicht und damit erneut den Anstieg der Ablenkspannung auslöst, so daß periodische Meßsignale als stehendes Bild abgebildet werden.

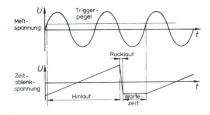

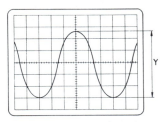

Beispiel: K_Y = 5 V/div
Y = 5,6 div

Lösung: $U_{SS} = K_Y \cdot Y$ = 5 V/div · 5,6 div = 28 V

Bei sehr hohen Frequenzen ist die Parallelkapazität von 10 pF bis 30 pF des Y-Eingangs zu berücksichtigen, deren Blindwiderstand hochohmige Meßstellen belastet und das Meßergebnis verfälscht.

Differenzspannungsmessungen

Der eine Pol der Y-Eingänge hat meist Massebezug. Bei Zweikanal-Oszilloskopen mit der Möglichkeit der Summendarstellung $Y_1 + Y_2$ und der Inversion eines Y-Kanals (-Y-Darstellung) kann dennoch die Differenzspannung direkt gemessen werden.

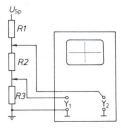

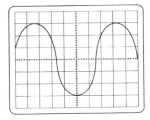

Spannungsmessungen

Die Meßspannung wird zwischen Massebuchse und Eingangsbuchse Y angelegt. Bei sehr kleinen Spannungen wird eine abgeschirmte Koaxialleitung verwendet, wobei das Nullpotential über die Abschirmung geführt wird; für hohe Spannungen, z. B. Netzspannung, wird ein Abschwächer 10:1 oder 100:1 vorgeschaltet.

Der Meßbereichschalter (Abschwächer) wird so eingestellt, daß die gerasterte Schirmhöhe (Y-Achse) möglichst voll ausgenutzt wird. Der Feineinsteller muß dabei in der Cal.-Position stehen.

Die Y-Verschiebung ist so einzustellen, daß das untere Maximum auf einer Rasterlinie liegt. Die X-Verschiebung wird so eingestellt, daß ein oberes Maximum auf der fein unterteilten Y-Mittelachse liegt.

In der AC-Stellung des Schalters im Y-Eingang werden nur Wechselspannungen bzw. Wechselspannungsanteile abgebildet. In der DC-Stellung werden Gleich- und Wechselspannungen bzw. bei Mischspannungen beide Anteile abgebildet. In der O- oder Gnd.-Stellung kann die Null-Lage der Y-Auslenkung exakt eingestellt werden, ohne daß die Meßleitung herausgezogen werden muß.

Der Meßwert wird aus der vertikalen Ablenkung Y und dem Ablenkkoeffizienten K_Y berechnet:

Folgende Einstellungen sind zusätzlich erforderlich:

Summenbildung $Y_1 + Y_2$ sowie Invertierung eines Y-Kanals einschalten.

Nullabgleich und Cal.-Einstellung beider Y-Kanäle kontrollieren.

Bei beiden Kanälen den gleichen Ablenkkoeffizienten einstellen.

$U_{R2} = U_{Diff} = K_Y \cdot Y$

Strommessungen

Mit dem Oszilloskop lassen sich nur Spannungen unmittelbar messen. Der Stromwert muß deshalb mittelbar aus dem gemessenen Spannungsabfall an einem Widerstand mit bekanntem Widerstandswert ermittelt werden. Gegebenenfalls muß hierzu ein Widerstand in den Stromkreis eingefügt werden, wobei der Widerstandswert so klein sein muß, daß die elektrischen Größen in dem Meßkreis nicht wesentlich beeinflußt werden. Wegen des üblichen Massebezugs der Y-Eingänge muß eine Seite des Hilfswiderstandes auf Masse bzw. Erdpotential liegen.

9.15. Elektronenstrahl-Oszilloskop

Zeit- und Frequenzmessungen

Die Zeitablenkung ist so einzustellen, daß die gerasterte Schirmbreite möglichst für eine Periodendauer voll ausgenutzt wird. Der Feineinsteller muß dabei in der Cal.-Position stehen.

Die Y-Ablenkung ist so einzustellen, daß die Schirmhöhe möglichst ausgenutzt wird.

Mit der Y-Verschiebung ist die Y-Auslenkung so einzustellen, daß die Periodendauer auf der fein unterteilten X-Achse ermittelt werden kann.

Die X-Verschiebung ist so einzustellen, daß der Bezugspunkt für die Zeitmessung, z. B. der vordere Nulldurchgang einer Sinuskurve oder die Spitze eines Dreieckverlaufs, auf einer senkrechten Rasterlinie liegt.

Der Meßwert wird aus der horizontalen Ablenkung X und dem Zeitkoeffizienten K_t berechnet:

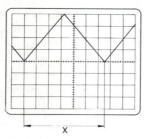

Beispiel: $K_t = 5\ \mu s$
$X = 6{,}5\ div$
Lösung: $T = K_t \cdot X = 5\ \mu s / div \cdot 6{,}5\ div = 32{,}5\ \mu s$
$f = \dfrac{1}{T} = \dfrac{1}{32{,}5\ \mu s} = 30{,}8\ kHz$

Phasenverschiebung

Mit einem Einkanal-Oszilloskop muß bei der zeitlich getrennt erfolgenden Abbildung des zweiten Signals sichergestellt sein, daß der gemeinsame zeitliche Bezug beider Signale erhalten bleibt.

Bei Signalen mit Netzfrequenz wird die Triggerung auf „Netz" bzw. „50 Hz" eingestellt. Bei der Abbildung des ersten Signals (Bezugssignal) wird der Zeitkoeffizient so eingestellt, daß z. B. der zu merkende Nulldurchgang mit einem Rasterschnittpunkt der fein unterteilten X-Mittelachse zusammenfällt. Anschließend wird unter Beibehaltung des eingestellten Zeitkoeffizienten das zweite Signal abgebildet und der Abstand des entsprechenden Nulldurchgangs zum gemerkten Nulldurchgang des ersten Signals ermittelt.

Bei Signalen mit $f = 50\ Hz$ wird eines der beiden Signale dem Triggereingang zugeführt und die Triggerung auf „extern" eingestellt. Im übrigen wird wie zuvor verfahren.

Wird das zweite Signal gleichzeitig dem X-Eingang zugeführt, so entsteht bei sinusförmigen Signalen und gleichen Ablenkkoeffizienten des X- und Y-Kanals eine Lissajousfigur, aus der sich überschlägig der Phasenverschiebungswinkel berechnen läßt: $\sin \varphi = Y_o / Y_{max}$

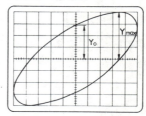

Beispiel: $Y_o = 2{,}9\ div$; $Y_{max} = 4\ div$
Lösung: $\sin \varphi = \dfrac{Y_o}{Y_{max}} = \dfrac{2{,}9\ div}{4\ div} = 0{,}72$
$\varphi = 46{,}5°$

Bei einem Zweikanal-Oszilloskop werden beide Signale gleichzeitig abgebildet und der Versatz der Nulldurchgänge ermittelt.

Oszilloskop-Beschriftung

Inschrift	Engl. Bezeichnung	Bedeutung	Inschrift	Engl. Bezeichnung	Bedeutung
AC	alternating current	Wechselspannung bzw. -strom	INPUT	input	Eingang
ADD	added	zugeschaltet	INT.	internal	von innen
ADJ.	adjustment	Einstellung	INTENS.	intensity	Helligkeit
AMPL.	amplification	Verstärkung	INV.	inverted	umgekehrt
ASTIGM.	astigmatism	punktförmig	LEVEL	level	Pegel
AUT.	automatic	automatisch	MAGN.	magnification	Dehnung
BAL.	balance	Gleichgewicht	MODE	mode	Betriebsart
BANDW.	bandwidth	Bandbreite	NORMAL	normal	normal
BEAM	beam	Strahl	OFF	off	aus
CAL	calibration	Kalibrierung	ON	on	ein
CH	chanel	Kanal	POWER	power	Netz, Speisung
CHECK	check	Kontrolle	PROBE	probe	Tastkopf
CHOPPED	chopped	zerhackt	PULL	pull	ziehen
DC	direct current	Gleichspannung bzw. -strom	REJ.	rejection	Unterdrückung
			SCALE	scale	Skalenbeleuchtung
DEFL.	deflection	Ablenkung	SENS.	sensitivity	Empfindlichkeit
DELAY	delay	Verzögerung	SHIFT	shift	Bildverschiebung
DIV.	division	Teil	STAB.	stability	Stabilität
EXT.	external	von außen	SYNC.	synchronisation	Synchronisation
FOCUS	focus	Schärfe	TIME BASE	time base	Zeitbasis
GND	ground	Masse	TRIGG.	triggering	Auslösung
HOR.	horizontal	waagerecht	TV FRAME	tv frame	Fernseh-Teilbild
ILLUM.	illumination	Beleuchtung	VERT.	vertical	senkrecht
			ZERO	zero	Null, Nullpunkt

9.16. Temperaturmessung

9.16.1. Begriffe für Thermometer (Auswahl) nach DIN 16160 (1.70)

Thermometer sind Meßeinrichtungen oder Meßgeräte, deren Eingangsgröße (Meßgröße) die Temperatur ist. Ausgangsgröße (Ausgangssignal) kann jede Größe sein, die eindeutig von der Temperatur abhängt. Hierunter versteht man insbesondere:
– die vollständige, in einer einzigen Baueinheit zusammengefaßte Meßeinrichtung. Diese besteht aus Temperaturfühler, dessen Länge Fühlerlänge genannt wird, sowie z.B. einem Verbindungsglied und einem Meßglied mit Anzeigevorrichtung;
– den Temperaturfühler als konstruktiv in sich abgeschlossene Baueinheit, der das Ausgangssignal zur Weiterverarbeitung liefert.

Das **Mantelrohr** umgibt den Temperaturfühler und unter Umständen auch als Verlängerung andere dem zu messenden Stoff aussetzbare Teile des Thermometers; es bildet mit diesen eine konstruktive Einheit. Gebräuchlich sind auch die Benennungen Tauchrohr bei Maschinen-Glasthermometern, Flüssigkeits- und Dampfdruck-Federthermometern sowie Einsatzrohr bei elektrischen Thermometern, wenn es für den Einbau in Schutzrohre vorgesehen ist.

Der Temperaturfühler und seine Verlängerung mit oder ohne Mantelrohr sind zum Schutz gegen mechanische oder chemische Beanspruchung in das **Schutzrohr** eingesetzt. Sind zwei Schutzrohre ineinander gesteckt, so ist zwischen Außen- und Innenschutzrohr zu unterscheiden.

Mit dem Schutz- oder Mantelrohr sind die Befestigungsmittel, wie z.B. Einschraubzapfen oder Befestigungsflansche, fest oder abschraubbar verbunden.

Der über das Anschlag des Befestigungsmittels hinausragende Teil des Mantel- oder Schutzrohres wird als **Hals**, seine Länge als Halslänge bezeichnet.

Die **Nennlänge** eines Schutzrohres ohne Befestigungsmittel ist die Länge von der Unterkante des Anschlußkopfes bis zum Ende des Schutzrohres.

Die **Eintauchtiefe** ist die Länge des Thermometerteiles, der vom Meßobjekt umgeben ist.

Der **Verwendungsbereich** gibt an, innerhalb welcher Temperaturgrenzen das Thermometer verwendet werden darf.

Das **Zeitverhalten** kennzeichnet, in welcher Weise die Anzeige bzw. das Ausgangssignal einer Änderung der Temperatur zeitlich folgt.

Das Zeitverhalten der dargestellten Temperatur t_z wird durch die **Übergangsfunktion** $\eta(z)$ nach einer sprungförmigen Änderung der Temperatur des Meßobjektes von t_1 auf t_2 zur Übergangszeit $z = 0$ gekennzeichnet

$$\eta(z) = \frac{t_z - t_1}{t_2 - t_1}$$

Diskrete Werte der Übergangsfunktion $\eta(z)$ werden Übergangswerte η, die zugehörigen Zeiten Übergangszeiten z genannt. Die Übergangsfunktion kann meist ausreichend durch ein bis drei diskrete Wertepaare $(z; \eta)$ beschrieben werden, z.B. durch die Übergangswerte = 0,1; 0,5 und 0,9 mit den entsprechenden Zeiten 1/10-Wert-Zeit ($z_{0,1}$), Halbwert-Zeit ($z_{0,5}$) und 9/10-Wert-Zeit ($z_{0,9}$).

Grundwerte elektrischer Thermometer sind die für bestimmte Temperaturen festgelegten Werte des elektrischen Ausgangssignals (bei Widerstandsthermometern gelten die Grundwerte für den Meßwiderstand ohne Innenleitung).

9.16.2. Thermometer mit Thermoelement

Meßprinzip

Werden zwei elektrische Leiter unterschiedlicher Werkstoffe an einem Ende leitend verbunden, so erhält man ein Thermopaar. An den freien Enden entsteht eine Thermospannung (Seebeck-Effekt), deren Wert mit der Temperaturdifferenz zwischen Verbindungsstelle (Meßstelle) und den freien Enden (Vergleichsstelle) ansteigt.

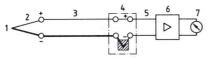

Thermoelement-Meßanordnung mit
1 Meßstelle   5 Kupferleitungen
2 Thermopaar   6 Verstärker
3 Ausgleichsleitung   7 Anzeigeinstrument
4 Vergleichsstelle

Um die Thermospannung als Maß für die Temperatur auswerten zu können, müssen die freien Enden des Thermopaares (Vergleichsstelle) einer konstanten Bezugstemperatur ausgesetzt sein. Ist die Vergleichsstelle nicht einer Thermospannung ausgesetzt, so müssen diese durch eine Vergleichsstelle mit Thermostat, Widerstandsnetzwerk mit temperaturabhängigem Widerstand oder mit einer elektronischen Schaltung kompensiert werden.

Thermopaare

Thermoelemente haben eine nichtlineare Funktion $U = f(t)$, so daß der Anstieg der Thermospannung von Grad zu Grad unterschiedlich ist. Für die am häufigsten verwendeten Thermopaare enthält deshalb die Norm DIN IEC 584 Tabellen mit den Grundwerten und Grenzabweichungen für die Thermospannungen in Abhängigkeit von der Temperatur.

Die Thermopaare können in verschiedenen Ausführungsformen, z.B. als Mantel-Thermoelemente nach DIN 43721, bezogen werden oder vom Anwender aus Drähten nach DIN 43712 hergestellt werden.

Thermopaare werden aus zwei Gruppen von Werkstoffen hergestellt. Die Edelmetallwerkstoffe zeichnen sich durch einen höheren Schmelzpunkt, eine größere Beständigkeit gegen Oxidation, eine höhere Reinheit und damit durch eine höhere Genauigkeit aus. Thermopaare aus unedlen Metallen geben dagegen eine etwa 5- bis 7-mal höhere Thermospannung ab.

Der nichtlineare Verlauf der Kennlinie $U = f(t)$ setzt häufig eine Linearisierung auf elektronischem Wege voraus. Infolge der niedrigen Thermospannung verursachen Übergangsstellen, z.B. von Steckverbindungen, leicht Meßfehler bis zu einigen Grad; darüber hinaus ist meist ein hochwertiger Meßverstärker erforderlich. Deshalb werden Thermoelemente vorwiegend nur zur Messung hoher Temperaturen eingesetzt.

9.16. Temperaturmessung

Thermopaare[1] nach DIN IEC 584 Teil 1 (4.84)

Thermopaar Material	Typ	Meß-bereich	Thermo-spannung
Cu-CuNi	T	−270 °C bis 400 °C	−6,26 mV bis 20,87 mV
NiCr-CuNi	E	−270 °C bis 1000 °C	−9,84 mV bis 76,36 mV
Fe-CuNi (Fe-Konst.)	J	−210 °C bis 1200 °C	−8,1 mV bis 69,54 mV
NiCr-Ni	K	−270 °C bis 1372 °C	−6,46 mV bis 54,88 mV
PtRh13-Pt	R	−50 °C bis 1769 °C	−0,23 mV bis 21,10 mV
PtRh10-Pt	S	−50 °C bis 1769 °C	−0,24 mV bis 18,69 mV
PtRh30-PtRh6	B	−0 °C bis 1820 °C	−0,00 mV bis 13,81 mV

Anmerkung: Bei der Kennzeichnung der Thermopaare steht der positive Schenkel an erster Stelle.

Auswahlkriterien für Thermopaare

Fe-CuNi hat bei Temperaturen bis 500 °C eine fast unbegrenzte Gebrauchsdauer. Oberhalb 600 °C beginnt der Fe-Draht stark zu zundern. Gegen reduzierende Gase (außer H_2) ist es sehr beständig.

Cu-CuNi hat gegenüber Fe-CuNi den Vorteil, nicht zu rosten. Da Kupfer bei 400 °C anfängt zu oxidieren, ist der Anwendungsbereich begrenzt.

NiCr-Ni ist gegen oxidierende Gase (Feuergase) am beständigsten. Es ist besonders empfindlich gegen schwefelhaltige Gase und wird in reduzierender Atmosphäre von Siliziumdämpfen angegriffen. Gasgemische mit einem Sauerstoffgehalt unter 1 % verursachen die „Grünfäule", die Thermospannung und Festigkeit verändert.

PtRh-Pt ist wegen der Reinheit der verwendeten Metalle besonders anfällig gegen Verunreinigungen jeder Art, bietet aber in rein oxidierender Atmosphäre eine gute chemische Beständigkeit.

Typ B hat ähnliche korrosionschemische Eigenschaften wie PtRh-Pt, ist jedoch gegen Verunreinigungen etwas weniger empfindlich.

Schutzrohr

Insbesondere bei höheren Temperaturen müssen Thermopaare vor den Einwirkungen agressiver Gase und Dämpfe durch ein keramisches Innenrohr geschützt werden. Das metallene Außenrohr bietet keinen ausreichenden Schutz, bei hohen Temperaturen Gase und Dämpfe durch das Metall hindurchdiffundieren. Genaue Angaben sind den Normen für metallene Schutzrohre DIN 43 720 und für keramische Schutzrohre DIN 43 724 sowie Firmenunterlagen zu entnehmen.

Bezeichnungsbeispiel:
Schutzrohr DIN 43 724 − 15 × 1030 − Ker 410
(Bezeichnung für ein keramisches Schutzrohr mit einem Außendurchmesser von 15 mm und einer Schutzrohrlänge von 1030 mm aus keramischem Isolierwerkstoff KER DIN 40 685.)

Ausgleichsleitungen

Das Thermopaar endet meist an den Anschlußklemmen im Anschlußkopf. Da der Anschlußkopf oft großen Temperaturschwankungen ausgesetzt ist, eignet er sich nicht zur Aufnahme der Vergleichsstelle. Die Entfernung zwischen Thermoelement und Vergleichsstelle muß mit einer Leitung aus denselben Leitungsmaterialien wie beim Thermopaar oder mit einer Ausgleichsleitung überbrückt werden.

Ausgleichsleitungen aus Sonderwerkstoffen, die zwischen 0 °C und 200 °C die gleiche Thermospannung abgeben wie das Thermoelementmaterial, werden eingesetzt, weil sie:
– preiswerter sind als Leitungen mit Thermopaarwerkstoffen,
– zum Teil einen kleineren spezifischen Widerstand haben als das Thermopaar-Material und
– im Aufbau den Anforderungen der Installationstechnik entsprechen.

Nach DIN 43 714 (6.79) sind Bezeichnung, Aufbau und Farbkennzeichnung von Ausgleichsleitungen für bestimmte Thermopaare festgelegt:
Cu-CuNi: braun   NiCr-Ni: grün
Fe-CuNi: dunkelblau   PtRh-Pt: weiß

Bei Ausgleichsleitungen für allgemeine Zwecke sind der Kunststoffmantel und ein Kennfaden der äußeren Umflechtung in dieser Farbe eingefärbt. Bei Ausgleichsleitungen für eigensichere Stromkreise sind der hellblau eingefärbte Kunststoffmantel und einem Streifen und die äußere Umflechtung mit einem Kennfaden in der entsprechenden Farbe versehen.

Ausgleichsleitg. (Agl)	Kurzz.	Aufbau
einadrig mit Ausgleichs-Draht (D)	10 D	thermoplastischer Kunststoff
	11 D	Glas oder Asbest / wärmebeständiger Kunststoff
	20 D	Isolierhülle und Mantel aus thermoplastischem Kunststoff
zweiadrig mit verseilten Ausgleichs-Drähten (D)	21 D[1]	Glas[2] [3] Bleimantel / wärmebeständiger Kunststoff
	22 D[1]	Glas [3] Bleim. [3] Stahldraht / wärmebeständiger Kunststoff
	23 D	Glas [3] Umfl. [3] Stahldraht / wärmebeständiger Kunststoff
zweiadrig mit verseilten Ausgleichs-Litzen (L)	25 L	Isolierhülle und Mantel aus thermoplastischem Kunststoff
	26 L	Isolierhülle und Mantel aus wärmebeständigem Kunststoff
	27 L	wärmebeständiger Kunststoff [3] [3] Stahldrahtumflechtung

[1] Nicht verwendbar für Dauertemperaturen über 150 °C
[2] Nach Wahl des Herstellers auch ohne Glasumflechtung
[3] Werkstoffe und Aufbau für Beilauf, Seelenbewicklung und Umflechtung nach Wahl des Herstellers

Bei allen Ausgleichsleitungen ist der Plus-Pol rot gekennzeichnet. Bei Nichtbeachtung der Polung oder Verwendung falscher Ausgleichsleitungen können Anzeigefehler bis zu mehreren 100 °C entstehen.

Bezeichnungsbeispiel: Agl DIN 43 714 − 21D Fe-CuNi

[1] Thermoelement-Spannungen siehe Seite 2-15.

9.16. Temperaturmessung

9.16.3. Widerstandsthermometer

Meßprinzip

Bei Temperaturmessungen mit Widerstandsthermometern wird als Temperaturfühler ein Meßwiderstand verwendet, dessen Widerstandswert sich mit der Temperatur ändert. Mit Hilfe einer Brückenschaltung wird zum Beispiel die Widerstandsänderung in ein elektrisches Signal umgewandelt.

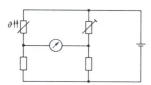

Gegenüber der Temperaturmessung mit Hilfe von Thermopaaren ergeben sich bei Verwendung von Meßwiderständen folgende Vorteile:
- das elektrische Signal ist wesentlich höher
- die Kennlinie ist weitgehend linear
- die Langzeitstabilität ist höher
- eine Vergleichsstelle ist nicht notwendig.

Nachteilig ist ein kleinerer zulässiger Temperaturbereich bis ca. 800 °C.

Meßwiderstände

Meßwiderstände werden vorwiegend aus Nickel oder Platin gemäß DIN 43760 (10.80) hergestellt.

Meß-temperatur in °C	Ni 100 Grundwert in Ω	Ni 100 zul. Abw. in Ω	Pt 100 Grundwert in Ω	Pt 100 zul. Abweichung in Ω Klasse A	Pt 100 zul. Abweichung in Ω Klasse B
−200	−	−	18,49	0,24	0,56
−100	−	−	60,25	0,14	0,32
− 60	69,5	1,0	−	−	−
0	100,0	0,2	100,00	0,06	0,12
100	161,8	0,8	138,50	0,13	0,30
180	223,2	1,3	−	−	−
200	−	−	175,84	0,20	0,48
300	−	−	212,02	0,27	0,64
400	−	−	247,04	0,33	0,79
500	−	−	280,90	0,38	0,93
600	−	−	313,59	0,43	1,06
650	−	−	329,51	0,46	1,13
700	−	−	345,13	−	1,17
800	−	−	375,51	−	1,28
850	−	−	390,26	−	1,34

Da sich Platin trotz eines niedrigeren Temperaturkoeffizienten gegenüber Nickel durch eine geringere Korrosionsanfälligkeit, einen größeren zulässigen Temperaturbereich und eine höhere zeitliche Konstanz seiner elektrischen Eigenschaften auszeichnet, werden vorwiegend Pt 100-Meßwiderstände eingesetzt.

Zunehmend werden Meßwiderstände mit höheren Nennwerten (Grundwiderstand bei 0°C) eingesetzt: Pt 500 und Pt 1000. Der Einfluß des Zuleitungswiderstandes und seiner temperaturabhängigen Änderung auf das Meßergebnis reduzieren sich um den Faktor 5 bzw. 10. Häufig erübrigt sich dadurch ein Abgleich des Zuleitungswiderstandes.

Damit das Meßergebnis nicht durch Eigenerwärmung des Meßwiderstandes beeinflußt wird, soll der Meßstrom 5 mA nicht überschreiten.

Anschlußarten

Die Meßgenauigkeit eines Widerstandsthermometers hängt wesentlich von der Anschlußart des Meßfühlers ab.

Zweileiterschaltung

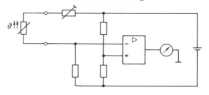

Dem Vorteil des vergleichsweise geringen Leitungsaufwandes stehen erhebliche Nachteile gegenüber:
- Der Widerstand der Anschlußleitungen liegt in Reihe zum Meßwiderstand und muß deshalb bei der Installation auf einen bestimmten Wert (meist 10 Ω) abgeglichen werden.
- Widerstandsänderungen der Zuleitung infolge Temperaturschwankungen gehen als Fehler in die Messung ein.

Dreileiterschaltung

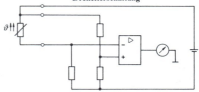

Für die Energieversorgung des Meßwertgebers und den Abgriff des Meßsignals werden getrennte Leitungen verlegt, wobei eine gemeinsame Leitung als Bezugspotential dient.

Ist der Widerstand der Leitungsadern gleich groß, so kann der Leitungsabgleich entfallen; der Einfluß von Änderungen der Leitungswiderstände infolge Temperaturschwankungen ist wesentlich kleiner als bei der Zweileiterschaltung.

Vierleiterschaltung

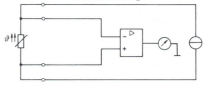

Über ein Adernpaar wird der Meßwiderstand mit einem konstanten Strom gespeist. Der temperaturabhängige Spannungsfall am Meßwiderstand wird hochohmig über ein zweites Adernpaar abgegriffen.

Ein Leitungsabgleich erübrigt sich und Änderungen der Zuleitungswiderstände infolge Temperaturschwankungen bleiben ohne Einfluß auf das Meßergebnis.

Im Gegensatz zur Dreileiterschaltung beeinflussen auch die Übergangswiderstände an den Klemmen und unterschiedliche Leitungswiderstände nicht das Meßergebnis.

9.17. Durchflußmessung [1]

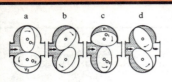

a b c d

Ovalradzähler

Zwei ovalradförmige Zahnräder rollen so aufeinander ab, daß die Flüssigkeit durch die zwischen den Ovalrädern und dem Gehäuse entstehenden Kammern mit den Volumina V_1 und V_2 strömen muß. Die treibende Kraft ist der Druck der Flüssigkeit.

Die Drehbewegung der Ovalräder wird mit Hilfe einer Magnetkupplung auf ein Zählwerk übertragen, welches die Teilvolumina zur Gesamtmenge addiert. Mit einem zusätzlichen Generator läßt sich der Durchfluß messen.

O Ovalrad
V Volumen

a b c

Ringkolbenzähler

In einem feststehenden Außenzylinder 4 wird ein Innenzylinder 5 (Ringkolben) vom Flüssigkeitsstrom exzentrisch zum Umlauf gebracht. Der Ringkolben wird mit seinem Zapfen 2 von einem Kreisring und mit seinem Schlitz von einer Trennwand 1 geführt. Die im Gehäuseboden befindliche Eintrittsöffnung E und Austrittsöffnung A werden von der Trennwand 1 abgegrenzt.

In der Stellung a wird das Volumen V_1 des Ringkolbens gefüllt. Der Ringkolben wird von der Flüssigkeit weggedrängt (Stellung b) und das Volumen V_2 im Gehäuse gefüllt; gleichzeitig wird die im Gehäuse vorhandene Füllung entleert. In der Stellung c beginnt die Entleerung von V_E.

Über eine Magnetkupplung wird ein Zählwerk zur Erfassung der Durchflußmenge und gegebenenfalls ein Generator zur Messung des Durchflusses angetrieben.

d

1 Trennwand
2 Führungszapfen
3 Ringraum
4 Außenzylinder
5 Innenzylinder
E Eintrittsöffnung
A Austrittsöffnung

Turbinendurchflußmesser

In Strömungsrichtung liegt die Achse eines Flügelrades, dessen Umdrehungsfrequenz proportional zur Strömungsgeschwindigkeit ist.

Beim Woltmann-Zähler wird die Umdrehung des Flügelrades direkt über ein Schneckenrad und Getriebe auf das außen liegende Zählwerk übertragen. Im Turbinendurchflußmesser erfolgt dagegen die Übertragung berührungslos auf eine außen im Gehäuse liegende Spule (induktiv) oder über eine Lichtschranke. Die Frequenz der entstehenden Impulse ist proportional zur Umdrehungsfrequenz des Turbinenrades bzw. dem Durchfluß.

Während Woltmann-Zähler ausschließlich für Flüssigkeiten mit niedriger Viskosität eingesetzt werden, sind Turbinendurchflußmesser („Schnelläufer") infolge der sehr viel geringeren Lagerreibung auch für Flüssigkeiten mit hoher Viskosität und Gase verwendbar.

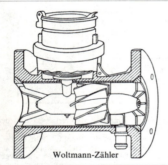

Woltmann-Zähler

Dralldurchflußmesser

Das Medium wird beim Eintritt in das Meßgerät durch den Leitkörper, vergleichbar mit einem feststehenden Turbinenrad, zur Rotation gezwungen. Im Zentrum des Meßrohres entsteht ein Wirbelkern, der im Auslaufdiffusor die Schraubenbewegung mitmacht. Die Umdrehungsfrequenz ist ein Maß für die Durchflußgeschwindigkeit bzw. dem dazu proportionalen Volumendurchfluß; sie kann mit einem Thermistor- oder Piezofühler erfaßt werden.

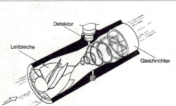

Wirbeldurchflußmesser

Befindet sich inmitten einer Strömung ein fester Störkörper, so bilden sich beidseitig Wirbel aus, die sich wechselseitig ablösen. Der Zusammenhang zwischen der Wirbelfrequenz f, der Fließgeschwindigkeit v und dem Durchmesser d des Störkörpers ist durch die Strouhal-Zahl Sh beschrieben. Bei Gasen, Dämpfen und Flüssigkeiten mit einer Viskosität $< 15\ mm^2/s$ ist Sh in einem weiten Bereich der Fließgeschwindigkeit konstant. Deshalb kann mit Piezoelementen, Thermistoren, Dehnungsmeßstreifen oder induktiven Abgriffen die Wirbelfrequenz f bzw. der dazu proportionale Volumendurchfluß V gemessen werden.

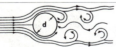

Karmansche Wirbelstraße hinter einem Zylinder
d Durchmesser des Störkörpers

$$Sh = \frac{f \cdot d}{v}$$

---

[1] Durchfluß: Die Stoffmenge, die in der Zeiteinheit durch einen Rohrquerschnitt fließt.

9.17. Durchflußmessung

Wirkdruckverfahren

Für die kontinuierliche Durchflußmessung von flüssigen, gas- oder dampfförmigen Stoffen wird bevorzugt das Wirkdruckverfahren, auch Differenzdruckverfahren genannt, eingesetzt. Ohne bewegliche Teile im strömenden Meßstoff können in geschlossenen Rohrleitungen die größten Durchflüsse bei allen vorkommenden Temperaturen und statischen Drücken sowie Durchflußschwankungen bis 10:1 gemessen werden.

Durchströmt ein Stoff eine Rohrleitung mit einem verengten Querschnitt, so entsteht an der Einschnürung eine Erhöhung der Strömungsgeschwindigkeit w. Die hierdurch entstehende Druckdifferenz Δp, der Wirkdruck, ist ein Maß für den Durchfluß:

$$q = c \cdot \sqrt{\Delta p}$$

Die Konstante c ist abhängig von zahlreichen Einflußfaktoren, z. B. von der Drosselgeräteart und dem zugehörigen Öffnungsverhältnis $m = d^2/D^2$, von der Rohrrauheit und der Viskosität des Meßstoffs. Die zur genauen Berechnung von c erforderlichen Zusammenhänge und Daten sind in den Durchflußregeln DIN 1952 für Norm-Drosselgeräte aufgeführt oder werden vom Hersteller des verwendeten Drosselgeräts angegeben.

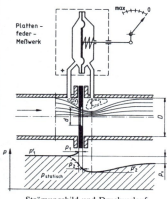

Strömungsbild und Druckverlauf an einer Normblende

p_1 Plusdruck
p_2 Minusdruck
Δp Wirkdruck
p_v bleibender Druckverlust

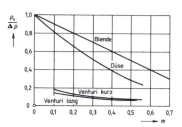

Druckverlust in Drosselgeräten

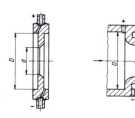

Normblende Normdüse

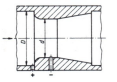

Normventuridüse

Anwendungsgrenzen der Drosselgeräte

	Normblende	Normdüse	Venturidüse
D in mm	50 ··· 1000	50 ··· 500	50 ··· 250
$m = d/D$	0,05 ··· 60	0,09 ··· 0,64	0,09 ··· 0,56
Reynoldszahl	$5 \cdot 10^3 \cdots 10^8$	$2 \cdot 10^4 \cdots 10^7$	$2 \cdot 10^5 \cdots 2 \cdot 10^6$

Der vom Drosselgerät hervorgerufene Wirkdruck wird mit einem Differenzdruckmeßumformer in ein elektrisches oder pneumatisches Einheitssignal umgeformt. Der statische Druck an der Meßstelle darf das Meßergebnis nicht beeinflussen. Wird ein linearer Zusammenhang zwischen Durchfluß und Anzeige bzw. Einheitssignal gefordert, so muß die zum Wirkdruck proportionale Ausgangsgröße radiziert werden.

Magnetisch-induktive Durchflußmesser

Die magnetisch-induktive Durchflußmessung beruht auf Anwendung des Faradayschen Induktionsgesetzes und ist für alle Flüssigkeiten mit einer elektrischen Leitfähigkeit > 0,5 µS/cm geeignet.

Senkrecht zur Strömungsrichtung wird im Magnetfeld mit der Flußdichte B erzeugt. Durch dieses Magnetfeld bewegt sich die elektrisch leitfähige Flüssigkeit mit der Strömungsgeschwindigkeit v. Zwischen den Elektroden entsteht infolge Induktion eine Spannung U_q, deren Wert proportional zur Strömungsgeschwindigkeit ist: $U_q = B \cdot D \cdot v$. Bei Einbeziehung des Rohrquerschnitts ist die induzierte Spannung proportional zum Durchflußvolumen.

Damit sich Störspannungen eliminieren lassen, werden die Erregerspulen mit sinusförmigem Wechselstrom oder geschaltetem Gleichstrom gespeist.

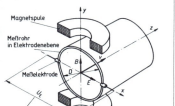

9.17. Durchflußmessung

Schwebekörper-Durchflußmesser

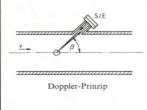

Ein senkrecht angebrachtes, nach oben konisch erweitertes Rohr wird von unten nach oben von einer Flüssigkeit oder einem Gas durchströmt. Der im konischen Teil des Rohres befindliche Schwebekörper wird soweit angehoben, bis der ringförmige Spalt zwischen Schwebekörper und Rohrwand so groß geworden ist, daß die drei auf den Schwebekörper einwirkenden Kräfte (Strömungskraft F_S, Auftriebskraft F_A und Schwerkraft F_g) im Gleichgewicht sind. Die Zentrierung des Schwebekörpers erfolgt z. B. mit drei Rippen oder Flächen am Meßrohr; die vertikale Bewegung ist durch Anschläge begrenzt.

Die Höheneinstellung des Schwebekörpers ist ein Maß für den Durchfluß; sie kann an einer auf dem Meßrohr angebrachten Skale abgelesen werden oder wird mittels eines Magnetfolgesystems nach außen übertragen.

Ultraschall-Durchflußmesser

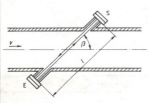

Doppler-Prinzip

Beim Doppler-Prinzip treffen die von einem piezoelektrischen Sender S gegen die Strömungsrichtung geschickten Schallwellen auf ein Partikel (Feststoffteilchen oder Gasblase) und werden in Strömungsrichtung zum Empfänger E reflektiert. Die Geschwindigkeit v des Partikels beeinflußt die Frequenz f_S der Schallwelle und folglich die Empfangsfrequenz f_E. Aus der Frequenzänderung $\Delta f = f_S - f_E$ und der Schallgeschwindigkeit c läßt sich die Strömungsgeschwindigkeit v ermitteln:

$$v = c \cdot \cos \beta \left(1 - \frac{f_S}{f_S - \Delta f}\right)$$

Nachteilig ist die Abhängigkeit der Schallgeschwindigkeit c von der Dichte und folglich von Temperatur- und Konsistenzschwankungen.

Sender und Empfänger können dasselbe Element sein, das in seiner Funktion umgeschaltet wird.

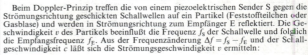

Laufzeitverfahren

Beim Laufzeitverfahren schickt der Sender S gegen die Strömungsrichtung eine Folge von Schallimpulsen, deren Laufzeit t_1 vom Empfänger E erfaßt wird. Daraus ergibt sich die Frequenz dieser Impulsfolge $f_1 = 1/t_1$. Danach werden die Funktionen von Sender und Empfänger umgekehrt, so daß die Impulsfolgefrequenz $f_2 = 1/t_2$ in Strömungsrichtung gemessen wird. Der Frequenzunterschied $\Delta f = f_1 - f_2$ ist der Strömungsgeschwindigkeit v proportional:

$$v = \Delta f \frac{l}{2 \cdot \cos \beta}$$

Die Schallgeschwindigkeit und somit der Dichteeinfluß gehen hierbei nicht in das Meßergebnis ein.

Während das Doppler-Prinzip eine Mindestmenge von Feststoffen erfordert, soll der Feststoffanteil beim Laufzeitverfahren möglichst gering sein, weil sonst unerwünschte Reflexionen auftreten.

	Volumenzähler				Durchflußmesser			
	Ovalradzähler	Ringkolbenzähler	Turbinenzähler	Wirbel- und Drallzähler	Wirkdruckverfahren	Schwebekörper-Durchflußmesser	magn.-ind. Durchflußmesser	Ultraschall-D.-Messer
Meßspanne	1:10 bis 1:30	1:10 bis 1:30	1:15 bis 1:150	1:15	1:3 bis 1:10	1:12,5	1:20 bis 1:50	1:20
Fehlergrenzen	0,1% bis 1% vom Meßw.	0,1% bis 1% vom Meßw.	[1]) 0,5% v.M. [2]) 2% v.M.	0,5% v.M. 1% v. M.	1% bis 3% vom Endw.	1,5% v. M. +0,5% v. E.	0,5% vom Meßw.	1% v. E. [3]) bis 10%
Änderung von Dichte, Druck, Temperatur		geringe Fehler		Einfluß bei Gasen	Einfluß auf Δp	Dichte ändert Auftrieb	—	Schallgeschwindigk. bei Dopplereffekt
Gasanteile in Flüssigk.	Fehler	Fehler	Gefahr des Überdrehens	Kavitation möglich	Fehler	Fehler	Fehler	max. 5% bei Doppler
max. zul. Meßstofftemperatur	300 °C	300 °C	200 °C	80 °C bis 215 °C	1000 °C	300 °C	180 °C	150 °C
max. zul. Druck	PN 400	PN 100	[1]) PN 400 [2]) PN 40	PN 100	PN 630	PN 100	PN 250	PN 40
Druckverlust bei Viskosität 1 mPas	0,3 bar	0,5 bar	[1]) 0,4 bar [2]) 0,1 bar	0,05 bar bis 0,1 bar	—	maximal 0,2 bar	—	—
Nennweiten DN	6 bis 400	10 bis 100	[1]) 5 bis 600 [2]) 50 bis 500	[4]) 25 bis 250 [5]) 15 bis 400	50 bis 1000 (2000)	1,6 bis 150	2 bis 2000	15 bis 2200

[1]) Turbine [2]) Woltmannzähler [3]) Dopplereffekt [4]) Wirbelzähler [5]) Drallzähler

9.18. Dehnungsmeßstreifen

Meßprinzip

Dehnungsmeßstreifen, kurz DMS genannt, wandeln eine durch Zug oder Druck verursachte Längenänderung Δl (Dehnung oder Stauchung) in eine proportionale Widerstandsänderung ΔR um.

Mit DMS lassen sich alle physikalischen Größen erfassen, die sich in eine Formänderung umwandeln lassen. So gibt es z. B. DMS-Meßwertaufnehmer für die Messung von Zug- und Druckkräften von einigen mN bis zu vielen 100 MN, Drehmomente zwischen einigen Ncm bis zu 100 Nm und Gas- und Flüssigkeitsdrücke zwischen 1 bar und 2000 bar.

Aufbau

Bei Draht-DMS wird z. B. ein Konstantan-Draht mit ca. 20 µm bis 30 µm Durchmesser auf eine Trägerfolie rundgewickelt oder mäanderförmig flach aufgebracht. Das mäanderförmige Meßgitter von Folien-DMS wird aus einer 2 µm bis 10 µm dicken Metallfolie ähnlich wie bei einer gedruckten Schaltung geätzt und beidseitig durch eine Kunststoffolie geschützt. Bei Halbleiter-DMS besteht das Meßgitter aus einem ca. 15 µm dicken Silizium-Streifen, der durch Ätzen aus einem Silizium-Einkristall hergestellt wird.

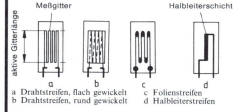

a Drahtstreifen, flach gewickelt   c Folienstreifen
b Drahtstreifen, rund gewickelt   d Halbleiterstreifen

DMS mit einem Meßgitter werden zur Messung von Dehnungen mit einer bekannten Hauptrichtung eingesetzt. Bei unbekannter Hauptrichtung der Dehnung werden zur Ermittlung von Betrag und Richtung DMS mit mehreren rosettenförmig angeordneten Meßgittern eingesetzt.

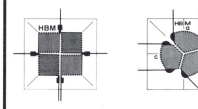

k-Faktor

Bei vielen Metallen ist die relative Widerstandsänderung $\Delta R/R_0$ innerhalb des elastischen Bereiches (relative Längenänderung bis ca. 5%) der relativen Längenänderung $\Delta l/l_0$ direkt proportional:

$$\frac{\Delta R}{R_0} = k \cdot \frac{\Delta l}{l_0}$$

Der k-Faktor ist ein Maß für die Dehnungsempfindlichkeit eines DMS. Für metallische DMS beträgt der k-Faktor ca. 2 bis 3. Halbleiter-DMS haben einen wesentlich größeren k-Faktor von 110 bis 130 bei p-leitendem Silizium und -80 bis -110 bei n-leitendem Silizium; im Gegensatz zu Metall-DMS ist die Kennlinie nicht linear und der Temperatureinfluß hoch.

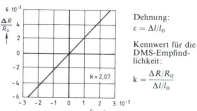

Dehnung:
$\varepsilon = \Delta l / l_0$

Kennwert für die DMS-Empfindlichkeit:
$$k = \frac{\Delta R / R_0}{\Delta l / l_0}$$

Kennlinie eines metallischen DMS mit Konstantan-Meßgitter

Temperatureinfluß

Temperaturänderungen können das Meßergebnis mehrfach beeinflussen.

Damit der Widerstand des Meßgitters weitgehend konstant bleibt, wird vorwiegend Konstantan (ca. 60% Cu, 40% Ni) verwendet.

Hat die Temperaturänderung eine unterschiedliche Ausdehnung des Meßobjektes und des aufgeklebten DMS zur Folge, so wird eine Materialdehnung, scheinbare Dehnung genannt, vorgetäuscht. Durch Hinzufügen von geringen Mengen Eisen oder Magnesium und speziell fertigungstechnische Maßnahmen werden „selbstkompensierende DMS" hergestellt, deren Ausdehnungskoeffizient innerhalb eines begrenzten Temperaturbereiches an den Ausdehnungskoeffizienten des Meßobjektes, z. B. St 37, angepaßt ist.

Verbleibende Auswirkungen lassen sich durch entsprechende Anordnung mehrerer DMS auf einem Meßobjekt und Anwendung einer geeigneten Brückenschaltung kompensieren.

Nennwiderstand

Vorwiegend sind DMS im Handel, deren Widerstand zwischen den beiden zum Anschluß des Meßkabels bestimmten Punkten bei Raumtemperatur (23 °C) 120 Ω, 300 Ω, 350 Ω, 500 Ω, 600 Ω und 1 kΩ beträgt. Vorzugsweise werden DMS mit 120 Ω und 600 Ω eingesetzt.

Üblich sind zulässige Abweichungen von $\pm 1\%$.

Maximale Dehnbarkeit

Bei einwandfreier Klebung kann bei Raumtemperatur von den folgenden maximal zulässigen statischen Dehnungen ausgegangen werden:

Draht-DMS   ≤ 5 mm Gitterlänge 1%
               > 5 mm Gitterlänge 1% ··· 2%
Folien-DMS   ≤ 5 mm Gitterlänge 3%
              > 5 mm Gitterlänge 3% ··· 4%
Halbleiter-DMS   ca. 0,5%

Es können Dehnungsänderungen bis zu Frequenzen von einigen 100 kHz erfaßt werden.

Befestigung

DMS werden überwiegend durch Klebung mit hartelastischen organischen Klebstoffen auf das Meßobjekt befestigt. Damit das Meßergebnis nicht beeinflußt wird, muß der Klebstoff Dehnung und Stauchung ohne elastische und plastische Einwirkungen übertragen. Alterung, Luftfeuchtigkeit und ein großer Temperaturbereich dürfen keine Änderung der Eigenschaften bewirken. Darüber hinaus sind gute Isolationseigenschaften, eine dünne Klebefuge und eine einfache Anwendbarkeit (Verarbeitung, Härtung) gefordert.

10. Drähte, Leitungen, Kabel

10.1. Runddrähte aus Kupfer

10.1.1. Zulässige Belastung lackisolierter Wickeldrähte nach DIN 46 435 bei verschiedenen Stromdichten (elektrische Leitfähigkeit 58 m/($\Omega \cdot$ mm^2))

Nenn-durch-messer mm	Quer-schnitt mm^2	Wider-stand bei 20 °C Ω/m	\multicolumn{9}{c}{Stromdichte in A/mm^2}								
			1,5	2	2,5	3	3,5	4	5	6
			\multicolumn{9}{c}{zulässige Belastung in A}								
0,02	0,000314	54,88	0,00047	0,00063	0,00079	0,00094	0,00110	0,00126	0,00157	0,00188
0,03	0,000707	24,39	0,00106	0,00141	0,00177	0,00221	0,00247	0,00283	0,00354	0,00424
0,04	0,001257	13,72	0,00189	0,00251	0,00314	0,00377	0,00440	0,00503	0,00629	0,00754
0,05	0,001964	8,781	0,00295	0,00393	0,00491	0,00589	0,00687	0,00786	0,00982	0,0118
0,06	0,002827	6,098	0,00424	0,00565	0,00707	0,00848	0,00990	0,0113	0,0141	0,0170
0,071	0,003959	4,355	0,00594	0,00792	0,00990	0,0119	0,0139	0,0158	0,0198	0,0238
0,08	0,005027	3,430	0,00754	0,0101	0,0126	0,0151	0,0176	0,0201	0,0251	0,0302
0,09	0,006362	2,710	0,00954	0,0127	0,0159	0,0191	0,0223	0,0254	0,0318	0,0382
0,1	0,007854	2,195	0,0118	0,0157	0,0196	0,0236	0,0275	0,0314	0,0393	0,0471
0,112	0,009852	1,750	0,0148	0,0197	0,0246	0,0296	0,0345	0,0394	0,0493	0,0591
0,125	0,01227	1,405	0,0184	0,0245	0,0307	0,0368	0,0429	0,0491	0,0614	0,0736
0,14	0,01539	1,120	0,0231	0,0308	0,0385	0,0462	0,0539	0,0616	0,0770	0,0923
0,15	0,01767	0,9757	0,0265	0,0353	0,0442	0,0530	0,0618	0,0707	0,0884	0,106
0,16	0,02011	0,8575	0,0302	0,0402	0,0503	0,0603	0,0704	0,0804	0,101	0,121
0,17	0,02270	0,7596	0,0341	0,0454	0,0568	0,0681	0,0795	0,0908	0,114	0,136
0,18	0,02545	0,6775	0,0382	0,0509	0,0636	0,0764	0,0891	0,102	0,127	0,153
0,19	0,02836	0,6081	0,0425	0,0567	0,0709	0,0851	0,0993	0,113	0,142	0,170
0,2	0,03142	0,5488	0,0471	0,0628	0,0786	0,0943	0,110	0,126	0,157	0,189
0,212	0,03530	0,4884	0,0530	0,0706	0,0883	0,106	0,124	0,141	0,177	0,212
0,224	0,03941	0,4375	0,0592	0,0788	0,0985	0,118	0,138	0,158	0,197	0,236
0,236	0,04372	0,3941	0,0656	0,0874	0,109	0,131	0,153	0,175	0,219	0,262
0,25	0,04909	0,3512	0,0736	0,0982	0,123	0,147	0,172	0,196	0,245	0,295
0,265	0,05517	0,3126	0,0828	0,110	0,138	0,166	0,193	0,221	0,276	0,331
0,28	0,06158	0,2800	0,0924	0,123	0,154	0,185	0,216	0,246	0,308	0,369
0,3	0,07069	0,2439	0,106	0,141	0,177	0,212	0,247	0,283	0,353	0,424
0,315	0,07793	0,2212	0,117	0,156	0,195	0,234	0,273	0,312	0,390	0,468
0,335	0,08815	0,1956	0,132	0,176	0,220	0,264	0,309	0,353	0,441	0,529
0,355	0,09898	0,1742	0,148	0,198	0,247	0,297	0,346	0,396	0,495	0,594
0,375	0,11046	0,1561	0,166	0,221	0,276	0,331	0,387	0,442	0,552	0,663
0,4	0,1257	0,1372	0,189	0,251	0,314	0,377	0,440	0,503	0,629	0,754
0,425	0,1419	0,1215	0,213	0,284	0,355	0,426	0,497	0,568	0,710	0,851
0,45	0,1590	0,1084	0,239	0,318	0,398	0,477	0,557	0,636	0,795	0,954
0,475	0,1772	0,09730	0,266	0,354	0,443	0,532	0,620	0,709	0,886	1,06
0,5	0,1964	0,08781	0,295	0,393	0,491	0,589	0,687	0,786	0,982	1,18
0,56	0,2463	0,07000	0,369	0,493	0,616	0,739	0,862	0,985	1,23	1,48
0,6	0,2827	0,06098	0,424	0,565	0,707	0,848	0,989	1,131	1,41	1,70
0,71	0,3959	0,04355	0,594	0,792	0,990	1,19	1,39	1,58	1,98	2,38
0,75	0,4418	0,03903	0,663	0,884	1,10	1,33	1,55	1,77	2,21	2,65
0,8	0,5027	0,03430	0,754	1,01	1,26	1,51	1,76	2,01	2,51	3,02
0,85	0,5675	0,03038	0,851	1,14	1,42	1,70	1,97	2,27	2,84	3,41
0,9	0,6362	0,02710	0,954	1,27	1,59	1,91	2,23	2,54	3,18	3,82
0,95	0,7088	0,02432	1,06	1,42	1,77	2,13	2,48	2,84	3,54	4,25
1	0,7854	0,02195	1,18	1,57	1,96	2,36	2,75	3,14	3,93	4,71
1,12	0,9852	0,01750	1,48	1,97	2,46	2,96	3,45	3,94	4,93	5,91
1,25	1,227	0,01405	1,84	2,45	3,07	3,68	4,29	4,91	6,14	7,36
1,32	1,369	0,01260	2,05	2,74	3,42	4,11	4,79	5,48	6,85	8,21
1,4	1,539	0,01120	2,31	3,08	3,85	4,62	5,39	6,16	7,70	9,32
1,5	1,767	0,009757	2,65	3,53	4,42	5,30	6,18	7,07	8,84	10,60
1,6	2,011	0,008575	3,02	4,02	5,03	6,03	7,04	8,04	10,06	12,07
1,7	2,270	0,007596	3,41	4,54	5,68	6,81	7,95	9,08	11,35	13,62
1,8	2,545	0,006775	3,82	5,09	6,36	7,64	8,91	10,18	12,73	15,27
1,9	2,836	0,006081	4,25	5,67	7,09	8,51	9,93	11,34	14,18	17,02
2	3,142	0,005488	4,71	6,28	7,86	9,43	11,00	12,57	15,71	18,85
2,12	3,530	0,004884	5,30	7,06	8,83	10,59	12,36	14,12	17,65	21,18
2,24	3,941	0,004375	5,91	7,88	9,85	11,82	13,79	15,76	19,71	23,65
2,36	4,375	0,003941	6,56	8,75	10,94	13,12	15,31	17,50	21,88	26,25
2,5	4,909	0,003512	7,36	9,82	12,27	14,73	17,18	19,64	24,55	29,45
2,65	5,516	0,003126	8,27	11,03	13,79	16,55	19,31	22,06	27,58	33,10
2,8	6,158	0,002800	9,24	12,32	15,40	18,47	21,55	24,63	30,79	36,95
3	7,069	0,002439	10,60	14,14	17,67	21,21	24,74	28,28	35,35	42,41

10.1. Runddrähte aus Kupfer

10.1.2. Runddrähte aus Kupfer, lackisoliert, nach DIN 46 435 (4.77)

Außendurchmesser: Kl = Kleinstmaß; Gr = Größtmaß; Lackisolierung: L = lackisoliert Grad 1, 2L = lackisoliert Grad 2; Gleichstromwiderstand errechnet mit der Leitfähigkeit 58 m/($\Omega \cdot$ mm^2)

Durch-messer d_1 mm	Außendurchmesser d_2 L		2L		Wider-stand bei 20 °C Ω/m	Durch-messer d_1 mm	Außendurchmesser d_2 L		2L		Wider-stand bei 20 °C Ω/m
	Kl mm	Gr mm	Kl mm	Gr mm			Kl mm	Gr mm	Kl mm	Gr mm	
0,02	0,023	0,025	0,025	0,027	54,88	0,375	0,398	0,416	0,413	0,435	0,1541
0,025	0,028	0,031	0,032	0,034	35,12	0,4	0,424	0,442	0,438	0,462	0,1372
0,03	0,034	0,038	0,039	0,041	24,39	0,425	0,450	0,468	0,465	0,489	0,1215
0,032	0,036	0,040	0,041	0,043	21,44	0,45	0,475	0,495	0,490	0,516	0,1084
0,036	0,040	0,045	0,045	0,049	16,94	0,475	0,500	0,522	0,517	0,543	0,09730
0,04	0,044	0,050	0,050	0,054	13,72	0,5	0,526	0,548	0,543	0,569	0,08734
0,045	0,050	0,056	0,055	0,061	10,84	0,53	0,556	0,580	0,575	0,601	0,07815
0,05	0,056	0,062	0,062	0,068	8,781	0,56	0,587	0,611	0,606	0,632	0,07000
0,056	0,062	0,069	0,068	0,076	7,000	0,6	0,626	0,654	0,648	0,674	0,06098
0,06	0,066	0,074	0,073	0,081	6,098	0,63	0,658	0,684	0,678	0,708	0,05531
0,063	0,068	0,078	0,077	0,085	5,531	0,67	0,698	0,726	0,720	0,748	0,04890
0,071	0,076	0,088	0,087	0,095	4,355	0,71	0,739	0,767	0,762	0,790	0,04355
0,08	0,088	0,098	0,099	0,105	3,430	0,75	0,779	0,809	0,802	0,832	0,03903
0,09	0,098	0,110	0,109	0,117	2,710	0,8	0,829	0,861	0,853	0,885	0,03430
0,1	0,109	0,121	0,121	0,129	2,195	0,85	0,879	0,913	0,905	0,937	0,03038
0,106	0,115	0,127	0,128	0,136	1,954	0,9	0,929	0,965	0,956	0,990	0,02710
0,112	0,122	0,134	0,135	0,143	1,750	0,95	0,979	1,017	1,007	1,041	0,02432
0,118	0,128	0,142	0,142	0,150	1,577	1	1,030	1,068	1,059	1,093	0,02195
0,125	0,135	0,149	0,147	0,159	1,405	1,06	1,090	1,130	1,123	1,155	0,01954
0,132	0,143	0,157	0,157	0,167	1,260	1,12	1,150	1,192	1,181	1,217	0,01750
0,14	0,152	0,166	0,164	0,176	1,120	1,18	1,210	1,254	1,241	1,279	0,01576
0,15	0,163	0,177	0,174	0,187	0,9757	1,25	1,281	1,325	1,313	1,351	0,01405
0,16	0,173	0,187	0,185	0,199	0,8575	1,32	1,351	1,397	1,385	1,423	0,01250
0,17	0,184	0,198	0,196	0,210	0,7596	1,4	1,433	1,479	1,466	1,506	0,01120
0,18	0,195	0,209	0,206	0,222	0,6775	1,5	1,533	1,581	1,568	1,608	0,009757
0,19	0,204	0,220	0,217	0,233	0,6081	1,6	1,633	1,683	1,669	1,711	0,008575
0,2	0,216	0,230	0,227	0,245	0,5488	1,7	1,733	1,785	1,771	1,813	0,007596
0,212	0,229	0,243	0,240	0,258	0,4884	1,8	1,832	1,888	1,870	1,916	0,006775
0,224	0,242	0,256	0,252	0,272	0,4224	1,9	1,932	1,990	1,972	2,018	0,006081
0,236	0,254	0,268	0,266	0,286	0,3941	2	2,032	2,092	2,074	2,120	0,005488
0,25	0,268	0,284	0,279	0,301	0,3512	2,12	2,154	2,214	2,195	2,243	0,004884
0,265	0,285	0,299	0,295	0,317	0,3126	2,24	2,274	2,336	2,316	2,366	0,004375
0,28	0,301	0,315	0,310	0,334	0,2800	2,36	2,393	2,459	2,436	2,488	0,003941
0,3	0,322	0,336	0,333	0,355	0,2439	2,5	2,533	2,601	2,577	2,631	0,003512
0,315	0,336	0,352	0,349	0,371	0,2212	2,65	2,682	2,754	2,728	2,784	0,003126
0,335	0,358	0,374	0,370	0,392	0,1956	2,8	2,831	2,907	2,878	2,938	0,002800
0,355	0,377	0,395	0,392	0,414	0,1742	3	3,030	3,110	3,078	3,142	0,002439

Lackdrahttypen: Kennbuchstaben
Drähte für mechanische Beanspruchung **Typ M**, direkt verzinnbare Drähte **Typ V**, direkt verzinnbare Backlackdrähte **Typ VB**, wärmebeständige Drähte mit Temperaturindex 155 **Typ W 155**, mit Temperaturindex 180 **Typ W 180**.

Bezeichnungsbeispiel:
Bezeichnung eines Runddrahtes aus Kupfer, lackisoliert nach Grad 1 (L), Nenndurchmesser 0,1, direkt verzinnbar (V):
    Rund DIN 46435 – L 0,1 V
oder kurz   **Rd DIN 46435 – L 0,1 V**

10.1.3. Runddrähte aus Kupfer, lackisoliert (L) und umsponnen, nach DIN 46 436 Teil 2 (1.75)

Durchmesserzunahme durch die einfache Umspinnung						Isolierstoffkennzahlen			
Iso-lierungs-Kenn-zahl	größte Durchmesserzunahme $d_3 - d_2$ bei d_1					Zahl	Isolierstoff	Zahl	Isolierstoff
	0,03 bis 0,06	> 0,06 bis 0,1	> 0,1 bis 0,3	> 0,3 bis 0,8	> 0,8 bis 1,5	> 1,5 bis 3			
1 × 52	0,035	0,035	0,035	0,4	–	–	10	Zellulosepapier	62	Zellwollgarn
1 × 60	–	0,05	0,05	0,06	0,07	–	12	stabilisiertes Zellulosepapier	63	Polyamidgarn
1 × 50	–	–	0,1	0,12	0,12	0,15	16	Polyamid-Papier	64	Polyestergarn
1 × 25	–	–	–	0,07	0,1	0,13	20	Triacetatfolie	68	Polyamidgarn (arom.)
1 × 85	–	–	–	0,07	0,07	0,12	21	Acetobutyratfolie	70	Feinglimmband
							25	Polyesterfolie	71	Träger: PETP-Folie
							27	Polyimidfolie		Feinglimmband
							29	Polytetrafluor-ethylenfolie	72	Träger: PETP-Vlies Feinglimmband
							50	Baumwollgarn	80	Träger: Glasgarn
							52	Seidengarn	83	Glasgarn ohne Lack
							55	Asbest	85	Glasgarn, Lack Kl. B
							60	Cuprogarn	88	Glasgarn, Lack Kl. F
							61	Azetatgarn	89	Glasgarn, Lack Kl. H
										Glasgarn, Lack Kl. C

Die zulässige Abweichung der größten Durchmesserzunahme beträgt bis – 10%, Ausnahme ist die Umspinnung mit Glasgarn mit – 20%.
d_1 = Durchmesser des blanken Kupferdrahtes
d_2 = Durchmesser des lackisolierten Drahtes
d_3 = Durchmesser des umsponnenen Drahtes

10.1. Runddrähte aus Kupfer

10.1.4. Runddrähte aus Kupfer (genau gezogen) nach DIN 46431 (6.70)

Nenn-durch-messer mm	zulässige Abweichung mm	Nenn-querschnitt mm²	Gewicht $\left(8{,}9\,\dfrac{kg}{dm^3}\right)$ kg/km	Widerstand[1] Ω/m
0,05		0,00196	0,0175	8,80
0,063		0,00312	0,0278	5,53
0,071	± 0,003	0,00396	0,0353	4,35
0,08		0,00503	0,0447	3,43
0,09		0,00636	0,0566	2,71
0,1		0,00785	0,0699	2,196
0,112		0,00985	0,0878	1,75
0,125		0,01227	0,109	1,402
0,14		0,01539	0,137	1,12
0,16	± 0,005	0,02011	0,179	0,8573
0,18		0,02545	0,226	0,6774
0,2		0,03142	0,280	0,5487
0,224		0,03941	0,351	0,4375
0,25		0,04909	0,437	0,3512
0,28	± 0,007	0,06158	0,548	0,2799
0,315		0,07793	0,694	0,2213
0,355		0,09898	0,882	0,1743
0,4		0,1257	1,12	0,1372
0,45		0,1590	1,42	0,1084
0,5	± 0,009	0,1964	1,75	0,0878
0,56		0,2463	2,19	0,0700
0,63		0,3117	2,78	0,0553
0,71		0,3959	3,53	0,04354
0,75		0,4418	3,93	0,03902
0,8		0,5027	4,47	0,03429
0,85	± 0,012	0,5675	5,05	0,03038
0,9		0,6362	5,66	0,02710
0,95		0,7088	6,31	0,02432
1		0,7854	6,99	0,02195
1,06		0,8825	7,86	0,01954
1,12		0,9852	8,78	0,01750
1,18	± 0,016	1,094	9,75	0,01577
1,25		1,227	10,9	0,01405
1,32		1,368	12,2	0,01260
1,4		1,539	13,7	0,01120
1,5		1,767	15,7	0,00976
1,6	± 0,020	2,011	17,9	0,00858
1,7		2,270	20,2	0,00760
1,8		2,545	22,6	0,00677
1,9		2,835	25,2	0,00608
2	± 0,025	3,142	28,0	0,00549
2,12		3,530	31,5	0,00488
2,24		3,941	35,1	0,00437
2,36		4,374	39,0	0,003941
2,5		4,909	43,7	0,003512
2,65	± 0,03	5,516	49,2	0,003126
2,8		6,158	54,8	0,002799
3		7,069	62,9	0,002439
3,15		7,793	69,5	0,002212
3,35		8,814	78,6	0,001956
3,55	± 0,04	9,898	88,2	0,001742
3,75		11,05	98,4	0,001561
4		12,57	112	0,001372
4,25		14,19	126,4	0,001215
4,5		15,9	141,7	0,001084
4,75	± 0,05	17,72	157,9	0,0009729
5		19,63	175	0,0008780
6,3	± 0,06	31,17	278	0,000553
8	± 0,08	50,27	447	0,000343
10	± 0,10	78,54	699	0,000220
12,5	± 0,12	127,7	1094	0,000141
16	± 0,16	201,1	1790	0,0000858

[1]) Gleichstromwiderstand bei 20 °C für E-Cu F 20

[2]) Wechselstrom bis 60 Hz

10.2. Sammelschienen

10.2.1. Dauerbelastbarkeit einer Sammelschiene aus Kupfer oder Aluminium

Querschnitt mm²	Abmessungen mm	Kupfer (blank) Gew. kg/m	Kupfer (blank) zul. Dauerbel.[2] A	Alum. (blank) A	Alum. (blank) Gew. kg/m
23,5	12 × 2	0,209	108	84	0,0633
29,5	15 × 2	0,262	128	100	0,0795
44,5	15 × 3	0,396	162	126	0,120
39,5	20 × 2	0,351	162	127	0,107
59,5	20 × 3	0,529	204	159	0,161
99,1	20 × 5	0,882	274	214	0,268
199	20 × 10	1,77	427	331	0,538
74,5	25 × 3	0,663	245	190	0,201
124	25 × 5	1,11	327	255	0,335
89,5	30 × 3	0,796	285	222	0,242
149	30 × 5	1,33	379	295	0,403
299	30 × 10	2,66	573	445	0,808
119	40 × 3	1,06	366	285	0,323
199	40 × 5	1,77	482	376	0,538
399	40 × 10	3,55	715	557	1,08
249	50 × 5	2,22	583	455	0,673
499	50 × 10	4,44	852	667	1,35
299	60 × 5	2,66	688	533	0,808
599	60 × 10	5,33	985	774	1,62
399	80 × 5	3,55	885	688	1,08
799	80 × 10	7,11	1240	983	2,16
499	100 × 5	4,44	1080	846	1,35
999	100 × 10	8,89	1490	1190	2,70
1500	100 × 15	–	–	1450	4,04
1200	120 × 10	10,7	1740	1390	3,24
1800	120 × 15	–	–	1680	4,86
1600	160 × 10	14,2	2220	1780	4,32
2400	160 × 15	–	–	2130	6,47
2000	200 × 10	17,8	2690	2160	5,40
3000	200 × 15	–	–	2580	8,09

Die Belastbarkeit gilt für hochkant stehende Schienen. Zwei in geringem Abstand parallel verlaufende Sammelschienen dürfen nicht mit dem 2fachen, sondern nur mit dem 1,7fachen Stromwert belastet werden.

Für gestrichene Schienen Belastung 15···20% höher; für Gleichstrom ab 100 × 10 ≈ 5% höher. Genaue Angaben siehe **DIN 43670/43671** (12.75).

10.2.2. Stromschienen mit Kreisquerschnitt

∅/Querschnitt mm/mm²	Gewicht Cu kg/m	Gewicht Al kg/m	Dauerstrom in A bei Gleich- und Wechselstrom bis 60 Hz Kupfer gestr.	Kupfer blank	Aluminium gestr.	Aluminium blank
5/19,6	0,175	0,053	95	85	75	67
8/50,3	0,447	0,136	179	159	142	124
10/78,5	0,699	0,212	243	213	193	167
16/201	1,79	0,543	464	401	370	314
20/314	2,80	0,848	629	539	504	424
32/804	7,16	2,17	1160	976	954	789
50/1960	17,5	5,30	1930	1610	1680	1360

Bei Wechselstrom gilt:
für Kupfer Hauptleitermittenabstand ≥ 2 × Durchmesser.
für Alum. Hauptleitermittenabstand ≥ 1,25 × Durchmesser.

Die **Dauerstromwerte** gelten für Stromschienen in Innenanlagen bei 35 °C Lufttemperatur und 65 °C Schienentemperatur.

10.3. Drähte für Leitungsseile

10.3.1. Drähte f. Leitungsseile nach DIN 48 200 Teil 1 (4.81/Kupfer), Teil 5 (4.81/Aluminium)

Draht-durchmesser (Zwischenwerte zul.) mm	Draht-querschnitt mm²	Aluminium Zugfestigkeit Mindestwert N/mm² vor dem Verseilen	Aluminium Zugfestigkeit Mindestwert N/mm² nach dem Verseilen	Aluminium Gleichstromwiderstand Größtwert Ω/km	Aluminium Gewicht (2,7 kg/dm³) kg/km ≈	Kupfer Zugfestigkeit Mindestwert N/mm² vor dem Verseilen	Kupfer Zugfestigkeit Mindestwert N/mm² nach dem Verseilen	Kupfer Gleichstromwiderstand Größtwert Ω/km	Kupfer Gewicht (8,9 kg/dm³) kg/km ≈
1,35	1,43	–	–	–	–	422	392	12,48	12,7
1,5	1,77	193	183	15,99	4,8	422	392	10,11	15,7
1,75	2,41	188	179	11,75	6,5	422	392	7,41	21,5
2	3,14	184	176	9,00	8,5	422	392	5,69	28,0
2,25	3,98	181	172	7,11	10,7	422	392	4,49	35,4
2,5	4,91	177	168	5,76	13,3	422	392	3,64	43,7
2,75	5,94	173	164	4,76	16,0	422	392	3,01	52,9
3	7,07	169	160	4,00	19,1	422	392	2,53	62,9
3,25	8,30	166	157	3,41	22,4	422	392	2,15	73,8
3,5	9,62	164	156	2,94	26,0				
3,75	11,04	162	154	2,56	29,8				
4	12,57	160	152	2,25	33,9				
4,25	14,19	160	152	1,99	38,3				
4,5	15,90	159	151	1,78	42,9				

Werkstoffe: Reinaluminium für die Elektrotechnik (E-Al) mit einer Leitfähigkeit von mindestens 35,38 m/Ω · mm²; Kupfer für die Elektrotechnik (E-Cu) mit einer Leitfähigkeit von mindestens 56 m/Ω · mm².

Drähte aus anderen Werkstoffen:
DIN 48 200 Teil 2: Kupfer-Knetlegierungen (BZ)
DIN 48 200 Teil 3: Stahl
DIN 48 200 Teil 6: El-AlMgSi
DIN 48 200 Teil 7: Staku
DIN 48 200 Teil 8: aluminium-ummantelter Stahl

Die **Toleranzen der Drahtdurchmesser** betragen: Durchmesser bis 3 mm, Toleranz ± 0,03 mm, Durchmesser über 3 mm, Toleranz ± 0,04 mm.

Der Gleichstrom-Widerstandswert ist für den Drahtquerschnitt errechnet worden, wobei die Mindestleitfähigkeiten zugrunde liegen. Für Abweichungen vom Drahtdurchmesser sind die Werte entsprechend umzurechnen.

10.3.2. Drähte für Fernmeldefreileitungen nach DIN 48 300 (4.81)

Durchmesser mm	zul. Abw.	Nennquerschnitt mm²	Zugfestigkeit (Mindestwert) N/mm² St I	St II	St III	St IV	Gewicht (etwa) kg/km	Gleichstromwiderstandsbelag (Höchstwert) Ω/km St I	St II bis IV	Zinküberzug Flächengewicht g/m²
1. Stahldrähte			St I	St II	St III	St IV		St I	St II bis IV	
2	± 0,04	3,14					24,5	45,48	63,69	210
3	± 0,04	7,07	383	677	1285	1540	55,15	20,20	28,29	240
4	± 0,06	12,57					98,1	11,36	15,91	260
5	± 0,06	19,63					153,1	7,28	10,19	275
2. Bronzedrähte			Bz I	Bz II	Bz III		Bz I	Bz II	Bz III	
1,5	± 0,05	1,77	520	667	726		15,8	11,77	15,69	31,38
2	± 0,05	3,14	520	647	726		27,9	6,63	8,65	17,69
2,5	± 0,05	4,91	520	608	726		43,7	4,24	5,66	11,31
3	± 0,05	7,07	510	589	706		62,9	2,95	3,93	7,86
3,5	± 0,05	9,62	510	589	687		85,6	2,17	2,89	5,78
4	± 0,05	12,57	500	589	677		111,9	1,66	2,21	4,42
4,5	± 0,05	15,90	491	569	657		141,5	1,31	1,75	3,49
5	± 0,05	19,63	491	549	647		174,7	1,06	1,42	2,83
3. Kupferdrähte			E-Cu							
1,5	± 0,03	1,77	441				15,8	10,09		
2	± 0,03	3,14	441				27,9	5,69		
2,5	± 0,03	4,91	441				43,7	3,64		
3	± 0,03	7,07	432				62,9	2,53		
3,5	± 0,04	9,62	422				85,6	1,86		
4	± 0,04	12,57	422				111,9	1,42		
4,5	± 0,05	15,90	412				141,5	1,12		
5	± 0,05	19,63	412				174,7	0,91		

Mindestleitfähigkeiten in m/Ω · mm²
St I — 7
St II, III, IV — 5
Bz I — 48
Bz II — 36
Bz III — 18
E-Cu — 56

Bezeichnung eines Drahtes von 2 mm Durchmesser aus
St III: Dr DIN 48300-2 – St III
Bz I: Dr DIN 48300-2 – Bz I
E-Cu: Dr DIN 48300-2 – E-Cu

10.4. Leitungsseile

10.4.1. Aluminium-Stahl-Leitungsseile nach DIN 48 204 (7.74)

Querschnitt		Seil-durch-messer	Ge-wicht (etwa)	Rech-nerische Bruch-kraft[1]	Max. Dauer-strom[2]	Aluminium-Anteil				Stahl-Anteil			
						Drähte		Mantel		Drähte		Kern	
Nenn-wert	Soll-wert					An-zahl	Durch-messer	Draht-lagen-anzahl	Quer-schnitt	An-zahl	Durch-messer	Durch-messer	Quer-schnitt
mm²	mm²	mm	kg/m	N	A		mm		mm²		mm	mm	mm²
16/2,5	17,85	5,4	62	5950	90	6	1,8	1	15,3	1	1,8	–	2,55
25/4	27,8	6,8	97	9200	125	6	2,25	1	23,8	1	2,25	–	4
35/6	40	8,1	140	12650	145	6	2,7	1	34,3	1	2,7	–	5,7
44/32	75,7	11,2	372	45000	–	14	2	1	44	7	2,4	7,2	31,7
50/8	56,3	9,6	196	17100	170	6	3,2	1	48,3	1	3,2	–	8
50/30	81	11,7	378	43800	–	12	2,33	1	51,2	7	2,33	6,99	29,8
70/12	81,3	11,7	284	26800	290	26	1,85	2	69,9	7	1,44	4,32	11,4
95/15	109,7	13,6	383	35750	350	26	2,15	2	94,4	7	1,67	5,01	15,3
95/55	152,8	16	712	79350	–	12	3,2	1	96,5	7	3,2	9,6	55,5
105/75	181,5	17,5	891	108450	–	14	3,1	1	105,7	19	2,25	11,25	75,5
120/20	141,4	15,5	494	45650	410	26	2,44	2	121,6	7	1,9	5,7	19,8
120/70	193,3	18	901	100000	–	12	3,6	1	122	7	3,6	10,8	71,3
125/30	157,7	16,1	591	57600	425	30	2,33	2	127,9	7	2,33	6,99	29,8
150/25	173,1	17,1	605	55250	470	26	2,7	2	148,9	7	2,1	6,31	24,2
170/40	211,9	18,9	794	76750	520	30	2,7	2	171,8	7	2,7	8,1	40,1
185/30	213,6	19	746	66200	535	26	3	2	183,8	7	2,33	6,99	29,8
210/35	243,2	20,3	850	74900	590	26	3,2	2	209,1	7	2,49	7,47	34,1
210/50	261,6	21	981	93900	610	30	3	2	212,1	7	3	9	49,5
230/30	260,7	21	877	73100	630	26	3,5	2	230,9	7	2,33	6,99	29,8
240/40	282,5	21,9	987	86400	645	26	3,45	2	243	7	2,68	8,04	39,5
265/35	297,8	22,4	1002	83050	680	24	3,74	2	263,7	7	2,49	7,47	34,1
300/50	353,7	24,5	1236	107000	740	26	3,86	2	304,3	7	3	9	49,8
305/40	344,1	24,1	1160	99400	740	54	2,68	3	304,6	7	2,68	8,04	39,5
340/30	369,1	25	1180	92900	790	48	3	3	339,3	7	2,33	6,99	29,5
380/50	431,5	27	1453	123100	840	54	3	3	382	7	3	9	49,5
385/35	420,1	26,7	1344	104800	850	48	3,2	3	386	7	2,49	7,47	34,1
435/55	490,6	28,8	1653	136450	900	54	3,2	3	434,3	7	3,2	9,6	56,3
450/40	488,2	28,7	1561	120750	920	48	3,45	3	448,7	7	2,68	8,04	39,5
490/65	553,9	30,6	1866	153100	960	54	3,4	3	490,3	7	3,4	10,2	63,6
495/35	528,2	29,9	1646	121860	985	45	3,74	3	494,1	7	2,49	7,47	34,1
510/45	555,5	30,7	1778	136650	995	48	3,68	3	510,2	7	2,87	8,61	45,3
550/70	621,3	32,4	2092	170600	1020	54	3,6	3	550	7	3,6	10,8	71,3
560/50	611,2	32,2	1954	148950	1040	48	3,86	3	561,7	7	3	9	49,5
570/40	610,7	32,2	1888	136200	1050	45	4,02	3	571,2	7	2,68	8,04	39,5
650/45	698,8	34	2171	155500	1120	45	4,3	3	653,5	7	2,87	8,61	45,3
680/85	764,6	36	2566	206250	1150	54	4	3	678,6	19	2,4	12	86
1045/45	1090,9	43	3251	217600	1580	72	4,3	4	1045,7	7	2,87	8,61	45,3

10.4.2. Leitungsseile nach DIN 48 201 Teil 1 (4.81/Kupfer), Teil 5 (4.81/Aluminium)

Querschnitt		Einzeldrähte		Seil-durch-messer	Aluminium			Kupfer		
Nenn-wert	Soll-wert	An-zahl	Durch-messer		Gewicht	Rechner. Bruch-kraft	Max. Dauer-strom[2]	Gewicht	Rechner. Bruch-kraft	Max. Dauer-strom[2]
mm²	mm²		mm	mm	kg/km	kN	A	kg/km	kN	A
10	10,02	7	1,35	4,1	–	–	–	90	4,02	90
16	15,89	7	1,7	5,1	43	2,84	110	143	6,37	125
25	24,25	7	2,1	6,3	66	4,17	145	218	9,72	160
35	34,36	7	2,5	7,5	94	5,78	180	310	13,77	200
50	49,48	7	3	9,0	135	7,94	225	446	19,84	250
50	48,35	19	1,8	9,0	133	8,45	225	437	19,38	250
70	65,81	19	2,1	10,5	181	11,32	270	596	26,38	310
95	93,27	19	2,5	12,5	256	15,68	340	845	37,39	380
120	116,99	19	2,8	14,0	322	18,78	390	1060	46,90	440
150	147,11	37	2,25	15,8	406	25,30	455	1337	58,98	510
185	181,62	37	2,5	17,5	500	30,54	520	1649	72,81	585
240	242,54	61	2,25	20,3	670	39,51	625	2209	97,23	700
300	299,43	61	2,5	22,5	827	47,70	710	2725	120,04	800
400	400,14	61	2,89	26,0	1104	60,86	855	3640	160,42	960
500	499,83	61	3,23	29,1	1379	74,67	990	4545	200,38	1110
625	626,10	91	2,96	32,6	1732	95,25	1140	And. Werkst. n. DIN 48 201: Bronze (T 2), Stahl (T 3), Aldrey (T 6), Staku (T 7).		
800	802,09	91	3,35	36,9	2218	118,39	1340			
1000	999,71	91	3,74	41,1	2767	145,76	1540			

[1]) Gilt für St III.   [2]) Bis 60 Hz, 0,6 m/s Windgeschwindigkeit und Sonneneinwirkung, Umgebungstemperatur 35 °C, Seil-Endtemperatur 80 °C bei Al und 70 °C bei Cu (in ruhender Luft Werte um 30% herabsetzen).

10.5. Freileitungen

10.5.1. Grenzspannweiten für Leitungsseile für gleichhohe Aufhängepunkte nach VDE 0211 (2.70)

1. Für Freileitungen außerhalb Kreuzungsfeld
(Kreuzungen mit: Wasserstraßen, Fernmeldefreileitungen)

Nenn-querschnitt mm²	Zul. Spannweite in m			Nenn-querschnitt mm²	Seile aus Al/St (6:1)
	Kupfer	Alu-min.	Al-drey		
25	280	75	200	25/4	180
35	430	110	285	35/6	275
50	530	165	420	50/8	430
70	610	235	590	70/12	680
95	705	380	900	95/15	815
120	770	530	1080	120/20	930

2. Für Freileitungen im Kreuzungsfeld
(Bahnen, Seilbahnen, O-Bus-Linien)

Nenn-querschnitt mm²	Zul. Spannweite in m			Nenn-querschnitt mm²	Seile aus Al/St (6:1)
	Kupfer	Alu-min.	Al-drey		
25	115	35	100	25/4	80
35	170	50	140	35/6	120
50	280	70	200	50/8	170
70	470	100	275	70/12	200
95	600	145	395	95/15	380
120	650	185	505	120/20	545

Zul. Mindestquerschnitte und zul. Höchstzugspannungen für Starkstrom-Freileitungen

Leiterwerkstoff	Mindestquerschnitt in mm²				Höchstzugspannungen in N/mm²
	Leitungen bis 1 kV VDE 0211 (2. 70)		Leitungen über 1 kV VDE 0210 (5. 69)		
	eindrähtig	Seile	eindrähtig	Seile	
Kupfer Cu	10	10		25	eindrähtig: 118 Seile: 172
Bronze Bz	—	—	dürfen nicht verwendet werden	16	Bz I: 231; Bz II: 289; Bz III: 358
Stahl St	—	—		25	St I: 157; St II: 275; St III: 441; St IV: 540
Aluminium Al	—	25		50	69
E-AlMgSi (Aldrey)	—	25		35	137
Al/St (6:1)	—	16/2,5		35/6	118
E-AlMgSi/St (6:1)	—	—		25/4	172

10.5.2. Dauerstrombelastbarkeit für Freileitungen nach DIN 48 201 T 1···7 (4.81)

Nenn-querschnitt mm²	Dauerstrombelastbarkeit¹) in A bei									
	Cu	Al	E-AlMgSi	Bz I	Bz II	Bz III	alum.-umm. Stahl	Staku I/30	Staku I/40	Staku II/30	Staku II/40
6	—	—	—	—	—	—	—	40	45	36	42
10	90	—	—	85	75	50	—	56	61	51	59
16	125	110	105	115	100	70	—	75	84	70	80
25	160	145	135	150	130	90	65	95	105	90	100
35	200	180	170	185	160	115	80	119	140	112	127
50	250	225	210	235	200	145	115	150	167	140	157
70	310	270	255	285	245	175	135	180	200	170	193
95	380	340	320	355	305	215	170	227	250	213	244
120	440	390	365	410	350	250	195	260	290	244	280
150	510	455	425	470	410	290	225				
185	585	520	490	540	465	330	255				
240	700	625	585	645	560	395	310				
300	800	710	670	735	635	450	355				
400	960	855	810	890	765	540					
500	1110	990	930	1020	880	625					
625	—	1140	1075	—	—	—					
800	—	1340	1255	—	—	—					
1000	—	1540	1450	—	—	—					

¹) Richtwerte gültig bis 60 Hz bei Windgeschwindigkeit 0,6 m/s und Sonneneinwirkung für Umgebungs-Ausgangs-Temperatur 35 °C und Leitungsseil-Endtemperatur 70 °C (bei Cu und Bz) bzw. 80 °C (bei allen anderen). Für besondere Fälle bei ruhender Luft die Werte im Mittel um 30% herabsetzen.

10.5.3. Mindestdurchhang von Kupferfreileitungen

für Niederspannung in Ortsnetzen

Bei verschiedenen Querschnitten auf dem gleichen Gestänge ist der Durchhang des stärksten Querschnittes für alle Querschnitte zu wählen.

Querschnitt in mm²	Temperatur								
	+ 10 °C			+ 25 °C			− 10 °C		
	Spannweite in m								
	20	35	50	20	35	50	20	35	50
	Durchhang in cm								
6 bis 25	25	40	70	25	50	80	15	25	50
35	35	50	75	40	60	85	25	35	55
50	45	60	80	50	70	90	35	45	60
70	55	70	90	60	80	100	45	55	70
95	65	80	100	70	90	110	55	65	80

10.6. Drähte aus Widerstandslegierungen

10.6.1. Runddrähte aus Widerstandslegierungen, blank, nach DIN 46 461 (8.74)

Nenn-durch-messer mm	Nenn-quer-schnitt mm²	Gleichstrom-Widerstand je Meter bei 20 °C (Ω/m)									
		CuMn12Ni			CuNi44			CuNi30Mn			CuMn3			CuMn12NiAl	
		Nenn-wert	zul. Abw. %		Nenn-wert	zul. Abw. %		Nenn-wert	zul. Abw. %		Nenn-wert	zul. Abw. %		Nenn-wert	Zul. Abw. %
0,02	0,000314	1370			1560			1270			–			–	
0,022	0,000380	1130	± 10		1290	± 10		1050	± 10		–			–	–
0,25	0,000490	876			998			815			–			–	
0,028	0,000616	698			796			650			–			–	
(0,03)	0,000707	608			693			566			–			–	
0,032	0,000804	535			609			497			–			–	
0,036	0,001018	422			481			393			–			–	
0,04	0,001257	342			390			318			–			–	
0,045	0,001590	270			308			252			–			–	
0,05	0,001964	219			249			204			63,6			–	
0,056	0,002463	175			199			162			50,8			–	
(0,06)	0,002827	152	± 8		173	± 8		141	± 8		44,2	± 8		–	–
0,063	0,003117	138			157			128			40,1			–	
(0,07)	0,003848	112			127			104			32,5			–	
0,071	0,003959	109			124			101			31,6			–	
0,08	0,005027	85,5			97,5			79,6			24,9			–	
0,09	0,006362	67,6			77,0			62,9			19,6			–	
0,1	0,007854	54,7			62,4			50,9			15,9			–	
(0,11)	0,009503	45,2			51,6			42,1			13,1			–	
0,112	0,009852	43,6			49,7			40,6			12,7			–	
(0,12)	0,01131	38,0			43,3			35,4			11,0			–	
0,125	0,01227	35,0			39,9			32,6			10,2			–	
(0,13)	0,01327	32,4	± 7		36,9	± 7		30,1	± 7		9,42	± 7		–	–
0,14	0,01539	27,9			31,8			26,0			8,12			–	
(0,15)	0,01767	24,3			27,7			22,6			7,07			–	
0,16	0,02011	21,4			24,4			19,9			6,22			–	
0,18	0,02545	16,9			19,3			15,7			4,91			–	
0,2	0,03142	13,7			15,6			12,7			3,98			–	
(0,22)	0,03801	11,3			12,9			10,5			3,29			–	
0,224	0,03941	10,9	± 6		12,4	± 6		10,1	± 6		3,17	± 6		–	–
0,25	0,04909	8,76			9,98			8,15			2,55			–	
0,28	0,06158	6,98			7,96			6,50			2,03			–	
(0,3)	0,07069	6,08			6,93			5,66			1,77			–	
0,315	0,07793	5,52			6,29			5,13			1,60			–	
(0,32)	0,08042	5,35			6,09			4,97			1,55			–	
(0,35)	0,09621	4,47			5,09			4,16			1,30			–	
0,355	0,09898	4,34	± 5		4,95	± 5		4,04	± 5		1,26	± 5		–	–
0,4	0,1257	3,42			3,90			3,18			0,994			–	
0,45	0,1590	2,70			3,08			2,52			0,786			–	
0,5	0,1964	2,19			2,49			2,04			0,636			–	
(0,55)	0,2376	1,81			2,06			1,68			0,526			2,10	
0,56	0,2463	1,75			1,99			1,62			0,508			2,03	
(0,6)	0,2827	1,52			1,73			1,41			0,442			1,77	
0,63	0,3117	1,38	± 4		1,57	± 4		1,28	± 4		0,401	± 4		1,60	± 4
(0,65)	0,3318	1,30			1,48			1,21			0,377			1,51	
(0,7)	0,3848	1,12			1,27			1,04			0,325			1,30	
0,71	0,3959	1,09			1,24			1,01			0,316			1,26	
0,75	0,4418	0,973			1,11			0,905			0,283			1,13	
0,8	0,5027	0,855			0,975			0,796			0,249			0,995	
0,85	0,5675	0,758			0,863			0,705			0,220			0,881	
0,9	0,6362	0,676			0,770			0,629			0,196			0,786	
0,95	0,7088	0,607			0,691			0,564			0,176			0,705	
1	0,7854	0,547	± 4		0,624	± 4		0,509	± 4		0,159	± 4		0,637	± 4
(1,1)	0,9503	0,452			0,516			0,421			0,132			0,526	
1,12	0,9852	0,436			0,497			0,406			0,127			0,508	
(1,2)	1,131	0,380			0,433			0,354			0,111			0,442	
1,25	1,227	0,350			0,399			0,326			0,102			0,407	
1,4	1,539	0,279			0,318			0,260			0,0812			0,325	
1,5	1,767	0,243	± 4		0,277	± 4		0,226	± 4		0,0707	± 4		0,283	± 4
1,6	2,011	0,214			0,244			0,199			0,0622			0,249	
1,8	2,545	0,169			0,193			0,157			0,0491			0,196	

10.6. Drähte aus Widerstandslegierungen

Fortsetzung: Runddrähte aus Widerstandslegierungen, blank

Nenn-durchm. mm	Nenn-quer-schnitt mm²	Gleichstrom-Widerstand je Meter bei 20 °C (Ω/m)								
		CuMn12Ni		CuNi44		CuNi30Mn		CuMn3		CuMn12NiAl
		Nenn-wert	zul. Abw. %	Nenn-wert	zul. Abw. %	Nenn-wert	zul. Abw. %	Nenn-wert	zul. Abw. %	Nenn-wert	zul. Abw. %
2	3,142	0,137		0,156		0,127		0,0398		0,159	
(2,2)	3,801	0,113	± 4	0,129	± 4	0,105	± 4	0,0329	± 4	0,132	± 4
2,24	3,941	0,109		0,124		0,101		0,0317		0,127	
2,5	4,909	0,0876		0,0998		0,0815		0,0255		0,102	
2,8	6,158	0,0698		0,0796		0,0650		0,0203		0,0812	
3	7,069	0,0608		0,0693		0,0566		0,0177		0,0707	
3,15	7,793	0,0552	± 4	0,0629	± 4	0,0513	± 4	0,0160	± 4	0,0642	± 4
(3,2)	8,042	0,0535		0,0609		0,0497		0,0155		0,0622	
(3,5)	9,621	0,0447		0,0509		0,0416		0,0130		0,0520	
3,55	9,898	0,0434		0,0495		0,0404		0,0126		0,0505	
4	12,57	0,0342		0,0390		0,0318		0,00994		0,0398	
4,5	15,90	0,0270		0,0308		0,0252		0,00786		0,0314	
5	19,64	0,0219		0,0249		0,0204		0,00637		0,0255	
(5,5)	23,76	0,0181	± 4	0,0206	± 4	0,0168	± 4	0,00526	± 4	0,0210	± 4
5,6	24,63	0,0175		0,0199		0,0162		0,00508		0,0203	
6	28,27	0,0152		0,0173		0,0141		0,00442		0,0177	
6,3	31,17	0,0138		0,0157		0,0128		0,00401		0,0160	

Spezifische elektrische Widerstände und Temperaturkoeffizienten (Lieferzustand)

Werkstoff	Werkstoff-nummer DIN 17471	spezifischer Widerstand Ω · mm²/m	Temperaturkoeffizient α des Gleichstromwiderstands zwischen 20 °C und 50 °C 10^{-6}/K	zwischen 20 °C und 105 °C 10^{-6}/K
CuMn12Ni	2.1362	0,43	−10 bis +10	−
CuNi44	2.0842	0,49	−	−80 bis +40
CuNi30Mn	2.0890	0,40	−	+80 bis +180[1]
CuMn3	2.1356	0,125	−	+280 bis +380[1]
CuMn12NiAl	2.1365	0,50	−	−50 bis +50[1]

10.6.2. Strombelastbarkeit blanker Widerstandsdrähte

Quer-schnitt mm²	Durch-messer mm	Dauerbetrieb		Widerstandsdrähte (Konstantan)					
				Kranbetrieb (Kontroller)		Anlasser mit Luftkühlung		Anlasser mit Ölkühlung	
		A	A/mm²	A	A/mm²	A	A/mm²	A	A/mm²
0,0078	0,1	0,077	9,9	0,13	17	0,19	24	0,35	45
0,0314	0,2	0,24	7,6	0,4	13	0,58	18	1,1	34
0,0707	0,3	0,47	6,7	0,8	11	1,1	16	2,1	30
0,126	0,4	0,76	6,0	1,3	10	1,8	14	3,4	27
0,196	0,5	1,1	5,6	1,9	10	2,6	13	5	25
0,283	0,6	1,5	5,3	2,6	9	3,6	13	7	24
0,385	0,7	1,9	5,0	3,3	8,5	4,5	12	9	22
0,503	0,8	2,4	4,8	4,1	8,3	5,7	11,5	11	22
0,636	0,9	2,9	4,6	5	8	7	11	13	21
0,785	1,0	3,5	4,4	6	7,6	8,5	10,5	16	20
0,95	1,1	4,1	4,3	7	7,4	10	10	18	20
1,13	1,2	4,7	4,1	8	7	11,5	10	21	18
1,33	1,3	5,4	4,0	9,3	7	13	9,5	24	18
1,54	1,4	6,2	4,0	10,5	7	15	9,5	28	18
1,77	1,5	6,9	3,9	12	6,8	17	9,5	31	18
2,01	1,6	7,6	3,8	13,5	6,6	18	9	34	17
2,27	1,7	8,5	3,7	15	6,5	20	8,8	39	17
2,54	1,8	9,3	3,6	16	6,3	22	8,6	42	16
2,84	1,9	10,2	3,6	17,5	6,2	24	8,6	46	16
3,14	2,0	11,1	3,5	19	6	27	8,4	50	16
3,80	2,2	13,0	3,4	22,4	5,9	31	8,2	58	15,3
4,91	2,5	16,1	3,3	28	5,7	39	8,0	70	15
6,16	2,8	19,5	3,2	33,5	5,4	46	7,5	88	14,2
7,07	3,0	21,3	3,0	37	5,2	50	7,0	95	13,5
8,55	3,3	25,6	3,0	44	5,1	60	7,0	115	13,5
9,62	3,5	28,2	2,9	50	5	70	7,0	130	13

[1] Unverbindliche Richtwerte.

10.6. Drähte aus Widerstandslegierungen

10.6.3. Wickeldrähte, Runddrähte aus Nickel-Widerstandslegierungen, blank, nach DIN 46463 (5.81)

Durch-messer mm	Quer-schnitt mm²	Längenbezogener Gleichstromwiderstand bei 20 °C in Ω/m						Gewicht kg/km		
		NiCr 80 20		NiCr 60 15		NiCr 20 AlSi		NiCr 80 20	NiCr 60 15	NiCr 20 AlSi
		Nennwert	zul. Abw.	Nennwert	zul. Abw.	Nennwert	zul. Abw.			
0,01	0,00007854	13800	± 10%	14100	± 10%	16800	± 10%	0,000652	0,000644	0,000630
0,011	0,00009503	11400		11700		13900		0,000789	0,000779	0,000762
0,013	0,0001327	8140		8360		9950		0,00110	0,00109	0,00107
0,014	0,0001539	7020		7210		8570		0,00128	0,00126	0,00123
0,016	0,0002011	5370		5520		6570		0,00167	0,00165	0,00161
0,018	0,0002545	4240		4360		5190		0,00211	0,00209	0,00204
0,02	0,0003142	3440	± 8%	3530	± 8%	4200	± 8%	0,00261	0,00258	0,00252
0,022	0,0003801	2840		2920		3470		0,00316	0,00312	0,00305
0,025	0,0004909	2200		2260		2690		0,00407	0,00403	0,00394
0,028	0,0006168	1750		1800		2140		0,00511	0,00505	0,00494
(0,03)	0,0007069	1530		1570		1870		0,00587	0,00580	0,00567
0,032	0,0008042	1340		1380		1640		0,00668	0,00660	0,00645
0,036	0,001018	1060	± 8%	1090	± 8%	1300	± 8%	0,00845	0,00835	0,00816
0,04	0,001257	859		883		1050		0,0104	0,0103	0,0101
0,045	0,001590	679		698		830		0,0132	0,0130	0,0128
0,05	0,001964	550		565		672		0,0163	0,0161	0,0158
0,056	0,002463	438		451		536		0,0204	0,0202	0,0198
(0,06)	0,002827	382		393		467		0,0235	0,0232	0,0227
0,063	0,003117	346	± 8%	356	± 8%	423	± 8%	0,0259	0,0256	0,0250
0,071	0,003959	273		280		333		0,0329	0,0325	0,0318
0,08	0,005027	215		221		263		0,0417	0,0412	0,0403
0,09	0,006362	170		174		207		0,0528	0,0522	0,0510
0,1	0,007854	138		141		168		0,0652	0,0644	0,0630
0,112	0,009852	110	± 5%	113	± 5%	134	± 5%	0,0818	0,0808	0,0790
0,125	0,01227	88,0		90,5		108		0,102	0,101	0,0984
0,14	0,01539	70,2		72,1		85,7		0,128	0,126	0,123
(0,15)	0,01767	61,1		62,8		74,7		0,147	0,145	0,142
0,16	0,02011	53,7	± 5%	55,2	± 5%	65,7	± 5%	0,167	0,165	0,161
0,18	0,02545	42,4		43,6		51,9		0,211	0,209	0,204
0,2	0,03142	34,4		35,3		42,0		0,261	0,258	0,252
0,224	0,03941	27,4		28,2		33,5		0,327	0,323	0,316
0,25	0,04909	22,0		22,6		26,9		0,407	0,403	0,394
0,28	0,06158	17,5	± 5%	18,0	± 5%	21,4	± 5%	0,511	0,505	0,494
(0,3)	0,07069	15,3		15,7		18,7		0,587	0,580	0,567
0,315	0,07793	13,9		14,2		16,9		0,647	0,639	0,625
0,355	0,09898	10,9		11,2		13,3		0,822	0,812	0,794
0,4	0,1257	8,59		8,83		10,5		1,04	1,03	1,01
0,45	0,1590	6,79		6,98		8,30		1,32	1,30	1,28
0,5	0,1964	5,50	± 5%	5,65	± 5%	6,72	± 5%	1,63	1,61	1,58
0,56	0,2463	4,38		4,51		5,36		2,04	2,02	1,98
(0,6)	0,2827	3,82		3,93		4,67		2,35	2,32	2,27
0,63	0,3117	3,46		3,56		4,23		2,59	2,56	2,50
0,71	0,3959	2,73		2,80		—		3,29	3,25	—
0,8	0,5027	2,15	± 5%	2,21	± 5%	—		4,17	4,12	—
0,9	0,6362	1,70		1,75		—		5,28	5,22	—
1	0,7854	1,38		1,41		—		6,52	6,44	—

Werkstoff	Spezifischer elektrischer Widerstand bei 20 °C Ω · mm²/m	Temperatur-Koeffizient des Gleichstrom-widerstands zwischen 20 °C und 105 °C 10^{-6}/K
NiCr 80 20	≈ 1,08	+ 50 bis + 150
NiCr 60 15	≈ 1,11	+ 100 bis + 200
NiCr 20 AlSi	≈ 1,32	− 50 bis + 50[1]

[1]) Für Präzisionswiderstände für NiCr 20 AlSi auch zwischen + 10 und − 10 · 10^{-6}.

10.7. Kennzeichnung blanker und isolierter Leitungen

10.7.1. Farben und Farbkurzzeichen für Kabel und isolierte Leitungen nach DIN 47 002 (9.73)

Farbe	Kurzzeichen	Farben nach RAL-Farbregister 840 HR	
blau[1]	bl	RAL 5015	Für ungefärbte Massen wird die Bezeichnung **naturfarben** mit dem Kurzzeichen **nf** verwendet. Für **glasklar** steht das Kurzzeichen **gk** und für **transparent** das Kurzzeichen **tr**.
braun	br	RAL 8003	
gelb	ge	RAL 1021	[1] In harmonisierten Bestimmungen der Starkstromtechnik z. Z. mit hellblau (hbl) bezeichnet.
grau[2]	gr	RAL 7000	
grau[2]	gr	RAL 7032	[2] RAL 7000 für Adern, Schaltdrähte, Litzen; RAL 7032 für Mäntel und Schutzhüllen der Nachrichtentechnik; RAL 7035 für Mäntel und Schutzhüllen der Starkstromtechnik.
grau[2]	gr	RAL 7035	
grün	gn	RAL 6018	
orange	or	RAL 2003	
rosa	rs	RAL 3015	
rot	rt	RAL 3000	Sind Adern **mehrfarbig**, so werden die Kurzzeichen der einzelnen Farben direkt aneinandergereiht, beispielsweise **grüngelb = gnge**.
schwarz	sw	RAL 9005	
türkis	tk	RAL 6027	
violett	vi	RAL 4005	
weiß	ws	RAL 1013	

10.7.2. Kennzeichnung isolierter und blanker Leiter nach DIN 40 705 (2.80)

Leiterbezeichnung		Kennzeichnungen			Bemerkungen
		alphanumerisch	Bildzeichen	Farbe	
Gleichstromnetz	Positiv	L+	+	[1]	[1] Farbkennzeichnung nicht festgelegt.
	Negativ	L–	–	[1]	[2] Ist kein Mittelleiter vorhanden, kann der hellblaue Leiter in einem mehradrigen Kabel auch für andere Zwecke, jedoch nicht für den Schutzleiter, verwendet werden.
	Mittelleiter	M		hellblau[2]	
Wechselstromnetz	Außenleiter 1	L 1		[1]	[3] Diese Farbkennzeichnung darf für keinen anderen Zweck verwendet werden.
	Außenleiter 2	L 2		[1]	Einadrige isolierte Leiter bei Innenverdrahtungen von Geräten sollten vorzugsweise schwarz ausgeführt werden. Ist nur eine zusätzliche Farbe für die individuelle Kennzeichnung von getrennten Leitergruppen erforderlich, sollte braun bevorzugt werden.
	Außenleiter 3	L 3		[1]	
	Mittelleiter	N		hellblau[2]	
Schutzleiter		PE	⏚	grüngelb[3]	**Frühere Aderkennzeichnung:** Als Mittel- oder Nulleiter wurde bei Leitungen oder Kunststoffkabeln die hellgraue Ader, bei papierisolierten Kabeln die naturfarbene Ader verwendet. Als Schutzleiter wurde bei allen Leitungen und Kabeln ohne konzentrischen Leiter die rote Ader verwendet.
Neutralleiter mit Schutzfunktion		PEN	⏚	grüngelb[3]	
Erde		E	⏚	[1]	
Fremdspannungsarme Erde		TE		[1]	

10.7.3. Aderkennzeichnung von isolierten Starkstromleitungen nach VDE 0293 (11.83)

Anzahl der Adern	Leitungen **mit** grüngelb gekennzeichneter Ader (Kurzzeichen J)	Leitungen **ohne** grüngelb gekennzeichnete Ader (Kurzzeichen O)	Bemerkungen
	Leitungen für feste Verlegung		
2	–	sw/hbl	Für **einadrige Leitungen** sind außer den Farben grüngelb und hellblau keine bestimmten Farben vorgesehen. Die Farbe der Ader von einadrigen ummantelten Leitungen ist stets schwarz.
3	gnge/sw/hbl	sw/hbl/br	
4	gnge/sw/hbl/br	sw/hbl/br/sw	
5	gnge/sw/hbl/br/sw	sw/hbl/br/sw/sw	**Vieladrige Leitungen mit Gummiisolierung** dürfen auch eine grüngelb gekennzeichnete und eine hellblaue Ader oder eine hellblaue und eine braune Ader aufweisen. Sind weitere Lagen vorhanden, befindet sich in jeder eine braune Ader; alle übrigen Adern in allen Lagen sind gleichfarbig, aber nicht grün, gelb, hellblau oder braun.
	Leitungen zum Anschluß ortsveränderlicher Stromverbraucher		
	Leitungen **mit** grüngelb gekennzeichneter Ader (harmonisiert)	Leitungen **ohne** grüngelb gekennzeichnete Ader (noch nicht harmonisiert)	
2	–	br/hbl	Die Kennzeichnung der **Leitungen mit mehr als 5 Adern** erfolgt durch Ziffern. Die Bedruckung der Isolierhüllen besteht aus sich wiederholenden Kennzeichen, die längs der Ader in regelmäßigen Abständen aufgebracht sind. Jedes Kennzeichen besteht aus einer Nummer (jeweils mit 1 beginnend) und einem Strich, der die Leserichtung bezeichnet.
3	gnge/br/hbl	sw/hbl/br	
4	gnge/sw/hbl/br	sw/hbl/br/sw	
5	gnge/sw/hbl/br/sw	sw/hbl/br/sw/sw	
6	gnge/weitere Adern sw mit Zahlenaufdruck, fortlaufend von innen beginnend mit 1, gnge in Außenlage	Adern sw mit Zahlenaufdruck, fortlaufend von innen beginnend mit 1	

10.8. Isolierte Starkstromleitungen

10.8.1. Isolierte Starkstromleitungen nach VDE 0250

Bauart	Bauartkurz-zeichen	Nenn-spannung U_0/U V	Ader-anzahl	Leiterquer-schnitt, Leiteraufbau[1] mm²	Verwendung
					Leitungen für feste Verlegung
PVC-Verdrahtungsleitungen erhöhter Wärmebeständig-keit (90 °C)	NYFAW NYFAFW NYFAZW	220/380	1 1 2	0,5···2,5 e 0,5···1 f 0,5···0,75 f	Für d. Einsatz bei Umgebungstemperaturen über 55 °C, innere Verdrahtung v. Leuchten, Wärmegeräten bis höchstens 105 °C.
Gummiaderleitungen mit erhöhter Wärmebeständig-keit (120 °C)	N4GA N4GAF	450/750	1	0,5···16 e 16···95 m 0,5···95 f	Bei Umgebungstemperaturen über 55 °C, innere Verdrahtung von Leuchten, Wärmegeräten, Schaltanlagen bis 750 V– bzw. 1000 V ~ .
ETFE-Aderleitungen mit er-höhter Wärmebeständigkeit (135 °C)	N7YA N7YAF	450/750	1	0,25···6 e 0,25···6 f	Bei Umgebungstemperaturen über 55 °C, innere Verdrahtung von Geräten der Leistungselektronik, Wärmegeräte, Leuchten.
Silikon-Verdrahtungs-leitungen erhöhter Wärme-beständigkeit (180 °C)	N2GFA N2GFAF	300/300	1	0,75 e 0,75 f	Bei Umgebungstemperaturen über 55°C, insbes. zur Verdrahtung von Leuchten.
Sonder-Gummiaderleitungen	NSGAÖU NSGAFÖU NSGAFCMÖU	0,6/1 kV 1,8/3 kV 3,6/6 kV 0,6/1 kV 1,7/3 kV 3,6/6 kV 3,6/6 kV	1 1 1 1 1 1 1	1,5···10 e 16···300 m 1,5···10 e 16···300 m 1,5···10 e 16···185 m 1,5···300 f 1,5···300 f 1,5···185 f 185 f	In Schienenfahrzeugen und Omnibussen sowie in trockenen Räumen. Leitungen mit mindestens 1,7/3 kV gelten in Schaltanlagen und Verteilern bis 1000 V als kurzschluß- und erdschlußsicher. NSGAFCMÖU für höhere mechanische Beanspruchung bestimmt, z. B. als Kupplungsleitung für Heizkreise (Fahrzeuge).
Stegleitungen	NYIF NYIFY	220/380	2···5 2 u. 3	1,5···2,5 e 4 e	Verlegung im oder unter Putz in trockenen Räumen.
PVC-Mantelleitungen	NYM	300/500	1 2···5 7	1,5···10 e 16 m 1,5···10 e 16···35 m 1,5···25, e	Verlegung über, auf, im und unter Putz in trockenen, feuchten und nassen Räumen, Mauerwerk, Beton (nicht in Rüttel- oder Stampfbeton), auch im Freien (ohne Sonneneinstrahlung).
PVC-Mantelleitungen mit Traggeflecht	NYMZ	300/500	2···5	1,5···10 e 16 m	Bei selbsttragender Aufhängung auch im Freien; Spannweiten bis 50 m.
PVC-Mantelleitungen mit Tragseil	NYMT	300/500	2···5	1,5···10 e 16···35 m	Bei selbsttragender Aufhängung auch im Freien; Spannweiten bis 50 m.
Umhüllte Rohrdrähte für Räume mit HF-Anlagen	NHYRUZY	300/500	2···4 5	1,5···10 e 16···25 m 1,5···6 e	Verlegung in Räumen mit Hochfrequenz-Anlagen, nicht in explosionsgefährdeten Räumen.
Bleimantelleitungen	NYBUY	300/500	2···4 5	1,5···10 e 16···35 m 1,5···6 e	Für Anwendungen, bei denen Einwirkungen durch Lösungsmittel/Chemikalien zu erwarten sind, auch in explosionsgefährdeten Bereichen.
Wetterfeste PVC-Leitungen	NFYW	0,6/1 kV	1	6···50 m	Verwendung als Hausanschlußleitungen nach VDE 0211.
Gummi-Pendelschnüre	NPL	220/380	2···3	0,75 f	Zum Anschluß von Zugpendel- oder Schnurpendelleuchten.
PVC-Pendelschnüre erh. Wärmebeständigkeit (90 °C)	NYPLYW	220/380	2···4	0,75 f	Zum Anschluß von Leuchten (oberhalb 90 °C bis 105 °C geringere Gebrauchsdauer).
Illuminations-Flachleitungen	NIFLÖU	300/500	2	1,5 f	Für Lichtketten mit besonderen Lampenfassungen.
PVC-Leuchtröhrenleitungen	NYL	4/4 kV 8/8 kV	1	1,5 f	Für Leuchtröhrenanlagen nach DIN VDE 0128; in Rohre verlegen.
PVC-Leuchtröhrenleitun-gen mit Metallumhüllung	NYLRZY	4/4 kV 8/8 kV	1	1,5 f	Für Leuchtröhrenanlagen nach DIN VDE 0128.

[1] e = eindrähtiger, f = feindrähtiger, ff = feinstdrähtiger, m = mehrdrähtiger Leiter.

Fortsetzung Seite 10–12

10.8. Isolierte Starkstromleitungen

10.8.1. Isolierte Starkstromleitungen nach VDE 0250 (Fortsetzung)

Bauart	Bauartkurz-zeichen	Nenn-spannung U_0/U V	Ader-anzahl	Leiterquer-schnitt, Leiter-aufbau[1] mm²	Verwendung
Geschirmte PVC-Leitungen für BUT mit Steueradern u. Überwachungsleitungen	NYHSSYCY	3,6/6 kV 300/500	3 3	25···95 f 2,5 f	Zum Anschluß von Betriebsmitteln, die dem Abbau oder Vortrieb folgen.
Flexible Leitungen					
PVC-Schlauchleitungen	NYMHYV	300/500	–	1 und 1,5 f	Für den Anschluß gewerblich genutzter Bodenreinigungsgeräte.
PVC-Steuerleitungen	NYSLYÖ NYSLYCYÖ	300/500	3···60	0,5···2,5 f	Für Steuergeräte an Werkzeugmaschinen, Förderanlagen usw., in trockenen, feuchten, nassen Räumen.
Gummiaderschnüre mit erh. Wärmebeständigkeit (180 °C)	N2GSA	300/300	2 u. 3	0,75···1,5 f	Für den Anschluß von Heizgeräten und Leuchten.
Gummi-Schlauchleitungen mit erh. Wärmebeständig-keit (180 °C)	N2GMH2G	300/500	2···5	0,75···2,5 f	Bei hohen Umgebungstemperaturen in trockenen, feuchten und nassen Räumen, auch im Freien; geringe mechanische Beanspruchung.
Sonder-Gummi-Schlauchleitungen	NMHVÖU	220/380	2···4 3···4	0,75 f 1,5 f	Zum Anschluß von Elektrowerkzeugen; hohe Verdrehbeanspruchung.
Geschirmte Gummi-Schlauchleitungen	NSHCÖU	0,6/1 kV	2···4	1,5···16 f	Bei hohen mechanischen Beanspruchungen in trockenen, feuchten, nassen Räumen und im Freien, wenn elektrische Schirmung erforderlich.
Gummi-Schlauchleitungen NSSH…	NSSHÖU	0,6/1 kV	1 2···4 5···7 viel-adrig	2,5···400 f 1,5···185 f 1,5···6 f 1,5···4 f	Für sehr hohe mechanische Beanspruchung; Bergbau, Baustellen, Industrie; in trockenen und feuchten Räumen; im Freien; auch feste Verlegung auf Putz.
Gummi-Schlauchleitungen für Hebezeuge	NSHTÖU	0,6/1 kV	3 u. 4 5 7 viel-adrig	1,5···24 f 1,5···70 f 1,5···6 f 1,5···4 f	Für Fälle, bei denen häufiges Auf- und Abwickeln auftritt bei gleichzeitiger Zug- und Torsionsbeanspruchung, bei Zwangsführung der Leitung.
Theaterleitungen	NTSK	300/500	belie-big	2,5···35 f	Für beweglich aufgehängte Beleuchtungskörper bzw. -geräte.
Schweißleitungen	NSLFFÖU	–	1	16···185 f	Verbindung vom Schweißgerät zur Elektrode.
Gummi–Flachleitungen	NGFLGÖU	300/500	2···24 3···8 3···7 3 u. 4	1···2,5 f 1···4 f 1···35 f 1···95 f	Anschluß bewegter Teile von Werkzeugmaschinen, Förderanlagen usw. bei Biegungen in nur einer Ebene; in trockenen, feuchten und nassen Räumen und im Freien.
Leitungstrossen	NT…	0,6/1 kV 3,5/6 kV 6/10 kV 12/20 kV 18/30 kV	1···4 5···7 viel-adrig	2,5···185 f 2,5···6 f 2,5···4 f	Für sehr hohe mechanische Beanspruchung, z. B. Bergbau, Baustellen, Industrie. Weitere Nennspannungen siehe DIN VDE 0250 Teil 813.

[1] e = eindrähtiger, f = feindrähtiger, ff = feinstdrähtiger, m = mehrdrähtiger Leiter.

Nenn- und Betriebsspannung nach DIN VDE 0298 Teil 3 (8.83)

Auf die **Nennspannung** sind der Aufbau und die Prüfung der Leitung bezogen. Sie wird durch 2 Wechselspannungswerte U_0/U angegeben:

U_0 Effektivwert zwischen einem Außenleiter und „Erde" (nicht isolierende Umgebung),

U Effektivwert zwischen 2 Außenleitern einer mehradrigen Leitung oder eines Systems von einadrigen Leitungen.

Leitungen mit U_0/U bis 0,6/1 kV sind geeignet für Dreh-, Wechsel- und Gleichstromanlagen.

Bei Leitungen mit U_0/U bis 450/750 V darf die höchste, dauernd zulässige **Betriebsspannung** die Nennspannung um 10% überschreiten; bei Leitungen mit U_0/U = 0,6/1 kV darf dieser Wert 20% betragen.

Leitungen mit U_0/U > 0,6/1 kV sind geeignet für Dreh- und Wechselstromanlagen, deren höchste Betriebsspannung die Nennspannung um nicht mehr als 20% überschreitet.

Bei Gleichstrom darf die dauernd zulässige Betriebsspannung zwischen den Leitern das 1,5fache der Betriebs-Wechselspannung nicht überschreiten. In beidseitig geerdeten Gleichstromanlagen ist dieser Wert mit 0,5 zu multiplizieren.

10.8. Isolierte Starkstromleitungen

10.8.2. Aufbau der harmonisierten Typenkurzzeichen

Die Typenkurzzeichen gliedern sich in drei Teile: Der erste Teil enthält Angaben über die Bestimmung, nach der eine Leitung gefertigt worden ist und die Nennspannung. Im zweiten Teil sind die Kurzzeichen für die Aufbauelemente aufgeführt. Aus den Angaben des dritten Teils sind Aderzahl und Nennquerschnitt sowie das Vorhandensein einer grüngelben Ader ersichtlich.

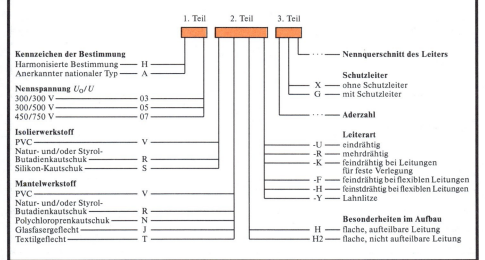

10.8.3. PVC-isolierte Starkstromleitungen nach DIN VDE 0281

Bauart	Bauart-kurzzeichen	Nennspannung U_0/U V	Ader-anzahl	Leiterquerschn., Leiteraufbau[1]) mm²	Verwendung
					Leitungen für feste Verlegung
PVC-Verdrahtungsleitungen	H05V-U H05V-K	300/500	1	0,5···1e 0,5···1f	Für die innere Verdrahtung von Geräten, Leuchten. Für Signalanlagen in Rohren auf und unter Putz.
PVC-Ader-leitungen	H07V-U H07V-R H07V-K	450/750	1	1,5···16e 6···400m 1,5···240f	Für Verlegung in Rohren auf, in und unter Putz sowie in geschlossenen Installations-Kanälen.
					Flexible Leitungen
Leichte Zwillingsleitungen	H03VH-Y	300/300	2	0,1 (Lahnlitze)	Anschluß besonders leichter Handgeräte, bis 2 m Länge zul., Strombelastung nicht über 0,2 A.
Zwillingsleitungen	H03VH-H	300/300	2	0,5 und 0,75ff	Anschluß leichter Elektrogeräte bei sehr geringen mechanischen Beanspruchungen.
PVC-Schlauchleitungen 03VV	H03VV-F H03VVH2-F	300/300	2···4	0,5 und 0,75f	Anschluß leichter Elektrogeräte bei geringen mechanischen Beanspruchungen.
PVC-Schlauchleitungen 05VV	H05VV-F H05VVH2-F	300/500	2···5 7 2	0,75···2,5f 1···2,5f 0,75f	Anschluß von Elektrogeräten mit mittleren mechanischen Beanspruchungen auch in feuchten und nassen Räumen.
PVC-Flachleitungen 05VVH2	H05VVH2-F H05VVD3H2-F	300/500	3···5 6···24	1f 0,75 und 1f	Für den Anschluß bewegter Teile von Werkzeugmaschinen, Förderanlagen, Großgeräten; Biegungen in nur einer Ebene; in trockenen, feuchten und nassen Räumen.
PVC-Flachleitungen 07VVH2	H07VVH2-F H07VVD3H2-F	450/750	3···12 4 und 5	1,5 und 2,5f 4···25	

[1]) e = eindrähtiger, f = feindrähtiger, ff = feinstdrähtiger, m = mehrdrähtiger Leiter.

10.8. Isolierte Starkstromleitungen

10.8.4. Gummi-isolierte Starkstromleitungen nach DIN VDE 0282

Bauart	Bauartkurz-zeichen	Nennspannung U_0/U V	Aderanzahl	Leiterquerschnitt, Leiteraufbau[1]) mm²	Verwendung
Leitungen für feste Verlegung					
Silikon-Aderleitungen erh. Wärmebeständigkeit (180 °C)	H05SJ-K A05SJ-K A05SJ-U	300/500	1	0,5…16 f 25…95 f 1…16 e	Für Umgebungstemperaturen über 55 °C; innere Verdrahtung von Leuchten, Wärmegeräten; in Schaltanlagen.
Flexible Leitungen					
Gummi-Aderschnüre	H03RT-F	300/300	2 u. 3	0,75…1,5 f	Bei geringen mechanischen Beanspruchungen für den Anschluß von Heizgeräten (z. B. Bügeleisen).
Gummi-Schlauchleitungen 05RR	H05RR-F A05RRT-F	300/500	2…5 3 u. 4	0,75…2,5 f 4 u. 6 f	Anschluß an Elektrogeräten bei geringen mechanischen Beanspruchungen in Haushalten, Büros; in Möbeln.
Gummi-Schlauchleitungen 05RN	H05RN-F A05RN-F	300/500	2 u. 3 4 1	0,75 u. 1 f 0,75 f 0,75…1,5 f	Anschluß an Elektrogeräten bei geringen mechanischen Beanspruchungen in trockenen, feuchten und nassen Räumen, im Freien; in Möbeln.
Gummi-Schlauchleitungen 07RN	H07RN-F A07RN-F	450/750	1 2 3 u. 4 5 7…36 7…18	1,5…500 f 1…25 f 1…300 f 1…25 f 1,5 u. 2,5 f 4 f	Bei mittleren mechanischen Beanspruchungen in trockenen, feuchten und nassen Räumen, im Freien; für Geräte in gewerblichen und landwirtschaftlichen Betrieben; transportable Motore auf Baustellen; auch für feste Verlegung auf Putz.
Gummi-Aufzugssteuer-leitungen	H05RND5-F H05RT2D5-F	300/500	4…24	0,75 f	Anschluß von Aufzugs- und Fördereinrichtungen; bewegte Teile von Werkzeugmaschinen und Großgeräten bei mittlerer mechanischer Beanspruchung.
Gummi-Aufzugssteuer-leitungen	H07RND5-F H07RT2D5-F	450/750	4…24	1 f	

10.8.5. Mindest-Leiterquerschnitt für Leitungen nach DIN VDE 0100 Teil 523 (6.81)

Verlegungsart		Querschnitt in mm² bei Al	Querschnitt in mm² bei Cu
feste geschützte Verlegung		2,5	1,5
Leitungen in Schaltanlagen und Verteilern	bis 2,5 A	–	0,5
	über 2,5 bis 16 A	–	0,75
	über 16 A	–	1,0
offene Verlegung auf Isolatoren Abstand der Befestigungspunkte	bis 20 m	16	4
	über 20 bis 45 m	16	6
Bewegliche Leitungen zum Anschluß von:			
leichten Handgeräten bis 1 A und 2 m Länge			0,1
Geräten bis 2,5 A und 2 m Leitungslänge			0,5
Geräten, Gerätesteck- und Kupplungsdosen bis 10 A			0,75
Geräten über 10 A, Mehrfachsteck-, Gerätesteck- und Kupplungsdosen über 10 bis 16 A			1,0
Fassungsadern			0,75
Lichtketten für Innenräume (VDE 0710 Teil 3) zwischen Lichtkette und Stecker			0,75
zwischen einzelnen Lampen			0,5

10.8.6. Kleinste zulässige Biegeradien nach DIN VDE 0298 Teil 3 (8.83)

Art der Leitung	Nennspannung bis 0,6/1 kV				über 0,6/1 kV
Flexible Leitungen bei:	d in mm				
	bis 8	üb. 8 b. 12	üb. 12 b. 20	über 20	
fester Verlegung	3 d	3 d	4 d	4 d	6 d
freier Bewegung	3 d	4 d	5 d	5 d	10 d
Einführung	3 d	4 d	5 d	5 d	10 d
zwangsweiser Führung[2]) wie:					
Trommelbetrieb	5 d	5 d	5 d	6 d	12 d
Leitungswagenbetrieb	3 d	4 d	5 d	5 d	10 d
Schleppkettenbetrieb	4 d	4 d	5 d	5 d	10 d
Rollenumlenkung	7,5 d	7,5 d	7,5 d	7,5 d	15 d
Leitungen für feste Verlegungen bei:	d in mm				
	bis 10	über 10 bis 25	über 25		
fester Verlegung	4 d	4 d	4 d		6 d
Ausformen	1 d	2 d	3 d		4 d

d = Außendurchmesser der Leitung oder Dicke der Flachleitung

[1]) e = eindrähtiger, f = feindrähtiger, ff = feinstdrähtiger, m = mehrdrähtiger Leiter.
[2]) Für diese Betriebsart muß die Eignung durch besondere Aufbaumerkmale sichergestellt sein.

10.9. Starkstromkabel

10.9.1. Kennzeichnung[1]) der Adern in Kabeln nach DIN VDE 0293 (11.83)

Anzahl der Adern	Kabel mit grüngelb gekennzeichneter Ader (Kurzzeichen „–J")	Kabel ohne grüngelb gekennzeichnete Ader (Kurzzeichen „–O")	Kabel mit konzentrischem Leiter (ohne besonderes Kurzzeichen)
2	[2])	sw/hbl	sw/hbl
3	gnge/sw/hbl	sw/hbl/br	sw/hbl/br
4	gnge/sw/hbl/br	sw/hbl/br/sw	sw/hbl/br/sw
5	gnge/sw/hbl/br/sw	sw/hbl/br/sw/sw	–
6 und mehr	Eine Ader gnge (in der Außenlage)/die weiteren Adern sw mit Zahlenaufdruck, Beginn innen mit 1	Adern sw mit Zahlenaufdruck, Beginn innen mit 1	Adern sw mit Zahlenaufdruck, Beginn innen mit 1

10.9.2. Allgemeines für Kabel bis 18/30 kV nach DIN VDE 0298 Teil 1 (11.82)

10.9.2.1. Kurzzeichen

Kurzzeichen	Bedeutung	Kurzzeichen	Bedeutung
\multicolumn{2}{Bauartkurzzeichen für Kabel mit Kunststoffisolierung}		Kurzzeichen für Leiterform und -art	
A	Aluminiumleiter	RE	eindrähtiger Rundleiter
Y	Isolierung aus Polyvinylchlorid (PVC)	RM	mehrdrähtiger Rundleiter
2Y	Isolierung aus Polyethylen (PE)	SE	eindrähtiger Sektorleiter
2X	Isolierung aus vernetztem Polyethylen (VPE)	SM	mehrdrähtiger Sektorleiter
C	konzentrischer Leiter aus Kupfer	RF	feindrähtiger Rundleiter
CW	konzentrischer Leiter aus Kupfer, wellenförmig aufgebracht		
CE	konzentrischer Leiter aus Kupfer bei 3adrigen Kabeln über jede Ader aufgebracht		
S	Schirm aus Kupfer		
SE	Schirm aus Kupfer bei 3adrigen Kabeln über jede Ader aufgebracht		
K	Bleimantel		
Y	PVC-Schutzhülle zwischen Kupferschirm bzw. konzentrischem Leiter und Bewehrung		
F	Bewehrung aus verzinkten Stahlflachdrähten		
R	Bewehrung aus verzinkten Stahlrunddrähten		
G	Gegen- oder Haltewendel aus verzinktem Stahlband		
Y	PVC-Mantel		
2Y	PE-Mantel		
–J[3])	Kabel mit grün-gelb gekennzeichneter Ader		
–O[3])	Kabel ohne grün-gelb gekennzeichnete Ader		

Der Querschnitt des Schirmes oder der Schirme aus Kupfer wird hinter einem Schrägstrich im Anschluß an das Kurzzeichen für die Außenleiter angegeben, z. B. NYSEY 3 × 95 RM/16 6/10 kV.

Der Querschnitt des konzentrischen Leiters wird gleichfalls hinter einem Schrägstrich im Anschluß an das Kurzzeichen für die Außenleiter angegeben, z. B. NYCWY 3 × 95 SM/50 0,6/1 kV.

Kurzzeichen	Bedeutung
Bauartkurzzeichen für Kabel mit Papierisolierung	
A	Aluminiumleiter
H	Schirmung beim Höchstädter Kabel
E	einzeln mit Metallmantel umgebene Adern (Dreimantelkabel)
K	Bleimantel
KL	gepreßter, glatter Aluminiummantel
E	Schutzhülle mit eingebetteter Schicht aus Elastomerband oder Kunststoffolie
Y	innere PVC-Schutzhülle
B	Bewehrung aus Stahlband
F	Bewehrung aus Stahlflachdraht
FO	Bewehrung aus Stahlflachdraht, offen
R	Bewehrung aus Stahlrunddraht
RO	Bewehrung aus Stahlrunddraht, offen
G	Gegen- oder Haltewendel aus Stahlband
Z	Bewehrung aus Z-förmigem Stahlprofildraht
A	Schutzhülle aus Faserstoffen
Y	PVC-Mantel
YV	verstärkter PVC-Mantel
–J[3])	Kabel mit grün-gelb (grün-naturfarben) gekennzeichneter Ader
–O[3])	Kabel ohne grün-gelb (grün-naturfarben) gekennzeichnete Ader

10.9.2.2. Nennspannung

Es werden die Spannungen U_0/U angegeben:
U_0 Spannung zwischen Leiter und metallener Umhüllung oder Erde,
U Spannung zwischen Außenleitern eines Drehstromsystems.

Für den Einsatz in Drehstromsystemen sind Kabel geeignet mit einer Nennspannung $U_N = 3 \cdot U_0$.

Für den Einsatz in Einphasensystemen mit beiden Außenleitern isoliert sind Kabel geeignet für eine Nennspannung $U_N = 2 \cdot U_0$.

Für den Einsatz in Einphasensystemen mit einem geerdeten Außenleiter sind Kabel geeignet für eine Netzspannung $U_N = U_0$.

10.9.2.3. Höchste dauernd zulässige Betriebsspannung

Nennspannung U_0/U kV/kV	Höchste Spannung U_m in		
	Drehstromsystemen kV	Einphasensystemen beide Außenleiter isoliert kV	Einphasensystemen ein Außenleiter geerdet kV
0,6/1	1,2	1,4	0,7
3,6/6	7,2	8,3	4,1
6/10	12	14	7
12/20	24	28	14
18/30	36	42	21

[1]) Farbabkürzungen s. S. 10–10.
[2]) gnge/sw, wenn diese Ausführung nach VDE 0100 zulässig ist.
[3]) Für Kabel mit U_0/U 0,6/1 kV.

10.9. Starkstromkabel

10.9.3. Mantelfarben von Außenhüllen aus PVC oder Gummi nach VDE 0206 (6.64)

Kabel- bzw. Leitungsart	Farbe	Kabel- bzw. Leitungsart	Farbe
Starkstromkabel bis 0,6/1 kV Nennspannung	sw	Fernmelde-Schaltkabel	gr
Abweichungen: für Bergwerke unter Tage	ge	Fernmelde-Installationsleitungen	sw
für eigensichere Anlagen (bei Explosionsgefahr)	bl		gr el[1])
Starkstromkabel über 0,6/1 kV Nennspannung	rt		
Starkstromleitungen bis 1 kV Nennspannung	sw	Fernmelde-Schlauchleitungen für Bergwerke unter Tage	gr
Abweichungen: Feuchtraumleitungen	ws		
NSH u. NSSH in Bergwerken unter Tage	ge	Abweichungen: für eigensichere Anlagen	bl
für eigensichere Anlagen (bei Explosionsgefahr)	bl	**Ausnahmen:** Stegleitungen, bewegliche Anschlußleitungen für Leuchten und Kleingeräte, einadrige Leitungen ohne Außenhülle, Sonder-Gummiaderleitungen sowie Fernmelde-Schlauchleitungen, soweit sie nicht in Bergwerken unter Tage verwendet werden.	
Starkstromleitungen über 1 kV Nennspannung	rt		
Abweichung: Leuchtröhrenleitungen	ge		
Fernmelde-Außenkabel	sw		
Abweichungen: für Stromversorgungs- und Industrieanlagen	gr	Außenmäntel und Außenhüllen aus **Polyethylen (PE)** wegen besserer Haltbarkeit vorzugsweise sw.	
für eigensichere Anlagen	bl		

10.9.4. Zulässige Biegeradien für Kabel mit U_o/U bis 18/30 kV nach DIN 57298 Teil 1 (11.82)

Kabel	Kunststoffkabel		Papierisolierte Kabel	
	$U_o = 0{,}6$ kV	$U_o > 0{,}6$ kV	mit Bleimantel oder gewelltem Al-Mantel	mit glattem Al-Mantel
einadrig	$15 \cdot d$	$15 \cdot d$	$25 \cdot d$	$30 \cdot d$
mehradrig vieladrig	$12 \cdot d$	$15 \cdot d$	$15 \cdot d$	$25 \cdot d$

d = Kabeldurchmesser

Beim einmaligen Biegen können die Biegeradien auf die Hälfte verringert werden, wenn fachgemäße Bearbeitung (auf 30 °C erwärmen, über Schablone biegen) sichergestellt ist.

10.9.5. Aufbau und Verwendung

Kurzzeichen	Kabelaufbau	Verwendung
1. Kabel mit Kunststoffisolierung und Kunststoffaußenmantel nach DIN VDE 0271 A3 (10.81)		
NYY	kunststoffisolierte Leiter; Kunststoffaußenmantel	in Gebäuden, Kabelkanälen, im Freien, im Erdreich, im Wasser bei Niederspannung (U_o = 0,6 kV)
NAYY	wie NYY, mit Aluminiumleiter	
NYCY	kunststoffisolierte Leiter; konzentrischer Leiter; Kunststoffaußenmantel	
NYCWY	kunststoffisolierte Leiter; konzentrischer wellenförmiger Leiter; Kunststoffaußenmantel	
NAYCWY	wie NYCWY, mit Aluminiumleiter	
NYFGbY (NYRGbY)	kunstst.-isol. Leiter; Stahlflach- (Stahlrund-) Drahtbewehrung, Stahlbandgegen- oder Stahlbandhaltewendel; Kunststoffaußenmantel	wie vorstehend, aber auch im Bergbau unter Tage (bei Zugbeanspruchung) für U_o = 0,6; 3,5; 5,8 kV
NYSY	kunststoffisolierte Leiter; Kupferschirm; Kunststoffaußenmantel	in Gebäuden, Kabelkanälen, im Freien, im Erdreich, im Wasser bei Mittelspannung U_o = 3,5 und 5,8 kV. (Keine Farbkennzeichnung der Adern bei Kunststoffkabeln mit Mittelspannungen 3,5 und 5,8 kV. Aderkennzeichnung Bergkabel VDE 0118)
NYCEY	kunststoffisolierte Leiter; konzentrischer Leiter über den einzelnen Aderisolierungen; Kunststoffmantel	
NYHSY	kunststoffisolierte Leiter; feldbegrenzende leitfähige Schichten über Leiter und Isolierung; Kupferschirm; Kunststoffaußenmantel	
2. Kabel mit Kunststoffisolierung und Bleimantel nach DIN VDE 0265 (10.81)		
NYK NYKA	kunststoffisolierte Adern; blanker Bleimantel kunststoffisolierte Adern; Bleimantel; Außenschutzhülle aus Faserstoff	in Gebäuden, Kabelkanälen, im Freien, im Erdreich mit zusätzlichem Schutz, wenn Beschädigungen auftreten können, U_o = 0,6 kV

[1]) el = elfenbein (RAL 1015)

10.9. Starkstromkabel

Kurzzeichen	Kabelaufbau	Verwendung
NYKY	kunststoffisolierte Adern; Bleimantel; Kunststoffaußenmantel	wie vor, besonders im Bereich um Zapfsäulen für Vergaserkraftstoffe
NYKB NYKF NYKR	kunststoffisolierte Adern; Bleimantel; innere Schutzhülle; Bewehrung (B = Stahlband, F = Flachdraht, R = Runddraht)	wie vor, besonders für mechanische Beanspruchung
NYKFGb	wie NYKF mit Gegenwendel aus Stahlband	wie vor, auch bei Zugbeanspruchungen

3. Kabel mit massegetränkter Papierisolierung und Metallmantel nach DIN VDE 0255 A4 (10.81)

Kurzzeichen	Kabelaufbau	Verwendung
NKA	Papierisoliertes Kabel mit Bleimantel und Schutzhülle aus Faserstoff	in Gebäuden, Kabelkanälen, im Freien, im Erdreich mit zus. Schutz vor mech. Beschädigung; bis $U_0 = 17{,}3$ kV
NKY	mit Bleimantel; Kunststoffaußenmantel	wie vor, aber Korrosionsschutz oder Isolierung des Bleimantels
NKB	mit innerer Schutzhülle und Stahlbandbewehrung	in trockenen Gebäuden oder Kabelkanälen
NKBA NKBY	wie NKB, dazu äußere Schutzhülle aus Faserstoff wie NKB, dazu Kunststoffaußenmantel	im Erdreich im Erdreich, wenn Korrosionsschutz oder Isolierung des Bleimantels erforderlich ist
NKFA (NKRA)	mit Stahlflach-(rund-)drahtbewehrung und äußerer Schutzhülle aus Faserstoff	im Erdreich und im Wasser bei Zugbeanspruchung
NKFGbY	mit Stahlflachdrahtbewehrung und Gegen- oder Haltewendel aus Stahlband; Kunststoffaußenmantel	wie vor, aber Korrosionsschutz oder Isolierung des Bleimantels
NEKBA	Adern einzeln mit Bleimantel und Schutzhülle umgeben; innere Schutzhülle und Stahlbandbewehrung; äußere Schutzhülle aus Faserstoff	im Erdreich
NHKRA	H-Kabel mit Stahlrunddrahtbewehrung, äußere Schutzhülle aus Faserstoff	im Erdreich
NAKLEY	mit Aluminiumleiter und glattem Aluminiummantel; Schutzhülle mit eingebetteter Schicht aus Elastomerband oder Kunststoffolie; Kunststoffmantel	im Erdreich

4. Niederdruck-Ölkabel nach DIN VDE 0256 A2 (10.81)

Kurzzeichen	Kabelaufbau	Verwendung
NÖKuDY	mit Bleimantel; unmagnetischer Druckschutzbandage und Kunststoffaußenmantel	als Hochspannungs-Erdkabel zur Übertragung großer Leistungen bei mittleren und hohen Spannungen. Nennspannung: Einleiterkabel bis 220/380 kV, Dreileiterkabel bis 64/110 kV
NÖKLDEY	mit Aluminiummantel; Dehnungselemente; Schutzhülle mit eingebetteter Schicht; Kunststoffaußenmantel	
NÖAKLDEY	wie NÖKLDEY, mit Aluminiumleiter	
NÖKDEFOA	mit Bleimantel; Druckschutzbandage; Schutzhülle mit eingebetteter Schicht; offene Stahlflachdrahtbewehrung; Außenschutzhülle aus Faserstoff	

5. Hochdruck-Ölkabel (ohne VDE-Vorschrift)

Kurzzeichen	Kabelaufbau	Verwendung
ÖivFSt2Y	Ölinnendruck-Kabel (zum Einziehen) im Stahlrohr; verseilte Adern; Flachdrahtbewehrung; Kunststoffaußenmantel aus Polyethylen (PE)	zum Übertragen großer Leistungen bei Nennspannung bis 220/380 kV in Bereichen, wo mit mechanischer Beanspruchung gerechnet werden muß (in Großstädten, in Bergsenkungsgebieten, in Industrieanlagen, als Flußkabel)
ÖKDGluStA	Ölaußendruck-Kabel (zum Einziehen) im Stahlrohr; unverseilte Adern und Gleitdrähte; äußere Schutzhülle aus Faserstoff (Glasgewebe)	
ÖAKDGluStA	wie ÖKDGluStA, mit Aluminiumleiter	

6. Gasinnen- und Gasaußendruckkabel nach DIN VDE 0257 A2 und DIN VDE 0258 A2 (10.81)

Kurzzeichen	Kabelaufbau	Verwendung
NIKLDEY	Gasinnendruckkabel mit papierisolierten Leitern und Aluminiummantel mit Dehnungselementen; Schutzhülle mit eingebetteter Schicht; Außenschutzhülle aus Kunststoff (PVC)	zum Übertragen großer Leistungen bei hohen Spannungen. Es können lange Strecken ohne zusätzliche Einspeisung – wie bei Ölkabeln erforderlich – überwunden werden (z. B. Durchquerung von Meeresarmen). Einsatz auch im Bereich möglicher chemischer und mechanischer Beanspruchung (Großstädte, Bergsenkungsgebiete, Industrieanlagen). Nennspannung: bis 64/110 kV
NIGluStA	Gasinnendruckkabel mit papierisolierten Leitern, unverseilten Adern und Gleitdrähten (zum Einziehen) im Stahlrohr; Außenschutzhülle aus Glasfaserband	
NIAGluStA	wie NIGluStA, mit Aluminiumleiter	
NPKDvFStA	Gasaußendruckkabel (zum Einziehen) im Stahlrohr mit papierisolierten Leitern, Bleimantel und unmagnetischer Druckschutzbandage; verseilte Kabel mit innerer Schutzhülle und Stahlflachdrahtbewehrung; Außenschutzhülle aus Glasfaserband	

10.9. Starkstromkabel

10.9.6. Strombelastbarkeit nach DIN VDE 0298 Teil 2 (11.79), siehe auch S. 10–19

10.9.6.1. Papierisolierte Kabel mit Aluminium-Mantel und $U_0/U = 0{,}6/1$ kV nach VDE 0255 (10.81)

Leiter-nenn-querschnitt mm²	Belastbarkeit in A bei einer Anordnung entsprechend Darstellung										
	Verlegung in Erde						Verlegung in Luft				
	⊙)¹⁾		⊙⊙		⊙⊙⊙		⊙)¹⁾		⊙⊙	⊙⊙⊙ ³⁾	
	Cu	Al	Cu	Al	Cu	Al	Cu	Al	Cu	Al	Cu	Al
25	135	104	146	—	169	—	114	88	136	—	163	—
35	162	125	174	135	200	155	139	107	166	128	199	154
50	192	149	206	160	234	184	168	130	200	155	239	186
70	237	184	251	195	282	222	213	166	251	195	299	234
95	284	221	299	233	331	263	262	203	306	238	361	284
120	324	252	339	265	367	294	304	237	354	277	412	328
150	364	283	379	297	402	325	350	272	403	316	463	370
185	411	322	426	335	443	361	402	314	462	363	522	421
240	475	373	488	388	488	406	474	372	545	432	594	489
300	533	421	544	435	529	446	542	428	619	494	657	548
400	603	483	610	496	571	491	628	503	726	589	734	627
500	—	—	665	552	603	529	—	—	809	669	786	687

10.9.6.2. PVC-isolierte Kabel mit $U_0/U = 0{,}6/1$ kV nach VDE 0271 (10.81)

Nenn-querschnitt mm²	Belastbarkeit in A bei einer Anordnung entsprechend Darstellung													
	Verlegung in Erde								Verlegung in Luft					
	⊙)²⁾		⊙⊙		⊙⊙⊙)¹⁾		⊙⊙⊙		⊙⊙⊙ ³⁾		⊙)²⁾		⊙⊙		⊙⊙ ¹⁾		⊙⊙⊙		⊙⊙⊙ ³⁾	
	Cu	Al	Cu	Al	Cu	Al	Cu	Al	Cu	Al	Cu	Al	Cu	Al	Cu	Al	Cu	Al	Cu	Al
1,5	40	—	32	—	26	—	—	—	—	—	26	—	20	—	18,5	—	20	—	25	—
2,5	54	—	42	—	34	—	—	—	—	—	35	—	27	—	25	—	27	—	34	—
4	70	—	54	—	44	—	—	—	—	—	46	—	37	—	34	—	37	—	45	—
6	90	—	68	—	56	—	—	—	—	—	58	—	48	—	43	—	48	—	57	—
10	122	90	—	75	—	—	—	—	—	—	79	—	66	—	60	—	66	—	78	—
16	160	116	—	98	—	107	—	127	—	105	—	89	—	80	—	89	—	103	—
25	206	—	—	128	99	137	—	163	—	140	128	118	91	106	83	118	—	137	—
35	249	192	—	157	118	165	127	195	151	174	145	145	113	131	102	145	113	169	131
50	296	229	—	185	142	195	151	230	179	212	176	176	138	159	124	176	138	206	160
70	365	282	—	228	176	239	186	282	218	269	224	224	174	202	158	224	174	261	202
95	438	339	—	275	211	287	223	336	261	331	271	271	210	244	190	271	210	321	249
120	499	388	—	313	242	326	254	382	297	386	314	314	244	282	219	314	244	374	291
150	561	435	—	353	270	366	285	428	332	442	361	361	281	324	252	361	281	428	333
185	637	494	—	399	308	414	323	483	376	511	412	412	320	371	289	412	320	494	384
240	743	578	—	464	363	481	378	561	437	612	484	484	378	436	339	484	378	590	460
300	843	654	—	524	412	542	427	632	494	707	548	—	—	481	377	549	433	678	530
400	986	765	—	600	475	624	496	730	572	859	666	—	—	560	444	657	523	817	642
500	1125	873	—	—	—	698	562	823	649	1000	776	—	—	—	—	749	603	940	744

10.9.6.3. VPE-isolierte Kabel mit $U_0/U = 0{,}6/1$ kV nach VDE 0272 (10.81)

Leiter-nenn-querschnitt mm²	Belastbarkeit in A bei einer Anordnung entsprechend Darstellung											
	Verlegung in Erde						Verlegung in Luft					
	⊙)²⁾		⊙)¹⁾		⊙⊙		⊙⊙⊙		⊙⊙⊙ ³⁾		⊙)²⁾		⊙)¹⁾		⊙⊙		⊙⊙⊙		⊙⊙⊙ ³⁾	
	Cu	Al	Cu	Al	Cu	Al	Cu	Al	Cu	Al	Cu	Al	Cu	Al	Cu	Al	Cu	Al	Cu	Al
1,5	48	—	30	—	32	—	39	—	32	—	24	—	25	—	32	—
2,5	63	—	40	—	43	—	51	—	43	—	32	—	34	—	42	—
4	82	—	52	—	55	—	66	—	57	—	42	—	44	—	56	—
6	103	—	64	—	68	—	82	—	72	—	53	—	57	—	71	—
10	137	—	86	—	90	—	109	—	99	—	73	—	77	—	96	—
16	177	—	111	—	115	—	139	—	131	—	96	—	102	—	128	—
25	229	177	143	111	149	—	179	—	177	137	130	100	139	—	173	—
35	275	212	173	132	178	137	213	164	218	168	160	122	170	131	212	163
50	327	253	205	157	211	163	251	195	266	206	195	147	208	161	258	200
70	402	311	252	195	259	201	307	238	338	262	247	189	265	205	328	254
95	482	374	303	233	310	240	366	284	416	323	305	232	326	253	404	313
120	550	427	346	266	352	274	416	323	487	377	355	270	381	296	471	366
150	618	479	390	299	396	308	465	361	559	433	407	308	438	341	541	420
185	701	543	441	340	449	350	526	408	648	502	469	357	507	395	626	486
240	819	637	511	401	521	408	610	476	779	605	551	435	606	475	749	585
300	931	721	580	455	587	462	689	537	902	699	638	501	697	548	864	675
400	1073	832	663	526	669	531	788	616	1270	830	746	592	816	647	1018	798
500	1223	949	—	—	748	601	889	699	1246	966	—	—	933	749	1173	926

¹⁾ Kabel im Drehstrombetrieb. ²⁾ Belastbarkeit in Gleichstromanlagen. ³⁾ Zwischenraum 7 cm.

10.9. Starkstromkabel

Fortsetzung: Strombelastbarkeit von Kabeln

10.9.6.4. Allgemeine Hinweise

Die Tabellenwerte für die **Belastbarkeit bei Verlegung in Erde** gelten für die Größtlast und einem Belastungsgrad von 0,7 (Größtlast ist die größte Last des Tageslastspiels; Durchschnittslast ist der Mittelwert der Last des Tageslastspiels; Belastungsgrad = Durchschnittslast/Größtlast).

Als Legetiefe sind 0,7 m (0,7···1,2 m) gewählt; als Erdbodentemperatur in Legetiefe werden 20 °C angenommen und die spezifischen Erdbodenwärmewiderstände sind im Feuchtebereich mit 1 K · m/W bzw. im Trockenbereich mit 2,5 K · m/W berücksichtigt.

Werden Kabel mit Ziegelsteinen, Zementplatten oder flachen bis leicht gekrümmten dünnen Platten aus Kunststoff abgedeckt, so haben diese keinen belastungsmindernden Einfluß. Bei stärker gekrümmten Abdeckhauben (Lufteinschlüsse!) wird eine Belastungsminderung auf 90% der angegebenen Tabellenwerte empfohlen.

Bei Verlegung der Kabel in Rohrsystemen wird eine Belastungsminderung auf 85% der Tabellenwerte empfohlen. Auf eine Belastungsminderung kann verzichtet werden bei nur stellenweiser Rohrverlegung im Netz (bei Straßenkreuzungen usw.).

Die Tabellenwerte für die **Belastbarkeit bei Verlegung in Luft** gelten für Dauerbetrieb und eine Lufttemperatur von 30 °C sowie für frei verlegte Kabel und Systeme aus 3 einadrigen Kabeln. Frei verlegt heißt: Abstand der Kabel von Wand, Boden oder Decke mindestens 2 cm; Zwischenraum bei Kabel nebeneinander bzw. übereinander mindestens 2facher Kabeldurchmesser; Abstand der Kabellagen bei übereinander liegenden Kabeln mindestens 20 cm.

10.9.6.5 Umrechnungsfaktoren für Verlegung in Erde (alle Kabel außer PVC-Kabel für 6/10 kV) nach DIN VDE 0298 Teil 2 (11.79), Auszug

Erd-boden-tempe-ratur	Spezifischer Erdbodenwärmewiderstand in K · m/W												2,5 Bel.-Grad 0,5 bis 1,00
	0,7 Belastungsgrad				1,0 Belastungsgrad				1,5 Belastungsgrad				
	0,50	0,70	0,85	1,00	0,50	0,70	0,85	1,00	0,50	0,70	0,85	1,00	
Zulässige Betriebstemperatur 90 °C													
5	1,24	1,18	1,13	1,07	1,11	1,07	1,03	1,00	0,99	0,97	0,96	0,94	0,89
10	1,23	1,16	1,11	1,05	1,09	1,05	1,01	0,98	0,97	0,95	0,93	0,91	0,86
15	1,21	1,14	1,08	1,03	1,07	1,02	0,99	0,95	0,95	0,92	0,91	0,89	0,84
20	1,19	1,12	1,06	1,00	1,05	1,00	0,96	0,93	0,92	0,90	0,88	0,86	0,81
25					1,02	0,98	0,94	0,90	0,90	0,87	0,85	0,84	0,78
30						0,95	0,91	0,88	0,87	0,84	0,83	0,81	0,75
35										0,82	0,80	0,78	0,72
40													0,68
Zulässige Betriebstemperatur 80 °C													
5	1,27	1,20	1,14	1,08	1,12	1,07	1,04	1,00	0,99	0,97	0,95	0,93	0,88
10	1,25	1,17	1,12	1,06	1,10	1,05	1,01	0,97	0,97	0,94	0,92	0,91	0,85
15	1,23	1,15	1,09	1,03	1,07	1,03	0,99	0,95	0,94	0,92	0,90	0,88	0,82
20	1,20	1,13	1,07	1,01	1,05	1,00	0,96	0,92	0,91	0,89	0,87	0,85	0,78
25					1,03	0,97	0,93	0,89	0,88	0,86	0,84	0,82	0,75
30						0,95	0,91	0,85	0,85	0,83	0,81	0,78	0,72
35										0,80	0,77	0,75	0,68
40													0,64
Zulässige Betriebstemperatur 70 °C													
5	1,29	1,22	1,15	1,09	1,13	1,08	1,04	1,00	0,99	0,97	0,95	0,93	0,86
10	1,27	1,19	1,13	1,06	1,11	1,06	1,01	0,97	0,96	0,94	0,92	0,89	0,83
15	1,25	1,17	1,10	1,03	1,08	1,03	0,99	0,94	0,93	0,91	0,88	0,86	0,79
20	1,23	1,14	1,08	1,01	1,06	1,00	0,96	0,91	0,90	0,87	0,85	0,83	0,76
25					1,03	0,97	0,93	0,88	0,87	0,84	0,82	0,79	0,72
30						0,94	0,89	0,85	0,84	0,80	0,78	0,76	0,68
35										0,77	0,74	0,72	0,63
40													0,59
Zulässige Betriebstemperatur 65 °C													
5	1,31	1,23	1,16	1,09	1,14	1,09	1,04	1,00	0,99	0,96	0,94	0,92	0,85
10	1,29	1,20	1,14	1,06	1,11	1,06	1,02	0,97	0,96	0,93	0,91	0,89	0,82
15	1,26	1,18	1,11	1,04	1,09	1,03	0,98	0,94	0,93	0,90	0,88	0,85	0,78
20	1,24	1,15	1,08	1,01	1,06	1,00	0,95	0,90	0,90	0,86	0,84	0,82	0,74
25					1,03	0,97	0,92	0,87	0,86	0,83	0,80	0,78	0,70
30						0,94	0,89	0,83	0,82	0,79	0,77	0,74	0,65
35										0,75	0,72	0,70	0,60
40													0,55
Zulässige Betriebstemperatur 60 °C													
5	1,33	1,24	1,17	1,10	1,15	1,09	1,05	1,00	0,99	0,96	0,94	0,92	0,84
10	1,30	1,21	1,14	1,07	1,12	1,06	1,02	0,97	0,96	0,93	0,90	0,88	0,80
15	1,28	1,19	1,12	1,04	1,09	1,03	0,98	0,93	0,92	0,89	0,87	0,84	0,76
20	1,25	1,16	1,09	1,01	1,06	1,00	0,95	0,90	0,89	0,86	0,83	0,80	0,72
25					1,03	0,97	0,92	0,86	0,85	0,82	0,79	0,76	0,67
30						0,93	0,88	0,82	0,81	0,78	0,75	0,72	0,62
35										0,73	0,70	0,67	0,57
40													0,51

10.9. Starkstromkabel

10.9.6.6. Umrechnungsfaktoren für Verlegung in Erde bei einem spezifischen Erdbodenwärmewiderstand von 1 K · m/W und einem Belastungsgrad von 0,7 nach DIN VDE 0298 Teil 2 (11.79), Auszug

Kabelart	Anzahl der Systeme			
	1	2	3	4
Einadrige Kabel in Drehstromsystemen im Dreieck gebündelt verlegt mit einem lichten Abstand von 7 cm.				
VPE-Kabel 0,6/1 bis 18/30 kV	1,00	0,85	0,75	0,70
PE-Kabel 6/10 bis 18/30 kV	1,00	0,85	0,75	0,70
PVC-Kabel 0,6/1 bis 6/10 kV	1,00	0,85	0,75	0,70
Masse-Kabel 0,6/1 bis 18/30 kV	1,00	0,85	0,75	0,70
Einadrige Kabel in Drehstromsystemen im Dreieck gebündelt verlegt mit einem lichten Abstand von 25 cm.				
VPE-Kabel 0,6/1 bis 18/30 kV	1,00	0,89	0,82	0,78
PE-Kabel 6/10 bis 18/30 kV	1,00	0,89	0,82	0,78
PVC-Kabel 0,6/1 bis 6/10 kV	1,00	0,90	0,82	0,79
Masse-Kabel 0,6/1 bis 18/30 kV	1,00	0,89	0,81	0,77
Einadrige Kabel in Drehstromsystemen nebeneinander verlegt mit einem lichten Abstand von 7 cm.				
VPE-Kabel 0,6/1 bis 18/30 kV	1,00	0,87	0,77	0,73
PE-Kabel 6/10 bis 18/30 kV	1,00	0,87	0,77	0,73
PVC-Kabel 0,6/1 bis 6/10 kV	1,00	0,87	0,78	0,74
Masse-Kabel 0,6/1 bis 18/30 kV	1,00	0,87	0,78	0,74
Dreiadrige Kabel in Drehstromsystemen[1] mit einem lichten Abstand von 7 cm.				
VPE-Kabel[2] 0,6/1 und 6/10 kV	1,00	0,85	0,75	0,70
PE-Kabel 6/10 kV	1,00	0,85	0,75	0,70
PVC-Kabel[2] 0,6/1 und 3,6/6 kV	1,00	0,86	0,76	0,71
Masse-Kabel, Gürtelkabel 0,6/1; 3,6/6 kV Dreimantelkabel 3,6/6; 6/10 kV	1,00	0,86	0,77	0,72
Dreiadrige Kabel in Drehstromsystemen mit einem lichten Abstand von 7 cm.				
PVC-Kabel 0,6/1 kV[3] PVC-Kabel 6/10 kV Masse-Gürtelkabel 6/10 kV H-Kabel 6/10 bis 18/30 kV Masse-Dreimantelkabel 12/20 und 18/30 kV	1,00	0,89	0,80	0,75

[1] In Drehstromsystemen gelten diese Werte auch für Kabel für 0,6/1 kV mit vier oder fünf Leitern.
[2] Die Werte gelten auch in Gleichstromsystemen für einadrige Kabel für 0,6/1 kV.
[3] Zwei- und dreiadrige Kabel in Einphasenwechsel- und Gleichstromsystemen.

10.9.6.7. Umrechnungsfaktoren für vieladrige PVC-Kabel mit Leiterquerschnitten von 1,5 bis 10 mm²

Die Umrechnungsfaktoren sind bezogen auf die Belastungswerte für drei- bzw. vieradrige PVC-Kabel auf Seite 10–18.

	Anzahl der belasteten Adern						
	5	7	10	14	19	24	61
Verlegung in Erde	0,70	0,60	0,50	0,45	0,40	0,35	0,25
Verlegung in Luft	0,75	0,65	0,55	0,50	0,45	0,40	0,30

10.9.6.8 Zulässige Betriebstemperaturen ϑ_{zul} und zulässige Temperaturerhöhungen $\Delta \vartheta_{zul}$

Kabel-Bauart	DIN/VDE	ϑ_{zul} °C	$\Delta \vartheta_{zul}$ K
Massekabel	—/0255		
Gürtelkabel			
0,6/1 bis 3,6/6 kV		80	55
6/10 kV		65	35
Einadrige-, Dreimantel- u. H-Kabel			
0,6/1 bis 3,6/6 kV		80	55
6/10 kV		70	45
12/20 kV		65	35
18/30 kV		60	30
VPE-Kabel	57272/0272 57273/0273	90	—
PE-Kabel	57273/0273	70	—
PVC-Kabel	57265/0265 /0271	70	—

10.9.6.9. Umrechnungsfaktoren für abweichende Lufttemperaturen nach DIN VDE 0298 Teil 2 (11.79)

Kabel-Bauart	Lufttemperatur in °C				
	10	15	20	25	30
Massekabel					
Gürtelkabel					
0,6/1 bis 3,6/6 kV	1,05	1,05	1,05	1,05	1,0
6/10 kV	1,0	1,0	1,0	1,0	1,0
Einadrige-, Dreimantel- u. H-Kabel					
0,6/1 bis 3,6/6 kV	1,05	1,05	1,05	1,05	1,0
6/10 kV	1,06	1,06	1,06	1,06	1,0
12/20 kV	1,0	1,0	1,0	1,0	1,0
18/30 kV	1,0	1,0	1,0	1,0	1,0
VPE-Kabel	1,15	1,12	1,08	1,04	1,0
PE-Kabel					
PVC-Kabel	1,22	1,17	1,12	1,07	1,0

Kabel-Bauart	Lufttemperatur in °C			
	35	40	45	50
Massekabel				
Gürtelkabel				
0,6/1 bis 3,6/6 kV	0,95	0,89	0,84	0,77
6/10 kV	0,93	0,85	0,76	0,65
Einadrige-, Dreimantel- u. H-Kabel				
0,6/1 bis 3,6/6 kV	0,95	0,89	0,84	0,77
6/10 kV	0,94	0,87	0,79	0,71
12/20 kV	0,93	0,85	0,76	0,65
18/30 kV	0,91	0,82	0,71	0,58
VPE-Kabel	0,96	0,91	0,87	0,82
PE-Kabel				
PVC-Kabel	0,94	0,87	0,79	0,71

10.9. Starkstromkabel

10.9.6.10. Umrechnungsfaktoren für Häufung in Luft nach DIN VDE 0298 Teil 2 (11.79)

Einadrige Kabel in Drehstromsystemen

Anordnung der Kabel: Ebene Verlegung, Zwischenraum = Kabeldurchmesser d, Abstand von Wand ≥ 2 cm

	Anzahl der Systeme nebeneinander	1	2	3
Auf dem Boden liegend		0,92	0,89	0,88
	Anzahl der Wannen			
Auf Kabelwannen liegend (behinderte Luftzirkulation)	1	0,92	0,89	0,88
	2	0,87	0,84	0,83
	3	0,84	0,82	0,81
	6	0,82	0,80	0,79
	Anzahl der Roste			
Auf Kabelrosten liegend (unbehinderte Luftzirkulation)	1	1,00	0,97	0,96
	2	0,97	0,94	0,93
	3	0,96	0,93	0,92
	6	0,94	0,91	0,90
Anzahl der Systeme übereinander		1	2	3
Auf Gerüsten oder an der Wand angeordnet		0,94	0,91	0,89
Anordnungen, für die keine Reduktion erforderlich ist		Bei ebener Verlegung mit größerem Abstand wird die gegenseitige Erwärmung zwar geringer, gleichzeitig nehmen aber die Mantel- und Schirmverluste zu. Daher keine Angaben.		

Anordnung der Kabel: gebündelte Verlegung, Zwischenraum = $2d$, Abstand von der Wand ≥ 2 cm

	Anzahl der Systeme nebeneinander	1	2	3
Auf dem Boden liegend		0,95	0,90	0,88
	Anzahl der Wannen			
Auf Kabelwannen liegend (behinderte Luftzirkulation)	1	0,95	0,90	0,88
	2	0,90	0,85	0,83
	3	0,88	0,83	0,81
	6	0,86	0,81	0,79
	Anzahl der Roste			
Auf Kabelrosten liegend (unbehinderte Luftzirkulation)	1	1,00	0,98	0,96
	2	1,00	0,95	0,93
	3	1,00	0,94	0,92
	6	1,00	0,93	0,90
Anzahl der Systeme übereinander		1	2	3
Auf Gerüsten oder an der Wand angeordnet		0,89	0,86	0,84
Anordnungen, für die keine Reduktion erforderlich ist				

10.9. Starkstromkabel

Fortsetzung: Umrechnungsfaktoren für Häufung in Luft nach DIN VDE 0298 Teil 2 (11.79)

Mehradrige Kabel und einadrige Gleichstromkabel

Anordnung der Kabel: Zwischenraum = Kabeldurchmesser d, Abstand von Wand ≥ 2 cm

Anzahl der Kabel nebeneinander		1	2	3	6	9
Auf dem Boden liegend		0,95	0,90	0,88	0,85	0,84
	Anzahl der Wannen					
Auf Kabelwannen liegend (behinderte Luftzirkulation)	1	0,95	0,90	0,88	0,85	0,84
	2	0,90	0,85	0,83	0,81	0,80
	3	0,88	0,83	0,81	0,79	0,78
	6	0,86	0,81	0,79	0,77	0,76
	Anzahl der Roste					
Auf Kabelrosten liegend (unbehinderte Luftzirkulation)	1	1,00	0,98	0,96	0,93	0,92
	2	1,00	0,95	0,93	0,90	0,89
	3	1,00	0,94	0,92	0,89	0,88
	6	1,00	0,93	0,90	0,87	0,86
Anzahl der Kabel übereinander		1	2	3	6	9
Auf Gerüsten oder an der Wand angeordnet		1,00	0,93	0,90	0,87	0,86
Anordnungen, für die keine Reduktion erforderlich ist		Anzahl der übereinander angeordneten Kabel beliebig				

Anordnung der Kabel: gegenseitige Berührung, Wandberührung

Anzahl der Kabel nebeneinander		1	2	3	6	9
Auf dem Boden liegend		0,90	0,84	0,80	0,75	0,73
	Anzahl der Wannen					
Auf Kabelwannen liegend (behinderte Luftzirkulation)	1	0,95	0,84	0,80	0,75	0,73
	2	0,95	0,80	0,76	0,71	0,69
	3	0,95	0,78	0,74	0,70	0,68
	6	0,95	0,76	0,72	0,68	0,66
	Anzahl der Roste					
Auf Kabelrosten liegend (durch die Kabel behinderte Luftzirkulation)	1	0,95	0,84	0,80	0,75	0,73
	2	0,95	0,80	0,76	0,71	0,69
	3	0,95	0,78	0,74	0,70	0,68
	6	0,95	0,76	0,72	0,68	0,66
Anzahl der Kabel übereinander		1	2	3	6	9
Auf Gerüsten oder an der Wand angeordnet		0,95	0,78	0,73	0,68	0,66
Anordnungen, für die keine Reduktion erforderlich ist		Anzahl der Kabel nebeneinander beliebig				

10.10. Leitungen und Kabel der Nachrichtentechnik

10.10.1. Kennfarben[1]) für Drähte in Gestellen und Geräten der Nachrichtentechnik nach DIN 40 720 (5.79)

1. Übertragungsleitungen für 2- und 4-Drahtwege

a-Ader	ws, wsgn, wsbl, wsge, wssw, hell
b-Ader	br, brgn, brbl, brge, brsw, dunkel

2. Kennzeichenleitungen

c-Ader	gn, gnrt, gnsw	e-Ader	gr, grrt
d-Ader	ge, gert	f-Ader	rs, rtsw

3. Gleichstrom-Versorgungsleitungen

Gleichstromkreis, + Pol oder − Pol einseitig geerdet	+ Pol: rt − Pol: bl, blrt
Gleichstromkreise mit geerdetem Mittelleiter (Telegrafenbatterie)	+ Pol (hinter Schutzwiderstand oder SiL): gert − Pol (hinter Schutzwiderstand oder SiL): gnrt

4. Wechselstrom-Versorgungsleitungen

Wechselstrom-Doppelleitung, unsymmetrisch geerdet	rt/sw (geerdete Leitung rt)
Wechselstrom-Doppelleitung, symmetrisch, ungeerdet	grrt/rtsw

Für Leitungen, die mit dem Starkstromnetz in Verbindung stehen, gelten die Bestimmungen für isolierte Starkstromleitungen (siehe Seite 10–10).

5. Erdungsleiter

Schutzleiter	gnge
Schirmerdungs- und Potentialausgleichsleitungen	gesw

Wenn die Zugehörigkeit der Drähte erkennbar ist, können Farben freier Wahl (außer gnge) benutzt werden. Vor und nach Bauelementen oder Schaltteilen dürfen die Kennfarben verschieden sein.

10.10.2. Kennzeichnung von Fernmeldeschnüren nach DIN 47 100 (11.79)

1. Farbe der Außenhülle

Textil-Außenhüllen	vorzugsweise sw
PVC-Außenhüllen	vorzugsweise gr oder sw

2. Kennfarben und Farbfolge der Adern
Adrige Verseilung

Ader Nr.	Farbe	Ader Nr.	Farbe	Ader Nr.	Farbe
1	ws	5	gr	9	sw
2	br	6	rs	10	vi
3	gn	7	bl	11	grrs
4	ge	8	rt	12	rtbl

Ausnahme 4adrige Schnur: ws, ge, br, gn

Paarige Verseilung (1. Farbe = Grundfarbe)

Paar Nr.	Farbe a-Ader	b-Ader	Paar Nr.	Farbe a-Ader	b-Ader
1 23 45	ws	br	12 34 56	wsrt	brrt
2 24 46	gn	ge	13 35 57	wssw	brsw
3 25 47	gr	rs	14 36 58	grgn	gegr
4 26 48	bl	rt	15 37 59	rsgn	gers
5 27 49	sw	vi	16 38 60	gnbl	gebl
6 28 50	grrs	rtbl	17 39 61	gnrt	gert
7 29 51	wsgn	brgn	18 40 62	gnsw	gesw
8 30 52	wsge	gebr	19 41 63	grbl	rsbl
9 31 53	wsgr	grbr	20 42 64	grrt	rsrt
10 32 54	wsrs	grrs	21 43 65	grsw	rssw
11 33 55	wsbl	brbl	22 44 66	blsw	rtsw

10.10.3. Kurzzeichen für die Bezeichnung von Installationsleitungen und Kabeln für Fernmeldeanlagen

Kurzzeichen	Bedeutung
Installationsleitungen	
J–	Installationskabel und Stegleitung
JE–	Installationskabel für Industrie-Elektronik
Y	Isolierhülle oder Mantel aus Polyvinylchlorid (PVC)
2Y	Isolierhülle oder Mantel aus Polyethylen (PE)
(St)	statischer Schirm
(Zg)	Zugentlastung aus gebündelten Glasgarnen
Lg	Lagenverseilung
Bd	Bündelverseilung
Li	Litzenleiter aus verseilten oder verdrillten Drähten
C	Schirm aus Kupferdrahtgeflecht
F	Stegleitung, flach
St III	Stern-Vierer mit besonderen Eigenschaften
Kabel	
A–	Außenkabel
AB–	Außenkabel mit Blitzschutzforderungen
AJ–	Außenkabel mit Induktionsschutzforderungen
G–	Grubenkabel
GJ–	Grubenkabel mit Induktionsschutzforderungen
P	Isolierhülle aus Papier
Y	Mantel oder Schutzhülle aus PVC
Yv	Verstärkte Schutzhülle aus PVC
2Y	Isolierhülle aus Voll-PE oder Mantel oder Schutzhülle aus Polyethylen (PE)
2Yv	Verstärkte Schutzhülle aus PE
O2Y	Isolierhülle aus Zell-PE
D	Konzentrische Lage aus Kupferdrähten, z. B. in Signalkabeln der Eisenbahn
M	Bleimantel
Mz	Bleimantel mit Erhärtungszusatz
L	Glatter Aluminiummantel
LD	Aluminiumwellmantel
(L)2Y	Schichtenmantel
F(L)2Y	Kabelseele mit Petrolatfüllung und Schichtenmantel
W	Stahlwellmantel
b	Bewehrung
(Z)	Stahldrahtgeflecht über PVC-Innenmantel
c	Schutzhülle aus Jute und zähflüssiger Masse
E	Masseschicht mit eingebettetem Kunststoffband
DM	Dieselhorst-Martin-Vierer
F	Stern-Vierer in Streckenfernkabeln der Eisenbahn
St	Stern-Vierer
St I	Stern-Vierer
St III	Stern-Vierer mit besonderen Eigenschaften
PiMF	Geschirmtes Paar (in Metallfolie)
S	Signalkabel der Eisenbahn
Bd	Bündelverseilung
Lg	Lagenverseilung

Beispiel: JE–Y(St)Y 8 × 2 × 0,8 Bd

Installationskabel für Industrie-Elektronik mit PVC-Isolierhülle, statischem Schirm, PVC-Mantel, 8 Paaren mit Kupferleitern von 0,8 mm Durchmesser und in Bündelverseilung.

Beispiel: A–2YF(L)2Y 100 × 2 × 0,6 St III Bd

Ortsnetzkabel mit Voll-PE-Isolierung, Petrolatfüllung, Schichtenmantel, 100 Doppeladern mit Kupferleitern von 0,6 mm Durchmesser, Stern-Vierer und Bündelverseilung.

[1]) Farbkurzzeichen siehe Seite 10–10.

10.10. Leitungen und Kabel der Nachrichtentechnik

10.10.4. Verwendung von Kabeln und isolierten Leitungen für Fernmeldeanlagen nach DIN VDE 0891 Teil 1 (4.81)

Bauart	DIN VDE	Verwendung
Schaltdrähte, Schaltlitzen	0812	Zum Verdrahten innerhalb der Fernmeldegeräte, z. B. Verstärkergestelle, Meßgeräte.
Schaltkabel	0813	Zum Verbinden mehrerer Fernmeldegeräte, z. B. Gestelle.
Schnüre	57814 0814	Zum Anschließen ortsveränderlicher Fernmeldegeräte, z. B. Tischfernsprecher.
Installationsleitungen	57815 0815	Zwischen Fernmeldegeräten und -anlagen auf oder unter Putz oder im Freien an Außenwänden. Mit Zugentlastung als Anschlußleitung im Sprechstellenbau und für selbsttragende Verlegung im Freien oberirdisch, auf kurzen Strecken aber auch in Erde.
Außenkabel	57816 0816	Zum Verbinden von Fernmeldeanlagen in getrennt liegenden Betriebsstätten.
Schlauchleitungen	57817 0817	Als Verbindung für ortsveränderliche Fernmeldeanlagen und -geräte.
Selbsttragende Fernmeldeluftkabel	57818 0818	Für Trägerfrequenz (TF)-Betrieb und Niederfrequenz (NF)-Betrieb. Aufhängung am Gestänge von Starkstrom-Freileitungen (über 1 kV).
Schaltdrähte, Schaltlitzen mit erweitertem Temperaturbereich	57881 0881	Für die innere Verdrahtung von Fernmeldegeräten, zur Verdrahtung von elektronischen Baugruppen in Geräten, Verdrahtung von Fernmeldeanlagen.

10.10.5. Kennzeichnung der Verseilelemente nach DIN VDE 0815 (4.81)

1. Installationskabel J–Y(St)Y···Lg

Die Farbe der a-Ader ist bei dem ersten Paar (Zählpaar) in jeder Lage rot, bei allen anderen Paaren weiß. Die Farbe der b-Ader ist blau, gelb, grün, braun, schwarz in Wiederholung entsprechend folgender Tabelle:

Farbe der b-Adern	Laufende Nummer des Paares											
blau	1	6	11	16	21	26	31	36	41	46		
gelb	2	7	12	17	22	27	32	37	42	47		
grün	3	8	13	18	23	28	33	38	43	48		
braun	4	9	14	19	24	29	34	39	44	49		
schwarz	5	10	15	20	25	30	35	40	45	50		
blau	51	56	61	66	71	76	81	86	91	96		
gelb	52	57	62	67	72	77	82	87	92	97		
grün	53	58	63	68	73	78	83	88	93	98		
braun	54	59	64	69	74	79	84	89	94	99		
schwarz	55	60	65	70	75	80	85	90	95	100		

Die Paare werden, in der Außenlage beginnend, durch alle Lagen gleichsinnig fortlaufend gezählt. Die Zählung ist jeweils mit dem in jeder Lage besonders gekennzeichneten Zählelement zu beginnen.

2. Installationskabel J–Y(St)Y···Lg mit 2 Doppeladern als Stern-Vierer

Stamm 1	a-Ader rot	b-Ader schwarz
Stamm 2	a-Ader weiß	b-Ader gelb

3. Installationskabel J–YY···Bd und Installationskabel J–2Y(St)(Zg)2Y···St|||Bd

Die fünf Stern-Vierer jedes Bündels haben die folgende Kennzeichnung:
1. Vierer (Zählvierer): Grundfarbe aller Adern rot
2. Vierer: Grundfarbe aller Adern grün
3. Vierer: Grundfarbe aller Adern grau
4. Vierer: Grundfarbe aller Adern gelb
5. Vierer: Grundfarbe aller Adern weiß.

Schwarze Ringe auf den Isolierhüllen kennzeichnen die Adern eines Stern-Vierers:

ohne Kennzeichnung

Stamm 1 { a-Ader
         { b-Ader

Stamm 2 { a-Ader
         { b-Ader

In jeder Lage der Bündel ist das Zählbündel durch eine Wendel aus rotem Kunststoffband gekennzeichnet. Alle anderen Bündel haben eine Wendel aus weißem oder naturfarbenem Kunststoffband.

Die Verseilelemente eines Bündels werden in der Reihenfolge der Grundfarben gezählt. Dies gilt auch für Installationskabel mit 2, 4 und 6 Doppeladern.

In **Installationskabeln mit mehr als 10 Doppeladern** werden die Grundbündel, beginnend mit dem Zählgrundbündel, in 1. Lage, durch alle Lagen gleichsinnig fortlaufend gezählt. Als letzte werden die nicht zu einem Grundbündel verseilten Stern-Vierer gezählt.

4. Installationskabel JE–Y(St)Y···Bd, JE–YCY···Bd und JE–LiYCY···Bd

Die Adern der Paare eines Bündels sind entsprechend der folgenden Tabelle gekennzeichnet:

Paar	1		2		3		4	
Ader	a	b	a	b	a	b	a	b
Grundfarbe	blau	rot	grau	gelb	grün	braun	weiß	schwarz

Die gefärbten Adern sind mit farbigen Ringen entsprechend nebenstehender Darstellung versehen. Die Ringfarbe ist in der Tabelle auf Seite 10–25 angegeben.

10.10. Leitungen und Kabel der Nachrichtentechnik

Fortsetzung: Kennzeichnung der Verseilelemente					Kennfarbe der a-Ader	Grundfarbe der a- und b-Adern	Laufende Nummer des Verseilelementes				
Ringgruppe	Ringfarbe	Bündel Nummer	Ringgruppe	Ringfarbe	Bündel Nummer						
I II III IIII	rosa	1 2 3 4	I II III IIII	rosa	13 14 15 16	blau bl gelb ge grün gn braun br schwarz sw	weiß ws	1 6 11 16 21	2 7 12 17 22	3 8 13 18 23	4 9 14 19 24	5 10 15 20 25
I II III IIII	orange	5 6 7 8	I II III IIII	orange	17 18 19 20	blau bl gelb ge grün gn braun br schwarz sw	grau gr	26 31 36 41 46	27 32 37 42 47	28 33 38 43 48	29 34 39 44 49	30 35 40 45 50
I II III IIII	violett	9 10 11 12				**Schaltkabel:** **S-Y (St) Y, S-YY**			bl	ge	gn	br	sw

Kennfarbe der b-Ader (Schaltkabel S-Y (St) Y, S-YY): bl, ge, gn, br, sw

Alle Adern eines Bündels sind entsprechend der Ringgruppe obiger Tabelle gekennzeichnet. Bei Installationskabeln mit mehr als 12 Bündeln weisen die weiteren Bündel eine farbige Wendel aus Kunststoffband auf, so von Bündel 13 bis 16 eine blaue Wendel, von Bündel 17 bis 20 eine rote.

Die Paare werden im Bündel in der Reihenfolge nach den Grundfarben, von Bündel zu Bündel nach der Bündelkennzeichnung entsprechend obiger Tabelle fortlaufend gezählt. Die Zählung beginnt mit Bündel Nummer 1 in der ersten Lage.

5. Installationskabel JE–LiYY...Bd
Die Adern eines Bündels sind wie folgt gekennzeichnet:

Ader	1	2	3	4
Grundfarbe	blau	rot	grau	gelb
Ader	5	6	7	8
Grundfarbe	grün	braun	weiß	schwarz

Die gefärbten Adern weisen farbige Ringe entsprechend der Darstellung auf Seite 10–24 und obiger Tabelle auf.

Die Adern werden im Bündel in der Reihenfolge der Grundfarben, von Bündel zu Bündel nach obiger Tabelle fortlaufend gezählt. Die Zählung beginnt mit Bündel Nummer 1 in der ersten Lage.

Verseilelemente: Ader, Paar, Stern-Vierer und Bündel. Ader: Leiter mit Isolierhülle. **Paar:** 2 untereinander verseilte Adern, die einen Leitungskreis (Schleife) bilden. **Stern-Vierer:** 4 miteinander verseilte Adern, von denen jeweils 2 diametral gegenüberliegende einen Leitungskreis (Stamm) bilden. Die Stämme werden auch als Doppeladern (DA) bezeichnet. **Bündel mit Stern-Vierer:** 5 zusammengefaßte Stern-Vierer. **Bündel mit Paaren:** 4 zusammengefaßte Paare. **Bündel mit Adern:** 8 zusammengefaßte Adern. **Kabelseele:** alle Verseilelemente einschließlich Bewicklung, Schirm, Innenmantel.

10.10.6. Kennzeichg. d. Adern für Schaltkabel für Fernmeldeanlagen nach VDE 0813 (11.71)

Die **Kennzeichnung** der a- und b-Adern bei Schaltkabeln besteht aus einer **Grundfarbe** und einer **Kennfarbe**, die in Form von Ringen aufgebracht ist. **Beispiel:** Beim Verseilelement 4 ist die Grundfarbe der a- und b-Adern weiß, die Kennfarbe der a-Ader blau, die der b-Ader braun.

Beim **Schaltkabel S-Y (St) Y** sind alle c-Adern rot, alle d-Adern rosa und alle e-Adern schwarz.

Beim **Schaltkabel S-YY** sind die Adern so gekennzeichnet, daß sich je 4, 5, 6 oder 10 verschiedene Aderfarben (Farbgruppen) nach dem folgenden Schema wiederholen:

Folge der Aderfarben in jeder Farbgruppe	Anzahl Aderfarben pro Farbgruppe
blau, rot, grau, grün	4
blau, rot, grau, grün, braun	5
blau, rot, grau, grün, braun, schwarz	6
blau, rot, grau, grün, braun, schwarz, gelb, weiß, rosa, violett	10

Die blaue Ader der ersten vollständigen Farbgruppe ist in jeder Lage mit roten Ringen versehen. Vor dieser Ader können Restadern einer vorhergehenden Farbgruppe liegen. Wenn nur eine blaue Ader in der Lage vorkommt, kann diese zusätzliche Kennzeichnung wegfallen.

Beim in **Bündelverseilung** ausgeführten **Schaltkabel S-Y (St) Y** sind die Bündel so aufgebaut, daß die Verseilelemente – in den Bündeln der Außenlage beginnend durch alle Lagen gleichsinnig von einem Bündel zum nächsten fortschreitend – in der richtigen Farbfolge durchlaufend gezählt werden können. Bei Kabeln mit mehr als 50 Verseilelementen wird nach 50 mit dem Verseilelement Nr. 1 wieder begonnen. Einzelelemente, die nicht zu einem Bündel verseilt sind, werden zuletzt gezählt.

Fünf Verseilelemente mit gleicher Kennfarbe der a-Ader sind zu einem **Bündel** zusammengefaßt und können mit einem naturfarbenen oder weißen Kunststoffband in offener Wendel umwickelt sein.

Beim in **Lagenverseilung** ausgeführten **Schaltkabel S-YY...PiMF** sind die Verseilelemente so angeordnet, daß sie – beginnend in der Außenlage – durch alle Lagen gleichsinnig von einem Verseilelement zum nächsten fortschreitend gezählt werden können.

10.10. Leitungen und Kabel der Nachrichtentechnik

10.10.7. Installationsleitungen für Fernmelde- und Informationsverarbeitungsanlagen nach DIN VDE 0815 (4.81)

Bezeichnung Kurzzeichen	Aderzahlen bzw. Doppeladerzahlen	Leiter-durchmesser (Fläche) mm	Max. Leiter-widerstand Ω/km	Mindest-Isolations-widerstand MΩ/km	Verseil-element bzw. Verseilart	Verwendung
Installationsdraht Y	1, 2, 3, 4 (Adern)	0,6	65	100	Ader	in allen Klassen, in trockenen und zeitweise feuchten Betriebsstätten
		0,8	36,6			
Stegleitung J-FY	2, 3 (Adern)	0,6	65		–	
Einführungsdraht 2YY	1 (Ader)	1,0 verzinnt	23,5	5000	–	wie oben, aber auch im Freien
Installationskabel J-Y (St) Y···Lg	2, 4, 6, 10, 16, 20, 24, 30, 40, 50, 60, 80, 100 (Doppeladern)	0,6	130 (Schleife)	100	Lagen-verseil-ung	in allen Klassen, in trockenen und feuchten Betriebsstätten, im Freien bei fester Verlegung, JE-Typ als Meß- und Steuerleitung in Industrie-Elektronik-Anlagen
		0,8	73,5 (Schleife)			
Installationskabel JE-Y (St) Y···Bd	2, 4, 8, 12, 16, 20, 24, 28, 32, 36, 40, 44, 48, 52, 56, 60, 64, 68, 72, 76, 80 (Doppeladern)	0,8	73,5 (Schleife)		Bündel-verseilung Paar	
Installationskabel JE-YCY···Bd						
Installationskabel JE-LiYCY···Bd		(0,5 mm²)	78,4 (Schleife)			
Installationskabel JE-LiYY···Bd	4, 8, 16, 24, 32, 40, 80 (Adern)	(0,5 mm²)	38,5 (Ader)		Bündel-verseilung Ader	in allen Klassen, in trockenen und feuchten Betriebsstätten, im Freien bei fester Verlegung
Installationskabel J-YY···Bd	2, 4, 6, 10, 16, 20, 24, 30, 40, 50, 60, 80, 100 (Doppeladern)	0,6	130 (Schleife)		Bündel-verseilung Stern-Vierer	
Installationskabel mit Zugentlastung J-2Y (St) (Zg) 2Y···StIII Bd	2, 4, 6, 10 (Doppeladern)	0,6		10000		

10.10.8. Schaltkabel für Fernmeldeanlagen nach VDE 0813 (11.71)

Kurz-zeichen	Bezeichnung	Anzahl der Verseilelemente (Vorzugswerte)	Leiter-durch-messer (Kupfer) mm	Max. Leiter-widerstand (Ader oder Schleife) Ω/km	Mindest-Isolations-widerstand MΩ/km bei 20 °C	50 °C	Max. Betriebs-spannung[1] (Effektiv-wert) V	Ver-wendung
S-Y (St) Y	Schaltkabel mit PVC-Isolierung und geschirmter Kabelseele	Paar: 1, 3, 4, 5, 6, 10, 11, 12, 15, 16, 18, 20, 22, 24, 25, 28 Dreier: 5, 10, 11, 15, 18, 20, 21, 24, 25, 28 Vierer: 1, 5, 10, 20, 25 Fünfer: 10	0,6	Schleife: 130	100	1	200	in allen Klassen und in trockenen und zeitweise feuchten Betriebs-stätten
S-YY··· ···PiMF	Schaltkabel mit PVC-Isolierung und geschirmten Paaren	2, 5, 6, 10, 12, 20	0,6	Schleife: 130	100	–	200	
S-YY	Schaltkabel mit PVC-Isolierung für Signalzwecke	60	0,5	Ader: 96	100		250[2]	
		10, 20, 30, 60, 80	0,6	65			250[3]	
		20, 24, 32, 40, 60	1,0	23,5			400	

Installationsleitungen und Schaltkabel für die Fernmeldetechnik sind für Starkstrom-Installationszwecke nicht zulässig. Der zulässige Temperaturbereich beträgt beim Verlegen – 5 bis + 50 °C, vor und nach dem Verlegen bis + 70 °C.

[1]) Die zulässige Gleichspannung ist 1,5 mal größer als die angegebenen Werte.
[2]) Kurzzeitig (4 s/min) sind bis zu 400 V zulässig. [3]) Kurzzeitig (6 s/min) sind bis zu 400 V zulässig.

10.10. Leitungen und Kabel der Nachrichtentechnik

10.10.9. Schaltdrähte und Schaltlitzen für Fernmeldeanlagen nach VDE 0812 (9.72)

Kurzzeichen	Bezeichnung	Leiterdurchmesser in mm	Betr.-Spitzenspannung in V
YV	Schaltdraht	0,3; 0,4; 0,5; 0,6; 0,8; 1; 1,4; 1,8	350 bis 3 000
LiY	Schaltlitze	0,14; 0,25; 0,5; 0,75; 1; 1,5	500 bis 3 000
YVC, YY (St), YV (St) Y, YVO (St) Y	Geschirmter Schaltdraht	1- oder 2adrig 0,5; 0,8; 1; 1,4	150 bis 1 500
LiY, LiYCY, LiYDY	Geschirmte Schaltlitze	1- oder 2adrig 0,14; 0,25; 0,5; 0,75; 1; 1,5	350 bis 900

10.10.10. Außenkabel für Fernmeldeanlagen nach DIN VDE 0816 (2.79), Auszug

Bezeichnung Kurzzeichen	Aderzahlen bzw. Doppeladerzahlen	Leiterdurchmesser (Kupfer) mm	Max. Leiterwiderstand Ω/km	Mindest-Isolationswiderstand GΩ/km	Verseilart	Verwendung
Signal- und Meßkabel A-2YY...	4, 5, 8, 12, 16, 21, 27, 33, 40, 48, 56	0,9	28,9 (Ader)			
	65, 75, 80, 96, 108, 114, 133, 147, 154, 176, 200 (Adern)	1,4	11,9 (Ader)	5		
	4, 5, 8, 12, 16, 21, 27, 33, 40, 56, 65, 75, 96, 108 (Adern)	1,8	7,2 (Ader)			
Ortsnetzkabel Ok A-2Y(L)2Y... A-2YF(L)2Y...	6, 10, 20, 30, 40, 50, 70, 100, 150, 200, 250, 300, 400, 500, 600, 700, 800, 1000, 1200, 1500, 2000 (Doppeladern)	0,4	300 (Schleife)		Stern-Vierer in Bündel-Verseilung St III Bd	in allen Klassen und Betriebsstätten, jedoch Kabel mit äußerem PE-Mantel/Schutzhülle für feuer- oder explosionsgefährdete Betriebsstätten ohne ausreichende Schutzmaßnahmen unzulässig, die Kabel sind für Starkstrom-Installationszwecke nicht zugelassen, Einschränkungen für Grubenbaue siehe VDE 0118 (2.70), § 39
	6, 10, 20, 30, 40, 50, 70, 100, 120, 150, 200, 250, 300, 350, 400, 500, 600, 700, 800, 1000, 1200 (Doppeladern)	0,6	130 (Schleife)	5		
	6, 10, 20, 30, 40, 50, 70, 100, 120, 150, 200, 250, 300, 350, 400, 500, 600, 700, 800 (Doppeladern)	0,8	73,2 (Schleife)			
Ortsnetzkabel Ok A-O2Y(L)2Y...	gleich mit A-2Y(L)2Y...	0,6	130 (Schleife)	5		
	gleich mit A-2Y(L)2Y...	0,8	73,2 (Schleife)			
	100, 150, 200, 250, 300, 350, 400, 500 (Doppeladern)	0,9	56,6 (Schleife)	10	St I Bd	
Ortsnetzkabel Ok A-PM... A-PL... A-PLD... A-PW...	6, 10, 20, 30, 40, 50, 70, 100, 150, 200, 250, 300, 350, 400, 500, 600, 700, 800[1]), 1000, 1200[2]), 1500, 2000 (Doppeladern)	0,4	300 (Schleife)	5	St III Lg / St III Bd	
		0,6	130 (Schleife)		St III Lg / St III Bd	
		0,8	73,2 (Schleife)		St III Lg	
Kabel für größere Entfernungen Bk A-PM... A-PL... A-PLD... A-PW...	Doppeladern siehe Tabelle 11 in DIN VDE 0816	0,8	73,2		Lagenverseilung DM-Vierer	
		0,9	56,6			
		1,2	31,8			
		1,4	23,4	10		
		0,9	56,6		Stern-Vierer St I und St	
		1,2	31,8			
		1,4	23,4			

[1]) Höchste Doppeladerzahl für Kabel mit Leiterdurchmesser 0,8 mm.
[2]) Höchste Doppeladerzahl für Kabel mit Leiterdurchmesser 0,6 mm.

11. Werkstoffe und Werkstoffnormung

11.1. Chemische Elemente und ihre Verbindungen

Die Chemie befaßt sich mit den Eigenschaften und Veränderungen von anorganischen und organischen Stoffen. **Chemische Umsetzungen** oder **Reaktionen** sind Vorgänge, bei denen sich der Stoff verändert. Die Aufgaben der Chemie sind: Feststellen der Zusammensetzung und der chemischen Eigenschaften der Stoffe (**Analytische Chemie**), Umwandlung der Stoffe in solche mit neuen Eigenschaften (**Synthetische Chemie**), Erarbeitung und Deutung der Gesetzmäßigkeiten für diese Umwandlungen (**Experimental-Chemie**), Aufzeigen von Wegen zur synthetischen Herstellung von Chemikalien, Heilmitteln, Kunststoffen und Naturprodukten, sowie deren groß-technische Durchführung (**Chemische Technik, Verfahrenstechnik**).

Die kleinsten auf chemischem Wege nicht weiter zerlegbaren Teilchen heißen **chemische Grundstoffe** oder **Elemente**. Diese werden eingeteilt in **Metalle, Halbmetalle** und **Nichtmetalle**. Aus mehreren Elementen entstehen **chemische Verbindungen** wie Säuren, Salze, Oxide usw.

Die **Ordnungszahl** oder **Kernladungszahl** der Elemente bestimmt die Reihenfolge im **Periodensystem**, sie ist gleich der Anzahl der Protonen (positive Ladungen) im Atomkern. Die **relative Atommasse** (früher Atomgewicht genannt) ist eine Verhältnisgröße und gibt an, wieviel mal größer die Masse des Atoms eines Elementes ist als der 12te Teil der Masse eines Atoms des Kohlenstoff-Isotops ^{12}C.

Chemische Elemente und deren relative Atommassen

Element	Symbol	Ord.-zahl	rel. Atommasse	Entdeckt	Element	Symbol	Ord.-zahl	rel. Atommasse	Entdeckt
Actinium	Ac	89	(227)	1899	Molybdaen	Mo	42	95,94	1778
Aluminium	Al	13	26,9815	1827	Natrium	Na	11	22,9898	1807
Americium	Am	95	(243)	1944	Neodym	Nd	60	144,24	1895
Antimon	Sb	51	121,75	15. Jhdt.	Neon	Ne	10	20,183	1897
Argon	Ar	18	39,948	1894	Neptunium	Np	93	(237)	1940
Arsen	As	33	74,9216	1675	Neutron	Nn	0	1,008	1932
Astat	At	85	(210)	1940	Nickel	Ni	28	58,71	1751
Barium	Ba	56	137,34	1774	Niob	Nb	41	92,906	1801
Berkelium	Bk	97	(247)	1949	Nobelium	No	102	(253)	1957
Beryllium	Be	4	9,0122	1798	Osmium	Os	76	190,2	1804
Blei	Pb	82	207,19	Altertum	Palladium	Pd	46	106,4	1804
Bor	B	5	10,811	1808	Phosphor	P	15	30,9738	1669
Brom	Br	35	79,909	1826	Platin	Pt	78	195,09	1750
Cadmium	Cd	48	112,40	1817	Plutonium	Pu	94	(242)	1940
Caesium	Cs	55	132,905	1860	Polonium	Po	84	(210)	1898
Calcium	Ca	20	40,08	1808	Praseodym	Pr	59	140,907	1885
Californium	Cf	98	(251)	1950	Promethium	Pm	61	(145)	1945
Cer	Ce	58	140,12	1803	Protactinium	Pa	91	(231)	1918
Chlor	Cl	17	35,453	1774	Quecksilber	Hg	80	200,59	Altertum
Chrom	Cr	24	51,996	1798	Radium	Ra	88	(226)	1898
Curium	Cm	96	(247)	1944	Radon	Rn	86	(222)	1898
Dysprosium	Dy	66	162,50	1886	Rhenium	Re	75	186,2	1925
Einsteinium	Es	99	(254)	1952/53	Rhodium	Rh	45	102,905	1804
Eisen	Fe	26	55,847	Altertum	Rubidium	Rb	37	85,47	1861
Erbium	Er	68	167,26	1843	Ruthenium	Ru	44	101,07	1828
Europium	Eu	63	151,96	1893	Samarium	Sm	62	150,35	1879
Fermium	Fm	100	(253)	1952/53	Sauerstoff	O	8	15,9994	1772
Fluor	F	9	18,9984	1886	Scandium	Sc	21	44,956	1879
Francium	Fr	87	(223)	1939	Schwefel	S	16	32,064	Altertum
Gadolinium	Gd	64	157,25	1880	Selen	Se	34	78,96	1817
Gallium	Ga	31	69,72	1875	Silber	Ag	47	107,87	Altertum
Germanium	Ge	32	72,59	1886	Silicium	Si	14	28,086	1823
Gold	Au	79	196,967	Altertum	Stickstoff	N	7	14,0067	1772
Hafnium	Hf	72	178,49	1923	Strontium	Sr	38	87,62	1787
Hahnium	—	105	(260)	1970	Tantal	Ta	73	180,948	1802
Helium	He	2	4,0026	1868	Technetium	Tc	43	(99)	1937
Holmium	Ho	67	164,93	1879	Tellur	Te	52	127,60	1792
Indium	In	49	114,82	1863	Terbium	Tb	65	158,924	1843
Iod	I	53	126,9044	1812	Thallium	Tl	81	204,37	1861
Iridium	Ir	77	192,2	1804	Thorium	Th	90	232,038	1828
Kalium	K	19	39,102	1807	Thulium	Tm	69	168,934	1879
Kobalt	Co	27	58,9332	1735	Titan	Ti	22	47,90	1791
Kohlenstoff	C	6	12,011 15	1791	Uran	U	92	238,03	1789
Krypton	Kr	36	83,80	1898	Vanadium	V	23	50,942	1830
Kupfer	Cu	29	63,54	Altertum	Wasserstoff	H	1	1,007 97	1766
Kurtschatovium	Ku	104	(264)	1965	Wismut	Bi	83	208,98	1505
					Wolfram	W	74	183,85	1783
Lanthan	La	57	138,91	1839	Xenon	Xe	54	131,30	1898
Lawrencium	Lr	103	(256)	1961	Ytterbium	Yb	70	173,04	1878
Lithium	Li	3	6,939	1817	Yttrium	Y	39	88,905	1794
Lutetium	Lu	71	174,97	1906	Zink	Zn	30	65,37	1617
Magnesium	Mg	12	24,312	1695	Zinn	Sn	50	118,69	Altertum
Mangan	Mn	25	54,9381	1774	Zirconium	Zr	40	91,22	1789
Mendelevium	Md	101	(256)	1955					

Anmerkung: nach DIN 32 640 (6.80) wird Kobalt jetzt Cobalt und Wismut jetzt Bismut geschrieben.

11.1. Chemische Elemente und ihre Verbindungen

Trivialnamen und chemische Benennung technisch wichtiger Stoffe

Trivialname	chemische Formel	chemischer Name bzw. Erläuterung	Trivialname	chemische Formel	chemischer Name bzw. Erläuterung
Aceton	C_3H_6O	Propanon	Königswasser		Gemisch aus 3 Teilen konz. HCl und 1 Teil konz. HNO_3
Acetylen	C_2H_2	Ethin			
Äther [1])	$C_4H_{10}O$	Diethylether			
Ätzkali	KOH	Kaliumhydroxid			
Ätzkalk	$Ca(OH)_2$	Calciumhydroxid	Kohlendioxid	CO_2	Kohlenstoffdioxid
Ätznatron [2])	NaOH	Natriumhydroxid	Kohlenoxid	CO	Kohlenstoffmonooxid
Aktivkohle	C	feinteilige, porenreiche Kohle	Korund, Schmirgel	Al_2O_3	Aluminiumoxid
Aluminiumazetat	$Al(CH_3COO)_3$	Essigsaure Tonerde	Kreide, Kalkstein	$CaCO_3$	Calciumcarbonat
Anilin	$C_6H_5NH_2$	Aminobenzol	Kupfervitriol	$CuSO_4 \cdot 5H_2O$	Kupfer(II)-sulfat-pentahydrat
Antichlor	$Na_2S_2O_3 \cdot 5H_2O$	Natriumthiosulfat			
			Linolsäure	$C_{18}H_{32}O_2$	Linolsäure
Benzol	C_6H_6	Benzol	Lötsalz (in Lösung)	$ZnCl_2 + 2NH_4Cl$	Lösung von Zinkchlorid und Ammoniumchlorid
Bittersalz	$MgSO_4 \cdot 7H_2O$	Magnesiumsulfat	Lötwasser		
Blausäure	CHN	Zyanwasserstoff			
Bleiglätte	PbO	Blei(II)-oxid			
Bleiweiß	$2PbCO_3 \cdot Pb(OH)_2$	basisches Bleicarbonat	Lachgas	N_2O	Distickstoffoxid
Blutlaugensalz, gelbes	$K_4Fe(CN)_6 \cdot 3H_2O$	Kaliumhexacyanoferrat(II)	Magnesia	MgO	Magnesiumoxid
—, rotes	$K_3Fe(CN)_6$	Kaliumhexacyanoferrat(III)	Mennige	Pb_3O_4	Blei(II, IV)-oxid
			Methylenchlorid	CH_2Cl_2	Dichlormethan
Borax	$Na_2B_4O_7 \cdot 10H_2O$	Natriumtetraborat	Natron	$NaHCO_3$	Natriumbikarbonat
Borsäure	H_3BO_3	Borsäure	Nitroglycerin	$C_3H_5(NO_3)_3$	Propantriltrinitrat
Braunstein	MnO_2	Mangandioxid			
			Öl	$C_{57}H_{104}O_6$	Triolein
Carborundum	SiC	Siliciumcarbid	Oxalsäure	$C_2H_2O_4$	Ethandisäure
Chilesalpeter	$NaNO_3$	Natriumnitrat			
Chlorkalk	CaCl(OCl)	Calciumchloridhypochlorid	Perchloräthylen	$CCl_2 = CCl_2$	Tetrachlorethen
Chloroform	$CHCl_3$	Trichlormethan	Pottasche	K_2CO_3	Kaliumcarbonat
			Ruß	C	Gemenge von feinteiligem Kohlenstoff und öligen Kohlenwasserstoffen (Teeren)
Eisenchlorid	$FeCl_2 \cdot 4H_2O$	Eisen(II)-chloridtetrahydrat			
Eisenrost	$FeO \cdot Fe_2O_3 \cdot 2H_2O$	Eisenoxidhydrat			
Eisessig, Essig, Essigsäure	CH_3COOH	Ethansäure			
			Salmiak	NH_4Cl	Ammoniumchlorid
Fixiersalz	$Na_2S_2O_3$	Natriumthiosulfat	Salmiakgeist	NH_4OH	Ammoniumhydroxid
Flußsäure	HF	Fluorwasserstoffsäure	Salpetersäure	HNO_3	Salpetersäure
Fruchtzucker	$C_6H_{12}O_6$	Lävulose	Salzsäure	HCl	Chlorwasserstoffsäure
			Schwefelkies	FeS_2	Pyrit
Gips	$CaSO_4 \cdot 2H_2O$	Calciumsulfatdihydrat	Soda calc.	Na_2CO_3	Natriumkarbonat wasserfrei
Glaubersalz	$NaSO_4 \cdot 10H_2O$	Natriumsulfatdecahydrat	Soda krist.	$Na_2CO_3 \cdot 10H_2O$	Natriumcarbonatdecahydrat
Glycerin	$C_3H_5(OH)_3$	Propantriol	Spiritus	C_2H_5OH	Ethanol
Grubengas, Sumpfgas	CH_4	Methan	Tetra	CCl_4	Tetrachlormethan
			Toluol	$C_6H_5CH_3$	Methylbenzol
Holzessig	CH_3COOH	Ethansäure	Tonerde	Al_2O_3	Aluminiumoxid
Holzgeist	CH_3OH	Methanol	Traubenzucker	$C_6H_{12}O_6$	Dextrose
			Tri	C_2HCl_3	Trichlorethen
Kalk, gebrannter	CaO	Calciumoxid			
—, gelöschter	$Ca(OH)_2$	Calciumhydroxid	Wasserglas		Lösung von Natrium- und Kaliumsilikaten
Kalkstein siehe Kreide					
Karbid	CaC_2	Calciumcarbid	Weingeist	C_2H_5OH	Ethanol
Karborund	SiC	Siliciumcarbid			
Kochsalz, Steinsalz	NaCl	Natriumchlorid	Zellulose	$C_6H_{10}O_5$	Dextrin
			Zitronensäure	$C_6H_8O_7$	Zitronensäure

Beispiele chemischer Vorgänge [3])

1. 1 kg Kohlenstoff (≈ 1,1 kg Steinkohle) verbrennt zu Kohlenstoffdioxid nach Formel $C + 2O - CO_2$ und verbraucht dabei $(2 \cdot 16):12 = 2,67$ kg Sauerstoff (9 m³ Luft).
2. Nach Formel $CaC_2 + 2H_2O = C_2H_2 + Ca(OH)_2$ entsteht aus Calciumcarbid + 2 Tl. Wasser Acetylen + gelöschter Kalk. Für 1 kg CaC_2 braucht man $2 \cdot (2 \cdot 1 + 16) : (40,08 + 2 \cdot 12) = 36 : 64,08 = 0,562$ kg Wasser und erhält $(2 \cdot 12 + 2 \cdot 1) : (40,08 + 2 \cdot 12) = 26 : 64,08 = 0,406$ kg Acetylengas ≈ 350 l.
3. Wird aus einer Lösung von Kupfervitriol in Wasser durch Elektrolyse (Zersetzung durch el. Strom) 1 g Kupfer abgeschieden, so entsprechen dem $(63,54 + 32,06 + 4 \cdot 63,54) = 2,51$ g $CuSO_4$, entsprechend $(63,54 + 32,06 + 4 \cdot 16 +$

$5 \cdot 2 \cdot 1 + 5 \cdot 16) : 63,54 = 3,93$ g kristallwasserhaltiges, handelsübliches Salz, $CuSO_4 \cdot 5H_2O$.

4. 100 g einer Blei-Zinn-Legierung bilden nach Zersetzung in Säure und Ausglühen ein Gemenge aus Blei(II)-oxid (PbO) und Zinn(IV)-oxid (SnO_2), das 124,037 g wiegt. Bezeichnet man die Anzahl der Gramm Blei in der Legierung mit X, so gilt die Gleichung:

$$X \cdot \frac{\text{Atomgew. v. O}}{\text{Atomgew. v. Pb}} + (100 - X) \cdot \frac{2 \text{ Atomgew. v. O}}{\text{Atomgew. v. Sn}}$$
$$= (124,037 - 100)$$
$$X \cdot \frac{16,0}{207,19} + (100 - X) \cdot \frac{2 \cdot 16,0}{118,7} = 24,037$$

Daraus ergibt sich $X = 15,19$, d. h. die Legierung enthält 15,19% Blei.

---

[1]) Nach DIN 32 640 (6.80) lautet die Schreibweise Ether.
[2]) Trivialname Ätznatron soll nach DIN 32 640 (6.80) nicht mehr verwandt werden.
[3]) Es bedeuten: $2 \cdot 16 = 2$ Atomgewicht Sauerstoff; $12 = $ Atomgewicht Kohlenstoff. $2 \cdot 1 + 16 = 2$ Atomgewicht Wasserstoff + Atomgewicht Sauerstoff; $40,08 + 2 \cdot 12 = $ Atomgewicht Calcium + 2 Atomgewicht Kohlenstoff. $5 \cdot 2 \cdot 1 = 5 \cdot 2$ Atomgewicht Wasserstoff.

11.2. Physikalische Eigenschaften von Metallen

11.2.1. Reine Metalle

Metall	Dichte ϱ (20 °C) $\frac{g}{cm^3}$	Schmelz-punkt (1,03 bar) °C	Siede-punkt (1,03 bar) °C	Spezifische Wärmekapazität c (20···100 °C) $\frac{kJ}{kg \cdot °C}$	Wärmeleitfähigkeit λ (0 °C) $\frac{W}{m \cdot °C}$	Längenausdehnungskoeffiz. α (0···100 °C) $\frac{10^{-6}}{°C}$	Spezifischer Widerstand ϱ $\frac{\Omega \cdot mm^2}{m}$	Elektrische Leitfähigkeit γ $\frac{m}{\Omega \cdot mm^2}$	Temperaturbeiwert α $\frac{10^{-3}}{°C}$
Aluminium	2,70	660	2500	0,896	231	23,9	0,0265	37,8	4,7
Antimon	6,69	630,5	1635	0,21	231	10,8	0,386	2,59	5,4
Arsen	5,78	817	622	0,333	—	5	0,38	2,63	4,7
Barium	3,59	726,2	1640	0,277	—	19	0,36	2,78	6,5
Beryllium	1,85	1285	2970	1,99	159	12	0,032	31,2	9,0
Blei	11,34	327,4	1750	0,128	35,3	29	0,21	4,77	4,2
Bor, krist.	2,4	2050	3675	1,21	—	8	1,10	0,91	—
Cadmium	8,65	321	767	0,233	96,2	31	0,073	13,7	4,2
Cer	6,77	804	3468	0,188	—	—	0,78	1,28	—
Chrom	7,19	1903	2500	0,44	—	8,5	0,15	6,76	—
Eisen	7,87	1539	3070	0,465	72,3	11,9	0,1	10	4,6
Gallium	5,91	29,78	2400	0,335	—	18	0,4	2,5	4,0
Germanium	5,32	936	2700	0,306	—	6	890	0,0011	1,4
Gold	19,28	1063	2950	0,133	310	14,2	0,021	47,6	4,0
Iridium	22,55	2454	4527	0,134	58,5	6,6	0,049	20,4	4,1
Kalium	0,862	63,5	754	0,72	96,2	84	0,063	15,9	5,7
Kobalt [1]	8,89	1492	3185	0,428	68,6	14,2	0,056	17,8	5,9
Kupfer	8,93	1083	2595	0,386	395	16,8	0,0173	58	4,3
Lithium	0,53	180,5	1340	3,44	67	58	0,085	11,7	4,9
Magnesium	1,74	650	1105	0,102	143	26	0,043	23,3	4,1
Mangan	7,47	1244	2041	0,486	50	22,8	0,39	2,56	5,3
Molybdaen	10,22	2620	5550	0,247	142	5,3	0,05	20	4,7
Natrium	0,966	97,8	881	1,165	138	71	0,043	23,3	5,4
Neptunium	20,45	637	—	0,544	57,1	—	—	—	—
Nickel	8,9	1458	2730	—	92,2	13,3	0,069	14,5	6,7
Niob	8,4	2470	2900	0,272	—	7,1	0,217	4,6	3,4
Osmium	22,48	2700	4400	0,131	—	7,0	0,095	10,5	4,2
Palladium	11,99	1552	2930	0,247	70,3	10,6	0,098	10,2	3,7
Platin	21,45	1769	3800	0,134	71,2	9,0	0,098	10,2	3,9
Plutonium	19,82	639,5	—	—	—	—	—	—	—
Quecksilber, fl.	13,55	−38,84	356,6	0,139	8,05	—	0,9407	1,063	0,99
Radium	6	700	1140	—	—	—	—	—	—
Rhenium	21,02	3180	5500	0,137	—	4	0,19	5,26	4,5
Rhodium	12,42	1960	3670	0,247	87,3	9	0,043	23,3	4,4
Ruthenium	11,9	2450	4100	0,241	—	10	0,72	1,39	4,6
Selen	4,26	220	68,5	0,377	—	—	—	—	—
Silber	10,5	961,3	2177	0,234	410	19,7	0,0149	67,1	4,1
Silicium	2,33	1420	2600	0,71	—	7	1000	0,001	—
Strontium	2,583	770	1385	—	—	—	0,308	3,25	3,8
Tantal	16,67	2990	4100	0,138	54,5	6,58	0,14	7,14	3,5
Technetium	11,49	2200	4600	—	—	—	—	—	—
Tellur	6,2	452	1300	0,203	—	17,2	600	0,0016	—
Thallium	11,84	302,5	1457	0,134	50,2	29	0,16	6,25	5,2
Thorium	11,72	1820	4200	0,144	—	11,1	0,13	7,69	2,7
Titan	4,508	1668	3260	0,616	—	—	0,42	2,38	5,4
Uran	19,05	1130	3500	0,106	25,67	—	0,21	4,76	2,8
Vanadium	5,96	1890	3000	0,487	—	—	—	—	3,9
Wismut [1]	9,803	271,3	1560	0,125	8,3	12,1	1,11	0,91	4,5
Wolfram	19,25	3380	6000	0,135	162	4,5	0,055	18,2	4,8
Zink	7,134	419,5	908,5	0,388	113	30	0,057	17,6	4,2
Zinn	7,285	231,9	2507	0,227	66	23	0,115	8,7	4,6
Zirconium	6,504	1850	3580	0,489	—	14,3	0,41	2,44	4,4

11.2.2. Legierungen

AlMgSi	2,7	—	—	—	—	23	0,033	30,3	3,6
CrAl 20 5	7,2	1500	—	0,462	—	12	1,37	0,73	0,05
CuNi 44	8,9	1280	—	0,411	—	15,2	0,49	2,04	0,04
CuMn 12 Ni	8,4	960	—	0,408	—	19,5	0,43	2,33	0,01
CuNi 30 Mn	8,8	1180	—	0,399	—	16	0,4	2,5	0,15
CuZn 36	8,3	950	—	0,391	—	18,5	0,07	14,3	1,3

[1] Schreibweise der Elemente siehe Fußnote S. 11-1.

11.2. Physikalische Eigenschaften von Metallen

11.2.3. Kontaktwerkstoffe

Werkstoff	Dichte g/cm³	Schmelzpunkt °C	Siedepunkt °C	Spez. elektr. Widerstand $\frac{\Omega \cdot mm^2}{m}$	Temperaturbeiwert des elektr. Widerst. $\alpha \cdot 10^{-3}$ 1/K	Elektr. Leitfähigkeit $\frac{m}{\Omega \cdot mm^2}$	Wärmeleitfähigkeit $\frac{W}{m \cdot °C}$
Reine Metalle							
Kupfer	8,9	1083	2300	0,017	3,9	58	0,94
Aluminium	2,7	660	2500	0,0265	4,67	37,6	0,52
Nickel	8,9	1458	2730	0,069	6,7	14,5	0,22
Chrom	7,19	1903	2500	0,15	5,9	6,7	0,16
Cadmium	8,65	321	767	0,0683	4,26	14,6	0,22
Silber	10,5	961	2177	0,015	4,1	67,1	1,0
Gold	19,3	1063	2950	0,021	4,0	47,6	0,72
Platin	21,4	1769	3800	0,098	3,9	10,2	0,17
Palladium	12,0	1552	2930	0,098	3,7	10,2	0,17
Iridium	22,45	2454	4527	0,049	4,1	20,4	0,14
Rhenium	21,03	3180	5500	0,198	4,5	5,26	0,14
Molybdaen	10,2	2620	5550	0,053	4,75	20	0,38
Wolfram	19,3	3380	6000	0,055	4,82	17,6	0,31
Graphit	1,9	3917	—	6···15	—	0,16···0,066	0,25···0,38
Wolframcarbid	15,8	2870	—	0,053	—	19	0,07
Kontaktlegierungen							
Kupfergruppe:							
Cu-Ag (2···6% Ag) (Silberbronze)	9,2	1010	2500	0,026	—	38	0,27
Cu + 0,7% Cr (Elmedur)	8,92	1075	2600	0,021	—	48	0,80
Cu-Si-Bronze 0,2 Si	8,7	1096	2500	0,067	2,6	28	—
Cu-Ni-Si 97,4/2/0,6 (Kuprodur)	8,8	1050	2650	0,084	—	12	0,16
Silbergruppe:							
Ag mit 2% Cu + Ni (Hartsilber)	10,45	945	2150	0,0193	3,5	52	0,97
Ag-Cu 90/10	10,3	900	2150	0,019	3,7	52	0,82
Ag-Cd 92/8	10,4	930	950	0,035	1,9	28	0,41
Ag-Au 90/10	11,4	965	2160	0,036	—	28	0,47
Ag-Pd 96/4	10,54	985	2200	0,037	1,74	27	0,53
Goldgruppe:							
Au-Ni 95/5	18,2	1010	2600	0,14	0,68	7,1	0,20
Au-Cu 92/8	18,5	950	2400	0,105	0,42	10	0,22
Au-Ag 92/8	18,7	1045	2300	0,09	—	11	0,24
Au-Pt 90/10	19,5	1150	2600	0,125	0,98	8,3	0,22
Au-Ag-Cu 70/20/10	15,1	890	2200	0,14	0,446	7,2	0,17
Au-Ag-Pt 67/26/7	17,1	1100	2400	0,15	—	6,7	—
Platingruppe:							
Pt-Ir 90/10	21,6	1790	4400	0,245	2,2	5,5	0,11
Pt-Ir 80/20	21,7	1840	4450	0,31	0,77	3,21	0,042
Pt-W 88/12	21,1	1920	4800	0,48	0,23	2,1	—
Pt-Cu 90/10	19	1610	3400	0,65	0,06	1,51	—
Pt-Ag 70/30	12,8	1090	2600	0,3	0,3	3,4	—
Palladiumgruppe:							
Pd-Ag 40/60	11	1230	2200	0,204	0,34	4,9	—
Pd-Ag 60/40	11,3	1360	2500	0,42	0,006	2,4	—
Pd-Cu 60/40	10,5	1230	2450	0,37	0,28	2,7	—
Pd-Cu-Ni 80/10/10	11,2	1430	3800	0,37	0,8	2,7	—
Pd-W 90/10	12,6	1730	4300	0,38	0,83	2,65	—
Pd-W 80/20	13,4	1840	4600	1,09	0,06	0,91	—
Gesinterte Kontaktwerkstoffe							
Silber-Nickel 90/10	10,1	960	2150	0,02	—	50	0,85
Silber-Nickel 70/30	9,7	960	2150	0,025	—	40	0,63
Silber-Cadmiumoxid (10% CdO)	10,2	960	2150	0,0208	—	43	0,68
Silber-Zinnoxid (5% SnO₂)	9,8	960	2150	0,0205	—	49	—
Silber-Graphit (2,5% C)	9,5	960	2150	0,021	—	48	—
Wolfram-Kupfer 80/20	15,5	1050	2240	0,05	—	20	0,37
Wolfram-Silber 80/20	15,5	960	2150	0,045	—	22	0,55
Silber-Wolframcarbid: 50/50	13	960	2150	0,045	—	22	—
20/80	12,5	960	2150	0,05	—	20	—

11.3. Stahl und Eisen/Werkstoffnormung

11.3.1. Roheisen, Gußeisen, Stahl

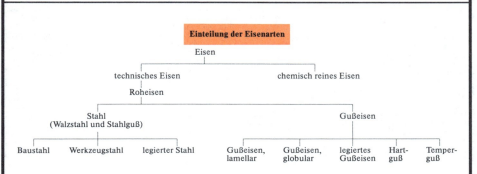

Mittlere Gehalte an Eisenbegleitern (in %) der gebräuchlichsten Gußeisen-, Stahlguß- und Stahlsorten

Fremdstoff:	Kohlenstoff	Silicium (Sand)	Mangan (Metall)	Phosphor	Schwefel	Kupfer
Einfluß des Fremdstoffes:	erniedrigt den Schmelzpunkt und macht spröde	begünstigt C-Ausscheidung, graue Farbe, faulbrüchig	erhöht Schmelzbarkeit u. Härte	macht dünnflüssig, vermindert Festigkeit; kaltbrüchig	macht dickflüssig und rotbrüchig	macht dicht und erhöht die Schmelzbarkeit
Gußeisen mit Lamellengraphit	2,9···3,7	1,2···2,4	0,45···1,0	0,2···0,6	bis 0,12	–
Gußeisen mit Kugelgraphit	3,5···4,1	2,2···2,8	0,02···0,6	unter 0,1	bis 0,02	–
Hartguß	unter 3,8	0,5···0,9	0,2···0,5	0,2···0,5	bis 0,02	bis 0,3
Temperguß (v. d. Tempern)	≈ 3	0,5···1	0,2···0,3	unter 0,1	–	–
Stahlguß	0,4···1	0,2···0,4	0,5···1	0,016	0,03	0,07···1,5 Ni
Dynamostahlguß	0,1···0,2	0,2···0,4	0,2···0,3	Spuren	Spuren	–
Feinkornstahl	0,05···0,6	bis 0,1	0,1···0,15	≈ 0,1	≈ 0,01	–
Thomasstahl	0,05···0,5	0···0,01	0,6···1	0,04···0,1	0,02···0,04	–
Siemens-Martin-Stahl	0,15···0,5	bis 0,01	0,5···1	0,05···0,1	0,02···0,05	–

Werkstoffzusammensetzung in % bei Werkzeugmetallen (gebräuchliche Mittelwerte)

Benennung	Kohlenstoff	Silicium	Mangan	Phosphor	Schwefel	Wolfram	Chrom	Vanadium	Molybdaen	Cobalt	Aluminium	Eisen
Gußstahl	0,7···1,5	≈ 2	≈ 0,2	≈ 0,02	≈ 0,01	–	–	–	–	–	–	≈ 98
naturharter Stahl	≈ 2	0,2···1	1···3	≈ 0,05	≈ 0,03	5···12	0,1···3	–	–	–	–	90···80
Schnellarbeitsstahl	0,4···1,5	0,05···0,5	≈ 0,1	0···0,02	0···0,01	14···20	2,5···6	≈ 0,3	–	–	–	80···72
Cobaltstahl	0,5···1,5	0,05···0,5	≈ 0,1	≈ 0,01	0···0,01	14···20	2,5···6	≈ 0,3	–	≈ 3	–	77···70
Vanadinstahl	0,6···1,2	0,15···0,4	0,2···2	–	–	–	0,15···3	0,15···0,4	–	–	≈ 3	98···93

11.3. Stahl und Eisen/Werkstoffnormung

11.3.2. Eisen- und Stahlsorten (Einteilung, Benennung)

Alles **schmiedbare**, auf flüssigem wie teigigem Wege erzeugte Eisen wird „**Stahl**" genannt.

Man unterscheidet **nichthärtbaren** Stahl (früher Schmiedeeisen) und **härtbaren** Stahl.

Während bei Eisen-Kohlenstoff-Stählen die Härtungsabkühlung von 721 auf 200 °C in etwa 6 bis 7 Sekunden zu erfolgen hat, erfolgt die Härtung der **Edelstähle** mit Metallzusatz (Nickel = Ni, Mangan = Mn, Wolfram = W, Chrom = Cr, Molybdaen = Mo, Vanadium = V) bei langer oder sehr langer Abkühlungszeit. Je nach der Menge (u. Art) der Zusatzmetalle teilt man die unlegierten Stähle in Wasserhärter, niedrig legierte Stähle in Ölhärter und hochlegierte Stähle in Lufthärter ein. Je langsamer die Abkühlung erfolgt, desto weniger innere Spannungen weisen die Stahlstücke auf. **Schnellschnittstahl** enthält außer Kohlenstoff und geringen Zusätzen von Cr und V hauptsächlich W. Durch den hohen Wolframgehalt ist die Wärmeleitfähigkeit gering. Man erhitzt ihn deshalb langsam auf Kirschrotglut und darauf (zur Oberflächenbeeinflussung) schnell auf Weißglut; hierauf wird er in Öl oder Luft abgekühlt. Schnellschnittstahl verträgt Temperaturen bis 1350 °C, ohne daß er grobkörnig wird oder verbrennt.

Eisen und Stahl werden nach chemischer Zusammensetzung, Erschmelzungsart, Behandlungszustand und Angabe der Zugfestigkeit gekennzeichnet. Ferner bedeuten:

R_m = Zugfestigkeit (Bruchspannung)
A_{10} = Bruchdehnung in % an einem Normal- oder Proportionalstab mit Länge L_0 = 10 d
σ = Spannung, Beanspruchung
$σ_z$ = Beanspruchung auf Zug
$σ_d$ = Beanspruchung auf Druck
τ (sprich tau) = Schubspannung = Beanspruchung auf Abscherung
$τ_t$ (sprich tau te) = Beanspruchung beim Verdrehen

11.3.2.1. Einteilung der Stahlsorten nach:

Größenordnung Verwendung	Gewinnung	Zusammensetzung	Gefüge	Formgebung	Verwendungszweck	Sondereigenschaften
Grundstahl Sonderstahl	Elektrostahl SM-Stahl Thomas-Stahl LD-Stahl	Kohlenstoffstahl, niedriglegierter und hochlegierter Stahl	perlitischer und austenitischer Stahl	Walzstahl Schmiedestahl Gußstahl	Werkzeugstahl Baustahl Federstahl	Automatenstahl Einsatzstahl rostbeständiger Stahl

11.3.2.2. Systematische Benennung von Eisen und Stahl nach DIN 17006 Teil 4 (10. 49)
Bedeutung der Kennzeichen

1 Gußzeichen	2 Erschmelzungsart	3 Besondere Eigenschaften	10 Behandlungszustand
G- = Gegossen bei besonderen Werkstoffen verwendet, z. B. Magnetlegierungen u. ä.) GG- = Grauguß GH- = Hartguß GS- = Stahlguß GT- = Temperguß (allgemein) GTS- = Temperguß schwarz GTW- = Temperguß weiß Angehängte Zeichen: K = Kokillenguß Z = Schleuderguß (Beispiel: GGK = Kokillen-Grauguß)	B = Bessemerstahl E = Elektrostahl (allgemein) F = Flammofen M = SM-Stahl T = Thomasstahl Ti = Tiegelstahl W = Windfrischstahl B = Basisch ⎰ nur Y = Sauer ⎱ ange-hängt (Beispiele): GS-E = Elektrostahlguß GH-F = Hartguß aus Flammofen)	A = Alterungsbeständig K = Kleiner P- und/oder S-Gehalt L = Laugenrißbeständig P = Preßschweißbar S = Schmelzschweißbar Werden Eigenschaften in Gußwerkstoffen durch best. Zusätze hervorgerufen, wird das Symbol des Zusatzstoffs hinter C-Kennzahl angegeben. (Beispiel: GS-C12 Cu = GS mit 0,12% C und geringem Kupferzusatz)	A = Angelassen B = Beste Bearbeitbarkeit E = Einsatzgehärtet G = Weichgeglüht H = Gehärtet HF = Oberfläche Flammengehärtet HJ = Oberfläche Induktionsgehärtet K = Kaltverformt N = Normalgeglüht NT = Nitriert S = Spannungsfreigeglüht U = Unbehandelt V = Vergütet

Gewährleistungsumfang (Stahl)

Kennziffer	Streckgrenze	Falt- oder Stauchversuch	Kerbschlagzähigkeit	Warmfestigkeit oder Dauerstandfestigkeit	Elektrische oder magnet. Eigenschaft
.1	x				
.2		x			
.3			x		
.4	x	x			
.5	x	x	x		
.6	x		x		
.7	x	x	x		
.8				x	
.9					x

11.3. Stahl und Eisen/Werkstoffnormung

11.3.2.3. Systemat. Einteilung u. Benennung der Stahlsorten nach EURONORM 27-74

Unlegierte Stähle		
Grundstähle	Qualitätsstähle	Edelstähle
a) nicht für eine Wärmebehandlung bestimmt:		
ohne besondere Gütevorschrift Mindestzugfestigkeit $\leq$ 690 N/mm^2 Mindeststreckgrenze $\leq$ 360 N/mm^2 Mindestbruchdehnung $\leq$ 26% Mindestkerbschlagarbeit $\leq$ 27 J Höchstzulässige Härte $\geq$ 60 HRB Höchstzulässiger C-Gehalt $\geq$ 0,10%	Baustähle mit bes. Anforderungen: Abkanten, Kaltprofilieren, Schweißbarkeit, Sprödbruch- oder Alterungsunempfindlichkeit. Stabstahl und Walzdraht: Ziehen, Kaltstauchen, Kaltfließpressen, Gesenkschmieden oder Feinziehen. Best. Bleche u. Bänder zum Tiefziehen	Walzdraht zum Patentieren, Reifenkorddraht, Draht für Schweißzusatzwerkstoffe
b) für eine Wärmebehandlung bestimmt:		
	Automatenstähle, bestimmte Stähle für Vergütung und Oberflächen- härtung	Stähle für Vergütung und Ober- flächenhärtung, Kerbschlagzähigkeit, Einhärtungs- oder Aufkohlungstiefe

Legierte Stähle	
Qualitätsstähle	Edelstähle
a) nicht für eine Wärmebehandlung bestimmt:	
schweißbare Feinkornstähle mit Mindeststreckgrenze < 420 N/mm^2, Si-Mn-Stähle, Schienenstähle, gegen atmosph. Korrosion beständige Stähle	Feinkornstähle mit Mindeststreckgrenze $\geq$ 420 N/mm^2. Alle sonstigen Stähle mit Ausnahme der Qualitätsstähle
b) für eine Wärmebehandlung bestimmt:	
	alle Edelstähle

Kurzbenennung

Die Kurzbenennung der Stähle nach EURONORM richtet sich:
a) nach den mechanischen Eigenschaften.
Grundangabe Fe für Stahl und FeG für Stahlguß,
Mindestzugfestigkeit oder Mindeststreckgrenze in N/mm^2.
Der Buchstabe E vor der Zahl bedeutet Mindeststreckgrenze.
Ergänzende Angaben bezeichnen Grad der Sprödbruch-
unempfindlichkeit A, B, C, D oder die Gütegruppe –1, –2, –3.
Außerdem können besondere Güten und Eigenschaften
die nachgestellten Buchstaben kennzeichnen:
F Desoxidationsgrad H Verformungsart
S Schweißeignung M Oberflächenart
K besondere R Oberflächenausführung
Verwendungseigenschaften N Oberflächenform
T Wärmebehandlungs- G Oberflächenüberzüge
zustand und -behandlung

Beispiel:
Benennung nach der Mindestzugfestigkeit:
Fe 430 C: Stahl mit 430 N/mm^2 Mindestzugfestigkeit,
Grad der Sprödbruchunempfindlichkeit C
Fe 470-3: Stahl mit 470 N/mm^2 Mindestzugfestigkeit,
Gütegruppe 3
FeG 470: Stahlformguß mit 470 N/mm^2 Mindestzug-
festigkeit.
b) nach der chemischen Zusammensetzung.
Unlegierte Stähle haben das Grundzeichen C für Stahl und
CG für Stahlguß.
Der Gütegrad des Stahls mit den Kennziffern 1, 2, 3 ...
(Reinheitsgrad) wird den Anfangskurzzeichen vorangestellt.
Niedrig legierte Stähle mit insgesamt weniger als 5%
Legierungsbestandteile, **legierte Stähle** wenigstens ein
Legierungselement übersteigt 5%, werden mit vorangestell-
tem X gekennzeichnet.
B e i s p i e l e: für die Benennung der Stähle nach der chemi-
schen Zusammensetzung:

Unlegierte Stähle
2 C 35: für eine Wärmebehandlung bestimmter unlegierter
Stahl, mittlerer C-Gehalt 0,35%, Gütegruppe 2
CD 20 Cr 2: unlegierter Stahl zur Walzdrahtherstellung,
C-Gehalt 0,2%, Zusatz von Chrom, Gütegrad 2

Niedrig legierte Stähle
B 20 Mn 5: niedrig legierter Stahl, C-Gehalt 0,2%, Mangange-
halt 1,25%, Gütegrad B

Legierte Stähle
X 10 CrNi 18 8: korrosionsbeständiger Chrom-Nickel-Stahl, C-
Gehalt 0,1%, Chromgehalt 18%, Nickelgehalt 8%.
c) nach dem Verwendungszweck.
Nach dem Grundzeichen Fe oder FeG folgt ein Kennbuch-
stabe für den Verwendungszweck.
V besondere magnetische Eigenschaften für nicht kornorien-
tiertes Blech und Band
M besondere magnetische Eigenschaften für kornorientiertes
Blech und Band
P Eignung zum Tiefziehen
B Verwendung in Stahlbeton
H Eignung zum Kaltwalzen
D Eignung zum Kaltumformen
R Eignung zur Herstellung geschweißter Rohre oder zum
Kaltprofilieren
B e i s p i e l:
FeP 02 VB RR: Feinblech für Tiefziehzwecke, Eignungsgrad
02, Oberflächenart B, Oberflächenausführung R

Faktoren der Legierungselemente	
Faktor	chemisches Element
4	Co, Cr, Mn, Ni, Si, W
10	Al, Be, Cu, Mo, Nb, Pb, Ta, Ti, V, Zr
100	N, P, S
1000	B

Die Kennzahlen der Legierungselemente ergeben sich aus
prozentualem Anteil multipliziert mit dem gültigen Faktor
des Elementes.

Gütegrad B $\dfrac{20}{100}$ = 0,2% C $\quad\dfrac{5}{4}$ = 1,25% Mn

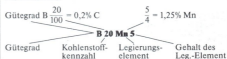

Gütegrad   Kohlenstoff-   Legierungs-   Gehalt des
                kennzahl   element   Leg.-Element

11.3. Stahl und Eisen/Werkstoffnormung

11.3.3. Gußeisen- und Tempergußsorten

11.3.3.1. Gußeisen mit Lamellengraphit nach DIN 1691 (8.64)

Kurz-zeichen	Kohlen-stoff % $\approx$	Rohguß- $\varnothing$ der Probe mm	Zug-festigkeit N/mm^2	Biege-festigkeit N/mm^2	Eigenschaften	Verwendung
GG-10	3,5	30	98	–	gut bearbeitbar, ohne besondere Vorschriften	Säulen, Rohre, Land-Textil-, Hausmaschinen
GG-15	3,4	13 20 30 45	225 175 145 105	330 310 290 260	Normales Gußeisen	Für Gußteile mit mittlerer Beanspruchung
GG-20	3,3	13 20 30 45	270 225 195 155	400 380 350 320		
GG-25	3,0	20 30 45	270 245 205	450 410 380	Hochwertiges Gußeisen gut bearbeitbar	Für hochbeanspruchte Gußteile
GG-30	2,8	30 45	290 250	470 440	Sondergußeisen mit besonderen Gütevorschriften	Für besonders hoch-beanspruchte Gußteile, wärmebeständige Teile, Kolbenringe, Dampf-armaturen, Werkzeug-maschinen
GG-35	2,6	30 45	340 300	530 500		
GG-40	2,4	30 45	390 350	590 560		

11.3.3.2. Gußeisen mit Kugelgraphit nach DIN 1693 Teil 1 (10.73)

Kurz-zeichen	Zug-festigkeit N/mm^2	Streck-grenze N/mm^2	Deh-nung %	Gefüge	Eigenschaften	Verwendung
GGG-40	400	250	15	vorwiegend ferritisch	Hohe Dehnung	Für hochbeanspruchte Gußstücke
GGG-50	500	320	7	ferritisch/perlitisch	Mittlere Dehnung und Streckgrenze	
GGG-60	600	380	3	perlitisch/ferritisch	Hohe Streckgrenze	Sehr hohe Bean-spruchung bei kom-plizierten Gußstücken
GGG-70	700	440	2	vorwiegend perlitisch	Hohe Streckgrenze	
GGG-80	800	500	2	perlitisch	Hohe Streckgrenze	
GGG-35.3	350	220	22		Gußstücke müssen ferritisch geglüht sein	
GGG-40.3	400	250	18		Wärmebehandlung soll nicht gefügeändernd sein	

11.3.3.3. Temperguß nach DIN 1692 (1.82)

Sorte Kurz-zeichen	Werk-stoff-nummer	Probe-stab-durchm. mm	R_m N/mm^2 min.	0,2%-Grenze N/mm^2 min.	A_3[1]) % min.	Härte HB max.	Kennzeichnende Gefügebestandteile	Kurz-zeichen ISO 5922

Entkohlend geglühter Temperguß (GTW)

Sorte	Werkstoffnr.	mm	R_m	0,2%	A_3	HB	Gefüge	ISO
GTW-35-04	0.8035	9 12 15	340 350 360	– – –	5 4 3	230 230 230	gegenüber GTW-40 größere Schwankungsbreite zulässig	W 35-04
GTW-40-05	0.8040	9 12 15	360 400 420	200 220 230	8 5 4	220 220 220	Kern: (lamellarer bis körniger) Perlit + Temperkohle	W 40-05
GTW-45-07	0.8045	9 12 15	400 450 480	230 260 280	10 7 4	220 220 220	Kern: (körniger) Perlit[2]) + Temperkohle	W 45-07
GTW-S-38-12	0.8038	9 12 15	320 380 400	170 200 210	15 12 8	200 200 200	Entkohlung auf $C_R \leq 0,3\%$ in Wanddicken < 8 mm	W 38-12

Nicht entkohlend geglühter Temperguß (GTS)

Sorte	Werkstoffnr.	mm	R_m	0,2%	A_3	HB	Gefüge	ISO
GTS-35-10	0.8135	12 o. 15	350	200	10	150	Ferrit + Temperkohle	B 35-10
GTS-45-06	0.8145	12 o. 15	450	270	6	150···200	Perlit[3]) + Ferrit + Temperkohle	P 45-06
GTS-55-04	0.8155	12 o. 15	550	340	4	180···230	Perlit[3]) + Temperkohle, Ferrit	P 55-04
GTS-65-02	0.8165	12 o. 15	650	430	2	210···260	Perlit[3]) + Temperkohle	P 65-02
GTS-70-02	0.8170	12 o. 15	700	530	2	240···290	Vergütungsgef.[4]) + Temperkohle	P 70-02

[1]) Bruchdehnung ($L_o = 3d$). [2]) Vorzugsweise durch Luftvergütung. [3]) Lamellar bis körnig, vorzugsweise durch Luftvergütung. [4]) Durch Ölvergütung.

11.3. Stahl und Eisen/Werkstoffnormung

11.3.4. Stahlsorten

R_m = Zugfestigkeit (Bruchspannung)
A_5 = Bruchdehnung für $L_0 = 5\, d_0$

Allgemeine Baustähle Sorteneinteilung und mechanische Eigenschaften **nach DIN 17100** (1.80)

Stahlsorte									
Kurzname	St 33	St 37-2 / USt 37-2	RSt 37-2	St 37-3	St 44-2	St 44-3	St 52-3	St 50-2	St 60-2	St 70-2
D[1]	freigestellt	U	R	RR	R	RR	RR	R	R	R
Dicke mm		Zugfestigkeit R_m in N/mm²								
bis 3	310...540	360...510			430...580		510...680	490...660	590...770	690...900
3...100	290	340...470			410...540		490...630	470...610	570...710	670...830
Dicke mm		Obere Streckgrenze R_{eH} in N/mm²								
bis 16	185	235		235	275	355	295	335	365	
>16...40	175	225		225	265	345	285	325	355	
>40...63	–	215		215	255	335	275	315	345	
>63...80	–	205		215	245	325	265	305	335	
>80...100	–	195		215	235	315	255	295	325	
Dicke mm		Bruchdehnung A_5 in % (Probe in Längsrichtung)								
>3...40	18	26		22	22	20	16	11		
>40...63	–	25		21	21	19	15	10		
>63...100	–	24		20	20	18	14	9		
Dicke mm		Kohlenstoff C in Gew.-% (Schmelzanalyse)								
bis 16	–	0,17					0,20			
>16...30	–		0,17		0,21		0,20	0,30	0,40	0,50
>30...40	–	0,20				0,20	0,22			
>40...63	–		0,20	0,17	0,22		0,22	Stähle für Blankziehen geeignet		
>63...100	–						0,22			

Bei Stählen mit besonderen Gebrauchseigenschaften werden Kennbuchstaben im Kurznamen verwendet.

Kennbuchstabe	Eignung der Stähle zum
Q	Abkanten, Kaltbiegen, Kaltflanschen, Kaltbördeln
Z	Blankziehen
P	Gesenkschmieden
K	Walzprofilieren, Herstellen kaltgefertigter Hohlprofile
Ro	Herstellen geschweißter Rohre

Vergütungsstähle nach DIN 17200 (12.69)

Kurzname	R_m N/mm²	R_e N/mm²	A_5	Kohlenstoff %	Zusammensetzung in %	
Qualitätsstähle						
C 22 Ck 22	490–640	295	22	0,18...0,25	0,3...0,6 Mn;	0,15...0,35 Si
C 35 Ck 35	580–730	365	19	0,32...0,39	0,5...0,8 Mn;	C-Stahl 0,045 P
C 45 Ck 45	660–810	410	16	0,42...0,50	0,5...0,8 Mn;	0,045 P
C 55 Ck 55	740–890	460	14	0,52...0,60	0,6...0,9 Mn;	Ck-Stahl 0,035 P
C 60 Ck 60	780–930	490	13	0,57...0,65	0,6...0,9 Mn;	0,035 S
Edelstähle						
40 Mn 4	780–930	540	14	0,36...0,44	0,8...1,10 Mn; 0,25...0,5 Si;	0,035 P
28 Mn 6	690–840	490	15	0,25...0,32	1,3...1,65 Mn; 0,15...0,4 Si;	0,035 S
38 Cr 2	690–840	440	15	0,34...0,41	0,5...0,8 Mn; 0,4...0,6 Cr;	
46 Cr 2	780–930	540	14	0,42...0,50	0,5...0,8 Mn; 0,4...0,6 Cr;	0,15...0,4 Si
34 Cr 4	780–930	590	14	0,30...0,37	0,6...0,9 Mn; 0,9...1,2 Cr;	0,035 P
37 Cr 4	830–980	630	13	0,34...0,41	0,6...0,9 Mn; 0,9...1,2 Cr;	0,035 S
41 Cr 4	880–1080	665	12	0,38...0,45	0,5...0,8 Mn; 0,9...1,2 Cr;	
25 CrMo 4	780–930	590	14	0,22...0,29	0,5...0,8 Mn; 0,9...1,2 Cr; 0,15...0,3 Mo;	
34 CrMo 4	880–1080	665	12	0,30...0,37	0,5...0,8 Mn; 0,9...1,2 Cr; 0,15...0,3 Mo;	0,15...0,4 Si
42 CrMo 4	980–1180	765	11	0,38...0,45	0,5...0,8 Mn; 0,9...1,2 Cr; 0,15...0,3 Mo;	0,035 P
32 CrMo 12	1230–1430	1030	9	0,28...0,35	0,4...0,7 Mn; 2,8...3,3 Cr; 0,3...0,5 Mo;	0,035 S
36 CrNiMo 4	980–1180	785	11	0,32...0,40	0,5...0,8 Mn; 0,9...1,2 Cr; 0,15...0,3 Mo; 0,9...1,2 Ni;	Si, P u.
34 CrNiMo 6	1080–1280	885	10	0,30...0,38	0,4...0,7 Mn; 1,4...1,7 Cr; 0,15...0,3 Mo; 1,4...1,7 Ni;	S wie
30 CrNiMo 8	1230–1430	1030	9	0,26...0,33	0,3...0,6 Mn; 1,8...2,2 Cr; 0,3...0,5 Mo; 1,8...2,2 Ni;	34 Cr 4
50 CrV 4	980–1180	785	10	0,47...0,55	0,7...1,1 Mn; 0,8...1,2 Cr;	0,1...0,2 V; Si, P u. S
30 CrMoV 9	1230–1430	1030	9	0,26...0,34	0,4...0,7 Mn; 2,3...2,7 Cr; 0,15...0,25 Mo; 0,1...0,2 V;	wie vor

Werte für Zugfestigkeit in Tabelle für Stähle üb. Ø 16...40 mm; bis Ø 16 mm ≈ 10% höher, üb. Ø 40...100 mm ≈ 10% niedriger

[1]) Desoxidationsart: U = unberuhigt, R = beruhigt, RR = besonders beruhigt

11.3. Stahl und Eisen/Werkstoffnormung

Automatenstähle nach DIN 1651 (4.70) (Auszug)
Gewährleistete mechanische Eigenschaften

R_m Zugfestigkeit in N/mm²
R_e Streckgrenze in N/mm²
A Bruchdehnung in %

Stahlsorte Kurzname	Dicke[1]	Härte HB	Behandlungszustand[2] U oder SH R_m	K R_m	K R_e	K A	K+N oder SH+N R_m	K+N oder SH+N R_e	K+N oder SH+N A	K+V oder SH+V R_m	K+V oder SH+V R_e	K+V oder SH+V A
9 S 20 10 S 20 10 SPb 20	a b c d e	159 159 149 149 146	360···530 360···530 360···530 360···530 350···490	540···780 490···740 460···710 390···640 360···610	410 390 350 290 235	7 8 9 10 11	350 350 350 350 340	225 225 215 205 195	} 25	[1]) Dicke: a bis 10 mm b über 10 bis 16 mm c über 16 bis 40 mm d über 40 bis 63 mm e über 63 bis 100 mm		
9 SMn 28 9 SMnPb 28	a b c d e	170 170 159 159 156	380···570 380···570 380···570 380···570 360···520	560···800 510···760 460···710 410···660 380···630	440 410 370 300 245	6 7 8 9 10	370 370 370 370 350	235 235 225 215 205	} 23			
35 S 20	a b c d e	197 197 192 192 187	490···660 490···660 490···660 490···640 480···630	640···880 590···830 540···740 510···710 480···680	490 400 310 280 255	6 7 8 9 10	} 480···600 470···590	295 295 285 275 265	} 18	620···770 620···770 580···730 540···690 –	420 420 365 325 –	13 14 16 17
45 S 20	a b c d e	229 229 223 223 217	590···760 590···760 590···760 590···740 580···730	740···980 690···930 640···830 610···800 580···770	570 470 370 320 300	5 6 7 8 9	} 580···700 570···690	330 330 320 310 300	} 14	700···840 700···840 660···800 620···760 –	480 480 410 370 –	10 11 13 14
60 S 20	a b c d e	269 269 261 261 255	670···880 670···880 660···870 650···860 640···840	830···1080 780···1030 740···930 710···900 640···880	645 540 430 350 330	5 6 7 8 9	660···780 660···780 650···775 640···765 630···760	360 360 350 330 330	} 9	830···980 830···980 780···930 740···880 740···880	570 570 490 450 450	7 8 10 11 11

[2]) U unbehandelt, SH geschält, K kaltgezogen, K+G od. SH+G auf kugeligen Zementit geglüht, SH+S spannungsarm geglüht, K+N od. SH+N normalgeglüht, K+V od. SH+V vergütet

Einsatzstähle nach DIN 17210 (12.69) (Auszug)
Gewährleistete mechanische Eigenschaften

Stahlsorte Kurzname	Härte HB G[1]	Härte HB BF[2]	Härte HB BG[3]	Querschnitte von 11 mm Durchmesser R_m	R_e	A	30 mm Durchmesser R_m	R_e	A	63 mm Durchmesser R_m	R_e	A
Qualitätsstähle												
C 10	131	–	90···126	640···780	390	13	490···640	290	16	–	–	–
C 15	146	–	103···140	740···880	440	12	590···780	350	14	–	–	–
Edelstähle												
Ck 10	131	–	90···126	640···780	390	13	490···640	290	16	–	–	–
Ck 15	146	–	103···140	740···880	440	12	590···780	350	14	–	–	–
Cm 15	146	–	103···140	740···880	440	12	590···780	350	14	–	–	–
15 Cr 3	174	126···174	118···160	790···1030	510	10	680···880	440	11	–	–	–
15 CrNi 6	217	170···217	152···201	960···1280	690	8	880···1180	640	9	780···1080	540	10
18 CrNi 8	235	187···235	170···217	1230···1480	835	7	1180···1430	780	7	1080···1330	685	8
17 CrNiMo 6	229	179···229	159···207	1180···1430	835	7	1080···1330	780	8	980···1280	685	8
16 MnCr 5	207	156···207	140···187	880···1180	640	8	780···1080	590	10	640···930	440	11
20 MnCr 5	217	170···217	152···201	1080···1380	740	7	980···1280	685	8	880···1180	540	10
20 MoCr 4	207	156···207	140···187	880···1180	635	9	780···1080	590	10	–	–	–
25 MoCr 4	217	170···217	152···201	1080···1380	735	7	980···1280	685	8	–	–	–
20 MoCrS 4	207	156···207	140···187	880···1180	635	9	780···1080	590	10	–	–	–
25 MoCrS 4	217	170···217	152···201	1080···1380	735	7	980···1280	685	8	–	–	–

[1]) [2]) [3]) Behandlungszustand: G = weichgeglüht; BF = Wärmebehandelt auf bestimmte Zugfestigkeit; BG = Wärmebehandelt auf Ferrit-Perlit-Gefüge

11.3. Stahl und Eisen/Werkstoffnormung

Blanker unlegierter Stahl nach DIN 1652 (5.63)

Stahlsorte Kurzname	Dicke mm von	Dicke mm bis	Lieferzustand[1] K R_m	K R_e	K A	SH R_m	SH R_e	SH A	K + G u. SH + G R_m	K + G u. SH + G R_e	K + G u. SH + G A	K + N u. SH + N R_m	K + N u. SH + N R_e	K + N u. SH + N A
St 34-2	10	16	410···710	315	10	330···410	205	28	300···410	165	28	330···410	185	28
	16	25	390···640	265	11		205		300···410	165				
	25	40	390···640	245	12		195		330···410	185				
	40	80	360···610	215	13		195		330···410	185				
St 37 / St 37-2	10	16	460···760	315	9	360···440	235	25	330···440	195	25	360···440	215	25
	16	25	440···690	285	10		225		330···440	195				
	25	40	440···660	265	11		225		360···440	215				
	40	80	390···640	235	12		215		360···440	215				
St 42 / St 42-2	10	16	540···940	380	7	410···490	255	22	380···490	215	22	410···490	235	22
	16	25	540···790	345	8		245		380···490	215				
	25	40	490···740	305	9		245		410···490	235				
	40	80	440···690	265	11		235		410···490	235				
St 50 / St 50-2	10	16	590···890	420	7	490···590	295	20	460···590	255	20	490···590	275	20
	16	25	590···840	390	8		285		460···590	255				
	25	40	540···790	335	9		285		490···590	275				
	40	80	520···770	295	10		275		490···590	275				
St 60-2	10	16	690···890	490	6	590···710	335	15	560···710	295	15	590···710	315	15
	16	25	690···940	450	7		325		560···710	295				
	25	40	640···890	390	8		325		590···710	315				
	40	80	620···870	345	9		315		590···710	315				
St 70-2	10	16	780···1080	560	6	690···840	365	10	660···840	325	10	690···840	345	10
	16	25	780···1030	520	6		355		660···840	325				
	25	40	740···990	450	7		355		690···840	345				
	40	80	720···970	375	8		345		690···840	345				

[1]) U unbehandelt, SH geschält, K kaltgezogen, K + G oder SH + G auf kugeligen Zementit geglüht, SH + S spannungsarm geglüht, K + N oder SH + N normalgeglüht, K + V oder SH + V vergütet.

Nichtrostende Stähle nach DIN 17440 (12.72)

Kurzname	Zusammensetzung in %	R_m	R_e	A_5	Verwendung
Ferritische und martensitische Stähle					
X 7 Cr 13	0,08 C; 1 Si; 1 Mn; 13 Cr	450···650	250	20	
X 15 Cr 13	0,15 C; 1 Si; 1 Mn; 13 Cr	650···800	450	18	
X 20 Cr 13	0,20 C; 1 Si; 1 Mn; 13 Cr	750	–	18	
X 8 Cr 17	0,10 C; 1 Si; 1 Mn; 17 Cr	450···600	270	20	
X 12 CrMoS 17	0,13 C; 1 Si; 1,5 Mn; 17 Cr; 0,15 S	550···700	300	20	
Austenitische Stähle					
X 12 CrNiS 18 8	0,12 C; 1 Si; 2 Mn; 18 Cr; 8 Ni; 0,15 S	500···700	215	50	Haushalts-waren, z. B. Bestecke, chirurgische Instrumente
X 10 CrNiNb 18 9	0,10 C; 1 Si; 2 Mn; 18 Cr; 9 Ni; 0,08 Nb	500···750	205	40	
X 10 CrNiTi 18 9	0,10 C; 1 Si; 2 Mn; 18 Cr; 9 Ni; 0,05 Ti	500···750	205	40	
X 5 CrNiMo 18 10	0,07 C; 1 Si; 2 Mn; 18 Cr; 2 Mo; 10 Ni	500···700	205	45	
X 10 CrNiMoTi 18 10	0,10 C; 1 Si; 2 Mn; 18 Cr; 2 Mo; 10 Ni; 0,05 Ti	500···750	225	40	
X 2 CrNiMoN 18 13	0,03 C; 1 Si; 2 Mn; 18 Cr; 2,5 Mo; 13 Ni; 0,14 N	600···800	300	40	

Stahlguß für allgemeine Verwendungszwecke nach DIN 1681 (6.67)

Kurzname	R_m N/mm²	Streckgrenze N/mm²	A_5	Eigenschaften	Verwendung
GS-38, GS-38.3	370	185	25	zähe, gut schweißbar	Kohlenstoffgehalt darf 0,25% nicht überschreiten
GS-45, GS-45.3	440	225	22		
GS-52, GS-52.3	510	255	18	Sondergüte mit gewährleisteten Eigenschaften	Hochbeanspruchte Gußstücke
GS-60, GS-60.3	590	295	15		
GS-70	685	410	12		

Die Dichte dieser Stahlgußsorten beträgt $\varrho = 7{,}85$ kg/dm³

11.3. Stahl und Eisen/Werkstoffnormung

11.3.5. Bleche und Profilstäbe; Massen für Flach- und Bandstahl, Stahlbleche

Breite mm	Dicke in mm												
	0,1	0,25	0,5	0,75	1	2	3	4	5	6	8	10	12	15	20	25

Breite mm	0,1	0,25	0,5	0,75	1	2	3	4	5	6	8	10	12	15	20	25
	Masse in kg/m															
4	0,003	0,006	0,016	0,024	0,031	0,063	0,094	0,126	0,157	0,188	0,251	0,314	0,377	0,471	0,628	0,785
5	0,004	0,008	0,020	0,030	0,039	0,079	0,118	0,157	0,196	0,235	0,314	0,393	0,471	0,588	0,785	0,981
6	0,005	0,009	0,024	0,036	0,047	0,094	0,141	0,188	0,236	0,283	0,377	0,471	0,565	0,707	0,942	1,178
7	0,006	0,011	0,028	0,039	0,055	0,11	0,165	0,22	0,275	0,33	0,44	0,55	0,66	0,825	1,10	1,375
8	0,007	0,013	0,031	0,041	0,063	0,126	0,188	0,251	0,314	0,377	0,502	0,628	0,754	0,942	1,256	1,570
10	0,008	0,016	0,039	0,059	0,079	0,157	0,236	0,314	0,393	0,471	0,628	0,785	0,942	1,178	1,570	1,963
12	0,011	0,019	0,047	0,065	0,094	0,188	0,283	0,377	0,471	0,565	0,754	0,942	1,13	1,23	1,88	2,12
16	0,013	0,025	0,063	0,094	0,126	0,251	0,377	0,502	0,628	0,754	1,005	1,26	1,51	1,88	2,512	3,14
20	0,016	0,031	0,079	0,118	0,157	0,314	0,471	0,628	0,785	0,942	1,256	1,57	1,88	2,36	3,140	3,925
25	0,019	0,039	0,098	0,147	0,196	0,393	0,589	0,785	0,981	1,178	1,570	1,96	2,36	2,94	3,925	4,906
30	0,024	0,047	0,118	0,177	0,236	0,471	0,707	0,942	1,178	1,413	1,884	2,36	2,83	3,53	4,71	5,887
35	0,028	0,055	0,138	0,207	0,275	0,550	0,824	1,099	1,374	1,649	2,198	2,75	3,30	4,12	5,495	6,870
40	0,031	0,063	0,157	0,236	0,314	0,628	0,942	1,256	1,570	1,884	2,512	3,14	3,77	4,71	6,28	7,85
45	0,035	0,071	0,177	0,266	0,353	0,707	1,06	1,41	1,77	2,12	2,83	3,53	4,24	5,30	7,07	8,83
50	0,039	0,079	0,196	0,294	0,393	0,785	1,178	1,570	1,962	2,355	3,140	3,93	4,71	5,89	7,85	9,813
60	0,047	0,094	0,236	0,354	0,471	0,942	1,413	1,884	2,355	2,826	3,768	4,71	5,65	7,07	9,42	11,78
70	0,055	0,11	0,275	0,412	0,549	1,099	1,649	2,198	2,748	3,297	4,396	5,50	6,59	8,24	10,99	13,74
80	0,063	0,126	0,314	0,471	0,628	1,256	1,884	2,512	3,140	3,768	5,024	6,28	7,54	9,42	12,56	15,70
90	0,071	0,141	0,353	0,530	0,706	1,413	2,119	2,826	3,532	4,239	5,652	7,07	8,48	10,6	14,13	17,66
100	0,079	0,157	0,393	0,589	0,785	1,570	2,355	3,140	3,925	4,710	6,280	7,85	9,42	11,8	15,70	19,63
150	0,118	0,236	0,589	0,883	1,177	2,355	3,532	4,710	5,887	7,065	9,42	11,8	14,1	17,7	23,55	29,44
200	0,157	0,314	0,785	1,178	1,570	3,140	4,710	6,280	7,850	9,420	12,56	15,7	18,9	23,6	31,4	39,25
300	0,236	0,471	1,178	1,767	2,355	4,710	7,065	9,420	11,78	14,13	18,84	23,55	28,3	35,3	47,1	58,9
400	0,314	0,628	1,570	2,355	3,140	6,280	9,420	12,56	15,70	18,84	25,1	31,4	37,7	47,1	62,8	78,5
500	0,393	0,785	1,963	2,945	3,93	7,85	11,78	15,70	19,63	23,55	31,4	39,25	47,1	58,9	78,5	98,15
750	0,589	1,178	2,944	4,417	5,89	11,78	17,67	23,55	29,44	35,33	47,1	58,88	70,6	88,3	117,8	147,2
1000	0,785	1,57	3,925	5,887	7,850	15,70	23,55	31,40	39,25	47,10	62,8	78,5	94,2	118	157	196,3

Massen für Sechskant-, Rund-, Vierkantstahl

s mm	Masse in kg/m (Sechskant)			s mm	Masse in kg/m (Rund/Vierkant)		
1	—	0,0061	0,0079	22	3,29	2,98	3,80
3	0,061	0,0555	0,0706	24	3,92	3,55	4,52
4	0,109	0,0986	0,126	25	4,25	3,85	4,91
5	0,170	0,154	0,196	27	4,96	4,49	5,72
6	0,245	0,222	0,283	30	6,12	5,55	7,06
7	0,333	0,302	0,385	32	6,96	6,31	8,04
8	0,435	0,395	0,502	35	—	7,55	9,62
9	0,551	0,499	0,636	36	8,81	7,99	10,2
10	0,680	0,617	0,785	40	10,88	9,86	12,6
11	0,823	0,746	0,95	41	11,4	10,4	13,2
12	0,979	0,888	1,13	45	—	12,5	15,9
13	1,15	1,04	1,33	46	14,4	13,0	16,6
14	1,33	1,21	1,54	50	17,0	15,4	19,6
15	1,53	1,39	1,77	55	20,6	18,7	23,7
16	1,74	1,58	2,01	60	24,5	22,2	28,3
17	1,96	1,78	2,27	65	28,7	26,0	33,1
18	2,20	2,00	2,54	70	33,3	30,2	38,5
19	2,45	2,23	2,83	75	38,2	34,7	44,2
20	2,72	2,47	3,14	80	43,5	39,5	50,2

Kaltgewalztes Breitband und Blech aus unlegierten Stählen nach DIN 1541 (8.75)

Nennbreite	Zu bevorzugende Nenndicke mm									
	0,35	0,4	0,5	0,6	0,7	0,8	0,9	1,0	1,25	1,5	2,0	2,5	3,0
<1200	+	+	+	+	0,7	0,8	0,9	1,0	1,25	1,5	2,0	2,5	3,0
<1200<1500					+	+	+	+	+	+	+	+	+
<1200≤2000					+	+	+	+	+	+	+	+	+

Andere Dicken ≥0,35 ≤3,0 mm lieferbar. Rollenlänge 30 m.

Sechskantstahl blank, DIN 176 (2.72), s von 1,5 bis 100 mm, Stangenlänge 1 bis 12 m. Werkstoff vorz. n. DIN 1651 (4.70) u. DIN 1652 (5.63).

Vierkantstahl blank, DIN 178 (6.69), s von 2 bis 100 mm, Stangenlänge 1 bis 12 m. Werkstoff vorz. n. DIN 1652.

Rundstahl blank, DIN 668 (10.81), ⌀ von 1 bis 200 mm, Stangenlänge 1 bis 12 m. Werkstoff vorz. 1651/52.

Warmgewalzter Rundstahl DIN 1013 T. 1 (11.76), ⌀ 5 bis 220 mm, Stangenlänge 3 bis 15 m; **Vierkantstahl** DIN 1014 T. 1 u. 2 (7.78), s von 8 bis 200 mm, Stangenlänge 3 bis 12 m; **Sechskantstahl** DIN 1015 (11.72), s von 10 bis 103 mm, Stablänge 3 bis 8 m. Werkstoff nach DIN 17 100, 17 200, 17 210 und 1651.

Flachstahl blank, DIN 174 (6.69), Breite 5 bis 200 mm, Dicke 1,5 bis 63 mm, Stangenlänge 1 bis 12 m, Werkstoff vorz. DIN 1652.

Bandstahl warmgewalzt, DIN 1016 (11.76), Breite 10 bis 2000 mm, Dicke 0,8 bis 15 mm. Lieferart: Band oder Blech. Werkstoff DIN 17 100, 17 155, 17 200, 17 210.

Flachstahl warmgewalzt, DIN 1017 T. 1 (4.67), Breite 10 bis 150 mm, Dicke 5 bis 60 mm, Stablänge 3 bis 12 m. Werkstoff DIN 17 100, 17 200, 17 210 und 1651, ab 151 mm s DIN 59 200.

Stahldraht kaltgezogen n. DIN 177 (3.71) Ausf.: blank, geglüht, verkupfert, schlußverzinkt und verzinkt gezogen, Masse in kg für 1000 m

⌀ mm	0,1	0,11	0,12	0,14	0,16	0,18	0,2	0,22	0,25	0,28	0,32	0,36	0,4	0,45	0,5	0,56
kg	0,0616	0,0746	0,0887	0,121	0,158	0,199	0,246	0,298	0,385	0,484	0,631	0,798	0,989	1,25	1,54	1,93
⌀ mm	0,63	0,71	0,8	0,9	1,0	1,12	1,25	1,4	1,6	1,8	2,0	2,24	2,5	2,8	3,15	3,55
kg	2,45	3,11	3,95	4,99	6,16	7,69	9,66	12,1	15,8	19,9	24,6	30,9	38,5	48,4	61,2	77,7
⌀ mm	4,0	4,5	5	5,6	6,3	7,1	8	9	10	11,2	12,5	14	16	18	20	—
kg	98,9	125	154	193	245	311	395	499	616	773	966	1210	1580	1990	2460	—

11.3. Stahl und Eisen/Werkstoffnormung

11.3.5. Bänder und Bleche

Kaltgewalztes Band und Blech nach DIN 1623 Teil 1 (2.83)

Kurz-name	Desoxi-dations-art[1])	C in %	Zug-festigkeit R_m N/mm²	Streck-grenze[2]) N/mm² max.	Bruch-dehnung[3]) % min.	Härte HRBm	Härte HRFm	Härte HR 30 Tm max.	Vergl. Stahlsorte EURO-NORM 130-77	Vergl. Stahlsorte ISO 3574-1976
St 12	freigest.	0,10	270···410	280	28	65	94	60	Fe P 01	–
USt 13	U	0,10	270···370	250	32	57	90	55	Fe P 02	CR 2
RR St 13	RR	0,10	270···370	240	34	55	88	53	–	–
St 14	RR	0,08	270···350	210[4])	38	50	86	50	Fe P 04	CR 4

[1]) U unberuhigt, RR besonders beruhigt. [2]) 0,2%-Dehngrenze ($R_{p0,2}$) bzw. untere Streckgrenze (R_{eL}). Bei Dicken ≤ 0,7 mm sind um 20 N/mm² höhere Maximalwerte für $R_{p0,2}$ zulässig.
[3]) Bei Dicken ≤ 0,7 mm sind um 2 Einheiten niedrigere Werte zulässig.
[4]) Bei Dicken ≥ 1,5 mm ist eine maximale 0,2%-Dehngrenze von 225 N/mm² zulässig.

Kennzeichen und Merkmale für die Oberflächenart und Oberflächenausführung

Kennzeichen	Bedeutung	Merkmale
03	übliche kaltgewalzte Oberfläche	Zulässig sind Fehler, die die Umformung und das Aufbringen von Oberflächen-überzügen nicht beeinträchtigen.
05	beste Oberfläche	Wie 03, bessere Seite muß aber so sein, daß das einheitliche Aussehen einer Qualitätslackierung oder eines elektrolytischen Überzugs nicht beeinträchtigt wird.
b	besonders glatt	Oberfläche muß gleichmäßig glatt (blank) aussehen. Für den Mittenrauhwert R_a gilt der Richtwert: unter 0,4 μm.
g	glatt	Oberfläche muß gleichmäßig glatt aussehen. Für den Mittenrauhwert R_a gilt der Richtwert: unter 0,9 μm.
m	matt	Oberfläche muß gleichmäßig matt aussehen. Für den Mittenrauhwert R_a gilt der Richtwert: über 0,6 bis 1,9 μm.
r	rauh	Oberfläche ist mit größerer Rauhtiefe aufgerauht. Für den Mittenrauhwert R_a gilt der Richtwert: über 1,6 μm.

11.3.6. Magnetische Werkstoffe für Übertrager nach DIN 41301 (7.67)

Kurz-name	Chemische Zusammensetzung	Dichte g/cm³	spezif. Widerstand Ω·mm²/m	Koerzitiv-Feldstärke A/m	Sättigungs-induktion Vs/m²	Curie-Temp. °C	Werkstoff-Permeabilitäts-zahl	Verwendung
A 0	Stahl mit 2,5 bis 4,5% Si	7,7	0,40	100	2,03	750	450	Übertrager, Relais, Ringkerne
A 2		7,63	0,55	60	2,0	750	800···900	
A 3		7,57	0,69	35	1,92	750	750···900	
C 2	Stahl mit 3,5 bis 4,5% Si	7,55	0,5	30	2,0	750	1300	Meßwandler
C 5		7,65	0,45	15	2,0	750		
D 1	Stahl mit 36 bis 40% Si	8,15	0,75	60	1,3	250	1900···2100	Relaisteile und Polschuhe
D 1a		8,15	0,75	50	1,3	250	2200···2400	
D 3		8,15	0,75	15	1,3	250	2500···2900	
E 3	Ni-Fe-Legierung mit 75% Ni und weiteren Zusätz.	8,6	0,5	2	0,7···0,8	400	16···20	NF- und HF-Übertrager
E 4		8,7	0,55	1	0,6···0,8	270 bis 400	30···40	
F 3	Ni-Fe-Legierung mit 50% Ni	8,25	0,45	10	1,5	470	4,0	Magnetver-stärker

11.3.7. Dauermagnetwerkstoffe nach DIN 17410 (5.77)

Werkstoff	Chemische Zusammensetzung in %, Rest Fe					Rema-nenz B_r mT	Koerzitiv-feldstärke $_BH_c$[1]) kA/m	Koerzitiv-feldstärke $_JH_c$[2]) kA/m	$(B·H)_{max}$-Wert kJ/m³	Dichte g/cm³
	Al	Co	Cu	Ni	Ti					
AlNiCo 9/5	11···13	0···5	2···4	21···28	···1	550	44	47	9,0	6,8
AlNiCo 18/9	6···8	24···34	3···6	13···19	5···9	600	80	86	18,0	7,2
AlNiCo 35/5	8···9	23···26	3···4	13···16	–	1120	52	53	35,0	7,2
AlNiCo 52/6	8···9	23···26	3···4	13···16	–	1250	55	56	52,0	7,2
AlNiCo 30/10	6···8	30···36	3···4	13···15	4···6	800	100	104	30,0	7,2
AlNiCo 60/11	6···8	35···39	2···4	13···15	4···6	900	110	112	60,0	7,2
AlNiCo 30/14	6···8	38···42	2···4	13···15	7···9	680	136	144	30,0	7,2
Hartferrit 7/21						190	125	210	6,5	4,9
Hartferrit 20/28						320	220	280	20,0	4,6
Hartferrit 25/14						380	130	135	25,0	5,0
Hartferrit 3/18p						135	185	175	3,2	3,9
Hartferrit 9/19p						220	145	190	9,0	3,4

[1]) Koerzitivfeldstärke der magnetischen Flußdichte.   [2]) Koerzitivfeldstärke der magnetischen Polarisation.

11.4. Nichteisenmetalle/Werkstoffnormung

11.4.1. Nichteisenmetalle und ihre Legierungen

Kupfer nach DIN 1708 (1.73)

Kurzzeichen	Zusammensetzung in %	Elektr. Leitfähigkeit	Verwendung
Katodenkupfer			
KE-Cu	99,9 Cu	mind. 58 m/($\Omega \cdot$ mm²)	Katoden
Kupfer-sauerstoffhaltig			
E 1-Cu 58	99,9 Cu, 0,005···0,04 Sauerstoff	im weichen Zustand	ohne Anforderung an
E 2-Cu 58	99,9 Cu, 0,005···0,04 Sauerstoff	mind. 58 m/($\Omega \cdot$ mm²)	Schweiß- und
E-Cu 57	99,9 Cu, 0,005···0,04 Sauerstoff	mind. 57 m/($\Omega \cdot$ mm²)	Hartlötbarkeit
Kupfer-sauerstofffrei, nicht desoxidiert			
OF-Cu	99,95 Cu	mind. 58 m/($\Omega \cdot$ mm²)	Herstellung von Gußstücken und Legierungen
Kupfer-sauerstofffrei, mit Phosphor desoxidiert			
SE-Cu	99,9 Cu, 0,003 P		gut schweiß- und lötbar
SW-Cu	99,9 Cu, 0,005···0,014 P	mind. 57 m/($\Omega \cdot$ mm²)	gut schweiß- und lötbar
SF-Cu	99,9 Cu, 0,015···0,04 P	etwa 52 m/($\Omega \cdot$ mm²)	sehr gut schweiß- und lötbar

Kupfer für Bleche und Bänder der Elektrotechnik nach DIN 40500 Teil 1 (4.80)

Kurzzeichen	Festigkeits-kurzzeichen	Dicke mm	Zugfestigkeit R_m N/mm²	0,2-Grenze[1] $R_{p\,0,2}$ N/mm²	Bruchdehnung A_5 % (min.)	Bruchdehnung A_{10} % (min.)	Brinell-Härte HB 2,5/62,5	Elektr. Eigensch. b. 20°C spez. Widerstand ϱ $\Omega \cdot$ mm²/m	Elektr. Eigensch. b. 20°C Leitfähigkeit γ m/($\Omega \cdot$ mm²)
E-Cu 57	F 20	0,1···1	200···250	max. 120	38	32	45···70	0,01754	57
E-Cu 58		über 1···5			45	38		0,01724	58
SE-Cu[2])								0,01754	57
E-Cu 57	F 25	0,1···1	250···300	min. 200 (bis 290)	17	14	70···90	0,01786	56
		über 1···5			20	16			
SE-Cu[2]) CuAg0,1 CuAg0,1P	F 30	0,1···1	300···360	min. 250 (bis 350)	7	4	85···105	0,01818	55
		über 1···5			8	5		0,01786	56
	F 37	0,1···1	min. 360	min. 320	3	2	95···120	0,01818	55
		über 1···3			5	3			
E-Cu 58	F 25	0,1···1	250···300	min. 200 (bis 290)	17	14	70···90	0,01737	57,5
		über 1···5			20	16			
	F 30	0,1···1	300···360	min. 250 (bis 350)	7	4	85···105	0,01786	56
		über 1···5			8	5		0,01770	56,5
	F 37	0,1···1	min. 360	min. 320	3	2	95···120	0,01786	56
		über 1···3			5	3			

Aluminium für die Elektrotechnik nach DIN 40501 Teil 1···4 (8.73)

Kurzzeichen	Zugfestigkeit R_m N/mm²	0,2-Grenze N/mm;	Bruchdehnung A_5 in %	Brinellhärte HB	Elektrische Leitfähigkeit γ_{20} m/($\Omega \cdot$ mm²)	Verwendung
E-Al F 7	70···100	25···80	33	18···30	35,4···35,7	
E-Al F 8	80	50···100	15	22···32	35,2	
E-Al F 9	90···130	70	10	25···35	34,8···35,4	Bleche, Bänder,
E-Al F 10	100···140	70···120	7	25···35	34,8	Rohre, Profile,
E-Al F 13	130···170	110···160	3	32···48	34,5···35,1	Stangen, Drähte
E-Al F 17	170···220	120···180	—	—	35,4	
E-Al Mg Si 0,5 F 22	215···265	160···240	12	65···90	30	

[1]) Eingeklammerte Werte nur dann bindend, wenn sie vereinbart werden.
[2]) Kann auch mit einer elektr. Leitfähigkeit mindestens 58 m/($\Omega \cdot$ mm²) im weichen Zustand geliefert werden.

11.4. Nichteisenmetalle/Werkstoffnormung

Kurzzeichen	Zusammensetzung in %	Zug-festig-keit N/mm²	Brinell-härte HB 10	Dichte kg/dm³	Verwendung
	Kupfer-Zinn und Kupfer-Zinn-Zink-Gußlegierung nach DIN 1705 (11.81) (Guß-Zinnbronze und Rotguß)				
G-CuSn12[1]) GZ-CuSn12[1]) GC-CuSn12[1])	84,0···88,5 Cu, 11···13 Sn, 2 Ni, 0,4 P, 0,2 Sb, 1,0 Pb, 0,2 Fe, 1,0 Zn, 0,05 S	260 280 280	80 95 90	8,6	Kuppelsteine, Schnecken- und Schraubenräder, hochbelastete Stell- und Gleitleisten
G-CuSn12Ni GZ-CuSn12Ni GC-CuSn12Ni	84···87 Cu, 11···13 Sn, 1,5···2,5 Ni, 0,2 P, 0,1 Sb, 0,2 Fe, 0,3 Pb, 0,05 S, 0,4 Zn	280 300 300	90 100 90		Hochbeanspruchte Armaturen- und Pumpen-gehäuse, Leit- und Lauf-räder für Turbinen
G-CuSn12Pb GZ-CuSn12Pb GC-CuSn12Pb	84,0···87,0 Cu, 11···13 Sn, 1···2 Pb, 2 Ni, 0,2 P, 0,2 Sb, 1,0 Zn, 0,2 Fe, 0,05 S	260 280 280	80 90 85		Gleitlager mit hohen Last-spitzen, hochbeanspr. Gleitplatten und Leisten
G-CuSn10	88···90 Cu, 9···11 Sn, 2 Ni, 1 Pb, 0,5 Zn, 0,2 P, 0,2 Sb, 0,2 Fe, 0,05 S	270	70	8,7	Leit-, Lauf- und Schaufel-räder für Pumpen und Turbinen
G-CuSn10Zn	86···89 Cu, 9···11 Sn, 1···3 Zn, 2 Ni, 1,5 Pb, 0,3 Sb, 0,25 Fe, 0,1 S, 0,05 P	260	75		Gleitlagerschalen, Papier- und Kalander-walzenmäntel, Schnecken-radkränze mit niedriger Gleitgeschwindigkeit
G-CuSn7ZnPb GZ-CuSn7ZnPb GC-CuSn7ZnPb	81,0···85,0 Cu, 6···8 Sn, 3···5 Zn, 5···7 Pb, 2 Ni, 0,3 Sb, 0,25 Fe, 0,05 P, 0,1 S	240 270 270	65 75 70	8,8	Achslagerschalen, hoch-beanspruchte Gleitlager-buchsen, Gleitlagerschalen
G-CuSn6ZnNi	83,5···87,5 Cu, 5,5···7 Sn, 1,5···3 Zn, 2,5···4 Pb, 1,5···2,5 Ni, 0,3 Sb, 0,25 Fe, 0,05 P, 0,1 S	270	75	8,7	Armaturen, Pumpen-gehäuse, Gußteile (bei denen Druckdichtheit not-wendig ist)
G-CuSn5ZnPb	84···86 Cu, 4···6 Sn, 4···6 Zn, 4···6 Pb, 2,5 Ni, 0,3 Sb, 0,3 Fe, 0,05 P, 0,1 S	220	60	8,7	Armaturengehäuse bis 225 °C, dünnwand. Guß-stücke
G-CuSn2ZnPb	80···85 Cu, 1,5···3 Sn, 7···9 Zn, 4···6 Pb, 1,5···2,5 Ni, 0,25 Sb, 0,3 Fe, 0,05 P, 0,1 S	210	60	8,7	Armaturen bis 12 mm Wanddicke, geeignet bis 225 °C
	Kupfer-Blei-Zinn-Gußlegierungen nach DIN 1716 (11.81) (Guß-Zinn-Blei-Bronze)				
G-CuPb5Sn	84···87 Cu, 4···6 Pb, 9···11 Sn, 1,5 Ni, 0,35 Sb, 2 Zn, 0,25 Fe, 0,05 P	240	70	8,7	Korrosions- und säure-beständige Armaturen
G-CuPb10 Sn GZ-CuPb10Sn GC-CuPb10Sn	78···82 Cu, 8···11 Pb, 9···11 Sn, 1,5 Ni, 0,5 Sb, 2,0 Zn, 0,25 Fe, 0,05 P	180 220 230	65 70 70	9,0	Gleitlager mit hohen Flächendrücken, Kalander-walzen, Fahrzeuglager, Kolbenbolzen- und Getriebebüchsen
G-CuPb15Sn GZ-CuPb15Sn GC-CuPb15Sn	75···79 Cu, 13···17 Pb, 7···9 Sn, 2 Ni, 3 Zn, 0,5 Sb, 0,25 Fe, 0,05 P	180 220 220	60 65 65	9,1	Lager mit hohen Flächen-drücken, ohne Weißmetall-ausguß; Verbundlager für Verbrennungsmotoren, säu-rebeständige Armaturen und Gußstücke
G-CuPb20Sn	69···76 Cu, 18···23 Pb, 4···6 Sn, 2,5 Ni, 0,5 Sb, 3 Zn, 0,25 Fe, 0,05 P	160	50	9,3	Hochbeanspruchte Verbundlager für Ver-brennungsmotoren, Kurbelwellen-, Pleuel- und Nockenwellenlager
G-CuPb22Sn[2])	70···80 Cu, 18···26 Pb, 0,5···3 Sn, 2,5 Ni, 0,7 Fe, 0,5 Zn, 0,2 Sb, 0,03 P	–	30	9,5	Verbundgußwerkstoff mit bes. guten Gleit- und Not-laufeigenschaften, wie vor

[1]) G = Sand-, GZ = Schleuder- und GC = Strangguß   [2]) Verbundguß

11.4. Nichteisenmetalle/Werkstoffnormung

Kurzzeichen	Zusammensetzung in %	Zugfestigkeit N/mm²	Brinellhärte HB 10	Dichte kg/dm³	Verwendung
	**Kupfer-Zink-Gußlegierung nach DIN 1709** (11.81) (Guß-Messing und Guß-Sondermessing)				
G-CuZn15	83···87,5 Cu, 0,05···0,2 As, 0,2 Ni, 0,5 Sn, 0,02 Al, 0,15 Fe, 0,1 Mn, 0,05 P, 0,5 Pb, 0,1 Si, Rest Zn	170	45	8,6	Für zu lötende Teile (Bauteile für Maschinenbau, Elektrotechnik, Optik, Feinmechanik)
G-CuZn33Pb¹)	63···67 Cu, 1···3 Pb, 1 Ni, 1,5 Sn, 0,8 Fe, 0,2 Mn, 0,05 P und Si, 0,1 Al, Rest Zn	180	45		Konstruktionsteile für Elektrotechnik, Optik
GD-CuZn37Pb¹) GK-CuZn37Pb¹)	59···63 Cu, 0,2···0,8 Al, 0,5···2,5 Pb, 1 Ni, 0,5 Fe, 0,1 Mn, 0,05 P, 0,1 Si, 0,7 Sn, Rest Zn	280 280	75 70	8,5	Druckguß- und Beschlagteile, Sanitärarmaturen, Stapelarmaturen
GK-CuZn38Al	59···64 Cu, 0,1···0,8 Al, 1 Ni, 0,5 Fe, 0,5 Mn, 0,05 P, 0,1 Pb, 0,2 Si, 0,1 Sn, Rest Zn	380	75		Verwickelte Konstruktionsteile aller Art (Elektrotechnik/Maschinenbau)
G-CuZn40Fe GZ-CuZn40Fe	56···62 Cu, 0,2···1,2 Fe, 2,5 Mn, 2 Ni, 1,0 Pb, 0,1 Al und Si, 0,05 P, 1 Sn, Rest Zn	300 325	75 85	8,6	Armaturengehäuse für hohe Drücke (Tieftemperaturtechnik)
GK-CuZn37Al1	60···64 Cu, 0,3···1,8 Al, 2 Ni, 0,5 Fe, 0,5 Mn, 0,05 P, 0,5 Pb, 0,1 Sb, 0,6 Si, 0,5 Sn, Rest Zn	450	105	8,5	Konstruktionsteile (Maschinenbau, Elektrotechnik, Feinmechanik)
G-CuZn35Al1 GZ-CuZn35Al1 GK-CuZn35Al1	56···65 Cu, 0,5···2 Al, 0,5···2 Fe, 0,3···3 Mn, 3 Ni, 0,05 P, 1 Pb, 0,1 Si, 1 Sn, Rest Zn	450 500 475	110 120 110	8,6	Druckmuttern für Spindelpressen, Stopf- und Grundbuchsen, Schiffsschrauben
G-CuZn34Al2 GZ-CuZn34Al2 GK-CuZn34Al2	55···66 Cu, 1···3 Al, 0,5···2,5 Fe, 0,3···4,0 Mn, 3 Ni, 0,3 Pb und Sn, 0,1 Si, 0,05 P, Rest Zn	600 620 600	140 150 140	8,6	Ventil- und Steuerungsteile, Sitze, Kegel, statisch belastete Konstruktionsteile
G-CuZn25Al5 GZ-CuZn25Al5 GK-CuZn25Al5	60···67 Cu, 3···7 Al, 1,5···4 Fe, 3 Ni, 2,5···5 Mn, 0,1 Si und Sn, 0,2 Pb, 0,05 P, Rest Zn	750 750 750	180 190 180	8,2	Statisch sehr hoch belastete Konstruktionsteile, Hochdruckarmaturen
G-CuZn15Si4 GD-CuZn15Si4 GK-CuZn15Si4	78···83 Cu, 3,8···5 Si, 1 Ni, 0,6 Fe, 0,1 Al, 0,2 Mn, 0,03 P, 0,8 Pb, 0,3 Sn, Rest Zn	400 550 500	100 125 120	8,6	Verwickelte Konstruktionsteile (hochbeansprucht und dünnwandig)
	**Kupfer-Aluminium-Gußlegierungen nach DIN 1714** (11.81) (Guß-Aluminiumbronze)				
G-CuAl10Fe GK-CuAl10Fe GZ-CuAl10Fe	mind. 83 Cu, 8,5···11 Al, 2···4 Fe, 3 Ni, 1 Mn, 0,5 Zn, 0,3 Sn, 0,2 Pb und Si	500 550 550	115 115 115	7,5	Kohlehalterungen in der Elektroindustrie, Schaltsegmente und Schaltgabeln
G-CuAl9Ni GK-CuAl9Ni GZ-CuAl9Ni	mind. 82 Cu, 8,5···10 Al, 1,5···4 Ni, 1···3 Fe, 2,5 Mn, 0,05 Mg, 0,05 Pb, 0,1 Si, 0,2 Sn, 0,5 Zn	500 530 600	110 120 120	7,5	Armaturen für aggressive Wässer, Konstruktionsteile für Nahrungsmittelmaschinen
G-CuAl10Ni GK-CuAl10Ni GZ-CuAl10Ni GC-CuAl10Ni	mind. 76 Cu, 8,5···11 Al, 4···6,5 Ni, 3,5···5,5 Fe, 3 Mn, 0,2 Sn, 0,5 Zn, 0,1 Si, 0,05 Mg und Pb	600 600 700 700	140 150 160 160	7,6	Hochbeanspruchte Teile für Festigkeit und Korrosionsbeständigkeit, Schiffspropeller, Laufräder, Pumpengehäuse
G-CuAl11Ni GK-CuAl11Ni GZ-CuAl11Ni	mind. 73 Cu, 9···12,3 Al, 5···7,5 Ni, 2,5 Mn, 4···7 Fe, 0,2 Sn, 0,5 Zn, 0,1 Si, 0,05 Mg und Pb	680 680 750	170 200 185	7,6	Hohe Verschleißfestigkeit, Höchstdruckarmaturen in der Hydraulik; Schnecken- und Schraubenräder
G-CuAl8Mn GK-CuAl8Mn	mind. 82 Cu, 7···9 Al, 5···6,5 Mn, 1···2 Ni, 0,2 Sn, 0,5 Zn, 1,5 Fe, 0,1 Pb und Si	440 450	105 105	7,5	Geringe Magnetisierbarkeit, Propellerteile, Maschinenrahmen, Kühler

¹) G = Sand-, GD = Druck-, GK = Kokillen-, GZ = Schleuder-, GC = Strangguß

11.4. Nichteisenmetalle/Werkstoffnormung

Kurzzeichen	Zusammensetzung (Masseanteil) in %	Dichte kg/dm³	Verwendung
	**Kupfer-Zink-Legierung nach DIN 17660 (12.83)**		
CuZn5	94···96 Cu, Rest Zn. Zulässig: 0,02 Al, 0,05 Fe, 0,2 Ni, 0,05 Pb, 0,05 Sn	8,9	für Dämpferstäbe, als Emaillier-Qualität
CuZn10	89···91 Cu, Rest Zn. Zulässig: wie CuZn5	8,8	Installationsteile für Elektrotechnik
CuZn15	84···86 Cu, Rest Zn. Zulässig: wie CuZn5	8,8	für Schlauchrohre, Druckmeßgeräte, Hülsen für Federungskörper
CuZn20	79···81 Cu, Rest Zn. Zulässig: wie CuZn5	8,7	
CuZn28	71···73 Cu, Rest Zn. Zulässig: wie CuZn5	8,6	Musikinstrumente, Blattfedern, Tiefziehteile aller Art, Kühlerbänder
CuZn30	69···71 Cu, Rest Zn. Zulässig: wie CuZn5	8,5	
CuZn33	66···68,5 Cu, Rest Zn. Zulässig: wie CuZn5	8,5	Kühlerbänder
CuZn36	63,5···65 Cu, Rest Zn. Zulässig: wie CuZn5	8,4	Zifferblätter, sonst wie CuZn37
CuZn37	62···64 Cu, Rest Zn. Zulässig: 0,03 Al, 0,1 Fe, 0,3 Ni, 0,1 Pb, 0,1 Sn	8,4	Hauptlegierung für Kaltumformen durch Tiefziehen, Drücken, Stauchen, Walzen
CuZn40	59,5···61,5 Cu, Rest Zn. Zulässig: 0,05 Al, 0,2 Fe, 0,3 Ni, 0,3 Pb, 0,2 Sn	8,4	Beschlag- und Schloßteile, Nippeldraht, Kondensatorböden
	**Kupfer-Zinn-Legierungen nach DIN 17662 (12.83)**		
CuSn4	3,5···4,5 Sn, 0,01···0,35 P, Rest Cu. Zulässig: 0,1 Fe, 0,3 Ni, 0,05 Pb, 0,3 Zn	8,9	stromführende Federn, Steckverbinder
CuSn6	5,5···7 Sn, sonst wie CuSn4	8,8	Federn, Steckverbinder, Siebdrähte
CuSn8	7,5···8,5 Sn, sonst wie CuSn4	8,8	Gleitelemente, Holländermesser
CuSn6Zn6	5···7 Sn, 0,01···0,1 P, 5···7 Zn, Rest Cu. Zulässig: 0,1 Fe, 0,3 Ni, 0,05 Pb	8,8	Verschleißteile aller Art
	**Kupfer-Nickel-Legierungen nach DIN 17664 (12.83) (Auszug)**		
CuNi9Sn2	8,5···10,5 Ni, 1,8···2,8 Sn, Rest Cu. Zulässig: 0,3 Fe, 0,3 Mn, 0,03 Pb, 0,1 Zn	8,9	federnde Kontakte (Relais, Schalter, Steckverbinder), Lötrahmen, Gehäuse
CuNi10Fe1Mn	9···11 Ni, 1···2 Fe, 0,5···1 Mn, Rest Cu. Zulässig: 0,05 C, 0,03 Pb, 0,05 S, 0,5 Zn	8,9	Rohre für Seewasserleitungen; Rohre, Platten, Böden für Wärmetauscher
CuNi25	24···26 Ni, Rest Cu. Zulässig: 0,5 Mn, 0,05 C, 0,03 Pb, 0,02 S, 0,5 Zn	8,9	Münzlegierung, Plattierwerkstoff
CuNi44Mn1	43···45 Ni, 0,5···2 Mn, Rest Cu. Zulässig: 0,5 Fe, 0,05 C, 0,01 Pb, 0,02 S, 0,2 Zn	8,9	Anlaß-, Regel-, Kontroll- und Belastungswiderstände, Röhreneinbauwerkstoff

11.4.2. Widerstandslegierungen nach DIN 17471 (4.83)

Kurzzeichen	Zusammensetzung (Masseanteile) in %						Spez. Widerstand b. 20 °C $\Omega \cdot \text{mm}^2/\text{m}$	Anwendungsgrenze °C	Temperaturkoeffizient d. Widerstands zwischen 20 und 105 °C $10^{-6}/K$	Mittlere Wärmeausdehn. 20···400 °C $10^{-6}/K$	Verwendung
	Al	Cr	Fe	Mn	Si	Ni	Cu					
CuNi2	–	–	–	–	–	2	Rest	0,05	300	+1000···+1600	17,5	niedrigohmige Widerstände.
CuNi6	–	–	–	–	–	6	Rest	0,10	300	+500···+900	17,5	Heizdrähte ger. Temperatur
CuMn3	–	–	–	3	–	–	Rest	0,125	200	+280···+380	18	niedrigohmige Widerstände ger. Belastung
CuNi10	–	–	–	–	–	10	Rest	0,15	400	+350···+450	17,5	wie CuNi2/CuNi6
CuNi23Mn	–	–	1,5	–	–	23	Rest	0,3	500	+220···+280	17,5	Widerstände, Heizdrähte und -kabel
CuNi30Mn	–	–	–	3	–	30	Rest	0,4	500	+80···+130	16	Widerstände, Anlasser, Kennmelder
CuMn12Ni	–	–	–	12	–	2	Rest	0,43	140	–10···+10	19,5	Präzisions- und Meßwiderstände
CuNi44	–	–	–	1	–	44	Rest	0,49	600	–80···+40	15	Widerstände, Potentiometer, Heizdrähte
CuMn12NiAl	1,2	–	–	12	–	5	Rest	0,5	500	–50···+50	19	Widerstände
NiCr8020	–	20	–	–	–	Rest	–	1,08	600	+50···+150	17,5	hochohmige Widerstände, Heizleiter
NiCr6015	–	15	20	–	–	Rest	–	1,11	600	+100···+200	17,5	
NiCr20AlSi	3,5	20	0,5	0,5	1	Rest	–	1,32	200	–50···+50	15	hochohmige Präzisions- und Meßwiderstände

11.4. Nichteisenmetalle/Werkstoffnormung

11.4.3. Lote

Kurzzeichen	Chemische Zusammensetzung in Gew.-%	Schmelzber. °C fest	Schmelzber. °C flüssig	Arbeits- temp. °C	Verwendung
	Weichlote für Schwermetalle nach DIN 1707 (2.81) (Auszug)				

a) Blei-Zinn und Zinn-Blei-Weichlote

Kurzzeichen	Chemische Zusammensetzung in Gew.-%	fest	flüssig	Arbeitstemp. °C	Verwendung
L-PbSn 35 Sb	35 Sn; 0,5···2,0 Sb; Rest Pb	186	235		Schmierlot, Bleilötungen
L-Sn 50 PbSb	50 Sn; 0,5···3,0 Sb; Rest Pb	186	205		feinere Klempnerarbeiten,
L-Sn 60 Pb (Sb)	60 Sn; 0,12···0,5 Sb; Rest Pb	183	190		Verzinnung, Feinlötungen, Elektroindustrie

b) Zinn-Blei-Weichlote mit Kupfer oder Silber-Zusatz

L-Sn 50 PbCu	50 Sn; 1,2···1,6 Cu; Rest Pb	183	215		Elektrogerätebau, Elek-
L-Sn 60 PbCu	60 Sn; Rest Pb	183	190		tronik, Miniaturtechnik,
L-Sn 50 PbAg	50 Sn; 3,0···4,0 Ag; Rest Pb	178	210		gedruckte Schaltungen
L-Sn 60 PbAg	60 Sn; 3,0···4,0 Ag; Rest Pb	178	180		

c) Sonder-Weichlote

L-SnAg 5	3,0···5,0 Ag; Rest Sn	221	240		Elektro- u. Kälteindustrie
L-PbAg 3	2,1···3,0 Ag; Rest Pb	304	305		Elektromotoren
L-SnPbCd 18	32 Pb; 18 Cd; Rest Sn	145	145		Schmelzsicherungen, Kabellötung

d) Weichlote

L-SnZn 10	8···15 Zn; Rest Sn	200	250		Reiblot, Ultraschall-Löten
L-SnZn 40	30···50 Zn; Rest Sn	200	350		Reiblot, Löten mit
L-CdZn 20	17···25 Zn; Rest Cd	265	280	280	Flußmittel

Hartlote für Schwermetalle nach DIN 8513 T 1···4 (Auszug)

a) Kupferlote (T 1/10.79)

L-CuSn 6	5···8 Sn; bis 0,4 P; Rest Cu	910	1040	1040	Eisen- und Nickel-
L-CuSn 12	11···13 Sn; bis 0,4 P; Rest Cu	825	990	990	werkstoffe
L-ZnCu 42	41···43 Cu; Rest Zn	835	845	845	Neusilber
L-CuZn 46	53···55 Cu; Rest Zn	880	890	890	Stahl, Temperguß, Cu u. Cu-Legierung
L-CuNi 10 Zn 42	46···50 Cu; 8···11 Ni; 0,1···0,3 Si; Rest Zn	890	920	910	Stahl, Temperguß, Ni u. Ni-Legierung, Gußeisen
L-CuP 7	6,7···7,5 P; Rest Cu	710	820	720	Kupfer

b) Silberhaltige Hartlote mit weniger als 20% Silber (T 2/10.79)

L-Ag 12 Cd	11···13 Ag; 5···9 Cd; 49···51 Cu; Rest Zn	620	825	800	Stahl, Temperguß, Cu u. Cu-Legierungen, Ni u. Ni-Legierungen
L-Ag 12	11···13 Ag; 47···49 Cu; Rest Zn	800	830	830	
L-Ag 15 P	14···16 Ag; 4,7···5,3 P; Rest Cu	650	800	710	Kupfer, Messing, Bronze, Rotguß, Cu- u. Zn-Leg.
L-Ag 5 P	4···6 Ag; 5,7···6,3 P; Rest Cu	650	810	710	Cu- u. Sn-Legierungen

c) Silberhaltige Hartlote mit mind. 20% Silber (T 3/10.79)

L-Ag 50 Cd	49···51 Ag; 15···19 Cd; 14···16 Cu; Rest Zn	620	640	640	Edelmetalle, Cu-Leg., Stahl
L-Ag 40 Cd	39···41 Ag; 18···22 Cd; 18···20 Cu; Rest Zn	595	630	610	Stahl, Temperguß, Cu u. Cu-Legierungen, Ni u. Ni-Legierungen
L-Ag 20 Cd	19···21 Ag; 13···17 Cd; 39···41 Cu; Rest Zn	605	765	750	
L-Ag 25	25···26 Ag; 40···42 Cu; Rest Zn	700	800	780	Stahl, Temperguß, Cu und Cu-Legierungen, Ni und Ni-Legierungen
L-Ag 20	19···21 Ag; 43···45 Cu; Rest Zn	690	810	810	
L-Ag 72	71···73 Ag; Rest Cu	779	779	780	
L-Ag 44	43···45 Ag; 29···31 Cu; Rest Zn	675	735	730	

d) Hartlote (Aluminiumbasislote) (T 4/2.81)

L-AlSi 7,5	Si 6,8···8,2; Rest Al	575[1]	615[1]	615[1]	Lotplattiertes Blech
L-AlSi 10	Si 9,0···10,5; Rest Al	575[1]	595[1]	605[1]	Lotplattiertes Blech
L-AlSi 12	11,0···13,5; Rest Al	575[1]	590[1]	600[1]	angesetzt, eingelegt

[1]) Schmelzbereich und Arbeitstemperatur sind Richtwerte

11.5. Kunststoffe

11.5.1. Einteilung, Herstellung, Verarbeitung

Kunststoffe sind größtenteils organisch-chemische Verbindungen, aufgebaut aus Makromolekülen. Dieser Aufbau bedingt die bekannten Eigenschaften der Kunststoffe. Makromoleküle entstehen auf Grund der Neigung bestimmter Atomgruppen, unter geeigneten Bedingungen langkettige und verzweigte Verbindungen zu bilden. Diese Gruppen sind vorwiegend Kohlenstoffdoppelbindungen. Einige Kunststoffe entstehen durch Umwandlung von Naturstoffen (Cellulose, Kasein).

Einteilung

Duroplaste: Durch Druck- und Wärmeeinwirkung Übergang in unschmelzbaren bzw. unlöslichen Zustand, irreversibel (Phenoplaste, Aminoplaste).

Thermoplaste: Durch Erwärmung plastisch verformbar, nach Abkühlen Ausgangszustand, reversibel (Polystyrol, Polyamid, Polyethylen, Polyvinylchlorid).

Polymere: Natürliche (organische), synthetisch-organische (semi-organische) oder auch synthetische (anorganische) Stoffe, deren Moleküle aus einer großen Anzahl von Atomen bestehen.

Zu den organischen Polymeren zählen u. a. die Proteine, Stärke, Cellulose und Baumharz. Aus ihnen können durch chemische Veränderung der Makromoleküle semiorganische Polymere wie Viskose, Vulkanfiber, Celluloid und Kunsthorn hergestellt werden.

Anorganische Polymere werden aus Erdöl, Kohle und Erdgas in Verbindung mit Kalk, Kochsalz, Wasser und Luft zunächst über die Herstellung niedermolekularer Stoffe (Monomere) und deren anschließender Verknüpfung zu Kettenmolekülen oder Netzwerken erzeugt. Die Eigenschaften der entstehenden Stoffe können durch Copolymerisation, d. h. durch einen Zusammenbau mit anderen Monomeren bzw. durch Mischen mit anderen Polymeren in weiten Grenzen verändert werden. Beispiele sind u. a.: Polyvinylchlorid, Polystyrol, Polyvinylacetat, Polyamid, Polyester, Polyether, Epoxide, Polyurethane.

Herstellungsverfahren

1. Polymerisation
Zusammentritt von Molekülen einer einfachen Verbindung ohne Abspaltung eines Nebenproduktes.

1.1. Blockpolymerisation: Polymerisation des Monomeren in Abwesenheit von Lösungs- und Dispergiermitteln. Gute Wärmeregulierung nur bei kontinuierlichen Verfahren gegeben (Zufluß Monomeres, Abfluß Polymeres).

1.2. Lösungspolymerisation: Polymerisation in Lösungsmitteln, vorwiegend für die Herstellung von Polymerisationslösungen, Wärmeregulierung einfacher.

1.3. Emulsionspolymerisation: Wichtigstes technisches Verfahren. Schneller Reaktionsablauf, gute Wärmeführung. Emulgierung des Monomeren in einem Nichtlöser, Anfall des Polymeren in kleiner Teilchengröße.

1.4. Suspensionspolymerisation: Ähnlich wie oben, Suspension des Monomeren in Wasser. Anfall des Polymeren in Perlenform.

1.5. Fällungspolymerisation: Abart der Lösungsmittelpolymerisation. Anwendung eines Lösungsmittels, das zwar das Monomere, nicht aber das Polymere lösen kann. Das Endprodukt hat die gleiche Bruttozusammensetzung wie das Ausgangsprodukt.

Polymerisate sind Thermoplaste. Wichtigste Vertreter: Polystyrol, Polyvinylchlorid, Polyakrylate, Polyethylen.

2. Polykondensation
Zusammentritt von Molekülen mindestens zweier einfacher Verbindungen zu einer neuen Verbindung unter Abspaltung eines Nebenproduktes. Durch fortlaufende Umsetzung bilden sich zunächst lineare, später z. T. auch verzweigte Makromoleküle.

Das Endprodukt hat eine andere Bruttozusammensetzung als die Ausgangsprodukte.

3. Polyaddition
Zusammentritt von Molekülen mindestens zweier einfacher Verbindungen zu einer neuen Verbindung ohne Abscheidung eines Nebenproduktes.

Neue reaktionsfähige Gruppen entstehen durch Wasserstoffverschiebung innerhalb der Moleküle.

Das Endprodukt hat die gleiche Bruttozusammensetzung wie die Ausgangsprodukte.

4. Polykondensation in Verbindung mit Polymerisation.
Polykondensation von z. B. mehrwertigen Dikarbonsäuren mit mehrwertigen Alkoholen unter Zusatz von z. B. Monostyrol.

Veränderung der Eigenschaften von Kunststoffen durch Weichmacher

Reine Kunststoffe sind häufig hart und spröde; es ist erforderlich, sie für bestimmte Gebrauchs- und Verarbeitungszwecke so umzugestalten, daß sie weich und elastisch sind. Dies geschieht durch Weichmachung.

1. Äußere Weichmachung: Zusatz von z. B. Phthalsäureestern u. ä. Produkten, die die Kunststoffteilchen anquellen und sich in den Kunststoff einlagern.

2. Innere Weichmachung: Mischpolymerisation von verschiedenen Monomeren. Da die Eigenschaften der einzelnen Kunststoffarten bekannt sind, ist es möglich, auf diesem Wege Eigenschaften „nach Maß" zu erhalten.

Herstellen von Formteilen und Halbzeugen

Formpressen. Die Preßmasse liegt in Form von Pulver, Granulat oder Tabletten vor und wird in genau dosierter Menge in die Preßform eingefüllt. Die Form ist aufgeheizt, das Harz beginnt zu fließen und wird durch den Preßdruck in sämtliche Hohlräume der Form gedrückt. Nach der Aushärtung (auch Back- oder Stehzeit genannt) wird die Form durch Hochfahren des Pressenoberteils geöffnet und das Fertigteil durch Auswerfer aus der Form gestoßen.

Spritzpressen. Die Preßmasse wird außerhalb der Form vorgewärmt und durch Kanäle in die beheizte Form gespritzt. Die Formteile zeichnen sich durch besondere Maßhaltigkeit aus.

Spritzgießen. Das Spritzgußmaterial (meist ohne Füllstoff) wird in einem Zylinder erhitzt und mittels eines Kolbens durch eine Düse in die Form gespritzt. Die Masse erstarrt in der wesentlichen kurzen Form sehr schnell, und das Formteil kann in kurzer Zeit ausgeworfen werden.

Schlagpressen und **Warmpreßverfahren.** Abschnitte oder Tabletten werden außerhalb der Form bis nahe an die Fließtemperatur erhitzt und anschließend in der Presse schlagartig zu Formteilen verarbeitet.

Schichtpressen. Die mit Harz getränkten Papier- oder Baumwollgewebe-Bahnen werden in mehreren Schichten übereinandergelegt. Zur gleichzeitigen Herstellung mehrerer Platten werden diese durch Preßbleche voneinander getrennt.

Strangpressen. Die Umformung erfolgt bei Fließtemperatur unter Druck kontinuierlich.

Schneckenstrangpressen. Herstellung von Rohren, Profilen, Fäden, Borsten, Schläuchen u. ä. aus Thermoplasten.

Blasen. Aus heißen Vorrohrlingen (Schläuchen usw.) aus Polystyrol und Polyethylen werden in Formen mittels Druckluft Hohlkörper gefertigt. Folien werden durch Aufblasen eines aus einer Ringdüse austretenden dicken Schlauches hergestellt. Hierfür werden Schneckenpressen eingesetzt.

Walzen. Die plastische Masse wird über beheizte Kalanderwalzen zur Folie ausgezogen.

Tiefziehen. Dieses Verfahren gilt als Weiterverarbeitung. Dünne Tafeln und Folien werden nach Erwärmung mit den üblichen Ziehwerkzeugen unter Druck oder nach dem Vakuumverfahren geformt.

Gegenüberstellung der Kunststoffe zu Metallen:
- niedrige Dichte, meist unter der Hälfte der Dichte von Aluminium
- sehr gute elektrische Isolierfähigkeit
- äußerst gute Korrosionsbeständigkeit gegen Säuren und Laugen
- Oberflächenschutz, z. B. durch Anstrich, nicht erforderlich
- meist geschmack- und geruchfrei und physiologisch unbedenklich
- gute Formbarkeit spanlos und spangebend
- ansprechende Einfärbbarkeit
- hohes Wärmeisolationsvermögen.

11.5. Kunststoffe

11.5.2. Kunststoffarten

Art	Darstellung	Eigenschaften	Verwendung
1. Modifizierte Naturstoffe			
Vulkanfiber	Rohstoff: Baumwolle und Spezialzellstoffe. Behandeln der Faservliese mit Zinkchloridlösung unter Druck- und Wärmeeinwirkung, dadurch Hydratisieren und Verschweißen der Fasern.	Sehr zäh, fast unzerbrechlich, Dichte 1,25 bis 1,50 g/cm³, widerstandsfähig gegen Abnutzung, Öle und Fette. Mechanisch gut zu bearbeiten. Durchschlagfestigkeit 1 bis 2 kV/mm. Temperaturbeständigkeit 90 bis 100 °C.	Für zahlreiche industrielle Zwecke, in der Elektrotechnik für Formteile der Schwachstromtechnik, Schaltergriffe, isolierte Rohre.
Celluloid	Aus Nitrocellulose und Kampfer, unter Zusatz von Alkohol und unter Wärmeeinwirkung.	Wasserhell, hohe Durchsichtigkeit. Brennbar!	Gebrauchsgegenstände, Schutzscheiben.
Cellulosetriester	Aus Cellulose unter Anwendung konzentrierter Säuren, z. B. Essigsäure usw.	Sehr gute Wasser- und Wärmebeständigkeit, auch Lösungsmittelbeständigkeit.	Für elektr. Maschinen, Spulenwicklungen, Nutenisolationen, Dielektrika für Kondensatoren.
Celluloseether	Aus Natroncellulose mit Halogenalkylen. Halogenalkylkarbonsäuren usw.	Je nach Wahl der Ethergruppen unterschiedlich. Benzylcelluloselacke sind sehr alkalibeständig.	Ethyl- und Benzylcellulose für dielektrische Isolationsmittel, wasserlösliche Celluloseether als Anstrichbindemittel, für Klebstoffe und Textilhilfsmittel.
2. Polyvinylverbindungen			
Polyvinylchlorid	Anlagerung von Chlorwasserstoff an Ethin, Polymerisation.	Geringe Lichtbeständigkeit, sehr gute Verformbarkeit, hochwertige Eigenschaften, die PVC zum wichtigsten Kunststoff gemacht haben.	Kabelisolation, Gebrauchsgegenstände, Säurebehälter, Rohre usw.
Polystyrol	Reaktion von Benzol mit Ethin in Gegenwart von Aluminiumchlorid zu Ethylbenzol, Dehydratisierung zu Styrol, Polymerisation.	Gute Spritzgußfähigkeit, hohe Wasserbeständigkeit, Beständigkeit gegen Licht und Chemikalien, außer einigen org. Lösungsmitteln, gute dielektrische Isolationswerte, Dielektrizitätskonstante bis 1 Million Hz, $\varepsilon r = 2{,}2$, dielektrischer Verlustfaktor $\tan\delta$ bis 1 Million Hz $5 \cdot 10^{-4}$, Durchschlagfestigkeit 50 kV/mm.	Isolier- und Einbauteile aller Art. Akkukästen und Zubehörteile.
Polyvinylacetat	Aus Essigsäure und Ethin in Gegenwart von Quecksilberchlorid, Polymerisation.	Glasklar, spröde, licht- und wärmebeständig.	Vorwiegend Lacksektor, Klebetechnik.
3. Polyacrylverbindungen			
Polymethacrylate, Polyacrylate	Aus Acrylsäure bzw. Methacrylsäure und Alkoholen, Polymerisation.	Glasklar, geringe Dichte, hohe Festigkeit, gutes elektr. Isolationsvermögen, physiologisch verträglich.	Scheiben, Bauelemente, lichtreflektierende Schilder, große Anwendung in der Medizin.
Polyacrylnitril	Anlagerung von Blausäure an Ethin, neuerdings aus Propen und Ammoniak und Luft.	Nicht thermoplastisch, gut beständig gegen organische Lösungsmittel.	Überwiegend für Fasern und synth. Kautschuk.
4. Polyamide			
Polyamide	Durch Polymerisation von Aminocaprolactam oder aus Dicarbonsäuren mit Diaminen.	Sehr zähelastisch, gute Beständigkeit und Isolationsfähigkeit.	Faserstoffe, Formteile, Gebrauchsgegenstände.
5. Polyesterharze			
Polyester	Kondensation aus zweiwertigen Alkoholen und Dikarbonsäuren, gelöst in einem polymerisierfähigem Harz, z. B. Styrol.	Gute mech. Eigenschaften, niedrige Dichte. In Verarbeitung mit Glasfasern Festigkeit ähnlich Metallen. Gute elektr. Eigenschaften, Widerstandsfähigkeit gegen klimatische Einflüsse. Nicht beständig gegen Laugen, Ester, Ketone. Dielektrizitätskonstante εr bei 800 Hz 4,6, dielektr. Verlustfaktor $50 \cdots 800$ Hz $\tan\delta = 2{,}2 \cdot 10^{-2}$, Durchgangswiderstand $8 \cdot 10^{14}$ Ω cm Durchschlagfestigkeit 23 kV/mm.	Als Gießharz in der Elektroindustrie, zum Abdichten von porösem Guß, Klebstoffe, Spachtelmassen. In Kombination mit Glasfasern für Boote usw. Polyester sind auch geeignet für Faserstoffe.
6. Pheno- und Aminoplaste			
Phenoplaste	Kondensation von Phenol und Formaldehyd.	Hohe mech. Festigkeit, Wärmebeständigkeit, Widerstandsfähigkeit gegen chemische und atmosphärische Einflüsse, hohes Isolationsvermögen, Durchgangswiderstand 10^{12} Ω cm.	Gußmassen, Edelpreßharze, Schichtpreßstoffe, Bremsbeläge, Hartpapier oder Hartgewebe für elektr. Belange.
Aminoplaste	Kondensation von Aldehyden mit Aminen oder Amiden, z. B. Formaldehyd und Harnstoff.	Gute mech. Eigenschaften, hohe Kriechstromfestigkeit.	Mit Asbest- oder Schiefermehlfüllung anstelle von Porzellan für spannungsführende Teile.
7. Epoxidharze			
Epoxidharze	Kondensation von mehrwertigen Phenolen mit Ethylenchlorhydrin. Weitere Vernetzung durch Polyaddition. Infolge reaktiver Gruppen härtbar mit basischen Härtern (Polyamine und Polyamide).	Die elektr. Werte fallen oberhalb 155 °C stark ab. Dielektrizitätskonst. bei 20 °C, 50 Hz 3,75; 20 °C, 10^6 Hz 3,50. Dielektrischer Verlustfaktor bei 20 °C, 50 Hz $70 \cdot 10^{-4}$; 20 °C, 10^6 Hz $270 \cdot 10^{-4}$. Durchgangswiderstand 10^{16} bis 10^{17} Ω cm. Oberflächenwiderstand $3{,}8 \cdot 10^{13}$ Ω cm. Kriechstromfestigkeit gut und Durchschlagfestigkeit 370 kV/cm.	Zur Herstellung von Trockenstromwandlern, Trockenspannungswandlern, als Isolationsmaterial in der Hochspannungstechnik, zum Einbetten empfindlicher elektrischer Geräte, z. B. Spulen, Kondensatoren, Widerstände, Trägerfrequenzfilter, Kontaktleisten, Radiosonden usw.

11.5. Kunststoffe

11.5.3. Kurzzeichen für Kunststoffe

Homopolymere, Copolymere und Polymergemische nach DIN 7728 Teil 1 (4.78)

Kurzzeichen	Erklärung	Kurzzeichen	Erklärung	Kurzzeichen	Erklärung
ABS	Acrylnitril-Butadien-Styrol (-Polymer)	PA 610	Polykondensat aus Hexamethylendiamin und Sebacinsäure	PVC	Polyvinylchlorid
AMMA	Acrylnitril-Methylmethacrylat (-Polymer)	PA 612	Polykondensat aus Hexamethylendiamin und Dodecandisäure	PVCC	Chloriertes Polyvinylchlorid
ASA	Acrylnitril-Styrol-Acrylester (-Polymer)			PVDC	Polyvinylidenchlorid
				PVDF	Polyvinylidenfluorid
CA	Celluloseacetat	PA 11	Polykondensat aus 11-Aminoundecansäure	PVF	Polyvinylfluorid
CAB	Celluloseacetobutyrat			PVFM	Polyvinylformal
CF	Kresol-Formaldehyd	PA 12	Polymeres aus 12-Laurinlactam	PVK	Polyvinylcarbazol
CMC	Carboxymethylcellulose, Celluloseglykolsäure	PA 6/12	Copolymeres aus den Komponenten PA 6 und PA 12	PVP	Polyvinylpyrrolidon
		PAN	Polyacrylnitril	RF	Resorcin-Formaldehyd
CN	Cellulosenitrat	PB	Polybuten-1	SAN	Styrol-Acrylnitril
CP	Cellulosepropionat	PBTP	Polybuthylenterephthalat	SB	Polystyrol mit Elastomer auf Basis Butadien modifiziert
CS	Casein (-Kunststoff)	PC	Polycarbonat		
CTA	Cellulosetriacetat	PCTFE	Polychlortrifluorethylen	Si	Silicon (-Polymer)
DAP	Diallylphthalat (-Harz)	PDAP	Polydiallylphthalat	SMS	Styrol-α-Methylstyrol
EC	Ethylcellulose	PE	Polyethylen	SP	Gesättigter Polyester
EEA	Ethylen-Ethylacrylat	PEC	Chloriertes Polyethylen	UF	Harnstoff-Formaldehyd (-Harz)
EP	Epoxid (-Harz)	PEP	Ethylen-Propylen		
EPE	Epoxidharzester	PEOX	Polyethylenoxid		
EPS	Expandierbares Polystyrol	PETP	Polyethylenterephthalat	UHMWPE	Polyethylen mit ultrahoher molarer Masse
EVA	Ethylen-Vinylacetat	PF	Phenol-Formaldehyd		
EVAL	Ethylen-Vinylalkohol	PJ	Polyimid		
ETFE	Ethylen-Tetrafluorethylen	PIB	Polyisobutylen	UP	Ungesättigter Polyester
FEP	Tetrafluorethylen-Hexafluorpropylen	PIR	Polyisocyanurat	VCE	Vinylchlorid-Ethylen
		PMI	Polymethacrylimid	VCEMA	Vinylchlorid-Ethylen-Methylacrylat (-Polymer)
HDPE	Polyethylen hoher Dichte (Hart-PE)	PMMA	Polymethylmethacrylat		
		PMP	Poly-4-methylpenten-1	VCEVA	Vinylchlorid-Ethylen-Vinylacetat (-Polymer)
LDPE	Polyethylen niedriger Dichte (Weich-PE)	POM	Polyoxymethylen, Polyformaldehyd, Polyacetal		
		PP	Polypropylen	VCMA	Vinylchlorid-Methylacrylat (-Polymer)
MBS	Methylmethacrylat-Butadien-Styrol (-Polymer)	PPC	Chloriertes Polypropylen		
		PPO	Polyphenylenoxid	VCMMA	Vinylchlorid-Methylmethacrylat (-Polymer)
MC	Methylcellulose	PPOX	Polypropylenoxid		
MDPE	Polyethylen mittlerer Dichte	PPS	Polyphenylensulfid	VCOA	Vinylchlorid-Octylacrylat (-Polymer)
MF	Melamin-Formaldehyd	PPSU	Polyphenylensulfon		
MPF	Melamin-Phenol-Formaldehyd (-Harz)	PS	Polystyrol	VCVAC	Vinylchlorid-Vinylacetat (-Polymer)
		PSU	Polysulfon		
PA	Polyamid	PTFE	Polytetrafluorethylen	VCVDC	Vinylchlorid-Vinylidenchlorid (-Polymer)
PA 6	Polymeres aus ε-Caprolactam	PUR	Polyurethan		
PA 66	Polykondensat aus Hexamethylendiamin und Adipinsäure	PVAC	Polyvinylacetat		
		PVAL	Polyvinylalkohol		
		PVB	Polyvinylbutyral	VPE	Vernetztes Polyethylen

Verstärkte Kunststoffe nach DIN 7728 Teil 2 (3.80)

a) Zeichen für die Gruppen-Zuordnung

FK	Faserverstärkter Kunststoff	WK	Whiskerverstärkter Kunststoff

b) Unterscheidung nach Faser- oder Whiskerart

Kurzzeichen	Erklärung	Kurzzeichen	Erklärung	Kurzzeichen	Erklärung
GFK	Glasfaserverstärkter Kunststoff	CFK	Kohlenstoffaserverstärkter Kunststoff	SFK	Synthesefaserverstärkter Kunststoff
AFK	Asbestfaserverstärkter Kunststoff	MFK	Metallfaserverstärkter Kunststoff	MWK	Metallwhiskerverstärkter Kunststoff
BFK	Borfaserverstärkter Kunststoff				

Kennzeichnet ein Buchstabe die Stoffart nicht eindeutig genug, so sind **weitergehende Angaben über die verwendete Faser** notwendig:

Kurzzeichen	Erklärung	Kurzzeichen	Erklärung	Kurzzeichen	Erklärung
Cu-MFK	Kupferfaserverstärkter Kunststoff	St-MFK	Stahlfaserverstärkter Kunststoff	PA 6-SFK	Polyamidfaserverstärkter Kunststoff

Die **Art des zu verstärkenden Kunststoffes** wird durch das Kunststoffartkennzeichen angegeben:

Kurzzeichen	Erklärung	Kurzzeichen	Erklärung	Kurzzeichen	Erklärung
UP-GF	Glasfaserverstärkter ungesättigter Polyester	PP-GF	Glasfaserverstärktes Polypropylen	PC-GF30	Polycarbonat mit 30% Glasfaserverstärkung

11.5. Kunststoffe

Werkstoffbezeichnung nach DIN 7728 T 1 (4.78)	Handelsname	Brennbarkeit, Aussehen der Flamme	Chemische Beständigkeit	Verwendung
Thermoplaste				
Polyvinylchlorid hart, PVC hart	Vestolit, Vinoflex, Hostalit	verkohlt in der Flamme, erlischt außerhalb der Fl.	beständig gegen Waschmittel, Soda, Alkohol, Salzsäure, Salmiakgeist	Rohre, Fittings, Bau- und Möbelprofile, Folien, Hohlkörper
Polyvinylchlorid weich, PVC weich	Vestolit, Acella, Skay	brennt mit gelblich-grüner Flamme	beständig gegen Säuren, Soda, Salmiakgeist, Seife, Waschmittel	Fußbodenbeläge, Tapeten, Kunstleder, Unterbodenschutz
Polystyrol PS	Vestyron, Hostyren	leuchtend gelbe Flamme, stark rußend	beständig gegen nichtoxidierende Säuren, Alkalien, wäßrige Lösungen von Salzen und niedere Alkohole; nicht beständig gegen Fleckenputzmittel	Elektrotechnische Formteile, Isolierfolien, Spielwaren
Styrol-Butadien SB	Vestyron			Möbelteile, Elektroinstallationsmaterial, Kühlschrank-Innenauskleidung, Kleiderbügel
Styrol-Acrylnitril SAN		leuchtend hellgelbe Flamme, stark rußend	beständig wie PS, beständiger gegen ätherische Öle	Gehäuse für Diktier-, Fernsprech-, Tonband-, Rundfunk- und Fernsehgeräte
Acrylnitril Butadien-Styrol ABS		leuchtende Flamme, rußend	wie Styrol-Butadien	mech. hochbeanspruchbare technische Formteile, Batteriekästen
Expandierbares Polystyrol EPS	Vestypor	leuchtende gelbe Flamme, stark rußend	wie Styrol-Butadien	Platten für Kälte- und Wärmeschutz, Trittschalldämmplatten
Polyethylen niedriger Dichte, PE weich (LDPE)		helle, gelbe Flamme	beständig gegen Öle und Speisefette, Soda, Säuren, Salmiakgeist	Kabelisolierungen, Folien, Tragetaschen Spielzeug, Flaschen
Polyethylen hoher Dichte PE hart (HDPE)	Vestolen A	helle, gelbe Flamme	wie vor	Wannen, Körbe, Eimer, Kanister, Flaschen, Rohre, Spielzeug
Polypropylen PP	Vestolen P, Hostalen PP, Novolen	helle Flamme mit blauem Kern	wie vor	Batteriekästen, Haushaltsgeräte, Waschmaschinenteile
Polyamid 12 PA 12	Vestamid, Ultramid, Durethan	schwer brennbar, Flamme mit bläulich gelbem Rand	beständig gegen Kraftstoffe, Mineral- und Hydrauliköle, Alkohol	Präzisionsteile für Elektrotechnik, Feinwerktechnik
Polyethylenterephthalat PETP	Vestodur A	leuchtende Flamme, stark rußend	beständig gegen schwache Säuren, Fette, Öle, Benzin	techn. Präzisionsteile, Folien, Platten, Aderisolierungen
Polybutylenterephthalat PBTP	Vestodur B	leuchtende Flamme, stark rußend	beständig gegen Laugen, Alkohol, Benzin, Öle und Fette	Zahnräder, Rohre, Apparategehäuse, Aderisolierungen
Polyacetat POM		wie Trockenspiritus, tropft	beständig gegen die meisten Lösemittel	Zahnräder, Gleitlager, Türgriffe, Beschläge
Celluloseacetat CA		dunkelgrüngelbe Flamme, tropft	beständig gegen Öle, nicht gegen Essig, Fleckenputzmittel	Gehäuse für Elektrogeräte, Brillengestelle Filme, Schirmgriffe
Duroplaste				
Polyurethan PUR	Vulkollan	leuchtende Flamme, schäumt, tropft	beständig gegen Benzin, Öle, Fette, unbeständig gegen heißes Wasser, starke Laugen	Weich- und Hartschaumformteile, Wärmedämmplatten, Schuhsohlen, Möbel, Schwämme
Phenol-Formaldehyd PF		brennt in der Flamme hell	beständig gegen Öle, Benzin, Fette, Essig, Spiritus	Telefonapparateteile, techn. und elektrische Kleinteile
Ungesättigte Polyesterharze UP	Vestopal, Leguval	leuchtend hell, schwebende Rußflocken	beständig gegen Waschmittel, Salzlösungen, verdünnte Säuren	unverstärkt: Reaktionsharzbeton und -mörtel, Estrich, Spachtel

11.5. Kunststoffe

11.5.4. Mechanische Eigenschaften von Kunststoffen

Kunststoff hergest.: Preßverfahren Spritzgußverfahren aus Halbzeug (Tafel)	P SP T	Biegefestigkeit N/mm²	Schlagzähigkeit kJ/m²	Kerbschlagzähigkeit	Zugfestigkeit N/mm²	Druckfestigkeit N/mm²	Elastizitätsmodul (Biegung) N/mm² · 10³
CAB Typ 432	SP	45	15	5	30	36	6
CN	T	60	100···200	20···30	40···60	60	6···8
PE (weich, 0,92)	SP	7			9···10		0,2···0,3
PE (hart, 0,94)	SP	30			17···28		0,6
PP	SP	43		10···15	30	110	1,5
PVC	T	110	100	2	50	80	3
PS (Typ 501/502)	SP	90/100	17/22	2/2,5	45/55	100	3,5
SB	SP	70	60	6	40	70	2,5
SAN	T	135	135	3	80	100	3,5
PMMA Typ 525	SP	100	18	2	70	120	3
POM	SP	110	80	7	65		3
UP o. EP verstärkt Glasseide (70%)	P	1000	150		840	490	42
PA 6,10	P	36			140···200	180	10
EP-Preßmasse Typ 872	P	90	15	15	40		

11.5.5. Kunststoff-Formmassetypen nach DIN 7708

Gruppe	Typ	Hauptbestandteile (PF – Phenolharz) (H – Harnstoffharz) (MF – Melaminharz) (K – Kunstharz)	Biegefestigkeit N/mm²	Schlagzähigkeit KJ/m²	Kerbschlagzähigkeit	Formbeständigkeit nach Martens °C	Wasseraufnahme mg höchst.	Oberfläch.-widerstand Vergl.-zahl	Durchgangswiderstand Ω cm
		Phenoplast-Formmassen Teil 2 (10.75)							
I	31	PF + Holzmehl	70	6	1,5	125	150	8	–
II	51	PF + Zellstoff	60	5	2,5	125	300	7	–
	71	+ Baumwollfaser	60	6	6	125	250	7	–
	74	+ Baumwollgewebeschnitzel	60	12	12	125	300	7	–
	75	+ Kunstseidenstränge	60	14	14	125	300	8	–
	83	+ Baumwollkurzfaser	60	5	3,5	125	180	8	–
	84	+ Baumwollgewebeschnitzel	60	6	5	125	150	8	–
	85	+ Holzmehl	70	5	2,5	125	200	7	–
III	12	PF + Asbestfaser	50	3,5	2	150	60	8	–
	15	+ Asbestfaser	50	5	5	150	130	7	–
	16	+ Asbestschnur	50	15	15	150	90	7	–
IV	11,5	PF + Gesteinsmehl	50	3,5	1,3	150	45	7	10¹¹
	13	+ Glimmer	50	3	2	150	20	10	10¹²
	13,5	+ Glimmer	50	3	2	150	20	11	10¹²
	30,5	+ Holzmehl	60	5	1,5	100	200	10	10¹¹
	31,5	+ Holzmehl	70	6	1,5	125	150	10	10¹¹
	51.5	+ Zellstoff	60	5	3,5	125	300	10	10¹¹
V	13,9	PF + Glimmer	50	3	2	150	20	10	10¹²
	31,9	+ Holzmehl	70	6	1,5	125	150	8	–
	32	+ Holzmehl	70	6	1,5	125	150	8	–
	51,9	+ Zellstoff	60	5	3,5	125	300	7	–
	52	+ Zellstoff	55	3,5	2	125	100	9	–
	52,9	+ Zellstoff	55	3,5	2	125	100	9	–
		Aminoplast-Preßmassen Teil 3 (10.75)							
	131	H + Zellstoff, kurzfaserig	80	6,5	1,5	100	300	10	–
	150	MF + Holzmehl	70	6	1,5	120	250	10	–
	152	+ Zellstoff, kurzfaserig	80	7	1,5	120	200	10	–
	153	+ Baumwollfaser	60	5	3,5	125	300	9	–
	154	+ Baumwollgewebeschnitzel	60	6	6	125	300	8	–
	155	+ Gesteinsmehl	40	2,5	1	130	200	8	–
	156	+ Asbestfaser	50	3,5	2	140	200	8	–
		Aminoplast/Phenoplast-Preßmassen Teil 3 (10.75)							
	180	PF + M + Holzmehl	80	6	1,5	120	180	10	–
	181	PF + M + kurzfaserigen Zellstoff	80	7	1,5	120	150	10	–
		Bitumen-Preßmassen (Kaltpressung) Teil 4 (1.83)							
	214	K + Gesteinsmehl	40	2,2	2,2	200	200	9	–
	215	oder Asbestfaser	40	2,3	2,3	200	380	9	–

11.5. Kunststoffe

11.5.6. Schichtpreßstoffe nach DIN 7735 Teil 2 (Mindestwerte) (9.75)

Hartpapier Hp, Hartgewebe Hgw und **Hartmatte** Hm

Typ		Zusammensetzung PF = Phenol-, MF = Melamin-, EP = Epoxid- u. SI = Silikonharz	Rohdichte	Zug-festigkeit N/mm^2	Druck-festigkeit	1-min-Prüfspann. in kV parallel zur Schichtung 25 mm	1-min-Prüfspann. in kV senkrecht Elektr.-Abstand 3 mm	Grenz-tempe-ratur °C
Hp	2061 2061,5 2062,8 2063 2064	PF + Papier	1,3···1,4	120 100 70 70 100	150 150 120 – 100	15 40 25 20 –	15 40 30 25 –	120 120 120 120 120
Hp	2262	MF + Papier	1,3···1,4	80	150	25	20	90
Hp	2361	EP + Papier	1,3···1,4	70	120	20	20	110
Hgw	2031 2072 2081 2082 2083	PF + Asbestgewebe + Glasfilamentgewebe + Baumwoll-Grobgewebe + Baumwoll-Feingewebe + Baumwoll-Feinstgewebe	1,7···1,9 1,6···1,8 1,3···1,4 1,3···1,4 1,3···1,4	40 100 50 80 100	120 150 170 170 170	– 20 8 8 8	– 25 5 5 5	130 130 110 110 110
Hgw	2272 2282	MF + Glasfilamentgewebe + Baumwoll-Feingewebe	1,8···2,0 1,3···1,4	120 70	180 200	20 8	25 5	130 95
Hgw	2372 2372,1 2372,4	EP + Glasfilamentgewebe	1,7···1,9	220 220 220	200 200 150	40 40 40	40 40 40	130 120 155
Hgw	2572	SI + Glasfilamentgewebe	1,6···1,8	90	50	25	20	180
Hm	2471 2472	ungesättigtes Polyester-harz + Glasfilamentgewebe	1,4···1,6 1,6···1,8	60 100	140 150	30 30	25 25	130 130

Lieferform: Tafeln und daraus hergestellt Streifen

Hp	2065 2067	PF + Papier	über 1,05	50 50	40 50	25 25	25 –	120 120
Hgw	2084 2085 2086	PF + Baumwoll-Grobgewebe + Baumwoll-Feingewebe + Baumwoll-Feinstgewebe	1,15···1,4	50 50 50	40 40 40	– 10 10	– 5 5	120 120 120
Hgw	2275 2375	MF + Glasfilamentgewebe EP + Glasfilamentgewebe	1,6···1,8 1,7···1,9	90 200	80 150	10 40	10 30	130 130

Lieferform: Nicht formgepreßte, gewickelte Rundrohre

| Hp | 2068 | PF + Papier | 1,2···1,5 | – | 70 | 10 | 15 | 120 |
| Hgw | 2088 2089 | + Baumwoll-Feingewebe + Baumwoll-Feinstgewebe | 1,2···1,4 1,15···1,4 | – 50 | 70 80 | 5 5 | 5 5 | 120 120 |

Lieferform: Formgepreßte Rohre, Vollstäbe, Flachleisten, Formteile und Umpressungen

11.5.7. Schnittgeschwindigkeiten und Vorschub beim Bearbeiten von Kunststoffen

		mit	Preßstoffe v m/min	Preßstoffe s mm/U	Hartpapiergewebe v m/min	Hartpapiergewebe s mm/U	Bemerkung
Drehen	Schrubben	SSt HM	50···100 120···200	0,3···0,5 0,4···0,6	30···50 100···200	0,2···0,3 0,2···0,5	Stahl auf Mitte einstellen! Freiwinkel δ = 6° bei SSt Freiwinkel δ = 4° bei HM Druckluftkühlung!
Drehen	Schlichten	SSt HM	60···120 200···300	0,1···0,5 0,1···0,3	60···100 200···300	0,1···0,15 0,1···0,3	
Fräsen		SSt HM	60···100 150···300	0,05···0,5 0,5···0,8	35···55 120···250	0,05···0,4 0,5···0,8	Fräser wie Leichtmetallfräser
Bohren		SSt HM	30···40 50···70	0,1···0,4 0,1···0,5	20···30 25···40	0,05···0,3 0,05···0,2	Bei tiefen Bohrungen mit Druckluft kühlen
Gewindeschneiden		SSt HM	50···80 60···120	– –	20···50 30···60	– –	s von Gewindesteigung abhängig
Sägen		SSt HM	1800···2500 2500···3000	von Hand	1500···2000 2000···2500	von Hand	Zähne schwach geschränkt. Kreis- oder Bandsäge

Senken: Gewöhnlich werden zweischneidige Senker mit Hartmetallschneiden benutzt.
Polieren: Polierscheiben 300···400 mm ⌀ und 40···60 mm Breite laufen mit 1400···1600 Umdr./min. Vorpolierscheiben werden mit geeigneter Polierpaste, für Polierrot oder Polierweiß, eingerieben. Zum Fertigpolieren ist die Benutzung einer sehr weichen Polierscheibe (ohne Polierpaste) erforderlich. Vulkanfiber wird häufig mit Schellacklösung (30% Schellack auf 70% Spiritus) poliert. Die glattgeschmirgelten Flächen werden vor dem Auftragen der Politur leicht mit Paraffinöl eingerieben.

Beschriftungen oder **Färbungen** können durch besondere Tuschen oder Farben bei Preßlingen und Schichtstoffen aufgebracht werden. Beim Verfahren der Metallplastik können Preßlinge aus Phenol-Kunstharz mit galvanischen Überzügen versehen werden. Durch den Metallüberzug für Gebrauchsgegenstände, z. B. Aschenbecher, wird nicht nur das Aussehen, sondern auch die Glutbeständigkeit verbessert.

Kunstharzkitte und Leime gestatten gute Verbindung von Preßlingen oder Schichtstoffen untereinander oder mit anderen Werkstoffen, außer Hartgummi.

11.6. Isolierstoffe

11.6.1. Preßspan nach DIN 7733 (6.62) (Aus hochwertigen Zellulosefasern gepreßte Feinpappe)

Typ	Liefer-form	Roh-dichte g/cm^3	Durchschlagfestigkeit in kV/mm bei 20 °C Nenndicke in mm				Verwendung
			bis 0,25	bis 1,0	bis 1,5	bis 2,5	
Psp 3010, 3011, 3012	Tafel	1,25	10,0	11,0	10,0	9,5	Elektromaschinen, Spulen, Spulenkörper
Psp 3020, 3021, 3022	Rolle	1,1	8,0	10,0	–	–	
Psp 3030, 3032	Tafel	1,3	11,0	13,0	12,0	11,0	Nutenisolation für Elektromaschinen
Psp 3040, 3042	Rolle	1,1	8,0	10,0	–	–	
Psp 3050[1]), 3051, 3052	Tafel	1,2	10,5	12,0	11,0	10,0	für Transformatoren
Psp 3055	Rolle	1,2	9,5	10,5	–	–	
Psp 3060	Tafel	1,3	10,5	12,0	11,0	10,0	für Kondensatoren

Tafeln: 0,1 bis 5 mm dick, 600 bis 1000 mm breit, 1000 bis 2000 mm lang; Rollen zu 50 kg.
[1]) Werte gelten für Psp 3050.

11.6.2. Vulkanfiber nach DIN 7737 (9.59)

Typ	Liefer-form	Rohdichte g/cm^3	Oberflächen-widerstand in Ω	Durchschlag-festigkeit in kV/mm	Verwendung
Vf 3120	Tafel	1,2···1,45	10^8	5,2	Nutenisolation, Isolierstöpsel und -griffe, Funkenlöschkammern
Vf 3121	Bahn				
Vf 3122	Rohr	1,2···1,5			

11.6.3. Selbstklebende Isolierbänder (Kunststoffbänder) nach DIN 40631 (1.68) und DIN 40633 Teil 1 (5.75)

Typ	Werkstoff	Zug-festigkeit N/mm^2	Durchgangs-widerstand in Ω cm	Durch-schlag-spannung in kV	Grenz-temperatur °C	Lieferform (Rollen)
K 10	PVC	15	10^{10}	2,5	90	Breite: 6, 9, 12, 15, 19, 25 und 30 mm
K 20	PE	10	10^{13}		80	
K 30	CA	30	10^{13}		105	Länge: K 10 bis K 20: 10, 20, 25 und 33 m; K 31 bis K 50: 66 und 100 m
K 31	CAB	30	10^{12}		105	
K 40	PC	30	10^{13}		115	
K 50	PETB	50	10^{13}		130	

11.6.4. Isolierfolien nach DIN 40643 (11.69) (Dicke 0,01···0,35 mm)

Kurz-zeichen	Werkstoff	Zugfestigkeit N/mm^2		Durch-schlag-festigkeit kV/mm	relative Dielektrizitätskonstante			Durch-gangs-widerstand Ω cm
		längs	quer		50 Hz	1 kHz	1 MHz	
F 1110	PE	20···26	16···19	200	2,2	2,2	2,2	10^{17}
F 1130	PP	120···180	140···200	300	2,3	2,3	2,3	10^{17}
F 1150	PS	50···80	40···70	200	2,5	2,5	2,5	10^{17}
F 1210	PVC	20···32	16···28	60···170	bis 12	bis 10	bis 8	10^{12}
F 1220	PVC	40···60	40···60	110	4,2	4,0	3,0	10^{13}
F 1240	PTFE	10···25	10···25	50	2,1	2,1	2,1	10^{17}
F 1310	PA	25···40	25···40	100	18	12	–	10^{10}
F 1410	PA	160···200	160···200	270	3,5	3,5	3,4	10^{17}
F 1510	PETP	160···250	200···290	300	3,3	3,2	3,1	10^{17}
F 1530	PC	80···90	80···90	240	3,1	3,0	2,9	10^{17}
F 1540	PC	220···280	70···80	280	2,8	2,8	2,7	10^{17}
F 1620	CAB	50···60	50···60	220	3,8	3,8	3,6	10^{15}

11.6. Isolierstoffe

11.6.5. Isolierschläuche nach DIN 40 620 (5.69) (gewebehaltig[1]) und 40 621 (3.62) (gewebelos[2])

Nennmaß Innen-ø × Wanddicke [1]	[2]	Gewicht g/m[1]	g/m[2]	Spannungs- festigkeit kV[1]	kV[2]	Nennmaß Innen-ø × Wanddicke [1]	[2]	Gewicht g/m[1]	g/m[2]	Spannungs- festigkeit kV[1]	kV[2]
0,3 × 0,25		0,5	0,6			6 × 0,5	6 × 0,6	12	16		
0,5 × 0,25		0,7	0,8			7 × 0,5	7 × 0,7	14	21	3	5
0,8 × 0,25		0,95	1,1			8 × 0,5	8 × 0,7	15	25		
1 × 0,25		1,2	1,3	2,25	3	9 × 0,5	9 × 0,7	17	28		
1,2 × 0,25		1,4	1,5			10 × 0,5	10 × 0,7	19	31		
1,5 × 0,25		1,6	1,8			12 × 0,5	12 × 0,8	32	41		
2 × 0,25		2,1	2,3			14 × 0,7	14 × 1	38	62	3,75	7
3 × 0,5	3 × 0,4	3,0	5,6		4	16 × 0,7	16 × 1	41	70		
4 × 0,5	4 × 0,5	8,3	9,2	3		18 × 0,7	18 × 1	49	78		
5 × 0,5	5 × 0,6	10	14		5	20 × 0,7	20 × 1,2	55	104		10

DIN 40 620: Geflochtene Textilschläuche mit Öllack oder Kunstharzlack getränkt, Stücklänge 1 bis 2 m. Rollen bis 100 m. Farben: blau, braun, gelb, grün, naturfarben, rot und schwarz.

DIN 40 621: Aus thermoplastischem Kunststoff (PVC) im Spritzverfahren hergestellte Schläuche. Lieferung in Ringen von mind. 100 m. Farben: blau, gelb, grau, grün, rot, schwarz und violett. Nebenfarben: braun, orange, rosa, weiß und naturfarben.

11.6.6. Eigenschaften elektrischer Isolierstoffe

Werkstoff	Spez. Wider- stand Ω cm	Relative Dielek- trizitäts- konstante ε_r bei 20 °C	Verlustfaktor für f = 1 kHz tan δ · 10^{-3}	Durchschlag- festigkeit bei 20 °C kV$_{eff}$/cm	Dichte kg/dm³
Glas	> 10^{10}	3,5 bis 9	0,5 bis 10	100 bis 400	2,5
Glimmer	10^{14} bis 10^{17}	4 bis 8	0,1 bis 1	600 bis 2000	2,6 bis 3
Hartgewebe	10^{10} bis 10^{12}	5 bis 8	40 bis 80	60 bis 300	1,3 bis 1,4
Hartgummi	10^{15} bis 10^{16}	3 bis 3,5	2,5 bis 25	100 bis 150	1,2
Hartpapier	10^{12} bis 10^{14}	4 bis 6	30 bis 100	100 bis 200	1,4
Hartporzellan	10^{11} bis 10^{12}	5 bis 6,5	10 bis 20	340 bis 380	2,3 bis 2,5
Luft		1		24	0,00129
Naturgummi	10^{15} bis 10^{16}	2,2 bis 2,8	2 bis 10	100 bis 300	1
Papier, imprägniert	bis 10^{15}	2,5 bis 4	1,5 bis 10	160	0,94
Epoxidharz EP	10^{15} bis 10^{16}	3,2 bis 3,9	5 bis 8	200 bis 450	1,8
Polycarbonat PC	> 10^{16}	3	≈ 1	250 bis 1000	1,2
Polyesterharz UP	10^{13} bis 10^{15}	3 bis 7	3 bis 30	250 bis 450	1,6 bis 1,8
Polyacetal POM	10^{15}	4	1 bis 1,5	700	1,42
Polyamid (PA 66)	10^{14}	3,5	20	400	1,12 bis 1,15
Polyethylen PE	10^{16} bis 10^{17}	2,3	0,5	600	0,92
Polypropylen PP	10^{18}	2,25	0,5	400	0,9
Polystyrol PS	10^{19}	2,5	0,1 bis 0,3	600	1,05
PVC-Isoliermischung	10^{15} bis 10^{16}	5 bis 8	100 bis 150	200 bis 500	1,28
PVC hart (Vinidur)	10^{16} bis 10^{17}	3,2 bis 3,5	20	400	1,3 bis 1,4
Polyurethan PUR	bis 10^{13}	3,1 bis 4	15 bis 60	200 bis 250	1,2
Quarz	10^{14} bis 10^{16}	1,7 bis 4,4	0,1		2,7
Quarzglas	10^{15} bis 10^{19}	4,2	0,5	250 bis 400	2,2
Teflon	bis 10^{16}	2	0,2 bis 0,5	400	2,2
Transformatorenöl	bis 10^{13}	2 bis 2,5	1	125 bis 230	0,8

11.7. Schmierstoffe und Isolieröle

11.7.1. Flüssige Schmierstoffe nach DIN 51502 (11.79)

11.7.1.1. Kennbuchstaben

Kennbuchstabe(n)	Stoffart (Hinweis)
a) Mineralöle	Symbol: □
N	Schmieröle N (Normalschmieröle)
B	Schmieröl B (z. B. bitumenhaltig)
C	Schmieröle C (Umlaufschmieröle)
CG	Schmieröle CG (Gleitbahnöle)
D	Schmieröle D (Druckluftöle)
F	Öle F (Luftfilteröle)
FS	Öle FS (Formen-Trennöle)
H	Öle H (Hydrauliköle)
J	Öle J (Isolieröle elektrisch)
K	Schmieröle K (Kältemaschinenöle)
L	Öle L (Härte- und Vergüteöle)
Q	Öle Q (Wärmeträgeröle)
R	Öle R (Korrosionsschutzöle)
S	Öle S (Kühlschmieröle)
T	Schmieröle T (Dampfturbinen-Schmier- und Regleröle)
V	Schmieröle V (Luftverdichteröle)
W	Öle W (Walzöle)
Z	Schmieröle Z (Dampfzylinderöle)
b) Schwer entflammbare Hydraulikflüssigkeiten	Symbol: ▭
HFA[1]	Öl-in-Wasser-Emulsionen
HFB[1]	Wasser-in-Öl-Emulsionen
HFC[1]	Wäßrige Polymerlösungen
HFD[1]	Wasserfreie Flüssigkeiten
c) Synthese- oder Teilsyntheseflüssigkeiten	Symbol: ▭
E	Esteröle
FK	Fluorkohlenwasserstofföle
PG	Polyglycolöle
SI	Siliconöle

11.7.1.2. Kennzahlen für Viskositätsklassen nach DIN 51519 (7.76)

Die Viskositätskennzahlen sind Mittelpunktviskositäten der Toleranz ± 10%.

Kennzahl	kinematische Viskosität mm^2/s bei Bezugstemperaturen			dynamische Viskosität $mPa \cdot s$ bei 40 °C
	20 °C ≈	40 °C ≈	50 °C ≈	≈
ISO VG 2	3,3	2,2	1,3	2,0
ISO VG 3	5	3,2	2,7	2,9
ISO VG 5	8	4,6	3,7	4,1
ISO VG 10	13	6,8	5,2	6,2
ISO VG 15	21	10	7	9,1
ISO VG 22	34	15	11	13,5
ISO VG 32	–	22	15	18
ISO VG 46	–	32	20	29
ISO VG 68	–	46	30	42
ISO VG 100	–	68	40	61
ISO VG 150	–	100	60	90
ISO VG 220	–	150	90	135
ISO VG 320	–	220	130	200
ISO VG 460	–	320	180	290
ISO VG 680	–	460	250	415
ISO VG 1000	–	680	360	620
ISO VG 1500	–	1000	510	900
	–	1500	740	1350

11.7.1.3. Zusatz-Kennbuchstaben für Schmierstoffe

Die folgenden Angaben gelten nicht für Schmieröle für Verbrennungsmotoren und Kraftfahrzeug-Getriebe und schwer entflammbare Hydraulikflüssigkeiten.

Kennbuchstabe	Schmierstoff
E	Für Schmieröle, die mit Wasser gemischt eingesetzt werden (z. B. Kühlschmierstoffe)
F	Für Schmierstoffe mit Zusatz von Festschmierstoff (z. B. Graphit, Molybdaendisulfid)
L	Für Schmierstoffe mit Wirkstoffen, die den Korrosionsschutz und/oder die Alterungsbeständigkeit erhöhen (z. B. Schmieröl CL)
P	Für Schmierstoffe mit Wirkstoffen, die die Reibung und den Verschleiß im Mischreibungsgebiet herabsetzen und/oder die Belastbarkeit erhöhen (z. B. Schmieröl CLP)
V	Für Schmierstoffe, die mit Lösungsmitteln verdünnt sind (z. B. Schmieröl DIN 51513-BBV)

Beispiele

HLP 46	Mineralöl (Hydrauliköl) HLP 46 mit Korrosions- und Verschleißschutz, Viskosität etwa 46 mm²/s bei 40 °C.
HFC 68	Schwer entflammbare Hydraulikflüssigkeit (wäßrige Polymerlösung) HFC 68 mit Viskosität 68 mm²/s bei 40 °C.

11.7.2. Schmierfette (Kennfarbe: weiß) nach DIN 51502 (11.79)

11.7.2.1. Kennbuchstaben

Kennbuchstabe(n)	Schmierfettart
a) Schmierfette auf Mineralölbasis	Symbol: △
K	Schmierfette für Wälzlager, Gleitlager und Gleitflächen nach DIN 51825 Teil 1, Temperaturbereich: −20 °C ··· +140 °C
KP	Schmierstoffe für hohe Druckbelastung, Temperaturbereich: −20 °C ··· +140 °C
KH	Schmierstoffe für Gebrauchstemperaturen über +140 °C
KTA KTB KTC	−30 ··· +120 °C Schmierfette für tiefe −40 ··· +120 °C Temperaturen nach DIN −55 ··· +120 °C 51825 Teil 2
G	Schmierfette für geschlossene Getriebe
OG	Schmierfette für offene Getriebe, Verzahnungen (Haftschmierstoffe ohne Bitumen)
M	Schmierfette für Dichtungen und Gleitlager (gering. Anforder. als Schmierf. K)
b) Schmierfette auf Syntheseölbasis	Symbol: ◇
Nach Tabelle 11.7.1.1. Stoffgruppe c)	Kennzeichnung der Eigenschaften wie bei den Schmierfetten auf Mineralölbasis

11.7.2.2. Konsistenzkennzahlen für Schmierfette

Kennzahl[2]	Walkpenetration Zehntelmillimeter	Kennzahl[2]	Walkpenetration Zehntelmillimeter
000	445 ··· 475	3	220 ··· 250
00	400 ··· 430	4	175 ··· 205
0	355 ··· 385	5	130 ··· 160
1	310 ··· 340	6	85 ··· 115
2	265 ··· 295		

[1]) Diese Einteilung entspricht der ISO/DIS 6071 und ISO/DP 6743.
[2]) Die Kennzahlen entsprechen den NLGI-Klassen nach DIN 51818.

11.7. Schmierstoffe und Isolieröle

11.7.2.3. Zusatzbuchstaben für Schmierfette

Zusatz-buchstabe	Gebrauchs-temperaturbereich °C	Verhalten gegenüber Wasser Bewertungsstufe[1]
B	−20...+ 50	0 oder 1
C	−20...+ 60	0 oder 1
D	−20...+ 60	2 oder 3
E	−20...+ 80	0 oder 1
F	−20...+ 80	2 oder 3
G	−20...+100	0 oder 1
H	−20...+100	2 oder 3
K	−20...+120	0 oder 1
M	−20...+120	2 oder 3
N	−20...+140	0 oder 1
R	über 140	0 oder 1

[1] Bewertungsstufen nach DIN 51807 Teil 1 (4.79).
0 keine Veränderung   2 mäßige Veränderung
1 geringe Veränderung   3 starke Veränderung

Beispiele

K 2 G: Schmierfett (Mineralölbasis) K 2 G mit der Konsistenzkennzahl 2, einer Gebrauchstemperatur von −20...+100 °C und mit keiner oder geringer Veränderung gegenüber Wasser.

K SI 2 R: Schmierfett (Siliconölbasis) K SI 2 R mit der Konsistenzkennzahl 2, einer Gebrauchstemperatur über 140 °C und geringer oder keiner Veränderung gegenüber Wasser.

11.7.3. Anforderungen an neue Isolieröle für Transformatoren, Wandler, Schaltgeräte nach DIN VDE 0370 Teil 1 (12.78)

Eigenschaft		Klasse A	Klasse B
Reinheit (Aussehen)		frei von Feststoffen, klar	
Dichte bei 15 °C	g/ml	≤ 0,898	≤ 0,873
bei 20 °C		≤ 0,895	≤ 0,870
Kinematische Viskosität			
bei 20 °C	mm²/s	≤ 25	≤ 6
bei −30 °C		≤ 1800	≤ 65

Eigenschaft		Klasse A	Klasse B
Flammpunkt	°C	≥ 130	> 100
Neutralisationszahl	mg KOH/g Öl	≤ 0,03	
Korrosiver Schwefel		nicht anwesend	
Durchschlagspannung (nach Vorbehandlung)	kV	≥ 50	
Dielektrischer Verlustfaktor bei 90 °C (nach Vorbehandlung)		≤ 0,005	
Alterungsbeständigkeit nach Baader (140 h/110 °C)			
Verseifungszahl	mg KOH/g Öl	≤ 0,60	—
Schlammgehalt	Gew.-%	≤ 0,05	—
Dielektrischer Verlustfaktor bei 90 °C		≤ 0,18	—
Oxidationsstabilität (164 h/100 °C)			
Neutralisationszahl	mg KOH/g Öl	≤ 0,30	—
Schlammgehalt	Gew.-%	≤ 0,06	—

11.7.4. Anforderungen an gebrauchte Isolieröle (Betriebsöle) in Transformatoren, Wandlern und Schaltgeräten nach DIN VDE 0370 Teil 2 (7.81)

Eigenschaft		Klasse A
Neutralisationszahl	mg KOH/g Öl	≤ 0,50
Durchschlagspannung in kV in Transformatoren, Wandlern mit Reihenspannung	bis 60 kV	≥ 30[1]
	über 60...150 kV	≥ 40[1]
	über 150 kV	≥ 50[1]
Durchschlagspannung in kV in Schaltgeräten mit Reihenspannung	bis 60 kV	≥ 10
	über 30...60 kV	≥ 15
	über 60 kV	≥ 20
Dielektrischer Verlustfaktor bei 90 °C		≤ 1

[1] Nach Einfüllen des Öls in ein neues Gerät muß die Durchschlagspannung ≥ 50 kV sein.

11.7.5. Eigenschaften von Schmierstoffen

	Kinematische Viskosität in cSt bei			Flammpunkt mind. °C	Stockpunkt °C	Dichte bei 15 °C g/cm³	Neutralisationszahl max.	Verseifungszahl	Wassergehalt max. %	Aschegehalt max. %
	20 °C	50 °C	100 °C							
Schmieröl D	13,25	16, 25, 36 49, 68, 92	—	100...200	−10...0	—	1,5	—	0,2	0,3
Normalschmieröl N DIN 51501	13,25	114, 144 225, 340	—	100...225	−10...0	0,9	0,3	—	0,1	0,02
Kältemaschinenöl DIN 51503	33	10	—	160	−25	—	0,08	0,2	0,1	0,01
Großgasmaschinenöl		49, 68, 114		200...220	−15...−5	0,94	0,2	—	0,1	0,02
Spindelöl für schnelllaufende Spindeln	9	4		115	−50	0,895	0,01	0,02		
Motoren-Sommeröl und Kompressorenöl	—	68	10	220	−20	0,91	—	—	—	—
Heißdampfzylinderöl	—	720	64	340	−5	0,915	0,06	0,1	—	0,06
Raffiniertes Rüböl (Fettöl)	100	32	10	310	−5	0,915	—	200	—	—
Gleitlagerfett (Stauferfett)	—	—	—	—	—	—	—	—	4	8
Wälzlagerfett DIN 51825	—	—	—	—	—	—	—	—	1	6

12. Schutzbestimmungen

12.1. Schutzmaßnahmen nach DIN VDE 0100

12.1.1. Gliederung von DIN VDE 0100

Die Normenreihe DIN VDE 0100 „Errichten von Starkstromanlagen mit Nennspannungen bis 1000 V" enthält Festlegungen für das Errichten von Starkstromanlagen bis $U_{eff} = 1000$ V Wechselspannung mit maximal 500 Hz und bis 1500 V Gleichspannung. Die Neufassung wurde im Rahmen einer internationalen Harmonisierung notwendig; mit der Herausgabe wurde 1980 begonnen.

Gegenüber der alten Ausgabe wurden Begriffe zum Teil neu festgelegt, neue Inhalte aufgenommen und ein neues Ordnungsschema eingeführt.

Die Neufassung ist in sieben Gruppen untergliedert:
100 Anwendungsbereich, Allgemeine Anforderungen
200 Allgemeingültige Begriffe
300 Allgemeine Angaben zur Planung elektrischer Anlagen
400 Schutzmaßnahmen
500 Auswahl und Errichtung el. Betriebsmittel
600 Prüfungen
700 Betriebsstätten, Räume und Anlagen besonderer Art

Zuordnung der Schutzmaßnahmen nach VDE 0100 (5.73) zu den Netzformen und Schutzmaßnahmen nach DIN VDE 0100

Netzform	Kennzeichnung der Netzform	Schutzeinrichtung	Alte Bezeichnung nach VDE 0100 Schutzmaßnahme (5.73)
TT-Netz	Netz geerdet Körper geerdet	Überstrom-Schutzeinrichtung Fehlerstrom-Schutzeinrichtung Fehlerspannungs-Schutzeinrichtung	Schutzerdung Fehlerstrom-Schutzschaltung Fehlerspannungs-Schutzschaltung
IT-Netz	Netz nicht geerdet	Überstrom-Schutzeinrichtung	Schutzleitungssystem
TN-S-Netz	Netz geerdet Körper über PE an Betriebserde	Überstrom-Schutzeinrichtung	Nullung mit getrenntem Schutzleiter (moderne Nullung)
TN-C-Netz	desgl., PE und N zusammengefaßt		Nullung ohne getrennten Schutzleiter (klassische Nullung)

12.1.2. Gefährliche Körperströme

Grundlage des wesentlichen Teils der Normenreihe, Teil 410 (10.83), ist der Schutz gegen gefährliche Körperströme. Die Gefährdung eines Menschen ist abhängig von:
– der Stromhöhe
– der Einwirkungsdauer
– dem Stromweg durch den Körper
– der Stromform und Frequenz
– der physischen und psychischen Verfassung

Der gegenwärtige Erkenntnisstand ist in den aktuellen Arbeitspapieren gemäß IEC 64 (Secretariat) ausgewiesen:

Bereich	Körperreaktion
1	Gewöhnlich keine Reaktion
2	Gewöhnlich keine schädliche Wirkung
3	Störungen bei der Bildung und Weiterleitung der Impulse im Herzen Herzstillstand ohne Herzkammerflimmern möglich
4	Herzkammerflimmern wahrscheinlich; Herzstillstand, Atemstillstand und schwere Verbrennungen möglich

Bei Gleichstrom liegen die Schwellen bei höheren Stromwerten. Darüber hinaus hängt die Gefährdung von der Stromrichtung ab.

Die Impedanz des menschlichen Körpers zwischen Ein- und Austrittsstelle des Körperstroms hängt in erster Linie von der Haut an den Ein- und Austrittsstellen ab. Feuchtigkeit, Kontaktdruck, Berührungsfläche und Umgebungstemperatur sowie Stromweg, Stromflußdauer und Berührungsspannung haben erheblichen Einfluß. Zwischen linker oder rechter Hand zu beiden Füßen ergeben sich Impedanzwerte von 5 kΩ bis herab zu 500 Ω.

Die internationale Harmonisierung der dauernd zulässigen Berührungsspannung von $U_L = 50$ V für Wechselspannung und $U_L = 120$ V für Gleichspannung steht unter Berücksichtigung der bisher bekannten physiologischen Daten über das Herzkammerflimmern und der Auswertung zahlreicher Unfälle. Dabei wurde von einem Stromweg von einer Hand zu beiden Füßen und einer Körperimpedanz an der unteren Grenze ausgegangen. Für besondere Anwendungsfälle mit erheblich ungünstigeren Unfallbedingungen gelten niedrigere Werte.

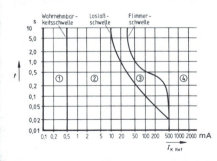

Gefährdungsbereiche von Körperwechselströmen (50 Hz) bei Erwachsenen, Stromweg von der linken Hand zu beiden Füßen.

12.1. Schutzmaßnahmen nach DIN VDE 0100

12.1.3. Allgemeingültige internationale Begriffe, Teil 200 (7.85)

Abdeckungen gewähren Schutz gegen direktes Berühren in allen üblichen Zugangs- oder Zugriffsrichtungen.

Ableitstrom ist der in einem fehlerfreien Stromkreis zur Erde oder zu einem fremden leitfähigen Teil abfließende Strom. Der Ableitstrom kann auch einen kapazitiven Anteil haben, z. B. bei Verwendung von Entstörkondensatoren.

Aktive Teile sind unter normalen Betriebsbedingungen unter Spannung stehende Leiter und leitfähige Teile. Hierzu gehören auch Neutralleiter, nicht aber PEN-Leiter und die mit diesen leitend verbundenen Teile.

Berührungsspannung ist die Spannung, die zwischen gleichzeitig berührbaren Teilen während eines Isolationsfehlers auftreten kann. Die höchste Berührungsspannung, die bei einem Fehler mit vernachlässigbarer Impedanz je auftreten kann, wird als zu erwartende Berührungsspannung bezeichnet.
Anm.: Dieser Begriff wird nur im Zusammenhang mit Schutzmaßnahmen bei indirektem Berühren angewendet.

Betriebsstrom (I_B) ist der im Stromkreis bei ungestörtem Betrieb fließende Strom.

Differenzstrom ist die Summe der Augenblickswerte von Strömen aller aktiven Leiter eines Stromkreises, die an einer Stelle der elektrischen Anlage fließen.

Direktes Berühren ist das Berühren aktiver Teile durch Personen oder Nutztiere (Haustiere).

Elektrische Betriebsmittel sind alle Gegenstände, die zur Erzeugung, Umwandlung, Übertragung, Verteilung und Anwendung von elektrischer Energie benutzt werden.

Elektrische Verbrauchsmittel dienen zur Umwandlung elektrischer Energie in andere Energieformen, z. B. Licht, Wärme und mechanische Energie.

Elektrischer Schlag ist ein pathophysiologischer (schädigender) Effekt, der von einem den Körper eines Menschen oder Tieres durchfließenden Strom ausgelöst wird.

(Elektrischer) Stromkreis; hierzu gehören alle elektrischen Betriebsmittel einer Anlage, die von demselben Speisepunkt versorgt und durch dieselbe(n) Überstrom-Schutzeinrichtung(en) geschützt sind.

Elektrisch unabhängige Erder sind in einem solchen Abstand voneinander angebracht, daß der höchste Strom, der durch einen Erder fließen kann, das Potential der anderen Erder nicht nennenswert beeinflußt.

Endstromkreis (eines Gebäudes) ist ein Stromkreis, an den unmittelbar Stromverbrauchsmittel oder Steckdosen angeschlossen sind.

Erde ist die Bezeichnung für das leitfähige Erdreich (z. B. Humus, Sand, Gestein), dessen elektrisches Potential an jedem Punkt vereinbarungsgemäß gleich null gesetzt wird.

Erder sind leitfähige Teile, die in gutem Kontakt mit Erde sind und mit dieser eine elektrisch leitfähige Verbindung bilden.

Erdungsleiter ist ein Schutzleiter, der die Haupterdungsklemme oder -schiene mit dem Erder verbindet.

Fremde leitfähige Teile, z. B. leitfähige Fußböden, gehören nicht zur elektrischen Anlage, können jedoch ein elektrisches Potential oder Erdpotential übertragen.

Gefährlicher Körperstrom ist ein den Körper eines Menschen oder Tieres durchfließender Strom mit den Merkmalen eines üblicherweise schädigenden Effektes.

Handbereich ist der Bereich, in dem ein Mensch ohne Hilfsmittel von üblicherweise betretenen Stätten aus mit der Hand nach allen Richtungen hin gelangen kann.

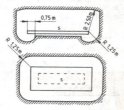

Handgeräte sind ortsveränderliche Betriebsmittel und dazu bestimmt, während des üblichen Gebrauchs in der Hand gehalten zu werden.

Haupterdungsklemme (im VDE-Vorschriftenwerk auch Potentialausgleichsleitung genannt) ist die Klemme oder Schiene, die zum Verbinden der Schutzleiter, der Potentialausgleichsleiter und gegebenenfalls der Leiter für die Funktionserdung mit der Erdungsleitung und den Erdern vorgesehen ist.

Hindernisse verhindern ein unbeabsichtigtes direktes Berühren, nicht aber ein beabsichtigte Handlung.

Indirektes Berühren ist das Berühren von Körpern elektrischer Betriebsmittel, die infolge eines Fehlers unter Spannung stehen.

Körper ist ein berührbares leitfähiges Teil eines elektrischen Betriebsmittels, das nur im Fehlerfall unter Spannung stehen kann.

Nennspannung kennzeichnet eine Anlage oder einen Teil davon. Die tatsächliche Spannung kann innerhalb der zulässigen Grenzen hiervon abweichen.

Neutralleiter (N) ist ein mit dem Mittel- oder Sternpunkt verbundener Leiter, der geeignet ist, zur Übertragung elektrischer Energie beizutragen.

Ortsfeste Betriebsmittel haben keine Tragevorrichtung und eine so große Masse (nach IEC $\geq$ 18 kg), daß sie nicht leicht bewegt werden können.

Ortsveränderliche Betriebsmittel können während des Betriebes bewegt werden oder von einem Platz zu einem anderen gebracht werden, während sie an den Versorgungsstromkreis angeschlossen sind.

Schutzleiter (PE) verbinden Körper elektrischer Betriebsmittel je nach Schutzmaßnahme mit fremden leitfähigen Teilen, Erdern, einem künstlichen Sternpunkt oder einem geerdeten Punkt der Stromquelle oder der Haupterdungsklemme.

Umhüllungen schützen Betriebsmittel gegen bestimmte äußere Einflüsse und gewähren Schutz gegen direktes Berühren in allen Richtungen.

Verteilungsstromkreis (eines Gebäudes) ist der eine Verteilungstafel versorgende Stromkreis.

12-2

12.1. Schutzmaßnahmen nach DIN VDE 0100

12.1.3. Allgemeingültige nationale Begriffe, Teil 200 (7.85)

Abgeschlossene el. Betriebsstätten dienen ausschließlich zum Betrieb el. Anlagen und sind verschlossen zu halten. Der Verschluß darf nur von beauftragten Personen geöffnet werden. Der Zutritt ist nur unterwiesenen Personen gestattet.

Ausbreitungswiderstand eines Erders ist der Widerstand der Erde zwischen dem Erder und der Bezugserde.

Außenleiter verbinden die Stromquellen mit den Verbrauchsmitteln; sie gehen nicht vom Mittel- oder Sternpunkt aus.

Berührungsspannung (U_B) ist der Teil der Fehler- oder Erderspannung, der vom Menschen überbrückt werden kann.

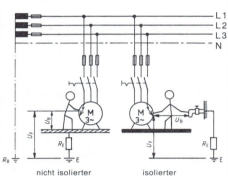

nicht isolierter / isolierter Fußboden

U_F Fehlerspannung
U_B Berührungsspannung
E Bezugserde
R_B Summe der Erdungswiderstände des Verteilungsnetzes
R_E Erdungswiderstand am Standort

Betriebserdung ist die Erdung eines Punktes des Betriebsstromkreises. Sie ist unmittelbar, wenn sie außer dem Erdungswiderstand keine weiteren Widerstände enthält und mittelbar, wenn sie über zusätzliche Wirk- oder Blindwiderstände hergestellt ist.

Elektrische Betriebsstätten sind Räume oder Orte, die im wesentlichen zum Betrieb el. Anlagen dienen und in der Regel nur von unterwiesenen Personen betreten werden.

Erdschluß ist eine durch Fehler oder Lichtbogen entstandene leitende Verbindung eines Außenleiters oder betriebsmäßig isolierten Mittelleiters mit Erde oder geerdeten Teilen.

Erdschlußsicher sind Betriebsmittel und Strombahnen, bei denen unter normalen Betriebsbedingungen kein Erdschluß zu erwarten ist.

Erdschlußstrom ist der infolge eines Erdschlusses fließende Strom.

Erdung ist die Gesamtheit aller Mittel und Maßnahmen zum Erden.
Bei einer offenen Erdung sind Überspannungsschutzorgane oder Schutzfunkenstrecken in die Erdungsleitung eingebaut.

Fehlerstrom (I_F) ist der durch einen Isolationsfehler zum Fließen kommende Strom.

Freischalten ist das allseitige Abschalten und Abtrennen einer Anlage oder eines Betriebsmittels von allen nicht geerdeten Leitern.

Hauptstromkreise enthalten Betriebsmittel zum Erzeugen, Umformen, Verteilen, Schalten und Umwandeln elektrischer Energie.

Hausinstallationen sind Starkstromanlagen mit Nennspannungen bis 250 V gegen Erde, die in Art und Umfang der Ausführung den Starkstromanlagen für Wohnungen entsprechen.

Hilfsstromkreise sind Stromkreise für zusätzliche Funktionen, z. B. Steuer-, Melde- und Meßstromkreise.

Körperschluß ist eine durch einen Fehler entstandene leitende Verbindung zwischen Körper und aktiven Teilen elektrischer Betriebsmittel.

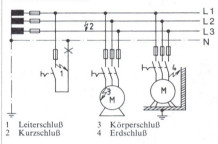

1 Leiterschluß 3 Körperschluß
2 Kurzschluß   4 Erdschluß

Kurzschluß ist eine durch einen Fehler entstandene leitende Verbindung zwischen betriebsmäßig gegeneinander unter Spannung stehenden Leitern (aktiven Teilen), wenn kein Nutzwiderstand im Fehlerstromkreis liegt.

Kurzschlußfest ist ein Betriebsmittel, das den thermischen und dynamischen Wirkungen des an dem Einbauort zu erwartenden Kurzschlußstromes ohne Beeinträchtigung der Funktionsfähigkeit standhält.

Kurzschlußsicher sind Betriebsmittel und Strombahnen, bei denen unter normalen Betriebsbedingungen kein Kurzschluß zu erwarten ist.

Leiterschluß ist eine durch einen Fehler entstandene leitende Verbindung zwischen betriebsmäßig gegeneinander unter Spannung stehenden Leitern, wenn ein Nutzwiderstand im Fehlerstromkreis liegt.

Leitungsnetz ist die Gesamtheit aller Leitungen und Kabel vom Stromerzeuger bis zum Verbraucheranschluß.

Natürlicher Erder ist ein unmittelbar oder über Beton mit der Erde in Verbindung stehendes Metallteil, das als Erder wirkt, dessen ursprünglicher Zweck aber nicht die Erdung ist (z. B. Rohrleitung).

Schleifenimpedanz ist die Summe aller Scheinwiderstände in einer Stromschleife (Impedanz der Stromquelle und Impedanz von Hin- und Rückleitung zwischen Stromquelle und Meßstelle).

Starkstromanlagen sind el. Anlagen mit Betriebsmitteln zum Erzeugen, Umwandeln, Speichern, Fortleiten, Verteilen und Umformen el. Energie, um Arbeit zu verrichten.

Verbraucheranlage ist die Gesamtheit aller el. Betriebsmittel hinter dem Hausanschlußkasten oder, wo dieser nicht erforderlich ist, hinter den Ausgangsklemmen der letzten Verteilung vor den Verbrauchsmitteln.

12.1. Schutzmaßnahmen nach DIN VDE 0100

12.1.4. Schutz sowohl gegen direktes als auch bei indirektem Berühren Teil 410 (11.83)

	Schutzkleinspannung	Funktionskleinspannung mit sicherer Trennung	Funktionskleinspannung ohne sichere Trennung
	L1, N, max. 50 V	L1, PEN, max. 50 V	L1, PEN, max. 50 V
Anwendung	In Fällen besonders hoher Gefährdung oder wenn ein Schutz gegen direkte Berührung nicht möglich ist, z. B. bei Kinderspielzeug.	Wenn die Sicherheit durch die Konstruktion der Betriebsmittel wirtschaftlicher als durch Maßnahmen bei der Anlagenerrichtung zu erreichen ist.	Wenn bei normalen Betriebsbedingungen eine kleine Nennspannung gewählt wird, z. B. in der Steuer-, Meß- und Fernmeldetechnik.
Stromquelle	Die Nennspannung darf 50 V Wechselspannung (Effektivwert) oder 120 V Gleichspannung (Welligkeit ≤ 10%) nicht überschreiten. Kleinspannungs-Stromkreise dürfen untereinander nur verbunden werden, wenn dadurch diese Werte nicht überschritten werden.		
	Sicherheitsstromquelle		
	Sicherheitstransformatoren nach VDE 0551; Motorgeneratoren mit entsprechend getrennten Wicklungen nach VDE 0530 Teil 1; galvanische Elemente. Ortsveränderliche Transformatoren müssen schutzisoliert sein.		Meist wird die Kleinspannung mit Transformatoren erzeugt. Hierbei reicht jedoch eine normale Isolierung zwischen Primär- und Sekundärwicklung aus, wie sie z. B. für Steuertransformatoren nach VDE 0550 gefordert ist.
	Bei elektronischen Geräten muß sichergestellt sein, daß beim Auftreten eines Fehlers im Gerät die Spannung an den Ausgangsklemmen und gegen Erde nicht höher ist als obige Werte.		
	Höhere Spannungen sind jedoch zulässig, wenn sichergestellt ist, daß bei Berührren von aktiven Teilen oder von Körpern fehlerbehafteter Betriebsmittel die Spannungen an den Ausgangsklemmen unmittelbar (d.h. ohne Abschaltung durch eine Überstrom-Schutzeinrichtung) innerhalb von 0,2 s auf obige oder niedrigere Werte herabgesetzt werden.		Anm.: Die Erzeugung der Kleinspannung aus einer höheren Spannung mittels Potentiometer ist auch hier nicht zulässig.
Anordnung der Stromkreise	Kein Punkt des Stromkreises und Körpers darf mit Erde oder mit Schutzleitern oder aktiven Teilen anderer Stromkreise verbunden sein.	Der Kleinspannungs-Stromkreis oder die Körper der Betriebsmittel sind aus Funktionsgründen geerdet oder mit Schutzleitern verbunden.	
	Zwischen aktiven Teilen von Kleinspannungs-Stromkreisen und Stromkreisen höherer Spannung, z. B. Relais, Schütze und Stromstoßschalter, muß die elektrische Trennung mindestens derjenigen zwischen der Primär- und der Sekundärseite eines Sicherheitstransformators entsprechen.		Aktive Teile von Funktionskleinspannungs-Stromkreisen dürfen nicht mit aktiven Teilen anderer Stromkreise verbunden sein.
	Die Leitungen der Kleinspannungs-Stromkreise sind vorzugsweise getrennt von den Leitungen anderer Stromkreise zu verlegen. Ist dies nicht möglich, muß eine der folgenden Maßnahmen getroffen werden: – die Leitungen von Kleinspannungs-Stromkreisen müssen zusätzlich zur Aderisolierung einen nichtmetallenen Mantel oder eine gleichwertige Umhüllung haben; – die Leitungen von Stromkreisen verschiedener Spannung müssen durch einen geerdeten Metallschirm oder Metallmantel voneinander getrennt sein; – Mehradrige Kabel, Leitungen und Leiterbündel dürfen Stromkreise verschiedener Spannung enthalten. Die Leitungsadern der Kleinspannungs-Stromkreise müssen einzeln oder gemeinsam mit einer Isolierung versehen sein, die der höchsten vorkommenden Betriebsspannung entspricht.		

12.1. Schutzmaßnahmen nach DIN VDE 0100

	Schutzkleinspannung	Funktionskleinspannung mit sicherer Trennung	Funktionskleinspannung ohne sichere Trennung
Schutzmaßnahme gegen direktes Berühren	In der Regel n i c h t erforderlich, wenn die Nennspannung 25 V Wechselspannung oder 60 V Gleichspannung nicht überschreitet. Andernfalls ist ein Schutz erforderlich durch: – eine Isolierung, die einer Prüfspannung von U_{eff} = 500 V Wechselspannung 1 min standhält. o d e r – Abdeckungen oder Umhüllungen mindestens in Schutzart IP 2X.	Aktive Teile müssen vollständig mit einer Isolierung umgeben sein, die nur durch Zerstören entfernt werden kann. Die Isolierung muß einer Prüfspannung von U_{eff} = 500 V Wechselspannung 1 min standhalten. o d e r Aktive Teile müssen von Umhüllungen umgeben oder hinter Abdeckungen angeordnet sein, die mindestens der Schutzart IP 2X entsprechen. Sind jedoch größere Öffnungen für den ordnungsgemäßen Betrieb el. Betriebsmittel oder beim Auswechseln von Teilen (z. B. Sicherungen) erforderlich, so muß durch geeignete Vorkehrungen verhindert werden, daß Personen und ggfs. Nutztiere unbeabsichtigt mit aktiven Teilen in Berührung kommen. Die Errichtung oder Verwendung von Betriebsmitteln, die nicht in dieser Weise gegen direktes Berühren geschützt sind, ist zulässig, wenn die Abweichung technologisch bedingt ist und die Betriebsmittel den für sie geltenden Bestimmungen entsprechen.	Die Isolierung muß derjenigen Mindestspannung standhalten, die für die Betriebsmittel der Stromkreise der höheren Spannung vorgeschrieben ist, von der der Funktionskleinspannungs-Stromkreis nicht sicher getrennt ist. o d e r Abdeckungen oder Umhüllungen mit leicht zugänglichen horizontalen Oberflächen müssen mindestens der Schutzart IP 4X entsprechen. Die Abdeckungen und Umhüllungen dürfen nur mit Werkzeug und nach Ausschalten der Spannung an allen aktiven Teilen entfernbar sein.
Schutz bei indirektem Berühren	Kein weiterer Schutz erforderlich.	Die Maßnahme gegen direktes Berühren schließt den Schutz bei indirektem Berühren ein.	Die Körper der Betriebsmittel des Kleinspannungsstromkreises sind in die Schutzmaßnahme der Stromkreise höherer Spannung einzuziehen, d. h. mit dem Schutz- oder Potentialausgleichsleiter zu verbinden.

12.1.5. Schutz gegen direktes Berühren Teil 410 (11.83)

1. Vollständiger Schutz

Ein vollständiger Schutz gegen direktes Berühren aktiver Teile darf in allen Fällen angewendet werden und wird sichergestellt durch:

– Isolierung aktiver Teile

Die Isolierung muß die aktiven Teile vollständig umgeben, den entsprechenden Normen genügen und darf nur durch Zerstören entfernt werden können.

– Abdeckungen oder Umhüllungen

Aktive Teile müssen von Umhüllungen umgeben oder hinter Abdeckungen angeordnet sein, die mindestens der Schutzart IP 4X entsprechen. Die Abdeckungen müssen eine ausreichende Festigkeit und Haltbarkeit haben, sicher befestigt sein und dürfen nur mittels Werkzeug nach Ausschalten der Spannung an allen aktiven Teilen entfernbar sein.

2. Teilweiser Schutz

Ein teilweiser Schutz gegen direktes Berühren aktiver Teile darf nur angewendet werden, sofern die Normen dies ausdrücklich gestatten. Dieser teilweise Schutz kann sichergestellt werden durch:

– Hindernisse

Z. B. Schutzleisten, Geländer oder Gitterwände müssen die zufällige Annäherung an aktive Teile verhindern. Die Hindernisse dürfen ohne Werkzeug abnehmbar sein; ein unbeabsichtigtes Entfernen muß jedoch verhindert werden.
Verhindert werden muß auch das zufällige Berühren aktiver Teile bei bestimmungsgemäßem Gebrauch von Betriebsmitteln, z. B. durch Abdeckungen.

– Abstand

Im Handbereich dürfen sich keine gleichzeitig berührbaren Teile (weniger als 2,50 m voneinander entfernt) unterschiedlichen Potentials befinden. Der Handbereich vergrößert sich entsprechend an Stellen, an denen üblicherweise sperrige oder lange leitfähige Gegenstände gehandhabt werden.

3. Zusätzlicher Schutz durch FI-Schutzeinrichtung

Fehlerstromschutz-Einrichtungen mit einem Nennfehlerstrom von $I_{AN} \leq 30$ mA ermöglichen einen zusätzlichen Schutz bei direktem Berühren aktiver Teile. Die Verwendung als alleiniger Schutz ist nicht zulässig; die übrigen Vorschriften werden dadurch nicht eingeschränkt.

Anm.: Der Schutz gegen direktes Berühren gilt bis auf weiteres erfüllt, wenn die Entladungsenergie nicht größer als 350 mWs ist.

12.1. Schutzmaßnahmen nach DIN VDE 0100

12.1.6. Schutz bei indirektem Berühren Teil 410 (11.83)

Als Schutz bei indirektem Berühren ist im allgemeinen in jeder Anlage ein „Schutz durch Abschaltung oder Meldung" vorzusehen.

Die Schutzmaßnahmen „Schutzkleinspannung", „Schutzisolierung" und „Schutztrennung" dürfen in jeder elektrischen Anlage angewendet werden. In besonderen Fällen sind sie sogar zwingend vorgeschrieben.

Ist ein Schutz durch „Abschaltung oder Meldung" nicht möglich oder nicht zweckmäßig, so dürfen auch die Schutzmaßnahmen „Schutz durch nichtleitende Räume" und „Schutz durch erdfreien örtlichen Potentialausgleich" durchgeführt werden.

1. Schutz durch Abschaltung oder Meldung

Eine Schutzeinrichtung muß den zu schützenden Teil der Anlage im Fehlerfall innerhalb der zulässigen Zeit gemäß den nachfolgenden Bestimmungen abschalten, damit keine zu hohe Berührungsspannung bestehen bleiben kann.

Die Körper müssen unter den für die entsprechende Netzform festgelegten Bedingungen an den Schutzleiter angeschlossen werden. Sofern für besondere Anwendungsfälle keine niedrigeren Werte vorgeschrieben sind, beträgt die dauernd zulässige Berührungsspannung bei Wechselspannung max. $U_L = 50$ V und bei Gleichspannung max. $U_L = 120$ V.

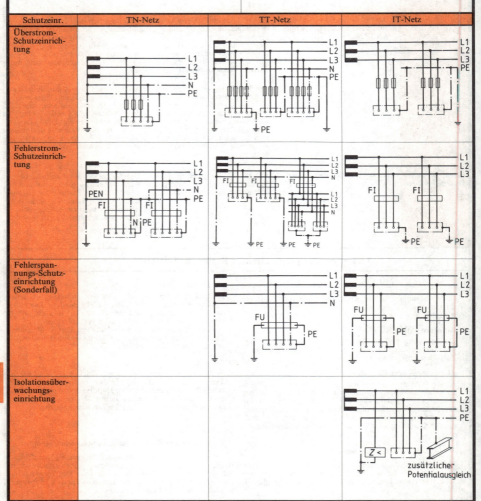

12.1. Schutzmaßnahmen nach DIN VDE 0100

Netzform	TN-Netz	TT-Netz	IT-Netz
Schutzleiter	Alle Körper müssen durch Schutz- bzw. PEN-Leiter verbunden sein. Ist ein Sternpunkt nicht vorhanden oder nicht zugänglich, so darf ein Außenleiter geerdet werden. Hierbei dürfen die Funktionen des Außenleiters und des Schutzleiters nicht in einem Leiter vereinigt werden. Der Schutz- bzw. PEN-Leiter muß in der Nähe jedes Transformators oder Generators geerdet werden. Damit das Potential des Schutz- bzw. PEN-Leiters im Fehlerfall möglichst wenig vom Erdpotential abweicht, soll der Schutz- bzw. PEN-Leiter an möglichst vielen Stellen und am Eintritt in Gebäude geerdet werden. PEN- und N-Leiter dürfen für sich allein nicht schaltbar sein. Sind sie zusammen mit den Außenleitern schaltbar, so muß ein im PEN-Leiter bzw. N-Leiter liegende Schaltstück beim Einschalten vor- und beim Ausschalten nacheilen.	Der Sternpunkt von Transformatoren oder Generatoren muß geerdet werden. Fehlt ein Sternpunkt, so muß ein Außenleiter geerdet werden. Werden in besonderen Fällen Überstrom-Schutzeinrichtungen verwendet, so muß auch im N-Leiter eine Überstrom-Schutzeinrichtung vorgesehen werden. Alle durch eine Schutzeinrichtung gemeinsam geschützten Körper müssen durch Schutzleiter an demselben Erder angeschlossen werden. Gleichzeitig berührbare Körper müssen an einem gemeinsamen Erder angeschlossen werden.	Kein aktiver Leiter der Anlage darf direkt geerdet werden. Zur Herabsetzung von Überspannungen oder zur Dämpfung von Schwingungen kann eine Erdung über Impedanzen oder künstliche Sternpunkte notwendig sein. Die Körper müssen einzeln, gruppenweise oder in ihrer Gesamtheit mit einem Schutzleiter verbunden sein.
Bedingungen	Damit die Abschaltung innerhalb der festgelegten Zeit erfolgt, sind die Kennwerte der Schutzeinrichtungen und die Leiterquerschnitte so auszuwählen, daß folgende Bedingung erfüllt ist: $Z_S \cdot I_a \leq U_0$ Kann diese Bedingung nicht erfüllt werden, so ist ein zusätzlicher Potentialausgleich erforderlich. Überstromschutzeinrichtungen im PEN-Leiter sind unzulässig. Um bei Erdschluß eines Außenleiters den Spannungsanstieg aller anderen Leiter, insbesondere des Schutz- bzw. PEN-Leiters, zu begrenzen, muß der Gesamterdungswiderstand aller Betriebserder $\leq 2\,\Omega$ sein. Ist dieser Wert, z. B. bei Böden mit niedrigem Leitwert, nicht erreichbar, gilt $$\frac{R_B}{R_E} \leq \frac{U_L}{U_0 - U_L}$$ mit R_B: Gesamterdungswiderstand aller Betriebserder. R_E: angenommener kleinster Erdübergangswiderstand der nicht mit einem Schutzleiter verbundenen fremden leitfähigen Teile, über die ein Erdschluß entstehen kann.	$R_A \cdot I_a \leq U_L$ Kann diese Bedingung nicht erfüllt werden, so ist ein zusätzlicher Potentialausgleich erforderlich. Der Schutz- bzw. Hilfserdungsleiter darf mit der Zuleitung keine gemeinsame Umhüllung haben. Bei der FI- und FU-Schutzeinrichtung müssen alle Leiter vom Schutzschalter geschaltet werden.	Der erste Fehlerstrom löst keine Schutzeinrichtung aus, wenn $R_A \cdot I_d \leq U_L$ Beim zweiten Fehler gelten hinsichtlich des Schutzes und der Abschaltung die Bedingungen für TN- bzw. TT-Netze, je nach dem, ob die Körper durch einen Schutzleiter verbunden sind oder nicht. Ist eine Isolationsüberwachungseinrichtung vorgesehen, mit der der erste Fehler angezeigt wird, muß diese Einrichtung – ein akustisches oder optisches Signal auslösen oder – eine automatische Abschaltung herbeiführen. Mittelleiter, wenn vorhanden, sind wie Außenleiter zu isolieren und zu verlegen.

Kennwerte	I_a: Strom, der das automatische Abschalten der Schutzeinrichtung bewirkt innerhalb
	    0,2 s im TN-Netz in Stromkreisen mit Steckdosen bis 32 A Nennstrom und in Stromkreisen mit tragbaren, ortsveränderlichen Betriebsmitteln der Schutzklasse 1, die während des Betriebes üblicherweise in der Hand gehalten werden;
	    5 s im TN-Netz in Stromkreisen mit ortsfest installierten Betriebsmitteln;
	    5 s im TT-Netz.
	    Bei Verwendung einer FI-Schutzeinrichtung ist I_a der Nennfehlerstrom I_{AN}.
	I_d: Fehlerstrom im Falle des ersten Fehlers zwischen einem Außenleiter und einem Körper unter Berücksichtigung der Ableitströme und der Gesamtimpedanz gegen Erde.
	U_0: Nennspannung gegen geerdete Leiter.
	U_L: Grenze der dauernd zulässigen Berührungsspannung.
	R_A: Erdungswiderstand der Erder der Körper. Werden FU-Schutzeinrichtungen verwendet, so soll R_A 200 Ω, in Ausnahmefällen (z. B. bei felsigem Boden) 500 Ω, nicht überschreiten.
	Z_S: Impedanz der Fehlerschleife (ermittelt durch Rechnung, Messung oder am Netzmodell).		

12.1. Schutzmaßnahmen nach DIN VDE 0100

2. Hauptpotentialausgleich

Bei jedem Gebäudeanschluß muß ein Hauptpotentialausgleich die folgenden leitfähigen Teile an zentraler Stelle miteinander verbinden:
- Hauptschutzleiter (der von der Stromquelle kommende oder vom Hausanschlußkasten abgehende Schutzleiter)
- Haupterdungsleitung (die vom Erder bzw. den Erdern kommende Leitung)
- Blitzschutzerder
- Hauptwasser- und Hauptgasrohre (Wasserverbrauchsleitungen und Gasinnenleitungen nach der Hauseinführung in Fließrichtung hinter der ersten Absperrarmatur)
- andere metallene Rohrsysteme und Metallteile der Gebäudekonstruktion soweit möglich.

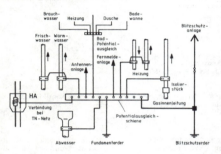

3. Zusätzlicher Potentialausgleich

Neben dem Hauptpotentialausgleich ist ein zusätzlicher örtlicher Potentialausgleich gefordert, wenn in Anlagen oder Anlagenteilen
- im TN- oder TT-Netz die Abschaltbedingungen nicht eingehalten werden können, z. B. beim Schweranlauf von Motoren;
- im IT-Netz, sofern nur eine Isolationsüberwachungseinrichtung angewendet wird;
- dies durch bes. Bestimmungen gefordert ist; z. B. in Baderäumen und im Standbereich von Tieren.

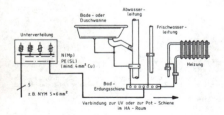

Alle gleichzeitig berührbaren Körper ortsfester Betriebsmittel, Schutzleiteranschlüsse und alle fremden leitfähigen Teile müssen in den zusätzlichen Potentialausgleich einbezogen werden. Wenn möglich, gilt dies auch für die Bewehrung der Stahlbetonkonstruktionen des Gebäudes.

4. Schutzisolierung

An den berührbaren Teilen elektrischer Betriebsmittel muß das Auftreten gefährlicher Spannungen infolge eines Fehlers in der Basisisolierung vermieden werden. Folgende Bedingungen sind einzuhalten:

a) Alle leitfähigen Teile eines Betriebsmittels, die nur durch eine Basisisolierung von aktiven Teilen getrennt sind, müssen von einer isolierenden Umhüllung mindestens in Schutzart IP 2X umschlossen sein. Mechanische leitfähige Teile dürfen nur so durch die Isolierstoffumhüllung geführt werden, daß dadurch keine Spannungen verschleppt werden können.
Kennzeichen schutzisolierter Betriebsmittel ist ein Doppelquadrat.

b) Leitfähige Teile innerhalb der Umhüllungen dürfen nur an einen Schutzleiter angeschlossen werden, wenn dies die Normen für die betreffenden Betriebsmittel ausdrücklich fordern.

c) Enthält die Anschlußleitung eines Betriebsmittels einen Schutzleiter, so muß dieser im Stecker angeschlossen werden, während im Betriebsmittel kein Anschluß erfolgen darf.

5. Schutz durch nichtleitende Räume

Die Betriebsmittel sind in so großem Abstand voneinander bzw. zu fremden leitfähigen Teilen anzuordnen, daß eine Person auch im Fehlerfall nur ein potentialbehaftetes Teil berühren kann.

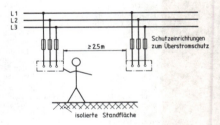

Ein Raum gilt in diesem Sinne als nichtleitend, wenn:

a) der Mindestabstand zwischen Körpern und fremden leitfähigen Teilen innerhalb des Handbereiches 2,50 m und außerhalb des Handbereiches 1,25 m beträgt;

b) an Betriebsmitteln der Schutzklasse I und an Steckdosen kein Schutzleiter angeschlossen ist (ausgenommen der Anschluß des Potentialausgleichsleiters);

c) der Widerstand von isolierenden Fußböden und isolierenden Wänden an keiner Stelle folgende Werte unterschreitet:
50 kΩ bei einer Nennspannung bis 500 V Wechselspannung oder 750 V Gleichspannung,
100 kΩ bei Werten darüber;

d) sichergestellt ist, daß keine Spannung aus diesem Raum durch fremde leitfähige Teile verschleppt werden kann.

12.1. Schutzmaßnahmen nach DIN VDE 0100

6. Schutz durch erdfreien, örtlichen Potentialausgleich

Das Auftreten einer gefährlichen Berührungsspannung wird verhindert, wenn:

a) alle gleichzeitig berührbaren Körper und fremden leitfähigen Teile durch Potentialausgleichsleiter nach DIN VDE 0100 Teil 540 verbunden sind;
b) das örtliche Potentialausgleichssystem weder über Körper noch über fremde leitfähige Teile mit Erde verbunden ist. Kann diese Forderung nicht erfüllt werden, so kann ein Schutz durch automatische Abschaltung angewendet werden;
c) sichergestellt ist, daß Personen beim Betreten eines erdpotentialfreien Raumes keiner gefährlichen Berührungsspannung ausgesetzt werden.

7. Schutztrennung

Durch die Verwendung einer Sicherheitsstromquelle, z. B. eines Trenntransformators, wird ein neues, erdfreies Netz geschaffen, so daß bei einem Körperschluß am Betriebsmittel keine Berührungsspannung entsteht. Folgende Bedingungen müssen gleichzeitig erfüllt sein:

a) Speisung aus einer Sicherheitsstromquelle, z. B. Trenntransformator nach VDE 0550 Teil 3.
b) Ortsveränderbare Trenntransformatoren müssen schutzisoliert sein. Ortsfeste Sicherheitsstromquellen müssen schutzisoliert sein oder so beschaffen sein, daß der Ausgang sowohl vom Eingang als auch von leitfähigen Gehäusen durch eine Isolierung entsprechend den Bedingungen der Schutzisolierung getrennt ist.
c) Aktive Teile des Sekundärstromkreises dürfen weder geerdet noch mit dem Schutzleiter verbunden sein und müssen von anderen Stromkreisen entsprechend den Bedingungen der Sicherheitsstromquelle sicher getrennt sein.
d) Alle Stellen beweglicher Leitungen, die mechanischen Beanspruchungen ausgesetzt sind, müssen sichtbar sein. Es sind Gummischlauchleitungen, mindestens vom Typ H07 RN-F oder A07 R-F nach DIN 57282 Teil 810, zu verwenden.
e) Können Stromkreise mit Schutztrennung nicht von anderen Stromkreisen getrennt verlegt werden, so müssen mehradrige Kabel oder Leitungen ohne Metallmantel oder isolierte Leiter in Isolierstoffrohren verwendet werden. Ihre Nennspannung muß mindestens der höchsten vorkommenden Betriebsspannung entsprechen. Jeder dieser Stromkreise muß gegen die Auswirkungen von Überstrom geschützt sein.

Ist die Schutztrennung wegen besonderer Gefährdung zwingend vorgeschrieben, so darf an die Sicherheitsstromquelle nur e i n einzelnes Verbrauchsmittel angeschlossen werden.

Ist der Standort des Benutzers metallisch leitend, z. B. in Kesseln, so ist der Körper des zu schützenden Verbrauchsmittels durch einen besonderen, außerhalb der Zuleitung sichtbar verlegten Leiter zu verbinden. Der Querschnitt dieses Leiters muß nach DIN VDE 0100 Teil 540 bemessen sein.

Von einer Sicherheitsstromquelle dürfen mehrere Verbrauchsmittel gespeist werden, wenn:

- alle Körper miteinander durch ungeerdete Potentialausgleichsleiter verbunden sind;
- die Schutzkontakte der Steckdosen mit dem Potentialausgleichsleiter verbunden sind;
- alle beweglichen Leitungen einen Schutzleiter enthalten, der als Potentialausgleichsleiter verwendet wird. Ausgenommen hiervon sind die Anschlußleitungen an schutzisolierten Betriebsmitteln;
- sichergestellt ist, daß beim Auftreten von zwei Fehlern mit vernachlässigbarer Impedanz zwischen verschiedenen Außenleitern und dem Potentialausgleichsleiter oder damit verbundenen Körpern eine automatische Abschaltung mindestens eines Fehlers innerhalb von 0,2 s bzw. 5 s erfolgt.

8. Verwendung von Fehlerspannungs-Schutzeinrichtungen

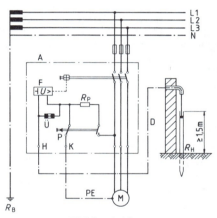

FU-Schutzeinrichtung

A Schutzeinrichtung
D isolierter Hilfserdungsleiter
F Fehlerspannungsspule
H Hilfserdungsleiteranschluß
K Schutzleiteranschluß
P Prüfeinrichtung

PE Schutzleiter
R_B Betriebserdung
R_H Hilfserder
R_p Prüfwiderstand
Ü Überspannungsableiter

Folgende Bedingungen müssen erfüllt sein:

a) Die Fehlerspannungsspule ist so anzuschließen, daß sie zwischen dem zu schützenden Anlagenteil und dem Hilfserder auftretende Spannung überwacht.
b) Damit die Fehlerspannungsspule nicht überbrückt wird, muß der Hilfserdungsleiter gegen den Schutzleiter, das Gehäuse des zu schützenden Gerätes sowie alle mit dem Gerät in leitender Verbindung stehenden Gebäude- und Konstruktionsteilen isoliert verlegt sein.
c) Der Schutzleiter darf nur mit solchen Betriebsmitteln in Verbindung kommen, deren Zuleitungen im Fehlerfall durch die Schutzeinrichtung abgeschaltet werden; andernfalls muß auch der Schutzleiter isoliert verlegt sein.

12.1. Schutzmaßnahmen nach DIN VDE 0100

d) Als Hilfserder muß ein besonderer Erder verwendet werden, der außerhalb des Spannungsbereichs anderer Erder liegen muß. Es ist deshalb ein Abstand von mindestens 10 m zu anderen Erdern erforderlich.

e) Es dürfen nur Fehlerspannungs-Schutzeinrichtungen verwendet werden, die alle Außenleiter und einen gegebenenfalls vorhandenen Neutralleiter gleichzeitig abschalten.

f) Wenn mehrere Betriebsmittel an e i n e Fehlerspannungs-Schutzeinrichtung angeschlossen sind und eines dieser Betriebsmittel mit einem Erder verbunden ist, dessen Erdungswiderstand kleiner als 5 Ω ist, dann muß der Querschnitt jedes Schutzleiters mindestens gleich dem halben Außenleiterquerschnitt desjenigen Betriebsmittels sein, das am höchsten abgesichert ist.

Anmerkung: Da bei einer engen Bebauung oft kein Punkt außerhalb des Spannungstrichters eines anderen Erders mehr zu finden ist und die Auslösespule leicht und ungewollt überbrückt werden kann (z. B. mit Rohrleitungen), ist die FU-Schutzeinrichtung nur noch für Sonderfälle vorgesehen. Dies trifft z. B. zu, wenn im Zusammenhang mit elektronischen Betriebsmitteln kein ausreichend großer Strom zum Abschalten anderer Schutzeinrichtungen fließen kann.

Ausnahmen

Schutzmaßnahmen gegen direktes Berühren

Von einem Berührungsschutz kann abgesehen werden bei Schweißeinrichtungen, Glüh- und Schmelzöfen sowie elektrochemischen Anlagen, wenn dieser technisch und aus Betriebsgründen nicht durchführbar ist. In diesen Fällen sind andere Maßnahmen zu treffen, z. B. isolierender Standort, isolierende Fußbekleidung, isoliertes Werkzeug. Darüber hinaus sind Warnschilder anzubringen.

Schutzmaßnahmen bei indirektem Berühren

Schutzmaßnahmen bei indirektem Berühren werden nicht gefordert in Anlagen und für Betriebsmittel mit:

a) Spannungen bis 250 V gegen Erde für Betriebsmittel der öffentlichen Stromversorgung zur Messung elektrischer Leistung und Arbeit, z. B. Elektrizitätszähler, die in regelmäßigen Fristen von Prüfstellen überprüft werden. Für diese Betriebsmittel wird jedoch die Schutzisolierung empfohlen.

b) Wechselspannungen bis 1000 V und Gleichspannungen bis 1500 V für

– Metallrohre mit isolierenden Auskleidungen. Metallrohre zum Schutz von Mehraderleitungen oder Kabeln. Metallmantel von Kabeln, sofern diese nicht im Erdreich verlegt sind.

– Stahl- und Stahlbetonmaste in Verteilungsnetzen.

– Dachständer und mit diesen leitend verbundene Metallteile in Verteilungsnetzen.

c) Körpern, die so klein (ca. 50 mm × 50 mm) oder so angebracht sind, daß der Anschluß eines Schutzleiters nur unter Schwierigkeiten möglich ist oder unzuverlässig wäre, wenn sie nicht umgriffen oder in nennenswertem Kontakt mit Teilen des menschlichen Körpers kommen können.

12.1.7. Räume mit Badewanne oder Dusche nach DIN VDE 0100 Teil 701 (5.84)

In diesen Räumen ist aufgrund der Verringerung des elektrischen Widerstandes des menschlichen Körpers infolge Feuchtigkeit und seiner Verbindung mit Erdpotential mit erhöhter Wahrscheinlichkeit des Auftretens eines gefährlichen Körperstromes zu rechnen. Deshalb gelten für die Auswahl und Errichtung elektrischer Anlagen für die Bereiche mit erhöhter Gefährdung besondere Anforderungen. Diese Bereiche sind wie folgt festgelegt:

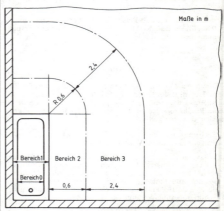

Beispiel der Bereichseinteilung bei Räumen mit Badewanne

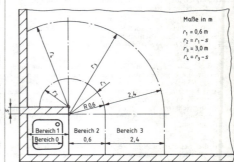

Beispiel der Bereichseinteilung bei Räumen mit Duschwanne und fester Trennwand

Verlegt werden dürfen nur folgende Kabel und Leitungen:

– Kunststoffkabel ohne metallene Umhüllung, z. B. NYY nach VDE 0271
– Mantelleitungen, z. B. NYM nach VDE 0250 Teil 204
– Kunststoffaderleitungen nach VDE 0281 Teil 103 in nichtmetallenen Rohren (z. B. nach VDE 0605)
– in Wänden des Bereichs 3 auch Stegleitungen nach VDE 0250 Teil 210, z. B. NYIF.

12.1. Schutzmaßnahmen nach DIN VDE 0100

Bereich	0	1	2	3
Begrenzung in der Fläche	Inneres der Bade- oder Duschwanne.	durch die senkrechte Fläche um die Bade- oder Duschwanne. Ist keine Duschwanne vorhanden, gilt die senkrechte Fläche in 0,6 m Abstand um den Brausekopf in Ruhelage	durch die die Bereich 1 begrenzende senkrechte Fläche und eine zu ihr parallele Fläche im Abstand von 0,6 m.	durch die die Bereich 2 begrenzende senkrechte Fläche und eine zu ihr parallele Fläche im Abstand von 2,4 m.
in der Senkrechten	durch den Fußboden und die waagerechte Fläche in 2,25 m Höhe über dem Fußboden.			
Schutz gegen gefährliche Körperströme	Schutz durch Schutzkleinspannung mit einer Nennspannung von maximal 12 V. Die Stromquelle muß sich außerhalb des Bereiches 0 befinden.		Für Ruf- und Signalanlagen darf nur die Schutzmaßnahme Schutzkleinspannung mit einer Nennspannung von höchstens 25 V Wechselspannung oder 60 V Gleichspannung angewendet werden.	Steckdosen sind zulässig, wenn diese – entweder einzeln von Trenntransformatoren gespeist, – oder mit Schutzkleinspannung gespeist, – oder durch eine FI-Schutzeinrichtung mit $I_{\Delta N} \leq 30$ mA im TN-Netz oder TT-Netz geschützt sind.
Zusätzlicher Potentialausgleich		Der leitfähige Ablaufstutzen an der Bade- oder Duschwanne, die leitfähige Bade- oder Duschwanne und alle metallenen Rohrleitungssysteme einschließlich der metallenen Wasserverbrauchsleitung müssen durch einen Potentialausgleichsleiter verbunden werden. Dies gilt auch, wenn in dem Raum keine elektrischen Anlagen vorhanden sind. Der Potentialausgleichsleiter muß einen Mindestquerschnitt von 4 mm² Cu oder 2,5 mm × 20 mm feuerverzinktem Bandstahl haben. Er muß mit dem Schutzleiter verbunden sein an – einer zentralen Stelle, z. B. Verteiler oder – der Hauptpotentialausgleichsschiene oder – einer Wasserverbrauchsleitung, die eine durchgehende leitende Verbindung zum Hauptpotentialausgleich hat. Bei Metallwannen, Kunststoffablaufrohren und Metallablaufventilen muß nur die Wanne in den Potentialausgleich einbezogen werden. Auch bewegliche Bade- oder Duschwannen müssen über einen Potentialausgleichsleiter mit dem Schutzleiter der elektrischen Betriebsmittel verbunden werden.		
Verlegen von Kabeln und Leitungen	Unzulässig sind Kabel und Leitungen, die zur Stromversorgung anderer Räume dienen.	Auf der Rückseite der Wände muß zwischen Kabel oder Leitungen einschließlich Wandeinbaugehäusen und der Wandoberfläche der Bade- oder Duschwanne eine Wanddicke von mindestens 0,06 m erhalten bleiben. Innerhalb dieser Bereiche sind Verbindungsdosen unzulässig. Es dürfen keine Leitungen im oder unter Putz sowie hinter Wandverkleidungen verlegt werden. Ausgenommen hiervon sind Leitungen zur Versorgung im Bereich 1 und im Bereich 2 festangebrachter Verbrauchsmittel, wenn sie senkrecht verlegt und von hinten in diese eingeführt werden.		Zulässig sind Verbindungs-, Geräte- und Geräteverbindungsdosen aus Isolierstoff.
Schalter und Steckdosen		Das Anbringen ist unzulässig. Hiervon ausgenommen sind Schalter in Verbrauchsmitteln, die in den Bereichen 1 und 2 angebracht sind.		Nur Steckdosen (siehe oben)
Sonstige elektrische Betriebsmittel	nur Betriebsmittel, die ausdrücklich zur Verwendung in Badewannen erlaubt sind.	nur ortsfeste Wasserwärmer (auch mit Gas- oder Ölfeuerung) und Abluftgeräte	nur ortsfeste Wasserwärmer und Abluftgeräte sowie Leuchten.	
IP-Schutzarten für elektrische Betriebsmittel	IP X7	IP X4, IP X5*	IP X4, IP X5*	IP X1**, IP X5*

* Bäder, in denen sich häufig Nässe infolge Betauung bildet, z. B. in öffentlichen Bädern.
** Für Leuchten genügt IP X0.

12.1. Schutzmaßnahmen nach DIN VDE 0100

12.1.8. Erdung nach DIN VDE 0100 Teil 540 (11.83)

Die Bestimmungen gelten der Errichtung von Erdungsanlagen zum Schutz bei indirektem Berühren und zu Betriebszwecken.

Erdungsanlage

Dies ist eine örtlich abgegrenzte Gesamtheit miteinander leitend verbundener Erder oder in gleicher Weise wirkender Metallteile und Erdungsleitungen.

Durch Auswahl der Einzelteile und das Errichten der Erdungsanlage muß sichergestellt sein, daß:

– der Wert des Ausbreitungswiderstandes der Erder den Erfordernissen des Schutzes und der Funktion der Anlagen entspricht und erwartet werden kann, daß die Funktion des Erders erhalten bleibt.

– der Werkstoff richtig ausgewählt, ausreichend bemessen und eventuell mit zusätzlichem mechanischen Schutz versehen ist, damit er den zu erwartenden äußeren Einflüssen standhält.

– Erdfehlerströme und Erdableitströme ohne Gefahr, z.B. infolge thermischer, elektrodynamischer oder elektrolytischer Beanspruchung abgeleitet werden können.

Erder

Mindestabmessungen für Erder

Werkstoff	Form	Mindestmaße		
		Durchmesser mm	Querschnitt mm^2	Dicke mm
Stahl feuerverzinkt mit mind. 70 μ	Band		100	3
	Rundstahl	10	78	
	zusammengesetzte Tiefenerd.	20		
	Rohr	25		2
Stahl mit Cu-Auflage 20% des Stahlquerschnitts	Rundstahl		50 Stahlseele 35 Cu	
	zusammengesetzte Tiefenerd.	15		
Kupfer	Band		50	2
	Seil	1,8	35	
	Rundkupfer		35	
	Rohr	20		2

Als Erder können verwendet werden:

a) Oberflächenerder (Banderder, Seilerder, Erder aus Rundmaterial) sollen im allgemeinen 0,5 m bis 1 m tief verlegt werden, sofern die Bodenverhältnisse dies erlauben. Der Erder soll mit bindigem, verfestigten Erdreich umgeben sein.

b) Tiefenerder (Stab- und Rohrerder) können besonders dann von Vorteil sein, wenn mit der Tiefe der spezifische Erdwiderstand sinkt. Sind zum Erreichen eines geforderten Ausbreitungswiderstandes mehrere Tiefenerder notwendig, so ist ein gegenseitiger Mindestabstand von der doppelten wirksamen Länge eines einzelnen Erders anzustreben.

c) Fundamenterder sind besonders in dicht besiedelten Stadt- und Wohngebieten vorteilhaft, da hier Oberflächenerder kaum noch verlegt werden können und das Wasserrohrnetz durch das Vordringen der Kunststoffrohre nicht mehr als Erder zur Verfügung steht. Die Verlegung muß nach den „Richtlinien für das Einbetten von Fundamenterdern in Gebäudefundamente", herausgegeben von der Vereinigung Deutscher Elektrizitätswerke e.V. (VDEW), erfolgen.

d) Natürliche Erder, z.B. Metallbewehrung von Beton im Erdreich, Bleimäntel und andere metallene Umhüllungen von Kabeln, metallene Wasserleitungen oder andere geeignete unterirdische Konstruktionsteile. Die Verwendung von metallenen Umhüllungen sowie Wasserleitungen als Erder setzen das Einverständnis des Besitzers und der Betreiber sowie Vereinbarungen über eventuelle Änderungen an diesen natürlichen Erdern voraus.
Rohrleitungen für andere Zwecke, z.B. für brennbare Flüssigkeiten oder Gase und Heizungen dürfen nicht als Erder für Schutzzwecke verwendet werden.

Erdungsleitungen

Der Anschluß einer Erdungsleitung an einen Erder muß zuverlässig und elektrotechnisch einwandfrei ausgeführt werden. Folgendes ist zu beachten:

– Der Anschluß kann erfolgen
  · mit einer Erdungsschelle, wobei Erder und Erdungsleitung nicht beschädigt werden dürfen
  · durch Schraubanschluß mit mindestens M 10
  · mit Hülsenverbinder, z.B. Kerb-, Preß- oder Schraubenverbinder an Seilen.

– Zum Prüfen des Ausbreitungswiderstandes eines Erders ist an zugänglicher Stelle, möglichst an einer Übergangsstelle, eine Trennstelle in die Erdungsleitung einzubauen.

– Erdungsleitungen außerhalb der Erde müssen sichtbar oder bei Verkleidung zugänglich verlegt werden. Sie sind gegen zu erwartende mechanische oder korrosive Einflüsse zu schützen. Schalter oder ohne Werkzeug leicht lösbare Verbindungen sind unzulässig.

Mindestquerschnitte von Erdungsleitungen in Erde		
Verlegung	mechanisch geschützt	mechanisch ungeschützt
isoliert	Al, Cu, Fe wie für Schutzleiter gefordert	Al unzulässig Cu 16 mm^2 Fe 16 mm^2
blank	Al unzulässig Cu 25 mm^2 Fe 50 mm^2 feuerverzinkt	

Haupterdungsschiene, Potentialausgleichsschiene

Jedem Hausanschluß oder gleichwertigem Versorgungsanschluß muß eine Haupterdungsschiene (-klemme) oder Potentialausgleichsschiene zugeordnet werden.

12.1. Schutzmaßnahmen nach DIN VDE 0100

12.1.9. Schutzleiter nach DIN VDE 0100 Teil 540 (11.83)

Schutzleiter

a) Als Schutzleiter können verwendet werden:
   - Leiter in mehradrigen Kabeln und Leitungen,
   - isolierte oder blanke Leiter in gemeinsamer Umhüllung mit Außenleitern und dem N-Leiter, z. B. in Rohren und Elektroinstallationskanälen,
   - fest verlegte blanke oder isolierte Leiter,
   - metallische Umhüllungen wie Mäntel, Schirme und konzentrische Leiter bestimmter Kabel (s. DIN VDE 0100 Teil 540),
   - Metallrohre oder andere Metallumhüllungen, z. B. Installationskanäle und Metallgehäuse.

b) Fremde leitfähige Teile können als Schutzleiter verwendet werden, wenn sie für eine solche Verwendung vorgesehen sind und
   - die durchgehende elektrische Verbindung durch Bauart oder Anwendung geeigneter Verbindungselemente gewährleistet ist, so daß eine Beeinträchtigung infolge mechanischer, chemischer oder elektrochemischer Einflüsse verhindert wird;
   - ihre Leitfähigkeit muß mindestens dem Wert des Mindestquerschnitts der nebenstehenden Tabelle entsprechen;
   - Vorkehrungen gegen den Ausbau der fremden leitfähigen Teile getroffen sind.

Fremde leitfähige Teile dürfen nicht als PEN-Leiter verwendet werden.

Metallschläuche und dergleichen dürfen nicht als Schutzleiter verwendet werden.

c) Die Aufrechterhaltung der durchgehenden elektrischen Verbindung als Schutzleiter muß sichergestellt sein:
   - Schutzleiter müssen angemessen gegen die Beeinträchtigung ihrer Eigenschaften infolge mechanischer und chemischer Einflüsse sowie elektrodynamischer Beanspruchung geschützt werden.
   - Schutzleiterverbindungen müssen zwecks Besichtigung und Prüfung zugänglich sein, es sei denn, sie sind vergossen.
   - Im Schutzleiter darf kein Schaltorgan eingebaut werden. Zulässig sind jedoch Trennelemente oder Klemmstellen, die für Prüfzwecke mit Werkzeug auftrennbar sind.
   - Schutzleiterverbindung und Schutzleiteranschlüsse müssen gegen Selbstlockern gesichert sein. Befestigungs- und Verbindungsschrauben sind nicht für den Anschluß ankommender und abgehender Schutzleiter geeignet.

Der **Querschnitt** der Schutzleiter muß entweder aus einer Tabelle ausgewählt oder berechnet werden. Die Werte der Tabelle haben beim Schutzleiter das gleiche Material wie beim Außenleiter zur Voraussetzung. Trifft dies nicht zu, so ist der Querschnitt des Schutzleiters so festzulegen, daß sich die gleiche Leitfähigkeit ergibt wie bei Anwendung der Tabelle. Ergeben sich nicht genormte Querschnitte, so ist der nächst höhere Querschnitt der Normreihe auszuwählen.

In IT-Netzen braucht der Querschnitt eines getrennt verlegten Schutzleiters aus Fe oder einer Erdungsleitung aus Fe jedoch nicht größer als 120 mm² zu sein, sofern zusätzlicher Potentialausgleich und Isolationsüberwachung angewendet werden.

Ungeschütztes Verlegen von Leitern aus Aluminium ist nicht zulässig.

Ab einem Querschnitt des Außenleiters von $\geq$ 95 mm² ist vorzugsweise blanke Leiter anzuwenden. PEN-Leiter $\geq$ 10 mm² Cu oder $\geq$ 16 mm² Al s. S. 12–14.

Zur Berechnung der Mindestquerschnitte für Abschaltzeiten bis 5 s ist folgende Gleichung anzuwenden:

$$S = \frac{\sqrt{I^2 \cdot t}}{k}$$

S Mindestquerschnitt in mm²

I effektiver Wechselstromwert des Fehlerstromes in A, der bei einem vollkommenen Kurzschluß durch die Schutzvorrichtung fließen kann

t Ansprechzeit in s für die Abschaltvorrichtung

k ist ein Materialbeiwert, der abhängt
   - von dem Leiterwerkstoff des Schutzleiters
   - von dem Werkstoff der Isolierung
   - von dem Werkstoff anderer Teile
   - von der Anfangs- und Endtemperatur des Schutzleiters

Einheit von k: $\quad A \, \dfrac{\sqrt{s}}{mm^2}$

Die Materialbeiwerte k für Schutzleiter bei verschiedener Anwendung und verschiedenen Schutzarten sind den Tabellen in DIN VDE 0100 Teil 540 zu entnehmen.

Zuordnung der Mindestquerschnitte von Schutzleitern zum Querschnitt der Außenleiter

Außen-leiter	Schutzleiter oder PEN-Leiter		Schutzleiter getrennt verlegt		
	Isolierte Starkstrom-leitungen	0,6/1-kV-Kabel mit 4 Leitern	geschützt		unge-schützt
			Cu	Al	Cu
mm²	mm²	mm²	mm²	mm²	mm²
bis 0,5	0,5	–	2,5	4	4
0,75	0,75	–	2,5	4	4
1	1	–	2,5	4	4
1,5	1,5	1,5	2,5	4	4
2,5	2,5	2,5	2,5	4	4
4	4	4	4	4	4
6	6	6	6	6	6
10	10	10	10	10	10
16	16	16	16	16	16
25	16	16	16	16	16
35	16	16	16	16	16
50	25	25	25	25	25
70	35	35	35	35	35
95	50	50	50	50	50
120	70	70	50	50	50
150	70	70	50	50	50
185	95	95	50	50	50
240	–	120	50	50	50

12.1. Schutzmaßnahmen nach DIN VDE 0100

12.1.10. Potentialausgleichsleiter und PEN-Leiter nach DIN VDE 0100 Teil 540 (11.83)

Querschnitte für Potentialausgleichsleiter

	normal	mindestens	mögliche Begrenzung
Hauptpotentialausgleich	0,5 × Querschnitt des Hauptschutzleiters[1]	6 mm² Cu oder gleichwertiger Leitwert	25 mm² Cu oder gleichw. Leitwert[2]
Zusätzlicher Potentialausgleich	zwischen zwei Körpern: 1 × Querschnitt des kleineren Schutzleiters	bei mechanischem Schutz 2,5 mm² Cu 4 mm² Al	
	zwischen einem Körper u. einem fremden leitf. Teil: 0,5 × Querschnitt des Schutzleiters	ohne mechanischen Schutz: 4 mm²	

PEN-Leiter

Wird die Erdung zugleich für Schutz- und Funktionszwecke verwendet, so haben die Festlegungen für die Schutzmaßnahmen Vorrang. Zu beachten ist:

– Ein gemeinsamer Leiter (PEN-Leiter) sowohl für die Funktion des Schutzleiters als auch die des Neutralleiters ist in TN-Netzen bei fester Verlegung und einem Leiterquerschnitt von mindestens 10 mm² Cu oder 16 mm² Al zulässig. Für größere PEN-Leiterquerschnitte ist die Abhängigkeit vom Außenleiterquerschnitt nach Tabelle auf 12-13 zu bemessen.

– Zur Vermeidung von Streuströmen muß der PEN-Leiter für die höchste zu erwartende Spannung isoliert sein (in Schaltanlagen nicht erforderlich).

– Hinter der Aufteilung des PEN-Leiters in Neutral- und Schutzleiter dürfen diese nicht mehr miteinander verbunden werden.
Der Neutralleiter darf nach der Aufteilung nicht mehr geerdet werden.

Anmerkung: Für die Schutz- und Neutralleiter müssen an der Aufteilungsstelle getrennte Klemmen oder Schienen vorgesehen werden. Der PEN-Leiter muß an die für den Schutzleiter bestimmte Klemme oder Schiene angeschlossen werden.
Die Aufteilung des PEN-Leiters in je nur einen Schutz- und Neutralleiter ist mit einer einzelnen geeigneten Klemme zulässig. Bei geeigneten Klemmen kann auch zusätzlich noch ein Potentialausgleichsleiter angeschlossen werden. Getrennte Klemmstellen auf einer gemeinsamen Schiene sind hierfür ebenfalls geeignet.

Isolierte Schutzleiter und isolierte PEN-Leiter sind in ihrem ganzen Verlauf durchgehend grün-gelb zu kennzeichnen. Diese Kennzeichnung darf auch für

– Potentialausgleichsleiter mit Schutzfunktion
– Erdungsleitung mit Schutzfunktion

verwendet werden. Für andere Leiter ist diese Kennzeichnung nicht zulässig.

12.2. Schutzmaßnahmen nach DIN VDE 0105

12.2.1. Der Einsatz von Arbeitskräften nach DIN VDE 0105 Teil 1 (7.83)

	Elektrofachkraft	Elektrotechn. unterwiesene Person	Laie
Arbeitskräfte	Jemand, der auf Grund seiner fachlichen Ausbildung, Kenntnisse und Erfahrungen sowie Kenntnis der einschlägigen Normen die ihm übertragenen Arbeiten beurteilen und mögliche Gefahren erkennen kann.	Jemand, der durch eine Elektrofachkraft über die ihr übertragenen Aufgaben und die möglichen Gefahren bei unsachgemäßem Verhalten unterrichtet und erforderlichenfalls angelernt sowie über die notwendigen Schutzeinrichtungen und Schutzmaßnahmen belehrt wurde.	Jemand, der weder als Elektrofachkraft noch als elektrotechnisch unterwiesene Person qualifiziert ist.
Einsatz der Arbeitskräfte	Zutritt zu verschlossen gehaltenen elektrischen Betriebsstätten. Die Öffnung darf nur von beauftragten Personen vorgenommen werden.		Zutritt nur in Begleitung von Elektrofachkr. u. elektrot. unterw. Pers.
	Betreten von Prüffeldern mit Spannungen bis 1 000 V. Starkstromanlagen entsprechend den Errichtungsnormen in ordnungsgemäßem Zustand erhalten.		Nur unter Aufsichtsführung
	Starkstromanlagen, außer solchen in Wohnungen, und Betriebsmittel in angemessenen Zeiträumen auf ihren Zustand hin prüfen.	Betriebsmittel unter Leitung und Aufsicht einer Fachkraft prüfen.	–
	Auswechseln von Sicherungseinsätzen und ohne Werkzeug herausnehmbaren Leitungsschutzschaltern, wenn beim Herausnehmen oder Einsetzen kein Schutz gegen direktes Berühren besteht.		–
	Auswechseln stromführender Sicherungseinsätze des NH-Systems mit geeigneten Hilfsmitteln und nach besonderer Schulung.		–
	Auswechseln von unter Spannung stehenden Lampen über 200 W bis 1 000 W mit Nennspannungen bis 250 V		–

[1]) Hauptschutzleiter im Sinne dieser Festlegung ist der von der Stromquelle kommende oder vom Hausanschlußkasten oder dem Hauptverteiler abgehende Schutzleiter.
[2]) Unzulässig ist die ungeschützte Verlegung von Al-Leitern.

12.2. Schutzmaßnahmen nach DIN VDE 0105

12.2.2. Die „5 Sicherheitsregeln" nach DIN VDE 0105 Teil 1 (7.83)

Herstellen und Sicherstellen des spannungsfreien Zustandes vor Arbeitsbeginn und Freigabe der Arbeit

a) Das zuständige Bedienungspersonal ist vor Beginn der Arbeiten, die nur im spannungsfreien Zustand ausgeführt werden dürfen, zu verständigen.

b) Wird die Arbeit von mehreren Personen gemeinschaftlich ausgeführt, so ist eine Person als Aufsicht zu bestimmen.

c) Die Reihenfolge der folgenden 5 Maßnahmen ist im allgemeinen einzuhalten.

1. Freischalten

1.1 Es müssen alle Teile der Anlage freigeschaltet werden, an denen gearbeitet werden soll.

1.2 In Anlagen mit Nennspannungen über 1 kV müssen die erforderlichen Trennstrecken hergestellt werden. Sicherungstrennschalter genügen den Trennbedingungen nur im ausgeschalteten Zustand.

Hierbei muß auch ein im Sternpunktleiter liegender Schalter ausgeschaltet werden; ausgenommen sind hiervon starr geerdete Netze.

1.3 Sofern die aufsichtsführende oder allein arbeitende Person nicht selbst frei geschaltet hat, muß die mündliche, fernmündliche, schriftliche oder fernschriftliche Bestätigung der Freischaltung abgewartet werden. Zur Vermeidung von Hörfehlern ist eine mündliche oder fernmündliche Meldung der Freischaltung von der aufsichtsführenden oder allein arbeitenden Person zu wiederholen und die Gegenbestätigung abzuwarten. Die Meldung muß Namen und erforderlichenfalls die Dienststelle der für das Freischalten und die richtige Übermittlung verantwortlichen Person enthalten.

Das Festlegen eines Zeitpunktes ersetzt die vorhergehende Forderung nicht. Es ist keine Bestätigung der vollzogenen Freischaltung, wenn die Spannung fehlt.

2. Gegen Wiedereinschalten sichern

2.1 Betriebsmittel, mit denen freigeschaltet wurde, sind gegen Wiedereinschalten zu sichern.

2.2 Für die Dauer der Arbeit muß ein Verbotsschild zuverlässig an Schaltgriffen, Antrieben oder Tastern der Betriebsmittel angebracht sein, mit denen ein Anlagenteil freigeschaltet worden ist oder unter Spannung gesetzt werden kann.

2.3 Zum Freischalten benutzte Sicherungseinsätze oder einschraubbare Leitungsschutzschalter müssen herausgenommen und sicher verwahrt oder durch Schraubkappen bzw. Blindeinsätze, die nur mit besonderem Werkzeug entfernbar sind, ersetzt werden.

Zum Freischalten verwendete festeingebaute Leitungsschutzschalter sind durch geeignete Maßnahmen, z.B. Klebfolien, gegen Wiedereinschalten zu sichern.

2.4 Bei Kraftantrieben sind die Mittel für deren Antriebskraft oder Steuerung, z.B. Strom, Federkraft oder Druckluft unwirksam zu machen.

2.5 Bei handbetätigten Schaltgeräten müssen vorhandene Verriegelungseinrichtungen gegen Wiedereinschalten benutzt werden.

2.6 Ist eine sichere Übertragung gewährleistet, so dürfen Maßnahmen zum Sichern gegen Wiedereinschalten auch durch Fernsteuerung vorgenommen werden.

3. Spannungsfreiheit feststellen

3.1 Die Spannungsfreiheit darf nur durch eine Elektrofachkraft oder unterwiesene Person festgestellt werden.

3.2 In jedem Fall muß die Spannungsfreiheit an der Arbeitsstelle allpolig festgestellt werden.

3.3 Bei Kabeln und isolierten Leitungen darf vom Prüfen auf Spannungsfreiheit an der Arbeitsstelle abgesehen werden, wenn das freigeschaltete Kabel bzw. die isolierte Leitung eindeutig ermittelt ist.

4. Erden und Kurzschließen

4.1 Teile, an denen gearbeitet werden soll, müssen an der Arbeitsstelle erst geerdet und dann kurzgeschlossen werden.

4.2 Erdung und Kurzschließung müssen von der Arbeitsstelle aus sichtbar sein.

In der Nähe der Arbeitsstelle darf geerdet und kurzgeschlossen werden, wenn dies aus Sicherheitsgründen oder örtlichen Gegebenheiten erforderlich ist.

4.3 Vorrichtungen zum Erden und Kurzschließen müssen immer zuerst geerdet und erst dann mit den zu erdenden Leitern verbunden werden.

4.4 Soweit es die Messung erfordert, darf für die Dauer der Messung die Kurzschließung und Erdung aufgehoben werden.

Zum Einmessen von Fehlerstellen an Kabeln muß vor Arbeitsbeginn kurzzeitig geerdet und kurzgeschlossen werden.

4.5 Liegen Kabel mit durchgehender, allseitig geerdeter metallener Umhüllung im Einflußbereich von Wechselstrombahnen oder starr geerdeten Hochspannungsnetzen, so ist der Kabel-Metallmantel wegen möglicher Ausgleichs- und Induktionsströme an der Arbeitsstelle vor dem Auftrennen durch eine Leitung von mindestens 16 mm^2 Cu zu überbrücken.

4.6 Das Erden und Kurzschließen darf außer mit den dafür bestimmten Einrichtungen der Anlagen, z.B. Erdungsschalter, nur mit freigeführten Erdungs- und Kurzschließgeräten nach DIN VDE 0683 vorgenommen werden. In Anlagen mit Nennspannungen bis 1 kV darf auch mit blanken Kupferseilen oder Kupferdrähten kurzgeschlossen werden.

4.7 Bei Erdungs- und Kurzschließseilen muß die Seillänge zwischen je zwei Anschlußstellen mindestens das 1,2-fache des Abstandes der Anschlußstellen betragen.

4.8 Beim Parallelschalten mehrerer Seile von Kurzschließvorrichtungen müssen folgende Bedingungen erfüllt sein: gleiche Seillänge, gleiche Seilquerschnitte, gleiche Anschlußteile und Anschlußstücke, Einbau der Geräte dicht nebeneinander mit Parallelführung der Seile.

4.9 In Anlagen sowie für schutzisolierte Freileitungen mit Nennspannungen bis 1 kV darf vom Erden und Kurzschließen abgesehen werden, wenn der spannungsfreie Zustand gemäß der Maßnahmen 1., 2. und 3. sichergestellt ist.

5. Abdecken und Abschranken benachbarter unter Spannung stehender Teile

Benachbarte, unter Spannung stehende Teile sind durch hinreichend feste und zuverlässig angebrachte isolierende Abdeckungen gegen zufälliges Berühren zu sichern, wenn aus zwingenden Gründen das Herstellen des spannungsfreien Zustandes nicht möglich ist.

12.3. Netzformen nach DIN VDE 0100 Teil 310 (4.82)

Netzform	TN-Netz	TT-Netz	IT-Netz
Schaltung	Ein Punkt des Netzes ist direkt geerdet (Betriebserder); alle Körper der elektrischen Anlage sind über Schutzleiter bzw. PEN-Leiter mit diesem Punkt verbunden. **TN-S-Netz:** Neutralleiter und Schutzleiter sind im gesamten Netz getrennt. **TN-C-Netz:** Neutralleiter- und Schutzleiterfunktionen sind im gesamten Netz in einem einzigen Leiter, dem PEN-Leiter, zusammengefaßt. **TN-C-S-Netz:** Neutralleiter- und Schutzleiterfunktion sind nur in einem Teil des Netzes in einem einzigen Leiter, dem PEN-Leiter, zusammengefaßt.	Ein Punkt des Netzes ist direkt geerdet (Betriebserder); alle Körper der elektrischen Anlage sind mit von Betriebserder getrennten Erdern verbunden.	Das Netz ist entweder gegen Erde isoliert oder über eine ausreichend hohe Impedanz geerdet.
zulässige aktive Schutzmaßnahmen	Schutzisolierung (Verwendung von Betriebsmitteln der Schutzklasse II); Schutzkleinspannung (Verwendung von Betriebsmitteln der Schutzklasse III, max. $U_L = 50$ V); Schutztrennung		
zulässige aktive Schutzeinrichtungen nach DIN VDE 0100 Teil 410	– Überstrom-Schutzeinrichtung – FI-Schutzeinrichtung	– Überstrom-Schutzeinrichtung – FI-Schutzeinrichtung – FU-Schutzeinrichtung in Sonderfällen	– Isolationsüberwachungseinrichtung – Überstrom-Schutzeinrichtung – FI-Schutzeinrichtung – FU-Schutzeinrichtung in Sonderfällen
Kennzeichen	Erster Buchstabe: Erdungsbedingung der speisenden Spannungsquelle T direkte Erdung eines Punktes I entweder Isolierung aller aktiven Teile gegen Erde oder Verbindung eines Punktes mit Erde über eine Impedanz	Zweiter Buchstabe: Erdungsbedingung der Körper der elektrischen Anlage T Körper direkt geerdet N Körper direkt mit der Betriebserde verbunden; in Wechselspannungsnetzen ist der geerdete Punkt meist der Sternpunkt	Weitere Buchstaben: Anordnung des Mittelleiters und des Schutzleiters S Mittelleiter und Schutzleiterfunktion durch getrennte Leiter C Mittelleiter- und Schutzleiterfunktionen kombiniert in einem Leiter, dem PEN-Leiter

13. Technisches Zeichnen/Maschinennormteile

13.1. Technisches Zeichnen

13.1.1. Blattgrößen nach DIN 823 (5.80)

Blattgrößen nach DIN 476 Reihe A	Beschnittene Zeichnung bzw. Lichtpause (Fertigblatt)	Zeichenfläche	Unbeschnittenes Blatt Kleinstmaß
A 0	841 × 1189	831 × 1179	880 × 1230
A 1	594 × 841	584 × 831	625 × 880
A 2	420 × 594	410 × 584	450 × 625
A 3	297 × 420	287 × 410	330 × 450
A 4	210 × 297	200 × 287	240 × 330
A 5	148 × 210	138 × 200	165 × 240

13.1.2. Schriftzeichen nach DIN 6776 Teil 1 (4.76)

Schriftform B, vertikal[1]

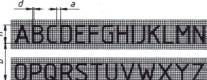

Maße

Beschriftungsmerkmal	Schriftform A	Schriftform B
h Höhe der Großbuchstaben	(14/14) h	(10/10) h
c Höhe der Kleinbuchstaben ohne Ober-/Unterlängen	(10/14) h	(7/10) h
a Mindestabstand zwischen Schriftzeichen	(2/14) h	(2/10) h
b Mindestabstand zwischen Grundlinien	(20/14) h	(14/10) h
Mindestabstand zwischen Grundlinien bei Buchstaben mit Ober-/Unterlängen	(22/14) h	(16/10) h
e Mindestabstand zwischen Wörtern	(6/14) h	(6/10) h
d Linienbreite	(1/14) h	(1/10) h

Für die Höhe h ist folgende Reihe festgelegt:
2,5 – 3,5 – 5 – 7 – 10 – 14 und 20 mm

13.1.3. Maßstäbe nach DIN 823 (5.80)

Natürliche Größe	M 1:1	Verkleinerungen	M 1:2
			M 1:5
Vergrößerungen	M 2:1		M 1:10
	M 5:1		M 1:20
	M 10:1		M 1:50
	M 20:1		M 1:100
	M 50:1		M 1:200
			M 1:500
			M 1:1000

13.1.4. Angabe der Oberflächenbeschaffenheit in Zeichnungen nach DIN ISO 1302 (6.80)

Rauheitsklasse	Rauheitswert R_a in µm	Rauheitsklasse	Rauheitswert R_a in µm
N 12	50	N 6	0,8
N 11	25	N 5	0,4
N 10	12,5	N 4	0,2
N 9	6,3	N 3	0,1
N 8	3,2	N 2	0,05
N 7	1,6	N 1	0,025

Oberflächenbeschaffenheits-Symbole

Symbol	Bedeutung/Erklärung
	Nur aussagefähig, wenn es durch eine zusätzliche Angabe erklärt wird. Bei Angabe mit einem Rauheitswert darf die Oberfläche mit beliebigem Verfahren hergestellt bzw. nachbearbeitet werden.
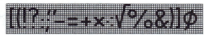	Materialabtrennend bearbeitete Oberfläche (Spanen, Zerteilen oder Abtragen).
	Ohne Zusatzangaben: Oberfläche im Anlieferzustand belassen (z. B. Halbzeug, Rohguß). Mit Zusatzangaben: Oberfläche ohne materialabtrennende Bearbeitung herstellen (z. B. Beschichten, Umformen, Urformen).

Zusatzangaben

Lage und Bedeutung der Oberflächenzusatzangaben

a Mittenrauhwert R_a in µm
b Fertigungsverfahren, Behandlung oder Überzug
c Bezugsstrecke, Grenzwellenlänge in mm
d Rillenrichtung
e Bearbeitungszugabe
f andere Rauheitsmeßgrößen

Kennzeichnung der Rillenrichtung

= parallel zur Projektionsebene verlaufend
⊥ senkrecht zur Projektionsebene verlaufend
× schräg zur Projektionsebene in zwei Richtungen verlaufend (gekreuzt)
M in mehreren Richtungen verlaufend
C annähernd kreisförmig verlaufend
R annähernd radial zum Mittelpunkt verlaufend

[1] **Schriftform kursiv** ist vertikal unter einem Winkel von 15° nach rechts geneigt.

13.1. Technisches Zeichnen

13.1.5. Linien nach DIN 15 Teil 1 und Teil 2 (6.84)

Linienart	Benennung	Anwendungen entsprechend ISO 128-1982	weitere Anwendungen
A ————————	Vollinie (breit)	1. sichtbare Kanten 2. sichtbare Umrisse	3. Gewindespitzen 4. Grenze der nutzbaren Gewindelänge 5. Hauptdarstellungen in Diagrammen, Karten, Fließbildern 6. Systemlinien (Stahlbau)
B ————————	Vollinie (schmal)	1. Lichtkanten 2. Maßlinien 3. Maßhilfslinien 4. Hinweislinien 5. Schraffuren 6. Umrisse am Ort eingeklappter Schnitte 7. Kurze Mittellinien	8. Gewindegrund 9. Maßlinienbegrenzungen 10. Diagonalkreuz zur Kennzeichnung ebener Flächen 11. Biegelinien 12. Umrahmungen von Einzelheiten 13. Kennzeichnung sich wiederholender Einzelheiten 14. Umrahmungen von Prüfmaßen 15. Faser und Walzrichtungen 16. Lagerichtung von Schichtungen (z. B. Trafoblech) 17. Projektionslinien 18. Rasterlinien
C ∼∼∼∼∼∼ D ⋀⋁⋀⋁⋀⋁	Freihandlinie (schmal) Zickzacklinie (schmal)	Begrenzung von abgebrochen oder unterbrochen dargestellten Ansichten und Schnitten, wenn die Begrenzung keine Mittellinie ist.	Hinweis: In einer Zeichnung sollte nur eine dieser Linienarten angewendet werden.
E — — — —	Strichlinie (breit)	1. verdeckte Kanten[1] 2. verdeckte Umrisse[1]	3. mögliche Kennzeichnung zulässiger Oberflächenbehandlung
F – – – –	Strichlinie (schmal)	1. verdeckte Kanten 2. verdeckte Umrisse	
G —·—·—·—	Strichpunktlinie (schmal)	1. Mittellinien 2. Symmetrielinien 3. Trajektorien	4. Teilkreise bei Verzahnungen 5. Lochkreise 6. Teilungsebenen (Formteilung)
H —·—·—·—	Strichpunktlinie (schmal, Ende u. Richtungsänderung breit)	Kennzeichnung der Schnittebene	Hinweis: Statt Linienart H ist die Linienart J bevorzugt anzuwenden.
J —·—·—·—	Strichpunktlinie (breit)	1. Kennzeichnung geforderter Behandlungen (z. B. Wärmebehandlung)	2. Kennzeichnung der Schnittebene
K —··—··—	Strich-Zweipunktlinie (schmal)	1. Umrisse von angrenzenden Teilen 2. Grenzstellen von beweglichen Teilen 3. Schwerlinien 4. Umrisse (ursprüngliche) vor Verformung 5. Teile, die vor der Schnittebene liegen	6. Umrisse von wahlweisen Ausführungen 7. Fertigformen in Rohteilen 8. Umrahmungen von besonderen Feldern oder Bereichen (z. B. für Kennzeichnungen von Teilen)

Liniengruppen und Linienbreiten

Liniengruppe	Linienbreite d in mm für Linienart	
	A E (H) J	B C D F G (H) K
0,25	0,25	0,13
0,35	0,35	0,18
0,5[2]	0,5	0,25
0,7[2]	0,7	0,35
1	1	0,5
1,4	1,4	0,7
2	2	1

Maße für Linienarten E bis K

Linienart	Länge des langen Striches $\approx$	Länge des kurzen Striches (Punkts) und/oder des Abstandes $\approx$
E	10 d	2,5 d
F	20 d	5 d
G, (H), K	40 d	5 d
(H), J	20 d	2,5 d

Linienart H sollte möglichst vermieden werden.

Überdecken sich Linien verschiedener Art, dann soll folgender Rang eingehalten werden:
1. sichtbare Kanten und Umrisse
2. verdeckte Kanten und Umrisse
3. Schnittebenen
4. Mittellinien
5. Schwerlinien
6. Maßhilfslinien.

[1]) Für verdeckte Kanten und Umrisse anstelle von Linienart E Linienart F anwenden.
[2]) Fettgedruckte Liniengruppen bevorzugen.

13.1. Technisches Zeichnen

13.1.6. Darstellungen in Zeichnungen, Ansichten und Schnitten nach DIN 6 (3.68)

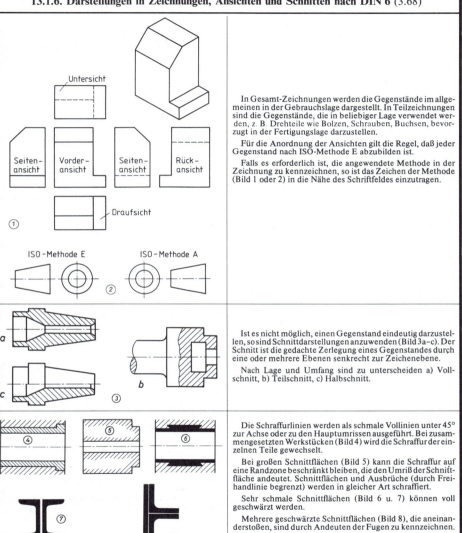

In Gesamt-Zeichnungen werden die Gegenstände im allgemeinen in der Gebrauchslage dargestellt. In Teilzeichnungen sind die Gegenstände, die in beliebiger Lage verwendet werden, z. B. Drehteile wie Bolzen, Schrauben, Buchsen, bevorzugt in der Fertigungslage darzustellen.

Für die Anordnung der Ansichten gilt die Regel, daß jeder Gegenstand nach ISO-Methode E abzubilden ist.

Falls es erforderlich ist, die angewendete Methode in der Zeichnung zu kennzeichnen, so ist das Zeichen der Methode (Bild 1 oder 2) in die Nähe des Schriftfeldes einzutragen.

Ist es nicht möglich, einen Gegenstand eindeutig darzustellen, so sind Schnittdarstellungen anzuwenden (Bild 3a–c). Der Schnitt ist die gedachte Zerlegung eines Gegenstandes durch eine oder mehrere Ebenen senkrecht zur Zeichenebene.

Nach Lage und Umfang sind zu unterscheiden a) Vollschnitt, b) Teilschnitt, c) Halbschnitt.

Die Schraffurlinien werden als schmale Vollinien unter 45° zur Achse oder zu den Hauptumrissen ausgeführt. Bei zusammengesetzten Werkstücken (Bild 4) wird die Schraffur der einzelnen Teile gewechselt.

Bei großen Schnittflächen (Bild 5) kann die Schraffur auf eine Randzone beschränkt bleiben, die den Umriß der Schnittfläche andeutet. Schnittflächen und Ausbrüche (durch Freihandlinie begrenzt) werden in gleicher Art schraffiert.

Sehr schmale Schnittflächen (Bild 6 u. 7) können voll geschwärzt werden.

Mehrere geschwärzte Schnittflächen (Bild 8), die aneinanderstoßen, sind durch Andeuten der Fugen zu kennzeichnen.

Schrauben, Niete, Bolzen, Wellen, Rippen (Bild 9) und Speichen (Bild 10), die in der Schnittebene liegen, werden nicht im Längsschnitt dargestellt.

13.1. Technisches Zeichnen

Fortsetzung: Darstellungen in Zeichnungen, Ansichten und Schnitten nach DIN 6 (3.68)

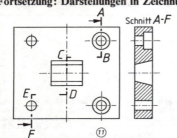

Ist der Schnittverlauf (Bild 11) durch einen Körper nicht ohne weiteres ersichtlich, so ist er durch breite Strichpunktlinien zu kennzeichnen. Die Blickrichtung auf den Schnitt wird durch Pfeile angedeutet, die vollschwarz sind und einen Winkel von etwa 15° einschließen, sie sind 1,5mal Maßpfeilgröße lang.

Ist die Schnittlinie mit Buchstaben gekennzeichnet, soll möglichst die Angabe Schnitt $A-F$ über dem Bild der Schnittfläche stehen.

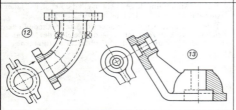

Bei Werkstücken (Bild 12 u. 13), die geneigt zu den Zeichenrissen liegen, legt man erläuternde Ansichten, Lochkreise und Schnitte zweckmäßig parallel zur schräg verlaufenden Kante, um Verkürzungen der Kanten zu vermeiden.

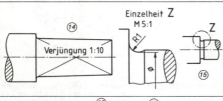

Das Diagonalkreuz (schmale Vollinie) (Bild 14) kennzeichnet ebene Flächen. Wenn Seitenansicht oder Draufsicht fehlen, muß das Diagonalkreuz angewendet werden. Das Diagonalkreuz ist aber auch bei Vorhandensein zweier Ansichten zulässig.

Einzelheiten (Bild 15) können im vergrößerten Maßstab herausgezeichnet werden. Ein strichpunktierter Kreis (Linienbreite wie bei Mittellinien) wird um die herauszuzeichnende Stelle gezogen.

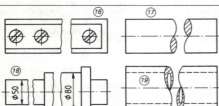

Zur Ersparnis an Zeichenfläche können Gegenstände (Bild 16) abgebrochen gezeichnet werden. Die Bruchlinie ist als Freihandlinie zu zeichnen.

Volle Rundkörper (Bild 17) werden mit einer Bruchschleife (eine Schleife oben, die andere unten), hohle Rundkörper (Bild 19) mit einer Doppelbruchschleife gezeichnet.

Wenn man aus der Bemaßung oder einer Seitenansicht auf einen Rundkörper schließen kann, darf die Darstellung nach Bild 18 angewendet werden.

Bei Durchdringungen von Zylindern (Bild 20), deren Durchmesser sich wesentlich unterscheiden, darf auf flach verlaufende Durchdringungskurven verzichtet werden.

Soll lediglich auf eine Schweißnaht (Bild 21) hingewiesen werden, ohne Einzelheiten über Art und Ausführung der Schweißnaht zu geben, so wird diese durch eine breite Vollinie und dem Zeichen „S" mit Bezugslinie dargestellt.

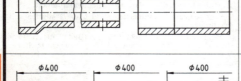

Symmetrische Teile dürfen vereinfacht dargestellt werden. Die Symmetrielinie erhält zwei kurze parallele Striche.

13.1. Technisches Zeichnen

13.1.7. Maßeintragung in Zeichnungen, Regeln, nach DIN 406 Teil 2 (8.81), Auszug

Zur Maßeintragung werden benutzt: Maßlinien, Maßhilfslinien, Maßlinienbegrenzung und Maßzahlen.

Maßlinien

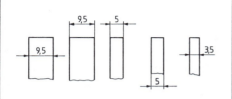

Die Maßlinien werden im allgemeinen rechtwinklig zwischen den Körperkanten (sichtbare Kanten des dargestellten Teiles) oder parallel zu der angegebenen Abmessung angeordnet.

Maßlinien und Maßhilfslinien sind schmale Vollinien. Die Maßlinien sollen etwa 10 mm von den Körperkanten entfernt liegen. Parallele Maßlinien sollen voneinander etwa 7 mm Abstand haben.

Mittellinien und Kanten dürfen nicht als Maßlinien benutzt werden.

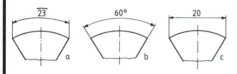

Bei Bogen- und bei Winkelmaßen (Bild a und b) ist die Maßlinie ein zum Mittelpunkt des Kreises oder zum Scheitelpunkt des Winkels konzentrisch liegender Kreisbogen.

Beim Bogen (Bild a, Zentriwinkel kleiner als 90°) werden Maßlinienbogen vom Mittelpunkt des Bogens eingetragen, über die Maßzahl wird ein Bogenstrich gesetzt.

Beim Sehnenmaß (Bild c) werden die Maßhilfslinien rechtwinklig zur Maßlinie gezogen.

Maßhilfslinien

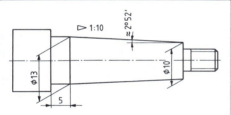

Maßhilfslinien beginnen unmittelbar an den Körperkanten. Sie ragen 1 bis 2 mm über die Maßlinie hinaus. Maßhilfslinien sollen andere Linien möglichst nicht schneiden.

Maße, die nicht zwischen den Körperkanten eingetragen werden können, z.B. wenn dadurch die Übersicht leiden würde, werden mittels Maßhilfslinien herausgezogen.

Maßhilfslinien dürfen ausnahmsweise unter Winkeln von 60° zur Richtung der Maßlinie stehen, wenn dadurch die Maßeintragung deutlicher wird.

Von einer Ansicht zur anderen dürfen Maßhilfslinien nicht durchgezogen werden.

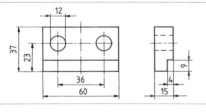

Mittellinien können als Maßhilfslinien benutzt werden. Außerhalb der Körperkanten sind sie dann als schmale Vollinie auszuziehen.

Maßlinienbegrenzung

1. Maßpfeile

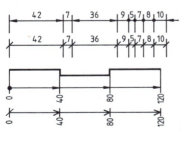

ausgefüllt oder nicht ausgefüllt oder offen

2. Schrägstriche

Der Verlauf des Schrägstrichs ist von links unten nach rechts oben unter einem Winkel von 45° zur jeweiligen Maßlinie; Länge ≈ 6 × Linienbreite

3. Punkte

ausgefüllt   oder   nicht ausgefüllt
∅ ≈ 1,5 × Linienbreite   ∅ ≈ 2,5 × Linienbreite

Punkte dürfen nur bei Platzmangel verwendet werden.

13.1. Technisches Zeichnen

Fortsetzung: Maßeintragung in Zeichnungen, Regeln, nach DIN 406 Teil 2 (8.81), Auszug

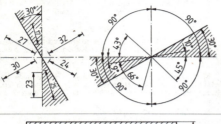

Maßzahlen

Die Maßzahlen dürfen durch Linien nicht getrennt oder gekreuzt werden. Sie sollen in Zeichnungen nicht kleiner als 3,5 mm sein.

Alle Maßzahlen und Winkelangaben sollen von unten oder von rechts lesbar sein. Maßzahlen sollen möglichst nicht im schraffierten Winkelbereich von 30° stehen. Ist dies nicht zu vermeiden, müssen sie von links her lesbar sein. Maßzahlen, bei denen Verwechslungen möglich sind (z. B. 9, 66, 86 und ähnliche) erhalten hinter der Zahl einen Punkt.

Bei nicht maßstäblich gezeichneten Abmessungen müssen die Maßzahlen unterstrichen werden, jedoch nicht bei unterbrochen gezeichneten Teilen. Eingerahmte Maße werden vom Besteller (Empfänger) bei der Prüfung besonders beachtet.

In einer Zeichnung sind alle Maße in der gleichen Einheit anzugeben, vorzugsweise in mm. Abweichende Einheiten müssen angegeben werden.

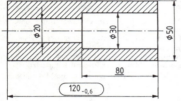

Durchmesser

Beim Durchmesserzeichen ist der Kreisdurchmesser gleich der Größe der Kleinbuchstaben. Das ⌀-Zeichen ist in gleicher Höhe vor die Maßzahl zu setzen. Anzuwenden ist das ⌀-Zeichen bei Nichterkennung der Kreisform, wenn die Maßzahl ohne Maßlinie an die Bezugslinie gesetzt wird, wenn die Maßlinie nur einen Pfeil hat oder Maße mittels Bezugslinie an einen Kreis gesetzt werden.

Das ⌀-Zeichen ist nicht anzuwenden, wenn die Maßlinie zwei Maßpfeile hat und an dem Kreisbogen liegt.

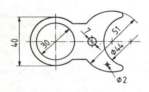

Radien (Halbmesser)

Die Maßlinien der Halbmesser erhalten nur einen Maßpfeil am Kreisbogen. Der Mittelpunkt wird durch ein Mittellinienkreuz gekennzeichnet.

Vor die Maßzahl ist in jedem Falle ein „R" zu setzen. Liegt bei großen Halbmessern der Mittelpunkt außerhalb der Zeichenfläche, ist die Halbmesserlinie gekürzt zu zeichnen.

Sind Halbmesser in größerer Anzahl anzuordnen, so brauchen sie nicht bis zum Mittelpunkt, sondern nur bis zu einem kleinen Hilfskreisbogen gezogen zu werden.

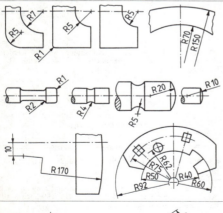

Kugel

Bei Kugelformen ist dem Durchmesser- oder Halbmesserzeichen das Wort „Kugel" vor dem R- oder ⌀-Zeichen voranzustellen.

13.1. Technisches Zeichnen

Fortsetzung: Maßeintragung in Zeichnungen, Regeln, nach DIN 406 Teil 2 (8.81), Auszug

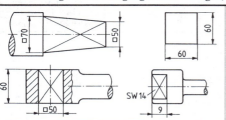

Quadratische Formen und Schlüsselweite

Das Quadratzeichen ist einzutragen, wo das Quadrat als gerade Linie in der Zeichnung erscheint. Die Größe des Quadratzeichens ist gleich der Höhe der Kleinbuchstaben. Es wird in gleicher Höhe vor die Maßzahl gesetzt. Das Quadratzeichen und Diagonalkreuz (schmale Vollinie) müssen angewendet werden, wenn nur eine Ansicht vorhanden ist.

Ist die Form aus der Benennung ersichtlich, genügt bei genormten Vierkanten die einmalige Angabe der Seitenlänge bzw. der Schlüsselweite.

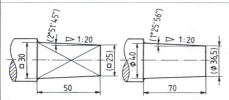

Kegel

Die Eintragung von Maßen und Toleranzen für Kegel in technische Zeichnungen ist in DIN ISO 3040 genormt.

Die Abbildungen zeigen die Bemaßung eines pyramidenförmigen Übergangs (links) und eines kegelförmigen Übergangs (rechts).

Der Einstellwinkel (halber Kegelwinkel) kann angegeben werden, um das Einstellen der Bearbeitungsmaschinen zu erleichtern.

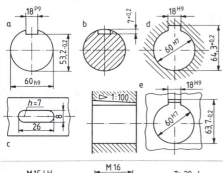

Nuten

Die Bemaßung der Nuten für Paßfedern und Keile in zylindrischen Wellen und Bohrungen zeigen die Bilder.

Nuten in Wellen werden entsprechend Darstellung a oder b bemaßt; a wird angewendet bei durchgehenden Nuten, b bei nicht durchgehenden Nuten.

Die Tiefe von Nuten kann in der Draufsicht vereinfacht angegeben werden, wenn andere Ansichten fehlen (Darstellung c).

Nuten für Paßfedern in zylindrischen Bohrungen werden entsprechend Darstellung c bemaßt, Keilnuten in Naben entsprechend Darstellung e.

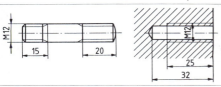

Gewinde

Für genormte Gewinde sind die Kurzbezeichnungen nach DIN 202 anzuwenden.

M 15 LH = Metrisches Linksgewinde mit
            15 mm Gewinde-Nenndurchmesser

Tr 20 × 4 = Metrisches Trapezgewinde mit
            20 mm Nenndurchmesser und 4 mm Steigung

Bei Stiftschrauben rechnet der Gewindeauslauf des Einschraubendes mit zur nutzbaren Gewindelänge. Bei Gewindesacklöchern wird die Kernlochtiefe und die nutzbare Gewindelänge ohne Auslauf angegeben.

Anordnung der Maße

In eine Zeichnung ist jedes Maß nur einmal einzutragen und zwar in der Ansicht, in der die Zuordnung von Darstellung und Maß am deutlichsten zu erkennen ist. Maße, die zusammengehören, sollten auch möglichst zusammen eingetragen werden.

Maßlinien und Maßhilfslinien werden an Vollinien angesetzt, an Strichlinien (verdeckte Kanten) sollten sie nicht angesetzt werden.

Bei flachen Werkstücken dürfen in oder neben der Darstellung die Werkstückdicke t und die Werkstücklänge l angegeben werden.

13.1. Technisches Zeichnen
13.1.8. Schweiß- und Lötverbindungen nach DIN 1912 Teil 5 (2.79)

Benennung	Symbol Nr.	Benennung	Symbol Nr.
Bördelnaht	1	Halbsteilflankennaht	15
I-Naht	2	Stirnflachnaht	16
V-Naht	3	Flächennaht	17
HV-Naht	4	Flächennaht	17
		Schrägnaht	18
Y-Naht	5	Falznaht	19
HY-Naht	6	Doppel-I-Naht geschweißt von beiden Seiten	2-2
U-Naht	7	Doppel-V-Naht (X-Naht)	3-3
HU-Naht	8	Doppel-HV-Naht (K-Naht)	4-4
Kehlnaht	10	Doppel-Y-Naht	5-5
		Doppel-HY-Naht (K-Stegnaht)	6-6
		Doppel-U-Naht	7-7
Lochnaht	11	Doppel-HU-Naht (Doppel-Jot-Naht)	8-8
Punktnaht	12	V-U-Naht	3-7
Liniennaht	13	Doppel-Kehlnaht	10-10
Steilflankennaht	14	Doppel-Kehlnaht u. Kehlnaht	10-10

13.1. Technisches Zeichnen

13.1.9. Darstellung und vereinfachte Darstellung für Zahnräder nach DIN 37 (12.61)

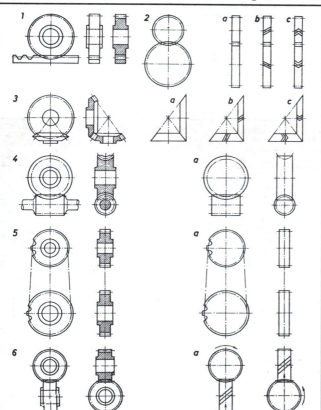

(1) Stirnrad mit Zahnstange, (2) Stirnräder mit a) geraden Zähnen, b) schrägen Zähnen. Auf die Darstellung des Fußkreises wird im allgemeinen verzichtet.

(3) Kegelräder werden nach (3a) bis (3c) gezeichnet, Schneckenräder nach (4a), Kettenräder nach (5a), Schraubenräder nach (6a) mit Zähnen 45°.

13.1.10. Schraffuren zur Kennzeichnung von Werkstoffen auf Zeichnungen nach DIN 201 (2.53)

	Grauguß		Bronze, Rotguß		Nickel, Nickellegierungen		Holz (Hirnholz, Langholz)
	Temperguß		Messing		Drahtspulen (Elektromagnete, Widerstände)		Beton
	Stahl, Stahlguß		Zinn, Blei, Zink, Lagerweißmetall		Glas		Erdreich
	Kupfer		Leichtmetalle (Aluminium und Alu.-Legierungen Magnesiumleg.)		Dicht- und Isolierstoffe		Flüssigkeiten

13.2. Maschinennormteile

13.2.1. Gewinde

13.2.1.1. Metrisches ISO-Gewinde nach DIN 13 Teil 1 (3.73)
Regelgewinde-Nennmaße (Maße in mm)

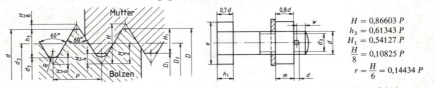

$H = 0,86603\ P$
$h_3 = 0,61343\ P$
$H_1 = 0,54127\ P$
$\dfrac{H}{8} = 0,10825\ P$
$r = \dfrac{H}{6} = 0,14434\ P$

Bezeichnung eines Metrischen Regelgewindes von Gewinde-Nenndurchmesser $d = 16$ mm: M 16

Gewinde-Nenndurchmesser $d = D$		Steigung	Flankendurchmesser	Kerndurchmesser		Gewindetiefe		Rundung	Kernquerschnitt	Kernlochbohr-ø	Scheibe nach DIN 125				Schlüsselweite	Spitzkant
Reihe 1	Reihe 2	P	$d_2 = D_2$	Bolzen d_3	Mutter D_1	Bolzen h_3	Mutter H_1	r	mm²	mm	Loch-ø	Außen-ø	Dicke	Gewicht kg/1000 St	s	e
M 1		0,25	0,838	0,693	0,729	0,153	0,135	0,036	0,377	0,75	-	-	-	-	2,5	2,9
	M 1,1	0,25	0,938	0,793	0,829	0,153	0,135	0,036	0,494	0,85	-	-	-	-	3	3,5
M 1,2		0,25	1,038	0,893	0,929	0,153	0,135	0,036	0,626	0,95	-	-	-	-	3	3,5
	M 1,4	0,3	1,205	1,032	1,075	0,184	0,162	0,043	0,835	1,1	-	-	-	-	3	3,5
M 1,6		0,35	1,373	1,170	1,221	0,215	0,189	0,051	1,075	1,25	1,7	4	0,3	0,024	3,2	3,7
M 2	M 1,8	0,35	1,573	1,371	1,421	0,215	0,189	0,051	1,476	1,45	-	-	-	-	3,5	4
		0,4	1,740	1,509	1,567	0,245	0,217	0,058	1,788	1,6	2,2	5	0,3	0,037	4	4,6
	M 2,2	0,45	1,908	1,648	1,713	0,276	0,244	0,065	2,133	1,75	-	-	-	-	4,5	
M 2,5		0,45	2,208	1,948	2,013	0,276	0,244	0,065	2,98	2,05	2,7	6,5	0,5	0,108	5	5,8
M 3		0,5	2,675	2,387	2,459	0,307	0,271	0,072	4,47	2,5	3,2	7	0,5	0,12	5,5	5,4
	M 3,5	0,6	3,110	2,764	2,850	0,368	0,325	0,087	6,00	2,9	3,7	8	0,5	0,156	6	5,9
M 4		0,7	3,545	3,141	3,242	0,429	0,379	0,101	7,75	3,3	4,3	9	0,8	0,308	7	8,1
	M 4,5	0,75	4,013	3,580	3,688	0,460	0,406	0,108	10,07	3,7	-	-	-	-	-	
M 5		0,8	4,480	4,019	4,134	0,491	0,433	0,115	12,7	4,2	5,3	10	1	0,443	8	9,2
M 6		1	5,350	4,773	4,917	0,613	0,541	0,144	17,9	5	6,4	12,5	1,6	1,14	10	11,5
M 8		1,25	7,188	6,466	6,647	0,767	0,677	0,180	32,8	6,8	8,4	17	1,6	2,14	13	15
M 10		1,5	9,026	8,160	8,376	0,920	0,812	0,217	52,3	8,5	10,5	21	2	4,08	17	19,6
M 12		1,75	10,863	9,853	10,106	1,074	0,947	0,253	76,2	10,2	13	24	2,5	6,27	19	21,9
	M 14	2	12,701	11,546	11,835	1,227	1,083	0,289	105	12	15	28	2,5	8,6	22	25,4
M 16		2	14,701	13,546	13,835	1,227	1,083	0,289	144	14	17	30	3	11,3	24	27,7
	M 18	2,5	16,376	14,933	15,294	1,534	1,353	0,361	175	15,5	19	34	3	14,7	27	31,2
M 20		2,5	18,376	16,933	17,294	1,534	1,353	0,361	225	17,5	21	37	3	17,2	30	34,6
	M 22	2,5	20,376	18,933	19,294	1,534	1,353	0,361	282	19,5	23	39	3	18,4	32	36,9
M 24		3	22,051	20,319	20,752	1,840	1,624	0,433	324	21	25	44	4	32,3	36	41,6
	M 27	3	25,051	23,319	23,752	1,840	1,624	0,433	427	24	28	50	4	42,3	41	47,3
M 30		3,5	27,727	25,706	26,211	2,147	1,894	0,505	519	26,5	31	56	4	53,6	46	53,1
	M 33	3,5	30,727	28,706	29,211	2,147	1,894	0,505	646	29,5	34	60	5	75,4	50	57,7
M 36		4	33,402	31,093	31,670	2,454	2,165	0,577	759	32	37	66	5	92,0	55	63,5
	M 39	4	36,402	34,093	34,670	2,454	2,165	0,577	913	35	40	72	6	133	60	59,3
M 42		4,5	39,077	36,479	37,129	2,760	2,436	0,650	1050	37,5	43	78	7	183	65	75
	M 45	4,5	42,077	39,479	40,129	2,760	2,436	0,650	1124	40,5	46	85	7	220	70	80,8
M 48		5	44,752	41,866	42,587	3,067	2,706	0,722	1380	43	50	92	8	294	75	86,5
	M 52	5	48,752	45,866	46,587	3,067	2,706	0,722	1652	47	54	98	8	330	80	92,4
M 56		5,5	52,428	49,252	50,046	3,374	2,977	0,794	1910	50,5	58	105	9	425	85	98
	M 60	5,5	56,428	53,252	54,046	3,374	2,977	0,794	2227	55	62	110	9	458	90	104
M 64		6	60,103	56,639	57,505	3,681	3,248	0,866	2520	58	66	115	9	492	95	110
	M 68	6	64,103	60,639	61,505	3,681	3,248	0,866	2880	62	70	120	10	586	100	116

13.2.1.2. Whitworth-Rohrgewinde nach DIN 259 Teil 1 (8.79)

Kurzzeichen	Außen-ø d	Kern-ø d_1	Steigung P	Gangzahl auf 25,4 mm	Gewindetiefe H_1	Rundung r
R ⅛	9,728	8,566	0,907	28	0,581	0,125
R ¼	13,157	11,445	1,337	19	0,856	0,184
R ⅜	16,662	14,950	1,337	19	0,856	0,184
R ½	20,955	18,631	1,814	14	1,162	0,249
R ¾	26,441	24,117	1,814	14	1,162	0,249
R 1	33,249	30,291	2,309	11	1,479	0,317
R 1¼	41,910	38,952	2,309	11	1,479	0,317
R 1½	47,803	44,845	2,309	11	1,479	0,317
R 2	59,614	56,656	2,309	11	1,479	0,317
R 2½	75,184	72,226	2,309	11	1,479	0,317
R 3	87,884	84,926	2,309	11	1,479	0,317
R 3½	100,330	97,372	2,309	11	1,479	0,317
R 4	113,030	110,072	2,309	11	1,479	0,317
R 5	138,430	135,472	2,309	11	1,479	0,317
R 6	163,830	160,872	2,309	11	1,479	0,317

13.2. Maschinennormteile

12.2.1.3. Metrisches ISO-Gewinde
Feingewinde mit Steigungen von 1 · · · 6 mm nach DIN 13 Teil 5 · · · 10

d = Gewindedurchmesser, d_1 = Kerndurchmesser Bolzen, D_1 = Kerndurchmesser Mutter, P = Steigung

Teil 5 (4.70) $P = 1$ mm			Teil 6 (9.70) $P = 1,5$ mm			Teil 7 (9.70) $P = 2$ mm			Teil 8 (9.70) $P = 3$ mm			Teil 9 (9.70) $P = 4$ mm			Teil 10 (9.70) $P = 6$ mm		
d	d_1	D_1	d	d_1	D_1	d	d_1	D_1	d	d_1	D_1	d	d_1	D_1	d	d_1	D_1
8	6,773	6,917	12	10,16	10,376	18	15,546	15,835	30	26,319	26,752	42	37,093	37,67	72	64,639	65,505
10	8,773	8,917	14	12,16	12,376	20	17,546	17,835	33	29,319	29,752	45	40,093	40,67	76	68,639	69,505
12	10,773	10,917	16	14,16	14,376	22	19,546	19,835	36	32,319	32,752	48	43,093	43,67	80	72,639	73,505
14	12,773	12,917	18	16,16	16,376	24	21,546	21,835	39	35,319	35,752	52	47,093	47,67	85	77,639	78,505
16	14,773	14,917	20	18,16	18,376	27	24,546	24,835	42	38,319	38,752	56	51,093	51,67	90	82,639	83,505
18	16,773	16,917	22	20,16	20,376	30	27,546	27,835	45	41,319	41,752	60	55,093	55,67	95	87,639	88,505
20	18,773	18,917	24	22,16	22,376	33	30,546	30,835	48	44,319	44,752	64	59,093	59,67	100	92,639	93,505
22	20,773	20,917	27	25,16	25,376	36	33,546	33,835	52	48,319	48,752	68	63,093	63,67	105	97,639	98,505
24	22,773	22,917	30	28,16	28,376	39	36,546	36,835	56	52,319	52,752	72	67,093	67,67	110	102,639	103,505
27	25,773	25,917	33	31,16	31,376	42	39,546	39,835	60	56,319	56,752	76	71,093	71,67	120	112,639	113,505
30	28,773	28,917	36	34,16	34,376	45	42,546	42,835	64	60,319	60,752	80	75,093	75,67	130	122,639	123,505
33	31,773	31,917	39	37,16	37,376	48	45,546	45,835	68	64,319	64,752	85	80,093	80,67	140	132,639	133,505
36	34,773	34,917	42	40,16	40,376	52	49,546	49,835	72	68,319	68,752	90	85,093	85,67	150	142,639	143,505
39	37,773	37,917	45	43,16	43,376	56	53,546	53,835	76	72,319	72,752	95	90,093	90,67	160	152,639	153,505
42	40,773	40,917	48	46,16	46,376	60	57,546	57,835	80	76,319	76,752	100	95,093	95,67	170	162,639	163,505
45	43,773	43,917	52	50,16	50,376	64	61,546	61,835	85	81,319	81,752	105	100,093	100,67	180	172,639	173,505
48	46,773	46,917	56	54,16	54,376	68	65,546	65,835	90	86,319	86,752	110	105,093	105,67	190	182,639	183,505
52	50,773	50,917	60	58,16	58,376	72	69,546	69,835	95	91,319	91,752	120	115,093	115,67	200	192,639	193,505
56	54,773	54,917	64	62,16	62,376	76	73,546	73,835	100	96,319	96,752	130	125,093	125,67	210	202,639	203,505
60	58,773	58,917	68	66,16	66,376	80	77,546	77,835	105	101,319	101,752	140	135,093	135,67	220	212,639	213,505
64	62,773	62,917	72	70,16	70,376	85	82,546	82,835	110	106,319	106,752	150	145,093	145,67	230	222,639	223,505
68	66,773	66,917	76	74,16	74,376	90	87,546	87,835	120	116,319	116,752	160	155,093	155,67	240	232,639	233,505
72	70,773	70,917	80	78,16	78,376	100	97,546	97,835	130	126,319	126,752	170	165,093	165,67	250	242,639	243,505
76	74,773	74,917	90	88,16	88,376	110	107,546	107,835	140	136,319	136,752	180	175,093	175,67	260	252,639	253,505
80	78,773	78,917	100	98,16	98,376	120	117,546	117,835	150	146,319	146,752	190	185,093	185,67	270	262,639	263,505
90	88,773	88,917	110	108,16	108,376	130	127,546	127,835	160	156,319	156,752	200	195,093	195,67	280	272,639	273,505
100	98,773	98,917	120	118,16	118,376	140	137,546	137,835	170	166,319	166,752	210	205,093	205,67	300	292,639	293,505

13.2.1.4. Bohrerdurchmesser für Gewindekernlöcher nach DIN 336 Teil 1 (4.69)

Für Metrische Gewinde ($\varnothing$ = Bohrerdurchmesser)

Maße in mm

Kurzzeichen M	$\varnothing$	Kurzzeichen M	$\varnothing$	Kurzzeichen M	$\varnothing$	Kurzzeichen M	$\varnothing$	Kurzzeichen M	$\varnothing$	Kurzzeichen M	$\varnothing$
						22 × 1	21	32 × 1,5	30,5	45 × 1,5	43,5
						22 × 1,5	20,5	32 × 2	30	45 × 2	43
						22 × 2	20	33 × 1,5	31,5	45 × 3	42
						24 × 1	23	33 × 2	31	45 × 4	41
						24 × 1,5	22,5	33 × 3	30	48 × 1,5	46,5
1 × 0,2	0,8	5,5 × 0,5	5	14 × 1	13	24 × 2	22	35 × 1,5	33,5	48 × 2	46
1,1 × 0,2	0,9	6 × 0,75	5,2	14 × 1,25	12,8	25 × 1	24	36 × 1,5	34,5	48 × 3	45
1,2 × 0,2	1	7 × 0,75	6,2	14 × 1,5	12,5	25 × 1,5	23,5	36 × 2	34	48 × 4	44
1,4 × 0,2	1,2	8 × 0,75	7,2	15 × 1	14	25 × 2	23	36 × 3	33	50 × 1,5	48,5
1,4 × 0,25	1,15	8 × 1	7	15 × 1,5	13,5	26 × 1,5	24,5	38 × 1,5	36,5	50 × 2	48
1,6 × 0,2	1,4	9 × 0,75	8,2	16 × 1	15	27 × 1	26	39 × 1,5	37,5	50 × 3	47
1,8 × 0,2	1,6	9 × 1	8	16 × 1,5	14,5	27 × 1,5	25,5	39 × 2	37	52 × 1,5	50,5
2 × 0,25	1,75	10 × 0,75	9,2	17 × 1	16	27 × 2	25	39 × 3	36	52 × 2	50
2,2 × 0,25	1,95	10 × 1	9	17 × 1,5	15,5	28 × 1	27	40 × 1,5	38,5	52 × 3	49
2,5 × 0,35	2,15	10 × 1,25	8,8	18 × 1	17	28 × 1,5	26,5	40 × 2	38	52 × 4	48
3 × 0,35	2,65	11 × 0,75	10,2	18 × 1,5	16,5	28 × 2	26	40 × 3	37		
3,5 × 0,35	3,15	11 × 1	10	18 × 2	16	30 × 1	29	42 × 1,5	40,5		
4 × 0,5	3,5	12 × 1	11	20 × 1	19	30 × 1,5	28,5	42 × 2	40		
4,5 × 0,5	4	12 × 1,25	10,8	20 × 1,5	18,5	30 × 2	28	42 × 3	39		
5 × 0,5	4,5	12 × 1,5	10,5	20 × 2	18	30 × 3	27	42 × 4	38		

13.2. Maschinennormteile

13.2.2. Schrauben und Muttern

13.2.2.1. Mechanische Eigenschaften von Schrauben nach DIN ISO 898 Teil 1 (4.79)

Festigkeitsklassen

Das Kennzeichen zur Bezeichnung der Festigkeitsklassen für Schrauben besteht aus zwei durch einen Punkt getrennte Zahlen (z. B. 3.6). Die erste Zahl entspricht 1/100 der Nennzugfestigkeit R_m in N/mm²; die zweite Zahl ist das 10fache des Verhältnisses der Nennstreckgrenze R_{eL} bzw. $R_{p0,2}$ zur Nennzugfestigkeit R_m. Multipliziert man beide Zahlen, so erhält man die Nennstreckgrenze R_{eL} bzw. $R_{p0,2}$ in N/mm².

Eigenschaft		3.6	4.6	4.8	5.6	5.8	6.8	8.8 ≤ M 16	8.8 > M 16[1]	9.8[2]	10.9	12.9
Zugfestigkeit R_m N/mm²	Nennwert	300	400		500		600	800		900	1000	1200
	min.	330	400	420	500	520	600	800	830	900	1040	1220
Streckgrenze R_{eL} N/mm²	Nennwert	180	240	320	300	400	480	–	–	–	–	–
	min.	190	240	340	300	420	480	–	–	–	–	–
0,2%-Dehngrenze $R_{p0,2}$ N/mm²	Nennwert	–	–	–	–	–	–	640	640	720	900	1080
	min.	–	–	–	–	–	–	640	660	720	940	1100
Bruchdehnung A_5 %	min.	25	22	14	20	10	8	12	12	10	9	8
Mindest-Kerbschlagarbeit J		–	–	–	25	–	–	30	30	25	20	15

Mindestbruchkräfte für Schrauben

Gewindenenndurchmesser mm	Steigung für Regelgewinde mm	Nennspannungsquerschnitt A_s mm²	3.6	4.6	4.8	5.6	5.8	6.8	8.8	9.8	10.9	12.9
			\multicolumn{11}{c}{Mindestbruchkraft ($A_s \cdot R_m$) in N}

Für Schrauben mit Regelgewinde

d	P	A_s	3.6	4.6	4.8	5.6	5.8	6.8	8.8	9.8	10.9	12.9
3	0,5	5,03	1660	2010	2110	2510	2620	3020	4020	4530	5230	6140
3,5	0,6	6,78	2240	2710	2850	3390	3530	4070	5420	6100	7050	8270
4	0,7	8,78	2900	3510	3690	4390	4570	5270	7020	7900	9130	10700
5	0,8	14,2	4690	5680	5960	7100	7380	8520	11350	12800	14800	17300
6	1	20,1	6630	8040	8440	10000	10400	12100	16100	18100	20900	24500
7	1	28,9	9540	11600	12100	14400	15000	17300	23100	26000	30100	35300
8	1,25	36,6	12100	14600	15400	18300	19000	22000	29200	32900	38100	44600
10	1,5	58,0	19100	23200	24400	29000	30200	34800	46400	52200	60300	70800
12	1,75	84,3	27800	33700	35400	42200	43800	50600	67400[3]	75900	87700	103000
14	2	115	38000	46000	48300	57500	59800	69000	92000[3]	104000	120000	140000
16	2	157	51800	62800	65900	78500	81600	94000	125000[3]	141000	163000	192000
18	2,5	192	63400	76800	80600	96000	99800	115000	159000	–	200000	234000
20	2,5	245	80800	98000	103000	122000	127000	147000	203000	–	255000	299000
22	2,5	303	100000	121000	127000	152000	158000	182000	252000	–	315000	370000
24	3	353	116000	141000	148000	176000	184000	212000	293000	–	367000	431000
27	3	459	152000	184000	193000	230000	239000	275000	381000	–	477000	560000
30	3,5	561	185000	224000	236000	280000	292000	337000	466000	–	583000	684000
33	3,5	694	229000	278000	292000	347000	361000	416000	576000	–	722000	847000
36	4	817	270000	327000	343000	408000	425000	490000	678000	–	850000	997000
39	4	976	322000	390000	410000	488000	508000	586000	810000	–	1020000	1200000

Für Schrauben mit Feingewinde

d	P	A_s	3.6	4.6	4.8	5.6	5.8	6.8	8.8	9.8	10.9	12.9
8	1	39,2	12900	15700	16500	19600	20400	23500	31360	35300	40800	47800
10	1,25	61,2	20200	24500	25700	30600	31800	36700	49000	55100	63600	74700
12	1,25	92,1	30400	36800	38700	46000	47900	55300	73700	82900	95800	112000
14	1,5	125	41200	50000	52500	62500	65000	75000	110000	112000	130000	152000
16	1,5	167	55100	66800	70100	83500	86800	100000	134000	150000	174000	204000
18	1,5	216	71300	86400	90700	108000	112000	130000	179000	–	225000	264000
20	1,5	272	89800	109000	114000	136000	141000	163000	226000	–	283000	332000
22	1,5	333	110000	133000	140000	166000	173000	200000	276000	–	346000	405000
24	2	384	127000	154000	161000	192000	200000	230000	319000	–	399000	463000
27	2	496	164000	194000	208000	248000	258000	298000	412000	–	516000	605000
30	2	621	205000	248000	261000	310000	323000	373000	515000	–	646000	758000
33	2	761	251000	304000	320000	380000	396000	457000	632000	–	791000	928000
36	3	865	285000	346000	363000	432000	450000	519000	718000	–	900000	1050000
39	3	1030	340000	412000	433000	515000	536000	618000	855000	–	1070000	1260000

[1]) Für Stahlbauschrauben ab M 12
[2]) Nur für Größen bis 16 mm Gewindedurchmesser
[3]) Für Stahlschrauben 70000, 95500 bzw. 130000 N

13.2. Maschinennormteile

13.2.2.2. Ausführungen von Schrauben nach Beiblatt 1 zu DIN 267 Teil 2 (12.84), Auszug

Benennung	DIN	Benennung	DIN
Senkschraube mit Schlitz	63, 87, 963	Zylinderschraube mit Innensechskant und niedrigem Kopf	7984
Senkschraube mit Kreuzschlitz	965, 7987	dgl. mit Schlüsselführung	6912
Zylinderschraube mit Schlitz	84	Senkschraube mit Innensechskant	7991
Flachkopfschraube mit Schlitz	85		
Linsensenkschraube mit Schlitz	88, 91, 964	Linsenschraube mit Kreuzschlitz	7985
Linsensenkschraube mit Kreuzschlitz	966, 7988	Sechskant-Gewinde-Schneidschraube (auch Zylinder-, Senk- u. Linsensenkschraube)	7513
Kreuzlochschraube mit Schlitz	404	dgl. mit Kreuzschlitz (nicht Sechskantschr.)	7516
Schaftschraube mit Schlitz und Kegelkuppe	427	Zylinder-Blechschraube mit Schlitz weitere Blechschr.: Senk-Blechschraube mit Schlitz mit Kreuzschlitz Sechskant-Blechschr.	7971 7972 7982 7976
Gewindestift mit Schlitz und Ringschneide	438		
Gewindestift mit Schlitz und Kegelkuppe	551	Linsensenk-Holzschr. mit Schlitz mit Kreuzschlitz weitere Holzschr.: Halbrund mit Schlitz mit Kreuzschlitz Senk mit Schlitz mit Kreuzschlitz	95 7995 96 7996 97 7997
Gewindestift mit Schlitz und Spitze	553		
Augenschraube	444	Spannschloß aus Stahlrohr oder Rundstahl	1478
Augenschraube mit kleinem Auge	81 698	dgl. geschmiedet, offene Form	1480
Hohe Rändelschraube	464		
Hohe Rändelschraube mit Schlitz	465	Flügelschrauben	315, 316
Vierkantschraube mit Bund	478	Hammerschraube mit Vierkant mit Nase mit großem Kopf Hammerschraube	186 188 7992 261
Sechskantschraube	601, 7990	Flachkopfschraube mit Schlitz und kleinem Kopf und großem Kopf	920 921
Sechskantschraube mit großen Schlüsselweiten	6914		
Sechskant-Holzschraube	571	Flachrundschraube mit Vierkantansatz	603
Sechskant-Paßschraube mit langem Gewindezapfen	609	Stiftschraube Einschraubende ≈ 2d Einschraubende ≈ 1d Einschraubende ≈ 1,25 d Einschraubende ≈ 2,5 d	835 938 939 940
Sechskant-Paßschraube mit kurzem Gewindezapfen	610		

13.2. Maschinennormteile

13.2.2.3. Zylinderschrauben mit Innensechskant

Bezeichnung einer Zylinderschraube mit Innensechskant, mit Gewinde M 12 und Nennlänge $l = 60$ mm, Festigkeitsklasse 10.9:
Zylinderschraube DIN 912 – M 12 × 60 – 10.9

Zylinderschrauben nach DIN 7984 (12.70) (Maße in mm)

d	b	d_2	$e \approx$	k	r_1	r_2	s	t	l
M 3	12	5,5	2,3	2	0,1	0,3	2	1,5	5…20
M 4	14	7	2,9	2,8	0,2	0,4	2,5	2,3	6…25
M 5	16	8,5	3,6	3,5	0,2	0,4	3	2,7	10…30
M 6	18	10	4,7	4	0,25	0,5	4	3	10…40
M 8	22	13	5,9	5	0,4	0,8	5	4,2	10…60
M 10	26	16	8,1	6	0,4	1	7	4,8	16…70
M 12	30	18	9,4	7	0,6	1	8	5,3	20…80
M 14	34	21	11,7	8	0,6	2	10	5,5	30…80
M 16	38	24	14	9	0,6	2	10	5,5	30…80
M 18	42	27	14	10	0,6	2	12	7,5	40…100
M 20	46	30	16,3	11	0,8	2	14	7,5	40…100
M 22	50	33	16,3	12	0,8	2	14	8	50…100
M 24	54	36	19,8	13	0,8	2	17	9	50…100

Zylinderschrauben nach DIN 912 (12.83) (Maße in mm)

d	b	d_k[1]	e	t	k	r	s	v	l
M 1,4	14	2,6	1,5	0,6	1,4	0,1	1,3	0,14	2…12
M 1,6	15	3	1,73	0,7	1,6	0,1	1,5	0,16	2,5…16
M 2	16	3,8	1,73	1	2	0,1	1,5	0,2	2,5…20
M 2,5	17	4,5	2,3	1,1	2,5	0,1	2	0,25	3…25
M 3	18	5,5	2,87	1,3	3	0,1	2,5	0,3	5…30
M 4	20	7	3,44	2	4	0,2	3	0,4	6…40
M 5	22	8,5	4,58	2,5	5	0,2	4	0,5	8…50
M 6	24	10	5,72	3	6	0,25	5	0,6	10…60
M 8	28	13	6,86	4	8	0,4	6	0,8	12…80
M 10	32	16	9,15	5	10	0,4	8	1	16…100
M 12	36	18	11,43	6	12	0,6	10	1,2	20…120
M 14	40	21	13,72	7	14	0,6	12	1,4	25…140
M 16	44	24	16,00	8	16	0,6	14	1,6	25…160
M 18	48	27	16,00	9	18	0,6	14	1,8	30…180
M 20	52	30	19,44	10	20	0,8	17	2	30…200
M 22	56	33	19,44	11	22	0,8	17	2,2	35…200
M 24	60	36	21,73	12	24	0,8	19	2,4	40…200
M 27	66	40	21,73	13,5	27	1	22	2,7	45…200
M 30	72	45	25,15	15,5	30	1	22	3	50…200
M 33	78	50	27,43	17	33	1	24	3,3	50…300
M 36	84	54	30,85	19	36	1	27	3,6	55…300
M 42	96	63	36,57	24	42	1,2	32	4,2	60…300
M 48	108	72	41,13	28	48	1,6	36	4,8	70…300
M 56	124	84	46,83	34	56	2	41	5,5	80…300
M 64	140	96	52,53	38	64	2	46	6,4	90…300
M 72	156	108	62,81	43	72	2	55	7,2	100…300
M 80	172	120	74,24	48	80	2,5	65	8	120…300
M 90	192	135	85,61	54	90	2,5	75	9	140…300
M 100	212	150	97,04	60	100	2,5	85	10	150…300

Stufung der Nennlängen l in mm

2; 2,5; 3; 4; 5; 6; 9; 10; 12; 16; 20; 25; 30; 35; 40; 45; 50; 55; 60; 65; 70; 80; 90; 100; 110; 120; 130; 140; 150; 160; 180; 200; 220; 240; 260; 280; 300

13.2.2.4. Senkschrauben mit Schlitz nach DIN 963 (6.70)[2]

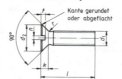
Senkschraube mit Gewinde bis Kopf

Senkschraube mit Schaft

Übrige Maße und Angaben wie linkes Bild

Bezeichnung einer Senkschraube mit Gewinde $d_1 = M 4$, Länge $l = 16$ mm und Festigkeitsklasse 4.8:
Senkschraube M 4 × 16 DIN 963 – 4.8

d	b	d_2	k max	n	r max	t min	t max	l
M 1	[3]	1,9	0,6	0,25	0,1	0,25	0,3	2…5
M 1,2	[3]	2,3	0,72	0,3	0,1	0,25	0,35	2…6
M 1,4	[3]	2,6	0,84	0,3	0,14	0,28	0,4	2…10
M 1,6	15	3	0,96	0,4	0,16	0,32	0,45	2…10
M 1,8	15	3,4	1,08	0,4	0,18	0,35	0,5	2…10
M 2	16	3,8	1,2	0,5	0,2	0,4	0,6	3…18
M 2,5	18	4,7	1,5	0,6	0,25	0,5	0,7	3…20
M 3	19	5,6	1,65	0,8	0,3	0,6	0,85	4…22
M 3,5	20	6,5	1,93	0,8	0,35	0,7	1	4…22
M 4	22	7,5	2,2	1	0,4	0,8	1,1	5…25
M 5	25	9,2	2,5	1,2	0,5	1	1,3	6…30
M 6	28	11	3	1,6	0,6	1,2	1,6	8…35
M 8	34	14,5	4	2	0,8	1,6	2,1	10…40
M 10	40	18	5	2,5	1	2	2,6	12…50
M 12	46	22	6	3	1,2	2	3	20…60
M 14	52	25	7	3	1,6	2,4	3,5	25…50
M 16	58	29	8	4	1,6	3,2	4	25…70
M 18	64	33	9	5	2	3,6	4,5	28…80
M 20	70	36	10	5	2	4	5	30…80

Festigkeitsklassen: bevorzugt 4.8 oder 5.8
 zulässig 8.8 oder 10.9

13.2.2.5. Linsen-Senkschrauben mit Kreuzschlitz nach DIN 966 (12.84)[2]

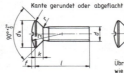
Linsensenkschraube mit Gewinde annähernd bis Kopf

Linsensenkschraube mit Schaft

Übrige Maße und Angaben wie linkes Bild

Kreuzschlitz H

Kreuzschlitz Z

Bezeichnung einer Linsen-Senkschraube mit Gewinde $d = M 3$, der Länge $l = 10$ mm, der Festigkeitsklasse 5.8 und Kreuzschlitz H:
Senkschraube DIN 966 – M 3 × 10 – 5.8 – H

[1] Für glatte Köpfe.   [2] Alle Maße in mm.   [3] Nur mit Gewinde bis Kopf.

13.2. Maschinennormteile

Fortsetzung: Linsen-Senkschrauben

d	$P^{1)}$	b	d_k max	f ≈	k max	r max	r_f ≈	l
M 1,6	0,35	15	3	0,4	0,96	0,4	3	3…16
M 2	0,4	16	3,8	0,5	1,2	0,5	4	3…18
M 2,5	0,45	18	4,7	0,6	1,5	0,7	5	3…20
M 3	0,5	19	5,6	0,75	1,65	0,8	6	4…22
M 3,5	0,6	20	6,5	0,9	1,93	0,95	7	4…25
M 4	0,7	22	7,5	1	2,2	1	8	5…25
M 5	0,8	25	9,2	1,25	2,5	1,3	10	6…30
M 6	1	28	11	1,5	3	1,6	12	8…35
M 8	1,25	34	14,5	2	4	2	16	10…40
M 10	1,5	40	18	2,5	5	2,5	20	12…50

Kreuzschlitzgrößen

Gewinde d	M 1,6	M 2…M 3	M 3,5…M 5	M 6	M 8, M 10
Kreuzschlitzgröße	0	1	2	3	4

Werkstoffe

Stahl	Festigkeitsklasse: 4.8; 5.8; 8.8
Nichtrostender Stahl	A2-70; A4-70
Nichteisenmetall	CuZn = Kupfer-Zink-Legierung (vorzugsweise CU2 oder CU3)

13.2.2.6. Sechskantschrauben mit Gewinde bis Kopf nach DIN 933 (12.83), Auszug

Alle Maße in mm.

Bezeichnung einer Sechskantschraube mit Gewinde d = M 6, Länge l = 20 mm und Festigkeitsklasse 8.8:

Sechskantschraube DIN 933 – M 6 × 20 – 8.8

d	$P^{1)}$	a max	e (min) A[2]	e (min) B[2]	k	s	l A[2]
M 1,6	0,35	1,05	3,48	–	1,1	3,2	2…16
M 2	0,4	1,2	4,38	–	1,4	4	3…16
M 2,5	0,45	1,35	5,45	–	1,7	5	3…25
M 3	0,5	1,5	6,01	–	2	5,5	4…30
M 3,5	0,6	1,8	6,58	–	2,4	6	5…35
M 4	0,7	2,1	7,66	–	2,8	7	5…40
M 5	0,8	2,4	8,79	8,63	3,5	8	6…50
M 6	1	3	11,05	10,89	4	10	6…60
M 7	1	3	12,12	11,94	4,8	11	7…70
M 8	1,25	3,75	14,38	14,20	5,3	13	8…80
M 10	1,5	4,5	17,77	17,59	6,4	16[3]	8…100
M 12	1,75	5,25	20,03	19,85	7,5	18[4]	10…120
M 14	2	6	23,35	22,78	8,8	21[5]	10…140
M 16	2	6	26,75	26,17	10	24	12…160
M 18	2,5	7,5	30,14	29,56	11,5	27	16…180
M 20	2,5	7,5	33,35	32,95	12,5	30	16…200

Produktklassen

Klasse A bis M 24 und Längen ≤ 10 d bzw. 150 mm.
Klasse B über M 24 oder Längen > 10 d bzw. 150 mm.

Werkstoff

Festigkeitsklassen (Stahl): 8.8   5.6   10.9

13.2.2.7. Linsen-Blechschrauben mit Kreuzschlitz nach DIN 7981 (12.84)

Alle Maße in mm.

Form C mit Spitze   Form F mit Zapfen

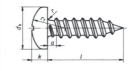

übrige Maße wie linkes Bild

Bezeichnung einer Linsen-Blechschraube mit der Gewindegröße ST 4,2, der Länge l = 16 mm, der Spitze Form C und Kreuzschlitz Z:

Blechschraube DIN 7981 – ST 4,2 × 16 – C – Z

Gewindegröße	$P^{1)}$	a max	d_k	k	r max	r_f ≈	l
ST 2,2	0,8	0,8	4,2	1,8	3,4	4,5…16
ST 2,9	1,1	1,1	5,6	2,2	0,4	4,4	6,5…19
ST 3,5	1,3	1,3	6,9	2,6	0,5	5,4	9,5…25
ST 3,9	1,4	1,4	7,5	2,8	0,5	5,8	9,5…25
ST 4,2	1,4	1,4	8,2	3,05	0,6	6,2	9,5…32
ST 4,8	1,6	1,6	9,5	3,55	0,7	7,2	9,5…38
ST 5,5	1,8	1,8	10,8	3,95	0,8	8,2	13…38
ST 6,3	1,8	1,8	12,5	4,55	0,9	9,3	13…38

Kreuzschlitzgrößen

Gewinde	ST 2,2; ST 2,9	ST 3,5…ST 4,8	ST 5,5; ST 6,3
Kreuzschlitz	1	2	3

13.2.2.8. Empfohlene Kernlochdurchmesser für Blechschrauben in Metallen nach DIN 7975 (7.70), Auszug

Gewindedurchmesser	Blechdicke über	Blechdicke bis	Kernlochdurchmesser in Stahl-, Nickel-, Messing-, Kupfer- und Monelbleche aufgedornt/durchgezogen	gebohrt/gestanzt
mm	mm	mm	mm	mm
2,9	–	0,56	–	2,2
	0,56	0,75	–	2,5
	0,75	0,88	–	2,25
	0,88	1,38	–	2,4
	1,38	1,75	–	2,5
	1,75	2,5	–	2,6
3,5	–	0,56	2,8	2,6
	0,56	0,88	2,8	2,7
	1	1,38	–	2,8
	1,38	1,75	–	2,9
	1,75	2,5	–	3
	2,5	–	–	3,2
3,9	–	1,13	3	2,95
	1,13	1,25	3	3
	1,25	1,38	–	3
	1,38	2	–	3,2
	2	2,5	–	3,5
	2,5	3,5	–	3,6
4,2	–	0,5	3,5	–
	0,5	1,13	3,5	3,2
	1,13	1,38	3,5	3,3
	1,38	2	–	3,5
	2	2,5	–	3,8
	2,5	3,5	–	3,9

[1]) P = Gewindesteigung   [2]) Produktklassen   [3]) auch 17   [4]) auch 19   [5]) auch 22

13.2. Maschinennormteile

13.2.2.9. Ausführungen von Muttern nach Beiblatt 1 zu DIN 267 Teil 2 (12.84)

Bild	Benennung	DIN
	Rohrmutter (Whitworth-Rohrgewinde)	431
	Sechskantmutter, niedrige Form	439
	Sechskantmutter (m und mg)	934
	Flache Sechskantmutter (m u. mg)	936
	Sechskantmutter Typ 1, Typ 2	971
	Sechskantmutter 1,5 d hoch	6330
	Sechskantmutter mit großen Schlüsselweiten (HV-Verbindung)	6915
	Sechskantmutter, Ausführung g	555
	Sechskantmutter Typ 1, Produktklasse C	972
	Vierkantmutter, Ausführung g	557
	Vierkantmutter, niedrige Form	562
	Flache Rändelmutter	467
	(Hohe Rändelmutter)	466
	Ankermutter für Ankerschrauben nach DIN 797	798
	Vierkant-Schweißmutter	928 / 929
	Schlitzmutter	546
	Zweilochmutter	547
	Kreuzlochmutter	548
	Hutmutter, niedrige Form	917
	Sechskantmutter, selbstsichernd, niedrige Form	985

Bild	Benennung	DIN
	Hutmutter, selbstsichernd (Hutmutter, hohe Form)	986 / 1587
	Sechskantmutter 1,5 d hoch mit Bund	6331
	Kronenmutter Ausführung m, mg, g	935
	flache Ausführung	937
	niedrige Form	979
	Einschraubmutter (Schraubdübel)	7965
	Dreikantmutter (für schlagwetter- und explosionsgeschützte Geräte)	22425

13.2.2.10. Schraube-Mutter-Verbindungen

Muttern mit Nennhöhen ≥ 0,8 D

Festigkeitsklasse der Mutter	Zugehörige Schraube nach			
	DIN ISO 898 T 2 (3.81)		DIN 267 T 23 (8.83) (Feingewinde)	
	Festigkeitsklasse	Größe	Festigkeitsklasse	Größe
4	3.6; 4.6; 4.8	> M 16	–	–
5	3.6; 4.6; 4.8	≤ M 16		
	5.6; 5.8	alle		
6	6.8	alle	3.6; 4.6; 4.8	alle
			5.6; 5.8; 6.8	alle
8	8.8	alle	8.8	alle
9	8.8	> M 16 ≤ M 39	–	–
	9.8	≤ M 16		
10	10.9	alle	10.9	alle
12	12.9	≤ M 39	12.9	alle

Muttern mit Nennhöhen ≥ 0,5 D < 0,8 D nach DIN ISO 898 Teil 2 (3.81)

Festigkeitsklasse der Mutter	Mindestspannung in Schraube vor Abstreifen des Gewindes in N/mm² bei Paarung mit Schrauben der Festigkeitsklasse				Prüfspannung der Mutter
	6.8	8.8	10.9	12.9	N/mm²
04	260	300	330	350	380
05	290	370	410	450	500

13.2. Maschinennormteile

13.2.3. Passungen

13.2.3.1. Maße

Benennung	Bedeutung/Erklärung	Beispiel
Paßmaß	z. B. Maß in Zeichnung	$120 {+0,1 \atop -0,1}$
Nennmaß N		120
Größtmaß G	oberstes Grenzmaß	120,1
Kleinstmaß K	unteres Grenzmaß	119,1
Istmaß I	tatsächlich am fertigen Werkstück gemessenes Maß	
oberes Abmaß A_o	Größtmaß − Nennmaß	+ 0,1
unteres Abmaß A_u	Kleinstmaß − Nennmaß	− 0,1
Maßtoleranz T	Größtmaß − Kleinstmaß	
	$\binom{oberes}{Abmaß} - \binom{unteres}{Abmaß}$	0,2

Das Toleranzfeld, welches durch Größtmaß und Kleinstmaß begrenzt wird, gibt die Toleranz und ihre Lage zum Nennmaß (Nullinie) an. Die Lage des Toleranzfeldes wird im ISO-System durch Buchstaben (Großbuchstaben A ··· Z für Bohrungen, Kleinbuchstaben a ··· z für Wellen) bezeichnet[1]. Zahlen 1 ··· 18 geben die Größe des Toleranzfeldes – die Qualität – an. Beispielsweise Bohrung 20 H7 bedeutet $20 {+0,21 \atop 0}$.

13.2.3.2. Passungsarten

Eine Passung ist die Beziehung zwischen den Toleranzfeldern z. B. einer Bohrung und einer Welle.

Benennung	Bedeutung/Erklärung
Spiel S	Maß der Bohrung − Maß der Welle (Differenz positiv)
Größtspiel S_g	$\binom{\text{Größtmaß der}}{\text{Bohrung}} - \binom{\text{Kleinstmaß der}}{\text{Welle}}$
Kleinstspiel S_k	$\binom{\text{Kleinstmaß der}}{\text{Bohrung}} - \binom{\text{Größtmaß der}}{\text{Welle}}$
Übermaß U	Maß der Bohrung − Maß der Welle (vor der Paarung, Differenz negativ)

Benennung	Bedeutung/Erklärung
Größtübermaß U_g	$\binom{\text{Kleinstmaß der}}{\text{Bohrung}} - \binom{\text{Größtmaß der}}{\text{Welle}}$
Kleinstübermaß U_k	$\binom{\text{Größtmaß der}}{\text{Bohrung}} - \binom{\text{Kleinstmaß der}}{\text{Welle}}$
Paßtoleranz T_p	absoluter Wert der Differenz der Spiele oder der Übermaße $T_p = S_g - S_k = S_g + U_g = U_g - U_k$

Das Paßtoleranzfeld ist bei Spielpassungen das Feld zwischen Größtspiel und Kleinstspiel, bei Übergangspassungen das Feld zwischen Größtspiel und Größtübermaß und bei Preßpassungen das Feld zwischen Kleinstübermaß und Größtübermaß.

13.2.3.3. Paßsysteme

Beim System der **Einheitsbohrung** (**Einheitswelle**) sind für alle Passungsarten die Kleinstmaße der Bohrungen (Größtmaße der Wellen) gleich dem Nennmaß. Die Wellen (Bohrungen) sind um die für die verlangte Passung erforderlichen Spiele oder Übermaße kleiner oder größer als die Bohrungen (größer oder kleiner als die Wellen).

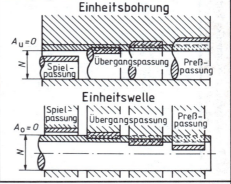

13.2.3.4. ISO-Grundtoleranzen nach DIN 7151 (11.64), Toleranzen in µm

	Nennmaßbereiche in mm über										
IT	1 bis 3	3 bis 6	6 bis 10	10 bis 18	18 bis 30	30 bis 50	50 bis 80	80 bis 120	120 bis 180	180 bis 250	250 bis 315	315 bis 400	400 bis 500
01	0,3	0,4	0,4	0,5	0,6	0,6	0,8	1	1,2	2	2,5	3	4
0	0,5	0,6	0,6	0,8	1	1	1,2	1,5	2	3	4	5	6
1	0,8	1	1	1,2	1,5	1,5	2	2,5	3,5	4,5	6	7	8
2	1,2	1,5	1,5	2	2,5	2,5	3	4	5	7	8	9	10
3	2	2,5	2,5	3	4	4	5	6	8	10	12	13	15
4	3	4	4	5	6	7	8	10	12	14	16	18	20
5	4	5	6	8	9	11	13	15	18	20	23	25	27
6	6	8	9	11	13	16	19	22	25	29	32	36	40
7	10	12	15	18	21	25	30	35	40	46	52	57	63
8	14	18	22	27	33	39	46	54	63	72	81	89	97
9	25	30	36	43	52	62	74	87	100	115	130	140	155
10	40	48	58	70	84	100	120	140	160	185	210	230	250
11	60	75	90	110	130	160	190	220	250	290	320	360	400
12	100	120	150	180	210	250	300	350	400	460	520	570	630
13	140	180	220	270	330	390	460	540	630	720	810	890	970
14	250	300	360	430	520	620	740	870	1000	1150	1300	1400	1550
15	400	480	580	700	840	1000	1200	1400	1600	1850	2100	2300	2500
16	600	750	900	1100	1300	1600	1900	2200	2500	2900	3200	3600	4000
17	−	−	1500	1800	2100	2500	3000	3500	4000	4600	5200	5700	6300
18	−	−	−	2700	3300	3900	4600	5400	6300	7200	8100	8900	9700

[1]) A bis H (a bis h) für Spielpassungen, J bis N (j bis n) für Übergangspassungen, P bis Z (p bis z) für Preßpassungen.

13.2. Maschinennormteile

13.2.3.5. ISO-Passungen: Nennmaße; Einheitsbohrung nach DIN 7154 T 1 (8.66)

(Gut = Gutseite; Aus = Ausschußseite)   Abmaße in μ (1μ = 0,001 mm); Toleranzfeldauswahl auf DIN 7157 abgestimmt

Nennmaßbereich		H6	n5	m5	k5	j5	h5	g5	H7	s6	r6	n6	k6	j6	h6	g6	f7	H8 x8¹)/u8	h9	f7	e8	d9	H11	h9	h11	d9	c11	a11
über 1 bis 3	Gut Aus	0 +6	+8 +4	+6 +2	+4 0	+2 −2	0 −4	−2 −6	0 +10	+20 +14	+16 +10	+10 +4	+6 0	+4 −2	0 −6	−2 −8	−6 −16	0 +14 / +18 +14	0 −25	−6 −16	−14 −28	−20 −45	0 +60	0 −25	0 −60	−20 −45	−60 −120	−270 −330
über 3 bis 6	Gut Aus	0 +8	+13 +8	+9 +4	+6 +1	+3 −2	0 −5	−4 −9	0 +12	+27 +19	+23 +15	+16 +8	+9 +1	+6 −2	0 −8	−4 −12	−10 −22	0 +18 / +22 +18	0 −30	−10 −22	−20 −38	−30 −60	+75 0	0 −30	0 −75	−30 −60	−70 −145	−270 −345
über 6 bis 10	Gut Aus	0 +9	+16 +10	+12 +6	+7 +1	+4 −2	0 −6	−5 −11	0 +15	+32 +23	+28 +19	+19 +10	+10 +1	+7 −2	0 −9	−5 −14	−13 −28	0 +22 / +28 +23	0 −36	−13 −28	−25 −47	−40 −76	+90 0	0 −36	0 −90	−40 −76	−80 −170	−280 −370
über 10 bis 14	Gut Aus	0 +11	+20 +12	+15 +7	+9 +1	+5 −3	0 −8	−6 −14	0	+39 +28	+34 +23	+23 +12	+12 +1	+8 −3	0	−6	−16	0 +27	0	−16	−32	−50	0 +110	0	0	−50	−95	−290
über 14 bis 18	Gut Aus																											
über 18 bis 24	Gut Aus	0 +13	+24 +15	+17 +8	+11 +2	+5 −4	0 −9	−7 −16	0 +21	+48 +35	+41 +28	+28 +15	+15 +2	+9 −4	0 −13	−7 −20	−20 −41	0 +33	0 −52	−20 −41	−40 −73	−65 −117	+130 0	0 −52	0 −130	−65 −117	−110 −240	−300 −430
über 24 bis 30	Gut Aus	0 +13	+28 +17	+20 +9	+13 +2	+5 −4	0 −9	−7 −16	0 +21	+59 +41	+50 +33	+33 +17	+18 +2	+11 −4	0 −13	−9 −20	−25 −41	0 +33 / +60 +39	0 −52	−25 −41	−50 −73	−80 −117	+130 0	0 −52	0 −130	−80 −117	−120 −280	−310 −470
über 30 bis 40	Gut Aus	0 +16	+33 +20	+24 +11	+15 +2	+6 −5	0 −11	−9 −20	0 +25	+59 +43	+50 +34	+33 +17	+18 +2	+11 −5	0 −16	−9 −25	−25 −50	0 +39	0 −62	−25 −50	−50 −89	−80 −142	+160 0	0 −62	0 −160	−80 −142	−120 −280	−310 −470
über 40 bis 50	Gut Aus	0 +16	+33 +20	+24 +11	+15 +2	+6 −5	0 −11	−9 −20	0 +25	+72 +53	+60 +41	+39 +20	+21 +2	+12 −5	0 −16	−9 −25	−25 −50	0 +39 / +70 +45	0 −62	−25 −50	−50 −89	−80 −142	+160 0	0 −62	0 −160	−80 −142	−130 −290	−320 −480
über 50 bis 65	Gut Aus	0 +19	+38 +28	+28 +18	+18 +2	+6 −7	0 −13	−10 −23	0 +30	+78 +59	+62 +43	+45 +23	+25 +2	+13 −7	0 −19	−10 −29	−30 −60	0 +46	0 −74	−30 −60	−60 −106	−100 −174	+190 0	0 −74	0 −190	−100 −174	−140 −330	−340 −530
über 65 bis 80	Gut Aus	0 +19	+38 +28	+28 +18	+18 +2	+6 −7	0 −13	−10 −23	0 +30	+93 +71	+73 +51	+45 +23	+25 +2	+13 −7	0 −19	−12 −29	−30 −60	0 +46	0 −74	−30 −60	−60 −106	−100 −174	+190 0	0 −74	0 −190	−100 −174	−150 −340	−360 −550
über 80 bis 100	Gut Aus	0 +22	+45 +33	+33 +21	+21 +3	+6 −9	0 −15	−12 −27	0 +35	+101 +79	+76 +54	+52 +23	+28 +3	+16 −9	0 −22	−12 −34	−36 −71	0 +54	0 −87	−36 −71	−72 −126	−120 −207	+220 0	0 −87	0 −220	−120 −207	−170 −390	−380 −600
über 100 bis 120	Gut Aus	0 +22	+45 +33	+33 +21	+21 +3	+6 −9	0 −15	−12 −27	0 +35	+117 +92	+88 +63	+52 +23	+28 +3	+16 −9	0 −22	−12 −34	−36 −71	0 +54	0 −87	−36 −71	−72 −126	−120 −207	+220 0	0 −87	0 −220	−120 −207	−180 −400	−410 −630
über 120 bis 140	Gut Aus	0 +25	+52 +35	+39 +20	+24 +2	+7 −11	0 −18	−14 −32	0 +40	+125 +100	+90 +65	+60 +27	+33 +3	+16 −11	0 −25	−14 −39	−43 −83	0 +63	0 −100	−43 −83	−85 −148	−145 −245	+250 0	0 −100	0 −250	−145 −245	−200 −450	−460 −710
über 140 bis 160	Gut Aus									+133 +108	+93 +68																	
über 160 bis 180	Gut Aus									+151 +122	+106 +77																	
über 180 bis 200	Gut Aus	0 +29	+60 +41	+45 +24	+27 +3	+7 −13	0 −20	−15 −35	0 +46	+159 +130	+109 +80	+66 +31	+36 +4	+18 −13	0 −29	−15 −44	−50 −96	0 +72	0 −115	−50 −96	−100 −172	−170 −285	+290 0	0 −115	0 −290	−170 −285	−240 −530	−580 −830
über 200 bis 225	Gut Aus									+169 +140	+113 +84																	
über 225 bis 250	Gut Aus									+190 +158	+126 +94																	
über 250 bis 280	Gut Aus	0 +32	+66 +43	+50 +27	+31 +4	+7 −16	0 −23	−17 −40	0 +52	+202 +170	+130 +98	+73 +34	+40 +4	+20 −16	0 −32	−17 −49	−56 −108	0 +81	0 −130	−56 −108	−110 −191	−190 −320	+320 0	0 −130	0 −320	−190 −320	−300 −650	−1050 −1870
über 280 bis 315	Gut Aus																											

¹) Bis Nennmaß 24 mm: x 8, über 24 mm: u 8. Beim System Einheitsbohrung wird Toleranzfeld der Bohrung mit großen Buchstaben und dazugehörige Wolle mit kleinen Buchstaben bezeichnet.

13.2. Maschinennormteile

13.2.3.6. ISO-Passungen: Nennmaße; Einheitswelle nach DIN 7155 T 1 (8.66)

(Gut = Gutseite; Aus = Ausschußseite) Abmaße m μ (1μ = 0,001 mm). Toleranzfeldauswahl auf DIN 7157 abgestimmt.

Nennmaßbereich		h5	N6	M6	K6	J6	H6	G6	h6	S7	R7	N7	K7	J7	H7	G7	F8	h8	X8)[1] U8	F8	E8	D9	h11	H9	H11	D10	C11	A11
über 1 bis 3	Gut Aus	0 −4	−10 −4	−8 −2	−6 +0	−4 +2	+6 +0	+8 +2	0 −6	−24 −14	−20 −10	−14 −4	−10 0	−6 +4	−10 0	−6 +2	−2 +12	0 +20	0 −14	−34 −20	+6 +20	+14 +28	+20 +45	0 −60	0 +25	0 +60	+20 +60	+60 +120	+270 +330
über 3 bis 6	Gut Aus	0 −5	−13 −5	−12 −4	−9 −1	−6 +2	+3 +0	+4 +12	0 −8	−27 −15	−23 −11	−16 −4	−9 +3	−6 +6	−8 +12	−4 +16	−4 +28	0 +18	0 −18	−46 −28	+10 +28	+20 +38	+30 +60	0 −75	0 +30	0 +75	+30 +78	+70 +145	+270 +345
über 6 bis 10	Gut Aus	0 −6	−16 −7	−12 −3	−10 −5	−7 +2	+5 +0	+5 +14	0 −9	−32 −17	−28 −13	−19 −4	−10 −5	−7 +8	−15 0	+20 +5	+13 +35	0 +22	0 −22	−56 −34	+13 +35	+25 +47	+40 +76	0 −90	0 +36	0 +90	+40 +98	+80 +170	+280 +370
über 10 bis 14	Gut Aus	0 −8	−20 −15	−15 −9	0 −5	+5	0	+6	0	−39	−34	−23 −12	−12 −8	+6	0	+6	+16	0	0	−67 −40	+16	+32	+50	0	0	0	+50	+95	+290
über 14 bis 18	Gut Aus	−8	−9	−17 −4	+2 +11	+6 +17	0	+7	−11 0	−21	−16 −5	−28	−15 +6	−9 +10	0 +18	+7 +24	+20 +43	0 +27	−27 −45	−72 +43	+20	+40	+65	−110	+43	+110	+120	+205	+400
über 18 bis 24	Gut Aus	0	−24 −17	−11 −5	0 +7	0 +9	+13 +20	0 +9	0 −13	−48 −28	−41 −20	0 −33	−18 +6	0 +12	+21 +28	0 +53	0 −33	−87 −54	+25	+40	+65	0	0	0	+65	+110	+300
über 24 bis 30	Gut Aus	0 −9	−11 −4	+2 +16	+8 +25	+20 +10	0 +9	0 −13	−59	−50	−33	−18	+6	+21	0	+53	0	−81 −48	+25			−130	+52	+130	+80	+240	+430
über 30 bis 40	Gut Aus	0	−28 −20	−16 −13	0 −6	+4	0	+13	0 −16	−59 −50	−50	−7 −33	−18	−11	0	+9	+25	0	−39	−99 −60	0 +64	+33 +50	+117	−130	+52	+130	+149	+240 +280	+430 +470
über 40 bis 50	Gut Aus	0 −11	−12	+3	+10	+14	+16	+25	0 −16	−34	−25	−8	+7	+14	+25	+9 +34	+25 +64	0 +39	−109 −70	+64	+89	+142	−160	+62	+160	+180	+290	+480
über 50 bis 65	Gut Aus	0	−33 −24	−24 −15	−6	0 +10	0 +6	0 +30	0	−72 −42	−60 −30	−39 −21	−21 −12	−12	0	+10	+30	0	−133 −87		+30 +60	+100				+100	+140 +330	+320 +480
über 65 bis 80	Gut Aus	−13	−14	5	+4 +13	+13 +19	+19 +29	0 −19	−78 −48	−62 −32	−45	−25 −6	−13 +18	0 +30	+10 +40	+30 +76	0 +46	−46 −102	−148 −102	+76 +106	+174	−190	+74	+190	+220	+150 +340	+340 +530
über 80 bis 100	Gut Aus	0 −15	−38 −28	−18	−6	+6 +22	+22 +34	0	0 −22	−93 −58	−73 −38	−10 −52	−28 +10	−13 +22	0 +35	+12 +47	+36 +90	0 +54	−54 −178	−198 −144	+36 +90	+126 +207	0	+87	0 +220	+120 +260	+170 +390	+380 +600
über 100 bis 120	Gut Aus	0	−45 −33	−6 −21	+4	+16 +7	0 +14	0 −22	−101 −66	−76 −41	−52 −28	−28 −10	−14 +22	0 +35	+14 +47	+43 +90	0 +54	−233 −170		+43 +85	+145	−220			+145	+180 +400	+410 +630
über 120 bis 140	Gut Aus									−117 −77	−88 −48	−60 −33	−33 −12	−14 +26	0 +40	+14 +54	+43 +106	0 +63	−253 −190								+200 +450	+460 +710
über 140 bis 160	Gut Aus	−18 −20	−8	−18 +4	+13 +25	+18 +39	0	0 −25	−125 −85	−90 −50	0 −52	+12 −28	+26 +14	0 +40	+14 +54	+43 +106	0 +63	−273 −210	−308 −236	+50 +106	+100 +148	+245	−250	+100	+250	+305	+210 +460	+520 +770
über 160 bis 180	Gut Aus	0 −37	−24	7	+15	+14	0	0	−133 −93	−93 −53	−60	−33	+16	0	+15	+50	0	−330 −258							+305	+230 +480	+580 +830
über 180 bis 200	Gut Aus	0	−51 −37	−27	5	+18 +29	+22 +29	+44	0 −29	−151 −105	−106 −60	−14 −60	−36 +13	+30 +67	0 +46	+15 +61	+50 +122	0 +72	−356 −284	−396 −315	+56 +122	+110 +172	+285	−290	+115	+290	+355	+240 +530	+660 +950
über 200 bis 225	Gut Aus	−20 −22	−41	7	+5 +27	+17	0 +32	0	−159 −113	−109 −63	−66	−36	+16	0		+46	+72		−236		+56 +110	+190			+190	+260 +550	+740 +1030
über 225 bis 250	Gut Aus	0 −23	−57	8	+22	0 −29	+32	+17	0 −29	−169 −123	−113 −67	−14 −66	−36 +30	0	0	+17 +69	+56 +137	0 +81			+56 +110	+110 +172	+190	−290	+115	+290	+355	+260 +620	+740 +1240
über 250 bis 280	Gut Aus	0	−25	−9	+5 +25	0 +32	+7 +49	0	0 −32	−190 −150	−130 −78	−14 −78	+16 +36	+36 +52	0 +52	+17 +69	+69 +137	0 +81	−431 −350		+81 +137	+191	+320	−320	+130	+320	+400	+280 +570	+820 +1110
über 280 bis 315	Gut Aus									−202 −150		−14 −78	−16 +36	+52 +36	0 +52			+0									+330 +650	+1050 +1370

[1] Bis Nennmaß 24 mm: X 8, über 24 mm: U 8. Beim System Einheitswelle wird Toleranzfeld der Bohrung mit großen Buchstaben und dazugehörige Welle mit kleinen Buchstaben bezeichnet.

13.2. Maschinennormteile

13.2.4. Keilriemen Maße in mm

Keilriemen DIN 2215   Schmalkeilriemen DIN 7753 Teil 1

Keilriemenscheiben

DIN 2211 T 1 einrillig   DIN 2217 T 1 mehrrillig

Achsenabstand e empfohlen: $0,7 \cdot (d_{wg} + d_{wk})$

Riemengeschwindigkeit: $v = \dfrac{d_{wk} \cdot n_k}{19100} = \dfrac{d_{wg} \cdot n_g}{19100}$

- P zu übertragende Leistung in kW
- P_N Nennleistung je Riemen in kW
- d_{wg} Wirkdurchmesser der großen Scheibe mm
- d_{wk} Wirkdurchmesser der kleinen Scheibe mm
- n_1 Drehfrequenz der treibenden Scheibe 1/min
- n_2 Drehfrequenz der getriebenen Scheibe 1/min
- n_g Drehfrequenz der großen Scheibe 1/min
- n_k Drehfrequenz der kleinen Scheibe 1/min
- v Riemengeschwindigkeit m/s

Riemenspannung $F = \dfrac{1000 \cdot P}{v}$ N/mm² (Riemen so vorspannen, daß nicht mehr als 1% Schlupf auftritt)

Übersetzung $i = \dfrac{n_1}{n_2}$

Wirkdurchmesser der großen Scheibe:
kleine Scheibe treibt: $d_{wg} = i \cdot d_{wk}$
große Scheibe treibt: $d_{wg} = d_{wk} : i$

		Endlose Keilriemen nach DIN 2215 (3.75)							Endlose Schmalkeilriemen nach DIN 7753 Teil 1 (10.77)			
Riemenprofil	ISO-Kurzzeichen	–	Y	Z	A	B	C	D	E	SPZ	SPA	SPB	SPC
	Kurzzeichen	5	6	10	13	17	22	32	40	–	–	–	19
Obere Riemenbreite	$b_0 \approx$	5	6	10	13	17	22	32	40	9,7	12,7	16,3	22	18,5
Wirkbreite	b_W	4,2	5,3	8,5	11	14	19	27	32	8,5	11	14	19	16
Riemenhöhe	$h \approx$	3	4	6	8	11	14	20	25	8	10	13	18	15
Abstand	h_W	1,3	1,6	2,5	3,3	4,2	5,7	8,1	12	2	2,8	3,5	4,8	4

Maße der Keilriemenscheiben		DIN 2217 T 1 (2.73)								DIN 2211 T 1 (2.74)			
Wirk-Ø	d_W	20	28	50	71	112	160	355	500	63	90	140	224	180
Wirkbreite obere Rillenbreite	b_W / b_1	4,2 / 5	5,3 / 6,3	8,5 / 9,7	11 / 12,7	14 / 16,3	19 / 25	27 / 32	32 / 40	8,5 / 9,7	11 / 12,7	14 / 16,3	19 / 22	16 / 18,6
Außen-Ø – d_W = 2c	c	1,3	1,6	2	2,8	3,5	4,8	–	–	2	2,8	3,5	4,8	4
Rillentiefe	t	6	7	11	14	18	24	33	38	11	14	18	24	20
Rillenabstand	e	6	8	12	15	19	25,5	37	44,5	12	15	19	25,5	22
Rillenabstand v. Rande	f	6	8	10	12,5	17	24	29	8	10	12,5	17	14,5
Rillenwinkel 32°	bis	50	63	–	–	–	–	–	–	–	–	–	–
34° für Wirk-Ø d_W	bis	–	–	80	118	190	315	–	–	80	118	190	250
36°	über	50	63	–	–	–	500	630	–	–	–	–	–
38°	über	–	–	80	118	190	315	500	630	80	118	190	250

Leistungswerte für Endlose Keilriemen nach DIN 2218 (4.76)													
Riemenprofil		6			10			13			17		20	
Wirk-Ø der kleinen Scheibe in mm		28	45	63	50	80	112	63	100	180	112	180	280	160	250	355
Drehfrequ. der kleinen Scheibe in 1/min		Nennleistung P_N je Riemen in kW ($i = 1$)												
400		0,027	0,053	0,08	0,11	0,25	0,39	0,17	0,47	1,09	0,66	1,59	2,89	1,54	3,30	5,24
800		0,047	0,10	0,15	0,18	0,44	0,71	0,26	0,83	1,97	1,10	2,81	5,13	2,62	5,79	9,18
1200		0,065	0,14	0,21	0,25	0,62	1,00	0,33	1,14	2,74	1,40	3,85	6,90	3,46	7,79	11,85
1600		0,08	0,18	0,27	0,30	0,78	1,26	0,38	1,42	3,40	1,75	4,68	8,13	4,09	9,12	12,94
2000		0,10	0,21	0,33	0,35	0,93	1,51	0,42	1,66	3,93	1,94	5,30	8,60	4,48	9,70	12,04
2800		0,13	0,28	0,44	0,44	1,20	1,91	0,46	2,05	4,54	2,12	5,76	6,80	4,44	8,06	2,46
3200		0,14	0,32	0,49	0,47	1,31	2,06	0,45	2,19	4,58	2,08	5,52	4,26	3,94	5,49	–

Schmalkeilriemen nach DIN 2211 T 3 (3.74) Zuordnung für elektrische Maschinen														
ISO-Kurzzeichen		SPZ						SPA			SPB		SPC		
Ø der Motorscheibe	d_W	63	71	90	100	112	140	160	180	180	200	250	250	280	280	315	355	400
Anzahl der Riemen	z	1	1	1	1	1	2	3	4	4	4	4	5	4	5	6	4	6
		Leistung P_M in kW												
Motordrehfrequ. n in 1/min für Drehstrommotoren nach DIN 42673 T 1	3000	1,1	1,5	–	3	–	7,5	15	18,5	–	37	–	–	–	–	–	–
	1500	0,75	1,1	1,5	–	2,2	5,5	11	15	22	–	30	37	45	55	75	90	132
	1000	0,55	0,75	1,1	–	1,5	3	7,5	11	15	–	18,5	18,5	30	37	45	55	90
	750	–	–	–	0,75	1,1	2,2	5,5	7,5	11	–	15	–	22	30	37	45	75

14.1. Verzeichnis der behandelten Normen

DIN	Seite	DIN	Seite	DIN	Seite	DIN	Seite
6	13-3, 13-4	603	13-13	1652	11-11	7984	13-13, 13-14
13 T1	13-10	609	13-13	1681	11-11	7985	13-13
13 T5···10	13-11	610	13-13	1691	11-8	7987	13-13
15 T1, T2	13-2	668	11-12	1692	11-8	7988	13-13
37	13-9	780 T1, T2	2-7	1693 T1	11-8	7990	13-13
63	13-13	798	13-16	1705	11-15	7991	13-13
84	13-13	823	13-1	1707	11-18	7992	13-13
85	13-13	835	13-13	1708	11-14	7995	13-13
87	13-13	912	13-14	1709	11-16	7996	13-13
88	13-13	917	13-16	1714	11-16	7997	13-13
91	13-13	920	13-13	1716	11-15	8 513 T1, T2, T3, T4	11-18
95	13-13	921	13-13	1912 T5	13-8		
96	13-13	928	13-16	1952	9-23	16160	9-19
97	13-13	929	13-16	2211 T1, T3	13-20	17006	11-6
174	11-12	933	13-15	2215	13-20	17100	11-9
176	11-12	934	13-16	2217 T1	13-20	17200	11-9
177	11-12	935	13-16	2218	13-20	17210	11-10
178	11-12	936	13-16	4109	2-18	17410	11-13
186	13-13	937	13-16	5035 T1	8-5	17440	11-11
188	13-13	938	13-13	5035 T2	8-6, 8-7	17471	11-17
201	13-9	939	13-13	5040 T1, T2	8-4	17660	11-17
259 T1	13-10	940	13-13	5044 T1	8-14, 8-15	17662	11-17
261	13-13	963	13-13, 13-14	5473	1-1	17664	11-17
267 T2	13-13, 13-16	964	13-13	5474	1-2, 4-3	18015 T1	8-22
315	13-13	965	13-13	5488	2-21	19225	4-48
316	13-13	966	13-13···13-15	6330	13-16	19226	4-1, 4-37
323	6-3	971	13-16	6331	13-16	19236	4-46
336 T1	13-11	972	13-16	6776 T1	13-1	19237	4-24
404	13-13	979	13-16	6912	13-13	19239	4-31
406 T2	13-5···13-7	985	13-16	6914	13-13	22425	13-16
427	13-13	986	13-16	6915	13-16	32640	11-1, 11-2
431	13-16	1013 T1	11-12	7151	13-17	40001	2-20
438	13-13	1014 T1, T2	11-12	7154 T1	13-18	40002	2-21
439	13-16	1015	11-12	7155 T1	13-19	40003	2-20
444	13-13	1016	11-12	7513	13-13	40040	6-1, 6-2
464	13-13	1017 T1	11-12	7516	13-13	40100	5-29
465	13-13	1025	2-13	7708 T2, T3, T4	11-23	40108	7-1
466	13-16	1301 T1, T2, T3	2-1			40500 T1	11-14
467	13-16			7728 T1, T2	11-21	40501 T1, T2, T3, T4	11-14
478	13-13	1302	1-1	7733	11-25		
546	13-16	1304	2-2, 2-3	7735 T2	11-24	40620	11-26
547	13-16	1315	1-6	7737	11-25	40621	11-26
548	13-16	1319	9-4	7753 T1	13-20	40631	11-25
551	13-13	1344	2-3	7965	13-16	40633 T1	11-25
553	13-13	1478	13-13	7971	13-13	40643	11-25
555	13-16	1480	13-13	7972	13-13	40700 T1	5-5
557	13-16	1541	11-12	7975	13-15	40700 T2	5-8, 5-9
562	13-16	1587	13-16	7976	13-13	40700 T3	5-15
571	13-13	1623 T1	11-13	7981	13-15	40700 T4	5-1
601	13-13	1651	11-10	7982	13-13	40700 T5	5-13

14.1. Verzeichnis der behandelten Normen

DIN	Seite	DIN	Seite	DIN	Seite	DIN VDE	Seite
40 700 T 7	5-14	41 300 T 1, T 3	6-25	44 064	6-5	0 100 T 430	6-26
40 700 T 8	5-9	41 301	11-13	44 071	6-9	0 100 T 523	6-26, 10-14
40 700 T 9	5-15	41 302 T 1	6-21	44 072	6-9	0 100 T 540	12-12, 12-13, 12-14
40 700 T 10	5-10, 5-11, 5-12	41 303	6-22	44 073	6-9		
		41 309 T 1	6-24, 6-25	44 080	6-10	0 100 T 551	8-21
40 700 T 12	5-16···5-24	41 309 T 2	6-23	44 081	6-10	0 100 T 701	12-10, 12-11
40 700 T 14	4-10	41 311	6-15	44 110 T 1	6-14	0 105 T 1	12-14, 12-15
40 700 T 16	5-30	41 312	6-15	44 110 T 2	6-15	0 255	10-17
40 700 T 20	5-30	41 313	6-16	44 191	6-4	0 256	10-17
40 700 T 21	5-25	41 314	6-2	44 192	6-4	0 257	10-17
40 700 T 23	5-13	41 316 T 1, T 2	6-15	44 300	4-23	0 258	10-17
40 700 T 25	5-14	41 332 T 1	6-17, 6-18	44 358	6-15	0 265	10-16, 10-17
40 703	5-3, 5-4	41 380 T 1, T 2	6-14	46 062	7-16, 7-17	0 271	10-16
40 704 T 1	5-40	41 380 T 3, T 4	6-15	46 199 T 4	6-38	0 281	10-13
				46 400 T 1	6-22	0 282	10-14
40 705	10-10	41 426	6-3	46 431	10-3	0 293	10-15
40 706	5-31	41 429	6-4	46 435	10-1, 10-2	0 298 T 1	10-15, 10-16
40 708	5-37	41 450	6-6	46 436 T 2	10-2	0 298 T 2	10-18···10-22
40 710	5-37	41 660	6-29	46 461	10-7, 10-8	0 298 T 3	10-12, 10-14
40 711	5-2	41 661	6-29	46 463	10-9	0 370 T 1, T 2	11-28
40 712	5-2, 5-3	41 662	6-29	47 002	10-10	0 418	2-20
40 713	5-5	41 782	3-4	47 100	10-23	0 510	6-33, 6-34
40 713 Beibl.3	5-31	41 785	4-7	48 200 T 1, T 5	10-4	0 636 T 1, T 2a, T 3	6-27
40 714 T 1	5-32	41 785 T 2	3-13	48 201 T 1, T 5	10-5	0 641	6-29
40 714 T 2	5-33	41 860	3-29	48 201 T 1···T 7	10-6	0 710 T 5	8-21
40 714 T 3	5-33	41 868	3-27	48 204	10-5	0 814	10-24
40 715	5-34, 5-35, 5-36	41 869	3-27	48 300	10-4	0 815	10-24···10-26
40 716 T 1	5-38	41 872	3-27	48 501	6-19, 6-20	0 816	10-24, 10-27
40 716 T 4	5-39	41 920	6-14	48 505	6-20	0 817	10-24
40 716 T 6	5-39	42 672	7-10	49 782	8-14	0 818	10-24
40 717	5-6, 5-7	42 673	7-10	51 501	11-28		
40 718 T 5	5-38	42 961	7-2	51 502	11-27, 11-28	0 820 T 1	6-29
40 719 T 2	4-34	43 300	4-7	51 503	11-28	0 855 T 1	8-30
40 719 T 3	5-41	43 670	10-3	51 519	11-27	0 881	10-24
40 719 T 6	4-20, 4-21, 4-22	43 671	10-3	51 825	11-28	0 891 T 1	10-24
40 719 T 9	4-27	43 712	9-19	57 530 T 8	7-6		
40 719 T 11	4-28	43 714	9-20	66 000	4-3		
40 720	10-23	43 721	9-19	66 001	4-16···4-19		
40 751	6-35	43 724	9-20	66 261	4-18, 4-19		
40 765	6-35	43 760	9-21	81 698	13-13	**VDE**	**Seite**
40 766	6-35	43 780	9-1			0 100	12-1
40 768	6-35	43 807	9-11			0 113 E	4-30
40 771	6-35	43 850	9-13			0 175	2-20
40 771 T 1	6-36	43 856	9-13, 9-14			0 206	10-16
40 825	6-3, 6-4	44 051	6-5	**DIN VDE**	**Seite**	0 211	10-6
40 855	6-31	44 052	6-5	0 100	12-1	0 250	10-11, 10-12
40 900 T 13	5-26	44 054	6-5	0 100 T 200	12-2, 12-3	0 255	10-18
41 020	6-37	44 055	6-5	0 100 T 310	12-16	0 271	10-18
41 140	6-14, 6-17	44 061	6-5	0 100 T 410	12-1, 12-4···12-10	0 272	10-18
41 180	6-14	44 063	6-5			0 293	10-10

14.1. Verzeichnis der behandelten Normen

VDE	Seite	IEC	Seite	DIN ISO	Seite		Seite
0418	2-20	509	6-35	898 T1	13-12	Technische Anschluß-bedingungen	8-22
0530	7-2···7-5	622	6-35	1219	5-27···5-29		
0532	7-30	623	6-35	1302	13-1	Allgemeine Blitzschutz-bestimmungen	8-29
0532 T1	7-32						
0532 T4	7-31						
0560 T8	6-20	**DIN IEC**	**Seite**	**ISO**	**Seite**	TA Lärm	2-19
0660	7-29					Verordnung über Allge-meine Bedingungen für die Elektrizitätsver-sorgung von Tarifkunden (AVBEltV)	8-22
0710 T1	8-21	34 T5	7-4	128	13-2		
0812	10-24, 10-27	34 T7	7-7	3574-1976	11-13		
0813	10-24···10-26	44 (CO) 48	4-30				
		73	4-25	**CEE**	**Seite**		
0875	8-33	584 T1	2-15, 9-20	19	6-29		
IEC	**Seite**	**DIN EN**	**Seite**	**EURONORM**	**Seite**		
64	12-1	50005	4-35	27-74	11-7		
158	7-29	50011	4-35, 4-36	130-77	11-13		
162/II	8-21	50012	4-35				
285–1	6-35	50013	4-35				
285–2	6-36						

14.2. Stichwortverzeichnis

A

Abdecken	12-15
Abhängigkeitsnotation	5-20
Ableiter	5-4
Abschalten	2-33
Abschaltthyristor	3-55
Abschaltung	12-6
Abschranken	12-15
Abweichung	1-5
Adaptionsstrecke	8-14
Addition	1-2···1-5, 1-12
Aderkennzeichnung	10-10
Adern	10-15
Akkumulatoren	6-35, 6-36
Alkali-Mangan-Zelle	6-32
Aluminium	11-14
– bronze	11-16
– Stahl-Leitungsseile	10-5
Aminoplast-Preßmassen	11-23
Amplitudengang	4-39
Anlasser	5-30, 7-14···7-17
Anlaßkondensa-toren	6-19, 6-20
Anodenbasisschaltung	3-37
Anreicherungstyp	3-32
Anschalten	2-33
Anschlußbezeichnun-gen	4-35, 6-38, 7-6, 9-11
Anschlußpläne	4-27
Ansichten	13-3
Anstiegsantwort	4-38

Antennen	5-15
– anlagen	8-30···8-32
– formen	8-31
– montage	8-31
Anwendungsklassen, Bauelemente	6-1
Anzeigegeräte	5-7
Anzeigewerke	5-38
Arbeit	2-8
Arbeitspunktein-stellung	3-14, 3-15
Arcus/cosinus	1-14
– sinus	1-14
– tangens	1-14
Argument	1-5
Arithmetik/Algebra	1-3···1-5
ASCII-Code	4-9
Assoziativgesetz	1-3
Astabile Elemente	5-22
Astabiler Multivibrator	3-26
Asynchron-motoren	7-18, 7-20
Atommassen	11-1
Auflagekräfte	2-11, 2-12
Auftrieb	2-17
Ausdehnung	2-16
Ausfall/quotient	6-1
– satz	6-2
Ausgangs/kennlinien-feld	3-9
– lastfaktor	4-15

– leistungen	9-20
– zeit	4-38
Ausschaltung	8-16
Außenkabel	10-27
Austenitische Stähle	11-11
Automatenstähle	11-10

B

Backwarddiode	3-7
Band/breite	2-39
– erder	8-30
– stahl	11-12
Bänder	11-13, 11-14
Basis/einheit	2-1
– größe	2-1
– schaltung	3-18
Batterien	6-31, 6-32
Bauartkurzzeichen für Kabel	10-15
Bauelemente	
– Elektronik	3-1···3-56
– Elektrotechnik	6-1···6-38
Bauformen, elektr. Maschinen	7-7
Baustähle	11-8, 11-9
Beanspruchungsdauer	6-2
Behälter	5-29
Belastbarkeit	
– Kabel	10-18, 10-19
– Widerstände	6-4, 6-5
Belasteter Spannungs-teiler	2-25

14.2. Stichwortverzeichnis

Belastungsfälle
 (Biegefestigkeit) 2-12
Beleuchtung,
 – Arbeitsstätten .. 8-6, 8-7
 – im Freien 8-11
 – Richtlinien 8-14
 – Innenraum ... 8-5···8-9
 – Straßen 8-14, 8-15
 – Wirkungsgrad 8-5
Beleuchtungs/anlagen . 8-21
 – berechnung
   .... 8-9, 8-10, 8-13
 – kalender 8-8
 – stärke
   ..... 8-1, 8-5, 8-11, 8-13
 – stunden 8-8
 – technik ..... 8-1···8-21
Berechnung recht-
 winkliger Dreiecke .. 1-7
Berührungs/schutz 7-4
 – spannung 12-2, 12-3
Beschleunigung 2-4
Beschleunigungs/arbeit 2-8
 – messung 9-8
Beschriftung, Schalt-
 zeichen 5-41
Beschriftungsmerkmal 13-1
Betätigungsvorgänge .. 5-29
Betrag einer Zahl ... 1-3, 1-5
Betriebsarten 7-2, 7-3
Betriebs/klassen,
 Sicherungen 6-27
 – kondensatoren 6-19, 6-20
 – mittel 4-34
 – mittel,
   Kennzeichnung ... 4-34
 – spannung .. 10-12, 10-15
 – werte 7-12, 7-13
 – wirkungsgrad 8-9
Bewegungslehre
 (Kinematik) 2-4
Biege/achse 2-13
 – festigkeit 2-11
 – moment 2-11
 – radien 10-14
 – radien, Kabel 10-16
Bildaufnahmeröhren .. 5-9
Bild-Signal-Wandler-
 röhren 5-9
Bimetall-Meßwerk 9-2
Binäre/Codes 4-8
 – Codierung 4-7
 – Elemente, Schalt-
   zeichen ..... 5-16···5-24
 – Logarithmen 1-4
Binomische Formeln .. 1-3

Bistabile Elemente 5-22
Bistabiler Multivibrator 3-26
Bitumen-Preßmassen .. 11-23
Blanker unlegierter
 Stahl 11-11
Blattgrößen 13-1
Bleche ...... 11-12···11-14
Blechschrauben . 11-13, 11-15
Bleiakkumulatoren .. 6-34
Blendungsbegrenzung . 8-5
Blendungsbegrenzungs-
 klassen 8-14
Blind/faktor 2-40
 – leistung 6-19
Blitzschutz
 – Antennenanlagen . 8-30
 – Gebäude 8-29
Bohrerdurchmesser ... 13-11
Bootstrap-Schaltung .. 3-19
Brandverhalten 8-21
Breitband, Stahl 11-12
Bremsdynamometer
 (Pronysche
 Zaumbremse) 2-8
Bremse, Schaltzeichen . 5-3
Bronze 11-15
Bruch/festigkeit 2-10
 – linie 13-4
 – rechnen 1-2
Brücken/schaltung 2-25, 3-30
 – verstärker 3-30

C

Chemische/Benennung 11-2
 – Elemente 11-1
 – Verbindungen 11-2
Chien, Hrones und
 Reswik 4-47
CMOS 4-14
Code-Umsetzer 5-24
Codierer 5-24
Colpits-Schaltung 3-23
Copolymere 11-21
Cosinus 1-8···6-8, 1-12, 1-14
Cotangens 1-6, 1-7

D

Dahlanderschaltung ... 7-9
Dämpfungsglieder ... 5-12
Darlington-Schaltung . 3-19
Darstellungen in
 Zeichnungen 13-3
Daten/flußplan 4-16
 – hierarchie 4-16
 – netz 4-16

Datumsangaben,
 Bauelemente 6-2
Dauerkurzschlußstrom 2-35
Dauermagnete/
 – Schaltzeichen 5-3
 – Werkstoffe 11-13
De Morgansche
 Theoreme 4-4
Dehnungsmeßstreifen . 9-25
Dekadische
 Logarithmen 1-4
Demultiplexer 5-23
Dezibel (dB) 2-18, 2-19, 2-41
Dichte 1-11
Differenz-Spannungs-
 verstärkung 3-29
Differenzierer 3-30
Differenzierungsglied .. 2-38
Differenzverstärker
 .... 3-28···3-31, 5-26
Digitalanzeigen 3-46
Digitaltechnik .. 4-1···4-13
Dimmer 3-55
Diode 3-1···3-7, 3-36, 5-9
Disjunktion 4-2
Disjunktive
 Normalform 4-4
Diskriminator 3-31
Dispersion 3-49
Distributivgesetz 1-3
Division .. 1-2, 1-3, 1-5, 1-13
Divisionsregel 4-1
Doppel/basisdiode .. 3-50
 – leitung 2-32
 – schlußgenerator .. 7-23
 – schlußmotor 7-22
Drähte 10-4
Drahtfestwiderstände . 6-4
Drainschaltung 3-33
Dralldurchflußmesser . 9-22
Dreh/beanspruchung . 2-14
 – eisen-Meßwerk ... 9-2
 – sinn 7-6
 – spul-Meßwerk ... 9-2
Drehstrom 2-21, 7-1
 – Anlasser 7-16
 – antriebe 7-27, 7-28
 – Induktionsmaschi-
   nen 5-34
 – Käfigläufer 7-18
 – leitungen 8-23
 – motoren .. 7-8, 7-12, 7-13
 – Nebenschluß-
   motor 7-8, 7-27
 – Normmotor 7-10
 – Selbstanlasser ... 7-14
 – transformatoren .. 7-31

14.2. Stichwortverzeichnis

Drehstromzähler 9-3
Dreh/widerstände 6-6
– zahl 2-4, 2-34
Dreieck 1-9
Dreieckschaltung 7-1
Dreileiterschaltung 9-21
Dreiphasenwechsel-
strom 7-1
Dreipuls-Mittelpunkt-
schaltung 3-2
Dreipunkt/
– Regler 4-45
– Schaltung 3-23
Drosselspulen 5-32
Druck 2-17
– einheiten 2-17
– festigkeit 2-10
– knöpfe 4-25
– messung 9-10, 9-11
– spannung 2-10
– ventile 5-28
Dualzahlen 4-1
Duo-Schaltung 8-19
Durch/biegung 2-12
– flußmessung 9-22 ··· 9-24
– flutung 2-28
– lauferhitzer 8-27
– messer 13-6
– schlagfestigkeit ... 2-17
– – Kunststoffe 11-26
Duroplaste 11-19, 11-22
Dynamoblech 2-29

E

EAROM 4-12
Edelstähle . 11-6, 11-9, 11-10
EEPROM 4-12
Effektivwert 2-33
Effizienz (Relais) 6-38
Eichen 9-4
Eigennäherung 8-29
Eingangs/
– fehlspannung 3-29
– fehlstrom 3-29
– Kennlinie 3-9
– lastfaktor 4-15
– ruhestrom 3-29
Einheiten 2-1
Einheits/bohrung
.... 13-17, 13-18
– welle 13-17, 13-19
Einlagige Spule 2-32
Einphasen/betrieb 7-18
– Induktions-
maschinen 5-34
– Transformatoren .. 7-31

Einpuls-Mittelpunkt-
schaltung 3-2
Einquadrantenantriebe 7-24
Einsatzstähle 11-10
Einschrittige Codes ... 4-7
Einschwing/toleranz ... 4-38
– zeit 4-38
Einsetzungsmethode .. 1-4
Einspeisung 5-6
Einstell/regeln 4-46
– winkel 1-7
Einzelkompensation ... 6-19
Einweggleichrichter ... 3-30
Eisen/arten 11-5
– begleiter 11-5
– sorten 11-6
Elastizität 2-10
Elastizitätsmodul 2-13
Elektrische/Arbeit 2-40
– Feldstärke 2-27
– Maschinen
(Schaltz.) ... 5-34 ··· 5-36
– Verschiebung 2-27
Elektrisches Feld 2-27
Elektro-Hausgeräte ... 5-7
Elektroakustische
Übertragungsgeräte . 5-15
Elektroblech und -band 6-22
Elektrochemie 5-40
Elektrochemische
Spannungsreihe 2-21
Elektrodynamisches
Meßwerk 9-2
Elektrofachkraft 12-14
Elektroinstallation,
Schaltz. 5-6, 5-7
Elektrolumineszenz-An-
zeige 3-45
Elektromagnetische/
Antriebe 5-5
– Strahlung 3-43
Elektromechanisches
Triebsystem 5-5
Elektrometer 9-3
Elektronen/röhren
.... 3-36, 3-37, 5-8
– strahl-Oszilloskop
.... 9-16 ··· 9-18
– strahlröhre 9-16
Elektrostatik 5-40
Elektrostatisches Meß-
werk 9-3
Elektrotechn. unterwie-
sene Personen ... 12-14
Elektrowärme 5-40
Elektrizitätszähler 2-20, 9-13

Elemente 11-1
Ellipse 1-9
Emission 3-36
Emitterschaltung . 3-18, 3-19
Empfänger 5-11
Empfangsbereiche 8-31
Energie 2-28
Entfernungsgesetz 8-11
Entladung 2-33
Entladungsgefäße 5-31
Entmagnetisieren 2-30
Entstör/mittel 8-33
– schaltungen 8-34
Entzerrer 5-11
EPROM 4-12
Erden und Kurzschließen
.... 12-15
Erder 12-12
Erdung 12-12
– von Antennen-
anlagen 8-30
Erdungsleitungen 8-30, 12-12
Ergebnistaste 1-12
Erhaltungsladeströme . 6-33
Ersatz/spannungsquelle 2-26
– stromquelle 2-26

F

Fahrenheit 2-15
Farbkennzeichnung,
– Kaltleiter 6-10
– Sicherungen 6-29
– Widerstände 6-4
Farbkurzzeichen 10-10
Fehlerspannungs-Schutz-
einrichtungen 12-9
Feingewinde ... 13-11, 13-12
Feldeffekt/Diode 3-34
– Transistoren
.... 3-32 ··· 3-35, 5-9
– Transistor-Tetrode 3-35
Feldplatte 3-47
Feldumsteuerung 7-24
Fernmelde/geräte 5-7
– schnüre 10-23
– zentralen 5-7
Fern/messung 5-30
– schreibtechnik 5-11
– sprechgerät 5-7
– sprechtechnik ... 5-10
– wirkanlagen 5-30
Ferritische Stähle 11-11
Festigkeit 2-14
Festigkeitsklassen ... 13-12
FET-Grundschaltungen 3-33
Feuchtebeanspruchung 6-1
FI-Schutzeinrichtung .. 12-5

14-5

14.2. Stichwortverzeichnis

Filter 5-11, 5-29
Flächen/berechnung ... 1-9
– dioden 3-4
Flachstahl 11-12
Flaschenzug 2-6
Flexible Leitungen
.... 10-12···10-14
Flipflop 4-10
Fluchtlinientafel 8-12
Fluidtechnische
Systeme ...... 5-27···5-29
Flußdichte 2-28
Flüssigkristallanzeige .. 3-44
Formelzeichen 2-2
– der Nachrichten-
technik 2-3
Formfaktor 2-33, 2-34
Foto/diode 3-41
– element 3-40
– sensoren 3-43
– transistor 3-41
– vervielfacher 3-39
– widerstand 3-42
– zelle 3-39
FPLA 4-12
Freier Fall 2-4
Frei/leitungen
.... 8-23, 10-4···10-6
– schalten 12-15
Fremd/körperschutz ... 7-4
– näherung 8-30
Frequenz 2-34
– bänder 5-14
– gang 4-39
Funk/entstörung   8-33, 8-34
– schutzzeichen 8-33
Funkstör/grade 8-33
– spannung 8-33
Funktions/klassen, Siche-
rungen 6-27
– kleinspannung 12-4
– pläne 4-20

G

G-Sicherungseinsätze .. 6-29
Galvanische/Primär-
elemente ...... 6-30···6-32
– Sekundärelemente
.... 6-33···6-35
Gas/außendruckkabel .. 10-17
– innendruckkabel .. 10-17
Gasgefüllte Röhren ... 3-38
Gateschaltung 3-33
Gebrauchskategorien .. 7-29
Gefahrenmeldeeinrich-
tungen 5-13
Gegenkopplung 3-21

Gegentakt-Schaltung .. 3-19
Generatoren 5-12
Gepolte Aluminium-
Elektrolyt-Konden-
satoren 6-17
Geräteschutzsiche-
rungen 6-29
Geräuschpegel 2-19
Geschwindigkeit 2-4, 2-5
– Zeit-Diagramm ... 2-4
Geschwindigkeits-
messung 9-7, 9-8
Gewährleistungsumfang,
Stahl 11-6
Gewinde   13-7, 13-10, 13-11
– kernlöcher 13-11
Gitterbasisschaltung .. 3-37
Glättung 3-3
Gleichrichterschal-
tungen 3-2
Gleichrichtwert 2-33
Gleichsetzungsmethode   1-4
Gleichstrom 2-21
– antriebe 7-25, 7-26
– generatoren 7-23
– kopplung 3-20
– maschinen 5-35, 7-6
– motoren 7-22
– Nebenschlußmotor   7-26
Gleichtaktspannungs-
unterdrückung 3-29
Gleichungen/ersten
Grades 1-4
– zweiten Grades ... 1-4
Gleit/lager 2-9
– reibung 2-9
Glimmtrioden 3-38
Glühlampen 8-2, 8-4
Gon (Neugrad) 1-6
Grad (Altgrad) 1-6
Graph. Symbole,
Übersichtsschalt-
pläne ...... 5-10···5-12
Grenz/frequenzen ... 2-38
– spannweiten 10-6
– temperatur 6-1
– werte, Diode 3-4
Griechisches Alphabet .   2-3
Großsignalverstärkung   3-15
Grund/begriffe, Meß-
technik 9-4
– einheiten 2-1
– kontakte 6-37
– rechenarten 1-2, 1-12
Gummi-isolierte Stark-
stromleitungen 10-14

Gußeisen 11-5
– sorten 11-8
Gyrator 3-29

H

h-Parameter 3-16
Halbleiter/bauelemente   5-9
– – Gehäuse 3-27
– speicher 4-12
Halbschnitt 13-3
Hallgenerator 3-47
Halogen-Metalldampf-
lampen 8-2, 8-4, 8-20
Hand/antrieb,
Schaltzeichen 5-3
– bereich 12-2
Hartgewebe 11-24
Hartley-Schaltung 3-23
Hart/lote 11-18
– matte 11-24
– papier 11-24
Hauptpotentialaus-
gleich 12-8
Hebelgesetz 2-5
Heißleiter 6-8, 6-9
Heizwert 2-17
Herstellungsverfahren,
Kunststoffe 11-19
Hilfs/schütze 4-36
– stromschalter 7-29
Hochdruck-Natrium-
dampflampen ... 8-4, 8-20
Hochpässe 2-38
Höhensatz 1-11
Hohlzylinder 1-10
Homopolymere 11-21
Hubarbeit (potentielle
Energie) 2-8
Hydraulikflüssigkeiten . 11-27
Hydraulische Presse ... 2-17
Hydro/pumpen 5-27
– statik 2-17
Hysteresiskurve 2-30

I

Ignitron 3-38
Imaginäre/Einheit 1-5
– Zahlen 1-5
Impuls/antwort 4-38
– arten 5-1
Indizes 2-3
Induktion 2-31
Induktionsgesetz 2-31
Induktiver Blindwider-
stand 2-35
Induktivität 2-35
– Abschalten 6-12

14.2. Stichwortverzeichnis

Informationsverarbei-
tung ... 4-16···4-23, 5-26
– Begriffe 4-23
Inkreis 1-8
Innenraum-Beleuch-
tung 8-9, 8-10
Innensechskant,
Schrauben 13-14
Installations/leitungen
.... 8-23, 10-23···10-27
– kabel 10-24, 10-25
– plan 8-16
– schalter 5-6
– schaltungen 8-16···8-18
Instrumentenverstärker 3-31
Integrierer 3-30
Integrierglied 2-38
Internationales
Einheitensystem 2-1
Ionenröhren 5-8
IP-Schutzarten 7-4
ISO-Grundtoleranzen . 13-17
Isolier/bänder 11-25
– folien 11-25
– öle 11-28
– schicht-FET 3-32
– schläuche 11-26
– stoffe 11-26
– stoffkennzahlen .. 10-2
Isolierte Starkstrom-
leitungen ... 10-11···10-14

J
Jahresangabe,
Bauelemente 6-2
Justieren 9-4

K
Kabel .... 10-15···10-27
Käfigläufer 7-10, 7-12, 7-13
– Induktionsmotor . 7-28
– motor ... 7-8, 7-12, 7-13
Kalibrieren 9-4
Kaltleiter 6-10
Kapazitäten 2-27
– Kondensatoren ... 6-15
Kapazitäts/änderung .. 2-28
– Dioden 3-5
Kapazitiver Blindwider-
stand 2-35
Karnaugh-Tafel 4-5
Kaskode-Schaltung ... 3-19
Kathetensatz 1-11
Katodenbasisschaltung 3-37
Kegel 1-7, 1-10, 13-7
– stumpf 1-10
Keilriemen 13-20

– scheiben 13-20
Kennbuchstaben/Bau-
elemente 6-1
– Steuerungstechnik
.... 4-34···4-36
– Widerstände ... 6-3, 6-4
Kennfarben 10-23
– Leuchtmelder 4-25
– Leitungsschutz-
sicherungen 6-27
Kenn/größen, Transistor 3-9
– linien, Transistor . 3-9
– werte, Diode 3-4
– –, Regelstrecken . 4-34
– –, Regler 4-46
– zeichen, Schaltz.
.... 5-2···5-9
Kennzeichnung/
Anschlüsse für
Kondensatoren . 6-16, 6-20
– besond.
Betriebszust. 5-5
– elektr.
Betriebsmittel 4-34
– Kapazitätswerte .. 6-3
– Leiter 10-10, 10-15
– Widerstandswerte . 6-3
Kern/bleche 6-21
– ladungszahl 11-1
– lochdurchm.,
Blechschr. 13-15
Kerzenlampen 8-2
Kinetische Energie ... 2-8
Kipp/glieder .... 4-10···4-12
– schaltungen 3-26
Kirchhoffscher Satz ... 2-24
Klein/antriebe 7-21
– motoren 7-20
– signalverstärkung . 3-15
– transformatoren
.... 6-20, 6-21
Klimatische
Anwendungsklasse .. 6-1
Klimatisierung, Schaltz. 5-7
Knotenpunktregel 2-24
Körper/berechnung ... 1-9
– schluß 12-3
– ströme 12-1
Koerzitivfeldstärke ... 2-30
Kohärente Strahlung .. 3-49
Kohäsionskraft 2-10
Kohle/gemischschicht-
widerstände 6-5
– schichtwiderstände . 6-5
Kolbenpumpe 2-8
Kollektorschaltung ... 3-18

Kombinatorische
Elemente 5-19
Kommutativgesetz 1-3
Kommutator/
maschinen 5-36
– motoren 7-20
Komparator 3-31
Kompasse 5-12
Kompensation 6-19
Kompensations-
kondensatoren 8-20
Komplexe/Darstellung . 2-43
– Zahlen 1-5
Kompressor 5-27
Kondensatorart .. 6-14, 6-15
Kondensatoren 2-27,
2-28, 2-32, 2-36, 6-14···6-20
– Kapazitäten 6-15
Kondensator/leistung . 6-19
– motor 7-18
– Schaltzeichen 5-3
Konfigurationsplan ... 4-16
Konjunktion 4-2
Konjunktive
Normalform 4-4
Konsistenzkennzahlen . 11-27
Konstanten, Physik ... 2-3
Konstantstromquellen . 3-20
Kontakt/arten 6-37
– betätigung 5-4
– legierungen 11-4
– werkstoffe 11-4
Konzentrisches Kabel . 2-32
Kopplungsarten 3-20
Kraft 2-5
– antriebe, Schaltz. . 5-3
– Magnetfeld 2-30
– messung 9-9
– parallele
Stromleiter 2-31
– stromdurchfl.
Leiter 2-31
Kräfte,
Zusammensetzung .. 2-5
Kräftevieleck 2-11
Kreis 1-9
– abschnitt 1-9
– ausschnitt 1-9
– bewegung 2-4
– frequenz 2-34
– ring 1-9
Kreuz/schaltung . 8-16···8-18
– schlitzgrößen 13-15
Kugel 1-10, 1-9, 11-8
– graphit 11-8
– kondensator 2-27
– lager 2-9

14-7

14.2. Stichwortverzeichnis

Kunststoff-Formmasse-
  typen 11-23
Kunststoffe ... 11-19 ··· 11-23
  – Arten 11-20
  – Bearbeiten 11-24
  – Kurzzeichen 11-21
Kupfer 11-14
Kupfer/-Aluminium-
  Gußlegierungen 11-16
  – Blei-Zinn-
    Gußlegierungen .. 11-15
  – leitungen ... 8-24 ··· 8-26
  – lote 11-18
  – Nickel-
    Legierungen 11-17
  – runddrähte 10-3
  – Zink-Gußlegierung 11-16
  – Zink-Legierung ... 11-17
  – Zinn 11-15
  – Zinn-Legierungen . 11-17
  – Zinn-Zink-
    Gußlegierung .. 11-15
Kupplungen,
  Schaltzeichen 5-3
Kurzschluß 12-3
  – schutz 6-26
  – spannung 2-35

L

Lackdraht 10-1, 10-2
Lade/kennlinien .. 6-33, 6-34
  – spannungen .. 6-34, 6-35
  – stromwerte 6-34
Laden, Akkumulator .. 6-35
Ladung 2-27, 2-33
Lagerschild 7-7
Laie DIN VDE 12-14
Lamellengraphit 11-8
Lampen 8-10, 8-20
  – arten 8-4
  – Farbwiedergabe .. 8-5
  – Lichtfarben 8-5
Länge 1-9
Längen-Ausdehnungs-
  koeffizient 2-16
Lärmschutz 2-19
Laser 3-49
Laststromschalter 7-29
Lautstärke 2-18
Lawinen/durchbruch .. 3-12
  – Gleichrichterdiode 3-4
LC-Oszillatoren 3-23
Leclanché-Zelle 6-32
Legierte Stähle 11-7
Legierungen 11-3
Leistung 2-8
  – elektrische 2-39

Leistungs/anpassung .. 2-26
  – dreieck 2-40
  – faktor 2-40
  – – Messung 9-12
  – Messung 9-12
  – Messung
    (Uhr, Zähler) 2-40
  – MOSFET 3-35
  – pegel 2-41
  – schilder 7-2
  – transforma-
    toren .... 7-30 ··· 7-33
Leiter/anzahl 5-6
  – art 5-6
  – Kennzeich-
    nung 10-10, 10-15
  – systeme 5-6
Leitfähigkeit 2-22
Leitungen 5-2, 10-23 ··· 10-27
  – Blitzschutzanlagen 8-29
  – feste Verlegungen
    .... 10-11, 10-13, 10-14
Leitungs/
  berechnung ... 8-22 ··· 8-26
  – schutzsicherungen
    und -schalter 6-26, 6-29
  – seile 10-4, 10-5
  – verbindungen 5-2
Leitwert 2-22
Leonard-Antrieb 7-26
Leuchtdichteverteilung 8-5
Leuchten 5-7, 8-4, 8-21
  – Betriebswirkungs-
    grade 8-8
  – Montageanweisung 8-21
  – Schutzarten 8-21
Leucht/melder 4-25
  – stofflampen
    .. 8-3, 8-4, 8-8, 8-19, 8-20
Licht/farben 8-4, 8-5
  – farbengruppen ... 8-5
  – quellen 8-2
  – stärke 8-1, 8-11
  – – verteilungskurve 8-12
  – strom 8-14
  – technik 8-1
  – wellenleiter .. 3-48, 3-49
Linke-Hand-Regel
  (Motorregel) 2-31
Linien 13-2
  – arten 13-2
  – breiten 13-2
Linsen-/Blechschrauben 13-15
  – Senkschrau-
    ben 13-13, 13-14
Lithium-Thionylchlorid-
  Zelle 6-32

Lochleibungsdruck ... 2-11
Logarithmieren 1-4
Logik, mathemat. 1-2
Lote 11-18
Löschtaste 1-12
Lötverbindungen 13-8
Luftdruck,
  Bauelemente 6-2
Luftsauerstoff-Zelle . 6-32
Luftschallschutz-
  maß 2-18, 2-19
Lumineszenzdiode ... 3-44

M

Magnetisch-induktive
  Durchflußmesser .. 9-23
Magnetische/Feldstärke 2-28
  – Werkstoffe 11-13
Magnetischer/Fluß ... 2-28
  – Kreis 2-30
  – Widerstand 2-30
Magnetisches Feld ... 2-28
Magnetisierungskurven 2-29
Magnet/köpfe 5-14
  – schaltkreise 5-25
  – feldabhängige
    Bauelemente 3-47
Mantel/farben 10-16
  – fläche 1-10
Martensitische Stähle 11-11
Maschenregel 2-24
Masse 1-9, 1-11
Maß/eintragung 13-5 ··· 13-7
  – hilfslinien 13-5
  – linien 13-5
  – linienbegrenzung 13-5
  – stäbe 13-1
  – zahlen 13-6
Mastaufsatzleuchte ... 8-13
Mathematische
  Zeichen 1-1
Max. Betriebshöhe
  über NN 6-2
Mechanische/Anwen-
  dungsklassen 6-1
  – Beanspruchung .. 6-2
  – Eigenschaften,
    Kunststoffe 11-23
Mehrfach-
  Drehwiderstand .. 6-6
Mehrlagige Spule .. 2-32
Mehrquadranten-
  antrieb 7-24
Meißner-Schaltung .. 3-23
Meldegeräte 5-37
Meldung 12-6

14.2. Stichwortverzeichnis

Mengenlehre 1-1
Meß/bereichserwei-
  terung 2-24
– brücken
  (Abgleichverf.) ... 9-15
– geräte 5-7, 5-38, 9-1
– größenumformer .. 5-39
– instrumente   5-29, 5-38
– technik ...... 9-1···9-25
– wandler 5-33
– werke 5-38, 9-2, 9-3
– widerstände 9-21
Messen 9-4
Messing 11-16
Metalle, Eigenschaften
  .... 11-3, 11-4
Metall/glasurwider-
  stände 6-5
– oxidschichtwider-
  stände 6-5
– oxid-Vari-
  storen 6-11, 6-12
– schichtwiderstände 6-5
Metrisches
  Gewinde ... 13-10, 13-11
Mindest/durchhang ... 10-6
– Leiterquerschnitt . 10-14
Mineralöle 11-27
Misch/lichtlampen 8-4
– strom 2-21
– temperatur 2-15
Mitkopplung 3-21
Mittelfrequenz-
  maschinen 5-35
Modul 1-5, 2-7
Modulierte Pulse 5-1
Modulreihe 2-7
Mollweidesche Formeln 1-8
Momentenfläche 2-11
Monatsangabe,
  Bauelemente 6-2
Monomode-Stufenindex-
  Faser 3-48
Monostabile Elemente 5-22
Monostabiler
  Multivibrator 3-26
Motor/-Konden-
  satoren 6-19, 6-20
– schutzeinrich-
  tungen 7-15
– stromschalter 7-29
Multimode-Gradienten-
  Faser 3-48
Multiplexer 5-23
Multiplikation 1-2···1-5, 1-13
Muttern 13-12, 13-16

N

N-Kanal/Anreicherungs-
  FET 3-33
– Sperrschicht-FET . 3-33
– Verarmungs-FET .. 3-33
Nachrichtentechnik, Lei-
  tungen, Kabel
  .... 10-23···10-27
NAND-Verknüpfung .   4-2
Nassi-Shneiderman ... 4-18
Natrium-Dampflampen   8-3
Natürliche
  Logarithmen 1-4
Nebenschluß/generator 7-23
– motor 7-22
Nenn/ansprechtempe-
  ratur 6-10
– ausschaltvermögen 6-29
– gleichspannungen . 6-15
– spannungen
  . 2-20, 2-21, 10-12, 10-15
– ströme 2-20
– ströme,
  Sicherungen 6-27
– werte-Reihe
  (E-Reihen) 6-3
Neper 2-41
Netz/formen 12-6, 12-16
– transformator 6-20
Nichtrostende Stähle .. 11-11
NICHT-Verknüpfung .. 4-2
Nickel/Widerstands-
  legierungen 10-9
– Cadmium(Eisen)-
  Akkumulatoren
  .... 6-35, 6-36
Niederdruck/-Entla-
  dungslampe 8-4
– Natriumdampf-
  lampe 8-4, 8-20
Niedervoltlampen 8-2
Niederspannungs/-
  Schaltgeräte 4-35
– sicherungen 6-27
Niedrig legierte Stähle . 11-7
Nietverbindung 2-11
Normalladen 6-35
Normalpotentiale 2-21
Normzahlreihen,
  Widerstände 6-3
NOR-Verknüpfung ... 4-2
NTC-Widerstände ... 6-8
Numerische Apertur
  .... 3-48, 3-49
Nummernschalter 5-5
Nur-Lese-Speicher ... 4-12
Nuten 5-7

O

Oberflächenart/-ausfüh-
  rung 11-13
Oberflächenbeschaffen-
  heit 13-1
ODER-Verknüpfung .. 4-2
Ohmsches Gesetz 2-22
Ölkabel 10-17
Operationsver-
  stärker   3-28···3-31, 5-26
Optimierung 4-46
Optoelektronik .. 3-39···3-46
Optokoppler 3-46
Ordnungszahl 11-1
Ortsnetzkabel 10-27
Oszilloskop ..... 9-16···9-18
– Beschriftung 9-18
– Röhren 5-9
Ovalradzähler 9-22

P

Papier/kondensator ... 6-17
– Kunststoffolienkon-
  densator 6-17
Parallel-
  Gegenkopplung 3-22
Parallelbetrieb,
  Transformatoren .. 7-33
Parallelogramm 1-9
Parallelschaltung
  2-24, 2-26, 2-27, 2-32, 2-44
– Dioden 3-4
– Wechselspannun-
  gen 2-37
– Widerstände 2-23
Parallelschwingkreis .. 2-39
Passungen .... 13-17···13-19
Pegel 2-42
– rechnung 2-41
Pentode 3-36
Pentradische Codes ... 4-8
Permeabilität 2-28
Phantom-
  Verknüpfungen ... 5-19
Phase 7-1
Phasengang 4-39
Phenoplast-
  Formmassen 11-23
Physikalische
  Grundlagen 2-1
PI-Regler 3-31
PID-Regler 3-31
PIN-Diode 3-4
Plasma-Anzeige 3-45
Plattenkondensator ... 2-27

14-9

14.2. Stichwortverzeichnis

Polumschaltbare
  Asynchronmotoren   7-9
Poly/addition 11-19
– kondensation 11-19
Polymere 11-19
Polymergemische 11-21
Polymerisation 11-19
Ponton 1-10
Potentialausgleichs-
  leiter 21-14
Potenzieren 1-3, 1-5
Preß/passungen 13-17
– span 11-25
Primär-/Batterien 6-32
– Elemente 6-30, 6-31
– – Schaltzeichen .. 5-3
Prisma 1-10
Profilstäbe 11-12
Programm/ablauf-
  plan 4-16, 4-18
– hierarchie 4-16
Programmierbarer Uni-
  junction-Transistor   3-51
Programmierung,
  Steuerung .... 4-29···4-33
Programmnetz 4-16
PROM 4-12
Prozentrechnen 1-2
PTC-Widerstände 6-10
Pulsstrom 2-21
Pumpen 2-8, 5-27
PVC-isolierte Stark-
  stromleitungen 10-13
PVC-Kabel 10-20
Pyramide 1-10
Pyramidenstumpf 1-10
Pythagoreischer
  Lehrsatz 1-11

Q

Quadrat 1-9
– Formen 13-7
– taste 1-12
– wurzel 1-12, 1-14
Quadratische/Ergänzung
  1-4
– Gleichung 1-4
Qualitätsstähle .. 11-9, 11-10
Quecksilberdampf-
  Hochdrucklampen
  .... 8-2, 8-4, 8-20
Quecksilberoxid-Zink-
  Zelle 6-32
Querkraftfläche 2-11

R

Radiant (Bogenmaß) .. 1-6
Radien (Halbmesser) .. 13-6
Radizieren 1-4, 1-5
RAL-Farbregister 10-10
RAM 4-12
Rauheitsklasse 13-1
Räume mit Badewanne
  oder Dusche 12-10
Raum/heizung 8-28
– inhalt 1-10
– koeffizient 8-9
– wirkungsgrad 8-9
Rauschmaß 3-11
RC/-Kopplung 3-20
– Oszillatoren 3-23
– Phasenschieber .. 3-23
Rechte-Hand-Regel
  (Generatorregel) 2-31
Rechteck 1-9
Reflexblendung 8-5
Reflexionsgrade .. 8-5, 8-8
Regel/gewinde ... 13-10, 13-12
– kreisglieder 4-40
– strecken 4-42
Regelungstech-
  nik .... 4-37···4-48
Registrierwerke 5-38
Regler 4-44, 5-12
Reihenschaltung
  .... 2-23, 2-26, 2-32, 2-44
– Dioden 3-4
– Kondensatoren ... 2-28
– Wechselspannun-
  gen 2-37
– Widerstände 2-23
– Z-Dioden 3-7
Reibungszahlen 2-9
Reihenschluß/
– generator 7-23
– motor 7-22
Reihenschwingkreis ... 2-39
Relais 6-37, 6-38
– typen 6-38
– zeiten 6-38
Relative Dielektrizitäts-
  konstante 11-26
Remanenz,
  Restmagnetismus .. 2-30
Resonanzfrequenz 2-39
Restströme 3-11
Rhombus 1-9
Riementrieb 2-6
Rillenrichtung 13-1
Ringkolbenzähler 9-22
Roheisen 11-5

Rolle 2-6
Rollenlager 2-9
Rollreibung 2-9
ROM 4-12
Römische Ziffern 2-3
Rotguß 11-15
Rückkopplung .. 3-21···3-24
Rückschlagventil 5-28
Rückwärts/leitender
  Thyristor (RTL) 3-55
– sperrende
  Thyristordiode ... 3-50
– sperrender
  Thyristor 3-52
Rund/drähte
  .. 10-1···10-3, 10-7···10-9
– stahl 11-12

S

S-Lampen 8-2
Sammelschienen 10-3
Schall 2-18
– geschwindigkeit .. 2-19
– pegel 2-19
– schwinger 5-12
Schalt/algebra 4-3
– drähte 10-27
– folgediagramm ... 4-28
– geräte 5-6
– glieder 5-4
– gruppen 7-30
– Kabel 10-25, 10-26
– kreisfamilien . 4-14, 4-15
– Litzen 10-27
– relais 6-38
– uhren 5-29
– zeichen 5-41
– zeichen, elektr.
  Funktion 5-3
– zeichen, mechanische
  Funktion 5-3
– zeichen, Übersicht .. 5-1
– zustände 5-29
Schaltungen
  ... 2-43, 2-44, 8-16···8-20
Schaltungsarten von
  Wicklungen 5-37
Schaltungsnummern für
  Elektrizitätszähler ... 9-13
Scheiben 13-10
Scheitelfaktor 2-33, 2-34
Schering-Meßbrücke .. 9-15
Scherspannung 2-10
Schicht/Festwiderstände 6-5
– drehwiderstände .. 6-6
– preßstoffe 11-24

14.2. Stichwortverzeichnis

Schieberegister ... 4-13, 5-22
Schiefe Ebene 2-5
Schiefwinkliges Dreieck 1-8
Schleif/drahtbrücke ... 2-25
– ringläufer-
motor 7-8, 7-27
Schleusenspannung ... 3-1
Schlüsselweite ... 13-7, 13-10
Schmalkeilriemen 13-20
Schmelz/einsätze 6-28
– dauer 6-29
– wärme 2-15
Schmier/fette ... 11-27, 11-28
– stoffe 11-27, 11-28
Schmitt-Trigger 3-26
Schnecke 2-7
Schneckenrad 2-7
Schnellentlüftungsventil 5-28
Schnelladen 6-35
Schnellschnittstahl 11-6
Schnitt/band-
kerne .... 6-23 ··· 6-25
– darstellungen . 13-3, 13-4
– geschwindigkeiten 11-24
Schockbeanspruchung . 6-2
Schottky/-Dioden 3-4
– TTL 4-14
Schraffur 13-3, 13-9
Schraube-Mutter-
Verbindung 13-16
Schrauben .... 13-12 ··· 13-15
– verbindung 2-11
Schreib-Lese-Speicher . 4-12
Schrift/form B 13-1
– zeichen 13-1
Schrittmotor 7-19
Schubspannung 2-10
Schutz/arten, Leuchten 8-21
– artzeichen,
Leuchten 8-21
– bei indirektem
Berühren 12-6
– durch nichtleitende
Räume 12-8
– einrichtung 7-15
– gegen direktes
Berühren 12-5
– isolierung 12-8
– kleinspannung 12-4
– leiter .. 12-2, 12-7, 12-13
– maßnahmen
.... 12-1 ··· 12-15
– objekte 6-27
– technik 5-31
– trennung 12-9
Schützschaltungen 7-11

Schwebekörper-Durch-
flußmesser 9-24
Schweißverbindungen 13-8
Schwing/beanspru-
chung 6-2
– kreise 2-39
Sechskant/schrauben
.... 13-13, 13-15
– stahl 11-12
Sechspuls-Brücken-
schaltung 3-2
Seil/- und Ketten-
trommel 2-6
– leuchte 8-13
– vieleck 2-11
Sekundär-
elemente ...... 6-33 ··· 6-36
Selbstgeführte
Stromrichter 3-56
Selbstinduktions-
spannung 2-31
Selbstinduktivität . 2-31, 2-32
Selektivität 6-27
Sender 5-11
Senkschrauben 13-13, 13-14
Serien-/Gegenkopplung 3-22
– schaltung 8-16, 8-17
– Wechselschaltung . 8-18
SI-Einheiten 2-1
Sicherheits/beiwert 2-10
– regeln 12-15
– stromquelle 12-4
Sicherungen 5-4, 6-26 ··· 6-29
Siebung 3-3
Signal/- und Meßkabel 10-27
– geräte 5-7
– pegel-Umsetzer ... 5-24
Silberhaltige Hartlote .. 11-18
Sinnbilder, Beleuchtung 8-14
Sinus ... 1-6, 1-7, 1-12, 1-14
– antwort 4-38
– Oszillatoren 3-23
– satz 1-8
– strom 2-21
Solarzelle 3-42
Sourceschaltung 3-33
Spannungs/abhängige
Widerstände .. 6-11 ··· 6-13
– arten 5-1
– erzeuger 2-26
– fall 2-23, 6-7, 8-22
– komparatoren 3-29
– messer 2-24
– messung 9-17
– pegel 2-41
– quelle 3-30

– reihe 2-21
– stabilisierung 3-6
– teiler 2-24, 2-25
– vervielfachung 3-3
– wandler 5-33
– werte 2-20
Speicher 4-12, 5-12, 5-23
– abruf 1-12
– abruftaste 1-12
– Addition 1-14
– Subtraktion 1-14
– taste 1-12
Speichern 1-13
Speicherprogrammierte
Steuerungen .. 4-29 ··· 4-33
Sperr/spannungen 3-11
– schicht-FET 3-32
– schwinger 3-24
Spezifischer/Widerstand
.... 2-22, 10-8, 10-9
– –, Isolierstoffe ... 11-26
Spielpassungen 13-17
Spitzendioden 3-4
Sprungantwort 4-38
Spule im
Gleichstromkreis ... 2-33
Spulen 3-32
– güte 2-36
– körper 6-22
Staberder 8-30
Stabilisierung des
Arbeitspunktes 3-14
Stahl 11-5
– einteilung 11-7
– benennung 11-7
– bleche 11-12
– draht 11-12
– guß 11-11
– sorten ..... 11-6 ··· 11-9
Standardlampen 8-2
Starkstrom/-Freileitun-
gen 10-6
– Kabel .. 10-15 ··· 10-22
Stationäre Stromspan-
nungskennlinie .. 6-8, 6-10
Steck/dose 8-17
– verbinder 5-4
– vorrichtung 5-6
Stern-Dreieck/
– Anlasser 7-14
– Schalter 7-15
– Schaltung
.... 7-1, 7-11, 7-25
– Umwandlung ... 2-25
– Wendeschaltung . 7-11
Stetige Regler 4-44

14.2. Stichwortverzeichnis

Steuer/geräte 5-27
– kennlinien 3-10
– ventile 5-27
Steuerung 4-1
Steuerungs/einrichtung . 4-24
– technik . . . . . 4-24···4-36
Störsicherheit 4-15
Straßenbeleuch-
  tung 8-11, 8-14, 8-15
Streckenbeleuchtung . . 8-11
Streufeld-Transforma-
  tor 8-20
Strom 5-1
– arten 6-26
– begrenzungsklassen 6-29
– belastbar-
  keit 10-18, 10-19
– belastung 6-7
– dichte 2-22
– laufplan 4-26, 8-16
– messer 2-22
– messung 9-17
– pegel 2-41
– quelle 3-30
– schienen 10-3
– stoßschalter 8-18
– ventile 5-28
– versorgungsgeräte . 5-11
– wandler 5-33
– werte 2-20
Struktogramm 4-18
Subtraktion . . 1-2···1-5, 1-12
Subtraktions/methode . . 1-4
– regel 4-1
Summierer 3-30
Symbole, Oberflächen-
  beschaffenheit 13-1
Symmetrische Teile . . . 13-4
Synchron/maschinen . . 5-35
– motor . . . 7-8, 7-20, 7-27
Syntheseflüssigkeiten . . 11-27

T

T-Lampen 8-2
Tandemschaltung 8-19
Tangens . 1-6, 1-7, 1-12, 1-14
– satz 1-8
Taschenrechner . 1-12···1-14
Technische Anschluß-
  bedingungen 8-22
Technisches
  Zeichnen . . . . 13-1···13-9
Technologieschema . . . 4-25
Teilschnitt 13-3

Teilsyntheseflüssig-
  keiten 11-27
Temperatur 2-15, 2-22
– beiwerte 2-23
– faktoren 8-8
– koeffizient
  . . . . 6-8, 6-10, 10-8, 10-9
– messung
  . . . . . . 2-15, 9-19···9-21
Temperguß 11-8
Tetradische Codes 4-8
Tetrode 3-36
Thermische Abkühl-
  zeitkonstante 6-8
Thermoelement 9-19
– Spannung 2-15
Thermo/meter 9-19
– paare 9-19
– plaste . . . 11-19, 11-22
Thomson-Meßbrücke . 9-15
Thyratron 3-38
Thyristor . . 3-52···3-56, 5-9
– diode 3-50
Tiefpässe 2-38
Toleranzen elektrischer
  Maschinen 7-5
Torsionsmoment 2-14
Träger, Festigkeit 2-13
Trägheitsmoment 2-13, 2-14
Transconductance-
  Verstärker 3-29
Transduktoren 5-33
Transformatoren
  . . . . . 2-34, 6-20···6-25,
              7-30···7-33
– hauptgleichung . . . 2-35
– Schaltzeichen 5-32
Transistor
  . . 3-8···3-21, 3-24···3-26,
              3-50, 3-51, 5-9
– Grundschaltung . . . 3-18
– rauschen 3-10
Trapez 1-9
Trennschalter 5-4
Triac 3-55
Trigger-
  Bauelemente . . . 3-50, 3-51
Triggerung 9-17
Trigonometrische
  Funktionen 1-6
Trimmwiderstand 6-6
Triode 3-36
Trittschallschutzmaß . . 2-18
Tropfenlampen 8-2
TTL 4-14

Tunneldiode 3-7
Turbinendurchfluß-
  messer 9-22
Typenkurzzeichen,
  Starkstromleitungen 10-13

U

U-Dioden 3-7
Übergangs/funktion . . . 4-38
– passungen 13-17
Überlastschutz 6-26
Übersichts/schaltplan . 4-25
– schaltpl., graph.
  Symbole . . . . 5-10···5-12
Übertemperaturen . . 7-4, 7-5
Übertrager 2-34
– kopplung 3-21
Uhren 5-13
Ultraschall-Durchfluß-
  messer 9-24
Umformer 5-36
Umkreis 1-8
Umrechnungsfaktoren
– abw. Lufttempera-
  tur 10-20
– f. Häufung in der
  Luft 10-21, 10-22
– Kabelverle-
  gung 10-19, 10-20
Umsetzer 5-11
Unbelasteter Spannungs-
  teiler 2-24
UND-Verknüpfung . . . 4-2
Unijunktion
  -Transistor . . 3-50, 3-51
Unlegierte Stähle 11-7
Unstetige Regler 4-45
Unterbrecher 5-5

V

Vakuum-Fluoreszenz-
  Anzeige 3-45
Varactor-Diode 3-5
Varistor 6-11, 6-13
VDR-Widerstände . . . 6-11
Verarmungstyp 3-32
Verbundkontakte 6-37
Verdampfungswärme . . 2-15
Verdrehfestigkeit 2-14
Vergrößerungen 13-1
Vergütungsstähle 11-9
Verkleinerungen 13-1
Verlegearten 5-6
Verluste in Spulen und
  Kondensatoren 2-35

14-12